《營造法式注釋》補疏

下編

王貴祥　疏
鍾曉青　校

目録

第20章

《营造法式》卷第二十

——小木作功限一

營造法式卷第二十

通直郎管修蓋皇弟外第專一提舉修蓋班直諸軍營房等臣李誠奉

聖旨編修

小木作功限一

版門 獨扇版門 雙扇版門　烏頭門

軟門 牙頭護縫軟門 合版用楅軟門　破子櫺窗

睒電窗　版櫺窗

截間版帳　照壁屏風骨 截間屏風骨 四扇屏風骨

隔截橫鈐立旌　露籬

版引檐　水槽

井屋子　地棚

【20.0】
本章導言

本章内容雖涉房屋室内外諸種門、窗、室内截間版帳及室外露籬、水槽、井屋子、地棚等小木作所用的功限，但重要的是，其中給出的諸門窗高度尺寸及門上所用配件，可以幫助我們了解宋代各種門窗高度尺寸的變化幅度及可開啓門窗的基本構件組成。

對室内外隔截空間所施截間版帳，或露籬等的高度與構造，亦可有進一步了解。

【20.1】
版門獨扇版門、雙扇版門

〔20.1.1〕
獨扇版門

獨扇版門，一坐，門額、限、兩頰及伏兎、手栓全。

造作功：

高五尺，一功二分。

高五尺五寸，一功四分。

高六尺，一功五分。

高六尺五寸，一功八分。

高七尺，二功。

安卓功：

高五尺，四分功。

高五尺五寸，四分五厘功。

高六尺，五分功。

高六尺五寸，六分功。

高七尺，七分功。

獨扇版門造作功見表20.1.1。

獨扇版門造作功　表20.1.1

門高	造作功	安卓功	備注
5尺	1.2功	0.4功	
5.5尺	1.4功	0.45功	
6尺	1.5功	0.5功	
6.5尺	1.8功	0.6功	
7尺	2功	0.7功	

獨扇版門，一坐，門額、限、兩頰及伏兎、手栓全

〔20.1.2〕
雙扇版門

雙扇版門，一間，兩扇，額、限、兩頰、雞栖木及兩砧全。

造作功：

高五尺至六尺五寸，加獨扇版門一倍功。

高七尺，四功五分六厘。

高七尺五寸，五功九分二厘。

高八尺，七功二分。

高九尺，一十功。

高一丈，一十三功六分。

高一丈一尺，一十八功八分。

高一丈二尺，二十四功。

高一丈三尺，三十功八分。

高一丈四尺，三十八功四分。

高一丈五尺，四十七功二分。

高一丈六尺，五十三功六分

高一丈七尺，六十功八分。

高一丈八尺，六十八功。

高一丈九尺，八十功八分。

高二丈，八十九功六分。

高二丈一尺，一百二十三功。

高二丈二尺，一百四十二功。

高二丈三尺，一百四十八功。

高二丈四尺，一百六十九功六分。

雙扇版門造作功見表20.1.2。

雙扇版門造作功　　表20.1.2

門高	造作功	備注	門高	造作功	備注
5尺	2.4功	以此爲基數	14尺	38.4功	加7.6功
5.5尺	2.8功	加0.4功	15尺	47.2功	加8.8功
6尺	3功	加0.2功	16尺	53.6功	加6.4功
6.5尺	3.6功	加0.6功	17尺	60.8功	加7.2功
7尺	4.56功	加0.96功	18尺	68功	加7.2功
7.5尺	5.92功	加1.36功	19尺	80.8功	加12.8功
8尺	7.2功	加1.28功	20尺	89.6功	加8.8功
9尺	10功	加2.8功	21尺	123功	加33.4功
10尺	13.6功	加3.6功	22尺	142功	加19功
11尺	18.8功	加5.2功	23尺	148功	加6功
12尺	24功	加5.2功	24尺	169.6功	加21.6功
13尺	30.8功	加6.8功	門每增高1尺，造作功增加額度未見明顯規律		
雙扇版門，一間，兩扇，額、限、兩頰、雞栖木及兩砧全					

〔20.1.3〕

雙扇版門諸名件

雙扇版門所用手栓、伏兔、立㮇、横關等依下項：計所用名件，添入造作功内。

手栓，一條，長一尺五寸，廣二寸，厚一寸五分，並伏兎二枚；各長一尺二寸，廣三寸，厚二寸，共二分功。

上、下伏兎，各一枚，各長三尺，廣六寸，厚二寸，共三分功。

又，長二尺五寸，廣六寸，厚二寸五

分，共二分四厘功。

又，長二尺，廣五寸，厚二寸，共二分功。

又，長一尺五寸，廣四寸，厚二寸，共一分二厘功。

立㮓，一條，長一丈五尺，廣二寸，厚一寸五分，二分功。

又，長一丈二尺五寸，廣二寸五分，厚一寸八分，二分二厘功。

又，長一丈一尺五寸，廣二寸二分，厚一寸七分，二分一厘功。

又，長九尺五寸，廣二寸，厚一寸五分，一分八厘功。

又，長八尺五寸，廣一寸八分，厚一寸四分，一分五厘功。

立㮓身内手把，一枚，長一尺，廣三寸五分，厚一寸五分，八厘功。若長八寸，廣三寸，厚一寸三分，則減二厘功。

立㮓上、下伏兎，各一枚，各長一尺二寸，廣三寸，厚二寸，共五厘功。

搕鎖柱，二條，各長五尺五寸，廣七寸，厚二寸五分，共六分功。

門橫關，一條，長一丈一尺，徑四寸，五分功。

立株、卧株，一副，四件，共二分四厘功。

地栿版，一片，長九尺，廣一尺六寸，楅在内，一功五分。

門簪，四枚，各長一尺八寸，方四寸，共一功。每門高增一尺，加二分功。

托關柱，二條，各長二尺，廣七寸，厚三分，共八分功。

上文小注"計所用名件，添入造作功内。"徐注："'陶本'作'功限'。"[①]即"計所用名件，添入造作功限内。"

上文"上、下伏兎"條下，"又，長一尺五寸，廣四寸，厚二寸，共一分二厘功"句，陳注"二厘"："三？竹本。"[②]即據竹本，其文爲"共一分三厘功。"

上文"搕鎖柱"之"鎖"字，陳注："鏁"[③]，即"搕鏁柱"。

鏁，亦音"鎖"，古同"鎖"。

雙扇版門諸名件造作功見表20.1.3。

雙扇版門諸名件造作功　　表20.1.3

名件	數量	功限	名件尺寸
手栓	1條	共0.2功	長1.5尺，廣0.2尺，厚0.15尺
伏兎二枚	2枚		各長1.2尺，廣0.3尺，厚0.2尺
上、下伏兎	各1枚	共0.3功	各長3尺，廣0.6尺，厚0.2尺
（又）上、下伏兎	各1枚	共0.24功	長2.5尺，廣0.6尺，厚0.25尺
（又）上、下伏兎	各1枚	共0.2功	長2尺，廣0.5尺，厚0.2尺

① 梁思成．梁思成全集．第七卷．第310頁．小木作功限一．版門．脚注1．中國建築工業出版社．2001年

② [宋]李誡．營造法式（陳明達點注本）．第二册．第218頁．小木作功限一．版門．批注．浙江攝影出版社．2020年

③ [宋]李誡．營造法式（陳明達點注本）．第二册．第219頁．小木作功限一．版門．批注．浙江攝影出版社．2020年

續表

名件	數量	功限	名件尺寸
（又）上、下伏兎	各1枚	共0.12功	長1.5尺，廣0.4尺，厚0.2尺
立㮲	1條	0.2功	長15尺，廣0.2尺，厚0.15尺
（又）立㮲	1條	0.22功	長12.5尺，廣0.25尺，厚0.18尺
（又）立㮲	1條	0.21功	長11.5尺，廣0.22尺，厚0.17尺
（又）立㮲	1條	0.18功	長9.5尺，廣0.2尺，厚0.15尺
（又）立㮲	1條	0.15功	長8.5尺，廣0.18尺，厚0.14尺
立㮲身内手把	1枚	0.08功	長1尺，廣0.35尺，厚0.15尺
立㮲身内手把	1枚	0.06功	長0.8尺，廣0.3尺，厚0.13尺
立㮲上、下伏兎	各1枚	共0.05功	長1.2尺，廣0.3尺，厚0.2尺
搕鎖柱	2條	共0.6功	各長5.5尺，廣0.7尺，厚0.25尺
門横關	1條	0.5功	長11尺，徑0.4尺
立株、卧株	1副	共0.24功	4件
地栿版	1片	1.5功	長9尺，廣1.6尺（楅在内）
門簪	4枚	共1功 每門高1尺，加0.2功	各長1.8尺，方0.4尺
托關柱	2條	共0.8功	各長2尺，廣0.7尺，厚0.3尺
雙扇版門所用手栓、伏兎、立㮲、横關等名件，添入造作功内			

〔20.1.4〕

雙扇版門安卓功

安卓功：

高七尺，一功二分。

高七尺五寸，一功四分。

高八尺，一功七分。

高九尺，二功三分。

高一丈，三功。

高一丈一尺，三功八分。

高一丈二尺，四功七分。

高一丈三尺，五功七分。

高一丈四尺，六功八分。

高一丈五尺，八功。

高一丈六尺，九功三分。

高一丈七尺，一十功七分。

高一丈八尺，一十二功二分。

高一丈九尺，一十三功八分。

高二丈，一十五功五分。

高二丈一尺，一十七功三分。

高二丈二尺，一十九功二分。

高二丈三尺，二十一功二分。

高二丈四尺，二十三功三分。

關于上文“安卓功”，梁注：“在小木作的施工中，一般都分兩個步驟：先是製造各種部件，如門、窗、格扇等的工作，叫作‘造作’；然後是安裝這些部件或裝配零件的工作。這一步安裝工作計分四種：（1）‘安卓’——將完成的部件，如門、窗等安裝到房屋中去的工作；（2）‘安搭’——將一些比較纖巧脆弱的，裝飾性的部件，如平棊、藻井等，安放在預定位置上的工作；（3）‘安釘’——主要用釘子釘上去的，如地棚的地板等的工作；（4）‘攏裹’——將許多小名件裝配成一個部件，如將枓、栱、昂等裝配成一朵鋪作的工作。”①

雙扇版門安卓功見表20.1.4。

雙扇版門安卓功　　表20.1.4

門高	安卓功	備注	門高	安卓功	備注
7尺	1.2功	以此爲基數	16尺	9.3功	加1.3功
7.5尺	1.4功	加0.2功	17尺	10.7功	加1.4功
8尺	1.7功	加0.3功	18尺	12.2功	加1.5功
9尺	2.3功	加0.6功	19尺	13.8功	加1.6功
10尺	3功	加0.7功	20尺	15.5功	加1.7功
11尺	3.8功	加0.8功	21尺	17.3功	加1.8功
12尺	4.7功	加0.9功	22尺	19.2功	加1.9功
13尺	5.7功	加1功	23尺	21.2功	加2功
14尺	6.8功	加1.1功	24尺	23.3功	加2.1功
15尺	8功	加1.2功	自門高9尺加0.6功始，每增高1尺，遞加0.1功		

【20.2】
烏頭門

烏頭門，一坐，雙扇、雙腰串造。

造作功：

方八尺，一十七功六分；若下安鋜脚者，加八分功；每門高增一尺，又加一分功；如單腰串造者，減八分功；下同。

方九尺，二十一功二分四厘。

方一丈，二十五功二分。

方一丈一尺，二十九功四分八厘。

方一丈二尺，三十四功八厘。每扇各加承櫺一條，共加一功四分；每門高增一尺，又加一分功；若用雙承櫺者，準此計功。

方一丈三尺，三十九功。

方一丈四尺，四十四功二分四厘。

① 梁思成．梁思成全集．第七卷．第310—311頁．小木作功限一．版門．注1．中國建築工業出版社．2001年

方一丈五尺，四十九功八分。

方一丈六尺，五十五功六分八厘。

方一丈七尺，六十一功八分八厘。

方一丈八尺，六十八功四分。

方一丈九尺，七十五功二分四厘。

方二丈，八十二功四分。

方二丈一尺，八十九功八分八厘。

方二丈二尺，九十七功六分。

安卓功：

方八尺，二功八分。

方九尺，三功二分四厘。

方一丈，三功七分。

方一丈一尺，四功一分八厘。

方一丈二尺，四功六分八厘。

方一丈三尺，五功二分。

方一丈四尺，五功七分四厘。

方一丈五尺，六功三分。

方一丈六尺，六功八分八厘。

方一丈七尺，七功四分八厘。

方一丈八尺，八功一分。

方一丈九尺，八功七分四厘。

方二丈，九功四分。

方二丈一尺，一十功八厘。

方二丈二尺，一十功七分八厘。

烏頭門造作、安卓功見表20.2.1。

烏頭門造作、安卓功　　表20.2.1

門方尺寸	造作功	備注	安卓功	備注
烏頭門，一坐，雙扇、雙腰串造				
方8尺	17.6功	以此爲基數	2.8功	以此爲基數
造作功：若下安鋜脚者，加八分功；每門高增一尺，又加一分功；如單腰串造者，減八分功；下同				
方9尺	21.24功	加3.64功	3.24功	加0.44功
方10尺	25.2功	加3.96功	3.7功	加0.46功
方11尺	29.48功	加4.28功	4.18功	加0.48功
方12尺	34.08功	加4.6功	4.68功	加0.5功
每扇各加承櫺一條，共加一功四分；每門高增一尺，又加一分功；若用雙承櫺者，準此計功				
方13尺	39功	加4.92功	5.2功	加0.52功
方14尺	44.24功	加5.24功	5.74功	加0.54功
方15尺	49.8功	加5.56功	6.3功	加0.56功
方16尺	55.68功	加5.88功	6.88功	加0.58功
方17尺	61.88功	加6.2功	7.48功	加0.6功
方18尺	68.4功	加6.52功	8.1功	加0.62功
方19尺	75.24功	加6.84功	8.74功	加0.64功

續表

門方尺寸	造作功	備注	安卓功	備注
方20尺	82.4功	加7.16功	9.4功	加0.66功
方21尺	89.88功	加7.48功	10.08功	加0.68功
方22尺	97.6功	加7.72功	10.78功	加0.7功
造作功增加幅度規律性不清楚；安卓功每方增1尺，在增加0.44功基礎上，每遞加0.02功				

【20.3】

軟門牙頭-護縫軟門、合版用楅軟門

〔20.3.1〕

軟門攏桯雙腰串軟門

軟門一合，上、下、内、外牙頭、護縫、攏桯，雙腰串造，方六尺至一丈六尺。

造作功：

高六尺，六功一分。 如單腰串造，各減一功，用楅軟門同。

高七尺，八功三分。

高八尺，一十功八分。

高九尺，一十三功三分。

高一丈，一十七功。

高一丈一尺，二十功五分。

高一丈二尺，二十四功四分。

高一丈三尺，二十八功七分。

高一丈四尺，三十三功三分。

高一丈五尺，三十八功二分。

高一丈六尺，四十三功五分。

安卓功：

高八尺，二功。 每高增減一尺，各加減五分功；合版用楅軟門同。

軟門攏桯雙腰串軟門造作、安卓功見表20.3.1。

軟門攏桯雙腰串軟門造作、安卓功　　表20.3.1

門高	造作功	單腰串造造作功	安卓功	備注
軟門一合，上、下、内、外牙頭、護縫、攏桯，雙腰串造，方六尺至一丈六尺。如單腰串造，各減一功				
攏桯雙腰串造		單腰串造（用楅軟門）		
6尺	6.1功	5.1功	1功	遞減0.5功
7尺	8.3功	7.3功	1.5功	減0.5功
8尺	10.8功	9.8功	2功	以高8尺爲準
9尺	13.3功	12.3功	2.5功	增0.5功

續表

門高	造作功	單腰串造造作功	安卓功	備注
10尺	17功	16功	3功	遞增0.5功
11尺	20.5功	19.5功	3.5功	遞增下同
12尺	24.4功	23.4功	4功	
13尺	28.7功	27.7功	4.5功	
14尺	33.3功	32.3功	5功	
15尺	38.2功	37.2功	5.5功	
16尺	43.5功	42.5功	6功	

〔20.3.2〕

軟門合版用楅軟門

軟門一合，上、下牙頭、護縫，合版用楅造，方八尺至一丈三尺。

造作功：

高八尺，一十一功。

高九尺，一十四功。

高一丈，一十七功五分。

高一丈一尺，二十一功七分。

高一丈二尺，二十五功九分。

高一丈三尺，三十功四分。

軟門合版用楅軟門造作、安卓功見表20.3.2。

軟門合版用楅軟門造作、安卓功 表20.3.2

門高	造作功	備注	安卓功	備注
軟門一合，上、下牙頭、護縫，合版用楅造，方八尺至一丈三尺。安卓功，高八尺，二功				
8尺	11功	以此爲基數	2功	以高8尺爲準
9尺	14功	加2功	2.5功	增0.5功
10尺	17.5功	加3.5功	3功	遞增0.5功
11尺	21.7功	加4.2功	3.5功	遞增下同
12尺	25.9功	加4.2功	4功	
13尺	30.4功	加4.5功	4.5功	

【20.4】
破子櫺窗

破子櫺窗一坐，高五尺，子桯長七尺。

造作，三功三分。額、腰串、立頰在内。

窗上横鈐、立旌，共二分功。横鈐三條，共一分功；立旌二條，共一分功；若用槫柱，準立旌。下同。

窗下障水版、難子，共二功一分。障水版、難子，一功七分；心柱二條，共一分五厘功；槫柱二條，共一分五厘功；地栿一條，一分功。

窗下或用牙頭、牙脚、填心，共六分功。牙頭三枚，牙脚六枚，共四分功；填心三枚，共二分功。

安卓，一功。

窗上横鈐、立旌，共一分六厘功。横鈐三條，共八厘功；立旌二條，共八厘功。

窗下障水版、難子，共五分六厘功。障水版、難子，共三分功；心柱、槫柱，各二條，共二分功；地栿一條，六厘功。

窗下或用牙頭、牙脚、填心，共一分五厘功。牙頭三枚，牙脚六枚，共一分功；填心三枚，共五厘功。

上文“窗上横鈐、立旌，共一分六厘功”，傅建工合校本在此條後標有注：“熹年謹按：此三行（1）後丁本均脱文，據故宫本補。四庫本、張本、陶本均不脱。”①

破子櫺窗造作、安卓功見表20.4.1。

破子櫺窗造作、安卓功　　表20.4.1

破子櫺窗，一坐，高五尺，子桯長七尺額、腰串、立頰在内。造作功，共三功三分				
窗上横鈐、立旌 共0.2功	横鈐3條	立旌2條	若用槫柱	
	0.1功	0.1功	準立旌	
窗下障水版、難子 共2.1功	障水版、難子	心柱2條	槫柱2條	地栿1條
	1.7功	0.15功	0.15功	0.1功
窗下用牙頭、牙脚、填心 共0.6功	牙頭3枚	牙脚6枚	填心3枚	
	共0.4功		共0.2功	
破子櫺窗，安卓功，共一功				
窗上横鈐、立旌 共0.16功	横鈐3條	立旌2條		
	共0.08功	共0.08功		
窗下障水版、難子 共0.56功	障水版、難子	心柱2條	槫柱2條	地栿1條
	共0.3功	共0.2功		0.06功
窗下用牙頭、牙脚、填心 共0.15功	牙頭3枚	牙脚6枚	填心3枚	
	共0.1功		共0.05功	
表中造作功之和爲2.9功；安卓功之和爲0.87功；與總用功數不合，似因未含額、腰串、立頰等功				

① [宋]李誡，傅熹年校注．合校本營造法式．第582頁．小木作功限一．破子櫺窗．注1．中國建築工業出版社．2020年

【20.5】
睒電窗

睒電窗一坐，長一丈，高三尺。

造作，一功五分。

安卓，三分功。

【20.6】
版櫺窗

版櫺窗一坐，高五尺，長一丈。

造作，一功八分。

窗上横鈐、立旌，準破子櫺窗内功限。

窗下地栿、立旌，共二分功。地栿一條，一分功；立旌二條，共一分功；若用槫柱，準立旌。下同。

安卓，五分功。

窗上横鈐、立旌，同上。

窗下地栿、立旌，共一分四厘功。地栿一條，六厘功；立旌二條，共八厘功。

睒電窗、版櫺窗造作、安卓功見表20.6.1。

睒電窗、版櫺窗造作、安卓功　　表20.6.1

睒電窗，一坐，長一丈，高三尺				備注
睒電窗造作功	1.5功	睒電窗安卓功	0.3功	
版櫺窗，一坐，高五尺，長一丈。造作功一功八分				
窗上横鈐、立旌共0.2功	横鈐3條	立旌2條	若用槫柱	版櫺窗諸名件造作功之和爲0.4功
	0.1功	0.1功	準立旌	
窗下地栿、立旌共0.2功	地栿1條	立旌2條	若用槫柱	
	0.1功	共0.1功	準立旌	
版櫺窗，安卓功五分功				
窗上横鈐、立旌共0.2功	横鈐3條	立旌2條		版櫺窗諸名件安卓功之和爲0.34功
	0.1功	0.1功		
窗下地栿、立旌共0.14功	地栿1條	立旌2條		
	0.06功	0.08功		

【20.7】
截間版帳

截間牙頭護縫版帳，高六尺至一丈，每廣一丈一尺，若廣增減者，以本功分數加減之。

造作功：

高六尺，六功。每高增一尺，則加一功；若添腰串，加一分四厘功；添槏柱，加三分功。

安卓功：

高六尺，二功一分。每高增一尺，則加三分功；若添腰串，加八厘功；添槏柱，加一分五厘功。

上文"造作功"條小注"添槏柱"，徐注："'陶本'作'添榑柱'。"[①]陳注："槏，丁本。"[②]傅書局合校本注："槏，四庫本亦作'槏'，陶本誤'榑'，不取。"[③]傅建工合校本注："劉批陶本：據故宮本、文津四庫本作'槏'。陶本誤作'榑'，不取。"[④]

截間版帳造作、安卓功見表20.7.1。

截間版帳造作、安卓功　　表20.7.1

截間牙頭護縫版帳，高六尺至一丈，每廣一丈一尺						
截間版帳高	造作功	添腰串	添槏柱	安卓功	添腰串	添槏柱
6尺	6功	6.14功	6.44功	2.1功	2.18功	2.33功
7尺	7功	7.14功	7.44功	2.4功	2.48功	2.63功
8尺	8功	8.14功	8.44功	2.7功	2.78功	2.93功
9尺	9功	9.14功	9.44功	3功	3.08功	3.23功
10尺	10功	10.14功	10.44功	3.3功	3.38功	3.53功
本表以截間版帳每廣11尺計，若廣增減者，以本功分數加減之。但如何加減，尚不清楚						

【20.8】
照壁屏風骨截間屏風骨、四扇屏風骨

截間屏風，每高廣各一丈二尺，

造作，一十二功；如作四扇造者，每一功加二分功；

安卓，二功四分。

【20.9】
隔截橫鈐、立旌

隔截橫鈐、立旌，高四尺至八尺，每廣一丈一尺，若廣增減者，以本功分數加減之。

造作功：

高四尺，五分功。每高增一尺，則加一分功；若不用額，減一分功。

安卓功：

高四尺，三分六厘功。每高增一尺，則加九厘功；若不用額，減六厘功。

照壁屏風骨、隔截橫鈐、立旌造作、安卓功見表20.9.1。

① 梁思成. 梁思成全集. 第七卷. 第313頁. 小木作功限一. 截間版帳. 脚注1. 中國建築工業出版社. 2001年

② [宋]李誡. 營造法式（陳明達點注本）. 第二册. 第230頁. 小木作功限一. 截間版帳. 批注. 浙江攝影出版社. 2020年

③ [宋]李誡，傅熹年彙校. 營造法式合校本. 第四册. 小木作功限一. 截間版帳. 校注. 中華書局. 2018年

④ [宋]李誡，傅熹年校注. 合校本營造法式. 第585頁. 小木作功限一. 截間版帳. 注1. 中國建築工業出版社. 2020年

照壁屏風骨、隔截横鈐、立旌造作、安卓功　　表20.9.1

截間屏風骨、四扇屏風骨				
截間屏風 每高、廣各12尺	造作功	四扇造者	安卓功	四扇造者
	12功	14.4功	2.4功	未詳
隔截横鈐、立旌，高4尺至8尺，每廣11尺				
隔截横鈐、立旌	造作功	若不用額	安卓功	若不用額
4尺	0.5功	0.4功	0.36功	0.30功
5尺	0.6功	0.5功	0.45功	0.39功
6尺	0.7功	0.6功	0.54功	0.48功
7尺	0.8功	0.7功	0.63功	0.57功
8尺	0.9功	0.8功	0.72功	0.66功
本表以隔截横鈐、立旌每廣11尺計，若廣增减者，以本功分數加减之。但如何加减，尚不清楚				

【20.10】露籬

露籬，每高、廣各一丈，

造作，四功四分。内版屋二功四分；立旌、横鈐等，二功。**若高减一尺，即减三分功；**版屋减一分，餘减二分；**若廣减一尺，即减四分四厘功；**版屋减二分四厘，餘减三分；**加亦如之。若每出際造垂魚、惹草、搏風版、垂脊，加五分功。**

安卓，一功八分。内版屋八分，立旌、横鈐等，一功。**若高减一尺，即减一分五厘功；**版屋减五厘，餘减一分；**若廣减一尺，即减一分八厘功；**版屋减八厘，餘减一分；**加亦如之。若每出際造垂魚、惹草、搏風版、垂脊，加二分功。**

上文小注"版屋减二分四厘，餘减三分"，徐注："'陶本'作'二分'。"[①]

露籬造作、安卓功見表20.10.1。

露籬造作、安卓功　　表20.10.1

露籬 每高10尺，廣10尺	造作功	若高减1尺	若廣减1尺	垂魚、惹草、搏風版、垂脊
	4.4功	减0.3功	减0.44功	加0.5功
内版屋造作	2.4功	2.3功	2.16功	若出際造 造作功4.9功
立旌、横鈐等	2功	1.8功	1.7功	

① 梁思成．梁思成全集．第七卷．第313頁．小木作功限一．露籬．脚注2．中國建築工業出版社．2001年

續表

<table>
<tr><td rowspan="2">露籬
安卓功限</td><td>安卓功</td><td>若高減1尺</td><td>若廣減1尺</td><td>垂魚、惹草、搏風版、垂脊</td></tr>
<tr><td>1.8功</td><td>1.65功（減0.15功）</td><td>1.62功（減0.18功）</td><td>加0.2功</td></tr>
<tr><td>内版屋安卓</td><td>0.8功</td><td>0.75功</td><td>0.72功</td><td rowspan="2">若出際造
安卓功2功</td></tr>
<tr><td>立旌、横鈐等</td><td>1功</td><td>0.9功</td><td>0.9功</td></tr>
</table>

【20.11】
版引檐

版引檐，廣四尺，每長一丈，

造作，三功六分；

安卓，一功四分。

【20.12】
水槽

水槽，高一尺，廣一尺四寸，每長一丈，

造作，一功五分；

安卓，五分功。

【20.13】
井屋子

井屋子，自脊至地，共高八尺，井匱子高一尺二寸在内，**方五尺。**

造作，一十四功。攏裹在内。

【20.14】
地棚

地棚一間，六椽，廣一丈一尺，深二丈二尺，

造作，六功；

鋪放、安釘，三功。

版引檐、水槽、井屋子、地棚造作、安卓功見表20.14.1。

版引檐、水槽、井屋子、地棚造作、安卓功　　表20.14.1

小木作	尺寸	造作功	安卓功	備注
版引檐	廣4尺，每長10尺	3.6功	1.4功	
水槽	高1尺，廣1.4尺，每長10尺	1.5功	0.5功	
井屋子	自脊至地，共高8尺，方5尺（含井匱子高1.2尺）	14功	造作含攏裹功	“攏裹”義近“安卓”
地棚	六椽，廣11尺，深22尺	6功	3功	鋪放、安釘

第21章

《營造法式》卷第二十一

——小木作功限二

營造法式卷第二十一

通直郎管修蓋皇弟外第專一提舉修蓋班直諸軍營房等臣李誡奉

聖旨編修

小木作功限二

格子門（四斜毬文格子　四斜毬文上出條桱重格眼　四直方格眼　版壁　兩明格子）

闌檻鉤窗　殿內截間格子

堂閣內截間格子　殿閣照壁版

障日版　廊屋照壁版

胡梯　垂魚惹草

栱眼壁版　裹栿版

擗簾竿　護殿閣檐竹網木貼

平棊　鬬八藻井

小鬬八藻井　拒馬义子

义子　鉤闌（重臺鉤闌　單鉤闌）

棵籠子　井亭子

牌

【21.0】
本章導言

透過諸小木作功限所隱含的信息，除能了解古人加工這些構件所需的功限外，還能了解諸多古代建築設計信息，如一間四斜毬文格子門高、廣尺寸，或一間殿内截間格子高、廣尺寸，其中無疑隱含了房屋開間或進深尺寸。

從胡梯高度與拽脚尺寸，即踏數，可了解古人在室内設梯之坡度及每一踏階高寬的尺寸。裹栿版長、廣尺寸，給出了殿槽内及副階内梁栿的長度與截面高度。

鬬八藻井，結合功限給出的方井、中腰八角井、上層鬬八等尺寸及其上所用鋪作中的栱、昂情況，可給出一坐宋代鬬八藻井相當詳細的設計信息。鉤闌及其主要構件尺寸，對于理解一組宋代鉤闌，亦具同等重要價值。

【21.1】
格子門四斜毬文格子、四斜毬文上出條桱重格眼、四直方格眼版壁、兩明格子

〔21.1.1〕
四斜毬文格子門

四斜毬文格子門，一間，四扇，雙腰串造；高一丈，廣一丈二尺。

造作功：額、地栿、槫柱在内。如兩明造者，每一功加七分功。其四直方格眼及格子門桯準此。

四混、中心出雙線；

破瓣雙混、平地出雙線；

右（上）各四十功。若毬文上出條桱重格眼造，即加二十功。

四混、中心出單線；

破瓣雙混、平地出單線；

右（上）各三十九功。

通混、出雙線；

通混、出單線；

通混、壓邊線；

素通混；

方直破瓣；

右（上）通混、出雙線者，三十八功。餘各遞減一功。

安卓，二功五分。若兩明造者，每一功加四分功。

四斜毬文格子門造作、安卓功見表21.1.1。

四斜毬文格子門造作、安卓功　　表21.1.1

四斜毬文格子門	造作功（額、地栿、槫柱在内）			安卓功		備注
一間，四扇，雙腰串造；高10尺，廣12尺	四斜毬文格子門	兩明造者每1功加7分	毬文上出條桱重格眼	格子門	兩明造	安卓疑爲總功
	總338功	總574.6功	總518功	2.5功	3.5功	
四混、中心出雙線	40功	68功	60功			
破瓣雙混、平地出雙線	40功	68功	60功			
四混、中心出單線	39功	66.3功	59功			
破瓣雙混、平地出單線	39功	66.3功	59功			
通混、出雙線	38功	64.6功	58功			
通混、出單線	37功	62.9功	57功			
通混、壓邊線	36功	61.2功	56功			
素通混	35功	59.5功	55功			
方直破瓣	34功	57.8功	54功			

〔21.1.2〕
四直方格眼格子門

四直方格眼格子門，一間，四扇，各高一丈，共廣一丈一尺，雙腰串造。

造作功：

格眼，四扇：

四混、絞雙線，二十一功。

四混、出單線；

麗口、絞瓣、雙混、出邊線；

右（上）各二十功。

麗口、絞瓣、單混、出邊線，一十九功。

一混、絞雙線，一十五功。

一混、絞單線，一十四功。

一混、不出線；

麗口、素絞瓣；

右（上）各一十三功。

平地出線，一十功。

四直方絞眼，八功。

上文“麗口、絞瓣、雙混、出邊線；右（上）各二十功”條，傅建工合校本注：“熹年謹按：此二行張本、丁本均脱失，故宫本、四庫本不脱，陶本據四庫本補入。”①

四直方格眼格子門造作、安卓功見表21.1.2。

① [宋]李誡，傅熹年校注．合校本營造法式．第597頁．小木作功限二．格子門．注1．中國建築工業出版社．2020年

四直方格眼格子門造作、安卓功 表21.1.2

四直方格眼格子門	造作功（額、地栿、槫柱在内）		安卓功		備注
一間，四扇， 各高10尺，共廣11尺， 雙腰串造	格眼，四扇	兩明造者 每1功加7分	格子門	兩明造	安卓功 事件在内
	總153功	總260.1功	2.5功	未詳	
四混、絞雙線	21功	35.7功			
四混、出單線	20功	34功			
麗口、絞瓣、雙混、出邊線	20功	34功			
麗口、絞瓣、單混、出邊線	19功	32.3功			
一混、絞雙線	15功	25.5功			
一混、絞單線	14功	23.8功			
一混、不出線	13功	22.1功			
麗口、素絞瓣	13功	22.1功			
平地出線	10功	17功			
四直方絞眼	8功	13.6功			

〔21.1.3〕

格子門桯

格子門桯：事件在内。如造版壁，更不用格眼功限。於腰串上用障水版，加六功。若單腰串造，如方直破瓣，減一功；混作出線，減二功。

四混、出雙線；

破瓣、雙混、平地、出雙線；

右（上）各一十九功。

四混、出單線；

破瓣、雙混、平地、出單線；

右（上）各一十八功。

一混、出雙線；

一混、出單線；

通混、壓邊線；

素通混；

方直破瓣攛尖；

右（上）一混出雙線，一十七功；餘各遞減一功。其方直破瓣，若叉瓣造，又減一功。

安卓功：

四直方格眼格子門一間，高一丈，廣一丈一尺，事件在内，**共二功五分。**

格子門桯造作、安卓功見表21.1.3。

格子門桯造作、安卓功 表21.1.3

格子門桯	造作功				備注
如造版壁，更不用格眼功限。於腰串上用障水版，加6功。單腰串造，如方直破瓣，減1功；混作出線，減2功	格子門桯	腰串上用障水版	單腰串造方直破瓣	混作出線	安卓功疑與格子門安卓功合
	總149功	總155功	總148功	總147功	
四混、出雙線	19功				
破瓣、雙混、平地、出雙線	19功				
四混、出單線	18功				
破瓣、雙混、平地、出單線	18功				
一混、出雙線	17功				
一混、出單線	16功				
通混、壓邊線	15功				
素通混	14功				
方直破瓣攛尖	13功				
與四斜毬文格子門及四直方格眼格子門同，格子門桯，如兩明造者，亦須每1功，加0.7功					

【21.2】
闌檻、鉤窗

〔21.2.1〕
鉤窗

鉤窗，一間，高六尺，廣一丈二尺；三段造。

造作功：安卓事件在內。

四混、絞雙線，一十六功。

四混、絞單線；

麗口、絞瓣、瓣內雙混，**面上出線；**

右（上）各一十五功。

麗口、絞瓣、瓣內單混，**面上出線；一十四功。**

一混、雙線，一十二功五分。

一混、單線，一十一功五分。

麗口、絞素瓣；

一混、絞眼；

右（上）各一十一功。

方絞眼，八功。

安卓，一功三分。

上文“鉤窗”，傅書局合校本注：改“鉤”爲“釣”，并注：“釣，據故宫本。”[①]傅建工合校本注：“熹年謹按：‘釣’陶本誤作‘鉤’，據故宫本、四庫本改。”[②]

鉤窗造作、安卓功見表21.2.1。

① [宋]李誡，傅熹年彙校．營造法式合校本．第四册．小木作功限二．闌檻鉤窗．校注．中華書局．2018年

② [宋]李誡，傅熹年校注．合校本營造法式．第599頁．小木作功限二．闌檻釣窗．注1．中國建築工業出版社．2020年

鉤窗造作、安卓功　表21.2.1

鉤窗	造作功	安卓功	備注
一間，高6尺，廣12尺，三段造	總114功	1.3功	安卓功疑爲總功
四混、絞雙線	16功		
四混、絞單線	15功		
麗口、絞瓣、（瓣内雙混）面上出線	15功		
麗口、絞瓣、（瓣内單混）面上出線	14功		
一混、雙線	12.5功		
一混、單線	11.5功		
麗口、絞素瓣	11功		
一混、絞眼	11功		
方絞眼	8功		

〔21.2.2〕

闌檻

闌檻，一間，高一尺八寸，廣一丈二尺。

造作，共一十功五厘。檻面版，一功二分；鵞項，四枚，共二功四分；雲栱，四枚，共二功；心柱，二條，共二分功；槫柱，二條，共二分功；地栿，三分功；障水版，三片，共六分功；托柱，四枚，共一功六分；難子，二十四條，共五分功；八混尋杖，一功五厘；其尋杖若六混，減一分五厘功；四混減三分功；一混減四分五厘功。

安卓，二功二分。

闌檻造作、安卓功見表21.2.2。

闌檻造作、安卓功　表21.2.2

闌檻	造作功	安卓功	備注
一間，高1.8尺，廣12尺	共10.05功	2.2功	安卓功爲總功
檻面版	1.2功		
鵞項，4枚	共2.4功		
雲栱，4枚	共2功		
心柱，2條	共0.2功		
槫柱，2條	共0.2功		
地栿	0.3功		
障水版，3片	共0.6功		

續表

闌檻	造作功	安卓功	備注
托柱，4枚	共1.6功		
難子，24條	共0.5功		
八混尋杖	1.05功		
六混尋杖	0.9功		
四混尋杖	0.75功		
一混尋杖	0.6功		

【21.3】
殿内截間格子

殿内截間四斜毬文格子，一間，單腰串造，高、廣各一丈四尺，心柱、槫柱等在内。

造作，五十九功六分；

安卓，七功。

上文小注"心柱、槫柱等在内"，陶本："心枓、槫柱等在内"，徐注："'陶本'作'枓'，誤。"[①]陳注："'枓'應作'柱'。"[②]傅書局合校本注：改"枓"爲"柱"，并注："柱，誤作'枓'。"[③]傅建工合校本注："熹年謹按：'柱'陶本誤作'枓'，據故宫本、四庫本、張本改。"[④]

【21.4】
堂閣内截間格子

堂閣内截間四斜毬文格子，一間，高一丈，廣一丈一尺，槫柱在内，**額子泥道，雙扇門造。**

造作功：

破瓣撺尖，瓣内雙混，面上出心線、壓邊線，四十六功；

破瓣撺尖，瓣内單混，四十二功；

方直破瓣撺尖，四十功。方直造者減二功。

安卓，二功五分。

【21.5】
殿閣照壁版

殿閣照壁版，一間，高五尺至一丈一尺，廣一丈四尺。如廣增減者，以本功分數加減之。

造作功：

高五尺，七功。每高增一尺，加一功四分。

安卓功：

高五尺，二功。每高增一尺，加四分功。

殿内截間格子、堂閣内截間格子、殿閣照壁版造作、安卓功見表21.5.1。

① 梁思成. 梁思成全集. 第七卷. 第317頁. 小木作功限二. 殿内截間格子. 脚注1. 中國建築工業出版社. 2001年

② [宋]李誡. 營造法式（陳明達點注本）. 第二册. 第243頁. 小木作功限二. 殿内截間格子. 批注. 浙江攝影出版社. 2020年

③ [宋]李誡，傅熹年彙校. 營造法式合校本. 第四册. 小木作功限二. 殿内截間格子. 校注. 中華書局. 2018年

④ [宋]李誡，傅熹年校注. 合校本營造法式. 第600頁. 小木作功限二. 殿内截間格子. 注1. 中國建築工業出版社. 2020年

殿内截間格子、堂閣内截間格子、殿閣照壁版造作、安卓功　　表21.5.1

殿内截間四斜毬文格子	造作功（心柱、槫柱等在内）	安卓功	備注
一間，單腰串造，高、廣各14尺	59.6功	7功	
堂閣内截間四斜毬文格子	**造作功（槫柱在内）**	**安卓功**	**備注**
一間，高10尺，廣11尺，額子泥道，雙扇門造		2.5功	安卓功爲總功
破瓣攛尖，瓣内雙混面上出心線、壓邊線	46功		
破瓣攛尖，瓣内單混	42功		
方直破瓣攛尖	40功		
方直造者	38功		
殿閣照壁版	**造作功**	**安卓功**	**備注**
一間，高5尺至11尺，廣14尺	每高增1尺，加1.4功	每高增1尺，加0.4功	
高5尺	7功	2功	
高6尺	8.4功	2.4功	
高7尺	9.8功	2.8功	
高8尺	11.2功	3.2功	
高9尺	12.6功	3.6功	
高10尺	14功	4功	
高11尺	15.4功	4.4功	

【21.6】
障日版

障日版，一間，高三尺至五尺，廣一丈一尺。如廣增減者，即以本功分數加減之。

造作功：

高三尺，三功。每高增一尺，則加一功。若用心柱、槫柱、難子、合版造；則每功各加一分功。

安卓功：

高三尺，一功二分。每高增一尺，則加三分功。若用心柱、槫柱、難子、合版造，則每功減二分功。下同。

上文“高三尺，一功二分”，傅建工合校本注：“熹年謹按：此下注文三十字丁本脱，故宫本、四庫本、張本不脱。陶本據四庫本補。”[①]

障日版造作、安卓功見表21.6.1。

① [宋]李誡，傅熹年校注．合校本營造法式．第603頁．小木作功限二．障日版．注1．中國建築工業出版社．2020年

障日版造作、安卓功 表21.6.1

障日版	造作功		安卓功		備注
一間，高3尺至5尺， 廣11尺。 如廣增減者， 即以本功分數加減之	每高增1尺 則加1功		每高增1尺 加0.3功		用心柱等 每功加減 下同
	用心柱、槫柱、難子、合版造 每功各加0.1功		用心柱、槫柱、難子、合版造 每功減0.2功		
高3尺	3功	3.3功	1.2功	1功	
高4尺	4功	4.4功	1.5功	1.3功	
高5尺	5功	5.5功	1.8功	1.6功	

【21.7】
廊屋照壁版

廊屋照壁版，一間，高一尺五寸至二尺五寸，廣一丈一尺。如廣增減者，即以本功分數加減之。

造作功：

高一尺五寸，二功一分。每增高五寸，則加七分功。

安卓功：

高一尺五寸，八分功。每增高五寸，則加二分功。

上文小注“如廣增減者，即以”之“以”字，傅建工合校本注：“劉校故宫本：故宫本、丁本皆作‘一’，依文義及前後例應爲‘以’字。熹年謹按：張本亦誤作‘一’。然文津四庫本即作‘以’，陶本不誤。”①

廊屋照壁版造作、安卓功見表21.7.1。

廊屋照壁版造作、安卓功 表21.7.1

廊屋照壁版	造作功	安卓功	備注
一間，高1.5尺至2.5尺， 廣11尺。 如廣增減者， 即以本功分數加減之	每高增0.5尺 加0.7功	每高增0.5尺 加0.2功	
高1.5尺	2.1功	0.8功	
高2尺	2.8功	1功	
高2.5尺	3.5功	1.2功	

① [宋]李誡，傅熹年校注．合校本營造法式．第604頁．小木作功限二．廊屋照壁版．注1．中國建築工業出版社．2020年

【21.8】
胡梯

胡梯，一坐，高一丈，拽脚長一丈，廣三尺，作十三踏，用料子蜀柱單鉤闌造。

造作，一十七功；

安卓，一功五分。

關于上文“作十三踏”，徐注：“‘陶本’作‘十二’。”[①]傅書局合校本改爲：“作十二踏”。[②]

【21.9】
垂魚、惹草

垂魚，一枚，長五尺，廣三尺。

造作，二功一分；

安卓，四分功。

惹草，一枚，長五尺。

造作，一功五分；

安卓，二分五厘功。

胡梯、垂魚、惹草造作、安卓功見表21.9.1。

胡梯、垂魚、惹草造作、安卓功　　表21.9.1

胡梯	造作功	安卓功	備注
一坐，高10尺，拽脚長10尺，廣3尺，作12踏	用料子蜀柱單鉤闌造		
	17功	1.5功	
垂魚	造作功	安卓功	備注
一枚，長5尺，廣3尺	2.1功	0.4功	
惹草	造作功	安卓功	備注
一枚，長5尺	1.5功	0.25功	

【21.10】
栱眼壁版

栱眼壁版，一片，長五尺，廣二尺六寸。於第一等材栱内用。

造作，一功九分五厘；若單栱内用，於三分中減一分功；若長加一尺，增三分五厘功；材加一等，增一分三厘功；

安卓，二分功。

上文小注“於第一等材栱内用”，陳注：“‘一’應爲‘四’”[③]，據陳先生，此處應爲：“於第四等材栱内用”。傅書局合校本注：改“第一”爲“第三”，并注：“三，故宫本。”[④]故其注文應爲：“於第三等材栱内用”。未知陳先生之所據？傅書局合校本依“故宫本”改。傅建工合校本注：“劉校故宫本：此字故宫本、丁本均空缺，陶本作‘一’。按栱

① 梁思成．梁思成全集．第七卷．第317頁．小木作功限二．胡梯．脚注2．中國建築工業出版社．2001年

② [宋]李誡，傅熹年彙校．營造法式合校本．第四册．小木作功限二．胡梯．校注．中華書局．2018年

③ [宋]李誡．營造法式（陳明達點注本）．第二册．第247頁．小木作功限二．栱眼壁版．批注．浙江攝影出版社．2020年

④ [宋]李誡，傅熹年彙校．營造法式合校本．第四册．小木作功限二．栱眼壁版．校注．中華書局．2018年

眼壁版分單栱、重栱兩類，見卷第三十四彩畫作制度圖樣。依大木枓栱結構，單栱者高三十三分°，重栱者高五十四分°，此云高二尺六寸，决非單栱内之栱眼壁版，因一等材以六分爲一分°，三十三分°合一尺九寸八分，視此稍低，應爲三等材之重栱栱眼壁版。故從'三'。熹年謹按：文津四庫本誤作'一'，張本空格，因據劉校故宫本改。"①

參照《法式》卷第七"小木作制度二・栱眼壁版"，"造栱眼壁版之制"條所言："造栱眼壁版之制：於材下額上兩栱頭相對處鑿池槽，隨其曲直，安版於池槽之内。其長廣皆以枓栱材分爲法。"這段文字之後，分别給出了重栱眼壁版、單栱眼壁版的廣厚尺寸。但梁先生認爲，其文所給出的幾個尺寸都有問題。陳、傅兩位先生對其文所給之數也有異議。

以一等材，分°值爲0.6寸，則一片栱眼壁版，其"廣二尺六寸"，可折合爲43.3分°有餘，與兩材兩栔（42分°）尺寸略有差異。其兩鋪作之間距離，即栱眼壁版之廣爲5尺，可折合爲83.3分°有餘。其栱眼壁版之長，若以闌額或普拍方上鋪作間所留最大空隙計之，應在其廣之上，加兩朵柱頭鋪作的各自的半個櫨枓之廣，與補間鋪作一個櫨枓之廣，即爲兩柱柱縫之間的間距。以櫨枓廣20分°計，則兩柱之間的開間距離爲：（83.3+20）×2=206.6分°，仍以一等材，反算回其尺之長，當爲12.4尺。

若爲三等材，分°值爲0.5寸，其2.6尺之廣，可折合爲52分°，較兩材兩栔恰多出10分°（42分°+10分°），似更符合在五鋪作出兩卷頭之兩材兩栔的高度上，再加上其下櫨枓所餘高度。而其長5尺，則可折合爲100分°，其栱眼壁版，仍以鋪作底部計起，則其兩柱之間的間距，仍以兩朵柱頭鋪作櫨枓，各廣20/2=10分°，一朵補間鋪作櫨枓廣20分°，補間鋪作兩側栱眼壁版，各廣100分°，其兩柱之間的開間距離爲：（100+20）×2=240分°，仍以三等材，反算回其尺長，當爲12尺。

若爲四等材，分°值爲0.48寸，其2.6尺之廣，可折合爲54.2分°，則不足三材兩栔（57分°）。如此，似乎很難得到一個與其分°值相洽的數字。較大可能仍是用三等材或一等材，兩者居其一。

相比較之，以三等材計之，兩柱間距爲12尺，數據十分整齊；以一等材計之，兩柱間距爲12.4尺，作爲房屋開間，亦在可接受的範圍之内，祇是其相應材分數值有一些參差。如此推知，劉、傅兩位先生依故宫本所改之"於第三等材栱内用"，似應更爲合理。

栱眼壁版造作、安卓功見表21.10.1。

① [宋]李誡，傅熹年校注. 合校本營造法式. 第607頁. 小木作功限二. 栱眼壁版. 注1. 中國建築工業出版社. 2020年

栱眼壁版造作、安卓功　　　　表21.10.1

栱眼壁版	造作功				安卓功（三等材）	備注
一片，長5尺，廣2.6尺	三等材	單栱內用（三等材）	二等材	一等材	0.2功	
長5尺	1.95功	1.3功	2.08功	2.21功		以傅先生所改之“於第三等材栱內用”爲準
長6尺	2.3功	1.53功	2.43功	2.56功		
長7尺	2.65功	1.77功	2.78功	2.91功		
長8尺	3功	2功	3.13功	3.26功		
長9尺	3.35功	2.23功	3.48功	3.61功		
長10尺	3.7功	2.47功	3.83功	3.96功		

【21.11】
裹栿版

裹栿版，一副，廂壁兩段，底版一片，

造作功：

殿槽內裹栿版，長一丈六尺五寸，廣二尺五寸，厚一尺四寸，共二十功。

副階內裹栿版，長一丈二尺，廣二尺，厚一尺，共一十四功。

安釘功：

殿槽，二功五厘。副階，減五厘功。

上文“殿槽內裹栿版，長一丈六尺五寸”，陳注：“五等材375份，一材份四分四。”[1]

以五等材，分°值爲0.44寸計，則其長15尺，可折合爲375分°。但未知爲何以五等材爲例？

一等材，分°值0.6寸，其長度可折合爲275分°；

二等材，分°值0.55寸，其長度可折合爲300分°；

三等材，分°值0.5寸，其長度可折合330分°；

惟四等材，分°值爲0.48寸，其長度折合爲343.75分°，不爲整數。

關于其廣“廣二尺五寸”，陳注：“一等”；關于其厚“厚一尺四寸”，陳注“三等”。[2]以廣2.5尺計之，一等材，折合爲41.667分°，難以爲整數。而三等材，則可折合爲50分°，適爲整數。以厚1.4尺計之，一等材，折合爲23.33分°，亦難爲整數。三等材，折合爲28分°，恰爲整數。

四等材、五等材，則這裏的廣、厚尺寸，都無法折合爲整數。故唯有三等材，可將其長、廣、厚均折合爲整數。

① [宋]李誡．營造法式（陳明達點注本）．第二册．第248頁．小木作功限二．裹栿版．批注．浙江攝影出版社．2020年

② [宋]李誡．營造法式（陳明達點注本）．第二册．第248頁．小木作功限二．裹栿版．批注．浙江攝影出版社．2020年

或可由此推測：此處之裹栿版，是以三等材所用梁栿爲標準（長330分°、廣50分°、厚28分°）給出的。

另外，還可以由此推知，房屋之梁栿長度設計，似應適合不同材等，但其栿之斷面廣、厚尺寸，則需依據材等不同，分别加以推算。

上文“副階内裹栿版，長一丈二尺，廣二尺，厚一尺”，陳先生注：“六等材300份。一材份四分。”[①]

以六等材（分°值0.4寸）推之，此副階内裹栿版，長300分°、廣50分°、厚25分°。均爲整數值。

是否有這種可能：據其所舉例證，則這裹的殿槽内梁栿，采用的是三等材？而其副階内梁栿，采用的却是六等材？若果如此，應該是一個較爲重要的古代設計問題。

裹栿版造作、安釘功見表21.11.1。

裹栿版造作、安釘功　　表21.11.1

裹栿版	造作功（一副，厢壁兩段，底版一片）		安釘功	備注
殿槽内裹栿版	長16.5尺，廣2.5尺，厚1.4尺	共20功	2.05功	
副階内裹栿版	長12尺，廣2尺，厚1尺	共14功	2功	

【21.12】
搘簾竿

搘簾竿，一條，並腰串。

造作功：

竿，一條，長一丈五尺，八混造，一功五分。破瓣造，減五分功；方直造，減七分功。

串，一條，長一丈，破瓣造，三分五厘功。方直造，減五厘功。

安卓，三分功。

搘簾竿造作、安卓功見表21.12.1。

搘簾竿造作、安卓功　　表21.12.1

搘簾竿	造作功（一條，並腰串）				安卓功	備注
竿	1條，長15尺	八混造	破瓣造	方直造		
		1.5功	1功	0.8功	0.3功	
串	1條，長10尺		破瓣造	方直造		
			0.35功	0.3功		

① [宋]李誡．營造法式（陳明達點注本）．第二册．第248頁．小木作功限二．裹栿版．批注．浙江攝影出版社．2020年

【21.13】
護殿閣檐竹網木貼

護殿閣檐枓栱雀眼網上、下木貼，每長一百尺，地衣簟貼同。

造作，五分功。地衣簟貼，遶碇之類，隨曲剜造者，其功加倍。安釘同。

安釘，五分功。

護殿閣檐竹網木貼造作、安釘功見表21.13.1。

護殿閣檐竹網木貼造作、安釘功　　表21.13.1

護殿閣檐竹網木貼	造作功		安釘功	備注
護殿閣檐枓栱雀眼網上、下木貼	每長100尺	0.5功	0.5功	
地衣簟貼	每長100尺	0.5功	0.5功	
地衣簟貼，遶碇之類，隨曲剜造者	每長100尺	1功	1功	

【21.14】
平棊

殿内平棊，一段，

造作功：

每平棊於貼内貼絡華文，長二尺，廣一尺，背版桯，貼在内，**共一功；**

安搭，一分功。

平棊造作、安搭功見表21.14.1。

平棊造作、安搭功　　表21.14.1

殿内平棊（1段）	造作功		安搭功	備注
每平棊於貼内貼絡華文	長2尺，廣1尺（背版桯，貼在内）	共1功	0.1功	

【21.15】
鬬八藻井

殿内鬬八，一坐，

造作功：

下鬬四，方井内方八尺，高一尺六寸；

下昂、重栱、六鋪作枓栱，每一朵共二功二分。或衹用卷頭造，減二功。

中腰八角井，高二尺二寸，内徑六尺四寸；枓槽、壓厦版、隨瓣方等事件，共八功。

上層鬬八，高一尺五寸，内徑四尺二寸；内貼絡龍鳳、華版並背版、陽馬等，共二十二功。其龍鳳並彫作計功。

如用平棊制度貼絡華文，加一十二功。

上昂、重栱、七鋪作枓栱，每一朵共三功。如入角，其功加倍；下同。

攏裹功：

上、下昂、六鋪作枓栱，每一朵，五分功。如卷頭者，減一分功。

安搭，共四功。

上文“下鬭四”之“鬭”，陳注：“層”[①]，即“下層四”，未知其所據?

上文“上昂、重栱、七鋪作枓栱”條小注“如入角”，傅建工合校本注：“熹年謹按：‘入’四庫本誤作‘八’，故宮本、張本作‘入’。陶本不誤。”[②]

【21.16】
小鬭八藻井

小鬭八，一坐，高二尺二寸，徑四尺八寸。

造作，共五十二功；

安搭，一功。

鬭八藻井、小鬭八藻井造作、攏裹、安搭功見表21.16.1。

鬭八藻井、小鬭八藻井造作、攏裹、安搭功　　表21.16.1

<table>
<tr><th>殿内鬭八</th><th colspan="3">造作功</th><th>備注</th></tr>
<tr><td rowspan="2">一坐，下鬭四方井内方8尺，高1.6尺</td><td colspan="2">下昂、重栱、六鋪作枓栱，每1朵</td><td>2.2功</td><td rowspan="2"></td></tr>
<tr><td colspan="2">衹用卷頭造，每1朵</td><td>0.2功</td></tr>
<tr><td>中腰八角井，高2.2尺，内徑6.4尺</td><td colspan="2">枓槽、壓厦版、隨瓣方等事件</td><td>8功</td><td></td></tr>
<tr><td rowspan="2">上層鬭八
高1.5尺，内徑4.2尺</td><td colspan="2">内貼絡龍鳳、華版並背版、陽馬等</td><td>22功</td><td></td></tr>
<tr><td colspan="2">其龍鳳並彫作計功，
用平棊制度貼絡華文</td><td>34功</td><td>加12功</td></tr>
<tr><td rowspan="2">上昂、重栱
七鋪作枓栱</td><td>每1朵</td><td>3功</td><td rowspan="2"></td><td rowspan="2"></td></tr>
<tr><td>入角枓栱</td><td>6功</td></tr>
<tr><th colspan="2">鬭八藻井攏裹、安搭</th><th>攏裹功</th><th>安搭功</th><th>備注</th></tr>
<tr><td rowspan="2">上、下昂
六鋪作枓栱</td><td>每1朵</td><td>0.5功</td><td rowspan="2">共4功</td><td rowspan="2"></td></tr>
<tr><td>如卷頭者，每1朵</td><td>0.4功</td></tr>
<tr><th>小鬭八藻井造作、安搭</th><th colspan="2">造作功</th><th>安搭功</th><th>備注</th></tr>
<tr><td>小鬭八，一坐</td><td>高2.2尺，徑4.8尺</td><td>52功</td><td>1功</td><td></td></tr>
</table>

① [宋]李誡. 營造法式(陳明達點注本). 第二册. 第250頁. 小木作功限二. 鬭八藻井. 批注. 浙江攝影出版社. 2020年

② [宋]李誡, 傅熹年校注. 合校本營造法式. 第612頁. 小木作功限二. 鬭八藻井. 注1. 中國建築工業出版社. 2020年

【21.17】
拒馬叉子

拒馬叉子，一間，斜高五尺，間廣一丈，下廣三尺五寸。

造作，四功。如雲頭造，加五分功。

安卓，二分功。

【21.18】
叉子

叉子，一間，高五尺，廣一丈。

造作功：下並用三瓣霞子。

櫺子：

笏頭，方直，串，方直，三功。

挑瓣雲頭，方直，串，破瓣，三功七分。

雲頭，方直，出心線，串，側面出心線，四功五分。

雲頭，方直，出邊線，壓白，串，側面出心線，壓白，五功五分。

海石榴頭，一混，心出單線，兩邊線，串，破瓣，單混，出線，六功五分。

海石榴頭，破瓣，瓣裏單混，面上出心線，串，側面上出心線，壓白邊線，七功。

望柱：

仰覆蓮華，胡桃子，破瓣，混面上出線，一功。

海石榴頭，一功二分。

地栿：

連梯混，每長一丈，一功二分。

連梯混，側面出線，每長一丈，一功五分。

衮砧：每一枚，

雲頭，五分功；

方直，三分功。

托根：每一條，四厘功。

曲根：每一條，五厘功。

安卓，三分功。若用地栿、望柱，其功加倍。

上文“瓣裹單混”，陶本：“瓣裹單混”，陳注：改“裹”爲“裏”。[①]

上文“仰覆蓮華，胡桃子”，陳注：改“華”爲“單”[②]，即其文爲“仰覆蓮，單胡桃子”，未知其據。

拒馬叉子、叉子造作、安卓功見表21.18.1。

拒馬叉子、叉子造作、安卓功　　表21.18.1

拒馬叉子	造作功		安卓功	備注
一間，斜高5尺，間廣10尺，下廣3.5尺	普通拒馬叉子	4功	0.2功	
	如雲頭造	4.5功		

① [宋]李誡．營造法式（陳明達點注本）．第二册．第253頁．小木作功限二．叉子．批注．浙江攝影出版社．2020年

② [宋]李誡．營造法式（陳明達點注本）．第二册．第253頁．小木作功限二．叉子．批注．浙江攝影出版社．2020年

續表

叉子 一間，高5尺，廣10尺	造作功		安卓功	備注
櫺子（笏頭，方直）	串，方直	3功	0.3功	下並用三瓣霞子
挑瓣雲頭，方直	串，破瓣	3.7功		
雲頭，方直，出心線	串，側面出心線	4.5功		
雲頭，方直，出邊線，壓白	串，側面出心線，壓白	5.5功		
海石榴頭，一混 心出單線，兩邊線	串，破瓣，單混，出線	6.5功		
海石榴頭，破瓣 瓣裏單混，面上出心線	串，側面上出心線 壓白邊線	7功		

望柱	造作功		安卓功	備注
仰覆蓮華，胡桃子，破瓣	混面上出線	1功	0.6功	其功加倍
海石榴頭		1.2功		

地栿	造作功		安卓功	備注
連梯混	每長10尺	1.2功	0.6功	其功加倍
連梯混，側面出線	每長10尺	1.5功		
衮砧，每1枚	雲頭	0.5功		
	方直	0.3功		
托棖	每1條	0.04功		
曲棖	每1條	0.05功		

【21.19】
鉤闌重臺鉤闌、單鉤闌

〔21.19.1〕
重臺鉤闌

重臺鉤闌，長一丈爲率，高四尺五寸。

造作功：

角柱，每一枚，一功三分。

望柱，破瓣，仰覆蓮、胡桃子造，**每一條，一功五分。**

矮柱，每一枚，三分功。

華托柱，每一枚，四分功。

蜀柱，癭項，每一枚，六分六厘功。

華盆霞子，每一枚，一功。

雲栱，每一枚，六分功。

上華版，每一片，二分五厘功。下華版，減五厘功，其華文並彫作計功。

地栿，每一丈，二功。

束腰，長同上，**一功二分。**盆脣並八混，尋杖同。其尋杖若六混造，減一分五厘功；四混，減三分功；一混，減四分五厘功。

攏裹：共三功五分。

安卓：一功五分。

上文“角柱，每一枚，一功三分。”徐注：“‘陶本’作‘二’。”[1]即“角柱，每一枚，一功二分。”

重臺鉤闌造作、攏裹、安卓功見表21.19.1。

重臺鉤闌造作、攏裹、安卓功　　表21.19.1

重臺鉤闌	造作功		攏裹功	安卓功	備注
長10尺爲率	高4.5尺	總14.51功	3.5功	1.5功	尋杖僅計八混
角柱	每1枚	1.3功			
望柱（每1條）	破瓣，仰覆蓮、胡桃子造	1.5功			
矮柱	每1枚	0.3功			
華托柱	每1枚	0.4功			
蜀柱，癭項	每1枚	0.66功			
華盆霞子	每1枚	1功			
雲栱	每1枚	0.6功			
上華版	每1片	0.25功			其華文並彫作計功
下華版	每1片	0.2功			
地栿	每10尺	2功			
束腰	每10尺	1.2功			盆唇並八混尋杖同
盆脣	每10尺	1.2功			
八混尋杖	每10尺	1.2功			
尋杖六混造	每10尺	1.05功			
尋杖四混造	每10尺	0.9功			
尋杖一混造	每10尺	0.75功			

〔21.19.2〕

單鉤闌

單鉤闌，長一丈爲率，高三尺五寸。

造作功：

望柱：

海石榴頭，一功一分九厘。

仰覆蓮、胡桃子，九分四厘五毫功。

萬字，每片四字，二功四分。如減一字，即減六分功，加亦如之。如作鉤片，每一功減一分功。若用華版，不計。

托棖，每一條，三厘功。

蜀柱，撮項，每一枚，四分五厘功。蜻蜓頭，減一分功；枓子，減二分功。

地栿，每長一丈四尺，七厘功。盆脣加三厘功。

[1] 梁思成．梁思成全集．第七卷．第320頁．小木作功限二．鉤闌．脚注1．中國建築工業出版社．2001年

華版，每一片，二分功。其華文並彫作計功。

八混尋杖，每長一丈，一功。六混，減二分功；四混，減四分功；一混，減六分七厘功。

雲栱，每一枚，五分功。

卧櫺子，每一條，五厘功。

攏裹：一功。

安卓：五分功。

上文“萬字，每片四字”，傅書局合校本注：“‘萬’，故宫本、張本均作‘萬’。”[①]并注：“四庫本、丁本省作‘万’，字實應作‘卍’，每片四字爲準，加減則有粗細之分。”[②]傅建工合校本注：“朱批陶本：四庫本省作‘萬’字。熹年謹按：故宫本、張本均作‘萬’，故不改。四庫本作‘卍’，録以備考。”[③]

上文小注“蜻蜓頭”，陶本：“青蜓頭”。

單鉤闌造作、攏裹、安卓功見表21.19.2。

單鉤闌造作、攏裹、安卓功　　表21.19.2

單鉤闌	造作功		攏裹功	安卓功	備注
長10尺爲率	高3.5尺	總5.99功	1功	0.5功	僅按一種計總功
望柱	海石榴頭	1.19功			
	仰覆蓮、胡桃子	0.945功			
萬字	每片四字	2.4功			
	如減1字，減0.6功	1.8功			
	如加1字，加0.6功	3功			
	如作鉤片，每1功減0.1功	2.16功			若用華版，不計
托棖	每1條	0.03功			
蜀柱，撮項	每1枚	0.45功			
	蜻蜓頭，每1枚	0.35功			
	科子，每1枚	0.25功			
地栿	每長14尺	0.07功			
盆脣	每長14尺	0.1功			
華版	每一片	0.2功			華文彫作計功
八混尋杖	每長10尺	1功			
六混尋杖	每長10尺	0.8功			
四混尋杖	每長10尺	0.6功			
一混尋杖	每長10尺	0.33功			
雲栱	每1枚	0.5功			
卧櫺子	每1條	0.05功			

① [宋]李誡，傅熹年彙校．營造法式合校本．第四册．小木作功限二．鉤闌．校注．中華書局．2018年

② [宋]李誡，傅熹年彙校．營造法式合校本．第四册．小木作功限二．鉤闌．校注．中華書局．2018年

③ [宋]李誡，傅熹年校注．合校本營造法式．第618頁．小木作功限二．鉤闌．注1．中國建築工業出版社．2020年

【21.20】
棵籠子

棵籠子，一隻，高五尺，上廣二尺，下廣三尺。

造作功：

四瓣，鋜脚、單棍、櫺子，二功。

四瓣，鋜脚、雙棍、腰串、櫺子、牙子，四功。

六瓣，雙棍、單腰串、櫺子、子桯、仰覆蓮華胡桃子，六功。

八瓣，雙棍、鋜脚、腰串、櫺子、垂脚、牙子、柱子、海石榴頭，七功。

安卓功：

四瓣，鋜脚、單棍、櫺子；

四瓣，鋜脚、雙棍、腰串、櫺子、牙子；

右（上）各三分功。

六瓣，雙棍、單腰串、櫺子、子桯、仰覆蓮華胡桃子；

八瓣，雙棍、鋜脚、腰串、櫺子、垂脚、牙子、柱子、海石榴頭；

右（上）各五分功。

梁注："這裏所謂'八瓣''六瓣''四瓣'是指棵籠子平面作八角形、六角形或四方形。其餘'鋜脚''棍''櫺子'等是指所用的各種名件。'仰覆蓮華胡桃子'和'海石榴頭'是指櫺子上端出頭部分的雕飾樣式。"①

上文在造作功與安卓功"六瓣"條中均有"仰覆蓮華胡桃子"，而陶本在安卓功"六瓣"條中則爲"仰覆蓮單胡桃子"。未知是兩種不同的做法，還是文字傳抄中出現的誤寫。傅書局合校本從陶本。②

棵籠子造作、安卓功見表21.20.1。

棵籠子造作、安卓功　　表21.20.1

棵籠子	一隻，高5尺，上廣2尺，下廣3尺		備注
	造作功		
四瓣	鋜脚、單棍、櫺子	2功	
四瓣	鋜脚、雙棍、腰串、櫺子、牙子	4功	
六瓣	雙棍、單腰串、櫺子、子桯、仰覆蓮華胡桃子	6功	
八瓣	雙棍、鋜脚、腰串、櫺子、垂脚、牙子、柱子、海石榴頭	7功	
	安卓功		
四瓣	鋜脚、單棍、櫺子	0.3功	
四瓣	鋜脚、雙棍、腰串、櫺子、牙子	0.3功	
六瓣	雙棍、單腰串、櫺子、子桯、仰覆蓮華胡桃子	0.5功	
八瓣	雙棍、鋜脚、腰串、櫺子、垂脚、牙子、柱子、海石榴頭	0.5功	

① 梁思成. 梁思成全集. 第七卷. 第321頁. 小木作功限二. 棵籠子. 注1. 中國建築工業出版社. 2001年

② [宋]李誡，傅熹年彙校. 營造法式合校本. 第四冊. 小木作功限二. 棵籠子. 正文. 中華書局. 2018年

【21.21】井亭子

井亭子，一坐，鋜脚至脊共高一丈一尺，鴟尾在外，**方七尺。**

造作功：

結瓷、柱木、鋜脚等，共四十五功；

枓栱，一寸二分材，每一朵，一功四分。

安卓：五功。

上文"枓栱"條，陳注："一寸二分材"[①]，當爲標示。

井亭子造作、安卓功見表21.21.1。

井亭子造作、安卓功　　表21.21.1

井亭子，一坐	造作功		安卓功	備注
鋜脚至脊共高11尺，方7尺	結瓷、柱木、鋜脚	共45功	5功	鴟尾在外
枓栱，1.2寸材	每1朵	1.4功		

【21.22】牌

殿、堂、樓、閣、門、亭等牌，高二尺至七尺，廣一尺六寸至五尺六寸。如官府或倉庫等用，其造作功減半；安卓功三分減一分。

造作功：安勘頭、帶、舌内華版在内；

高二尺，六功。每高增一尺，其功加倍。安掛功同。

安掛功：

高二尺，五分功。

上文小注"安卓功三分減一分"之"卓"，陳注："掛，竹本。"[②]似爲與其下文統一？

牌造作、安掛功見表21.22.1。

牌造作、安掛功　　表21.22.1

牌，高2尺至7尺 廣1.6尺至5.6尺	殿、堂、樓、閣、門、亭等牌		官府或倉庫等用		備注
	造作功	安掛功	造作功	安掛功	
高2尺	6功	0.5功	3功	0.33功	安勘頭、帶、舌内華版在内
高3尺	12功	1功	6功	0.67功	
高4尺	24功	2功	12功	1.33功	
高5尺	48功	4功	24功	2.67功	
高6尺	96功	8功	48功	5.33功	
高7尺	192功	16功	96功	10.67功	

① [宋]李誡. 營造法式（陳明達點注本）. 第二册. 第258頁. 小木作功限二. 井亭子. 批注. 浙江攝影出版社. 2020年

② [宋]李誡. 營造法式（陳明達點注本）. 第二册. 第259頁. 小木作功限二. 牌. 批注. 浙江攝影出版社. 2020年

第22章

《營造法式》卷第二十二

——小木作功限三

營造法式卷第二十二

通直郎管修蓋皇弟外第專一提舉修蓋班直諸軍營房等臣李誡奉

聖旨編修

小木作功限三

佛道帳　牙脚帳

九脊小帳　壁帳

【22.0】
本章導言

本章内容爲佛道帳、牙脚帳、九脊小帳、壁帳等室内小木作裝修各部分造作、安卓所用的功限。其中也給出了諸種木“帳”之基本構造及相應的高、廣尺寸，對了解宋代這類小木作裝修各部件構成做法及尺寸，頗有裨益。

【22.1】
佛、道帳

佛、道帳，一坐，下自龜脚，上至天宫鴟尾，共高二丈九尺。

〔22.1.1〕
帳坐

坐：高四尺五寸，間廣六丈一尺八寸，深一丈五尺。

造作功：

車槽上、下澁，坐面、猴面澁，芙蓉瓣造，每長四尺五寸；

子澁，芙蓉瓣造，每長九尺；

卧棍，每四條；

立棍，每一十條；

上、下馬頭棍，每一十二條；

車槽澁並芙蓉華版，每長四尺；

坐腰並芙蓉華版，每長三尺五寸；

明金版芙蓉華瓣，每長二丈；

拽後棍，每一十五條；羅文棍同；

柱脚方，每長一丈二尺；

榻頭木，每長一丈三尺；

龜脚，每三十枚；

枓槽版並鑰匙頭，每長一丈二尺；壓厦版同；

鈿面合版，每長一丈，廣一尺；

右（上）各一功。

貼絡門窗並背版，每長一丈，共三功。

紗窗上五鋪作，重栱、卷頭枓栱；每一朵，二功。方桁及普拍方在内。若出角或入角者，其功加倍。腰檐、平坐同。諸帳及經藏準此。

攏裹：一百功。

安卓：八十功。

關于上文“榻頭木”條之“榻”，傅書局合校本改“榻”爲“楷”[①]，又補注：“故宫本作‘榻’。”[②]據傅先生注，其文似應爲“楷頭木”。

佛、道帳帳坐造作、攏裹、安卓功見表22.1.1。

① [宋]李誡，傅熹年彙校. 營造法式合校本. 第四册. 小木作功限三. 佛道帳. 校注. 中華書局. 2018年

② [宋]李誡，傅熹年彙校. 營造法式合校本. 第四册. 小木作功限三. 佛道帳. 校注. 中華書局. 2018年

佛、道帳帳坐造作、攏裹、安卓功　表22.1.1

佛、道帳，一坐，下自龜脚，上至天宮鴟尾，共高二丈九尺				
帳坐：高4.5尺，間廣61.8尺，深15尺	造作功		攏裹功	安卓功
車槽上、下澁，坐面、猴面澁，芙蓉瓣造	每長4.5尺	1功	100功	80功
子澁，芙蓉瓣造	每長9尺	1功		
卧棍	每4條	1功		
立棍	每10條	1功		
上、下馬頭棍	每12條	1功		
車槽澁並芙蓉華版	每長4尺	1功		
坐腰並芙蓉華版	每長3.5尺	1功		
明金版芙蓉華瓣	每長20尺	1功		
拽後棍	每15條	1功		
羅文棍	每15條	1功		
柱脚方	每長12尺	1功		
榻頭木	每長13尺	1功		
龜脚	每30枚	1功		
枓槽版並鑰匙頭	每長12尺	1功		
壓厦版	每長12尺	1功		
鈿面合版	每長10尺，廣1尺	1功		
貼絡門窗並背版	每長10尺	3功		
紗窗上五鋪作，重栱、卷頭枓栱 方桁及普拍方在内	每1朵	2功		
鋪作若出角或入角者	每1朵	4功		
帳坐功限爲諸名件單位造作功。攏裹、安卓爲總用功		合25功	總100功	總80功

〔22.1.2〕

帳身

帳身：高一丈二尺五寸，廣五丈九尺一寸，深一丈二尺三寸；分作五間造。

造作功：

帳柱，每一條；

上内外槽隔枓版，並貼絡及仰托棍在内，**每長五尺；**

歡門，每長一丈；

右（上）各一功五分。

裹槽下鋜脚版，並貼絡等，**每長一丈，共二功二分。**

帳帶，每三條；

虚柱，每三條；

兩側及後壁版，每長一丈，廣一尺；

心柱，每三條；

難子，每長六丈；

隨間栿，每二條；

方子，每長三丈；

前後及兩側安平棊搏難子，每長五尺；

右（上）各一功。

平棊：依本功。

鬭八一坐，徑三尺二寸，並八角，共高一尺五寸；五鋪作，重栱、卷頭，共三十功。

四斜毬文截間格子，一間，二十八功。

四斜毬文泥道格子門，一扇，八功。

攏裹：七十功。

安卓：四十功。

上文“上内外槽隔科版”，傅書局合校本注：“‘上’，與本卷葉八牙脚帳内外槽上隔科（枓）版事同一例。”①又補注：“故宫本無‘上’字。”②故上文這句話，據傅先生，似應改爲“内外槽上隔科版”。傅建工合校本注：“朱批陶本：‘上内外槽隔科版’據本卷八葉牙脚帳，應作‘内外槽上隔科版’，因據改。熹年謹按：丁本、陶本、四庫本、故宫本亦誤作‘上内外槽隔科版’，據朱批改。”③

上文“裹槽下錕脚版”，陳注：改“裹”爲“裏”。④傅書局合校本注：改“裹”爲“裏”⑤，其文爲“裏槽下錕脚版”。

上文“虚柱，每三條”，傅書局合校本注：“故宫本、張本均作二。”⑥即當爲“虚柱，每二條”。傅建工合校本注：“劉校故宫本：‘虚柱’丁本作三條，據故宫本改爲二條。熹年謹按：張本同故宫本，亦作‘二條’，因據改。文津四庫本作‘一條’，録以備考。”⑦

上文“兩側安平棊搏難子”，傅書局合校本注改“搏”爲“榑”⑧，即爲“兩側安平棊榑難子”。其後文“每長五尺”，陳注：“丈，竹本。”⑨按此注，則其文似當爲：“兩側安平棊榑難子，每長五丈”，計爲一功。

佛、道帳帳身造作、攏裹、安卓功見表22.1.2。

① [宋]李誡，傅熹年彙校．營造法式合校本．第四册．小木作功限三．佛道帳．校注．中華書局．2018年

② [宋]李誡，傅熹年彙校．營造法式合校本．第四册．小木作功限三．佛道帳．校注．中華書局．2018年

③ [宋]李誡，傅熹年校注．合校本營造法式．第633頁．小木作功限三．佛道帳．注1．中國建築工業出版社．2020年

④ [宋]李誡．營造法式（陳明達點注本）．第二册．第264頁．小木作功限三．佛道帳．批注．浙江攝影出版社．2020年

⑤ [宋]李誡，傅熹年彙校．營造法式合校本．第四册．小木作功限三．佛道帳．校注．中華書局．2018年

⑥ [宋]李誡，傅熹年彙校．營造法式合校本．第四册．小木作功限三．佛道帳．校注．中華書局．2018年

⑦ [宋]李誡，傅熹年校注．合校本營造法式．第633頁．小木作功限三．佛道帳．注2．中國建築工業出版社．2020年

⑧ [宋]李誡，傅熹年彙校．營造法式合校本．第四册．小木作功限三．佛道帳．校注．中華書局．2018年

⑨ [宋]李誡．營造法式（陳明達點注本）．第二册．第265頁．小木作功限三．佛道帳．批注．浙江攝影出版社．2020年

佛、道帳帳身造作、攏裹、安卓功 表22.1.2

佛、道帳，一坐，下自龜脚，上至天宫鴟尾，共高二丈九尺				
帳身：高12.5尺，廣59.1尺，深12.3尺	造作功（分5間造）		攏裹功	安卓功
帳柱	每1條	1.5功	70功	40功
上内外槽隔枓版（並貼絡及仰托榥在内）	每長5尺	1.5功		
歡門	每長10尺	1.5功		
裹槽下錠脚版（並貼絡等）	每長10尺	2.2功		
帳帶	每3條	1功		
虚柱	每3條	1功		
兩側及後壁版	每長10尺，廣1尺	1功		
心柱	每3條	1功		
難子	每長60尺	1功		
隨間栿	每2條	1功		
方子	每長30尺	1功		
前後及兩側安平棊搏難子	每長5尺	1功		
平棊（依本功）	鬬八一坐，徑3.2尺			
五鋪作，重栱、卷頭	並八角，共高1.5尺	30功		
四斜毬文截間格子	一間	28功		
四斜毬文泥道格子門	一扇	8功		
造作功爲帳身（平棊）諸名件單位用功。攏裹、安卓爲總用功		合80.7功	總70功	總40功

〔22.1.3〕

腰檐

腰檐：高三尺，間廣五丈八尺八寸，深一丈。

造作功：

前後及兩側枓槽版並鑰匙頭，每長一丈二尺；

壓厦版，每長一丈二尺；山版同；

枓槽卧榥，每四條；

上、下順身榥，每長四丈；

立榥，每一十條；

貼身，每長四丈；

曲椽，每二十條；

飛子，每二十五枚；

屋内槫，每長二丈；槫脊同；

大連檐，每長四丈；瓦隴條同；

厦瓦版並白版，每各長四丈，廣一尺；

瓦口子，並籤切，**每長三丈；**

右（上）各一功。

抹角栿，每一條，二分功。

角梁，每一條；

角脊，每四條；

右（上）各一功二分。

六鋪作，重栱、一杪、兩昂枓栱，每一朶，共二功五分。

攏裹：六十功。

安卓：三十五功。

上文“腰檐”條，“深一丈”，陳注：“一丈二尺，竹本。”①

上文“貼身”，陳注：“生”②，即改“貼身”爲“貼生”。傅書局合校本注：“‘生’，陶本誤‘身’。據故宫本、四庫本改‘生’字。”③傅建工合校本注：“熹年謹按：陶本作‘貼身’，據故宫本、四庫本、張本改‘貼生’。”④

上文“屋内槫”條小注“槫脊同”，陳注，“搏”⑤，即改“槫脊”爲“搏脊”。

上文“瓦口子”條小注“簽切”，傅書局合校本注：“‘簽切’應作‘剡切’或‘剜切’。剜切，本書屢見瓦口子應剜切作犬齒也。”⑥傅建工合校本注：“朱批陶本：故宫本、丁本均作‘簽切’，應作‘剜切’，本書屢見之。”⑦

上文“抹角栿”條，陳注：“抹角栿”⑧，似爲標示。

佛、道帳腰檐造作、攏裹、安卓功見表22.1.3。

佛、道帳腰檐造作、攏裹、安卓功　　表22.1.3

佛、道帳，一坐，下自龜脚，上至天宫鴟尾，共高二丈九尺				
腰檐：高3尺，間廣58.8尺，深10尺	造作功		攏裹功	安卓功
前後及兩側枓槽版並鑰匙頭	每長12尺	1功	60功	35功
壓厦版	每長12尺	1功		
山版	每長12尺	1功		
枓槽卧榥	每4條	1功		
上、下順身榥	每長40尺	1功		
立榥	每10條	1功		
貼生	每長40尺	1功		
曲椽	每20條	1功		
飛子	每25枚	1功		
屋内槫	每長20尺	1功		
槫脊	每長20尺	1功		
大連檐	每長40尺	1功		

① [宋]李誡．營造法式（陳明達點注本）．第二册．第265頁．小木作功限三．佛道帳．批注．浙江攝影出版社．2020年

② [宋]李誡．營造法式（陳明達點注本）．第二册．第266頁．小木作功限三．佛道帳．批注．浙江攝影出版社．2020年

③ [宋]李誡，傅熹年彙校．營造法式合校本．第四册．小木作功限三．佛道帳．校注．中華書局．2018年

④ [宋]李誡，傅熹年校注．合校本營造法式．第633頁．小木作功限三．佛道帳．注3．中國建築工業出版社．2020年

⑤ [宋]李誡．營造法式（陳明達點注本）．第二册．第266頁．小木作功限三．佛道帳．批注．浙江攝影出版社．2020年

⑥ [宋]李誡，傅熹年彙校．營造法式合校本．第四册．小木作功限三．佛道帳．校注．中華書局．2018年

⑦ [宋]李誡，傅熹年校注．合校本營造法式．第634頁．小木作功限三．佛道帳．注4．中國建築工業出版社．2020年

⑧ [宋]李誡．營造法式（陳明達點注本）．第二册．第267頁．佛道帳．批注．浙江攝影出版社．2020年

續表

腰檐：高3尺，間廣58.8尺，深10尺	造作功		攏裹功	安卓功
瓦隴條	每長40尺	1功		
厦瓦版	每長40尺，廣1尺	1功		
白版	每長40尺，廣1尺	1功		
瓦口子（並剜切）	每長30尺	1功		
抹角栿	每1條	0.2功		
角梁	每1條	1.2功		
角脊	每4條	1.2功		
六鋪作，重栱、一杪、兩昂枓栱	每1朵	2.5功		
造作功爲腰檐諸名件單位造作功。攏裹、安卓爲總用功		合21.1功	總60功	總35功

〔22.1.4〕

平坐

平坐：高一尺八寸，廣五丈八尺八寸，深一丈二尺。

造作功：

枓槽版並鑰匙頭，每一丈二尺；

壓厦版，每長一丈；

卧棍，每四條；

立棍，每一十條；

鴈翅版，每長四丈；

面版，每長一丈；

右（上）各一功。

六鋪作，重栱、卷頭枓栱，每一朵，共二功三分。

攏裹：三十功。

安卓：二十五功。

佛、道帳平坐造作、攏裹、安卓功見表22.1.4。

佛、道帳平坐造作、攏裹、安卓功 表22.1.4

佛、道帳，一坐，下自龜脚，上至天宮鴟尾，共高二丈九尺				
平坐：高1.8尺，廣58.8尺，深12尺	造作功		攏裹功	安卓功
枓槽版並鑰匙頭	每12尺	1功	30功	25功
壓厦版	每長10尺	1功		
卧棍	每4條	1功		
立棍	每10條	1功		
鴈翅版	每長40尺	1功		
面版	每長10尺	1功		
六鋪作，重栱、卷頭枓栱	每1朵	2.3功		
造作功爲平坐諸名件單位造作功。攏裹、安卓爲總用功		合8.3功	總30功	總25功

〔22.1.5〕

天宫樓閣

天宫樓閣：

造作功：

殿身，每一坐，廣三瓣，**重檐，並挾屋及行廊，**各廣二瓣，諸事件並在內。**共一百三十功。**

茶樓子，每一坐；廣三瓣，殿身、挾屋、行廊同上。

角樓，每一坐；廣一瓣半，挾屋、行廊同上；

右（上）各一百一十功。

龜頭，每一坐；廣二瓣。**四十五功。**

攏裹：二百功。

安卓：一百功。

上文“天宫樓閣”，陳注：“卷九，共高七尺二寸。”[①]

佛、道帳天宫樓閣造作、攏裹、安卓功見表22.1.5。

佛、道帳天宫樓閣造作、攏裹、安卓功　　表22.1.5

佛、道帳，一坐，下自龜脚，上至天宫鴟尾，共高二丈九尺				
殿身，每一坐（廣三瓣）	造作功		攏裹功	安卓功
重檐，並挾屋及行廊（各廣二瓣）	諸事件並在內	130功	200功	100功
茶樓子，每一坐，廣三瓣	殿身、挾屋、行廊同上	110功		
角樓，每一坐，廣一瓣半	挾屋、行廊同上	110功		
龜頭，每一坐	廣二瓣	45功		
造作功爲天宫樓閣諸部分單位造作功。攏裹、安卓爲總用功		合395功	總200功	總100功

〔22.1.6〕

圜橋子

圜橋子：一坐，高四尺五寸，拽脚長五尺五寸，**廣五尺，下用連梯、龜脚，上施鉤闌、望柱。**

造作功：

連梯桯，每二條；

龜脚，每一十二條；

促踏版榥，每三條；

右（上）各六分功。

連梯當，每二條，五分六厘功。

連梯榥，每二條，二分功。

望柱，每一條，一分三厘功。

背版，每長、廣各一尺；

月版，長廣同上；

右（上）各八厘功。

望柱上榥，每一條，一分二厘功。

難子，每五丈，一功。

頰版，每一片，一功二分。

促踏版，每一片，一分五厘功。

隨圜勢鉤闌，共九功。

攏裹：八功。

① [宋]李誡．營造法式（陳明達點注本）．第二册．第269頁．小木作功限三．佛道帳．批注．浙江攝影出版社．2020年

上文“望柱”和“望柱上棍”條，陳注均改“望”爲“立”，并注，“立，竹本”[①]，即分别爲“立柱”和“立柱上棍”。傅書局合校本注：“‘主’，據故宫本、四庫本、張本改。”[②]故似應爲“主柱，每一條，一分三厘功。”傅建工合校本將上述兩條中的“望柱”均改爲“主柱”，并注：“熹年謹按：故宫本、四庫本、張本均作‘主柱’，唯陶本作‘望柱’。此據故宫本。”[③]

上文“月版”條，陳在“長”字前，增“每”字，其注：“每長”[④]。但若如此，其文爲“月版，每長廣同上。”其句似不通。

佛、道帳圜橋子造作、攏裹、安卓功見表22.1.6。

佛、道帳圜橋子造作、攏裹、安卓功　表22.1.6

佛、道帳，一坐，下自龜脚，上至天宫鴟尾，共高二丈九尺				
圜橋子：一坐，高4.5尺（拽脚長5.5尺）廣5尺，下用連梯、龜脚，上施鉤闌、望柱	造作功		攏裹功	備注
連梯桯	每2條	0.6功	8功	
龜脚	每12條	0.6功		
促踏版棍	每3條	0.6功		
連梯當	每2條	0.56功		
連梯棍	每2條	0.2功		
主柱	每1條	0.13功		
背版	每長、廣各1尺	0.08功		
月版	每長、廣各1尺	0.08功		
望柱上棍	每1條	0.12功		
難子	每50尺	1功		
頰版	每1片	1.2功		
促踏版	每1片	0.15功		
隨圜勢鉤闌		9功		
造作功爲圜橋子諸名件單位造作功。攏裹、安卓爲總用功		合14.32功	總8功	

〔22.1.7〕

佛、道帳總計

右（上）佛、道帳總計：造作共四千二百九功九分；攏裹共四百六十八功；安卓共二百八十功。

佛、道帳造作、攏裹、安卓功總計見表22.1.7。

① [宋]李誡. 營造法式（陳明達點注本）. 第二册. 第270頁和第271頁. 小木作功限三. 佛道帳. 批注. 浙江攝影出版社. 2020年

② [宋]李誡，傅熹年彙校. 營造法式合校本. 第四册. 小木作功限三. 佛道帳. 校注. 中華書局. 2018年

③ [宋]李誡，傅熹年校注. 合校本營造法式. 第634頁. 小木作功限三. 佛道帳. 注3. 中國建築工業出版社. 2020年

④ [宋]李誡. 營造法式（陳明達點注本）. 第二册. 第270頁. 小木作功限三. 佛道帳. 批注. 浙江攝影出版社. 2020年

佛、道帳造作、攏裹、安卓功總計　　表22.1.7

佛、道帳，一坐，下自龜脚，上至天宮鴟尾，共高二丈九尺			
帳坐、帳身、腰檐、平坐、天宮樓閣、圜橋子總計	造作功	攏裹功	安卓功
帳坐	25功	100功	80功
帳身（平棊）	80.7功	70功	40功
腰檐	21.1功	60功	35功
平坐	8.3功	30功	25功
天宮樓閣	395功	200功	100功
圜橋子	14.32功	8功	
佛、道帳各部分諸名件等單位造作功合計	544.42功	攏裹總計 468功	安卓總計 280功
佛、道帳造作功總計	總4209.9功		

〔22.1.8〕

山華帳頭造

若作山華帳頭造者，唯不用腰檐及天宮樓閣，除造作、安卓，共一千八百二十功九分，**於平坐上作山華帳頭，高四尺，廣五丈八尺八寸，深一丈二尺。**

造作功：

頂版，每長一丈，廣一尺；

混肚方，每長一丈；

楅，每二十條；

右（上）各一功。

仰陽版，每長一丈；貼絡在內。

山華版，長同上；

右（上）各一功二分。

合角貼，每一條，五厘功。

以上造作計一百五十三功九分。

攏裹：一十功。

安卓：一十功。

上文“若作山華帳頭造者，唯不用腰檐及天宮樓閣，除造作、安卓，共一千八百二十功九分。”似可理解爲，作山華帳頭造佛、道帳，除了不用腰檐及天宮樓閣外，餘應與前佛、道帳所用功相同。

前文所言佛、道帳造作總功4209.9功，除去腰檐及天宮樓閣所用造作、安卓功，共1820.9功，所餘2389功，即是山華帳頭造佛、道帳所用造作等功？然上文所言山華帳頭造攏裹功、安卓功各僅共10功，與前佛、道帳攏裹、安卓功比較，似又不盡與邏輯合？

山華帳頭造佛、道帳造作、攏裹、安卓功見表22.1.8。

山華帳頭造佛、道帳造作、攏裹、安卓功　　表22.1.8

若作山華帳頭造者，唯不用腰檐及天宫樓閣				
於平坐上作山華帳頭 高4尺，廣58.8尺，深12尺	造作功		攏裹功	安卓功
頂版	每長10尺，廣1尺	1功	10功	10功
混肚方	每長10尺	1功		
福	每20條	1功		
仰陽版（貼絡在内）	每長10尺	1.2功		
山華版	每長10尺	1.2功		
合角貼	每1條	0.05功		
以上造作計153.9功		合5.45功		
唯不用腰檐及天宫樓閣，除造作、安卓，共1820.9功		總2389功?	總10功?	總10功?

【22.2】
牙脚帳

牙脚帳，一坐，共高一丈五尺，廣三丈，內、外槽共深八尺；分作三間；帳頭及坐各分作三段，帳頭枓栱在外。

〔22.2.1〕
牙脚坐

牙脚坐，高二尺五寸，長三丈二尺，坐頭在內。**深一丈。**

造作功：

連梯，每長一丈；

龜脚，每三十枚；

上梯盤，每長一丈二尺；

束腰，每長三丈；

牙脚，每一十枚；

牙頭，每二十片；剜切在內；

填心，每一十五枚；

壓青牙子，每長二丈；

背版，每廣一尺，長二丈；

梯盤棍，每五條；

立棍，每一十二條；

面版，每廣一尺，長一丈；

右（上）各一功。

角柱，每一條；

錠脚上襯版，每一十片；

右（上）各二分功。

重臺小鉤闌，共高一尺，每長一丈，七功五分。

攏裹：四十功。

安卓：二十功。

牙脚帳坐造作、攏裹、安卓功見表22.2.1。

牙脚帳坐造作、攏裹、安卓功 表22.2.1

牙脚帳，一坐，共高一丈五尺，廣三丈，內、外槽共深八尺，分作三間，帳頭及坐各分作三段				
牙脚坐，高2.5尺，長32尺，深10尺	造作功（坐頭在內）		攏裹功	安卓功
連梯	每長10尺	1功	40功	20功
龜脚	每30枚	1功		
上梯盤	每長12尺	1功		
束腰	每長30尺	1功		
牙脚	每10枚	1功		
牙頭（剜切在內）	每20片	1功		
填心	每15枚	1功		
壓青牙子	每長20尺	1功		
背版	每廣1尺，長20尺	1功		
梯盤棍	每5條	1功		
立棍	每12條	1功		
面版	每廣1尺，長10尺	1功		
角柱	每1條	0.2功		
錠脚上襯版	每10片	0.2功		
重臺小鉤闌	共高1尺，每長10尺	7.5功		
牙脚帳坐諸名件單位造作功合計		合19.9功	總40功	總20功

〔22.2.2〕

帳身

帳身，高九尺，長三丈，深八尺，分作三間。

造作功：

內、外槽帳柱，每三條；

裹槽下錠脚，每二條；

右（上）各三功。

內、外槽上隔科版，並貼絡仰托棍在內，**每長一丈，共二功二分。**內、外槽歡門同。

頰子，每六條，共一功二分。虛柱同。

帳帶，每四條；

帳身版難子，每長六丈；泥道版難子同；

平棊摶難子，每長五丈；

平棊貼內貼絡華文，每廣一尺，長二尺；

右（上）各一功。

兩側及後壁帳身版，每廣一尺，長一丈，八分功。

泥道版，每六片，共六分功。

心柱，每三條，共九分功。

攏裹：四十功。

安卓：二十五功。

上文“平綦貼内貼絡華文”，梁注：“各本均作‘平綦貼内每廣一尺長二尺’，顯然有遺漏，按卷第二十一‘平綦’：‘每平綦於貼内貼絡華文，長二尺，廣一尺，背版桯，貼在内，共一功’；因此在這裏增補‘貼絡華文’四字。”[①]

上文“平綦摶難子”，傅書局合校本注：“‘摶’字疑誤。非‘榑’即‘纏’。”[②]傅建工合校本注：“朱批陶本：故宫本、丁本均作‘摶’字，疑誤，非‘榑’即‘纏’。熹年謹按：四庫本、張本亦作‘摶’，録此備考。”[③]

牙脚帳身造作、攏裹、安卓功見表22.2.2。

牙脚帳身造作、攏裹、安卓功 表22.2.2

牙脚帳，一坐，共高一丈五尺，廣三丈，内、外槽共深八尺				
帳身，高9尺，長30尺，深8尺	造作功（分作三間）		攏裹功	安卓功
内、外槽帳柱	每3條	3功	40功	25功
裹槽下鋜脚	每2條	3功		
内、外槽上隔枓版	每長1丈	2.2功		
内、外槽歡門		2.2功		
頰子	每6條	1.2功		
虚柱	每6條	1.2功		
帳帶	每4條	1功		
帳身版難子	每長6丈	1功		
泥道版難子	每長6丈	1功		
平綦摶難子	每長5丈	1功		
平綦貼内貼絡華文	每廣1尺，長2尺	1功		
兩側及後壁帳身版	每廣1尺，長10尺	0.8功		
泥道版	每6片	0.6功		
心柱	每3條	0.9功		
牙脚帳身諸名件單位造作功合計		合20.1功	總40功	總25功

〔22.2.3〕

帳頭

帳頭，高三尺五寸，枓槽長二丈九尺七寸六分，深七尺七寸六分，分作三段造。

造作功：

内、外槽並兩側夾枓槽版，每長一丈四尺；壓厦版同；

混肚方，每長一丈；山華版、仰陽版，並同；

卧棍，每四條；

① 梁思成. 梁思成全集. 第七卷. 第327頁. 小木作功限三. 牙脚帳. 注1. 中國建築工業出版社. 2001年

② [宋]李誡，傅熹年彙校. 營造法式合校本. 第四册. 小木作功限三. 牙脚帳. 校注. 中華書局. 2018年

③ [宋]李誡，傅熹年校注. 合校本營造法式. 第639頁. 小木作功限三. 牙脚帳. 注1. 中國建築工業出版社. 2020年

馬頭榥，每二十條；福同；

右（上）各一功。

六鋪作，重栱、一杪，兩下昂枓栱，每一朶，共二功三分。

頂版，每廣一尺，長一丈，八分功。

合角貼，每一條，五厘功。

攏裹：二十五功。

安卓：一十五功。

牙脚帳頭造作、攏裹、安卓功見表22.2.3。

牙脚帳頭造作、攏裹、安卓功　　表22.2.3

牙脚帳，一坐，共高一丈五尺，廣三丈，內、外槽共深八尺				
帳頭，高3.5尺， 枓槽長29.76尺，深7.76尺	造作功 （分作三段造）		攏裹功	安卓功
內、外槽並兩側夾枓槽版	每長14尺	1功	25功	15功
壓厦版	每長14尺	1功		
混肚方	每長10尺	1功		
山華版	每長10尺	1功		
仰陽版	每長10尺	1功		
卧榥	每4條	1功		
馬頭榥	每20條	1功		
楅	每20條	1功		
六鋪作，重栱、一杪，兩下昂枓栱	每1朶	2.3功		
頂版	每廣1尺，長10尺	0.8功		
合角貼	每1條	0.05功		
牙脚帳頭諸名件單位造作功合計		合11.15功	總25功	總15功

〔22.2.4〕

牙脚帳總計

右（上）牙脚帳總計：造作共七百四功三分；攏裹共一百五功；安卓共六十功。

牙脚帳造作、攏裹、安卓功總計見表22.2.4。

牙脚帳造作、攏裹、安卓功總計　表22.2.4

牙脚帳，一坐，共高一丈五尺，廣三丈，內、外槽共深八尺			
牙脚坐、帳身、帳頭總計	造作功	攏裹功	安卓功
牙脚坐	19.9功	40功	20功
牙脚帳身	20.1功	40功	25功
牙脚帳頭	11.15功	25功	15功
牙脚帳各部分諸名件等單位造作功合計	51.15功	攏裹總計 105功	安卓總計 60功
牙脚帳造作功總計	704.3功		

【22.3】
九脊小帳

九脊小帳，一坐，共高一丈二尺，廣八尺，深四尺。

〔22.3.1〕
牙脚坐

牙脚坐，高二尺五寸，長九尺六寸，深五尺。

造作功：

連梯，每長一丈；

龜脚，每三十枚；

上梯盤，每長一丈二尺；

右（上）各一功。

連梯榥；

梯盤榥；

右（上）各共一功。

面版，共四功五分。

立榥，共三功七分。

背版；

牙脚；

右（上）各共三功。

填心；

束腰鋜脚；

右（上）各共二功。

牙頭；

壓青牙子；

右（上）各共一功五分。

束腰鋜脚襯版，共一功二分。

角柱，共八分功。

束腰鋜脚内小柱子，共五分功。

重臺小鉤闌並望柱等，共一十七功。

攏裹：二十功。

安卓：八功。

上文“上梯盤，每長一丈二尺”，傅建工合校本注：“熹年謹按：丁本作‘四尺’，據故宫本、四庫本、張本改作‘二尺’。陶本據四庫本排，不誤。”[①]

九脊小帳牙脚坐造作、攏裹、安卓功見表22.3.1。

① [宋]李誡，傅熹年校注．合校本營造法式．第644頁．小木作功限三．九脊小帳．注1．中國建築工業出版社．2020年

九脊小帳牙脚坐造作、攏裹、安卓功 表22.3.1

九脊小帳，一坐，共高一丈二尺，廣八尺，深四尺				
牙脚坐，高2.5尺，長9.6尺，深5尺	造作功		攏裹功	安卓功
連梯	每長10尺	1功	20功	8功
龜脚	每30枚	1功		
上梯盤	每長12尺	1功		
連梯榥		共1功		
梯盤榥		共1功		
面版		共4.5功		
立榥		共3.7功		
背版		共3功		
牙脚		共3功		
填心		共2功		
束腰鋜脚		共2功		
牙頭		共1.5功		
壓青牙子		共1.5功		
束腰鋜脚襯版		共1.2功		
角柱		共0.8功		
束腰鋜脚内小柱子		共0.5功		
重臺小鉤闌並望柱等		共17功		
九脊小帳牙脚坐部分名件單位造作功及諸單項造作總功合計		合45.7功	總20功	總8功

〔22.3.2〕

帳身

帳身，高六尺五寸，廣八尺，深四尺。

造作功：

內、外槽帳柱，每一條，八分功。

裏槽後壁並兩側下鋜脚版並仰托榥，貼絡在內，共三功五厘。

內、外槽兩側並後壁上隔枓版並仰托榥，貼絡柱子在內，共六功四分。

兩頰；

虚柱；

右（上）各共四分功。

心柱，共三分功。

帳身版，共五功。

帳身難子；

內、外歡門；

內、外帳帶；

右（上）各二功。

泥道版，共二分功。

泥道難子，六分功。

攏裹：二十功。

安卓：一十功。

上文“裹槽後壁並兩側下鋜脚版並仰托幌”，陶本：“裹槽後壁並兩側下鋜脚版並仰托幌”，陳注：改“幌”爲“榥”。[①]上文“內、外帳帶”條下“右（上）各二功”，陳注：“各共”[②]，即改爲“右（上）各共二功”。

九脊小帳帳身造作、攏裹、安卓功見表22.3.2。

九脊小帳帳身造作、攏裹、安卓功　表22.3.2

九脊小帳，一坐，共高一丈二尺，廣八尺，深四尺				
帳身，高6.5尺，廣8尺，深4尺	造作功		攏裹功	安卓功
內、外槽帳柱，每1條		0.8功	20功	10功
裹槽後壁並兩側下鋜脚版並仰托榥	貼絡在內	3.05功		
內、外槽兩側並後壁上隔枓版並仰托榥	貼絡柱子在內	6.4功		
兩頰		共0.4功		
虛柱		共0.4功		
心柱		共0.3功		
帳身版		共5功		
帳身難子		2功		
內、外歡門		2功		
內、外帳帶		2功		
泥道版		共0.2功		
泥道難子		0.6功		
九脊小帳帳身諸名件單位造作功合計		合23.15功	總20功	總10功

〔22.3.3〕

帳頭

帳頭，高三尺，鴟尾在外，**廣八尺，深四尺。**

造作功：

五鋪作，重栱、一杪、一下昂枓栱，每一朵，共一功四分。

結窊事件等，共二十八功。

攏裹：一十二功。

安卓：五功。

九脊小帳帳頭造作、攏裹、安卓功見表22.3.3。

① [宋]李誡. 營造法式（陳明達點注本）. 第二册. 第281頁. 小木作功限三. 九脊小帳. 批注. 浙江攝影出版社. 2020年

② [宋]李誡. 營造法式（陳明達點注本）. 第二册. 第282頁. 小木作功限三. 九脊小帳. 批注. 浙江攝影出版社. 2020年

九脊小帳帳頭造作、攏裹、安卓功 表22.3.3

九脊小帳，一坐，共高一丈二尺，廣八尺，深四尺				
帳頭，高3尺，廣8尺，深4尺	造作功（鴟尾在外）		攏裹功	安卓功
五鋪作，重栱、一杪、一下昂枓栱	每1朵	1.4功	12功	5功
結宨事件等		共28功		
九脊小帳帳頭諸名件單位造作功合計		合29.4功	總12功	總5功

〔22.3.4〕

帳内平棊

帳内平棊：

造作：共一十五功。安難子又加一功。

安掛功：

每平棊一片，一分功。

九脊小帳帳内平棊造作、安掛功見表22.3.4。

九脊小帳帳内平棊造作、安掛功 表22.3.4

九脊小帳，一坐，共高一丈二尺，廣八尺，深四尺			
	造作功	安掛功	
帳内平棊	共15功	每平棊1片	0.1功
安難子	1功		
九脊小帳帳内平棊造作功合計	合16功	平棊3片？	0.3功

〔22.3.5〕

九脊小帳總計

右（上）九脊小帳總計：造作共一百六十七功八分；攏裹共五十二功；安卓共二十三功三分。

九脊小帳造作、攏裹、安卓功總計見表22.3.5。

九脊小帳造作、攏裹、安卓功總計 表22.3.5

九脊小帳，一坐，共高一丈二尺，廣八尺，深四尺			
	造作功	攏裹功	安卓功
牙脚坐	合45.7功	20功	8功
帳身	合23.15功	20功	10功

續表

九脊小帳，一坐，共高一丈二尺，廣八尺，深四尺			
	造作功	攏裹功	安卓功
帳頭	合29.4功	12功	5功
平棊	合16功		平棊安掛0.3功
九脊小帳諸部分及名件單位造作功合計	合計114.25功	攏裹總計 52功	安卓總計 23.3功
九脊小帳造作功總計	167.8功		

【22.4】
壁帳

壁帳，一間，高一丈一尺，共廣一丈五尺。

造作功：攏裹功在內。

枓栱，五鋪作，一杪、一下昂，普拍方在內。**每一朶，一功四分。**

仰陽山華版、帳柱、混肚方、枓槽版、壓厦版等，共七功。

毬文格子、平棊、叉子，並各依本法。

安卓：三功。

上文“壁帳，一間，高一丈一尺”，梁注：“各本均作‘廣一丈一尺’，‘廣’顯是‘高’之誤，予以改正。”①

對上文“共廣一丈五尺”，陳注：改“共廣”爲“共高”②，其文爲“壁帳，一間，廣一丈一尺，共高一丈五尺。”所改之字與梁先生不同。傅書局合校本未作更改，仍爲“壁帳，一間，廣一丈一尺，共廣一丈五尺。”③三位先生所認定之句，似均可讀通，衹是意思各不相同。若爲“廣一丈一尺”，將其理解爲壁帳平面爲曲尺形，其曲尺每一側之間廣爲11尺，進深爲4尺，則與“壁帳，一間，廣一丈一尺，共廣一丈五尺”恰相吻合。且以其曲尺形平面每一側之正面間廣11尺處，施補間鋪作10朵，側面進深4尺處，施補間鋪作3朵，亦與《法式》卷第十“小木作制度五·造壁帳之制”節所言“每一間用補間鋪作一十三朵”相合。由此亦可推知，其壁帳中亦存每1尺爲一個長度單位的模數化體系。

壁帳造作、攏裹、安卓功見表22.4.1。

壁帳造作、攏裹、安卓功　　表22.4.1

壁帳，一間，高11尺，共廣15尺	造作功（攏裹功在內）		安卓功
枓栱，五鋪作，一杪、一下昂（普拍方在內）	每1朵	1.4功	3功
仰陽山華版、帳柱、混肚方、枓槽版、壓厦版等		共7功	
毬文格子、平棊、叉子	並各依本法		
壁帳諸名件造作功合計		合8.4功	總3功

① 梁思成．梁思成全集．第七卷．第327頁．小木作功限三．壁帳．注2．中國建築工業出版社．2001年

② [宋]李誡．營造法式（陳明達點注本）．第二册．第283頁．小木作功限三．壁帳．批注．浙江攝影出版社．2020年

③ [宋]李誡，傅熹年彙校．營造法式合校本．第四册．小木作功限三．壁帳．正文．中華書局．2018年

第23章

《營造法式》卷第二十三

——小木作功限四

營造法式卷第二十三

通直郎管修蓋皇弟外第專一提舉修蓋班直諸軍營房等臣李誠奉

聖旨編修

小木作功限四

轉輪經藏　　壁藏

【23.0】
本章導言

本章述及轉輪經藏與壁藏兩種小木作之功限，且對具古代木造機械性質之轉輪經藏各部分詳細構造與做法和相應尺寸，亦有表述，或可對宋人在轉輪經藏製作基本構造與尺寸方面，有較清晰的了解。

壁藏，作爲一種造型較複雜之室内小木作器物，其各部分比例、構造與尺寸，亦有詳細記述。

【23.1】
轉輪經藏外槽

轉輪經藏，一坐，八瓣，内、外槽帳身造。外槽帳身，腰檐、平坐，上施天宮樓閣，共高二丈，徑一丈六尺。

〔23.1.1〕
外槽帳身

帳身，外柱至地，高一丈二尺。

造作功：

帳柱，每一條；

歡門，每長一丈；

右（上）各一功五分。

隔枓版並貼柱子及仰托榥，每長一丈，二功五分。

帳帶，每三條一功。

攏裹，二十五功。

安卓，一十五功。

外槽帳身造作、攏裹、安卓功見表23.1.1。

外槽帳身造作、攏裹、安卓功　表23.1.1

轉輪經藏，一坐，八瓣，内、外槽帳身造。 外槽帳身，腰檐、平坐，上施天宮樓閣，共高二丈，徑一丈六尺				
帳身，外柱至地，高12尺	造作功		攏裹功	安卓功
帳柱	每1條	1.5功	25功	15功
歡門	每長10尺	1.5功		
隔枓版並貼柱子及仰托榥	每長10尺	2.5功		
帳帶	每3條	1功		
外槽帳身諸名件單位造作功合計		合6.5功	總25功	總15功

〔23.1.2〕

外槽腰檐

腰檐，高二尺，枓槽徑一丈五尺八寸四分。

造作功：

枓槽版，長一丈五尺，壓厦版及山版同，一功。

內、外六鋪作，外跳一杪、兩下昂，裏跳並卷頭枓栱，每一朵，共二功三分。

角梁，每一條，子角梁同，八分功。

貼生，每長四丈；

飛子，每四十枚；

白版，約計每長三丈，廣一尺；厦瓦版同。

瓦隴條，每四丈；

搏脊，每長二丈五尺；搏脊槫同；

角脊，每四條；

瓦口子，每長三丈；

小山子版，每三十枚；

井口棍，每三條；

立棍，每一十五條；

馬頭棍，每八條；

右（上）各一功。

攏裹：三十五功。

安卓：二十功。

外槽腰檐造作、攏裹、安卓功見表23.1.2。

外槽腰檐造作、攏裹、安卓功　　表23.1.2

轉輪經藏，一坐，八瓣，內、外槽帳身造。 外槽帳身，腰檐、平坐，上施天宮樓閣，共高二丈，徑一丈六尺				
腰檐，高2尺，枓槽徑15.84尺	造作功		攏裹功	安卓功
枓槽版	長15尺	1功	35功	20功
壓厦版	長15尺	1功		
山版	長15尺	1功		
內外六鋪作，單杪雙下昂，裏轉並卷頭	每1朵	2.3功		
角梁	每1條	0.8功		
子角梁	每1條	0.8功		
貼生	每長40尺	1功		
飛子	每40枚	1功		
白版	約每長30尺，廣1尺	1功		
厦瓦版	約每長30尺，廣1尺	1功		
瓦隴條	每40尺	1功		
搏脊	每長25尺	1功		搏脊槫同
角脊	每4條	1功		

續表

腰檐，高2尺，枓槽徑15.84尺	造作功		攏裹功	安卓功
瓦口子	每長30尺	1功		
小山子版	每30枚	1功		
井口榥	每3條	1功		
立榥	每15條	1功		
馬頭榥	每8條	1功		
外槽腰檐諸名件單位造作功合計		合18.9功	總35功	總20功

〔23.1.3〕

平坐

平坐，高一尺，徑一丈五尺八寸四分。

造作功：

枓槽版，每長一丈五尺；壓厦版同；

鴈翅版，每長三丈；

井口榥，每三條；

馬頭榥，每八條；

面版，每長一丈，廣一尺；

右（上）各一功。

枓栱，六鋪作並卷頭，材廣、厚同腰檐，**每一朵，共一功一分。**

單鉤闌，高七寸，每長一丈，望柱在內，**共五功。**

攏裹：二十功。

安卓：一十五功。

平坐造作、攏裹、安卓功見表23.1.3。

平坐造作、攏裹、安卓功　　表23.1.3

轉輪經藏，一坐，八瓣，內、外槽帳身造。 外槽帳身，腰檐、平坐，上施天宮樓閣，共高二丈，徑一丈六尺				
平坐，高1尺，徑15.84尺	造作功		攏裹功	安卓功
枓槽版	長15尺	1功	20功	15功
壓厦版	長15尺	1功		
鴈翅版	每長30尺	1功		
井口榥	每3條	1功		
馬頭榥	每8條	1功		
面版	每長10尺，廣1尺	1功		
枓栱，六鋪作並卷頭（材廣厚同腰檐）	每1朵	1.1功		
單鉤闌（望柱在內）	高0.7尺，每長10尺	共5功		
平坐諸名件單位造作功合計		合12.1功	總20功	總15功

〔23.1.4〕
天宫樓閣

天宫樓閣，共高五尺，深一尺。

造作功：

角樓子，每一坐，廣二瓣，並挾屋、行廊，各廣二瓣，共七十二功。

茶樓子，每一坐，廣同上，並挾屋、行廊，各廣同上，共四十五功。

攏裹：八十功。

安卓：七十功。

天宫樓閣造作、攏裹、安卓功見表23.1.4。

天宫樓閣造作、攏裹、安卓功　表23.1.4

轉輪經藏，一坐，八瓣，內、外槽帳身造。 外槽帳身，腰檐、平坐，上施天宫樓閣，共高二丈，徑一丈六尺				
天宫樓閣，共高5尺，深1尺	造作功		攏裹功	安卓功
角樓子，每一坐（廣2瓣）	並挾屋、行廊（各廣2瓣）	共72功	80功	70功
茶樓子，每一坐（廣2瓣）	並挾屋、行廊（各廣2瓣）	共45功		
天宫樓閣角樓子、茶樓子單位造作功合計		合117功	總80功	總70功

【23.2】轉輪經藏裏槽

〔23.2.1〕
裏槽帳坐

裏槽，高一丈三尺，徑一丈。

坐，高三尺五寸，坐面徑一丈一尺四寸四分，枓槽徑九尺八寸四分。

造作功：

龜脚，每二十五枚；

車槽上下澁、坐面澁、猴面澁，每各長五尺；

車槽澁並芙蓉華版，每各長五尺；

坐腰上、下子澁、三澁，每各長一丈；壼門、神龕，並背版同；

坐腰澁並芙蓉華版，每各長四尺；

明金版，每長一丈五尺；

枓槽版，每長一丈八尺；壓厦版同；

坐下榻頭木，每長一丈三尺；下卧棍同；

立棍，每一十條；

柱脚方，每長一丈二尺；方下卧棍同；

拽後棍，每一十二條；猴面、鈿面棍同；

猴面梯盤棍，每三條；

面版，每長一丈，廣一尺；

右（上）各一功。

六鋪作，重栱、卷頭枓栱，每一朵，共一功一分。

上、下重臺鉤闌，高一尺，每長一丈，七功五分。

攏裹：三十功。

安卓：二十功。

裹槽帳坐造作、攏裹、安卓功見表23.2.1。

裹槽帳坐造作、攏裹、安卓功　　表23.2.1

裹槽，高一丈三尺，徑一丈				
坐，高3.5尺，坐面徑11.44尺	造作功（枓槽徑9.84尺）		攏裹功	安卓功
龜脚	每25枚	1功	30功	20功
車槽上下澁	每各長5尺	1功		
坐面澁	每長5尺	1功		
猴面澁	每長5尺	1功		
車槽澁並芙蓉華版	每各長5尺	1功		
坐腰上、下子澁	每各長10尺	1功		
三澁	每長10尺	1功		
壼門	每長10尺	1功		
神龕	每長10尺	1功		
背版	每長10尺	1功		
坐腰澁並芙蓉華版	每各長4尺	1功		
明金版	每長15尺	1功		
枓槽版	每長18尺	1功		
壓厦版	每長18尺	1功		
坐下榻頭木	每長13尺	1功		
下卧棍	每長13尺	1功		
立棍	每10條	1功		
柱脚方	每長12尺	1功		
方下卧棍	每長12尺	1功		
拽後棍	每12條	1功		
猴面棍	每12條	1功		
鈿面棍	每12條	1功		
猴面梯盤棍	每3條	1功		
面版	每長10尺，廣1尺	1功		
六鋪作，重栱、卷頭枓栱	每1朵	共1.1功		
上、下重臺鉤闌	高1尺，每長10尺	7.5功		
裹槽帳坐諸名件單位造作功合計		合32.6功	總30功	總20功

〔23.2.2〕

裏槽帳身

帳身，高八尺五寸，徑一丈。

造作功：

帳柱：每一條，一功一分。

上隔枓版並貼絡柱子及仰托榥，每各長一丈，二功五分。

下鋜脚隔枓版並貼絡柱子及仰托榥，每各長一丈，二功。

兩頰，每一條，三分功。

泥道版，每一片，一分功。

歡門華瓣，每長一丈；

帳帶，每三條；

帳身版，約計每長一丈，廣一尺；

帳身内、外難子及泥道難子，每各長六丈；

右（上）各一功。

門子，合版造，每一合，四功。

攏裹：二十五功。

安卓：一十五功。

裏槽帳身造作、攏裹、安卓功見表23.2.2。

裏槽帳身造作、攏裹、安卓功　表23.2.2

裏槽，高一丈三尺，徑一丈				
帳身，高8.5尺，徑10尺	造作功		攏裹功	安卓功
帳柱	每1條	1.1功	25功	15功
上隔枓版並貼絡柱子及仰托榥	每各長10尺	2.5功		
下鋜脚隔枓版並貼絡柱子及仰托榥	每各長10尺	2功		
兩頰	每1條	0.3功		
泥道版	每1片	0.1功		
歡門華瓣	每長10尺	1功		
帳帶	每3條	1功		
帳身版	約計每長10尺，廣1尺	1功		
帳身内、外難子	每各長60尺	1功		
泥道難子	每各長60尺	1功		
門子，合版造	每1合	4功		
轉輪經藏裏槽帳身諸名件單位造作功合計		合15功	總25功	總15功

〔23.2.3〕

柱上帳頭

柱上帳頭，共高一尺，徑九尺八寸四分。

造作功：

枓槽版，每長一丈八尺；壓厦版同；

角栿，每八條；

搭平棊方子，每長三丈；

右（上）各一功。

平棊，依本功。

六鋪作，重栱、卷頭枓栱，每一朵，一功一分。

攏裹：二十功。

安卓：一十五功。

柱上帳頭造作、攏裹、安卓功見表23.2.3。

柱上帳頭造作、攏裹、安卓功　　表23.2.3

裹槽，高一丈三尺，徑一丈				
柱上帳頭，共高1尺，徑9.84尺	造作功		攏裹功	安卓功
枓槽版	每長18尺	1功	20功	15功
壓厦版	每長18尺	1功		
角栿	每8條	1功		
搭平棊方子	每長30尺	1功		
平棊	依本功			
六鋪作，重栱、卷頭枓栱	每1朵	1.1功		
柱上帳頭諸名件單位造作功合計		合5.1功	總20功	總15功

〔23.2.4〕

轉輪

轉輪，高八尺，徑九尺；用立軸長一丈八尺；徑一尺五寸。

造作功：

軸，每一條，九功。

輻，每一條；

外輞，每二片；

裏輞，每一片；

裏柱子，每二十條；

外柱子，每四條；

頰木，每二十條；

面版，每五片；

格版，每一十片；

後壁格版，每二十四片；

難子，每長六丈；

托輻牙子，每一十枚；

托棖，每八條；

立絞棍，每五條；

十字套軸版，每一片；

泥道版，每四十片；

右（上）各一功。

攏裹：五十功。

安卓：五十功。

上文“頰木，每二十條”，陶本：“挾木，每二十條。”陳注“挾”字：“頰？”。[①]傅書局合校本注：改“挾”爲“頰”，并注：“頰，故宫本、四庫本、張本均作‘挾’。”[②]傅建工合校本注：“劉批陶本：陶本、故宫本誤作‘挾木’，應作‘頰木’。熹年謹按：四庫本、張本亦誤作‘挾木’，據劉批改。”[③]

轉輪造作、攏裹、安卓功見表23.2.4。

轉輪造作、攏裹、安卓功　　表23.2.4

轉輪，高八尺，徑九尺；用立軸長一丈八尺，徑一尺五寸				
轉輪諸名件	造作功		攏裹功	安卓功
軸	每1條	9功	50功	50功
輻	每1條	1功		
外輞	每2片	1功		
裹輞	每1片	1功		
裹柱子	每20條	1功		
外柱子	每4條	1功		
頰木	每20條	1功		
面版	每5片	1功		
格版	每10片	1功		
後壁格版	每24片	1功		
難子	每長60尺	1功		
托輻牙子	每10枚	1功		
托根	每8條	1功		
立絞棍	每5條	1功		
十字套軸版	每1片	1功		
泥道版	每40片	1功		
轉輪諸名件單位造作功合計		合24功	總50功	總50功

① [宋]李誡. 營造法式（陳明達點注本）. 第三册. 第11頁. 小木作功限四. 轉輪經藏. 批注. 浙江攝影出版社. 2020年

② [宋]李誡，傅熹年彙校. 營造法式合校本. 第四册. 小木作功限四. 轉輪經藏. 校注. 中華書局. 2018年

③ [宋]李誡，傅熹年校注. 合校本營造法式. 第657頁. 小木作功限四. 轉輪經藏. 注3. 中國建築工業出版社. 2020年

〔23.2.5〕

經匣

經匣，每一隻，長一尺五寸，高六寸，盝頂在內，**廣六寸五分。**

造作、攏裹：共一功。

轉輪經藏經匣造作、攏裹功見表23.2.5。

轉輪經藏經匣造作、攏裹功 表23.2.5

經匣，每一隻，長一尺五寸，高六寸，盝頂在內，廣六寸五分		
	造作功、攏裹功	備注
經匣，每1隻，長1.5尺，高0.6尺，廣0.65尺	共1功	盝頂在內

〔23.2.6〕

轉輪經藏總計

右（上）轉輪經藏總計：造作共一千九百三十五功二分；攏裹共二百八十五功；安卓共二百二十功。

上文"攏裹"，傅建工合校本注："熹年謹按：此下至下條壁藏立棍部分丁本共缺半葉十行，陶本據四庫本補。故宮本、張本均不缺。"①

轉輪經藏功限總計見表23.2.6。

轉輪經藏功限總計 表23.2.6

轉輪經藏	造作功	攏裹功	安卓功	備注
外槽帳身	合6.5功	總25功	總15功	
外槽腰檐	合18.9功	總35功	總20功	
平坐	合12.1功	總20功	總15功	
天宮樓閣	合117功	總80功	總70功	
裹槽帳坐	合32.6功	總30功	總20功	
裹槽帳身	合15功	總25功	總15功	
柱上帳頭	合5.1功	總20功	總15功	
轉輪	合24功	總50功	總50功	
經匣	共1功			計入造作功
轉輪經藏諸段單位造作功合計	合計232.2功	合計285功	合計220功	
轉輪經藏造作、攏裹、安卓總計	總1935.2功	總285功	總220功	

① [宋]李誡，傅熹年校注. 合校本營造法式. 第657頁. 小木作功限四. 轉輪經藏. 注4. 中國建築工業出版社. 2020年

【23.3】
壁藏

壁藏，一坐，高一丈九尺，廣三丈，兩擺手各廣六尺，內、外槽共深四尺。

〔23.3.1〕
坐

坐，高三尺，深五尺二寸。

造作功：

車槽上、下澁並坐面、猴面澁，芙蓉瓣，每各長六尺；

子澁，每長一丈；

卧棍，每一十條；

立棍，每一十二條；拽後棍、羅文棍同；

上、下馬頭棍，每一十五條；

車槽澁並芙蓉華版，每各長五尺；

坐腰並芙蓉華版，每各長四尺；

明金版，並造瓣，**每長二丈；**枓槽、壓厦版同。

柱脚方，每長一丈二尺；

榻頭木，每長一丈三尺；

龜脚，每二十五枚；

面版，合縫在內，**約計每長一丈，廣一尺；**

貼絡神龕並背版，每各長五尺；

飛子，每五十枚；

五鋪作，重栱、卷頭枓栱，每一朶；

右（上）各一功。

上、下重臺鉤闌，高一尺，長一丈，七功五分。

攏裹：五十功。

安卓：三十功。

上文“立棍”條中“每一十二條”，陶本：“每十二條”，陳注：改“十”爲“一十。”[①]

上文“安卓”條，傅建工合校本注：“熹年謹按：‘安卓三十功’一條據四庫本補入。故宫本、張本亦脱此條。”[②]

壁藏坐造作、攏裹、安卓功見表23.3.1。

壁藏坐造作、攏裹、安卓功　　表23.3.1

壁藏，一坐，高一丈九尺，廣三丈，兩擺手各廣六尺，內、外槽共深四尺				
坐，高3尺，深5.2尺	造作功		攏裹功	安卓功
車槽上、下澁	每各長6尺	2功	50功	30功
坐面澁	每各長6尺	1功		
猴面澁	每各長6尺	1功		
芙蓉瓣	每各長6尺	1功		
子澁	每長10尺	1功		
卧棍	每10條	1功		

① [宋]李誡．營造法式（陳明達點注本）．第三册．第13頁．小木作功限四．壁藏．批注．浙江攝影出版社．2020年

② [宋]李誡，傅熹年校注．合校本營造法式．第665頁．小木作功限四．壁藏．注1．中國建築工業出版社．2020年

續表

坐，高3尺，深5.2尺	造作功		攏裹功	安卓功
立棍	每12條	1功		
拽後棍	每12條	1功		
羅文棍	每12條	1功		
上、下馬頭棍	每15條	1功		
車槽澁並芙蓉華版	每各長5尺	2功		
坐腰並芙蓉華版	每各長4尺	2功		
明金版（並造瓣）	每長20尺	1功		
枓槽	每長20尺	1功		
壓厦版	每長20尺	1功		
柱脚方	每長12尺	1功		
榻頭木	每長13尺	1功		
龜脚	每25枚	1功		
面版（合縫在内）	約計每長10尺，廣1尺	1功		
貼絡神龕	每各長5尺	1功		
貼絡背版	每各長5尺	1功		
飛子	每50枚	1功		
五鋪作，重栱、卷頭枓栱	每1朵	1功		
上、下重臺鉤闌	高1尺，長10尺	7.5功		
壁藏坐諸名件單位造作功合計		合33.5功	總50功	總30功

〔23.3.2〕

帳身

帳身，高八尺，深四尺；作七格，每格内安經匣四十枚。

造作功：

上隔枓並貼絡及仰托棍，每各長一丈，共二功五分。

下錠脚並貼絡及仰托棍，每各長一丈，共二功。

帳柱，每一條；

歡門，剜造華瓣在内，**每長一丈；**

帳帶，剜切在内，**每三條；**

心柱，每四條；

腰串，每六條；

帳身合版，約計每長一丈，廣一尺；

格棍，每長三丈；逐格前、後柱子同；

鈿面版棍，每三十條；

格版，每二十片，各廣八寸；

普拍方，每長二丈五尺；

隨格版難子，每長八丈；

帳身版難子，每長六丈；

右（上）各一功。

平棊，依本功。

摺疊門子，每一合，共三功。

逐格鉀面版，約計每長一丈，廣一尺，八分功。

攏裹：五十五功。

安卓：三十五功。

壁藏帳身造作、攏裹、安卓功見表23.3.2。

壁藏帳身造作、攏裹、安卓功　表23.3.2

壁藏，一坐，高一丈九尺，廣三丈，兩擺手各廣六尺，內、外槽共深四尺				
帳身，高8尺，深4尺，作7格	造作功（每格内安經匣四十枚）		攏裹功	安卓功
上隔枓並貼絡及仰托榥	每各長10尺	2.5功	55功	35功
下鋜脚並貼絡及仰托榥	每各長10尺	2功		
帳柱	每1條	1功		
歡門（剜造華瓣在內）	每長10尺	1功		
帳帶（剜切在內）	每3條	1功		
心柱	每4條	1功		
腰串	每6條	1功		
帳身合版	約計每長10尺，廣1尺	1功		
格榥	每長30尺	1功		
逐格前、後柱子	每長30尺	1功		
鉀面版榥	每30條	1功		
格版	每20片，各廣0.8尺	1功		
普拍方	每長25尺	1功		
隨格版難子	每長80尺	1功		
帳身版難子	每長60尺	1功		
平棊		依本功		
摺疊門子	每1合	3功		
逐格鉀面版	約計每長10尺，廣1尺	0.8功		
壁藏帳身諸名件單位造作功合計		合21.3功	總55功	總35功

〔23.3.3〕

腰檐

腰檐，高二尺，枓槽共長二丈九尺八寸四分，深三尺八寸四分。

造作功：

枓槽版，每長一丈五尺；鑰匙頭及壓厦版並同；

山版，每長一丈五尺，合廣一尺；

貼生，每長四丈；瓦隴條同；

曲椽，每二十條；

飛子，每四十枚；

白版，約計每長三丈，廣一尺；厦瓦版同；

搏脊槫，每長二丈五尺；

小山子版，每三十枚；

瓦口子，簽切在内；每長三丈；

卧棍，每一十條；

立棍，每一十二條；

右（上）各一功。

六鋪作，重栱、一杪、兩下昂枓栱，每一朵，一功二分。

角梁，每一條，子角梁同，八分功。

角脊，每一條，二分功。

攏裹：五十功。

安卓：三十功。

壁藏腰檐造作、攏裹、安卓功見表23.3.3。

壁藏腰檐造作、攏裹、安卓功　表23.3.3

腰檐，高二尺				
枓槽共長29.84尺，深3.84尺	造作功		攏裹功	安卓功
枓槽版	每長15尺	1功	50功	30功
鑰匙頭	每長15尺	1功		
壓厦版	每長15尺	1功		
山版	每長15尺，合廣1尺	1功		
貼生	每長40尺	1功		
瓦隴條	每長40尺	1功		
曲椽	每20條	1功		
飛子	每40枚	1功		
白版	約計每長30尺，廣1尺	1功		
厦瓦版	約計每長30尺，廣1尺	1功		
搏脊槫	每長25尺	1功		
小山子版	每30枚	1功		
瓦口子（簽切在内）	每長30尺	1功		

續表

枓槽共長29.84尺，深3.84尺	造作功		攏裹功	安卓功
卧棍	每10條	1功		
立棍	每12條	1功		
六鋪作，重栱、一杪、兩下昂枓栱	每1朵	1.2功		
角梁	每1條	0.8功		
子角梁	每1條	0.8功		
角脊	每1條	0.2功		
壁藏腰檐諸名件單位造作功合計		合18功	總50功	總30功

〔23.3.4〕

平坐

平坐，高一尺，枓槽共長二丈九尺八寸四分，深三尺八寸四分。

造作功：

枓槽版，每長一丈五尺；鑰匙頭及壓厦版並同；

鴈翅版，每長三丈；

卧棍，每一十條；

立棍，每一十二條；

鈿面版，約計每長一丈，廣一尺；

右（上）各一功。

六鋪作，重栱、卷頭枓栱，每一朵，共一功一分。

單鉤闌，高七寸，每長一丈，五功。

攏裹：二十功。

安卓：一十五功。

上文“單鉤闌，高七寸”，陶本：“單鉤闌，共七寸”，陳注：“‘共’應作‘高’。”[①]傅書局合校本注：改“共”爲“高”，并注：“高，陶本誤‘高’爲‘共’，不取。故宫本作‘高’，據改。”[②]傅建工合校本注：“劉批陶本：故宫本作‘高’，陶本誤爲‘共’，今從故宫本。熹年謹按：四庫本、張本不誤，均作‘高’。”[③]

壁藏平坐造作、攏裹、安卓功見表23.3.4。

壁藏平坐造作、攏裹、安卓功　　表23.3.4

平坐，高一尺				
枓槽共長29.84尺，深3.84尺	造作功		攏裹功	安卓功
枓槽版	每長15尺	1功	20功	15功
鑰匙頭	每長15尺	1功		
壓厦版	每長15尺	1功		

① [宋]李誡. 營造法式（陳明達點注本）. 第三册. 第19頁. 小木作功限四. 壁藏. 批注. 浙江攝影出版社. 2020年

② [宋]李誡，傅熹年彙校. 營造法式合校本. 第四册. 小木作功限四. 壁藏. 校注. 中華書局. 2018年

③ [宋]李誡，傅熹年校注. 合校本營造法式. 第665頁. 小木作功限四. 壁藏. 注3. 中國建築工業出版社. 2020年

續表

枓槽共長29.84尺，深3.84尺	造作功		攏裹功	安卓功
鴈翅版	每長30尺	1功		
卧棍	每10條	1功		
立棍	每12條	1功		
鈿面版	約計每長10尺，廣1尺	1功		
六鋪作，重栱、卷頭枓栱	每1朵	1.1功		
單鉤闌，高0.7尺	每長10尺	5功		
壁藏平坐諸名件單位造作功合計		合13.1功	總20功	總15功

〔23.3.5〕

天宫樓閣

天宫樓閣：

造作功：

殿身，每一坐，廣二瓣，**並挾屋、行廊，**各廣二瓣，**各三層，共八十四功。**

角樓，每一坐，廣同上，**並挾屋、行廊等並同上；**

茶樓子，並同上；

右（上）各七十二功。

龜頭；每一坐，廣一瓣，**並行廊屋，**廣二瓣，**各三層，共三十功。**

攏裹：一百功。

安卓：一百功。

上文“殿身”條中“行廊”，陳注：“廊屋，竹本。”①

上文“龜頭”條之“並行廊屋”，傅書局合校本注：“前文云‘挾屋行廊’，此獨云‘行廊屋’，疑有誤。當作‘行廊挾屋’。”又注：“故宫本即作‘行廊屋’。”②傅建工合校本注：“劉批陶本：前文云‘挾屋行廊’，此獨云‘行廊屋’，疑有誤。”③

壁藏天宫樓閣造作、攏裹、安卓功見表23.3.5。

壁藏天宫樓閣造作、攏裹、安卓功　　表23.3.5

天宫樓閣	造作功		攏裹功	安卓功
殿身，每一坐（廣2瓣）	挾屋、行廊（各廣2瓣），各3層	共84功	100功	100功
角樓，每一坐（廣2瓣）	挾屋、行廊（各廣2瓣）	72功		
茶樓子，每一坐（廣2瓣）	挾屋、行廊（各廣2瓣）	72功		
龜頭，每一坐（廣1瓣）	行廊屋（廣2瓣），各3層	共30功		
壁藏天宫樓閣諸名件單位造作功合計		合258功	總100功	總100功

① [宋]李誡．營造法式（陳明達點注本）．第三册．第20頁．小木作功限四．壁藏．批注．浙江攝影出版社．2020年

② [宋]李誡，傅熹年彙校．營造法式合校本．第四册．小木作功限四．壁藏．校注．中華書局．2018年

③ [宋]李誡，傅熹年校注．合校本營造法式．第665頁．小木作功限四．壁藏．注4．中國建築工業出版社．2020年

〔23.3.6〕

經匣

經匣：準轉輪藏經匣功。

〔23.3.7〕

壁藏總計

右（上）壁藏一坐總計：造作共三千二百八十五功三分；攏裹共二百七十五功；安卓共二百一十功。

壁藏功限總計見表23.3.6。

壁藏功限總計　　表23.3.6

壁藏	造作功	攏裹功	安卓功	備注
坐	合33.5功	總50功	總30功	
帳身	合21.3功	總55功	總35功	
腰檐	合18功	總50功	總30功	
平坐	合13.1功	總20功	總15功	
天宮樓閣	合258功	總100功	總100功	
經匣	合1功			
壁藏諸段單位造作功合計	合計344.9功	合計275功	合計210功	
壁藏造作、攏裹、安卓總計	總3285.3功	總275功	總210功	

第24章

《營造法式》卷第二十四

——諸作功限一

營造法式卷第二十四

通直郎管修蓋皇弟外第專一提舉修蓋班直諸軍營房等臣李誡奉

聖旨編修

諸作功限一

彫木作　旋作

鋸作　竹作

【24.0】
本章導言

本章所涉彫木作、旋作、鋸作、竹作的前兩部分屬房屋構件細部裝飾與裝修方面的用功問題；後兩部分是房屋建造之始的木料處理用功及與房屋和室內外配套相關的竹製配件或器物製作用功。

本章似不涉及房屋大木結構基本尺寸，亦不涉及小木作各部分及其做法的相關尺寸。雖言功限，但彫木作、旋作，對于古人在房屋建築及附屬器物中的木雕及旋造工藝與造型，有補充性記述。

从鋸作功限中，或能了解到古人在房屋建造上的用料及大料加工方法與難易程度。相較于竹作制度，竹作功限對宋代竹製工藝及做法，有補充性表述。

【24.1】
彫木作

〔24.1.1〕
混作

每一件：

混作，

照壁內貼絡：

［24.1.1.1］
混作諸名件

寶牀，長三尺，每尺高五寸，其牀垂牙，豹脚造，上彫香鑪、香合、蓮華、寶窠、香山、七寶等，**共五十七功。**每增減一寸，各加減一功九分。仍以寶牀長爲法。

真人，高二尺，廣七寸，厚四寸，六功。每高增減一寸，各加減三分功。

仙女，高一尺八寸，廣八寸，厚四寸，一十二功。每高增減一寸，各加減六分六厘功。

童子，高一尺五寸，廣六寸，厚三寸，三功三分。每高增減一寸，各加減二分二厘功。

角神，高一尺五寸，七功一分四厘。每增減一寸，各加減四分七厘六毫功；寶藏神，每功減三分功。

鶴子，高一尺，廣八寸，首尾共長二尺五寸，三功。每高增減一寸，各加減三分功。

雲盆或雲氣，曲長四尺，廣一尺五寸，七功五分。每廣增減一寸，各加減五分功。

關于“寶牀”條，梁注：“‘每尺高五寸’這五個字含義很不明確；從下文‘仍以寶牀長爲法’推測，可能是說‘每牀長一尺，其高五寸。’”①

上文“寶牀”條小注“寶窠”，陶本：“寶科”。梁先生认爲“寶科”爲“寶科”之誤，而“寶科”實爲“寶窠”，故改

① 梁思成．梁思成全集．第七卷．第337頁．諸作功限一．彫木作．注1．中國建築工業出版社．2001年

之。陳注：改“料”爲“窠”。[①]傅書局合校本注：“故宫本作‘寶料’。‘料’疑是‘照’字之誤。按‘寶照’爲鏡之古名，彩畫作有‘團科寶照’。”[②]傅建工合校本改“寶料”爲“寶照”，并注：“朱批陶本：‘料’疑是‘照’字之誤。按‘寶照’爲鏡之古名，彩畫作有‘團科寶照’。熹年謹按：故宫本、四庫本均作‘料’。然朱批似有見地，據改。”[③]

上文“雲盆或雲氣”條，傅書局合校本將之移至“角神”條之前，并注：“‘雲盤’條移前。據故宫、四庫二本。”[④]疑其所注“雲盤”，似爲“雲盆”之誤。傅建工合校本注：“熹年謹按：據故宫、四庫二本，‘雲盆’條移‘角神’條前。”[⑤]

彫木作混作諸名件造作功見表24.1.1。

彫木作混作諸名件造作功　　表24.1.1

每一件：混作，照壁内貼絡					
名件	高或廣	長或廣	增減	造作功	備注
寶牀	高1.2尺	以寶牀長3尺爲法	每增減1寸各加減1.9功	51.3功	其牀垂牙，豹脚造，上彫香鑪、香合、蓮華、寶窠、香山、七寶
	高1.5尺			57功	
	高1.8尺			62.7功	
真人	高1.8尺	廣0.7尺 厚0.4尺	每高增減1寸各加減0.3功	5.4功	
	高2尺			6功	
	高2.4尺			7.2功	
仙女	高1.5尺	廣0.8尺 厚0.4尺	每高增減1寸各加減0.66功	10.2功	
	高1.8尺			12功	
	高2尺			13.32功	
童子	高1.2尺	廣0.6尺 厚0.3尺	每高增減1寸各加減0.22功	2.64功	
	高1.5尺			3.3功	
	高1.8尺			3.96功	
角神	高1.2尺	未知	每增減1寸，各加減0.476功	5.712功	
	高1.5尺			7.14功	
	高1.8尺			8.568功	
寶藏神	高1.2尺	未知	每功減0.3功	4功	
	高1.5尺			5功	
	高1.8尺			6功	

① [宋]李誡. 營造法式（陳明達點注本）. 第三册. 第23頁. 諸作功限一. 彫木作. 批注. 浙江攝影出版社. 2020年

② [宋]李誡，傅熹年彙校. 營造法式合校本. 第四册. 諸作功限一. 彫木作. 校注. 中華書局. 2018年

③ [宋]李誡，傅熹年校注. 合校本營造法式. 第676頁. 諸作功限一. 彫木作. 注1. 中國建築工業出版社. 2020年

④ [宋]李誡，傅熹年彙校. 營造法式合校本. 第四册. 諸作功限一. 彫木作. 校注. 中華書局. 2018年

⑤ [宋]李誡，傅熹年校注. 合校本營造法式. 第676頁. 諸作功限一. 彫木作. 注2. 中國建築工業出版社. 2020年

續表

名件	高或廣	長或廣	增減	造作功	備注
鶴子	高0.8尺	廣0.8尺 首尾共長 2.5尺	每高增減1寸 各加減0.3功	2.4功	
	高1尺			3功	
	高1.2尺			3.6功	
雲盆 或雲氣	廣1.2尺	曲長4尺	每廣增減1寸 各加減0.5功	6功	
	廣1.5尺			7.5功	
	廣1.8尺			9功	
其彫木作增減值不詳，但因是附屬名件，其高廣尺寸變化似不應很大，故其增減僅以上下0.3尺間浮動					

［24.1.1.2］

混作帳上

帳上：

纏柱龍，長八尺，徑四寸，五段造；並爪、甲、脊膊焰、雲盆或山子，**三十六功。**每長增減一尺，各加減三功。若牙魚並纏寫生華，每功減一分功。

虛柱蓮華蓬，五層，下層蓬徑六寸爲率，帶蓮荷、藕葉、枝梗，**六功四分。**每增減一層，各加減六分功；如下層蓮徑增減一寸，各加減三分功。

扛坐神，高七寸，四功。每增減一寸，各加減六分功；力士每功減一分功。

龍尾，高一尺，三功五分。每增減一寸，各加減三分五厘功。鴟尾功減半。

嬪伽，高五寸，連翅並蓮華坐，或雲子，或山子，**一功八分。**每增減一寸，各加減四分功。

獸頭，高五寸，七分功。每增減一寸，各加減一分四厘功。

套獸，長五寸，功同獸頭。

蹲獸，長三寸，四分功。每增減一寸，各加減一分三厘功。

上文“纏柱龍”條小注“脊膊焰、雲盆或山子”，傅書局合校本注：“宜作‘火焰雲盆山子’，‘火’字宜加，‘或’字可删。有圖樣可參考。”①又注：“諸本均無‘火’字。”②傅建工合校本注：“朱批陶本：宜作‘火焰雲盆山子’，‘火’字宜加，‘或’字宜删，有圖像可參考。熹年謹按：故宫本、四庫本均無‘火’字。然朱批似可參考。”③

彫木作混作帳上諸名件造作功見表24.1.2。

① ［宋］李誡，傅熹年彙校．營造法式合校本．第四册．諸作功限一．彫木作．校注．中華書局．2018年

② ［宋］李誡，傅熹年彙校．營造法式合校本．第四册．諸作功限一．彫木作．校注．中華書局．2018年

③ ［宋］李誡，傅熹年校注．合校本營造法式．第676—677頁．諸作功限一．彫木作．注3．中國建築工業出版社．2020年

彫木作混作帳上諸名件造作功　　表24.1.2

名件	長或高	徑	增減	造作功	備注
纏柱龍	長6尺		每長增減1尺 各加減3功	30功	五段造 並爪、甲、脊膊焰、 雲盆或山子
	長8尺	徑0.4尺		36功	
	長10尺			42功	
	長6尺		每功減0.1功	27功	若牙魚並纏寫生華
	長8尺	徑0.4尺		32.4功	
	長10尺			37.8功	
虛柱蓮華蓬	3層		每增減1層 各加減0.6功	5.2功	下層蓬徑六寸爲率 帶蓮荷、藕葉、枝梗
	5層	蓬徑6寸		6.4功	
	7層			7.6功	
	5層	蓬徑4寸	下層蓮徑 增減1寸 各加減0.3功	5.8功	究竟應爲“蓮徑”還是 “蓬徑”？未知， 似爲一個意思
		蓬徑6寸		6.4功	
		蓬徑8寸		7功	
扛坐神	高0.5尺		每增減1寸 各加減0.6功	2.8功	
	高0.7尺			4功	
	高0.9尺			5.2功	
力士	高0.5尺		力士 每功減0.1功	2.52功	
	高0.7尺			3.6功	
	高0.9尺			4.68功	
龍尾	高0.8尺		每增減1寸 各加減0.35功	2.8功	
	高1尺			3.5功	
	高1.2尺			4.2功	
鴟尾	高0.8尺		鴟尾功減半	1.4功	
	高1尺			1.75功	
	高1.2尺			2.1功	
嬪伽	高0.3尺		每增減1寸 各加減0.4功	1功	連翅並蓮華坐 或雲子，或山子
	高0.5尺			1.8功	
	高0.8尺			3功	
獸頭	高0.3尺		每增減1寸 各加減0.14功	0.42功	
	高0.5尺			0.7功	
	高0.8尺			1.12功	

續表

名件	長或高	徑	增減	造作功	備注
套獸	長0.3尺		功同獸頭	0.42功	
	長0.5尺			0.7功	
	長0.8尺			1.12功	
蹲獸	長0.3尺		每增減1寸 各加減0.13功	0.4功	
	長0.5尺			0.66功	
	長0.7尺			0.92功	
彫木作增減值不詳，因是附屬名件，高廣尺寸變化似不應很大，其增減僅在0.2—0.3尺浮動					

[24.1.1.3]

混作柱頭

柱頭：取徑爲率。

坐龍，五寸，四功。每增減一寸，各加減八分功。其柱頭如帶仰覆蓮荷臺坐，每徑一寸，加功一分。下同。

師子，六寸，四功二分。每增減一寸，各加減七分功。

孩兒，五寸，單造，三功。每增減一寸，各加減六分功。雙造，每功加五分功。

鴛鴦，鵞、鴨之類同，**四寸，一功。**每增減一寸，各加減二分五厘功。

蓮荷：

蓮華，六寸，實彫六層，**三功。**每增減一寸，各加減五分功。如增減層數，以所計功作六分，每層各加減一分，減至三層止。如蓬葉造，其功加倍。

荷葉，七寸，五分功。每增減一寸，各加減七厘功。

上文“柱頭”小注“取徑爲率”，陶本：“取徑爲準”，傅書局合校本亦改“準”爲“率”①，即“取徑爲率”。

彫木作混作柱頭諸名件造作功見表24.1.3。

彫木作混作柱頭諸名件造作功　　表24.1.3

柱頭，取徑爲率					
名件	徑	層數	增減	造作功	備注
坐龍	0.3尺		每增減1寸 各加減0.8功	2.4功	
	0.5尺			4功	
	0.8尺			6.4功	

① [宋]李誡，傅熹年彙校. 營造法式合校本. 第四册. 諸作功限一. 彫木作. 校注. 中華書局. 2018年

續表

名件	徑	層數	增減	造作功	備注
坐龍	0.3尺		柱頭如帶 仰覆蓮荷臺坐，每徑1寸，加0.1功	2.7功	
	0.5尺			4.5功	
	0.8尺			7.2功	
師子	0.4尺		每增減1寸， 各加減0.7功	2.8功	
	0.6尺			4.2功	
	0.9尺			6.3功	
孩兒	0.3尺		每增減1寸 各加減0.6功	1.8功	
	0.5尺			3功	
	0.8尺			4.8功	
孩兒雙造	0.3尺		雙造 每功加0.5功	2.7功	
	0.5尺			4.5功	
	0.8尺			7.2功	
鴛鴦	0.3寸		每增減1寸 各加減0.25功	0.75功	鵞、鴨之類同
	0.4尺			1功	
	0.5寸			1.25功	
蓮華	0.4尺	實彫6層	每增減1寸 各加減0.5功	2功	
	0.6尺			3功	
	0.8尺			4功	
	0.6尺	6層	若以6層計，其功3，分作6分 每分0.5功，即每減一層，減0.5功	3功	若增減層數，以所計功作六分，每層各加減一分，減至三層止
		5層		2.5功	
		4層		2功	
		3層		1.5功	
蓬葉造	0.4尺	實彫6層	如蓬葉造 其功加倍	4功	
	0.6尺			6功	
	0.8尺			8功	
荷葉	0.5尺		每增減1寸 各加減0.07功	0.36功	
	0.7尺			0.5功	
	0.9尺			0.64功	
彫木作增減值不詳，因是附屬名件，高廣尺寸變化似不應很大，其增減僅在0.2—0.3尺浮動					

〔24.1.2〕

半混

半混：

彫插及貼絡寫生華：透突造同；如剔地，加功三分之一。

華盆：

牡丹，芍藥同，**高一尺五寸，六功。**每增減一寸，各加減五分功；加至二尺五寸，減至一尺止。

雜華，高一尺二寸，卷搭造，**三功。**每增減一寸，各加減二分三厘功；平彫減功三分之一。

華枝，長一尺，廣五寸至八寸；

牡丹，芍藥同，**三功五分。**每增減一寸，各加減三分五厘功。

雜華，二功五分。每增減一寸，各加減二分五厘功。

彫木作半混諸名件造作功見表24.1.4。

彫木作半混諸名件造作功　　表24.1.4

名件		高或長		增減	造作功	備注
華盆	牡丹	高1尺	芍藥同	每增減1寸 各加減0.5功	3.5功	加至二尺五寸 減至一尺止
		高1.5寸			6功	
		高2尺			8.5功	
		高2.5尺			11功	
	雜華	高1尺	卷搭造	每增減1寸 各加減0.23功	2.54功	
		高1.2尺			3功	
		高1.5尺			3.69功	
	平彫雜華	高1尺			1.69功	平彫減功三分之一
		高1.2尺			2功	
		高1.5尺			2.46功	
華枝	牡丹	長0.8尺	芍藥同	每增減1寸 各加減0.35功	2.8功	廣五寸至八寸
		長1尺			3.5功	
		長1.2尺			4.2功	
	雜華	長0.8尺		每增減1寸 各加減0.25功	2功	
		長1尺			2.5功	
		長1.2尺			3功	
彫木作增減值不詳，因是附屬名件，高與長尺寸變化似不應很大，其增減主要在0.2—0.3尺浮動						

〔24.1.3〕
貼絡事件

[24.1.3.1]
貼絡事件諸名件

貼絡事件：

昇龍，行龍同，**長一尺二寸，**下飛鳳同，**二功。**每增減一寸，各加減一分六厘功。牌上貼絡者同。下準此。

飛鳳，立鳳、孔雀、牙魚同，**一功二分。**每增減一寸，各加減一分功。內鳳如華尾造，平彫，每功加三分功；若卷搭，每功加八分功。

飛仙，嬪伽類，**長一尺一寸，二功。**每增減一寸，各加減一分七厘功。

師子，狻猊、麒麟、海馬同，**長八寸，八分功。**每增減一寸，各加減一分功。

真人，高五寸，下至童子同，**七分功。**每增減一寸，各加減一分五厘功。

仙女，八分功。每增減一寸，各加減一分六厘功。

菩薩，一功二分。每增減一寸，各加減一分四厘功。

童子，孩兒同，**五分功。**每增減一寸，各加減一分功。

鴛鴦，鸚鵡、羊、鹿之類同。**長一尺，**下雲子同，**八分功。**每增減一寸，各加減八厘功。

雲子，六分功。每增減一寸，各加減六厘功。

香草，高一尺，三分功。每增減一寸，各加減三厘功。

故實人物，以五件爲率，**各高八寸，共三功。**每增減一件，各加減六分功；即每增減一寸，各加減三分功。

關于上文“飛鳳”條，梁注：“這裏顯然是把長度尺寸遺漏了。從加減分數推測，似應也在一尺或一尺一寸左右。”①

但從行文上看，上文“昇龍，行龍同，長一尺二寸，下飛鳳同”，已暗示了飛鳳的計功長度與昇龍同，仍爲“長一尺二寸”，故其文應無遺漏。

貼絡事件諸名件造作功見表24.1.5。

貼絡事件諸名件造作功 表24.1.5

名件	高或長		增減	造作功	備注
昇龍	長1尺	行龍同	每增減1寸 各加減0.16功	1.68功	牌上貼絡者同 下準此
	長1.2尺			2功	
	長1.5尺			2.48功	
飛鳳	長1尺	立鳳、孔雀、牙魚同	每增減1寸 各加減0.1功	1功	
	長1.2尺			1.2功	
	長1.5尺			1.5功	

① 梁思成．梁思成全集．第七卷．第337—338頁．諸作功限一．彫木作．注2．中國建築工業出版社．2001年

續表

名件	高或長		增減	造作功	備注
飛鳳	長1尺	平彫	内鳳如華尾造平彫每功加0.3功	1.3功	
	長1.2尺			1.36功	
	長1.5尺			1.95功	
	長1尺	卷搭	若卷搭每功加0.8功	1.8功	
	長1.2尺			2.16功	
	長1.5尺			2.7功	
飛仙	長0.9尺	嬪伽類	每增減1寸各加減0.17功	1.66功	
	長1.1尺			2功	
	長1.3尺			2.34功	
師子	長0.6尺	狻猊、麒麟、海馬同	每增減1寸各加減0.1功	0.6功	
	長0.8尺			0.8功	
	長1尺			1功	
真人	高0.5尺	下至童子同	每增減1寸各加減0.15功	0.7功	
	高0.7尺			1功	
	高0.9尺			1.3功	
仙女	高0.5尺		每增減1寸各加減0.16功	0.8功	
	高0.7尺			1.12功	
	高0.9尺			1.44功	
菩薩	高0.5尺		每增減1寸各加減0.14功	1.2功	
	高0.7尺			1.48功	
	高0.9尺			1.76功	
童子	高0.5尺	孩兒同	每增減1寸各加減0.1功	0.5功	
	高0.7尺			0.7功	
	高0.9尺			0.9功	
鴛鴦	長0.8尺	鸚鵡、羊、鹿之類同	每增減1寸各加減0.08功	0.64功	下雲子同
	長1尺			0.8功	
	長1.2尺			0.96功	
雲子	長0.8尺		每增減1寸各加減0.06功	0.48功	
	長1尺			0.6功	
	長1.2尺			0.72功	

續表

名件	高或長		增減	造作功	備注
香草	高0.8尺		每增減1寸 各加減0.03功	0.24功	
	高1尺			0.3功	
	高1.2尺			0.36功	
故實人物	3件	各高0.8尺	每增減1件 各加減0.6功	共1.8功	
	5件			共3功	
	7件			共4.2功	
	高0.6尺	以5件爲率	每增減1寸 各加減0.3功	共2.4功	
	高0.8尺			共3功	
	高1尺			共3.6功	
貼絡事件增減值不詳，因是附屬名件，其尺寸變化似不應很大，其增減仍在0.2—0.3尺浮動					

［24.1.3.2］

帳上

帳上：

帶，長二尺五寸，兩面結帶造，**五分功。**每增減一寸，各加減二厘功。若彫華者，同華版功。

山華蕉葉版，以長一尺、廣八寸爲率，實雲頭造。**三分功。**

上文“帶”條小注“若彫華者，同華版功”，似指下文之“華版”。另“山華蕉葉版”條小注“以長一尺、廣八寸爲率”，并未給出其長、廣變化及相應用功增減情况。

帳上貼絡諸名件造作功見表24.1.6。

帳上貼絡諸名件造作功　　表24.1.6

名件	長		增減	造作功	備注
帶	長2尺	兩面結帶造	每增減1寸 各加減0.02功	0.4功	若彫華者 同華版功
	長2.5尺			0.5功	
	長3尺			0.6功	
山華 蕉葉版	長1尺	長1尺、廣0.8尺 爲率	未知增減情况	0.3功	

〔24.1.4〕

平棊事件

平棊事件：

盤子，徑一尺，剗雲子間起突盤龍；其牡丹華間起突龍、鳳之類，平彫者同；卷搭者加功三分之一；**三功。**每增減一寸，各加減三分功；減至五寸止。下雲圈、海眼版同。

雲圈，徑一尺四寸，二功五分。每增減一寸，各加減二分功。

海眼版，水地間海魚等，**徑一尺五寸，二功。**每增減一寸，各加減一分四厘功。

雜華，方三寸，透突、平彫，**三分功。**角華減功之半；角蟬又減三分之一。

上文“雲圈”條，傅書局合校本注：改“圈”爲“棬”。[①]又注：“故宫本作雲圈。”[②]傅建工合校本此處未作修改，仍爲“雲圈”，亦未作注。

平棊事件諸名件造作功見表24.1.7。

平棊事件諸名件造作功　　表24.1.7

名件	徑或方		增減	造作功	備注
盤子	徑0.5尺	平彫者同	每增減1寸 各加減0.3功 減至5寸止	1.5功	剗雲子間起突盤龍；牡丹華間起突龍、鳳之類
	徑1尺			3功	
	徑1.5尺			4.5功	
盤子（卷搭）	徑0.5尺		卷搭者 加功三分之一	2功	
	徑1尺			4功	
	徑1.5尺			6功	
雲圈	徑1.2尺		每增減1寸 各加減0.2功	2.1功	
	徑1.4尺			2.5功	
	徑1.6尺			2.9功	
海眼版	徑1.2尺	水地間海魚等	每增減1寸 各加減0.14功	1.64功	
	徑1.5尺			2功	
	徑1.8尺			2.42功	
雜華	方0.3尺	透突、平彫		0.3功	
角華	方0.3尺		角華減功之半	0.15功	
角蟬	方0.3尺		角蟬又減三分之一	0.1功	

① [宋]李誡，傅熹年彙校．營造法式合校本．第四册．諸作功限一．彫木作．校注．中華書局．2018年

② [宋]李誡，傅熹年彙校．營造法式合校本．第四册．諸作功限一．彫木作．校注．中華書局．2018年

〔24.1.5〕

華版

華版：

透突，間龍、鳳之類同，**廣五寸以下，每廣一寸，一功。**如兩面彫，功加倍。其剔地，減長六分之一；廣六寸至九寸者，減長五分之一；廣一尺以上者，減長三分之一。華牌帶同。

卷搭，彫雲龍同。如兩卷造，每功加一分功。下海石榴華兩卷、三卷造準此。**長一尺八寸。**廣六寸至九寸者，即長三尺五寸；廣一尺以上者，即長七尺二寸。

海石榴，長一尺，廣六寸至九寸者，即長二尺二寸；廣一尺以上者，即長四尺五寸。

牡丹，芍藥同，**長一尺四寸。**廣六寸至九寸者，即長二尺八寸；廣一尺以上者，即長五尺五寸。

平彫，長一尺五寸。廣六寸至九寸者，即長六尺；廣一尺以上者，即長一十尺。如長生蕙草間羊、鹿、鴛鴦之類，各加長三分之一。

關于上文“透突”條，梁注：“‘透突’以及下面‘卷搭’‘海石榴’‘牡丹’‘平彫’各條，雖經反復推敲，仍未能讀懂。‘透突’有‘廣’無‘長’而規定‘廣一寸一功’；小注又説‘減長’若干，其‘長’從何而來？其餘四條雖有‘長’，小注雖有假定的‘長’‘廣’比例，但又無‘功’。因此感到不知所云。此外，‘透突’‘卷搭’‘平彫’是三種手法，而‘海石榴’‘牡丹’却是兩種題材，又怎能并列排比呢？”[①]

傅建工合校本注：“熹年謹按：卷搭、海石榴、牡丹、平彫四條，諸本均未注明用功數。”[②]

上文“平彫，長一尺五寸”，陳注：改“一”爲“二”，并注：“二，竹本。”[③]傅書局合校本注：改“一”爲“二”，并注：“二，據故宫本、四庫本改。”[④]即其文爲“平彫，長二尺五寸”。傅建工合校本改“一尺五寸”爲“二尺五寸”，并注：“熹年謹按：陶本作‘一尺五寸’，據故宫本、四庫本、張本改爲‘二尺五寸’。”[⑤]

上文從“華版”條之後，以“透突，間龍、鳳之類同，廣五寸以下，每廣一寸，一功。”爲基礎，以“廣六寸至九寸者，減長五分之一；廣一尺以上者，減長三分之一。”作爲變化條件，其廣大于5寸，其計功之單位長度則適當有所減少，即“減長五分之一”（即0.8寸一功）；“減長三分之一”（即0.67寸一功）之類。

其後之條，又有如“海石榴，長一尺”，其意疑爲：海石榴華版，若其長1尺，則可計爲1功。則其後小注“廣六寸至九寸者，即長二尺二寸；廣一尺以上者，即長四尺五寸。”似可理解爲：如果海石榴之廣爲6寸至9寸，以其長2.2尺爲1功；海石榴廣1尺以上者，以其長4.5尺爲1功。其下諸條亦如之。僅從上下文，似仍未知這一推測是否妥當。

華版諸名件造作功見表24.1.8。

① 梁思成. 梁思成全集. 第七卷. 第338頁. 諸作功限一. 彫木作. 注3. 中國建築工業出版社. 2001年

② [宋]李誡，傅熹年校注. 合校本營造法式. 第677頁. 諸作功限一. 彫木作. 注5. 中國建築工業出版社. 2020年

③ [宋]李誡. 營造法式（陳明達點注本）. 第三册. 第31頁. 諸作功限一. 彫木作. 批注. 浙江攝影出版社. 2020年

④ [宋]李誡，傅熹年彙校. 營造法式合校本. 第四册. 諸作功限一. 彫木作. 校注. 中華書局. 2018年

⑤ [宋]李誡，傅熹年校注. 合校本營造法式. 第677頁. 諸作功限一. 彫木作. 注4. 中國建築工業出版社. 2020年

華版諸名件造作功　表24.1.8

名件	長或廣		增減	造作功	備注
透突	廣0.3尺	間龍、鳳之類同	廣5寸以下，每廣1寸，1功	3功	
	廣0.4尺			4功	
	廣0.5尺			5功	
	廣0.6尺		按減長1/5後計算其功每廣0.8寸計爲1功	7.5功	廣六寸至九寸者，減長五分之一
	廣0.7尺			8.75功	
	廣0.8尺			10功	
	廣0.9尺			11.25功	
透突（兩面彫）	廣0.3尺	其剔地減長六分之一	如兩面彫功加倍	6功	
	廣0.4尺			8功	
	廣0.5尺			10功	
卷搭	長1.8尺	彫雲龍同		1功	
	長1.8尺	如兩卷造	每功加1分功	1.1功	
	長3.5尺	廣六寸至九寸者		1功	
	長7.2尺	廣一尺以上者		1功	
海石榴	長1尺			1功	
	長2.2尺	廣六寸至九寸者		1功	
	長4.5尺	廣一尺以上者		1功	
牡丹	長1.4尺			1功	芍藥同
	長2.8尺	廣六寸至九寸者		1功	
	長5.5尺	廣一尺以上者		1功	
平彫	長1.5尺			1功	
	長6尺	廣六寸至九寸者		1功	
	長10尺	廣一尺以上者		1功	
長生蕙草間羊、鹿、鴛鴦之類	長2尺			1功	長生蕙草間羊、鹿、鴛鴦之類，各加長三分之一
	長8尺	廣六寸至九寸者		1功	
	長13.3尺	廣一尺以上者		1功	

〔24.1.6〕

鉤闌、檻面

鉤闌、檻面：實雲頭兩面彫造。如鑿撲，每功加一分功。其彫華樣者，同華版功。如一面彫者，減功之半。

雲栱，長一尺，七分功。每增減一寸，各加減七厘功。

鵞項，長二尺五寸，七分五厘功。每增減一寸，各加減三厘功。

地霞，長二尺，一功三分。每增減一寸，各加減六厘五毫功。如用華盆，即同華版功。

矮柱，長一尺六寸，四分八厘功。每增減一寸，各加減三厘功。

剗萬字版，每方一尺，二分功。如鉤片，減功五分之一。

上文“鉤闌、檻面”條小注“如一面彫者”，陶本：“如上面彫者”。梁先生似據上下文改。

上文“鑿撲”這一概念，僅見于《法式》“小木作功限”，未知其做法與剜斫、雕鑿等是如何區分的。但其大約仍屬于彫木作的範疇之内。

鉤闌、檻面諸名件造作功見表24.1.9。

鉤闌、檻面諸名件造作功　表24.1.9

名件	長或方		增減	造作功	備注
雲栱	長0.8尺		每增減1寸 各加減0.03功	0.64功	雲頭兩面彫造
	長1尺			0.7功	
	長1.2尺			0.76功	
雲栱（鑿撲）	長0.8尺		如鑿撲 每功加0.1功	0.704功	雲頭兩面彫造
	長1尺			0.77功	
	長1.2尺			0.836功	
雲栱	長0.8尺		如一面彫者 減功之半	0.32功	雲頭一面彫者
	長1尺			0.35功	
	長1.2尺			0.38功	
鵞項	長2.3尺		每增減1寸 各加減0.03功	0.69功	如鑿撲 每功加0.1功 同雲栱
	長2.5尺			0.75功	
	長2.7尺			0.81功	
地霞	長1.8尺	如一面彫者 減功之半 同雲栱	每增減1寸 各加減0.065功	1.17功	兩面彫造 如用華盆 即同華版功
	長2尺			1.3功	
	長2.2尺			1.43功	
矮柱	長1.4尺		每增減1寸 各加減0.03功	0.42功	如鑿撲 每功加0.1功 同雲栱
	長1.6尺			0.48功	
	長1.8尺			0.54功	
剗萬字版	方1尺		未知增減情況	0.2功	如鉤片 減功五分之一
鉤片	方1尺			0.16功	

〔24.1.7〕

椽頭盤子

椽頭盤子，鉤闌尋杖頭同，**剔地雲鳳或雜華，以徑三寸爲準，七分五厘功。**每增減一寸，各加減二分五厘功，如雲龍造，功加三分之一。

上文“以徑三寸爲準”，傅書局合校本注：改“準”爲“率”，即“以徑三寸爲率”，其注：“率，故宫本。”[①]

椽頭盤子造作功見表24.1.10。

椽頭盤子造作功　　表24.1.10

名件	徑		增减	造作功	備注
椽頭盤子	徑0.3尺	以徑三寸爲率	每增减1寸 各加减0.25功	0.75功	鉤闌尋杖頭同
	徑0.5尺			1.25功	
	徑0.7尺			1.5功	
椽頭盤子（雲龍造）	徑0.3尺	以徑三寸爲率	雲龍造 功加三分之一	1功	
	徑0.5尺			1.67功	
	徑0.7尺			2功	

〔24.1.8〕

垂魚、惹草

垂魚，鑿撲實彫雲頭造；惹草同；**每長五尺，四功。**每增減一尺，各加減八分功。如間雲鶴之類，加功四分之一。

惹草，每長四尺，二功。每增減一尺，各加減五分功。如間雲鶴之類，加功三分之一。

上文小注又見“鑿撲”做法，且稱“鑿撲實彫”，如果將其推想爲“模壓”，似乎有一點可能。因爲“壓”與“撲”之意多少有一點接近，唯一是其所用材料不對，用木材如何做“模壓”？故仍未能理解，“鑿撲”是何種做法。“鑿撲實彫”又是怎樣進行的？待考。

垂魚、惹草造作功見表24.1.11。

垂魚、惹草造作功　　表24.1.11

名件	每長	增减	造作功	備注
垂魚	每長3尺	每增减1尺 各加减0.8功	2.4功	鑿撲實彫雲頭造 惹草同
	每長5尺		4功	
	每長7尺		5.6功	

① [宋]李誡，傅熹年彙校．營造法式合校本．第四册．諸作功限一．彫木作．校注．中華書局．2018年

續表

名件	每長	增減	造作功	備注
垂魚 間雲鶴之類	每長3尺	如間雲鶴之類 加功四分之一	3功	
	每長5尺		5功	
	每長7尺		7功	
惹草	每長2尺	每增減1尺 各加減0.5功	1功	
	每長4尺		2功	
	每長6尺		3功	
惹草 間雲鶴之類	每長2尺	如間雲鶴之類 加功三分之一	1.33功	
	每長4尺		2.67功	
	每長6尺		4功	

〔24.1.9〕

搏料蓮華、手把飛魚、伏兎荷葉

搏料蓮華，帶枝梗。**長一尺二寸，一功二分。**每增減一寸，各加減一分功。如不帶枝梗，減功三分之一。

手把飛魚，長一尺，一功二分。每增減一寸，各加減一分二厘功。

伏兎荷葉，長八寸，四分功。每增減一寸，各加減五厘功。如蓮華造，加功三分之一。

上文"搏料"，梁先生在《法式》卷第二十八中改"搏料"爲"團窠"。[①]陳先生對"搏料"注"團窠?"。[②]傅書局合校本注：改"搏料"爲"團窠"，并注："'團窠'，故宫本誤作'搏科'。"[③]傅建工合校本改"搏料"爲"搏窠"，并注："劉批陶本：丁本、陶本作'搏科'，誤，應作'團窠'。熹年謹按：故宫本、四庫本、張本均作'榑科'，故未改，存劉批備考。"[④]由此可推知，應爲"榑科"而非"搏科"。

據傅先生在前文有關"隔科"疑爲"隔科"之誤的注釋，可知《法式》文本中偶然出現的"搏科"，有時或爲"搏科"，或爲"榑科"，二者似皆誤，但似以"榑科"最爲接近原義之音，即"團窠"之誤寫。下表即用"團窠"代"搏科"或"榑科"。

團窠蓮華等造作功見表24.1.12。

① 梁思成．梁思成全集．第七卷．第365頁．諸作等第．彫木作．正文．中國建築工業出版社．2001年

② [宋]李誡．營造法式（陳明達點注本）．第三册．第32頁．諸作功限一．彫木作．批注．浙江攝影出版社．2020年

③ [宋]李誡，傅熹年彙校．營造法式合校本．第四册．諸作功限一．彫木作．校注．中華書局．2018年

④ [宋]李誡，傅熹年校注．合校本營造法式．第677頁．諸作功限一．彫木作．注6．中國建築工業出版社．2020年

團窠蓮華等造作功 表24.1.12

名件	長	增減	造作功	備注
團窠蓮華（帶枝梗）	長1尺	每增減1寸各加減0.1功	1功	
	長1.2尺		1.2功	
	長1.5尺		1.5功	
團窠蓮華（不帶枝梗）	長1尺		0.67功	如不帶枝梗減功三分之一
	長1.2尺		0.8功	
	長1.5尺		1功	
手把飛魚	長0.8尺	每增減1寸各加減0.12功	0.96功	
	長1尺		1.2功	
	長1.2尺		1.44功	
伏兎荷葉	長0.6尺	每增減1寸各加減0.05功	0.3功	
	長0.8尺		0.4功	
	長1尺		0.5功	
伏兎荷葉蓮華造	長0.6尺		0.4功	如蓮華造加功三分之一
	長0.8尺		0.53功	
	長1尺		0.67功	

〔24.1.10〕

叉子

叉子：

雲頭，兩面彫造雙雲頭，每八條，一功。單雲頭加數二分之一。若彫一面，減功之半。

鋜脚壼門版，實彫結帶華，透突華同，**每一十一盤，一功。**

叉子諸名件造作功見表24.1.13。

叉子諸名件造作功 表24.1.13

名件	條（或盤）		造作功	備注
雙雲頭	每8條		1功	兩面彫造雙雲頭
	每8條	若雕一面，減功之半	0.5功	一面彫雙雲頭
單雲頭	每12條	單雲頭加數二分之一	1功	兩面彫造單雲頭
	每12條		0.5功	一面彫單雲頭
鋜脚壼門版	每11盤	透突華同	1功	實彫結帶華

〔24.1.11〕

毬文格子挑白

毬文格子挑白，每長四尺，廣二尺五寸，以毬文徑五寸爲率計，七分功。如毬文徑每增減一寸，各加減五厘功。其格子長廣不同者，以積尺加減。

上文"毬文格子"，當指格子門，但其"挑白"究竟爲怎樣的做法，尚不清楚。《法式》中亦僅在"小木作功限"及"諸作用釘料例"兩卷中涉及"毬文格子"時，提到了"挑白"。《法式》中唯有"白版"一詞，似乎與這裏的"毬文格子挑白"在概念上多少有一點相近。未知是否可以理解爲，"毬文格子挑白"是尚未經過修飾、彩繪等的毬文格子？若果如此，其他與彫木作相關的做法中，亦應有"挑白"做法？故此一解釋，仍未能令人信服。

毬文格子挑白造作功見表24.1.14。

毬文格子挑白造作功　　表24.1.14

名件	徑	每長4尺，廣2.5尺	造作功	備注
毬文格子挑白	徑0.3尺	毬文徑每增減1寸各加減0.05功	0.6功	格子長廣不同者以積尺加減
	毬文徑0.5尺爲率		0.7功	
	徑0.7尺		0.8功	

【24.2】旋作

〔24.2.1〕

殿堂等雜用名件

殿堂等雜用名件：

椽頭盤子，徑五寸，每一十五枚；每增減五分，各加減一枚；

楷角梁寶餅，每徑五寸；每增減五分，各加減一分功；

蓮華柱頂，徑二寸，每三十二枚；每增減五分，各加減三枚；

木浮漚，徑三寸，每二十枚；每增減五分，各加減二枚；

鉤闌上蔥臺釘，高五寸，每一十六枚；每增減五分，各加減二枚；

蓋蔥臺釘筒子，高六寸，每二十二枚；每增減三分，各加減一枚；

右（上）各一功。

柱頭仰覆蓮胡桃子，二段造，**徑八寸，七分功；**每增一寸，加一分功，若三段造，每一功加二分功。

上文“蓮華柱頂”條，陳注：“蓮華柱（虛柱）”[①]，似釋“蓮華柱”。

上文“蓋蔥臺釘筒子”條，“每二十二枚”，傅書局合校本注：改第一個“二”爲“一”，即“每一十二枚”。[②]傅建工合校本注：“劉校故宮本：丁本作‘二’，據故宮本改作‘一’。熹年謹按：四庫本、張本亦均作‘一’。”[③]

殿堂等雜用名件造作功見表24.2.1。

殿堂等雜用名件造作功　　表24.2.1

名件	徑（或高）	數量	造作功	備注
椽頭盤子	徑0.4尺	每17枚	1功	每增減0.05尺各加減1枚
	徑0.5尺	每15枚	1功	
	徑0.6尺	每13枚	1功	
楮角梁寶餅	每徑0.4尺		0.8功	每增減0.05尺各加減1分功
	每徑0.5尺		1功	
	每徑0.6尺		1.2功	
蓮華柱頂	徑0.1尺	每38枚	1功	每增減0.05尺各加減3枚
	徑0.2尺	每32枚	1功	
	徑0.3尺	每26枚	1功	
木浮漚	徑0.2尺	每24枚	1功	每增減0.05尺各加減2枚
	徑0.3尺	每20枚	1功	
	徑0.4尺	每16枚	1功	
鉤闌上蔥臺釘	徑0.4尺	每20枚	1功	每增減0.05尺各加減2枚
	高0.5尺	每16枚	1功	
	徑0.6尺	每12枚	1功	
蓋蔥臺釘筒子	徑0.3尺	每32枚	1功	每增減0.03尺各加減1枚
	高0.6尺	每22枚	1功	
	徑0.9尺	每12枚	1功	
柱頭仰覆蓮胡桃子（二段造）	徑0.8尺		0.7功	每增1寸加1分功
	徑0.9尺		0.8功	
	徑1尺		0.9功	
柱頭仰覆蓮胡桃子（三段造）	徑0.8尺		0.84功	每1功加2分功
	徑0.9尺		0.96功	
	徑1尺		1.2功	

① [宋]李誡．營造法式（陳明達點注本）．第三册．第33頁．諸作功限一．旋作．批注．浙江攝影出版社．2020年

② [宋]李誡，傅熹年彙校．營造法式合校本．第四册．諸作功限一．旋作．校注．中華書局．2018年

③ [宋]李誡，傅熹年校注．合校本營造法式．第682頁．諸作功限一．旋作．注1．中國建築工業出版社．2020年

〔24.2.2〕

照壁寶牀等所用名件

照壁寶牀等所用名件：

注子，高七寸，一功。每增一寸，加二分功。

香鑪，徑七寸；每增一寸，加一分功；下酒杯盤，荷葉同。

鼓子，高三寸；鼓上釘、鐶等在内；每增一寸，加一分功；

注盌，徑六寸；每增一寸，加一分五厘功。

右（上）各八分功。

酒杯盤，七分功。

荷葉，徑六寸；

鼓坐，徑三寸五分；每增一寸，加五厘功；

右（上）各五分功。

酒杯，徑三寸；蓮子同；

卷荷，長五寸；

杖鼓，長三寸；

右（上）各三分功。如長、徑各增一寸，各加五厘功。其蓮子外貼子造，若剔空旋曆貼蓮子，加二分功。

披蓮，徑二寸八分，二分五厘功。每增減一寸，各加減三厘功。

蓮蓓蕾，高三寸，並同上。

上文“酒杯盤”未給出其徑，僅給出其所用功限爲“七分功”，疑有遺漏。這裏僅從“香鑪”之小注中所提到的“下酒杯盤，荷葉同”，暫將酒杯盤徑與香鑪徑等同，仍推測其爲“徑七寸”。

照壁寶牀等所用名件造作功見表24.2.2。

照壁寶牀等所用名件造作功　　表24.2.2

名件	尺寸	造作功	備注
注子	高0.7尺	1功	每增1寸 加0.2功
	高0.8尺	1.2功	
	高0.9尺	1.4功	
香鑪	徑0.7尺	0.8功	每增1寸 加0.1功 酒杯盤、荷葉同
	徑0.8尺	0.9功	
	徑0.9尺	1功	
鼓子（鼓上釘、鐶等在内）	高0.3尺	0.8功	每增1寸 加0.1功
	高0.5尺	1功	
	高0.7尺	1.2功	
注盌	徑0.6尺	0.8功	每增1寸 加0.15功
	徑0.8尺	1.1功	
	徑1尺	1.4功	

續表

名件	尺寸	造作功	備注
酒杯盤	徑0.7尺	0.7功	每增1寸 加0.1功，同香鑪 （未知其徑，暫推與香鑪同）
	徑0.8尺	0.8功	
	徑0.9尺	0.9功	
荷葉	徑0.6尺	0.5功	每增1寸 加0.1功 同香鑪
	徑0.8尺	0.7功	
	徑1尺	0.9功	
鼓坐	徑0.35尺	0.5功	每增1寸 加0.05功
	徑0.45尺	0.55功	
	徑0.55尺	0.6功	
酒杯	徑0.3尺	0.3功	其徑增1寸 加0.05功 蓮子同
	徑0.4尺	0.35功	
	徑0.5尺	0.4功	
卷荷	長0.5尺	0.3功	其長增1寸 加0.05功
	長0.6尺	0.35功	
	長0.7尺	0.4功	
杖鼓	長0.3尺	0.3功	其長增1寸 加0.05功
	長0.5尺	0.4功	
	長0.7尺	0.5功	
披蓮	徑0.18尺	0.22功	每增減1寸 各加減0.03功
	徑0.28尺	0.25功	
	徑0.38尺	0.28功	
蓮蓓蕾	高0.2尺	0.22功	每增減1寸 各加減0.03功
	高0.3尺	0.25功	
	高0.4尺	0.28功	

〔24.2.3〕

佛、道帳等名件

佛、道帳等名件：

火珠，徑二寸，每一十五枚；每增減二分，各加減一枚；至三寸六分以上，每徑增減一分同；

滴當子，徑一寸，每四十枚；每增減一分，各加減二枚；至一寸五分以上，每增減一分，各加減一枚；

瓦頭子，長二寸，徑一寸，每四十枚；每徑增減一分，各加減四枚；加至一寸五分止；

瓦錢子，徑一寸，每八十枚；每增減一分，各加減五枚；

寶柱子，長一尺五寸，徑一寸二分，如長一尺，徑二寸者同，**每一十五條；**每長增減一寸，各加減一條；**如長五寸，徑二寸，每三十條；**每長增減一寸，各加減二條；

貼絡門盤浮漚，徑五分，每二百枚；每增減一分，各加減一十五枚；

平棊錢子，徑一寸，每一百一十枚；每增減一分，各加減八枚；加至一寸二分止；

角鈴，以大鈴高三寸爲率，每一鉤；每增減五分，各加減一分功；

櫨枓，徑二寸，每四十枚；每增減一分，各加減一枚；

右（上）各一功。

虛柱頭蓮華並頭瓣，每一副，胎錢子徑五寸，八分功。每增減一寸，各加減一分五厘功。

上文“滴當子”條小注“每增減一分，各加減二枚”，傅書局合校本注：改“二”爲“三”，即“每增減一分，各加減三枚”。其注：“三，據故宫本、四庫本。”[①]傅建工合校本注：“熹年謹按：陶本作‘二’，據故宫本、四庫本改作‘三’。”[②]

上文“角鈴”條，“每一鉤”，陳注：改“鉤”爲“釣”，并注：“釣，竹本。”[③]傅書局合校本注：改“鉤”爲“鈴”，即“每一鈴”。其注：“鈴，依文義推定。”[④]

佛、道帳等名件造作功見表24.2.3。

佛、道帳等名件造作功 表24.2.3

<table>
<tr><th>名件</th><th>尺寸</th><th colspan="2">數量</th><th>造作功</th><th>備注</th></tr>
<tr><td rowspan="6">火珠</td><td>徑0.18尺</td><td>每16枚</td><td rowspan="3">每增減0.02尺
各加減1枚</td><td>1功</td><td rowspan="3"></td></tr>
<tr><td>徑0.2尺</td><td>每15枚</td><td>1功</td></tr>
<tr><td>徑0.22尺</td><td>每14枚</td><td>1功</td></tr>
<tr><td>徑0.36尺</td><td>每7枚</td><td rowspan="3">至0.36尺以上
每徑增減0.01尺同</td><td>1功</td><td rowspan="3">以徑0.36尺比徑0.22尺減7枚計</td></tr>
<tr><td>徑0.37尺</td><td>每6枚</td><td>1功</td></tr>
<tr><td>徑0.38尺</td><td>每5枚</td><td>1功</td></tr>
<tr><td rowspan="6">滴當子</td><td>徑0.08尺</td><td>每44枚</td><td rowspan="3">每增減0.01尺
各加減2枚</td><td>1功</td><td rowspan="3"></td></tr>
<tr><td>徑0.1尺</td><td>每40枚</td><td>1功</td></tr>
<tr><td>徑0.12尺</td><td>每36枚</td><td>1功</td></tr>
<tr><td>徑0.15尺</td><td>每30枚</td><td rowspan="3">至0.15尺以上，每增減0.01尺，各加減1枚</td><td>1功</td><td rowspan="3">以徑0.15尺比徑0.12尺減6枚計</td></tr>
<tr><td>徑0.16尺</td><td>每29枚</td><td>1功</td></tr>
<tr><td>徑0.17尺</td><td>每28枚</td><td>1功</td></tr>
</table>

① [宋]李誡，傅熹年彙校．營造法式合校本．第四册．諸作功限一．旋作．校注．中華書局．2018年

② [宋]李誡，傅熹年校注．合校本營造法式．第682頁．諸作功限一．旋作．注2．中國建築工業出版社．2020年

③ [宋]李誡．營造法式（陳明達點注本）．第三册．第37頁．諸作功限一．旋作．批注．浙江攝影出版社．2020年

④ [宋]李誡，傅熹年彙校．營造法式合校本．第四册．諸作功限一．旋作．校注．中華書局．2018年

續表

名件	尺寸	數量		造作功	備注
瓦頭子	徑0.1尺	每40枚	每徑增減0.01尺 各加減4枚	1功	長0.2尺 徑0.1尺 加至0.15尺止
	徑0.11尺	每36枚		1功	
	徑0.12尺	每32枚		1功	
	徑0.13尺	每28枚		1功	
	徑0.14尺	每24枚		1功	
	徑0.15尺	每20枚		1功	
瓦錢子	徑0.08尺	每90枚	每增減0.01尺 各加減5枚	1功	
	徑0.1尺	每80枚		1功	
	徑0.12尺	每70枚		1功	
寶柱子	長1.4尺	每16條	每長增減1寸 各加減1條	1功	長1.5尺，徑0.12尺 長1尺，徑0.2尺同
	長1.5尺	每15條		1功	
	長1.6尺	每14條		1功	
	長0.4尺	每32條	每長增減1寸 各加減2條	1功	長0.5尺 徑0.2尺
	長0.5尺	每30條		1功	
	長0.6尺	每28條		1功	
貼絡 門盤浮漚	徑0.04尺	每215枚	每增減0.01尺 各加減15枚	1功	
	徑0.05尺	每200枚		1功	
	徑0.06尺	每185枚		1功	
平綦錢子	徑0.09尺	每118枚	每增減0.01尺 各加減8枚 加至0.12尺止	1功	
	徑0.1尺	每110枚		1功	
	徑0.11尺	每102枚		1功	
	徑0.12尺	每94枚		1功	
角鈴	0.25尺	每1鉤	每增減0.05尺 各加減0.1功	0.9功	以大鈴高3寸爲率
	0.3尺	每1鉤		1功	
	0.35尺	每1鉤		1.1功	
櫨枓	徑0.18尺	每42枚	每增減0.01尺 各加減1枚	1功	
	徑0.2尺	每40枚		1功	
	徑0.22尺	每38枚		1功	
虚柱頭蓮華並 頭瓣	徑0.4尺	每1副	每增減0.1尺 各加減0.15功	0.65功	胎錢子徑5寸
	徑0.5尺	每1副		0.8功	
	徑0.6尺	每1副		0.95功	

【24.3】
鋸作

解割功：

椆、檀、櫪木，每五十尺；

榆、槐木、雜硬材，每五十五尺；雜硬材謂海棗、龍菁之類；

白松木，每七十尺；

柟、柏木、雜軟材，每七十五尺；雜軟材謂香椿、椵木之類；

榆、黄松、水松、黄心木，每八十尺；

杉、桐木，每一百尺；

右（上）各一功。每二人爲一功；或内有盤截，不計。**若一條長二丈以上，枝樘高遠，或舊材内有夾釘脚者，並加本功一分功。**

上文“柟”，傅書局合校本注：“柟即楠。‘柟’字非正寫。”①小注“椵木”，陳注“椵”：“椵，竹本。”②上文“榆、黄松”條之“榆”，陳注：改“榆”爲“梌”，并注：“梌，竹本”。③梌，音涂（tu），楸樹或楓樹的一種。

上文“枝樘”，陶本：“枝撑”。傅書局合校本注：改“撑”爲“樘”，又注：“故宫本即作‘樘’。”④

上文“榆、槐木……”條小注中“雜硬材謂海棗、龍菁之類”，其“棗”，未知爲何字，亦未知“海棗”爲何種樹木，疑爲“海棗”之“棗”字的誤寫。

鋸作解割功見表24.3.1。

鋸作解割功　　表24.3.1

木材	長	解割功	備注
椆、檀、櫪木	每50尺	1功	
榆、槐木、雜硬材	每55尺	1功	雜硬材謂海棗、龍菁之類
白松木	每70尺	1功	
柟、柏木、雜軟材	每75尺	1功	雜軟材謂香椿、椵木之類
榆、黄松、水松、黄心木	每80尺	1功	
杉、桐木	每100尺	1功	
每二人爲一功；或内有盤截，不計。 若一條長二丈以上，枝樘高遠，或舊材内有夾釘脚者，並加本功一分功			

① [宋]李誡，傅熹年彙校．營造法式合校本．第四册．諸作功限一．鋸作．校注．中華書局．2018年

② [宋]李誡．營造法式（陳明達點注本）．第三册．第38頁．諸作功限一．鋸作．批注．浙江攝影出版社．2020年

③ [宋]李誡．營造法式（陳明達點注本）．第三册．第38頁．諸作功限一．鋸作．批注．浙江攝影出版社．2020年

④ [宋]李誡，傅熹年彙校．營造法式合校本．第四册．諸作功限一．鋸作．校注．中華書局．2018年

【24.4】
竹作

織簟，每方一尺：

細棊文素簟，七分功。劈篾，刮削，拖摘，收廣一分五厘。如刮篾收廣三分者，其功減半。織華加八分功；織龍、鳳又加二分五厘功。

麤簟，劈篾青白，收廣四分，**二分五厘功。**假棊文造，減五厘功。如刮篾收廣二分，其功加倍。

織雀眼網，每長一丈，廣五尺：

間龍、鳳、人物、雜華、刮篾造，三功四分五厘六毫。事造、貼釘在內。如係小木釘貼，即減一分功，下同。

渾青刮篾造，一功九分二厘。

青白造，一功六分。

笍索，每一束，長二百尺，廣一寸五分，厚四分。

渾青造，一功一分。

青白造，九分功。

障日篛，每長一丈，六分功。如織簟造，別計織簟功。

每織方一丈：

笆，七分功，樓閣兩層以上處，加二分功。

編道，九分功。如縛棚閣兩層以上，加二分功。

竹柵，八分功。

夾截，每方一丈，三分功。劈竹篾在內。

搭蓋涼棚，每方一丈二尺，三功五分。如打笆造，別計打笆功。

竹作造作功見表24.4.1。

竹作造作功 表24.4.1

竹作	尺寸	增減	造作功	備注
織簟	細棊文素簟 每方1尺	劈篾，刮削，拖摘，收廣一分五厘	0.7功	
		如刮篾收廣三分者，其功減半	0.35功	
		織華加八分功	1.5功	
		織龍、鳳又加二分五厘功	1.75功	
	麤簟 每方1尺	劈篾青白，收廣四分	0.25功	
		假棊文造，減五厘功	0.2功	
		如刮篾收廣二分，其功加倍	0.5功	
織雀眼網	每長10尺 廣5尺	間龍、鳳、人物、雜華、刮篾造	3.456功	事造、貼釘在內
		小木釘貼	3.356功	
	渾青刮篾造		1.92功	
	青白造		1.6功	
笍索 每一束	長200尺 廣0.15尺 厚0.04尺	渾青造	1.1功	
		青白造	0.9功	

續表

竹作	尺寸	增減	造作功	備注
障日篛	每長10尺	如織簟造，別計織簟功	0.6功	
笆	每織方10尺	樓閣兩層以上處，加二分功	0.7功	
編道		縛棚閣兩層以上，加二分功	0.9功	
竹栅			0.8功	
夾截	每方10尺	劈竹篾在内	0.3功	
搭蓋涼棚	每方12尺	如打笆造，別計打笆功	0.35功	

第25章

《營造法式》卷第二十五

——諸作功限二

營造法式卷第二十五

通直郎管修蓋皇弟外第專一提舉修蓋班直諸軍營房等臣李誡奉

聖旨編修

諸作功限二

瓦作　泥作

彩畫作　塼作

窰作

【25.0】
本章導言

本章涉宋代諸雜作，即瓦作、泥作、彩畫作、塼作、窰作之功限，對了解宋代營造之雜作工藝與用功有所助益，亦能了解諸作中一些相應構件尺寸，或對理解宋代建築瓦件、脊飾、墻面、彩畫飾及用塼、燒製瓦件、琉璃件等附屬構件形式、尺寸、工藝、做法等，亦有助益。

【25.1】
瓦作

〔25.1.1〕
斫事甋瓦口

斫事甋瓦口： 以一尺二寸甋瓦、一尺四寸瓪瓦爲準；打造同。

瑠璃：

擸窠，每九十口； 每增減一等，各加減二十口；至一尺以下，每減一等，各加三十口；

解撟， 打造大當溝同，**每一百四十口；** 每增減一等，各加減三十口；至一尺以下，每減一等，各加四十口；

青棍素白：

擸窠，每一百口； 每增減一等，各加減二十口；至一尺以下，每減一等，各加三十口；

解撟，每一百七十口； 每增減一等，各加減三十五口；至一尺以下，每減一等，各加四十五口；

右（上）各一功。

上文“斫事甋瓦口”，陳注：“甋瓪，竹本。”[①]上文小注“爲準”，傅書局合校本注：改“準”爲“率”[②]，并注：“率，故宮本。”[③]

斫事甋瓦口造作功見表25.1.1。

斫事甋瓦口造作功 表25.1.1

材料	瓦作	數量	增減	造作功	備注
瑠璃	擸窠	每90口	每增減一等，各加減二十口 至一尺以下，每減一等，各加三十口	1功	
	解撟	每140口	每增減一等，各加減三十口 至一尺以下，每減一等，各加四十口	1功	
青棍素白	擸窠	每100口	每增減一等，各加減二十口 至一尺以下，每減一等，各加三十口	1功	
	解撟	每170口	每增減一等，各加減三十五口 至一尺以下，每減一等，各加四十五口	1功	

① [宋]李誡. 營造法式（陳明達點注本）. 第三册. 第41頁. 諸作功限二. 瓦作. 批注. 浙江攝影出版社. 2020年

② [宋]李誡，傅熹年彙校. 營造法式合校本. 第四册. 諸作功限二. 瓦作. 校注. 中華書局. 2018年

③ [宋]李誡，傅熹年彙校. 營造法式合校本. 第四册. 諸作功限二. 瓦作. 校注. 中華書局. 2018年

〔25.1.2〕

打造瓪瓪瓦口

打造瓪瓪瓦口：

瑠璃瓪瓦：

線道，每一百二十口； 每增減一等，各加減二十五口，加至一尺四寸止；至一尺以下，每減一等，各加三十五口；務畫者加三分之一；青棍素白瓦同。

條子瓦，比線道加一倍； 務畫者加四分之一；青棍素白瓦同。

素棍素白：

瓪瓦大當溝，每一百八十口； 每增減一等，各加減三十口；至一尺以下，每減一等，各加三十五口。

瓪瓦：

線道，每一百八十口； 每增減一等，各加減三十口；加至一尺四寸止。

條子瓦，每三百口； 每增減一等，各加減六分之一；加至一尺四寸止。

小當溝，每四百三十枚； 每增減一等，各加減三十枚。

右（上）各一功。

上文"瑠璃瓪瓦"，陳注"瓪瓦"："竹本無此二字。"[①]

上文瑠璃瓪瓦、素棍素白瓦之打造瓦口造作功，皆涉及瓦之等級。據《法式》卷第十五"窰作制度"，按其尺寸列爲下表。

瓪瓦、瓪瓦尺寸一覽見表25.1.2。

瓪瓦、瓪瓦尺寸一覽　　表25.1.2

瓪瓦				瓪瓦				
等級	長	口徑	厚	等級	長	大頭廣	小頭廣	厚（兩頭）
一	1.4尺	0.6尺	0.08尺	一	1.6尺	0.95尺	0.85尺	0.08尺
二	1.2尺	0.5尺	0.05尺	二	1.4尺	0.7尺	0.6尺	0.07/0.06
三	1尺	0.4尺	0.04尺	三	1.3尺	0.65尺	0.55尺	0.06/0.055
四	0.8尺	0.35尺	0.035尺	四	1.2尺	0.6尺	0.5尺	0.06/0.05
五	0.6尺	0.3尺	0.03尺	五	1尺	0.5尺	0.4尺	0.05/0.04
六	0.4尺	0.25尺	0.025尺	六	0.8尺	0.45尺	0.4尺	0.04/0.035
				七	0.6尺	0.4尺	0.35尺	0.04/0.03
本表中所列瓦之等級，并非《法式》行文中所明確，僅據其尺寸大小排列								

《法式》卷第二十五，"諸作功限二・瓦作"中，雖提到瑠璃瓪瓦、棍素白瓦隨等級增減其計功瓦口數量之增減數，但却未給出其所計瓦口數之標準等級，故無法將每一等級計功瓦口數一一推算出來。謹按《法式》行文，列表如下。

打造瓪瓪瓦口造作功見表25.1.3。

① [宋]李誡. 營造法式（陳明達點注本）. 第三册. 第42頁. 諸作功限二. 瓦作. 批注. 浙江攝影出版社. 2020年

打造甋瓪瓦口造作功　表25.1.3

材料	瓦作	數量	增減	造作功	備注
瑠璃瓪瓦	線道	每120口	每增減一等，各加減二十五口，加至一尺四寸止 至一尺以下，每減一等，各加三十五口	1功	
		每160口	搊畫者加三分之一；青掍素白瓦同	1功	搊畫者
	條子瓦	每240口		1功	
		每300口	搊畫者加四分之一；青掍素白瓦同	1功	搊畫者
素掍素白	甋瓦 大當溝	每180口	每增減一等，各加減三十口 至一尺以下，每減一等，各加三十五口	1功	
	瓪瓦線道	每180口	每增減一等，各加減三十口；加至一尺四寸止	1功	
		每240口	搊畫者加三分之一；青掍素白瓦同	1功	搊畫者
	條子瓦	每300口	每增減一等，各加減六分之一，加至一尺四寸止	1功	
		每375口	搊畫者加四分之一；青掍素白瓦同	1功	搊畫者
	小當溝	每430枚	每增減一等，各加減三十枚	1功	

〔25.1.3〕

結窊

結窊，每方一丈：如尖斜高峻，比直行每功加五分功。

甋瓪瓦：

瑠璃：以一尺二寸爲準；**二功二分。**每增減一等，各加減一分功。

青掍素白：比瑠璃其功減三分之一。

散瓪、大當溝：四分功。小當溝減功三分之一。

上文"瑠璃"條小注"以一尺二寸爲準"，傅建工合校本改爲"以一尺二寸爲率"，并注："劉校故宫本：丁本、陶本誤作'準'，據故宫本作'率'。熹年謹按：張本亦誤作'準'，丁本、陶本之誤實源于張本。然文津四庫本即作'率'。當以作'率'爲是，下文多處均依此改正。"①

結窊造作功見表25.1.4。

結窊造作功　表25.1.4

材料	瓦作	數量	增減	造作功	備注
甋瓪瓦 （瑠璃）	結窊 每方一丈	1.6尺	以一尺二寸爲準 每增減一等，各加減一分功	2.4功	瓪瓦
		1.4尺		2.3功	
		1.2尺		2.2功	
		1尺		2.1功	
		0.8尺		2功	
		0.6尺		1.9功	

① [宋]李誡，傅熹年校注．合校本營造法式．第691頁．諸作功限二．瓦作．注1．中國建築工業出版社．2020年

續表

材料	瓦作	數量	增減	造作功	備注
青掍素白	結窓 每方一丈	1.6尺	比瑠璃其功減三分之一	1.6功	
		1.4尺		1.53功	
		1.2尺		1.47功	
		1尺		1.4功	
		0.8尺		1.33功	
		0.6尺		1.27功	
散瓪 大當溝		1.6尺	四分功 小當溝減功三分之一	0.6功	
		1.4尺		0.5功	
		1.2尺		0.4功	
		1尺		0.3功	
		0.8尺		0.2功	
		0.6尺		0.1功	

〔25.1.4〕

壘脊造作功

壘脊，每長一丈：曲脊，加長二倍；

瑠璃，六層；

青掍素白，用大當溝，一十層；用小當溝者，加二層。

右（上）各一功。

壘脊造作功見表25.1.5。

壘脊造作功　　表25.1.5

瓦作	數量	增減	造作功	備注
壘脊	10尺	每長一丈	1功	
壘曲脊	20尺	曲脊，加長二倍	1功	
瑠璃	6層		1功	
青掍素白	10層	用大當溝	1功	
	12層	用小當溝者，加二層	1功	

〔25.1.5〕

安卓功

安卓：

火珠，每坐，以徑二尺爲準，**二功五分。**每增減一等，各加減五分功。

瑠璃，每一隻：

龍尾，每高一尺，八分功。青掍素白者，減二分功。

鴟尾，每高一尺，五分功。青掍素白者，減一分功。

獸頭，以高二尺五寸爲準，**七分五厘功。**每增減一等，各加減五厘功；減至一分止。

套獸，以口徑一尺爲準，**二分五厘功。**每增減二寸，各加減六厘功。

嬪伽，以高一尺二寸爲準，**一分五厘功。**每增減二寸，各加減三厘功。

閥閲，高五尺，一功。每增減一尺，各加減二分功。

蹲獸，以高六寸爲準，**每一十五枚；**每增減二寸，各加減三枚。

滴當子，以高八寸爲準，**每三十五枚；**每增減二寸，各加減五枚。

右（上）各一功。

瓦作安卓功見表25.1.6。

瓦作安卓功　　表25.1.6

材料	數量	增減	安卓功	備注
火珠	每坐	每增減一等，各加減五分功	2.5功	以徑二尺爲準
龍尾	每高1尺	每高一尺，八分功	0.8功	瑠璃，每一隻
鴟尾	每高1尺	每高一尺，五分功	0.5功	瑠璃，每一隻
龍尾	每高1尺	青掍素白者，減二分功	0.6功	青掍素白，每一隻
鴟尾	每高1尺	青掍素白者，減一分功	0.4功	青掍素白，每一隻
獸頭	徑2.5尺	每增減一等，各加減五厘功 減至一分止	0.75功	以徑二尺五寸爲準 （未知其等級）
套獸	口徑1尺	每增減二寸，各加減六厘功	0.25功	以口徑一尺爲準
嬪伽	高1.2尺	每增減二寸，各加減三厘功	0.15功	以高一尺二寸爲準
閥閲	高5尺	每增減一尺，各加減二分功	1功	
蹲獸	每15枚	每增減二寸，各加減三枚	1功	以高六寸爲準
滴當子	每35枚	每增減二寸，各加減五枚	1功	以高八寸爲準

〔25.1.6〕

繫大箔等

繫大箔，每三百領；鋪箔減三分之一；

抹棧及笆箔，每三百尺；

開鷰頷版，每九十尺；安釘在内；

織泥籃子，每一十枚；

右（上）各一功。

繫大箔等造作功見表25.1.7。

繫大箔等造作功　　表25.1.7

材料	數量	增減	安卓功	備注
繫大箔	每300領		1功	
鋪箔	每200領	鋪箔減三分之一	1功	
抹棧及笆箔	每300尺		1功	
開鷰頷版	每90尺	安釘在内	1功	
織泥籃子	每10枚		1功	

【25.2】泥作

每方一丈：殿宇、樓閣之類，有轉角、合角、托匙處，於本作每功上加五分功；高二丈以上，每一丈每一功各加一分二厘功，加至四丈止；供作並不加；即高不滿七尺，不須棚閣者，每功減三分功；貼補同。

上文小注"合角"之"角"，傅書局合校本注："用，故宫本'角'作'用'，'用'字不可從。"[①]即爲"殿宇、樓閣之類，有轉角、合角、托匙處"。

紅石灰及黄、青、白石灰，按每方一丈計功，其做功包括"收光五遍，合和、斫事、麻擣"等，計爲0.55功。但殿宇、樓閣之類，凡有轉角、合角、托匙處，在本功基礎上，再加0.5功，即每方一丈，計爲1.05功。凡泥作，高度在2丈以上，每方一丈，其每一功，各加0.12功，加至4丈止。這種情況下的供作，并不加功。

其泥作高度不滿7尺，不需要搭造棚閣者，其每方一丈，每1功減0.3功。泥作貼補等活計，亦與上文所言同。

諸泥作功

紅石灰，黄、青、白石灰同，**五分五厘功。**收光五遍，合和、斫事、麻擣在内。如仰泥縛棚閣者，每兩椽加七厘五毫功，加至一十椽止，下並同。

破灰；

細泥；

① [宋]李誡，傅熹年彙校. 營造法式合校本. 第四册. 諸作功限二. 泥作. 校注. 中華書局. 2018年

右（上）各三分功。收光在内。如仰泥縛棚閣者，每兩椽各加一厘功。其細泥作畫壁，並灰襯，二分五厘功。

麤泥，二分五厘功。如仰泥縛棚閣者，每兩椽加二厘功。其畫壁披蓋麻篾，並搭乍中泥，若麻灰細泥下作襯，一分五厘功。如仰泥縛棚閣，每兩椽各加五毫功。

沙泥畫壁：

劈篾、被篾，共二分功。

披麻，一分功。

下沙收壓，一十遍，共一功七分。栱眼壁同。

壘石山，泥假山同，**五功。**

壁隱假山，一功。

盆山，每方五尺，三功。每增減一尺，各加減六分功。

用坯：

殿宇牆，廳、堂、門、樓牆，並補壘柱窠同，**每七百口；**廊屋、散舍牆加一百口；

貼壘脱落牆壁，每四百五十口；剏接壘牆頭射垛，加五十口；

壘燒錢鑪，每四百口；

側劄照壁，窗坐、門頰之類同，**每三百五十口；**

壘砌竈，茶鑪同，**每一百五十口；**用塼同，其泥飾各約計積尺別計功；

右（上）各一功。

織泥籃子，每一十枚，一功。

上文"紅石灰"條小注"加至一十椽止，下並同"，陶本："加至一十椽，上下並同"。陳注："'上'應作'止'。"①

上文"劈篾、被篾"之"被"，傅書局合校本注：改"被"爲"披"。②依"麤泥，二分五厘功"條中"其畫壁披蓋麻篾"看，改"被"爲"披"似較爲恰。傅建工合校本注："朱批陶本：'被'爲'披'。熹年謹按：故宫本、四庫本、張本亦均作'被'，依文義以'披'爲妥。"③

上文"貼壘脱落牆壁"，陶本："貼壘兑落牆壁"。陳注：改"兑"爲"脱"。④傅書局合校本注：改"兑"爲"脱"。⑤傅建工合校本注："劉批陶本：陶本作'兑'，爲'脱'之誤。熹年謹按：四庫本、故宫本、張本亦誤作'兑'，依文義應作'脱'。"⑥

諸泥作功見表25.2.1。

諸泥作功　表25.2.1

材料	數量	增減	泥作功	備注
紅石灰等（每方一丈）				
紅石灰	每方10尺	黄、青、白石灰同，收光五遍	0.55功	合和、斫事、麻擣在内
仰泥縛棚閣者	每2椽	紅石灰，每兩椽加七厘五毫功	0.625功	加至10椽，上下並同

① [宋]李誡. 營造法式（陳明達點注本）. 第三册. 第46頁. 諸作功限二. 泥作. 批注. 浙江攝影出版社. 2020年

② [宋]李誡，傅熹年彙校. 營造法式合校本. 第四册. 諸作功限二. 泥作. 校注. 中華書局. 2018年

③ [宋]李誡，傅熹年校注. 合校本營造法式. 第694頁. 諸作功限二. 泥作. 注1. 中國建築工業出版社. 2020年

④ [宋]李誡. 營造法式（陳明達點注本）. 第三册. 第48頁. 諸作功限二. 泥作. 批注. 浙江攝影出版社. 2020年

⑤ [宋]李誡，傅熹年彙校. 營造法式合校本. 第四册. 諸作功限二. 泥作. 校注. 中華書局. 2018年

⑥ [宋]李誡，傅熹年校注. 合校本營造法式. 第694頁. 諸作功限二. 泥作. 注2. 中國建築工業出版社. 2020年

續表

材料	數量	增減	泥作功	備注
破灰	每方10尺		0.3功	收光在内
細泥	每方10尺		0.3功	收光在内
仰泥縛棚閣者	每2椽	破灰，每兩椽各加一厘功	0.31功	每方10尺
	每2椽	細泥，每兩椽各加一厘功	0.31功	每方10尺
細泥作畫壁	每方10尺		0.25功	並灰襯
麤泥	每方10尺		0.25功	
仰泥縛棚閣者	每2椽	麤泥，每兩椽加二厘功	0.27功	
麤泥	每方10尺	畫壁披蓋麻篾，並搭乍中泥	0.15功	若麻灰細泥下作襯
仰泥縛棚閣者	每2椽	麤泥畫壁，每兩椽各加五毫功	0.155功	
沙泥畫壁（每方一丈）				
劈篾、被篾	每方10尺		共0.2功	
披麻	每方10尺		0.1功	
下沙收壓	10遍		1.7功	栱眼壁同
壘石山	未詳		5功	泥假山同
泥假山	未詳		5功	
壁隱假山	未詳		1功	
盆山	方4尺	每增減一尺，各加減六分功	2.4功	
	每方5尺		3功	
	方6尺		3.6功	

用坯作	數量	增減	泥作功	備注
殿宇牆	每700口	廳、堂、門、樓牆，並補壘柱窠同	1功	
廊屋、散舍牆	每800口		1功	
貼壘脱落牆壁	每450口		1功	
剏接壘牆頭射垛	每500口		1功	
壘燒錢鑪	每400口		1功	
側劄照壁	每350口		1功	
窗坐、門頰之類	每350口		1功	
壘砌竈	每150口	用塼同，其泥飾各約計積尺別計功	1功	
壘茶鑪	每150口	同上	1功	
織泥籃子	每10枚		1功	

【25.3】
彩畫作

〔25.3.1〕
五彩

五彩間金：

描畫、裝染，四尺四寸；平棊、華子之類，係彫造者，即各減數之半；

上顏色彫華版，一尺八寸；

五彩徧裝亭子、廊屋、散舍之類，五尺五寸；殿宇、樓閣，各減數五分之一；如裝畫暈錦，即各減數十分之一；若描白地枝條華，即各加數十分之一；或裝四出、六出錦者同。

右（上）各一功。

上粉貼金出褫，每一尺，一功五分。

五彩彩畫等功見表25.3.1。

五彩彩畫等功　　表25.3.1

彩畫作	數量	增減	泥作功	備注
五彩間金				
描畫、裝染	4.4尺		1功	其尺爲平方尺
平棊、華子之類，係彫造者	2.2尺	各減數之半	1功	
上顏色彫華版	1.8尺		1功	
五彩徧裝				
亭子、廊屋、散舍之類	5.5尺		1功	
殿宇、樓閣	4.4尺	各減數五分之一	1功	
裝畫暈錦				
亭子、廊屋、散舍之類	5尺	各減數十分之一	1功	
殿宇、樓閣	4尺		1功	
描白地枝條華				
亭子、廊屋、散舍之類	5.65尺	各加數十分之一	1功	
殿宇、樓閣	4.94尺		1功	
裝四出、六出錦者				
亭子、廊屋、散舍之類	5.65尺	各加數十分之一	1功	
殿宇、樓閣	4.94尺		1功	
上粉貼金出褫	每1尺		1.5功	

〔25.3.2〕

青緑

青緑碾玉，紅或搶金碾玉同，**亭子、廊屋、散舍之類；一十二尺；**殿宇、樓閣各項，減數六分之一；

青緑間紅、三暈棱間，亭子、廊屋、散舍之類，二十尺；殿宇、樓閣各項，減數四分之一；

青緑二暈棱間，亭子、廊屋、散舍之類；二十五尺：殿宇、樓閣各項，減數五分之一。

青緑彩畫等功見表25.3.2。

青緑彩畫等功　　表25.3.2

彩畫作	數量	增減	泥作功	備注
青緑碾玉				
亭子、廊屋、散舍之類	12尺		1功	其尺爲平方尺
殿宇、樓閣各項	10尺	減數六分之一	1功	
紅或搶金碾玉				
亭子、廊屋、散舍之類	12尺		1功	其尺爲平方尺
殿宇、樓閣各項	10尺	減數六分之一	1功	
青緑間紅、三暈棱間				
亭子、廊屋、散舍之類	20尺		1功	其尺爲平方尺
殿宇、樓閣各項	15尺	減數四分之一	1功	
青緑二暈棱間				
亭子、廊屋、散舍之類	25尺		1功	其尺爲平方尺
殿宇、樓閣各項	20尺	減數五分之一	1功	

〔25.3.3〕

解緑

解緑畫松、青緑緣道，廳堂、亭子、廊屋、散舍之類，四十五尺；殿宇、樓閣，減數九分之一；如間紅三暈，即各減十分之二；

解緑赤白，廊屋、散舍、華架之類，一百四十尺；殿宇即減數七分之二；若樓閣、亭子、廳堂、門樓及内中屋各項，減廊屋數七分之一；若間結華或卓柏，各減十分之二。

解緑彩畫功見表25.3.3。

解緑彩畫功 表25.3.3

彩畫作	數量	增減	泥作功	備注
解緑畫松、青緑緣道				
廳堂、亭子、廊屋、散舍之類	45尺		1功	其尺爲平方尺
殿宇、樓閣	40尺	減數九分之一	1功	
解緑畫松、青緑緣道，間紅三暈				
廳堂、亭子、廊屋、散舍之類	36尺	各減十分之二	1功	其尺爲平方尺
殿宇、樓閣	32尺		1功	
解緑赤白				
廊屋、散舍、華架	140尺		1功	其尺爲平方尺
殿宇	100尺	減數七分之二	1功	
樓閣、亭子、廳堂 門樓及内中屋各項	120尺	減廊屋數七分之一	1功	
解緑赤白，間結華或卓柏				
廊屋、散舍、華架	112尺	各減十分之二	1功	其尺爲平方尺
殿宇	80尺		1功	
樓閣、亭子、廳堂 門樓及内中屋各項	96尺		1功	

〔25.3.4〕

丹粉赤白

丹粉赤白，廊屋、散舍、諸營、廳堂及鼓樓、華架之類，一百六十尺；殿宇、樓閣，減數四分之一；即亭子、廳堂、門樓及皇城内屋，各減八分之一。

丹粉赤白彩畫功見表25.3.4。

丹粉赤白彩畫功 表25.3.4

彩畫作	數量	增減	泥作功	備注
丹粉赤白				
廊屋、散舍、諸營、廳堂	160尺	及鼓樓、華架之類	1功	其尺爲平方尺
殿宇、樓閣	120尺	減數四分之一	1功	
亭子、廳堂、門樓及皇城内屋	140尺	各減八分之一	1功	

〔25.3.5〕

刷土黄、白緣道

刷土黄、白緣道，廊屋、散舍之類，一百八十尺；廳堂、門樓、涼棚各項，減數六分之一，若墨緣道，即減十分之一。

刷土黄彩畫功見表25.3.5。

刷土黄彩畫功　表25.3.5

彩畫作	數量	增減	泥作功	備注
刷土黄、白緣道				
廊屋、散舍之類	180尺		1功	其尺爲平方尺
廳堂、門樓、涼棚各項	150尺	減數六分之一	1功	
刷土黄、墨緣道				
廊屋、散舍之類	162尺	減十分之一	1功	其尺爲平方尺
廳堂、門樓、涼棚各項	135尺		1功	

〔25.3.6〕

土朱刷

土朱刷，間黄丹或土黄刷，帶護縫、牙子抹緑同，**版壁、平闇、門、窗、叉子、鉤闌、棵籠之類，一百八十尺，**若護縫、牙子解染青緑者，減數三分之一。

土朱刷彩畫功見表25.3.6。

土朱刷彩畫功　表25.3.6

彩畫作	數量	增減	泥作功	備注
土朱刷間黄丹或土黄刷，帶護縫、牙子抹緑同				
版壁、平闇、門、窗	180尺	及叉子、鉤闌、棵籠之類	1功	其尺爲平方尺
土朱刷若護縫、牙子解染青緑者				
版壁、平闇、門、窗	120尺	及叉子、鉤闌、棵籠之類	1功	其尺爲平方尺

〔25.3.7〕

合朱刷、用桐油

合朱刷：

格子，九十尺；抹合緑方眼同；如合緑刷毬文，即減數六分之一；若合朱畫松、難子、壼門解壓青緑，即減數之半；如抹合緑於障水版之上，刷青地描染戲獸、雲子之類，即減數九分之一；若朱紅染，難子、壼門、牙子解染青緑，即減數三分之一；如土朱刷間黄丹，即加數六分之一。

平闇、軟門、版壁之類，難子、壼門、牙頭、護縫解染青緑，**一百二十尺；**通刷素緑同；若抹緑，牙頭、護縫解染青華，即減數四分之一；如朱紅染，牙頭、護縫等解染青緑，即減數之半。

檻面、鉤闌，抹緑同，**一百八尺；**萬字、鉤片版、難子上解染青緑，或障水版之上描染戲獸、雲子之類，即各減數三分之一，朱紅染同。

叉子，雲頭、望柱頭五彩或碾玉裝造，**五十五尺；**抹緑者，加數五分之一；若朱紅染者，即減數五分之一。

棵籠子，間刷素緑，牙子、難子等解壓青緑，**六十五尺；**

烏頭綽楔門，牙頭、護縫、難子壓染青緑，櫺子抹緑，**一百尺；**若高廣一丈以上，即減數四分之一；如若土朱刷間黄丹者，加數二分之一。

抹合緑窗，難子刷黄丹，頰、串、地栿刷土朱，**一百尺；**

華表柱並裝染柱頭、鶴子、日月版；須縛棚閣者，減數五分之一。

刷土朱通造，一百二十五尺；

緑笴通造，一百尺；

用桐油，每一斤；煎合在内。

右（上）各一功。

上文“格子”條小注“如土朱刷間黄丹”，陶本：“如土朱刷閒黄丹”。傅書局合校本注：改“閒”爲“間”。①

上文“檻面、鉤闌”條小注“萬字”，傅書局合校本注：改“萬”爲“万”②，并注：“卍，四庫本。”③傅建工合校本注：“劉校故宫本：‘萬’字故宫本、丁本均作‘万’，據改。熹年謹按：張本作‘萬’，四庫本作‘卍’，録以備考。”④

上文“華表柱並裝染柱頭、鶴子、日月版”之彩畫作的做法及面積，似應是其後緊接的“刷土朱通造，一百二十五尺”與“緑笴通造，一百尺”兩種情況。

合朱刷、用桐油彩畫功見表25.3.7。

合朱刷、用桐油彩畫功 表25.3.7

彩畫作	數量	增減	泥作功	備注
合朱刷格子				
合朱刷格子	90尺	抹合緑方眼同	1功	其尺爲平方尺
合緑刷毬文	75尺	減數六分之一	1功	

① [宋]李誡，傅熹年彙校. 營造法式合校本. 第四册. 諸作功限二. 彩畫作. 校注. 中華書局. 2018年

② [宋]李誡，傅熹年彙校. 營造法式合校本. 第四册. 諸作功限二. 彩畫作. 校注. 中華書局. 2018年

③ [宋]李誡，傅熹年彙校. 營造法式合校本. 第四册. 諸作功限二. 彩畫作. 校注. 中華書局. 2018年

④ [宋]李誡，傅熹年校注. 合校本營造法式. 第698頁. 諸作功限二. 彩畫作. 注1. 中國建築工業出版社. 2020年

續表

彩畫作	數量	增減	泥作功	備注
若合朱畫松、難子、壼門解壓青緑	45尺	減數之半	1功	
抹合緑於障水版之上 刷青地描染戲獸、雲子之類	80尺	減數九分之一	1功	
朱紅染，難子、壼門、牙子解染青緑	60尺	減數三分之一	1功	
土朱刷間黄丹	105尺	加數六分之一	1功	
合朱刷平闇、軟門、版壁之類				
難子、壼門、牙頭、護縫解染青緑	120尺		1功	通刷素緑同
抹緑，牙頭、護縫解染青華	90尺	減數四分之一	1功	
朱紅染，牙頭、護縫等解染青緑	60尺	減數之半	1功	其尺爲平方尺
合朱刷檻面、鉤闌				
檻面、鉤闌	108尺	抹緑同	1功	其尺爲平方尺
萬字、鉤片版、難子上解染青緑 或障水版之上描染戲獸、雲子之類	72尺	各減數三分之一	1功	朱紅染同
合朱刷叉子				
雲頭、望柱頭五彩或碾玉裝造	55尺		1功	其尺爲平方尺
抹緑者	66尺	加數五分之一	1功	
朱紅染者	44尺	減數五分之一	1功	
合朱刷棵籠子				
間刷素緑，牙子、難子等解壓青緑	65尺		1功	其尺爲平方尺
合朱刷烏頭綽楔門				
牙頭、護縫、難子壓染青緑，櫺子抹緑	100尺		1功	其尺爲平方尺
牙頭、護縫、難子壓染青緑，櫺子抹緑 （高廣一丈以上）	75尺	減數四分之一	1功	
土朱刷間黄丹者	150尺	加數二分之一	1功	
抹合緑窗等				
難子刷黄丹，頰、串、地栿刷土朱	100尺		1功	其尺爲平方尺
華表柱並裝染柱頭、鶴子、日月版	125尺		1功	刷土朱通造
	100尺		1功	緑笥通造
華表柱並裝染柱頭、鶴子、日月版 須縛棚閣者	100尺	減數五分之一	1功	刷土朱通造
	80尺		1功	緑笥通造
用桐油				
用桐油	每1斤		1功	煎合在内

【25.4】
塼作

〔25.4.1〕
斫事

斫事：

方塼：

二尺，一十三口；每減一寸，加二口；

一尺七寸，二十口；每減一寸，加五口；

一尺二寸，五十口。

壓闌塼，二十口。

右（上）各一功。鋪砌功，並以斫事塼數加之；二尺以下，加五分；一尺七寸，加六分；一尺五寸以下，各倍加；一尺二寸，加八分；壓闌塼，加六分。其添補功，即以鋪砌之數減半。

條塼，長一尺三寸，四十口，趄面塼加一分，**一功。**壘砌功，即以斫事塼數加一倍；趄面塼同，其添補者，即減削壘塼八分之五。若砌高四尺以上者，減塼四分之一。如補換華頭，即以斫事之數減半。

麤壘條塼，謂不斫事者，**長一尺三寸，二百口，**每減一寸，加一倍，**一功。**其添補者，即減削壘塼數：長一尺三寸者，減四分之一；長一尺二寸，各減半；若壘高四尺以上，各減塼五分之一；長一尺二寸者，減四分之一。

上文“條塼”條小注“壘砌功，即以斫事塼數加一倍”，傅書局合校本注：“即，衍文，據故宮本、四庫本删。”[①]即爲“壘砌功，以斫事塼數加一倍”。傅建工合校本注：“熹年謹按：陶本增‘即’字，據故宮本、四庫本删。”[②]

上文“麤壘條塼”條小注“長一尺二寸者，減四分之一”，陳注：“其長，竹本。”[③]據陳先生，似應爲“其長一尺二寸者，減四分之一”。

塼作斫事、鋪砌、壘砌功見表25.4.1。

塼作斫事、鋪砌、壘砌功　　表25.4.1

塼作	增減	斫事功	計功		鋪砌功	備注
2尺	方塼 每減一寸 加二口	13口	1功	方塼 以斫事塼數 加之	1.5功	2尺以下 加5分
1.9尺		15口	1功		1.5功	
1.8尺		17口	1功		1.5功	
1.7尺	方塼 每減一寸 加五口	20口	1功		1.6功	1.7尺 加6分
1.6尺		25口	1功		1.6功	
1.5尺		30口	1功	其添補功 以鋪砌之數 減半	2功	1.5尺以下 各倍加
1.4尺		35口	1功		2功	
1.3尺		40口	1功		2功	

① [宋]李誡，傅熹年彙校．營造法式合校本．第四册．諸作功限二．塼作．校注．中華書局．2018年

② [宋]李誡，傅熹年校注．合校本營造法式．第701頁．諸作功限二．塼作．注2．中國建築工業出版社．2020年

③ [宋]李誡．營造法式（陳明達點注本）．第三册．第54頁．諸作功限二．塼作．批注．浙江攝影出版社．2020年

續表

塼作	增减	斫事功	計功		鋪砌功	備注
1.2尺		50口	1功		1.8功	加8分
1.2尺	壓闌塼	20口	1功	壓闌塼	1.6功	加6分
塼作	增减	斫事功	壘砌功		計功	備注
1.3尺	條塼	40口	80口		1功	
1.3尺	趄面塼	40口	80口		1.1功	
1.3尺	條塼		60口		1功	砌高4尺以上減塼四分之一
1.3尺	趄面塼		60口		1.1功	
1.3尺	麤壘條塼		200口		1功	不斫事者
1.2尺	麤壘條塼		400口		1功	不斫事者

添補義不詳，未列入表。條塼添補，減刜壘塼八分之五；麤壘條塼添補，減刜壘塼數：長1.3尺者，減四分之一；長1.2尺，各減半；若壘高4尺以上，各減塼五分之一；長1.2尺者，減四分之一

〔25.4.2〕

事造剜鑿

事造剜鑿：並用一尺三寸塼。

地面鬭八，階基、城門坐塼側頭、須彌臺坐之類同，**龍、鳳、華樣人物、壼門、寶餅之類；**

方塼，一口；間窠毬文，加一口半；

條塼，五口；

右（上）各一功。

事造剜鑿計功見表25.4.2。

事造剜鑿計功　　表25.4.2

事造剜鑿	用塼（1.3尺塼）		計功	備注
地面鬭八	方塼	1口	1功	龍、鳳、華樣人物、壼門、寶餅之類
	方塼（間窠毬文）	1.5口	1功	
	條塼	5口	1功	
階基、城門坐塼側頭、須彌臺坐之類同				

〔25.4.3〕

透空氣眼

透空氣眼：

方塼，每一口：

神子：一功七分。

龍、鳳、華盆，一功三分。

條塼：壺門，三枚半，每一枚用塼百口，**一功。**

上文“條塼”條小注“每一枚用塼百口”，陳注“百”字：“四，竹本。”[①]

據陳先生所改，其文似爲“每一枚用塼四口”。二者數字差别過大，令人生疑。以砌築一座壺門，用條塼“三枚半”，若以“每一枚用塼百口”，需用塼350口，這對于一座裝飾性的壺門砌築，顯然是一個偏多的用塼量，另外，以如此多用塼量的工作，僅計爲1功，又顯太少。反之，若以“每一枚用塼四口”，砌築一座壺門共用塼14口，且僅計爲1功，從壺門用塼量與所計功限看，陳先生據竹本所改，有一定道理。暫從陳先生依竹本所改。

透空氣眼計功見表25.4.3。

透空氣眼計功　　表25.4.3

透空氣眼	用塼			計功	備注
方塼	神子	每1口		1.7功	未解“神子”爲何意，疑爲神形鏤空雕刻氣眼
	龍、鳳、華盆	每1口		1.3功	
條塼（壺門）	3.5枚		總14口（依陳明達先生改）	1功	
	每1枚	4口			

〔25.4.4〕

刷染塼甋、基階之類等

刷染塼甋、基階之類，每二百五十尺，須縛棚閣者，减五分之一，**一功。**

甃壘井，每用塼二百口，一功。

淘井：每一眼，徑四尺至五尺，二功。每增一尺，加一功；至九尺以上，每增一尺，加二功。

刷染塼甋、基階、甃壘井、淘井等計功見表25.4.4。

① [宋]李誡. 營造法式（陳明達點注本）. 第三册. 第55頁. 諸作功限二. 塼作. 批注. 浙江攝影出版社. 2020年

刷染塼甋、基階、甃壘井、淘井等計功 表25.4.4

塼作	數量	增減	計功	備注
刷染塼甋、基階	每250尺		1功	
須縛棚閣者	每200尺	減五分之一	1功	
甃壘井	每用塼200口		1功	
淘井	每1眼	徑4—5尺	2功	
		徑9尺	2.4功	至9尺以上每增1尺加2功
		徑10尺	4功	
		徑11尺	6功	

【25.5】
窰作

〔25.5.1〕
造坯

［25.5.1.1］
造塼坯

造坯：

方塼：

二尺，一十口；每減一寸，加二口；

一尺五寸，二十七口；每減一寸，加六口；塼碇與一尺三寸方塼同；

一尺二寸，七十六口；盤龍鳳、雜華同。

條塼：

長一尺三寸，八十二口；牛頭塼同；其趄面塼加十分之一；

長一尺二寸，一百八十七口；趄條並走趄塼同；

壓闌塼，二十七口；

右（上）各一功。般取土末、和泥、事褫、曒曝、排垛在内。

上文"條塼"條，陳注："塼作制度：用條塼，長一尺二寸，廣六寸，厚二寸。"①

造塼坯功見表25.5.1。

造塼坯功 表25.5.1

用塼	尺寸	數量	增減	計功	備注
方塼	2尺	10口	每減1寸加2口	1功	
	1.9尺	12口		1功	
	1.8尺	14口		1功	
	1.7尺	16口		1功	
	1.6尺	18口		1功	

① [宋]李誡. 營造法式（陳明達點注本）. 第三册. 第56頁. 諸作功限二. 窰作. 批注. 浙江攝影出版社. 2020年

續表

用塼	尺寸	數量	增減	計功	備注
方塼	1.5尺	27口	每減1寸加6口	1功	
	1.4尺	33口		1功	
	1.3尺	39口		1功	
塼碇	1.3尺	39口		1功	
方塼	1.2尺	76口		1功	
盤龍鳳、雜華方塼	1.2尺	76口		1功	
條塼	長1.3尺	82口		1功	
牛頭塼	長1.3尺	82口		1功	
趄面塼	長1.3尺	90口		1功	
條塼	長1.2尺	187口		1功	
趄條塼	長1.2尺	187口		1功	
走趄塼	長1.2尺	187口		1功	
壓闌塼	長2.1尺	27口		1功	《法式》卷第十五
般取土末、和泥、事褫、曒曝、排垛在内					

［25.5.1.2］

造甋、瓪瓦坯

甋瓦，長一尺四寸，九十五口；每減二寸，加三十口；其長一尺以下者，減一十口。

瓪瓦：

長一尺六寸，九十口；每減二寸，加六十口；其長一尺四寸展樣，比長一尺四寸瓦減二十口；

長一尺，一百三十六口；每減二寸，加一十二口。

右（上）各一功。其瓦坯並華頭所用膠土，即别計。

黏甋瓦華頭，長一尺四寸，四十五口；每減二寸，加五口；其一尺以下者，即倍加。

撥瓪瓦重脣，長一尺六寸，八十口；每減二寸，加八口；其一尺二寸以下者，即倍加。

黏鎮子塼系，五十八口；

右（上）各一功。

造甋、瓪瓦坯功見表25.5.2。

造甋、瓪瓦坯功　表25.5.2

用瓦	尺寸	數量	增減	計功	備注
甋瓦	1.4尺	95口	每減2寸加30口	1功	
	1.2尺	125口		1功	
	1尺	155口		1功	
	0.8尺	145口	長1尺以下者減10口	1功	
	0.6尺	135口		1功	
	0.4尺	125口		1功	
瓪瓦	1.6尺	90口	每減2寸加60口	1功	
	1.4尺	150口		1功	
	1.3尺	210口		1功	
	1.2尺	270口		1功	
展樣瓪瓦	1.4尺	120口	減20口	1功	比1.4尺瓪瓦
瓪瓦	1尺	136口	每減2寸加12口	1功	
	0.8尺	148口		1功	
	0.6尺	160口		1功	
其瓦坯並華頭所用膠土，即別計					
黏甋瓦華頭	1.4尺	45口	每減2寸加5口	1功	
	1.2尺	50口		1功	
	1尺	60口	其1尺以下者，即倍加	1功	
	0.8尺	70口		1功	
	0.6尺	80口		1功	
	0.4尺	90口		1功	
撥瓪瓦重脣	1.6尺	80口	每減2寸加8口	1功	
	1.4尺	88口		1功	
	1.3尺	96口		1功	
	1.2尺	112口	其1.2尺以下者，即倍加	1功	
	1尺	128口		1功	
	0.8尺	144口		1功	
	0.6尺	160口		1功	
黏鎮子塼系	未詳	58口		1功	

〔25.5.2〕

造鴟、獸等

造鴟、獸等，每一隻：

鴟尾，每高一尺，二功。龍尾，功加三分之一。

獸頭：

高三尺五寸，二功八分，每減一寸，減八厘功。

高二尺，八分功。每減一寸，減一分功。

高一尺二寸，一分六厘八毫功。每減一寸，減四毫功。

套獸，口徑一尺二寸，七分二厘功。每減二寸，減一分三厘功。

蹲獸，高一尺四寸，二分五厘功。每減二寸，減二厘功。

嬪伽，高一尺四寸，四分六厘功。每減二寸，減六厘功。

角珠，每高一尺，八分功。

火珠，徑八寸，二功。每增一寸，加八分功；至一尺以上，更於所加八分功外，遞加一分功；謂如徑一尺，加九分功，徑一尺一寸，加一功之類。

閥閱，每高一尺，八分功。

行龍、飛鳳、走獸之類，長一尺四寸，五分功。

造鴟、獸等功見表25.5.3。

造鴟、獸等功　表25.5.3

造鴟、獸等每一隻				
用瓦件	尺寸	增減	計功	備注
鴟尾	每高1尺		2功	以實高計之
龍尾	每高1尺	功加三分之一	2.67功	以實高計之
獸頭	高3.5尺	每減1寸 減0.08功	2.8功	
	高3.2尺		2.64功	
	高3尺		2.48功	
	高2.8尺		2.32功	
	高2.6尺		2.16功	
	高2.4尺		2功	
	高2.2尺		1.84功	
	高2尺	每減1寸 減0.1功	0.8功	
	高1.9尺		0.7功	
	高1.8尺		0.6功	
	高1.7尺		0.5功	
	高1.6尺		0.4功	
	高1.5尺		0.3功	
	高1.4尺		0.2功	

續表

<table>
<tr><th>用瓦件</th><th>尺寸</th><th>增減</th><th>計功</th><th>備注</th></tr>
<tr><td rowspan="8">獸頭</td><td>高1.2尺</td><td rowspan="8">每減1寸
減0.004功</td><td>0.168功</td><td></td></tr>
<tr><td>高1.1尺</td><td>0.164功</td><td></td></tr>
<tr><td>高1尺</td><td>0.16功</td><td></td></tr>
<tr><td>高0.9尺</td><td>0.156功</td><td></td></tr>
<tr><td>高0.8尺</td><td>0.152功</td><td></td></tr>
<tr><td>高0.7尺</td><td>0.148功</td><td></td></tr>
<tr><td>高0.6尺</td><td>0.144功</td><td></td></tr>
<tr><td>高0.5尺</td><td>0.14功</td><td></td></tr>
<tr><td rowspan="5">套獸</td><td>口徑1.2尺</td><td rowspan="5">每減2寸
減0.13功</td><td>0.72功</td><td></td></tr>
<tr><td>口徑1尺</td><td>0.59功</td><td></td></tr>
<tr><td>口徑0.8尺</td><td>0.46功</td><td></td></tr>
<tr><td>口徑0.6尺</td><td>0.33功</td><td></td></tr>
<tr><td>口徑0.4尺</td><td>0.2功</td><td></td></tr>
<tr><td rowspan="6">蹲獸</td><td>高1.4尺</td><td rowspan="6">每減2寸
減0.02功</td><td>0.25功</td><td></td></tr>
<tr><td>高1.2尺</td><td>0.23功</td><td></td></tr>
<tr><td>高1尺</td><td>0.21功</td><td></td></tr>
<tr><td>高0.8尺</td><td>0.19功</td><td></td></tr>
<tr><td>高0.6尺</td><td>0.17功</td><td></td></tr>
<tr><td>高0.4尺</td><td>0.15功</td><td></td></tr>
<tr><td rowspan="6">嬪伽</td><td>高1.4尺</td><td rowspan="6">每減2寸
減0.06功</td><td>0.46功</td><td></td></tr>
<tr><td>高1.2尺</td><td>0.4功</td><td></td></tr>
<tr><td>高1尺</td><td>0.34功</td><td></td></tr>
<tr><td>高0.8尺</td><td>0.28功</td><td></td></tr>
<tr><td>高0.6尺</td><td>0.22功</td><td></td></tr>
<tr><td>高0.4尺</td><td>0.16功</td><td></td></tr>
<tr><td>角珠</td><td>每高1尺</td><td></td><td>0.8功</td><td>以實高計之</td></tr>
<tr><td rowspan="6">火珠</td><td>徑0.8尺</td><td rowspan="2">每增1寸
加0.8功</td><td>2功</td><td></td></tr>
<tr><td>徑0.9尺</td><td>2.8功</td><td></td></tr>
<tr><td>徑1尺</td><td rowspan="4">至1尺以上更
于所加0.8功外
遞加0.1功</td><td>3.7功</td><td rowspan="4">謂如徑1尺
加0.9功
徑1.1尺
加1功之類</td></tr>
<tr><td>徑1.1尺</td><td>4.7功</td></tr>
<tr><td>徑1.2尺</td><td>5.8功</td></tr>
<tr><td>徑1.3尺</td><td>7功</td></tr>
<tr><td>閥閲</td><td>每高1尺</td><td></td><td>0.8功</td><td>以實高計之</td></tr>
<tr><td>行龍、飛鳳、
走獸之類</td><td>長1.4尺</td><td>增減情況不詳</td><td>0.5功</td><td></td></tr>
</table>

〔25.5.3〕

用茶土掍甋瓦

用茶土掍甋瓦，長一尺四寸，八十口，一功。 長一尺六寸瓪瓦同，其華頭、重脣在内。餘準此。如每減二寸，加四十口。

上文“用茶土掍甋瓦”，傅書局合校本注：改“荼”爲“茶”，并注：“茶，據故宫本、四庫本改。”[①]傅建工合校本注：“熹年謹按：‘茶土’陶本誤作‘荼土’，據故宫本、四庫本、張本改。”[②]

用茶土掍甋瓦等功見表25.5.4。

用茶土掍甋瓦等功　　表25.5.4

用瓦件	尺寸	數量	增減	計功	備注
用茶土掍甋瓦	1.4尺	80口	每減2寸加40口	1功	
	1.2尺	120口			
	1尺	160口			
	0.8尺	200口			
	0.6尺	240口			
	0.4尺	280口			
用茶土掍瓪瓦	1.6尺	80口	每減2寸加40口		其華頭、重脣在内
	1.4尺	120口			
	1.3尺	160口			
	1.2尺	200口			
	1尺	240口			
	0.8尺	280口			
	0.6尺	320口			

〔25.5.4〕

裝素白塼瓦坯

裝素白塼瓦坯，青掍瓦同；如滑石掍，其功在内；**大窑計燒變所用芟草數，每七百八十束**曝窑，三分之一，**爲一窑；以坯十分爲率，須於往來一里外至二里，般六分，共三十六功。**遞轉在内。曝窑，三分之一。**若般取六分以上，每一分加三功，至四十二功止。**曝窑，每一分加一功，至一十五功止。**即四分之外及不滿一里者，每一分減三功，減至二十四功止。**曝窑，每一分減一功，減至七功止。

裝素白塼瓦坯等功見表25.5.5。

① ［宋］李誡，傅熹年彙校. 營造法式合校本. 第四册. 諸作功限二. 窑作. 校注. 中華書局. 2018年

② ［宋］李誡，傅熹年校注. 合校本營造法式. 第706頁. 諸作功限二. 窑作. 注1. 中國建築工業出版社. 2020年

裝素白塼瓦坯等功 表25.5.5

裝瓦坯	燒變用芟草量		數量	般取功		計功	備注
裝素白塼瓦坯（青掍瓦同）如滑石掍其功在內	燒變所用芟草	每780束	1窰	般取0.4功之外及不滿1里者	0.2功	24功	
			1窰		0.3功	27功	
			1窰		0.4功	30功	
			1窰		0.5功	33功	
			1窰	往來1里之外至2里	0.6功	36功	
			1窰		0.7功	39功	
			1窰		0.8功	42功	
曝窰（燒變用芟草減三分之一，每一窰用功三分之一，遞轉在內）							
裝素白塼瓦坯（青掍瓦同）如滑石掍其功在內	燒變所用芟草	每260束	1窰	般取0.4功之外及不滿1里者	0.1功	7功	
			1窰		0.2功	8功	
			1窰		0.3功	9功	
			1窰		0.4功	10功	
			1窰		0.5功	11功	
			1窰	往來1里之外至2里	0.6功	12功	
			1窰		0.7功	13功	
			1窰		0.8功	14功	

〔25.5.5〕

燒變大窰

燒變大窰，每一窰：

燒變，一十八功。曝窰，三分之一。出窰功同。

出窰，一十五功。

燒變瑠璃瓦等，每一窰，七功。合和、用藥、般裝、出窰在內。

擣羅洛河石末，每六斤一十兩，一功。

炒黑錫，每一料，一十五功。

壘窰，每一坐：

大窰，三十二功。

曝窰，一十五功三分。

燒變大窰功見表25.5.6。

燒變大窰功 表25.5.6

燒變、壘窰等		燒變等功	出窰功	備注
燒變大窰（每1窰）	燒變	18功	15功	曝窰，三分之一出窰功同
	曝窰	6功	6功	
燒變瑠璃瓦等	每1窰	7功	出窰在內	合和、用藥、般裝在內
擣羅洛河石末	每6斤10兩	1功		
炒黑錫	每1料	15功		
壘窰（每1坐）	大窰	32功		
	曝窰	15.3功		

第26章

《營造法式》卷第二十六

——諸作料例一

營造法式卷第二十六

通直郎管修蓋皇弟外第專一提舉修蓋班直諸軍營房等臣李誡奉

聖旨編修

諸作料例一

石作　　大木作小木作附

竹作　　瓦作

【26.0】
本章導言

“料例”這一術語，最早似見于晚唐武宗朝（841—846年），開成五年（840年）即位不久的唐武宗，即下了“條流百官俸料制”，詔曰：“諸道承乏官等，雖支假攝，當責課程。但需一半料錢，不獲雜給料例。自此手力紙筆，特委中書門下條流，貴在酌中，共爲均濟。”① 此時，“料例”一詞似仍與官員日常俸禄與後勤雜給有關，并非土木營造工程所用詞彙。

北宋時期，“料例”一詞，已與“工課”相聯，有與製造之“工”相關聯之“料例”概念。歐陽修《乞條制都作院》：“及申三司於南北作坊檢會工課料例，及於轄下抽揀工匠，令都作院依樣打造次。”②這裏的“工課”，與後來《法式》中所云“功限”，亦有相通之處。

蘇轍奏文提到：“指揮未幾，復以諸處修造，歲有料例，遂令般運堆積，以分出賣之計。臣不知將作見工幾何，一歲所用幾何。取此積彼，未用之間，有無損敗，而遂爲此計，本部雖知不便，而以工部之事，不敢復言。”③顯然，這時已將“料例”與土木營造關聯在一起了。

宋時，“料例”一詞，用于與加工製造、土木營造，乃至錢幣鑄造等諸多行業之用料計量。《法式》中設專卷詳列料例，恰與這一時期社會上下，關注“理財”之時代風氣密切相關。兩宋及元以後，“料例”一詞似已不大見于官方文書，亦難見于世俗文本。

《法式》在以10卷篇幅詳列諸作“功限”基礎上，又給出3卷篇幅，列出了諸作料例，足見其在用工、用料計量上的精密與細緻。

【26.1】
石作

蠟面，每長一丈，廣一尺：碑身、鼇坐同：

黄蠟，五錢；

木炭，三斤；一段通及一丈以上者，減一斤；

細墨，五錢。

安砌，每長三尺，廣二尺，礦石灰五斤。贔屓碑一坐，三十斤；笏頭碣，一十斤。

每段：

熟鐵鼓卯，二枚；上下大頭各廣二寸，長一寸；腰長四寸，厚六分；每一枚重一斤；

鐵葉，每鋪石二重，隔一尺用一段。每段廣三寸五分，厚三分。如並四造，長七尺；並三造，長五尺。

灌鼓卯縫，每一枚，用白錫三斤。如用黑錫，加一斤。

上文“鐵葉”條句後，傅建工合校本注：“熹年謹按：四庫本在此句下脱‘石作’最末一行‘灌鼓卯縫……’。

① [宋]王欽若等編纂．册府元龜．卷五百零八．邦計部（二十六）．俸禄第四．子部．類書類．第5775頁．鳳凰出版社．2006年．另見[清]董誥等．全唐文．卷七十六．李炎（武宗皇帝一）．條流百官俸料制．第798頁．中華書局．1983年

② [宋]歐陽修．歐陽修全集．卷一百一十八．河北奉使奏草．卷下．劄狀二十首（附書一首牒二首）．乞條制都作院．第1819頁．中華書局．2001年

③ [宋]蘇轍．蘇轍集．卷四十一．户部侍郎論時事八首．請户部復三司諸案劄子．第732頁．中華書局．1990年

此下脱'大木作'四十行，'竹作'全部四十三行，其後之'瓦作'自'麥䴵一十八觔'起，前脱首十六行，此卷共脱九十九行。故宫本、張本不脱。"①

石作料例見表26.1.1。

石作料例　表26.1.1

營作	材料	數量	備注
蠟面 每長10尺，廣1尺 （碑身、鼇坐同）	黄蠟	5錢	
	木炭	3斤	一段通及一丈以上者，減一斤
	一段通及10尺以上者	2斤	
	細墨	5錢	以16錢爲1兩
安砌	礦石灰	5斤	每長3尺，廣2尺
		30斤	贔屓碑一坐
		10斤	笏頭碣
安砌 （每段）	熟鐵鼓卯	2枚 （每枚重1斤）	上下大頭各廣2寸，長1寸 腰長4寸，厚6分
安砌 （每鋪石二重）	鐵葉	隔1尺用1段	每段廣3.5寸，厚3分
	並四造	長7尺	
	並三造	長5尺	
灌鼓卯縫 （每一枚）	白錫	3斤	如用黑錫，加1斤 16兩爲1斤
	黑錫	4斤	

【26.2】
大木作小木作附

〔26.2.1〕
用方木

用方木：

大料模方，長八十尺至六十尺，廣三尺五寸至二尺五寸，厚二尺五寸至二尺，充十二架椽至八架椽栿。

廣厚方，長六十尺至五十尺，廣三尺至二尺，厚二尺至一尺八寸，充八架椽栿並檐栿、綽幕、大檐頭。

長方，長四十尺至三十尺，廣二尺至一尺五寸，厚一尺五寸至一尺二寸，充出跳六架椽至四架椽栿。

松方，長二丈八尺至二丈三尺，廣二尺至一尺四寸，厚一尺二寸至九寸，充四架椽至三架椽栿、大角梁、檐額、壓槽方、高一丈五尺以上版門及裹栿版、佛道帳所用料槽、壓厦版。其名件廣厚非小松方以下可充者同。

① [宋]李誡，傅熹年校注．合校本營造法式．第709頁．諸作料例一．石作．注1．中國建築工業出版社．2020年

上文“大料模方”條，陳注：“一等材，每架九尺，八架七十二尺。五等材，十二架（四寸四分），長七十九尺二寸。”①

上文“廣厚方”條中“大檐頭”，陳注：改“頭”爲“額”。②

據陳先生注，一等材，每架間距9尺，合一等材150分°；則五等材，每架間距6.6尺，合五等材亦爲150分°。

用方木料例見表26.2.1。

用方木料例　　表26.2.1

方木	大料模方	廣厚方	長方	松方
長	80尺至60尺	60尺至50尺	40尺至30尺	28尺至23尺
廣	3.5尺至2.5尺	3尺至2尺	2尺至1.5尺	2尺至1.4尺
厚	2.5尺至2尺	2尺至1.8尺	1.5尺至1.2尺	1.2尺至0.9尺
充用	十二架椽栿； 十架椽栿； 八架椽栿	八架椽栿； 檐栿； 綽幕； 大檐頭	出跳六架椽栿； 五架椽栿； 四架椽栿	四架椽栿； 三架椽栿； 大角梁、檐額、壓槽方； 高15尺以上版門； 裹栿版； 佛、道帳所用枓槽； 佛、道帳所用壓厦版； 廣厚非小松方以下可充者

〔26.2.2〕

柱

朴柱，長三十尺，徑三尺五寸至二尺五寸，充五間八架椽以上殿柱。

松柱，長二丈八尺至二丈三尺，徑二尺至一尺五寸，就料剪截，充七間八架椽以上殿副階柱或五間、三間八架椽至六架椽殿身柱，或七間至三間八架椽至六架椽廳堂柱。

上文“朴柱”，傅建工合校本注：“朱批陶本：‘枏’誤作‘朴’，非枏木不能有此長徑。‘朴’正寫作‘樸’，營造中不見此等木材也。‘厚朴’爲曲材。”③

枏，據《漢語大字典》：“木名，即梅。《爾雅·釋木》：梅，枏。……邢昺疏引孫炎云：‘荊州曰梅，揚州曰枏。’”④又：枏，“同‘楠’，木名。《廣韻·覃韻》：‘枏’，同‘楠’。……《漢書·司

① [宋]李誡．營造法式（陳明達點注本）．第三册．第62頁．諸作料例一．大木作（小木作附）．批注．浙江攝影出版社．2020年

② [宋]李誡．營造法式（陳明達點注本）．第三册．第63頁．諸作料例一．大木作（小木作附）．批注．浙江攝影出版社．2020年

③ [宋]李誡，傅熹年校注．合校本營造法式．第712頁．諸作料例一．大木作（小木作附）．注1．中國建築工業出版社．2020年

④ 漢語大字典．第497頁．木部．枏．四川辭書出版社-湖北辭書出版社．1993年

馬相如傳上》：‘其北則有陰林巨樹，楩柟豫章。’顔師古注：‘柟音南，今所謂楠木。’”①

《漢語大字典》釋“朴”：“木名，榆科朴屬之物的泛稱，落葉喬木。我國最常見的朴屬植物有朴樹、紫彈樹、小葉朴（黑彈木）。木材可製器具，莖皮纖維可作造紙、人造棉的原料。”②又朴，其意：“同‘樸’，質樸；厚重。《廣韻・覺韻》：‘朴，同樸’。”③

“樸”作爲樹木，似有兩意，據《漢語大字典》：“未經加工成器的木材。《説文・木部》：‘樸，木素也。’段玉裁注：‘素，猶質也。以木爲質，未彫飾，如瓦器之坯然。’”另“樸”意爲：“叢生的樹木。《廣雅・釋木》：‘樸，枹者。’郭璞注：‘樸屬叢生者爲枹。’《小爾雅・廣詁》：‘樸，叢也。’……朱熹注：‘樸，叢生也。言根枝迫迮相附著也。’”④

據此，“朴”與“樸”，在樹木種類上，其意似并不相通。朴樹爲喬木，而樸樹似爲灌木的一種。而“枹”，據《漢語大字典》，“木名，枹樹，即枹櫟。殼斗科，落葉喬木。……木材堅硬，宜作器具或車輪用材，亦可充作薪炭。”⑤則“枹”爲一種喬木。但若以古人所稱“樸”與“枹”相通，那麼，“樸”亦爲一種喬木？未可知。若以樹木之高大而稱者，似仍以“柟”或“楠”之木爲著。

柱子料例見表26.2.2。

柱子料例　　表26.2.2

柱	朴柱	松柱	備注
長	30尺	28尺至23尺	
徑	3.5尺至2.5尺	2尺至1.5尺	
充用	五間八架椽以上殿柱	七間八架椽以上殿副階柱； 五間、三間八架椽至六架椽殿身柱； 七間至三間八架椽至六架椽廳堂柱	松柱 就料剪截

〔26.2.3〕

就全條料又剪截解割

就全條料又剪截解割用下項：

小松方，長二丈五尺至二丈二尺，廣一尺三寸至一尺二寸，厚九寸至八寸；

常使方，長二丈七尺至一丈六尺，廣一尺二寸至八寸，厚七寸至四寸；

官樣方，長二丈至一丈六尺，廣一尺二寸至九寸，厚七寸至四寸；

截頭方，長二丈至一丈八尺，廣一尺三寸至一尺一寸，厚九寸至七寸五分；

① 漢語大字典．第497頁．木部．柟．四川辭書出版社-湖北辭書出版社．1993年

② 漢語大字典．第485頁．木部．朴．四川辭書出版社-湖北辭書出版社．1993年

③ 漢語大字典．第485頁．木部．朴．四川辭書出版社-湖北辭書出版社．1993年

④ 漢語大字典．第543頁．木部．樸．四川辭書出版社-湖北辭書出版社．1993年

⑤ 漢語大字典．第499頁．木部．枹．四川辭書出版社-湖北辭書出版社．1993年

材子方，長一丈八尺至一丈六尺，廣一尺二寸至一尺，厚八寸至六寸；

方八方，長一丈五尺至一丈三尺，廣一尺一寸至九寸，厚六寸至四寸；

常使方八方，長一丈五尺至一丈三尺，廣八寸至六寸，厚五寸至四寸；

方八子方，長一丈五尺至一丈二尺，廣七寸至五寸，厚五寸至四寸。

就全條料又剪截解割料例見表26.2.3。

就全條料又剪截解割料例　　表26.2.3

全條料	料長	料廣	料厚
小松方	25尺至22尺	1.3尺至1.2尺	0.9尺至0.8尺
常使方	27尺至16尺	1.2尺至0.8尺	0.7尺至0.4尺
官樣方	20尺至16尺	1.2尺至0.9尺	0.7尺至0.4尺
截頭方	20尺至18尺	1.3尺至1.1尺	0.9尺至0.75尺
材子方	18尺至16尺	1.2尺至1尺	0.8尺至0.6尺
方八方	15尺至13尺	1.1尺至0.9尺	0.6尺至0.4尺
常使方八方	15尺至13尺	0.8尺至0.6尺	0.5尺至0.4尺
方八子方	15尺至12尺	0.7尺至0.5尺	0.5尺至0.4尺

【26.3】 竹作

〔26.3.1〕 色額等第

色額等第：

上等：每徑一寸，分作四片，每片廣七分。每徑加一分，至一寸以上，準此計之；中等同。其打笆用下等者，祇推竹造。

漏三，長二丈，徑二寸一分，係除梢實收數，下並同；

漏二，長一丈九尺，徑一寸九分；

漏一，長一丈八尺，徑一寸七分。

中等：

大竿條，長一丈六尺，織簟，減一尺；次竿、頭竹同；**徑一寸五分；**

次竿條，長一丈五尺，徑一寸三分；

頭竹，長一丈二尺，徑一寸二分；

次頭竹，長一丈一尺，徑一寸。

下等：

笪竹，長一丈，徑八分；

大管，長九尺，徑六分；

小管，長八尺，徑四分。

竹作色額等第見表26.3.1。

竹作色額等第 表26.3.1

色額等第	式樣	長	徑	備注
		係除梢實收數，下並同		
上等	漏三	20尺	0.21尺	每徑一寸，分作四片，每片廣七分。每徑加一分，至一寸以上，準此計之。中等同
	漏二	19尺	0.19尺	
	漏一	18尺	0.17尺	
中等	大竿條	16尺	0.15尺	織簟，減一尺
	次竿條	15尺	0.13尺	織簟，減一尺
	頭竹	12尺	0.12尺	織簟，減一尺
	次頭竹	11尺	0.10尺	
下等	笪竹	10尺	0.08尺	其打笆用下等者祇推竹造
	大管	0.9尺	0.06尺	
	小管	0.8尺	0.04尺	

〔26.3.2〕

織簟等

織細棊文素簟，織華及龍、鳳造同；**每方一尺，徑一寸二分竹一條。**襯簟在內。

織龘簟，假棊文簟同，**每方二尺，徑一寸二分竹一條八分。**

織雀眼網，每長一丈，廣五尺，**以徑一寸二分竹；**

渾青造，一十一條；內一條作貼；如用木貼，即不用；下同；

青白造，六條。

笍索，每一束，長二百尺，廣一寸五分，厚四分，**以徑一寸三分竹；**

渾青疊四造，一十九條；

青白造，一十三條。

上文“織細棊文素簟”小注“織華及龍、鳳造同”，陶本：“織華或龍、鳳造同”。未知梁注釋本改動所據。

織簟等料例見表26.3.2。

織簟等料例 表26.3.2

織簟		尺寸	竹	數量	備注
織細棊文素簟		每方1尺	徑0.12尺竹	1條	襯簟在內
織華及龍、鳳造		每方1尺	徑0.12尺竹	1條	襯簟在內
織龘簟		每方2尺	徑0.12尺竹	1條8分	
假棊文簟		每方2尺	徑0.12尺竹	1條8分	
織雀眼網	渾青造	每長10尺廣5尺	徑0.12尺竹	11條	內一條作貼；如用木貼，即不用
	青白造			6條	

續表

織簟		尺寸	竹	數量	備注
笍索 （每1束）	渾青疊四造	長200尺	以徑0.13尺竹	19條	廣0.15尺
	青白造			13條	厚0.04尺

〔26.3.3〕

障日篛等

障日篛，每三片，各長一丈，廣二尺：

徑一寸三分竹，二十一條；劈篾在内；

蘆蓆，八領。壓縫在内。如織簟造，不用。

每方一丈：

打笆，以徑一寸三分竹爲率，用竹三十條造。一十二條作經，一十八條作緯。鉤頭、攙壓在内。其竹，若甋瓦結瓷，六椽以上，用上等；四椽及瓪瓦六椽以上，用中等，甋瓦兩椽，瓪瓦四椽以下，用下等。若闕本等，以别等竹比折充。

編道：以徑一寸五分竹爲率，用二十三條造。榥並竹釘在内。闕，以别色充。若照壁中縫及高不滿五尺，或栱壁、山斜、泥道，以次竿或頭竹、次竹比折充。

竹栅，以徑八分竹一百八十三條造。四十條作經，一百四十三條作緯編造。如高不滿一丈，以大管竹或小管竹比折充。

上文"編道"條小注"或頭竹、次竹比折充"，陳注："次頭，竹本"[①]，即"或頭竹、次頭竹比折充"。

障日篛等料例見表26.3.3；編道、竹栅料例見表26.3.4。

障日篛等料例　　表26.3.3

竹作			用竹	徑	數量	備注
障日篛		每3片	各長10尺，廣2尺	0.13尺	21條	劈篾在内
蘆蓆		壓縫在内			8領	如織簟造，不用
打笆	上等	每方10尺	若結瓷，甋瓦六椽以上	0.13尺 爲率	30條	鉤頭、攙壓在内；若闕本等，以别等竹比折充
	中等	12條作經	甋瓦四椽及瓪瓦六椽以上			
	下等	18條作緯	甋瓦兩椽，瓪瓦四椽以下			

編道、竹栅料例　　表26.3.4

竹作	徑	數量	用竹	備注
編道	0.15尺爲率	23條	榥並竹釘在内。 闕，以别色充	照壁中縫及高不滿5尺，或栱壁、山斜、泥道，以次竿或頭竹、次竹比折充
竹栅	0.08尺	183條	40條作經 143條作緯	高不滿10尺，以大管竹或小管竹比折充

① [宋]李誡．營造法式（陳明達點注本）．第三册．第69頁．諸作料例一．竹作．批注．浙江攝影出版社．2020年

〔26.3.4〕
夾截等

夾截：

中箔，五領；攙壓在内；

徑一寸二分竹，一十條。劈篾在内。

搭蓋涼棚，每方一丈二尺：

中箔，三領半；

徑一寸三分竹，四十八條；三十二條作椽，四條走水，四條裹屑，三條壓縫，五條劈篾；青白用。

蘆蕟，九領。如打笆造，不用。

蘆蕟，據《漢語大字典》：蕟，一爲草名，音fɑ；另一爲："fei，《集韻》放吠切，去廢非。同'篜'，粗竹席。"[①]據此，蘆蕟當指蘆席。

夾截等料例見表26.3.5。

夾截等料例 表26.3.5

竹作	用竹		徑	數量	備注
夾截	中箔	5領（攙壓在内）	0.12尺	10條	劈篾在内
搭蓋涼棚（每方12尺）	中箔（青白用）	3.5領	0.13尺	48條	32條作椽，4條走水，4條裹屑，3條壓縫，5條劈篾
蘆蕟		9領			如打笆造，不用

【26.4】
瓦作

用純石灰：謂礦灰，下同。

〔26.4.1〕
結窊瓪瓦與仰瓪瓦、點節瓪瓦

結窊，每一口：

瓪瓦，一尺二寸，二斤。即澆灰結窊用五分之一。每增減一等，各加減八兩；至一尺以下，各減所減之半。下至壘脊條子瓦同。其一尺二寸瓪瓦，準一尺瓪瓦法。

仰瓪瓦，一尺四寸，三斤。每增減一等，各加減一斤。

點節瓪瓦，一尺二寸，一兩。每增減一等，各加減四錢。

結窊等料例見表26.4.1。

① 漢語大字典．第1374頁．艸部．蕟．四川辭書出版社-湖北辭書出版社．1993年

結瓷等料例 表26.4.1

瓦作	用瓦	尺寸	數量	備注
結瓷（每1口）	瓪瓦	1.4尺	2斤8兩	用純石灰（礦灰）澆灰結瓷用五分之一每增減一等，各加減八兩至一尺以下，各減所減之半下至壘脊條子瓦同（1斤爲16兩）
		1.2尺	2斤	
		1尺	1斤8兩	
		0.8尺	1斤	
		0.6尺	0.8兩	
		0.4尺	0.4兩	
結瓷（每1口）	仰瓪瓦	1.6尺	3斤	其一尺二寸瓪瓦準一尺瓪瓦法（以16兩爲1斤16錢爲1兩）
		1.4尺	2斤8兩	
		1.3尺	2斤	
		1.2尺	1斤8兩	
		1尺	1斤	
		0.8尺	0.8兩	
		0.6尺	0.4兩	
結瓷（每1口）	點節瓪瓦	1.4尺	1兩4錢	每增減一等各加減四錢（1兩爲16錢）
		1.2尺	1兩	
		1尺	12錢	
		0.8尺	8錢	
		0.6尺	4錢	
		0.4尺	疑減半爲2錢	

〔26.4.2〕

壘脊

壘脊：以一尺四寸瓪瓦結瓷爲率。

大當溝，以瓪瓦一口造，**每二枚，七斤八兩。**每增減一等，各加減四分之一。線道同。

線道，以瓪瓦一口造二片，**每一尺，兩壁共二斤。**

條子瓦，以瓪瓦一口造四片，**每一尺，兩壁共一斤。**每增減一等，各加減五分之一。

泥脊白道，每長一丈，一斤四兩。

用墨煤染脊，每層，長一丈，四錢。

用泥壘脊，九層爲率，每長一丈：

麥麲，一十八斤；每增減二層，各加減四斤；

紫土，八擔，每一擔重六十斤，餘應用土並同；每增減二層，各加減一擔；

小當溝，每瓪瓦一口造，二枚。仍取條子瓦二片。

鷰頷或牙子版，每合角處，用鐵葉一段。殿宇，長一尺，廣六寸；餘長六寸，廣四寸。

壘脊等料例見表26.4.2。

壘脊等料例　　表26.4.2

<table>
<tr><th>瓦作</th><th colspan="2">用瓦</th><th>尺寸</th><th>數量</th><th>備注</th></tr>
<tr><td rowspan="6">壘脊</td><td rowspan="6">大當溝
以甋瓦一口造</td><td rowspan="6">每2枚</td><td>1.4尺</td><td>9斤6兩</td><td rowspan="6">以1.4尺瓪瓦結窊爲率
則甋瓦當爲以1.2尺爲率

每增減一等
各加減四分之一</td></tr>
<tr><td>1.2尺</td><td>7斤8兩</td></tr>
<tr><td>1尺</td><td>5斤10兩</td></tr>
<tr><td>0.8尺</td><td>4斤3兩8錢</td></tr>
<tr><td>0.6尺</td><td>3斤2兩6錢</td></tr>
<tr><td>0.4尺</td><td>2斤6兩</td></tr>
<tr><td rowspan="6">壘脊</td><td rowspan="6">線道
以甋瓦一口
造2片</td><td rowspan="6">每1尺
兩壁共2斤</td><td>1.4尺</td><td>2斤8兩</td><td rowspan="6">以1.4尺瓪瓦結窊爲率
則甋瓦當爲以1.2尺爲率

每增減一等
各加減四分之一</td></tr>
<tr><td>1.2尺</td><td>2斤</td></tr>
<tr><td>1尺</td><td>1斤8兩</td></tr>
<tr><td>0.8尺</td><td>1斤2兩</td></tr>
<tr><td>0.6尺</td><td>13兩8錢</td></tr>
<tr><td>0.4尺</td><td>10兩2錢</td></tr>
<tr><td rowspan="6">壘脊</td><td rowspan="6">條子瓦
以甋瓦一口
造4片</td><td rowspan="6">每一尺
兩壁共1斤</td><td>1.4尺</td><td>約1斤3兩3錢</td><td rowspan="6">每增減一等
各加減五分之一

（以16兩爲1斤
16錢爲1兩）</td></tr>
<tr><td>1.2尺</td><td>1斤</td></tr>
<tr><td>1尺</td><td>約12兩12錢</td></tr>
<tr><td>0.8尺</td><td>約10兩3錢</td></tr>
<tr><td>0.6尺</td><td>約8兩3錢</td></tr>
<tr><td>0.4尺</td><td>約6兩9錢</td></tr>
<tr><td rowspan="5">壘脊</td><td>泥脊白道</td><td>每長10尺</td><td></td><td>1斤4兩</td><td></td></tr>
<tr><td>用墨煤染脊</td><td>每層</td><td>長10尺</td><td>4錢</td><td></td></tr>
<tr><td>用泥壘脊</td><td>9層爲率</td><td>每長10尺</td><td></td><td></td></tr>
<tr><td>麥麸</td><td colspan="2">每增減2層，各加減4斤</td><td>18斤</td><td>其基數疑爲9層</td></tr>
<tr><td>紫土</td><td colspan="2">每1擔重60斤
餘應用土並同</td><td>8擔</td><td>每增減二層，各加減一擔
其基數疑爲9層</td></tr>
<tr><td rowspan="3">壘脊</td><td>小當溝</td><td colspan="2">每瓪瓦一口造</td><td>2枚</td><td>仍取條子瓦二片</td></tr>
<tr><td rowspan="2">鷰頷或
牙子版</td><td rowspan="2">每合角處
用鐵葉一段</td><td>殿宇</td><td>長1尺，廣6寸</td><td rowspan="2">此處之“餘”似指除殿宇
以外之廳堂、餘屋等建築</td></tr>
<tr><td>餘</td><td>長6寸，廣4寸</td></tr>
</table>

〔26.4.3〕

結宼瓪瓦

結宼；以瓪瓦長，每口攙壓四分，收長六分。其解撟剪截，不得過三分。**合溜處尖斜瓦者，並計整口。**

〔26.4.4〕

布瓦隴

布瓦隴，每一行依下項：

瓪瓦：以仰瓪瓦爲計。

長一尺六寸，每一尺；

長一尺四寸，每八寸；

長一尺二寸，每七寸；

長一尺，每五寸八分；

長八寸，每五寸；

長六寸，每四寸八分。

瓪瓦：

長一尺四寸，每九寸；

長一尺二寸，每七寸五分。

上文“瓪瓦：以仰瓪瓦爲計”條之“長一尺六寸，每一尺”，梁注：“即：如用長一尺六寸瓪瓦，即每一尺爲一行（一隴）。”[①]陳注：“此爲瓪瓪瓦結宼，即瓪瓦長一尺六者，亦每隴長一尺，用一口，下同。”[②]

上文“瓪瓦”條及後文，陳注：“此爲散瓪瓦結宼。”[③]

布瓦隴料例見表26.4.3。

布瓦隴料例 表26.4.3

瓦作		用瓦	一行（隴）	數量	備注
布瓦隴	瓪瓦	1.6尺	每1尺	1隴	以仰瓪瓦爲計
		1.4尺	每0.8尺	1隴	
		1.2尺	每0.7尺	1隴	
		1尺	每0.58尺	1隴	
		0.8尺	每0.5尺	1隴	
		0.6尺	每0.48尺	1隴	
布瓦隴	瓪瓦	1.4尺	每0.9尺	1隴	
		1.2尺	每0.75尺	1隴	

① 梁思成．梁思成全集．第七卷．第352頁．諸作料例一．瓦作．注1．中國建築工業出版社．2001年

② [宋]李誡．營造法式（陳明達點注本）．第三册．第72頁．諸作料例一．瓦作．批注．浙江攝影出版社．2020年

③ [宋]李誡．營造法式（陳明達點注本）．第三册．第73頁．諸作料例一．瓦作．批注．浙江攝影出版社．2020年

〔26.4.5〕

結宽瓦底鋪襯

結宽，每方一丈：

中箔，每重，二領半。壓占在內。殿宇、樓閣，五間以上，用五重；三間，四重；廳堂，三重；餘並二重。

土，四十擔。係甋、瓪結宽；以一尺四寸瓪瓦爲率；下䴬、麸同。每增一等，加一十擔；每減一等，減五擔；其散瓪瓦，各減半。

麦麸，二十斤。每增一等，加一斤；每減一等，減八兩；散瓪瓦，各減半。如純灰結宽，不用；其麦䴬同。

麦䴬，一十斤。每增一等，加八兩；每減一等，減四兩；散瓪瓦，不用。

泥籃，二枚。散瓪瓦，一枚。用徑一寸三分竹一條，織造二枚。

繫箔常使麻，一錢五分。

抹柴棧或版、笆、箔，每方一丈：如純灰於版並笆、箔上結宽者，不用。

土，二十擔；

麦䴬，一十斤。

結宽料例見表26.4.4。

結宽料例　表26.4.4

結宽料	用瓦		重層	數量	備注
中箔（每方10尺）	殿宇、樓閣	5間以上	5重	12.5領	每重 2.5 領（壓占在內）
		3間	4重	10領	
	廳堂		3重	7.5領	
	餘屋		2重	5領	

結宽料	用瓦		甋瓪瓦結宽	散瓪瓦結宽	備注
土	係甋、瓪結宽 以1.4尺瓪瓦爲率	1.6尺	50擔	25擔	每增一等，加10擔 每減一等，減5擔
		1.4尺	40擔	20擔	
		1.2尺	35擔	17.5擔	
		1尺	30擔	15擔	其散瓪瓦，各減半
		0.8尺	25擔	12.5擔	
		0.6尺	20擔	10擔	
麦麸	如純灰結宽，不用	1.6尺	21斤	10斤8兩	每增一等，加1斤 每減一等，減8兩
		1.4尺	20斤	10斤	
		1.2尺	19斤8兩	9斤12兩	散瓪瓦，各減半
		1尺	19斤	9斤8兩	
		0.8尺	18斤8兩	9斤4兩	（以16兩爲1斤）
		0.6尺	18斤	9斤	

結瓷料	用瓦		甋瓪瓦結瓷	散瓪瓦結瓷	備注
麥麲	如純灰結瓷，不用	1.6尺	10斤8兩	散瓪瓦 不用	每增一等，加8兩 每減一等，減4兩 （以16兩爲1斤）
		1.4尺	10斤		
		1.2尺	9斤12兩		
		1尺	9斤8兩		
		0.8尺	9斤4兩		
		0.6尺	9斤		
泥籃	用徑1.3寸竹一條，織造2枚		2枚	1枚	散瓪瓦，一枚
繫箔常使麻				1錢5分	（以16錢爲1兩）
抹柴棧或 版、笆、箔		土	每方10尺	20擔	如純灰於版並 笆、箔上結瓷者，不用
		麥麲		10斤	

〔26.4.6〕

安卓

安卓：

鴟尾，每一隻：以高三尺爲率，龍尾同。

鐵脚子，四枚，各長五寸；每高增一尺，長加一寸。

鐵束，一枚，長八寸；每高增一尺，長加二寸。其束子大頭廣二寸，小頭廣一寸二分爲定法。

搶鐵，三十二片，長視身三分之一；每高增一尺，加八片；大頭廣二寸，小頭廣一寸爲定法；

拒鵲子，二十四枚，上作五叉子，每高增一尺，加三枚，**各長五寸。**每高增一尺，加六分。

安拒鵲等石灰，八斤；坐鴟尾及龍尾同；每增減一尺，各加減一斤。

墨煤，四兩；龍尾，三兩；每增減一尺，各加減一兩三錢；龍尾，加減一兩；其琉璃者，不用。

鞠，六道，各長一尺；曲在內，爲定法；龍尾同；每增一尺，添八道；龍尾，添六道；其高不及三尺者，不用。

柏椿，二條，龍尾同；高不及三尺者，減一條；**長視高，徑三寸五分。**三尺以下，徑三寸。

龍尾：

鐵索，二條；兩頭各帶獨脚屈膝；其高不及三尺者，不用；

一條長視高一倍，外加三尺；

一條長四尺。每增一尺，加五寸。

火珠，每一坐：以徑二尺爲準。

柏椿，一條，長八尺；每增減一等，各加減六寸，其徑以三寸五分爲定法；

石灰，一十五斤；每增減一等，各加減二斤；

墨煤，三兩；每增減一等，各加減五錢。

上文“拒鵲子”條，傅書局合校本注：改“拒鵲子”爲“拒鵲叉子”，并注：“‘叉’字應增。”[①]傅建工合校本注：“劉批陶本：增‘叉’字。朱批陶本：‘叉’字應增。熹年謹按：故宫本、文津四庫本均無‘叉’字，或爲通俗簡稱歟?”[②]

上文“鐵索”條小注“兩頭各帶獨脚屈膝”，傅書局合校本注：“‘膝’應作‘戌’。豈金屈戌，俗稱屈膝耶。”[③]又注：“故宫本、四庫本、張本，均作‘膝’。”[④]傅建工合校本注：“朱批陶本：‘膝’字應作‘戌’。熹年謹按：故宫本、四庫本、張本均作‘膝’，故未改，録朱批備考。”[⑤]

上文“火珠”條小注“以徑二尺爲準”，傅書局合校本注：改“準”爲“率”[⑥]，即“以徑二尺爲率”。

晉人記録三國曹魏銅雀三臺中有：“上作閣道，如浮橋，連以金屈戌，畫以雲氣龍虎之勢。施則三臺相通，廢則中央懸絶也。”[⑦]據明人錢希言撰《戲瑕》：“余曾見古金屈戌，長可尺餘，廣象楣棱小殺，鏤獸形若饕餮狀，絶細巧，銜雙環，意即古之金鋪耶。……《西漢書》，元壽元年，孝元殿門銅龜蛇鋪首鳴，鋪首即金鋪也。”[⑧]則“金屈戌”類如古代大門上的鋪首。

又元人陶宗儀《南村輟耕録》：“今人家窗户設鉸具，或鐵或銅，名曰環紐，即古金鋪之遺意。北方謂之屈戌，其稱甚古。梁簡文詩：‘織成屏風金屈戌。’李商隱詩：‘鎖香金屈戌。’李賀詩：‘屈膝銅鋪鎖阿甄。’屈膝當是屈戌。”[⑨]則“屈戌”似爲金屬所製之鉸具或環紐，與《法式》中所言“屈膝”之意貼近。亦可證傅先生此條校注之恰到。

結窋鴟尾料例見表26.4.5；結窋龍尾料例見表26.4.6；結窋火珠料例見表26.4.7。

結窋鴟尾料例　　表26.4.5

安卓：鴟尾，每一隻：以高三尺爲率，龍尾同				
用料	安卓	數量	增減	備注
鐵脚子	4枚	各長5寸	每高增1尺，長加1寸	
鐵束	1枚	長8寸	每高增1尺，長加2寸	其束子大頭廣2寸 小頭廣1.2寸爲定法
搶鐵		32片	每高增1尺，加8片	大頭廣2寸 小頭廣1寸爲定法

① [宋]李誡，傅熹年彙校. 營造法式合校本. 第四册. 諸作料例一. 瓦作. 校注. 中華書局. 2018年

② [宋]李誡，傅熹年校注. 合校本營造法式. 第724頁. 諸作料例一. 瓦作. 注1. 中國建築工業出版社. 2020年

③ [宋]李誡，傅熹年彙校. 營造法式合校本. 第四册. 諸作料例一. 瓦作. 校注. 中華書局. 2018年

④ [宋]李誡，傅熹年彙校. 營造法式合校本. 第四册. 諸作料例一. 瓦作. 校注. 中華書局. 2018年

⑤ [宋]李誡，傅熹年校注. 合校本營造法式. 第724頁. 諸作料例一. 瓦作. 注2. 中國建築工業出版社. 2020年

⑥ [宋]李誡，傅熹年彙校. 營造法式合校本. 第四册. 諸作料例一. 瓦作. 校注. 中華書局. 2018年

⑦ [晉]陸翽. 鄴中記. 銅爵、金鳳、冰井、三臺

⑧ 劉學鍇等編. 李商隱資料彙編. 補編. [明]錢希言. 戲瑕. 卷二. 金屈戌. 第966頁. 中華書局. 2001年

⑨ [元]陶宗儀. 南村輟耕録. 卷之七. 屈戌. 第84頁. 中華書局. 1959年

續表

用料	安卓	數量	增減	備注
拒鵲子	各長5寸	24枚	每高增1尺，加0.6寸	
		上作五叉子	每高增1尺，加3枚	
安拒鵲等石灰		8斤	每增減1尺，各加減1斤	坐鴟尾及龍尾同
墨煤	鴟尾	4兩	每增減1尺，各加減1.3兩	（以16兩爲1斤）
	龍尾	3兩	龍尾，加減1兩	其瑠璃者，不用
鞠（各長1尺）	曲在內，爲定法	6道	每增1尺，添8道	其高不及3尺者不用
	龍尾同	6道？	龍尾，添6道	
柏椿	鴟尾	2條	長視高，徑3.5寸 3尺以下，徑3寸	高不及3尺者 減1條
	龍尾	2條		

結窊龍尾料例 表26.4.6

安卓：龍尾			
用料	尺寸與數量	增減	備注
鐵索（2條）	一條長視高一倍，外加3尺	其高不及3尺者，不用	兩頭各帶獨脚屈膝
	一條長4尺	每增1尺，加5寸	

結窊火珠料例 表26.4.7

安卓：火珠，每一坐：以徑二尺爲準				
用料	尺寸與數量		增減	備注
柏椿	1條	長8尺	每增減一等，各加減6寸	其徑以3.5寸爲定法
石灰		15斤	每增減一等，各加減2斤	（以16兩爲1斤）
墨煤		3兩	每增減一等，各加減5錢	（以16兩爲1斤）

〔26.4.7〕

獸頭等

獸頭，每一隻：

鐵鉤，一條； 高二尺五寸以上，鉤長五尺；高一尺八寸至二尺，鉤長三尺；高一尺四寸至一尺六寸，鉤長二尺五寸；高一尺二寸以下，鉤長二尺；

繫顋鐵索，一條，長七尺。 兩頭各帶直脚屈膝；獸高一尺八寸以下，並不用。

滴當子，每一枚： 以高五寸爲率。

石灰，五兩， 每增減一等，各加減一兩。

嬪伽，每一隻： 以高一尺四寸爲率。

石灰，三斤八兩， 每增減一等，各加減八兩；至一尺以下，減四兩。

蹲獸，每一隻： 以高六寸爲率。

石灰，二斤， 每增減一等，各加減八兩。

結窓獸頭等料例見表26.4.8

結窓獸頭等料例　　表26.4.8

<table>
<tr><th>用料</th><th colspan="2">尺寸與數量</th><th>增減</th><th>備注</th></tr>
<tr><td colspan="5">安卓：獸頭，每一隻</td></tr>
<tr><td rowspan="4">鐵鉤</td><td rowspan="4">1條</td><td>高2.5尺以上</td><td>鉤長5尺</td><td rowspan="4"></td></tr>
<tr><td>高1.8尺至2尺</td><td>鉤長3尺</td></tr>
<tr><td>高1.4尺至1.6尺</td><td>鉤長2.5尺</td></tr>
<tr><td>高1.2尺以下</td><td>鉤長2尺</td></tr>
<tr><td>繫顋鐵索</td><td>1條</td><td>兩頭各帶直脚屈膝</td><td>長7尺</td><td>獸高1.8尺以下，並不用</td></tr>
<tr><td colspan="5">安卓：滴當子，每一枚：以高五寸爲率</td></tr>
<tr><td>石灰</td><td>5兩</td><td></td><td>每增減一等，各加減1兩</td><td>（以16兩爲1斤）</td></tr>
<tr><td colspan="5">安卓：嬪伽，每一隻：以高一尺四寸爲率</td></tr>
<tr><td>石灰</td><td>3斤8兩</td><td></td><td>每增減一等，各加減8兩</td><td>至1尺以下，減4兩</td></tr>
<tr><td colspan="5">安卓：蹲獸，每一隻：以高六寸爲率</td></tr>
<tr><td>石灰</td><td>2斤</td><td></td><td>每增減一等，各加減8兩</td><td>（以16兩爲1斤）</td></tr>
</table>

〔26.4.8〕

石灰、瑠璃瓦

石灰，每三十斤，用麻擣一斤。

出光瑠璃瓦，每方一丈，用常使麻，八兩。

結窓石灰、瑠璃瓦等料例見表26.4.9。

結窓石灰、瑠璃瓦等料例　　表26.4.9

用料	單位	用料	數量	備注
石灰	每30斤	麻擣	1斤	（以16兩爲1斤）
出光瑠璃瓦	每方10尺	常使麻	8兩	（以16兩爲1斤）

第27章

《營造法式》卷第二十七

——諸作料例二

營造法式卷第二十七

通直郎管修蓋皇弟外第專一提舉修蓋班直諸軍營房等臣李誡奉

聖旨編修

諸作料例二

泥作　彩畫作

塼作　窰作

【27.0】
本章導言

本章所述爲泥作、彩畫作、塼作、窰作料例及諸作料例中詳細材料與數量關係，使我們對宋代泥、彩畫、塼、窰等作的詳細配料，有一具體了解。

更進一步，可以了解到，僅泥作中石灰一項，就有紅石灰、黄石灰、青石灰、白石灰不同配方，也可略窺宋代墻體在使用石灰上等級與色彩的一些細節信息。

彩畫顔料配製，對于了解五彩斑斕的宋代建築彩畫如何完成，亦具重要參考意義。至于磚的樣號及其在各種需求下的使用；不同等級與質量的瓦之燒製，對于今日建築學、色彩學、材料學等方面，亦有重要參考意義。

【27.1】
泥作

〔27.1.1〕
石灰

每方一丈：

紅石灰：乾厚一分三厘；下至破灰同。

石灰，三十斤；非殿閣等，加四斤；若用礦灰，減五分之一；下同。

赤土，二十三斤；

土朱，一十斤。非殿閣等，減四斤。

黄石灰：

石灰，四十七斤四兩；

黄土，一十五斤十二兩。

青石灰：

石灰，三十二斤四兩；

軟石炭，三十二斤四兩。如無軟石炭，即倍加石灰之數；每石灰一十斤，用麤墨一斤或墨煤十一兩。

白石灰：

石灰，六十三斤。

上文“黄土”條：“一十五斤十二兩”，陳注將“十二兩”的“十”改爲“一十”[①]，即“一十二兩”。傅書局合校本注：改爲“一十五斤一十二兩”[②]。

泥作石灰料例見表27.1.1。

① [宋]李誡．營造法式（陳明達點注本）．第三册．第80頁．諸作料例二．泥作．批注．浙江攝影出版社．2020年

② [宋]李誡，傅熹年彙校．營造法式合校本．第四册．諸作料例二．泥作．校注．中華書局．2018年

泥作石灰料例　　表27.1.1

泥作用灰（每方10尺）		原料	數量	增減	備注
紅石灰	乾厚一分三厘 下至破灰同	石灰	30斤	非殿閣等，加4斤	若用礦灰 減五分之一 （1斤爲16兩）
		赤土	23斤		
		土朱	10斤	非殿閣等，減4斤	
黄石灰		石灰	47斤4兩		（1斤爲16兩）
		黄土	15斤12兩		（1斤爲16兩）
青石灰		石灰	32斤4兩	每石灰10斤，用麤墨 1斤或墨煤11兩	如無軟石炭 即倍加石灰之數
		軟石炭	32斤4兩		
白石灰		石灰	63斤		（1斤爲16兩）

〔27.1.2〕

破灰等

破灰：

石灰，二十斤；

白蔑土，一擔半；

麥麲，一十八斤；

細泥：

麥麲，一十五斤； 作灰襯，同；其施之於城壁者，倍用；下麥䴬準此；

土，三擔；

麤泥： 中泥同；

麥䴬，八斤； 搭絡及中泥作襯，並減半；

土，七擔。

泥作破灰等料例見表27.1.2。

泥作破灰等料例　　表27.1.2

泥作用灰（每方10尺）		原料	數量	增減	備注
破灰		石灰	20斤		
		白蔑土	1.5擔		
		麥麲	18斤		
細泥		麥麲	15斤		作灰襯，同
		土	3擔		
細泥	施之於城壁者	麥麲	30斤	其施之於城壁者，倍用	下麥䴬準此
		土	3擔		
麤泥	中泥同	麥䴬	8斤	施之於城壁者，麥䴬16斤	
		土	7擔		

續表

<table>
<tr><th colspan="2">泥作用灰（每方10尺）</th><th>原料</th><th>數量</th><th>增減</th><th>備注</th></tr>
<tr><td rowspan="2">中泥</td><td rowspan="2"></td><td>麥䴷</td><td>8斤</td><td></td><td rowspan="2"></td></tr>
<tr><td>土</td><td>7擔</td><td></td></tr>
<tr><td rowspan="2">中泥
作襯</td><td rowspan="2">搭絡同</td><td>麥䴷</td><td>4斤</td><td></td><td rowspan="2">搭絡及中泥作襯，並減半</td></tr>
<tr><td>土</td><td>3.5擔</td><td></td></tr>
</table>

〔27.1.3〕

沙泥畫壁

沙泥畫壁：

沙土、膠土、白蔑土，各半擔。

麻擣，九斤；棋眼壁同；每斤洗淨者，收一十二兩；

麤麻，一斤；

徑一寸三分竹，三條。

沙泥畫壁料例見表27.1.3。

沙泥畫壁料例　　表27.1.3

<table>
<tr><th colspan="2">泥作用灰（每方10尺）</th><th>原料</th><th>數量</th><th>增減</th><th>備注</th></tr>
<tr><td rowspan="6">沙泥畫壁</td><td rowspan="6">棋眼壁同</td><td>沙土</td><td>0.5擔</td><td rowspan="6">增減未詳</td><td></td></tr>
<tr><td>膠土</td><td>0.5擔</td><td></td></tr>
<tr><td>白蔑土</td><td>0.5擔</td><td></td></tr>
<tr><td>麻擣</td><td>9斤</td><td>每斤洗淨者，收12兩</td></tr>
<tr><td>麤麻</td><td>1斤</td><td></td></tr>
<tr><td>徑1.3寸竹</td><td>3條</td><td></td></tr>
</table>

〔27.1.4〕

壘石山

壘石山：

石灰，四十五斤；

麤墨，三斤。

壘石山料例見表27.1.4。

壘石山料例　　表27.1.4

<table>
<tr><th colspan="2">泥作用灰（每方10尺）</th><th>原料</th><th>數量</th><th>增減</th><th>備注</th></tr>
<tr><td rowspan="2">壘石山</td><td rowspan="2">壘10尺石山所用</td><td>石灰</td><td>45斤</td><td rowspan="2">增減未詳</td><td rowspan="2">表中材料似爲砌壘石山之灰漿</td></tr>
<tr><td>麤墨</td><td>3斤</td></tr>
</table>

〔27.1.5〕

泥假山

泥假山：

長一尺二寸，廣六寸，厚二寸塼，三十口；

柴，五十斤；曲堰者；

徑一寸七分竹，一條；

常使麻皮，二斤；

中箔，一領；

石灰，九十斤；

麤墨，九斤；

麥䴸，四十斤；

麥䴷，二十斤；

膠土，一十擔。

泥假山料例見表27.1.5。

泥假山料例　　表27.1.5

泥作用灰（每方10尺）		原料	數量	增減	備注
泥假山	曲堰者未知作何解	塼	30口	增減未詳	塼長1.2尺，廣0.6尺，厚0.2尺
		柴（曲堰者）	50斤		
		徑1.7寸竹	1條	增減未詳	
		常使麻皮	2斤		
		中箔	1領	增減未詳	
		石灰	90斤		
		麤墨	9斤	增減未詳	
		麥䴸	40斤		
		麥䴷	20斤	增減未詳	
		膠土	10擔		

〔27.1.6〕

壁隱假山

壁隱假山：

石灰，三十斤；

麤墨，三斤。

壁隱假山料例見表27.1.6。

壁隱假山料例　　表27.1.6

泥作用灰（每方10尺）		原料	數量	增減	備注
壁隱假山		石灰	30斤	增減未詳	未知壁隱假山爲何形式
		麤墨	3斤		

〔27.1.7〕

盆山

盆山，每方五尺：

石灰，三十斤； 每增減一尺，各加減六斤；

麤墨，二斤。

宋人杜綰《雲林石譜》："然石之諸峯，間有作來奇巧者，相粘綴以增玲瓏。此種在李氏家頗多，適偶爲大賢一顧彰名，今歸尚方久矣。又有一種，挺然成一兩峯，或三四峯，高下峻峭，無拽脚，有向背，首尾相顧，或大或小。土人多綴以石座，及以細碎諸石膠漆粘綴，取巧爲盆山求售，正如僧人排設供佛者，兩兩相對，殊無意味。"①似可推知，"盆山"當指擺設在建築環境内，如庭院中的以山石、植物塑造的尺度較大的盆景。

盆山料例見表27.1.7。

盆山料例　表27.1.7

泥作用灰（每方5尺）		原料	數量	增減	備注
盆山	每方5尺	石灰	30斤	每增減1尺，各加減6斤	疑指尺度較大的盆景山石
		麤墨	2斤		

〔27.1.8〕

立竈

每坐：

立竈： 用石灰或泥，並依泥飾料例約計；下至茶鑪子準此；

突，每高一丈二尺，方六寸，坯四十口； 方加至一尺二寸，倍用。其坯係長一尺二寸，廣六寸，厚二寸；下應用塼、坯，並同。

壘竈身，每一斗，坯八十口。 每增一斗，加一十口。

立竈料例見表27.1.8。

立竈料例　表27.1.8

立竈	名件尺寸	原料	數量	備注
突（每座）	高12尺，方0.6尺	坯	40口	其坯長1.2尺廣0.6尺，厚0.2尺
	高12尺，方1.2尺	坯	80口	
壘竈身	每1斗	坯	80口	每增1斗，加10口
用石灰或泥，並依泥飾料例約計；下至茶鑪子準此。以下所用坯與磚之尺寸，與本表所列之坯同				

① [宋]杜綰．雲林石譜．卷上．第8頁．江州石．上海書店出版社．2015年

〔27.1.9〕

釜竈

釜竈：以一石爲率。

突，依立竈法。每增一石，腔口直徑加一寸；至十石止。

壘腔口坑子罨煙，塼五十口。每增一石，加一十口。

釜竈料例見表27.1.9。

釜竈料例　　表27.1.9

釜竈（以1石爲率）	名件尺寸	原料	數量	備注
突（依立竈法）	高12尺，方0.6尺	坯	40口	每增1石，腔口直徑加1寸；至10石止
	高12尺，方1.2尺	坯	80口	
壘腔口坑子罨煙		塼	50口	每增1石，加10口

〔27.1.10〕

坐甑

坐甑：

生鐵竈門；依大小用；鑊竈同。

生鐵版，二片，各長一尺七寸，每增一石，加一寸，**廣二寸，厚五分。**

坯，四十八口。每增一石，加四口。

礦石灰，七斤。每增一口，加一斤。

坐甑料例見表27.1.10。

坐甑料例　　表27.1.10

坐甑	名件尺寸	原料	數量	備注
坐甑		生鐵竈門	依大小用	
	廣2寸，厚0.5寸	生鐵版	2片（各長1.7尺）	每增1石，加1寸
		坯	48口	每增1石，加4口
		礦石灰	7斤	每增1口，加1斤

〔27.1.11〕

鑊竈

鑊竈：以口徑三尺爲準。

突，依釜竈法。斜高二尺五寸，曲長一丈七尺，駝勢在內。自方一尺五寸，並二壘砌爲定法；

塼，一百口。每徑加一尺，加三十口。

生鐵版，二片，各長二尺，每徑長加一尺，加三寸，**廣二寸五分，厚八分。**

生鐵柱子，一條，長二尺五寸，徑三寸。仰合蓮造；若徑不滿五尺不用。

鑊竈料例見表27.1.11。

鑊竈料例　　表27.1.11

鑊竈（以口徑3尺爲準）	名件尺寸	原料	數量	備注
突 （依釜竈法）	斜高2.5尺， 曲長17尺，駝勢在内	坯	40口	自方1.5尺， 并二壘砌爲定法
		坯	80口	
鑊竈		塼	100口	每徑加1尺，加30口
	廣2.5寸，厚0.8寸	生鐵版	2片	每徑長加1尺，加3寸
	長2.5尺，徑3寸	生鐵柱子	1條	仰合蓮造 若徑不滿5尺不用

〔27.1.12〕

茶鑪子

茶鑪子：以高一尺五寸爲率。

燎杖，用生鐵或熟鐵造，**八條，各長八寸，方三分。**

坯，二十口。每加一寸，加一口。

茶鑪子料例見表27.1.12。

茶鑪子料例　　表27.1.12

茶鑪子	名件尺寸	原料	數量	備注
茶鑪子 （以高1.5尺爲率）	各長8寸，方0.3寸	燎杖	8條	用生鐵或熟鐵造
		坯	20口	每加1寸，加1口

〔27.1.13〕

壘坯牆等

壘坯牆：

用坯每一千口，徑一寸三分竹，三條。造泥籃在内。

闇柱每一條，長一丈一尺，徑一尺二寸爲準，牆頭在外，**中箔，一領。**

石灰，每一十五斤，用麻擣一斤。若用礦灰，加八兩；其和紅、黄、青灰，即以所用土朱之類斤數在石灰之内。

泥籃，每六椽屋一間，三枚。以徑一寸三分竹一條織造。

壘坯牆等料例見表27.1.13。

壘坯牆等料例　　表27.1.13

壘坯牆		原料	尺寸	數量	備注
坯	每1000口	竹	徑1.3寸	3條	造泥籃在内
闇柱	每1條	中箔		1領	柱長11尺，徑1.2尺爲準
石灰	每15斤	麻擣		1斤	其和紅、黄、青灰，即以所用土朱之類斤數在石灰之内
若用礦灰	每15斤	麻擣		1斤8兩	
泥籃	每1間，3枚	用竹織造	徑1.3寸	1條	每六椽屋1間，用3枚

【27.2】彩畫作

〔27.2.1〕應刷染木植

應刷染木植，每面方一尺，各使下項：拱眼壁各減五分之一；彫木華版加五分之一；即描華之類，準折計之。

定粉，五錢三分；

墨煤，二錢二分八厘五毫；

土朱，一錢七分四厘四毫；殿宇、樓閣，加三分；廊屋、散舍，減二分；

白土，八錢；石灰同；

土黄，二錢六分六厘；殿宇、樓閣，加二分；

黄丹，四錢四分；殿宇、樓閣，加二分；廊屋、散舍，減一分；

雌黄，六錢四分；合雌黄、紅粉，同；

合青華，四錢四分四厘；合緑華同；

合深青，四錢，合深緑及常使朱紅、心子朱紅、紫檀並同；

合朱，五錢；生青、緑華、深朱紅，同；

生大青，七錢；生大青、浮淘青、梓州熟大青緑、二青緑，並同；

生二緑，六錢；生二青同；

常使紫粉，五錢四分；

藤黄，三錢；

槐華，二錢六分；

中綿胭脂，四片，若合色，以蘇木五錢二分，白礬一錢三分煎合充；

描畫細墨，一分；

熟桐油，一錢六分。若在闇處不見風日者，加十分之一。

上文“應刷染木植”條小注“即描華之類，準折計之”，陳注：改“折”爲“析”。[①]上文“合深青”條小注“並同”，陶本：“並用”。陳注：改“用”爲“同”。[②]

上文“生大青”條小注“生大青、浮淘青”，陳注：改“生大青”之“青”爲“緑”。[③]傅書局合校本注：改“生大青、浮淘青”爲“生大緑、浮淘青”，并注：“緑，據故宫本、四庫本改。”[④]傅建工合校本注：“熹年

① [宋]李誡．營造法式（陳明達點注本）．第三册．第86頁．諸作料例二．彩畫作．批注．浙江攝影出版社．2020年

② [宋]李誡．營造法式（陳明達點注本）．第三册．第87頁．諸作料例二．彩畫作．批注．浙江攝影出版社．2020年

③ [宋]李誡．營造法式（陳明達點注本）．第三册．第87頁．諸作料例二．彩畫作．批注．浙江攝影出版社．2020年

④ [宋]李誡，傅熹年彙校．營造法式合校本．第四册．諸作料例二．彩畫作．校注．中華書局．2018年

謹按：‘生大綠’陶本誤作‘生大青’，據故宮本、四庫本、張本改。”①

應刷染木植料例見表27.2.1。

應刷染木植料例 表27.2.1

原料		數量	備注
定粉		5錢3分	（每面方1尺）
墨煤		2錢2分8厘5毫	
土朱	標準	1錢7分4厘4毫	殿宇、樓閣，加3分 廊屋、散舍，減2分
	殿宇、樓閣	1錢10分4厘4毫	
	廊屋、散舍	1錢5分4厘4毫	
白土		8錢	
石灰		8錢	
土黄	標準	2錢6分6厘	殿宇、樓閣，加2分
	殿宇、樓閣	2錢8分6厘	
黄丹	標準	4錢4分	殿宇、樓閣，加2分 廊屋、散舍，減1分
	殿宇、樓閣	4錢6分	
	廊屋、散舍	4錢3分	
雌黄		6錢4分	合雌黄、紅粉同
合雌黄、紅粉		6錢4分	
合青華		4錢4分4厘	合綠華同
合綠華		4錢4分4厘	
合深青		4錢	合深綠及 常使朱紅 心子朱紅 紫檀並同
合深綠		4錢	
常使朱紅		4錢	
心子朱紅		4錢	
紫檀		4錢	
合朱		5錢	生青、綠華、深朱紅，同
生青		5錢	
綠華		5錢	
深朱紅		5錢	

① [宋]李誡，傅熹年校注．合校本營造法式．第738頁．諸作料例二．彩畫作．注1．中國建築工業出版社．2020年

續表

原料	數量	備注
生大青	7錢	生大青、浮淘青、 梓州熟大青緑、 二青緑，並同
浮淘青	7錢	
梓州熟大青	7錢	
梓州熟大緑	7錢	
二青	7錢	
二緑	7錢	
生二緑	6錢	
生二青	6錢	
常使紫粉	5錢4分	
藤黄	3錢	
槐華	2錢6分	
中綿胭脂	4片	若合色，以蘇木五錢二分，白礬一錢三分煎合充
描畫細墨	1分	
熟桐油	1錢6分	若在闇處不見風日者，加十分之一

〔27.2.2〕

應合和顔色

應合和顔色，每斤，各使下項：

合色：

緑華： 青華減定粉一兩，仍不用槐華、白礬；

定粉，一十三兩；

青黛，三兩；

槐華，一兩；

白礬，一錢。

朱：

黄丹，一十兩；

常使紫粉，六兩。

緑：

雌黄，八兩；

淀，八兩。

紅粉：

心子朱紅，四兩；

定粉，一十二兩。

紫檀：

常使紫粉，一十五兩五錢；

細墨，五錢。

草色：

緑華： 青華減槐華、白礬；

淀，一十二兩；

定粉，四兩；

槐華，一兩；

白礬，一錢。

深緑： 深青即减槐華、白礬；

淀，一斤；

槐華，一兩；

白礬，一錢。

緑：

淀，一十四兩；

石灰，二兩；

槐華，二兩；

白礬，二錢。

紅粉：

黄丹，八兩；

定粉，八兩。

襯金粉：

定粉，一斤；

土朱，八錢。 顆塊者。

上文“草色”條下與“深緑”條小注“槐華”，陶本：“槐花”。陳注：改“花”爲“華”。①

上文“淀”條，傅書局合校本注：改“淀”爲“靛”，并注：“靛，下同。當查古本《本草》有無‘淀’字。”②又注：“故宫本、四庫本、張本，均作‘淀’。”③傅建工合校本未作修改，但加注：“朱批陶本：陶本‘淀’應作‘靛’，下同。應查古本《本草》有無‘淀’字。熹年謹按：故宫本、文津四庫本、張本均作‘淀’，故不改，録朱批備考。”④

合色料例見表27.2.2。

合色料例　　表27.2.2

合色	原料	數量	備注
緑華	定粉	13兩	
	青黛	3兩	
	槐華	1兩	
	白礬	1錢	
青華	定粉	12兩	青華減定粉1兩仍不用槐華、白礬
	青黛	3兩	
朱	黄丹	10兩	
	常使紫粉	6兩	
緑	雌黄	8兩	
	淀	8兩	
紅粉	心子朱紅	4兩	
	定粉	12兩	
紫檀	常使紫粉	15兩5錢	
	細墨	5錢	
草色（緑華）	淀	12兩	
	定粉	4兩	
	槐華	1兩	
	白礬	1錢	
草色（青華）	淀	12兩	青華減槐華、白礬
	定粉	4兩	
深緑	淀	1斤	
	槐華	1兩	
	白礬	1錢	
深青	淀	1斤	深青即減槐華、白礬
緑	淀	14兩	
	石灰	2兩	
	槐華	2兩	
	白礬	2錢	
紅粉	黄丹	8兩	
	定粉	8兩	
襯金粉	定粉	1斤	
	土朱	8錢	顆塊者

① [宋]李誡．營造法式（陳明達點注本）．第三册．第90頁．諸作料例二．彩畫作．批注．浙江攝影出版社．2020年

② [宋]李誡，傅熹年彙校．營造法式合校本．第四册．諸作料例二．彩畫作．校注．中華書局．2018年

③ [宋]李誡，傅熹年彙校．營造法式合校本．第四册．諸作料例二．彩畫作．校注．中華書局．2018年

④ [宋]李誡，傅熹年校注．合校本營造法式．第738頁．諸作料例二．彩畫作．注2．中國建築工業出版社．2020年

〔27.2.3〕

應使金箔等

應使金箔，每面方一尺，使襯粉四兩，顆塊土朱一錢。每粉三十斤，仍用生白絹一尺，濾粉，**木炭一十斤，**熁粉，**綿半兩。**描金。

應煎合桐油，每一斤：

松脂、定粉、黄丹，各四錢；

木扎，二斤。

應使桐油，每一斤，用亂絲四錢。

上文"綿半兩"小注"描金"之"描"，陳注："搵，竹本。"[①]傅書局合校本注：改"描金"爲"搵金"。[②]上文"木扎"之"扎"，陳注："札"[③]。

描，爲描畫；搵，爲擦或按壓。從字義上講，因是"應使金箔"條，"搵金"似與"金箔"之意更合。未詳修改之據。

合色料例見表27.2.3。

合色料例　　表27.2.3

應使諸料	原料	數量	備注
應使金箔（每面方1尺）	襯粉	4兩	
	顆塊土朱	1錢	
	生白絹	1尺	
	粉	30斤	
	生白絹	1尺	濾粉
	木炭	10斤	熁粉
	綿	0.5兩	描金
應煎合桐油（每1斤）	松脂	4錢	
	定粉	4錢	
	黄丹	4錢	
	木扎	2斤	
應使桐油（每1斤）	亂絲	4錢	

① [宋]李誡. 營造法式（陳明達點注本）. 第三册. 第92頁. 諸作料例二. 彩畫作. 批注. 浙江攝影出版社. 2020年

② [宋]李誡，傅熹年彙校. 營造法式合校本. 第四册. 諸作料例二. 彩畫作. 校注. 中華書局. 2018年

③ [宋]李誡. 營造法式（陳明達點注本）. 第三册. 第92頁. 諸作料例二. 彩畫作. 批注. 浙江攝影出版社. 2020年

【27.3】
塼作

〔27.3.1〕
鋪壘、安砌

應鋪壘、安砌，皆隨高、廣指定合用塼等第，以積尺計之。若階基、慢道之類，並二或並三砌，應用尺三條塼，細壘者，外壁斫磨塼每一十行，裏壁麤塼八行填後。其隔減、塼甋，及樓閣高窵，或行數不及者，並依此增減計定。

梁注："窵，音吊，深遠也。"[①]

〔27.3.2〕
卷輂河渠

應卷輂河渠，並隨圜用塼；每廣二寸，計一口；覆背卷準此。其繳背，每廣六寸，用一口。

上文"其繳背"，陶本："其繞背"。傅書局合校本注：改"繞"爲"繳"，并注："繳，《法式》卷第十五'塼作制度'作'繳'。"[②]傅建工合校本注："劉批陶本：故宫本、丁本、陶本均作'繞'，卷第十五'塼作制度'卷輂河渠口條作'繳'，據改。熹年謹按：四庫本、張本亦作'繞'，録以備考。"[③]

卷輂河渠料例見表27.3.1。

卷輂河渠料例　　表27.3.1

鋪壘、安砌		尺寸	數量	備注
卷輂河渠	隨圜用塼	每廣2寸	1口	
	覆背卷	每廣2寸	1口	
	繳背	每廣6寸	1口	

〔27.3.3〕
安砌所須礦灰

應安砌所須礦灰，以方一尺五寸塼，用一十三兩。每增減一寸，各加減三兩。其條塼，減方塼之半；壓闌，於二尺方塼之數，減十分之四。

上文小注"各加減三兩"之"三"，陳注："二，竹本"[④]，依陳，則其文應爲"各加減二兩"。

安砌所需礦灰料例見表27.3.2。

① 梁思成. 梁思成全集. 第七卷. 第356頁. 諸作料例二. 塼作. 注1. 中國建築工業出版社. 2001年

② [宋]李誡，傅熹年彙校. 營造法式合校本. 第四册. 諸作料例二. 塼作. 校注. 中華書局. 2018年

③ [宋]李誡，傅熹年校注. 合校本營造法式. 第740頁. 諸作料例二. 塼作. 注1. 中國建築工業出版社. 2020年

④ [宋]李誡. 營造法式（陳明達點注本）. 第三册. 第93頁. 諸作料例二. 塼作. 批注. 浙江攝影出版社. 2020年

安砌所需礦灰料例 表27.3.2

用塼	尺寸	數量	備注
方塼（以方1.5尺塼爲準）	2尺	28兩（1斤12兩）	以方1.5尺塼，用13兩每增減1寸，各加減3兩
	1.6尺	16兩（1斤）	
	1.5尺	13兩	
	1.3尺	7兩	
	1.2尺	4兩	
條塼	1.3尺	6兩8錢	其條塼，減方塼之半
	1.2尺	3兩8錢	
壓闌塼	2.1尺	16.8兩（約1斤12錢）	

〔27.3.4〕

墨煤刷、灰刷

應以墨煤刷塼甋、基階之類，每方一百尺，用八兩。

應以灰刷塼牆之類，每方一百尺，用一十五斤。

應以墨煤刷塼甋、基階之類，每方一百尺，並灰刷塼牆之類，計灰一百五十斤，各用苕帚一枚。

墨煤刷、灰刷料例見表27.3.3。

墨煤刷、灰刷料例 表27.3.3

墨煤刷、灰刷	尺寸		數量	備注
以墨煤刷塼甋、基階之類	每方100尺	墨煤	8兩	
以灰刷塼牆之類	每方100尺	灰	15斤	
以墨煤刷塼甋、基階之類並灰刷塼牆之類	每方100尺	灰	150斤	
		苕帚	1枚	

〔27.3.5〕

甃壘井所用盤版

應甃壘井所用盤版，長隨徑，每片廣八寸，厚二寸，**每一片；**

常使麻皮；一斤；

蘆蓆，一領；

徑一寸五分竹，二條。

上文“應甃壘井所用盤版”，陶本：“應甃壘并所用盤版”。陳注：“‘并’應作‘井’”。[①]傅書局合校本注：改“并”爲“井”，并注：“井，誤‘并’。”[②]

甃壘井所用盤版料例見表27.3.4。

① [宋]李誡．營造法式（陳明達點注本）．第三册．第94頁．諸作料例二．塼作．批注．浙江攝影出版社．2020年

② [宋]李誡，傅熹年彙校．營造法式合校本．第四册．諸作料例二．塼作．校注．中華書局．2018年

甃壘井所用盤版料例 表27.3.4

甃壘井	尺寸		數量	備注
甃壘井所用盤版（長隨徑）	每1片（每片廣8寸，厚2寸）	常使麻皮	1斤	
		蘆蓆	1領	
		徑1.5寸竹	2條	

【27.4】窰作

〔27.4.1〕塼

燒造用茇草：

塼，每一十口：

方塼：

方二尺，八束。每束重二十斤，餘茇草稱束者，並同。每減一寸，減六分。

方一尺二寸，二束六分。盤龍、鳳、華並塼碇同；

條塼：

長一尺三寸，一束九分。牛頭塼同；其趄面即減十分之一。

長一尺二寸，九分。走趄並趄條塼，同。

壓闌塼：長二尺一寸，八束。

上文“方二尺，八束”，陶本：“方二丈，八束”。陳注：改“丈”爲“尺”。[①]傅書局合校本注：“尺，誤丈。”[②]又注：“故宫本、四庫本均作‘尺’。”[③]傅建工合校本注：“劉批陶本：丁本、陶本均誤作‘二丈’，據故宫本改爲‘二尺’。熹年謹按：四庫本與故宫本同，亦作‘二尺’。張本亦誤作‘二丈’，丁本、陶本之誤實源于張本。”[④]

上文“壓闌塼”，傅書局合校本注：“故宫本、四庫本無‘塼’字。”[⑤]傅建工合校本改爲“壓闌”，并注：“熹年謹按：陶本增‘塼’字，據故宫本、四庫本改。”[⑥]

燒造用茇草料例見表27.4.1。

① [宋]李誡．營造法式（陳明達點注本）．第三册．第94頁．諸作料例二．窰作．批注．浙江攝影出版社．2020年

② [宋]李誡，傅熹年彙校．營造法式合校本．第四册．諸作料例二．窰作．校注．中華書局．2018年

③ [宋]李誡，傅熹年彙校．營造法式合校本．第四册．諸作料例二．窰作．校注．中華書局．2018年

④ [宋]李誡，傅熹年校注．合校本營造法式．第745頁．諸作料例二．窰作．注1．中國建築工業出版社．2020年

⑤ [宋]李誡，傅熹年彙校．營造法式合校本．第四册．諸作料例二．窰作．校注．中華書局．2018年

⑥ [宋]李誡，傅熹年校注．合校本營造法式．第745頁．諸作料例二．窰作．注2．中國建築工業出版社．2020年

燒造用茭草料例 表27.4.1

燒造塼	尺寸	燒造用茭草	備注
方塼	2尺	8束	每束重20斤，餘茭草稱束者，並同。每減1寸，減6分
	1.7尺	6束2分	
	1.5尺	5束	
	1.3尺	3束8分	
	1.2尺	2束6分	方一尺二寸，二束六分
盤龍、鳳、華並塼碇	1.2尺	2束6分	盤龍、鳳、華並塼碇同
條塼	1.3尺	1束9分	牛頭塼同
	1.2尺	9分	
牛頭塼	1.3尺	1束9分	其趄面即減十分之一
走趄塼	1.2尺	9分	走趄並趄條塼，同
趄條塼	底長1.2尺	9分	
壓闌塼	長2.1尺	8束	

〔27.4.2〕

瓦

瓦：

素白，每一百口：

甋瓦：

長一尺四寸，六束七分。 每減二寸，減一束四分。

長六寸，一束八分。 每減二寸，減七分。

瓪瓦：

長一尺六寸，八束。 每減二寸，減二束。

長一尺，三束。 每減二寸，減五分。

青棍瓦：以素白所用數加一倍。

燒造用茭草料例見表27.4.2。

燒造用茭草料例 表27.4.2

燒造瓦	尺寸	燒造用茭草	備注
素白甋瓦	1.4尺	6束7分	每減2寸，減1束4分
	1.2尺	5束3分	
	1尺	3束9分	
	0.8尺	2束5分	
	0.6尺	1束8分	每減2寸，減7分
	0.4尺	1束1分	

續表

燒造瓦	尺寸	燒造用茭草	備注
素白瓪瓦	1.6尺	8束	每減2寸，減2束
	1.4尺	6束	
	1.3尺	4束	
	1.2尺	3束	
	1尺	3束	每減2寸，減5分
	0.8尺	2.5束	
	0.6尺	2束	
青掍甋瓦	1.4尺	13束4分	以素白所用數加一倍
	1.2尺	10束6分	
	1尺	7束8分	
	0.8尺	5束	
	0.6尺	3束6分	
	0.4尺	2束2分	
青掍瓪瓦	1.6尺	16束	以素白所用數加一倍
	1.4尺	12束	
	1.3尺	8束	
	1.2尺	6束	
	1尺	6束	
	0.8尺	5束	
	0.6尺	4束	

〔27.4.3〕

諸事件

諸事件，謂鴟、獸、嬪伽、火珠之類；本作内餘稱事件者準此；**每一功，一束。**其龍尾所用茭草，同鴟尾。

瑠璃瓦並事件，並隨藥料，每窑計之。謂曝窑。**大料**分三窑折大料同，**一百束，折大料八十五束，中料**分二窑小料同；**一百一十束，小料一百束。**

掍造鴟尾，龍尾同，**每一隻，以高一尺爲率，用麻擣，二斤八兩。**

青掍瓦：

滑石掍：

坯數：

大料，以長一尺四寸甋瓦，一尺六寸瓪瓦，各六百口。華頭重脣在内；下同。

中料，以長一尺二寸甋瓦，一尺四寸瓪瓦，各八百口。

小料，以甋瓦一千四百口，長一尺，一千三百口，六寸並四寸，各五十口；瓪瓦一千三百口。長一尺二寸，一千二百口，八寸並六寸，各五千口。

柴藥數：

大料：滑石末，三百兩；羊糞，三篭；中料，減三分之一，小料，減半；濃油，一十二斤；柏柴，一百二十斤；松柴，麻籸，各四十斤。中料，減四分之一；小料，減半。

茶土棍：長一尺四寸甋瓦，一尺六寸瓪瓦，每一口，一兩。每減二寸，減五分。

上文"坯數"條，梁注："這裏所列坯數，是適用于下文的柴藥數的大、中、小料的坯數。"[①]另上文"小料"中"瓪瓦"條小注"各五千口"，陶本："各五十口"，梁注："'五千口'，各本均作'五十口'，按比例，似應爲五千口。"[②]傅建工合校本注："據梁思成先生《營造法式注釋》卷第二十七'窰作'條注(3)云：'五千口，各本均作五十口，按比例，似應爲五千口。'"[③]

上文"茶土棍"條中"每一口，一兩"，梁注："一兩什麽？没有説明。"[④]

上文"茶土棍"，傅書局合校本注："茶，故宫本、四庫本。"[⑤]傅建工合校本注："熹年謹按：陶本誤作'茶'，據故宫本、文津四庫本、張本改。"[⑥]

諸事件及柴藥數料例見表27.4.3。

諸事件及柴藥數料例　　表27.4.3

燒造諸事件	用料	茭草等	備注
鴟尾	每1功	1束	
獸	每1功	1束	
嬪伽	每1功	1束	
火珠	每1功	1束	
龍尾	每1功	1束	龍尾所用茭草，同鴟尾

① 梁思成．梁思成全集．第七卷．第357頁．諸作料例二．窰作．注2．中國建築工業出版社．2001年

② 梁思成．梁思成全集．第七卷．第357頁．諸作料例二．窰作．注3．中國建築工業出版社．2001年

③ [宋]李誡，傅熹年校注．合校本營造法式．第745頁．諸作料例二．窰作．注3．中國建築工業出版社．2020年

④ 梁思成．梁思成全集．第七卷．第357頁．諸作料例二．窰作．注4．中國建築工業出版社．2001年

⑤ [宋]李誡，傅熹年彙校．營造法式合校本．第四册．諸作料例二．窰作．校注．中華書局．2018年

⑥ [宋]李誡，傅熹年校注．合校本營造法式．第745頁．諸作料例二．窰作．注4．中國建築工業出版社．2020年

續表

燒造諸事件	用料	芟草等	備注
瑠璃瓦並事件（每1窰）	大料	100束	並隨藥料，每窰計之（謂曝窰）
	分三窰折大料	100束	
	折大料	85束	
	中料	110束	
	分二窰小料	110束	
	小料	100束	
棍造鴟尾	（每一隻）用麻擣	2斤8兩	以高1尺爲率
棍龍尾	（每一隻）用麻擣	2斤8兩	棍造鴟尾（龍尾同）

用料	柴藥數		青棍瓦	坯數	備注
大料	滑石末	300兩	長1.4尺瓪瓦	600口	
	羊糞	3筭	長1.6尺瓪瓦	600口	華頭重脣在內
	濃油	12斤			
	柏柴	120斤			
	松柴	40斤			
	麻籸	40斤			
中料	滑石末	200兩	長1.2尺瓪瓦	800口	
	羊糞	2筭	長1.4尺瓪瓦	800口	華頭重脣在內
	濃油	9斤			
	柏柴	90斤			
	松柴	30斤			
	麻籸	30斤			
小料	滑石末	150兩	瓪瓦	1400口	
	羊糞	1.5筭	長1尺瓪瓦	1300口	
	濃油	6斤	長0.6尺瓪瓦	5000口	
	柏柴	60斤	長0.4尺瓪瓦	5000口	
	松柴	20斤	瓪瓦	1300口	
	麻籸	20斤	長1.2瓪瓦	1200口	
			長0.8尺瓪瓦	5000口	
			長0.6尺瓪瓦	5000口	
茶土棍		長1.4尺瓪瓦	每1口	1兩（未詳）	每減2寸，減5分未詳其物，不細列
		長1.6尺瓪瓦	每1口	1兩（未詳）	

〔27.4.4〕

造瑠璃瓦並事件

造瑠璃瓦並事件：

藥料：每一大料；用黄丹二百四十三斤。折大料，二百二十五斤；中料，二百二十二斤；小料，二百九斤四兩。**每黄丹三斤，用銅末三兩，洛河石末一斤。**

用藥，每一口：鴟、獸、事件及條子，線道之類，以用藥處通計尺寸折大料：

大料，長一尺四寸甋瓦，七兩二錢三分六厘。長一尺六寸瓪瓦，減五分。

中料，長一尺二寸甋瓦，六兩六錢一分六毫六絲六忽。長一尺四寸瓪瓦，減五分。

小料，長一尺甋瓦，六兩一錢二分四厘三毫三絲二忽。長一尺二寸瓪瓦，減五分。

藥料所用黄丹闕，用黑錫炒造。其錫，以黄丹十分加一分，即所加之數，斤以下不計，**每黑錫一斤，用蜜駝僧二分九厘，硫黄八分八厘，盆硝二錢五分八厘，柴二斤一十一兩，炒成收黄丹十分之數。**

"蜜駝僧"又稱"密駝僧"或"密陀僧"，一種礦物名，可入藥。有説其爲硫化物類方鉛礦族礦物方鉛礦提煉銀、鉛時沉積的爐底，或爲鉛熔融後的加工製成品。宋代古籍中亦有提到此物者，如宋人撰《百寶總珍集》中有："今時多用密駝僧、鐵滓爛搗入在香内。"①

造瑠璃瓦並事件料例見表27.4.4。

造瑠璃瓦並事件料例　　表27.4.4

造瑠璃瓦並事件	用料		數量	備注
藥料	大料	黄丹	243斤	每一大料
	折大料	黄丹	225斤	
	中料	黄丹	222斤	
	小料	黄丹	209斤4兩	
	每黄丹3斤	銅末	3兩	
		洛河石末	1斤	
藥料	大料	長1.4尺甋瓦	7兩2錢3分6厘	
		長1.6尺瓪瓦	7兩1錢14分6厘	減5分
	中料	長1.2尺甋瓦	6兩6錢1分6毫6絲6忽	
		長1.4尺瓪瓦	6兩5錢12分6毫6絲6忽	減5分
	小料	長1尺甋瓦	6兩1錢2分4厘3毫3絲2忽	
		長1.2尺瓪瓦	6兩13分4厘3毫3絲2忽	減5分
藥料所用黄丹（用黑錫炒造）	每黑錫1斤	蜜駝僧2分9厘	炒成收黄丹十分之數	
		硫黄8分8厘		
		盆硝2錢5分8厘		
		柴2斤11兩		

① [宋]佚名. 百寶總珍集. 卷八. 沉香. 第57頁. 上海書店出版社. 2015年

第28章

《營造法式》卷第二十八

——諸作用釘料例

營造法式卷第二十八

通直郎管修蓋皇弟外第專一提舉修蓋班直諸軍營房等臣李誡奉

聖旨編修

【28.0】
本章導言

本章包括“諸作用釘料例”“諸作用膠料例”以及“諸作等第”等內容。用釘，主要見于大木作、小木作、彫木作，但在竹作、瓦作、泥作中，也會出現用釘情況。釘的形式與功能也相當多樣。

用膠情況主要出現在小木作和彫木作中，彩畫作和塼作中亦會用到。

按照三個等級劃分的“諸作等第”，與房屋等級或材分等級没有關聯，其等第劃分，似是按照諸作在工程實踐中技術複雜程度或施工難易程度區分的。

其等第區分，或有利于當時營造工程中設計與施工管理。對于今人理解宋代房屋營造時一些組織或管理方面可能存在的信息，或有一定幫助。

【28.1】
諸作用釘料例

〔28.1.1〕
用釘料例

［28.1.1.1］
大木作

大木作：

椽釘，長加椽徑五分。有餘分者從整寸，謂如五寸椽用七寸釘之類；下同。

角梁釘，長加材厚一倍。柱礩同。

飛子釘，長隨材厚。

大、小連檐釘，長隨飛子之厚。如不用飛子者，長減椽徑之半。

白版釘，長加版厚一倍。平闇遮椽版同。

搏風版釘，長加版厚兩倍。

横抹版釘，長加版厚五分。隔減並襻同。

上文“椽釘，長加椽徑五分”，梁注：“這‘五分’是‘十分之五’‘椽徑之半’，而不是絶對尺寸。”①

上文“横抹版釘”條小注“隔減並襻同”，陶本：“隔減並攀同”，傅書局合校本注：改“攀”爲“襻”，并注：“襻，故宫本、四庫本。”②傅建工合校本注：“劉批陶本：陶本誤作‘攀’，據故宫本、四庫本、丁本改作‘襻’。”③

大木作用釘料例見表28.1.1。

大木作用釘料例　　表28.1.1

用釘	釘長	備注
椽釘	長加椽徑五分	有餘分者從整寸，謂如五寸椽用七寸釘之類；下同
角梁釘	長加材厚一倍	柱礩同
飛子釘	長隨材厚	
大、小連檐釘	長隨飛子之厚	如不用飛子者，長減椽徑之半
白版釘	長加版厚一倍	平闇遮椽版同
搏風版釘	長加版厚兩倍	
横抹版釘	長加版厚五分	隔減並襻同

① 梁思成. 梁思成全集. 第七卷. 第359頁. 諸作用釘料例. 用釘料例. 注1. 中國建築工業出版社. 2001年

② [宋]李誡，傅熹年彙校. 營造法式合校本. 第四册. 諸作用釘料例. 用釘料例. 校注. 中華書局. 2018年

③ [宋]李誡，傅熹年校注. 合校本營造法式. 第759頁. 諸作用釘料例. 用釘料例. 注1. 中國建築工業出版社. 2020年

[28.1.1.2]

小木作

小木作：

凡用釘，並隨版木之厚。如厚三寸以上，或用簽釘者，其長加厚七分。若厚二寸以下者，長加厚一倍；或縫内用兩入釘者，加至二寸止。

梁注："兩入釘就是兩頭尖的釘子。"①

小木作用釘料例見表28.1.2。

小木作用釘料例　　表28.1.2

用釘	釘長	備注
厚3寸以上，或用簽釘者	其長加厚7分	凡用釘，並隨版木之厚
厚2寸以下者	長加厚一倍	
縫内用兩入釘者	加至2寸止	

[28.1.1.3]

彫木作

彫木作：

凡用釘，並隨版木之厚。如厚二寸以上者，長加厚五分，至五寸止。若厚一寸五分以下者，長加厚一倍；或縫内用兩入釘者，加至五寸止。

彫木作用釘料例見表28.1.3 。

彫木作用釘料例　　表28.1.3

用釘	釘長	備注
厚2寸以上者	長加厚5分，至5寸止	凡用釘，並隨版木之厚
厚1.5寸以下者	長加厚一倍	
縫内用兩入釘者	加至5寸止	

[28.1.1.4]

竹作

竹作：

壓笆釘；長四寸。

雀眼網釘；長二寸。

竹作用釘料例見表28.1.4。

竹作用釘料例　　表28.1.4

用釘	釘長	備注
壓笆釘	長4寸	
雀眼網釘	長2寸	

[28.1.1.5]

瓦作

瓦作：

甋瓦上滴當子釘，如高八寸者，釘長一尺；若高六寸者，釘長八寸；高一尺二寸及一尺四寸嬪伽，並長一尺二寸，甋瓦同；**或高三寸及四寸者，釘長六寸。**高一尺嬪伽並六寸華頭甋瓦同，並用本作葱臺長釘。

① 梁思成．梁思成全集．第七卷．第360頁．諸作用釘料例．用釘料例．注2．中國建築工業出版社．2001年

套獸長一尺者，釘長四寸；如長六寸以上者，釘長三寸；月版及釘箔同；**若長四寸以上者，釘長二寸。**鷰頷版牙子同。

上文小注“並長一尺二寸”，陶本：“並長一尺二尺”。對第二個“尺”，陳注：“‘尺’應作‘寸’。”[①]

瓦作用釘料例見表28.1.5。

瓦作用釘料例　　表28.1.5

用釘	瓦件高（長）	釘長	備注
瓪瓦上滴當子釘	0.3尺	0.6尺	高一尺二寸及一尺四寸嬪伽，並長一尺二寸，瓪瓦同
	0.4尺	0.6尺	
	0.6尺	0.8尺	
	0.8尺	1尺	
	1.2尺	1.2尺	
	1.4尺	1.2尺	
嬪伽用釘	1.2尺	1.2尺	
	1.4尺	1.2尺	
嬪伽用釘	1尺	0.6尺	高一尺嬪伽並六寸華頭瓪瓦同，並用本作蔥臺長釘
華頭瓪瓦用釘	0.6尺	0.6尺	
套獸	長1尺	0.4尺	
	長0.6尺以上	0.3尺	月版及釘箔同
	長0.4尺以上	0.2尺	鷰頷版牙子同

［28.1.1.6］
泥作、塼作

泥作：

沙壁内麻華釘，長五寸。造泥假山釘同。

塼作：

井盤版釘，長三寸。

泥作、塼作用釘料例見表28.1.6。

泥作、塼作用釘料例　　表28.1.6

用釘	釘長	備注
沙壁内麻華釘	0.5尺	
造泥假山釘	0.5尺	
井盤版釘	0.3尺	

① [宋]李誡. 營造法式（陳明達點注本）. 第三册. 第103頁. 諸作用釘料例. 用釘料例. 批注. 浙江攝影出版社. 2020年

〔28.1.2〕

用釘數

［28.1.2.1］

大木作

大木作：

連檐，隨飛子椽頭，每一條，營房隔間同；

大角梁，每一條；續角梁，二枚；子角梁，三枚；

托槫，每一條；

生頭，每長一尺；搏風版同；

搏風版，每長一尺五寸；

橫抹，每長二尺；

右（上）各一枚。

飛子，每一條；襻槫同。

遮椽版，每長三尺，雙使；難子，每長五寸，一枚；

白版，每方一尺；

槫、枓，每一隻；

隔減，每一出入角；襻，每條同；

右（上）各二枚。

椽，每一條；上架三枚，下架一枚；

平闇版，每一片；

柱礩，每一隻；

右（上）各四枚。

上文"托槫"條，傅書局合校本注：改"槫"爲"䡛"，并注："䡛，'槫'字疑誤。"[①]

上文"槫、枓"條，陳注："搏，竹本。"[②]據竹本則爲"搏枓"，但似仍不通。

上文"生頭"條"生頭，每長一尺；搏風版同"句，梁注："與次行矛盾，指出存疑。"[③]

"連檐"條小注"營房隔間同"，疑其"同"字爲"用"字之誤，當爲"營房隔間用"。

《法式》中有"䡛版""䡛椽"諸名件，用于版築及城基築造，似均屬壕寨工程。若如傅先生稱，改"托槫"爲"托䡛"，似難歸于本節所言之"大木作"範疇？

另陳先生將"槫、枓"改爲"搏枓"，亦難解通。《法式》中雖出現多處與"搏"字有關之名件，如搏脊、曲闌搏脊、搏脊槫、搏風版、平棊搏難子等，但其"搏"均作爲形容詞出現。《法式》中既未出現"搏枓"一詞，亦未見"槫枓"之名件，故這裏的"槫、枓，每一隻"，似指兩種名件。則"槫"當爲名詞，似難以"搏"代之？

大木作用釘數見表28.1.7。

① ［宋］李誡，傅熹年彙校．營造法式合校本．第四册．諸作用釘料例．用釘數．校注．中華書局．2018年

② ［宋］李誡．營造法式（陳明達點注本）．第三册．第105頁．諸作用釘料例．用釘數．批注．浙江攝影出版社．2020年

③ 梁思成．梁思成全集．第七卷．第362頁．諸作用釘料例．用釘料例．注3．中國建築工業出版社．2001年

大木作用釘數　　表28.1.7

用釘處	名件數量或尺寸	用釘數	備注
連檐，隨飛子椽頭	每1條	1枚	營房隔間同
大角梁	每1條	1枚	
續角梁	每1條	2枚	
子角梁	每1條	3枚	
托槫	每1條	1枚	
生頭	每長1尺	1枚	
搏風版	每長1尺	1枚	此處上下兩條有矛盾，謹列出
搏風版	每長1.5尺	1枚	
横抹	每長2尺	1枚	
飛子	每1條	2枚	
襻槫	每1條	2枚	
遮椽版	每長3尺	2枚	雙使
難子	每長0.5尺	1枚	
白版	每方1尺	2枚	
槫	每1隻	2枚	
枓	每1隻	2枚	
隔減	每一出入角	2枚	
襻	每1條	2枚	
椽	每1條	4枚	上架三枚，下架一枚
平闇版	每1片	4枚	
柱礩	每1隻	4枚	

［28.1.2.2］
小木作

小木作：

門道立、卧柣，每一條；平棊華、露籬、帳、經藏猴面等梲之類同；帳上透栓、卧梲，隔縫用；井亭大連檐，隨椽隔間同。

烏頭門上如意牙頭，每長五寸；難子、貼絡牙脚、牌帶簽面並福、破子窗填心、水槽底版、胡梯促踏版、帳上山華貼及福、角脊、瓦口、轉輪經藏鈿面版之類同；帳及經藏簽面版等，隔梲用；帳上合角並山華絡牙脚、帳頭福，用二枚；

鉤窗檻面搏肘，每長七寸；

烏頭門並格子簽子桯，每長一尺，格子等搏肘、版引檐，不用；門簪、雞栖、平棊、梁抹瓣方、井亭等搏風版、地棚地面版、帳、經藏仰托梲、帳上混肚方、牙脚帳壓青牙子、壁藏枓槽版、簽面之類同；其裏栿，隨水路兩邊，各用；

破子窗簽子桯，每長一尺五寸；

簽平棊桯，每長二尺；帳上槫同；

藻井背版，每廣二寸，兩邊各用；

水槽底版罨頭，每廣三寸；

帳上明金版，每廣四寸；帳、經藏厦瓦版，隨椽隔間用；

隨楅簽門版，每廣五寸；帳並經藏坐面，隨棍背版；井亭厦瓦版，隨椽隔間用，其山版，用二枚；

平棊背版，每廣六寸；簽角蟬版，兩邊各用；

帳上山華蕉葉，每廣八寸；牙脚帳隨棍釘，頂版同；

帳上坐面版，隨棍每廣一尺；

鋪作，每枓一隻；

帳並經藏車槽等澀、子澀、腰華版，每瓣，壁藏坐壼門、牙頭同；車槽坐腰面等澀、背版，隔瓣用；明金版，隔瓣用二枚；

右（上）各一枚。

烏頭門搶柱，每一條；獨扇門等伏兎、手栓、承拐楅同；門簪、雞栖、立牌牙子、平棊護縫、鬭四瓣方、帳上桲子、車槽等處卧棍、方子、壁帳馬銜、填心、轉輪經藏輞、頰子之類同；

護縫，每長一尺；井亭等脊、角梁、帳上仰陽，隔枓貼之類同；

右（上）各二枚。

七尺以下門楅，每一條；垂魚、釘槫頭、版引檐、跳椽、鉤闌華托柱、叉子、馬銜、井亭搏脊、帳並經藏腰檐抹角栿、曲剜椽子之類同；

露籬上屋版，隨山子版，每一縫；

右（上）各三枚。

七尺至一丈九尺門楅，每一條，四枚。平棊楅、小平棊枓槽版、橫鈐、立旌、版門等伏兎、槫柱、日月版、帳上角梁、隨間栿、牙脚帳格棍、經藏井口棍之類同；

二丈以上門楅，每一條，五枚。隨圜橋子上促踏版之類同；

鬭四並井亭子上枓槽版，每一條；帳帶、猴面棍、山華蕉葉鑰匙頭之類同；

帳上腰檐鼓坐、山華蕉葉枓槽版，每一間；

右（上）各六枚。

截間格子槫柱，每一條，一十二枚。上面八枚，下面四枚。

鬭八上枓槽版，每片，一十枚。

小鬭四、鬭八、平棊上並鉤闌、門窗、鴈翅版、帳並壁藏天宫樓閣之類，隨宜計數。

傅建工合校本在上文“七尺至一丈九尺門楅”條小注“小平棊枓槽版”後及“小鬭四、鬭八”條“帳並壁藏天”後均標注了注釋符號（2），并注：“熹年謹按：兩（2）符號之間丁本爲五葉下八行脱文。故宫本、四庫本、張本不脱。陶本據四庫本補。”①

上文“門道立、卧柣”小注“平棊華、露籬、帳、經藏猴面等棍之類同”中的“帳”，傅書局合校本注：改“帳”爲“棖”，并注：“棖，故宫本‘帳’上有‘棖’字，

① [宋]李誡，傅熹年校注．合校本營造法式．第759頁．諸作用釘料例．用釘數．注2．中國建築工業出版社．2020年

‘帳’或係‘棖’之誤。”①

上文“烏頭門並格子簽子桯”句，梁注：“簽，在這裏是動詞。”②

上文“截間格子榑柱，每一條，一十二枚。上面八枚，下面四枚。”陶本：“截間格子榑柱，每一條。上面八枚，下面四枚。”梁注：“各本均無‘一十二枚’四字，顯然遺漏，按小注數補上。”③傅書局合校本注：“‘上面八枚’爲正文。”④據傅先生，其文應是“截間格子榑柱，每一條，上面八枚。下面四枚。”

以上之“門道立、卧柣”條所用單位爲“每一條”，則“帳”難以用“條”計，而“棖”則與正文之“每一條”合，則應從傅先生所改。但若結合下文之“經藏猴面等榥之類”語，則又似指其“榥”，或是指“帳”等上之“榥”，而“榥”與“每一條”似亦相合。故仍存疑。

關于“截間格子榑柱”的兩種修改，皆有道理，其意義亦無差異。

小木作用釘數見表28.1.8。

小木作用釘數　　表28.1.8

用釘處	數量或尺寸	用釘數	備注
門道立、卧柣	每1條	1枚	平棊華、露籬、帳、經藏猴面等榥之類同；帳上透栓、卧榥，隔縫用；井亭大連檐，隨椽隔間同
平棊華、露籬等榥	每1條	1枚	
帳、經藏猴面等榥	每1條	1枚	
帳上透栓、卧榥，隔縫用	每1條	1枚	
井亭大連檐，隨椽隔間	每1條	1枚	
烏頭門上如意牙頭	每長5寸	1枚	難子、貼絡牙脚、牌帶簽面並楅、破子窗填心、水槽底版、胡梯促踏版、帳上山華貼及楅、角脊、瓦口、轉輪經藏鈿面版之類同；帳及經藏簽面版等，隔榥用；帳上合角並山華絡牙脚、帳頭楅，用二枚
難子、貼絡牙脚	每長5寸	1枚	
牌帶簽面並楅	每長5寸	1枚	
破子窗填心	每長5寸	1枚	
水槽底版	每長5寸	1枚	
胡梯促踏版	每長5寸	1枚	
帳上山華貼及楅	每長5寸	1枚	
角脊、瓦口	每長5寸	1枚	
轉輪經藏鈿面版	每長5寸	1枚	
帳及經藏簽面版等	每長5寸	1枚	
隔榥	每長5寸	1枚	
帳上合角並山華絡牙脚、帳頭楅	每長5寸	2枚	

① [宋]李誡，傅熹年彙校．營造法式合校本．第四册．諸作用釘料例．用釘數．校注．中華書局．2018年

② 梁思成．梁思成全集．第七卷．第362頁．諸作用釘料例．用釘數．注4．中國建築工業出版社．2001年

③ 梁思成．梁思成全集．第七卷．第362頁．諸作用釘料例．用釘數．注5．中國建築工業出版社．2001年

④ [宋]李誡，傅熹年彙校．營造法式合校本．第四册．諸作用釘料例．用釘數．校注．中華書局．2018年

續表

<table>
<tr><th>用釘處</th><th>數量或尺寸</th><th>用釘數</th><th>備注</th></tr>
<tr><td>鉤窗檻面搏肘</td><td>每長7寸</td><td>1枚</td><td rowspan="15">格子等搏肘、版引檐，不用

門簪、雞栖、平棊、梁抹瓣方、井亭等搏風版、地棚地面版、帳、經藏仰托榥、帳上混肚方、牙脚帳壓青牙子、壁藏枓槽版、簽面之類同

其裹栿，隨水路兩邊，各用</td></tr>
<tr><td>烏頭門並格子簽子桯</td><td>每長1尺</td><td>1枚</td></tr>
<tr><td>格子等搏肘</td><td rowspan="2">不用</td><td rowspan="2">不用</td></tr>
<tr><td>版引檐</td></tr>
<tr><td>門簪</td><td>每長1尺</td><td>1枚</td></tr>
<tr><td>雞栖</td><td>每長1尺</td><td>1枚</td></tr>
<tr><td>平棊</td><td>每長1尺</td><td>1枚</td></tr>
<tr><td>梁抹瓣方</td><td>每長1尺</td><td>1枚</td></tr>
<tr><td>井亭等搏風版</td><td>每長1尺</td><td>1枚</td></tr>
<tr><td>地棚地面版</td><td>每長1尺</td><td>1枚</td></tr>
<tr><td>帳、經藏仰托榥</td><td>每長1尺</td><td>1枚</td></tr>
<tr><td>帳上混肚方</td><td>每長1尺</td><td>1枚</td></tr>
<tr><td>牙脚帳壓青牙子</td><td>每長1尺</td><td>1枚</td></tr>
<tr><td>壁藏枓槽版、簽面</td><td>每長1尺</td><td>1枚</td></tr>
<tr><td>裹栿</td><td>隨水路兩邊</td><td>各用1枚</td></tr>
<tr><td>破子窗簽子桯</td><td>每長1.5尺</td><td>1枚</td><td></td></tr>
<tr><td>簽平棊桯</td><td>每長2尺</td><td>1枚</td><td>帳上槫同</td></tr>
<tr><td>帳上槫</td><td>每長2尺</td><td>1枚</td><td></td></tr>
<tr><td>藻井背版</td><td>每廣2寸</td><td>兩邊各用1枚</td><td></td></tr>
<tr><td>水槽底版罨頭</td><td>每廣3寸</td><td>1枚</td><td></td></tr>
<tr><td>帳上明金版</td><td>每廣4寸</td><td>1枚</td><td></td></tr>
<tr><td>帳、經藏厦瓦版（隨椽隔間用）</td><td>每廣4寸</td><td>1枚</td><td>隨椽隔間用</td></tr>
<tr><td>隨榀簽門版</td><td>每廣5寸</td><td>1枚</td><td rowspan="5">帳並經藏坐面，隨榥背版；
井亭厦瓦版，隨椽隔間用

其山版，用二枚</td></tr>
<tr><td>帳並經藏坐面</td><td>每廣5寸</td><td>1枚</td></tr>
<tr><td>隨榥背版</td><td>每廣5寸</td><td>1枚</td></tr>
<tr><td>井亭厦瓦版（隨椽隔間用）</td><td>每廣5寸</td><td>1枚</td></tr>
<tr><td>山版</td><td>每廣5寸</td><td>2枚</td></tr>
<tr><td>平棊背版</td><td>每廣6寸</td><td>1枚</td><td></td></tr>
<tr><td>簽角蟬版</td><td>每廣6寸</td><td>兩邊各用1枚</td><td></td></tr>
<tr><td>帳上山華蕉葉</td><td>每廣8寸</td><td>1枚</td><td>牙脚帳隨榥釘，頂版同</td></tr>
</table>

續表

<table>
<tr><th>用釘處</th><th>數量或尺寸</th><th>用釘數</th><th>備注</th></tr>
<tr><td>帳上坐面版</td><td>隨榥每廣1尺</td><td>1枚</td><td></td></tr>
<tr><td>鋪作</td><td>每料1隻</td><td>1枚</td><td></td></tr>
<tr><td>帳並經藏車槽等澁、子澁、腰華版</td><td>每瓣</td><td>1枚</td><td rowspan="6">壁藏坐壼門、牙頭同

車槽坐腰面等澁、背版，隔瓣用

明金版，隔瓣用二枚</td></tr>
<tr><td>壁藏坐壼門</td><td>每瓣</td><td>1枚</td></tr>
<tr><td>牙頭</td><td>每瓣</td><td>1枚</td></tr>
<tr><td>車槽坐腰面等澁</td><td>隔瓣用</td><td>1枚</td></tr>
<tr><td>背版</td><td>隔瓣用</td><td>1枚</td></tr>
<tr><td>明金版</td><td>隔瓣用</td><td>2枚</td></tr>
<tr><td>烏頭門搶柱</td><td>每1條</td><td>2枚</td><td rowspan="16">獨扇門等伏兎、手栓、承拐楅同

門簪、雞栖、立牌牙子、平綦護縫、鬭四瓣方、帳上椿子、車槽等處卧榥、方子、壁帳馬銜、填心、轉輪經藏輞、頰子之類同</td></tr>
<tr><td>獨扇門等伏兎</td><td>每1條</td><td>2枚</td></tr>
<tr><td>手栓</td><td>每1條</td><td>2枚</td></tr>
<tr><td>承拐楅同</td><td>每1條</td><td>2枚</td></tr>
<tr><td>門簪</td><td>每1條</td><td>2枚</td></tr>
<tr><td>雞栖</td><td>每1條</td><td>2枚</td></tr>
<tr><td>立牌牙子</td><td>每1條</td><td>2枚</td></tr>
<tr><td>平綦護縫</td><td>每1條</td><td>2枚</td></tr>
<tr><td>鬭四瓣方</td><td>每1條</td><td>2枚</td></tr>
<tr><td>帳上椿子</td><td>每1條</td><td>2枚</td></tr>
<tr><td>車槽等處卧榥</td><td>每1條</td><td>2枚</td></tr>
<tr><td>方子</td><td>每1條</td><td>2枚</td></tr>
<tr><td>壁帳馬銜</td><td>每1條</td><td>2枚</td></tr>
<tr><td>填心</td><td>每1條</td><td>2枚</td></tr>
<tr><td>轉輪經藏輞</td><td>每1條</td><td>2枚</td></tr>
<tr><td>頰子</td><td>每1條</td><td>2枚</td></tr>
<tr><td>護縫</td><td>每長1尺</td><td>2枚</td><td rowspan="5">井亭等脊、角梁、帳上仰陽，隔枓貼之類同</td></tr>
<tr><td>井亭等脊</td><td>每長1尺</td><td>2枚</td></tr>
<tr><td>角梁</td><td>每長1尺</td><td>2枚</td></tr>
<tr><td>帳上仰陽</td><td>每長1尺</td><td>2枚</td></tr>
<tr><td>隔枓貼</td><td>每長1尺</td><td>2枚</td></tr>
</table>

續表

用釘處	數量或尺寸	用釘數	備注
七尺以下門楅	每1條	3枚	垂魚、釘槫頭、版引檐、跳椽、鉤闌華托柱、叉子、馬銜、井亭搏脊、帳並經藏腰檐抹角栿、曲剜椽子之類同
垂魚	每1條	3枚	
釘槫頭	每1條	3枚	
版引檐	每1條	3枚	
跳椽	每1條	3枚	
鉤闌華托柱	每1條	3枚	
叉子	每1條	3枚	
馬銜	每1條	3枚	
井亭搏脊	每1條	3枚	
帳並經藏腰檐抹角栿	每1條	3枚	
曲剜椽子	每1條	3枚	
露籬上屋版，隨山子版	每1縫	3枚	
七尺至一丈九尺門楅	每1條	4枚	平棊楅、小平棊料槽版、横鈐、立旌、版門等伏兎、槫柱、日月版、帳上角梁、隨間栿、牙脚帳格榥、經藏井口榥之類同
平棊楅	每1條	4枚	
小平棊料槽版	每1條	4枚	
横鈐	每1條	4枚	
立旌	每1條	4枚	
版門等伏兎	每1條	4枚	
槫柱	每1條	4枚	
日月版	每1條	4枚	
帳上角梁	每1條	4枚	
隨間栿	每1條	4枚	
牙脚帳格榥	每1條	4枚	
經藏井口榥	每1條	4枚	
二丈以上門楅	每1條	5枚	隨圜橋子上促踏版之類同
隨圜橋子上促踏版	每1條	5枚	
鬬四並井亭子上料槽版	每1條	6枚	帳帶、猴面榥、山華蕉葉鑰匙頭之類同
帳帶	每1條	6枚	
猴面榥	每1條	6枚	
山華蕉葉鑰匙頭	每1條	6枚	
帳上腰檐鼓坐	每1間	6枚	

續表

用釘處	數量或尺寸	用釘數	備注
山華蕉葉科槽版	每1間	6枚	
截間格子槫柱	每1條	12枚	上面八枚，下面四枚
鬬八上枓槽版	每片	10枚	
小鬬四		隨宜計數	小鬬四、鬬八、平棊上並鉤闌、門窗、鴈翅版、帳並壁藏天宮樓閣之類，隨宜計數
鬬八		隨宜計數	
平棊上並鉤闌		隨宜計數	
門窗		隨宜計數	
鴈翅版		隨宜計數	
帳並壁藏天宮樓閣		隨宜計數	

［28.1.2.3］

彫木作

彫木作：

寶牀，每長五寸；脚並事件，每件三枚；

雲盆，每長廣五寸；

右（上）各一枚。

角神安脚，每一隻；膝窠，四枚；帶，五枚；安釘，每身六枚；

扛坐神，力士同，**每一身；**

華版，每一片；如通長造者，每一尺一枚；其華頭係貼釘者，每朶一枚；若一寸以上，加一枚。

虛柱，每一條釘卯；

右（上）各二枚。

混作真人、童子之類，高二尺以上，每一身；二尺以下，二枚。

柱頭、人物之類，徑四寸以上，每一件；如三寸以下，一枚。

寶藏神臂膊，每一隻；腿脚，四枚；襜，二枚；帶，五枚；每一身安釘，六枚；

鶴子腿，每一隻；每翅，四枚；尾，每段，一枚；如施於華表柱頭者，加脚釘，每隻四枚；

龍、鳳之類，接搭造，每一縫；纏柱者，加一枚；如全身作浮動者，每長一尺，又加二枚；每長增五寸，加一枚；

應貼絡，每一件；以一尺爲率，每增減五寸，各加減一枚，減至二枚止；

椽頭盤子，徑六寸至一尺，每一個；徑五寸以下，三枚；

右（上）各三枚。

上文“龍、鳳之類”條小注“每長一尺，又加二枚”，陶本：“每長二尺，又加二枚”，陳注：改“二尺”爲“一尺”，并注：“一，丁本。”[①]傅書局合校本注：改“二尺”爲“一尺”，并注：“‘一尺’，四庫本作一尺，待考。”[②]又補注：“如每長增五寸加一枚，則以一尺爲

① ［宋］李誡．營造法式（陳明達點注本）．第三册．第111頁．諸作用釘料例．用釘數．批注．浙江攝影出版社．2020年

② ［宋］李誡，傅熹年彙校．營造法式合校本．第四册．諸作用釘料例．用釘數．校注．中華書局．2018年

是。”[1]傅建工合校本注：“劉批陶本：陶本作‘二尺’，故宫本、四庫本作‘一尺’，如每長增五寸加一枚，則以一尺爲是。熹年謹按：張本亦作‘二尺’。”[2]

上文“椽頭盤子”條小注“徑五寸以下，三枚”，陳注：改“三枚”爲“二枚”，并注：“二，竹本。”[3]從上下文看，似應從陳所改。

彫木作用釘數見表28.1.9。

彫木作用釘數　　表28.1.9

<table>
<tr><th colspan="2">用釘處</th><th>數量或尺寸</th><th>用釘數</th><th>備注</th></tr>
<tr><td colspan="2">寶牀</td><td>每長5寸</td><td>1枚</td><td rowspan="2">脚並事件，每件三枚</td></tr>
<tr><td colspan="2">寶牀脚並事件</td><td>每件</td><td>3枚</td></tr>
<tr><td colspan="2">雲盆</td><td>每長廣5寸</td><td>1枚</td><td></td></tr>
<tr><td colspan="2">角神安脚</td><td rowspan="4">每1隻</td><td>2枚</td><td rowspan="4">膝窠，四枚；帶，五枚；安釘，每身六枚</td></tr>
<tr><td colspan="2">膝窠</td><td>4枚</td></tr>
<tr><td colspan="2">帶</td><td>5枚</td></tr>
<tr><td colspan="2">安釘（每身）</td><td>6枚</td></tr>
<tr><td colspan="2">扛坐神</td><td>每1身</td><td>2枚</td><td></td></tr>
<tr><td colspan="2">力士</td><td>每1身</td><td>2枚</td><td></td></tr>
<tr><td colspan="2">華版</td><td>每1片</td><td>2枚</td><td rowspan="4">如通長造者，每一尺一枚；其華頭係貼釘者，每朵一枚；若一寸以上，加一枚</td></tr>
<tr><td colspan="2">華版通長造者</td><td>每1尺</td><td>1枚</td></tr>
<tr><td colspan="2">華頭係貼釘者</td><td>每朵</td><td>1枚</td></tr>
<tr><td colspan="2">華頭係貼釘一寸以上者</td><td>每朵</td><td>2枚</td></tr>
<tr><td colspan="2">虛柱</td><td>每1條釘卯</td><td>2枚</td><td></td></tr>
<tr><td rowspan="2">混作真人童子之類</td><td>高2尺以下</td><td>每1身</td><td>2枚</td><td rowspan="2">二尺以下，二枚</td></tr>
<tr><td>高2尺以上</td><td>每1身</td><td>3枚</td></tr>
<tr><td rowspan="2">柱頭人物之類</td><td>徑3寸以下</td><td>每1件</td><td>1枚</td><td rowspan="2">如三寸以下，一枚</td></tr>
<tr><td>徑4寸以上</td><td>每1件</td><td>3枚</td></tr>
<tr><td colspan="2">寶藏神臂膊</td><td rowspan="5">每1隻</td><td>3枚</td><td rowspan="5">腿脚，四枚；襜，二枚；帶，五枚；每一身安釘，六枚</td></tr>
<tr><td colspan="2">腿脚</td><td>4枚</td></tr>
<tr><td colspan="2">襜</td><td>2枚</td></tr>
<tr><td colspan="2">帶</td><td>5枚</td></tr>
<tr><td colspan="2">每一身安釘</td><td>6枚</td></tr>
</table>

① [宋]李誠，傅熹年彙校．營造法式合校本．第四册．諸作用釘料例．用釘數．校注．中華書局．2018年

② [宋]李誠，傅熹年校注．合校本營造法式．第759頁．諸作用釘料例．用釘數．注3．中國建築工業出版社．2020年

③ [宋]李誠．營造法式（陳明達點注本）．第三册．第111頁．諸作用釘料例．用釘數．批注．浙江攝影出版社．2020年

續表

<table>
<tr><th colspan="2">用釘處</th><th>數量或尺寸</th><th>用釘數</th><th>備注</th></tr>
<tr><td colspan="2">鶴子腿</td><td rowspan="2">每1隻</td><td>3枚</td><td rowspan="4">每翅，四枚；尾，每段，一枚；如施於華表柱頭者，加脚釘，每隻四枚</td></tr>
<tr><td colspan="2">每翅</td><td>4枚</td></tr>
<tr><td colspan="2">尾</td><td>每段</td><td>1枚</td></tr>
<tr><td colspan="2">施於華表柱頭者，加脚釘</td><td>每隻</td><td>4枚</td></tr>
<tr><td rowspan="4">龍、鳳之類</td><td>接搭造</td><td rowspan="2">每1縫</td><td>3枚</td><td rowspan="4">纏柱者，加一枚；如全身作浮動者，每長一尺，又加二枚；每長增五寸，加一枚</td></tr>
<tr><td>纏柱者</td><td>4枚</td></tr>
<tr><td rowspan="2">全身作浮動者</td><td>每長1尺</td><td>6枚</td></tr>
<tr><td>每長增5寸</td><td>7枚</td></tr>
<tr><td colspan="2" rowspan="4">應貼絡
（每一件）</td><td>2尺</td><td>5枚</td><td rowspan="4">以一尺爲率，每增減五寸，各加減一枚，減至二枚止</td></tr>
<tr><td>1.5尺</td><td>4枚</td></tr>
<tr><td>1尺</td><td>3枚</td></tr>
<tr><td>0.5尺</td><td>2枚</td></tr>
<tr><td rowspan="2">椽頭盤子</td><td>徑6寸至1尺</td><td>每1個</td><td>3枚</td><td rowspan="2">徑五寸以下，三枚</td></tr>
<tr><td>徑5寸以下</td><td>每1個</td><td>3枚</td></tr>
</table>

［28.1.2.4］
竹作、瓦作、泥作、塼作

竹作：

雀眼網貼，每長二尺，一枚。

壓竹笆，每方一丈，三枚。

瓦作：

滴當子嬪伽、甋瓦華頭同，每一隻；

鷰頷或牙子版，每長二尺；

右（上）各一枚。

月版，每段，每廣八寸，二枚。

套獸，每一隻，三枚。

結窑鋪箔係轉角處者，每方一丈，四枚。

泥作：

沙泥畫壁披麻，每方一丈，五枚。

造泥假山，每方一丈，三十枚。

塼作：

井盤版，每一片，三枚。

竹作、瓦作、泥作、塼作用釘數見表28.1.10。

竹作、瓦作、泥作、塼作用釘數　　表28.1.10

用釘處	數量或尺寸	用釘數	備注
雀眼網貼	每長2尺	1枚	
壓竹笆	每方10尺	3枚	
滴當子嬪伽	每1隻	1枚	
甋瓦華頭	每1隻	1枚	

續表

用釘處	數量或尺寸	用釘數	備注
鷰頷版	每長2尺	1枚	
牙子版	每長2尺	1枚	
月版（每段）	每廣0.8尺	2枚	
套獸	每1隻	3枚	
結窍鋪箔係轉角處者	每方10尺	4枚	
沙泥畫壁披麻	每方10尺	5枚	
造泥假山	每方10尺	30枚	
井盤版	每1片	3枚	

〔28.1.3〕

通用釘料例

通用釘料例：

每一枚：

蔥臺頭釘：長一尺二寸，蓋下方五分，重一十一兩；長一尺一寸，蓋下方四分八厘，重一十兩一分；長一尺，蓋下方四分六厘，重八兩五錢。

猴頭釘：長九寸，蓋下方四分，重五兩三錢；長八寸，蓋下方三分八厘，重四兩八錢。

卷蓋釘：長七寸，蓋下方三分五厘，重三兩；長六寸，蓋下方三分，重二兩；長五寸，蓋下方二分五厘，重一兩四錢；長四寸，蓋下方二分，重七錢。

圜蓋釘：長五寸，蓋下方二分三厘，重一兩二錢；長三寸五分，蓋下方一分八厘，重六錢五分；長三寸，蓋下方一分六厘，重三錢五分。

拐蓋釘：長二寸五分，蓋下方一分四厘，重二錢二分五厘；長二寸，蓋下方一分二厘，重一錢五分；長一寸三分，蓋下方一分，重一錢；長一寸，蓋下方八厘，重五分。

蔥臺長釘：長一尺，頭長四寸，脚長六寸，重三兩六錢；長八寸，頭長三寸，脚長五寸，重二兩三錢五分；長六寸，頭長二寸，脚長四寸，重一兩一錢。

兩入釘：長五寸，中心方二分二厘，重六錢七分；長四寸，中心方二分，重四錢三分；長三寸，中心方一分八厘，重二錢七分；長二寸，中心方一分五厘，重一錢二分；長一寸五分，中心方一分，重八分。

卷葉釘：長八分，重一分，每一百枚重一兩。

梁注："各版僅各種釘的名稱印作正文，以下的長和方的尺寸和重量都印作小注。由于小注裏所說的正是'料例'的具體內容，是主要部分，所以這裏一律改作正文排印。"[①]

通用釘料例見表28.1.11。

① 梁思成．梁思成全集．第七卷．第362頁．諸作用釘料例．通用釘料例．注6．中國建築工業出版社．2001年

通用釘料例 表28.1.11

釘	釘長	蓋下方	重量	備注
葱臺頭釘（每1枚）	1.2尺	方0.5寸	11兩	蓋下方尺寸似爲平方寸下同
	1.1尺	方0.48寸	10兩1分	
	1尺	方0.46寸	8兩5錢	
猴頭釘（每1枚）	9寸	方0.4寸	5兩3錢	
	8寸	方0.38寸	4兩8錢	
卷蓋釘（每1枚）	7寸	方0.35寸	3兩	
	6寸	方0.3寸	2兩	
	5寸	方0.25寸	1兩4錢	
	4寸	方0.2寸	7錢	
圜蓋釘（每1枚）	5寸	方0.23寸	1兩2錢	
	3.5寸	方0.18寸	6錢5分	
	3寸	方0.16寸	3錢5分	
拐蓋釘（每1枚）	2.5寸	方0.14寸	2錢2分5厘	
	2寸	方0.12寸	1錢5分	
	1.3寸	方0.1寸	1錢	
	1寸	方0.08寸	5分	

釘	釘長	頭長	脚長	重量	備注
葱臺長釘（每1枚）	1尺	4寸	6寸	3兩6錢	
	8寸	3寸	5寸	2兩3錢5分	
	6寸	2寸	4寸	1兩1錢	

釘	釘長	中心方	重量	備注
兩入釘（每1枚）	5寸	方0.22寸	6錢7分	
	4寸	方0.2寸	4錢3分	
	3寸	方0.18寸	2錢7分	
	2寸	方0.15寸	1錢2分	
	1.5寸	方0.1寸	8分	
卷葉釘（每1枚）	0.8寸		1分	每100枚重1兩

【28.2】
諸作用膠料例

〔28.2.1〕
小木作彫木作同、瓦作、泥作

小木作：彫木作同。

每方一尺：入細生活，十分中三分用鰾；每膠一斤，用木札二斤煎；下準此。

縫，二兩。

卯，一兩五錢。

瓦作：

應使墨煤；每一斤，用一兩。

泥作：

應使墨煤；每一十一兩，用七錢。

小木作彫木作同、瓦作、泥作用膠料例見表28.2.1。

小木作彫木作同、瓦作、泥作用膠料例　　表28.2.1

用膠處或應使物料	面積或重量	用膠量	各作	備注
小木作（入細生活，十分中三分用鰾；每膠一斤，用木札二斤煎；下準此）				
縫	每方1尺	2兩	小木作	
卯	每方1尺	1兩5錢	小木作	
應使墨煤	每1斤	1兩	瓦作	
	每11兩	7錢	泥作	

〔28.2.2〕
彩畫作、塼作

彩畫作：

應使顏色每一斤，用下項：攏窨在內。

土朱，七兩；

黄丹，五兩；

墨煤，四兩；

雌黄，三兩；土黄、澱、常使朱紅、大青緑、梓州熟大青緑、二青緑、定粉、深朱紅、常使紫粉同；

石灰，二兩。白土、生二青緑、青緑華同。

合色：

朱；

緑；

右（上）各四兩。

緑華，青華同，**二兩五錢。**

紅粉；

紫檀；

右（上）各二兩。

草色：

緑，四兩。

深緑，深青同，**三兩。**

緑華，青華同；

紅粉；

右（上）各二兩五錢。

襯金粉，三兩。用鰾。

煎合桐油，每一斤，用四錢。

塼作：

應用墨煤，每一斤，用八兩。

上文“應使顏色每一斤”，陶本：“應顏色每一斤”。傅書局合校本注：在“顏色”二字前增“使”字，并注：“使，四庫本。”①

彩畫作、塼作用膠料例見表28.2.2。

彩畫作、塼作用膠料例　　表28.2.2

物料	物料重量	用膠量	各作	備注
彩畫作：應使顏色每一斤，用下項：攏窨在内；塼作用膠料例列後				
土朱	每1斤	7兩	彩畫作	
黄丹	每1斤	5兩	彩畫作	
墨煤	每1斤	4兩	彩畫作	
雌黄	每1斤	3兩	彩畫作	
土黄	每1斤	3兩	彩畫作	
淀	每1斤	3兩	彩畫作	
常使朱紅	每1斤	3兩	彩畫作	
大青緑	每1斤	3兩	彩畫作	
梓州熟大青緑	每1斤	3兩	彩畫作	
二青緑	每1斤	3兩	彩畫作	
定粉	每1斤	3兩	彩畫作	
深朱紅	每1斤	3兩	彩畫作	
常使紫粉	每1斤	3兩	彩畫作	
石灰	每1斤	2兩	彩畫作	
白土	每1斤	2兩	彩畫作	
生二青緑	每1斤	2兩	彩畫作	
青緑華	每1斤	2兩	彩畫作	
朱	每1斤	4兩	彩畫作	合色
緑	每1斤	4兩	彩畫作	合色
緑華	每1斤	2兩5錢	彩畫作	

① [宋]李誡，傅熹年彙校. 營造法式合校本. 第四册. 諸作用膠料例. 校注. 中華書局. 2018年

續表

物料	物料重量	用膠量	各作	備注
青華	每1斤	2兩5錢	彩畫作	
紅粉	每1斤	2兩	彩畫作	
紫檀	每1斤	2兩	彩畫作	
緑	每1斤	4兩	彩畫作	草色
深緑	每1斤	3兩	彩畫作	草色
深青	每1斤	3兩	彩畫作	草色
緑華	每1斤	2兩5錢	彩畫作	
青華	每1斤	2兩5錢	彩畫作	
紅粉	每1斤	2兩5錢	彩畫作	
襯金粉	每1斤	3兩	彩畫作	用鰾
煎合桐油	每1斤	4錢	彩畫作	
應用墨煤	每1斤	8兩	塼作	

【28.3】
諸作等第

〔28.3.1〕
石作

石作：

鐫刻混作剔地起突及壓地隱起華或平鈒華。混作，謂蝻頭或鉤闌之類。

右（上）爲上等。

柱碇、素覆盆；階基望柱、門砧、流盃之類，應素造者同；

地面；踏道、地栿同；

碑身；笏頭及坐同；

露明斧刃卷輂水窗；

水槽。井口、井蓋同。

右（上）爲中等。

鉤闌下螭子石；闇柱碇同。

卷輂水窗拽後底版。山棚鋜脚同。

右（上）爲下等。

石作等第見表28.3.1。

石作等第　　表28.3.1

石作内容	等第	備注
鐫刻混作剔地起突及壓地隱起華或平鈒華	上等	混作，謂螭頭或鉤闌之類
柱碇	中等	
素覆盆	中等	
階基望柱、門砧、流盃之類	中等	應素造者
地面、踏道、地栿	中等	
碑身、笏頭、坐	中等	
露明斧刃卷輂水窗	中等	
水槽、井口、井蓋	中等	
鉤闌下螭子石	下等	
闇柱碇	下等	
卷輂水窗拽後底版	下等	
山棚鋜脚	下等	

〔28.3.2〕

大木作

大木作：

鋪作枓栱；角梁、昂、杪、月梁，同；

絞割展拽地架。

右（上）爲上等。

鋪作所用槫、柱、栿、額之類，並安椽；

枓口跳絞泥道栱或安側項方及用把頭栱者，同；**所用枓栱；**華駝峯、楷子、大連檐、飛子之類，同。

右（上）爲中等。

枓口跳以下所用槫、柱、栿、額之類，並安椽；

凡平闇内所用草架栿之類，謂不事造者；其枓口跳以下所用素駝峯、楷子、小連檐之類，同。

右（上）爲下等。

上文"絞割展拽地架"，梁注："地架是什麽？大木作制度、功限、料例都未提到過。"[①]

上文"鋪作所用槫、柱、栿、額之類"，梁注："'鋪作所用'四個字過于簡略。這裏所説的不是鋪作本身，而應理解爲'有鋪作枓栱的殿堂，樓閣等所用的槫、柱、栿、額之類。'"[②]

上文"凡平闇内所用草架栿之類"條小注"謂不事造者"，傅書局合校本注：在"造"字之前增"斫"，并注："疑脱'斫'字。"[③]傅建工合校本改其句爲"謂不事斫造者"，并注："劉批陶本：故宫本、丁本均脱'斫'字，據文義補。"[④]

大木作等第見表28.3.2。

大木作等第　　表28.3.2

大木作内容	等第	備注
鋪作枓栱	上等	
角梁、昂、杪、月梁	上等	
絞割展拽地架	上等	
鋪作所用槫、柱、栿、額之類	中等	
安椽	中等	
枓口跳所用枓栱	中等	
絞泥道栱或安側項方及用把頭栱者所用枓栱	中等	
華駝峯、楷子	中等	
大連檐、飛子之類	中等	
枓口跳以下所用槫、柱、栿、額之類，並安椽	下等	
凡平闇内所用草架栿之類	下等	謂不事（斫）造者
枓口跳以下所用素駝峯、楷子、小連檐之類	下等	

① 梁思成. 梁思成全集. 第七卷. 第366頁. 諸作等第. 注7. 中國建築工業出版社. 2001年

② 梁思成. 梁思成全集. 第七卷. 第366頁. 諸作等第. 注8. 中國建築工業出版社. 2001年

③ [宋]李誡，傅熹年彙校. 營造法式合校本. 第四册. 諸作等第. 校注. 中華書局. 2018年

④ [宋]李誡，傅熹年校注. 合校本營造法式. 第777頁. 諸作等第. 注1. 中國建築工業出版社. 2020年

〔28.3.3〕
小木作

［28.3.3.1］
小木作等第

小木作：

版門、牙、縫、透栓、壘肘造；

格子門： 闌檻、鉤窗，同；

毬文格子眼； 四直方格眼，出線，自一混，四攛尖以上造者，同；

桯，出線造；

鬬八藻井； 小鬬八藻井同；

叉子； 內霞子、望柱、地栿、衮砧，隨本等造；下同；

櫺子， 馬銜同；**海石榴頭，其身，瓣內單混、面上出心線以上造；**

串，瓣內單混、出線以上造；

重臺鉤闌； 井亭子並胡梯，同；

牌帶貼絡彫華；

佛、道帳。 牙脚、九脊、壁帳、轉輪經藏、壁藏，同。

右（上）爲上等。

烏頭門； 軟門及版門、牙、縫，同；

破子窗； 井屋子同；

格子門： 平棊及闌檻、鉤窗，同；

格子，方絞眼，平出線或不出線造；

桯，方直、破瓣、攛尖； 素通混或壓邊線造，同；

栱眼壁版； 裹栿版、五尺以上垂魚、惹草，同；

照壁版，合版造； 障日版同；

擗簾竿，六混以上造；

叉子：

櫺子，雲頭、方直出心線或出邊線、壓白造；

串，側面出心線或壓白造；

單鉤闌，撮項蜀柱、雲栱造。 素牌及棵籠子，六瓣或八瓣造，同。

右（上）爲中等。

版門，直縫造； 版櫺窗、睒電窗，同；

截間版帳； 照壁障日版，牙頭、護縫造，並屏風骨子及横鈐、立旌之類，同。

版引檐； 地棚並五尺以下垂魚、惹草，同。

擗簾竿，通混、破瓣造；

叉子； 拒馬叉子同；

櫺子，挑瓣雲頭或方直笏頭造；

串，破瓣造； 托棖或曲棖，同；

單鉤闌，枓子蜀柱、蜻蜓頭造。 棵籠子，四瓣造，同。

右（上）爲下等。

上文"櫺子"條中"挑瓣雲頭"，陶本："跳瓣雲頭"。陳注：改"跳"爲"挑"。①傅書局合校本注：改"跳"爲"挑"。②

上文"單鉤闌"條中"枓子蜀柱、蜻蜓頭造"，陶本"枓子蜀柱、青蜓頭造"。傅書局合校本注：改"蜓"爲"蜓"，即"青蜓頭造"，并注："蜓，故宫本、四庫本。"③傅建工合校本改"蜓"爲"蜓"，并注："熹年謹按：陶本誤'蜓'，據故宫本、四庫本、張本改'蜓'。"④

小木作等第見表28.3.3。

① ［宋］李誡．營造法式（陳明達點注本）．第三册．第123頁．諸作等第．批注．浙江攝影出版社．2020年

② ［宋］李誡，傅熹年彙校．營造法式合校本．第四册．諸作等第．校注．中華書局．2018年

③ ［宋］李誡，傅熹年彙校．營造法式合校本．第四册．諸作等第．校注．中華書局．2018年

④ ［宋］李誡，傅熹年校注．合校本營造法式．第777頁．諸作等第．注2．中國建築工業出版社．2020年

小木作等第　　　　表28.3.3

小木作内容	等第	備注
版門、牙、縫、透栓、壘肘造	上等	
格子門、闌檻、鉤窗	上等	
毬文格子眼	上等	格子門、闌檻、鉤窗
四直方格眼，出線，自一混，四攛尖以上造	上等	格子門、闌檻、鉤窗
桯，出線造	上等	格子門、闌檻、鉤窗
鬬八藻井	上等	
小鬬八藻井	上等	
叉子（内霞子、望柱、地栿、衮砧，隨本等造）	上等	
櫺子，海石榴頭	上等	其身，瓣内單混 面上出心線以上造
馬銜，海石榴頭	上等	
串，瓣内單混、出線以上造	上等	
重臺鉤闌	上等	
井亭子並胡梯	上等	
牌帶貼絡彫華	上等	
佛、道帳	上等	
牙脚、九脊、壁帳、轉輪經藏、壁藏	上等	
烏頭門	中等	
軟門及版門、牙、縫	中等	
破子窗	中等	
井屋子	中等	
格子門、平棊及闌檻、鉤窗	中等	
格子，方絞眼，平出線或不出線造	中等	格子門、平棊及闌檻、鉤窗
桯，方直、破瓣、攛尖	中等	格子門、平棊及闌檻、鉤窗
素通混或壓邊線造	中等	格子門、平棊及闌檻、鉤窗
栱眼壁版	中等	
裹栿版	中等	
五尺以上垂魚、惹草	中等	
照壁版，合版造	中等	
障日版	中等	
擗簾竿，六混以上造	中等	
叉子	中等	
櫺子，雲頭、方直出心線或出邊線、壓白造	中等	叉子

續表

小木作内容	等第	備注
串，側面出心線或壓白造	中等	叉子
單鉤闌，撮項蜀柱、雲栱造	中等	
素牌及棵籠子，六瓣或八瓣造	中等	
版門，直縫造	下等	
版檽窗	下等	
睒電窗	下等	
截間版帳	下等	
照壁障日版，牙頭、護縫造	下等	
屏風骨子及横鈐、立旌之類	下等	
版引檐	下等	
地棚並五尺以下垂魚、惹草	下等	
擗簾竿，通混、破瓣造	下等	
叉子（拒馬叉子）	下等	
檽子，挑瓣雲頭或方直笏頭造	下等	叉子（拒馬叉子）
串，破瓣造	下等	叉子（拒馬叉子）
托棖或曲棖	下等	叉子（拒馬叉子）
單鉤闌，枓子蜀柱、蜻蜓頭造	下等	
棵籠子，四瓣造	下等	

［28.3.3.2］

小木作安卓等第

凡安卓，上等門、窗之類爲中等，中等以下並爲下等。其門並版壁、格子，以方一丈爲率，於計定造作功限内，以加功二分作下等。每增減一尺，各加減一分功。烏頭門比版門合得下等功限加倍。**破子窗，以六尺爲率，於計定功限内，以五分功作下等。**每增減一尺，各加減五厘功。

對上文的“上等門、窗之類爲中等”，梁注：“應理解爲：‘門窗之類，造作工作算作上等的，它的安卓工作就按中等計算；造作在中等以下的，安卓一律按下等計。’”[①]

上文“以加功二分作下等”，傅書局合校本注：改“加”爲“一”，并注：“一，據故宫本、四庫本改。”[②]傅建工合校本改其句爲“以一功二分作下等”，并注：“熹年謹按：陶本誤作‘加’，依故宫本、四庫本、張本改。”[③]

小木作安卓等第見表28.3.4。

① 梁思成．梁思成全集．第七卷．第366頁．諸作等第．注9．中國建築工業出版社．2001年

② [宋]李誡，傅熹年彙校．營造法式合校本．第四册．諸作等第．校注．中華書局．2018年

③ [宋]李誡，傅熹年校注．合校本營造法式．第778頁．諸作等第．注3．中國建築工業出版社．2020年

小木作安卓等第 表28.3.4

小木作安卓	等第	備注
上等門、窗之類安卓	中等	
中等以下門、窗之類安卓	下等	
其門並版壁、格子（以方一丈爲率）安卓	下等	於計定造作功限内，加功2分
		每增減1尺，各加減1分功
烏頭門安卓	下等	比版門合得下等功限加倍
破子窗（以六尺爲率）安卓	下等	於計定功限内，以5分功作下等 每增減1尺，各加減5厘功

〔28.3.4〕

彫木作

彫木作：

混作：

角神；寶藏神同；

華牌，浮動神仙、飛仙、昇龍、飛鳳之類；

柱頭，或帶仰覆蓮荷，臺坐造龍、鳳、師子之類；

帳上纏柱龍：纏寶山或牙魚，或間華；並扛坐神、力士、龍尾、嬪伽，同；

半混：

彫插及貼絡寫生牡丹華、龍、鳳、師子之類；寶牀事件同；

牌頭；帶、舌，同；華版；

椽頭盤子，龍、鳳或寫生華；鉤闌尋杖頭同；

檻面鉤闌同，雲栱，鵞項、矮柱、地霞、華盆之類同；中、下等準此；剔地起突，二卷或一卷造；

平棊内盤子，剔地雲子間起突彫華、龍、鳳之類；海眼版、水地間海魚等，同；

華版：

海石榴或尖葉牡丹，或寫生，或寶相，或蓮荷；帳上歡門、車槽、猴面等華版及裹栿、障水、填心版、格子、版壁腰内所用華版之類，同；中等準此；

剔地起突，卷搭造；透突起突造同；

透突窪葉間龍、鳳、師子、化生之類；

長生草或雙頭蕙草，透突龍、鳳、師子、化生之類。

右（上）爲上等。

混作帳上鴟尾；獸頭、套獸、蹲獸，同；

半混：

貼絡鴛鴦、羊、鹿之類；平棊内角蟬並華之類同；

檻面鉤闌同，雲栱、窪葉平彫；

垂魚、惹草，間雲、鶴之類；立標手把飛魚同；

華版，透突窪葉平彫長生草或雙頭蕙草，透突平彫或剔地間鴛鴦、羊、鹿之類。

右（上）爲中等。

半混：

貼絡香草、山子、雲霞；

檻面；鉤闌同；

雲栱，實雲頭；

萬字、鉤片，剔地；

叉子，雲頭或雙雲頭；

鋜脚壼門版，帳帶同，造實結帶或透突華葉；

垂魚、惹草，實雲頭；

團窠蓮華；伏兎蓮荷及帳上山華蕉葉版之類，同；

毬文格子，挑白。

右（上）爲下等。

上文“剔地起突”條小注“透突起突造同”，陶本：“透突起突造”。陳注“造”字：“同，竹本”[①]，即依陳先生，此句爲“透突起突同”。

上文“團窠蓮華”，陶本：“榑料蓮華”。陳注：“團窠?”[②]傅書局合校本注：改“榑料”爲“團窠”。[③]傅建工合校本注：“劉批陶本：故宫本、四庫本、丁本、陶本均作‘榑料’，應爲‘團窠’。”[④]

彫木作等第見表28.3.5。

彫木作等第

表28.3.5

彫木作内容	等第	備注
角神	上等	混作
寶藏神	上等	混作
華牌	上等	混作
浮動神仙、飛仙、昇龍、飛鳳之類	上等	混作
柱頭	上等	混作
帶仰覆蓮荷，臺坐造龍、鳳、師子之類	上等	混作
帳上纏柱龍	上等	混作
纏寶山或牙魚，或間華	上等	混作
扛坐神、力士、龍尾、嬪伽	上等	混作
彫插及貼絡寫生牡丹華、龍、鳳、師子之類	上等	半混
寶牀事件	上等	半混
牌頭、帶、舌	上等	半混
華版	上等	半混
椽頭盤子，龍、鳳或寫生華	上等	半混
鉤闌尋杖頭	上等	半混
檻面雲栱	上等	半混
鉤闌雲栱	上等	半混
鵞項、矮柱、地霞、華盆之類	上等	檻面、鉤闌
剔地起突，二卷或一卷造	上等	檻面、鉤闌

① [宋]李誡. 營造法式（陳明達點注本）. 第三册. 第125頁. 諸作等第. 批注. 浙江攝影出版社. 2020年

② [宋]李誡. 營造法式（陳明達點注本）. 第三册. 第127頁. 諸作等第. 批注. 浙江攝影出版社. 2020年

③ [宋]李誡，傅熹年彙校. 營造法式合校本. 第四册. 諸作等第. 校注. 中華書局. 2018年

④ [宋]李誡，傅熹年校注. 合校本營造法式. 第778頁. 諸作等第. 注4. 中國建築工業出版社. 2020年

續表

彫木作内容	等第	備注
平棊内盤子	上等	
剔地雲子間起突彫華、龍、鳳之類	上等	
海眼版、水地間海魚等	上等	
華版	上等	
海石榴或尖葉牡丹	上等	華版
或寫生，或寶相，或蓮荷	上等	華版
帳上歡門、車槽、猴面等華版	上等	華版
裹栿、障水、填心版、格子、版壁腰内所用華版	上等	華版
剔地起突，卷搭造	上等	
透突起突造	上等	
透突窪葉間龍、鳳、師子、化生之類	上等	
長生草或雙頭蕙草，透突龍、鳳、師子、化生之類	上等	
混作帳上鴟尾	中等	混作
獸頭、套獸、蹲獸	中等	混作
貼絡鴛鴦、羊、鹿之類	中等	半混
平棊内角蟬並華之類	中等	半混
檻面雲栱、窪葉平彫	中等	半混
鉤闌雲栱、窪葉平彫	中等	半混
垂魚、惹草，間雲、鶴之類	中等	半混
立标手把飛魚	中等	半混
透突窪葉平彫長生草或雙頭蕙草	中等	華版
透突平彫或剔地間鴛鴦、羊、鹿之類	中等	華版
貼絡香草、山子、雲霞	下等	半混
檻面雲栱（實雲頭）	下等	
鉤闌雲栱（實雲頭）	下等	
萬字、鉤片，剔地	下等	檻面、鉤闌
叉子，雲頭或雙雲頭	下等	
鋜脚壺門版，造寶結帶或透突華葉	下等	
帳帶，造寶結帶或透突華葉	下等	
垂魚、惹草，實雲頭	下等	
團窠蓮華	下等	
伏兎蓮荷及帳上山華蕉葉版之類	下等	
毬文格子，挑白	下等	

〔28.3.5〕

旋作

旋作：

寶牀所用名件：揞角梁、寶缾、櫨鈴，同；

右（上）爲上等。

寶柱：蓮華柱頂、虛柱蓮華並頭瓣，同；

火珠：滴當子、椽頭盤子、仰覆蓮胡桃子、葱臺釘並蓋釘筒子，同。

右（上）爲中等。

櫨料；

門盤浮漚。瓦頭子、錢子之類，同。

右（上）爲下等。

旋作等第見表28.3.6。

旋作等第　表28.3.6

旋作內容	等第	備注
寶牀所用名件	上等	
揞角梁、寶缾、櫨鈴	上等	
寶柱	中等	
蓮華柱頂、虛柱蓮華並頭瓣	中等	
火珠	中等	
滴當子、椽頭盤子、仰覆蓮胡桃子、葱臺釘並蓋釘筒子	中等	
櫨料	下等	
門盤浮漚	下等	
瓦頭子、錢子之類	下等	

〔28.3.6〕

竹作

竹作：

織細棊文簟，間龍、鳳或華樣。

右（上）爲上等。

織細棊文素簟；

織雀眼網，間龍、鳳、人物或華樣。

右（上）爲中等。

織麤簟，假棊文簟同；

織素雀眼網；

織笆，編道竹栅，打篛、笍索、夾載蓋棚，同。

右（上）爲下等。

上文“織笆”條小注“夾載蓋棚”，似與《法式》卷第二十四“諸作功限一・竹作”節中提到的“夾截，每方一丈，三分功。劈竹篾在內。搭蓋涼棚，每方一丈二尺，三功五分。如打笆造，別計打笆功”有所關聯。若果如此，其“夾載”二字，疑爲“夾截”二字之誤。

竹作等第見表28.3.7。

竹作等第　表28.3.7

竹作內容	等第	備注
織細棊文簟，間龍、鳳或華樣	上等	
織細棊文素簟	中等	

續表

竹作内容	等第	備注
織雀眼網，間龍、鳳、人物或華樣	中等	
織麤簟	下等	
織假棊文簟	下等	
織素雀眼網	下等	
織笆	下等	
編道竹栅	下等	
打篡、笍索、夾載蓋棚	下等	

〔28.3.7〕

瓦作

瓦作：

結瓷殿閣、樓臺；

安卓鴟、獸事件；

斫事瑠璃瓦口。

右（上）爲上等。

甋瓪結瓷廳堂、廊屋； 用大當溝、散瓪結瓷、攤釘行壟同。

斫事大當溝。 開剜鷰頷、牙子版，同。

右（上）爲中等。

散瓪瓦結瓷；

斫事小當溝並線道、條子瓦；

抹棧、笆、箔。 混染黑脊、白道、繫箔，並織造泥籃，同。

右（上）爲下等。

上文“抹棧、笆、箔”條小注“混染黑脊”，傅書局合校本注：改“混”爲“泥”[①]，即“泥染黑脊”。未知其所據。

瓦作等第見表28.3.8。

瓦作等第　表28.3.8

瓦作内容	等第	備注
結瓷殿閣、樓臺	上等	
安卓鴟、獸事件	上等	
斫事瑠璃瓦口	上等	
甋瓪結瓷廳堂、廊屋	中等	
用大當溝、散瓪結瓷、攤釘行壟	中等	
斫事大當溝	中等	
開剜鷰頷、牙子版	中等	
散瓪瓦結瓷	下等	
斫事小當溝並線道、條子瓦	下等	
抹棧、笆、箔	下等	
混染黑脊、白道、繫箔，並織造泥籃	下等	

〔28.3.8〕

泥作

泥作：

用紅灰； 黄、白灰同；

沙泥畫壁； 被篾，披麻同；

壘造鍋鑊竈； 燒錢鑪、茶鑪，同；

壘假山。 壁隱山子同。

右（上）爲上等。

用破灰泥；

壘坯牆。

右（上）爲中等。

細泥； 麤泥並搭乍中泥作襯同；

① [宋]李誡，傅熹年彙校．營造法式合校本．第四册．諸作等第．校注．中華書局．2018年

織造泥籃。

右（上）爲下等。

泥作等第見表28.3.9。

泥作等第　表28.3.9

泥作内容	等第	備注
用紅灰	上等	
用黄、白灰	上等	
沙泥畫壁	上等	
被篾，披麻	上等	
壘造鍋鑊竈	上等	
壘造燒錢鑪、茶鑪	上等	
壘假山	上等	
壘壁隱山子	上等	
用破灰泥	中等	
壘坯牆	中等	
細泥	下等	
麤泥並搭乍中泥作襯	下等	
織造泥籃	下等	

〔28.3.9〕

彩畫作

彩畫作：

五彩裝飾；間用金同；

青緑碾玉。

右（上）爲上等。

青緑棱間；

解緑赤白及結華；畫松文同；

柱頭、脚及槫畫束錦。

右（上）爲中等。

丹粉赤白；刷土黄同；

刷門、窗。版壁、叉子、鉤闌之類，同。

右（上）爲下等。

上文“丹粉赤白”條小注“刷土黄同”，陶本：“刷土黄丹”，對應本段上文小注“間用金同”和“畫松文同”，這裏的“刷土黄丹”之“丹”字疑爲“同”字之誤。

彩畫作等第見表28.3.10。

彩畫作等第　表28.3.10

彩畫作内容	等第	備注
五彩裝飾	上等	
間用金	上等	
青緑碾玉	上等	
青緑棱間	中等	
解緑赤白及結華	中等	
畫松文	中等	
柱頭、脚及槫畫束錦	中等	
丹粉赤白	下等	
刷土黄	下等	
刷門、窗	下等	
刷版壁、叉子、鉤闌之類	下等	

〔28.3.10〕

塼作

塼作：

鐫華；

壘砌象眼、踏道。須彌華臺坐同。

右（上）爲上等。

壘砌平階、地面之類；謂用斫磨塼者；

斫事方、條塼。

右（上）爲中等。

壘砌麤臺階之類；謂用不斫磨塼者；

卷輂、河渠之類。

右（上）爲下等。

塼作等第見表28.3.11。

塼作等第　　表28.3.11

塼作內容	等第	備注
鐫華	上等	
壘砌象眼、踏道	上等	
壘砌須彌華臺坐	上等	
壘砌平階、地面之類	中等	謂用斫磨塼者
斫事方、條塼	中等	
壘砌麤臺階之類	下等	謂用不斫磨塼者
卷輂、河渠之類	下等	

〔28.3.11〕

窰作

窰作：

鴟、獸；行龍、飛鳳、走獸之類，同；

火珠。角珠、滴當子之類，同。

右（上）爲上等。

瓦坯：黏絞並造華頭，撥重脣，同；

造瑠璃瓦之類；

燒變塼、瓦之類。

右（上）爲中等。

塼坯；

裝窰。壘輂窰同。

右（上）爲下等。

上文“瓦坯”條小注“黏絞並造華頭”，陶本：“黏較並造華頭”。對“黏較”與“黏絞”兩詞，亦未知作何理解。對于瓦坯加工過程而言，此處用“絞”似比用“較”在字義上更容易理解一些？

上文“裝窰”條小注“壘輂窰同”，傅書局合校本注：“‘輂’字疑衍，或爲‘壘造窰同’。”[①]又補注：“故宫本、四庫本、张本，均作‘輂’。”[②]傅建工合校本注：“朱批陶本：‘輂’字疑衍，或爲‘壘造窰同’。熹年謹按：故宫本、四庫本、張本均作‘輂’，故不改，録朱批備考。”[③]

據《漢語大字典》，“輂”字有多義：一爲“馬拉大車”，或“後推之車”。二有“載物”之意，或運載土石的器具。亦可作“轎子”解。又與“輁”字之意相通，即“移車於旁”之意。[④]但《法式》中“卷輂水窗”，其“輂”似有今日之“拱券”意，故這裹或取其“卷輂”意，則“壘輂窰”，或爲壘造拱券狀之塼窰？若仍如陶本原文，則其“壘輂窰”者或可理解爲，所壘塼窰爲“卷輂”形式，亦即所謂拱券結構形式？

窰作等第見表28.3.12。

① [宋]李誡，傅熹年彙校．營造法式合校本．第四册．諸作等第．校注．中華書局．2018年

② [宋]李誡，傅熹年彙校．營造法式合校本．第四册．諸作等第．校注．中華書局．2018年

③ [宋]李誡，傅熹年校注．合校本營造法式．第778頁．諸作等第．注5．中國建築工業出版社．2020年

④ 参見漢語大字典．第1470頁．車部．輂．四川辭書出版社-湖北辭書出版社．1993年

窰作等第 表28.3.12

窰作内容	等第	備注
鴟、獸	上等	
行龍、飛鳳、走獸之類	上等	
火珠	上等	
角珠、滴當子之類	上等	
瓦坯	中等	
黏紋並造華頭，撥重脣	中等	
造瑠璃瓦之類	中等	
燒變塼、瓦之類	中等	
塼坯	下等	
裝窰	下等	
壘蓽窰	下等	

第29章

《营造法式》卷第二十九至卷第三十四

營造法式卷第二十九

通直郎管修蓋皇弟外第專一提舉修蓋班直諸軍營房等臣李誡奉

聖旨編修

總例圖樣

圜方方圜圖

壕寨制度圖樣

景表版等第一

水平真尺第二

石作制度圖樣

柱礎角石等第一

踏道螭首第二

殿内鬬八第三

鉤闌門砧第四

流盃渠第五

營造法式卷第三十

通直郎管修蓋皇弟外第專一提舉修蓋班直諸軍營房等臣李誡奉

聖旨編修

大木作制度圖樣上

栱枓等卷殺第一

梁柱等卷殺第二

下昂上昂出跳分數第三

舉折屋舍分數第四

絞割鋪作栱昂枓等所用卯口第五

梁額等卯口第六

合柱鼓卯第七

槫縫襻間第八

鋪作轉角正樣第九

營造法式卷第三十一

通直郎管修蓋皇弟外第專一提舉修蓋班直諸軍營房等臣李誡奉聖旨編修

大木作制度圖樣下

營造法式卷第三十二

通直郎管修蓋皇弟外第專一提舉修蓋班直諸軍營房等臣李誡奉

聖旨編修

小木作制度圖樣

門窗格子門等第一垂魚附

平棊鉤闌等第二

殿閣門亭等牌第三

佛道帳經藏第四

雕木作制度圖樣

混作第一

栱眼内彫插第二

格子門等腰華版第三

平棊華盤第四

雲栱等雜樣第五

營造法式卷第三十三

通直郎管修蓋皇弟外第專一提舉修蓋班直諸軍營房等臣李誡奉聖旨編修

彩畫作制度圖樣上

五彩雜華第一

五彩瑣文第二

飛仙及飛走等第三

騎跨仙眞第四

五彩額柱第五

五彩平棊第六

碾玉雜華第七

碾玉瑣文第八

碾玉額柱第九

碾玉平棊第十

營造法式卷第三十四

通直郎管修蓋皇弟外第專一提舉修蓋班直諸軍營房等臣李誠奉

聖旨編修

彩畫作制度圖樣下

刷飾制度圖樣

【29.1】
總例圖樣

【29.2】
壕寨制度圖樣

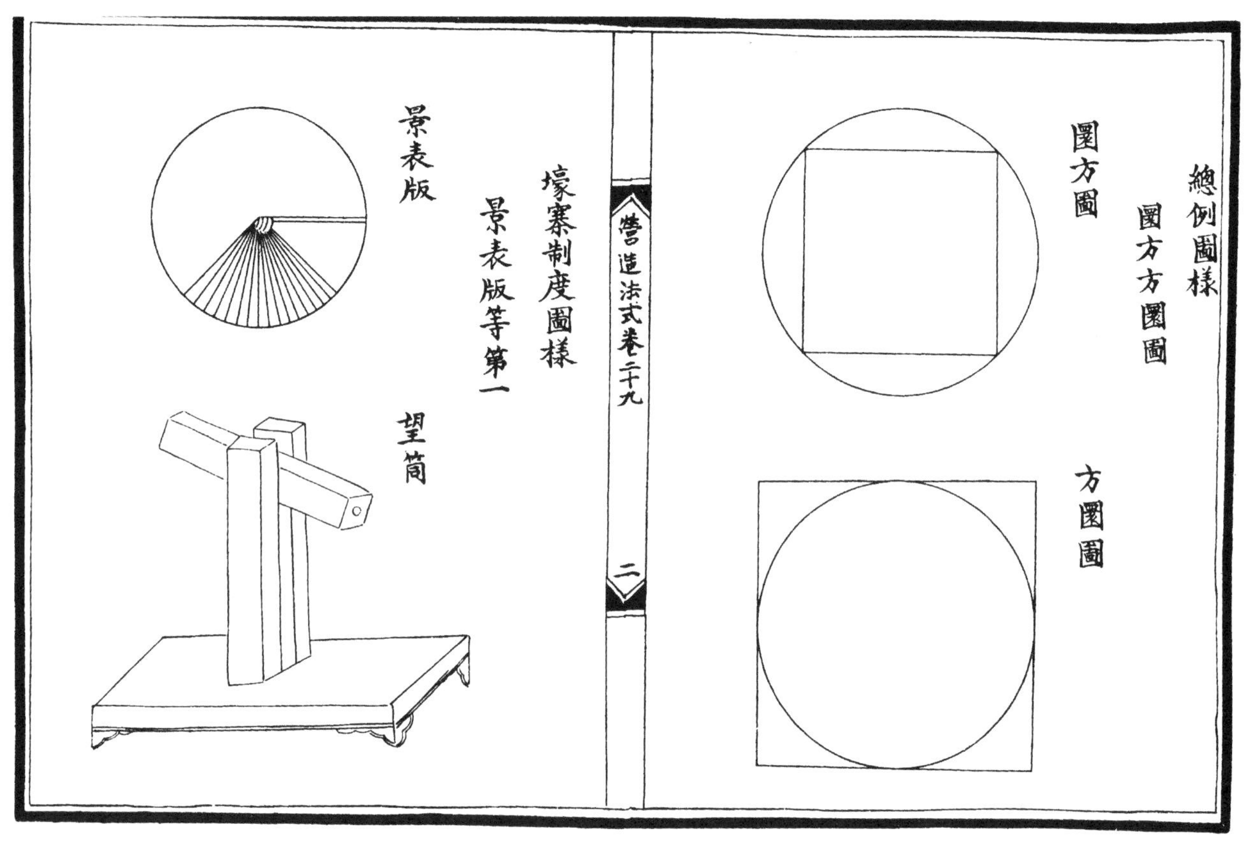

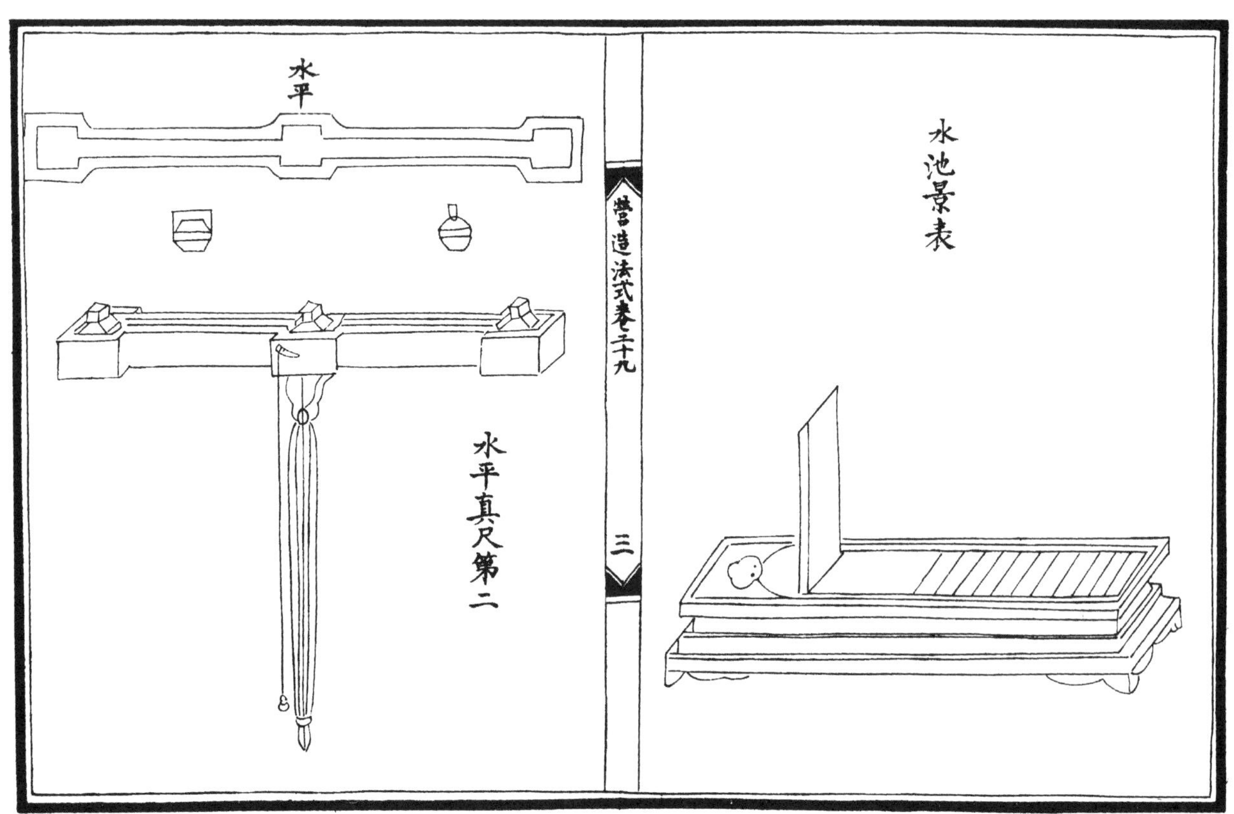

【29.3】

石作制度圖樣

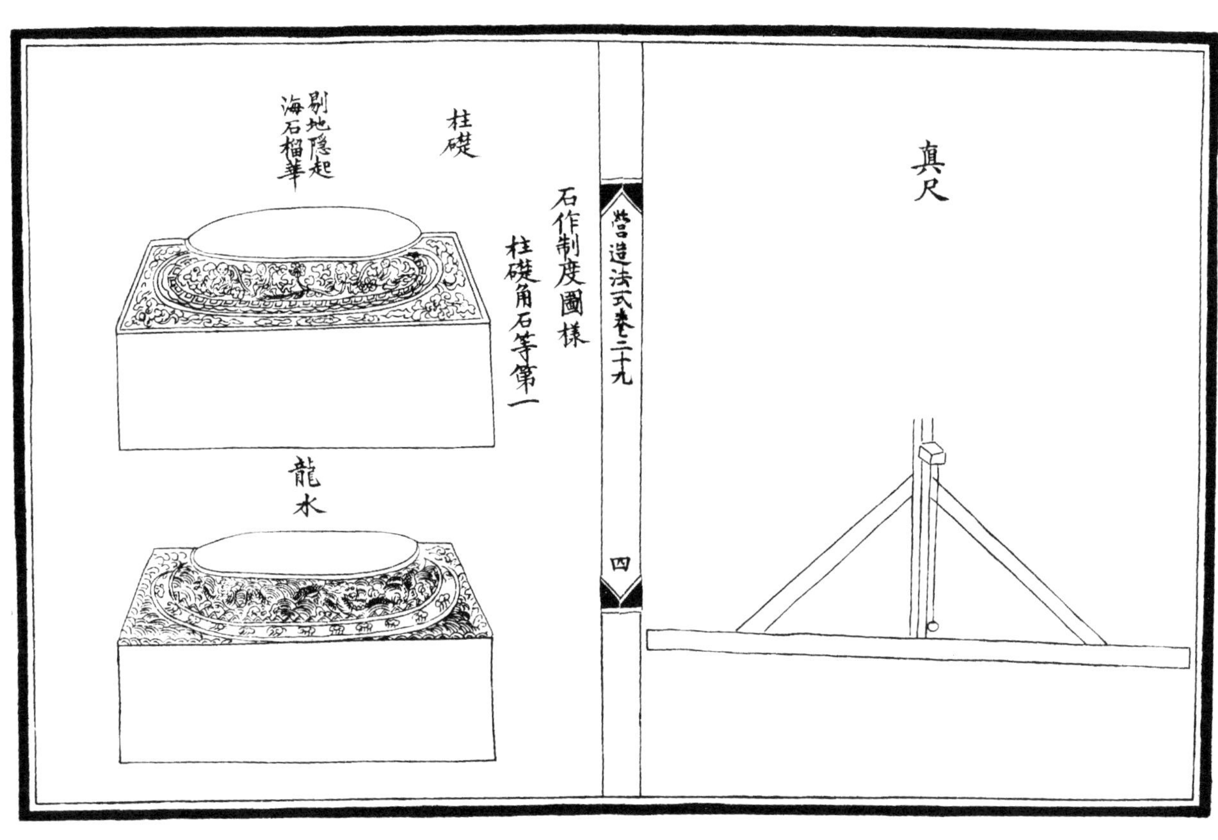
真尺
營造法式卷二十九
四
石作制度圖樣
柱礎角石等第一
柱礎
剔地隱起海石榴華
龍水

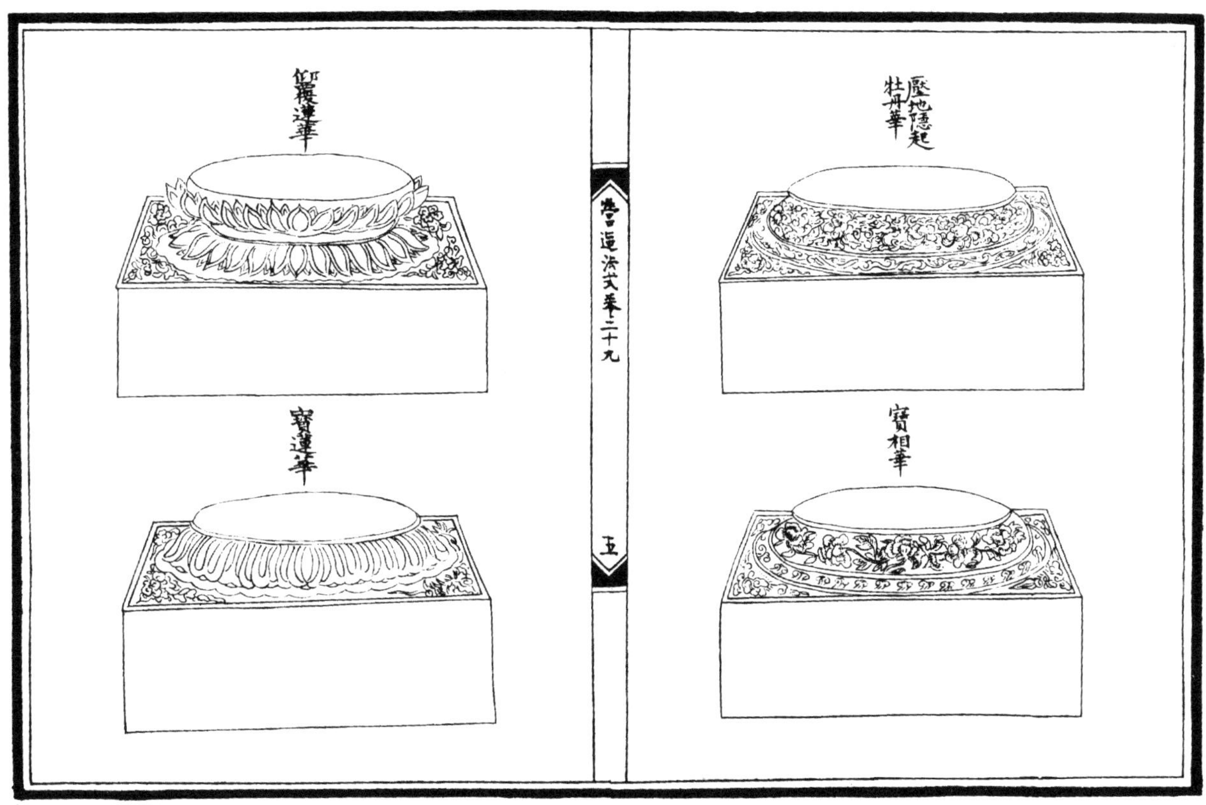
壓地隱起牡丹華
寶相華
營造法式卷二十九
五
仰覆蓮華
寶裝蓮華

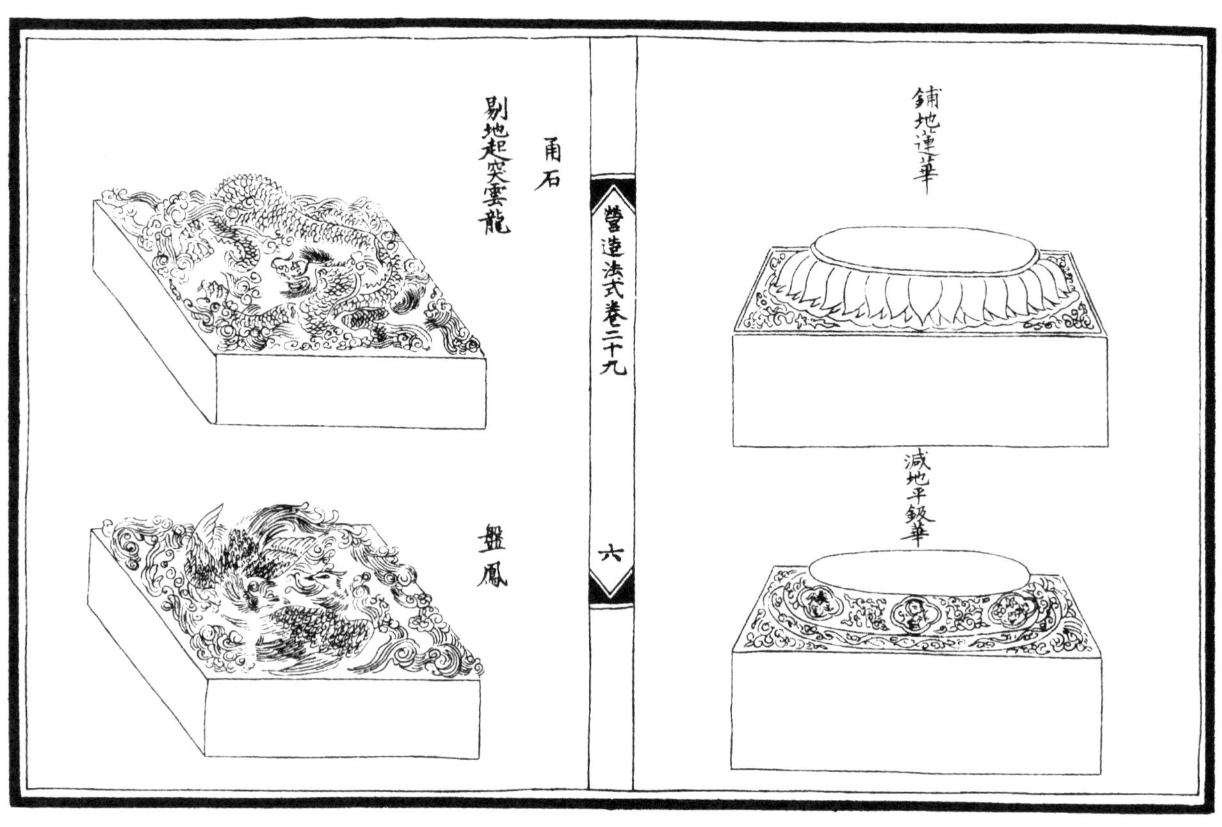
鋪地蓮華
減地平鈒華
營造法式卷二十九
六
角石
剔地起突雲龍
盤鳳

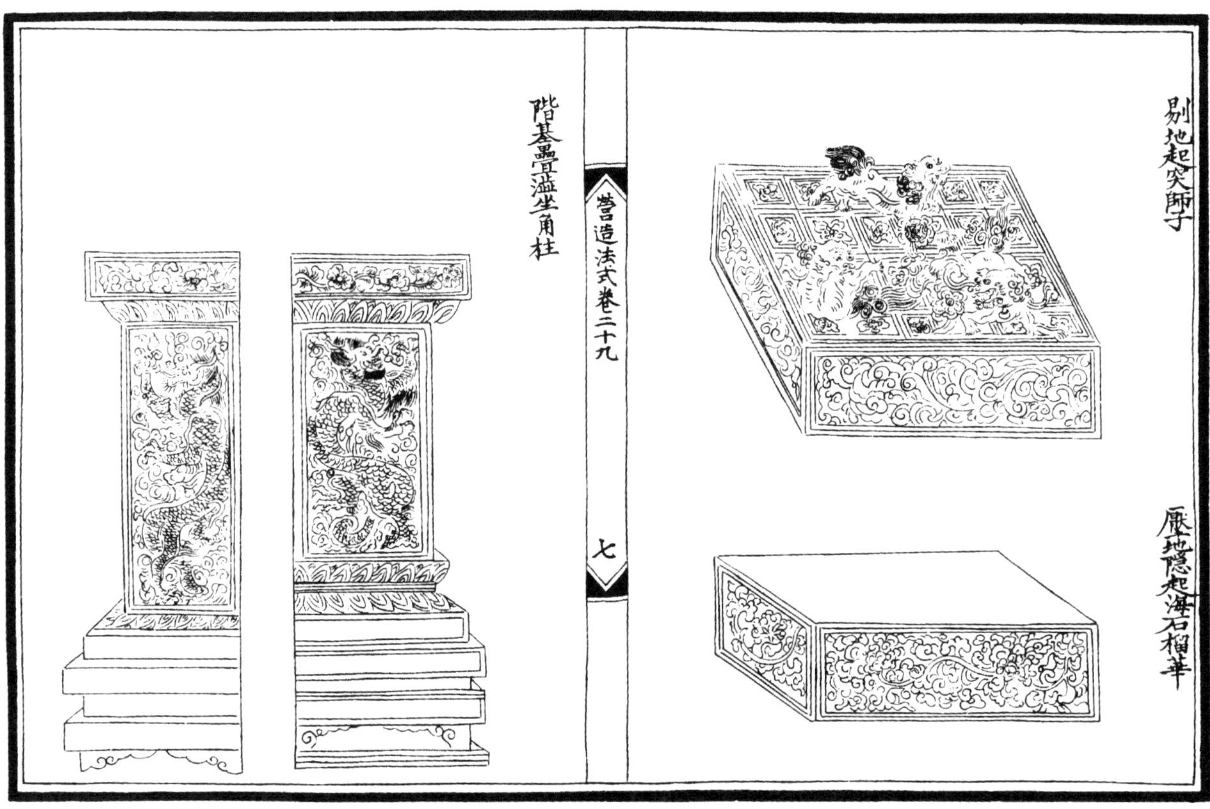
剔地起突師子
壓地隱起海石榴華
營造法式卷二十九
七
階基疊澁坐角柱

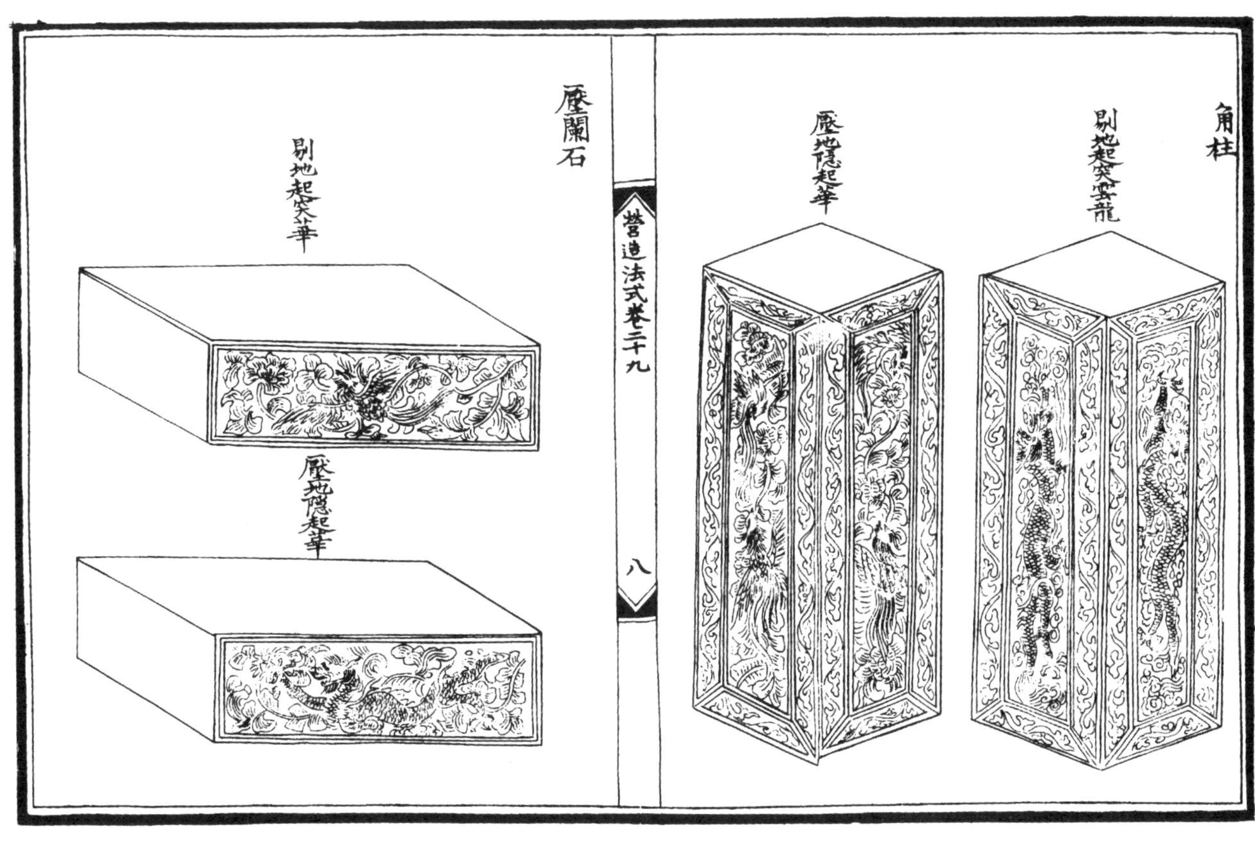
角柱
剔地起突雲龍
壓地隱起華
營造法式卷二十九
八
壓闌石
剔地起突華
壓地隱起華

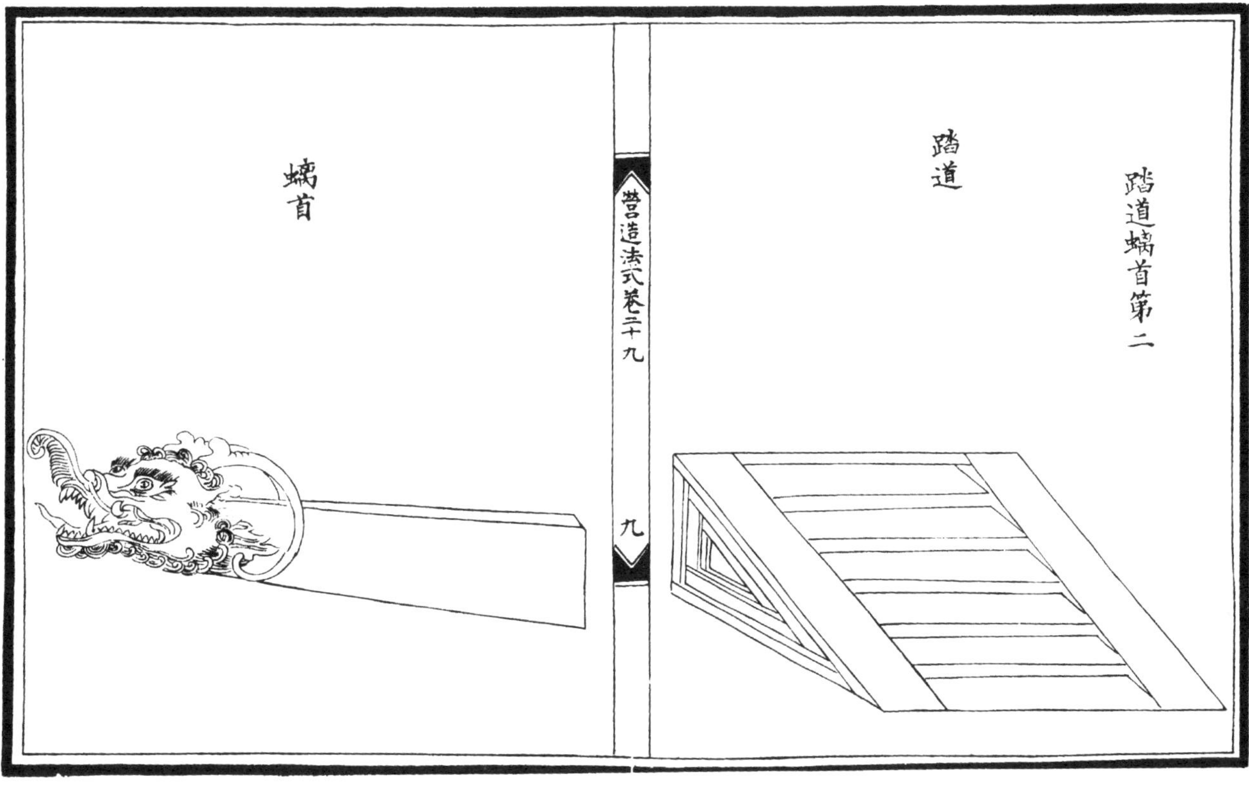
踏道螭首第二
踏道
營造法式卷二十九
九
螭首

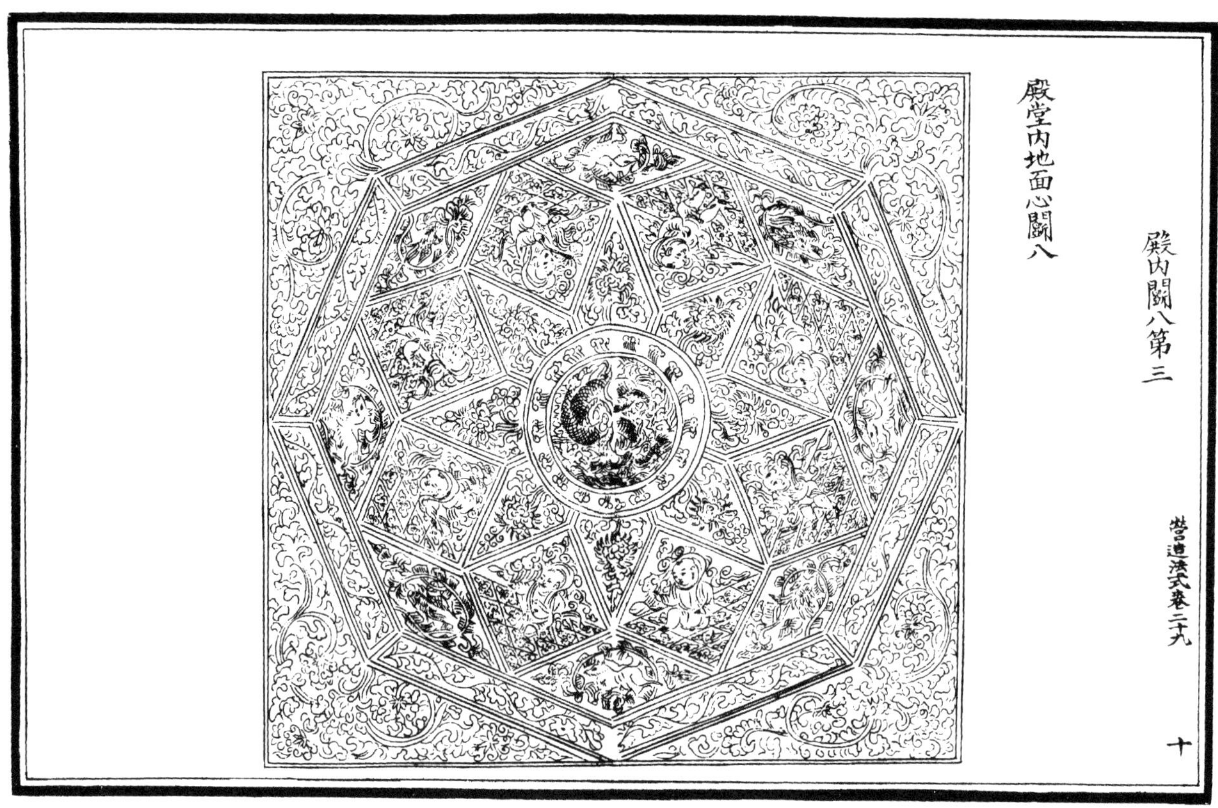
殿堂內地面心鬬八
殿內鬬八第三
營造法式卷二十九
十

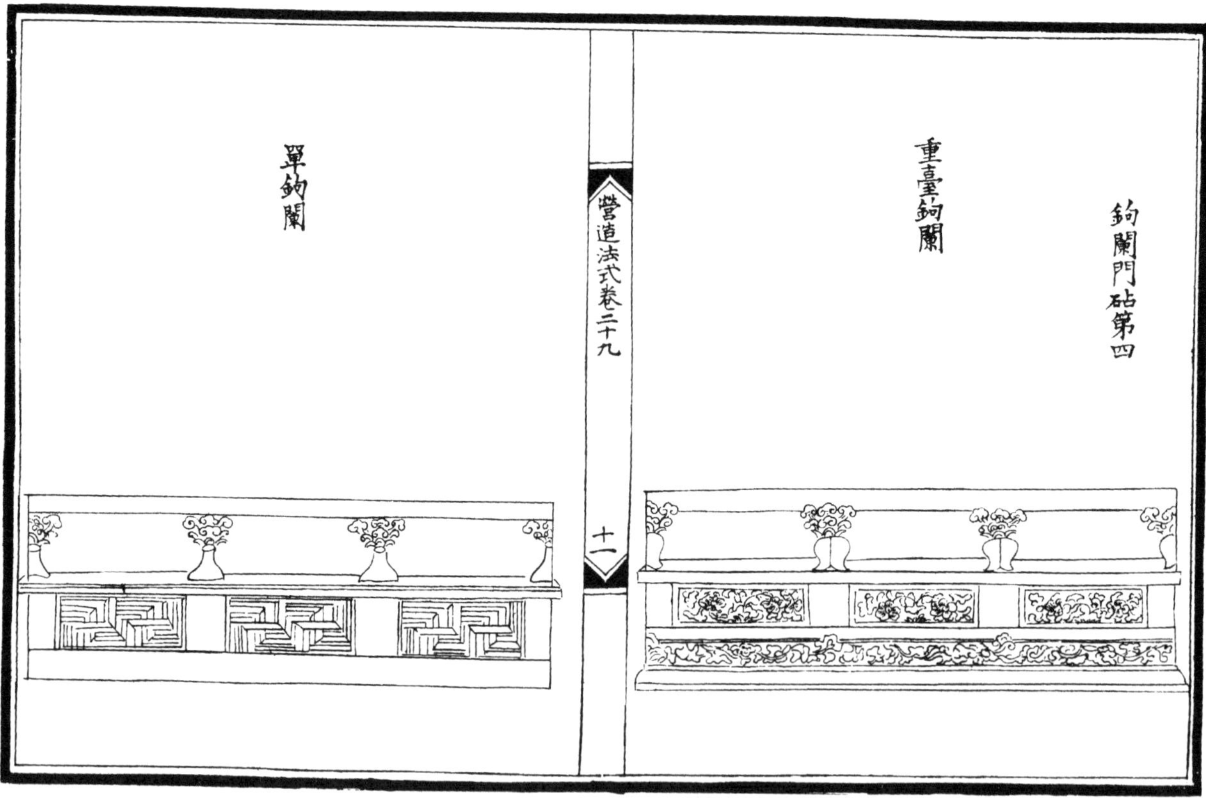
鉤闌門砧第四
重臺鉤闌
營造法式卷二十九
十一
單鉤闌

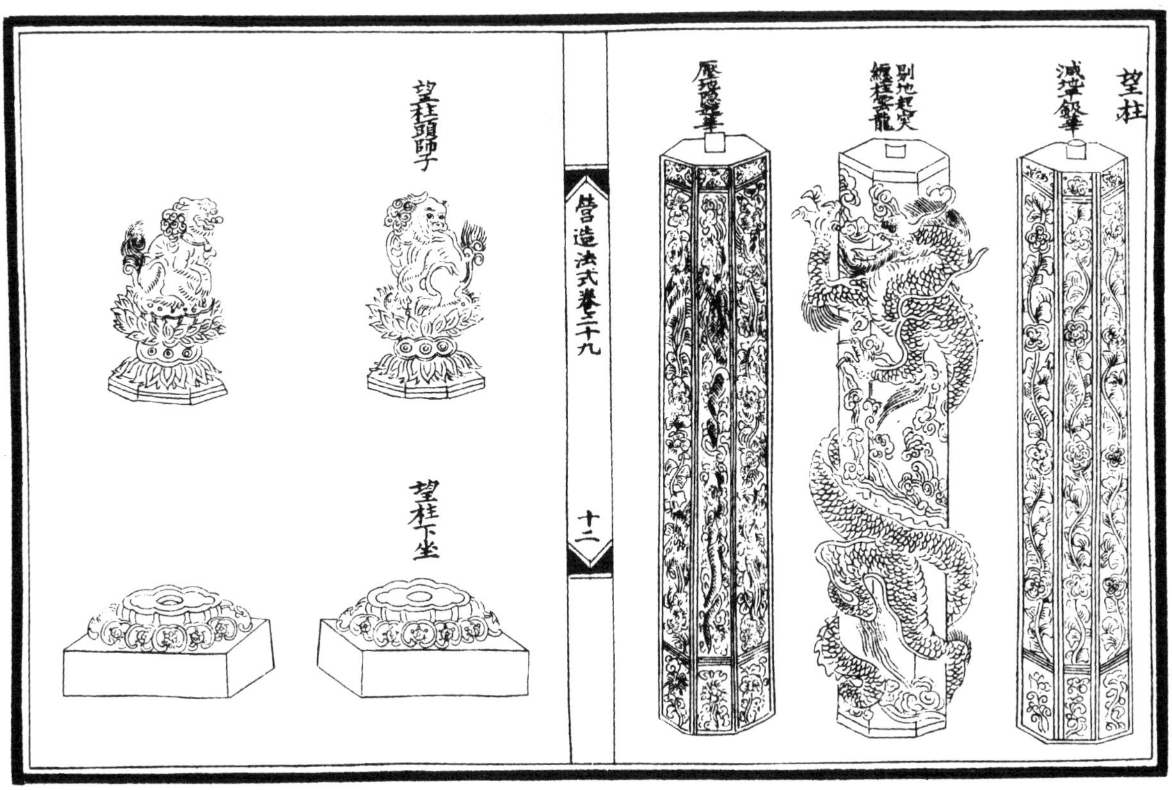
營造法式卷二十九
十二
望柱
減地平鈒華
剔地起突纏柱雲龍
壓地隱起華
望柱頭師子
望柱下坐

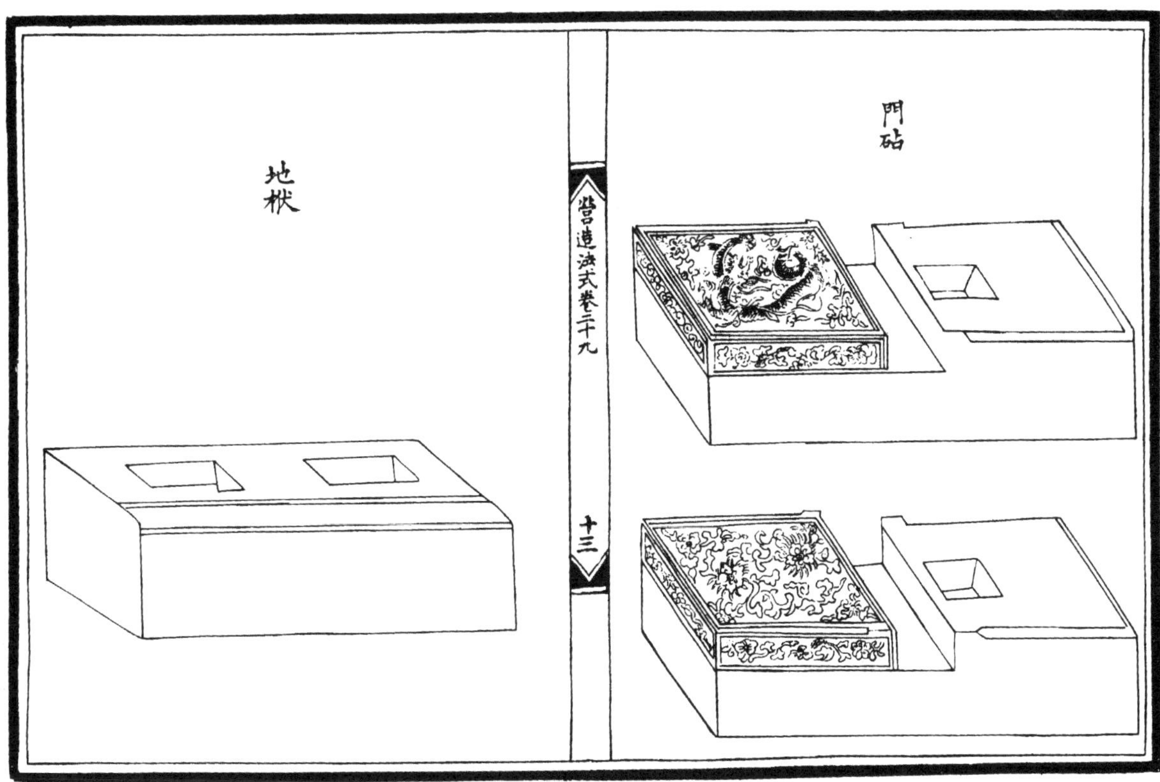
營造法式卷二十九
十三
門砧
地栿

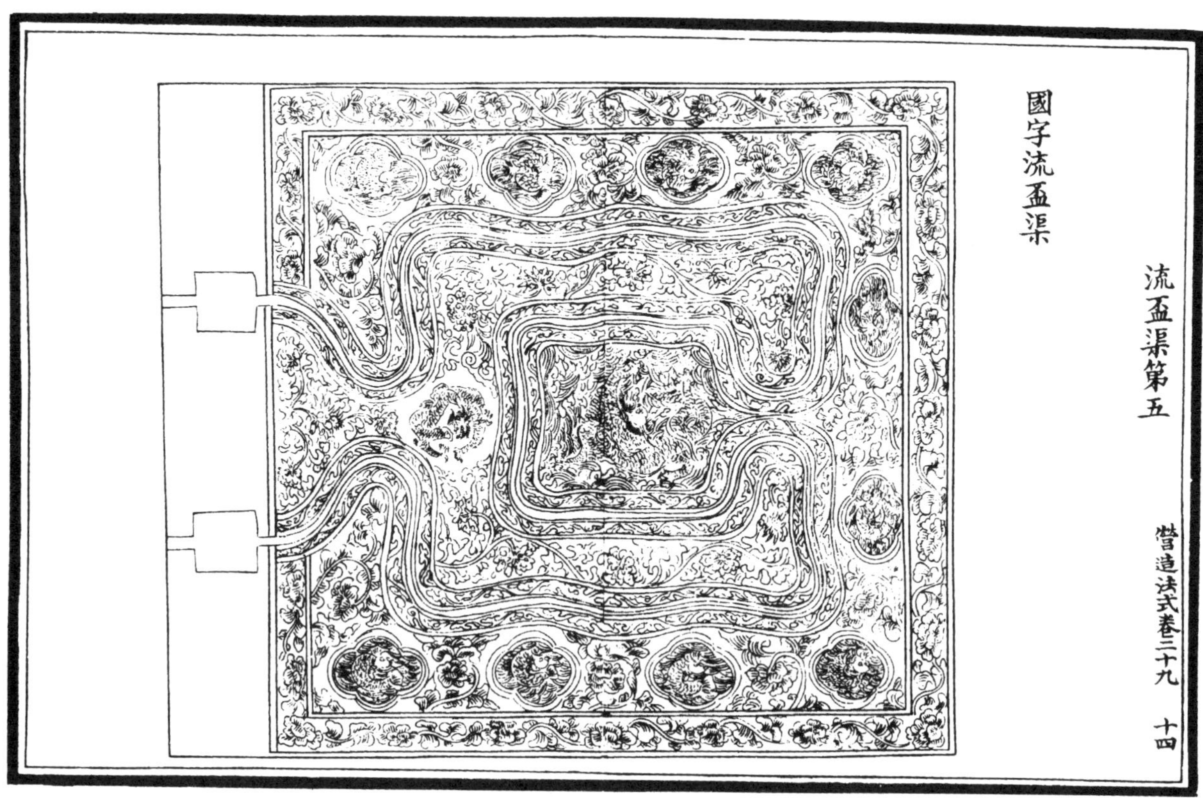
國字流盃渠
流盃渠第五
營造法式卷二十九　十四

風字流盃渠
營造法式卷二十九　十五

【29.4】

大木作制度圖樣上

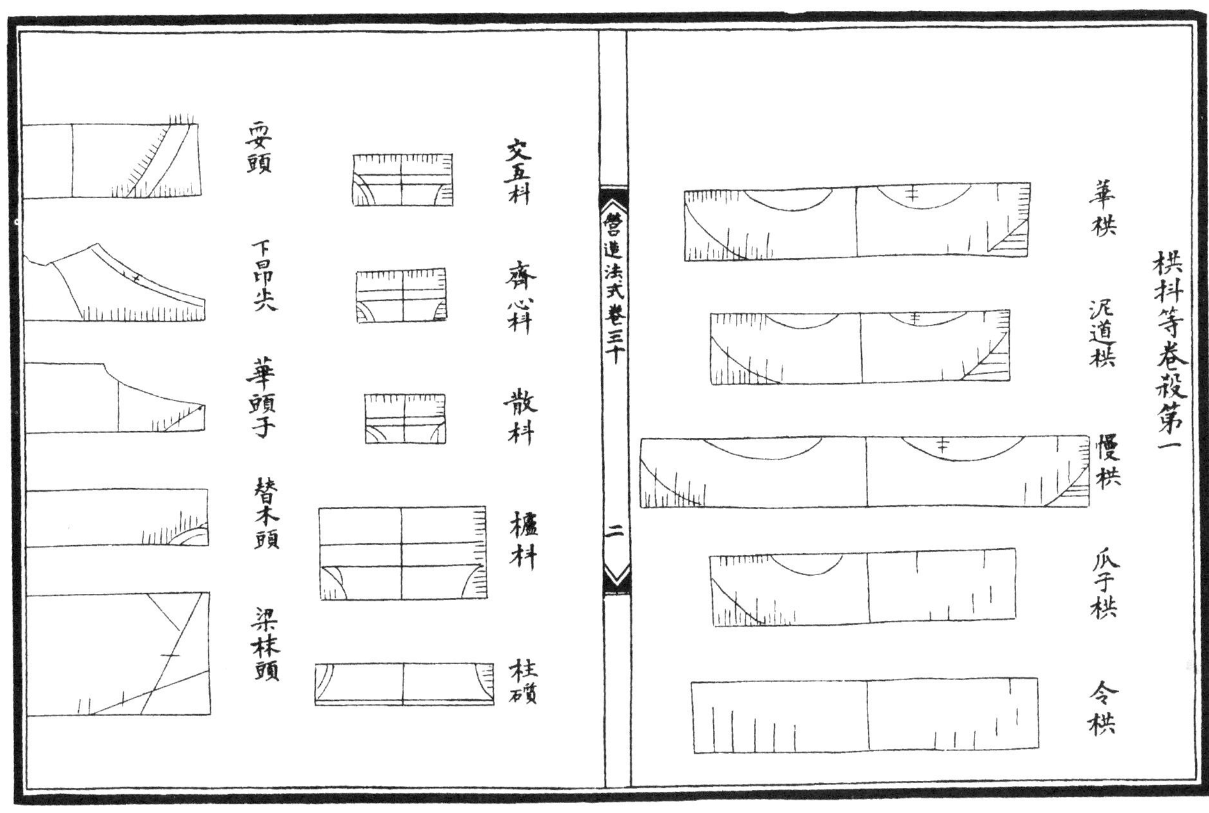

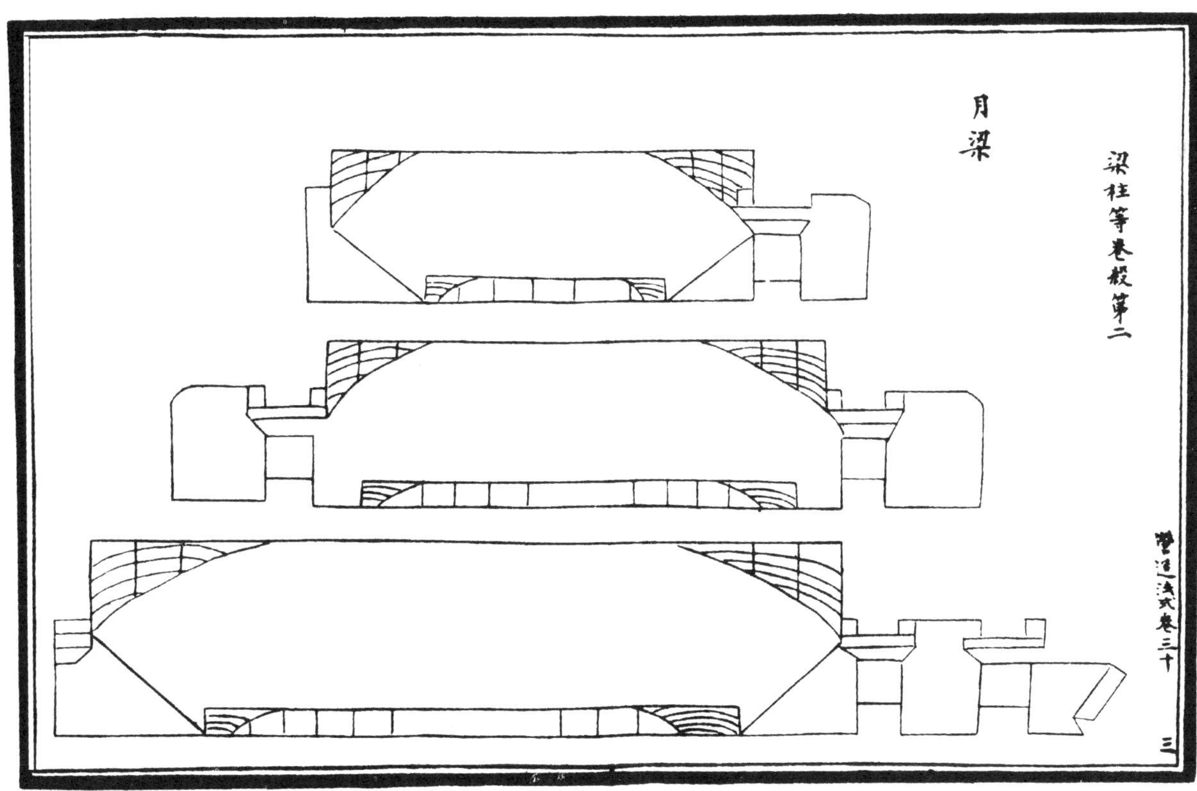

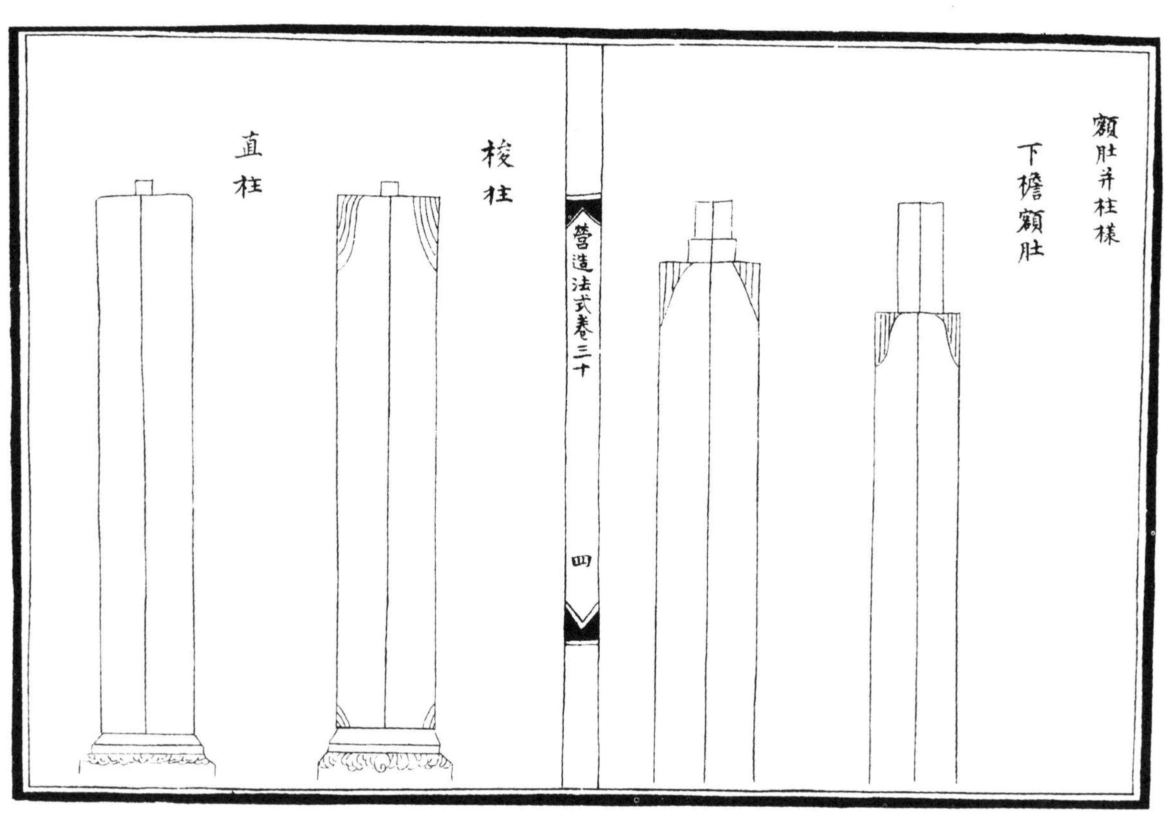
額肚并柱様
下檐額肚
梭柱
直柱
營造法式卷三十
四

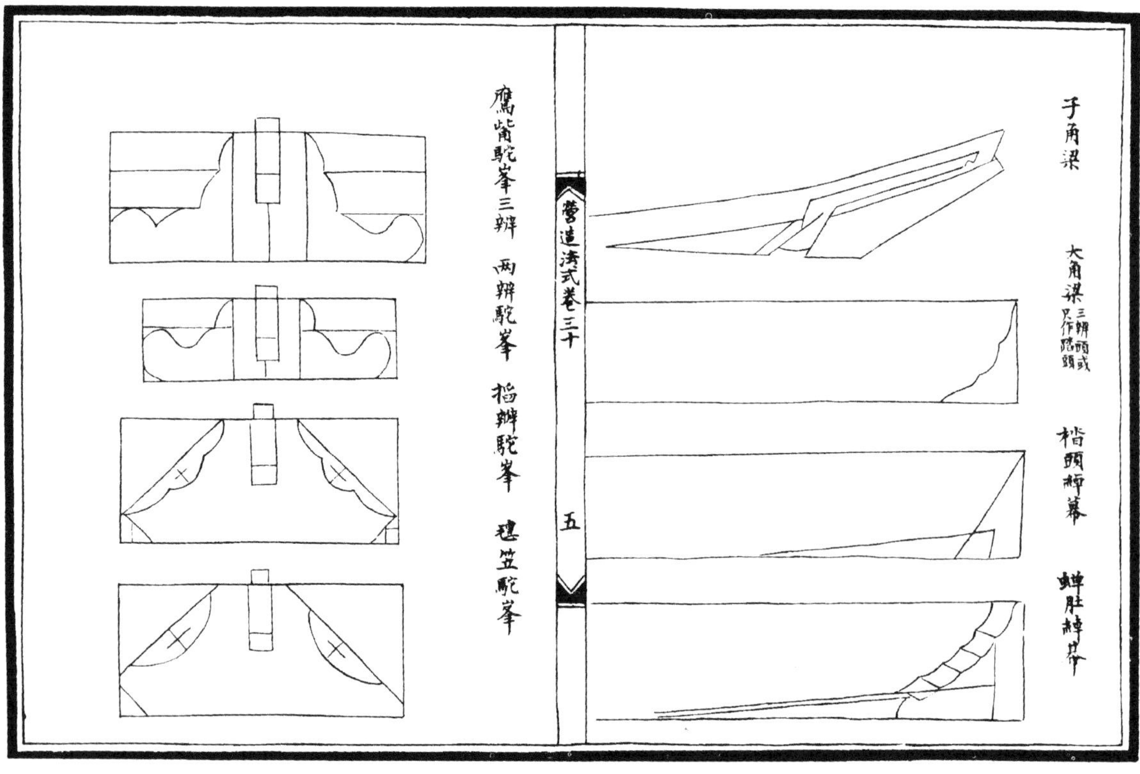
子角梁
大角梁三瓣頭或只作鹘頭
楷頭綽幕
蟬肚綽幕
營造法式卷三十
五
鷹觜駝峯三瓣
兩瓣駝峯
楷瓣駝峯
氊笠駝峯

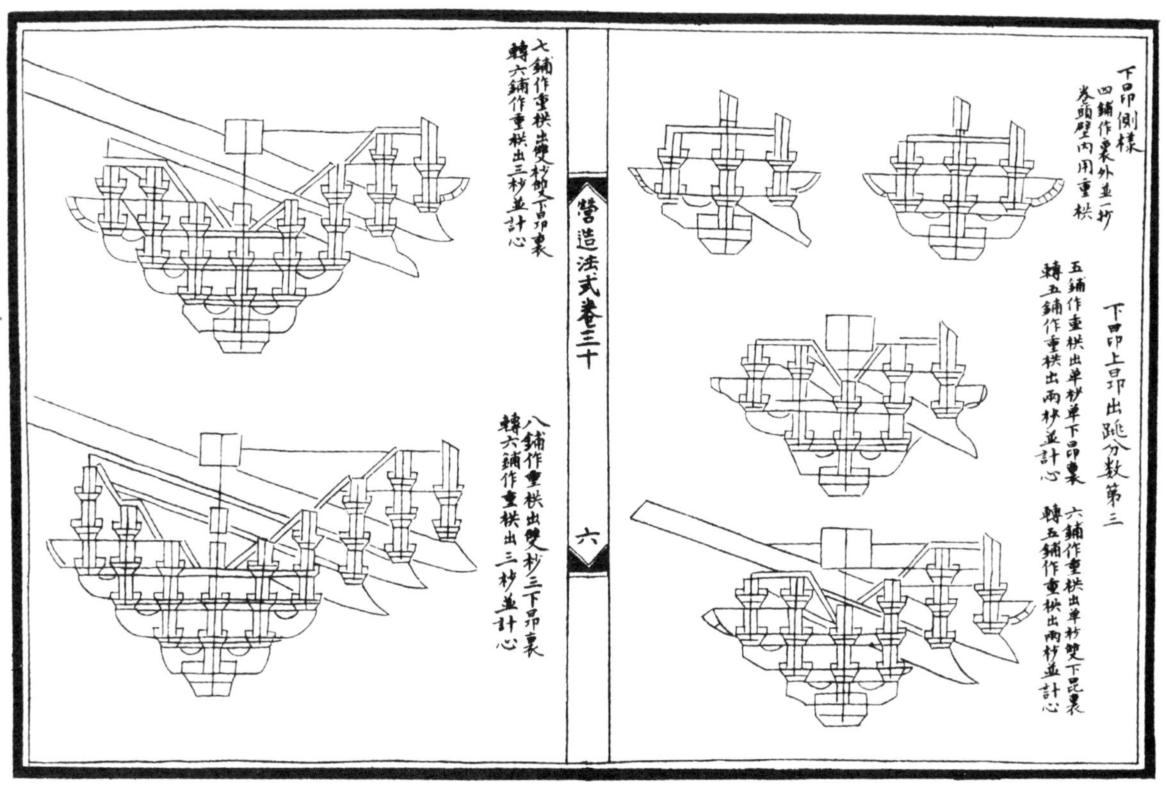
下昂側樣
四鋪作裏外並一杪
卷頭壁內用重栱
下昂上昂出跳分數第三
五鋪作重栱出單杪單下昂裏
轉五鋪作重栱出兩杪並計心
六鋪作重栱出單杪雙下昂裏
轉五鋪作重栱出兩杪並計心
營造法式卷三十
六
七鋪作重栱出雙杪雙下昂裏
轉六鋪作重栱出三杪並計心
八鋪作重栱出雙杪三下昂裏
轉六鋪作重栱出三杪並計心

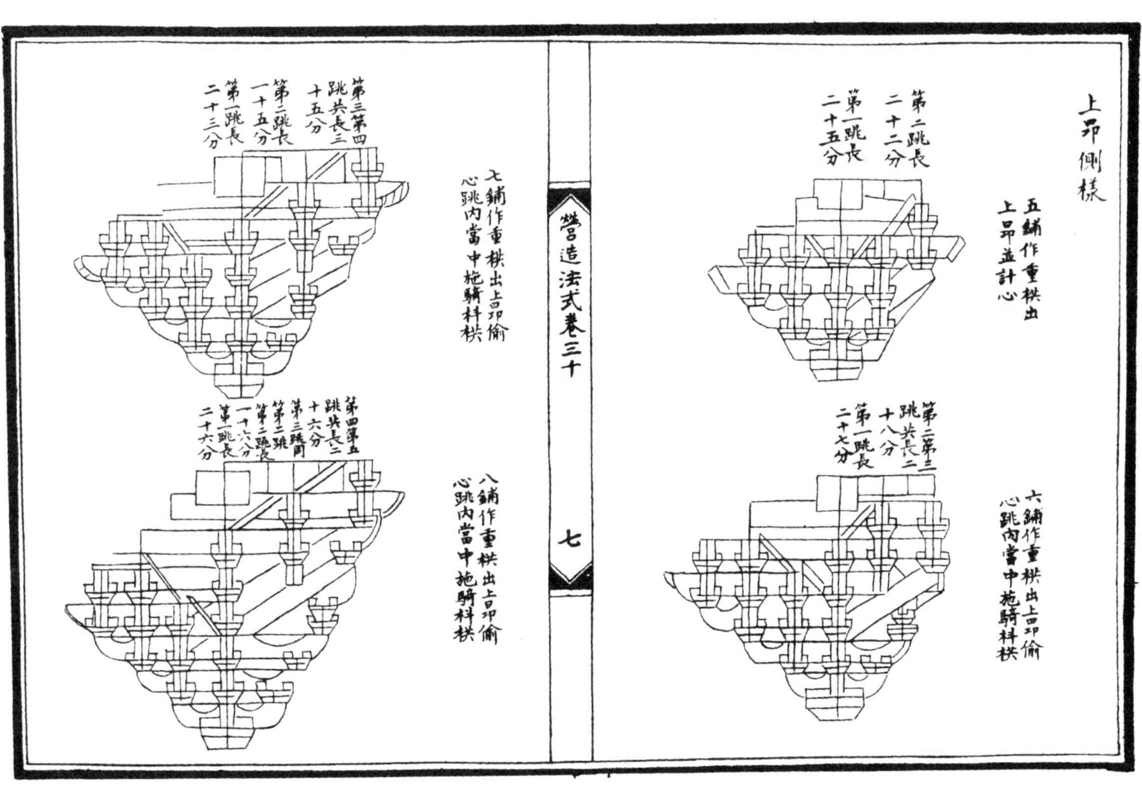
上昂側樣
五鋪作重栱出
上昂並計心
第二跳長
二十二分
第一跳長
二十五分
六鋪作重栱出上昂偷
心跳內當中施騎枓栱
第二第三
跳共長二
十八分
第一跳長
二十七分
營造法式卷三十
七
七鋪作重栱出上昂偷
心跳內當中施騎枓栱
第三第四
跳共長三
十五分
第二跳長
一十五分
第一跳長
二十三分
八鋪作重栱出上昂偷
心跳內當中施騎枓栱
第四第五
跳共長二
十六分
第三跳間
第二跳
第二跳長
一十六分
第一跳長
二十六分

舉折屋舍分數第四

亭榭鬭尖用甋瓦舉折

亭榭鬬尖用甋瓦舉折

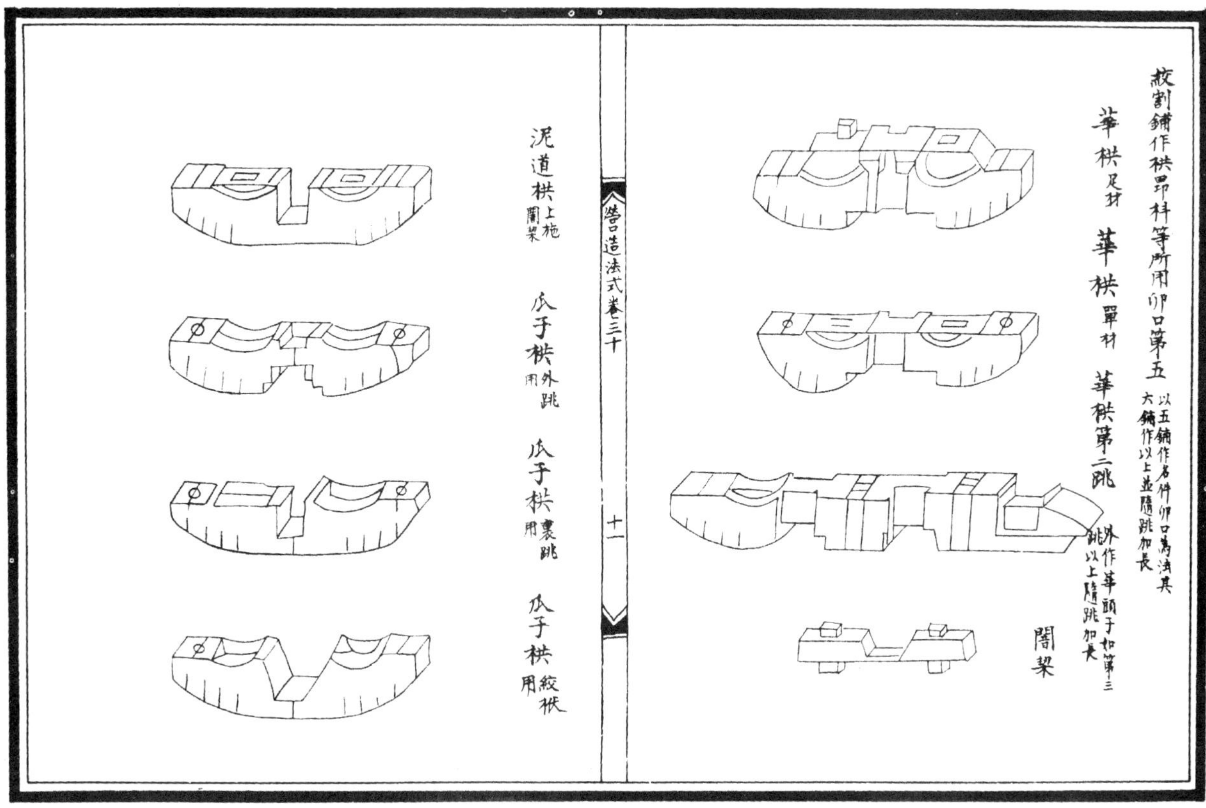
絞割鋪作栱昂枓等所用卯口第五
以五鋪作名件卯口爲法其六鋪作以上並隨跳加長
華栱 足材
華栱 單材
華栱第二跳
外作華頭子如第三跳以上隨跳加長
闇栔
泥道栱 上施闇栔
瓜子栱 用外跳
瓜子栱 用裏跳
瓜子栱 用絞栿

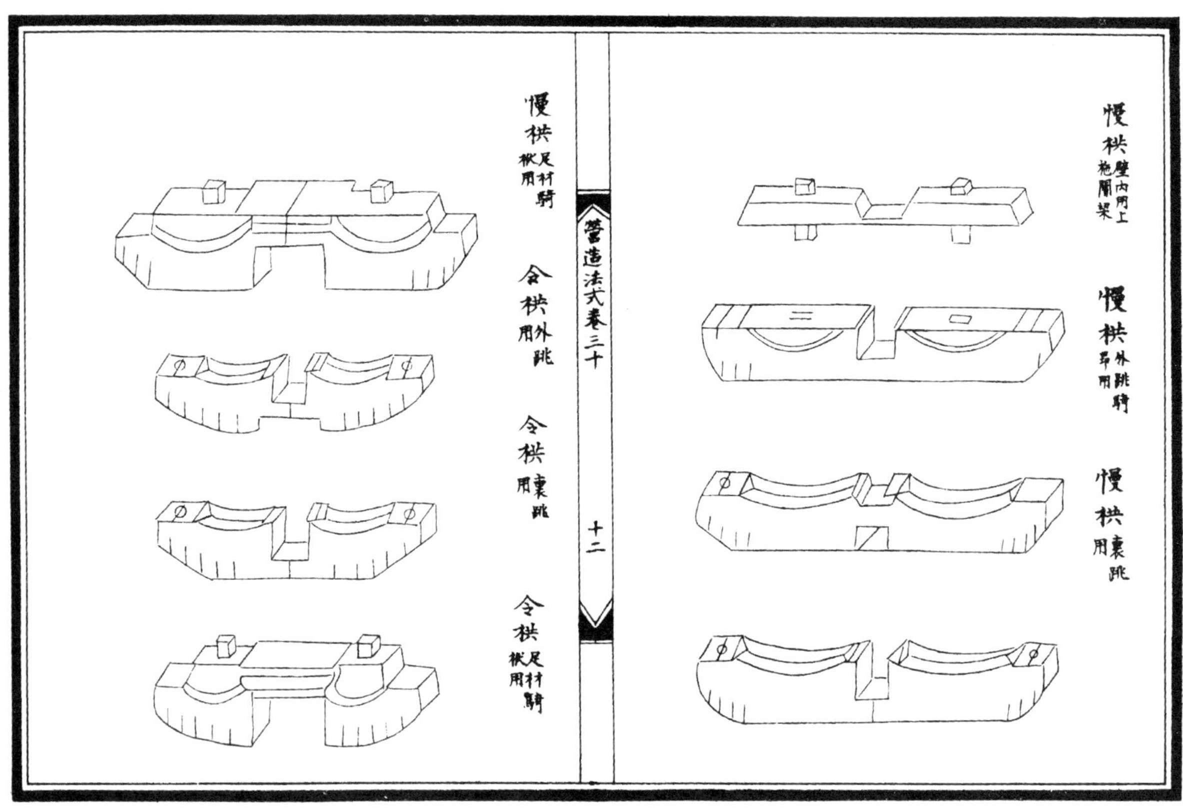

慢栱壁内用上施閣架
慢栱外跳騎昂用
慢栱裏跳用
營造法式卷三十
十二
慢栱騎栿用足材
令栱外跳用
令栱裏跳用
令栱騎栿用足材

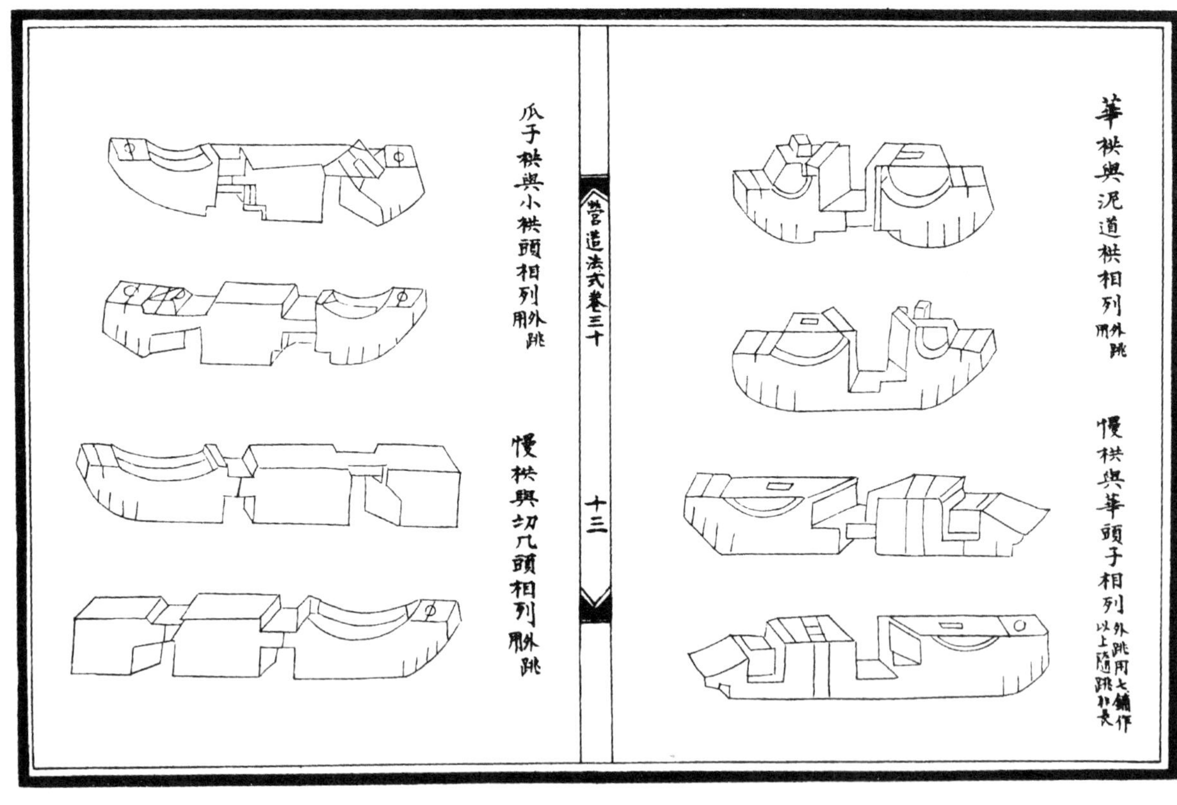

華栱與泥道栱相列外跳用
慢栱與華頭子相列外跳用七鋪作以上隨跳加長
營造法式卷三十
十三
瓜子栱與小栱頭相列外跳用
慢栱與切几頭相列外跳用

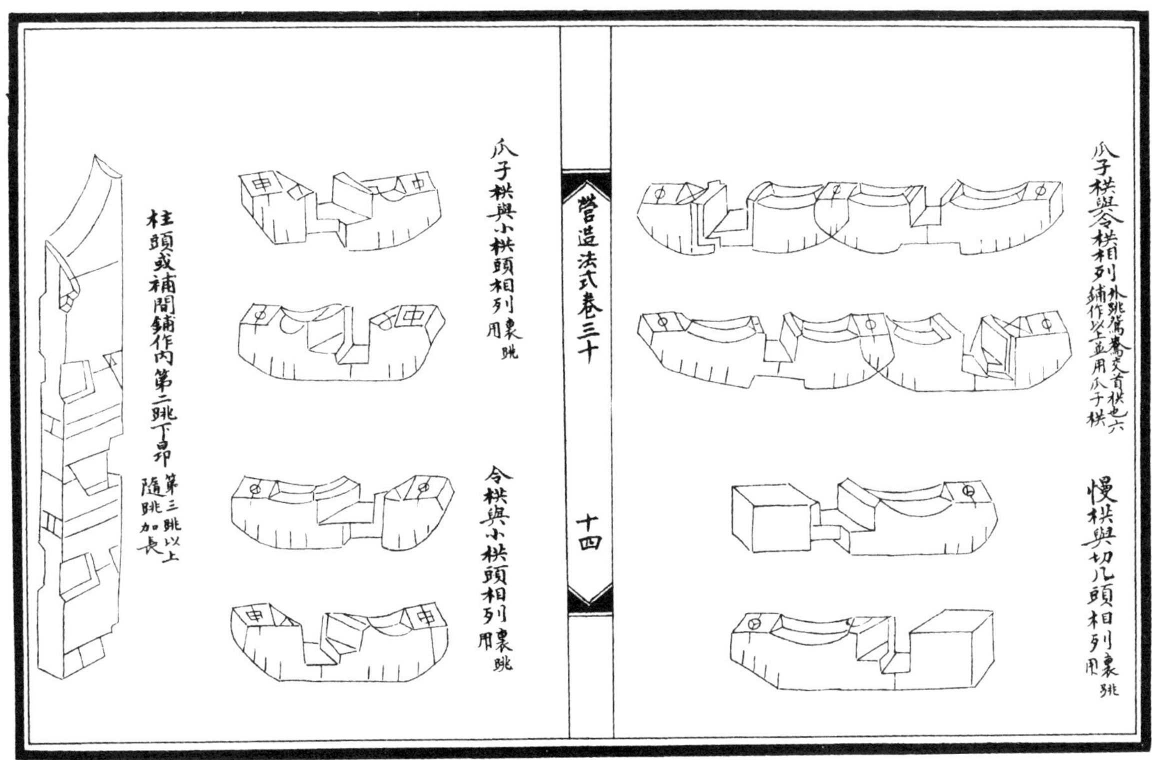
爪子栱與令栱相列外跳爲慢栱之首栱也六鋪作以上並用爪子栱
慢栱與切几頭相列裏跳用
營造法式卷三十
十四
爪子栱與小栱頭相列裏跳用
令栱與小栱頭相列裏跳用
柱頭或補間鋪作內第二跳下昂第三跳以上隨跳加長

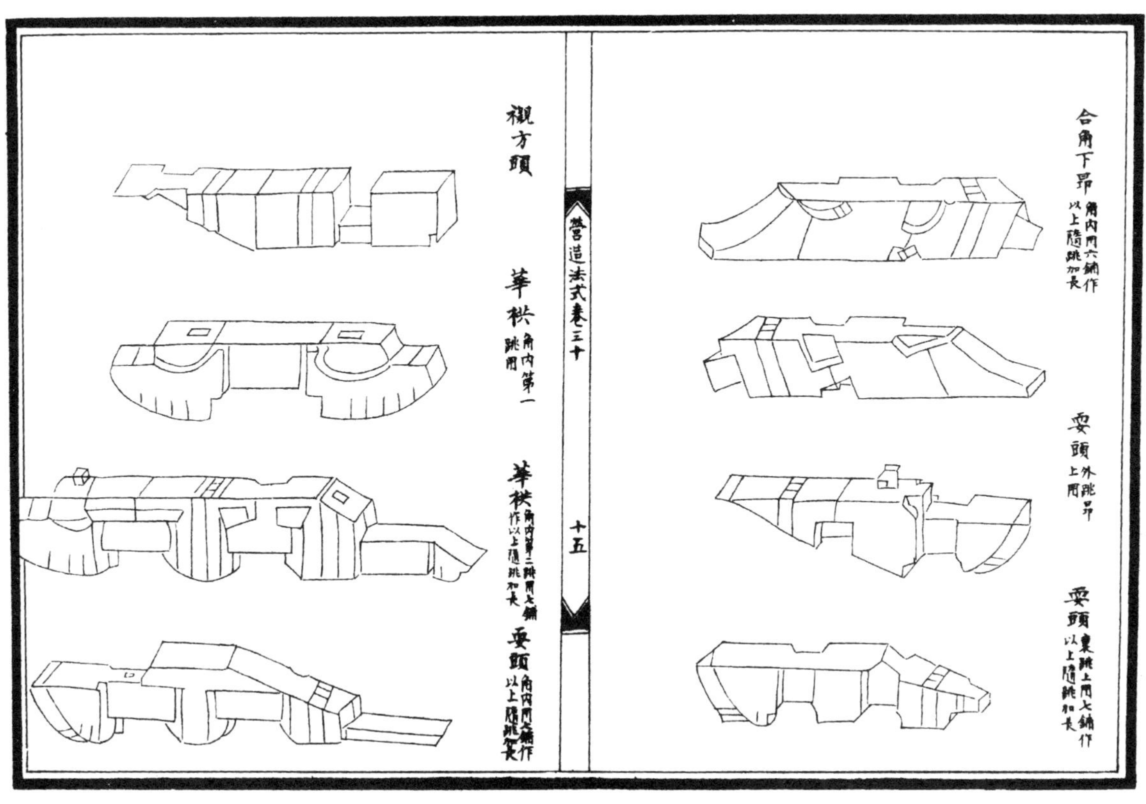
合角下昂角內用六鋪作以上隨跳加長
耍頭外跳昂上用
耍頭裏跳上用七鋪作以上隨跳加長
營造法式卷三十
十五
襯方頭
華栱角內第一跳用
華栱角內第二跳用七鋪作以上隨跳加長
耍頭角內用六鋪作以上隨跳加長

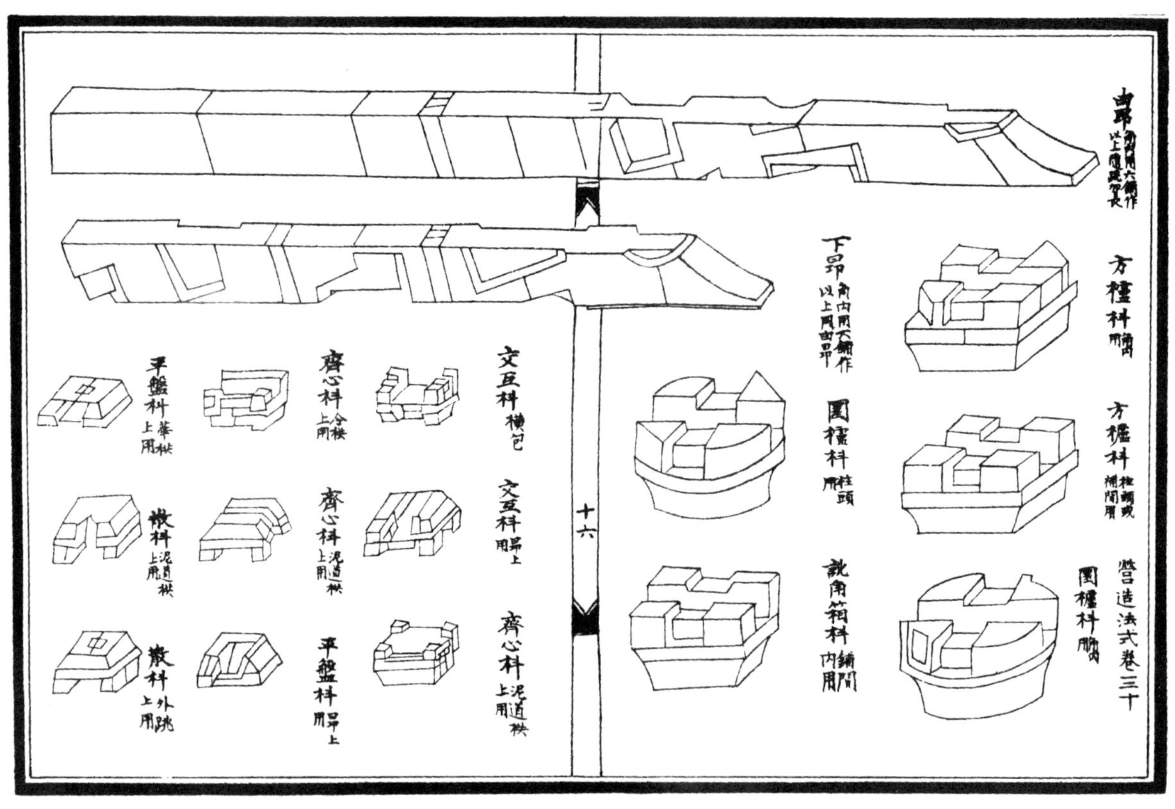
營造法式卷三十
十六
昂 角内用六鋪作以上隨跳加長
下昂 角内用下鋪作以上用出昂
方櫨枓 用
方櫨枓 柱頭 補間用
圜櫨枓 用柱頭
圜櫨枓 用
訛角箱枓 補間内用
交互枓 橫包
交互枓 用昂上
齊心枓 上用泥道栱
齊心枓 上用令栱
齊心枓 上用泥道栱
平盤枓 上用華栱
散枓 上用泥道栱
散枓 上用外跳
平盤枓 用昂上

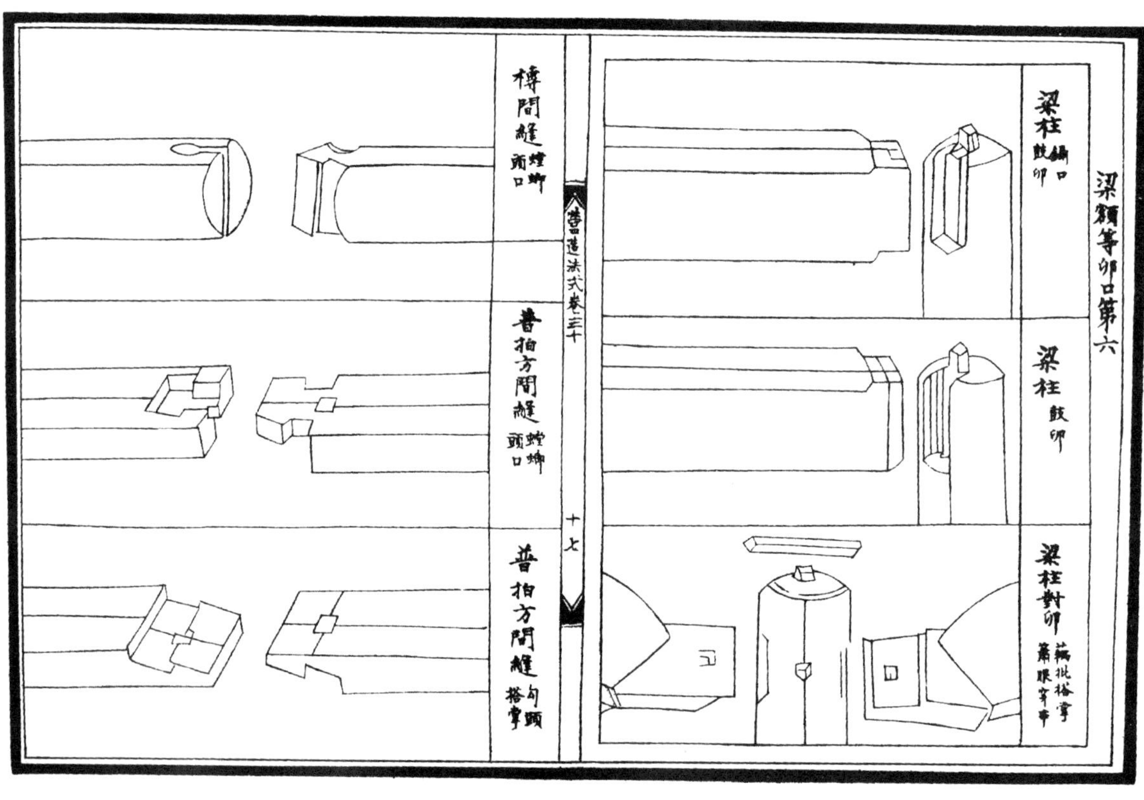
梁額等卯口第六
營造法式卷三十
十七
梁柱 鼓卯 鼓口
梁柱 鼓卯
梁柱對卯 藕批搭掌 簫眼穿串
搏間縫 螳螂頭口
普拍方間縫 螳螂頭口
普拍方間縫 勾頭搭掌

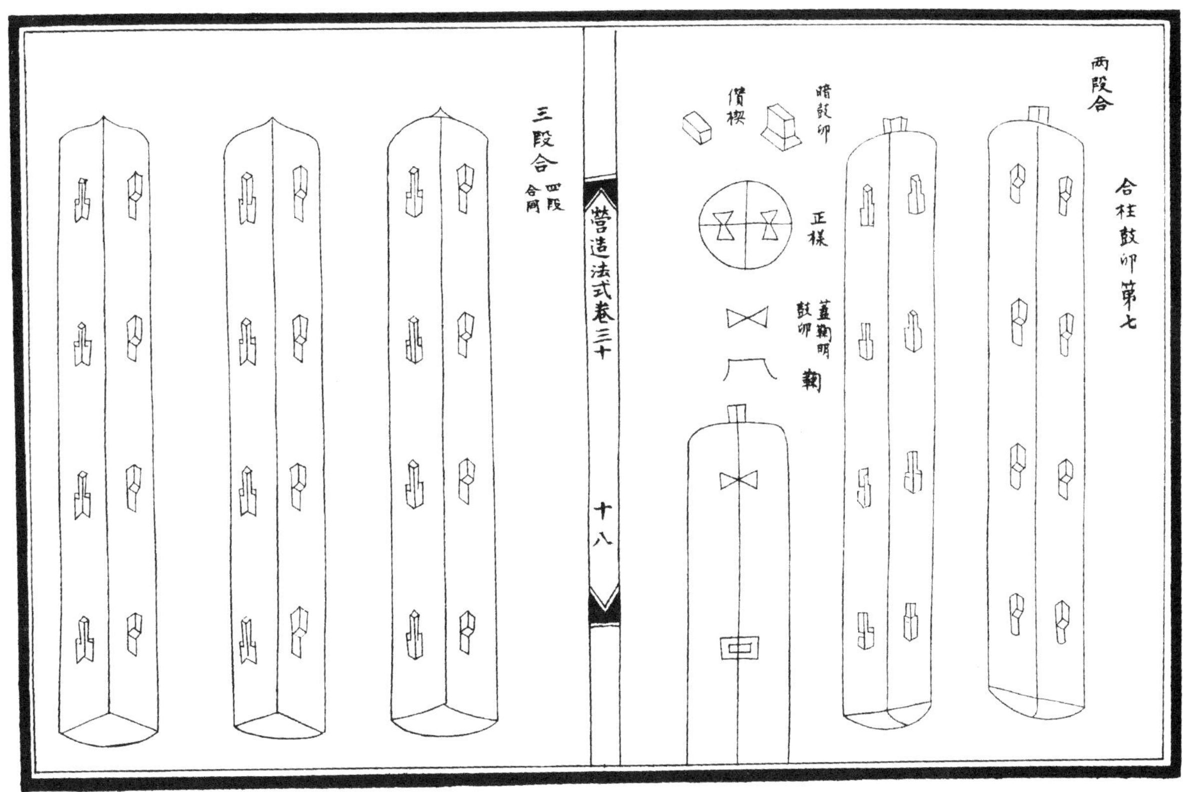
合柱鼓卯第七
兩段合
暗鼓卯
債楔
正樣
蓋𩋾明鼓卯
𩋾
三段合
四段合兩
營造法式卷三十
十八

槫縫襻間第八
兩材襻間
單材襻間
捧節令栱
實拍襻間
營造法式卷三十
十九

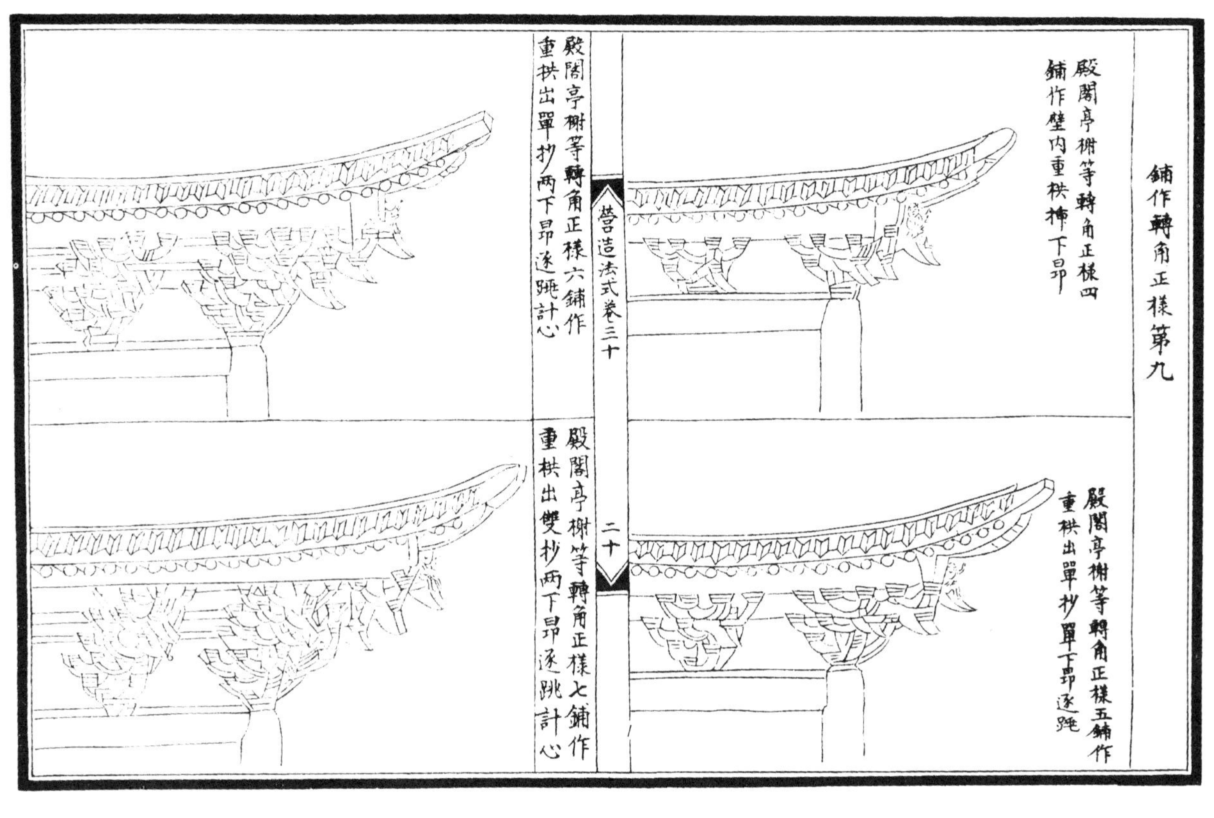
鋪作轉角正樣第九
殿閣亭榭等轉角正樣四鋪作壁内重栱插下昂
殿閣亭榭等轉角正樣五鋪作重栱出單抄單下昂逐跳
營造法式卷三十
二十
殿閣亭榭等轉角正樣六鋪作重栱出單抄兩下昂逐跳計心
殿閣亭榭等轉角正樣七鋪作重栱出雙抄兩下昂逐跳計心

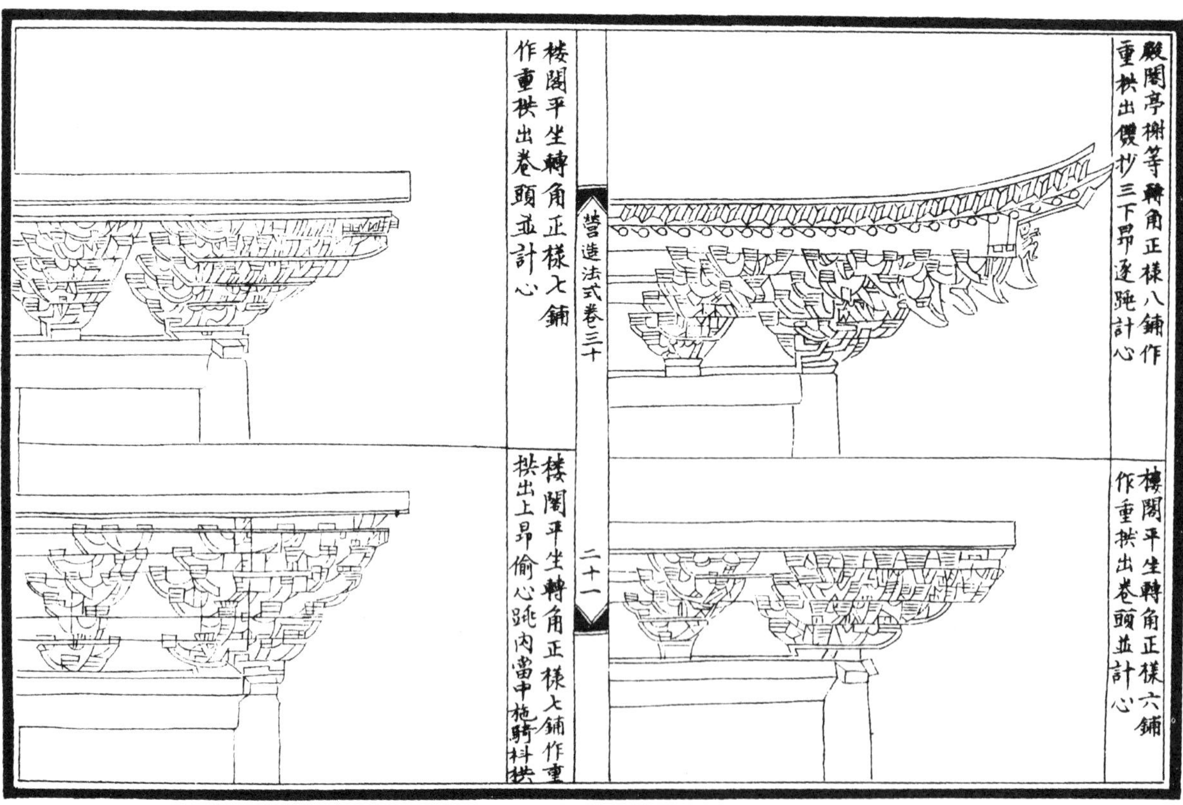
殿閣亭榭等轉角正樣八鋪作重栱出雙抄三下昂逐跳計心
樓閣平坐轉角正樣六鋪作重栱出卷頭並計心
營造法式卷三十
二十一
樓閣平坐轉角正樣七鋪作重栱出卷頭並計心
樓閣平坐轉角正樣七鋪作重栱出上昂偷心跳内當中施騎枓栱

【29.5】

大木作制度圖樣下

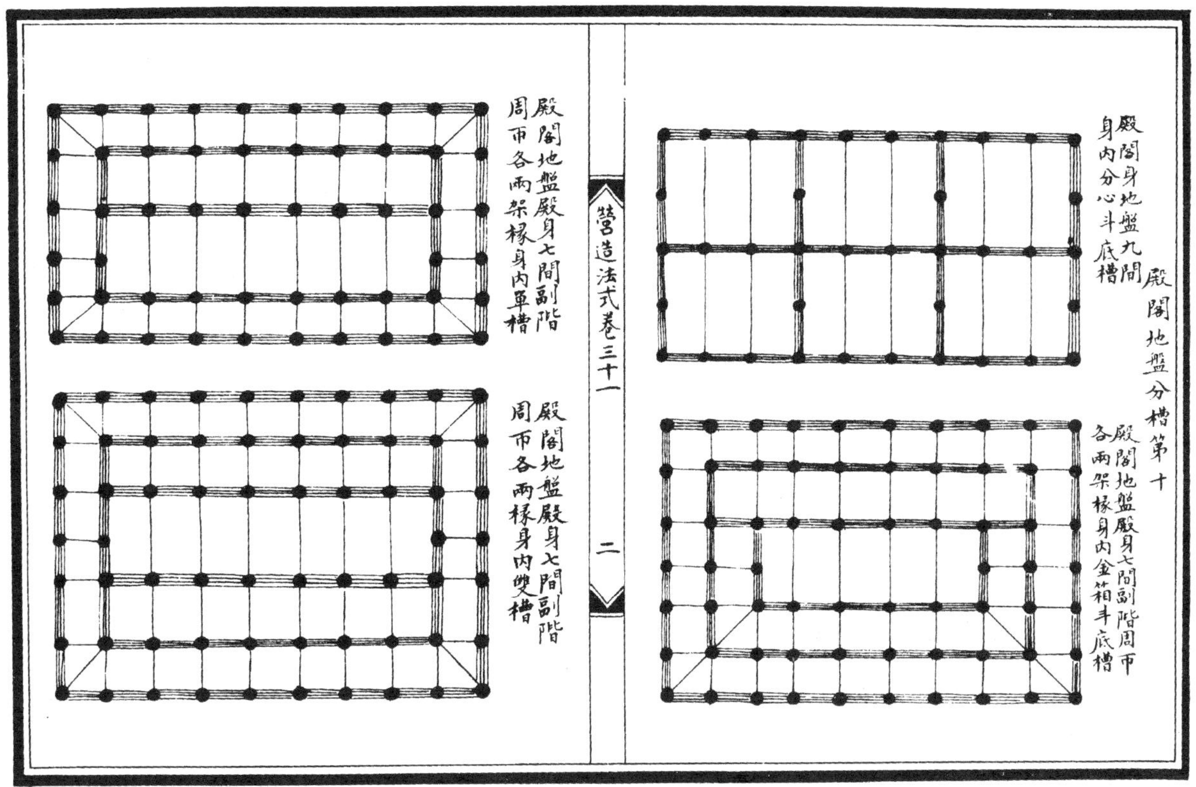

殿堂等七鋪作（副階五鋪作）雙槽草架側樣第十二

殿側樣十架椽身內雙槽殿身外轉七鋪作重栱出雙抄兩下昂裏轉六鋪作重栱出三抄副階外轉五鋪作重栱出單抄單昂裏轉五鋪作出雙抄　以上並各計心

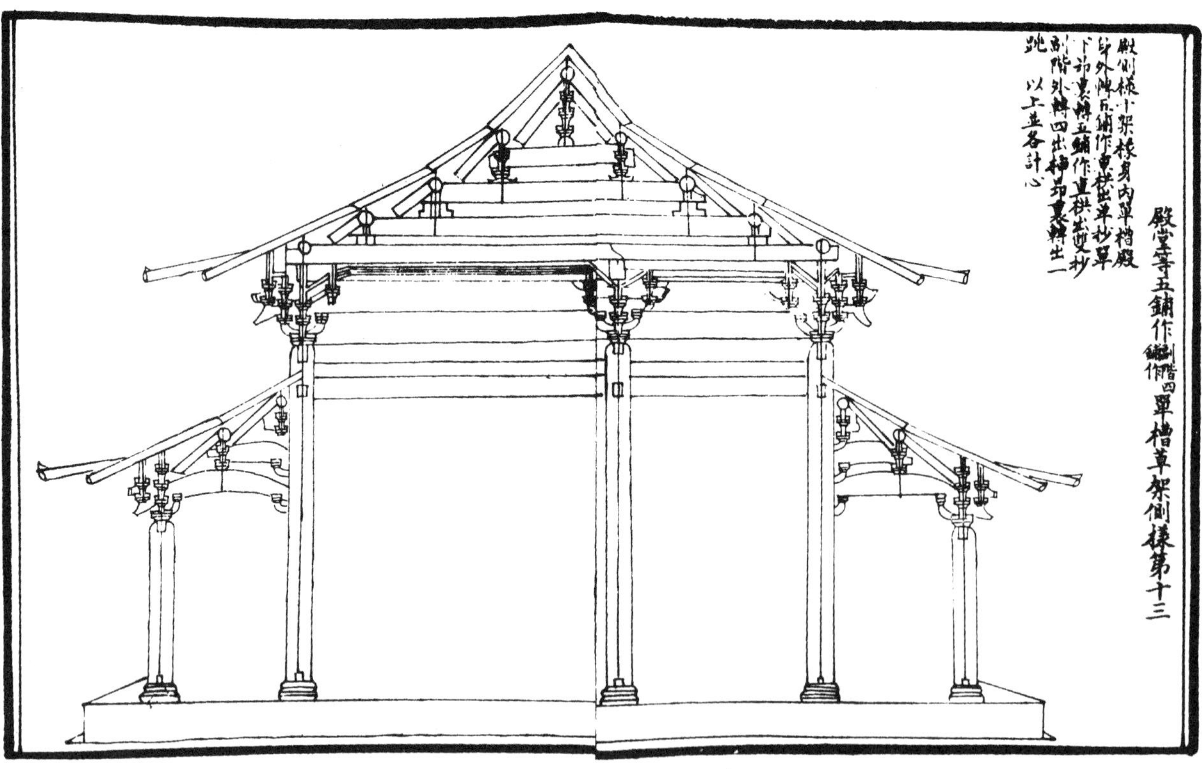

殿堂等五鋪作（副階四鋪作）單槽草架側樣第十三

殿側樣十架椽身內單槽殿身外轉五鋪作重栱出單抄單下昂裏轉五鋪作重栱出雙抄副階外轉四出插昂裏轉出一跳　以上並各計心

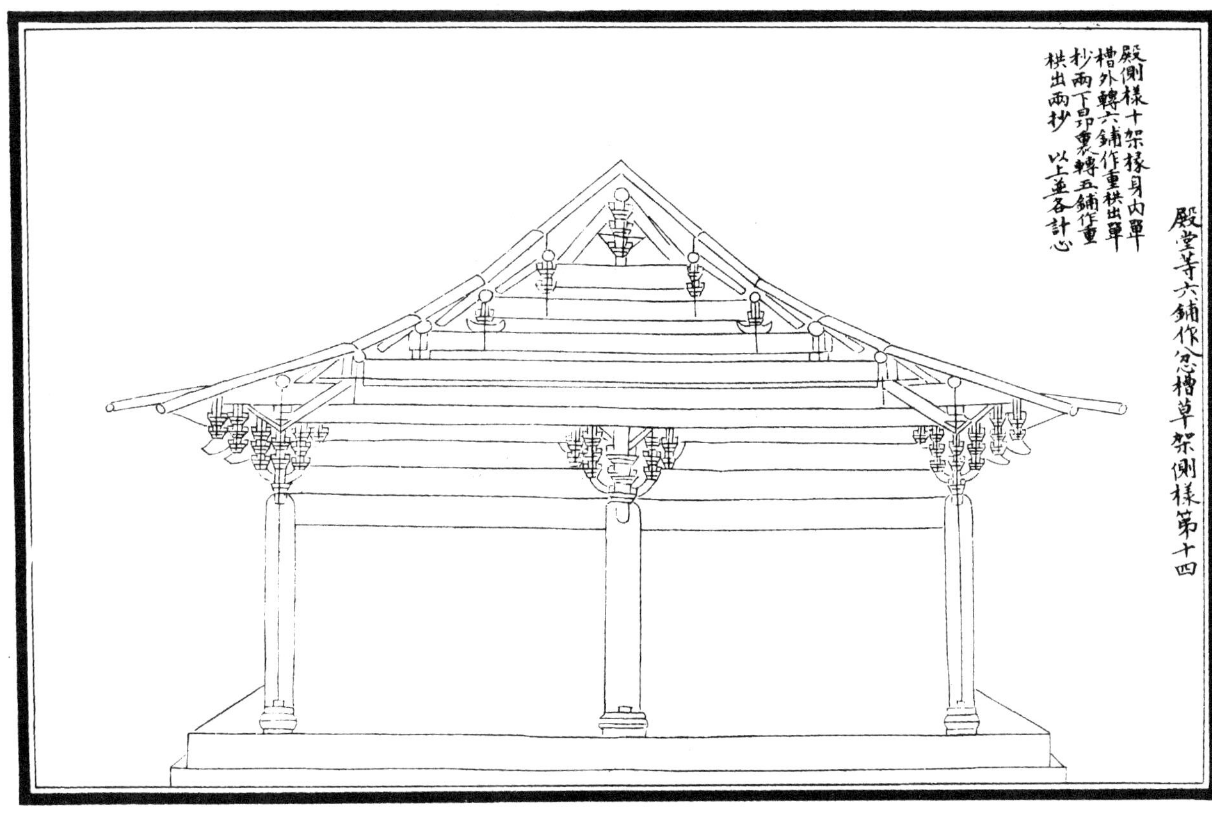

殿堂等六鋪作分槽草架側樣第十四

殿側樣十架椽身內單槽外轉六鋪作重栱出單杪兩下昂裏轉五鋪作重栱出兩杪　以上並各計心

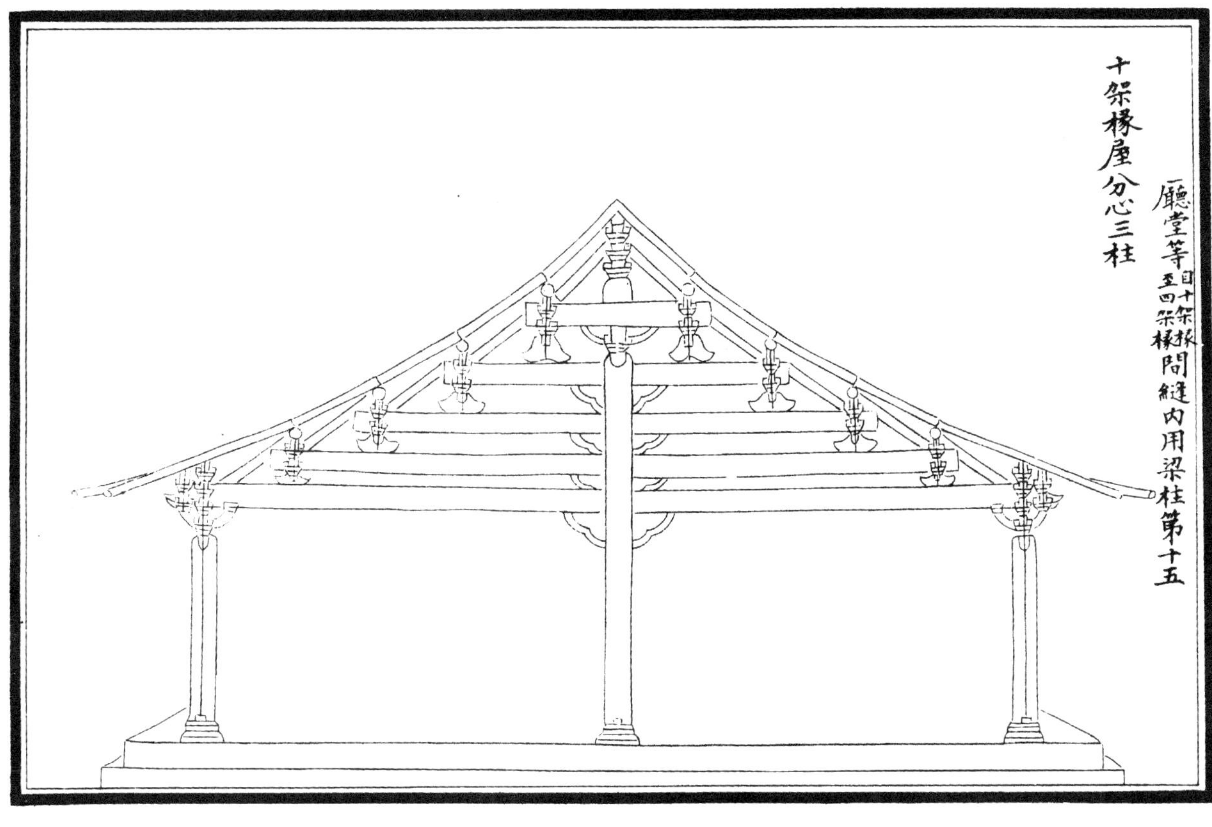

廳堂等自十架椽至四架椽間縫內用梁柱第十五

十架椽屋分心三柱

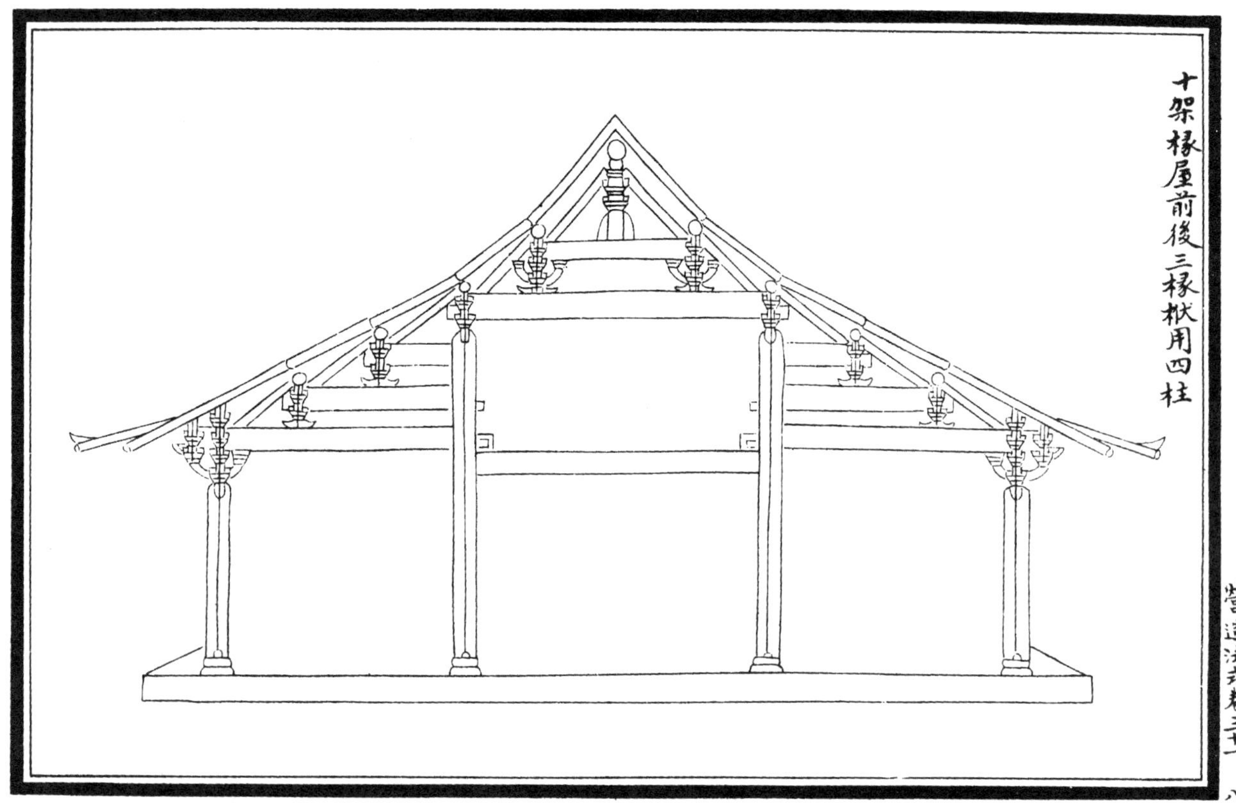
十架椽屋前後三椽栿用四柱

十架椽屋分心前後乳栿用五柱

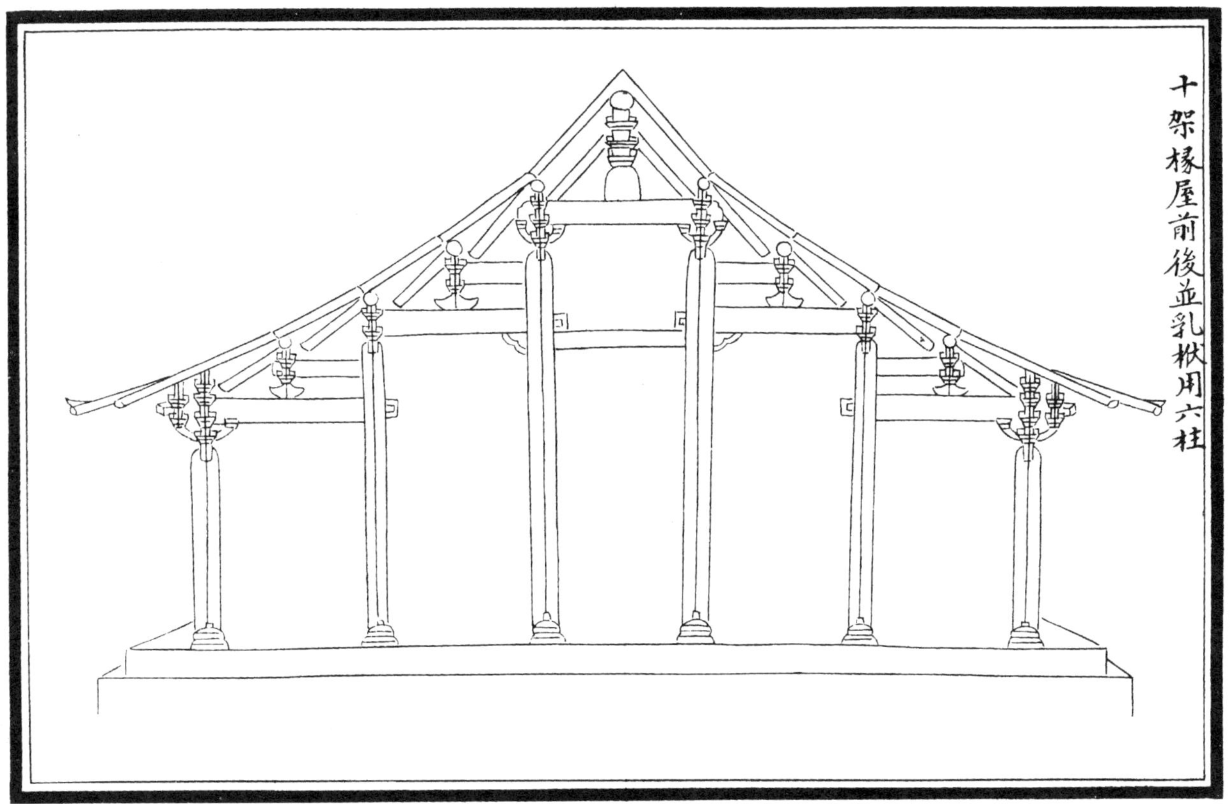

十架椽屋前後並乳栿用六柱

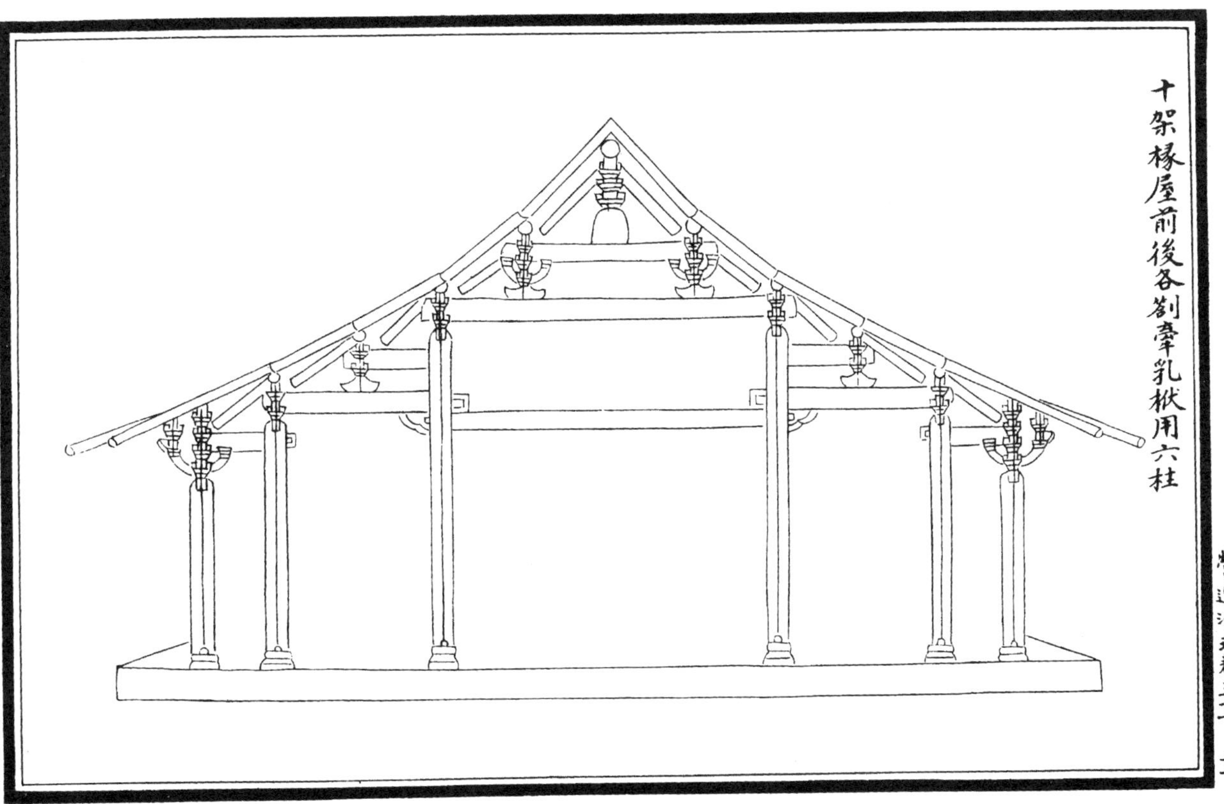

十架椽屋前後各劄牽乳栿用六柱

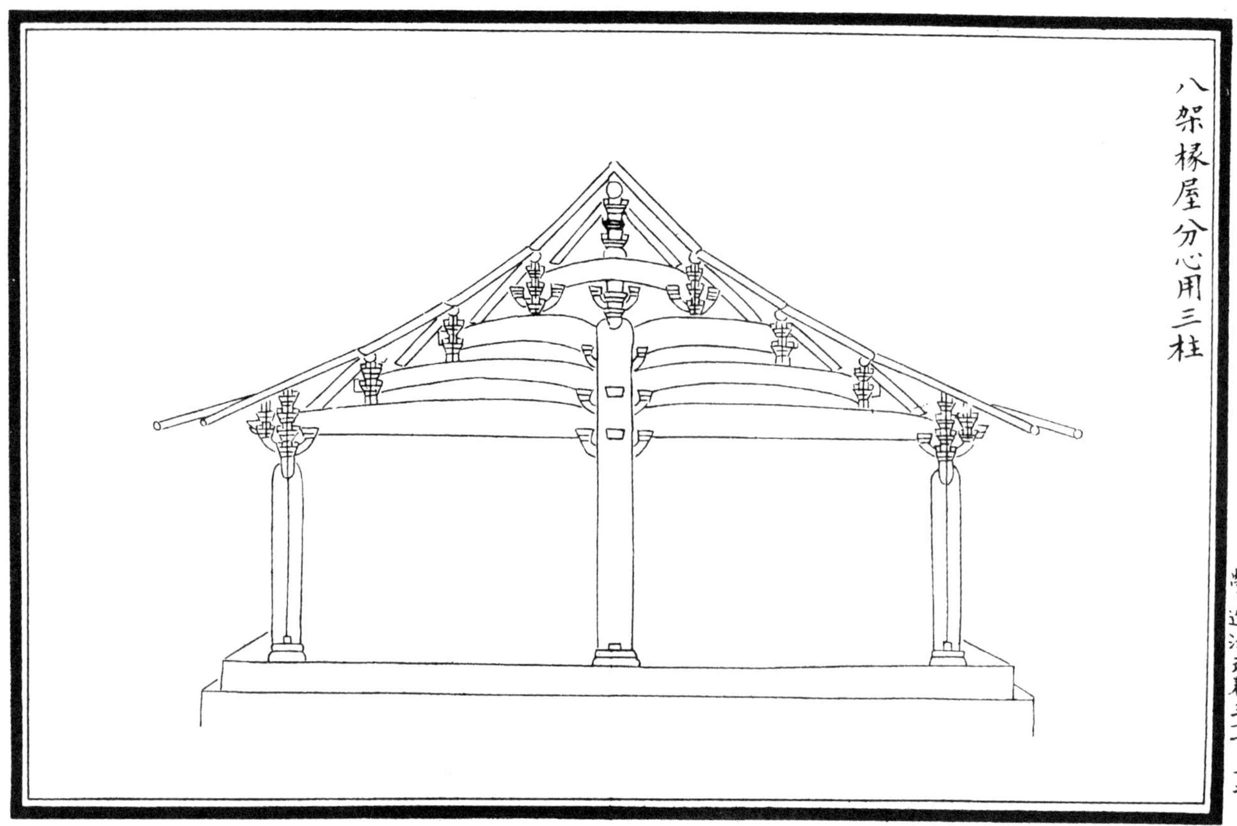

八架椽屋分心用三柱

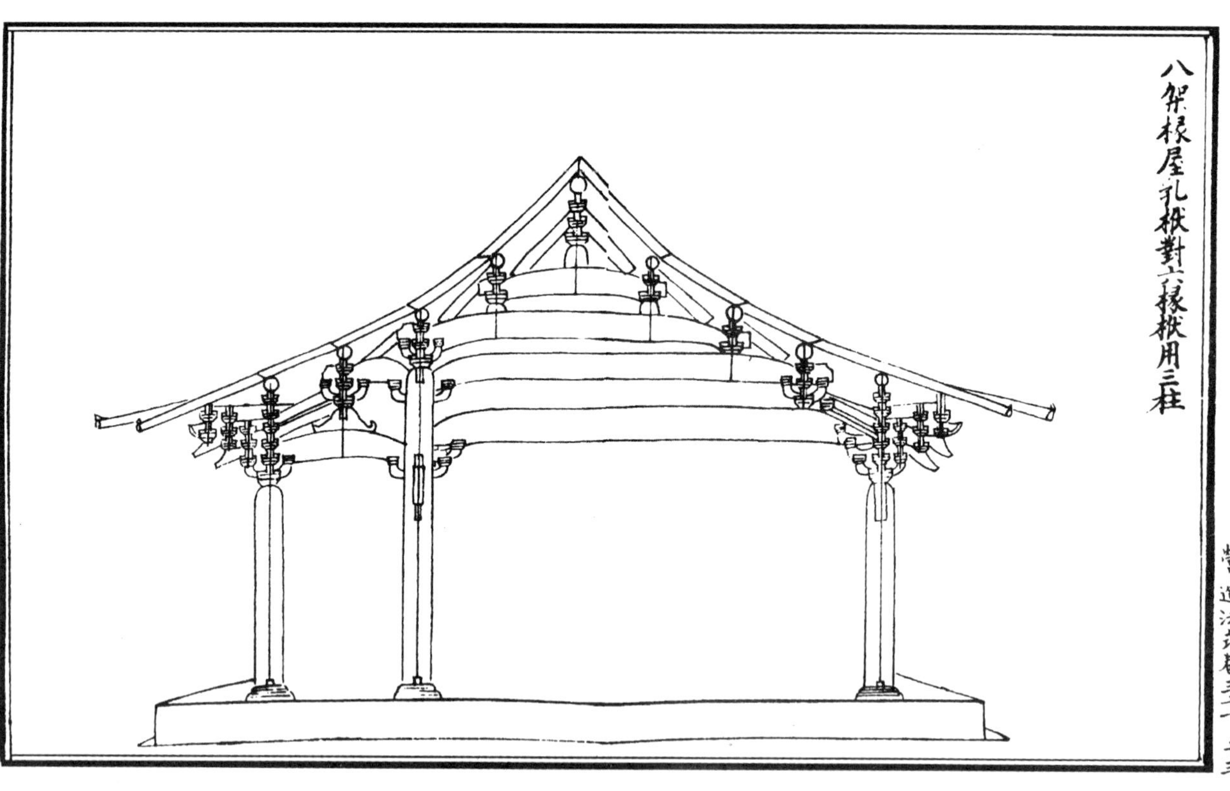

八架椽屋乳栿對六椽栿用三柱

八架椽屋前後乳栿用四柱

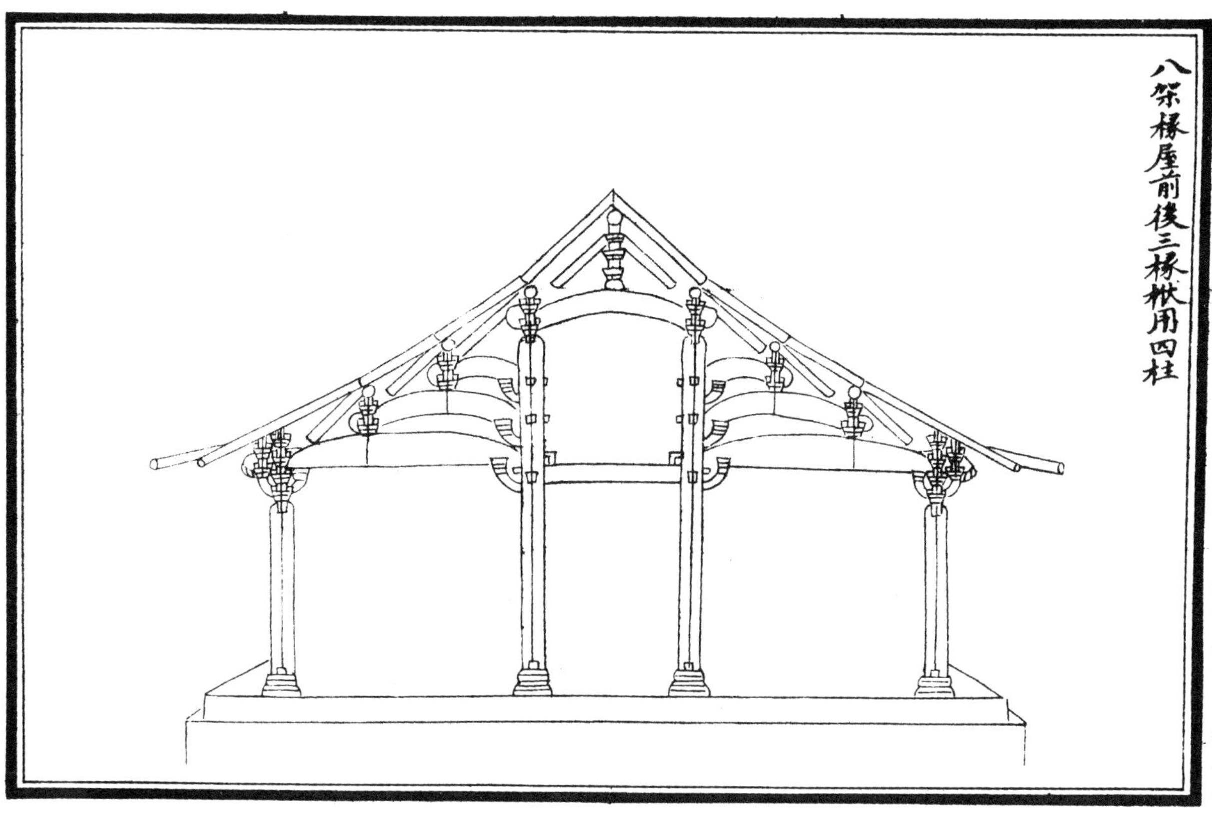

八架椽屋前後三椽栿用四柱

八架椽屋分心乳栿用五柱

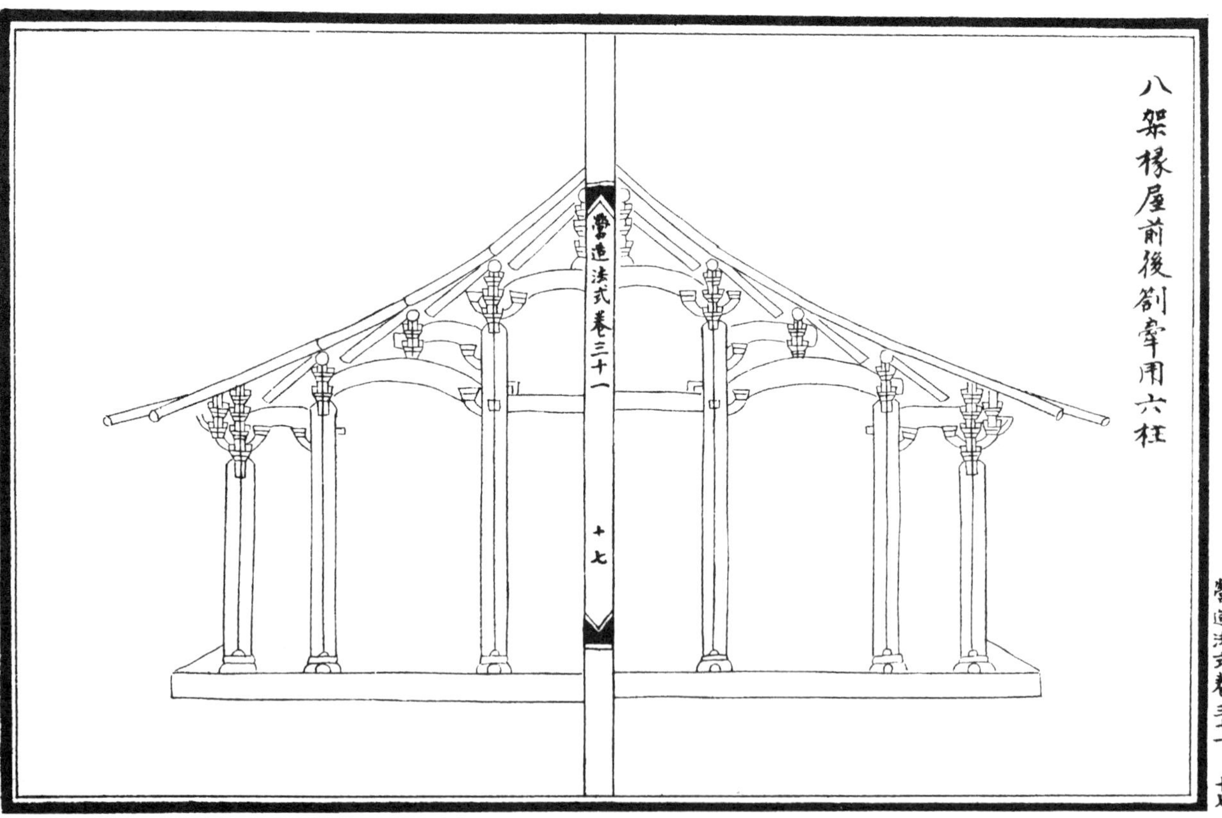
八架椽屋前後劄牽用六柱
營造法式卷三十一
十七

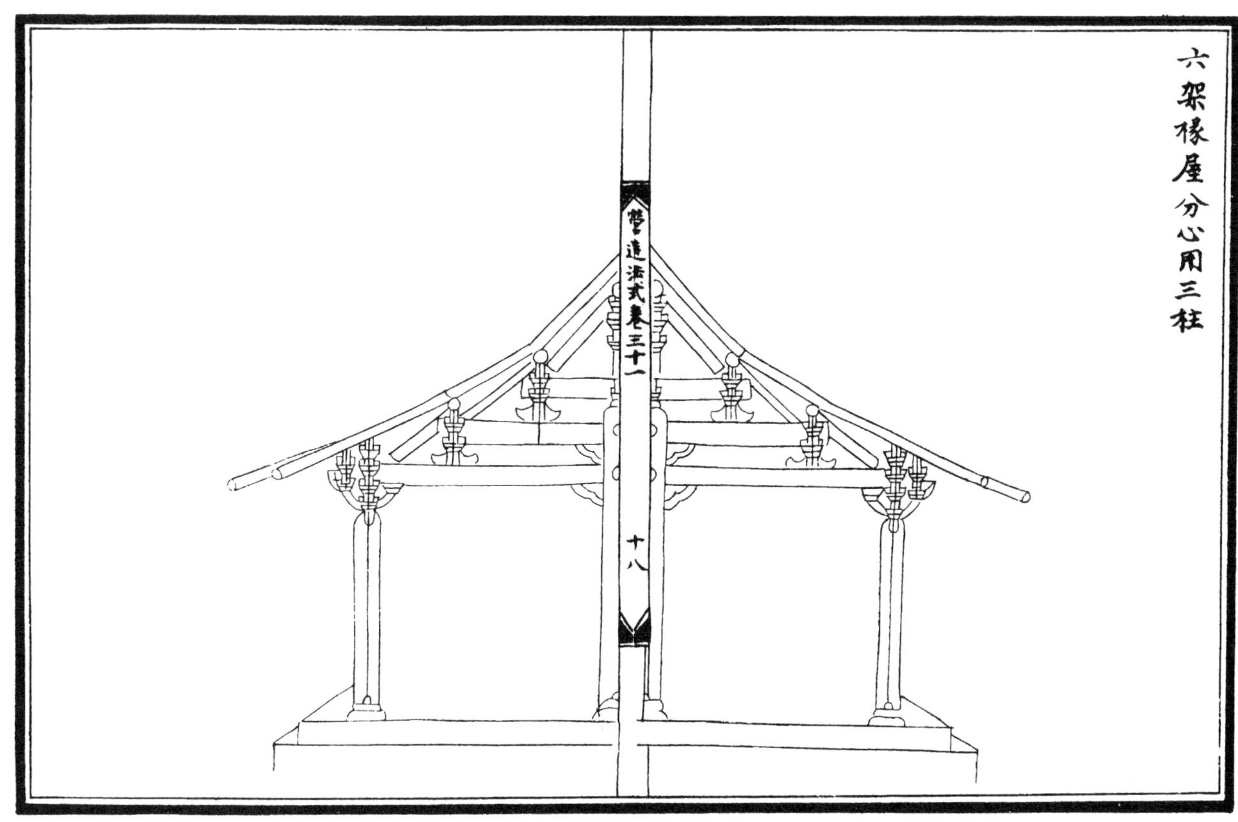
六架椽屋分心用三柱
營造法式卷三十一
十八

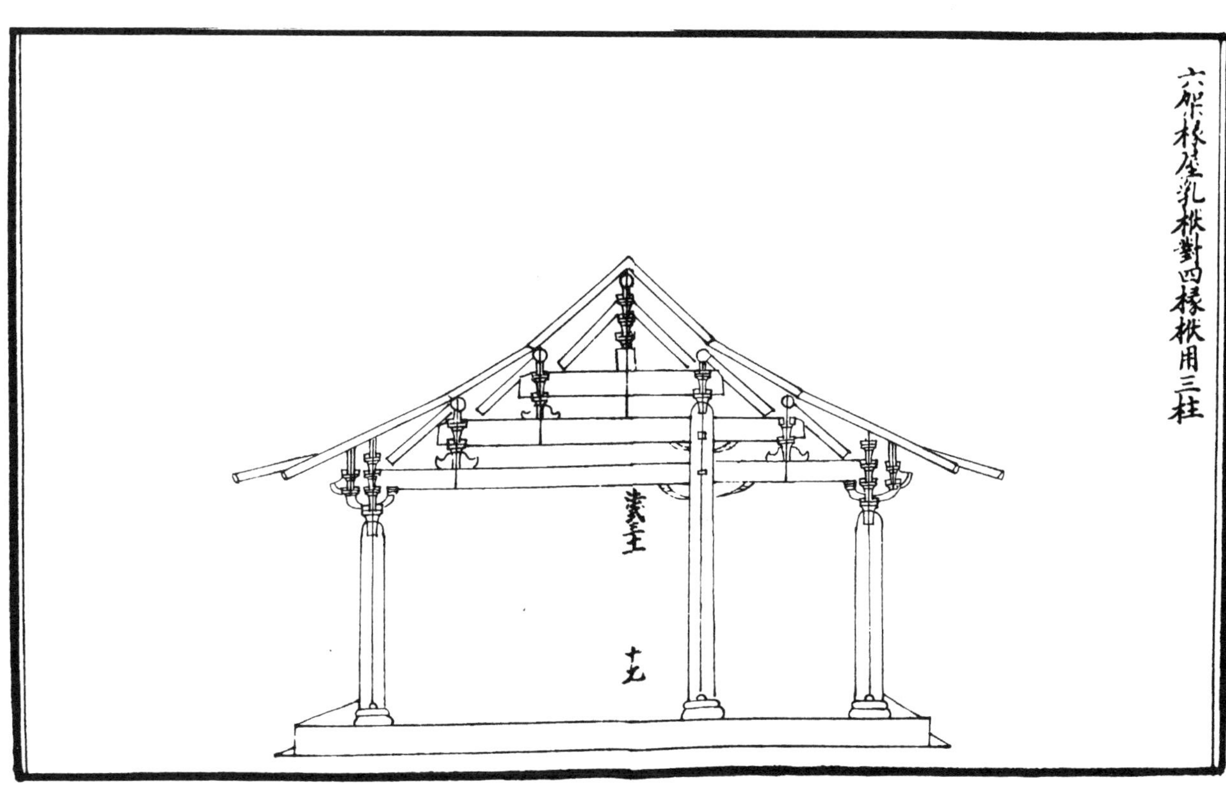
六架椽屋乳栿對四椽栿用三柱
十九

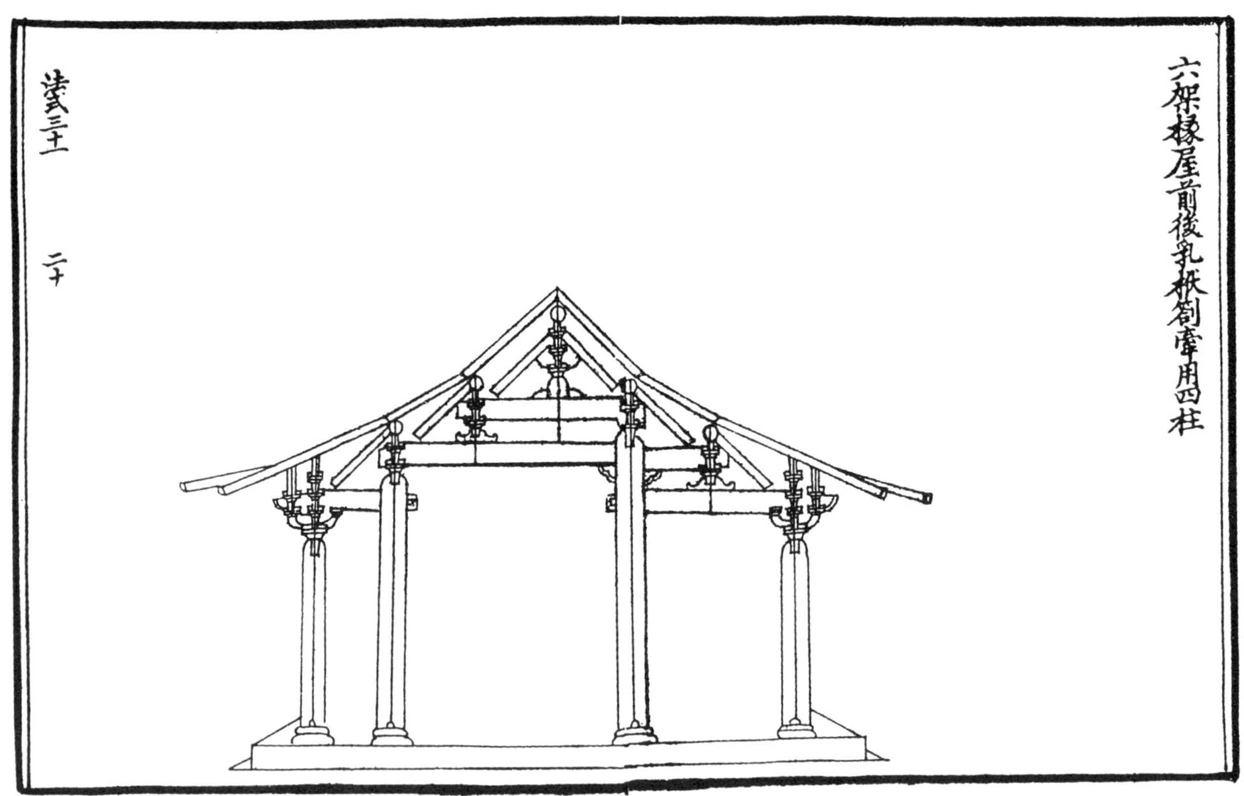
六架椽屋前後乳栿劄牽用四柱
法式三十一
二十

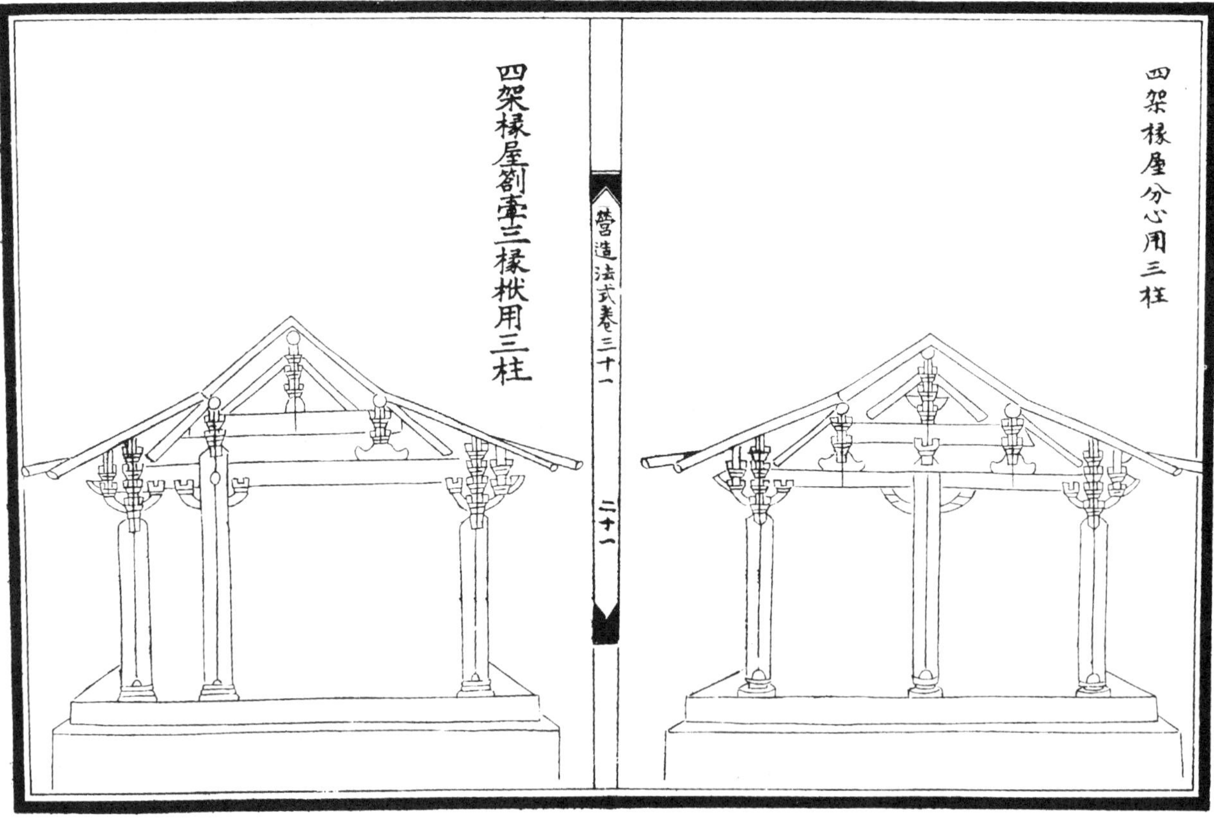
四架椽屋分心用三柱
營造法式卷三十一
二十一
四架椽屋劄牽三椽栿用三柱

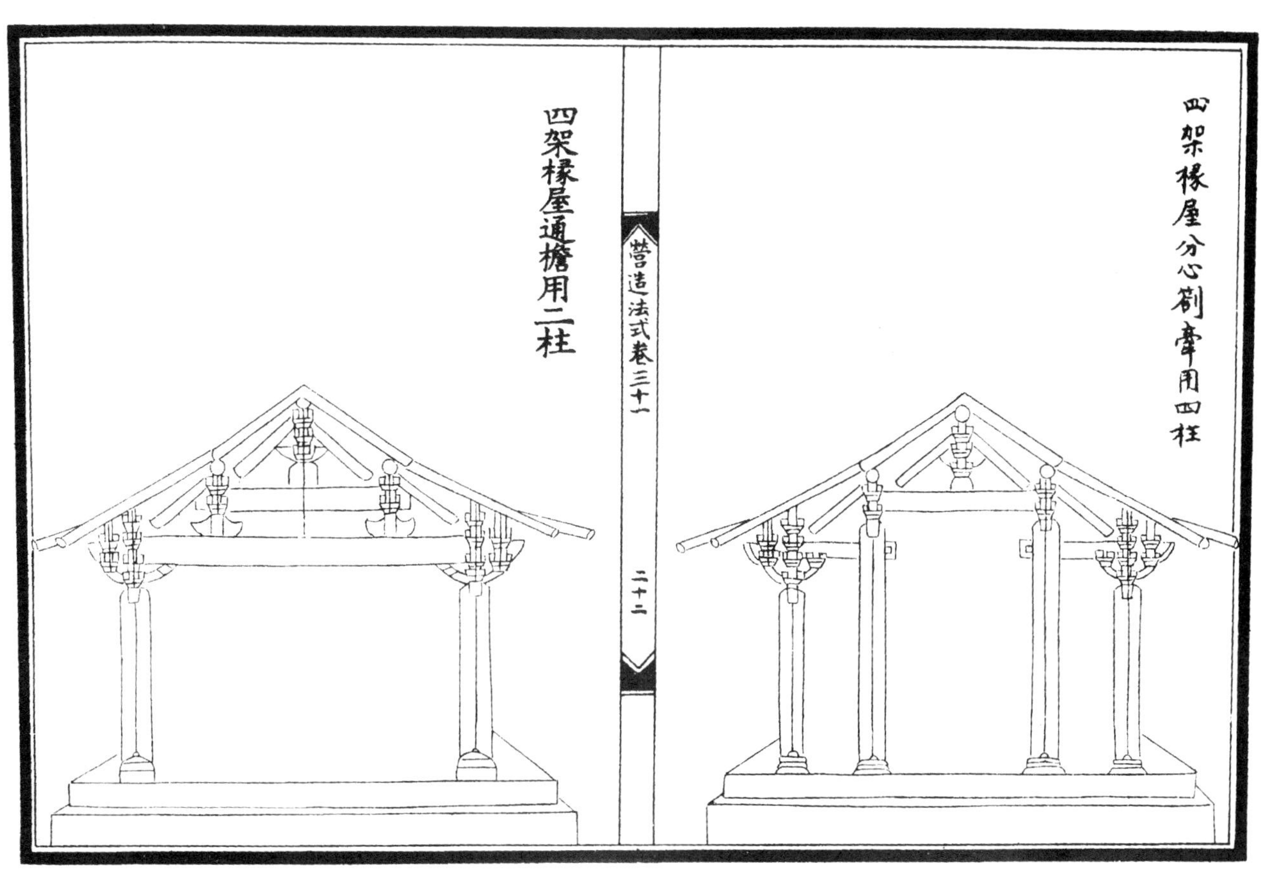
四架椽屋通檐用二柱
營造法式卷三十一
二十二
四架椽屋分心劄牽用四柱

【29.6】

小木作制度圖樣、彫木作制度圖樣

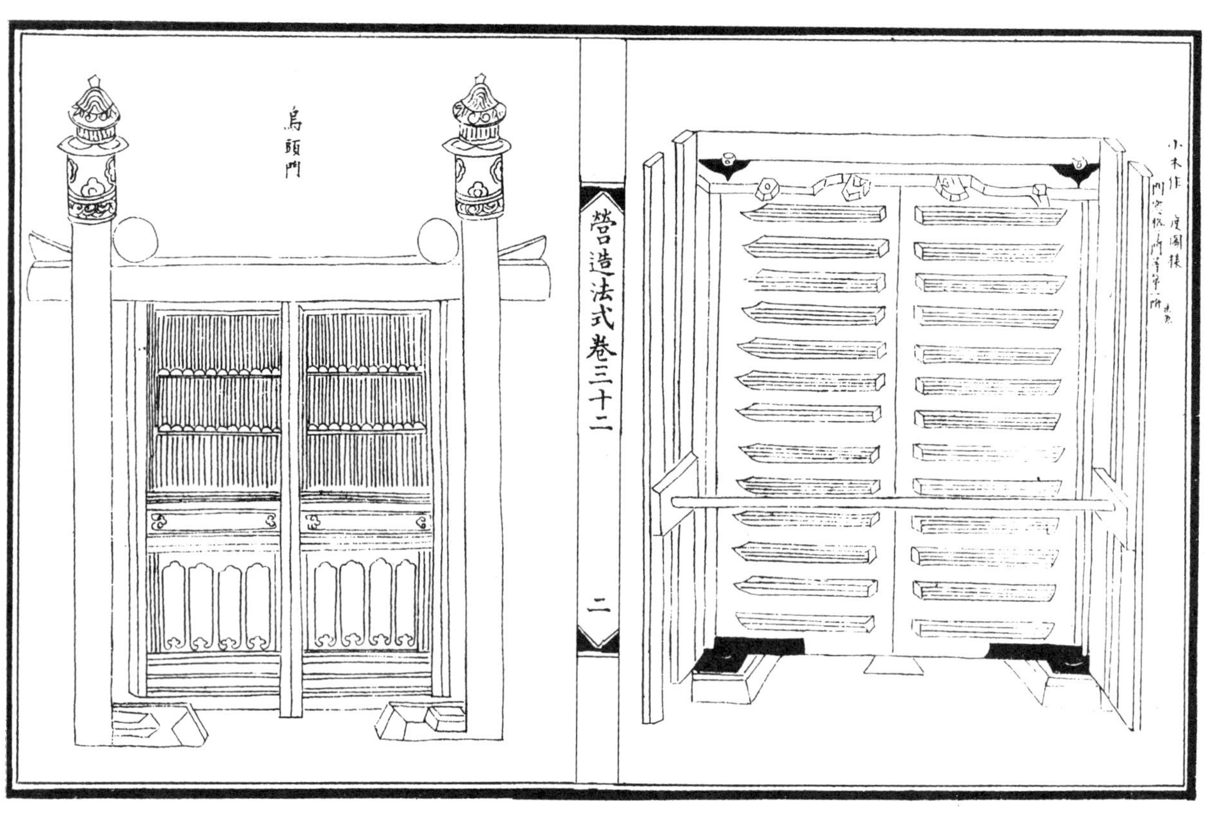

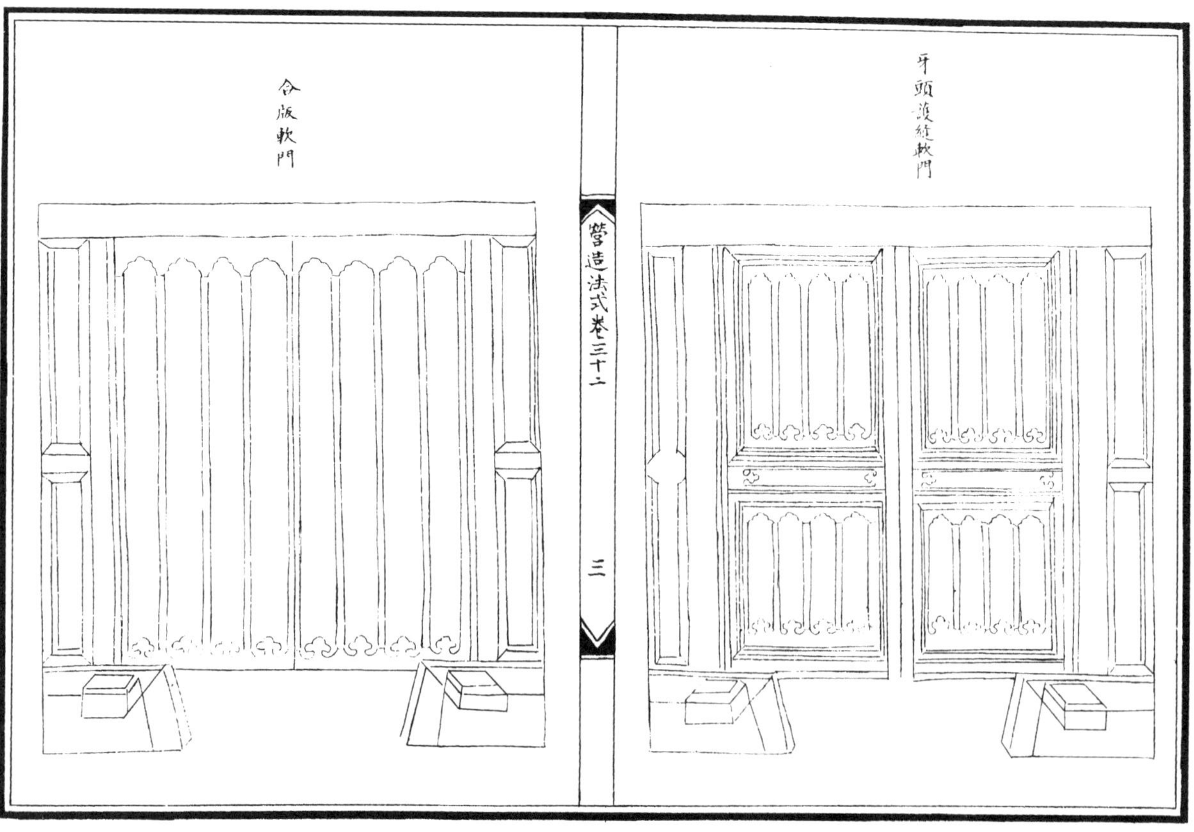

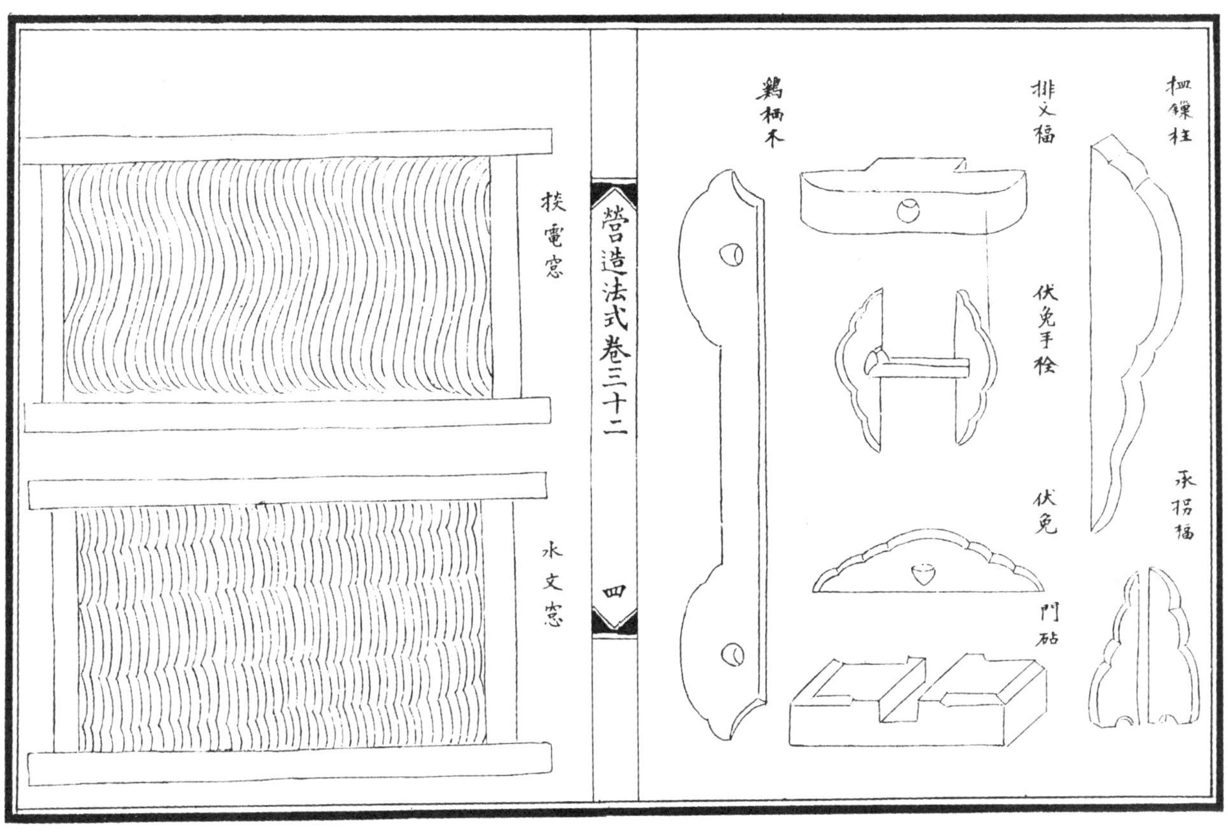

柣電窓
水文窓
營造法式卷三十二
四
鷄栖木
排叉楅
柤鍱柱
伏兔手栓
伏兔
承拐楅
門砧

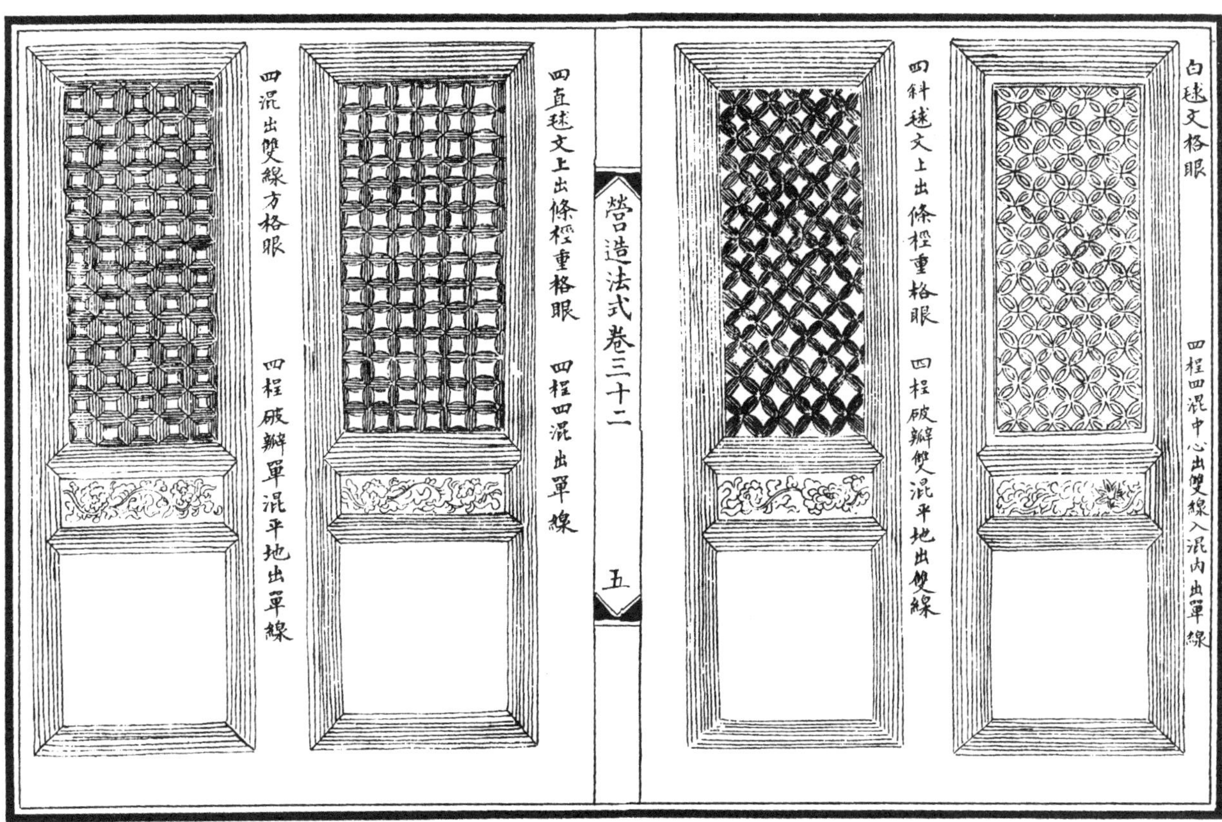

四混出雙線方格眼
四桯破瓣單混平地出單線
四直毬文上出條桱重格眼
四桯四混出單線
營造法式卷三十二
五
四斜毬文上出條桱重格眼
四桯破瓣雙混平地出雙線
白毬文格眼
四桯四混中心出雙線入混內出單線

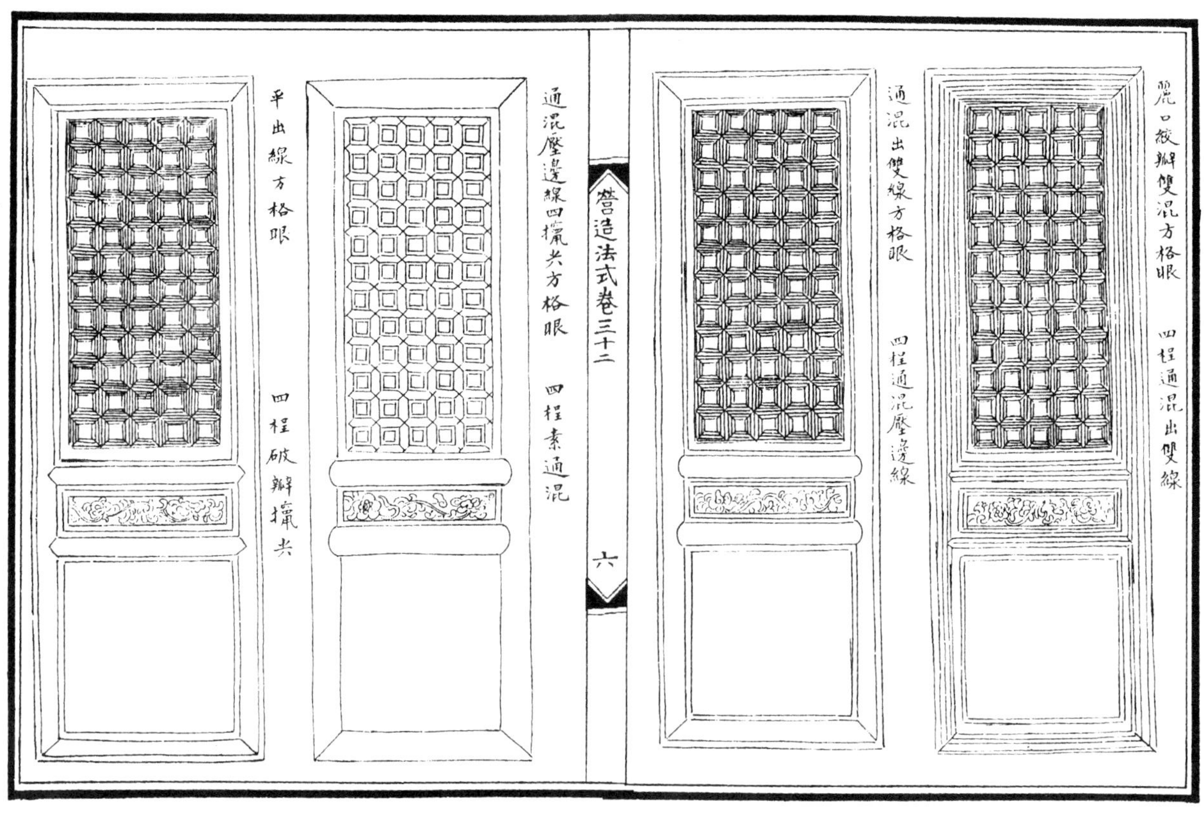
麗口絞瓣雙混方格眼
四程通混出雙線
通混出雙線方格眼
四程通混壓邊線
營造法式卷三十二
六
通混壓邊線四攛尖方格眼
四程素通混
平出線方格眼
四程破瓣攛尖

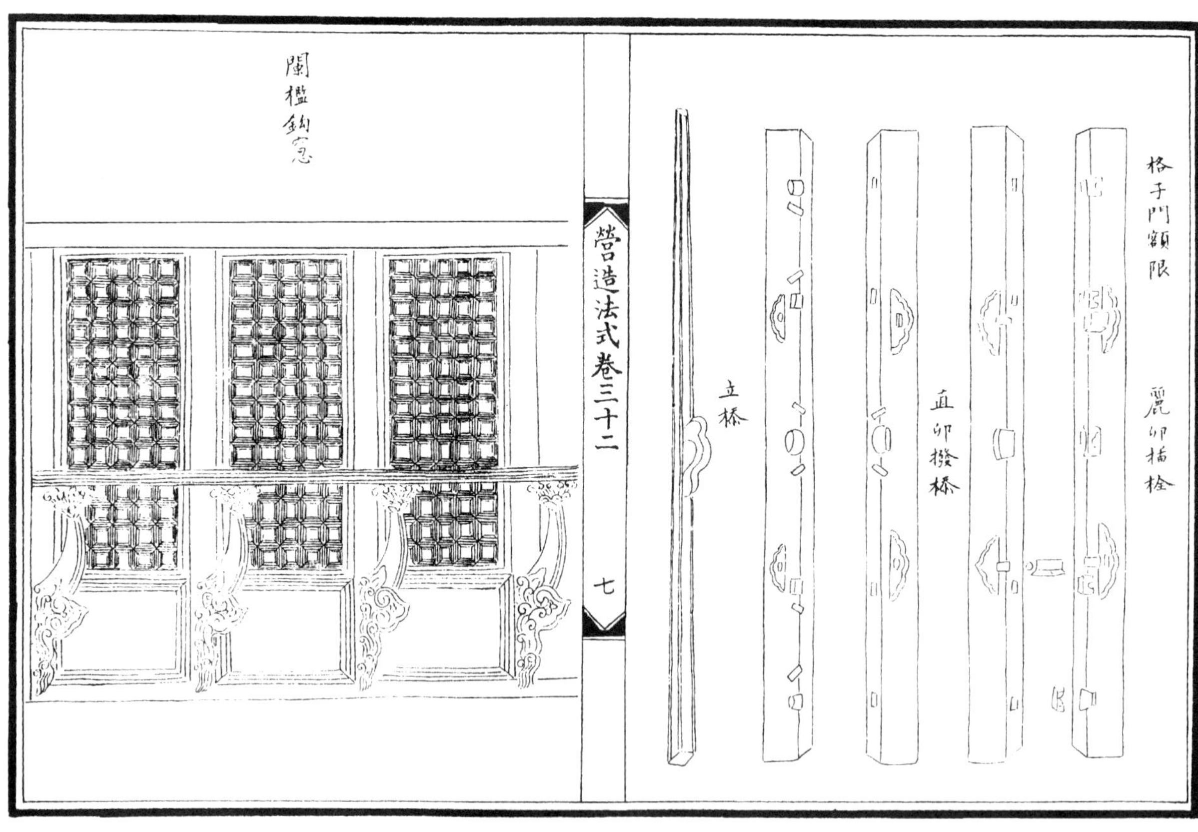
格子門額限
麗卯楅栓
直卯撥楅
立楅
營造法式卷三十二
七
闌檻鈎窗

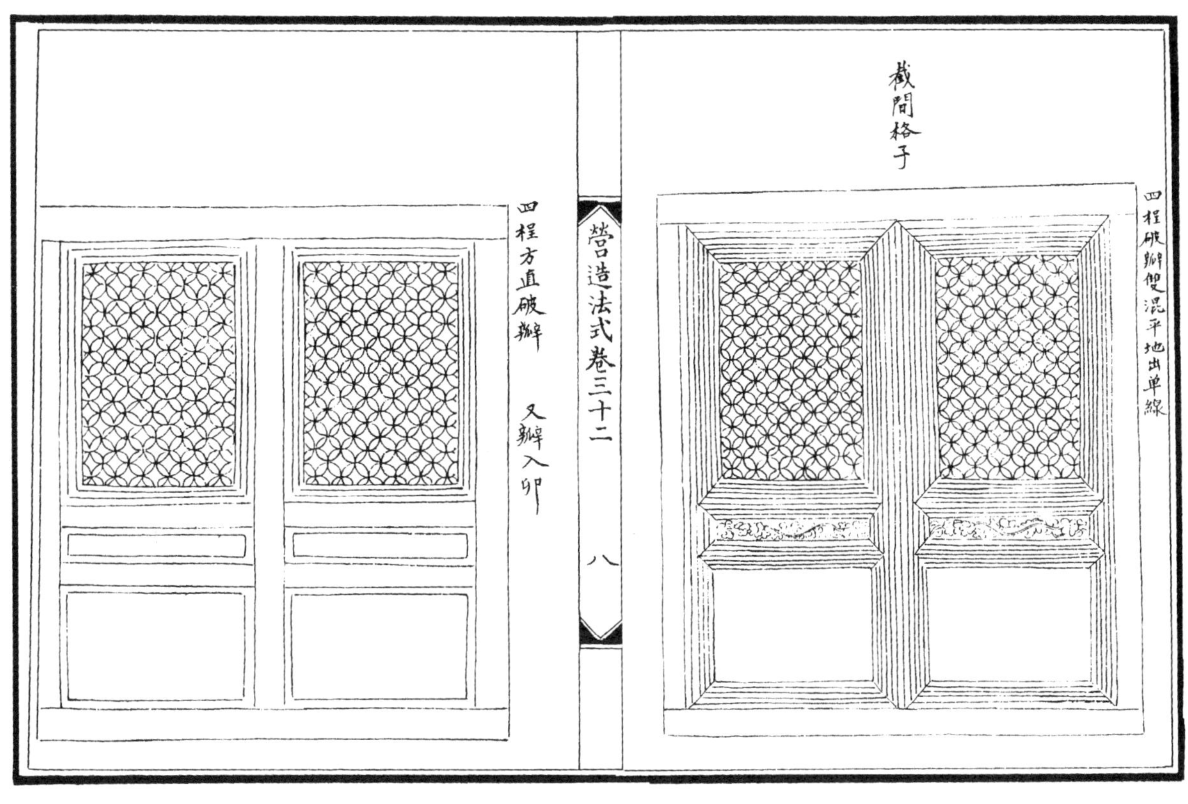
截間格子
四桯破瓣雙混平地出單線
四桯方直破瓣　叉瓣入卯
營造法式卷三十二
八

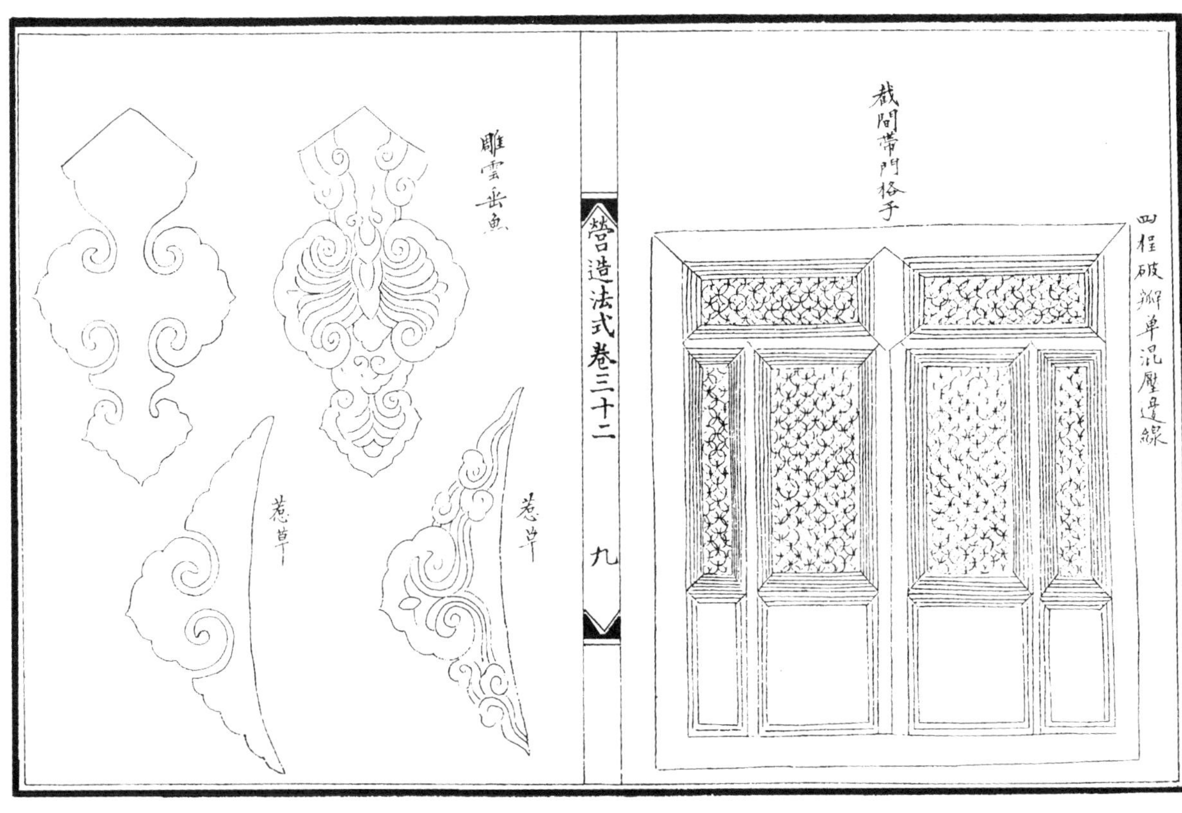
截間帶門格子
四桯破瓣單混壓邊線
雕雲垂魚
惹草
惹草
營造法式卷三十二
九

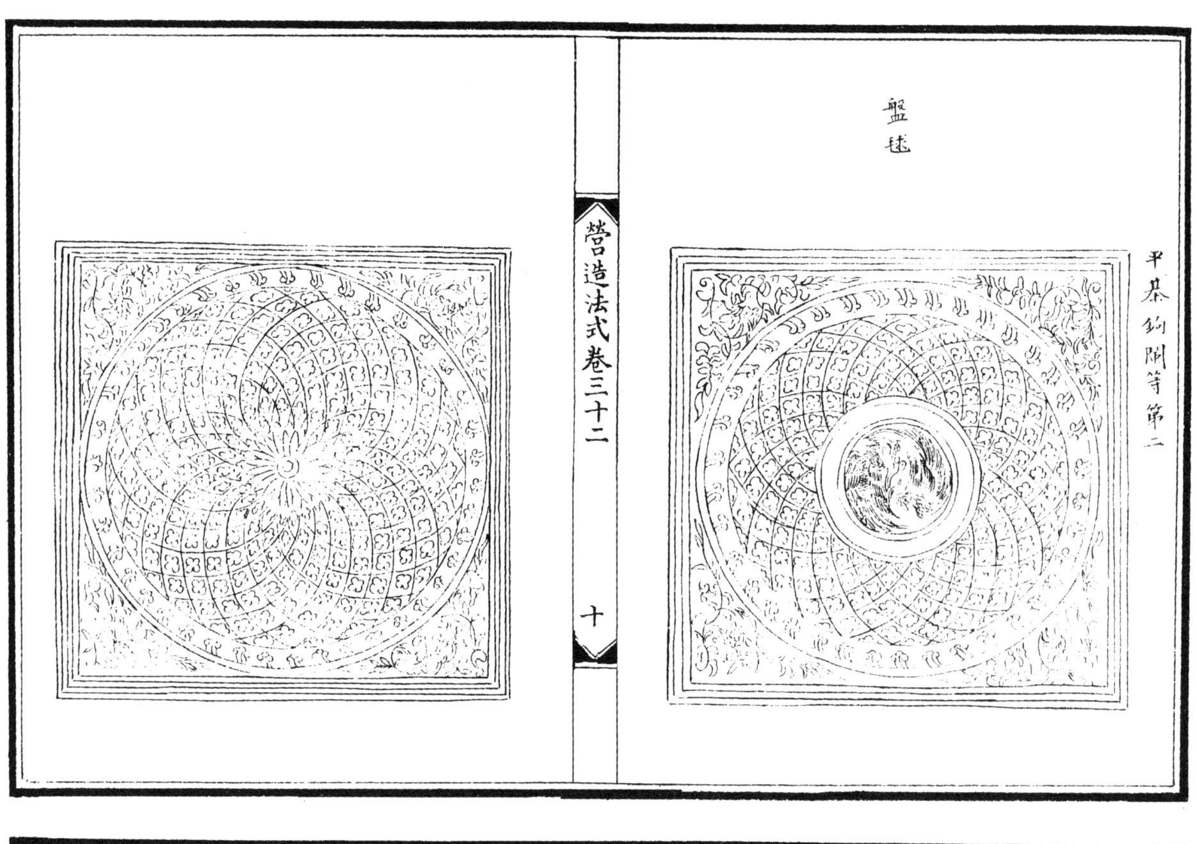
盤毬
平棊鈎闌等第二
營造法式卷三十二
十

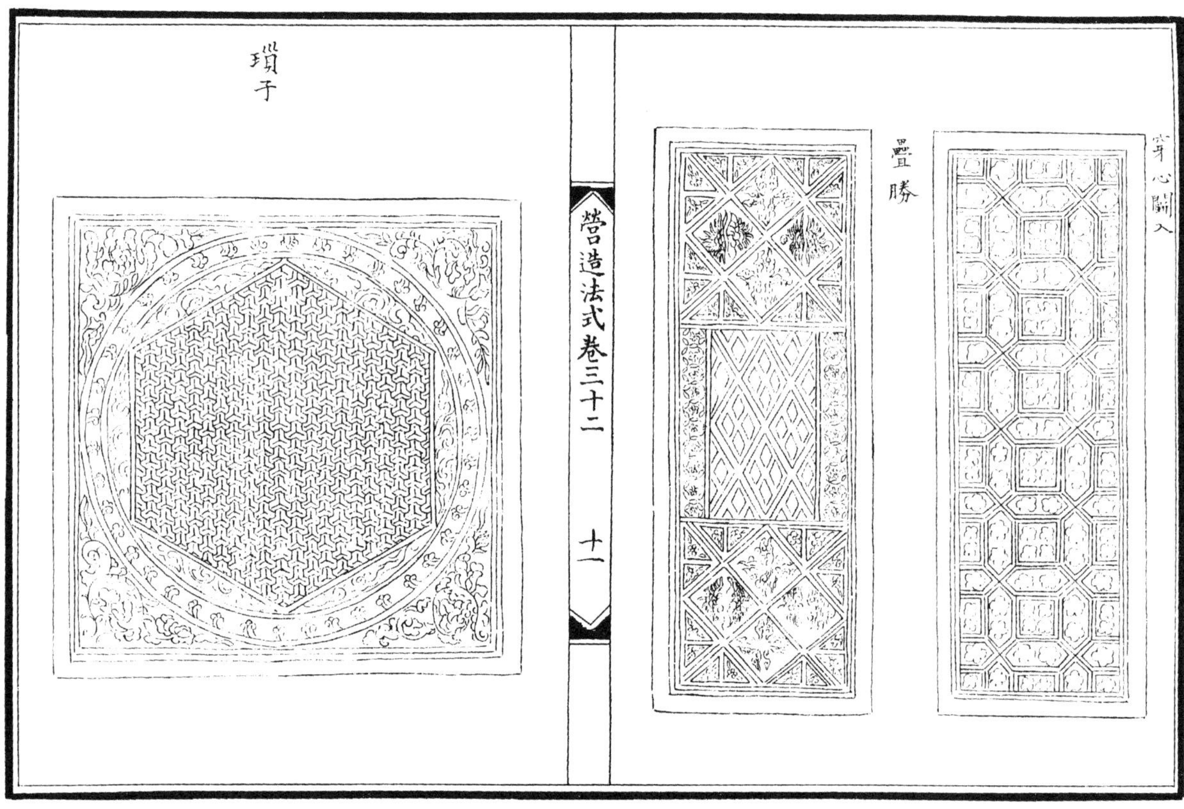
瑣子
疊勝
穿心鬬八
營造法式卷三十二
十一

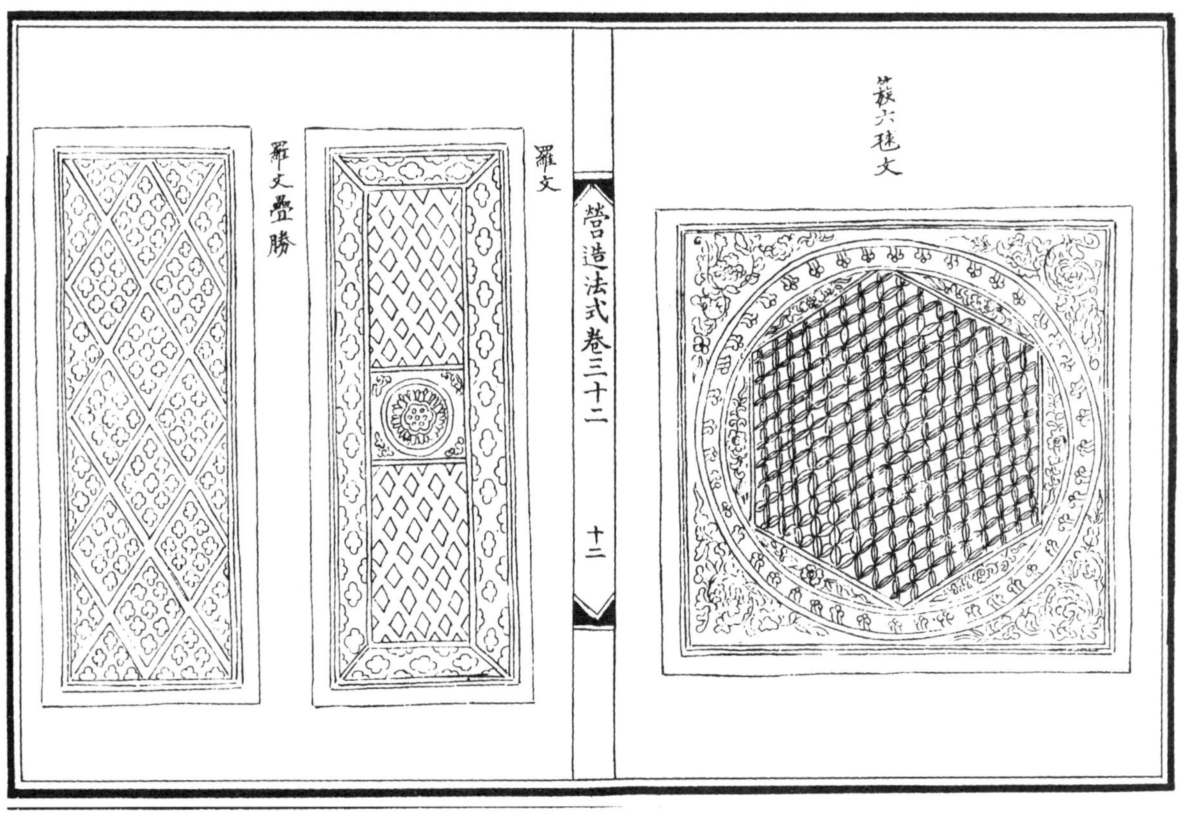
羅文疊勝
羅文
營造法式卷三十二
十二
簇六毬文

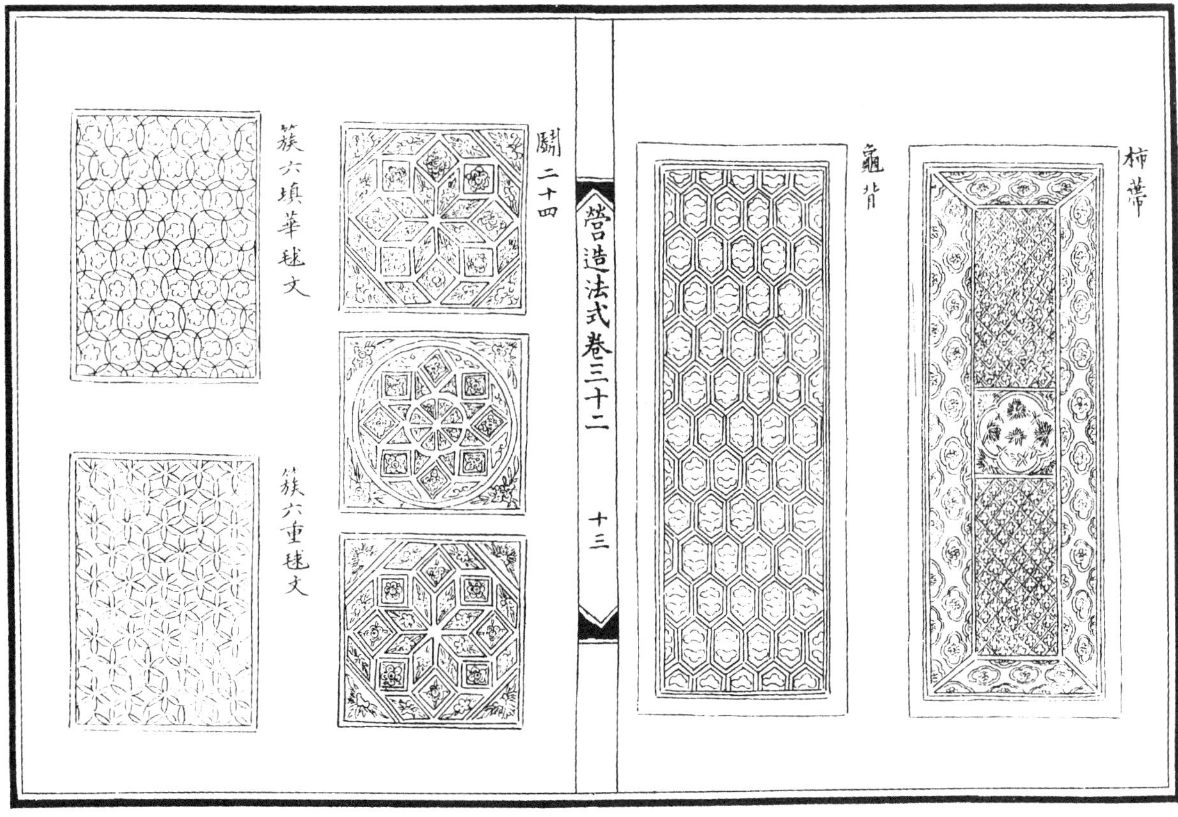
簇六填華毬文
簇六重毬文
鬬二十四
營造法式卷三十二
十三
龜背
柿蔕

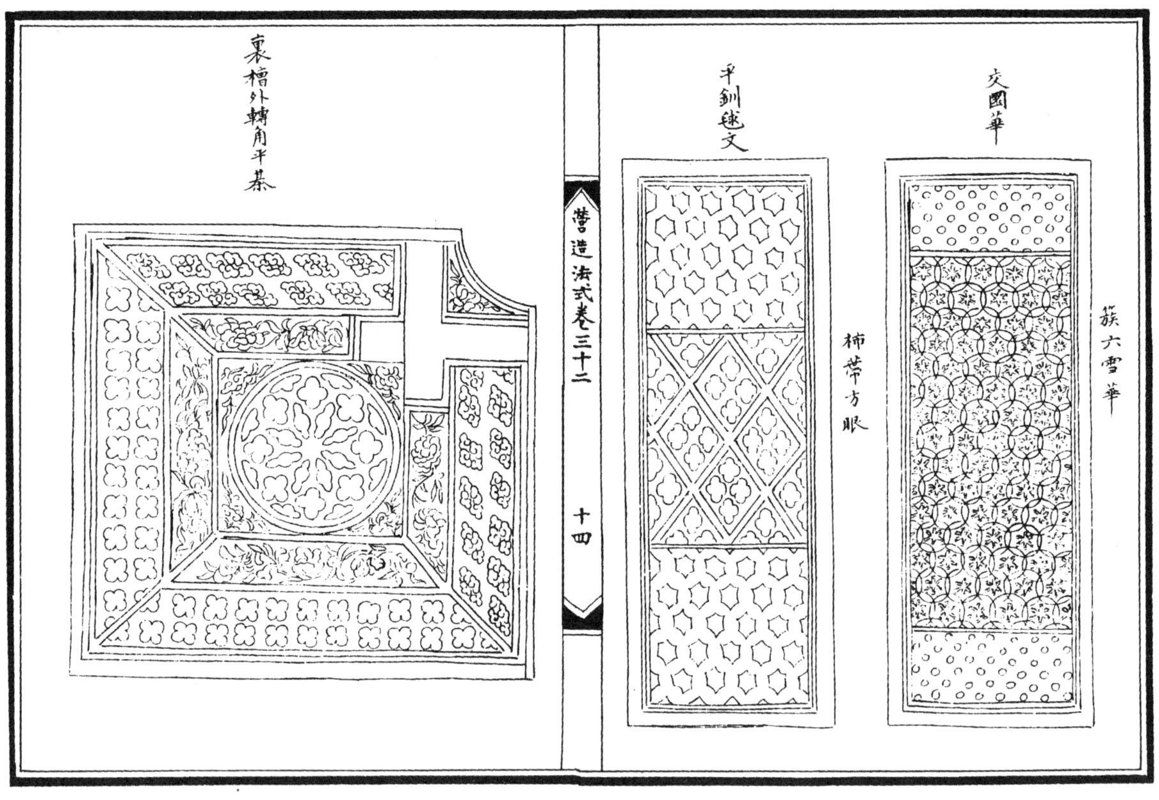
交圜華
簇六雪華
平釧毬文
柿蔕方眼
營造法式卷三十二
十四
裹槽外轉角平棊

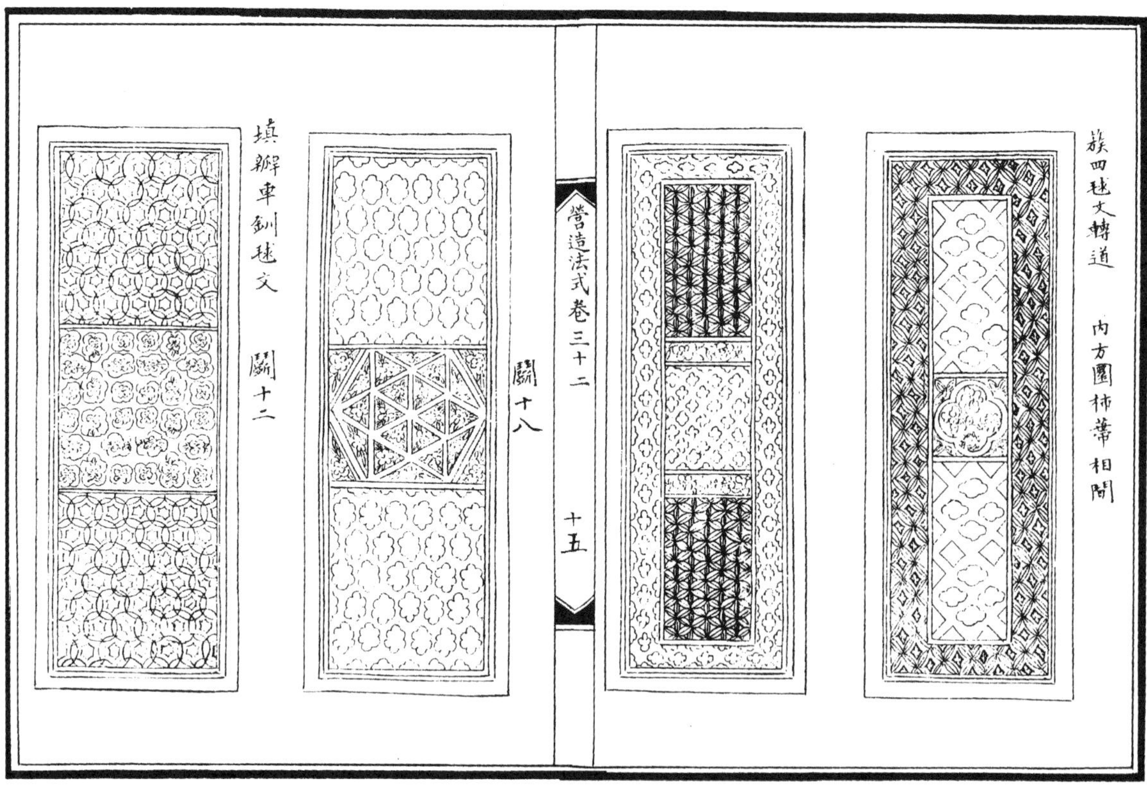
簇四毬文轉道
內方圜柿蔕相間
營造法式卷三十二
十五
闕十八
填辮車釧毬文
闕十二

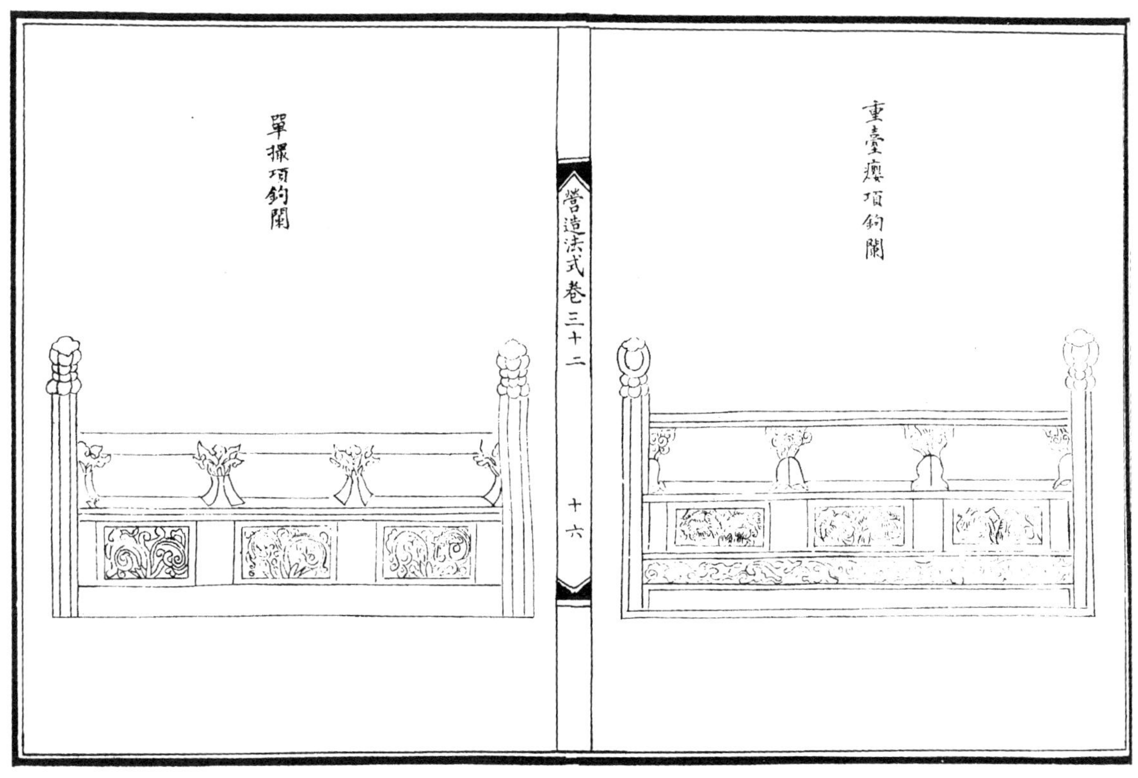
重臺癭項鉤闌
營造法式卷三十二
十六
單撮項鉤闌

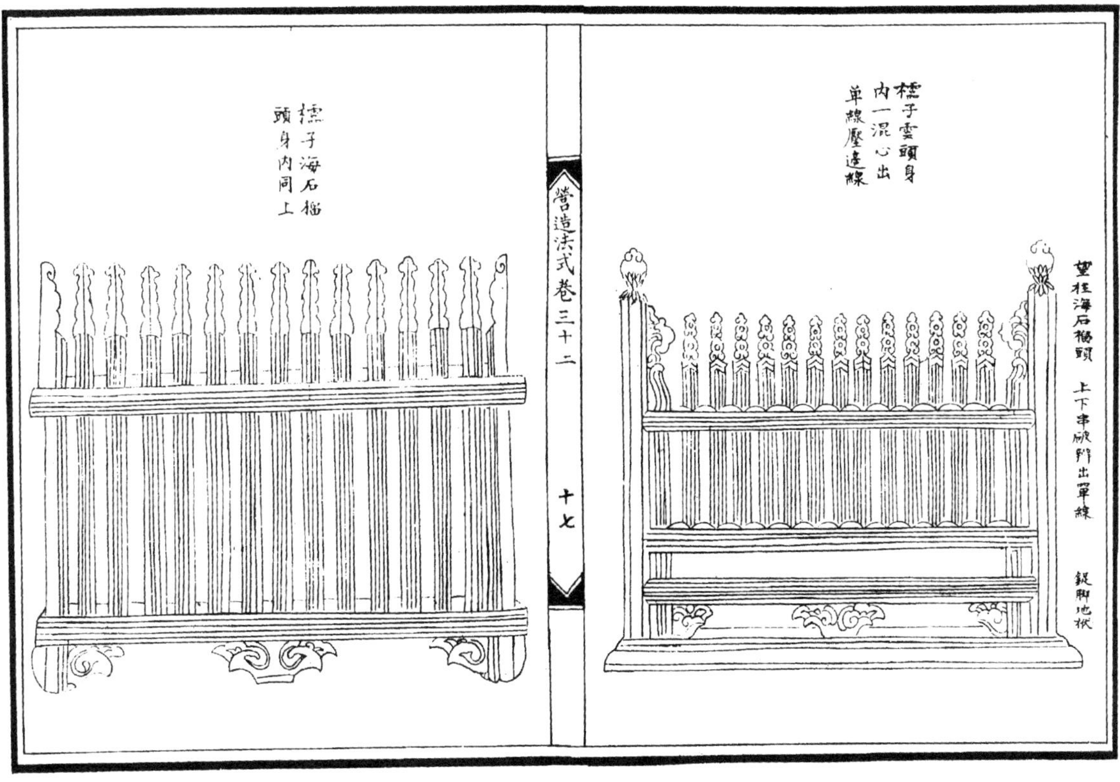
望柱海石榴頭
上下串破瓣出單線
鋜脚地栿
櫺子雲頭身内一混心出单線壓邊線
營造法式卷三十二
十七
櫺子海石榴頭身内同上

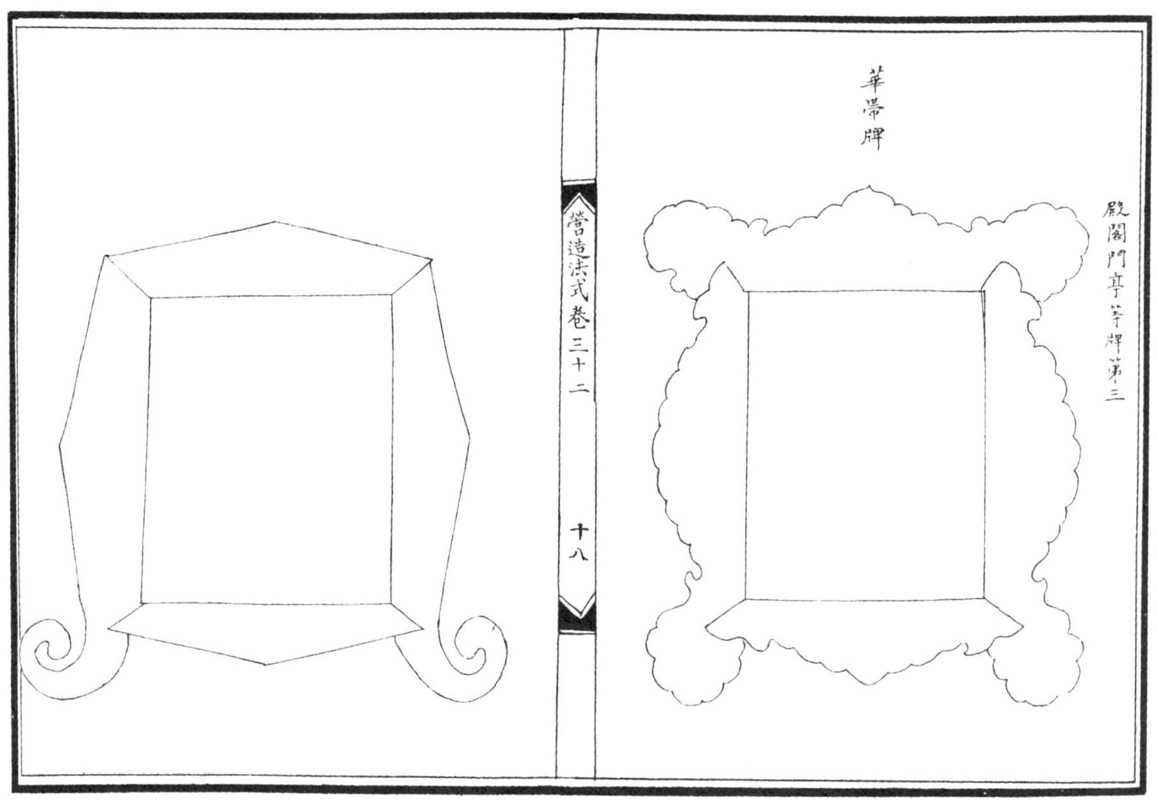
殿閣門亭等牌第三
華帶牌
營造法式卷三十二
十八

天宫樓閣佛道帳
佛道帳經藏第四
營造法式卷三十二
十九

山華蕉葉
佛道帳
營造法式卷三十二　二十

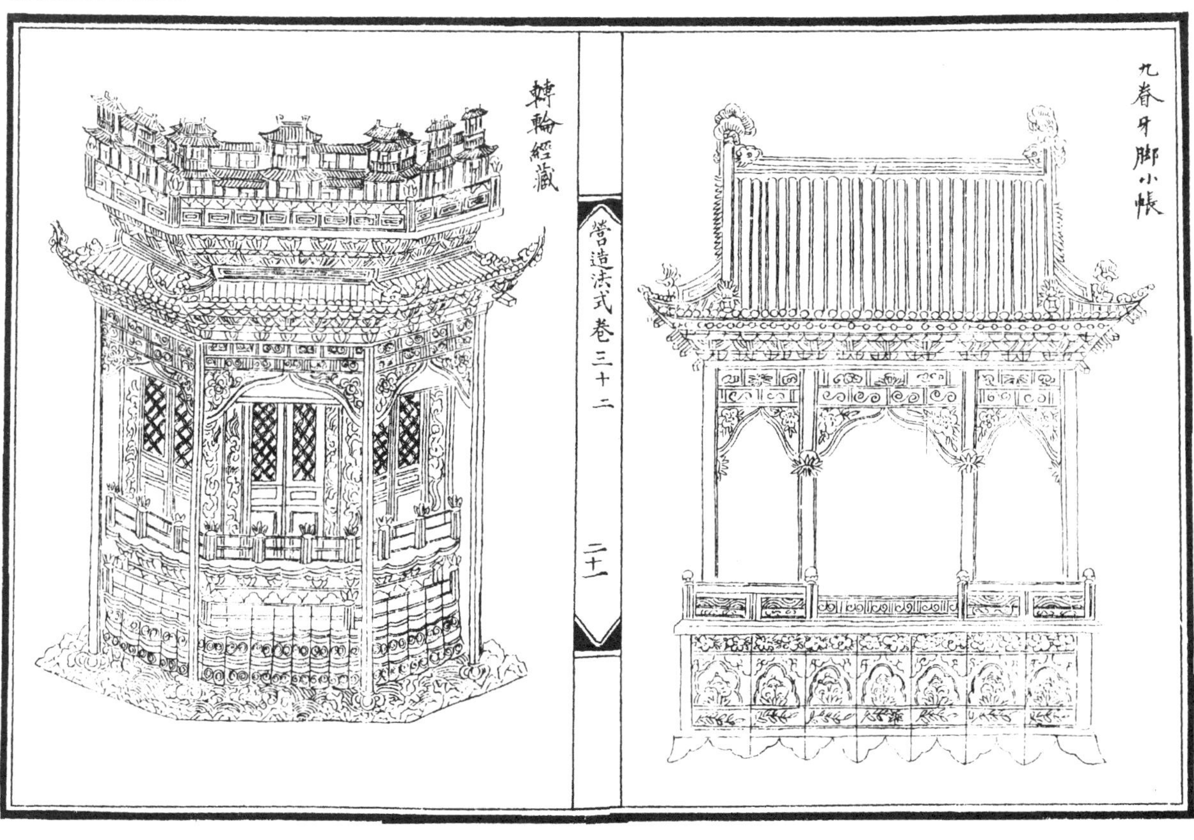
轉輪經藏
營造法式卷三十二
二十一
九脊牙脚小帳

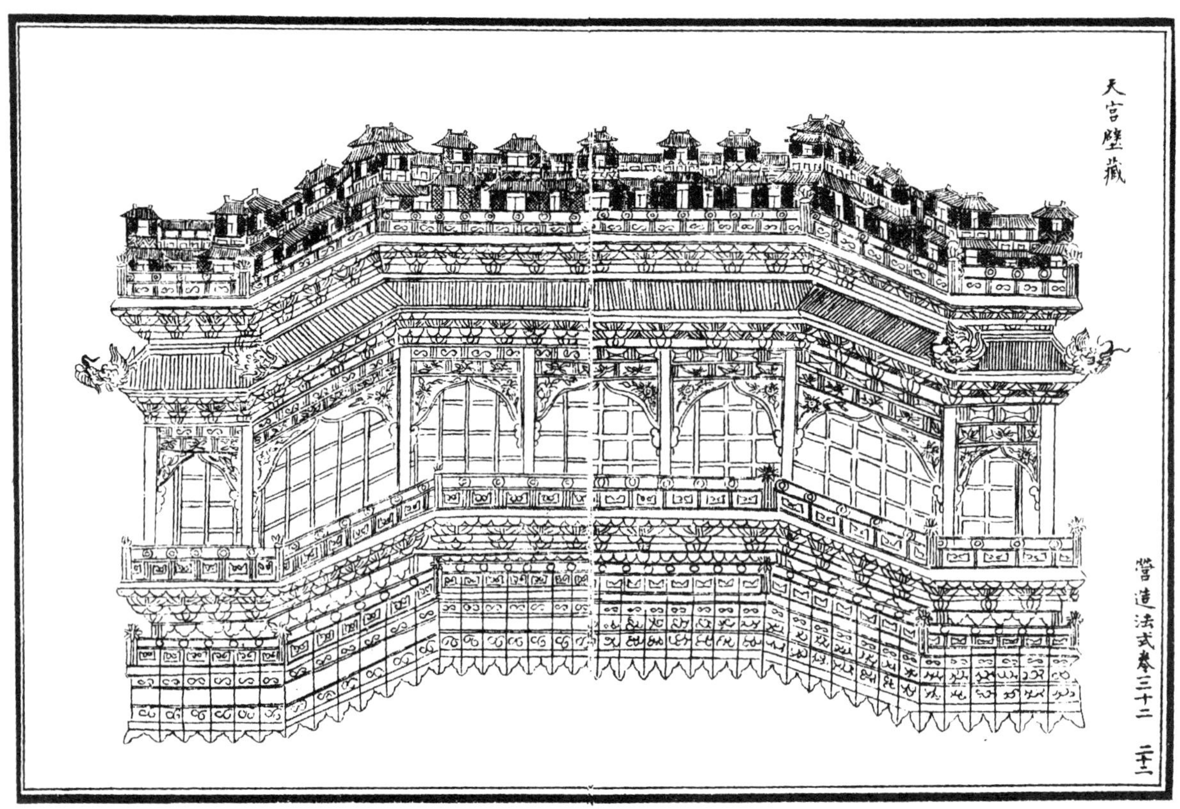
天宫壁藏
營造法式卷三十二　二十二

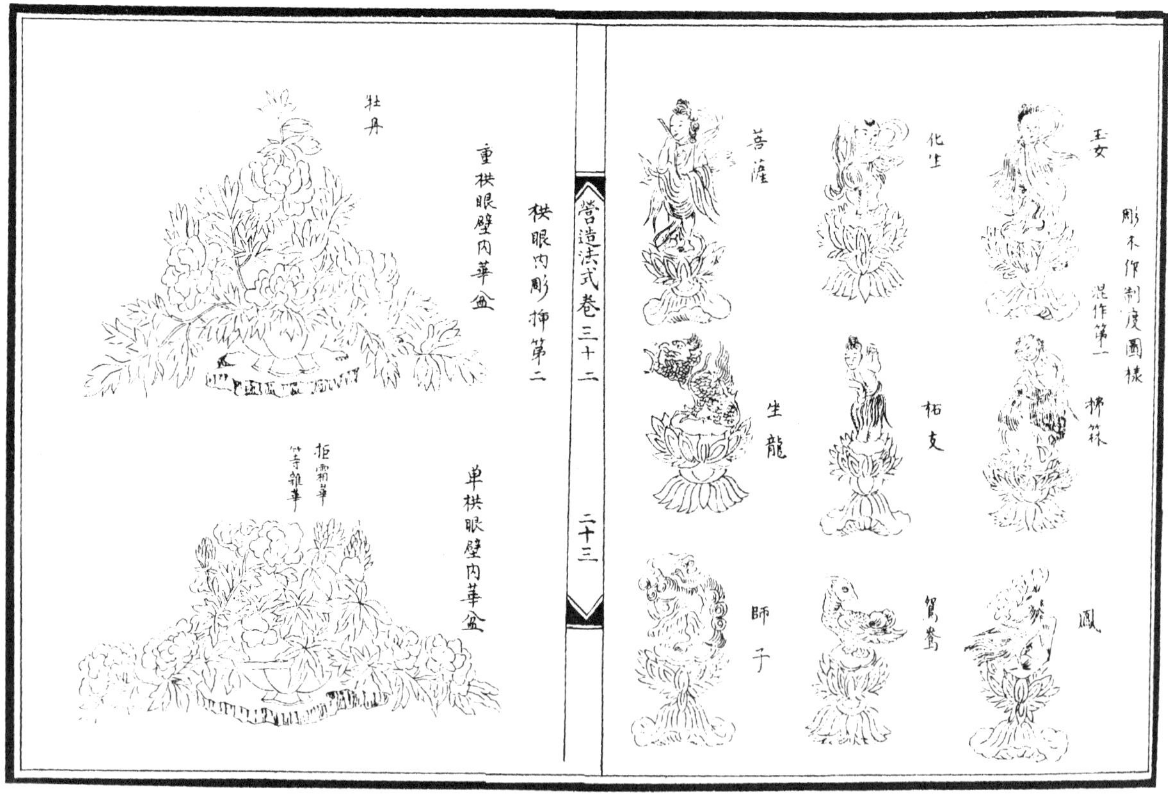
彫木作制度圖樣
混作第一
拂菻
玉女
化生
菩薩
柘支
生龍
鳳
鸞鵲
師子
營造法式卷三十二
二十三
栱眼内彫插第二
重栱眼壁内華盆
牡丹
單栱眼壁内華盆
拒霜華
芍藥華

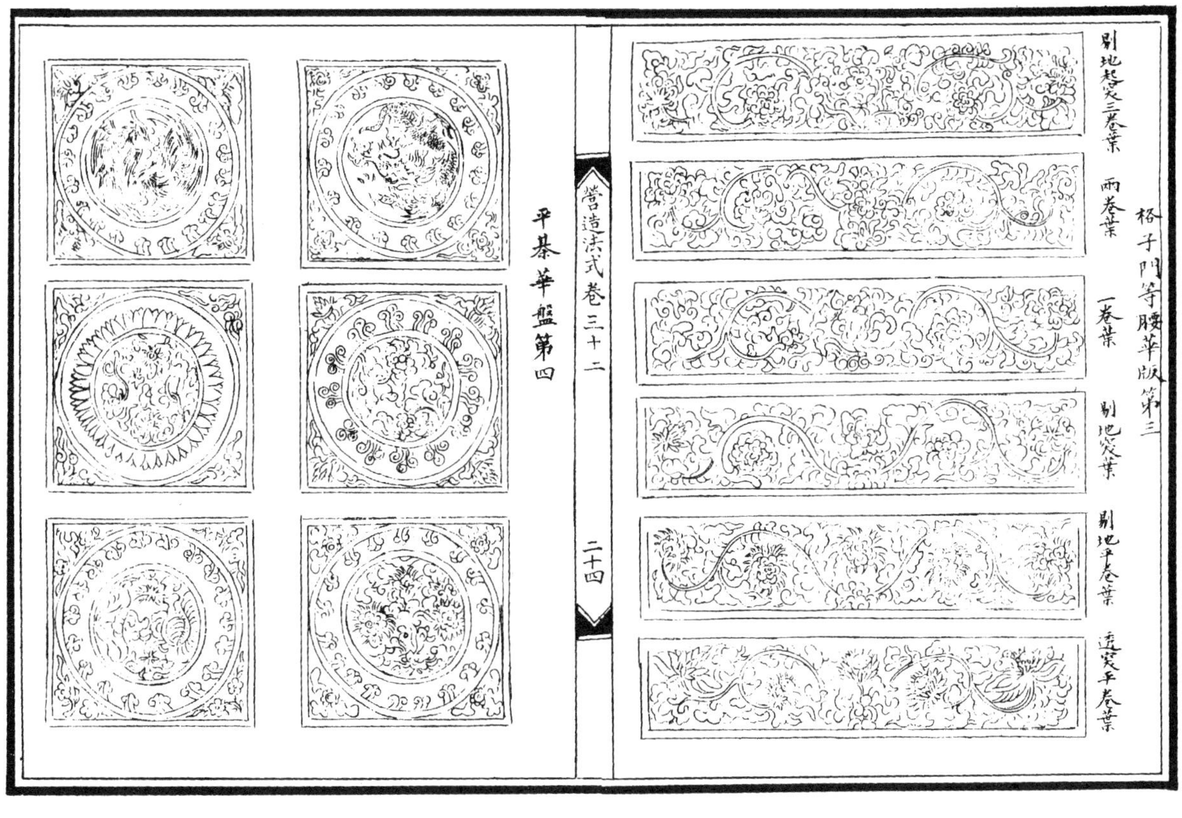

格子門等腰華版第三
剔地起突三卷葉
兩卷葉
一卷葉
剔地窪葉
剔地平卷葉
透突平卷葉
營造法式卷三十二
二十四
平棊華盤第四

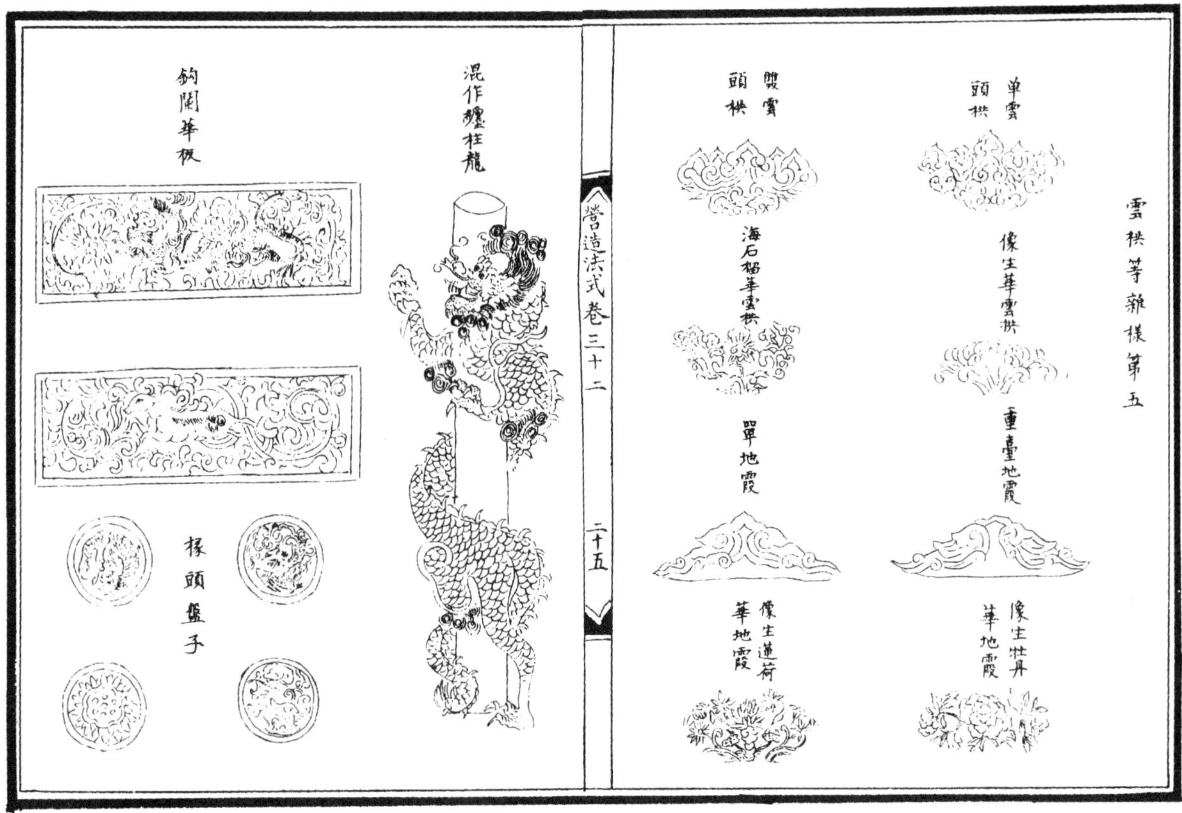

雲栱等雜樣第五
單雲頭栱
雙雲頭栱
像生華雲栱
海石榴華雲栱
重臺地霞
單地霞
像生牡丹華地霞
像生蓮荷華地霞
營造法式卷三十二
二十五
混作纏柱龍
鉤闌華版
椽頭盤子

【29.7】

彩畫作制度圖樣上

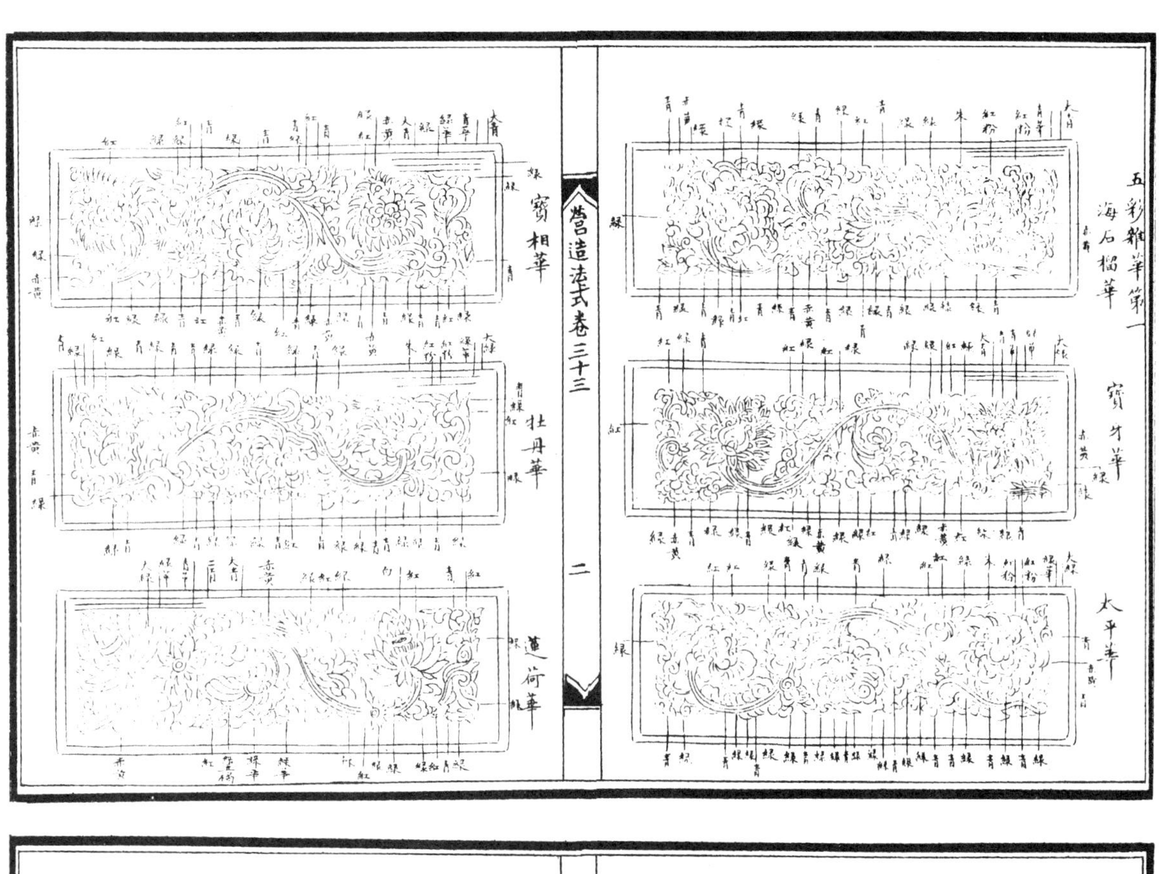

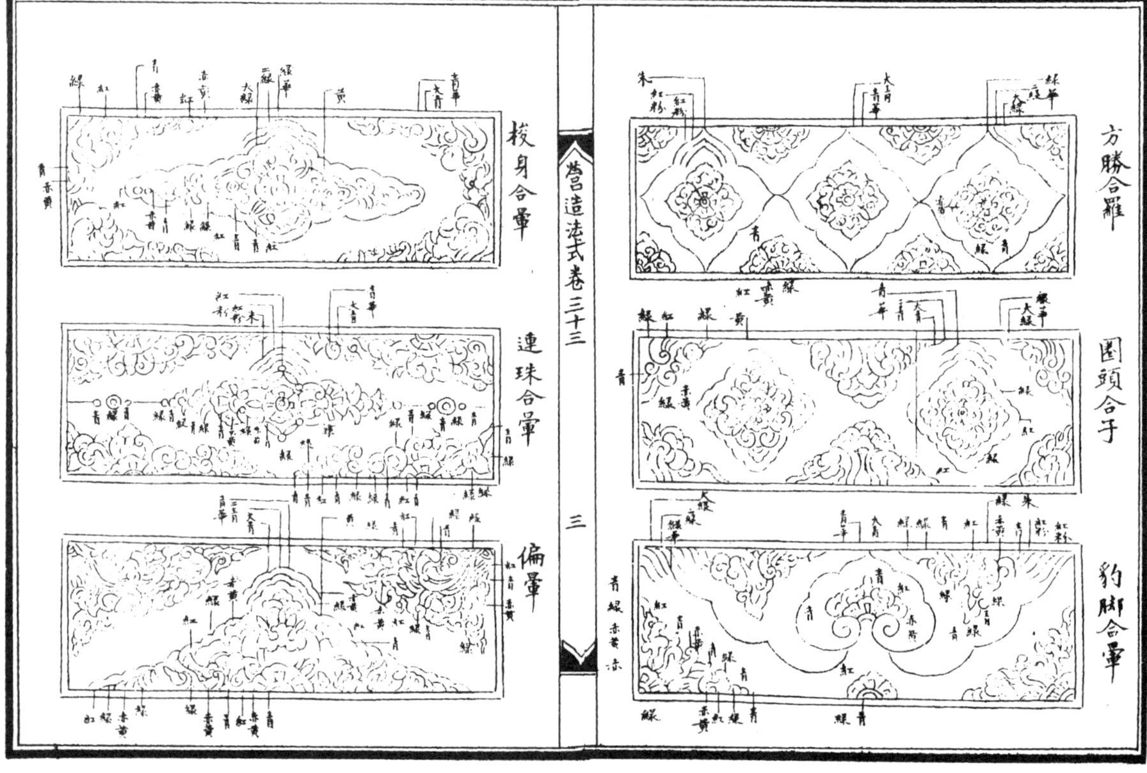

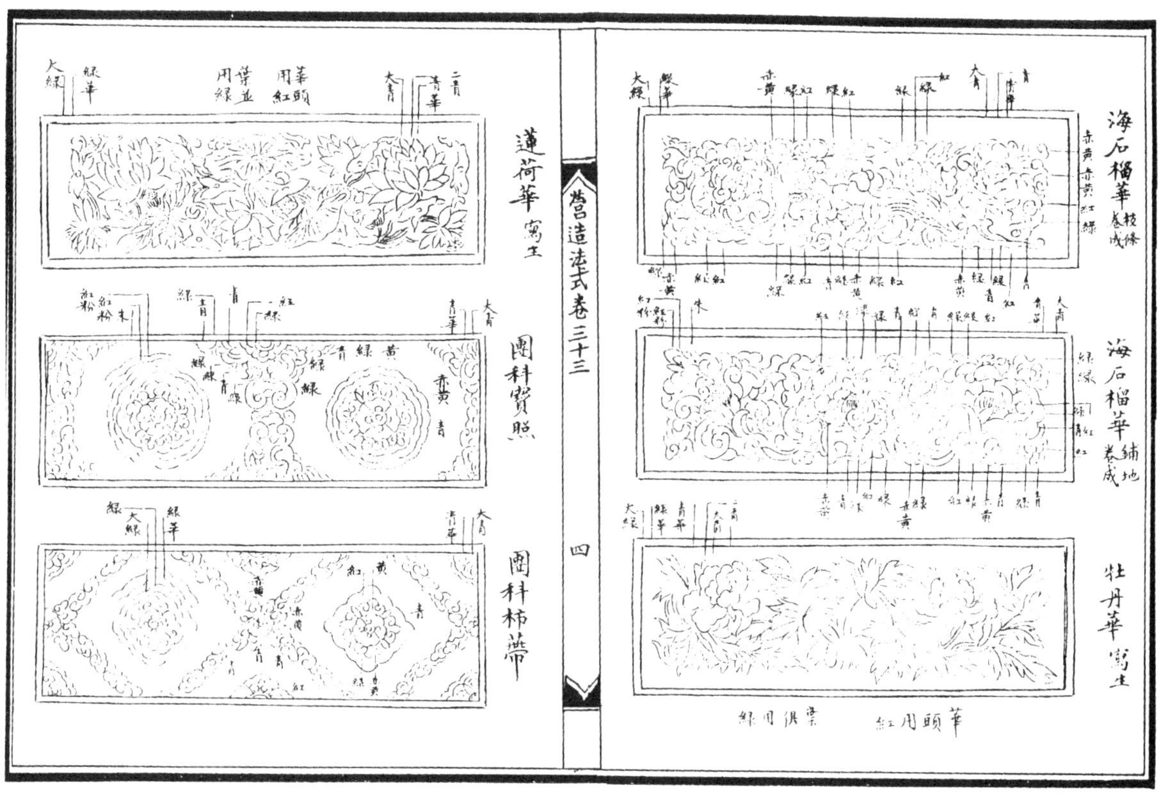
營造法式卷三十三
四
海石榴華 卷成枝條
海石榴華 鋪地卷成
牡丹華 寫生
華頭用紅 葉用綠
蓮荷華 寫生
團科寶照
團科柿蒂

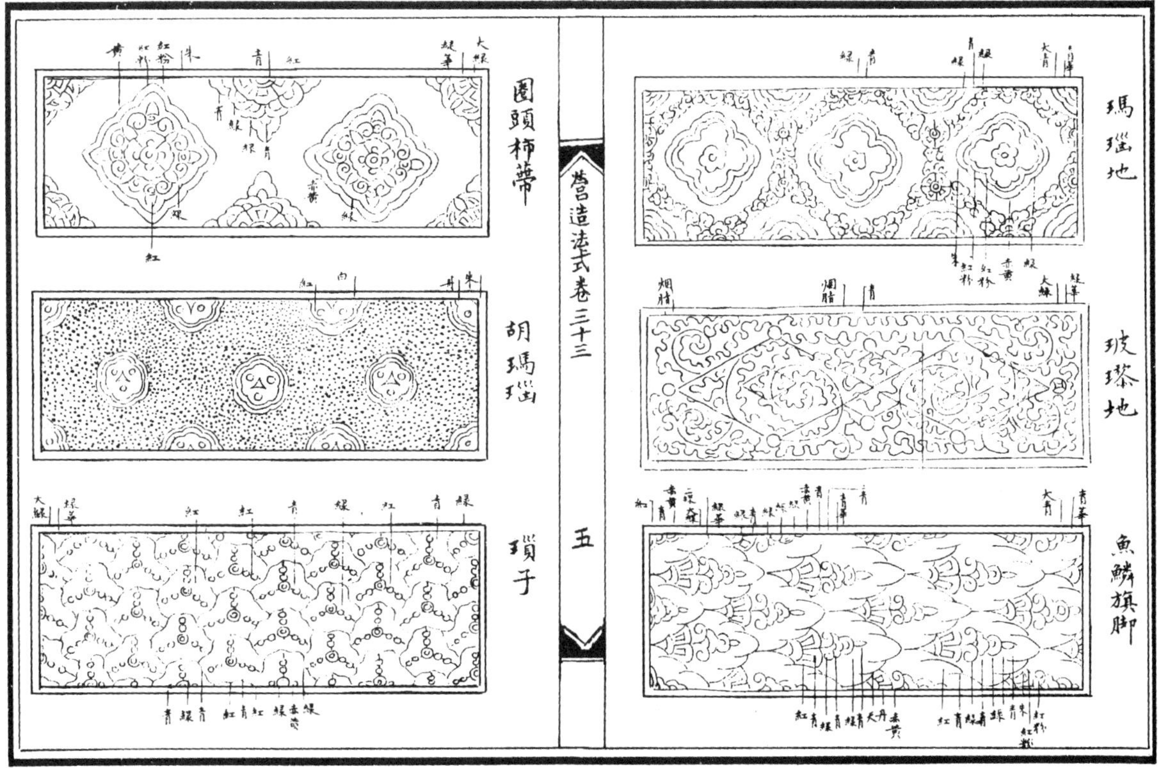
營造法式卷三十三
五
瑪瑙地
玻璃地
魚鱗旗脚
團頭柿蒂
胡瑪瑙
瑣子

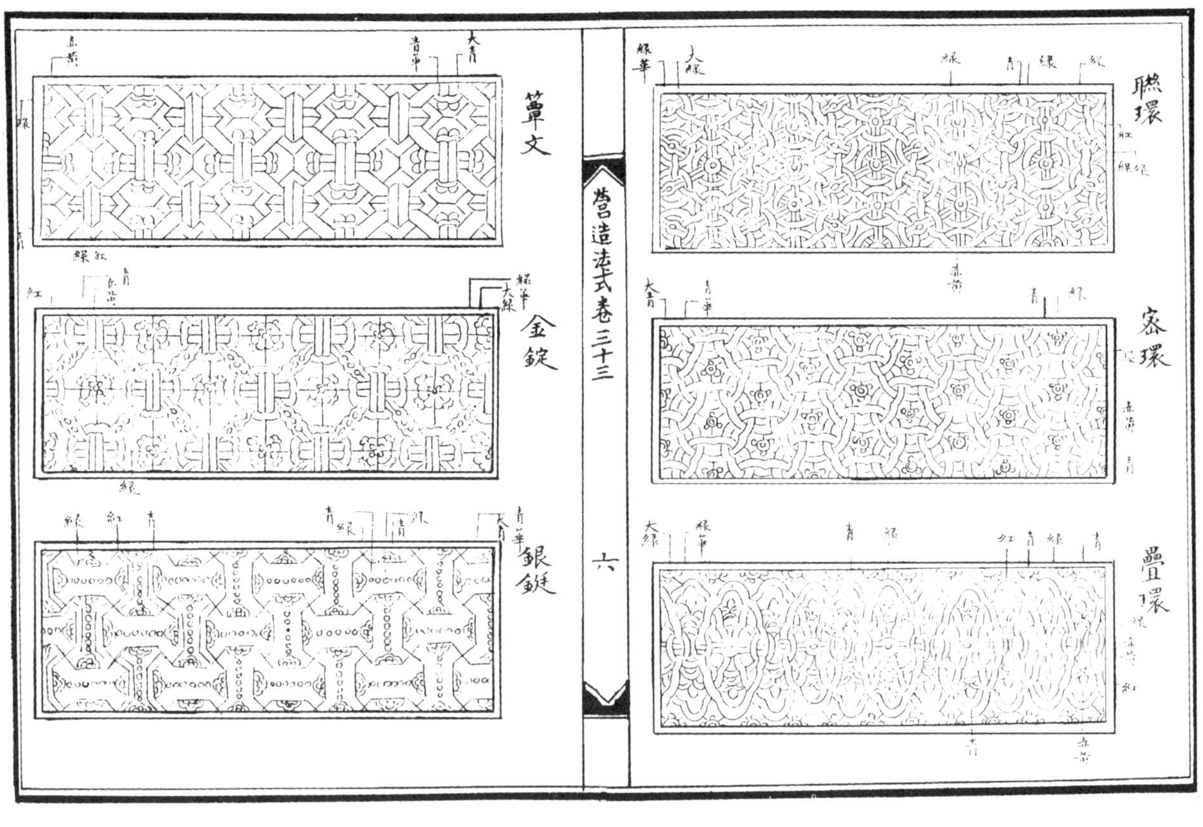

簟文
金錠
銀錠
營造法式卷三十三
六
瑣環
簇環
疊環

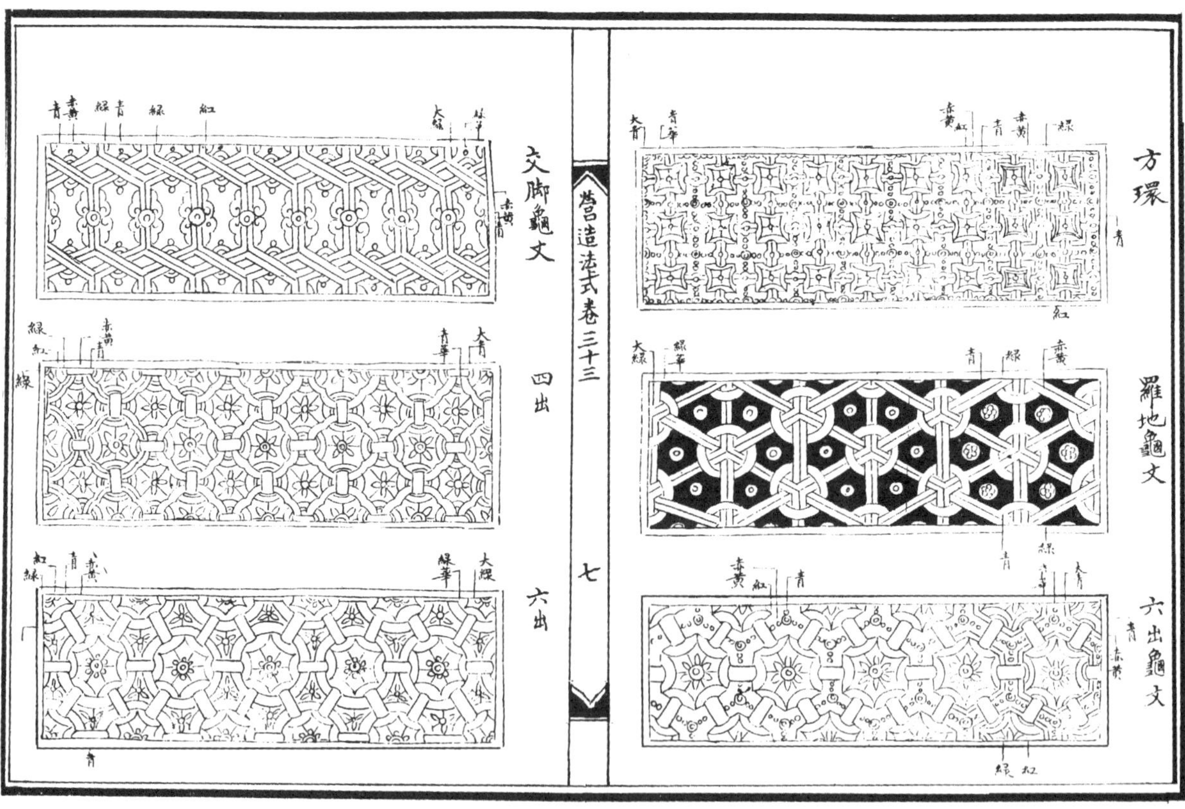

交脚龜文
四出
六出
營造法式卷三十三
七
方環
羅地龜文
六出龜文

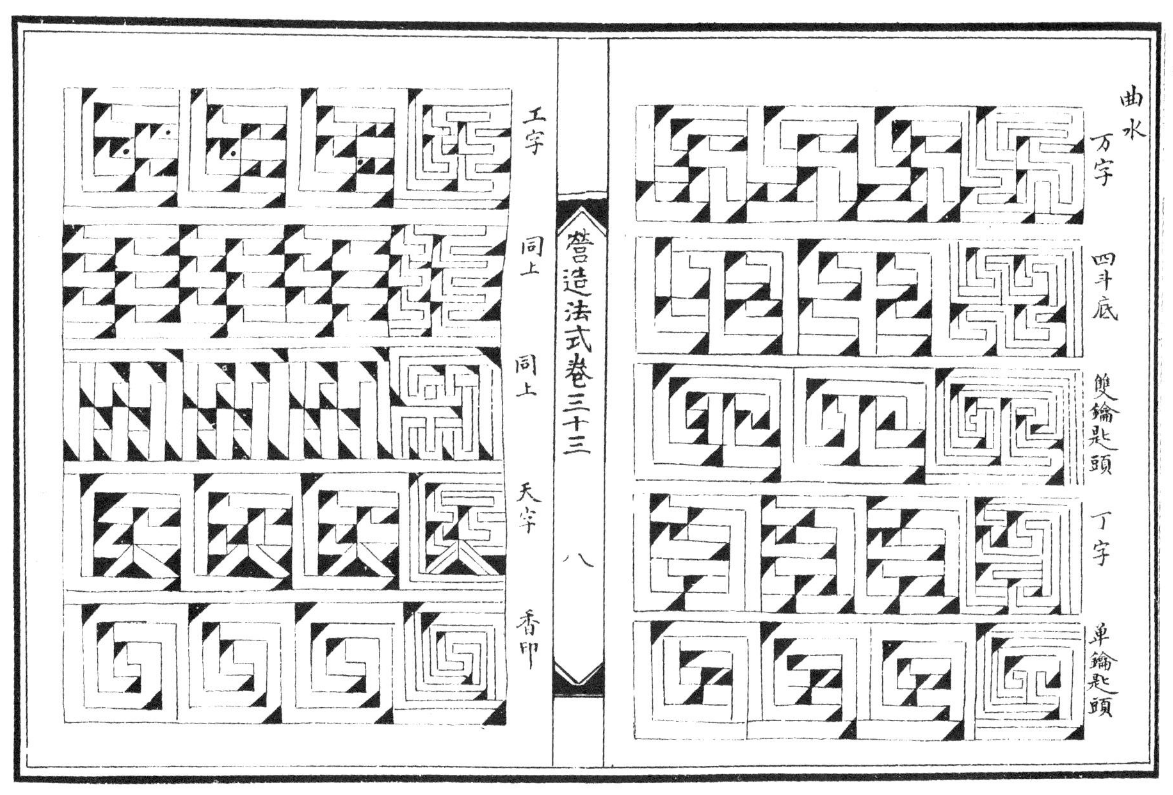
曲水
万字
四斗底
雙鑰匙頭
丁字
单鑰匙頭
營造法式卷三十三
八
工字
同上
同上
天字
香印

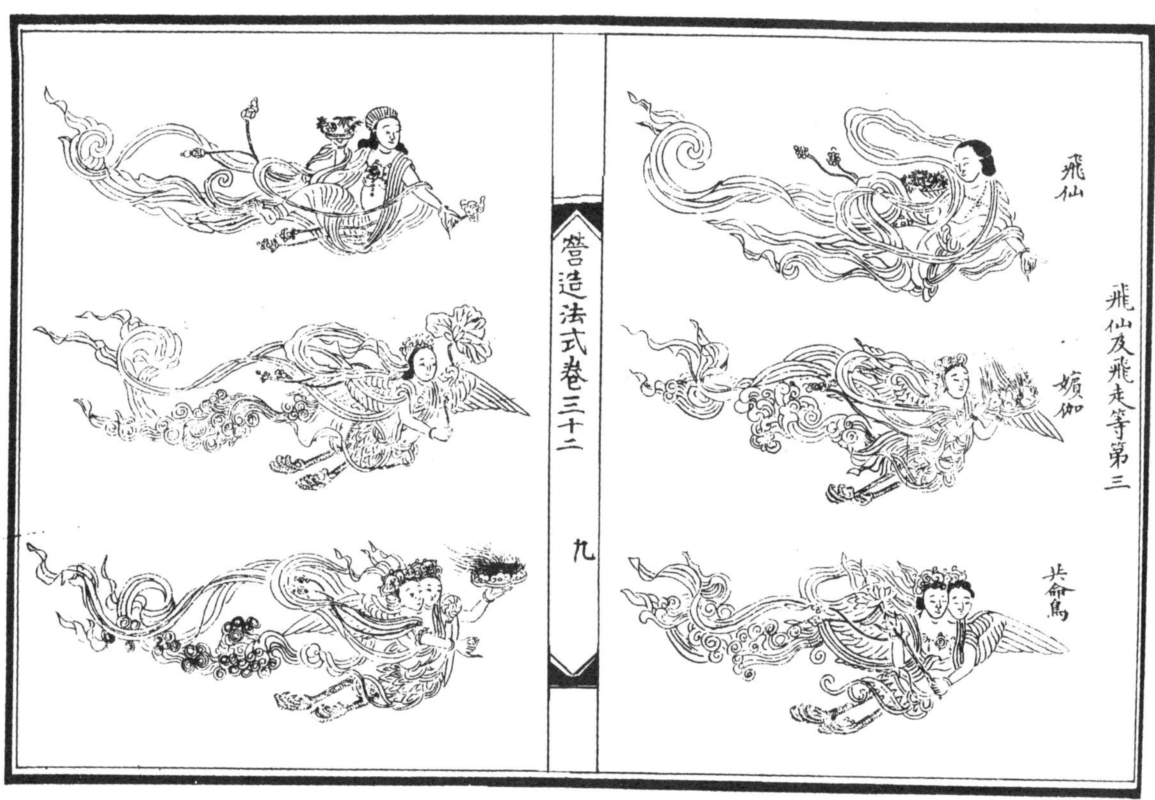
飛仙及飛走等第三
飛仙
嫔伽
共命鳥
營造法式卷三十二
九

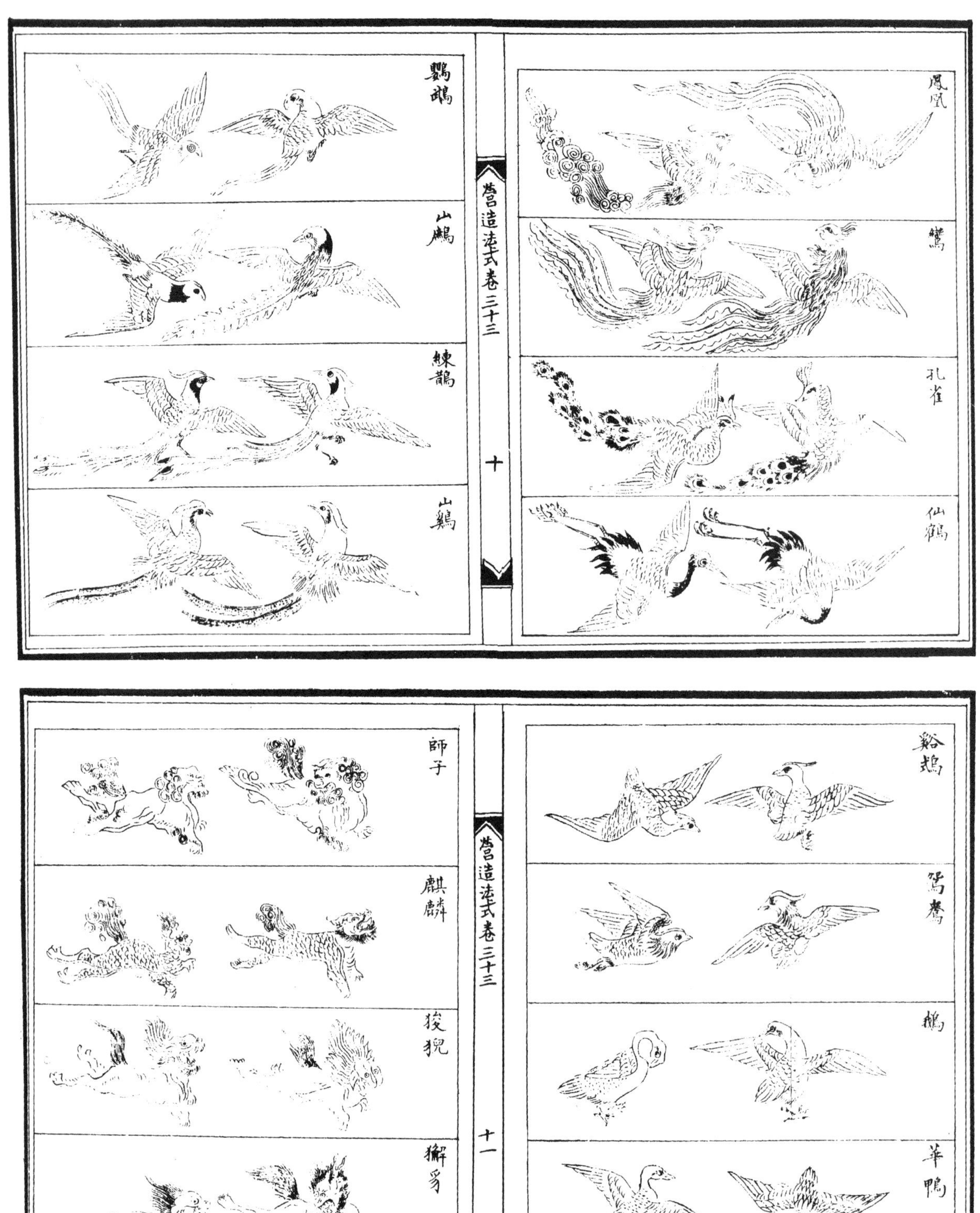

鳳凰
鸞
孔雀
仙鶴
營造法式卷三十三
十
鸚鵡
山鷓
練鵲
山鷄
谿鶒
鴛鴦
鵝
華鴨
營造法式卷三十三
十一
師子
麒麟
狻猊
獬豸

天馬
海馬
仙鹿
羚羊
營造法式卷三十三
十二
山羊
象
犀牛
熊

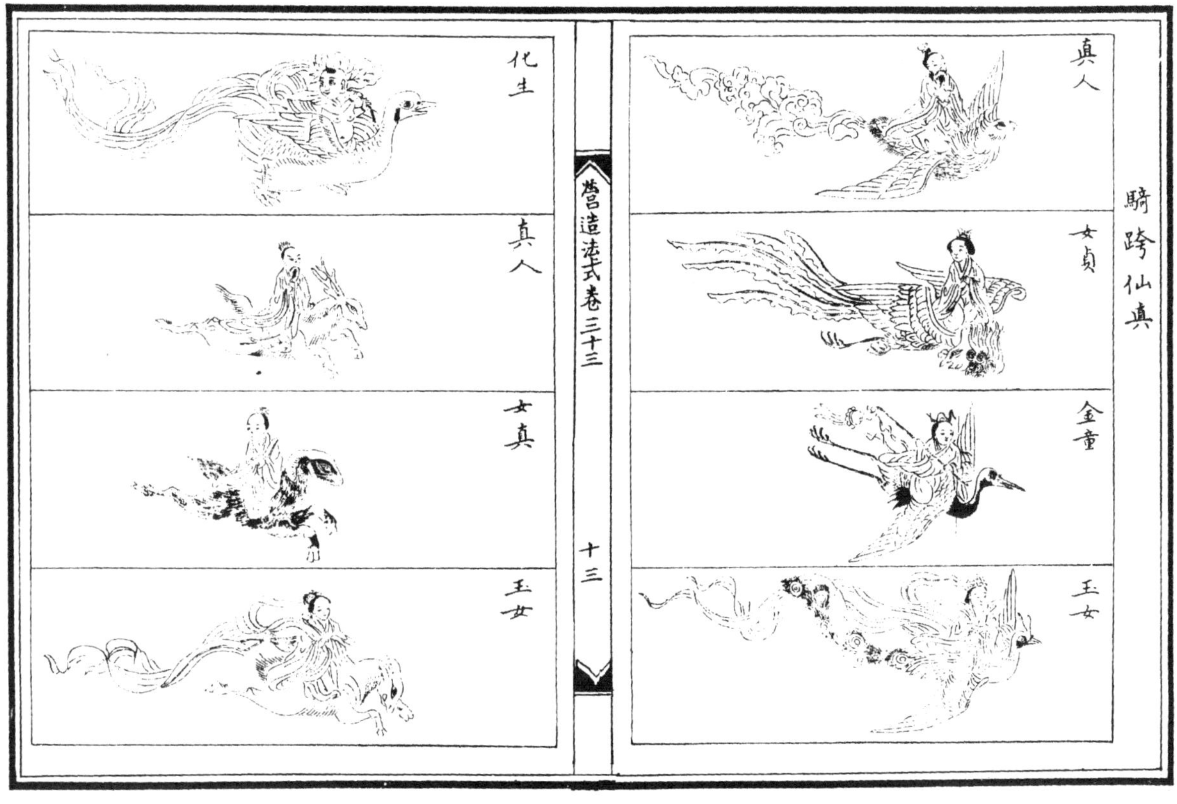
騎跨仙真
真人
女真
金童
玉女
營造法式卷三十三
十三
化生
真人
女真
玉女

拂菻
獠蠻
化生
營造法式卷三十三
十四

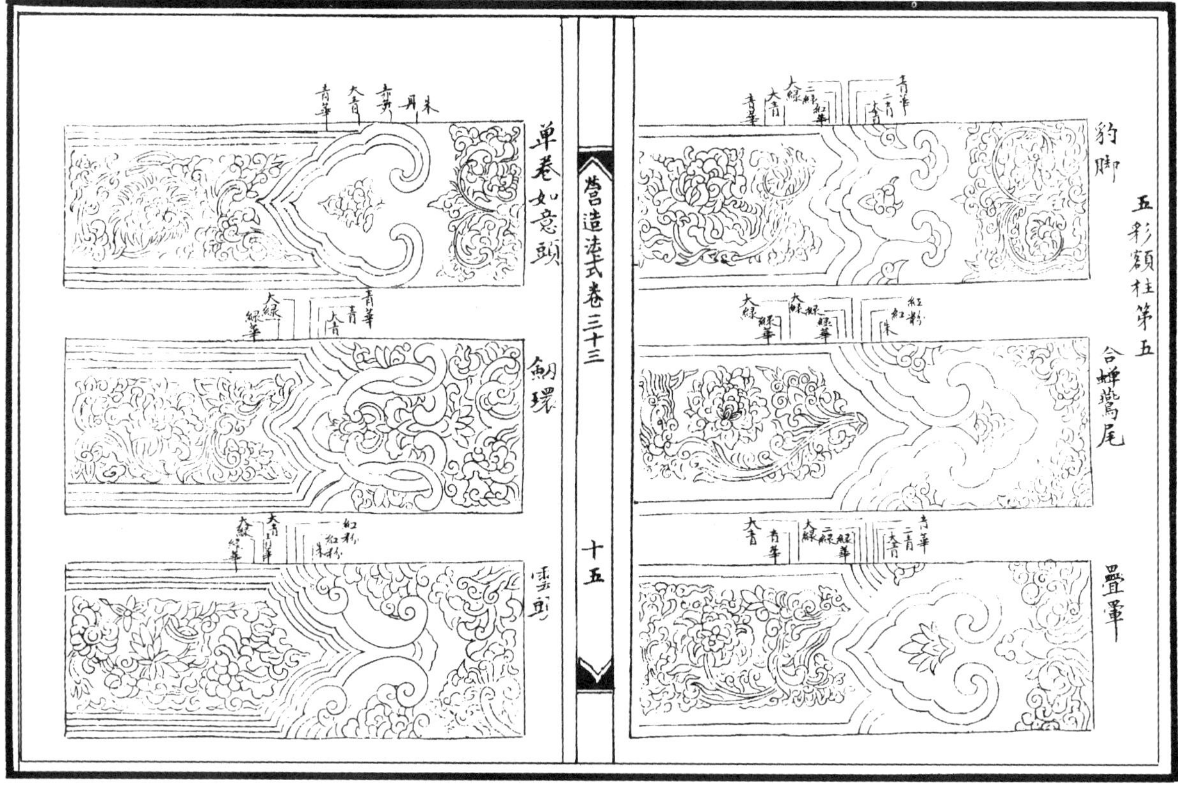
豹脚
五彩額柱第五
合蟬鷰尾
疊暈
單卷如意頭
剣環
雲頭
營造法式卷三十三
十五

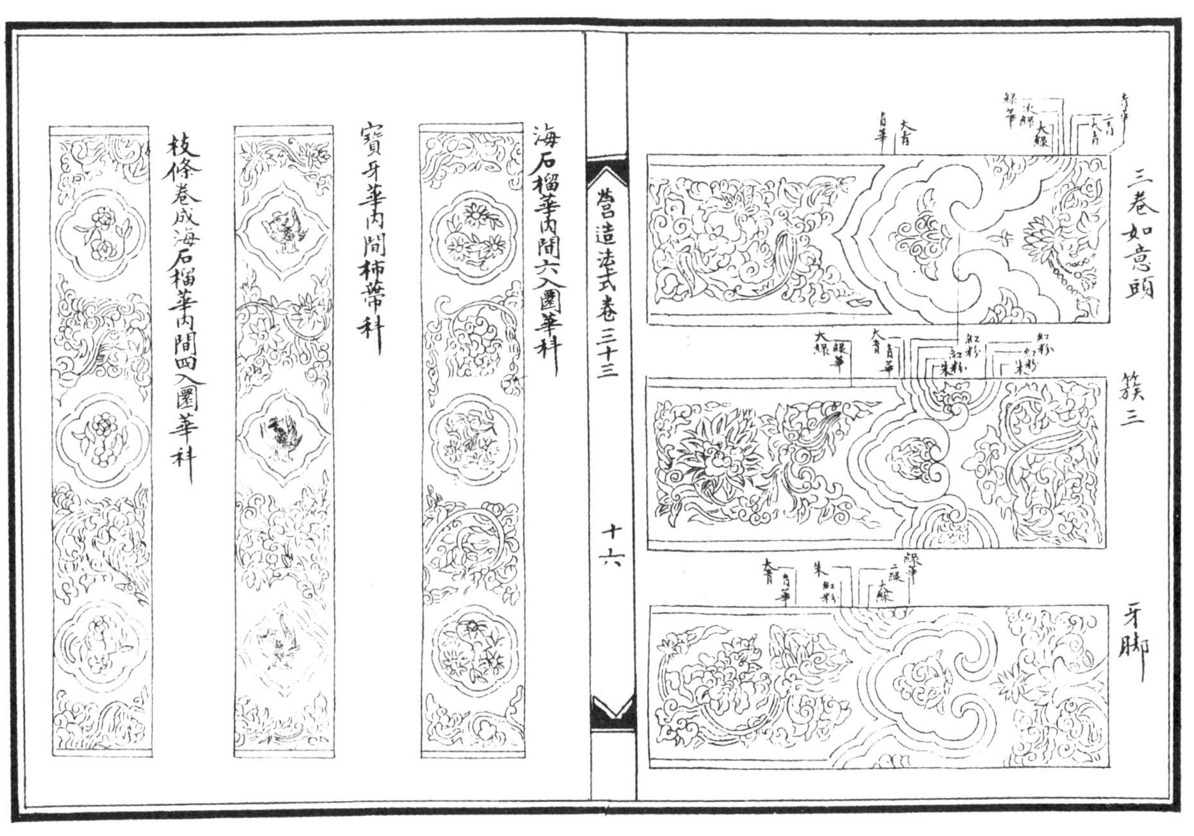
營造法式卷三十三
十六
海石榴華內間六入圜華科
寶牙華內間柿蔕科
枝條卷成海石榴華內間四入圜華科
三卷如意頭
簇三
牙脚

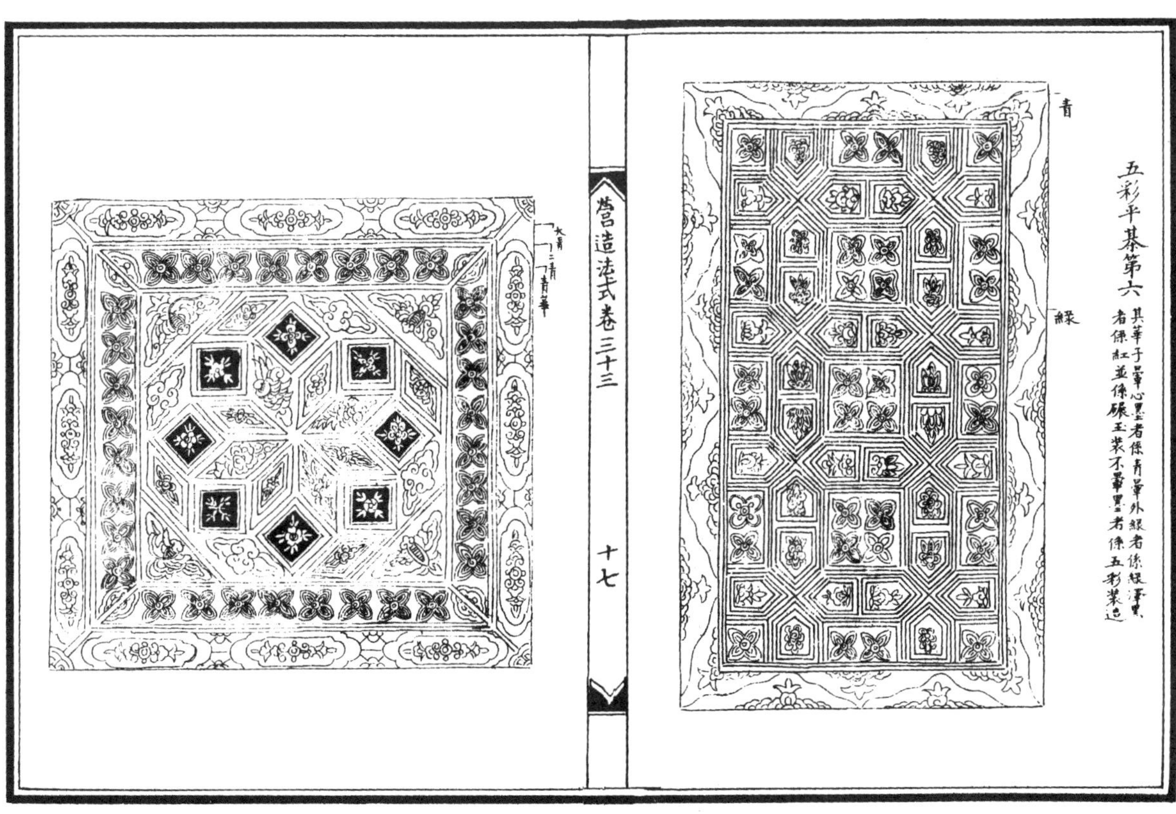
營造法式卷三十三
十七
五彩平棊第六
其華子暈心墨者係青暈外暈者係綠渾黃者係紅並係碾玉裝不暈墨者係五彩裝造

營造法式卷三十三
十八
紅

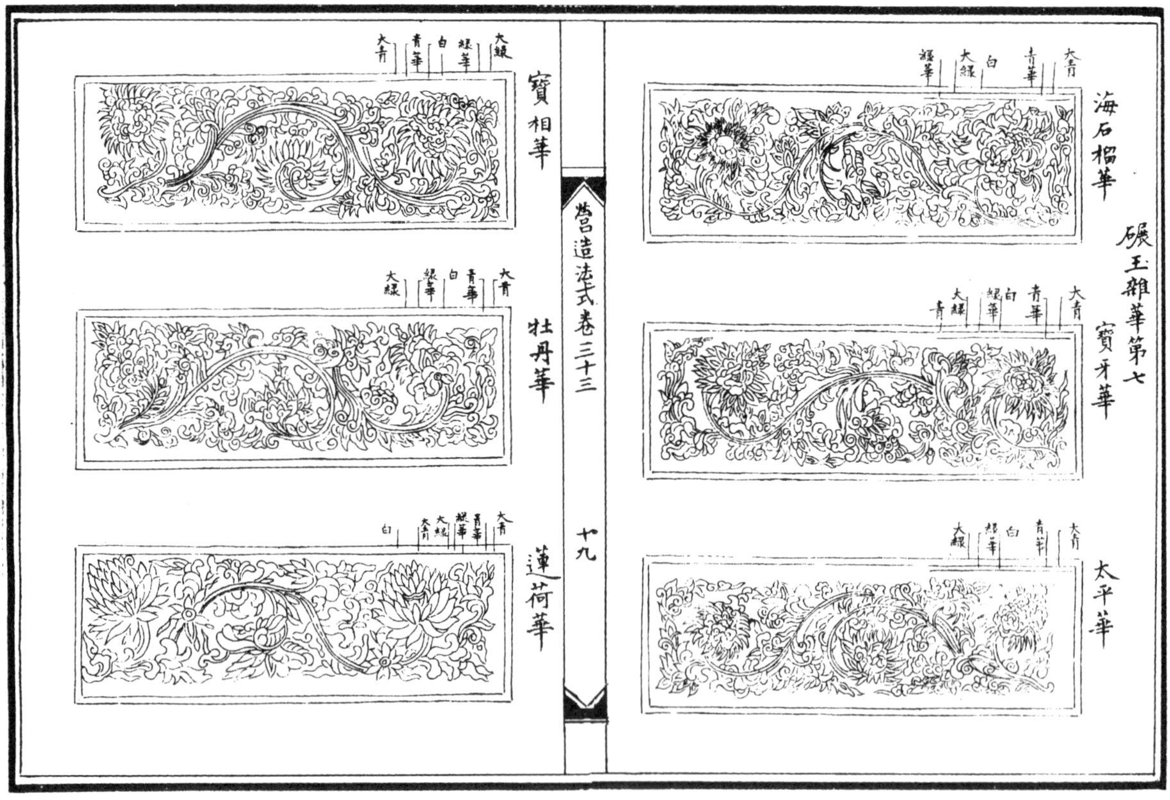
營造法式卷三十三
十九
寶相華
大青 青華 白 綠華 大綠
牡丹華
大綠 綠華 白 青華 大青
蓮荷華
白 大青 大綠 綠華 青華 大青
碾玉雜華第七
海石榴華
綠華 大綠 白 青華 大青
寶牙華
青 大綠 綠華 白 青華 大青
太平華
大綠 綠華 白 青華 大青

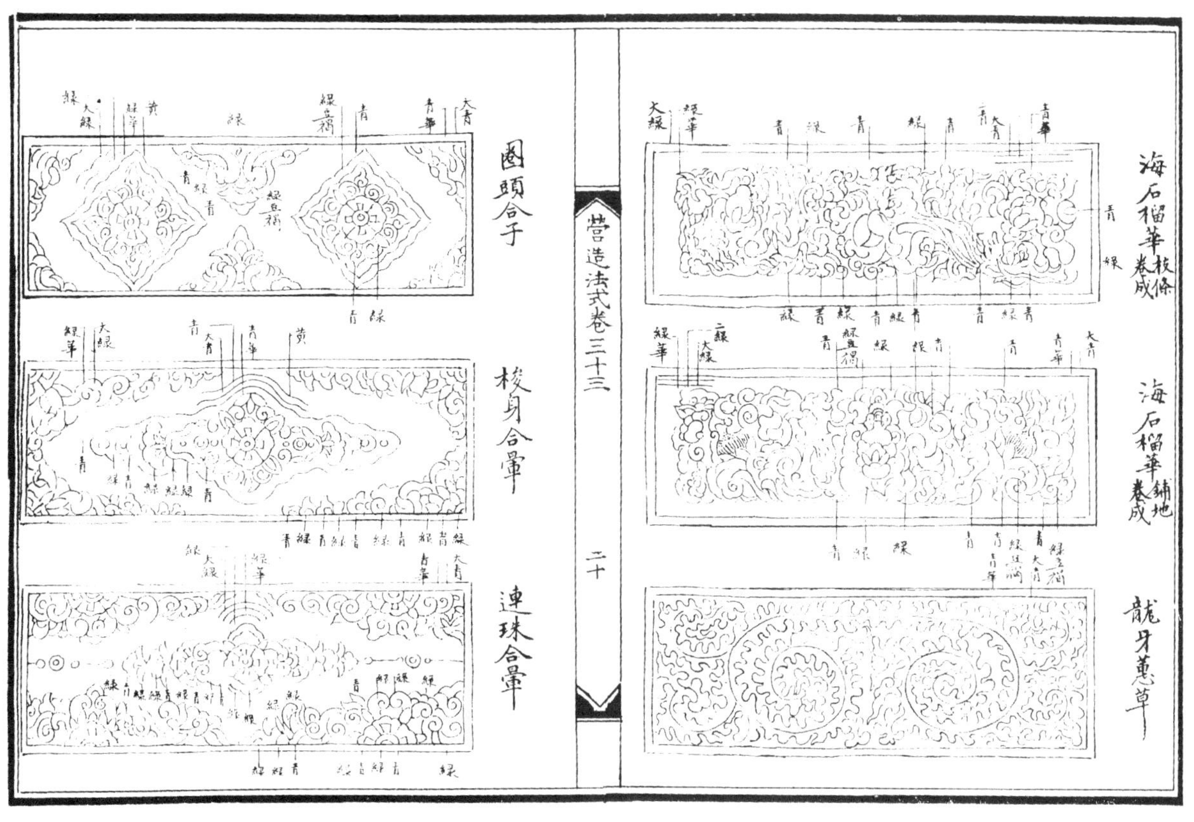
海石榴華枝條卷成
海石榴華鋪地卷成
龍牙蕙草
團頭合子
梭身合暈
連珠合暈
營造法式卷三十三
二十

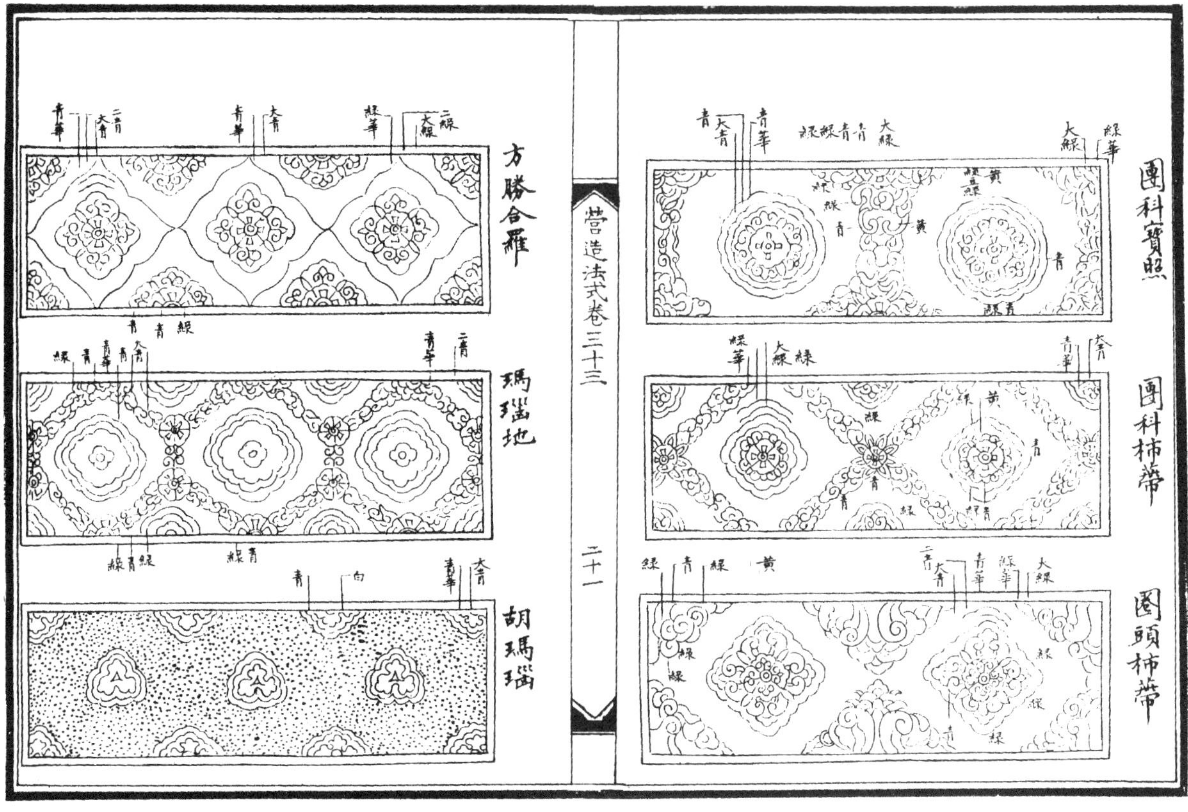
團科寶照
團科柿蔕
團頭柿蔕
方勝合羅
瑪瑙地
胡瑪瑙
營造法式卷三十三
二十一

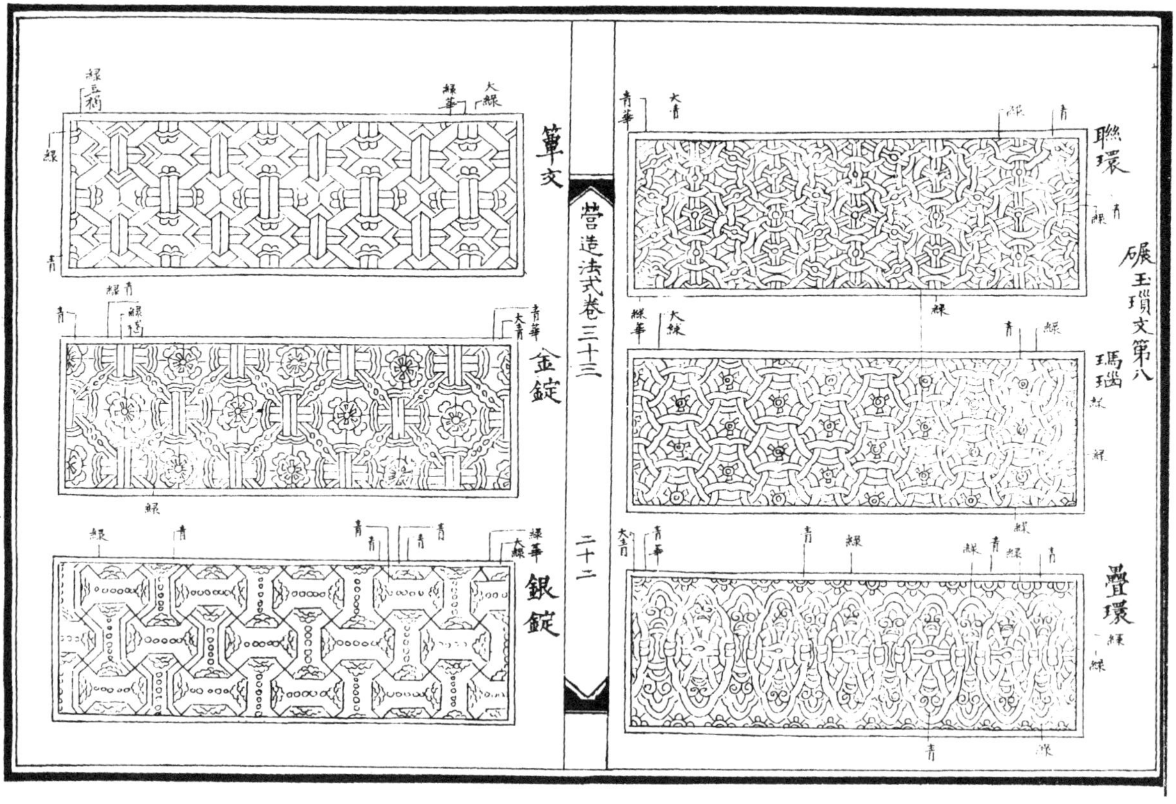

碾玉瑣文第八
聯環
瑪瑙
疊環
營造法式卷三十三
二十二
簟文
金鋌
銀鋌

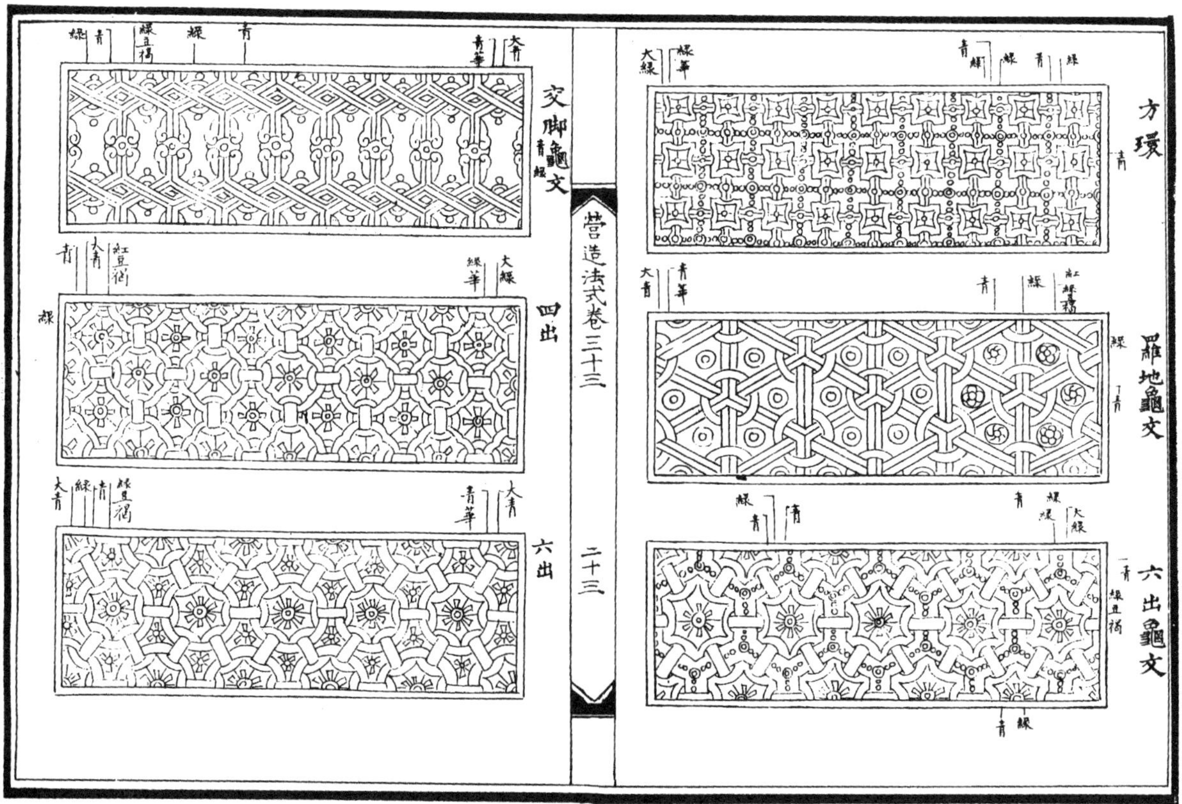

方環
羅地龜文
六出龜文
營造法式卷三十三
二十三
交脚龜文
四出
六出

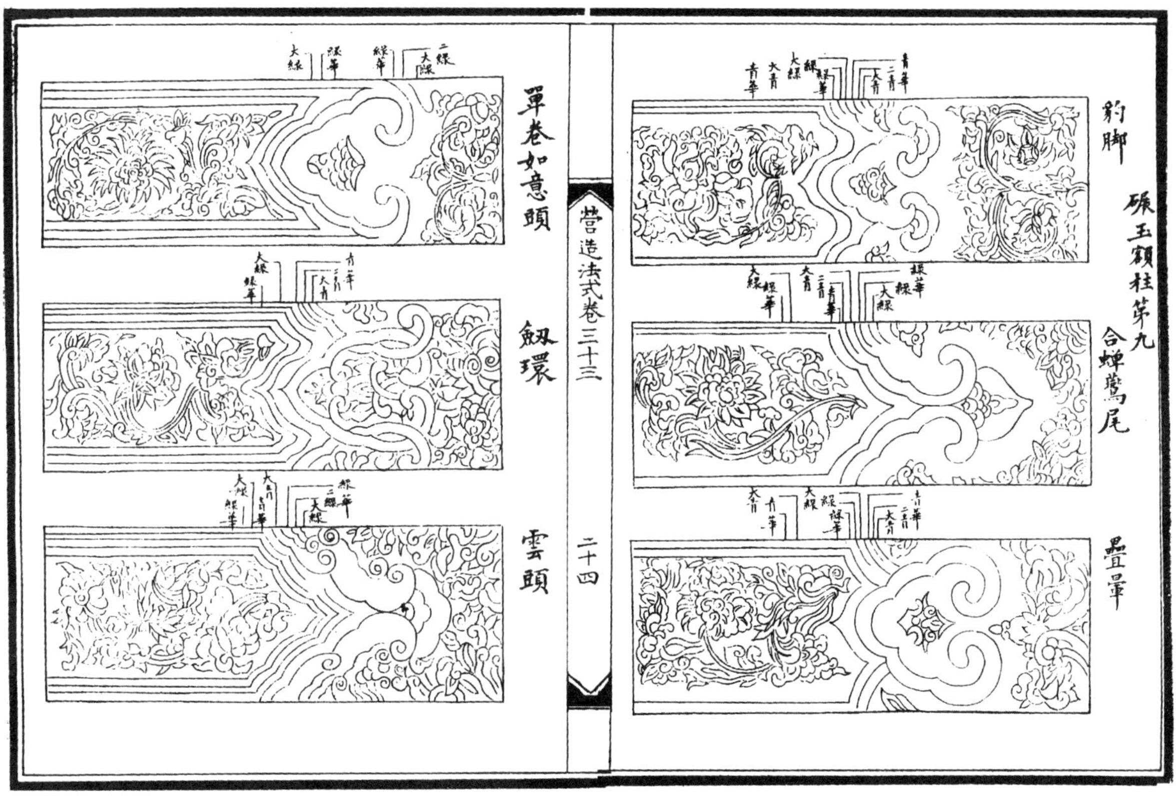
單卷如意頭
豹脚
碾玉額柱第九
合蟬鷰尾
疊暈
雲頭
營造法式卷三十三
二十四

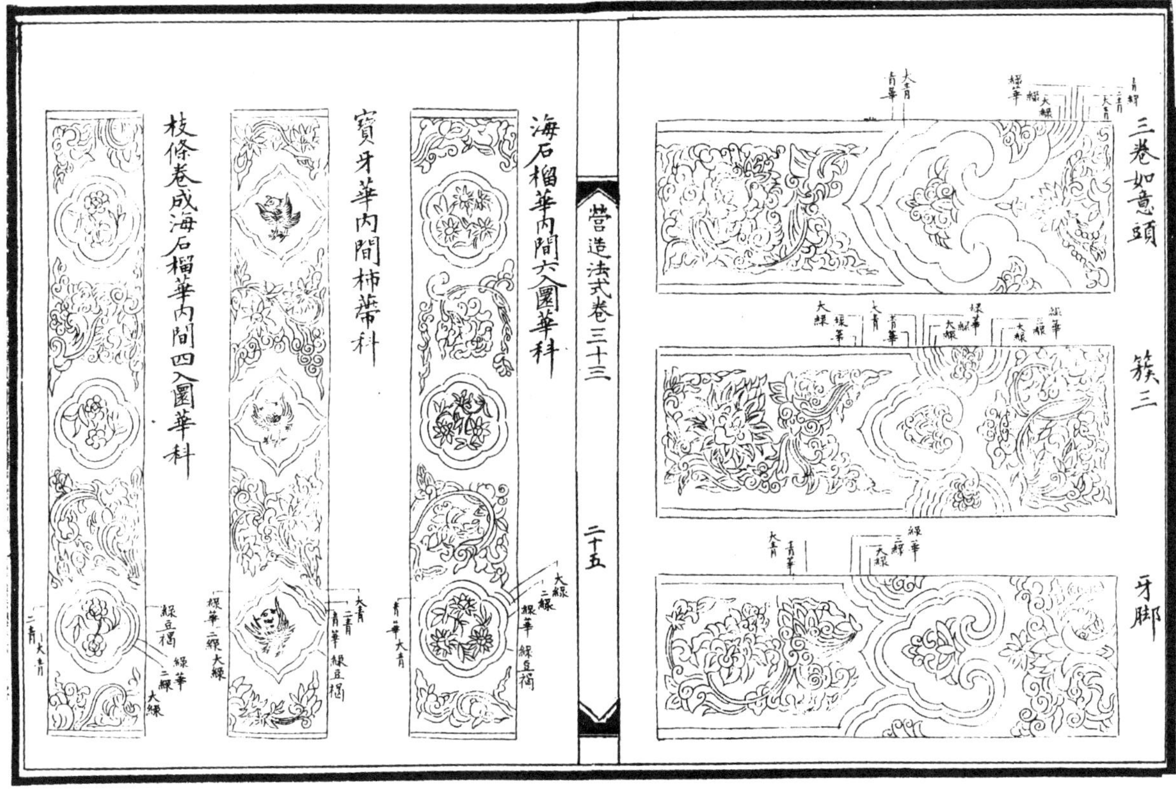
三卷如意頭
簇三
牙脚
海石榴華內間六入圜華科
寶牙華內間柿蔕科
枝條卷成海石榴華內間四入圜華科
營造法式卷三十三
二十五

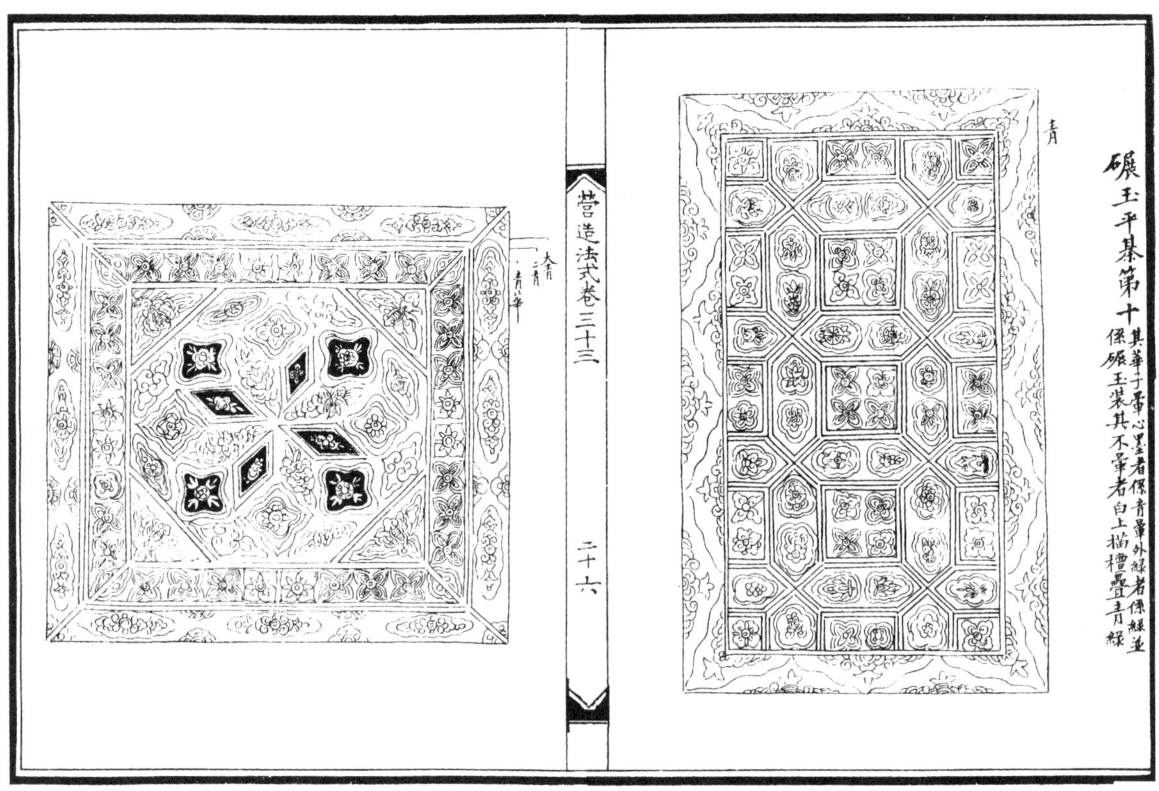
營造法式卷三十三
二十六
大青
二青
青華
青
碾玉平棊第十
其華子暈心墨者係青暈外綠者係綠並係碾玉裝其不暈者白上描檀疊青綠

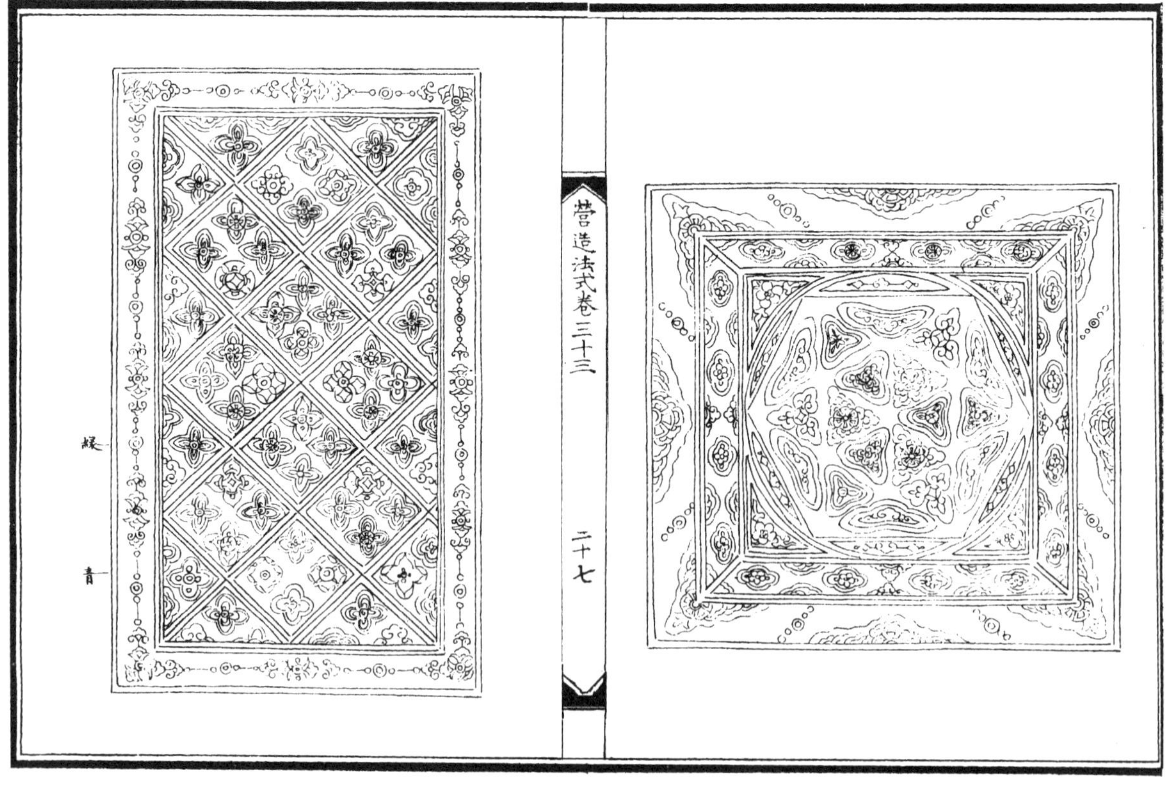
營造法式卷三十三
二十七
綠
青

【29.8】
彩畫作制度圖樣下

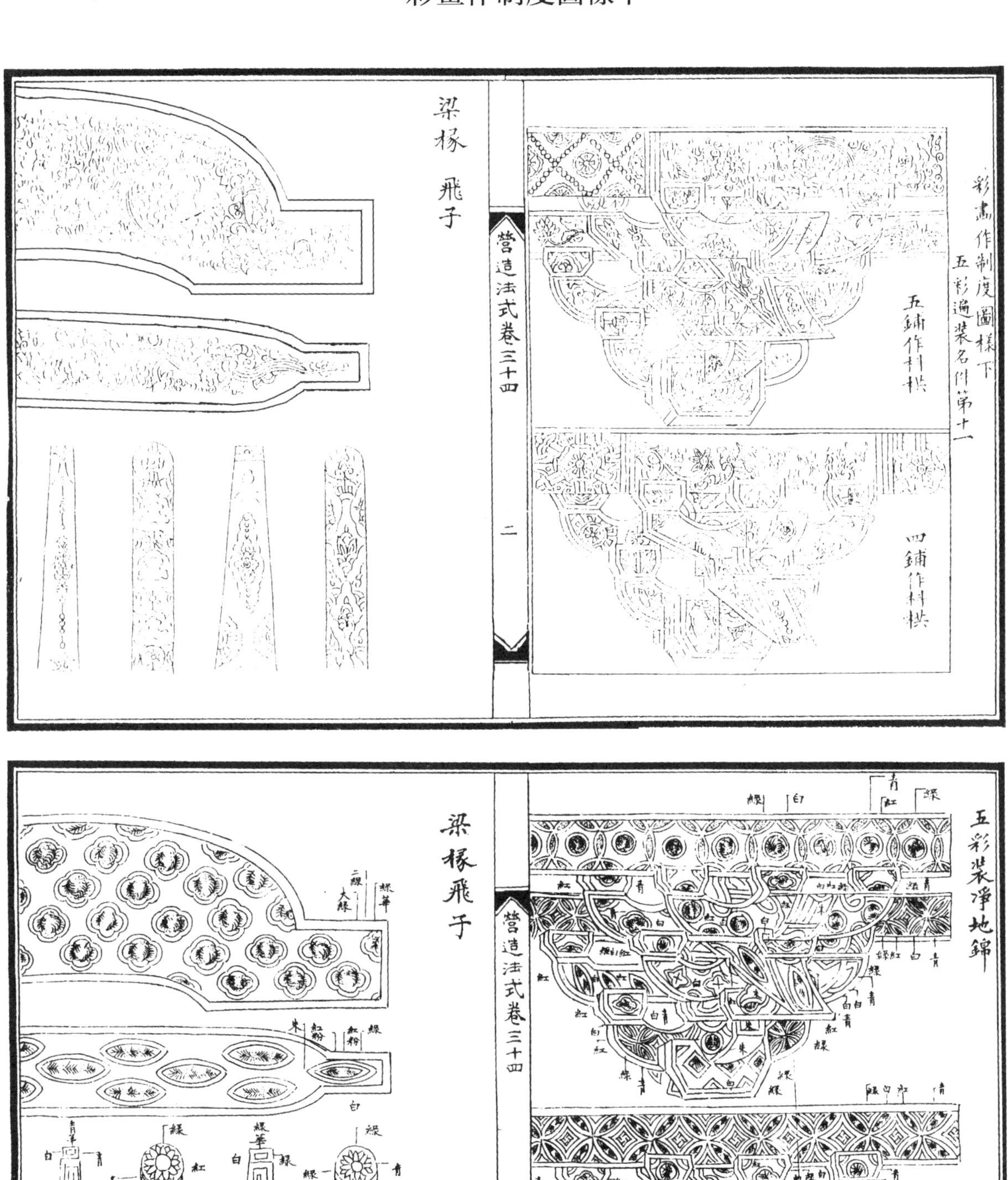

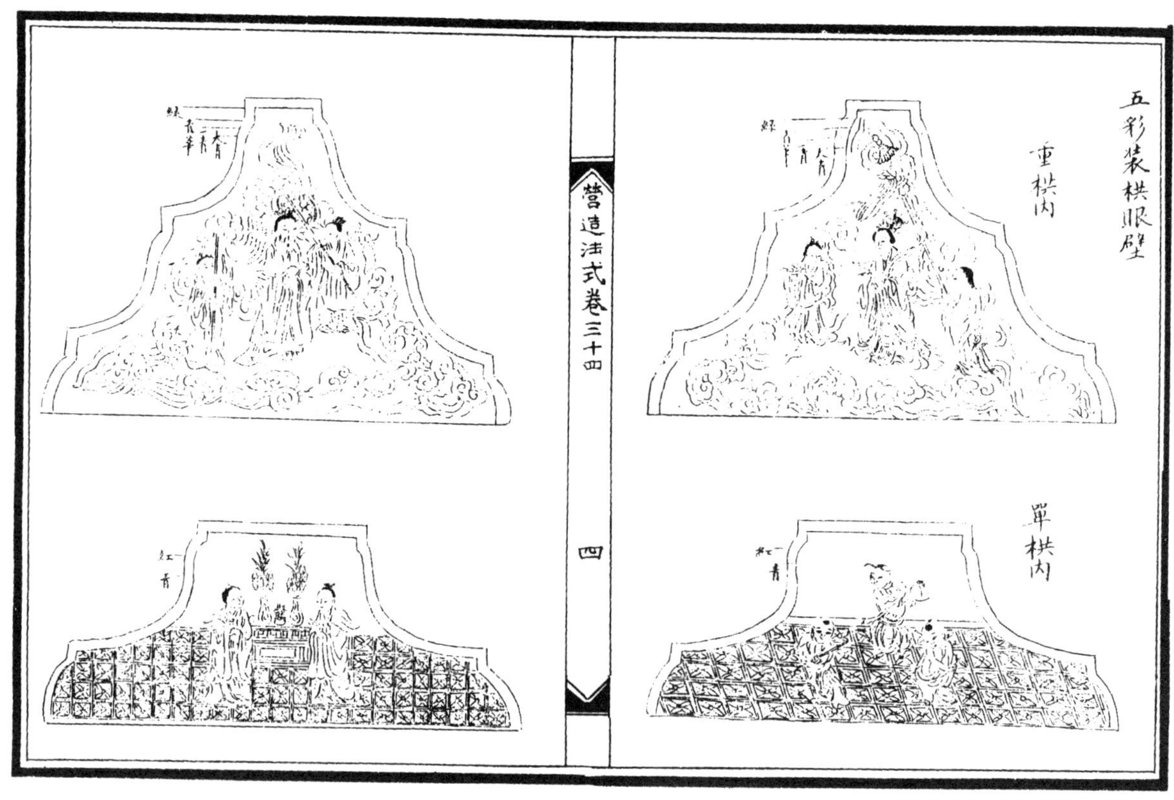
五彩装栱眼壁
重栱内
單栱内
營造法式卷三十四
四

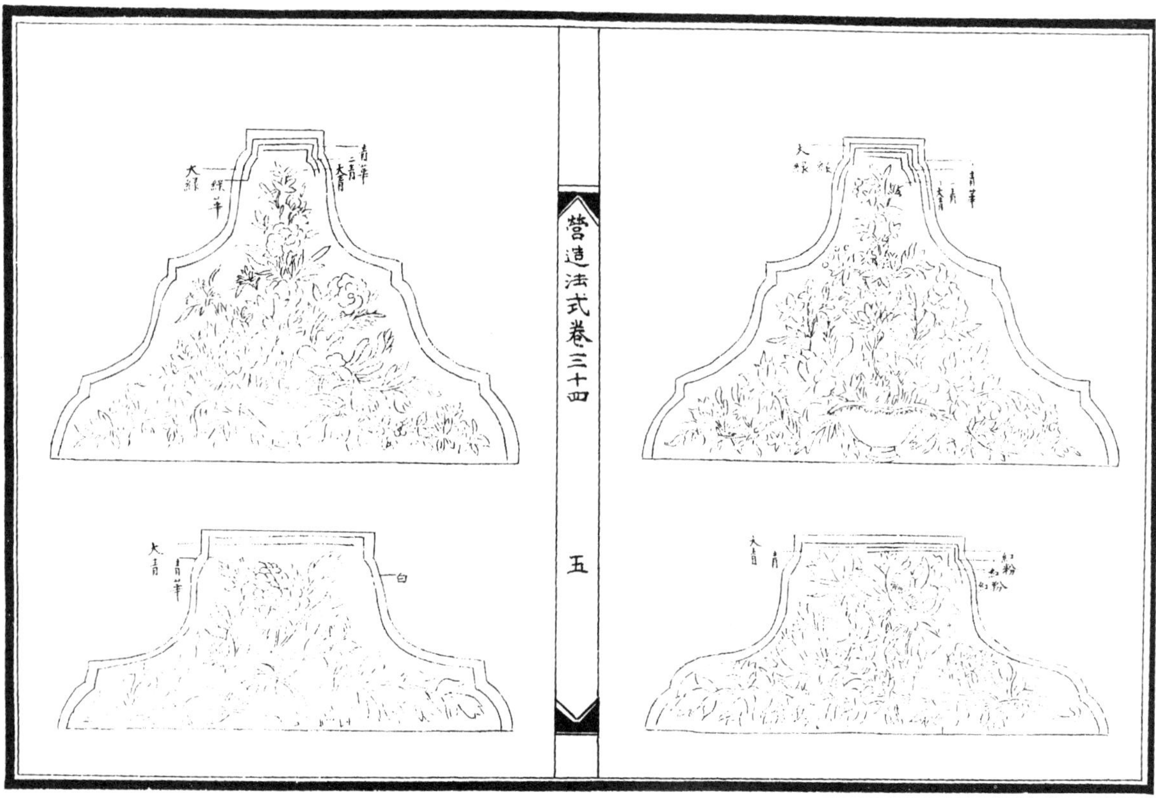
營造法式卷三十四
五

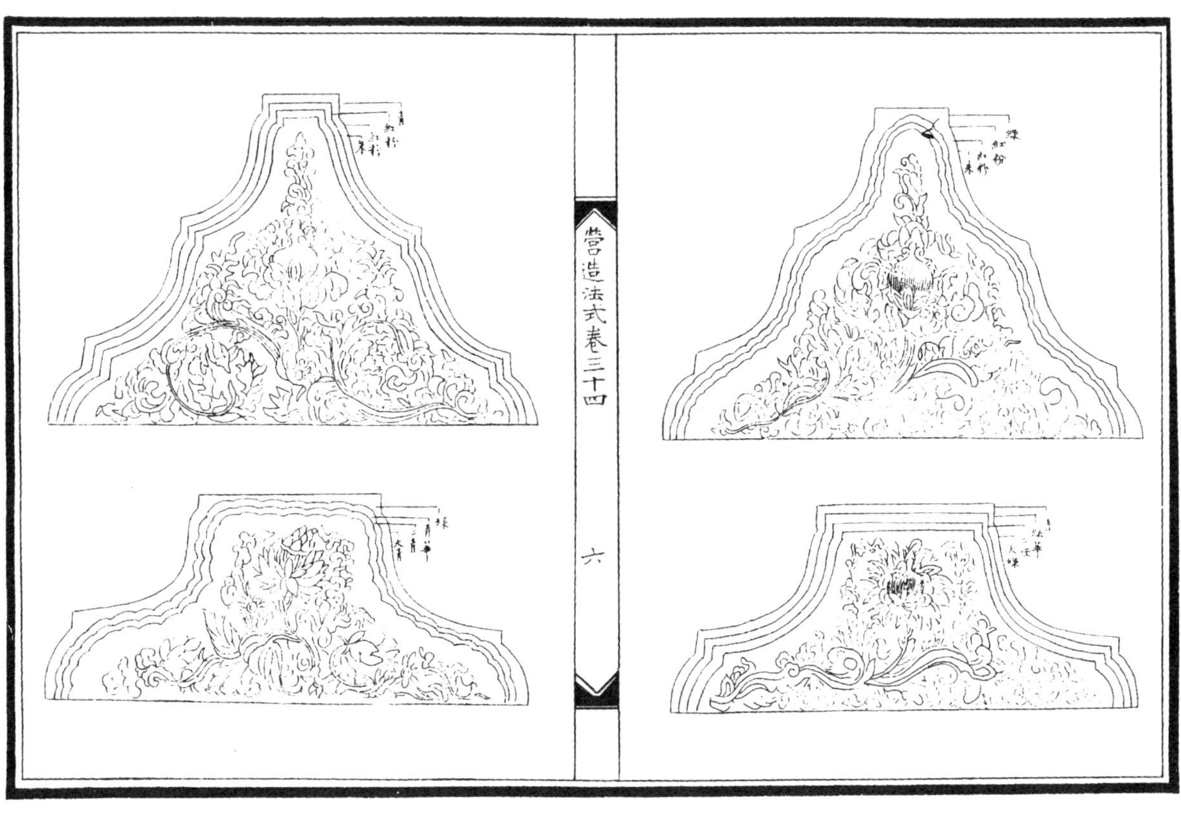
營造法式卷三十四
六

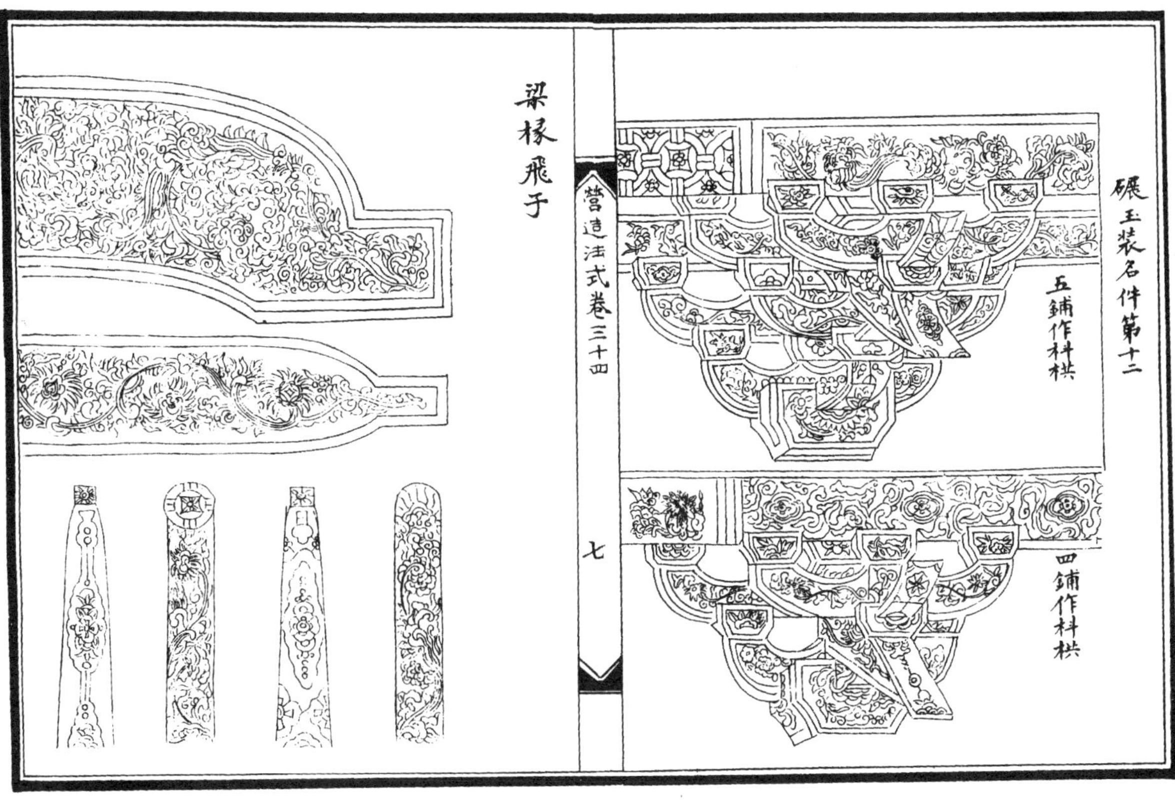
碾玉裝名件第十二
五鋪作枓栱
四鋪作枓栱
營造法式卷三十四
七
梁椽飛子

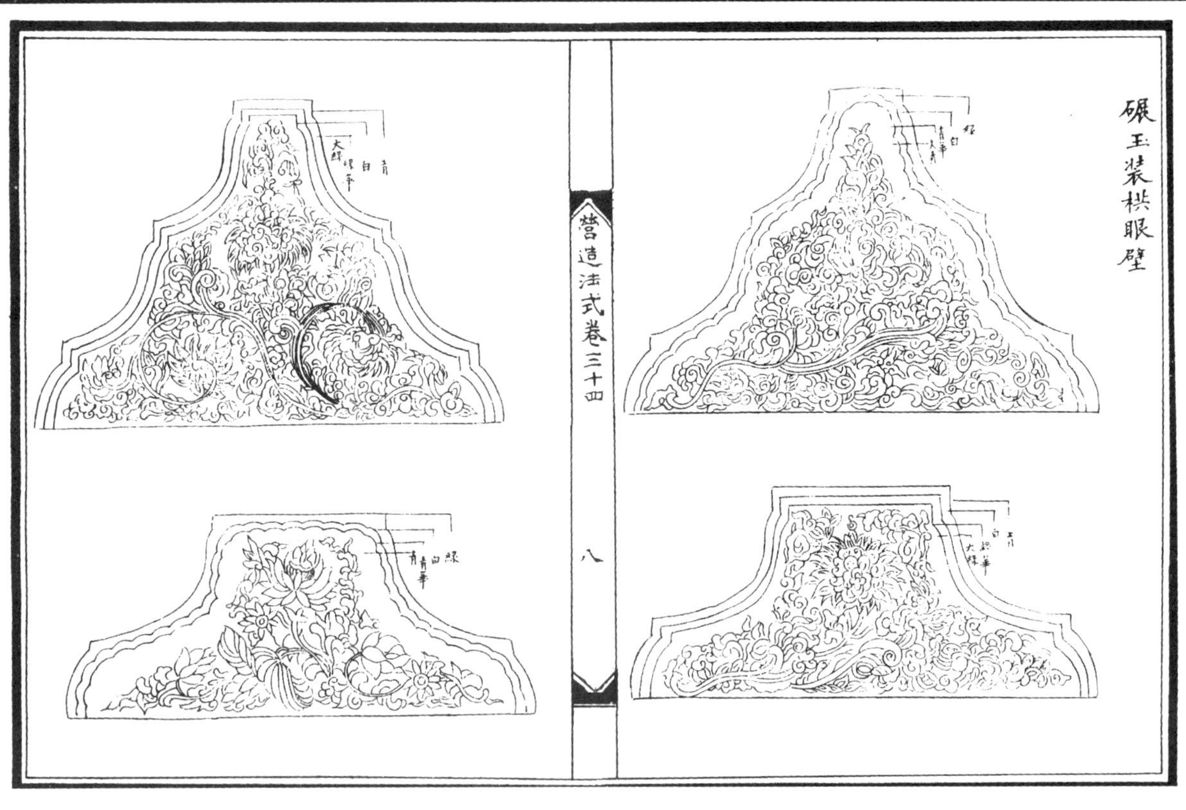
碾玉裝栱眼壁
營造法式卷三十四
八

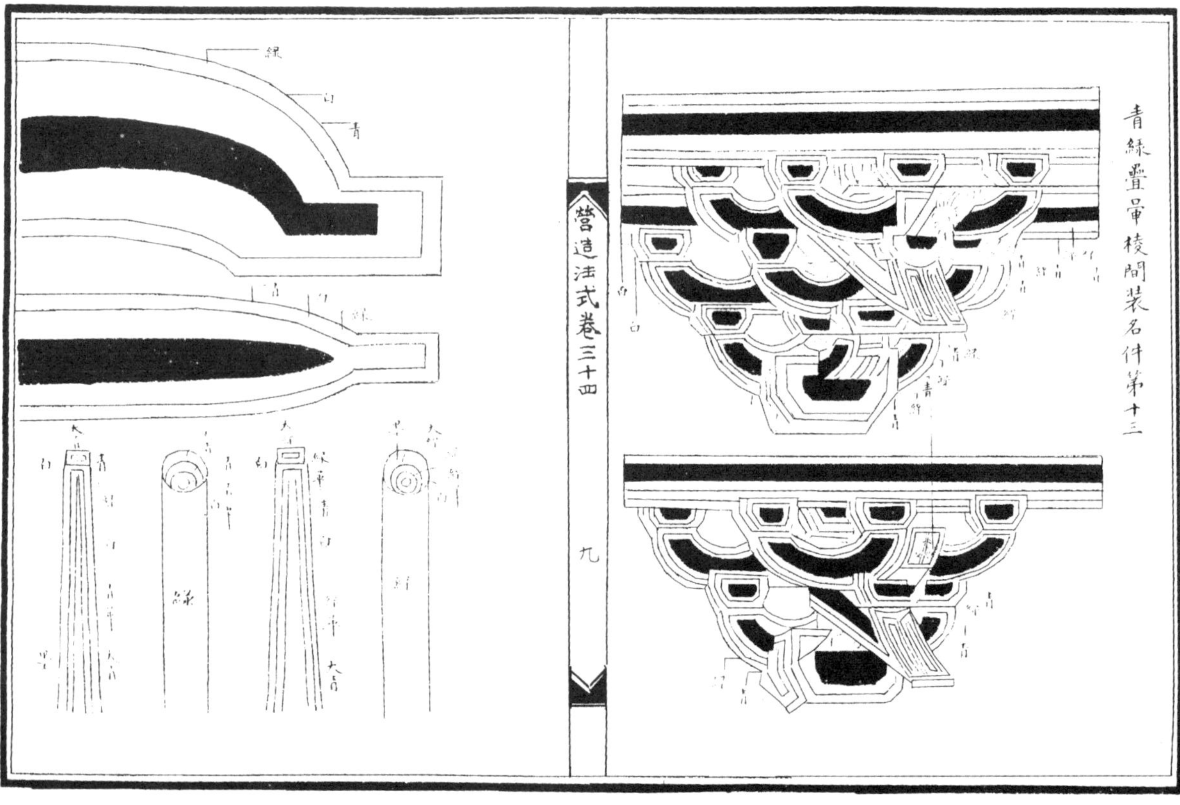
青綠疊暈棱間裝名件第十三
營造法式卷三十四
九

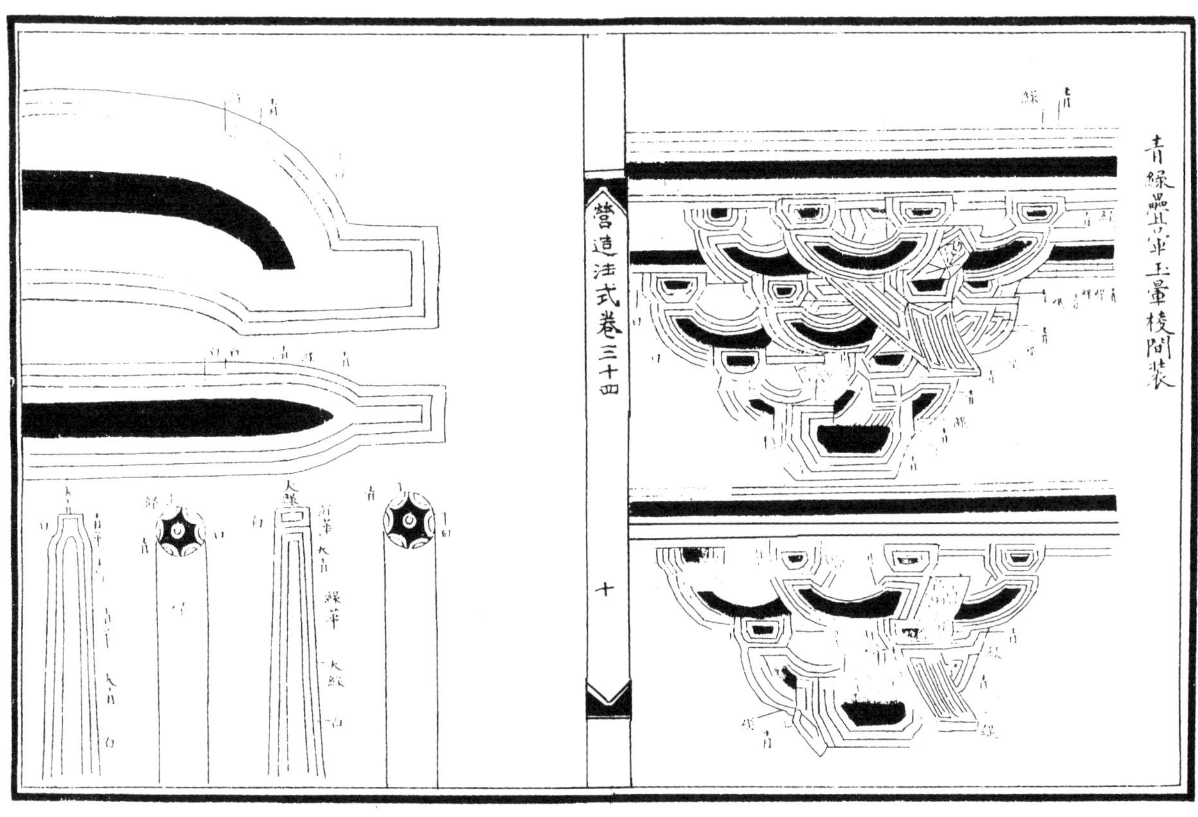
青綠疊暈棱間裝
營造法式卷三十四
十

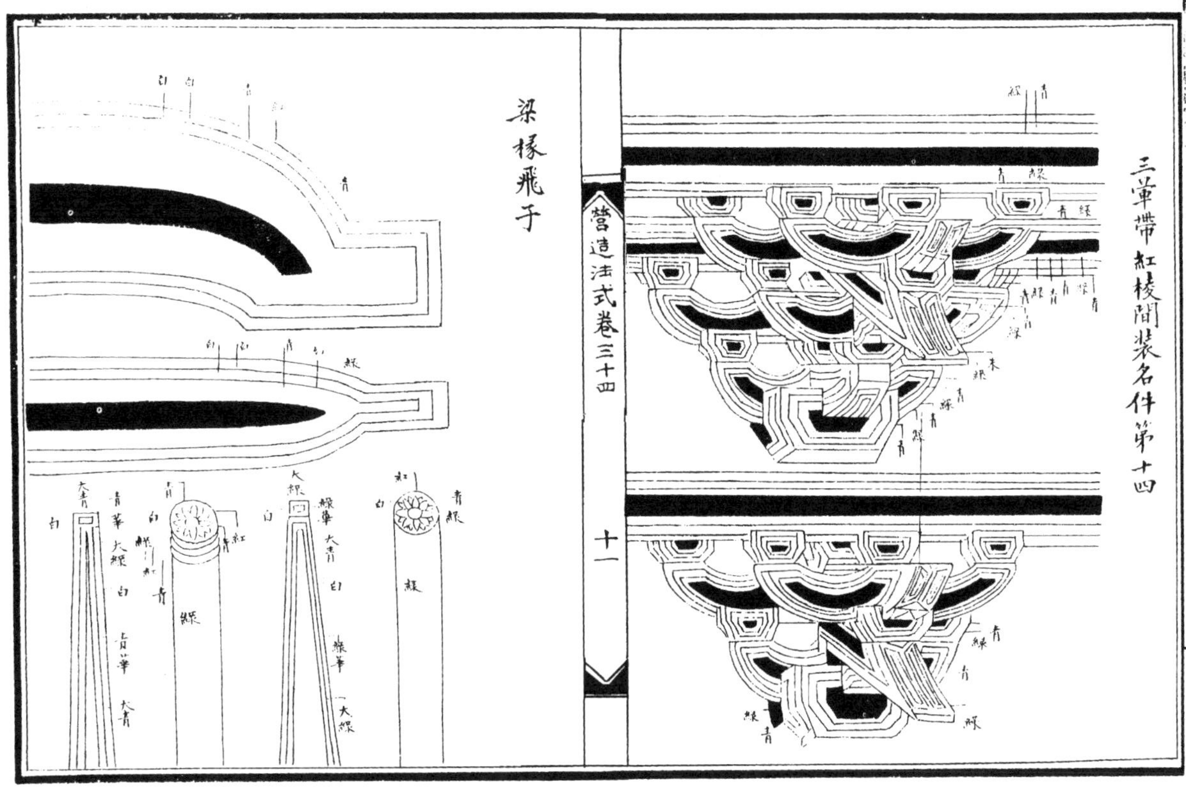
三暈帶紅棱間裝名件第十四
梁椽飛子
營造法式卷三十四
十一

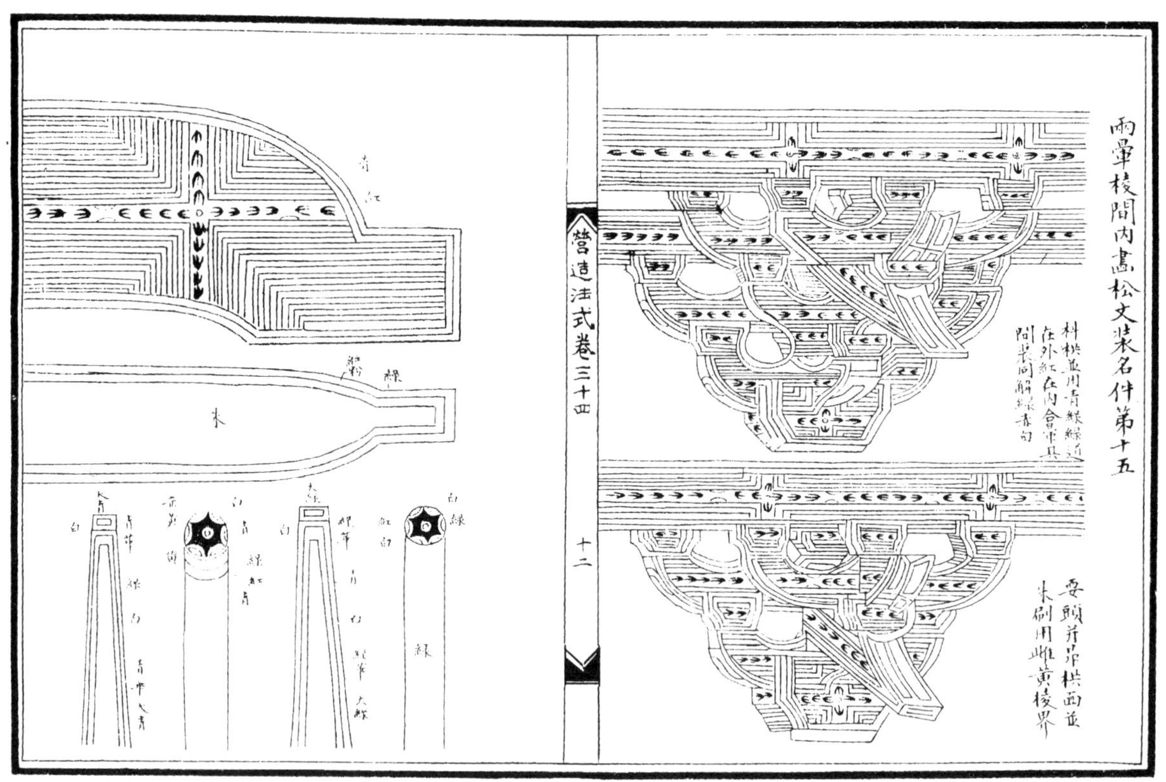
兩暈棱間内畫松文裝名件第十五
枓栱並用青緑道在外紅在内合朱其間朱間解緑赤白
要頭并昂栱面並朱刷用雌黄棱界
營造法式卷三十四
十二

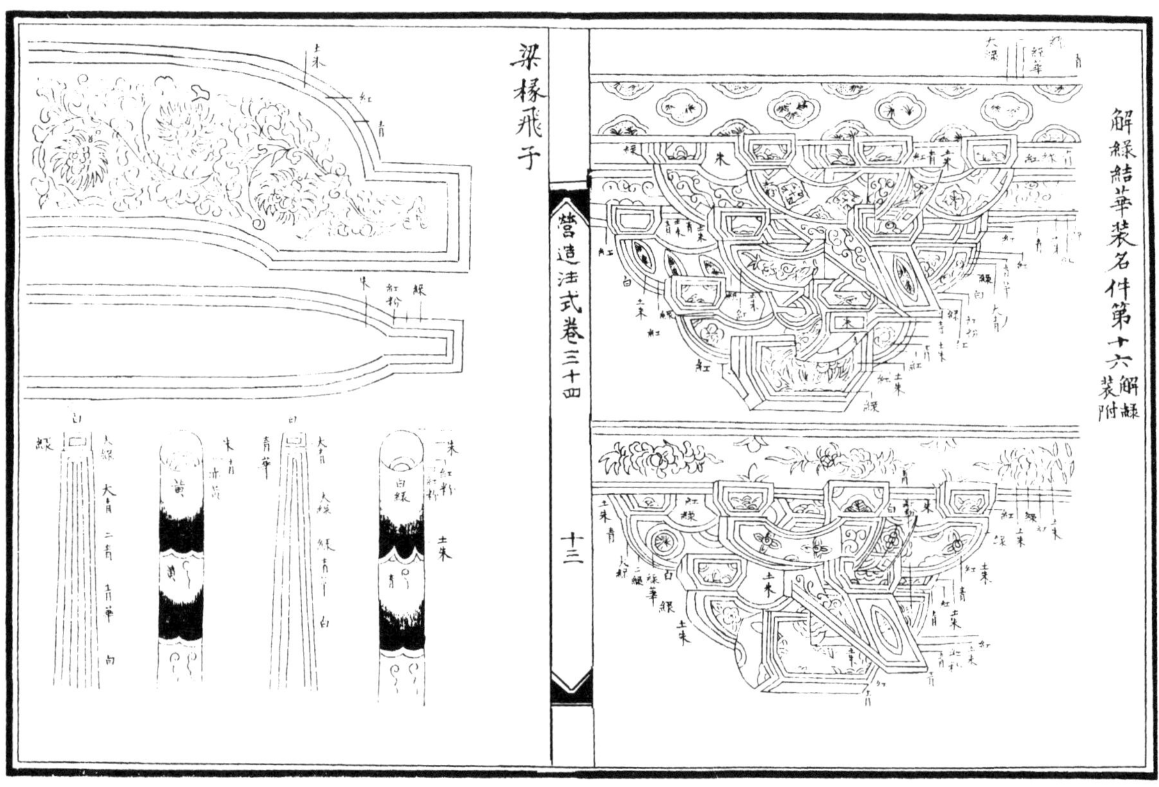
解緑結華裝名件第十六解緑裝附
梁椽飛子
營造法式卷三十四
十三

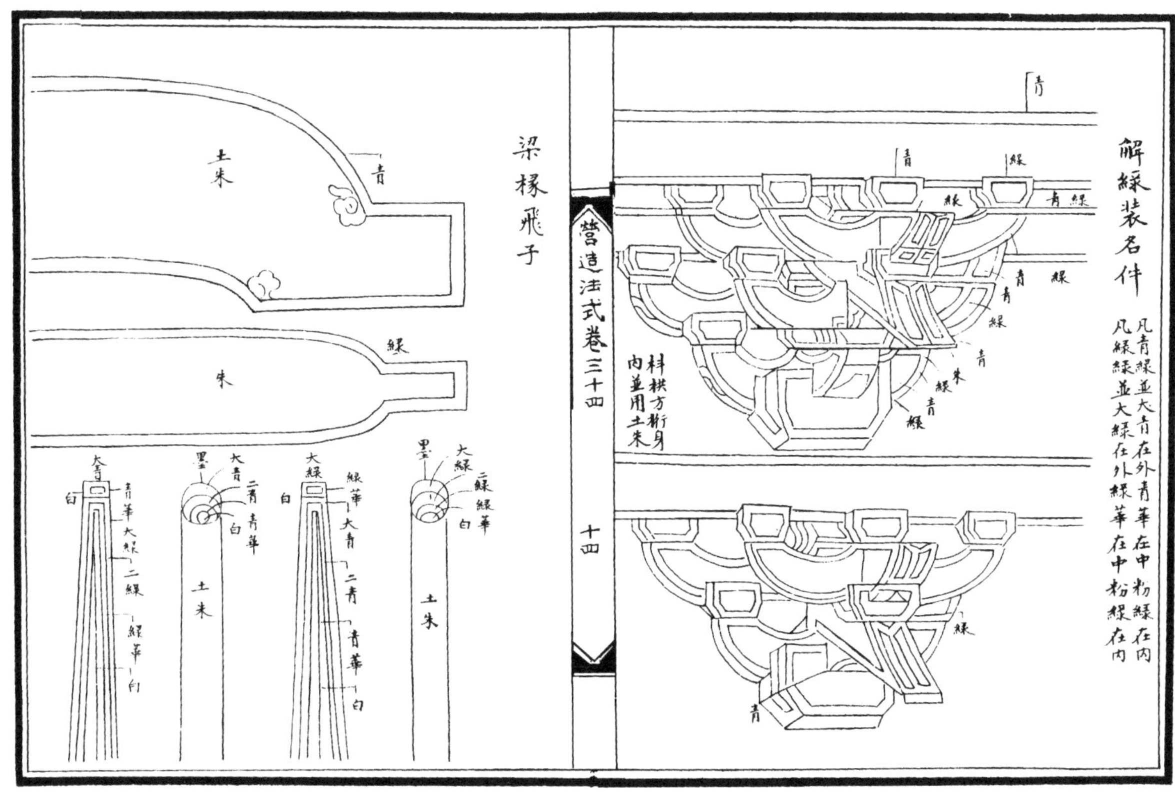
解緑裝名件
凡青緑並大青在外青華在中粉緑在內
凡緑緑並大緑在外緑華在中粉緑在内
枓栱方桁身內並用土朱
梁椽飛子
營造法式卷三十四
十四

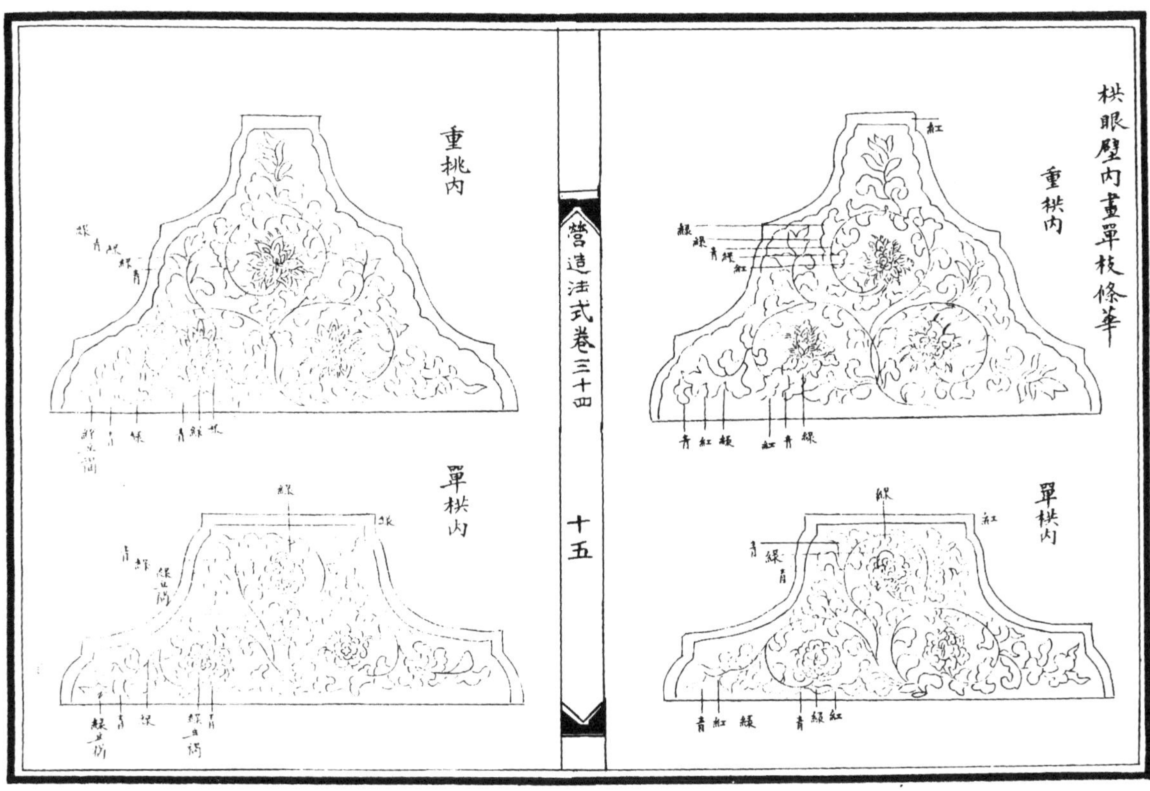
栱眼壁內畫單枝條華
重栱內
單栱內
重栱內
單栱內
營造法式卷三十四
十五

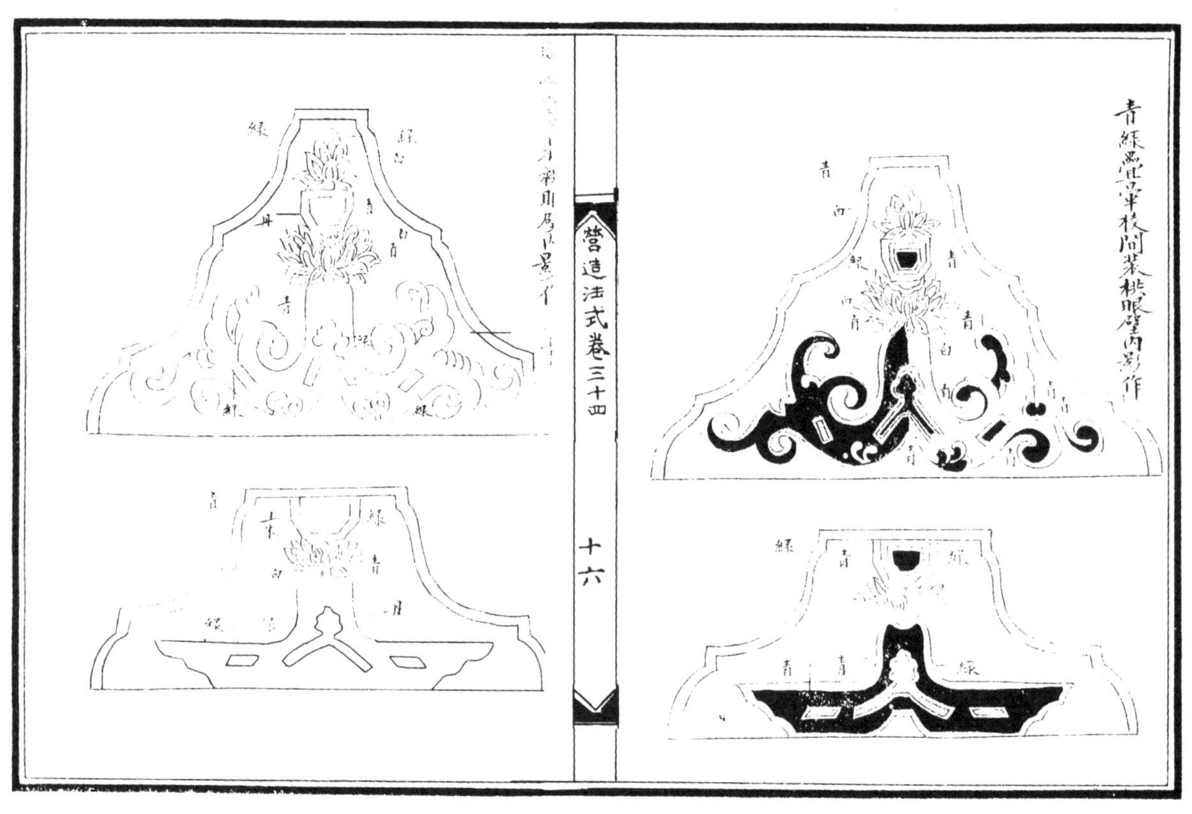
青綠疊暈棱間裝栱眼壁內影作
營造法式卷三十四
十六
綠
丹
青
白
朱
青
白
青
綠

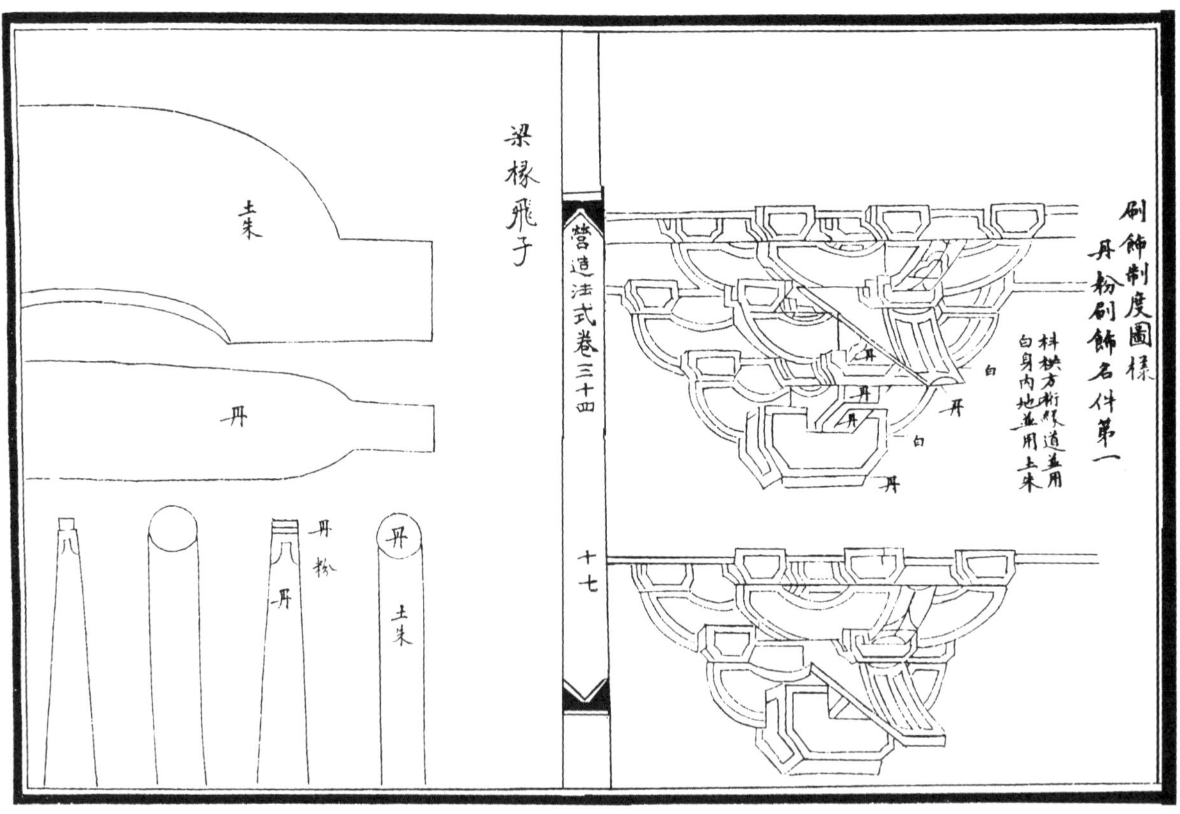
刷飾制度圖樣
丹粉刷飾名件第一
枓栱方桁緣道並用白身內地並用土朱
白
丹
營造法式卷三十四
十七
梁椽飛子
土朱
丹
丹粉

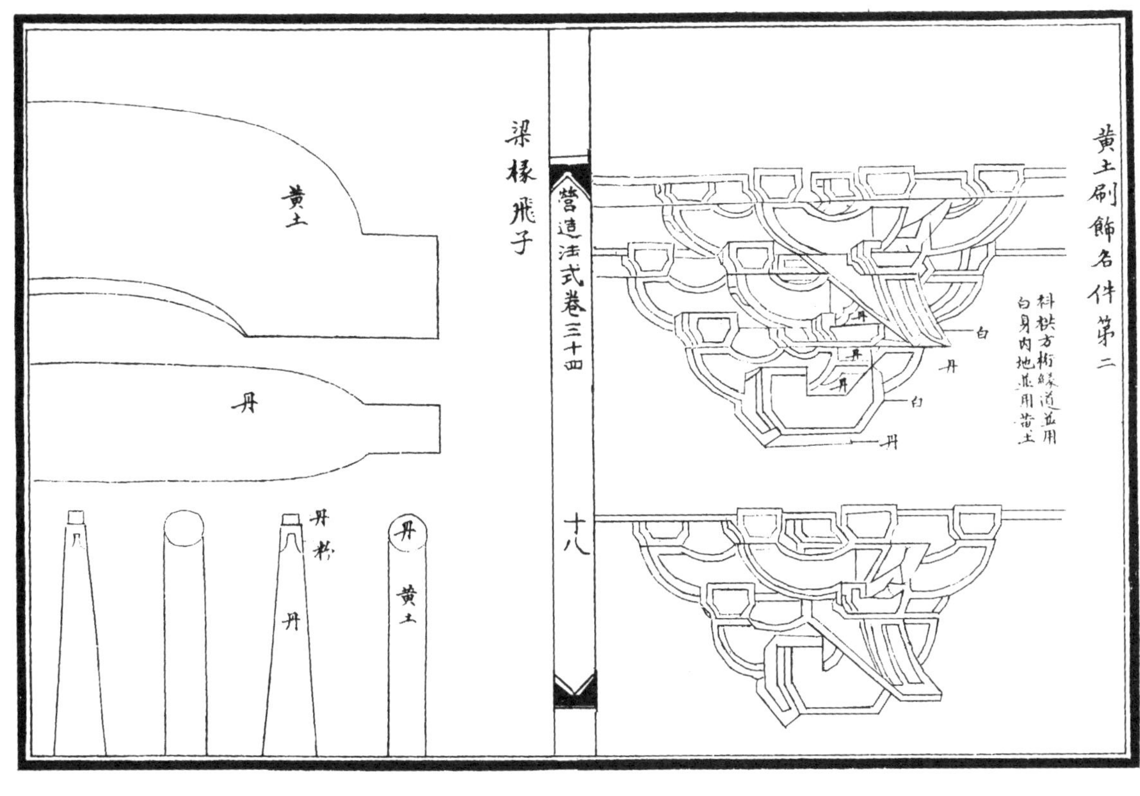
黄土刷飾名件第二
枓栱方桁緣道並用白身內地並用黄土
白
丹
丹
丹
白
丹
營造法式卷三十四
十八
梁椽飛子
黄土
丹
丹
粉
丹
丹
黄土

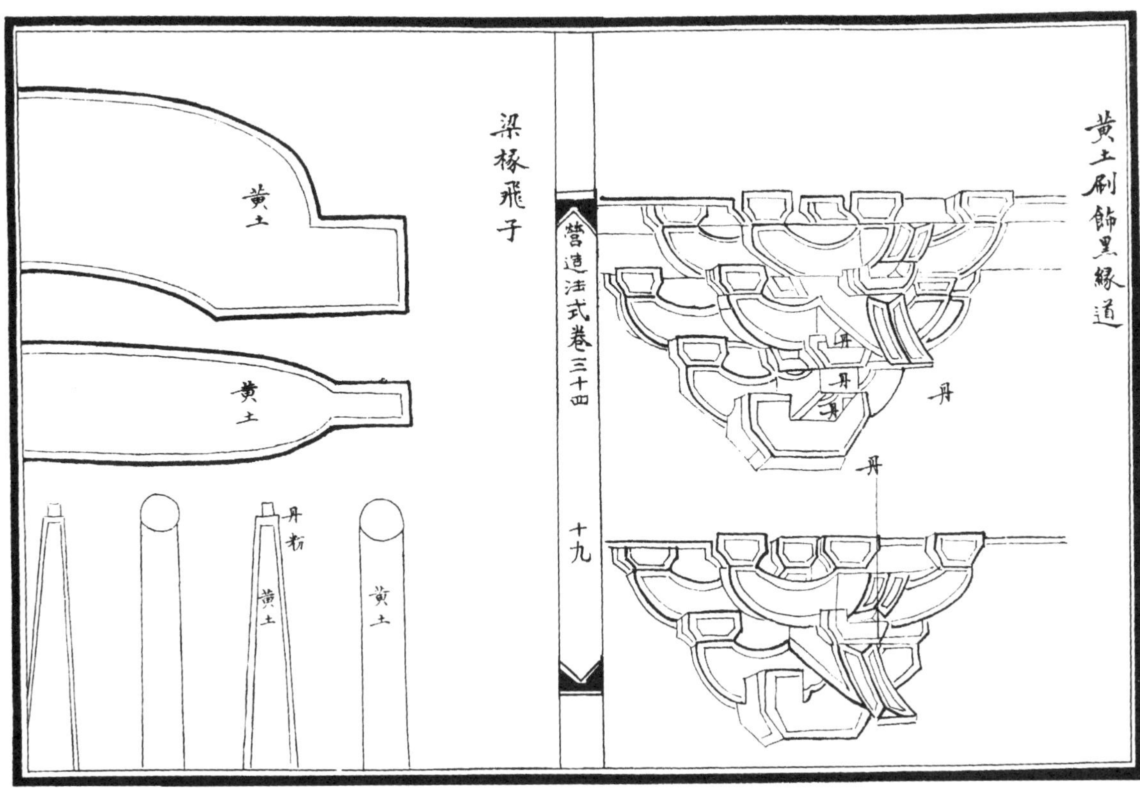
黄土刷飾黑緣道
丹
丹
丹
丹
營造法式卷三十四
十九
梁椽飛子
黄土
黄土
丹
粉
黄土
黄土

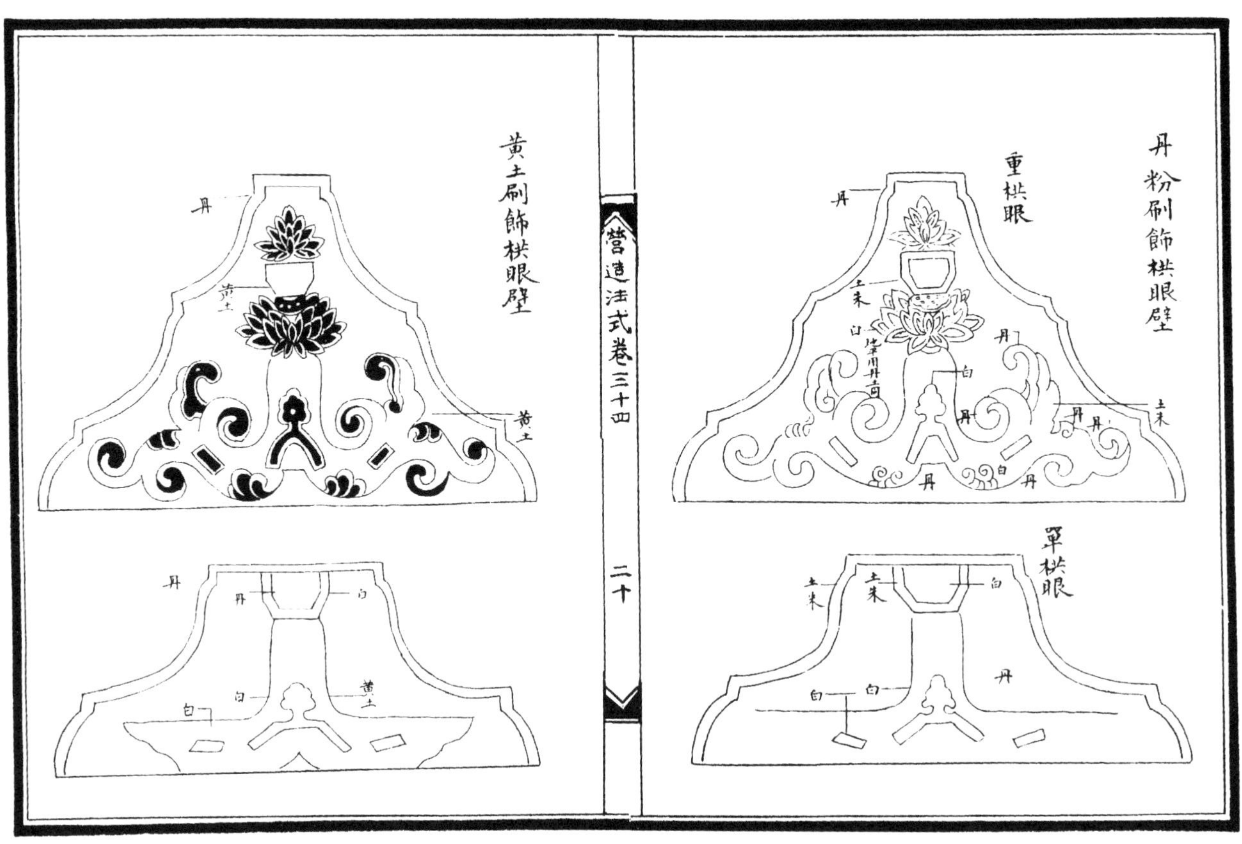

丹粉刷飾栱眼壁
重栱眼
單栱眼
黄土刷飾栱眼壁
營造法式卷三十四
二十

第30章

《營造法式》附録補疏

營造法式附錄目

【30.0】
本章導言

近年先後由中華書局出版的傅熹年《營造法式合校本》與浙江攝影出版社出版的《營造法式（陳明達點注本）》兩書書末，都附有源自其研究所用原初底本陶本《營造法式》書末所附之“附録”。其“附録”所列史料文獻及跋，均可在這兩部書末讀到，“附録”之後，是陶湘爲其校編出版的陶本《法式》撰寫的“識語”。

相對于全書而言，這個附録所涉内容主要是兩方面：一是《營造法式》作者李誡的家世與生平；二是20世紀初由朱啓鈐先生重印之石印丁本《營造法式》之底本的傳抄、保存，亦即丁本《營造法式》所依據之張芙川影宋本的源流情况。

陶湘“識語”，述説了陶氏受朱桂辛老所囑，校訂出版陶本《營造法式》的緣由及陶本所依托之諸家版本的簡單情况。前面提到的陳明達與傅熹年所校訂的兩部《法式》底本，從文本内容看，亦是陶本。另外一本與《法式》文本密切相關的重要文獻——梁思成《營造法式注釋》，是在“故宫本發現之後，由中國營造學社劉敦楨、梁思成等，以‘陶本’爲基礎，并與其他各本與‘故宫本’互相勘校，又有所校正”[1]的基礎之上，所使用的文本。

基于這樣一個理解，本章在原作爲研究基礎的陶本《營造法式》附録基礎上，做了一些補綴性工作：

（1）補入梁先生在《營造法式注釋》中所撰“李誡”傳；

（2）補入《宋史》中李誡父李南公及兄李譓傳；

（3）補入1925年陶本《營造法式》出版時，闞鐸先生撰《李誡補傳》。

在“諸書記載並題跋”部分，從史料中搜尋補充了以下幾則與《營造法式》或其作者李誡有關的歷史信息：

（1）葉夢得《石林燕語》

（2）莊綽《雞肋編》

（3）陳櫄《負暄野録》

（4）馬端臨《文獻通考》

（5）陶宗儀《説郛》

（6）翟灝《通俗編》（三則）

（7）莫友芝《郘亭知見傳本書目》

（8）王謇《宋平江城坊考》

以陶本《法式》附録爲基礎，整理了兩個表：一是“李誡生平簡表”，另一是“文獻中所見李誡與《營造法式》的記録、傳抄、保存情况”表，冀以使讀者對李誡生平與《營造法式》傳抄、保存有一概要了解。

在陶本問世後，有劉敦楨先生對故宫本《法式》的校核及對陶本的批注，又有梁注釋本中對陶本的校訂。梁先生

[1] 梁思成．梁思成全集．第七卷．文前第9頁．《營造法式》注釋序．八百餘年來《營造法式》的版本．中國建築工業出版社．2001年

在《營造法式注釋》序中所撰“八百餘年來《營造法式》的版本”，對《營造法式》版本的傳抄、存留與近代發現、保存及勘校、出版的情況作了基本的梳理。梁注釋本就是基于這些發現，及與劉敦楨、梁思成和中國營造學社社友們結合各不同版本反復勘校的重要成果。傅熹年先生又進一步在諸版本及劉敦楨校訂與梁思成注釋之《營造法式》文本基礎之上撰寫了《營造法式合校本》，從而將這部中國歷史上的建築巨著以更爲接近原貌的形象，逐漸展示了出來。

傅書局合校本内題録及序言中對其所用版本的描述，具有十分重要的價值。從其中不僅可以了解現存《法式》各版本的各自價值，也可以了解朱啓鈐、劉敦楨、梁思成、單士元諸學界前輩，在《法式》校訂方面所作的貢獻。

梁思成及其團隊對于《法式》文本，無論在校訂上，還是在理解詮釋上的研究性貢獻，已經凝結在《營造法式注釋》這部宏著中。傅熹年《營造法式合校本》中也凝聚了劉敦楨等先生在文本校訂上的諸多貢獻。

因此，將傅熹年《營造法式合校本》所附劉敦楨跋等幾則文字附于本章之後，也正是爲了使讀者了解自陶本《法式》問世之後，幾代中國建築史學大家們，爲《法式》版本及文本的校訂與注釋所作的不懈努力。

由筆者整理添加的“傅熹年兩本著作所涉版本一覽”，既是對傅合校本之版本依據的一個較爲簡要的概覽，也是將傅先生對劉敦楨等先生參與《法式》諸版本校訂工作的相關記録作了簡單的圖表式展示。對于從事《法式》版本及源流的研究者而言，抑或可起到一點提示作用。

近年來對《法式》研究歷史着力頗深的成麗、王其亨兩位學者所出版之專著《宋〈營造法式〉研究史》，綜合前輩學者諸多研究，輔以廣泛搜集爬梳的近現代建築史學史資料，不僅對《營造法式》研究歷史多有探究，也相當深入地梳理出已知《法式》諸版本的傳承與存留情況，對了解《法式》版本情况，有十分重要的價值。感謝王其亨先生贈閱其大作并慨允引介，本章也將其書中有關《法式》版本的研究，以列表的形式加以展示，希望讀者對當下中國建築史學界在《法式》研究上的新進展，能有進一步的了解。

【30.1】
宋故中散大夫知虢州軍州管句學士兼管内勸農使賜紫金魚袋李公墓誌銘爲傅沖益作

大觀四年二月丁丑，今龍圖閣直學士李公譓對垂拱。上問：弟誡所在，龍圖言方以中散大夫知虢州。有旨趨召。後十日，龍圖復奏事殿中，既以虢州不禄聞。上嗟惜久之。詔别官其一子。公之卒，二月壬申也。越四月丙子，其孤葬公鄭州管城縣之梅山，從先尚書之塋。

公諱誡，字明仲，鄭州管城縣人。曾祖諱惟寅，故尚書虞部員外郎，贈金紫光禄大夫。祖諱惇裕，故尚書祠部員外郎，祕閣校理，贈司徒。父諱南公，故龍圖閣直學士，大中大夫，贈左正議大夫。

元豐八年，哲宗登大位，正議時爲河北轉運副使，以公奉表致方物，恩補郊社齋郎，調曹州濟陰縣尉。濟陰故盜區，公至則練卒，除器，明購罰，廣方略，得劇賊數十人，縣以清淨，遷承務郎。

元祐七年，以承奉郎爲將作監主簿。

紹聖三年，以承事郎爲將作監丞。

元符中，建五王邸成，遷宣義郎。

時公在將作且八年，其考工庀事，必究利害。堅窳之制，堂構之方，與繩墨之運，皆已了然於心。遂被旨著《營造法式》。書成，凡二十四卷。[1] 詔頒之天下。

已而，丁母安康郡夫人某氏喪。

崇寧元年，以宣德郎爲將作少監。二年冬，請外以便養。以通直郎爲京西轉運判官。

不數月，復召入將作，爲少監。辟雍成，遷將作監，再入將作。

又五年，其遷奉議郎以尚書省。其遷承議郎以龍德宫棣華宅。其遷朝奉郎，賜五品服，以朱雀門。其遷朝奉大夫以景龍門九成殿。其遷朝散大夫以開封府廨。其遷右朝議大夫，賜三品服，以修奉太廟。其遷中散大夫，以欽慈太后佛寺成。大抵自承務郎至中散大夫，凡十六等。其以吏部年格遷者，七官而已。

大觀某年，丁正議公喪。初，正議疾病。公賜告歸。又許挾國醫以行。至是，上特賜錢百萬。公曰：敦匠事，治穿具，力足以自竭，然上賜不敢辭。則以與浮屠氏，爲其所謂釋迦佛像者，以侈上恩而報罔極云。服除，知虢州，獄有留繫彌年者，公以立談判。未幾疾作，遂不起。吏民懷之，如久被其澤者。蓋享年若干。

公資孝友，樂善赴義，喜周人之急。又博學多藝能，家藏書數萬卷，其手鈔者數千卷。工篆籀草隸，皆入能品。嘗篆《重修朱雀門記》，以小篆書丹以進。有旨，勒石朱雀門下。

善畫，得古人筆法。上聞之，遣中貴人諭旨。公以《五馬圖》進，睿鑒稱善。公喜著書，有《續山海經》十卷，《續同姓名録》二卷，《琵琶録》三卷，《馬經》三卷，《六

① 原文如此，疑爲“凡三十四卷”之誤。

博經》三卷，《古篆說文》十卷。

公配王氏，封奉國郡君，子男若干人，女若干人，云云。

沖益：觀虞舜命九官而垂，共工居其一，疇咨而後命之，蓋其慎且重如此，誠以授法庶工，使棟宇器用，不離於軌物。此豈小夫之所能知哉？及觀周之《小雅·斯干》之詩，其言考室之盛，至於庭戶之端，楹椽之美。

且又嗟詠騫揚奐散之狀，而實本宣王之德政，魯僖公能復周公之宇，作爲寢廟。是斷、是度、是尋、是尺，而奚斯實授法於庶工。方紹聖、崇寧中，聖天子在上，政之流行，德之高遠，巍然，沛然，與山川其侔大也，而後以先王之制，施之寢廟、官寺，棟宇之間，當是時，地不愛材，工獻其巧，而公獨膺垂奚斯之任者，十有三年，以結睿知，致顯位，所謂君子攸寧孔曼且碩者，視宣王、僖公之世爲甚陋，而公實尸其勞，可謂盛矣。

沖益初爲鄭圃治，中始從公遊，及代還京師，久困不得官，遇公領大匠，遂見，取爲屬。寖以微勞，竊資秩，繄公德是賴。既日夕後，先熟公治身臨政之美，泣而爲銘，銘曰：

維仕慕君，不有其躬，何適非安，唯命之從，譬之庀材，唯匠之爲，爾極而極，爾榱而榱。亦譬在鎔，不謁而擇，爲利則斷，爲堅則擊，垂在九官，世載厥賢。曰汝共工，没齒不遷。匪食之志，繄職則然。公爲一尉，羣盜斯得。公在將作，寢廟奕奕。爲垂奚斯，以奐帝績。仕無大小，必見其賢。無不自盡，以虔所天。帝以爲能，世以爲才。勞能實多，福禄具來。有生會終，公有貽憲。竅辭貞瑁，盡力之勸。

右（上）誌銘在程俱《北山小集》中，注稱爲傅沖益作。傅乃誠之屬吏。篇中於誠之諱字，及傅自述稱名處，均書某，茲皆填明，以便覽者，惟《北山小集》宋刻以後，傳本絶希。此據歸安姚咫進齋所藏鈔本録入。簽注影宋訛字仍之，未敢臆改。紹聖誤寫紹興，則改正焉。按誠父南公，《宋史》有傳。兄譓亦附傳，而不及誠。又按，楊仲良《續資治通鑑長編紀事本末》，崇寧四年七月二十七日，宰相蔡京等進呈庫部員外郎姚舜仁，請即國丙巳之地，建明堂。繪圖以獻上。上曰：先帝常欲爲之，有圖見在禁中，然考究未甚詳，仍令將作監李誡（誡亦誤誠）同舜仁上殿。八月十六日，李誡、姚舜仁進《明堂圖》，上謂誡等曰云云。録之備考。

對上文“上問：弟誡所在”之“誡”，陳注：“據影宋抄本？”[①]

上文“公之卒，二月壬申也。越四月丙子，其孤葬公……”，陳注：“按，葬于四月，墓志銘應在二月至四月間撰也。”[②]

程俱（1078—1144年），兩宋時文人，善詩，曾爲官，作過將作監丞。《宋史》有其傳。衢州開化（今浙江）人。著有《北山小集》。

李誡曾祖父，名李惟寅，曾擔任尚書虞部員外郎，贈金紫光禄大夫。其祖

① [宋]李誡．營造法式（陳明達點注本）．第四册．第211頁．營造法式附録．批注．浙江攝影出版社．2020年

② [宋]李誡．營造法式（陳明達點注本）．第四册．第211頁．營造法式附録．批注．浙江攝影出版社．2020年

父，名李惇裕，曾任尚書祠部員外郎秘閣校理，贈司徒。《續資治通鑑長編》載仁宗天聖九年（1031年），夏四月："庚申，以書判拔萃選人李惇裕等四人爲京官，武舉人李贍爲三班借職。惇裕，至從子也。"[①]宋人筆記中也提到這件事："天聖八年，應書判拔萃科者凡八人。仁宗皇帝御崇政殿試之，中選者六人，余襄公、尹師魯、毛子仁、李惇裕，其二則失其姓名。"[②]

《宋史》，卷三百五十五，列傳第一百一十四，有李誡之父李南公與李誡之兄李譓之傳，李誡本人無傳。録其父、兄之傳，或可窺其家世之一斑。

〔30.1.1〕

梁思成撰"李誡"傳[③]

李誡（？—公元1110年），字明仲，鄭州管城縣人。根據他在將作的屬吏傅冲益所作的墓志銘，李誡從"元祐七年（公元1092年），以承奉郎爲將作監主簿"始，到他逝世以前約三年去職，在將作任職實計十三年，由主簿而丞，而少監，而將作監；其級别由承奉郎升至中散大夫，凡十六級。在這十餘年間，差不多全部時間李誡都在將作；僅僅于崇寧二年（公元1103年）冬，曾調京西轉運判官，但幾個月之後，又調回將作，不久即升爲將作監。大約在大觀二年（公元1108年），因奔父喪，按照封建禮制，居喪必須辭職，他纔離開了將作。

李誡的出生年月不詳。根據《墓誌銘》，元豐八年（公元1085年），趁着哲宗登位大典的"恩遇"，他的父親李南公（當時任河北轉運副使，後爲龍圖閣直學士、大中大夫）給他捐了一個小官，補了一個郊社齋郎；後來調曹州濟陰縣尉。到公元1092年調任將作監主簿以前，他曾作了七年的小官。大致可以推測，他的父親替他捐官的時候，他的年齡很可能是二十歲左右。由此推算，他的出生可能在公元1060年到1065年之間。大約在大觀二年（公元1108年）或元年（？），因丁父憂告歸。這一次，他最後離開了將作；"服除，知虢州，……未幾疾作，遂不起"，于大觀四年二月壬申（公元1110年2月23日即舊曆二月初三）卒，享壽估計不過四十五至五十歲。

從公元1085年初補郊社齋郎至1110年卒于虢州，任内的二十五年間，除前七年不在將作，丁母憂父憂各二年（？），知虢州一年（？）并曾調京西轉運判官"不數月"

① [宋]李燾．續資治通鑑長编．卷一百一十．仁宗天聖九年（辛未，1031）．第2558頁．中華書局．2004年

② [宋]曾敏行．獨醒雜誌．卷一．第196頁．大象出版社．2019年

③ 梁思成．梁思成全集．第七卷．文前第7-9頁．《營造法式》注釋序．李誡．中國建築工業出版社．2001年

外，其餘全部時間，李誡都在將作任職。

在這十餘年間，李誡曾負責主持過大量新建或重修的工程，其中見于他的墓志銘，并因工程完成而給他以晉級獎勵的重要工程，計有五王邸、辟雍、尚書省、龍德宫、棣華宅、朱雀門、景龍門、九成殿、開封府廨、太廟、欽慈太后佛寺等十一項；在《法式》各卷首李誡自己署名的職銜中，還提到負責建造過皇弟外第（疑即五王邸）和班值諸軍營房等。當然，此外必然還有許多次要的工程。由此可見，李誡的實際經驗是豐富的。建築是他一生中最主要的工作。[①]

李誡于紹聖四年（公元1097年）末，奉旨重别編修《營造法式》，至元符三年（公元1100年）成書。這時候，他在將作工作已經八年，"其考工庀事，必究利害。堅窳之制，堂構之方，與繩墨之運，皆已了然於心"了（墓志銘）。他編寫的工作方法是"考究經史羣書，並勒人匠逐一講説"（劄子），"考閱舊章，稽參衆智"（進書序）。用今天的語言，我們可以説：李誡編寫《營造法式》，是在他自己實踐經驗的基礎上，參閱古代文獻和舊有的規章制度，依靠并集中了工匠的智慧和經驗而寫成的。

李誡除了是一位卓越的建築師外，根據《墓志銘》，他還是一位書畫兼長的藝術家和淵博的學者。他研究地理，著有《續山海經》十卷。他研究歷史人物，著有《續同姓名録》二卷。他懂得馬，著有《馬經》三卷，并且善于畫馬。[②]他研究文字學，著有《古篆説文》十卷。[③]此外，從他的《琵琶録》三卷的書名看，還可能是一位音樂家。他的《六博經》三卷，可能是關于賭博遊戲的著作。這些大多雖已失傳，但從其書名來看，他的確是一位方面極廣，知識淵博，"博學多藝能"的建築師。這一切無疑地都對一位建築師的設計創作起着深刻的影響。

從這些書名上還可以看出，他又是一位科學家。在《法式》的文字中，也可以看出他有踏踏實實的作風。首先從他的"進新修《營造法式》序"中，我們就看到，在簡練的三百一十八個字裏，他把工官的歷史與職責，規劃、設計之必要，制度、規章的作用，他自己編修這書的方法及書中所要解決的主要問題和書的内容，説得十分清楚。又如卷第十四"彩畫作制度"，對于彩畫裝飾構圖方法的"總

① 徐伯安注：李誡還同姚舜仁一起，奉旨參考宫内所藏明堂舊本圖樣，經過詳細的考究和修改，于崇寧四年（1105年）八月十六日進新繪《明堂圖》樣。參見梁思成．梁思成全集．第七卷．文前第8頁．《營造法式》注釋序．李誡．脚注1．中國建築工業出版社．2001年

② 徐伯安注：曾畫《五馬圖》以進。參見梁思成．梁思成全集．第七卷．文前第8頁．《營造法式》注釋序．李誡．脚注2．中國建築工業出版社．2001年

③ 徐伯安注：李誡曾撰《重修朱雀門記》，以小篆書丹以進。"有旨敕勒石朱雀門下"。參見梁思成．梁思成全集．第七卷．文前第8頁．《營造法式》注釋序．李誡．脚注3．中國建築工業出版社．2001年

制度”和繪製、着色的方法、程序，都能以準確的文字敘述出來。這些都反映了他的科學的頭腦與才能。

李誡的其他著作已經失傳，但值得慶幸的是，他的最重要的，在中國文化遺產中無疑地占着重要位置的著作《營造法式》，却一直留存到今天，成爲我們研究中國古代建築的一部最重要的古代術書。

〔30.1.2〕

李南公傳[①]

“李南公，字楚老，鄭州人。進士及第，調浦江令。郡猾吏恃守以陵縣，不輸負租，南公捕繫之。守怒，通判爲謝曰：‘能按郡吏，健令也。’卒寘諸法。知長沙縣，有嫠婦攜兒以嫁，七年，兒族取兒，婦謂非前子，訟於官。南公問兒年，族曰九歲，婦曰七歲。問其齒，曰：‘去年毀矣。’南公曰：‘男八歲而齔，尚何爭？’命歸兒族。熙寧中，提舉京西常平、提點陝西河北刑獄、京西轉運副使，入爲屯田員外郎。南公有女皆適人，而同產女弟年三十不嫁，寄他妹家，爲御史所論，罷主管崇福宫。

爲河北轉運副使。先是，知澶州王令圖請開迎陽埽舊河，於孫村置約回水東注，南公與范子奇以爲可行，且欲於大吴北進鋸牙約河勢歸故道。朝廷命使者行視，兩人復以前議爲非，云：‘迎陽下瞰京師，孫村水勢不便。’又爲御史所論，詔罰金。

加直祕閣、知延安府。夏人犯涇原，南公出師擣其虚，夏人解去。進直龍圖閣，擢寶文閣待制、知瀛州，拜户部吏部侍郎、户部尚書。歷知永興軍、成都、真定、河南府、鄭州，擢龍圖閣直學士。

初，哲宗主入廟，南公修奉，希執政指，請祔東夾室，禮官爭之不得。及更建廟室，坐前議弗當，奪學士；未幾，復之，遂致仕。卒，年八十三。

南公爲吏六十年，幹局明鋭，然反覆詭隨，無特操，識者非之。子譓。”

〔30.1.3〕

李譓傳

“譓字智甫。第進士。紹聖間，知章丘縣。陝西麥熟，朝廷議遣官諸州，令民平償逋負，譓與余景在選中。將賜對，曾布言於哲宗曰：

① [元]脱脱等．宋史．卷三百五十五．列傳第一百一十四．李南公．第11190—11191頁．其後附其子．李譓傳．第11191—11192頁．中華書局．1985年

‘豐兇未可知，譓、景皆刻薄，必因此暴斂，爲民之憂。陛下臨政以來，延見人士未多，如兩人者，懼不足以辱大對。’乃喻使戒飭。使還，爲河東轉運判官，徙陝西。進築京師，訖役，除祕閣校理。以母憂去。

方建永泰陵，起使京西。諫官任伯雨言：‘祖宗之世，朝廷有大事，邊鄙有兵革，將相大臣召爲侍從，乃不得已奪情。今山陵事人皆可辦，何至以一譓隳事體哉?’命遂格。終制，以直龍圖閣知熙州。蔡京使王厚復河湟，譓與之異，召爲光禄卿。厚奏功，罷譓守號。坐嘗言招納未便，停官。

後數年，爲陝西轉運使。京兆麥價踴貴，譓與府縣議從民和市，民弗肯損價。譓移府勒上户閉糴，府帥徐處仁不聽，且責之。譓怒，上章言處仁沮格詔令，陵毀使者。詔黜處仁，而擢譓顯謨閣待制，代其任。鄜延帥錢昂奏：‘處仁本以官糴麥損價，與譓爭，乃爲民久長之論，不當黜。’詔以昂違道干譽，謫永州。譓又代任鄜延，復徙永興。僞爲蟾芝以獻，徽宗疑曰：‘蟾，動物也，安得生芝?’命漬盆水，一夕而解。坐罔上，貶散官安置，三年復之。歷數郡，卒。”

另宋人筆記：司馬光《涑水記聞》卷十四、邵伯溫《邵氏聞見録》卷十一、桂萬榮《棠陰比事原編》中，都曾記録有李南公事迹。清人吴廣成撰《西夏書事》卷三十二，以及民國時人戴錫章撰《西夏紀》卷十四、卷二十、卷二十二中也都提及李南公事迹。宋人莊綽《雞肋編》卷中、王明清《揮麈後録》卷八中，亦提及李譓。

〔30.1.4〕

闞鐸《李諴補傳》

李諴，字明仲，鄭州管城縣人，曾祖惟寅，尚書虞部員外郎，贈金紫光禄大夫。祖惇裕，尚書祠部員外郎，祕閣校理，贈司徒。父南公傅沖益《李諴墓誌銘》**字楚老，進士及第，神宗時累官户部尚書，歷知永興軍、成都、真定、河南府、鄭州，擢龍圖閣直學士，爲吏六十年，幹局明鋭**《宋史·李南公傳》。**大觀□年疾病，賜子諴告歸，許挾國醫以行。及卒，贈左正議大夫。兄譓**《墓誌銘》**字智甫，紹聖間知章邱縣，累任鄜延帥，徙永興**《宋史·李南公傳》。**大觀四年二月，官龍圖閣直學士對垂拱**《墓誌銘》。**後歷數郡，卒**《宋史·李南公傳》。**元豐八年，哲宗登大位，父南公時爲河北轉運副使，遣諴奉表致方物，恩補郊社齋郎**《墓誌銘》《宋史·職官志》及《選舉志》：大臣子弟廕官，初試郊祀齋郎，年逾二十，始補官，**調曹州濟陰縣尉。濟**

陰故盜區，誠至則練卒除器，明賞罰，廣方略，得劇賊數十人，縣以清淨，遷承務郎。元祐七年，以承奉郎爲將作監主簿。紹聖三年，以承事郎爲將作監丞。元符中，建五王邸成，遷宣義郎，於是官將作者，且八年。崇寧元年，以宣德郎爲將作少監。二年冬，請外以便養，以通直郎爲京西轉運判官，不數月，復召入將作爲少監。辟雍成，遷將作監。再入將作者又五年。其遷奉議郎以尚書省；其遷承議郎以龍德宮棣華宅；其遷朝奉郎，賜五品服，以朱雀門；其遷朝奉大夫，以景龍門九成殿；其遷朝散大夫，以開封府廨；其遷右朝議大夫，賜三品服，以修奉太廟；其遷中散大夫，以欽慈太后佛寺成。大抵自承務郎至中散大夫，凡十六等，其以吏部年格遷者，七官而已。元符中，官將作，建五王邸成，其考工庀事，必究利害，堅窳之制，堂構之方，與繩墨之運，皆已了然於心，遂被旨著《營造法式》。書成，詔頒之天下《墓誌銘》《營造法式·看詳[①]》：紹聖四年十一月二日奉敕，以元祐《營造法式》祗是料狀，別無變造用材制度，其間工料太寬，關防無術，敕誠重別編修。誠乃考究羣書，并與人匠講說，分明類例，以元符三年成書奏上。崇寧四年 七月二十七日，宰相蔡京等進呈庫部員外郎姚舜仁，請即國丙巳之地建明堂，繪圖獻上。上曰：先帝常欲爲之，有圖見在禁中，然考究未甚詳，仍令將作監李誡同舜仁上殿。八月十六日，誡與姚舜仁進《明堂圖》楊仲良《續資治通鑑長編紀事本末》。誡性孝友，樂善赴義，喜周人之急。丁父喪，上賜錢百萬，誡曰：敦匠事，治穿具，力足以自竭，然上賜不敢辭，則以與浮屠氏，爲其所謂釋迦佛像者，以侈上恩而報罔極。服除，以中散大夫知虢州，獄有留繫彌年者，誡以立談判。大觀四年二月壬申卒，吏民懷之如久被其澤者。時方有旨趨召，其兄譓以上聞。徽宗嗟惜久之，詔別官其一子。葬於鄭州管城縣之梅山。誡博學多藝能，家藏書數萬卷，其手鈔者數千卷。工篆籀草隸，皆入能品。嘗纂《重修朱雀門記》，以小篆書丹以進，有旨勒石朱雀門下。善畫，得古人筆法。上聞之，遣中貴人諭旨，誡以《五馬圖》進，睿鑒稱善。喜箸書，有《續山海經》十卷、《續同姓名録》二卷、《琵琶録》三卷、《馬經》三卷、《六博經》三卷、《古篆説文》十卷《墓誌銘》。

乙丑[②]十月合肥闞鐸

（其案略）

① 此處“看詳”疑爲“劄子”。——編者注

② 陳明達注：1925（年）。參見[宋]李誡. 營造法式（陳明達點注本）. 第一册. 文前第14頁. 李誡補傳. 批注. 浙江攝影出版社. 2020年

〔30.1.5〕

李誠生平簡表

李誠生平簡表　　表30.1.1

李誠	曾祖父 李惟寅	祖父 李惇裕	父 李南公	兄 李譓	備注
家世	尚書虞部員外郎	尚書祠部員外郎 秘閣校理	戶部吏部侍郎 戶部尚書等	秘閣校理 陝西轉運使	其父與兄在《宋史》中有傳
	贈金紫光禄大夫	贈司徒	左正議大夫	顯謨閣待制	

	李誠生平			
	時間	任職	升遷	備注
前因	熙寧間	熙寧中敕將作監編修《營造法式》		
早期	元豐八年（1085年）	恩補郊社齋郎	遷承務郎	哲宗登基
		調曹州濟陰縣尉		
入將作監爲將作監丞並編修《營造法式》	元祐七年（1092年）	爲將作監主簿	以承奉郎	始入將作監
		元祐七年詔：頒將作監修成《營造法式》		爲元祐《法式》
	紹聖三年（1096年）	爲將作監丞	以承事郎	
	紹聖四年（1097年）	敕以元祐《營造法式》衹是料狀，別無變造用材制度，其間工料太寬，關防無術，三省同奉聖旨，著臣重別編修		十一月二日敕
	元符中	建五王邸成	遷宣義郎	
		時公在將作且八年	官將作8年	自1092年起
		丁母安康郡夫人某氏喪		1099年？
	元符三年（1100年）	元符三年內成書，送所屬看詳，別無未盡未便，遂具	書成	凡34卷？
				崇寧《法式》成
熙寧中敕將作監編修《營造法式》，李誠以爲未備，乃考究經史，並詢匠工，以成此書，頒於列郡				
將作少監	崇寧元年（1102年）	爲將作少監	以宣德郎	
	崇寧二年（1103年）	進呈奉編修《營造法式》	爲崇寧《法式》	正月十八日
		“劄子”		請外以便養
	崇寧二年冬（1103年冬）	以通直郎管修蓋皇弟外第專一提舉修蓋班直諸軍營房等		
		爲京西轉運判官		

續表

<table>
<tr><td rowspan="2"></td><td colspan="6">李誠生平</td></tr>
<tr><td>時間</td><td colspan="3">任職</td><td>升遷</td><td>備注</td></tr>
<tr><td rowspan="3">還將作監</td><td rowspan="3">崇寧三年（1104年）</td><td colspan="3">復召入將作</td><td></td><td>不數月</td></tr>
<tr><td colspan="3">爲少監</td><td>再入將作</td><td></td></tr>
<tr><td colspan="3">辟雍成，還將作監</td><td></td><td></td></tr>
<tr><td>任將作監</td><td>崇寧四年（1105年）</td><td colspan="4">庫部員外郎姚舜仁請即國丙巳之地建明堂，繪圖獻上，仍令將作監李誠同舜仁上殿。八月十六日，誠與舜仁進《明堂圖》</td><td>蔡京進呈</td></tr>
<tr><td rowspan="4">再入將作後又五年</td><td rowspan="4">似自崇寧三年（1104年）至大觀三年（1109年）</td><td>還將作監</td><td>還奉議郎</td><td>還承議郎</td><td>還朝奉郎</td><td rowspan="4">此爲在將作監任内完成工程即升遷情況</td></tr>
<tr><td>辟雍成</td><td>尚書省</td><td>龍德宫棣華宅</td><td>朱雀門</td></tr>
<tr><td>還朝奉大夫</td><td>還朝散大夫</td><td>還右朝議大夫</td><td>還中散大夫</td></tr>
<tr><td>景龍門九成殿</td><td>開封府廨</td><td>修奉太廟</td><td>太后佛寺</td></tr>
<tr><td rowspan="4">最後歲月</td><td rowspan="2">大觀某年（1109年？）</td><td>初，正議疾病</td><td>挾國醫以行</td><td colspan="3" rowspan="2">然上賜不敢辭，則以與浮屠氏，爲其所謂釋迦佛像者，以侈上恩而報罔極云</td></tr>
<tr><td>公賜告歸</td><td>特賜錢百萬</td></tr>
<tr><td rowspan="2">大觀二年及之後（1108—1110年）</td><td>父李南公歿</td><td>服除</td><td>獄有留繫彌年者</td><td>未幾疾作</td><td rowspan="2">疑爲大觀四年（1110年）二月壬申，卒</td></tr>
<tr><td>丁父憂</td><td>知虢州</td><td>公以立談判</td><td>遂不起</td></tr>
<tr><td>家庭</td><td>不詳</td><td>公配王氏</td><td>封奉國郡君</td><td>子男若干人</td><td>女若干人</td><td>餘不詳</td></tr>
<tr><td colspan="7">誠善書，得古人筆法。上聞之，遣中貴人諭旨。以《五馬圖》進，睿鑒稱善。喜著書，有《續山海經》（10卷）、《續同姓名録》（2卷）、《琵琶録》（3卷）、《馬經》（3卷）、《六博經》（3卷）、《古篆説文》（10卷）</td></tr>
</table>

李誠于大觀四年（1110年）二月，卒于鄭州。李誠殞後，其兄李譓曾奉旨趨召，以其弟事與上聞，徽宗嗟嘆久之，詔别官其一子。李誠被葬于鄭州管城縣之梅山。

【30.2】
宋崇寧刻本殘葉

影印殘葉参見［宋］李誠撰、傅熹年彙校《營造法式合校本》第八册，“法式附録”部分；并参見［宋］李誠撰《營造法式》（陳明達點注本）第四册，第二百十七頁至第二百十八頁。

此處僅列殘葉文字如下：

宋崇寧刻本殘葉

營造法式卷第八

通直郎管修蓋皇弟外第專一提舉修蓋班直諸軍營房等臣李誠奉聖旨編修

小木作制度三

平棊	**鬬八藻井**
小鬬八藻井	**拒馬叉子**
叉子	**鉤闌**重臺鉤闌 單鉤闌
棵籠子	**井亭子**
牌	

平棊其名有三 一曰平機 二曰平橑 三曰平棊 俗謂之平起 其以方椽施素版者謂之平闇

造殿内平棊之制於背版之上四邊用桯桯内用貼貼内

（上文爲殘葉内容）

【30.3】
宋紹興刻本題名

平江府今得
紹聖營造法式舊本並目録看詳共一十四冊
紹興十五年五月十一日校勘重刊

左文林郎平江府觀察推官陳綱校勘

寳文閣直學士右通奉大夫知平江軍 府事提舉勸農使開國子 食邑五百戸 王晚重刊

【30.4】
諸書記載並題跋

〔30.4.1〕
兩宋

［30.4.1.1］
《宋史》(摘録)

職官志·職官五：卷一百六十五·志第一百一十八：（將作監）置監、少監各一人，監掌宫室、城郭、橋梁、舟車營造之事。少監爲之貳。丞參領之，凡土木工匠版築造作之政令總焉。

元祐七年，詔放將作監修成《營造法式》。

藝文志·史部·儀注類：卷二百四·志第一百五十七·藝文三：《營造法式》二百五十册（注曰：元祐間，卷亡）。

藝文志·五行類：卷二百六·志第一百五十九·藝文五：李誡《營造法式》三十四卷。

又藝文志·子部·藝術類：卷二百七·志第一百六十·藝文六：李誡新集《木書》一卷。

此外，《宋史》中無李誡傳，僅在“選舉志·卷一百五十七·志第一百一十·選舉三”中提到其人：“命將作少監李誡，即城南門外相地營建外學，是爲辟雍。”

［30.4.1.2］

晁載之《續談助》

右鈔崇寧二年正月通直郎試將作少監李誡所編《營造法式》。其宫殿、佛、道龕帳，非常所用者，皆不敢取。又曰：自卷十六至二十五，並土木等功限；自卷二十六至二十八，並諸作用釘、膠等料用例；自卷二十九至三十四並制度圖様，並無鈔，五年十一月二十三日潤州通判廳西樓北齋伯宇記時蔡晉如通判潤州事。

陳注："《續談助》成于崇寧五年。"[①]

晁載之，北宋人。宋人邵博撰《邵氏聞見後録》卷二、卷十四，以及宋人張邦基撰《墨莊漫録》卷七中，曾提到晁載之。編有古代文言小説叢集《續談助》五卷。

［30.4.1.3］

葉夢得《石林燕語》（補綴一）

元豐五年，官制初行，新省猶未就，僕丞並六曹寓治於舊三司。司農寺、尚書省及三司使廨舍，七月成，始遷入。新省揭榜曰"文昌府"，前爲都省令廳，在中，僕射廳分左右，凡爲屋一千五百八十間有奇。六曹列於後，東西向，爲屋四百二十間有奇。凡二千五百二十間有奇，合四千一百間有奇。時首拜王禹玉、蔡持正爲相，至元祐、紹聖間二人皆貶，其後追治元祐黨人，吕申公、司馬溫公、吕汲公、范忠宣、劉莘老皆貶，免者惟蘇公一人而已。故言陰陽者，皆謂凡居室以後爲重，今僕射廳不當在六曹前。持獻請遷，遂遷舊七寺監，移建如唐制。既那其地步，欲速成，將作少監李誡總其事，殺其間數，工亦滅裂，余爲祠曹郎，尚及居之。議者惜其壯麗不逮前也。[②]

葉夢得（1077—1148年），宋代詞人，字少藴，蘇州人。祖籍處州松陽（今屬浙江），北宋刑部侍郎葉逵五世孫，曾祖葉綱始遷蘇州。

［30.4.1.4］

晁公武《郡齋讀書誌》

將作《營造法式》三十四卷，皇朝李誡撰，熙寧中敕將作監編修《營造法式》，誡以爲未備，乃考究經史，並詢匠工，以成此書，頒於列郡，世謂喻皓《木經》，極爲精詳，此書蓋過之。

陳注："成于紹興二十一年，公元一一五一年。"[③]

晁公武（約1105—1180年），宋代

① ［宋］李誡．營造法式（陳明達點注本）．第四册．第219頁．營造法式附録．批注．浙江攝影出版社．2020年

② ［宋］葉夢得．石林燕語．卷二

③ ［宋］李誡．營造法式（陳明達點注本）．第四册．第220頁．營造法式附録．批注．浙江攝影出版社．2020年

濟州鉅野（今山東省菏澤市巨野縣）人。人稱“昭德先生”。目録學家、藏書家。著作豐富，今僅存《郡齋讀書誌》四卷。

［30.4.1.5］

莊綽《雞肋編》（補綴二）

崇寧中，李誡編《營造法式》云，舊例以圍三徑一、方五斜七爲據，疏略頗多。今按《九章算經》：圓徑七，其圍二十有二。方一百，其斜一百四十有一。八稜徑六十，每面二十五，其斜六十有五。六稜徑八十有七，每面五十，其斜一百。圓徑内取方，一百中得七十有一。方内取圓，徑一得一，六稜八稜，取圓準此。

又載名物之異曰：

牆名五（牆、墉、垣、墩、壁）。

柱礎名六（礎、礩、舄、磌、磩、磉。今謂之石碇，音頂）。

材名三（章、材、方桁）。

栱名六（閞、槉、欂、曲枅、欒、栱）。

飛昂名五（櫼、飛昂、英昂、斜角、下昂）。

爵頭名四（爵頭、耍頭、胡孫頭、蜉蜒頭。

枓名五（楶、栭、櫨、楷、枓）。

平坐名五（閣道、墱道、飛陛、平坐、鼓坐）。

梁名三（梁、尗廇、欐）。

柱名二（楹、柱）。

陽馬名五（觚稜、陽馬、闕角、角梁、梁抹）。

侏儒柱名六（棁、侏儒柱、浮柱、梲、上楹、蜀柱）。

斜柱名五（斜柱、梧、迕、枝撐、叉手）。

棟名九（棟、桴、櫋、棼、甍、極、槫、檁、櫋）。

搏風名二（榮、搏風）。

柎名三（柎、複棟、替木）。

椽名四（桷、椽、榱、橑。短椽名二。楝、禁楄）。

檐名十四（檐、宇、檐、楣、屋垂、梠、櫺、聯櫋、樀、房、廡、槾、檐槐、庮）。

舉折名四（陠、峻、陠峭、舉折）。

烏頭門名三（烏頭大門、表楬、閥閱。今呼爲櫺星門）。

平棊名三（平機、平橑、平棊。俗謂之平起，以方椽施素版者，謂之平闇）。

鬬八藻井名三（藻井、圜泉、方井。今謂之鬬八藻井。）。

鉤闌名八（櫺檻、軒檻、櫳、梐牢、闌楯、柃、階檻、鉤闌）。

拒馬叉子名四（梐枑、梐拒、行馬、拒馬叉子）。

屏風名四（皇邸、後版、扆、屏風）。

露籬名五（欏、栅、據、藩、落。今謂之露籬）。

塗名四（垷、墐、塗、泥）。

階名四（階、陛、陔、墑）。

瓦名二（瓦、甍）。

塼名四（甓、瓴甋、㲉、瓻甎）。

又云,《史記》居千章之萩（注：章，材也）。《説文》栔（注：栔，㯖也，音至）。

按：構屋之法，皆以材爲祖。材有八等，度屋之大小，因而用之。凡屋宇之高深，名物之短長，曲直舉折之勢，規矩繩墨之宜，皆以所用材之分，以爲制度。材上加栔者，謂之足材。其規矩制度，皆以章栔爲祖。今人以舉止失措者，謂之失章失栔，蓋謂此也。宋祁《筆録》："今造屋有曲折者，謂之庯峻。齊、魏間以人有儀矩可觀者，謂之庯峭。蓋庯峻也。今俗謂之舉折。"①

莊綽（約1079年—？），字季裕，約北宋末前後在世，約卒于南宋紹興十三年至十九年（1143—1149年）。

著有《雞肋編》三卷，其中談及李誡與《營造法式》。

［30.4.1.6］

陳槱《負暄野録》（補綴三）

秦璽文玉刻

《古器物銘》載此璽文，云得於河内向氏家，《援集古印格》所載謂是秦璽。按《金石録》：元符中，咸陽獲傳國璽，初至京師，執政以示故將作監李誡，誡手自摹印二本，以一見遺。又蔡絛《鐵圍山叢談》載：元符所得乃漢璽，其文曰"承天福延萬億永無極"九字。今此璽文乃曰"受命於天既壽永昌"，二文不同，則知趙明誠蓋未嘗見秦璽也。②

陳槱，南宋人，生卒年不詳，紹熙元年（1190年）進士。

［30.4.1.7］

陳振孫《書録解題》

《營造法式》三十四卷，看詳一卷，將作少監李誡編修。初熙寧中，始詔修定，至元祐六年成書。紹聖四年，命誡重修。元符三年上。崇寧二年頒印。前二卷爲總釋，其後曰制度、曰功限、曰料例、曰圖樣，而壕寨、石作、大小木、彫、旋、鋸、作、泥、瓦、彩畫刷飾，又各分類匠事備矣。

上文"李誠"，陳注：改"誠"爲"誡"。③

上文"鋸"後原文"作"，陳注：改"作"爲"竹"。④

陳振孫（1179—約1261年），南宋藏書家、目録學家。

① [宋]莊綽．雞肋編．卷下．第132-133頁．大象出版社．2019年

② [宋]陳槱．負暄野録．卷上．秦璽文玉刻．第111頁．大象出版社．2019年

③ [宋]李誡．營造法式（陳明達點注本）．第四册．第220頁．營造法式附録．批注．浙江攝影出版社．2020年

④ [宋]李誡．營造法式（陳明達點注本）．第四册．第220頁．營造法式附録．批注．浙江攝影出版社．2020年

〔30.4.2〕
元代

［30.4.2.1］
馬端臨《文獻通考》(補綴四)

《將作營造法式》三十四卷,《看詳》一卷

晁氏曰：皇朝李誡撰。熙寧中，敕將作監編修法式。誡以爲未備，乃考究經史，並詢討匠氏，以成此書，頒於列郡。世謂喻皓《木經》極爲精詳，此書殆過之。

陳氏曰：熙寧初，始詔修定，至元祐六年書成。紹聖四年命誡重修，元符三年上，崇寧二年頒印。前二卷爲《總釋》，其後曰《制度》、曰《功限》、曰《料例》、曰《圖樣》，而壕寨石作，大小木、彫、鏇、鋸作，泥瓦，彩畫刷飾，又各分類，匠事備矣。[①]

［30.4.2.2］
陸友仁《研北雜誌》

李明仲(誡)所著書，有《續山海經》十卷；《古篆説文》十卷,《續同姓名録》[②]二卷；《營造法式》卄四卷;《琵琶録》三卷;《馬經》三卷;《六博經》三卷。

上文“李明仲(誡)”，陳注：改“誡”爲“誡”。[③]

上文“《營造法式》廿四卷”，誤，應爲“《營造法式》三十四卷”。

陸友仁（1290—1338年），元代書法家、藏書家。一説爲吴郡（蘇州）人，又一説爲華亭（今上海松江）人。

［30.4.2.3］
陶宗儀《説郛》(補綴五)

木經

［宋］李誡 撰

取正

取正之制：先於基址中央，日内置圜版，徑一尺三寸六分，當心立表，高四寸徑一分，晝表景之端，記日中最短之景，次施望筒於其上，望日星以正四方。

望筒長一尺八寸，方三寸用版合造。兩罨頭開圜眼，徑五分。筒身當中，兩壁用軸安於兩立頰之内，其立頰自軸至地，高三尺，廣三寸，厚二寸。晝望以筒指南，令日景透北。夜望以筒指北，於筒南望，令前後兩竅内正見北辰極星。然後各垂繩墜下，記望筒兩竅心於地以爲南，則四方正。

若地勢偏衺，既以景表望筒取正四方，或有可疑處，則更以水池景表較之。其立表高八尺，廣八寸，厚四寸，上齊後斜向下三寸，安於池版之上。其池版長一丈三尺，中廣一尺，於一尺之内隨

① [元]馬端臨. 文獻通考. 卷二百二十九. 經籍考五十六. 子(雜藝術). 第6281—6282頁. 中華書局. 2011年

② 陶本爲“《續同姓録》”，參見[宋]李誡. 營造法式(陳明達點注本). 第四冊. 第221頁. 營造法式附録. 陸友仁研北雜誌. 浙江攝影出版社. 2020年。——編者注

③ [宋]李誡. 營造法式(陳明達點注本). 第四冊. 第221頁. 附録. 批注. 浙江攝影出版社. 2020年

表之廣，刻線兩道。一尺之外開水道，環四周。廣深各八分。用水定平令日景兩邊不出刻線，以池版所指及立表心爲南，則四方正安置令立表在南，池版在北，其景夏至順線長三尺，冬至長一丈二尺。其立表内，向池版處用曲尺較，令方正。

定平

定平之制：既正四方，據其位置於四角各立一表，當心安水平。其水平長二尺四寸，廣二寸五分，高二寸。下施立椿，長四尺安鐏在内。上面横坐水平，兩頭各開池，方一寸七分，深一寸三分或中心更開池者，方深同。身内開槽子，廣深各五分。令水通過於兩頭，池子内各用水浮子一枚用三池者，水浮子或亦用三枚，方一寸五分，高一寸二分。刻上頭令側薄，其厚一分，浮於池内，望兩頭水浮子之首，遥對立表處，於表身内畫記，即知地之高下若槽内如有不可用水處，即於椿子當心施墨線一道，上垂繩墜下，令繩對墨線心，則上槽自平與用水同。其槽底與墨線兩邊用曲尺較，令方正。

凡定柱礎取平，須更用真尺較之。其真尺長一丈八尺，廣四寸，厚二寸五分。當心上立表，高四尺廣厚同上。於立表當心自上至下施墨線一道，垂繩墜下，令繩對墨線心，則其下地面自平其真尺身上平處，與立表上墨線兩邊，亦用曲尺較，令方正。

舉折

舉折之制：先以尺爲丈，以寸爲尺，以分爲寸，以厘爲分，以毫爲厘，側畫所建之屋於平正壁上，定其舉之峻慢，折之圜和，然後可見屋内梁柱之高下，卯眼之遠近今俗謂之定側樣，亦曰點草架。

舉屋之法：如殿閣樓臺，先量前後橑檐方心相去遠近，分爲三分若餘屋柱梁作或不出跳者，則用前後檐柱心。從橑檐方背至脊槫背，舉起一分如屋深三丈，即舉起一丈之類。如甋瓦廳堂，即四分中舉起一分，又通以四分所得丈尺，每一尺加八分。若甋瓦廊屋及瓪瓦廳堂，每一尺加五分。或瓪瓦廊屋之數，每一尺加三分若兩椽屋不加，其副階或纏腰，並二分中舉一分。

折屋之法：以舉高尺丈，每尺折一寸，每架自上遞減半爲法。如舉高二丈，即先從脊槫背上取平，下屋橑檐方背其上，第一縫折二尺，又從上，第一縫槫背取平，下至橑檐方背，於第二縫折一尺。若椽數多，即逐縫取平，皆下至橑檐方背。每縫並減上縫之半如第一縫二尺，第二縫一尺，第三縫五寸，第四縫二寸五分之類。

簇角梁之法：用三折，先從大角背自橑檐方心量向上，至棖桿卯心，取大角梁背一半，立上折簇梁，斜向棖桿舉分盡處其簇角梁上下並出卯中，下折簇梁同。次從上折簇梁盡處量至橑檐方心，取大角梁背一半，立中折簇梁斜向上，折簇梁當心之下。又次從橑檐方心立下折簇梁，斜向中折簇梁當心，近下。令中折簇角梁上一半，與上折簇梁一半之長同，其折分並同折屋之制。唯量折以曲尺於絃上，取方量之用瓪瓦者同。

定功

《唐六典》：凡役有輕重，功有短長。注云：以四月，五月，六月，七月爲長功，以二月，三月，八月，九月爲中功，以十月，十一月，十二月，正月爲短功。

看詳：夏至日長有至六十刻者，冬至日短有止於四十刻者。若一等定功，則枉棄日刻甚多。今謹按《唐六典》修立下條。

諸稱功者謂中功以十分爲率，長功加一分，短功減一分。①

陶宗儀（1329—約1412年），元末明初時人，文學家、史學家，工詩文，善書畫。主要著作有《南村輟耕録》（30卷）、《説郛》（100卷）等。

〔30.4.3〕

明及清初

［30.4.3.1］

唐順之《稗編》

李誡《營造法式》均鈔"看詳"條目，不再録。惟屋楹數一條，爲今本所無，録以備考。

屋楹數。王盈孫傳：僖宗還，議立太廟。盈孫議曰：故廟十一室，二十三楹，楹十一，梁、垣、墉，廣袤稱之。《禮記》兩楹，知爲兩柱之間矣。然楹者，柱也。自其奠廟之所，而言兩楹，則間於廟兩柱之中，於義易曉。後人記屋室，以若干楹言之，其將通數一柱爲一楹耶。抑以柱之一列爲一楹也。此無辨者，蓋盈孫此議則以柱之一列爲一楹也。

唐順之（1507—1560年），明代詩文家，武進（今屬江蘇常州）人，人稱"荊川先生"。儒學大師、軍事家、抗倭英雄。

［30.4.3.2］

錢曾《讀書敏求記》

李誡《營造法式》，三十四卷，目録、看詳二卷，牧翁得之天水長公。圖様界畫，最爲難事。己丑春，予以四十千，從牧翁購歸。牧翁又藏梁谿故家鏤本，庚寅冬，不戒於火，縹囊緗帙，盡爲六丁取去。獨此本流傳人間，真希世之寶也。誡，字明仲，所著書有《續山海經》十卷，《古篆説文》十卷，《續同姓名録》②二卷，《琵琶録》三卷，《馬經》三卷，《六博經》二卷，今俱失傳。附識此，以示藏書家互蒐討之。

《讀書敏求記》作者錢曾（1629—1701年），清早期文人，藏書家、版本學家。虞山（今江蘇常熟）人。

［30.4.3.3］

翟灝《通俗編》（三則）（補綴六）

［大小木、石作、鋸作］（《文獻通考》）宋李誡撰將作《營造法式》三十四卷，其壕寨，石作，大小木，彫、鏇、鋸

① [元]陶宗儀. 説郛. 卷一百九上. 木經

② 陶本爲"《續同姓録》"，參見[宋]李誡. 營造法式（陳明達點注本）. 第四册. 第222頁. 營造法式附録. 讀書敏求記. 浙江攝影出版社. 2020年。——編者注

作，泥瓦，彩畫刷飾，俱各分類爲書。①

［縫］（［宋］李誡《木經》）椽數多，即逐縫取平，每縫並減上縫之半，若第一縫二尺，第二縫一尺，第三縫五寸之類。〔按〕縫去聲，今木工計屋，每隔一柱，謂之一縫是也。②

［卯眼］（亦見《木經》）〔按〕程子語録：榫卯員則員，榫卯方則方，卯、蓋即卯眼。③

翟灝（？—1788年），清早期文人，藏書家。乾隆十九年（1754年）進士。

〔30.4.4〕
清中葉以後

［30.4.4.1］
莫友芝《郘亭知見傳本書目》（補綴七）

《營造法式》三十四卷

宋李誡奉敕撰。山西楊氏新刻叢書本。昭文張氏有影宋本，末有“平江府今得《紹聖營造法式》舊本，並《目録勘詳》共一十四册，紹興十五年五月十一日校刊重刻”一條。④

莫友芝（1811—1871年），號郘亭，晚清著名藏書家、金石學家、目録版本學家、書法家。

［30.4.4.2］
《四庫全書總目》

《營造法式》三十四卷浙江范懋柱家天一閣藏本**宋通直郎試將作少監李誡奉敕撰。初，熙寧中，敕將作監官編修《營造法式》，至元祐六年成書。紹聖四年，以所修之本，祇是料狀，别無變造制度，難以行用，命誡别加撰輯。誡乃考究羣書，並與人匠講説，分列類例。以元符三年奏上之，崇寧二年復請用小字鏤版頒行。誡所作總看詳中稱，今編修海行《法式》，總釋、總例，共二卷，制度十五卷，功限十卷，料例並工作等三卷，圖樣六卷，目録一卷，總三十六卷，計三百五十七篇，内四十九篇，係於經史等羣書中檢尋考究，其三百八篇，係自來工作相傳，經久可用之法，與諸作諳，會工匠詳悉講究，蓋其書所言雖止藝事，而能考證經傳，參會衆説，以合於古者。飭材庀事之義。故陳振孫《書録解題》以爲，遠出喻皓《木經》之上。考陸友仁《研北雜誌》載誡所著，尚有《續山海經》十卷、《古篆説文》十卷、《續同姓名録》⑤二卷、《琵琶録》三卷、《馬經》三卷、《六博經》三卷。則誡本博洽之士，故所撰述，具有條理。惟友仁稱誡字明仲，而書其名作“諴”字。然范氏天一閣影鈔本及《宋史・藝文志》《文獻通考》俱作“誡”字，疑友仁誤也。此本前有誡所奏劄子及進書序各一篇，其三十一卷，當爲木作制度圖様上篇，原本**

① ［清］翟灝．通俗编．附直語補證．卷二十一．藝術．第300頁．中華書局．2013年
② ［清］翟灝．通俗编．附直語補證．卷二十四．居處．第341頁．中華書局．2013年
③ ［清］翟灝．通俗编．卷二十四．居處．卯眼．第567頁．浙江古籍出版社．2016年
④ ［清］莫友芝．郘亭知見傳本書目
⑤ 陶本爲“《續同姓録》”，參見［宋］李誡．營造法式（陳明達點注本）．第四册．第224頁．營造法式附録．四庫全書總目．浙江攝影出版社．2020年。——編者注

已闕，而以看詳一卷，錯入其中，檢《永樂大典》内，亦載有此書，其所闕二十餘圖，並在今據以補足，仍移看詳於卷首，又看詳内稱書總三十六卷，而今本制度一門，較原目少二卷，僅三十四卷，《永樂大典》所載，不分卷數，無可參校，而核其前後篇目，又别無脱漏，疑爲後人所併省，今亦姑仍其舊云。

［30.4.4.3］

《四庫全書簡明目録》

《營造法式》三十四卷，宋李誡奉敕撰，原本顛舛失次，今從《永樂大典》校正。是書初修於熙寧中，哲宗又詔誡重修。據所作總看詳中稱，總釋、總例共二卷，制度十五卷，功限十卷，料例並功作等共三卷，圖様六卷，目録一卷，當爲三十六卷。此本無所佚脱，而止三十四卷，似爲後人所併。其書共三百五十七篇，内四十九篇，皆根據經史講求古法，餘三百八篇，則自來工師所傳也。

［30.4.4.4］

張蓉鏡[①]跋

《營造法式》自宋槧既軼，世間傳本絶稀，相傳吾邑錢氏述古堂有影宋鈔本，先祖觀察公求之二十年，卒未得見。庚辰歲，家月霄先生得影寫述古本於郡城陶氏五柳居，重價購歸，出以見示。以先祖想慕未見之書，一旦獲此眼福，欣喜過望，假歸手自影寫圖様界畫，則畢仲愷高弟王君某任其事焉。自來政書考工之屬，能羅括衆説，博洽詳明，深悉夫飭材辨器之義者，無踰此書。陳振孫《直齋書録解題》以爲，超越乎喻皓《木經》者也。謹按《四庫全書》本，係浙江范懋柱天一閣所進，内缺三十一卷木作制度圖様，賴有《永樂大典》所載以補其缺，則是書之罕覯，益可徵焉。至看詳内，稱書凡三十六卷，而此本僅三十四卷，余所藏宋本《續談助》亦載是書卷數，與是本同。蓋自宋時已合併矣。吾邑藏書家自明五川楊氏以來，遞有繼起，至汲古、述古爲極盛。百餘年來，其風寖微，今得月霄之愛，素好古，搜訪祕笈，不遺餘力，儲蓄之富，幾與錢、毛兩家抗衡。以蓉有同好，每得奇籍，必以相示，或假傳鈔，略無吝色。其嘉惠同志之雅，尤世俗所難録竣，因書數語以識，欣感而又以傷先祖之終不獲見也。道光元年辛巳夏六月琴川張蓉鏡識於小瑯環福地，時年二十歲。

張蓉鏡（1802—?），字芙川，清道光時人。藏書家。琴川，江蘇常熟的别稱。小瑯環福地，似爲其書齋名。

［30.4.4.5］

張金吾跋

《營造法式》圖様界畫，工細緻密，非良工不易措手，故流傳絶少。同里家子和先生，購訪二十年不獲。文孫芙川見金吾藏本，驚爲得未曾有，假歸手自繕録畫繪之

① 陶本爲“張鏡蓉”，參見[宋]李誡．營造法式（陳明達點注本）．第四册．第226頁．營造法式附録．張鏡蓉跋．浙江攝影出版社．2020年。——編者注

事。王君某任之，既竣事，出以見示，精楷遠出金吾藏本上。語云，莫爲之先，雖美弗彰；莫爲之後，雖盛弗傳。子和先生，於是乎有孫矣。夫祖宗之手澤，子孫或不知世守，况能以先人之好爲好乎？且嗜好之不同，如其面焉。祖父所好者在是，子孫所好者或不在是，不能强而同也。孝子賢孫，慎守先澤，一物之微，罔敢失墜。如是者，蓋已不數覯矣，而必責以仰承先志，搜羅未備，其亦嘗一察其所好何如，而强之以素未究心者哉？雖然曠百世而相感者，同氣之求也；越千里而相通者，同聲之應也。况一體相承，曾無間隔，家學淵源，漸染有素，而必謂繼志述事，不能必之子若孫者，非通論也。芙川好學嗜古，吾邑中蓋不多見，而金吾所心折者，尤在善成先志。歲時道光七年八月，上澣張金吾書。

張金吾（1787—1829年），號月霄，清代道光前後時人。其文撰于“上澣”日，即其官休之日。

［30.4.4.6］

孫原湘跋[①]

從來制器尚象，聖人之道寓焉。規矩準繩之用，所以示人以法天象地，邪正曲直之辨。故作爲宫室、臺榭，使居其中者，寓目無非準則，而匪僻淫蕩之心以遏，匪直爲示巧適觀而已。宋李明仲《營造法式》，紹聖中奉敕重脩，内四十九篇，原本經傳，講求成法，深合古人飭材庀事之義。其三百八篇，亦皆自來工作相傳，經久可用之法。明仲固博洽之士，故所述雖藝事，而不詭於道。如此顧宋槧既不可得。《四庫全書》本亦范氏天一閣所進影鈔宋本，内缺三十一卷木作制度圖樣，從《永樂大典》中補入，至人間傳本絶少。向聞錢遵王家有影宋完本，淵如觀察兄嘗寓書子和及余，屬爲購求，徧訪不得，事閲二十餘稔矣。今年秋，子和孫伯元以此本見示，云假之張月霄，月霄新得之郡城陶氏書肆者，伯元手自鈔録，並倩名手王生爲之圖樣界畫，從此人間祕笈，頓有兩分。爲之歡喜慶幸，惜淵如子和之不得見也。述古堂書目稱，趙元度得《營造法式》，中缺十餘卷，先後搜訪借鈔，竭二十餘年之力，始爲完書。圖樣界畫，費錢五萬，命長安良工，始能措手，前人一書之艱得如此。今伯元年甚少愛，素好古，每得奇籍，輒自鈔寫，即此書之圖樣界畫，費已不貲，故精妙迥出月霄本上，以余與子和積願，未見之書，伯元能以勇猛精進之心，成此善舉，子和爲有孫矣。爲識於卷尾，以告後之讀是書者。嘉慶二十五年七月望後，心青居士孫原湘跋。

孫原湘（1760—1829年），昭文（今江蘇常熟）人，清代詩人。嘉慶十年（1805年）進士。

① 此處順序爲《營造法式》附録中所排順序，似并未按撰寫跋者之時間順序。後表中依時間順序排列。

[30.4.4.7]

黄丕烈跋

余同年張子和有嗜書癖，故與余訂交尤相得。猶憶乾隆癸丑間在京師琉璃廠，耽讀玩市，一時有兩書淫之目，既子和成進士，由翰林改部曹，出爲觀察，偶相聚首，必以蒐訪書籍爲分内事。余亦因子和之有同嗜也，乘其乞假及奉諱之歸里時，輒呼舟過訪，信宿盤桓。蓋我兩人之作合，由科名而訂交，則實由書籍也。子和有二丈夫子，皆能繼其家聲，所謂能讀父書者，今其冢孫伯元，以手鈔《營造法式》見示，屬爲跋尾。余謂此書，世鮮傳本，而今得此精鈔之本自娱，固爲美事。然人所難得者，最在世守一語，語云："莫爲之前，雖美弗彰；莫爲之後，雖盛弗傳。"[①]今伯元少年勤學，不但世守楹書，而又能搜羅繕寫，以廣先人所未備得，不謂之有後乎。余年已及耆，嗜好漸淡，所有不能自保，安問子孫？兹讀伯元所藏之書，并其題識，知其精進不已於古書源流，及藏弆諸家之始末，明辨以晳。子和爲有文孫矣，他日當續泛琴川之棹，以冀博觀清祕，其樂又何如邪？道光元年正月十有二日，宋廛一翁。

黄丕烈（1763—1825年），江蘇蘇州人，清代藏書家、目録學家。

[30.4.4.8]

陳鑾跋

張君芙川持示其所藏影鈔宋李誡《營造法式》三十四卷，是書宋槧久亡，舊鈔亦鮮傳本。好古之士一見爲幸。芙川令祖子和觀察嘗購之不獲。芙川借得而手鈔之，摹觀察像於卷首。於此見芙川不惟善讀書，且善繼志也。自昔共工命於虞，《考工記》於周，後世設官工，居六部之一。營造之事，君子所當用心。按誡生平恒領將作，前後晉十六階。咸以營造敘勛。其以吏部年格遷者，七官而已。當時太廟、辟雍、龍德、九成、尚書省、京兆廨，國家大役，事皆出其手。故度材程功，詳審精密，非文人紙上談可比。今讀其經，進劄子有仁儉，生知睿明，天縱淵靜，而百姓定，綱舉而衆目張。官得其人，事爲之制，丹楹刻桷，淫巧既除，菲食卑宫，淳風斯復。殆亦有見於徽廟之侈心，而意存規諷乎。誡歿於大觀四年，自後神霄、艮嶽之役起，童貫領局製，朱勔運花石，宋亦由是南渡。是書之存，足以考鑒得失。烏得以都料匠視之哉。時道光庚寅花朝，鄂州陳鑾跋於琴川之石梅僊館。

陳鑾（1786—1839年），湖北江夏（今武昌）人。清嘉慶二十五年（1820年）進士。道光二年（1822年），副主浙江鄉試。道光五年（1825年），擢松江知府，調署江寧。石梅仙館，在江蘇常熟。

① 其語引自唐代韓愈，見[清]董誥等．全唐文．卷五百五十二．韓愈（六）．與於襄陽書："莫爲之前，雖美而不彰；莫爲之後，雖盛而不傳。"

［30.4.4.9］

聞箏道人跋

右李誡《營造法式》三十四卷，看詳一卷，目録一卷，小瑯環福地影宋寫本，小瑯環主人之所藏也。《周官・考工》遺意，具見於此。其中援引典籍，至爲賅博，頗足以資考訂。即如看詳卷内引《通俗文》云："屋上平，曰陠。必孤切。"按臧鏞堂刊輯本《通俗文》，止舉《御覽》所引："屋加椽，曰橑"一條。《廣韻》所引："屋平，曰㡯㾓"一條。今當以"屋上平，曰陠"一條增入。又看詳卷内引《尚書大傳》，注云："賁，大也。言大牆正道直也。"今本《尚書大傳》注云："賁，大也，廧謂之廧，大廧正直之廧。"其文微異，當兩存之。又看詳卷内引《周髀算經》云："矩出於九九八十一，萬物周事而圜方用焉，大匠造制而規矩設焉，或毁方而爲圜，或破圜而爲方。方中爲圜者，謂之圜方；圜中爲方者，謂之方圜也。"今本《周髀算經》，九，矩："矩出於九九八十一。"之下無"萬物周事至謂之方圜也。"四十九字，是則可補今本《周髀》之脱佚者矣。以上數端，若無李誡斯編，安所據以證明之。宜小瑯環主人之珍祕之也。道光丙戌重陽後三日。聞箏道人識後。

聞箏道人，清道光前後時人，生平不詳。

［30.4.4.10］

褚逢椿跋

右琴川張君芙川所藏影宋槧李明仲《營造法式》三十四卷，目録、看詳二卷，繕寫工正，界畫細密，蓋倩名手，從月霄先生借鈔。月霄邃於經學，愛日精廬藏書萬卷，皆手自校勘，經其鑒定，必爲善本，而自謂此更精妙出其上，洵希世之珍矣。是書刊於紹興年，明仲紹聖中，以通直郎奉敕編修。徽宗朝官至中散大夫。於時艮嶽臺榭之觀，侈靡日甚，戎馬北來，銅駝荆棘南渡，偏安臨安，土木增飾崇麗，再度宏規。洪忠宣謂無意中原，不亦信乎。讀是書者，當與孟元老夢華離黍有同慨也。若芙川之好學嗜古，善承先志，則尤足欽仰者。道光戊子季冬，長洲褚逢椿題跋。

褚逢椿，清道光年前後時人，生卒年不詳。清代書畫家，善録書，工畫。

［30.4.4.11］

邵淵耀跋

宋李明仲《營造法式》一書，考古證今，經營慘淡，允推絶作。宋槧本不可得矣。其影宋傳録者，在前代已極珍貴。張君芙川，善承祖志，不惜重貲，勒成是編，繕寫摹績，一一精妙，誠藝林盛事也。顧君心尚有嗛者，謂向在都門見明人鈔本十卷至二十四卷，倘得之矣，以議價不諧而罷，至今猶勞夢想，予獨以爲君之所見，雖屬舊鈔而圖様全闕，未審其工拙若何，即如此書，從愛日精廬傳寫而工緻轉居其上夫，安知今之不逾於昔耶？書之可貴者，無過宋本，亦以校訂之善，雕造之精耳。豈專尚其時代乎。以是解於君，其或非讆言也。道光八年春分後一日，隅山卲淵耀跋。

卲淵耀，生卒年不詳。清嘉慶癸酉舉人。隅山，似指虞山，又名“海隅山”，在今江蘇常熟西北。

［30.4.4.12］

錢泳跋

右影鈔宋槧李明仲《營造法式》三十四卷，目録、看詳二卷，吾鄉張上舍芙川所藏也。余嘗論圖書金石諸物，雖聚於所好，而其間廢興得失，亦有關乎世運。世運昌則萬寶畢呈，不僅文籍也。此書海内稀見，尚願芙川付之剞劂氏，以傳不朽，不亦大快事耶。楳華溪居士錢泳記。

錢泳（1759—1844年），清代中期文人，江蘇金匱（今屬無錫）人。

［30.4.4.13］

瞿鏞《鐵琴銅劍樓書目》

《營造法式》三十六卷舊鈔本，題通直郎管修蓋皇弟外第專一提舉修蓋班直諸軍營房等臣李誡奉聖旨編修。前有進書序，又請鏤版劄子、書録、解題云，崇寧二年頒印。此本序後有平江府今得紹聖《營造法式》舊本，並目録、看詳，共一十四冊。紹興十五年五月十一日校勘重刊，蓋始刻於崇寧，繼刻於紹興也。案，目録爲三十四卷，而看詳内稱，書總三十六卷，或疑制度一門闕二卷，當爲後人所併。其實目録一卷，看詳中已言之。《敏求記》亦言目録、看詳各一卷，合之正三十六卷也。看詳中，制度十五卷，五當作三傳鈔致誤。此書雖展轉影鈔，實祖宋本，圖様界畫，最爲清整，遵王所見，當不是過也。

瞿鏞（1794—1846年），清著名藏書家。江蘇常熟古里人。

［30.4.4.14］

丁丙《藏書志》

《營造法式》三十六卷影宋鈔本、李伯雨藏書，通直郎管修蓋皇弟外第專一提舉修蓋班直諸軍營房等臣李誡奉聖旨編修。誡字明仲，試將作少監，著《續山海經》《古篆説文》等書，乃博洽之士。先是熙寧中，編《營造法式》，紹聖四年，以所修本，別無變造制度，命誡別加撰輯，乃考究羣書，並與人匠講説，分別類例，於元符三年奏上，請用小字鏤版頒行。奏旨、誡自序二篇，總釋、總例二卷，制度十五卷，功限十卷，料例並工作等三卷，圖様六卷，目録一卷。陳氏《書録解題》稱其遠出喻皓《木經》之上。《敏求記》云，虞山得之天水長公，予從虞山購歸，虞山又藏梁谿故家鏤本，忽六丁取去，獨此本流傳人間，真希世之寶。後張金吾得述古影寫本，張蓉鏡又從而影出者，卷末有平江府今得紹聖《營造法式》舊本，並目録、看詳共一十四册，紹興十五年五月十一日校勘重刊。左文林郎平江府觀察推官陳綱校勘，王映重刊五行，殆即所謂鏤本也。長洲褚逢椿跋云，明仲於徽宗朝，官至中散大夫，於時艮嶽、臺榭之觀，侈靡日甚，戎馬北來，銅駝荆棘南渡偏安，而臨安又新土木，再度宏規。紹興間平江即鏤此書，讀者可作"東京夢華"觀也。有宛陵李之郇藏書一印。

丁丙（1832—1899年），錢塘（今浙江杭州）人。清末藏書家。

〔30.4.5〕

民國

［30.4.5.1］

王謇《宋平江城坊考》（補綴八）

勾欄巷　盧熊《誌》未著録。莽熙《誌》："憩橋巷西"。同治《誌》："亦稱幽蘭巷。"案……，或作鉤闌。鉤闌，本爲殿上欄桿。故李明仲《營造法式》即以"鉤闌"注《魯靈光殿賦》"軒檻"，《景福殿賦》"櫺檻"。[①]

王謇（1888—1969年），原名鼎，江蘇吴縣人。1915年畢業于東吴大學，曾任宣統《吴縣志》協纂，江蘇省立蘇州圖書館編目主任等職。

［30.4.5.2］

石印《營造法式》齊耀琳序

宋李明仲《營造法式》刊本未見，今江蘇圖書館所藏爲張蓉鏡氏手鈔本，卷帙完整，致稱瑰寶，紫江朱桂辛先生奉使過寧，瀏覽圖籍，深以尊藏祕笈，不獲流播人間爲憾。存古詔後之意，蓋汲汲焉。竊惟棟宇之作，權輿邃古，匠人設官，周興益備，顧考工所記，朝市涂軌，經制粲然，而辨器飭材諸法，獨從闕略，豈當時工，皆世習知，作巧述，無取辭費，抑書缺有間，官司之失守使然耶。明仲仕宋徽宗朝，前後十六階，咸以營造敘進，維時太廟、辟雍、龍德、九成、尚書省、京兆廨，國家大工，皆出其手。故能本所親歷，著録成書，將作專家，斯爲鉅製，印傳餉世，容可忽諸。矧工業之敝久矣，海通以來，高閎大厦，競襲歐風，厭故喜新，輕訾舊制，誠恐殷質、周文、倕工、般巧之所留，貽後將有莫能善其事者夫？伎術宜圖嬗進，規矩難棄高曾，古今中外，形式雖有不同，法守並無或異，是則此書之傳之

① 王謇．宋平江城坊考．卷一．西南隅

尤不容緩也。抑又聞之，不通夫朝廟宫室之制者，不可以説禮。觀於明堂太室，聚訟輒累萬言，欒栱芝栭，圖象必求備物，一朝建設，何在不與典章法度相關。然則世有證汴京之舊聞，稽趙宗之故實者，亦未必無取焉。夫又非徒審美一端，資工業家之考鏡爾已。民國八年九月二日伊通齊耀琳。

齊耀琳（1863年—？），清末民初人。曾任直隸曲周、清苑知縣，磁州、遵化知州，保定知府。光緒三十四年（1908年），任天津道。宣統元年（1909年），任直隸按察使。

[30.4.5.3]

朱啓鈐前序

制器尚象，由來久矣。凡物皆然，而於營造則尤要。我中華文明古國，宫室之制，創自數千年以前，踵事增華，遞演遞進，蔚爲大觀。溯厥原始，要不外兩大派别：黄河以北，土厚水深，質姓堅凝，大率因土爲屋，由穴居制度，進而爲今日之磚石建築。迄今山陜之民，猶有太古遺風者是也。長江流域，上古洪水爲灾，地勢卑濕，人民多棲息於木樹之上，由巢居制度，進而爲今日之樓榭建築。故中國營造之法，實兼土、木、石三者之原質而成，泰西建築則以磚石爲主，而以木爲骨幹者絶稀。此與東方不同之點也。惟印度、天方參用中式，而變其結構。佛教東來我國，廟宇殿閣，亦間取法焉。然積習輕藝，士夫弗講，僅賴工師私相授受，藉以流傳，書間有闕，習焉不察，識者憾焉。自歐風東漸，國人趨尚西式，棄舊制若土苴，不復措意，迺歐美來遊中土者，覩宫闕之輪奂，棟宇之翬飛，驚爲傑構。於是羣起研究，以求所謂東方式者，如飛瓦複檐，蝌斗藻井諸式，以爲其結構之精奇美麗，迥出西法之上，競相則倣，特苦無專門圖籍，可資考證。詢之工匠，亦識其當然，而不知其所以然。夫以數千年之專門絶學，乃至不能爲外人道，不惟匠氏之羞，抑亦士夫之責也。啓鈐專使南下，道出金陵，承震岩省長約觀江南圖書館，獲見影宋本《營造法式》一書，都三十四卷，爲絳雲樓劫餘展轉流傳，歸嘉惠堂丁氏，經浭陽端匋齋收入圖書館。此書係宋李誠奉敕編進，内容分别部居，舉凡木、石工作，以及彩繪各制。至纖至悉，無不詳具，并附圖樣顔色，尺寸尤極明晰。惜係鈔本影繪原圖，不甚精審，若能再得宋時原刻校正，或益以近今界畫比例之法，重加彩繪，當必更有可觀。至卷首釋名一篇，引證翔碻，允爲工學詞典之祖。自宋迄今，雖形勢不無變革，然大輅椎輪，模範俱在，洵匠氏之準繩，考工之祕笈也。爰商之震岩省長，縮付石印，以廣其傳世，有同好者，倘於斯編之外，旁求博采，補所未備，參互考證，俾一綫絶學，發揮光大，嶄至泰西作者之林，尤所忻慕焉。書印成，震岩省長來索，弁言啓鈐喜古籍之弗湮，而工業之將日以發皇也，因不辭而爲之序。中華民國八年三月，紫江朱啓鈐。

右録以外，無關考訂者，概無取焉。錢曾所稱牧翁藏梁谿故家鏤本，未詳所自。孫從添《藏書紀要》稱近時錢遵王有白描《營造法式》《營造正式》，明趙美琦[①]《脈望館書目》有《營造正式》一冊，趙氏歿後，書歸錢氏。《述古堂目》有《營造正式》一卷，殆趙氏所藏，均未列撰人姓氏。《讀書敏求記》有《魯班營造正式》六卷，錢曾跋稱，規矩繩尺，爲千古良工模範，然非出於班手云云。未知與趙氏所藏，是一，是二？曾既贊美其規矩繩尺，必有圖樣，所以孫氏稱爲白描，惜未見是書耳。道光間楊氏《連筠簃叢刊》[②]目録中有李誡《營造法式》三十六卷，刊未畢工。莫郘亭《知見書目》[③]，即據以録入，實未見印行也。均併識之，以俟博雅武進陶湘。

[30.4.5.4]

朱啓鈐《重刊〈營造法式〉後序》

李明仲《營造法式》三十六卷己未[④]之春曾以影宋鈔本付諸石印，庚辛[⑤]之際遠涉歐美，見其一藝一術皆備圖案，而新舊營建悉有專書，益矍然於明仲此作爲營國築室不易之成規。還國以來蒐集公私傳本重校付梓，良以三代損益，文質相因，周禮體國經野，《冬官考工記》有世守之工，辨器飭材儕於六職。匠人所掌，建國、營國、爲溝洫三事，分别部居，目張綱舉。晚周横議道器分塗，士大夫於名物象數闕焉不講。秦火以降，將作匠監雖設專官，而長城、阿房、西京、東都、千門萬户，以及洛陽伽藍、開河、迷樓，徒於詞人筆端，驚其鉅麗，而製作形狀絶尠，貽留近古紀載亦鮮。喆門講求此學者，若柳宗元親見都料匠畫宫於堵，盈尺而曲盡其制，計其毫厘而構大厦，作《梓人傳》，而不著匠人姓字。歐陽修、沈括見都料匠喻皓《木經》而歎其用心之精，此則較可徵信者也。明仲身任將作，奉敕脩書，適丁北宋全盛，土木繁興之際，書稱工作相傳，經久可用，又復援據經史，研精詁訓，故其完善精審，足以繼往開來。啓鈐學殖朽落，無當紹述，鉛槧既葳，用敢標舉要義以諗讀者，列朝營繕皆取辦於賦役，故營造之良窳，恆視國家之財力以爲衡。宋代功限、料例，當與晚近官價有别，按《汴故宫記》《東京民嶽記》諸書所載，竭天下之富以成偉觀，靖康劫後，輸來幽燕。伊古帝王兼並侵略遷人重器，誇耀武功，巨製宏工，散亡摧毀，再過爲墟，有古今同慨者，重以金革相尋，釋道互鬨，無妄之虐，文物蕩然，幸有明仲此書，於制度、功限、料例，集營造之大成，古物雖亡，古法尚在，後人有志追求，舍此殆無塗徑。《法式》所舉準之遼

① 又一説其名爲“趙琦美”（1563—1624年），原名“趙開美”。明代藏書家。參見成麗，王其亨. 宋《營造法式》研究史. 第319頁. 中國建築工業出版社. 2017年

② 陶本多處爲“《連筠簃叢書》”，僅有此處爲“《連筠簃叢刊》”。——編者注

③ 陶本爲“《見知書目》”，參見[宋]李誡. 營造法式（陳明達點注本）. 第四冊. 第248頁. 營造法式附録. 浙江攝影出版社. 2020年。——編者注

④ 陳明達注：1919（年）。參見[宋]李誡. 營造法式（陳明達點注本）. 第一冊. 文前第1頁. 重刊營造法式後序. 批注. 浙江攝影出版社. 2020年

⑤ 陳明達注：1919—1920（年）。參見[宋]李誡. 營造法式（陳明達點注本）. 第一冊. 文前第1頁. 重刊營造法式後序. 批注. 浙江攝影出版社. 2020年

金塔寺、元明故宮，造法固多符合。按之明清會典、檔案及則例做法，亦復無殊。益信南宋迄今之營造，靡不由此書衍繹而出，譬諸良史以春秋爲不刊之書，法家以尉律爲令甲之祖，其義一也。書數爲六藝之一，取準定平，非有比例不足以窮其理而神其用，方今歐式東來，奇觚日出，然工匠就其圖樣，以比例推求，仍可得其理解。《法式》所引《周髀》《九章》諸家算經，實爲工師之鈐鍵。故看詳有與諸諳會經歷造作工匠，詳悉講究規矩，比較諸作利害，隨物之大小，有增減之法云云。書中於高廣深厚，均準積寸積分以爲法。學者先明讀法，析以數理，自當迎刃而解其義二也。看詳及總釋各卷，於古今名物，皆援引經史，逐類詳釋，尤於諸作異名，再三致意，誠以工匠口耳相傳，每易爲方言所限，然北宋以來，又閱千載，舊者漸佚，新者漸增，世運日新，辭書林立，學者亟應本此義例，合古今中外之一物數名及術語名詞，續爲整比，附以圖解，纂成營造辭典，庶幾博關羣言，用袪未寤，其義三也。圖樣各卷，所以發凡舉證而操觚之士，仍以隅反爲難，或謂原書簡略，應設補圖，或因變化所生，宜增新樣，例如，大木作制度圖樣，爲匠氏繩墨所寄，鈔本易有毫厘千里之差，爰就現存宮闕之間架結構，附撰今釋。又彩畫作制度，圖樣繁縟恢詭，僅注色名，恐滋謬誤，茲復按注敷采，以符原書暈素相宜，深淺隨宜之旨。盈尺之堵，後素之繪，瞭如視掌，一旦豁然，其義四也。抑更有進者，上古民風樸僿，不相往來，而言語嗜欲，天賦從同，夫製作者自然心理所表著也。倉頡、佉盧，始製文字，象形會意，聲教以通，而宮室器服，亦嗜欲之大端，居氣養體，習俗移人，互相則傚，心同此理，是知茅茨土階，不勝其質，彫墻峻宇，不厭其文，乃至寶剎精藍，丹楹刻桷，或取則於遐方，或濫觴於邃古，鬬角鉤心，標新領異。於是五洲萬國，營造之方式，乃由隔閡而溝通，由溝通而混一，氣運所趨，不可遏也。營巢構幹，有開必先，西竺瓌奇，隨象教而東漸，漢晉六朝，天方景教之製作燦然滿目。至石趙之營鄴都，胡匠蕃材，乃盛行於中土。宋承五季之後，明仲折衷眾制，奄有羣材，上下千年，縱横萬里，引而伸之，觸類而長之，文軌大同，庶幾有豸，况乎海通以來，意匠殊絶，材美工巧，借鏡尤多。究其進化之所由，不外質文之遞嬗。蓋考古博物系統爲先，本末始終，無徵不信，而國勢之汙隆，民力之消長繫焉。如希臘、埃及、羅馬、波斯、印度，固爲世界藝術之原，而歐亞變遷，亦可因此而推尋其迹。至於今日流沙石窟，墜簡遺文，槖載西行，珍逾球璧，質諸漢唐之通西域，舉國若狂，項背相望者，漸被不同，壤地未改，易位以觀，殆可相視而笑。夫居今而稽古，非專有愛於一名一物也。萃古英傑之宮室器服，比類具陳，下至斷礎積垣，零縑敗楮，一經目擊而手觸，即可流連感歎，想像其爲人，較之圖史、詩歌，興起尤切而濬發智巧，抱殘守闕，猶其細焉者也。我國曆算綿邈，事物繁賾，數典恐貽忘祖之羞，問禮更滋求野之懼，正宜及時理董，刻意搜羅，庶俾文質之源流，秩然不紊，而營造之沿革，乃能闡揚發揮前民而利用，明仲此書，特其羔鴈而已，來軫方遒，此啓鈐所以有無窮之望也。[①]

中華民國十四年[②]歲次乙丑孟夏中澣紫江朱啓鈐序

〔30.4.6〕

文獻中所見李誡與《營造法式》的記録、傳抄、保存情况

文獻中所見李誡與《營造法式》的記録、傳抄、保存情况　　表30.4.1

時期	撰者	文獻	記録、傳抄、保存情况
北宋	傅沖益	李誡墓誌銘	收入程俱《北山小集》，注稱爲傅沖益作
北宋	李誡	《營造法式》	宋崇寧刻本殘葉（録於陶本《法式》附録）
北宋	晁載之	《續談助》	崇寧二年將作少監李誡所編《營造法式》
北宋	葉夢得	《石林燕語》	元祐後諸司廨舍工程，李誡總其事，殺其間數，壯麗不逮前
宋	晁公武	《郡齋讀書誌》	將作《營造法式》三十四卷，皇朝李誡撰
宋	莊綽	《雞肋編》	詳引《法式》“看詳”和“諸作異名”
南宋	陳櫄	《負暄野録》	元符中，咸陽獲傳國璽，初至京師，執政以示故將作監李誡
南宋	陳振孫	《書録解題》	《營造法式》三十四卷，看詳一卷，將作少監李誡編修
元	馬端臨	《文獻通考》	《將作營造法式》三十四卷，《看詳》一卷，稱將作李誡撰
元	陸友仁	《研北雜誌》	李明仲（誡）所著書，有《續山海經》十卷等
元	陶宗儀	《説郛》	《木經》，[宋]李誡撰，一卷：“取正、定平、舉折、定功”
明	唐順之	《稗編》	李誡《營造法式》，惟屋楹數一條，爲今本所無，録以備考
清初	錢曾	《讀書敏求記》	李誡《營造法式》，三十四卷，目録、看詳二卷，牧翁得之天水長公。予以四十千，從牧翁購歸。獨此本流傳人間
清	翟灝	《通俗編》	宋李誡撰將作《營造法式》三十四卷，[縫]（[宋]李誡《木經》）
清	莫友芝	《郘亭知見傳本書目》	《營造法式》三十四卷。宋李誡奉敕撰
清		《四庫全書總目》	《營造法式》三十四卷（浙江范懋柱家天一閣藏本）宋通直郎試將作少監李誡奉敕撰
清		《四庫全書簡明目録》	《營造法式》三十四卷，宋李誡奉敕撰，原本顛舛失次，今從《永樂大典》校正

① 朱啓鈐先生撰《重刊〈營造法式〉後序》，録於《營造法式》（陳明達點注本），第一册，文前第1-8頁。其文原無斷句、標點。標點爲筆者所加，有訛誤處，敬請方家糾正。

② 陳明達注：1925（年）。參見[宋]李誡．營造法式（陳明達點注本）．第一册．文前第8頁．重刊營造法式後序．批注．浙江攝影出版社．2020年

續表

時期	撰者	文獻	記録、傳抄、保存情況
清	孫原湘	孫原湘跋（1820 年）	今年秋，子和孫伯元以此本見示，云假之張月霄，月霄新得之郡城陶氏書肆者，伯元手自鈔録，並倩名手王生爲之圖樣界畫，從此人間祕笈，頓有兩分。述古堂書目稱，趙元度得《營造法式》，中缺十餘卷，先後搜訪借鈔，竭二十餘年之力，始爲完書
清	張蓉鏡	張蓉鏡跋（1821 年）	傳錢氏述古堂有影宋鈔本，求之二十年，卒未得見。庚辰歲，家月霄先生得影寫述古本於郡城陶氏五柳居，重價購歸，先祖假歸手自影寫圖樣界畫，王君某任其事。琴川張蓉鏡識於小瑯環福地
清	張金吾	張金吾跋（1827 年）	同里家子和先生，購訪二十年不獲。文孫芙川見金吾藏本，驚爲得未曾有，假歸手自繕録畫繪之事。王君某任之，既竣事，出以見示，精楷遠出金吾藏本上。時道光七年八月
清	黄丕烈	黄丕烈跋（1821 年）	余同年張子和有嗜書癖，故與余訂交尤相得。子和有二丈夫子，皆能繼其家聲，所謂能讀父書者，今其冢孫伯元，以手鈔《營造法式》見示，屬爲跋尾
清	陳鑾	陳鑾跋（1830 年）	張君芙川持示其所藏影鈔宋李誡《營造法式》三十四卷，是書宋槧久亡，舊鈔亦鮮傳本。芙川令祖子和觀察嘗購之不獲。芙川借得而手鈔之，摹觀察像於卷首
清	聞箏道人	聞箏道人跋（1826 年）	李誡《營造法式》三十四卷，看詳一卷，目録一卷，小瑯環福地影宋寫本，小瑯環主人之所藏也
清	褚逢椿	褚逢椿跋（1828 年）	琴川張君芙川所藏影宋槧李明仲《營造法式》三十四卷，目録、看詳二卷，繕寫工正，界畫細密，從月霄先生借鈔
清	邵淵耀	邵淵耀跋（1828 年）	張君芙川，善承祖志，不惜重貲，勒成是編，繕寫摹繢，一一精妙，誠藝林盛事也。顧君心尚有嗛者，謂向在都門見明人鈔本十卷至二十四卷，佹得之矣，以議價不諧而罷
清	錢泳	錢泳跋	影鈔宋槧李明仲《營造法式》三十四卷，目録、看詳二卷，吾鄉張上舍芙川所藏也
清	瞿鏞	《鐵琴銅劍樓書目》	此本序後有平江府今得紹聖《營造法式》舊本，並目録、看詳，共一十四册。紹興十五年五月十一日校勘重刊，蓋始刻於崇寧，繼刻於紹興也。此書雖展轉影鈔，實祖宋本，圖様界畫，最爲清整
清	丁丙	《藏書志》	後張金吾得述古影寫本，張蓉鏡又從而影出者，卷末有平江府今得紹聖《營造法式》舊本，並目録、看詳共一十四册，紹興十五年五月十一日校勘重刊。左文林郎平江府觀察推官陳綱校勘，王喚重刊五行，殆即所謂鏤本也
民國	王謇	《宋平江城坊考》	王謇爲近人，考引宋代文獻，談及《法式》"鉤闌"

續表

時期	撰者	文獻	記録、傳抄、保存情況
民國	齊耀琳	石印《營造法式》序（1919年）	宋李明仲《營造法式》刊本未見，今江蘇圖書館所藏爲張蓉鏡氏手鈔本，卷帙完整，致稱瑰寶，紫江朱桂辛先生奉使過寧，瀏覽圖籍，深以尊藏祕笈，不獲流播人間爲憾
民國	朱啓鈐	前序（1919年）	啓鈐專使南下，道出金陵，承震岩省長約觀江南圖書館，獲見影宋本《營造法式》一書，都三十四卷，爲絳雲樓劫餘展轉流傳，歸嘉惠堂丁氏，經洏陽端匋齋收入圖書館
表中所列爲陶本《營造法式》附録中所列主要史料及跋，另有幾處補綴，係自史籍中搜尋補入			

【30.5】
陶湘撰“識語”

右《營造法式》三十六卷，宋將作少監李誡奉敕編。初修於熙寧中，元祐六年成書。再修於紹聖四年，元符三年成書。崇寧二年鏤版頒行，是爲崇寧本。紹興十五年，知平江府王喚得紹聖舊本，校勘重刊，是爲紹興本。晁載之《續談助》、莊季裕《雞肋編》，各摘鈔《法式》若干條。一在崇寧五年，一在紹興三年，當時已互相傳鈔，足徵是書之珍重。陳振孫《書録解題》稱李誡誡作誠，陸友仁《研北雜誌》同《四庫總目》已證明其誤編修《營造法式》三十四卷，看詳一卷，未及目録。晁公武《郡齋讀書誌》作三十四卷，未及目録、看詳。陶宗儀《説郛》，摘鈔《法式》看詳諸條，而題李誡《木經》。唐順之《稗編》，摘鈔看詳條目，末有屋楹數一條，爲今書所無，豈熙寧初修本歟。錢氏述古堂藏《法式》二十八卷，圖樣六卷，看詳一卷，目録一卷，總三十六卷，前有李誡進書表序，崇寧二年鏤版頒行劄子，後有紹興十五年，王喚校刊銜名，每葉二十行，行二十二字，書中如“桓”字，注曰：“犯淵聖”；御名‘構’字，注曰“犯御名”，即紹興本也。錢曾跋稱，是書，牧翁得之天水長公；己丑春，從牧翁購歸。牧翁又藏梁谿故家鏤本，庚寅不戒於火。獨此本流傳人間。孫原湘跋稱，述古堂謂，趙元度得《營造法式》，缺十餘卷，先後搜訪借鈔，竭二十餘年之力，始爲完書。圖樣界畫，費錢五萬。道光辛巳，琴川張芙川氏蓉鏡手鈔跋曰：《營造法式》自宋槧既軼，世間傳本絶稀。相傳錢氏述古堂有影宋鈔本，求之不得。庚辰歲，家月霄得影寫述古本，於郡城陶氏五柳居，假歸，手自影寫圖樣界畫，則畢仲愷高弟王君某任其事。光緒丁未戊申間，洏陽匋齋氏端方總督兩江，建圖書館，收錢唐丁氏嘉惠堂藏書，有鈔本《營造法式》，稱爲張芙川影宋。民國八年己未，紫江朱桂辛氏啓鈐過江南，獲見是書，縮印行世。上海商務印書館踵之。尺寸照鈔本原式，惟以孫黄諸跋證之。知丁本係重鈔張氏者，亥豕魯魚，觸目皆是。吴興蔣氏密韻樓藏有鈔本，字雅圖工，首尾完整，可補丁氏脱誤數十條，惟仍非張氏原書。常熟瞿氏鐵琴銅劍樓所藏舊鈔，亦紹興本。《四庫全書》内《法式》，係據浙江范氏天一閣進呈影宋鈔本録入，缺第三十一卷。館臣以《永樂大典》本補全。明《文淵閣書目》，《法式》有五部，未詳卷數、撰名。《内閣書目》有《法式》二册，又五册，均不全。注曰：宋崇寧間李誡等奉敕編，凡三十四卷，闕十二卷以下，清季遷内閣大庫。書於國子監南學，民國初年，由南學再遷於午門樓，旋又遷於京師圖書館即南學舊址。《法式》殘本七册，因之蕩然。江安傅沅叔氏曾於散出廢紙堆中，檢得《法式》第八卷首葉之前半李誡銜名具在，誡字之誤，更不待辨，又八卷内第五全葉，宋槧宋印，每葉二十二行，行二十二字，小字雙行，字數同。殆即崇寧本歟。桂辛氏以前影印丁本，未臻完善，屬湘蒐集諸家傳本，詳校付梓。湘按館本，據天一閣鈔宋録入，范氏當有明中葉依宋槧過録，在述古之先，復經館臣以大典本補正，尤較諸家傳鈔爲可據。惟四庫書，分庋七閣，文源、文宗、文匯，已遭兵燹。杭州文瀾，亦毁其半。文淵藏大内；盛京之文溯，儲保和殿；熱河之文津，儲京師圖書館，今均完整。以文淵、文溯、文津三本互勘，復以晁、莊、陶、唐摘刊本，蔣氏所藏舊鈔本，對校丁本之缺者補之，誤者正之，譌字縱不能無，脱簡庶幾可免。《四庫總目》云，看詳稱總三十六卷，今本制度門，較原目少二卷，僅三十四卷。核其篇目，又無脱漏，疑爲後人併省，非也。晁載之《續談助》稱，卷十六至二十五，並土木作等功限；卷二十六至二十八，並諸作料、釘膠料用例；卷二十九至三十四，並制度圖樣。核以卷一、卷二，爲總釋、總例；卷三至卷十五，並諸作制度。是制度止十三卷，而云十五，五實三字之筆誤。瞿氏言之審矣。今書總三十六卷，篇目三百五十八，與看詳所載相符，並無殘缺併省。間有文義難通，明知譌誤，而各本相同，不敢臆改，則仍之而存疑焉。至於行款字體，均仿崇寧刊本，精繕鋟木；書中篇目，仿大觀本草體例，照刊陰文，以清眉目。圖樣依紹興本重繪，因界畫不易分明，鏤版難於纖密，則將版框照原本放大兩倍繪成，影石縮印如原式。又因圖樣傳寫，無可校勘，如石作、彫作、小木作諸制度圖樣，均可因時制宜；大木作制度圖樣，爲工師繩墨比例所依據，毫釐之差，鑿枘立見。今北京宫殿建於明永樂年間，地爲金元故址，而規模實宋代遺制。八百年來，工用相傳，名式不無變更；稽諸會典事例，工部檔案，均有源流可溯。惟圖式缺如，無憑實驗，爰倩京都承辦官工之老匠師賀新賡等，就現今之圖樣，按《法式》第三十、三十一兩卷大木作制度名目詳繪，增坿並注今名於上，俾與原圖對勘，覘其同異，觀其會通，既可作依仿之模型，且以證名詞之沿革。又《法式》第三十三、三十四兩卷，爲彩畫作制度圖樣，原書僅注色名、深淺、向背，學者瞢焉。今按注填色，五彩套印，少者四五版，多者十餘版，定興郭世五氏，夙嫺藝術於顔料紙質，覃精極思，尤有心得，董督斯役，殆盡能事。近年來彩印工藝，精益求精，而合色之外，端賴紙料，我國產紙之區，涇宣最著，然棉連夾貢，屢受機軸之砑壓，則伸縮參差，套色不能整齊，頻經石印之浸潤，則纖維黏脱，再版即將破碎，所以彩印圖本，鮮有用我國紙者，是書選閩紙中改良瑜版，質堅理密，印次愈多，紙質轉練，着色不浮。洵我國美術精進之一端，爲郭君初次發明者。特坿識之。崇寧本殘葉及紹興重刻之題名，均影印坿後，以存宋本之真。諸家記載、題跋，有關考訂者，亦坿録之。昔周櫟園亮工謂，近人箸述，凡博古賞鑑，飲食器具之類，均有成書，獨無言及營造者。宋李誡《營造法式》皆徽廟宫室制度，聞海虞毛子晉家有此書，式皆有圖，界畫精工，有劉松年等筆法，字畫得歐虞之體，紙版黑白分明，近世所不能及。子晉翻刻宋人祕本甚多，惜不使此書一流布也，云云見書影卷一。今距櫟園時，又將三百年矣。宋槧固不可得，述古初影，亦不能得；再寫於張氏，又不能得。僅得張氏一再傳寫之本，校字繪圖，增式彩印，時閲七年，稿經十易，視錢氏所稱費錢五萬者，奚啻什百，惜不得櫟園一見之也。書成爰敘顛末，參校者爲江安傅沅叔氏增湘，上虞羅叔言氏振玉，大興祝讀樓氏書元，定興郭世五氏葆昌，合肥闞鶴初氏鐸仁和吴印丞氏昌綬，昆明吕壽生氏鑄元和章式之氏鈺家，喬如兄珙星，如弟洙仲，甥姪毅。他山之助，用誌不忘匡謬，正譌更俟來者。

中華民國十有四年歲次乙丑閏四月武進陶湘識

陶湘"識語"中談及《法式》版本概況 表30.5.1

時期/出處	版本名	版本及流傳、保存情況
北宋	元祐本	初修於熙寧中，元祐六年成書。此爲元祐《法式》
北宋	崇寧本	元符三年成書。崇寧二年鏤版頒行，是爲崇寧本
北宋	紹聖本	紹興十五年，知平江府王映得紹聖舊本。紹聖年早於崇寧年，若果真爲紹聖舊本，則其本疑可能爲元祐《法式》或紹興間人將崇寧本誤爲紹聖本
南宋	紹興本	紹興十五年，知平江府王映得紹聖舊本，校勘重刊，是爲紹興本
北宋	《續談助》	晁載之《續談助》、莊季裕《雞肋編》，各摘鈔《法式》若干條。一在崇寧五年，一在紹興三年，當時已互相傳鈔，足徵是書之珍重
南宋	《雞肋編》	
南宋	《郡齋讀書誌》	晁公武《郡齋讀書誌》作三十四卷，未及目録、看詳。陶宗儀《説郛》，摘鈔《法式》看詳諸條，而題李誡《木經》
元	《説郛》	
明	《稗編》	摘鈔看詳條目，末有屋楹數一條，爲今書所無，豈熙寧初修本歟
清	錢氏述古堂紹興本	錢氏述古堂藏《法式》總三十六卷，書中如"桓"字，注曰"犯淵聖"；御名"構"字，注曰"犯御名"，即紹興本也

續表

時期/出處	版本名	版本及流傳、保存情況
清	錢氏述古堂 紹興本	錢曾跋稱，是書，牧翁得之天水長公；己丑春，從牧翁購歸。牧翁又藏梁谿故家鏤本，庚寅不戒於火。獨此本流傳人間
清	紹興本	孫原湘跋稱，述古堂謂，趙元度得《營造法式》，缺十餘卷，先後搜訪借鈔，竭二十餘年之力，始爲完書。圖樣界畫，費錢五萬
清	陶氏五柳居 影寫述古本	相傳錢氏述古堂有影宋鈔本，求之不得。庚辰歲，家月霄得影寫述古本，於郡城陶氏五柳居
清	張芙川氏 影寫陶氏本	庚辰歲，家月霄得影寫述古本，於郡城陶氏五柳居，假歸，手自影寫圖樣界畫，則畢仲愷高弟王君某任其事
清	丁氏嘉惠堂藏 張芙川影宋本	光緒丁未戊申間，浭陽匋齋氏端方總督兩江，建圖書館，收錢唐丁氏嘉惠堂藏書，有鈔本《營造法式》，稱爲張芙川影宋
民國	丁本、石印本	民國八年（1919年）已未，紫江朱桂辛氏啓鈐過江南，獲見是書，縮印行世
民國	萬有文庫本 （1933年）	上海商務印書館踵之。尺寸照鈔本原式，惟以孫黄諸跋證之。知丁本係重鈔張氏者，亥豕魯魚，觸目皆是
清	吳興蔣氏 密韻樓藏鈔本	吳興蔣氏密韻樓藏有鈔本，字雅圖工，首尾完整，可補丁氏脱誤數十條，惟仍非張氏原書
清	常熟瞿氏鐵琴銅 劍樓藏舊鈔本	常熟瞿氏鐵琴銅劍樓所藏舊鈔，亦紹興本
清	《四庫全書》本	《四庫全書》内《法式》，係據浙江范氏天一閣進呈影宋鈔本録入，缺第三十一卷。館臣以《永樂大典》本補全
明	楊士奇編	明《文淵閣書目》，《法式》有五部，未詳卷數、撰名
明 民國	民國初年 殘本七册 因之蕩然	明《内閣書目》有《法式》二册，又五册，均不全。據注，闕十二卷以下，清季遷内閣大庫。其注書於國子監南學，民國初年，由南學再遷於午門樓，又遷京師圖書館（即南學舊址）。《法式》殘本七册，因之蕩然
江安 傅沅 叔氏	崇寧本殘葉 第八卷首葉前半 宋槧宋印	江安傅沅叔氏曾於散出廢紙堆中，檢得《法式》第八卷首葉之前半（李誡銜名具在，誠字之誤，更不待辨），又八卷内第五全葉，宋槧宋印，每葉二十二行，行二十二字，小字雙行，字數同。殆即崇寧本歟
浙江 范氏	浙江范氏 天一閣藏本	《四庫全書》内《法式》，係據浙江范氏天一閣進呈影宋鈔本録入，缺第三十一卷。館臣以《永樂大典》本補全
《四庫 全書》 藏本	文淵閣藏本 文溯閣藏本 文津閣藏本	惟四庫書，分庋七閣，文源、文宗、文匯，已遭兵燹。杭州文瀾，亦毁其半。文淵藏大内；盛京之文溯，儲保和殿；熱河之文津，儲京師圖書館，今均完整
朱桂老 屬湘蒐集	陶本	湘按館本，據天一閣鈔宋録入，范氏當有明中葉依宋槧過録，在述古之先，復經館臣以大典本補正，尤較諸家傳鈔爲可據。以文淵、文溯、文津三本互勘，復以晁、莊、陶、唐摘刊本，蔣氏所藏舊鈔本，對校丁本之缺者補之，誤者正之，譌字縱不能無，脱簡庶幾可免。間有文義難通，明知譌誤，而各本相同，不敢臆改，則仍之而存疑焉

續表

時期/出處	版本名	版本及流傳、保存情況
陶本	陶本 版式	至於行款字體，均仿崇寧刊本，精繕鋟木；書中篇目，仿大觀本草體例，照刊陰文，以清眉目。圖樣依紹興本重繪，因界畫不易分明，鏤版難於纖密，則將版框照原本放大兩倍繪成，影石縮印如原式
陶本	明清宮殿建築 與宋《法式》圖 之對勘	今北京宮殿建於明永樂年間，圖式缺如，無憑實驗，爰倩京都承辦官工之老匠師賀新賡等，就現今之圖樣，按《法式》第三十、三十一兩卷大木作制度名目詳繪，增坿並注今名於上，俾與原圖對勘，覘其同異，觀其會通，既可作依仿之模型，且以證名詞之沿革
陶本	陶本 彩畫	又《法式》第三十三、三十四兩卷，爲彩畫作制度圖樣，原書僅注色名、深淺、向背，學者瞢焉。今按注填色，五彩套印，少者四五版，多者十餘版，定興郭世五氏，夙嫻藝術於顔料紙質，覃精極思，尤有心得，董督斯役，殆盡能事
表中《法式》諸版本，據陶湘“識語”等整理所得，知陶本《法式》乃集諸存本，細加校對、核正之本		

【30.6】
梁思成撰“八百餘年來《營造法式》的版本”[①]

《營造法式》于元符三年（公元1100年）成書，于崇寧二年（公元1103年）奉旨“用小字鏤版”刊行。南宋紹興十五年（公元1145年），由秦檜妻弟，知平江軍府（今蘇州）事提舉勸農使王�重刊。宋代僅有這兩個版本[②]。崇寧本的鏤版顯然在北宋末年（公元1126年），已在汴京被金人一炬，所以爾後二十年，就有重刊的需要了。

據考證，明代除《永樂大典》本外，還有抄本三種，鏤本一種（梁谿故家鏤本）[③]。清代亦有若干傳抄本。至于翻刻本，見于記載者有道光間楊墨林刻本和山西楊氏《連筠簃叢書》刻本（似擬刊而未刊），但都未見流傳。[④]後世的這些抄本、刻本，都是由紹興本影抄傳下來的。由此看來，王㬇這個奸臣的妻弟，重刊《法式》，對于《法式》之得以流傳後世，却有不可磨滅之功。

民國八年（公元1919年），朱啓鈐先生在南京江南圖書館發現了丁氏抄本《營造法式》[⑤]，不久即由商務印書館影印（下文簡稱“丁本”）。現代的印刷術使得《法式》比較廣泛地流傳了。

其後不久，在由内閣大庫散出的廢紙堆中，發現了宋本殘葉（第

① 梁思成. 梁思成全集. 第七卷. 文前第9–10頁.《營造法式》注釋序. 中國建築工業出版社. 2001年

② 傅熹年注：現存明清内閣大庫舊藏殘本爲南宋後期平江府復刻紹興十五年刊本，説見趙萬里《中國版刻圖録》解説。故此書宋代實有北宋刻本一，南宋刻本二，共三個刻本。參見梁思成. 梁思成全集. 第七卷. 文前第9頁.《營造法式》注釋序. 脚注1. 中國建築工業出版社. 2001年

③ 傅熹年注：見錢謙益《牧齋有學集》卷四十六《跋營造法式》。即錢謙益絳雲樓所藏南宋刊本。參見梁思成. 梁思成全集. 第七卷. 文前第9頁.《營造法式》注釋序. 脚注2. 中國建築工業出版社. 2001年

④ 傅熹年注：楊墨林刻本即《連筠簃叢書》本，此書流傳極罕。葉定侯曾目見，云有文無圖。參見梁思成. 梁思成全集. 第七卷. 文前第9頁.《營造法式》注釋序. 脚注3. 中國建築工業出版社. 2001年

⑤ 傅熹年注：丁氏抄本自清道光元年張蓉鏡抄本出，張氏本文自影寫錢曾述古堂藏抄本出。張蓉鏡抄本原藏翁同龢家。2000年4月入藏于上海圖書館。參見梁思成. 梁思成全集. 第七卷. 文前第9頁.《營造法式》注釋序. 脚注4. 中國建築工業出版社. 2001年

八卷首葉之前半)。于是，由陶湘以四庫文溯閣本，蔣氏密韻樓本和“丁本”互相勘校；按照宋本殘葉版面形式，重爲繪圖、鏤版，于公元1925年刊行(下文簡稱“陶本”)。這一版之刊行，當時曾引起國内外學術界極大注意。

公元1932年，在當時北平故宫殿本書庫發現了抄本《營造法式》(下文簡稱“故宫本”)，版面格式與宋本殘葉相同，卷後且有平江府重刊的字樣，與紹興本的許多抄本相同。這是一次重要的發現。

故宫本發現之後，由中國營造學社劉敦楨、梁思成等，以“陶本”爲基礎，并和其他各本與“故宫本”互相勘校，又有所校正。其中最主要的一項，就是各本(包括“陶本”)在卷第四“大木作制度”中，“造栱之制有五”，但文中僅有其四，完全遺漏了“五曰慢栱”一條四十六個字。惟有“故宫本”，這一條獨存。“陶本”和其他各本的一個最大的缺憾得以補償了。

對于《營造法式》的校勘，首先在朱啓鈐先生的指導下，陶湘等先生已做了很多工作；在“故宫本”發現之後，當時中國營造學社的研究人員進行了再一次細緻的校勘。今天我們進行研究工作，就是以那一次校勘的成果爲依據的。

我們這一次的整理，主要在把《法式》用今天一般工程技術人員讀得懂的語文和看得清楚的、準確的、科學的圖樣加以注釋，而不重在版本的考證、校勘之學。

【30.7】傅熹年《營造法式合校本》所附劉敦楨跋等

〔30.7.1〕傅熹年過録劉敦楨《校故宫本〈營造法式〉跋》

故宫圖書館藏抄本《營造法式》原度南書房，溥儀出宫後，移藏文獻館，現歸圖書館保存。書存兩函，函六册，内圖式三册，版心高二八・八公分，闊一八・八公分。每面十一行，行二十二字。首册鈐有“虞山錢曾遵王藏書圖記”一方。書中順序：首進書劄子，次自序，次總目，次看詳，以下本書三十四卷，末葉紹興十五年王晪重刊，題名、字數、體裁與紹興本殘葉一致，惟錢氏圖章極不可靠，紙色質地亦多疑點，恐非《讀書敏求記》以四十千購自絳雲樓之真本也。又，此本卷六“小木作·版門”脱落廿二行，卷三十二“天宫樓閣·佛道帳”與“天宫壁藏”後無“行在吕信刊”及“武林楊潤刊”題名，仍係輾轉重抄，非直接影抄宋本者。但卷四“大木作”未脱“慢栱”第五十一條，甚足珍異，卷六脱簡廿二行，適爲同卷第二葉全葉，疑係抄手偶爾遺漏，或所據之本即無此葉，以視丁本以訛傳訛，不可同日而語。餘如圖繪精美，標注詳明，宋刊面目耀然如見，直可與倫敦《永樂大典》殘本媲美，遠非四庫本、丁本所可企及也。

民國廿二年四月上浣，與謝剛主、單士元二君以石印丁本校故宫抄本，凡六日畢事

新寧劉敦楨記

〔30.7.2〕

傅熹年《營造法式合校本》首頁題注

《營造法式合校本》據國家圖書館藏宋本、故宫藏傳抄述古堂本、上海圖書館藏張蓉鏡抄本、國家圖書館藏文津閣《四庫全書》本、瞿氏鐵琴銅劍樓舊藏抄本、北宋晁載之摘録本合校。又過録朱啓鈐先生批陶本、梁思成先生注釋本及劉敦楨先生批陶本。

丙申暮春　傅熹年識

〔30.7.3〕

傅熹年《合校本營造法式》序中關于版本的敘述

（此次校勘以）一九二五年陶湘刊本……爲校勘底本，利用現存（諸本中）的重要善本，包括國家圖書館藏南宋紹定刊本殘卷（傳世僅存南宋刊本）、文津閣《四庫全書》本（源于明范氏天一閣藏抄本，范氏本也源于南宋紹定本）、鐵琴銅劍樓瞿氏舊藏清前期抄本、明抄本《續談助》中源于北宋崇寧二年（一一〇三年）成書後最初刊本的摘抄本等四種和故宫博物院藏清抄本（源于清初錢曾藏傳抄宋本）、上海圖書館藏張蓉鏡抄本（據傳抄錢曾本影寫）等二種，共五個重要傳本和一個摘抄本進行校勘，并收録梁思成先生《營造法式注釋》（卷上）、劉敦楨先生批陶湘刊本、劉敦楨先生校故宫本（此爲一九六三年承劉先生慨允熹年過録于自藏石印丁本上者。在校訂時，又參閲了《劉敦楨全集》第十卷《宋·李明仲〈營造法式〉校勘記録》的内容）、朱啓鈐先生批校陶湘本的批注（據王世襄先生傳抄本）、梁思成先生《營造法式注釋》（卷上）本中的注文對文本校訂的内容，對《營造法式》卷第一至第二十八的文字部分進行合校，補入缺文，羅列諸本異同，并附前輩學者的評議。

〔30.7.4〕

傅熹年兩本著作所涉版本一覽

傅熹年兩本著作所涉版本一覽　　表30.7.1

序號	版本名	版本或資料來源及保存狀況	備注
1	陶本	1925年出版陶湘版《營造法式》	合校本底本
2	南宋紹定刊本殘卷	國家圖書館藏	傳世僅存
3	文津閣《四庫全書》本	明范氏天一閣藏抄本，亦源于南宋紹定本	《四庫全書總目》
4	瞿氏舊藏清前期抄本	江蘇常熟鐵琴銅劍樓瞿鏞藏書	《營造法式》附録
5	明抄本《續談助》	源于北宋崇寧二年成書後最初刊本摘抄本等四種	
6	清抄本《續談助》	源于清初錢曾藏傳抄宋本	故宫藏抄本
7	張蓉鏡抄本	上海圖書館藏（據傳抄錢曾本影寫）	《營造法式》附録
8	梁思成注釋本	梁思成《營造法式注釋》正文及注	《梁思成全集》第七卷
9	劉敦楨批陶本	傅熹年《營造法式合校本》首頁題注	《合校本營造法式》序
10	劉敦楨校故宫本	承劉先生慨允熹年過録于自藏石印丁本上者	1963年
11	劉敦楨校勘記録	《宋・李明仲〈營造法式〉校勘記録》	《劉敦楨全集》第十卷
12	朱啓鈐批陶本	朱啓鈐先生批校陶湘本的批注	據王世襄傳抄本
13	傅熹年藏石印丁本	過録劉敦楨先生《校故宫本〈營造法式〉跋》	《合校本營造法式》序

表中所列版本及資料均依據傅熹年先生《營造法式合校本》首頁題注及《合校本營造法式》序

【30.8】
《宋〈營造法式〉研究史》所附“《營造法式》版本概況”

成麗、王其亨撰《宋〈營造法式〉研究史》是近年來問世的現當代學者在建築史學史，特别是《營造法式》研究史上的力作之一。其書内容豐富，考證精密細緻，史料充實可信，是一本十分重要的中國建築史學史學術專著。其書“附録一”，專題即爲“《營造法式》版本概況”，對近代以來，特别是新近對《營造法式》版本的研究與發現情況，作了一個較爲詳細而全面的梳理。此處借引其文列爲下表，以飨讀者。

《宋〈營造法式〉研究史》所附“《營造法式》版本概况”一覽[①]　　表30.8.1

序號	時代	版本名	版本或資料來源及保存狀況	備注
1	宋	崇寧本	北宋崇寧二年（1103年），欽准鏤版海行《營造法式》祖本，因編修于紹聖四年至元符三年間（1097—1100年），南宋初年也稱之爲“紹聖本”	暫未見真本
2	宋	紹興本	南宋紹興十五年（1145年），王映在平江府（今蘇州）校勘崇寧本《營造法式》并重刊。簡稱“紹興本”或“平江本”。紹興重刻版片至元、明兩代已爲殘版，目前國内外均未見此書原刻版或刻本。有故宫本、張蓉鏡本等傳世版本附録題記爲證	暫未見真本
3	宋	绍定本	據殘卷刻工所在時代［南宋紹定間（1228—1233年）］推斷。重刻之事史籍未載，衹餘殘卷，包括1920年前後傅增湘在清内閣大庫廢紙堆中撿得的宋本殘葉和1956年北京圖書館藏書中發現的殘卷	爲僅存之《法式》宋代重刻本
4	明	《永樂大典》本	《永樂大典》所收《營造法式》源于紹定本。該本清初尚存内府，後散佚，僅剩第一萬八千二百四十四卷殘葉，屬《營造法式》卷第三十四，存18頁	原件藏大英圖書館。清華大學存丹麥學者贈複印件
5	明	天一閣本	范氏天一閣影宋抄本爲《四庫全書》所録底本之一，《天一閣進呈書目校録》有相關著録。《四庫全書》修成後，此本下落不明。陳仲篪按避諱學方法，推斷天一閣影抄宋紹興本；傅熹年另據所摹天宫壁藏圖上的刻工名，推定天一閣本傳抄自紹定本	暫未見真本 所據資料參見《宋〈營造法式〉研究史》第319頁，注1
6	明	趙琦美本	曾在南京爲官的明代人趙琦美在其《脉望館書目》中記有《營造法式》一册，影抄自紹定本。趙歿後歸錢謙益收藏，後由錢曾購得。故又稱“述古堂本”	暫未見真本
7	明	趙靈均本	係明末清初趙靈均影抄宋刻本《營造法式》。錢謙益《絳雲樓書目》記趙靈均爲其購得前述宋刻本後，“嘗手鈔一本，亦言界畫之難，經年始竣事云”	暫未見真本
8	明	未知抄本（另參見本章前文）	據邵淵耀跋語所記“顧君心尚有嗛者，謂向在都門見明人鈔本十卷至二十四卷，俛得之矣，以議價不諧而罷”，可知時有明人另一抄本而不得，待考	參見《宋〈營造法式〉研究史》第319頁，注8
9	清	《四庫全書》本	《四庫全書總目》記《四庫全書》所録《營造法式》由浙江范懋柱天一閣藏影宋抄本與《永樂大典》本撮合而成，簡稱“四庫本”。源出紹定本。行格版式依《四庫全書》統一改成每頁8行	參見《宋〈營造法式〉研究史》第320頁，注1、注2

① 表中内容依據成麗、王其亨著《宋〈營造法式〉研究史》附録一“《營造法式》版本概況”所列。參見成麗，王其亨．宋《營造法式》研究史．第315-332頁．中國建築工業出版社．2017年

續表

序號	時代	版本名	版本或資料來源及保存狀況	備注
10	清	朱緒曾本	咸豐元年（1851年）朱緒曾（約1796—1866年，江蘇上元人）據文瀾閣四庫本抄寫《營造法式》一部，後被翁同龢（1830—1904年，江蘇常熟人，清末大臣）購得，捐與國家圖書馆，故又稱“翁本”	參見《宋〈營造法式〉研究史》第321頁，注1—注3
11		孔廣陶本	係孔廣陶（1832—1890年，廣東南海人）嶽雪樓藏本，據文瀾閣四庫本影抄。現藏國家圖書館	參見《宋〈營造法式〉研究史》第322頁，注1、注2
12		伊東忠太本	1905年，日本學者伊東忠太、大熊喜邦在奉天（瀋陽）手抄文溯閣四庫本《營造法式》，後收藏于東京大學工學部建築系，故竹島卓一稱其爲“東大本”	參見《宋〈營造法式〉研究史》第323頁，注1
13		述古堂抄本	據前述，錢曾在絳雲樓失火前，已從錢謙益處購得趙琦美脉望館影抄宋刊本《營造法式》。錢曾故後，書歸泰興季振宜（1630—1674年，江蘇泰興人）。之後不見記載，曾有傳抄本流傳，世人稱“傳抄述古堂本”，至清中葉已成稀見之本	暫未見真本 參見《宋〈營造法式〉研究史》第323頁，注2—注4
14		故宫本	傅熹年以紙質、書風、鈐印等考證，推定故宫本屬清前期據述古堂藏趙琦美抄本的精抄複製本。另據卷第三十第九頁中縫下方刻工名“金榮”二字，判斷其亦源自紹定本。現藏北京故宫博物院	參見《宋〈營造法式〉研究史》第324頁，注1—注3
15		張金吾本（另參見本章前文）	據張蓉鏡《營造法式》跋語，可知張金吾藏有一部述古堂抄本之影寫本：“庚辰歲（1820年），家月霄（張金吾）先生得影寫述古本於郡城陶氏五柳居，重價購歸，出以見示。以先祖想慕未見之書，一旦獲此眼福，欣喜過望，假歸手自影寫圖樣界畫，則畢仲愷高弟王君某任其事焉。”	暫未見真本 參見《宋〈營造法式〉研究史》第324頁，注4、注5
16		張蓉鏡本	係道光元年（1821年）張蓉鏡據前述張金吾影寫述古本《營造法式》工楷精抄而成，時稱善本，後歸翁同龢。2000年由上海圖書館從翁家購得，現藏館内。此本仍輾轉源自紹定本，但改變了版式	參見《宋〈營造法式〉研究史》第324頁，注6—注8
17		蔣汝藻本（另參見本章前文）	陶湘“識語”記蔣汝藻（1877—1954年）之密韻樓藏《營造法式》抄本“字雅圖工，首尾完整，可補丁氏脱誤數十條，惟仍非張氏原書。”陳徵芝《帶經堂書目》卷三跋云：“此從影宋本傳鈔”。陳徵芝藏書後大半歸周星詒，後因周挂誤遠戍，所藏之書遂歸蔣汝藻。 謝國楨（1901—1982年，歷史學家，尤擅長明清史和目録學）推測蔣氏密韻樓藏本或亦源于述古堂本。現藏台灣，暫未知版本情況	參見《宋〈營造法式〉研究史》第325頁，注1；第326頁，注1—注5

續表

序號	時代	版本名	版本或資料來源及保存狀況	備注
18	清	靜嘉堂本	係郁松年轉抄自張蓉鏡本，藏于郁氏宜稼堂，後遞藏于陸心源皕宋樓。岩崎氏于光緒三十三年（1907年）六月從陸心源之子陸樹藩處購得皕宋樓大部分藏書，收入靜嘉堂文庫。陸氏所藏《營造法式》亦在其中，故此本又稱“靜嘉堂本”	參見《宋〈營造法式〉研究史》第326頁，注6—注9
19		台灣本（一）	據該本序跋及印章判斷，應是張蓉鏡本之抄本。現藏台灣圖書館（台北）。其書卷首有道光九年（1829年）張蓉鏡、道光戊子（1828年）褚逢椿二篇手書題記；卷末亦有孫原湘、張金吾、黄丕烈、鄭德懋、邵淵耀、陳鑾、錢泳手書題記及王婉蘭手書孫鋆題記，并有民國時期“莛圃收藏”印等多方藏印	參見《宋〈營造法式〉研究史》第326頁，注10、注11；第327頁，注1、注2
20		台灣本（二）	除前述張蓉鏡抄本外，台灣圖書館（台北）另藏《營造法式》一部，版本信息暫不明確。圖書館記其爲“影宋朱絲欄鈔本”，索書號編爲04882。從版式看，疑與前述台灣本（一）存一定傳抄關係，但孰先孰後暫無法判斷	參見《宋〈營造法式〉研究史》第328頁，注1、注2
21		丁丙本	丁丙（1832—1899年，字嘉魚，别字松生，號松存，錢塘人，清末著名藏書家）八千卷樓藏抄本《營造法式》影抄自張蓉鏡本，原爲清藏書家李之郇“瞿硎石室”藏書，抄者或爲李之郇（字伯雨，號蓮隱，安徽宣城人，藏書處名“瞿硎石室”，後歸丁丙八千卷樓，繼藏甚多）或其家人。現藏南京圖書館	參見《宋〈營造法式〉研究史》第328頁，注3—注7
22		朱學勤本	朱學勤［1823—1875年，字修伯，清仁和（今浙江杭州）人，藏書室稱“結一廬”］結一廬藏抄本，封面題“影宋抄本”，有學者推斷是根據張蓉鏡本傳抄而來。現藏上海圖書館	參見《宋〈營造法式〉研究史》第329頁，注2、注3
23		瞿鏞本	瞿鏞（1794—1846年，字子庸，江蘇常熟人，清代藏書家）鐵琴銅劍樓藏抄本在太平天國戰亂時失去後半部。現在的卷第十七至卷第三十四爲瞿家近代抄配，經傅熹年校核，發現其異處悉合于陶本，圖樣亦疑摹自陶本。現藏國家圖書館	參見《宋〈營造法式〉研究史》第329頁，注4、注5；第330頁，注1
24		《連筠簃叢書》本	清道光間有楊墨林［楊尚文（1807—1856年），號墨林，山西靈石人，藏書家，藏書樓名“連筠簃”］私家重刻《連筠簃叢書》本《營造法式》。據傅熹年回憶，原中國建築設計研究院建築歷史研究所的葉定侯（葉德輝之侄）曾見過該書，底本爲四庫本，有文無圖。或因流傳極罕，至今未見有關此書的綫索	參見《宋〈營造法式〉研究史》第331頁，注1—注3

續表

序號	時代	版本名	版本或資料來源及保存狀況	備注
25	近現代	陶本	朱啓鈐囑陶湘主持校勘，于1925年付梓刊行的合校本《營造法式》，世稱“陶本”“陶氏仿宋刊本”“仿宋本”《營造法式》，獲得學界廣泛使用。首册前有朱啓鈐“重刊〈營造法式〉後序”、闞鐸《李誡補傳》；末册附“宋故中散大夫李公墓誌銘”、1920年發現的宋刊本卷八首葉前半、“紹興本”重刊題記、《營造法式》歷代相關記載和評述22則（如齊耀琳“石印〈營造法式〉序”、朱啓鈐“石印〈營造法式〉前序”）、陶湘“識語”等	參見《宋〈營造法式〉研究史》第331頁，注4、注5

附录

附録一　各作制度權衡尺寸表

（一）“大木作制度”權衡尺寸表

1．材栔等第及尺寸表

等第	適用範圍	材之廣厚（寸）		分°值（寸）	栔之廣厚（寸）		附注
		廣 15分°	厚 10分°	材厚 1/10	廣 6分°	厚 4分°	
一等材	殿身九至十一間用之；副階、挾屋減殿身一等；廊屋減挾屋一等	9	6	0.6	3.6	2.4	1．材廣15分°，厚10分°； 2．分°廣爲材厚1/10； 3．材、栔的高度比爲3：2； 4．栔高6分°，寬4分°； 5．一般提到×材×栔，均指高度而言； 6．表中的“寸”，均爲“宋營造寸”
二等材	殿身五間至七間用之	8.25	5.5	0.55	3.3	2.2	
三等材	殿身三間至五間用之；廳堂七間用之	7.5	5	0.5	3	2	
四等材	殿身三間，廳堂五間用之	7.2	4.8	0.48	2.88	1.92	
五等材	殿身小三間，廳堂大三間用之	6.6	4.4	0.44	2.64	1.76	
六等材	亭榭或小廳堂用之	6	4	0.4	2.4	1.6	
七等材	小殿及亭榭等用之	5.25	3.5	0.35	2.1	1.4	
八等材	殿内藻井或小亭榭施鋪作多則用之	4.5	3	0.3	1.8	1.2	

本表摹自《梁思成全集》第七卷第505頁表（一），稍有修改

2．各類栱的材分及尺寸表

名稱 ＼ 等第		材分（分°）	尺寸（宋營造尺）								附注
			一等材	二等材	三等材	四等材	五等材	六等材	七等材	八等材	
華栱	長	72	4.32	3.96	3.6	3.46	3.17	2.88	2.52	2.16	足材栱
	廣	21	1.26	1.16	1.05	1.01	0.92	0.84	0.74	0.63	
	厚	10	0.6	0.55	0.5	0.48	0.44	0.4	0.35	0.3	
騎槽檐栱	長	＞72	其長隨所出之跳加之								廣厚同華栱
	廣	21	1.26	1.16	1.05	1.01	0.92	0.84	0.74	0.63	
	厚	10	0.6	0.55	0.5	0.48	0.44	0.4	0.35	0.3	
丁頭栱	長	33	1.98	1.82	1.65	1.58	1.45	1.32	1.16	0.99	卯長6—7分°
	廣	21	1.26	1.16	1.05	1.01	0.92	0.84	0.74	0.63	
	厚	10	0.6	0.55	0.5	0.48	0.44	0.4	0.35	0.3	
泥道栱	長	62	3.72	3.41	3.1	2.98	2.73	2.48	2.17	1.86	單材栱
	廣	15	0.9	0.83	0.75	0.72	0.66	0.6	0.53	0.45	
	厚	10	0.6	0.55	0.5	0.48	0.44	0.4	0.35	0.3	

續表

名稱＼等第		材分（分°）	尺寸（宋營造尺）								附注
			一等材	二等材	三等材	四等材	五等材	六等材	七等材	八等材	
瓜子栱	長	62	3.72	3.41	3.1	2.98	2.73	2.48	2.17	1.86	
	廣	15	0.9	0.83	0.75	0.72	0.66	0.6	0.53	0.45	單材栱
	厚	10	0.6	0.55	0.5	0.48	0.44	0.4	0.35	0.3	
令栱	長	72	4.32	3.96	3.6	3.46	3.17	2.88	2.52	2.16	
	廣	15	0.9	0.83	0.75	0.72	0.66	0.6	0.53	0.45	單材栱
	厚	10	0.6	0.55	0.5	0.48	0.44	0.4	0.35	0.3	
足材令栱	長	72	4.32	3.96	3.6	3.46	3.17	2.88	2.52	2.16	
	廣	21	1.26	1.16	1.05	1.01	0.92	0.84	0.74	0.63	長同令栱裏跳騎栿用
	厚	10	0.6	0.55	0.5	0.48	0.44	0.4	0.35	0.3	
慢栱	長	92	5.52	5.06	4.6	4.42	4.05	3.68	3.22	2.76	
	廣	15	0.9	0.83	0.75	0.72	0.66	0.6	0.53	0.45	單材栱
	厚	10	0.6	0.55	0.5	0.48	0.44	0.4	0.35	0.3	
足材慢栱	長	92	5.52	5.06	4.6	4.42	4.05	3.68	3.22	2.76	
	廣	21	1.26	1.16	1.05	1.01	0.92	0.84	0.74	0.63	騎栿或轉角鋪作中用
	厚	10	0.6	0.55	0.5	0.48	0.44	0.4	0.35	0.3	

本表摹自《梁思成全集》第七卷第506頁表（二），對原表數字稍作校核調整

3．各類枓的材分及尺寸表

名稱＼等第		材分（分°）	尺寸（宋營造尺）								附注
			一等材	二等材	三等材	四等材	五等材	六等材	七等材	八等材	
櫨枓	長	32	1.92	1.76	1.6	1.54	1.41	1.28	1.12	0.96	
	廣	32	1.92	1.76	1.6	1.54	1.41	1.28	1.12	0.96	長：枓迎面寬；廣：寬
	高	20	1.2	1.1	1	0.96	0.88	0.8	0.7	0.6	
角圜櫨枓	面徑	36	2.16	1.98	1.8	1.73	1.58	1.44	1.26	1.08	
	底徑	28	1.68	1.54	1.4	1.34	1.23	1.12	0.98	0.84	高同櫨枓
	高	20	1.2	1.1	1	0.96	0.88	0.8	0.7	0.6	
角方櫨枓	長	36	2.16	1.98	1.8	1.73	1.58	1.44	1.26	1.08	
	廣	36	2.16	1.98	1.8	1.73	1.58	1.44	1.26	1.08	高同櫨枓
	高	20	1.2	1.1	1	0.96	0.88	0.8	0.7	0.6	
交互枓	長	18	1.08	0.99	0.9	0.86	0.79	0.72	0.63	0.54	
	廣	16	0.96	0.88	0.8	0.77	0.7	0.64	0.56	0.48	
	高	10	0.6	0.55	0.5	0.48	0.44	0.4	0.35	0.3	

續表

名稱＼等第		材分（分°）	尺寸（宋營造尺）								附注
			一等材	二等材	三等材	四等材	五等材	六等材	七等材	八等材	
交栿枓	長	24	1.44	1.32	1.2	1.15	1.06	0.96	0.84	0.72	屋内梁栿下之交互枓
	廣	18	1.08	0.99	0.9	0.86	0.79	0.72	0.63	0.54	
	高	12.5	0.75	0.69	0.63	0.6	0.55	0.5	0.44	0.38	
齊心枓	長	16	0.96	0.88	0.8	0.77	0.7	0.64	0.56	0.48	
	廣	16	0.96	0.88	0.8	0.77	0.7	0.64	0.56	0.48	
	高	10	0.6	0.55	0.5	0.48	0.44	0.4	0.35	0.3	
平盤枓	長	16	0.96	0.88	0.8	0.77	0.7	0.64	0.56	0.48	
	廣	16	0.96	0.88	0.8	0.77	0.7	0.64	0.56	0.48	
	高	6	0.36	0.33	0.3	0.29	0.26	0.24	0.21	0.18	
散枓	長	16	0.96	0.88	0.8	0.77	0.7	0.64	0.56	0.48	
	廣	14	0.84	0.77	0.7	0.67	0.62	0.56	0.49	0.42	
	高	10	0.6	0.55	0.5	0.48	0.44	0.4	0.35	0.3	

本表摹自《梁思成全集》第七卷第507頁表（三），對原表文字稍作校核調整

4．枓的各部分材分表

名稱＼部位	耳（分°）		平（分°）		欹（分°）		底四面各殺（分°）	欹顱（分°）	枓口（分°）	
	高	高/總高	高	高/總高	高	高/總高			寬	深
櫨枓	8	2/5	4	1/5	8	2/5	4	1	10	8
角圜櫨枓	8	2/5	4	1/5	8	2/5	4	1	10	8
角方櫨枓	8	2/5	4	1/5	8	2/5	4	1	10	8
交互枓	4	2/5	2	1/5	4	2/5	2	1/2	10	4
交栿枓	5	2/5	2.5	1/5	5	2/5	2	1/2	依栿	5
齊心枓	4	2/5	2	1/5	4	2/5	2	1/2	10	4
平盤枓	無枓耳		2	1/3	4	2/3	2	1/2	無	無
散枓	4	2/5	2	1/5	4	2/5	2	1/2	10	4

本表摹自《梁思成全集》第七卷第508頁表（四），對原表文字稍作調整

5．栱瓣卷殺形制表

項目＼名稱	華栱	泥道栱	瓜子栱	令栱	慢栱	騎槽檐栱	丁頭栱
瓣數	4	4	4	5	4	4	4
瓣長（分°）	4	3.5	4	4	3	4	4

本表摹自《梁思成全集》第七卷第508頁表（五）

6．月梁形制表

項目／名稱	梁背卷殺瓣數		梁背卷殺每瓣分°數		兩肩卷殺瓣數		梁首尾處理分°數		梁底處理分°數		下顱瓣數		下顱每瓣分°數	
	梁首	梁尾	梁首	梁尾	梁首	梁尾	斜項長	下高	下顱	琴面	梁首	梁尾	梁首	梁尾
明栿	6	5	10	10	4	4	38	21	6	2	6	5	10	10
乳栿	6	5	10	10	4	4	38	21	6	2	6	5	10	10
平梁	4	4	10	10	4	4	38	25	4	1	4	4	10	10
劄牽	6	5	8	8	4	4	38	15	4	1	3	3	8	8

本表摹自《梁思成全集》第七卷第508頁表（六），對原表文字稍作調整

7．月梁材分及尺寸表之一（殿閣月梁）

等级			殿閣月梁							
名稱			梁栿			乳栿	劄牽		平梁	
鋪作等第			各梁均無相應規定							
椽架範圍（明栿-草栿）			四椽栿	五椽栿	六椽栿	或三椽栿	出跳	不出跳	四至六椽栿上	八至十椽栿上
斷面	廣（分°）	明栿	50	55	60	42	35	〈26〉	35	42
	厚（分°）	明栿	33.3	33.6	40	28	23.3	〈17.3〉	23.3	28
斷面尺寸（宋營造尺）	一等材	廣	3	3.3	3.6	2.52	2.1	1.56		2.1
		厚	2	2.02	2.4	1.68	1.4	1.04		1.4
	二等材	廣	2.75	3.03	3.3	2.31	1.93	〈1.43〉	1.93	2.31
		厚	1.83	1.85	2.2	1.54	1.28	0.95	1.28	1.54
	三等材	廣	2.5	2.75	3	2.1	1.75	〈1.3〉	1.75	2.1
		厚	1.67	1.68	2	1.4	1.17	0.87	1.17	1.4
	四等材	廣	2.4	2.64	2.88	2.02	1.68	〈1.25〉	1.68	2.02
		厚	1.6	1.61	1.92	1.34	1.12	0.83	1.12	1.34
	五等材	廣	2.2	2.42	2.64	1.85	1.54	1.14	1.54	1.85
		厚	1.47	1.48	1.76	1.23	1.03	0.76	1.03	1.23

説明：殿閣實例中無低于使用五等材之梁栿，故此處略之。

本表摹自《梁思成全集》第七卷第509頁表（七），將原表格式分爲上、下兩表

8．月梁材分及尺寸表之二（廳堂月梁）

等级			廳堂月梁							
名稱			梁栿			乳栿	劄牽		平梁	
鋪作等第			各梁均無相應規定							
椽架範圍（明栿-草栿）			四椽栿	五椽栿	六椽栿	或三椽栿	出跳	不出跳	四至六椽栿上	八至十椽栿上
斷面材分	廣（分°）	明栿	44	49	54	36	29	〈20〉	29	36
	厚（分°）	明栿	29.3	32.6	36	24	19.3	13.3	19.3	24
斷面尺寸（宋營造尺）	一等材	廣	2.64							
		厚	1.76							
	二等材	廣								
		厚								
	三等材	廣	2.2	2.45	2.7	1.8	1.45	1	1.45	1.8
		厚	1.47	1.63	1.8	1.2	0.97	0.67	0.97	1.2
	四等材	廣	2.11	2.35	2.59	1.73	1.39	0.96	1.39	1.73
		厚	1.41	1.56	1.73	1.15	0.93	0.64	0.93	1.15
	五等材	廣	1.94	2.16	2.38	1.58	1.28	0.88	1.28	1.58
		厚	1.29	1.43	1.58	1.06	0.85	0.59	0.85	1.06
	六等材	廣	1.76	1.96	2.16	1.44	1.16	0.8	1.16	1.44
		厚	1.17	1.3	1.44	0.96	0.77	0.53	0.78	0.96

梁思成附注：1．因實例中無七、八等材之梁栿，故此處略之。
2．廳堂月梁六寸，爲根據殿閣月梁及廳堂直梁之大小推算所得。
3．殿閣“劄牽（不出跳）”條之數據爲依據“直梁（不出跳）”條算出

本表摹自《梁思成全集》第七卷第509頁表（七），將原表格式分爲上、下兩表

9．梁栿（直梁）材分及尺寸表之一（殿閣直梁梁栿）

使用等级			殿閣直梁梁栿							
梁栿名稱			檐栿		乳栿		劄牽		平梁	
鋪作等第			4—8	4—8	4—5	6以上	4—8	4—8	4—5	6以上
椽架範圍			4—5	6—8	2—3	2—3	出跳	不出跳	2	2
斷面材分	廣（分°）	明栿	42	60	36	42	30	21	30	36
		草栿	45	60	30	42	30	21		
	厚（分°）	明栿	28	40	24	28	20	14	20	24
		草栿	30	40	20	28	20	14		

使用等级				殿閣直梁梁栿							
梁栿名稱				檐栿		乳栿		劄牽		平梁	
斷面尺寸（宋營造尺）	一等材	廣	明栿	2.52	3.6	2.16	2.52	1.8	1.26	1.8	2.16
			草栿	2.7	3.6	1.8	2.52	1.8	1.26		
		厚	明栿	1.68	2.4	1.44	1.68	1.2	0.84	1.2	1.44
			草栿	1.8	2.4	1.2	1.68	1.2	0.84		
	二等材	廣	明栿	2.31	3.3	1.98	2.31	1.65	1.16	1.65	1.98
			草栿	2.48	3.3	1.65	2.31	1.65	1.16		
		厚	明栿	1.54	2.2	1.32	1.54	1.1	0.77	1.1	1.32
			草栿	1.65	2.2	1.1	1.54	1.1	0.77		
	三等材	廣	明栿	2.1	3	1.8	2.1	1.5	1.05	1.5	1.8
			草栿	2.25	3	1.5	2.1	1.5	1.05		
		厚	明栿	1.4	2	1.2	1.4	1	0.7	1	1.2
			草栿	1.5	2	1	1.4	1	0.7		
	四等材	廣	明栿	2.02	2.88	1.73	2.02	1.44	1.01	1.44	1.73
			草栿	2.16	2.88	1.44	2.02	1.44	1.01		
		厚	明栿	1.34	1.92	1.15	1.34	0.76	0.67	0.96	1.15
			草栿	1.44	1.92	0.96	1.34	0.76	0.67		
	五等材	廣	明栿	1.85	2.64	1.58	1.85	1.32	0.92	1.32	1.58
			草栿	1.98	2.64	1.32	1.85	1.32	0.92		
		厚	明栿	1.23	1.76	1.06	1.23	0.88	0.62	0.88	1.06
			草栿	1.32	1.76	0.88	1.23	0.88	0.62		
	六等材	廣	明栿	1.68	2.4	1.44	1.68	1.2	0.84	1.2	1.44
			草栿	1.8	2.4	1.2	1.68	1.2	0.84		
		厚	明栿	1.12	1.6	0.96	1.12	0.8	0.56	0.8	0.96
			草栿	1.2	1.6	0.8	1.12	0.8	0.56		
梁思成附注：因實例中無七、八等材之梁栿，故此略之											
本表摹自《梁思成全集》第七卷第510頁表（八），將原表格式分爲上、下兩表											

10．梁栿（直梁）材分及尺寸表之二（廳堂直梁梁栿）

使用等级			廳堂直梁梁栿							
梁栿名稱			檐栿		乳栿		劄牽		平梁	
鋪作等第					4—5	6以上	4—8	4—8	4—5	6以上
椽架範圍			4—5	3	2	2	出跳	不出跳	2	2
斷面材分	廣（分°）	明栿	36	30	30	36	24	15	24	30
	厚（分°）	明栿	24	20	20	24	16	10	16	20

續表

使用等级			廳堂直梁梁栿							
梁栿名稱			檐栿		乳栿		劄牽		平梁	
斷面尺寸（宋營造尺）	一等材	廣								
		厚								
	二等材	廣	1.98	1.65	1.65	1.98	1.32	0.83	1.32	1.65
		厚	1.32	1.1	1.1	1.32	0.88	0.55	0.88	1.1
	三等材	廣	1.8	1.5	1.5	1.8	1.2	0.75	1.2	1.5
		厚	1.2	1	1	1.2	0.8	0.5	0.8	1
	四等材	廣	1.73	1.44	1.44	1.73	1.15	0.72	1.15	1.44
		厚	1.15	0.96	0.96	1.15	0.77	0.48	0.77	0.96
	五等材	廣	1.58	1.32	1.32	1.58	1.06	0.66	1.06	1.32
		厚	1.06	0.88	0.88	1.06	0.7	0.44	0.7	0.88
	六等材	廣	1.44	1.2	1.2	1.44	0.96	0.6	0.96	1.2
		厚	0.96	0.8	0.8	0.96	0.64	0.4	0.64	0.8
梁思成附注：1. 因實例中無七、八等材之梁栿，故此略之。 2. 廳堂梁栿之數據爲依殿閣梁栿之數據推算出										
本表摹自《梁思成全集》第七卷第510頁表（八），將原表格式分爲上、下兩表										

11．大木作構件權衡尺寸表之一

項目 \ 尺寸			材分（分°）	實際尺寸（宋營造尺）								附注
				一等材	二等材	三等材	四等材	五等材	六等材	七等材	八等材	
闌額	殿閣廳堂	廣	30	1.8	1.65	1.5	1.44	1.32	1.2	1.05	0.9	長隨間廣
		厚	20	1.2	1.1	1	0.96	0.88	0.8	0.7	0.6	
		無補間，厚15		0.9	0.82	0.75	0.72	0.66	0.6	0.53	0.45	
由額	殿閣廳堂	廣	27	1.62	1.49	1.35	1.3	1.19	1.08	0.95	0.81	長隨間廣 厚無規定
		厚	無規定	未詳	未詳	未詳	未詳	未詳	未詳	未詳	未詳	
檐額	殿閣廳堂	廣	36—45	2.16—2.7	1.98—2.48	1.8—2.25	1.73—2.16	1.58—1.98	1.44—1.8	1.26—1.58	1.08—1.35	長隨間廣 厚無規定
		廣	51—63	3.06—3.78	2.8—3.47	2.55—3.15	2.45—3.02	2.24—2.77	2.04—2.52	1.79—2.2	1.53—1.89	
内額	殿閣廳堂	廣	18—21	1.08—1.26	0.99—1.16	0.9—1.05	0.86—1.01	0.79—0.92	0.72—0.84	0.63—0.74	0.54—0.63	長隨間廣
		厚	6—7	0.36—0.42	0.33—0.39	0.3—0.35	0.29—0.34	0.26—0.31	0.24—0.28	0.21—0.25	0.18—0.21	

續表

項目		尺寸	材分（分°）	實際尺寸（宋營造尺）								附注
				一等材	二等材	三等材	四等材	五等材	六等材	七等材	八等材	
大角梁	殿閣廳堂	廣	28—30	1.68—1.8	1.54—1.65	1.4—1.5	1.34—1.44	1.23—1.32	1.12—1.2	0.98—1.05	0.84—0.9	長自下平槫至下架檐頭
		厚	18—20	1.08—1.2	0.99—1.1	0.9—1	0.86—0.96	0.79—0.88	0.72—0.8	0.63—0.7	0.54—0.6	
子角梁	殿閣廳堂	廣	18—20	1.08—1.2	0.99—1.1	0.9—1	0.86—0.96	0.79—0.88	0.72—0.8	0.63—0.7	0.54—0.6	長自角柱心至小連檐
		厚	15—17	0.9—1.02	0.83—0.94	0.75—0.85	0.72—0.82	0.66—0.75	0.6—0.68	0.53—0.6	0.45—0.51	
隱角梁	殿閣廳堂	廣	14—16	0.84—0.96	0.77—0.88	0.7—0.8	0.67—0.77	0.62—0.7	0.56—0.64	0.49—0.56	0.42—0.48	長隨架之廣
		厚	18—20	1.08—1.2	0.99—1.1	0.9—1	0.86—0.96	0.79—0.88	0.72—0.8	0.63—0.7	0.54—0.6	
			或16	0.96	0.88	0.8	0.77	0.7	0.64	0.56	0.48	
平棊方	殿閣廳堂	廣	15	0.9	0.83	0.75	0.72	0.66	0.6	0.53	0.45	長隨間廣
		厚	10	0.6	0.55	0.5	0.48	0.44	0.4	0.35	0.3	
綽幕方	殿閣廳堂	廣	24—30	1.44—1.8	1.32—1.65	1.2—1.5	1.15—1.44	1.06—1.32	0.96—1.2	0.84—1.05	0.72—0.9	一頭出柱，一頭長至補間
		厚	34—42	2.04—2.52	1.87—2.31	1.7—2.1	1.63—2.02	1.5—1.85	1.36—1.68	1.19—1.47	1.02—1.26	
橑檐方	殿閣廳堂	廣	30	1.8	1.65	1.5	1.44	1.32	1.2	1.05	0.9	長隨間廣
		厚	10	0.6	0.55	0.5	0.48	0.44	0.4	0.35	0.3	
襻間	殿閣廳堂	廣	15	0.9	0.82	0.75	0.72	0.66	0.6	0.53	0.45	長隨間廣
		厚	10	0.6	0.55	0.5	0.48	0.44	0.4	0.35	0.3	
襻間：若一材造，隔間用之												
本表摹自《梁思成全集》第七卷第511頁表（九），格式稍有變動												

12．大木作構件權衡尺寸表之二

項目		尺寸	材分（分°）	實際尺寸（宋營造尺）								附注
				一等材	二等材	三等材	四等材	五等材	六等材	七等材	八等材	
順脊串	殿閣廳堂	廣	15—18	0.9—1.08	0.83—0.99	0.75—0.9	0.72—0.86	0.66—0.79	0.6—0.72	0.53—0.63	0.45—0.54	長隨間廣隔間用之
		厚	10—13	0.6—0.78	0.55—0.72	0.5—0.65	0.48—0.62	0.44—0.57	0.4—0.52	0.35—0.46	0.3—0.39	
順栿串	殿閣廳堂	廣	21	1.26	1.16	1.05	1.01	0.92	0.84	0.74	0.63	
		厚	10	0.6	0.55	0.5	0.48	0.44	0.4	0.35	0.3	

續表

項目		尺寸	材分（分°）	實際尺寸（宋營造尺）								附注
				一等材	二等材	三等材	四等材	五等材	六等材	七等材	八等材	
地栿	殿閣廳堂	廣	15	0.9	0.83	0.75	0.72	0.66	0.6	0.53	0.45	長隨間廣
		厚	10	0.6	0.55	0.5	0.48	0.44	0.4	0.35	0.3	
替木	殿閣廳堂	廣	12	0.72	0.66	0.6	0.58	0.53	0.48	0.42	0.36	
		厚	10	0.6	0.55	0.5	0.48	0.44	0.4	0.35	0.3	
		長	96	5.76	5.28	4.8	4.61	4.22	3.84	3.36	2.88	單栱上
			104	6.24	5.72	5.2	5	4.57	4.16	3.64	3.12	令栱上
			116	6.96	6.38	5.8	5.57	5.1	4.64	4.06	3.48	重栱上
生頭木	殿閣廳堂	廣	15	0.9	0.83	0.75	0.72	0.66	0.6	0.53	0.45	長隨梢間
		厚	10	0.6	0.55	0.5	0.48	0.44	0.4	0.35	0.3	
襯方頭	殿閣廳堂	廣	15	0.9	0.83	0.75	0.72	0.66	0.6	0.53	0.45	
		厚	10	0.6	0.55	0.5	0.48	0.44	0.4	0.35	0.3	
大連檐	殿閣廳堂	廣	15	0.9	0.83	0.75	0.72	0.66	0.6	0.53	0.45	交斜解造
		厚	10	0.6	0.55	0.5	0.48	0.44	0.4	0.35	0.3	
小連檐	殿閣廳堂	廣	8—9	0.48—0.54	0.44—0.5	0.4—0.45	0.38—0.43	0.35—0.4	0.32—0.36	0.28—0.32	0.24—0.27	交斜解造
		厚	6	0.36	0.33	0.3	0.29	0.26	0.24	0.21	0.18	
槫	殿閣廳堂餘屋	徑	21—30	1.26—1.8	1.16—1.65	1.05—1.5	1.01—1.44	0.92—1.32	0.84—1.2	0.74—1.05	0.63—0.9	長隨間廣
		徑	18—21	1.08—1.26	0.99—1.16	0.9—1.05	0.86—1.01	0.79—0.92	0.72—0.84	0.63—0.74	0.54—0.63	
		徑	17	1.02	0.94	0.85	0.82	0.75	0.68	0.6	0.51	
本表摹自《梁思成全集》第七卷第512頁表（十），格式稍有變動												

13．大木作構件權衡尺寸表之三

項目		尺寸	材分（分°）	實際尺寸（宋營造尺）								附注
				一等材	二等材	三等材	四等材	五等材	六等材	七等材	八等材	
叉手	殿閣	廣	21	1.26	1.16	1.05	1.01	0.92	0.84	0.74	0.63	
		厚	7	0.42	0.39	0.35	0.34	0.31	0.28	0.25	0.21	
	餘屋	廣	15—18	0.9—1.08	0.83—0.99	0.75—0.9	0.72—0.86	0.66—0.79	0.6—0.72	0.53—0.63	0.45—0.54	
		厚	5—6	0.3—0.36	0.28—0.33	0.25—0.3	0.24—0.29	0.22—0.26	0.2—0.24	0.18—0.21	0.15—0.18	

續表

項目 \ 尺寸			材分（分°）	實際尺寸（宋營造尺）								附注
				一等材	二等材	三等材	四等材	五等材	六等材	七等材	八等材	
托脚		廣	15	0.9	0.83	0.75	0.72	0.66	0.6	0.53	0.45	
		厚	5	0.3	0.28	0.25	0.24	0.22	0.2	0.18	0.15	
蜀柱	殿閣	徑	22.5	1.35	1.24	1.13	1.08	0.99	0.9	0.79	0.68	長隨舉勢高下
	餘屋	徑	量栿厚加減									
柱	殿閣廳堂餘屋	徑	42—45	2.52—2.7	2.31—2.48	2.1—2.25	2.02—2.16	1.85—1.98	1.68—1.8	1.47—1.58	1.26—1.35	
		徑	36	2.16	1.98	1.8	1.73	1.58	1.44	1.26	1.08	
		徑	21—30	1.26—1.8	1.16—1.65	1.05—1.5	1.01—1.44	0.92—1.32	0.84—1.2	0.74—1.05	0.63—0.9	
梁思成附注：椽之尺寸大小詳見大木作制度圖様												
本表摹自《梁思成全集》第七卷第513頁表（十一），格式稍有變動												

（二）“壕寨制度”權衡尺寸表

1．房屋立基高度權衡尺寸表

名稱 \ 等第		材分（分°）	尺寸（宋營造尺）								附注
			一等材	二等材	三等材	四等材	五等材	六等材	七等材	八等材	
殿閣廳堂亭榭餘屋	基高	75	4.5	4.13	3.75	3.6	3.3	3	2.63	2.25	
	東西廣者	80—85	4.8—5.1	4.4—4.68	4—4.25	3.84—4.08	3.52—3.74	3.2—3.4	2.8—2.98	2.4—2.55	
	最高不過	90	5.4	4.95	4.5	4.32	3.96	3.6	3.15	2.7	
説明：表中的“東西廣者”意爲房屋通面廣較一般房屋標準通面廣長度更長一些。另所謂“最高”指其基高所加雖高，不宜超過表中所列這一高度											

2．築城之制權衡尺寸表

城牆 \ 等第	尺寸（宋營造尺）			附注
	標準城牆高度	以高增5尺爲例	以高減2尺爲例	
城高	40	45	38	若高增一尺，則其下厚亦加一尺；其上斜收亦減高之半；或高減者亦如之。城基開地深五尺，其厚隨城之厚
底厚	60	65	58	
頂厚	20	22.5	19	
城基深	5	5		
城基厚	60	65	58	
一般城高多以“丈”或“尋”計，這裏給出的標準城高爲4丈或5尋				

3．築牆之制權衡尺寸表

等第 城牆		尺寸（宋營造尺）			附注
		標準牆厚	以高增3尺爲例	以高減3尺爲例	
牆	厚	3	4	2	每牆厚三尺，則高九尺，其上斜收，比厚減半。若高增三尺，則厚加一尺
	高	9	12	6	
	頂厚	1.5	2	1	
露牆	高	10	13	7	每牆高一丈，則厚減高之半；其上收面之廣，比高五分之一。若高增一尺，其厚加三寸；減亦如之
	厚	5	5.9	4.1	
	頂厚	2	2.6	1.4	
抽絍牆	高	10	13	7	高厚同上；其上收面之廣，比高四分之一。若高一尺，其厚加二寸五分。如在屋下，衹加二寸
	厚	5	5.75	4.25	
	屋下牆		5.6	4.4	
	頂厚	2.5	3.25	1.75	
抽絍牆，原文衹給出了隨高度增加，其厚增加的情況，似亦應含“減亦如之”之意					

（三）“石作制度”權衡尺寸表

1．石作柱礎權衡尺寸表

名件 序號	尺寸（宋營造尺）						附注
	柱徑	柱礎方	柱礎厚	覆盆高	盆脣厚	仰覆蓮高	
1	0.6	1.2	0.96	0.12	0.012	0.24	以柱礎之方一尺四寸以下，每方一尺，厚八寸；方三尺以上，厚減方之半。則方一尺四寸至三尺之間者，暫以每方一尺厚六寸五分計
2	0.7	1.4	1.12	0.14	0.014	0.28	
3	1	2	1.3	0.2	0.02	0.4	
4	1.5	3	1.5	0.3	0.03	0.6	
5	2	4	2	0.4	0.04	0.8	
6	2.5	5	3	0.5	0.05	1	
7	3	6	3	0.6	0.06	1.2	
8	3.5	7	3	0.7	0.07	1.4	
覆盆高1寸，盆脣厚1分。如仰覆蓮華，其高加覆盆一倍							
梁思成注文中盆脣厚度：“這‘一分’是在‘一寸’之內，抑或在‘一寸’之外另加‘一分’；不明確”							

2．殿宇階基角柱權衡尺寸表

等第 / 名稱	比例	尺寸（宋營造尺）					附注
		殿階基標準高	一等材	二等材	三等材	最高立基	以壕寨制度之立基制度爲參考
石作殿宇階基高	1	5	4.5	4.13	3.75	6	殿宇階基立基高度
角柱長	1	5	4.5	4.13	3.75	6	柱雖加長，至方一尺六寸止
角柱方	0.4	1.6	1.6	1.6	1.5	2.4	
塼作疊澁殿宇階基高	1	5	4.5	4.13	3.75	6	其角柱以長五尺爲率
角柱長	1	5	4.5	4.13	3.75	6	柱雖加長，至方一尺六寸止
角柱方	0.35	1.6	1.58	1.45	1.31	1.6	
其長視階高；每長一尺，則方四寸。柱雖加長，至方一尺六寸止。若殿宇階基用塼作疊澁坐者，其角柱以長五尺爲率；每長一尺，則方三寸五分。其上下疊澁，並隨塼坐逐層出入制度造							

3．殿階基高度權衡尺寸表（推測）

等第 / 名稱	比例	尺寸（宋營造尺）					附注
		標準殿階基	一等材	二等材	三等材	最高立基	以壕寨制度之立基制度爲參考
殿階基總高	1	5	4.5	4.13	3.75	6	殿階基立基高度
壓闌石	0.12	0.6	0.54	0.5	0.45	0.72	相當于清式殿階之上枋
疊澁上層露棱	0.1	0.5	0.45	0.41	0.375	0.6	可鐫爲混梟曲線
束腰	0.2	1	0.9	0.83	0.75	1.2	用隔身版柱，起突壼門造
疊澁下層露棱	0.1	0.5	0.45	0.41	0.375	0.6	可鐫爲混梟曲線
疊澁坐高（三層石厚）	0.36	1.8	1.62	1.49	1.35	2.16	相當于清式殿階之下枋
圭角高	0.12	0.6	0.54	0.5	0.45	0.72	轉角彫爲曲線
土襯石	0	土襯石埋入土中，不計入殿階基高度					微露出地面部分不計
由于《法式》“殿階基”條語焉不詳，本表僅以基于其文“以石段長三尺，廣二尺，厚六寸，四周並疊澁坐數，令高五尺；下施土襯石。其疊澁每層露棱五寸，束腰露身一尺。”并參考“壕寨制度”之“立基”做法中三種等级材分及最高立基殿堂的基高，推測出殿階基的一種可能權衡，以對文本理解有所參考							

4．石作殿階螭首權衡尺寸表

名件	尺寸（宋營造尺）				比例	附注
施之於殿階，對柱；及四角，隨階斜出						
螭首	長	5	7	9	1	其長七尺；每長一尺，則廣二寸六分，厚一寸七分。分別以其長5、7、9尺爲例
	廣	1.3	1.82	2.34	0.26	
	厚	0.85	1.19	1.53	0.17	
螭首頭	長	5	7	9	1	其長以十分爲率，頭長四分，身長六分
	頭長	2	2.8	3.6	0.4	
	身長	3	4.2	5.4	0.6	

5．石作重臺鉤闌權衡尺寸表

名件	尺寸（宋營造尺）		比例	附注
重臺鉤闌每段高四尺，長七尺。尋杖下用雲栱癭項，次用盆脣，中用束腰，下施地栿				
鉤闌	高	4	1	重臺鉤闌每段高四尺
望柱	高	5.2	1.3	長（望柱高）視（鉤闌）高，每高一尺，則加三寸。徑一尺，作八瓣。柱頭上師子高一尺五寸。柱下石坐作覆盆蓮華，其方倍柱之徑
	徑	1	實尺	
	柱頭上師子高	1.5	實尺	
	柱下石坐	2	倍柱之徑	
蜀柱	長	0.76	0.19	長隨鉤闌高度定，疑梁先生由製圖推出。廣二寸，厚一寸
	廣	0.8	0.2	
	厚	0.4	0.1	
癭項	徑	0.64	0.16	其盆脣之上，方一寸六分，刻爲癭項以承雲栱。與蜀柱、雲栱爲一體
	高		未詳	
雲栱	長	1.08	0.27	長二寸七分，厚八分
	廣	0.54	0.135	
	厚	0.32	0.08	
尋杖	長	7	長隨片廣	長隨片廣（即每段長），方八分
	方	0.32	0.08	
盆脣	長	7	長隨片廣	長隨片廣，廣一寸八分，厚六分
	廣	0.72	0.18	
	厚	0.24	0.06	

名件	尺寸（宋營造尺）		比例	附注
大華版	長		長隨蜀柱内	長隨蜀柱内，其廣一寸九分，厚同華盆地霞
	廣	0.76	0.19	
	厚	0.12	0.03	
束腰	長	7	長隨片廣	長隨片廣，廣一寸，厚九分。及華盆、大小華版皆同
	廣	0.4	0.1	
	厚	0.36	0.09	
小華版	長	0.54	0.135	長隨華盆内，長一寸三分五厘，廣一寸五分，厚同大華版
	廣	0.6	0.15	
	厚	0.12	0.03	
華盆地霞	長	2.6	0.65	長六寸五分，廣一寸五分，厚三分
	廣	0.6	0.15	
	厚	0.12	0.03	
地栿	長	7	長同尋杖	長同尋杖，其廣一寸八分，厚一寸六分
	廣	0.72	0.18	
	厚	0.64	0.16	
本表摹自《梁思成全集》第七卷第503頁表（一），原表比例100改爲1，并對原表作部分更正				

6．石作單鉤闌權衡尺寸表

名件	尺寸（宋營造尺）		比例	附注
單鉤闌每段高三尺五寸，長六尺。上用尋杖，中用盆脣，下用地栿。其盆脣、地栿之内作萬字				
鉤闌	高	3.5	1	單鉤闌每段高三尺五寸
望柱	高	4.55	1.3	長（望柱高）視（鉤闌）高，每高一尺，則加三寸。徑一尺，作八瓣。柱頭上師子高一尺五寸。柱下石坐作覆盆蓮華，其方倍柱之徑
	徑	1	實尺	
	柱頭上師子高	1.5	實尺	
	柱下石坐	2	倍柱之徑	
蜀柱	長	1.19	0.34	長隨鉤闌高度定，疑梁先生由製圖推出。廣二寸，厚一寸。 如單鉤闌，用撮項造
	廣	0.7	0.2	
	厚	0.35	0.1	
撮項	高	0.91	0.26	原文未給出撮項比例尺，疑梁先生由作圖方式推出其高、厚比例
	厚	0.56	0.16	

名件	尺寸（宋營造尺）		比例	附注
雲栱	長	1.12	0.32	單鉤闌，長三寸二分，廣一寸六分，厚一寸
	廣	0.56	0.16	
	厚	0.35	0.1	
尋杖	長	6	長隨片廣	長隨片廣（即每段長）。 單鉤闌，方一寸
	廣	0.35	0.1	
	厚	0.35	0.1	
盆脣	長	6	長隨片廣	長隨片廣。 單鉤闌，廣二寸。 厚六分
	廣	0.7	0.2	
	厚	0.21	0.06	
萬字版	長	2.3	單片萬字版長	長隨蜀柱内，由梁先生製圖推出。 其廣三寸四分， 厚同華盆地霞（厚三分）
	廣	1.19	0.34	
	厚	0.105	0.03	
地栿	長	6	長同尋杖	長同尋杖，其廣一寸八分。 單鉤闌，厚一寸
	廣	0.63	0.18	
	厚	0.35	0.1	
本表摹自《梁思成全集》第七卷第503頁表（二），原表比例100改爲1，并對原表作部分更正				

7．石作門砧限、門限權衡尺寸表

名件	尺寸（宋營造尺）				比例	附注
門砧限	長	2.5	3.5	4.5	1	長三尺五寸；每長一尺，則廣一寸四分，厚三寸八分。 以長二尺五寸、三尺五寸、四尺五寸爲例
	廣	1.1	1.54	1.98	0.44	
	厚	0.95	1.33	1.71	0.38	
門限	砧長	2.5	3.5	4.5	1	長隨間廣，用三段相接。其方二寸，如砧長三尺五寸，即方七寸之類
	砧方	0.5	0.7	0.9	0.2	

8．石作贔屓鼇坐碑權衡尺寸表

名件	尺寸（宋營造尺）				比例	附注
其首爲贔屓盤龍，下施鼇坐。於土襯之外，自坐至首，共高一丈八尺						
碑身	長	9	12	15	1	分别以碑身長九尺、十二尺、十五尺爲例
	廣	3.6	4.8	6	0.4	
	厚	1.35	1.8	2.25	0.15	

續表

名件	尺寸（宋營造尺）			比例		附注
鼇坐	長	7.2	9.6	12	長倍碑身之廣	長倍碑身之廣，其高四寸五分；駝峯廣三寸。餘作龜文造
	高	4.05	5.4	6.75	0.45	
	駝峯廣	2.7	3.6	4.5	0.3	
碑首	方	3.96	5.28	6.6	0.44	方四寸四分，厚一寸八分
	厚	1.62	2.16	2.7	0.18	
碑首雲盤	碑廣	3.6	4.8	6	以碑廣爲1	下爲雲盤。每碑廣一尺，則高一寸半
	雲盤高	0.54	0.72	0.9	0.15	
土襯	長	5.4	7.2	9	0.6	二段，各長六寸，廣三寸，厚一寸
	廣	2.7	3.6	4.5	0.3	
	厚	0.9	1.2	1.5	0.1	

9．石作笏頭碣權衡尺寸表

名件	尺寸（宋營造尺）					附注
上爲笏首，下爲方坐，共高九尺六寸						
碑身	長	7.2	8.4	9.6	1	碑身廣厚並準石碑制度笏首在內。分別以碑身長七尺二寸、八尺四寸、九尺六寸爲例
	廣	2.88	3.36	3.84	0.4	
	厚	1.08	1.26	1.44	0.15	
碑坐	長	3.6	4.2	4.8	0.5	其坐，每碑身高一尺，則長五寸，高二寸。坐身之內，或作方直，或作疊澁，隨宜彫鐫華文
	高	1.44	1.68	1.92	0.2	
	寬	未詳	未詳	未詳	未詳	

（四）“泥作制度”權衡尺寸表

1．壘牆之制權衡尺寸表

尺寸 / 壘牆	尺寸（宋營造尺）					附注
	牆高	牆厚	其上斜收	每面斜收	牆頂厚	
高廣隨間	4	1	0.06	0.03	0.94	壘牆之制：高廣隨間。每牆高四尺，則厚一尺。每高一尺，其上斜收六分。每面斜收向上各三分。若高增一尺，則厚加二寸五分；減亦如之
高增2尺	6	1.5	0.09	0.045	1.41	
高增3尺	7	1.75	0.11	0.053	1.65	
高增5尺	9	2.25	0.14	0.067	2.11	
高減1尺	3	0.75	0.05	0.023	0.7	
每用坯墼三重，鋪襻竹一重						

2. 造立竈之制權衡尺寸表（略）

説明：

宋式立竈，尚未發現實例遺存，其文中却也有其立竈各部分相應名件之尺寸權衡的一些描述。但其立竈形式與做法，已難厘清，相應名稱，也如梁先生言："竈的各部分的專門名稱，也是我們弄不清的。因此，除了少數詞句稍加注釋，對這幾篇一些不清楚的地方，我們就'避而不談'了。"這裏也衹能存而不議，留待未來學者有新的發現或理解後，再期補充。

3. 造茶鑪之制權衡尺寸表

尺寸 / 茶鑪	尺寸（宋營造尺）							附注
	鑪高	面方	口徑	口深	吵眼高	吵眼廣	搶風斜高	面：方七寸五分。口：圜徑三寸五分，深四寸。吵眼：高六寸，廣三寸。内搶風斜高向上八寸
標準鑪高	1.5	0.75	0.35	0.4	0.6	0.3	0.8	
增0.5尺	2	1	0.47	0.53	0.8	0.4	1.07	
增1尺	2.5	1.25	0.58	0.67	1	0.5	1.33	
增1.5尺	3	1.5	0.7	0.8	1.2	0.6	1.59	
減0.5尺	1	0.5	0.23	0.27	0.4	0.2	0.53	
造茶鑪之制：高一尺五寸。其方、廣等皆以高一尺爲祖加減之。凡茶鑪，底方六寸，内用鐵燎杖八條								

4. 壘射垜之制權衡尺寸表

尺寸 / 壘射垜	尺寸（宋營造尺）					附注
	中峯高	次中兩峯高	兩外峯高	子垜高	踏道斜高	中峯：每牆長一丈，高二尺。次中兩峯：各高一尺二寸。兩外峯：各高一尺六寸。子垜：高同中峯。兩邊踏道：斜高視子垜，長隨垜身。子垜上當心踏臺：長一尺二寸，高六寸，面廣四寸
牆長1丈	2	1.2	1.6	1.2	1.2	
牆長3丈	6	3.6	4.8	3.6	3.6	
牆長5丈	10	6	8	6	6	
牆長7丈	14	8.4	11.2	8.4	8.4	
壘射垜之制：先築牆，以長五丈，高二丈爲率。上壘作五峯。其峯之高下，皆以牆每一丈之長積而爲法						

（五）"小木作制度一"權衡尺寸表

1．版門權衡尺寸表

名件	尺寸（宋營造尺）		比例	附注
雙扇版門	高	7—24	1	以版門高爲一，依與高之比推算諸尺寸
	每扇之廣	3.5—12	0.5	廣與高方，每扇之廣爲高之二分之一
	每扇之廣	2.8—9.6	0.4	如減廣者，不得過五分之一
獨扇版門	高	≤7	1	獨扇用者，高不過七尺，餘準此法
	廣	≤3.5	0.5	
	厚	≤2.8	0.4	
肘版	長	7—24	1	長視門高，別留出上下兩鑲
	廣	0.7—2.4	0.1	每門高一尺，則廣一寸，厚三分。丈尺不等，依此加減
	厚	0.21—0.72	0.03	
副肘版	長	7—24	1	高一丈二尺以上用，其肘版與副肘版皆加至一尺五寸止
	廣	0.7—1.5	≤0.1	
	厚	0.175—0.6	0.025	
身口版	長	7—24	1	長同上，廣隨材。通肘版與副肘版合縫計數，令足一扇之廣。如牙縫造者，每一版廣加五分爲定法。厚二分
	廣	隨材	合縫計≤0.5	
	厚	0.14—0.48	0.02	
楅	以每門之廣爲基數推算		以每門廣爲1	每門之廣與門高之比約爲0.4—0.5
	長	3.22—11.04	0.92	每門廣一尺，則長九寸二分，廣八分，厚五分。襯關楅同。依門高七尺至二丈四尺，用五楅至十三楅不等
	廣	0.28—0.96	0.08	
	厚	0.175—0.6	0.05	
額	長	隨間之廣	以額長爲1	長隨間之廣，其廣八分，厚三分。雙卯入柱
	廣	額長之0.08	0.08	
	厚	額長之0.03	0.03	
雞栖木	長	隨間之廣	以額長爲1	長厚同額，廣六分。若門高七尺以上，則上用雞栖木，下用門砧。若門高七尺以下，則上下並用伏兎
	廣	額長之0.06	0.06	
	厚	額長之0.03	0.03	
門簪	長	額長之0.18	0.18	長一寸八分，方四分，頭長四分半。餘分爲三分，上下各去一分，留中心爲卯。兩頰間額長匀分四分，安簪四枚
	方	額長之0.04	0.04	
	頭長	額長之0.045	0.045	

<table>
<tr><th>名件</th><th colspan="2">尺寸（宋營造尺）</th><th>比例</th><th>附注</th></tr>
<tr><td rowspan="3">立頰</td><td>長</td><td>7—24</td><td>以版門高爲1</td><td rowspan="3">長同肘版，廣七分，厚同額。三分中取一分爲心卯，如頰外有餘空，即裹外用難子安泥道版</td></tr>
<tr><td>廣</td><td>0.49—1.68</td><td>0.07</td></tr>
<tr><td>厚</td><td>額長之0.03</td><td>額長之0.03</td></tr>
<tr><td rowspan="3">地栿</td><td>長</td><td>同額</td><td>以額長爲1</td><td rowspan="3">長厚同額，廣同頰。若斷砌門，則不用地栿，於兩頰之下安卧柣、立柣</td></tr>
<tr><td>廣</td><td>0.49—1.68</td><td>版門高之0.07</td></tr>
<tr><td>厚</td><td>額長之0.03</td><td>0.03</td></tr>
<tr><td rowspan="3">門砧</td><td>長</td><td>0.21</td><td>實際尺寸</td><td rowspan="3">長二寸一分，廣九分，厚六分。地栿内外各留二分，餘並挑肩破瓣</td></tr>
<tr><td>廣</td><td>0.09</td><td></td></tr>
<tr><td>厚</td><td>0.06</td><td></td></tr>
<tr><td>門關</td><td>徑</td><td>0.4</td><td>以門高10尺計</td><td>關上用柱門拐。每門增高一尺，則關徑加一分五厘</td></tr>
<tr><td rowspan="3">搕鏁柱</td><td>長</td><td>5</td><td>以門高10尺計</td><td rowspan="3">如高一丈以下者，祇用伏兎、手栓。每門增高一尺，搕鏁柱長加一寸，廣加四分，厚加一分</td></tr>
<tr><td>廣</td><td>0.64</td><td></td></tr>
<tr><td>厚</td><td>0.26</td><td></td></tr>
<tr><td rowspan="3">伏兎</td><td>長</td><td>上下至楅</td><td></td><td rowspan="3">伏兎廣厚同楅，長令上下至楅。
若門高七尺以上，則上用雞栖木，下用門砧。
若門高七尺以下，則上下並用伏兎</td></tr>
<tr><td>廣</td><td>0.56—1.92</td><td>門扇廣之0.08</td></tr>
<tr><td>厚</td><td>0.175—0.6</td><td>門扇廣之0.05</td></tr>
<tr><td rowspan="3">手栓</td><td>長</td><td>1.5—2</td><td>以門高10尺計</td><td rowspan="3">手栓長二尺至一尺五寸，廣二寸五分至二寸，厚二寸至一寸五分</td></tr>
<tr><td>廣</td><td>0.2—0.25</td><td></td></tr>
<tr><td>厚</td><td>0.15—0.2</td><td></td></tr>
<tr><td rowspan="2">透栓</td><td>廣</td><td>0.2</td><td>以門高10尺計</td><td rowspan="2">透栓廣二寸，厚七分。每門增高一尺，透栓廣加一分，厚加三厘。若減，同加法</td></tr>
<tr><td>厚</td><td>0.07</td><td></td></tr>
<tr><td rowspan="3">劄
（門高2丈以上）</td><td>長</td><td>0.4</td><td>實際尺寸</td><td rowspan="3">其劄，若門高二丈以上，長四寸，廣三寸二分，厚九分</td></tr>
<tr><td>廣</td><td>0.32</td><td></td></tr>
<tr><td>厚</td><td>0.09</td><td></td></tr>
<tr><td rowspan="3">劄
（門高1.5丈以上）</td><td>長</td><td>0.4</td><td>實際尺寸</td><td rowspan="3">（門高）一丈五尺以上，長同上，廣二寸七分，厚八分</td></tr>
<tr><td>廣</td><td>0.27</td><td></td></tr>
<tr><td>厚</td><td>0.08</td><td></td></tr>
<tr><td rowspan="3">劄
（門高1丈以上）</td><td>長</td><td>0.35</td><td>實際尺寸</td><td rowspan="3">（門高）一丈以上，長三寸五分，廣二寸二分，厚七分</td></tr>
<tr><td>廣</td><td>0.22</td><td></td></tr>
<tr><td>厚</td><td>0.07</td><td></td></tr>
</table>

續表

名件	尺寸（宋營造尺）		比例	附注
劄（門高7尺以上）	長	0.3	實際尺寸	（門高）七尺以上，長三寸，廣一寸八分，厚六分
	廣	0.18		
	厚	0.06		
地栿版	長	隨立柣間之廣		地栿版長隨立柣間之廣，其廣同階之高，厚量長廣取宜；每長一尺五寸用楅一枚
	廣	同階之高		
	厚	量長廣取宜		
門高一丈二尺以上者，或用鐵桶子、鵞臺、石砧。高二丈以上者，門上鑲安鐵鐧，雞栖木安鐵釧，下鑲安鐵鞾臼，用石地栿、門砧及鐵鵞臺。如斷砌，即卧柣、立柣並用石造				

2．烏頭門權衡尺寸表

名件	尺寸（宋營造尺）		比例	附注
烏頭門	高	8—22	1	廣與高方。若高一丈五尺以上，如減廣不過五分之一
	每扇廣	4—11	0.5	
	每扇廣	高15尺以上，若減廣	≤0.5	
肘	長	8—22	1	長視高。每門高一尺，廣五分，厚三分三厘
	廣	0.4—1.1	0.05	
	厚	0.264—0.726	0.033	
桯	長	4—11	≤0.5	長同上，方三分三厘。（其長當隨扇之廣）
	廣	0.264—0.726	0.033	
	厚	0.264—0.726	0.033	
腰串	長	4—11	≤0.5	長隨扇之廣，其廣四分，厚同肘
	廣	0.32—0.88	0.04	
	厚	0.264—0.726	0.033	
腰華版	長	隨兩桯之内	<0.5	長隨兩桯之内，廣六分，厚六厘
	廣	0.48—1.32	0.006	
	厚	0.048—0.132	0.06	
鋜脚版	長	隨兩桯之内	<0.5	長厚同上，其廣四分
	廣	0.32—0.88	0.04	
	厚	0.048—0.132	0.006	
子桯	長	隨上桯至腰串間		廣二分二厘，厚三分
	廣	0.176—0.484	0.022	
	厚	0.24—0.66	0.03	

續表

名件	尺寸（宋營造尺）		比例	附注
承櫺串	長	穿櫺當中		穿櫺當中，廣厚同子桯。於子桯之内横用一條或二條
	廣	0.176—0.484	0.022	
	厚	0.24—0.66	0.03	
櫺子	長	入子桯之内		厚一分。長入子桯之内三分之一。若門高一丈，則廣一寸八分。如高增一尺，則加一分；減亦如之
	廣	門高1丈，廣0.18	≈0.18	
	厚	0.08—0.22	0.01	
障水版	長	隨扇之廣	≤0.5	廣隨兩桯之内，厚七厘
	廣	兩桯之内		
	厚	0.056—0.154	0.07	
障水版及鋜脚、腰華内難子	長	隨桯内四周		長隨桯内四周，方七厘
	廣	0.056—0.154	0.07	
	厚	0.056—0.154	0.07	
牙頭版	長	同腰華版	<0.5	長同腰華版，廣六分，厚同障水版
	廣	0.48—1.32	0.06	
	厚	0.056—0.154	0.07	
腰華版及鋜脚内牙頭版	長	長視廣		長視廣，其廣亦如之，厚同上
	廣	廣亦如之		
	厚	0.056—0.154	0.07	
護縫	廣	門高1丈，廣0.18	≈0.18	厚同上。廣同櫺子
	厚	0.056—0.154	0.07	
羅文楅	長	長對角		長對角，廣二分五厘，厚二分
	廣	0.2—0.55	0.025	
	厚	0.16—0.44	0.02	
額	長	每門高1尺，加6寸		廣八分，厚三分。其長每門高一尺，則加六寸
	廣	0.64—1.76	0.08	
	厚	0.24—0.66	0.03	
立頰	長	8—22	1	長視門高，上下各别出卯。廣七分，厚同額。頰下安卧柣、立柣
	廣	0.56—1.54	0.07	
	厚	0.24—0.66	0.03	
挾門柱	長	每門高1尺，加8寸		方八分。其長每門高一尺，則加八寸。柱下栽入地内，上施烏頭
	廣	0.64—1.76	0.08	
	厚	0.64—1.76	0.08	
日月版	長	3.2—8.8	0.4	長四寸，廣一寸二分，厚一分五厘
	廣	0.96—2.64	0.12	
	厚	0.12—0.33	0.015	

續表

名件	尺寸（宋營造尺）		比例	附注
搶柱	長	每門高1尺，加2寸		方四分。其長每門高一尺，則加二寸
	廣	0.32—0.88	0.04	
	厚	0.32—0.88	0.04	
凡烏頭門所用雞栖木、門簪、門砧、門關、搕鏁柱、石砧、鐵鞾臼、鵞臺之類，並準版門之制				

3．軟門權衡尺寸表

名件	尺寸（宋營造尺）		比例	附注
攏桯内外用牙頭護縫軟門	高	6—16	1	廣與高方；若高一丈五尺以上，如減廣者，不過五分之一。攏桯内外用牙頭護縫軟門，高六尺至一丈六尺
	每扇廣	3—8	0.5	
	每扇廣	高15尺以上，若減廣	≤0.5	
肘	長	6—16	1	長視門高，每門高一尺，則廣五分，厚二分八厘
	廣	0.3—0.8	0.05	
	厚	0.168—0.448	0.028	
桯	長	6—16	1	長同上，上下各出二分，方二分八厘
	廣	0.168—0.448	0.028	
	厚	0.168—0.448	0.028	
腰串	長	3—8	0.5	長隨每扇之廣，其廣四分，厚二分八厘。隨其厚三分，以厚一分爲卯
	廣	0.24—0.64	0.04	
	厚	0.168—0.448	0.028	
腰華版	長	3—8	0.5	長同上，廣五分
	廣	0.3—0.8	0.05	
合版軟門	高	8—13	1	高八尺至一丈三尺，並用七楅；八尺以下用五楅
	每扇廣	4—6.5	0.5	
肘版	長	8—13	1	長視高，廣一寸，厚二分五厘
	廣	0.8—1.3	0.1	
	厚	0.2—0.325	0.025	
身口版	長	8—13	1	長同上，廣隨材，通肘版合縫計數，令足一扇之廣。厚一分五厘
	廣	隨材		
	厚	0.12—0.195	0.015	
楅	長	3.68—5.98	0.46	每門廣一尺，則長九寸二分，廣七分，厚四分
	廣	0.56—0.91	0.07	
	厚	0.32—0.52	0.04	
凡軟門内或用手栓、伏兎，或用承枴楅，其額、立頰、地栿、雞栖木、門簪、門砧、石砧、鐵桶子、鵞臺之類，並準版門之制				

4．破子櫺窗權衡尺寸表

名件	尺寸（宋營造尺）		比例	附注
破子櫺窗	高	4—8	1	造破子櫺窗之制：高四尺至八尺。若廣增一尺，即更加二櫺。相去空一寸
	廣	間廣10尺，用17櫺	空櫺0.1	
破子櫺	長	3.92—7.84	0.98	每窗高一尺，則長九寸八分。令上下入子桯內，深三分之二。廣五分六厘，厚二分八厘。每間以五櫺出卯透子桯
	廣	0.224—0.448	0.056	
	厚	0.112—0.224	0.028	
子桯	長	隨櫺空		長隨櫺空。上下並合角斜叉立頰。廣五分，厚四分
	廣	0.2—0.4	0.05	
	厚	0.16—0.32	0.04	
額及腰串	長	隨間廣		長隨間廣，廣一寸二分，厚隨子桯之廣
	廣	0.48—0.96	0.12	
	厚	0.2—0.4	0.05	
立頰	長	4—8	1	長隨窗之高，廣厚同額。兩壁內隱出子桯
	廣	0.48—0.96	0.12	
	厚	0.2—0.4	0.05	
地栿	長	隨間廣		長厚同額，廣一寸
	廣	0.4—0.8	0.1	
	厚	0.2—0.4	0.05	
凡破子窗，於腰串下，地栿上，安心柱、槫頰。柱內或用障水版、牙脚牙頭填心難子造，或用心柱編竹造；或於腰串下用隔減窗坐造。凡安窗，於腰串下高四尺至三尺，仍令窗額與門額齊平				

5．睒電窗權衡尺寸表

名件	尺寸（宋營造尺）		比例	附注
睒電窗	高	2—3	1	高二尺至三尺。每間廣一丈，用二十一櫺。若廣增一尺，則更加二櫺。相去空一寸
	廣	每間廣1丈，用21櫺		
櫺子	長	1.74—2.61	0.87	其櫺實廣二寸，曲廣二寸七分，厚七分。櫺子：每窗高一尺，則長八寸七分
	實廣	0.2	實尺	
	曲廣	0.27		
	厚	0.07	實尺	

名件	尺寸（宋營造尺）		比例	附注
上下串	長	隨間廣		長隨間廣，其廣一寸。如窗高二尺，厚一寸七分；每增高一尺，加一分五厘；減亦如之
	廣	0.2—0.3	0.1	
	厚	0.34—0.51	0.17	
兩立頰	長	2—3	1	長視高，其廣厚同串
	廣	0.2—0.3	0.1	
	厚	0.34—0.51	0.17	
凡睒電窗，刻作四曲或三曲；若水波文造，亦如之。施之於殿堂後壁之上，或山壁高處。如作看窗，則下用横鈐、立旌。其廣厚並準版櫺窗所用制度				

6．版櫺窗權衡尺寸表

名件	尺寸（宋營造尺）		比例	附注
版櫺窗	高	2—6	1	如間廣一丈，用二十一櫺。若廣增一尺，即更加二櫺
	廣	如間廣1丈，用21櫺		
版櫺	長	1.74—5.22	0.87	其櫺相去空一寸，廣二寸，厚七分。版櫺：每窗高一尺，則長八寸七分
	廣	0.2	實尺	
	厚	0.07	實尺	
上下串	長	隨間廣		長隨間廣，其廣一寸。如窗高五尺，則厚二寸，若增高一尺，加一分五厘；減亦如之
	廣	0.2—0.6	0.1	
	厚	窗高5尺，厚0.2尺		
立頰	長	2—6	1	長視窗之高，廣同串。厚亦如之
	廣	0.2—0.6	0.1	
	厚	0.2—0.6	0.1	
地栿	長	隨間廣		長同串。每間廣一尺，則廣四分五厘；厚二分
	廣	間廣1尺，廣0.045尺		
	厚	0.04—0.12	0.02	
立旌	長	2—6	1	長視高。每間廣一尺，則廣三分五厘，厚同上
	廣	間廣1尺，廣0.035尺		
	厚	0.04—0.12	0.02	
横鈐	長	隨立旌内		長隨立旌内。廣厚同上
	廣	間廣1尺，廣0.035尺		
	厚	0.04—0.12	0.02	
凡版櫺窗，於串下地栿上安心柱編竹造，或用隔減窗坐造。若高三尺以下，祇安於墻上。令上串與門額齊平				

7. 截間版帳權衡尺寸表

名件	尺寸（宋營造尺）		比例	附注
截間版帳	高	6—10	1	高六尺至一丈，廣隨間之廣。内外並施牙頭護縫。如高七尺以上者，用額、栿、槫柱，當中用腰串造。若間遠則立槏柱
	廣	隨間之廣		
	厚	名件廣厚，依版帳之廣		
槏柱	長	6—10	1	長視高；每間廣一尺，則方四分
	廣	間廣1尺，廣0.04尺		
	厚	間廣1尺，厚0.04尺		
額	長	隨間廣		長隨間廣；其廣五分，厚二分五厘
	廣	0.3—0.5	0.05	
	厚	0.15—0.25	0.025	
腰串	長	隨間廣		長與廣厚皆同額
	廣	0.3—0.5	0.05	
	厚	0.15—0.25	0.025	
地栿	長	隨間廣		
	廣	0.3—0.5	0.05	
	厚	0.15—0.25	0.025	
槫柱	長	視額、栿内廣		長視額、栿内廣，其廣厚同額
	廣	0.3—0.5	0.05	
	厚	0.15—0.25	0.025	
版	長	同槫柱		長同槫柱；其廣量宜分布。版及牙頭、護縫、難子，皆以厚六分爲定法
	廣	量宜分布		
	厚	0.06	實尺	
牙頭	長	隨槫柱内廣		長隨槫柱内廣；其廣五分
	廣	0.3—0.5	0.05	
	厚	0.06	實尺	
護縫	長	隨牙頭内高		長隨牙頭内高；其廣二分
	廣	0.12—0.2	0.02	
	厚	0.06	實尺	
難子	長	隨四周之廣		長隨四周之廣，其廣一分
	廣	0.06—0.1	0.01	
	厚	0.06	實尺	
凡截間版帳，如安於梁外乳栿、劄牽之下。與全間相對者，其名件廣厚，亦用全間之法				

8. 照壁屏風骨權衡尺寸表

名件	尺寸（宋營造尺）		比例	附注
照壁屏風骨	高	8—12	1	如祇作一段截間造者，高八尺至一丈二尺。其名件廣厚，皆取屏風每尺之高，積而爲法
桯	長	8—12	1	長視高，其廣四分，厚一分六厘
	廣	0.32—0.48	0.04	
	厚	0.128—0.192	0.016	
條桱	長			長隨桯内四周之廣，方一分六厘（據梁思成先生：豎條桱，長同桯。横條桱，長隨桯内之廣）
	廣	0.128—0.192	0.016	
	厚	0.128—0.192	0.016	
額	長	隨間廣		長隨間廣，其廣一寸，厚三分五厘
	廣	0.8—1.2	0.1	
	厚	0.28—0.42	0.035	
槫柱	長	8—12	1	長同桯，其廣六分，厚同額
	廣	0.48—0.72	0.06	
	厚	0.28—0.42	0.035	
地栿	長	隨間廣		長厚同額，其廣八分
	廣	0.64—0.96	0.08	
	厚	0.28—0.42	0.035	
難子	長	未詳		廣一分二厘，厚八厘
	廣	0.096—0.144	0.012	
	厚	0.064—0.096	0.008	
四扇屏風骨	高	7—12	1	若每間分作四扇者，高七尺至一丈二尺。其名件廣厚，皆取屏風每尺之高，積而爲法
桯	長	7—12	1	長視高，其廣二分五厘，厚一分二厘
	廣	0.175—0.3	0.025	
	厚	0.084—0.144	0.012	
條桱	長			長同上法，方一分二厘（疑爲：豎條桱，長同桯。横條桱，長隨桯内之廣）
	廣	0.084—0.144	0.012	
	厚	0.084—0.144	0.012	
額	長	隨間之廣		長隨間之廣，其廣七分，厚二分五厘
	廣	0.49—0.84	0.07	
	厚	0.175—0.3	0.025	

續表

名件	尺寸（宋營造尺）		比例	附注
槫柱	長	7—12	1	長同桯，其廣五分，厚同額
	廣	0.35—0.6	0.05	
	厚	0.175—0.3	0.025	
地栿	長	隨間之廣		長厚同額，其廣六分
	廣	0.42—0.72	0.06	
	厚	0.175—0.3	0.025	
難子	長	未詳		廣一分，厚八厘
	廣	0.07—0.12	0.01	
	厚	0.056—0.096	0.008	
照壁屏風骨，如作四扇開閉者，以屏風高一丈計				
搏肘	長	7—10—12		若屏風高一丈，則搏肘方一寸四分。如高增一尺，即方及廣厚各加一分；減亦如之
	廣	0.11—0.14—0.16	≈0.14	
	厚	0.11—0.14—0.16	≈0.14	
立**标**	長	7—10—12		若屏風高一丈，立**标**廣二寸，厚一寸六分。如高增一尺，即方及廣厚各加一分；減亦如之
	廣	0.17—0.2—0.22	≈0.2	
	厚	0.13—0.16—0.18	≈0.16	

9．隔截横鈐立旌權衡尺寸表

名件	尺寸（宋營造尺）		比例	附注
隔截横鈐立旌	高	4—8		每間隨其廣，分作三小間，用立旌，上下視其高，量所宜分布，施横鈐
	廣	10—12	1	
額及地栿	長	10—12	1	長隨間廣，其廣五分，厚三分。其名件廣厚，皆取每間一尺之廣，積而爲法。下同
	廣	0.5—0.6	0.05	
	厚	0.3—0.36	0.03	
槫柱及立旌	長	4—8		長視高，其廣三分五厘，厚二分五厘
	廣	0.35—0.42	0.035	
	厚	0.25—0.3	0.025	
横鈐	長	10—12	1	長同額，廣厚並同立旌
	廣	0.35—0.42	0.035	
	厚	0.25—0.3	0.025	
凡隔截所用横鈐、立旌，施之於照壁、門窗或墻之上；及中縫截間者亦用之，或不用額、栿、槫柱				

10．露籬權衡尺寸表

名件	尺寸（宋營造尺）		比例	附注
露籬	高	6—10	1	高六尺至一丈，廣八尺至一丈二尺。下用地栿、橫鈐、立旌；上用榻頭木施版屋造
	廣	8—12		
立旌	長	6—10	1	每一間分作三小間。立旌長視高，栽入地；每高一尺，則廣四分，厚二分五厘
	廣	0.24—0.4	0.04	
	厚	0.15—0.25	0.025	
曲棖	長	0.9—1.5	0.15	曲棖長一寸五分，曲廣三分，厚一分
	曲廣	0.18—0.3	0.03	
	厚	0.06—0.1	0.01	
地栿	長	每間廣1尺，長0.28		每間廣一尺，則長二寸八分，其廣厚並同立旌
	廣	0.24—0.4	0.04	
	厚	0.15—0.25	0.025	
橫鈐	長	每間廣1尺，長0.28		每間廣一尺，則長二寸八分，其廣厚並同立旌
	廣	0.24—0.4	0.04	
	厚	0.15—0.25	0.025	
榻頭木	長	隨間廣		長隨間廣，其廣五分，厚三分
	廣	0.3—0.5	0.05	
	厚	0.18—0.3	0.03	
山子版	長	0.96—1.6	0.16	長一寸六分，厚二分
	厚	0.12—0.2	0.02	
屋子版	長	隨間廣		長同榻頭木，廣一寸二分，厚一分
	廣	0.72—1.2	0.12	
	厚	0.06—0.1	0.01	
瀝水版	長	隨間廣		長同上，廣二分五厘，厚六厘
	廣	0.15—0.25	0.025	
	厚	0.036—0.06	0.006	
壓脊	長	隨間廣		長廣同上，厚二分
	廣	0.15—0.25	0.025	
	厚	0.12—0.2	0.02	
垂脊木	長	隨間廣		長廣同上，厚二分
	廣	0.15—0.25	0.025	
	厚	0.12—0.2	0.02	

凡露籬若相連造，則每間減立旌一條。謂如五間祇用立旌十六條之類。其橫鈐、地栿之長，各減一分三厘。版屋兩頭施搏風版及垂魚、惹草，並量宜造

11. 版引檐權衡尺寸表

<table>
<tr><th>名件</th><th colspan="2">尺寸（宋營造尺）</th><th>比例</th><th>附注</th></tr>
<tr><td rowspan="2">版引檐</td><td>廣</td><td>10—14</td><td>1</td><td rowspan="2">廣一丈至一丈四尺，如間太廣者，每間作兩段。長三尺至五尺</td></tr>
<tr><td>長</td><td>3—5</td><td></td></tr>
<tr><td rowspan="3">桯</td><td>長</td><td>隨間廣</td><td></td><td rowspan="3">其名件廣厚，皆以每尺之廣，積而爲法。
長隨間廣，每間廣一尺，則廣三分，厚二分</td></tr>
<tr><td>廣</td><td>0.3—0.42</td><td>0.03</td></tr>
<tr><td>厚</td><td>0.2—0.28</td><td>0.02</td></tr>
<tr><td rowspan="3">檐版</td><td>長</td><td>隨引檐之長</td><td></td><td rowspan="3">長隨引檐之長，其廣量宜分擘。以厚六分爲定法</td></tr>
<tr><td>廣</td><td>量宜分擘</td><td></td></tr>
<tr><td>厚</td><td>0.06</td><td>實尺</td></tr>
<tr><td rowspan="3">護縫</td><td>長</td><td>隨引檐之長</td><td></td><td rowspan="3">内外並施護縫。
長同上，其廣二分。厚同上定法</td></tr>
<tr><td>廣</td><td>0.2—0.28</td><td>0.02</td></tr>
<tr><td>厚</td><td>0.06</td><td>實尺</td></tr>
<tr><td rowspan="3">瀝水版</td><td>長</td><td>隨間廣</td><td></td><td rowspan="3">垂前用瀝水版。
長廣隨桯。厚同上定法</td></tr>
<tr><td>廣</td><td>0.3—0.42</td><td>0.03</td></tr>
<tr><td>厚</td><td>0.06</td><td>實尺</td></tr>
<tr><td rowspan="3">跳椽</td><td>長</td><td>量宜用之</td><td></td><td rowspan="3">廣厚隨桯，其長量宜用之</td></tr>
<tr><td>廣</td><td>0.3—0.42</td><td>0.03</td></tr>
<tr><td>厚</td><td>0.2—0.28</td><td>0.02</td></tr>
<tr><td colspan="5">凡版引檐施之於屋垂之外。跳椽上安闌頭木、挑斡，引檐與小連檐相續</td></tr>
</table>

12. 水槽權衡尺寸表

<table>
<tr><th>名件</th><th colspan="2">尺寸（宋營造尺）</th><th>比例</th><th>附注</th></tr>
<tr><td rowspan="2">水槽</td><td>直高</td><td>1</td><td>1</td><td rowspan="2">直高一尺，口廣一尺四寸。其名件廣厚，皆以每尺之高，積而爲法</td></tr>
<tr><td>口廣</td><td>1.4</td><td></td></tr>
<tr><td rowspan="3">厢壁版</td><td>長</td><td>隨間廣</td><td></td><td rowspan="3">長隨間廣，其廣視高，每一尺加六分，厚一寸二分</td></tr>
<tr><td>廣</td><td>廣視高</td><td>+0.06</td></tr>
<tr><td>厚</td><td>0.12</td><td>0.12</td></tr>
<tr><td rowspan="3">底版</td><td>長</td><td>隨間廣</td><td></td><td rowspan="3">長厚同上。每口廣一尺，則廣六寸</td></tr>
<tr><td>廣</td><td>口廣1，廣0.6</td><td>0.6</td></tr>
<tr><td>厚</td><td>0.12</td><td>0.12</td></tr>
</table>

名件	尺寸（宋營造尺）		比例	附注
罨頭版	長	隨廂壁版内		長隨廂壁版内，厚同上
	厚	0.12	0.12	
口襻	長	隨口廣		長隨口廣，其方一寸五分
	廣	0.15	0.15	
	厚	0.15	0.15	
跳椽	長	隨所用		長隨所用，廣二寸，厚一寸八分
	廣	0.2	0.2	
	厚	0.18	0.18	
凡水槽施之於屋檐之下，以跳椽襻拽。若廳堂前後檐用者，每間相接；令中間者最高，兩次間以外，逐間各低一版，兩頭出水。如廊屋或挾屋偏用者，並一頭安罨頭版。其槽縫並寳底廕牙縫造				

13．井屋子權衡尺寸表

名件	尺寸（宋營造尺）		比例	附注
井屋子	共高	8		自地至脊共高八尺。四柱，其柱外方五尺。垂檐及兩際皆在外。柱頭高五尺八寸。下施井匱，高一尺二寸。上用厦瓦版，内外護縫；上安壓脊、垂脊；兩際施垂魚、惹草
	柱外方	5		
	柱頭高	5.8	1	
	井匱高	1.2		
柱	長	4.35	0.75	其名件廣厚，皆以每尺之高，積而爲法。 每高一尺則長七寸五分，方五分
	廣	0.29	0.05	
	厚	0.29	0.05	
額	長	隨柱内		長隨柱内，其廣五分，厚二分五厘
	廣	0.29	0.05	
	厚	0.145	0.025	
栿	長	6	1.2	長隨方。每壁每長一尺加二寸，跳頭在内，其廣五分，厚四分
	廣	0.29	0.05	
	厚	0.2	0.04	
蜀柱	長	0.65	0.13	長一寸三分，廣厚同上
	廣	0.25	0.05	
	厚	0.232	0.04	
叉手	長	1.74	0.3	長三寸，廣四分，厚二分
	廣	0.232	0.04	
	厚	0.116	0.02	

續表

名件	尺寸（宋營造尺）		比例	附注
榑	長	7	1.4	長隨方，每壁每長一尺加四寸，出際在內。廣厚同蜀柱
	廣	0.25	0.05	
	厚	0.232	0.04	
串	長	7	1.4	長同上，加亦同上，出頭在內。廣三分，厚二分
	廣	0.174	0.03	
	厚	0.116	0.02	
厦瓦版	長	4	0.8	長隨方，每方一尺，則長八寸，斜長、垂檐在內。其廣隨材合縫，以厚六分爲定法
	廣	隨材合縫		
	厚	0.06	實尺	
上下護縫	長	4	0.8	長厚同上，廣二分五厘
	廣	0.145	0.025	
	厚	0.06	實尺	
壓脊	長	7	1.4	長及廣厚並同榑。其廣取槽在內
	廣	0.29	0.05	
	厚	0.232	0.04	
垂脊	長	2.204	0.38	長三寸八分，廣四分，厚三分
	廣	0.232	0.04	
	厚	0.174	0.03	
搏風版	長	3.19	0.55	長五寸五分，廣五分。厚同厦瓦版
	廣	0.29	0.05	
	厚	0.06	實尺	
瀝水牙子	長	7	1.4	長同榑，廣四分。厚同上
	廣	0.232	0.04	
	厚	0.06	實尺	
垂魚	長	1.16	0.2	長二寸，廣一寸二分。厚同上
	廣	0.696	0.12	
	厚	0.06	實尺	
惹草	長	0.87	0.15	長一寸五分，廣一寸。厚同上
	廣	0.58	0.1	
	厚	0.06	實尺	
井口木	長	隨柱內		長同額，廣五分，厚三分
	廣	0.29	0.05	
	厚	0.174	0.03	

名件	尺寸（宋營造尺）		比例	附注
地栿	長	隨柱外		長隨柱外，廣厚同上
	廣	0.29	0.05	
	厚	0.174	0.03	
井匱版	長	隨柱内		長同井口木，其廣九分，厚一分二厘
	廣	0.522	0.09	
	厚	0.0696	0.012	
井匱内外難子	長	隨柱内		長同上。以方七分爲定法
	廣	0.07	實尺	
	厚	0.07	實尺	
凡井屋子，其井匱與柱下齊，安於井階之上。其舉分準大木作之制				

14．地棚權衡尺寸表

名件	尺寸（宋營造尺）		比例	附注
地棚	長	隨間之廣		長隨間之廣，其廣隨間之深。高一尺二寸至一尺五寸。下安敦桥，中施方子，上鋪地面版。其名件廣厚，皆以每尺之高，積而爲法
	廣	隨間之深		
	高	1.2—1.5		
敦桥	長	1.56—1.95	1.3	每高一尺，長加三寸。廣八寸，厚四寸七分。每方子長五尺用一枚
	廣	0.96—1.2	0.8	
	厚	0.564—0.705	0.47	
方子	長	隨間深		長隨間深，接搭用。廣四寸，厚三寸四分。每間用三路
	廣	0.48—0.6	0.4	
	厚	0.48—0.51	0.34	
地面版	長	隨間廣		長隨間廣，其廣隨材，合貼用。厚一寸三分
	廣	隨材		
	厚	0.156—0.195	0.13	
遮羞版	長	隨門道間廣		長隨門道間廣，其廣五寸三分，厚一寸
	廣	0.636—0.795	0.53	
	厚	0.12—0.15	0.1	
凡地棚施之於倉庫屋内，其遮羞版安於門道之外，或露地棚處皆用之				

（六）“小木作制度二”權衡尺寸表

1. 格子門權衡尺寸表

名件	尺寸（宋營造尺）		比例	附注
格子門	高	6—12	1	高六尺至一丈二尺，每間分作四扇。如梢間狹促者，祇分作二扇。如檐額及梁栿下用者，或分作六扇造，用雙腰串或單腰串造
	每扇廣	1.5—3	分四扇	
	每扇廣	1—2	分六扇	
四斜毬文格眼	條桱厚	0.072—0.144	0.012	其名件廣厚，皆取門桯每尺之高，積而爲法。
	毬文徑	0.3—0.6	0.05	
	每瓣長	0.21—0.42	圜徑0.7計	其條桱厚一分二厘。毬文徑三寸至六寸，每毬文圜徑一寸，則每瓣長七分，廣三分，絞口廣一分
	每瓣廣	0.09—0.18	圜徑0.3計	
	絞口廣	0.03—0.06	圜徑0.1計	
桯	長	6—12	1	長視高，廣三分五厘，厚二分七厘
	廣	0.21—0.42	0.035	
	厚	0.162—0.324	0.027	
腰串	長	隨扇廣		腰串廣厚同桯，横卯隨桯，三分中存向裏二分爲廣
	廣	0.21—0.42	0.035	
	厚	0.162—0.324	0.027	
子桯	廣	0.09—0.18	0.015	廣一分五厘，厚一分四厘
	厚	0.084—0.168	0.014	
腰華版	長	隨扇内之廣		長隨扇内之廣，厚四分。施之於雙腰串之内；版外别安彫華
	厚	0.24—0.48	0.04	
障水版	長	長廣各隨桯		長廣各隨桯。令四面各入池槽
	廣	四面入池槽		
額	長	隨間之廣		長隨間之廣，廣八分，厚三分。用雙卯
	廣	0.48—0.96	0.08	
	厚	0.18—0.36	0.03	
槫柱 頰	長	同桯		長同桯，廣五分，量攤擘扇數，隨宜加減。厚同額，二分中取一分爲心卯
	廣	0.3—0.6	0.05	
	厚	0.18—0.36	0.03	
地栿	長	隨間之廣		長厚同額，廣七分
	廣	0.42—0.84	0.07	
	厚	0.18—0.36	0.03	

<table>
<tr><th>名件</th><th colspan="2">尺寸（宋營造尺）</th><th>比例</th><th>附注</th></tr>
<tr><td rowspan="2">四斜毬文上出條桱重格眼</td><td>條桱厚</td><td colspan="2">其條桱之厚，每毬文圜徑二寸，則加毬文格眼之厚二分</td><td>其毬文上採出條桱，四擫尖，四混出雙線或單線造。如毬文圜徑二寸，則採出條桱方三分，若毬文圜徑加一寸，則條桱方又加一分。</td></tr>
<tr><td>毬文徑</td><td colspan="2">每毬文圜徑加一寸，則厚又加一分；桯及子桯亦如之</td><td>每毬文圜徑加一寸，毬文子桯之廣加五厘</td></tr>
<tr><td rowspan="3">四直方格眼</td><td>條桱廣</td><td>0.06—0.72</td><td>0.01</td><td rowspan="3">其條桱皆廣一分，厚八厘，眼内方三寸至二寸</td></tr>
<tr><td>條桱厚</td><td>0.048—0.096</td><td>0.008</td></tr>
<tr><td>眼内方</td><td>0.2—0.3</td><td>實尺</td></tr>
<tr><td rowspan="3">桯</td><td>長</td><td>6—12</td><td>1</td><td rowspan="3">長視高，廣三分，厚二分五厘。腰串同</td></tr>
<tr><td>廣</td><td>0.18—0.36</td><td>0.03</td></tr>
<tr><td>厚</td><td>0.15—0.3</td><td>0.025</td></tr>
<tr><td rowspan="3">腰串</td><td>長</td><td>6—12</td><td>1</td><td rowspan="3"></td></tr>
<tr><td>廣</td><td>0.18—0.36</td><td>0.03</td></tr>
<tr><td>厚</td><td>0.15—0.3</td><td>0.025</td></tr>
<tr><td rowspan="2">子桯</td><td>廣</td><td>0.072—0.144</td><td>0.012</td><td rowspan="2">廣一分二厘，厚一分</td></tr>
<tr><td>厚</td><td>0.06—0.12</td><td>0.01</td></tr>
<tr><td rowspan="2">腰華版</td><td>長</td><td>隨扇内之廣</td><td></td><td rowspan="4">並準四斜毬文法</td></tr>
<tr><td>厚</td><td>0.24—0.48</td><td>0.04</td></tr>
<tr><td rowspan="2">障水版</td><td>長</td><td>長廣各隨桯</td><td></td></tr>
<tr><td>廣</td><td>四面入池槽</td><td></td></tr>
<tr><td rowspan="3">額</td><td>長</td><td>隨間之廣</td><td></td><td rowspan="3">長隨間之廣，廣七分，厚二分八厘</td></tr>
<tr><td>廣</td><td>0.42—0.84</td><td>0.07</td></tr>
<tr><td>厚</td><td>0.168—0.336</td><td>0.028</td></tr>
<tr><td rowspan="3">榑柱
頰</td><td>長</td><td>6—12</td><td>1</td><td rowspan="3">長隨門高，廣四分。量攤擘扇數，隨宜加減。厚同額</td></tr>
<tr><td>廣</td><td>0.24—0.48</td><td>0.04</td></tr>
<tr><td>厚</td><td>0.168—0.336</td><td>0.028</td></tr>
<tr><td rowspan="3">地栿</td><td>長</td><td>隨間之廣</td><td></td><td rowspan="3">長厚同額，廣六分</td></tr>
<tr><td>廣</td><td>0.36—0.72</td><td>0.06</td></tr>
<tr><td>厚</td><td>0.168—0.336</td><td>0.028</td></tr>
<tr><td rowspan="3">版壁</td><td></td><td></td><td></td><td rowspan="3">上二分不安格眼，亦用障水版者：名件並準前法，唯桯厚減一分</td></tr>
<tr><td></td><td></td><td></td></tr>
<tr><td></td><td></td><td></td></tr>
</table>

續表

<table>
<tr><th>名件</th><th colspan="2">尺寸（宋營造尺）</th><th>比例</th><th>附注</th></tr>
<tr><td rowspan="3">兩明格子門</td><td></td><td></td><td></td><td rowspan="3">其腰華、障水版、格眼皆用兩重。桯厚更加二分一厘。子桯及條桱之厚各減二厘。額、頰、地栿之厚，各加二分四厘</td></tr>
<tr><td></td><td></td><td></td></tr>
<tr><td></td><td></td><td></td></tr>
<tr><td colspan="5">凡格子門所用搏肘、立**桥**，如門高一丈，即搏肘方一寸四分，立桥廣二寸，厚一寸六分</td></tr>
<tr><td rowspan="3">搏肘</td><td>高</td><td>10</td><td>1</td><td rowspan="3">如高增一尺，即方及廣厚各加一分；減亦如之</td></tr>
<tr><td>廣</td><td>1.4</td><td>0.14</td></tr>
<tr><td>厚</td><td>1.4</td><td>0.14</td></tr>
<tr><td rowspan="3">立桥</td><td>高</td><td>10</td><td>1</td><td rowspan="3">如高增一尺，即方及廣厚各加一分；減亦如之</td></tr>
<tr><td>廣</td><td>0.2</td><td>0.2</td></tr>
<tr><td>厚</td><td>0.16</td><td>0.16</td></tr>
</table>

2．闌檻鉤窗權衡尺寸表

<table>
<tr><th>名件</th><th colspan="2">尺寸（宋營造尺）</th><th>比例</th><th>附注</th></tr>
<tr><td rowspan="2">闌檻鉤闌</td><td>高</td><td>7—10</td><td></td><td rowspan="2">其高七尺至一丈。每間分作三扇。其名件廣厚，各取窗、檻每尺之高，積而爲法</td></tr>
<tr><td>每扇廣</td><td>2.33—3.33</td><td></td></tr>
<tr><td>鉤窗</td><td>高</td><td>5—8</td><td></td><td>高五尺至八尺</td></tr>
<tr><td rowspan="3">子桯</td><td>高</td><td>5—8</td><td>1</td><td rowspan="3">長視窗高，廣隨逐扇之廣，每窗高一尺，則廣三分，厚一分四厘</td></tr>
<tr><td>廣</td><td>0.15—0.24</td><td>0.03</td></tr>
<tr><td>厚</td><td>0.07—0.112</td><td>0.014</td></tr>
<tr><td rowspan="2">條桱</td><td>廣</td><td>0.07—0.112</td><td>0.014</td><td rowspan="2">廣一分四厘，厚一分二厘</td></tr>
<tr><td>厚</td><td>0.06—0.096</td><td>0.012</td></tr>
<tr><td rowspan="3">心柱及槫柱</td><td>長</td><td>5—8</td><td>1</td><td rowspan="3">長視子桯，廣四分五厘，厚三分</td></tr>
<tr><td>廣</td><td>0.225—0.36</td><td>0.045</td></tr>
<tr><td>厚</td><td>0.15—0.24</td><td>0.03</td></tr>
<tr><td rowspan="3">額</td><td>長</td><td>隨間廣</td><td></td><td rowspan="3">長隨間廣，其廣一寸一分，厚三分五厘</td></tr>
<tr><td>廣</td><td>0.55—0.88</td><td>0.11</td></tr>
<tr><td>厚</td><td>0.175—0.28</td><td>0.035</td></tr>
<tr><td>檻</td><td>高</td><td>1.8—2</td><td>1</td><td>面高一尺八寸至二尺</td></tr>
<tr><td rowspan="3">檻面版</td><td>長</td><td>隨間心</td><td></td><td rowspan="3">長隨間心，每檻面高一尺，則廣七寸，厚一寸五分。如柱徑或有大小，則量宜加減</td></tr>
<tr><td>廣</td><td>1.26—1.4</td><td>0.7</td></tr>
<tr><td>厚</td><td>0.27—0.3</td><td>0.15</td></tr>
</table>

續表

名件	尺寸（宋營造尺）		比例	附注
鵞項	長	1.8—2	1	長視高，其廣四寸二分，厚一寸五分。或加減同上
	曲廣	0.756—0.84	0.42	
	厚	0.27—0.3	0.15	
雲栱	長	1.08—1.2	0.6	長六寸，廣三寸，厚一寸七分
	廣	0.54—0.6	0.3	
	厚	0.306—0.34	0.17	
尋杖	長	隨間心	同檻面	長隨檻面，其方一寸七分
	廣	0.306—0.34	0.17	
	厚	0.306—0.34	0.17	
心柱及槫柱	長	自檻面版下至栿上		長自檻面版下至栿上，其廣二寸，厚一寸三分
	廣	0.36—0.4	0.2	
	厚	0.234—0.26	0.13	
托柱	長	自檻面下至地		長自檻面下至地，其廣五寸，厚一寸五分
	廣	0.9—1	0.5	
	厚	0.27—0.3	0.15	
地栿	長	隨間廣	同窗額	長同窗額，廣二寸五分，厚一寸三分
	廣	0.45—0.5	0.25	
	厚	0.234—0.26	0.13	
障水版	廣	1.08—1.2	0.6	廣六寸。以厚六分爲定法
	厚	0.06	實尺	
凡鉤窗所用搏肘，如高五尺，則方一寸；卧關如長一丈，即廣二寸，厚一寸六分				
搏肘	高	5	1	每高增一尺，則各加一分，減亦如之
	廣	0.1	0.1	
	厚	0.1	0.1	
卧關	長	10	1	每長增一尺，則各加一分，減亦如之
	廣	0.2	0.2	
	厚	0.16	0.16	

3. 殿内截間格子權衡尺寸表

名件	尺寸（宋營造尺）		比例	附注
殿内截間格子	高	14—17		高一丈四尺至一丈七尺。 其名件廣厚，皆取格子上下每尺之通高，積而爲法
	廣			
上下桯	長	視格眼之高		長視格眼之高，廣三分五厘，厚一分六厘
	廣	0.49—0.595	0.035	
	厚	0.224—0.272	0.016	
絛桱	長	未詳		廣厚並準格子門法
	廣	未詳		
	厚	0.072—0.144		
障水子桯	長	隨心柱、槫柱内		長隨心柱、槫柱内，其廣一分八厘，厚二分
	廣	0.252—0.306	0.018	
	厚	0.28—0.34	0.02	
上下難子	長	隨子桯		長隨子桯。其廣一分二厘，厚一分
	廣	0.168—0.204	0.012	
	厚	0.14—0.17	0.01	
搏肘	長	視子桯及障水版		長視子桯及障水版，方八厘
	廣	0.112—0.136	0.008	
	厚	0.112—0.136	0.008	
額及腰串	長	隨間廣		長隨間廣，其廣九分，厚三分二厘
	廣	1.26—1.53	0.09	
	厚	0.448—0.544	0.032	
地栿	長	隨間廣	長同額	長厚同額，其廣七分
	廣	0.98—1.19	0.07	
	厚	0.448—0.544	0.032	
上槫柱及心柱	長	視子桯及障水版	視搏肘	長視搏肘，廣六分，厚同額
	廣	0.84—1.02	0.06	
	厚	0.448—0.544	0.032	
下槫柱及心柱	長	視障水版		長視障水版，其廣五分，厚同上
	廣	0.7—0.85	0.05	
	厚	0.448—0.544	0.032	
凡截間格子，上二分子桯内所用四斜毬文格眼，圜徑七寸至九寸。其廣厚皆準格子門之制				

4．堂閣内截間格子權衡尺寸表

名件	尺寸（宋營造尺）		比例	附注
堂閣内截間格子	高	10	1	皆高一丈，廣一丈一尺。其名件廣厚，皆取每尺之高，積而爲法
	廣	11	1	
截間格子	長	未詳		當心及四周皆用桯，其外上用額，下用地栿，兩邊安槫柱，格眼毬文徑五寸。雙腰串造
	廣	未詳		
	厚	未詳		
桯	長	10	長視高	長視高，卯在内。廣五分，厚三分七厘。上下者，每間廣一尺，即長九寸二分
	廣	0.5	0.05	
	厚	0.37	0.037	
腰串	長	5.06（以間廣計）	0.46	每間廣一尺，即長四寸六分。廣三分五厘，厚同上
	廣	0.35	0.035	
	厚	0.37	0.037	
腰華版	長	隨兩桯内		長隨兩桯内，廣同上。以厚六分爲定法
	廣	0.35	0.035	
	厚	0.06	實尺	
障水版	長	5.06	視腰串	長視腰串及下桯，廣隨腰華版之長。厚同腰華版
	廣	隨兩桯内	隨腰華版	
	厚	0.06	實尺	
子桯	長	隨格眼四周之廣		長隨格眼四周之廣，其廣一分六厘，厚一分四厘
	廣	0.16	0.016	
	厚	0.14	0.014	
額	長	隨間廣		長隨間廣，其廣八分，厚三分五厘
	廣	0.8	0.08	
	厚	0.35	0.035	
地栿	長	隨間廣	同額	長厚同額，其廣七分
	廣	0.7	0.07	
	厚	0.35	0.035	
槫柱	長	10	長同桯	長同桯，其廣五分，厚同地栿
	廣	0.5	0.05	
	厚	0.35	0.035	

續表

名件	尺寸（宋營造尺）		比例	附注
難子	長	隨桯四周		長隨桯四周，其廣一分，厚七厘
	廣	0.1	0.01	
	厚	0.07	0.007	
截間開門格子	長	未詳		四周用額、栿、槫柱。其内四周用桯，桯内上用門額；兩邊留泥道施立頰；中安毬文格子門兩扇，單腰串造
	廣	未詳		
	厚	未詳		
桯	長	10	長視高	長及廣厚同前法。上下桯廣同
	廣	0.5	0.05	
	厚	0.37	0.037	
門額	長	隨桯内		長隨桯内，其廣四分，厚二分七厘
	廣	0.4	0.04	
	厚	0.27	0.027	
立頰	長	視門額下桯内		長視門額下桯内，廣厚同上
	廣	0.4	0.04	
	厚	0.27	0.027	
門額上心柱	長	1.6	0.16	長一寸六分，廣厚同上
	廣	0.4	0.04	
	厚	0.27	0.027	
泥道内腰串	長	隨槫柱、立頰内		長隨槫柱、立頰内，廣厚同上
	廣	0.4	0.04	
	厚	0.27	0.027	
障水版	長	5.06	視腰串	同前法
	廣	隨兩桯内	隨腰華版	
	厚	0.06	實尺	
門額上子桯	長	隨額内四周之廣		長隨額内四周之廣。其廣二分，厚一分二厘。泥道内所用廣厚同
	廣	0.2	0.02	
	厚	0.12	0.012	
門肘	長	視扇高		長視扇高，方二分五厘
	廣	0.25	0.025	
	厚	0.25	0.025	
門桯	長	視扇高	同上	長同上，出頭在外，廣二分，厚二分五厘。上下桯亦同
	廣	0.2	0.02	
	厚	0.25	0.025	

續表

名件	尺寸（宋營造尺）		比例	附注
門障水版	長	視腰串及下桯内		長視腰串及下桯内，其廣隨扇之廣。以厚六分爲定法
	廣	隨扇之廣		
	厚	0.06	實尺	
門桯内子桯	長	隨四周之廣		長隨四周之廣，其廣厚同額上子桯
	廣	0.2	0.02	
	厚	0.12	0.012	
小難子	長	隨子桯及障水版四周之廣		長隨子桯及障水版四周之廣。以方五分爲定法
	廣	0.05	實尺	
	厚	0.05	實尺	
額	長	隨間廣		長隨間廣，其廣八分，厚三分五厘
	廣	0.8	0.08	
	厚	0.35	0.035	
地栿	長	隨間廣	同上	長厚同上，其廣七分
	廣	0.7	0.07	
	厚	0.35	0.035	
槫柱	長	10	長視高	長視高，其廣四分五厘，厚同上
	廣	0.45	0.045	
	厚	0.35	0.035	
大難子	長	隨桯四周		長隨桯四周，其廣一分，厚七厘
	廣	0.1	0.01	
	厚	0.07	0.007	
上下伏兎	長	1	0.1	長一寸，廣四分，厚二分
	廣	0.4	0.04	
	厚	0.2	0.02	
手栓伏兎	長	1	0.1	長同上，廣三分五厘，厚一分五厘
	廣	0.35	0.035	
	厚	0.15	0.015	
手栓	長	1.5	0.15	長一寸五分，廣一分五厘，厚一分二厘
	廣	0.15	0.015	
	厚	0.12	0.012	
凡堂閣内截間格子所用四斜毬文格眼及障水版等分數，其長徑並準格子門之制				

5．殿閣照壁版權衡尺寸表

名件	尺寸（宋營造尺）		比例	附注
殿閣照壁版	廣	10—14		廣一丈至一丈四尺，高五尺至一丈一尺。其名件廣厚，皆取每尺之高，積而爲法
	高	5—11	1	
額	長	隨間廣		長隨間廣，每高一尺，則廣七分，厚四分
	廣	0.35—0.77	0.07	
	厚	0.2—0.44	0.04	
槫柱	長	5—11	1	長視高，廣五分，厚同額
	廣	0.25—0.55	0.05	
	厚	0.2—0.44	0.04	
版	長	5—11	1	長同槫柱，其廣隨槫柱之内，厚二分
	廣	隨槫柱之内		
	厚	0.1—0.22	0.02	
貼	長	隨桯内四周之廣		長隨桯内四周之廣，其廣三分，厚一分
	廣	0.15—0.33	0.03	
	厚	0.05—0.11	0.01	
難子	長	隨桯内四周之廣		長厚同貼，其廣二分
	廣	0.1—0.22	0.02	
	厚	0.05—0.11	0.01	
凡殿閣照壁版，施之於殿閣槽内，及照壁門窗之上者皆用之				

6．障日版權衡尺寸表

名件	尺寸（宋營造尺）		比例	附注
障日版	廣	11	1	廣一丈一尺，高三尺至五尺。其名件廣厚，皆以每尺之廣，積而爲法
	高	3—5		
額	長	隨間之廣		長隨間之廣，其廣六分，厚三分
	廣	0.66	0.06	
	厚	0.33	0.03	
心柱及槫柱	長	3—5	長視高	長視高，其廣四分，厚同額
	廣	0.44	0.04	
	厚	0.33	0.03	

續表

名件	尺寸（宋營造尺）		比例	附注
版	長	3—5	長視高	長視高，其廣隨心柱、槫柱之內。版及牙頭、護縫，皆以厚六分爲定法
	廣	隨心柱、槫柱之内		
	厚	0.06	實尺	
牙頭版	長	隨廣		長隨廣，其廣五分
	廣	0.55	0.05	
	厚	0.06	實尺	
護縫	長	視牙頭之内		長視牙頭之内，其廣二分
	廣	0.22	0.02	
	厚	0.06	實尺	
難子	長	隨桯内四周之廣		長隨桯内四周之廣，其廣一分，厚八厘
	廣	0.11	0.01	
	厚	0.088	0.008	
凡障日版，施之於格子門及門、窗之上，其上或更不用額				

7．廊屋照壁版權衡尺寸表

名件	尺寸（宋營造尺）		比例	附注
廊屋照壁版	廣	10—11	1	廣一丈至一丈一尺，高一尺五寸至二尺五寸。每間分作三段。其名件廣厚，皆以每尺之廣，積而爲法
	高	1.5—2.5		
心柱及槫柱	長	1.5—2.5		長視高，其廣四分，厚三分
	廣	0.4—0.44	0.04	
	厚	0.3—0.33	0.03	
版	長	隨心柱、槫柱内之廣		長隨心柱、槫柱内之廣，其廣視高，厚一分
	廣	1.5—2.5		
	厚	0.1—0.11	0.01	
難子	長	隨桯内四周之廣		長隨桯内四周之廣，方一分
	廣	0.1—0.11	0.01	
	厚	0.1—0.11	0.01	
凡廊屋照壁版，施之於殿廊由額之内。如安於半間之内與全間相對者，其名件廣厚亦用全間之法				

8．胡梯權衡尺寸表

名件	尺寸（宋營造尺）		比例	附注
胡梯	高	10	1	高一丈，拽脚長隨高，廣三尺；分作十二級；攏頰榥施促、踏版，上下並安望柱。兩頰隨身各用鉤闌，斜高三尺五寸，分作四間。其名件廣厚，皆以每尺之高，積而爲法
	拽脚長	隨高		
	廣	3	0.3	
兩頰	長	視梯，每高1尺	+0.6	長視梯，每高一尺，則長加六寸。拽脚蹬口在内，廣一寸二分，厚二分一厘。
	廣	1.2	0.12	
	厚	0.21	0.021	
榥	長	視兩頰内		長視兩頰内，卯透外，用抱寨，其方三分。每頰長五尺用榥一條
	廣	0.3	0.03	
	厚	0.3	0.03	
促、踏版	長	視兩頰内		長同上，廣七分四厘，厚一分。
	廣	0.74	0.074	
	厚	0.1	0.01	
鉤闌望柱	長	每鉤闌高1尺	+0.45	每鉤闌高一尺，則長加四寸五分，卯在内。方一寸五分。破瓣、仰覆蓮華，單胡桃子造
	廣	1.5	0.15	
	厚	1.5	0.15	
蜀柱	長	隨鉤闌之高		長隨鉤闌之高，卯在内，廣一寸二分，厚六分
	廣	1.2	0.12	
	厚	0.6	0.06	
尋杖	長	隨上下望柱内		長隨上下望柱内，徑七分
	廣	0.7	0.07	
	厚	0.7	0.07	
盆唇	長	隨上下望柱内		長同上，廣一寸五分，厚五分
	廣	1.5	0.15	
	厚	0.5	0.05	
卧櫺	長	隨兩蜀柱内		長隨兩蜀柱内，其方三分
	廣	0.3	0.03	
	厚	0.3	0.03	
凡胡梯，施之於樓閣上下道内，其鉤闌安於兩頰之上，更不用地栿。如樓閣高遠者，作兩盤至三盤造				

9．垂魚、惹草權衡尺寸表

名件	尺寸（宋營造尺）		比例	附注
垂魚	長	3—10	1	垂魚長三尺至一丈；惹草長三尺至七尺。其廣厚皆取每尺之長，積而爲法
惹草	長	3—7	1	
垂魚版	長	3—10	1	每長一尺，則廣六寸，厚二分五厘
	廣	1.8—6	0.6	
	厚	0.075—0.25	0.025	
惹草版	長	3—7	1	每長一尺，則廣七寸，厚同垂魚
	廣	2.1—4.9	0.7	
	厚	0.075—0.175	0.025	
凡垂魚施之於屋山搏風版合尖之下。惹草施之於搏風版之下、搏水之外。每長二尺，則於後面施楅一枚				

10．栱眼壁版權衡尺寸表

名件	尺寸（宋營造尺）		比例	附注
栱眼壁版	長	未詳		於材下額上兩栱頭相對處鑿池槽，隨其曲直，安版於池槽之内。其長廣皆以枓栱材分爲法
	廣	未詳		
	厚	未詳		
重栱眼壁版	長	以大木作枓栱材分定		長隨補間鋪作，其廣五寸四分，厚一寸二分
	廣			
	厚			
單栱眼壁版	長	以大木作枓栱材分定		長同上，其廣三寸四分，厚同上
	廣			
	厚			
凡栱眼壁版，施之於鋪作檐頭之上。其版如隨材合縫，則縫内用劄造				

11．裹栿版權衡尺寸表

名件	尺寸（宋營造尺）		比例	附注
裹栿版	廣	以大木作梁栿定		於栿兩側各用廂壁版，栿下安底版，其廣厚皆以梁栿每尺之廣，積而爲法
	厚	以大木作梁栿定		
兩側廂壁版	長	隨梁栿		長廣皆隨梁栿，每長一尺，則厚二分五厘
	廣	隨梁栿		
	厚	梁廣之0.25	0.025	

續表

名件	尺寸（宋營造尺）		比例	附注
底版	長	隨梁長		長厚同上。其廣隨梁栿之厚，每厚一尺，則廣加三寸
	廣	隨梁栿之厚		
	厚	梁廣之0.25	0.025	
凡裹栿版，施之於殿槽内梁栿；其下底版合縫，令承兩廂壁版，其兩廂壁版及底版皆彫華造				

12．擗簾竿權衡尺寸表

名件	尺寸（宋營造尺）		比例	附注
造擗簾竿之制	長	10—15	1	有三等，一曰八混，二曰破瓣，三曰方直，長一丈至一丈五尺
	廣	未詳		
擗簾竿	長	10—15	1	其廣厚皆以每尺之高，積而爲法。長視高，每高一尺，則方三分
	廣	0.3—0.45	0.03	
	厚	0.3—0.45	0.03	
腰串	長	隨間廣		長隨間廣，其廣三分，厚二分。衹方直造
	廣	0.3—0.45	0.03	
	厚	0.2—0.3	0.02	
凡擗簾竿，施之於殿堂等出跳栱之下；如無出跳者，則於椽頭下安之				

13．護殿閣檐竹網木貼權衡尺寸表

名件	尺寸（宋營造尺）		比例	附注
護殿閣檐竹網木貼	長	隨所用逐間之廣		長隨所用逐間之廣，其廣二寸，厚六分，爲定法，皆方直造，地衣簟貼同
	廣	0.2	實尺	
	厚	0.06	實尺	
上於椽頭，下於檐額之上，壓雀眼網安釘				

（七）“小木作制度三”權衡尺寸表

1．平棊權衡尺寸表

名件	尺寸（宋營造尺）		比例	附注
殿内平棊	每段長	14		每段以長一丈四尺，廣五尺五寸爲率。其名件廣厚，若間架雖長廣，更不加減
	每段廣	5.5		

續表

名件	尺寸（宋營造尺）		比例	附注
背版	長	隨間廣		長隨間廣，其廣隨材合縫計數，令足一架之廣，厚六分
	廣	5.5	足一架之廣	
	厚	0.06	實尺	
桯	長	隨背版四周之廣		長隨背版四周之廣，其廣四寸，厚二寸
	廣	0.4	實尺	
	厚	0.2	實尺	
貼	長	隨桯四周之内		長隨桯四周之内，其廣二寸，厚同背版
	廣	0.2	實尺	
	厚	0.06	實尺	
難子並貼華	長	未詳		厚同貼。每方一尺用華子十六枚
	廣	未詳		
	厚	0.06	實尺	
護縫	長	隨所用		廣二寸，厚六分
	廣	0.2		
	厚	0.06		
楅	長	隨所用		廣三寸五分，厚二寸五分
	廣	0.35	實尺	
	厚	0.25	實尺	
凡平棊，施之於殿内鋪作算桯方之上。其背版後皆施護縫及楅				

2. 鬭八藻井權衡尺寸表

名件	尺寸（宋營造尺）		比例	附注
鬭八藻井	高	5.3	實尺	共高五尺三寸。其名件廣厚，皆以每尺之徑，積而爲法
方井	高	1.6	實尺	其下曰方井，方八尺，高一尺六寸。於算桯方之上施六鋪作下昂重栱。四入角。每面用補間鋪作五朵
	廣	8	1	
	厚	8	1	
枓槽版	長	隨方面之廣		長隨方面之廣，每面廣一尺，則廣一寸七分，厚二分五厘。壓厦版長厚同枓槽版，其廣一寸五分。
	廣	1.36	0.25	
	厚	0.2	0.027	
八角井	徑	6.4	1	其中曰八角井，徑六尺四寸，高二尺二寸
	每瓣廣	2.45	由徑推出	

名件	尺寸（宋營造尺）		比例	附注
隨瓣方	長	2.56	0.4	每直徑一尺，則長四寸，廣四分，厚三分
	廣	0.256	0.04	
	厚	0.192	0.03	
枓槽版	長	隨瓣		長隨瓣，廣二寸，厚二分五厘
	廣	1.28	0.2	
	厚	0.16	0.025	
壓廈版	長	隨瓣		長隨瓣，斜廣二寸五分，厚二分七厘
	斜廣	1.6	0.25	
	厚	0.1728	0.027	
鬭八	高	1.5		其上曰鬭八，徑四尺二寸，高一尺五寸。於八角井鋪作之上，用隨瓣方；方上施鬭八陽馬。陽馬之内施背版，貼絡華文
	徑	4.2	1	
	每瓣廣	1.6	由徑推出	
陽馬	長	2.94	0.7	每鬭八徑一尺，則長七寸，曲廣一寸五分，厚五分
	曲廣	0.63	0.15	
	厚	0.21	0.05	
隨瓣方	長	1.6	隨瓣廣	長隨每瓣之廣，其廣五分，厚二分五厘
	廣	0.21	0.05	
	厚	0.105	0.025	
背版	長	1.5	視瓣高	長視瓣高，廣隨陽馬之内，其用貼並難子，並準平棊之法
	廣	隨陽馬之内		
	厚	未詳		
凡藻井，施之於殿内照壁屏風之前，或殿身内前門之前，平棊之内				

3．小鬭八藻井權衡尺寸表

名件	尺寸（宋營造尺）		比例	附注
小鬭八藻井	共高	2.2	1	共高二尺二寸。其上曰鬭八，高八寸
	鬭八高	0.8		
八角井	徑	4.8	1	其下曰八角井，徑四尺八寸。其名件廣厚，各以每尺之徑及高，積而爲法
	每瓣廣	1.857	由徑推出	
枓槽版	長	4.32	0.9	每徑一尺，則長九寸；高一尺，則廣六寸。以厚八分爲定法
	廣	2.88	0.6	
	厚	0.08	實尺	

名件	尺寸（宋營造尺）		比例	附注
普拍方	長	4.32	0.9	長同上，每高一尺，則方三分
	廣	0.066	0.03	
	厚	0.066	0.03	
隨瓣方	長	2.16	0.45	每徑一尺，則長四寸五分；每高一尺，則廣八分，厚五分
	廣	0.176	0.08	
	厚	0.11	0.05	
陽馬	長	2.4	0.5	每徑一尺，則長五寸；每高一尺，則曲廣一寸五分，厚七分
	曲廣	0.33	0.15	
	厚	0.154	0.07	
背版	長	視瓣高		長視瓣高，廣隨陽馬之内。以厚五分爲定法。其用貼並難子，並準殿内鬭八藻井之法
	廣	隨陽馬之内		
	厚	0.05	實尺	
凡小藻井，施之於殿宇副階之内。其腰内所用貼絡門窗，鉤闌，鉤闌下施鴈翅版。其大小廣厚，並隨高下量宜用之				

4．拒馬叉子權衡尺寸表

名件	尺寸（宋營造尺）		比例	附注
拒馬叉子	高	4—6		高四尺至六尺。其名件廣厚，皆以高五尺爲祖，隨其大小而加減之
	標準高	5	1	
櫺子	斜長	5.5+1.1	每高增1尺	斜長五尺五寸，廣二寸，厚一寸二分。每高增一尺，則長加一尺一寸，廣加二分，厚加一分
	廣	1+0.1	0.2+0.02	
	厚	0.6+0.05	0.12+0.01	
馬銜木	長	長視高		長視高。每叉子高五尺，則廣四寸半，厚二寸半。每高增一尺，則廣加四分，厚加二分；減亦如之
	高	5+1	1+（每增1尺）	
	廣	2.25+0.2	0.45+0.04	
	厚	1.25+0.1	0.25+0.02	
上串	長	隨間廣	+每高增1尺	長隨間廣；其廣五寸五分，厚四寸。每高增一尺，則廣加三分，厚加二分
	廣	2.75+0.15	0.55+0.03	
	厚	2+0.1	0.4+0.02	
連梯	長	隨間廣	+每高增一尺	長同上串，廣五寸，厚二寸五分。每高增一尺，則廣加一寸，厚加五分
	廣	2.5+0.5	0.5+0.1	
	厚	1.25+0.25	0.25+0.05	
凡拒馬叉子，其櫺子自連梯上，皆左右隔間分布於上串内，出首交斜相向				

5．叉子權衡尺寸表

名件	尺寸（宋營造尺）		比例	附注
叉子	高	2—7		高二尺至七尺。其名件廣厚，皆以高五尺爲祖，隨其大小而加減之
	標準高	5	1	
望柱	長	5.6+1.1	+每高增一尺	如叉子高五尺，即長五尺六寸，方四寸。每高增一尺，則加一尺一寸，方加四分；減亦如之
	廣	2+0.2	0.4+0.04	
	厚	2+0.2	0.4+0.04	
櫺子	長	4.4+0.9	+每高增一尺	其長四尺四寸，廣二寸，厚一寸二分。每高增一尺，則長加九寸，廣加二分，厚加一分；減亦如之
	廣	1+0.1	0.2+0.02	
	厚	0.6+0.05	0.12+0.01	
上下串	長	隨間廣	+每高增一尺	長隨間廣，其廣三寸，厚二寸。如高增一尺，則廣加三分，厚加二分；減亦如之
	廣	1.5+0.15	0.3+0.03	
	厚	1+0.1	0.2+0.02	
馬銜木	長	5+	+每高增一尺	長隨高。其廣三寸五分，厚二寸。每高增一尺，則廣加四分，厚加二分；減亦如之
	廣	1.75+0.2	0.35+0.04	
	厚	1+0.1	0.2+0.02	
地霞	長	1.5+1.5	+0.3	長一尺五寸，廣五寸，厚一寸二分。每高增一尺，則長加三寸，廣加一寸，厚加二分；減亦如之
	廣	2.5+0.5	0.5+0.1	
	厚	0.6+0.1	0.12+0.02	
地栿	長	隨間廣	+每高增一尺	長隨間廣，其廣六寸，厚四寸五分。每高增一尺，則廣加六分，厚加五分；減亦如之
	廣	3+0.3	0.6+0.06	
	厚	2.25+0.25	0.45+0.05	
凡叉子若相連或轉角，皆施望柱，或栽入地，或安於地栿上，或下用衮砧托柱。如施於屋柱間之内及壁帳之間者，皆不用望柱				

6．重臺鉤闌權衡尺寸表

名件	尺寸（宋營造尺）		比例	附注
重臺鉤闌	高	4—4.5	1	一曰重臺鉤闌，高四尺至四尺五寸。其名件廣厚，皆取鉤闌每尺之高，積而爲法
	廣			
望柱	長	長視高	+0.2	長視高，每高一尺，則加二寸，方一寸八分
	廣	0.72—0.81	0.18	
	厚	0.72—0.81	0.18	

續表

名件	尺寸（宋營造尺）		比例	附注
蜀柱	長	長視高	+0.2	長同上，廣二寸，厚一寸，其上方一寸六分，刻爲癭項
	廣	0.8—0.9	0.2	
	厚	0.4—0.45	0.1	
	上方	0.64—0.72	0.16	
雲栱	長	1.08—1.215	0.27	長二寸七分，廣減長之半，廕一分二厘，在尋杖下，厚八分
	廣	0.54—0.6075	0.135	
	廣廕	0.048—0.054	0.012	
	厚	0.32—0.36	0.08	
地霞	長	2.6—2.925	0.65	或用華盆亦同。長六寸五分，廣一寸五分，廕一分五厘，在束腰下，厚一寸三分
	廣	0.6—0.675	0.15	
	廣廕	0.06—0.0675	0.015	
	厚	0.52—0.585	0.13	
尋杖	長	隨間		長隨間，方八分。或圜混，或四混、六混、八混造；下同
	廣	0.32—0.36	0.08	
	厚	0.32—0.36	0.08	
盆脣木	長	隨間		長同上，廣一寸八分，厚六分
	廣	0.72—0.81	0.18	
	厚	0.24—0.27	0.06	
束腰	長	隨間		長同上，方一寸
	廣	0.4—0.45	0.1	
	厚	0.4—0.45	0.1	
上華版	長	隨蜀柱内		長隨蜀柱内，其廣一寸九分，厚三分。四面各别出卯入池槽，各一寸；下同
	廣	0.76—0.855	0.19	
	厚	0.12—0.135	0.03	
下華版	長	隨蜀柱内		長厚同上，卯入至蜀柱卯，廣一寸三分五厘
	廣	0.54—0.61	0.35	
	厚	同上華版		
地栿	長	隨間		長同尋杖，廣一寸八分，厚一寸六分
	廣	0.72—0.81	0.18	
	厚	0.64—0.72	0.16	
凡鉤闌分間布柱，令與補間鋪作相應。如殿前中心作折檻者，每鉤闌高一尺，於盆脣内廣别加一寸				

7. 單鉤闌權衡尺寸表

名件	尺寸（宋營造尺）		比例	附注
單鉤闌	高	3—3.6	1	二曰單鉤闌，高三尺至三尺六寸。其名件廣厚，皆取鉤闌每尺之高，積而爲法
	廣			
望柱	長	長視高	+0.2	方二寸。長及加同上法
	廣	0.6—0.72	0.2	
	厚	0.6—0.72	0.2	
蜀柱	長	0.6—0.72	0.2	制度同重臺鉤闌蜀柱法，自盆脣木之上，雲栱之下，或造胡桃子撮項，或作青蜓頭，或用料子蜀柱
	廣	0.3—0.36	0.1	
	厚	0.48—0.576	0.16	
雲栱	長	0.96—1.152	0.32	長三寸二分，廣一寸六分，厚一寸
	廣	0.48—0.576	0.16	
	厚	0.3—0.36	0.1	
尋杖	長	隨間之廣		長隨間之廣，其方一寸
	廣	0.3—0.36	0.1	
	厚	0.3—0.36	0.1	
盆脣木	長	隨間之廣		長同上，廣二寸，厚六分
	廣	0.6—0.72	0.2	
	厚	0.18—0.216	0.06	
華版	長	隨蜀柱内		長隨蜀柱内，其廣三寸四分，厚三分
	廣	1.02—1.224	0.34	
	厚	0.09—0.108	0.03	
地栿	長	隨間之廣		長同尋杖，其廣一寸七分，厚一寸
	廣	0.51—0.612	0.17	
	厚	0.3—0.36	0.1	
華托柱	長	隨間之廣		長隨盆脣木，下至地栿上，其廣一寸四分，厚七分
	廣	0.42—0.504	0.14	
	厚	0.21—0.252	0.07	
凡鉤闌分間布柱，令與補間鋪作相應。如殿前中心作折檻者，每鉤闌高一尺，於盆脣内廣別加一寸				

8．棵籠子權衡尺寸表

名件	尺寸（宋營造尺）		比例	附注
棵籠子	高	5	1	高五尺，上廣二尺，下廣三尺。其名件廣厚，皆以每尺之高，積而爲法
	上廣	2		
	下廣	3		
柱子	長	長視高		長視高，每高一尺，則方四分四厘
	廣	0.22	0.044	
	厚	0.22	0.044	
	廣	［六瓣或八瓣］0.35	0.07	如六瓣或八瓣，即廣七分，厚五分
	厚	［六瓣或八瓣］0.25	0.05	
上下梘並腰串	長	隨兩柱内		長隨兩柱内，其廣四分，厚三分
	廣	0.2	0.04	
	厚	0.15	0.03	
錠脚版	長	隨兩柱内		長同上，下隨梘子之長，其廣五分。以厚六分爲定法
	廣	0.25	0.05	
	厚	0.06	實尺	
櫺子	長	3.3	0.66	長六寸六分，卯在内，廣二分四厘。厚同上
	廣	0.12	0.024	
	厚	0.06	實尺	
牙子	長	隨兩柱内		長同錠脚版。分作兩條，廣四分。厚同上
	廣	0.2	0.04	
	厚	0.06	實尺	
凡棵籠子，其櫺子之首在上梘子內，其櫺相去準叉子制度				

9．井亭子權衡尺寸表

名件	尺寸（宋營造尺）		比例	附注
井亭子	高	11	1	自下錠脚至脊，共高一丈一尺，鴟尾在外，方七尺。其名件廣厚，皆取每尺之高，積而爲法
	廣	7		
	深	7	1	
柱	長	長視高		長視高，每高一尺，則方四分
	廣	0.44	0.04	
	厚	0.44	0.04	

續表

名件	尺寸（宋營造尺）		比例	附注
鋜脚	長	隨深廣		長隨深廣，其廣七分，厚四分。絞頭在外
	廣	0.77	0.07	
	厚	0.44	0.04	
額	長	隨柱内		長隨柱内，其廣四分五厘，厚二分
	廣	0.495	0.045	
	厚	0.22	0.02	
串	長	隨柱内		長與廣厚並同上
	廣	0.495	0.045	
	厚	0.22	0.02	
普拍方	長	隨柱内		長廣同上，厚一分五厘
	廣	0.495	0.045	
	厚	0.165	0.015	
枓槽版	長	隨柱内	−0.2	長同上，減二寸，廣六分六厘，厚一分四厘
	廣	0.726	0.066	
	厚	0.154	0.014	
平棊版	長	隨枓槽版内		長隨枓槽版内，其廣合版令足。以厚六分爲定法
	廣	合版令足		
	厚	0.06	實尺	
平棊貼	長	隨四周之廣		長隨四周之廣，其廣二分。厚同上
	廣	0.22	0.02	
	厚	0.06	實尺	
福	長	隨版之廣		長隨版之廣，其廣同上，厚同普拍方
	廣	0.22	0.02	
	厚	0.165	0.015	
平棊下難子	長	隨枓槽版内		長同平棊版，方一分
	廣	0.11	0.01	
	厚	0.11	0.01	
壓厦版	長	隨深廣	每壁+0.85	長同鋜脚，每壁加八寸五分。廣六分二厘，厚四厘
	廣	0.682	0.062	
	厚	0.044	0.004	
栿	長	隨深	+0.5	長隨深，加五寸，廣三分五厘，厚二分五厘
	廣	0.385	0.035	
	厚	0.275	0.025	

續表

名件	尺寸（宋營造尺）		比例	附注
大角梁	長	2.64	0.24	長二寸四分，廣二分四厘，厚一分六厘
	廣	0.264	0.024	
	厚	0.176	0.016	
子角梁	長	0.99	0.09	長九分，曲廣三分五厘，厚同楅
	曲廣	0.385	0.035	
	厚	0.165	0.015	
貼生	長	隨深廣	+0.6	長同壓厦版，加六寸，廣同大角梁，厚同枓槽版
	廣	0.264	0.024	
	厚	0.154	0.014	
脊槫蜀柱	長	2.42	0.22	長二寸二分，卯在內，廣三分六厘，厚同栿
	廣	0.396	0.036	
	厚	0.275	0.025	
平屋槫蜀柱	長	0.935	0.085	長八分五厘，廣厚同上
	廣	0.396	0.036	
	厚	0.275	0.025	
脊槫及平屋槫	長	隨廣［7］		長隨廣，其廣三分，厚二分二厘
	廣	0.33	0.03	
	厚	0.242	0.022	
脊串	長	隨槫［7］		長隨槫，其廣二分五厘，厚一分六厘
	廣	0.275	0.025	
	厚	0.176	0.016	
叉手	長	1.76	0.16	長一寸六分，廣四分，厚二分
	廣	0.44	0.04	
	厚	0.22	0.02	
山版	長	［深7］5.6	0.8	每深一尺，即長八寸，廣一寸五分，以厚六分爲定法
	廣	［深7］1.05	0.15	
	厚	0.06	實尺	
上架椽	長	［深7］2.59	0.37	每深一尺，即長三寸七分；曲廣一分六厘，厚九厘
	曲廣	0.176	0.016	
	厚	0.099	0.009	
下架椽	長	［深7］3.15	0.45	每深一尺，即長四寸五分；曲廣一分七厘，厚同上
	曲廣	0.187	0.017	
	厚	0.099	0.009	

續表

名件	尺寸（宋營造尺）		比例	附注
厦頭下架椽	長	[廣7]2.1	0.3	每廣一尺，即長三寸；曲廣一分二厘，厚同上
	曲廣	0.132	0.012	
	厚	0.099	0.009	
從角椽	長	長取宜		長取宜，勻攤使用
	廣	未詳		
	厚	未詳		
大連檐	長	隨深廣	每面+2.4	長同壓厦版，每面加二尺四寸，廣二分，厚一分
	廣	0.22	0.02	
	厚	0.11	0.01	
前後厦瓦版	長	隨槫	至角+1.5	長隨槫，其廣自脊至大連檐，合貼令數足，以厚五分爲定法，每至角，長加一尺五寸
	廣	自脊至大連檐		
	厚	0.05	實尺	
兩頭厦瓦版	長	自山版至大連檐	至角+1.15	其長自山版至大連檐，合版令數足，厚同上。至角加一尺一寸五分
	廣	未詳		
	厚	0.05	實尺	
飛子	長	0.99	0.09	長九分，尾在内，廣八厘，厚六厘。其飛子至角令隨勢上曲
	廣	0.088	0.008	
	厚	0.066	0.006	
白版	長	隨深廣		長同大連檐，每壁長加三尺，廣一寸，以厚五分爲定法
	廣	1.1		
	厚	0.05		
壓脊	長	隨槫		長隨槫，廣四分六厘，厚三分
	廣	0.506	0.046	
	厚	0.33	0.03	
垂脊	長	自脊至壓厦外		長自脊至壓厦外，曲廣五分，厚二分五厘
	曲廣	0.55	0.05	
	厚	0.275	0.025	
角脊	長	2.2	0.2	長二寸，曲廣四分，厚二分五厘
	曲廣	0.44	0.04	
	厚	0.275	0.025	
曲闌槫脊	長	每面長6.4	似爲實尺	每面長六尺四寸，廣四分，厚二分
	廣	0.44	0.04	
	厚	0.22	0.02	

續表

名件	尺寸（宋營造尺）		比例	附注
前後瓦隴條	長	[深7]5.95	0.85	每深一尺，即長八寸五分。方九厘。相去空九厘
	廣	0.099	0.009	
	厚	0.099	0.009	
廈頭瓦隴條	長	[廣7]2.31	0.33	每廣一尺，即長三寸三分；方同上
	廣	0.099	0.009	
	厚	0.099	0.009	
搏風版	長	[深7]3.01	0.43	每深一尺，即長四寸三分。以厚七分爲定法
	廣	未詳		
	厚	0.07	實尺	
瓦口子	長	隨子角梁内		長隨子角梁内，曲廣四分，厚亦如之
	曲廣	0.44	0.04	
	厚	0.44	0.04	
垂魚	長	1.3	1	長一尺三寸；每長一尺，即廣六寸；厚同搏風版
	廣	0.78	0.6	
	厚	0.07	實尺	
惹草	長	1	1	長一尺；每長一尺，即廣七寸；厚同上
	廣	0.7	0.7	
	厚	0.07	實尺	
鴟尾	長	1.21	0.11	長一寸一分，身廣四分，厚同壓脊
	廣	0.44	0.04	
	厚	0.33	0.03	
凡井亭子，鋜脚下齊，坐於井階之上。其枓栱分數及舉折等，並準大木作之制				

10．牌權衡尺寸表

名件	尺寸（宋營造尺）		比例	附注
殿堂樓閣門亭等牌	長	2—8	1	長二尺至八尺。謂牌長五尺，即首長六尺一寸，帶長七尺一寸，舌長四尺二寸之類。其廣厚皆取牌每尺之長，積而爲法
	若牌長5尺			
	牌首長	6.1		
	牌帶長	7.1		
	牌舌長	4.2		
牌面	長	2—8	1	每長一尺，則廣八寸，其下又加一分令牌面下廣，謂牌長五尺，即上廣四尺，下廣四尺五分之類，尺寸不等，依此加減
	廣	1.6—6.4	0.8	
	下廣	1.62—6.48	+0.01	

續表

名件	尺寸（宋營造尺）		比例	附注
首	長	2.44—9.76	+0.42	其牌首、牌帶、牌舌，每廣一尺，則首、帶隨其長，外各加長四寸二分。舌加長四分。廣三寸，厚四分
	廣	0.6—2.4	0.3	
	厚	0.08—0.32	0.04	
帶	長	2.84—11.36	+0.42	廣二寸八分，厚同上
	廣	0.56—2.24	0.28	
	厚	0.08—0.32	0.04	
舌	長	2.08—8.32	+0.04	廣二寸，厚同上
	廣	0.4—1.6	0.2	
	厚	0.08—0.32	0.04	
凡牌面之後，四周皆用楅，其身内七尺以上者用三楅，四尺以上者用二楅，三尺以上者用一楅。其楅之廣厚，皆量其所宜而爲之				

（八）“小木作制度四”權衡尺寸表

佛道帳權衡尺寸表

1．帳坐

名件	尺寸（宋營造尺）		比例	附注
佛道帳	共高	29		自坐下龜脚至鴟尾，共高二丈九尺；内外攏深一丈二尺五寸
	内外攏深	12.5		
帳坐	高	4.5	1	其名件廣厚，皆取逐層每尺之高，積而爲法。高四尺五寸，長隨殿身之廣，其廣隨殿身之深。下用龜脚
	長	隨殿身之廣		
	廣	隨殿身之深		
龜脚	長	0.9	0.2	每坐高一尺，則長二寸，廣七分，厚五分
	廣	0.315	0.07	
	厚	0.225	0.05	
車槽上下澁	長	隨坐長及深	+0.2	長隨坐長及深，外每面加二寸，廣二寸，厚六分五厘
	廣	0.9	0.2	
	厚	0.2925	0.065	
車槽	長	隨坐長及深	−0.3	長同上，每面減三寸，安華版在外。廣一寸，厚八分
	廣	0.45	0.1	
	厚	0.36	0.08	
上子澁	長	隨坐長及深	−0.2	兩重，在坐腰上下者，各長同上，減二寸，廣一寸六分，厚二分五厘
	廣	0.72	0.16	
	厚	0.1125	0.025	

續表

名件	尺寸（宋營造尺）		比例	附注
坐腰	長	隨坐長及深	−0.8	長同上，每面減八寸，方一寸。安華版在外
	廣	0.45	0.1	
	厚	0.45	0.1	
坐面澁	長	隨坐長及深		長同上，廣二寸，厚六分五厘
	廣	0.9	0.2	
	厚	0.2925	0.065	
猴面版	長	隨坐長及深		長同上，廣四寸，厚六分七厘
	廣	1.8	0.4	
	厚	0.3015	0.067	
明金版	長	隨坐長及深	−0.8	長同上，每面減八寸，廣二寸五分，厚一分二厘
	廣	1.125	0.25	
	厚	0.054	0.012	
枓槽版	長	隨坐長及深	−3	長同上，每面減三尺，廣二寸五分，厚二分二厘
	廣	1.125	0.25	
	厚	0.99	0.022	
壓厦版	長	隨坐長及深	−1	長同上，每面減一尺，廣二寸四分，厚二分二厘
	廣	1.08	0.24	
	厚	0.099	0.022	
門窗背版	長	隨枓槽版	−0.3	長隨枓槽版，減長三寸，廣自普拍方下至明金版上。以厚六分爲定法
	廣	自普拍方下至明金版上		
	厚	0.06	實尺	
車槽華版	長	隨車槽		長隨車槽，廣八分，厚三分
	廣	0.36	0.08	
	厚	0.135	0.03	
坐腰華版	長	隨坐腰		長隨坐腰，廣一寸，厚同上
	廣	0.45	0.1	
	厚	0.135	0.03	
坐面版	長	隨猴面版内		長廣並隨猴面版内，其厚二分六厘
	廣	隨猴面版内		
	厚	0.117	0.026	
猴面榥	長	每坐深一尺	×0.9	每坐深一尺，則長九寸，方八分。每一瓣用一條
	廣	0.36	0.08	
	厚	0.36	0.08	

續表

名件	尺寸（宋營造尺）		比例	附注
猴面馬頭榥	長	每坐深一尺	×0.14	每坐深一尺，則長一寸四分，方同上。每一瓣用一條
	廣	0.36	0.08	
	厚	0.36	0.08	
連梯卧榥	長	每坐深一尺	×0.95	每坐深一尺，則長九寸五分，方同上。每一瓣用一條
	廣	0.36	0.08	
	厚	0.36	0.08	
連梯馬頭榥	長	每坐深一尺	×0.1	每坐深一尺，則長一寸，方同上
	廣	0.36	0.08	
	厚	0.36	0.08	
長短柱脚方	長	同車槽澁	−3.2	長同車槽澁，每一面減三尺二寸，方一寸
	廣	0.45	0.1	
	厚	0.45	0.1	
長短榻頭木	長	隨柱脚方内		長隨柱脚方内，方八分
	廣	0.36	0.08	
	厚	0.36	0.08	
長立榥	長	4.14	0.92	長九寸二分，方同上。隨柱脚方、榻頭木逐瓣用之
	廣	0.36	0.08	
	厚	0.36	0.08	
短立榥	長	1.8	0.4	長四寸，方六分
	廣	0.27	0.06	
	厚	0.27	0.06	
拽後榥	長	2.25	0.5	長五寸，方同上
	廣	0.27	0.06	
	厚	0.27	0.06	
穿串透栓	長	隨榻頭木		長隨榻頭木，廣五分，厚二分
	廣	0.225	0.05	
	厚	0.09	0.02	
羅文榥	長	每坐高一尺	+0.1	每坐高一尺，則加長一寸，方八分
	廣	0.36	0.08	
	厚	0.36	0.08	

2. 帳身

名件	尺寸（宋營造尺）		比例	附注
帳身	高	12.5	1	高一丈二尺五寸，長與廣皆隨帳坐，量瓣數隨宜取間。 每間用算程方施平棊、鬭八藻井
	長	隨帳坐		
	廣	隨帳坐		
帳內外槽柱	長	視帳身之高	1	長視帳身之高。每高一尺，則方四分
	廣	0.5	0.04	
	厚	0.5	0.04	
虛柱	長	4	0.32	長三寸二分，方三分四厘
	廣	0.425	0.034	
	厚	0.425	0.034	
內外槽上隔枓版	長	隨間架		長隨間架，廣一寸二分，厚一分二厘
	廣	1.5	0.12	
	厚	0.15	0.012	
上隔枓仰托榥	長	隨間架		長同上，廣二分八厘，厚二分
	廣	0.35	0.028	
	厚	0.25	0.02	
上隔枓內外上下貼	長	同錠脚貼		長同錠脚貼，廣二分，厚八厘
	廣	0.25	0.02	
	厚	0.1	0.008	
隔枓內外上柱子	長	0.55	0.044	長四分四厘。其廣厚並同上
	廣	0.25	0.02	
	厚	0.1	0.008	
隔枓內外下柱子	長	0.45	0.036	長三分六厘。其廣厚並同上
	廣	0.25	0.02	
	厚	0.1	0.008	
裹槽下錠脚版	長	隨每間之深廣		長隨每間之深廣，其廣五分二厘，厚一分二厘
	廣	0.65	0.052	
	厚	0.15	0.012	
錠脚仰托榥	長	隨每間之深廣		長同上，廣二分八厘，厚二分
	廣	0.35	0.028	
	厚	0.25	0.02	

續表

名件	尺寸（宋營造尺）		比例	附注
鋜脚內外貼	長	隨每間之深廣		長同上，其廣二分，厚八厘
	廣	0.25	0.02	
	厚	0.1	0.008	
鋜脚內外柱子	長	0.4	0.032	長三分二厘，廣厚同上
	廣	0.25	0.02	
	厚	0.1	0.008	
內外歡門	長	隨帳柱之內		長隨帳柱之內，其廣一寸二分，厚一分二厘
	廣	1.5	0.12	
	厚	0.15	0.012	
內外帳帶	長	3.5	0.28	長二寸八分，廣二分六厘，厚亦如之
	廣	0.325	0.026	
	厚	0.325	0.026	
兩側及後壁版	長	視上下仰托榥內		長視上下仰托榥內，廣隨帳柱、心柱內，其厚八厘
	廣	隨帳柱、心柱內		
	厚	0.1	0.008	
心柱	長	視上下仰托榥內		長同上，其廣三分二厘，厚二分八厘
	廣	0.4	0.032	
	厚	0.35	0.028	
頰子	長	視上下仰托榥內		長同上，廣三分，厚二分八厘
	廣	0.375	0.03	
	厚	0.35	0.028	
腰串	長	隨帳柱內		長隨帳柱內，廣厚同上
	廣	0.375	0.03	
	厚	0.35	0.028	
難子	長	同後壁版		長同後壁版，方八厘
	廣	0.1	0.008	
	厚	0.1	0.008	
隨間栿	長	隨帳身之深		長隨帳身之深，其方三分六厘
	廣	0.45	0.036	
	厚	0.45	0.036	

名件	尺寸（宋營造尺）		比例	附注
算桯方	長	隨間之廣		長隨間之廣，其廣三分二厘，厚二分四厘
	廣	0.4	0.032	
	厚	0.3	0.024	
四面槫難子	長	隨間架		長隨間架，方一分二厘
	廣	0.15	0.012	
	厚	0.15	0.012	
平棊				華文制度並準殿内平棊
背版	長	隨方子心内		長隨方子心内，廣隨栿心。以厚五分爲定法
	廣	隨栿心		
	厚	0.05	實尺	
桯	長	隨方子四周之内		長隨方子四周之内，其廣一分二厘。厚同背版
	廣	0.15	0.012	
	厚	0.05	實尺	
貼	長	隨桯四周之内		長隨桯四周之内，其廣一分二厘。厚同背版
	廣	0.15	0.012	
	厚	0.05	實尺	
難子並貼華	長	未詳		厚同貼。每方一尺，用貼華二十五枚或十六枚
	廣	未詳		
	厚	0.05	實尺	
鬬八藻井	徑	3.2		徑三尺二寸，共高一尺五寸。其名件並準本法，量宜減之
	高	1.5		

3．腰檐

名件	尺寸（宋營造尺）		比例	附注
腰檐	高	3		自櫨枓至脊，共高三尺
普拍方	長	隨四周之廣		長隨四周之廣，其廣一寸八分，厚六分。絞頭在外
	廣	0.54	0.18	
	厚	0.18	0.06	
角梁	長	4.2	+0.4	每高一尺，加長四寸，廣一寸四分，厚八分
	廣	0.42	0.14	
	厚	0.24	0.08	

續表

名件	尺寸（宋營造尺）		比例	附注
子角梁	長	1.5	0.5	長五寸，其曲廣二寸，厚七分
	曲廣	0.6	0.2	
	厚	0.21	0.07	
抹角梁	長	2.1	0.7	長七寸，方一寸四分
	廣	0.42	0.14	
	厚	0.42	0.14	
槫	長	隨間廣		長隨間廣，其廣一寸四分，厚一寸
	廣	0.42	0.14	
	厚	0.3	0.1	
曲椽	長	2.28	0.76	長七寸六分，其曲廣一寸，厚四分。每補間鋪作一朵用四條
	曲廣	0.3	0.1	
	厚	0.12	0.04	
飛子	長	1.2	0.4	長四寸，尾在内，方三分，角内隨宜刻曲
	廣	0.09	0.03	
	厚	0.09	0.03	
大連檐	長	同槫		長同槫，梢間長至角梁，每壁加三尺六寸，廣五分，厚三分
	廣	0.15	0.05	
	厚	0.09	0.03	
白版	長	隨間之廣		長隨間之廣。每梢間加出角一尺五寸，其廣三寸五分。以厚五分爲定法
	廣	1.05	0.35	
	厚	0.05	實尺	
夾科槽版	長	隨間之深廣		長隨間之深廣，其廣四寸四分，厚七分
	廣	1.32	0.44	
	厚	0.21	0.07	
山版	長	同科槽版		長同科槽版，廣四寸二分，厚七分
	廣	1.26	0.42	
	厚	0.21	0.07	
科槽鑰匙頭版	長	每深1尺，長4寸		每深一尺，則長四寸。廣厚同科槽版。逐間段數亦同科槽版
	廣	1.32	0.44	
	厚	0.21	0.07	
科槽壓厦版	長	同科槽		長同科槽，每梢間長加一尺，其廣四寸，厚七分
	廣	1.6	0.4	
	厚	0.21	0.07	

名件	尺寸（宋營造尺）		比例	附注
貼生	長	隨間之深廣		長隨間之深廣，其方七分
	廣	0.21	0.07	
	厚	0.21	0.07	
枓槽卧棍	長	每深1尺，長9.65寸		每深一尺，則長九寸六分五厘。方一寸。每鋪作一朵用二條
	廣	0.3	0.1	
	厚	0.3	0.1	
絞鑰匙頭上下順身棍	長	隨間之廣		長隨間之廣，方一寸
	廣	0.3	0.1	
	厚	0.3	0.1	
立棍	長	2.1	0.7	長七寸，方一寸。每鋪作一朵用二條
	廣	0.3	0.1	
	厚	0.3	0.1	
厦瓦版	長	隨間之廣深		長隨間之廣深，每梢間加出角一尺二寸五分，其廣九寸。以厚五分爲定法
	廣	2.7	0.9	
	厚	0.05	實尺	
槫脊	長	隨間之廣深		長同上，廣一寸五分，厚七分
	廣	0.45	0.15	
	厚	0.21	0.07	
角脊	長	1.8	0.6	長六寸，其曲廣一寸五分，厚七分
	曲廣	0.45	0.15	
	厚	0.21	0.07	
瓦隴條	長	2.7	0.9	長九寸，瓦頭在内。方三分五厘
	廣	0.105	0.035	
	厚	0.105	0.035	
瓦口子	長	隨間廣		長隨間廣，每梢間加出角二尺五寸，其廣三分。以厚五分爲定法
	廣	0.09	0.03	
	厚	0.05	實尺	

4．平坐

名件	尺寸（宋營造尺）		比例	附注
平坐	高	1.8	1	高一尺八寸，長與廣皆隨帳身
	長	隨帳身		
	廣	隨帳身		

續表

名件	尺寸（宋營造尺）		比例	附注
普拍方	長	隨間之廣		長隨間之廣，合角在外，其廣一寸二分，厚一寸
	廣	0.216	0.12	
	厚	0.18	0.1	
夾枓槽版	長	隨間之深廣		長隨間之深廣，其廣九寸，厚一寸一分
	廣	1.62	0.9	
	厚	0.198	0.11	
枓槽鑰匙頭版	長	每深1尺，長4寸		每深一尺，則長四寸，其廣厚同枓槽版。逐間段數亦同
	廣	1.62	0.9	
	厚	0.198	0.11	
壓厦版	長	隨間之深廣		長同枓槽版，每梢間加長一尺五寸，廣九寸五分，厚一寸一分
	廣	1.71	0.95	
	厚	0.198	0.11	
枓槽卧榥	長	每深1尺，長9.65寸		每深一尺，則長九寸六分五厘，方一寸六分。每鋪作一朶用二條
	廣	0.288	0.16	
	厚	0.288	0.16	
立榥	長	1.62	0.9	長九寸，方一寸六分。每鋪作一朶用四條
	廣	0.288	0.16	
	厚	0.288	0.16	
鴈翅版	長	隨壓厦版		長隨壓厦版，其廣二寸五分，厚五分
	廣	0.45	0.25	
	厚	0.09	0.05	
坐面版	長	隨枓槽内		長隨枓槽内，其廣九寸，厚五分
	廣	1.62	0.9	
	厚	0.09	0.05	

5．天宫樓閣

名件	尺寸（宋營造尺）		比例	附注
天宫樓閣	高	7.2		共高七尺二寸，深一尺一寸至一尺三寸。出跳及檐並在柱外
	深	1.1—1.3		
重臺鉤闌	高	0.8—1.2	1	共高八寸至一尺二寸，其鉤闌並準樓閣殿亭鉤闌制度。下同。其名件等，以鉤闌每尺之高，積而爲法

續表

名件	尺寸（宋營造尺）		比例	附注
望柱	長	長視高	+0.4	長視高，加四寸，每高一尺，則方二寸。通身八瓣
	廣	0.16—0.24	0.2	
	厚	0.16—0.24	0.2	
蜀柱	長	長視高		長同上，廣二寸，厚一寸；其上方一寸六分，刻作癭項
	廣	0.16—0.24	0.2	
	厚	0.08—0.12	0.1	
	癭項方	0.128—0.192	0.16	
雲栱	長	0.24—0.36	0.3	長三寸，廣一寸五分，厚九分
	廣	0.12—0.18	0.15	
	厚	0.072—0.108	0.09	
地霞	長	0.4—0.6	0.5	長五寸，廣同上，厚一寸三分
	廣	0.12—0.18	0.15	
	厚	0.104—0.156	0.13	
尋杖	長	隨間廣		長隨間廣，方九分
	廣	0.072—0.108	0.09	
	厚	0.072—0.108	0.09	
盆脣木	長	隨間廣		長同上，廣一寸六分，厚六分
	廣	0.128—0.192	0.16	
	厚	0.048—0.072	0.06	
束腰	長	隨間廣		長同上，廣一寸，厚八分
	廣	0.08—0.12	0.1	
	厚	0.064—0.096	0.08	
上華版	長	隨蜀柱内		長隨蜀柱内，其廣二寸，厚四分。四面各别出卯，合入池槽。下同
	廣	0.16—0.24	0.2	
	厚	0.032—0.048	0.04	
下華版	長	隨蜀柱内		長厚同上，卯入至蜀柱卯，廣一寸五分
	廣	0.12—0.18	0.15	
	厚	0.032—0.048	0.04	
地栿	長	隨望柱内		長隨望柱内，廣一寸八分，厚一寸一分。上兩棱連梯混各四分
	廣	0.144—0.216	0.18	
	厚	0.088—0.132	0.11	
單鉤闌	高	0.5—1	1	高五寸至一尺者，並用此法。其名件等，以鉤闌每寸之高，積而爲法

續表

名件	尺寸（宋營造尺）		比例	附注
望柱	長	0.7—1.2	+0.2	長視高，加二寸，方一分八厘
	廣	0.009—0.018	0.018	
	厚	0.009—0.018	0.018	
蜀柱	長	0.7—1.2	+0.2	長同上。制度同重臺鉤闌法。自盆脣木上，雲栱下，作撮項胡桃子
	廣	0.1—0.2	0.2	
	厚	0.05—0.1	0.1	
雲栱	長	0.02—0.04	0.04	長四分，廣二分，厚一分
	廣	0.01—0.02	0.02	
	厚	0.005—0.01	0.01	
尋杖	長	隨間之廣		長隨間之廣，方一分
	廣	0.005—0.01	0.01	
	厚	0.005—0.01	0.01	
盆脣木	長	隨間之廣		長同上，廣一分八厘，厚八厘
	廣	0.009—0.018	0.018	
	厚	0.004—0.008	0.008	
華版	長	隨蜀柱内		長隨蜀柱内，廣三分。以厚四分爲定法
	廣	0.015—0.03	0.03	
	厚	0.04	實尺	
地栿	長	隨望柱内		長隨望柱内，其廣一分五厘，厚一分二厘
	廣	0.0075—0.015	0.015	
	厚	0.006—0.012	0.012	
枓子蜀柱鉤闌	高	0.3—0.5	1	高三寸至五寸者，並用此法。其名件等，以鉤闌每寸之高，積而爲法
蜀柱	長	0.3—0.5	1	長視高，卯在内，廣二分四厘，厚一分二厘
	廣	0.0072—0.012	0.024	
	厚	0.0036—0.006	0.012	
尋杖	長	隨間廣		長隨間廣，方一分三厘
	廣	0.0039—0.0065	0.013	
	厚	0.0039—0.0065	0.013	
盆脣木	長	隨間廣		長同上，廣二分，厚一分二厘
	廣	0.006—0.01	0.02	
	厚	0.0036—0.006	0.012	

續表

名件	尺寸（宋營造尺）		比例	附注
華版	長	隨蜀柱内		長隨蜀柱内，其廣三分。以厚三分爲定法
	廣	0.009—0.015	0.03	
	厚	0.03	實尺	
地栿	長	隨間廣		長隨間廣，其廣一分五厘，厚一分二厘
	廣	0.0045—0.0075	0.015	
	厚	0.0036—0.006	0.012	
踏道圜橋子	高	4.5	1	高四尺五寸，斜拽長三尺七寸至五尺五寸，面廣五尺。下用龜脚，上施連梯、立旌，四周纏難子合版，内用棍
	斜拽長	3.7—5.5		
	廣	5	1	
龜脚	長	0.9	0.2	每橋子高一尺，則長二寸，廣六分，厚四分
	廣	0.27	0.06	
	厚	0.18	0.04	
連梯桯	長	未詳		其廣一寸，厚五分
	廣	0.45	0.1	
	厚	0.225	0.05	
連梯棍	長	隨廣		長隨廣，其方五分
	廣	0.225	0.05	
	厚	0.225	0.05	
立柱	長	4.5	1	長視高，方七分
	廣	0.315	0.07	
	厚	0.315	0.07	
攏立柱上棍	長	隨廣		長與方並同連梯棍
	廣	0.225	0.05	
	厚	0.225	0.05	
兩頰	長	4.5+2.7=7.2	+0.6	每高一尺，則加六寸，曲廣四寸，厚五分
	曲廣	1.8	0.4	
	厚	0.225	0.05	
促版、踏版	長	4.8	0.96	每廣一尺，則長九寸六分，廣一寸三分，踏版又加三分，厚二分三厘
	廣	0.585	0.13	
	厚	0.135	0.023	

續表

<table>
<tr><th>名件</th><th colspan="2">尺寸（宋營造尺）</th><th>比例</th><th>附注</th></tr>
<tr><td rowspan="3">踏版榥</td><td>長</td><td>5+0.4=5.4</td><td>+0.08</td><td rowspan="3">每廣一尺，則長加八分，方六分</td></tr>
<tr><td>廣</td><td>0.27</td><td>0.06</td></tr>
<tr><td>厚</td><td>0.27</td><td>0.06</td></tr>
<tr><td rowspan="3">背版</td><td>長</td><td>隨柱子内</td><td></td><td rowspan="3">長隨柱子内，廣視連梯與上榥内。以厚六分爲定法</td></tr>
<tr><td>廣</td><td>視連梯與上榥内</td><td></td></tr>
<tr><td>厚</td><td>0.06</td><td>實尺</td></tr>
<tr><td rowspan="3">月版</td><td>長</td><td>視兩頬及柱子内</td><td></td><td rowspan="3">長視兩頬及柱子内，廣隨兩頬與連梯内。以厚六分爲定法</td></tr>
<tr><td>廣</td><td>隨兩頬與連梯内</td><td></td></tr>
<tr><td>厚</td><td>0.06</td><td>實尺</td></tr>
<tr><td colspan="5">上層如用山華蕉葉造者，帳身之上，更不用結窓。其壓厦版，於橑檐方外出四十分，上施混肚方。其名件廣厚，皆取自普拍方至山華每尺之高，積而爲法</td></tr>
<tr><td>山華蕉葉</td><td>高</td><td>2.77</td><td>1</td><td>混肚方上用仰陽版，版上安山華蕉葉，共高二尺七寸七分</td></tr>
<tr><td rowspan="3">頂版</td><td>長</td><td>隨間廣</td><td></td><td rowspan="3">長隨間廣，其廣隨深。以厚七分爲定法</td></tr>
<tr><td>廣</td><td>隨深</td><td></td></tr>
<tr><td>厚</td><td>0.07</td><td>實尺</td></tr>
<tr><td rowspan="3">混肚方</td><td>長</td><td>未詳</td><td></td><td rowspan="3">廣二寸，厚八分</td></tr>
<tr><td>廣</td><td>0.554</td><td>0.2</td></tr>
<tr><td>厚</td><td>0.2216</td><td>0.08</td></tr>
<tr><td rowspan="3">仰陽版</td><td>長</td><td>未詳</td><td></td><td rowspan="3">廣二寸八分，厚三分</td></tr>
<tr><td>廣</td><td>0.7756</td><td>0.28</td></tr>
<tr><td>厚</td><td>0.0831</td><td>0.03</td></tr>
<tr><td rowspan="3">山華版</td><td>長</td><td>未詳</td><td></td><td rowspan="3">廣厚同上</td></tr>
<tr><td>廣</td><td>0.7756</td><td>0.28</td></tr>
<tr><td>厚</td><td>0.0831</td><td>0.03</td></tr>
<tr><td rowspan="3">仰陽
上下貼</td><td>長</td><td>同仰陽版</td><td></td><td rowspan="3">長同仰陽版，其廣六分，厚二分四厘</td></tr>
<tr><td>廣</td><td>0.1662</td><td>0.06</td></tr>
<tr><td>厚</td><td>0.0665</td><td>0.024</td></tr>
<tr><td rowspan="3">合角貼</td><td>長</td><td>1.5512</td><td>0.56</td><td rowspan="3">長五寸六分，廣厚同上</td></tr>
<tr><td>廣</td><td>0.1662</td><td>0.06</td></tr>
<tr><td>厚</td><td>0.0665</td><td>0.024</td></tr>
</table>

名件	尺寸（宋營造尺）		比例	附注
柱子	長	0.4432	0.16	長一寸六分，廣厚同上
	廣	0.1662	0.06	
	厚	0.0665	0.024	
榀	長	0.8864	0.32	長三寸二分，廣同上，厚四分
	廣	0.1662	0.06	
	厚	0.1108	0.04	
凡佛道帳芙蓉瓣，每瓣長一尺二寸，隨瓣用龜脚。上對鋪作。其屋蓋舉折及枓栱等分數，並準大木作制度隨材減之。卷殺瓣柱及飛子亦如之				

（九）“小木作制度五”權衡尺寸表

1. 牙脚帳權衡尺寸表

（1）牙脚坐

名件	尺寸（宋營造尺）		比例	附注
牙脚帳	高	15		共高一丈五尺，廣三丈，内外攏共深八尺。以此爲率。其名件廣厚，皆隨逐層每尺之高，積而爲法
	廣	30		
	内外攏深	8		
牙脚坐	高	2.5	1	高二尺五寸，長三丈二尺，深一丈。坐頭在内，下用連梯、龜脚。中用束腰、壓青牙子、牙頭、牙脚，背版、填心
	長	32		
	深	10	1	
龜脚	長	0.75	0.3	每坐高一尺，則長三寸，廣一寸二分，厚一寸四分
	廣	0.3	0.12	
	厚	0.35	0.14	
連梯	長	隨坐深		隨坐深長，其廣八分，厚一寸二分
	廣	0.2	0.08	
	厚	0.3	0.12	
角柱	長	1.55	0.62	長六寸二分，方一寸六分
	廣	0.4	0.16	
	厚	0.4	0.16	
束腰	長	隨角柱内		長隨角柱内，其廣一寸，厚七分
	廣	0.25	0.1	
	厚	0.175	0.07	

續表

名件	尺寸（宋營造尺）		比例	附注
牙頭	長	0.8	0.32	長三寸二分，廣一寸四分，厚四分
	廣	0.35	0.14	
	厚	0.1	0.04	
牙脚	長	1.55	0.62	長六寸二分，廣二寸四分，厚同上
	廣	0.6	0.24	
	厚	0.1	0.04	
填心	長	0.9	0.36	長三寸六分，廣二寸八分，厚同上
	廣	0.7	0.28	
	厚	0.1	0.04	
壓青牙子	長	同束腰		長同束腰，廣一寸六分，厚二分六厘
	廣	0.4	0.16	
	厚	0.065	0.026	
上梯盤	長	同連梯		長同連梯，其廣二寸，厚一寸四分
	廣	0.5	0.2	
	厚	0.35	0.14	
面版	長	隨梯盤長深之内		長廣皆隨梯盤長深之内，厚同牙頭
	廣			
	厚	0.1	0.04	
背版	長	隨角柱内		長隨角柱内，其廣六寸二分，厚三分二厘
	廣	1.55	0.62	
	厚	0.08	0.032	
束腰上貼絡柱子	長	0.25	0.1	長一寸，兩頭叉瓣在外，方七分
	廣	0.175	0.07	
	厚	0.175	0.07	
束腰上襯版	長	0.09	0.036	長三分六厘，廣一寸，厚同牙頭
	廣	0.25	0.1	
	厚	0.1	0.04	
連梯棍	長	8.6	0.86	每深一尺，則長八寸六分。方一寸。每面廣一尺用一條
	廣	0.25	0.1	
	厚	0.25	0.1	

續表

名件	尺寸（宋營造尺）		比例	附注
立棍	長	2.25	0.9	長九寸，方同上。隨連梯棍用五條
	廣	0.25	0.1	
	厚	0.25	0.1	
梯盤棍	長	同連梯		長同連梯，方同上。用同連梯棍
	廣	0.25	0.1	
	厚	0.25	0.1	

（2）帳身

名件	尺寸（宋營造尺）		比例	附注
帳身	高	9	1	高九尺，長三丈，深八尺。內外槽柱上用隔枓，下用鋜脚。四面柱內安歡門、帳帶。兩側及後壁皆施心柱、腰串、難子安版
	長	30		
	深	8		
內外帳柱	長	9	1	長視帳身之高，每高一尺，則方四分五厘
	廣	0.405	0.045	
	厚	0.405	0.045	
虛柱	長	2.7	0.3	長三寸，方四分五厘
	廣	0.405	0.045	
	厚	0.405	0.045	
內外槽上隔枓版	長	隨每間之深廣		長隨每間之深廣，其廣一寸二分四厘，厚一分七厘
	廣	1.116	0.124	
	厚	0.153	0.017	
上隔枓仰托棍	長	隨每間之深廣		長同上，廣四分，厚二分
	廣	0.36	0.04	
	厚	0.18	0.02	
上隔枓內外上下貼	長	隨每間之深廣		長同上，廣二分，厚一分
	廣	0.18	0.02	
	厚	0.09	0.01	
上隔枓內外上柱子	長	0.45	0.05	長五分。其廣厚並同上
	廣	0.18	0.02	
	厚	0.09	0.01	

續表

名件	尺寸（宋營造尺）		比例	附注
上隔枓内外下柱子	長	0.306	0.034	長三分四厘。其廣厚並同上
	廣	0.18	0.02	
	厚	0.09	0.01	
内外歡門	長	0.306	0.034	長同上。其廣二分，厚一分五厘
	廣	0.18	0.02	
	厚	0.135	0.015	
内外帳帶	長	3.06	0.34	長三寸四分，方三分六厘
	廣	0.324	0.036	
	厚	0.324	0.036	
裹槽下鋜脚版	長	隨每間之深廣		長隨每間之深廣，其廣七分，厚一分七厘
	廣	0.63	0.07	
	厚	0.153	0.017	
鋜脚仰托榥	長	隨每間之深廣		長同上，廣四分，厚二分
	廣	0.36	0.04	
	厚	0.18	0.02	
鋜脚内外貼	長	隨每間之深廣		長同上，廣二分，厚一分
	廣	0.18	0.02	
	厚	0.09	0.01	
鋜脚内外柱子	長	0.45	0.05	長五分，廣二分，厚同上
	廣	0.18	0.02	
	厚	0.09	0.01	
兩側及後壁合版	長	同立頰		長同立頰，廣隨帳柱、心柱内。其厚一分
	廣	隨帳柱、心柱内		
	厚	0.09	0.01	
心柱	長	同立頰		長同上，方三分五厘
	廣	0.315	0.035	
	厚	0.315	0.035	
腰串	長	隨帳柱内		長隨帳柱内，方同上
	廣	0.315	0.035	
	厚	0.315	0.035	

續表

名件	尺寸（宋營造尺）		比例	附注
立頰	長	視上下仰托榥内		長視上下仰托榥内，其廣三分六厘，厚三分
	廣	0.324	0.036	
	厚	0.27	0.03	
泥道版	長	視上下仰托榥内		長同上。其廣一寸八分，厚一分
	廣	1.62	0.18	
	厚	0.09	0.01	
難子	長	同立頰		長同立頰，方一分。安平棊亦用此
	廣	0.09	0.01	
	厚	0.09	0.01	
平棊	長	未詳		華文等並準殿内平棊制度
	廣	未詳		
	厚	未詳		
桯	長	隨科槽四周之内		長隨科槽四周之内，其廣二分三厘，厚一分六厘
	廣	0.207	0.023	
	厚	0.144	0.016	
背版	長	隨桯		長廣隨桯。以厚五分爲定法
	廣			
	厚	0.05	實尺	
貼	長	隨桯内		長隨桯内，其廣一分六厘。厚同背版
	廣	0.144	0.016	
	厚	0.05	實尺	
難子並貼華	長	未詳		厚同貼。每方一尺，用華子二十五枚或十六枚
	廣	未詳		
	厚	0.05	實尺	
楅	長	同桯		長同桯，其廣二分三厘，厚一分六厘
	廣	0.207	0.023	
	厚	0.144	0.016	
護縫	長	同背版		長同背版，其廣二分。厚同貼
	廣	0.18	0.02	
	厚	0.05	實尺	

（3）帳頭

名件	尺寸（宋營造尺）		比例	附注
帳頭	高	3.5		共高三尺五寸。枓槽長二丈九尺七寸六分，深七尺七寸六分
	枓槽長	29.76		
	深	7.76		
普拍方	長	隨間廣		長隨間廣，其廣一寸二分，厚四分七厘。絞頭在外
	廣	0.42	0.12	
	厚	0.1645	0.047	
内外槽並兩側夾枓槽版	長	隨帳之深廣		長隨帳之深廣，其廣三寸，厚五分七厘
	廣	1.05	0.3	
	厚	0.1995	0.057	
壓厦版	長	隨帳之深廣	至角+1.3	長同上，至角加一尺三寸，其廣三寸二分六厘，厚五分七厘
	廣	1.141	0.326	
	厚	0.1995	0.057	
混肚方	長	隨帳之深廣	至角+1.5	長同上，至角加一尺五寸，其廣二分，厚七分
	廣	0.07	0.02	
	厚	0.245	0.07	
頂版	長	隨混肚方内		長隨混肚方内。以厚六分爲定法
	廣	未詳		
	厚	0.06	實尺	
仰陽版	長	隨帳之深廣	至角+1.6	長同混肚方，至角加一尺六寸，其廣二寸五分，厚三分
	廣	0.875	0.25	
	厚	0.105	0.03	
仰陽上貼	長	上貼隨合角貼内		下貼長同上，上貼隨合角貼内，廣五分，厚二分五厘
	廣	0.175	0.05	
	厚	0.0875	0.025	
仰陽下貼	長	下貼長同上		
	廣	0.175	0.05	
	厚	0.0875	0.025	
仰陽合角貼	長	隨仰陽版之廣		長隨仰陽版之廣，其廣厚同上
	廣	0.175	0.05	
	厚	0.0875	0.025	

續表

名件	尺寸（宋營造尺）		比例	附注
山華版	長	同仰陽版	至角+1.9	長同仰陽版，至角加一尺九寸，其廣二寸九分，厚三分
	廣	1.015	0.29	
	厚	0.105	0.03	
山華合角貼	長	未詳		廣五分，厚二分五厘
	廣	0.175	0.05	
	厚	0.0875	0.025	
卧榥	長	隨混肚方内		長隨混肚方内，其方七分。每長一尺用一條
	廣	0.245	0.07	
	厚	0.245	0.07	
馬頭榥	長	1.4	0.4	長四寸，方七分。用同卧榥
	廣	0.245	0.07	
	厚	0.245	0.07	
楅	長	隨仰陽山華版之廣		長隨仰陽山華版之廣，其方四分。每山華用一條
	廣	0.14	0.04	
	厚	0.14	0.04	
凡牙脚帳坐，每一尺作一壼門，下施龜脚，合對鋪作。其所用枓栱名件分數，並準大木作制度隨材減之				

2. 九脊小帳權衡尺寸表

（1）牙脚坐

名件	尺寸（宋營造尺）		比例	附注
九脊小帳	高	12		自牙脚坐下龜脚至脊，共高一丈二尺，鴟尾在外，廣八尺，内外攏共深四尺。其名件廣厚，皆隨逐層每尺之高，積而爲法
	廣	8		
	内外攏深	4		
牙脚坐	高	2.5	1	高二尺五寸，長九尺六寸，坐頭在内，深五尺
	長	9.6		
	深	5		
龜脚	長	0.75	0.3	每坐高一尺，則長三寸，廣一寸二分，厚六分
	廣	0.3	0.12	
	厚	0.15	0.06	

續表

名件	尺寸（宋營造尺）		比例	附注
連梯	長	隨坐深		長隨坐深，其廣二寸，厚一寸二分
	廣	0.5	0.2	
	厚	0.3	0.12	
角柱	長	1.55	0.62	長六寸二分，方一寸二分
	廣	0.3	0.12	
	厚	0.3	0.12	
束腰	長	隨角柱内		長隨角柱内，其廣一寸，厚六分
	廣	0.25	0.1	
	厚	0.15	0.06	
牙頭	長	0.7	0.28	長二寸八分，廣一寸四分，厚三分二厘
	廣	0.35	0.14	
	厚	0.08	0.032	
牙脚	長	1.55	0.62	長六寸二分，廣二寸，厚同上
	廣	0.5	0.2	
	厚	0.08	0.032	
填心	長	0.9	0.36	長三寸六分，廣二寸二分，厚同上
	廣	0.55	0.22	
	厚	0.08	0.032	
壓青牙子	長	隨角柱内		長同束腰，隨深廣。減一寸五分；其廣一寸六分，厚二分四厘
	廣	0.4	0.16	
	厚	0.06	0.024	
上梯盤	長	隨坐深		長厚同連梯，廣一寸六分
	廣	0.4	0.16	
	厚	0.3	0.12	
面版	長	隨梯盤内		長廣皆隨梯盤内，厚四分
	廣	隨梯盤内		
	厚	0.1	0.04	
背版	長	隨角柱内		長隨角柱内，其廣六寸二分，厚同壓青牙子
	廣	1.55	0.62	
	厚	0.06	0.024	

續表

名件	尺寸（宋營造尺）		比例	附注
束腰上貼絡柱子	長	0.25	0.1	長一寸，別出兩頭叉瓣，方六分
	廣	0.15	0.06	
	厚	0.15	0.06	
束腰鋜脚內襯版	長	0.7	0.28	長二寸八分，廣一寸，厚同填心
	廣	0.25	0.1	
	厚	0.08	0.032	
連梯棍	長	隨連梯內		長隨連梯內，方一寸。每廣一尺用一條
	廣	0.25	0.1	
	厚	0.25	0.1	
立棍	長	2.25	0.9	長九寸，卯在內，方同上。隨連梯棍用三條
	廣	0.25	0.1	
	厚	0.25	0.1	
梯盤棍	長	隨坐深		長同連梯，方同上。用同連梯棍
	廣	0.25	0.1	
	厚	0.25	0.1	

（2）帳身

名件	尺寸（宋營造尺）		比例	附注
帳身	高	6.5	1	一間，高六尺五寸，廣八尺，深四尺。其內外槽柱至泥道版，並準牙脚帳制度
	廣	8		
	厚	4		
內外帳柱	長	長視帳身之高		長視帳身之高，方五分
	廣	0.325	0.05	
	厚	0.325	0.05	
虛柱	長	2.275	0.35	長三寸五分，方四分五厘
	廣	0.2925	0.045	
	厚	0.2925	0.045	
內外槽上隔枓版	長	隨帳柱內		長隨帳柱內，其廣一寸四分二厘，厚一分五厘
	廣	0.923	0.142	
	厚	0.0975	0.015	

續表

名件	尺寸（宋營造尺）		比例	附注
上隔料仰托棍	長	隨帳柱内		長同上，廣四分三厘，厚二分八厘
	廣	0.2795	0.043	
	厚	0.182	0.028	
上隔料内外上下貼	長	隨帳柱内		長同上，廣二分八厘，厚一分四厘
	廣	0.182	0.028	
	厚	0.091	0.014	
上隔料内外上柱子	長	0.312	0.048	長四分八厘；廣厚同上
	廣	0.182	0.028	
	厚	0.091	0.014	
上隔料内外下柱子	長	0.247	0.038	長三分八厘；廣厚同上
	廣	0.182	0.028	
	厚	0.091	0.014	
内歡門	長	隨立頰内		長隨立頰内。其廣一寸五分，厚一分五厘
	廣	0.975	0.15	
	厚	0.0975	0.015	
外歡門	長	隨帳柱内		長隨帳柱内。其廣一寸五分，厚一分五厘
	廣	0.975	0.15	
	厚	0.0975	0.015	
内外帳帶	長	2.08	0.32	長三寸二分，方三分四厘
	廣	0.221	0.034	
	厚	0.221	0.034	
裹槽下鋜脚版	長	隨帳柱内		長同上隔料上下貼，其廣七分二厘，厚一分五厘
	廣	0.468	0.072	
	厚	0.0975	0.015	
鋜脚仰托棍	長	隨帳柱内		長同上，廣四分三厘，厚二分八厘
	廣	0.2795	0.043	
	厚	0.182	0.028	
鋜脚内外貼	長	隨帳柱内		長同上，廣二分八厘，厚一分四厘
	廣	0.182	0.028	
	厚	0.091	0.014	

續表

名件	尺寸（宋營造尺）		比例	附注
鋜脚內外柱子	長	0.312	0.048	長四分八厘，廣二分八厘，厚一分四厘
	廣	0.182	0.028	
	厚	0.091	0.014	
兩壁及後壁合版	長	長視上下仰托榥		長視上下仰托榥，廣隨帳柱、心柱內，其厚一分
	廣	隨帳柱、心柱內		
	厚	0.065	0.01	
心柱	長	長視上下仰托榥		長同上，方三分六厘
	廣	0.234	0.036	
	厚	0.234	0.036	
立頰	長	長視上下仰托榥		長同上，廣三分六厘，厚三分
	廣	0.234	0.036	
	厚	0.195	0.03	
泥道版	長	長視上下仰托榥		長同上，廣隨帳柱、立頰內，厚同合版
	廣	隨帳柱、立頰內		
	厚	0.065	0.01	
難子	長	隨立頰、帳身版、泥道版		長隨立頰及帳身版、泥道版之長廣，其方一分
	廣	0.065	0.01	
	厚	0.065	0.01	
平棊	長	未詳		華文等並準殿內平棊制度。作三段造
	廣	未詳		
	厚	未詳		
桯	長	隨枓槽四周之內		長隨枓槽四周之內，其廣六分三厘，厚五分
	廣	0.4095	0.063	
	厚	0.325	0.05	
背版	長	長隨桯		長廣隨桯。以厚五分爲定法
	廣	廣隨桯		
	厚	0.05	實尺	
貼	長	隨桯內		長隨桯內，其廣五分。厚同上
	廣	0.325	0.05	
	厚	0.05	實尺	

續表

名件	尺寸（宋營造尺）		比例	附注
貼絡華文	長	未詳		厚同上。每方一尺，用華子二十五枚或十六枚
	廣	未詳		
	厚	0.05	實尺	
楅	長	隨桯		長同背版，其廣六分，厚五分
	廣	0.39	0.06	
	厚	0.325	0.05	
護縫	長	隨桯		長同上，其廣五分。厚同貼
	廣	0.325	0.05	
	厚	0.05	實尺	
難子	長	隨桯		長同上，方二分
	廣	0.13	0.02	
	厚	0.13	0.02	

（3）帳頭

名件	尺寸（宋營造尺）		比例	附注
帳頭	高	3	1	自普拍方至脊共高三尺，鴟尾在外。廣八尺，深四尺。 上用壓厦版，出飛檐，作九脊結宽
	廣	8		
	深	4		
普拍方	長	隨深廣		長隨深廣，絞頭在外。其廣一寸，厚三分
	廣	0.3	0.1	
	厚	0.09	0.03	
枓槽版	長	隨深廣	–0.2	長厚同上，減二寸，其廣二寸五分
	廣	0.75	0.25	
	厚	0.09	0.03	
壓厦版	長	隨深廣		長厚同上。每壁加五寸，其廣二寸五分
	廣	0.75	0.25	
	厚	0.09	0.03	
栿	長	隨深	+0.5	長隨深，加五寸，其廣一寸，厚八分
	廣	0.3	0.1	
	厚	0.24	0.08	

續表

名件	尺寸（宋營造尺）		比例	附注
大角梁	長	2.1	0.7	長七寸，廣八分，厚六分
	廣	0.24	0.08	
	厚	0.18	0.06	
子角梁	長	1.2	0.4	長四寸，曲廣二寸，厚同上
	曲廣	0.6	0.2	
	厚	0.18	0.06	
貼生	長	同壓厦版	+0.7	長同壓厦版，加七寸，其廣六分，厚四分
	廣	0.18	0.06	
	厚	0.12	0.04	
脊槫	長	隨廣		長隨廣，其廣一寸，厚八分
	廣	0.3	0.1	
	厚	0.24	0.08	
脊槫下蜀柱	長	2.4	0.8	長八寸，廣厚同上
	廣	0.3	0.1	
	厚	0.24	0.08	
脊串	長	隨槫		長隨槫，其廣六分，厚五分
	廣	0.18	0.06	
	厚	0.15	0.05	
叉手	長	1.8	0.6	長六寸，廣厚皆同角梁
	廣	0.24	0.08	
	厚	0.18	0.06	
山版	長	4 × 0.9=3.6		每深一尺，則長九寸，廣四寸五分。以厚六分爲定法
	廣	1.35	0.45	
	厚	0.06	實尺	
曲椽	長	4 × 0.8=3.2		每深一尺，則長八寸，曲廣同脊串，厚三分。每補間鋪作一朶用三條
	廣	0.18	0.06	
	厚	0.09	0.03	
厦頭椽	長	4 × 0.5=2		每深一尺，則長五寸，廣四分，厚同上。角同上
	廣	0.12	0.04	
	厚	0.09	0.03	

續表

名件	尺寸（宋營造尺）		比例	附注
從角椽	長	隨宜		長隨宜，均攤使用
	廣	未詳		
	厚	未詳		
大連檐	長	隨深廣	+1.2	長隨深廣，每壁加一尺二寸，其廣同曲椽，厚同貼生
	廣	0.24	0.06	
	厚	0.12	0.04	
前後廈瓦版	長	隨槫	至角+1.5	長隨槫。每至角加一尺五寸。其廣自脊至大連檐隨材合縫，以厚五分爲定法
	廣	自脊至大連檐	隨材合縫	
	厚	0.05	實尺	
兩廈頭廈瓦版	長	隨深	至角+1.5	長隨深，加同上，其廣自山版至大連檐。合縫同上，厚同上
	廣	自山版至大連檐	隨材合縫	
	厚	0.05	實尺	
飛子	長	0.75	0.25	長二寸五分，尾在内，廣二分五厘，厚二分三厘。角内隨宜取曲
	廣	0.075	0.025	
	厚	0.069	0.023	
白版	長	隨飛檐	+2	長隨飛檐，每壁加二尺，其廣三寸。厚同廈瓦版
	廣	0.9	0.3	
	厚	0.05	實尺	
壓脊	長	隨廈瓦版		長隨廈瓦版，其廣一寸五分，厚一寸
	廣	0.45	0.15	
	厚	0.3	0.1	
垂脊	長	隨脊至壓廈版外		長隨脊至壓廈版外，其曲廣及厚同上
	曲廣	0.45	0.15	
	厚	0.3	0.1	
角脊	長	1.8	0.6	長六寸，廣厚同上
	廣	0.45	0.15	
	厚	0.3	0.1	
曲欄槫脊	長	4		共長四尺，廣一寸，厚五分
	廣	0.3	0.1	
	厚	0.15	0.05	

名件	尺寸（宋營造尺）		比例	附注
前後瓦隴條	長	4×0.85=3.4		每深一尺，則長八寸五分，厦頭者長五寸五分；若至角，並隨角斜長。方三分，相去空分同
	廣	0.09	0.03	
	厚	0.09	0.03	
搏風版	長	4×0.45=1.8		每深一尺，則長四寸五分，曲廣一寸二分。以厚七分爲定法
	曲廣	0.36	0.12	
	厚	0.07	實尺	
瓦口子	長	隨子角梁内		長隨子角梁内，其曲廣六分
	曲廣	0.18	0.06	
	厚	未詳		
垂魚	長	3.6	1.2	其長一尺二寸；每長一尺，即廣六寸；厚同搏風版
	廣	1.8	0.6	
	厚	0.07	實尺	
惹草	長	3	1	其長一尺，每長一尺，即廣七寸，厚同上
	廣	2.1	0.7	
	厚	0.07	實尺	
鴟尾	長	3.3	1.1	共高一尺一寸，每高一尺，即廣六寸，厚同壓脊
	廣	1.8	0.6	
	厚	0.3	0.1	
凡九脊小帳，施之於屋一間之内。其補間鋪作前後各八朵，兩側各四朵。坐内壼門等，並準牙脚帳制度				

3．壁帳權衡尺寸表

名件	尺寸（宋營造尺）		比例	附注
壁帳	高	13—16		高一丈三尺至一丈六尺。山華、仰陽在外。其名件廣厚，皆取帳身間内每尺之高，積而爲法
帳柱	長	長視高		長視高，每間廣一尺，則方三分八厘
	廣	0.494—0.608	0.038	
	厚	0.494—0.608	0.038	
仰托榥	長	隨間廣		長隨間廣，其廣三分，厚二分
	廣	0.39—0.48	0.03	
	厚	0.26—0.32	0.02	

續表

名件	尺寸（宋營造尺）		比例	附注
隔枓版	長	隨間廣		長同上，其廣一寸一分，厚一分
	廣	1.43—1.76	0.11	
	厚	0.13—0.16	0.01	
隔枓貼	長	隨兩柱之内		長隨兩柱之内，其廣二分，厚八厘
	廣	0.26—0.32	0.02	
	厚	0.104—0.128	0.008	
隔枓柱子	長	隨貼内		長隨貼内，廣厚同貼
	廣	0.26—0.32	0.02	
	厚	0.104—0.128	0.008	
枓槽版	長	同仰托榥		長同仰托榥，其廣七分六厘，厚一分
	廣	0.988—1.216	0.076	
	厚	0.13—0.16	0.01	
壓厦版	長	同仰托榥		長同上，其廣八分，厚一分。枓槽版及壓厦版，如減材分，即廣隨所用減之
	廣	1.04—1.28	0.08	
	厚	0.13—0.16	0.01	
混肚方	長	同仰托榥		長同上，其廣四分，厚二分
	廣	0.52—0.64	0.04	
	厚	0.26—0.32	0.02	
仰陽版	長	同仰托榥		長同上，其廣七分，厚一分
	廣	0.91—1.12	0.07	
	厚	0.13—0.16	0.01	
仰陽貼	長	同仰托榥		長同上，其廣二分，厚八厘
	廣	0.26—0.32	0.02	
	厚	0.14—0.128	0.008	
合角貼	長	長視仰陽版之廣		長視仰陽版之廣，其厚同仰陽貼
	廣	0.26—0.32	0.02	
	厚	0.104—0.128	0.008	
山華版	長	隨仰陽版之廣		長隨仰陽版之廣，其厚同壓厦版
	廣	未詳		
	厚	1.3—1.6	0.01	
平棊	長	未詳		華文並準殿内平棊制度。長廣並隨間内
	廣	未詳		
	厚	未詳		

續表

名件	尺寸（宋營造尺）		比例	附注
背版	長	隨平棊		長隨平棊，其廣隨帳之深。以厚六分爲定法
	廣	隨帳之深		
	厚	0.06	實尺	
桯	長	隨背版四周之廣		長隨背版四周之廣，其廣二分，厚一分六厘
	廣	0.26—0.32	0.02	
	厚	0.208—0.256	0.016	
貼	長	隨桯四周之内		長隨桯四周之内，其廣一分六厘。厚同上
	廣	0.208—0.256	0.016	
	厚	0.208—0.256	0.016	
難子並貼華	長	未詳		每方一尺，用貼絡華二十五枚或十六枚
	廣	未詳		
	厚	未詳		
護縫	長	隨平棊		長隨平棊，其廣同桯。厚同背版
	廣	同桯		
	厚	0.06	實尺	
福	長	未詳		廣三分，厚二分
	廣	0.39—0.48	0.03	
	厚	0.26—0.32	0.02	
凡壁帳上山華、仰陽版後，每華尖皆施福一枚。所用飛子、馬銜，皆量宜用之。其枓栱等分數，並準大木作制度				

（十）“小木作制度六”權衡尺寸表

1. 轉輪經藏

（1）外槽帳身

名件	尺寸（宋營造尺）		比例	附注
經藏	高	20		共高二丈，徑一丈六尺，八棱，每棱面廣六尺六寸六分。其名件廣厚，皆隨逐層每尺之高，積而爲法
	徑	16		
	每棱面廣	6.66		
外槽帳身	高	12	1	柱上用隔枓、歡門、帳帶造，高一丈二尺

續表

<table>
<tr><th>名件</th><th colspan="2">尺寸（宋營造尺）</th><th>比例</th><th>附注</th></tr>
<tr><td rowspan="3">帳身
外槽柱</td><td>長</td><td>長視高</td><td>1</td><td rowspan="3">長視高，廣四分六厘，厚四分。歸瓣造</td></tr>
<tr><td>廣</td><td>0.552</td><td>0.046</td></tr>
<tr><td>厚</td><td>0.48</td><td>0.04</td></tr>
<tr><td rowspan="3">隔枓版</td><td>長</td><td>隨帳柱内</td><td></td><td rowspan="3">長隨帳柱内，其廣一寸六分，厚一分二厘</td></tr>
<tr><td>廣</td><td>1.92</td><td>0.16</td></tr>
<tr><td>厚</td><td>0.144</td><td>0.012</td></tr>
<tr><td rowspan="3">仰托榥</td><td>長</td><td>隨帳柱内</td><td></td><td rowspan="3">長同上，廣三分，厚二分</td></tr>
<tr><td>廣</td><td>0.36</td><td>0.03</td></tr>
<tr><td>厚</td><td>0.24</td><td>0.02</td></tr>
<tr><td rowspan="3">隔枓
内外貼</td><td>長</td><td>隨帳柱内</td><td></td><td rowspan="3">長同上，廣二分，厚九厘</td></tr>
<tr><td>廣</td><td>0.24</td><td>0.02</td></tr>
<tr><td>厚</td><td>0.108</td><td>0.009</td></tr>
<tr><td rowspan="3">内外
上柱子</td><td>長</td><td>0.48</td><td>0.04</td><td rowspan="3">上柱長四分，下柱長三分，廣厚同上</td></tr>
<tr><td>廣</td><td>0.24</td><td>0.02</td></tr>
<tr><td>厚</td><td>0.108</td><td>0.009</td></tr>
<tr><td rowspan="3">内外
下柱子</td><td>長</td><td>0.36</td><td>0.03</td><td rowspan="3">上柱長四分，下柱長三分，廣厚同上</td></tr>
<tr><td>廣</td><td>0.24</td><td>0.02</td></tr>
<tr><td>厚</td><td>0.108</td><td>0.009</td></tr>
<tr><td rowspan="3">歡門</td><td>長</td><td>同隔枓版</td><td></td><td rowspan="3">長同隔枓版，其廣一寸二分，厚一分二厘</td></tr>
<tr><td>廣</td><td>1.44</td><td>0.12</td></tr>
<tr><td>厚</td><td>0.144</td><td>0.012</td></tr>
<tr><td rowspan="3">帳帶</td><td>長</td><td>3</td><td>0.25</td><td rowspan="3">長二寸五分，方二分六厘</td></tr>
<tr><td>廣</td><td>0.312</td><td>0.026</td></tr>
<tr><td>厚</td><td>0.312</td><td>0.026</td></tr>
</table>

（2）腰檐並結窓

<table>
<tr><th>名件</th><th colspan="2">尺寸（宋營造尺）</th><th>比例</th><th>附注</th></tr>
<tr><td rowspan="2">腰檐並
結窓</td><td>高</td><td>2</td><td>1</td><td rowspan="2">共高二尺，枓槽徑一丈五尺八寸四分。枓槽及出檐在外</td></tr>
<tr><td>枓槽徑</td><td>15.84</td><td></td></tr>
<tr><td rowspan="3">普拍方</td><td>長</td><td>隨每瓣之廣</td><td></td><td rowspan="3">長隨每瓣之廣，絞角在外。其廣二寸，厚七分五厘</td></tr>
<tr><td>廣</td><td>0.4</td><td>0.2</td></tr>
<tr><td>厚</td><td>0.15</td><td>0.075</td></tr>
</table>

<table>
<tr><th>名件</th><th colspan="2">尺寸（宋營造尺）</th><th>比例</th><th>附注</th></tr>
<tr><td rowspan="3">壓厦版</td><td>長</td><td>隨每瓣之廣</td><td>+0.7</td><td rowspan="3">長同上，加長七寸，廣七寸五分，厚七分五厘</td></tr>
<tr><td>廣</td><td>1.5</td><td>0.75</td></tr>
<tr><td>厚</td><td>0.15</td><td>0.075</td></tr>
<tr><td rowspan="3">山版</td><td>長</td><td>隨每瓣之廣</td><td></td><td rowspan="3">長同上，廣四寸五分，厚一寸</td></tr>
<tr><td>廣</td><td>0.9</td><td>0.45</td></tr>
<tr><td>厚</td><td>0.2</td><td>0.1</td></tr>
<tr><td rowspan="3">貼生</td><td>長</td><td>隨每瓣之廣</td><td>+0.6</td><td rowspan="3">長同山版，加長六寸，方一分</td></tr>
<tr><td>廣</td><td>0.02</td><td>0.01</td></tr>
<tr><td>厚</td><td>0.02</td><td>0.01</td></tr>
<tr><td rowspan="3">角梁</td><td>長</td><td>1.6</td><td>0.8</td><td rowspan="3">長八寸，廣一寸五分，厚同上</td></tr>
<tr><td>廣</td><td>0.3</td><td>0.15</td></tr>
<tr><td>厚</td><td>0.02</td><td>0.01</td></tr>
<tr><td rowspan="3">子角梁</td><td>長</td><td>1.2</td><td>0.6</td><td rowspan="3">長六寸，廣同上，厚八分</td></tr>
<tr><td>廣</td><td>0.3</td><td>0.15</td></tr>
<tr><td>厚</td><td>0.16</td><td>0.08</td></tr>
<tr><td rowspan="3">搏脊槫</td><td>長</td><td>1.2</td><td>+0.1</td><td rowspan="3">長同上，加長一寸，廣一寸五分，厚一寸</td></tr>
<tr><td>廣</td><td>0.3</td><td>0.15</td></tr>
<tr><td>厚</td><td>0.2</td><td>0.1</td></tr>
<tr><td rowspan="3">曲椽</td><td>長</td><td>1.6</td><td>0.8</td><td rowspan="3">長八寸，曲廣一寸，厚四分。每補間鋪作一朵用三條，與從椽取匀分擘</td></tr>
<tr><td>曲廣</td><td>0.2</td><td>0.1</td></tr>
<tr><td>厚</td><td>0.08</td><td>0.04</td></tr>
<tr><td rowspan="3">飛子</td><td>長</td><td>1</td><td>0.5</td><td rowspan="3">長五寸，方三分五厘</td></tr>
<tr><td>廣</td><td>0.07</td><td>0.035</td></tr>
<tr><td>厚</td><td>0.07</td><td>0.035</td></tr>
<tr><td rowspan="3">白版</td><td>長</td><td>隨每瓣之廣</td><td>+1</td><td rowspan="3">長同山版，加長一尺，廣三寸五分。以厚五分爲定法</td></tr>
<tr><td>廣</td><td>0.7</td><td>0.35</td></tr>
<tr><td>厚</td><td>0.05</td><td>實尺</td></tr>
<tr><td rowspan="3">井口榥</td><td>長</td><td>隨徑</td><td></td><td rowspan="3">長隨徑，方二寸</td></tr>
<tr><td>廣</td><td>0.4</td><td>0.2</td></tr>
<tr><td>厚</td><td>0.4</td><td>0.2</td></tr>
<tr><td rowspan="3">立榥</td><td>長</td><td>2</td><td>1</td><td rowspan="3">長視高，方一寸五分。每瓣用三條</td></tr>
<tr><td>廣</td><td>0.3</td><td>0.15</td></tr>
<tr><td>厚</td><td>0.3</td><td>0.15</td></tr>
</table>

名件	尺寸（宋營造尺）		比例	附注
馬頭棍	長	未詳		方同上。用數亦同上
	廣	0.3	0.15	
	厚	0.3	0.15	
厦瓦版	長	隨每瓣之廣	+1	長同山版，加長一尺，廣五寸。以厚五分爲定法
	廣	1	0.5	
	厚	0.05	實尺	
瓦隴條	長	1.8	0.9	長九寸，方四分。瓦頭在内
	廣	0.08	0.04	
	厚	0.08	0.04	
瓦口子	長	隨每瓣之廣		長厚同厦瓦版，曲廣三寸
	曲廣	0.6	0.3	
	厚	0.05	實尺	
小山子版	長	0.8	0.4	長廣各四寸，厚一寸
	廣	0.8	0.4	
	厚	0.2	0.1	
搏脊	長	隨每瓣之廣	+0.2	長同山版，加長二寸，廣二寸五分，厚八分
	廣	0.5	0.25	
	厚	0.16	0.08	
角脊	長	1	0.5	長五寸，廣二寸，厚一寸
	廣	0.4	0.2	
	厚	0.2	0.1	

（3）平坐

名件	尺寸（宋營造尺）		比例	附注
平坐	高	1	1	高一尺，枓槽徑一丈五尺八寸四分，壓厦版出頭在外
	枓槽徑	15.84		
普拍方	長	隨每瓣之廣		長隨每瓣之廣，絞頭在外，方一寸
	廣	0.1	0.1	
	厚	0.1	0.1	
枓槽版	長	隨每瓣之廣		長同上，其廣九寸，厚二寸
	廣	0.9	0.9	
	厚	0.2	0.2	

續表

名件	尺寸（宋營造尺）		比例	附注
壓厦版	長	隨每瓣之廣	+0.75	長同上，加長七寸五分，廣九寸五分，厚二寸
	廣	0.95	0.95	
	厚	0.2	0.2	
鴈翅版	長	隨每瓣之廣	+0.8	長同上，加長八寸，廣二寸五分，厚八分
	廣	0.25	0.25	
	厚	0.08	0.08	
井口榥	長	隨每瓣之廣		長同上，方三寸
	廣	0.3	0.3	
	厚	0.3	0.3	
馬頭榥	長	15.84 × 0.15=2.376	0.15	每直徑一尺，則長一寸五分，方三分，每瓣用三條
	廣	0.03	0.03	
	厚	0.03	0.03	
鈿面版	長	隨每瓣之廣	–0.4	長同井口榥，減長四寸，廣一尺二寸，厚七分
	廣	1.2	1.2	
	厚	0.07	0.07	

（4）天宮樓閣

名件	尺寸（宋營造尺）		比例	附注
天宮樓閣	高	5	1	三層，共高五尺，深一尺
	深	1		
裹槽坐	高	3.5	0.7	高三尺五寸。並帳身及上層樓閣，共高一丈三尺；帳身直徑一丈。面徑一丈一尺四寸四分；科槽徑九尺八寸四分
	帳身及樓閣高	13	2.6	
	帳身徑	10	2	
	裹槽坐面徑	11.44	2.288	
	枓槽徑	9.84	1.968	
龜脚	長	1	0.2	長二寸，廣八分，厚四分
	廣	0.4	0.08	
	厚	0.2	0.04	
車槽上下澁	長	隨每瓣之廣	+0.1	長隨每瓣之廣，加長一寸，其廣二寸六分，厚六分
	廣	1.3	0.26	
	厚	0.3	0.06	

名件	尺寸（宋營造尺）		比例	附注
車槽	長	隨每瓣之廣	-0.1	長同上，減長一寸，廣二寸，厚七分。安華版在外
	廣	1	0.2	
	厚	0.35	0.07	
上子澁	長	隨每瓣之廣	-0.2	兩重，在坐腰上下者，長同上，減長二寸，廣二寸，厚三分
	廣	1	0.2	
	厚	0.15	0.03	
下子澁	長	隨每瓣之廣		長厚同上，廣二寸三分
	廣	1.15	0.23	
	厚	0.15	0.03	
坐腰	長	隨每瓣之廣	-0.35	長同上，減長三寸五分，廣一寸三分，厚一寸。安華版在外
	廣	0.65	0.13	
	厚	0.5	0.1	
坐面澁	長	隨每瓣之廣		長同上，廣二寸三分，厚六分
	廣	1.15	0.23	
	厚	0.3	0.06	
猴面版	長	隨每瓣之廣		長同上，廣三寸，厚六分
	廣	1.5	0.3	
	厚	0.3	0.06	
明金版	長	隨每瓣之廣	-0.2	長同上，減長二寸，廣一寸八分，厚一分五厘
	廣	0.9	0.18	
	厚	0.075	0.015	
普拍方	長	隨每瓣之廣		長同上，絞頭在外，方三分
	廣	0.15	0.03	
	厚	0.15	0.03	
枓槽版	長	隨每瓣之廣	-0.7	長同上，減長七寸，廣二寸，厚三分
	廣	1	0.2	
	厚	0.15	0.03	
壓厦版	長	隨每瓣之廣	-0.1	長同上，減長一寸，廣一寸五分，厚同上
	廣	0.75	0.15	
	厚	0.15	0.03	
車槽華版	長	隨車槽		長隨車槽，廣七分，厚同上
	廣	0.35	0.07	
	厚	0.15	0.03	

續表

名件	尺寸（宋營造尺）		比例	附注
坐腰華版	長	隨坐腰		長隨坐腰，廣一寸，厚同上
	廣	0.5	0.1	
	厚	0.15	0.03	
坐面版	長	隨猴面版内		長廣並隨猴面版内，厚二分五厘
	廣	隨猴面版内		
	厚	0.125	0.025	
坐内背版	長	9.84 × 0.25 = 2.46		每枓槽徑一尺，則長二寸五分；廣隨坐高。以厚六分爲定法
	廣	3.5	0.7	
	厚	0.06	實尺	
猴面梯盤棍	長	9.84 × 0.8 = 7.872		每枓槽徑一尺，則長八寸；方一寸
	廣	0.5	0.1	
	厚	0.5	0.1	
猴面鈿版棍	長	9.84 × 0.2 = 1.968		每枓槽徑一尺，則長二寸；方八分。每瓣用三條
	廣	0.4	0.08	
	厚	0.4	0.08	
坐下榻頭木並下卧棍	長	9.84 × 0.8 = 7.872		每枓槽徑一尺，則長八寸；方同上。隨瓣用
	廣	0.4	0.08	
	厚	0.4	0.08	
榻頭木立棍	長	4.5	0.9	長九寸，方同上。隨瓣用
	廣	0.4	0.08	
	厚	0.4	0.08	
拽後棍	長	9.84 × 0.25 = 2.46		每枓槽徑一尺，則長二寸五分；方同上。每瓣上下用六條
	廣	0.4	0.08	
	厚	0.4	0.08	
柱脚方並下卧棍	長	9.84 × 0.5=4.92		每枓槽徑一尺，則長五寸；方一寸。隨瓣用
	廣	0.5	0.1	
	厚	0.5	0.1	
柱脚立棍	長	4.5	0.9	長九寸，方同上。每瓣上下用六條
	廣	0.5	0.1	
	厚	0.5	0.1	

（5）帳身

<table>
<tr><th>名件</th><th colspan="2">尺寸（宋營造尺）</th><th>比例</th><th>附注</th></tr>
<tr><td rowspan="2">帳身</td><td>高</td><td>8.5</td><td>1</td><td rowspan="2">高八尺五寸，徑一丈</td></tr>
<tr><td>徑</td><td>10</td><td></td></tr>
<tr><td rowspan="3">帳柱</td><td>長</td><td>長視高</td><td>1</td><td rowspan="3">長視高，其廣六分，厚五分</td></tr>
<tr><td>廣</td><td>0.51</td><td>0.06</td></tr>
<tr><td>厚</td><td>0.425</td><td>0.05</td></tr>
<tr><td rowspan="3">下鋜脚上隔枓版</td><td>長</td><td>各長隨帳柱内</td><td></td><td rowspan="3">各長隨帳柱内，廣八分，厚二分四厘；内上隔枓版廣一寸七分</td></tr>
<tr><td>廣</td><td>0.68</td><td>0.08</td></tr>
<tr><td>厚</td><td>0.204</td><td>0.024</td></tr>
<tr><td rowspan="3">内上隔枓版</td><td>長</td><td>各長隨帳柱内</td><td></td><td rowspan="3">各長隨帳柱内，廣八分，厚二分四厘；内上隔枓版廣一寸七分</td></tr>
<tr><td>廣</td><td>1.445</td><td>0.17</td></tr>
<tr><td>厚</td><td>0.204</td><td>0.024</td></tr>
<tr><td rowspan="3">下鋜脚上隔枓仰托榥</td><td>長</td><td>各長隨帳柱内</td><td></td><td rowspan="3">各長同上，廣三分六厘，厚二分四厘</td></tr>
<tr><td>廣</td><td>0.306</td><td>0.036</td></tr>
<tr><td>厚</td><td>0.204</td><td>0.024</td></tr>
<tr><td rowspan="3">下鋜脚上隔枓内外貼</td><td>長</td><td>各長隨帳柱内</td><td></td><td rowspan="3">各長同上，廣二分四厘，厚一分一厘</td></tr>
<tr><td>廣</td><td>0.204</td><td>0.024</td></tr>
<tr><td>厚</td><td>0.0935</td><td>0.011</td></tr>
<tr><td rowspan="3">下鋜脚及上隔枓上内外柱子</td><td>長</td><td>0.561</td><td>0.066</td><td rowspan="3">各長六分六厘，廣厚同上</td></tr>
<tr><td>廣</td><td>0.204</td><td>0.024</td></tr>
<tr><td>厚</td><td>0.0935</td><td>0.011</td></tr>
<tr><td rowspan="3">上隔枓内外下柱子</td><td>長</td><td>0.476</td><td>0.056</td><td rowspan="3">長五分六厘，廣厚同上</td></tr>
<tr><td>廣</td><td>0.204</td><td>0.024</td></tr>
<tr><td>厚</td><td>0.0935</td><td>0.011</td></tr>
<tr><td rowspan="3">立頰</td><td>長</td><td>長視上下仰托榥内</td><td></td><td rowspan="3">長視上下仰托榥内，廣厚同仰托榥</td></tr>
<tr><td>廣</td><td>0.306</td><td>0.036</td></tr>
<tr><td>厚</td><td>0.204</td><td>0.024</td></tr>
<tr><td rowspan="3">泥道版</td><td>長</td><td>長視上下仰托榥内</td><td></td><td rowspan="3">長同上，廣八分，厚一分</td></tr>
<tr><td>廣</td><td>0.68</td><td>0.08</td></tr>
<tr><td>厚</td><td>0.085</td><td>0.01</td></tr>
</table>

續表

名件	尺寸（宋營造尺）		比例	附注
難子	長	長視上下仰托榥内		長同上，方一分
	廣	0.085	0.01	
	厚	0.085	0.01	
歡門	長	隨兩立頰内		長隨兩立頰内，廣一寸二分，厚一分
	廣	1.02	0.12	
	厚	0.085	0.01	
帳帶	長	2.72	0.32	長三寸二分，方二分四厘
	廣	0.204	0.024	
	厚	0.204	0.024	
門子	長	長視立頰		長視立頰，廣隨兩立頰内。合版令足兩扇之數，以厚八分爲定法
	廣	隨兩立頰内		
	厚	0.08	實尺	
帳身版	長	長視立頰		長同上，廣隨帳柱内，厚一分二厘
	廣	隨帳柱内		
	厚	0.102	0.012	
帳身版上下及兩側内外難子	長	長視立頰		長同上，方一分二厘
	廣	0.102	0.012	
	厚	0.102	0.012	

（6）柱上帳頭

名件	尺寸（宋營造尺）		比例	附注
柱上帳頭	高	1	1	共高一尺，徑九尺八寸四分。檐及出跳在外
	徑	9.84		
普拍方	長	隨每瓣之廣		長隨每瓣之廣，絞頭在外，廣三寸，厚一寸二分
	廣	0.3	0.3	
	厚	0.12	0.12	
枓槽版	長	隨每瓣之廣		長同上，廣七寸五分，厚二寸
	廣	0.75	0.75	
	厚	0.2	0.2	

續表

<table>
<tr><th>名件</th><th colspan="2">尺寸（宋營造尺）</th><th>比例</th><th>附注</th></tr>
<tr><td rowspan="3">壓厦版</td><td>長</td><td>隨每瓣之廣</td><td>+0.7</td><td rowspan="3">長同上，加長七寸，廣九寸，厚一寸五分</td></tr>
<tr><td>廣</td><td>0.9</td><td>0.9</td></tr>
<tr><td>厚</td><td>0.15</td><td>0.15</td></tr>
<tr><td rowspan="3">角栿</td><td>長</td><td>9.84 × 0.3=2.952</td><td></td><td rowspan="3">每徑一尺，則長三寸。廣四寸，厚三寸</td></tr>
<tr><td>廣</td><td>0.4</td><td>0.4</td></tr>
<tr><td>厚</td><td>0.3</td><td>0.3</td></tr>
<tr><td rowspan="4">算桯方</td><td>長-1</td><td>9.84 × 0.62=6.1008</td><td></td><td rowspan="4">廣四寸，厚二寸五分。長用兩等：一，每徑一尺，長六寸二分；二，每徑一尺，長四寸八分</td></tr>
<tr><td>長-2</td><td>9.84 × 0.48=4.7232</td><td></td></tr>
<tr><td>廣</td><td>0.4</td><td>0.4</td></tr>
<tr><td>厚</td><td>0.25</td><td>0.25</td></tr>
<tr><td rowspan="3">平棊</td><td>長</td><td>未詳</td><td></td><td rowspan="3">貼絡華文等，並準殿内平棊制度</td></tr>
<tr><td>廣</td><td>未詳</td><td></td></tr>
<tr><td>厚</td><td>未詳</td><td></td></tr>
<tr><td rowspan="3">桯</td><td>長</td><td>隨内外算桯方及算桯方心</td><td></td><td rowspan="3">長隨内外算桯方及算桯方心，廣二寸，厚一分五厘</td></tr>
<tr><td>廣</td><td>0.2</td><td>0.2</td></tr>
<tr><td>厚</td><td>0.015</td><td>0.015</td></tr>
<tr><td rowspan="3">背版</td><td>長</td><td>隨桯四周之内</td><td></td><td rowspan="3">長廣隨桯四周之内。以厚五分爲定法</td></tr>
<tr><td>廣</td><td>隨桯四周之内</td><td></td></tr>
<tr><td>厚</td><td>0.05</td><td>實尺</td></tr>
<tr><td rowspan="3">楅</td><td>長</td><td>9.84 × 0.57=5.6088</td><td></td><td rowspan="3">每徑一尺，則長五寸七分；方二寸</td></tr>
<tr><td>廣</td><td>0.2</td><td>0.2</td></tr>
<tr><td>厚</td><td>0.2</td><td>0.2</td></tr>
<tr><td rowspan="3">護縫</td><td>長</td><td>隨桯四周之内</td><td></td><td rowspan="3">長同背版，廣二寸。以厚五分爲定法</td></tr>
<tr><td>廣</td><td>0.2</td><td>0.2</td></tr>
<tr><td>厚</td><td>0.05</td><td>實尺</td></tr>
<tr><td rowspan="3">貼</td><td>長</td><td>隨桯内</td><td></td><td rowspan="3">長隨桯内，廣一寸二分。厚同上</td></tr>
<tr><td>廣</td><td>0.12</td><td>0.12</td></tr>
<tr><td>厚</td><td>0.05</td><td>實尺</td></tr>
<tr><td rowspan="3">難子並貼絡華</td><td>長</td><td>未詳</td><td></td><td rowspan="3">厚同貼。每方一尺，用華子二十五枚或十六枚</td></tr>
<tr><td>廣</td><td>未詳</td><td></td></tr>
<tr><td>厚</td><td>0.05</td><td>實尺</td></tr>
</table>

（7）轉輪

<table>
<tr><th>名件</th><th colspan="2">尺寸（宋營造尺）</th><th>比例</th><th>附注</th></tr>
<tr><td rowspan="4">轉輪</td><td>轉輪高</td><td>8</td><td>1</td><td rowspan="4">高八尺，徑九尺，當心用立軸，長一丈八尺，徑一尺五寸</td></tr>
<tr><td>轉輪徑</td><td>9</td><td></td></tr>
<tr><td>立軸長</td><td>18</td><td></td></tr>
<tr><td>立軸徑</td><td>1.5</td><td></td></tr>
<tr><td rowspan="3">輻</td><td>長</td><td>9×0.45=4.05</td><td></td><td rowspan="3">每徑一尺，則長四寸五分，方三分</td></tr>
<tr><td>廣</td><td>0.24</td><td>0.03</td></tr>
<tr><td>厚</td><td>0.24</td><td>0.03</td></tr>
<tr><td rowspan="3">外輞</td><td>長</td><td>9×0.48=4.32</td><td></td><td rowspan="3">徑九尺，每徑一尺，則長四寸八分，曲廣七分，厚二分五厘</td></tr>
<tr><td>曲廣</td><td>8×0.07=0.56</td><td></td></tr>
<tr><td>厚</td><td>8×0.025=0.2</td><td></td></tr>
<tr><td rowspan="3">内輞</td><td>長</td><td>5×0.38=1.9</td><td></td><td rowspan="3">徑五尺，每徑一尺，則長三寸八分，曲廣五分，厚四分</td></tr>
<tr><td>曲廣</td><td>0.4</td><td>0.05</td></tr>
<tr><td>厚</td><td>0.32</td><td>0.04</td></tr>
<tr><td rowspan="3">外柱子</td><td>長</td><td>8</td><td>1</td><td rowspan="3">長視高，方二分五厘</td></tr>
<tr><td>廣</td><td>0.2</td><td>0.025</td></tr>
<tr><td>厚</td><td>0.2</td><td>0.025</td></tr>
<tr><td rowspan="3">内柱子</td><td>長</td><td>1.2</td><td>0.15</td><td rowspan="3">長一寸五分，方同上</td></tr>
<tr><td>廣</td><td>0.2</td><td>0.025</td></tr>
<tr><td>厚</td><td>0.2</td><td>0.025</td></tr>
<tr><td rowspan="3">立頰</td><td>長</td><td>8</td><td>1</td><td rowspan="3">長同外柱子，方一分五厘</td></tr>
<tr><td>廣</td><td>0.12</td><td>0.015</td></tr>
<tr><td>厚</td><td>0.12</td><td>0.015</td></tr>
<tr><td rowspan="4">鈿面版</td><td>長</td><td>2</td><td>0.25</td><td rowspan="4">長二寸五分，外廣二寸二分，内廣一寸二分。以厚六分爲定法</td></tr>
<tr><td>外廣</td><td>1.76</td><td>0.22</td></tr>
<tr><td>内廣</td><td>0.96</td><td>0.12</td></tr>
<tr><td>厚</td><td>0.06</td><td>實尺</td></tr>
<tr><td rowspan="3">格版</td><td>長</td><td>2</td><td>0.25</td><td rowspan="3">長二寸五分，廣一寸二分。厚同上</td></tr>
<tr><td>廣</td><td>0.96</td><td>0.12</td></tr>
<tr><td>厚</td><td>0.06</td><td>實尺</td></tr>
<tr><td rowspan="3">後壁格版</td><td>長</td><td>0.96</td><td>0.12</td><td rowspan="3">長廣一寸二分。厚同上</td></tr>
<tr><td>廣</td><td>0.96</td><td>0.12</td></tr>
<tr><td>厚</td><td>0.06</td><td>實尺</td></tr>
</table>

續表

名件	尺寸（宋營造尺）		比例	附注
難子	長	隨格版、後壁版四周		長隨格版、後壁版四周，方八厘
	廣	0.064	0.008	
	厚	0.064	0.008	
托輻牙子	長	1.6	0.2	長二寸，廣一寸，厚三分。隔間用
	廣	0.8	0.1	
	厚	0.24	0.03	
托棖	長	9.0 × 0.4=3.6		每徑一尺，則長四寸；方四分
	廣	0.32	0.04	
	厚	0.32	0.04	
立絞棍	長	8	1	長視高，方二分五厘。隨輻用
	廣	0.2	0.025	
	厚	0.2	0.025	
十字套軸版	長	隨外平坐上外徑		長隨外平坐上外徑，廣一寸五分，厚五分
	廣	1.2	0.15	
	厚	0.4	0.05	
泥道版	長	0.88	0.11	長一寸一分，廣三分二厘，以厚六分爲定法
	廣	0.256	0.032	
	厚	0.06	實尺	
泥道難子	長	隨泥道版四周		長隨泥道版四周，方三厘
	廣	0.024	0.003	
	厚	0.024	0.003	
經匣	長	1.5	實尺	長一尺五寸，廣六寸五分，高六寸。盝頂在內
	廣	0.65	實尺	
	高	0.6	實尺	
四壁版	長	隨匣之長廣		四壁版長隨匣之長廣，每匣高一寸，則廣八分，厚八厘
	廣	0.6 × 0.8=0.48	0.8	
	厚	0.6 × 0.08=0.048	0.08	
頂版、底版	長	1.5 × 0.95=1.425		頂版、底版，每匣長一尺，則長九寸五分；每匣廣一寸，則廣八分八厘；每匣高一寸，則厚八厘
	廣	0.65 × 0.88=0.572	0.88	
	厚	0.6 × 0.08=0.048	0.08	
子口版	長	隨匣四周之內		子口版長隨匣四周之內，每高一寸，則廣二分，厚五厘
	廣	0.6 × 0.2=0.12	0.2	
	厚	0.6 × 0.05=0.03	0.05	
凡經藏坐芙蓉瓣，長六寸六分，下施龜脚。上對鋪作。套軸版安於外槽平坐之上。其結宧、瓦隴條之類，並準佛道帳制度。舉折等亦如之				

2．壁藏

（1）坐

名件	尺寸（宋營造尺）		比例	附注
壁藏	共高	19		共高一丈九尺，身廣三丈，兩擺子各廣六尺，内外槽共深四尺。前後與兩側制度並同。其名件廣厚，皆取逐層每尺之高，積而爲法
	廣	30		
	兩擺子各廣	6		
	内外槽共深	4		
坐	高	3	1	高三尺，深五尺二寸，長隨藏身之廣
	深	5.2		
	長	30		
龜脚	長	0.6	0.2	每坐高一尺，則長二寸，廣八分，厚五分
	廣	0.24	0.08	
	厚	0.15	0.05	
車槽上下澁	長	5.2+0.2=5.4		後壁側當者，長隨坐之深加二寸；内上澁面前長減坐八尺。廣二寸五分，厚六分五厘
	内上澁面前長	30−8=22		
	廣	0.75	0.25	
	厚	0.195	0.065	
車槽	長	隨坐之深廣		長隨坐之深廣，廣二寸，厚七分
	廣	0.6	0.2	
	厚	0.21	0.07	
上子澁	長	隨坐之深廣		兩重，長同上，廣一寸七分，厚三分
	廣	0.51	0.17	
	厚	0.09	0.03	
下子澁	長	隨坐之深廣		長同上，廣二寸，厚同上
	廣	0.6	0.2	
	厚	0.09	0.03	
坐腰	長	隨坐之深廣	−0.5	長同上，減五寸，廣一寸二分，厚一寸
	廣	0.36	0.12	
	厚	0.3	0.1	
坐面澁	長	隨坐之深廣		長同上，廣二寸，厚六分五厘
	廣	0.6	0.2	
	厚	0.195	0.065	

續表

名件	尺寸（宋營造尺）		比例	附注
猴面版	長	隨坐之深廣		長同上，廣二寸，厚七分
	廣	0.6	0.2	
	厚	0.21	0.07	
明金版	長	隨坐之深廣	-0.4	長同上，每面減四寸，廣一寸四分，厚二分
	廣	0.42	0.14	
	厚	0.06	0.02	
料槽版	長	同車槽上下澁	各面有減	長同車槽上下澁，側當減一尺二寸，面前減八尺，擺手面前廣減六寸，廣二寸三分，厚三分四厘
	廣	0.69	0.23	
	厚	0.102	0.034	
壓厦版	長	同車槽上下澁	各面有減	長同上，側當減四寸，面前減八尺，擺手面前減二寸，廣一寸六分，厚同上
	廣	0.48	0.16	
	厚	0.102	0.034	
神龕、壺門背版	長	隨料槽		長隨料槽，廣一寸七分，厚一分四厘
	廣	0.51	0.17	
	厚	0.042	0.014	
壺門牙頭	長	隨料槽		長同上，廣五分，厚三分
	廣	0.15	0.05	
	厚	0.09	0.03	
柱子	長	0.171	0.057	長五分七厘，廣三分四厘，厚同上。隨瓣用
	廣	0.102	0.034	
	厚	0.09	0.03	
面版	長	隨猴面版内		長與廣皆隨猴面版内。以厚八分爲定法
	廣	隨猴面版内		
	厚	0.08	實尺	
普拍方	長	隨料槽之深廣		長隨料槽之深廣，方三分四厘
	廣	0.102	0.034	
	厚	0.102	0.034	
下車槽卧棍	長	5.2 × 0.9=4.68		每深一尺，則長九寸，卯在内。方一寸一分。隔瓣用
	廣	0.33	0.11	
	厚	0.33	0.11	
柱脚方	長	隨料槽内深廣		長隨料槽内深廣，方一寸二分。絞廕在内
	廣	0.36	0.12	
	厚	0.36	0.12	

續表

名件	尺寸（宋營造尺）		比例	附注
柱脚方立榥	長	2.7	0.9	長九寸，卯在内，方一寸一分。隔瓣用
	廣	0.33	0.11	
	厚	0.33	0.11	
榻頭木	長	隨柱脚方内		長隨柱脚方内，方同上。絞廕在内
	廣	0.33	0.11	
	厚	0.33	0.11	
榻頭木立榥	長	2.73	0.91	長九寸一分，卯在内，方同上。隔瓣用
	廣	0.33	0.11	
	厚	0.33	0.11	
拽後榥	長	1.5	0.5	長五寸，卯在内，方一寸
	廣	0.3	0.1	
	厚	0.3	0.1	
羅文榥	長	隨高之斜長		長隨高之斜長，方同上。隔瓣用
	廣	0.3	0.1	
	厚	0.3	0.1	
猴面卧榥	長	5.2 × 0.9=4.68		每深一尺，則長九寸，卯在内。方同榻頭木。隔瓣用
	廣	0.33	0.11	
	厚	0.33	0.11	

（2）帳身

名件	尺寸（宋營造尺）		比例	附注
帳身	高	8	1	高八尺，深四尺，帳柱上施隔枓；下用錠脚；前面及兩側皆安歡門、帳帶
	深	4		
帳内外槽柱	長	8	1	長視帳身之高，方四分
	廣	0.32	0.04	
	厚	0.32	0.04	
内外槽上隔枓版	長	隨帳柱内		長隨帳柱内，廣一寸三分，厚一分八厘
	廣	1.04	0.13	
	厚	0.144	0.018	
内外槽上隔枓仰托榥	長	隨帳柱内		長同上，廣五分，厚二分二厘
	廣	0.4	0.05	
	厚	0.176	0.022	

續表

名件	尺寸（宋營造尺）		比例	附注
内外槽上隔科内外上下貼	長	隨帳柱内		長同上，廣五分二厘，厚一分二厘
	廣	0.416	0.052	
	厚	0.096	0.012	
内外槽上隔科内外上柱子	長	0.4	0.05	長五分，廣厚同上
	廣	0.416	0.052	
	厚	0.096	0.012	
内外槽上隔科内外下柱子	長	0.288	0.036	長三分六厘，廣厚同上
	廣	0.416	0.052	
	厚	0.096	0.012	
内外歡門	長	同仰托榥		長同仰托榥，廣一寸二分，厚一分八厘
	廣	0.96	0.12	
	厚	0.144	0.018	
内外帳帶	長	2.4	0.3	長三寸，方四分
	廣	0.32	0.04	
	厚	0.32	0.04	
裹槽下錠脚版	長	同上隔科版		長同上隔科版，廣七分二厘，厚一分八厘
	廣	0.576	0.072	
	厚	0.144	0.018	
裹槽下錠脚仰托榥	長	同上隔科版		長同上，廣五分，厚二分二厘
	廣	0.4	0.05	
	厚	0.176	0.022	
裹槽下錠脚外柱子	長	0.4	0.05	長五分，廣二分二厘，厚一分二厘
	廣	0.176	0.022	
	厚	0.096	0.012	
正後壁及兩側後壁心柱	長	長視上下仰托榥内		長視上下仰托榥内，其腰串長隨心柱内，各方四分
	廣	0.32	0.04	
	厚	0.32	0.04	
腰串	長	隨心柱内		長視上下仰托榥内，其腰串長隨心柱内，各方四分
	廣	0.32	0.04	
	厚	0.32	0.04	

續表

名件	尺寸（宋營造尺）		比例	附注
帳身版	長	隨仰托榥、腰串内		長隨仰托榥、腰串内，廣隨帳柱、心柱内。以厚八分爲定法
	廣	隨帳柱、心柱内		
	厚	0.08	實尺	
帳身版內外難子	長	隨版四周之廣		長隨版四周之廣，方一分
	廣	0.08	0.01	
	厚	0.08	0.01	
逐格前後格榥	長	隨間廣		長隨間廣，方二分
	廣	0.16	0.02	
	厚	0.16	0.02	
鈿面榥	長	4×0.55=2.2		每深一尺，則長五寸五分，廣一分八厘，厚一分五厘。每廣六寸用一條
	廣	0.144	0.018	
	厚	0.12	0.015	
逐格鈿面版	長	同前後兩側格榥		長同前後兩側格榥，廣隨前後格榥内。以厚六分爲定法
	廣	隨前後格榥内		
	厚	0.06	實尺	
逐格前後柱子	長	6.4	0.8	長八寸，方二分。每匣小間用二條
	廣	0.16	0.02	
	厚	0.16	0.02	
格版	長	2	0.25	長二寸五分，廣八分五厘，厚同鈿面版
	廣	0.68	0.085	
	厚	0.06	實尺	
破間心柱	長	長視上下仰托榥内		長視上下仰托榥内，其廣五分，厚三分
	廣	0.4	0.05	
	厚	0.24	0.03	
摺疊門子	長	長視上下仰托榥内		長同上，廣隨心柱、帳柱内。以厚一分爲定法
	廣	隨心柱、帳柱内		
	厚	0.01	實尺	
格版難子	長	隨隔版之廣		長隨隔版之廣，其方六厘
	廣	0.048	0.006	
	厚	0.048	0.006	

續表

名件	尺寸（宋營造尺）		比例	附注
裹槽普拍方	長	隨間之深廣		長隨間之深廣，其廣五分，厚二分
	廣	0.4	0.05	
	厚	0.16	0.02	
平棊	長	未詳		華文等準佛道帳制度
	廣	未詳		
	厚	未詳		
經匣	長	未詳		盝頂及大小等並準轉輪藏經匣制度
	廣	未詳		
	厚	未詳		

（3）腰檐

名件	尺寸（宋營造尺）		比例	附注
腰檐	高	2	1	高二尺，枓槽共長二丈九尺八寸四分，深三尺八寸四分
	廣	29.84		
	厚	3.84		
普拍方	長	隨深廣		長隨深廣，絞頭在外，廣二寸，厚八分
	廣	0.4	0.2	
	厚	0.16	0.08	
枓槽版	長	隨後壁及兩側擺手深廣		長隨後壁及兩側擺手深廣，前面長減八寸，廣三寸五分，厚一寸
	廣	0.7	0.35	
	厚	0.2	0.1	
壓厦版	長	同枓槽版	–0.6	長同枓槽版，減六寸，前面長減同上，廣四寸，厚一寸
	廣	0.8	0.4	
	厚	0.2	0.1	
枓槽鑰匙頭	長	隨深廣		長隨深廣，厚同枓槽版
	廣	未詳		
	厚	0.2	0.1	
山版	長	隨深廣		長同普拍方，廣四寸五分，厚一寸
	廣	0.9	0.45	
	厚	0.2	0.1	

名件	尺寸（宋營造尺）		比例	附注
出入角角梁	長	長視斜高		長視斜高，廣一寸五分，厚同上
	廣	0.3	0.15	
	厚	0.2	0.1	
出入角子角梁	長	1.2	0.6	長六寸，卯在内，曲廣一寸五分，厚八分
	曲廣	0.3	0.15	
	厚	0.16	0.08	
抹角方	長	1.4	0.7	長七寸，廣一寸五分，厚同角梁
	廣	0.3	0.15	
	厚	0.2	0.1	
貼生	長	隨角梁内		長隨角梁内，方一寸。折計用
	廣	0.2	0.1	
	厚	0.2	0.1	
曲椽	長	1.6	0.8	長八寸，曲廣一寸，厚四分。每補間鋪作一朶用三條，從角匀攤
	曲廣	0.2	0.1	
	厚	0.08	0.04	
飛子	長	1	0.5	長五寸，尾在内，方三分五厘
	廣	0.07	0.035	
	厚	0.07	0.035	
白版	長	隨後壁及兩側擺手		長隨後壁及兩側擺手，到角長加一尺，前面長減九尺，廣三寸五分。以厚五分爲定法
	廣	0.7	0.35	
	厚	0.05	實尺	
厦瓦版	長	隨後壁及兩側擺手		長同白版，加一尺三寸，前面長減八尺，廣九寸，厚同上
	廣	1.8	0.9	
	厚	0.05	實尺	
瓦隴條	長	1.8	0.9	長九寸，方四分。瓦頭在内，隔間匀攤
	廣	0.08	0.04	
	厚	0.08	0.04	
搏脊	長	隨深廣		長同山版，加二寸，前面長減八尺。其廣二寸五分，厚一寸
	廣	0.5	0.25	
	厚	0.2	0.1	

續表

名件	尺寸（宋營造尺）		比例	附注
角脊	長	1.2	0.6	長六寸，廣二寸，厚同上
	廣	0.4	0.2	
	厚	0.2	0.1	
搏脊槫	長	隨間之深廣		長隨間之深廣，其廣一寸五分，厚同上
	廣	0.3	0.15	
	厚	0.2	0.1	
小山子版	長	0.5	0.25	長與廣皆二寸五分，厚同上
	廣	0.5	0.25	
	厚	0.2	0.1	
山版枓槽卧棍	長	隨枓槽内		長隨枓槽内，其方一寸五分，隔瓣上下用二枚
	廣	0.3	0.15	
	厚	0.3	0.15	
山版枓槽立棍	長	1.6	0.8	長八寸，方同上，隔瓣用二枚
	廣	0.3	0.15	
	厚	0.3	0.15	

（4）平坐

名件	尺寸（宋營造尺）		比例	附注
平坐	高	1	1	高一尺，枓槽長隨間之廣，共長二丈九尺八寸四分，深三尺八寸四分，安單鉤闌，高七寸。材之廣厚及用壓厦版，並準腰檐之制
	共長	29.84		
	深	3.84		
普拍方	長	隨間之深廣		長隨間之深廣，合角在外，方一寸
	廣	0.1	0.1	
	厚	0.1	0.1	
枓槽版	長	隨後壁及兩側擺手		長隨後壁及兩側擺手，前面減八尺，廣九寸，子口在内，厚二寸
	廣	0.9	0.9	
	厚	0.2	0.2	
壓厦版	長	同枓槽版		長同枓槽版，至出角加七寸五分，前面減同上，廣九寸五分，厚同上
	廣	0.95	0.95	
	厚	0.2	0.2	

續表

名件	尺寸（宋營造尺）		比例	附注
鴈翅版	長	同枓槽版		長同枓槽版，至出角加九寸，前面減同上，廣二寸五分，厚八分
	廣	0.25	0.25	
	厚	0.08	0.08	
枓槽内上下卧棍	長	隨枓槽内		長隨枓槽内，其方三寸。隨瓣隔間上下用
	廣	0.3	0.3	
	厚	0.3	0.3	
枓槽内上下立棍	長	隨坐高		長隨坐高，其方二寸五分。隨卧棍用二條
	廣	0.25	0.25	
	厚	0.25	0.25	
鈿面版	長	隨間之深廣		長同普拍方。以厚七分爲定法
	廣	未詳		
	厚	0.07	實尺	

（5）天宫樓閣

名件	尺寸（宋營造尺）		比例	附注
天宫樓閣	高	5	1	高五尺，深一尺；用殿身、茶樓、角樓、龜頭殿、挾屋、行廊等造
	深	1		
下層副階	内殿身長	3瓣		内殿身長三瓣，茶樓子長兩瓣，角樓長一瓣，並六鋪作單杪雙昂造；龜頭、殿挾各長一瓣，並五鋪作單杪單昂造；行廊長二瓣，分心四鋪作造。其材並廣五分，厚三分五厘。出入轉角，間内並用補間鋪作
	茶樓子長	2瓣		
	角樓長	1瓣		
	龜頭殿	1瓣		
	挾屋	1瓣		
	行廊長	2瓣		
中層副階上平坐	高	單鉤闌高0.4	疑爲實尺	安單鉤闌，高四寸。其鉤闌準佛道帳制度。其平坐並用卷頭鋪作等，及上層平坐上天宫樓閣，並準副階法
	廣	未詳		
	厚	未詳		
凡壁藏芙蓉瓣，每瓣長六寸六分，其用龜脚至舉折等，並準佛道帳之制				

（十一）"旋作制度"權衡尺寸表

1．殿堂等雜用名件權衡尺寸表

（1）殿閣椽頭盤子權衡尺寸表

<table>
<tr><th rowspan="3">尺寸
項目</th><th rowspan="3">標準</th><th colspan="5">若殿閣用椽，其徑9分°—10分°</th><th>附注</th></tr>
<tr><th colspan="5">實際尺寸（宋營造尺）</th><td rowspan="5">大小隨椽徑。椽徑五寸，厚一寸。徑加一寸，厚加二分，減亦如之</td></tr>
<tr><th>一等材</th><th>二等材</th><th>三等材</th><th>四等材</th><th>五等材</th></tr>
<tr><td>椽徑</td><td>0.5</td><td>0.54—0.6</td><td>0.495—0.55</td><td>0.45—0.5</td><td>0.432—0.48</td><td>0.396—0.44</td></tr>
<tr><td>椽頭盤子徑</td><td>0.5</td><td>0.54—0.6</td><td>0.495—0.55</td><td>0.45—0.5</td><td>0.432—0.48</td><td>0.396—0.44</td></tr>
<tr><td>椽頭盤子厚</td><td>0.1</td><td>0.108—0.12</td><td>0.099—0.11</td><td>0.09—0.1</td><td>0.086—0.096</td><td>0.079—0.088</td></tr>
<tr><td colspan="8">加至厚一寸二分止；減至厚六分止</td></tr>
</table>

（2）廳堂椽頭盤子權衡尺寸表

<table>
<tr><th rowspan="3">尺寸
項目</th><th rowspan="3">標準</th><th colspan="4">若廳堂用椽，其徑7分°—8分°</th><th>附注</th></tr>
<tr><th colspan="4">實際尺寸（宋營造尺）</th><td rowspan="5">大小隨椽徑。椽徑五寸，厚一寸。徑加一寸，厚加二分，減亦如之</td></tr>
<tr><th>三等材</th><th>四等材</th><th>五等材</th><th>六等材</th></tr>
<tr><td>椽徑</td><td>0.5</td><td>0.35—0.4</td><td>0.336—0.384</td><td>0.38—0.352</td><td>0.28—0.32</td></tr>
<tr><td>椽頭盤子徑</td><td>0.5</td><td>0.35—0.4</td><td>0.336—0.384</td><td>0.38—0.352</td><td>0.28—0.32</td></tr>
<tr><td>椽頭盤子厚</td><td>0.1</td><td>0.07—0.08</td><td>0.067—0.077</td><td>0.062—0.07</td><td>0.06—0.064</td></tr>
<tr><td colspan="7">加至厚一寸二分止；減至厚六分止</td></tr>
</table>

（3）餘屋椽頭盤子權衡尺寸表

<table>
<tr><th rowspan="3">尺寸
項目</th><th rowspan="3">標準</th><th colspan="4">若餘屋用椽，其徑6分°—7分°</th><th>附注</th></tr>
<tr><th colspan="4">實際尺寸（宋營造尺）</th><td rowspan="5">大小隨椽徑。椽徑五寸，厚一寸。徑加一寸，厚加二分，減亦如之</td></tr>
<tr><th>五等材</th><th>六等材</th><th>七等材</th><th>八等材</th></tr>
<tr><td>椽徑</td><td>0.5</td><td>0.264—0.308</td><td>0.24—0.28</td><td>0.21—0.245</td><td>0.18—0.21</td></tr>
<tr><td>椽頭盤子徑</td><td>0.5</td><td>0.264—0.308</td><td>0.24—0.28</td><td>0.21—0.245</td><td>0.18—0.21</td></tr>
<tr><td>椽頭盤子厚</td><td>0.1</td><td>0.06—0.062</td><td>0.06</td><td>0.06</td><td>0.06</td></tr>
<tr><td colspan="7">加至厚一寸二分止；減至厚六分止</td></tr>
</table>

（4）揞角梁寶鉼權衡尺寸表

項目尺寸 / 每鉼高	實際尺寸（宋營造尺）				附注
	肚徑	頭長	足高	鉼身	
寶鉼高1尺	0.6	0.33	0.2	0.47	每鉼高一尺，即肚徑六寸，頭長三寸三分，足高二寸。餘作鉼身。若鉼高加一寸，則肚徑加六分，減亦如之。或作素寶鉼，即肚徑加一寸
1.2尺	0.72	0.4	0.24	0.56	
0.8尺	0.48	0.26	0.16	0.38	
素寶鉼高1尺	0.7	0.33	0.2	0.47	
1.2尺	0.82	0.4	0.24	0.56	
0.8尺	0.58	0.26	0.16	0.38	
鉼上施仰蓮胡桃子，下坐合蓮					

（5）蓮華柱頂等雜用名件

尺寸 / 項目	實際尺寸（宋營造尺）					附注
蓮華柱頂高	徑1寸	徑3寸	徑5寸	徑7寸	徑9寸	蓮華柱頂：每徑一寸，其高減徑之半。柱頭仰覆蓮華胡桃子：每徑廣一尺，其高同徑之廣。門上木浮漚：每徑一寸，即高七分五厘。鉤闌上蔥臺釘：每高一寸，即徑一分。釘頭隨徑，高七分。蓋蔥臺釘筒子：高視釘加一寸，每高一寸，即徑廣二分五厘
	0.05	0.15	0.25	0.35	0.45	
柱頭仰覆蓮華胡桃子高	徑1尺	徑1.2尺	徑1.5尺	徑0.8尺	徑0.6尺	
	1	1.2尺	1.5尺	0.8尺	0.6尺	
門上木浮漚高	徑1寸	徑1.5寸	徑2寸	徑2.5寸	徑3寸	
	0.075	0.113	0.15	0.188	0.225	
鉤闌上蔥臺釘徑	高1寸	高1.5寸	高2寸	高2.5寸	高3寸	
	0.01	0.015	0.02	0.025	0.03	
釘頭隨徑	0.01	0.015	0.02	0.025	0.03	
釘頭高	0.07	0.105	0.14	0.175	0.21	
蓋蔥臺釘筒子高	0.17	0.205	0.24	0.275	0.31	
釘筒子徑	0.043	0.051	0.06	0.069	0.078	

2. 照壁版寶牀上名件權衡尺寸表

尺寸 項目	造殿内照壁版上寶牀等所用名件之制					
	實際尺寸（宋營造尺）				附注	
香鑪	徑	0.7			徑七寸。其高減徑之半。	
	高	0.35				
注子	共高	0.7	項高	0.21	共高七寸。每高一寸，即肚徑七分。兩段造，其項高，徑取高十分中以三分爲之	
	肚徑	0.49				
注盌	徑	0.6			徑六寸，每徑一寸，則高八分	
	高	0.48				
酒杯	徑	0.3			徑三寸。每徑一寸，即高七分。足在内	
	高	0.21				
杯盤	徑	0.5	足子高	0.1	徑五寸，每徑一寸，即厚一分。足子徑二寸五分，每徑一寸，即高四分。心子並同	
	厚	0.05	心子徑	0.25		
	足子徑	0.25	心子高	0.1		
鼓	高	0.3			兩頭隱出皮厚及釘子	高三寸，每高一寸，即肚徑七分
	肚徑	0.21				
鼓坐	徑	0.35			兩段造	徑三寸五分。每徑一寸，即高八分
	高	0.28				
杖鼓	長	0.3	腔口徑	0.15	長三寸，每長一寸，鼓大面徑七分，小面徑六分，腔口徑五分，腔腰徑二分	
	鼓大面徑	0.21	腔腰徑	0.06		
	小面徑	0.18				
蓮子	徑	0.3			徑三寸，其高減徑之半	
	高	0.15				
荷葉	徑	0.6			徑六寸。每徑一寸，即厚一分	
	厚	0.06				
卷荷葉	長	0.5			長五寸。其卷徑減長之半	
	卷徑	0.25				
披蓮	徑	0.28			徑二寸八分。每徑一寸，即高八分	
	高	0.224				
蓮蓓蕾	高	0.3			高三寸，每高一寸，即徑七分	
	徑	0.21				

3．佛道帳上名件權衡尺寸表

項目＼尺寸	造佛道等帳上所用名件之制				
	實際尺寸（宋營造尺）				附注
火珠	高	肚徑	尖長		高七寸五分，肚徑三寸。每肚徑一寸，即尖長七分。 每火珠高加一寸，即肚徑加四分；減亦如之
	0.75	0.3	0.21		
	0.85	0.34	0.24		
	0.95	0.38	0.27		
	0.65	0.26	0.18		
	0.55	0.22	0.15		
滴當火珠	高	肚徑	尖長	胡桃子下合蓮長	高二寸五分。每高一寸，即肚徑四分。每肚徑一寸，即尖長八分。胡桃子下合蓮長七分
	0.25	0.1	0.08	0.07	
瓦頭子	徑	長			瓦頭子：每徑一寸，其長倍徑之廣。若作瓦錢子，每徑一寸，即厚三分；減亦如之。加至厚六分止，減至厚二分止
	0.1	0.2			
瓦錢子	徑	厚			
	0.1	0.03			
	0.15	0.045			
	0.2	0.06			
	0.08	0.024			
	0.06	0.018			
寳柱子	長	徑			作仰合蓮華、胡桃子、寳餅相間；通長造。長一尺五寸；每長一寸，即徑廣八厘。如坐内紗窗旁用者，每長一寸，即徑廣一分。若腰坐車槽内用者，每長一寸，即徑廣四分
	1.5	0.12	仰合蓮華、胡桃子、寳餅相間，通長造		
	1.5	0.15	坐内紗窗旁用		
	1.5	0.6	腰坐車槽内用		
貼絡門盤	徑	高			每徑一寸，其高減徑一半（以徑五寸爲例）
	0.5	0.25			
貼絡浮漚	徑	高			每徑五分，即高三分（以徑三寸爲例）
	0.3	0.18			
平棊錢子	徑	厚			徑一寸。以厚五分爲定法
	0.1	0.05			
角鈴（每朶角鈴9件）	大鈴	蓋子	簧子	子角鈴	每一朶九件：大鈴、蓋子、簧子各一，角内子角鈴共六
	1件	1件	1件	6件	

續表

項目 \ 尺寸	造佛道等帳上所用名件之制					
	實際尺寸（宋營造尺）					附注
大鈴	高	肚徑				高二寸。每高一寸，即肚徑廣八分
	0.2	0.16				
蓋子	高	徑				徑同大鈴，其高減半
	0.1	0.16				
簧子	高	徑				徑及高皆減大鈴之半
	0.1	0.08				
子角鈴	高	徑				徑及高皆減簧子之半
	0.05	0.04				
圜櫨枓	高	徑	小木作佛道帳帳坐上鋪作，材廣一寸八分			大小隨材分°。高二十分°，徑三十二分°（分°值：一分二厘）
	0.24	0.38				
虛柱蓮華錢子（其厚0.03）	上段徑	下段1	下段2	下段3	下段4	用五段，上段徑四寸；下四段各遞減二分。以厚三分爲定法
	0.4	0.38	0.36	0.34	0.32	
虛柱蓮華胎子	徑	高				徑五寸。每徑一寸，即高六分
	0.5	0.3				

附録二　《營造法式注釋》附“壕寨制度、石作制度圖樣”①

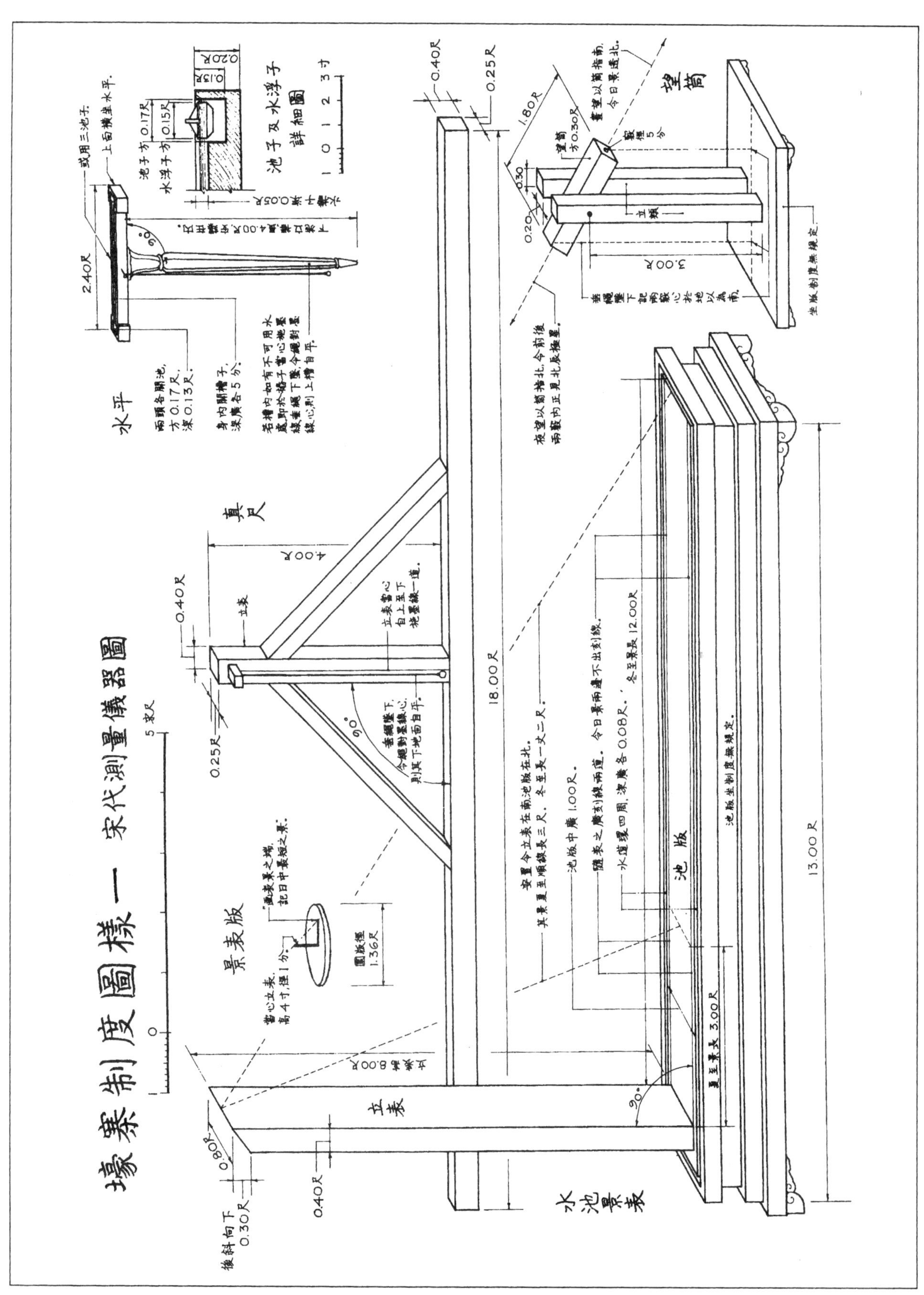

① 梁思成．梁思成全集．第七卷．第369—377頁．壕寨制度圖樣、石作制度圖樣、大木作制度圖樣．中國建築工業出版社．2001年

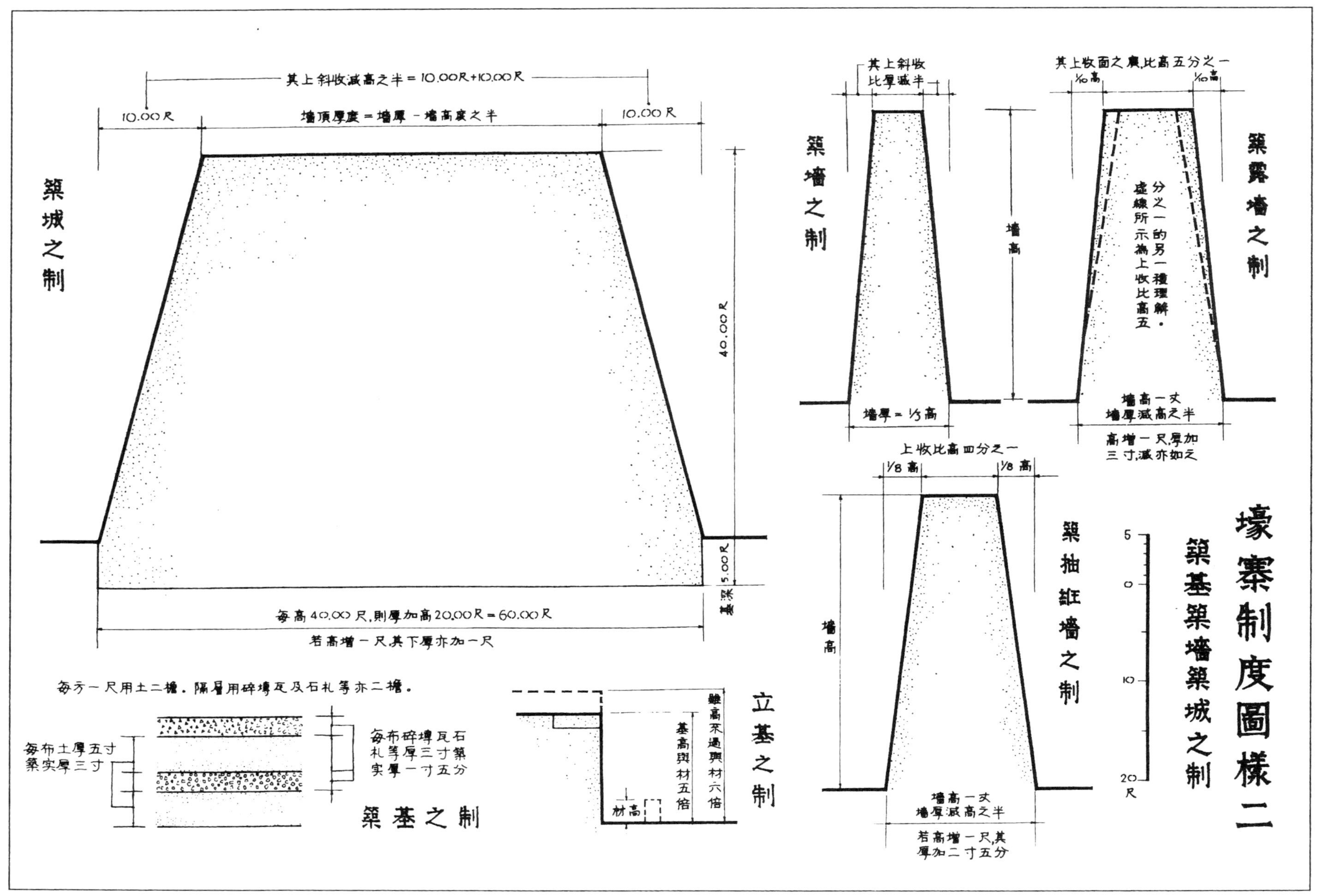

壕寨制度圖樣二
築基築墻築城之制
5
0
10
20
尺
築城之制
其上斜收減高之半＝10.00尺+10.00尺
10.00尺
墻頂厚度＝墻厚－墻高度之半
10.00尺
40.00尺
5.00尺
基深
每高40.00尺，則厚加高20.00尺＝60.00尺
若高增一尺，其下厚亦加一尺
每方一尺用土二檐。隔層用碎塼瓦及石札等亦二檐。
每布土厚五寸
築实厚三寸
每布碎塼瓦石
札等厚三寸築
实厚一寸五分
築基之制
立基之制
基高與材五倍
雖高不過與材六倍
材高
築墻之制
其上斜收
比厚減半
墻高
墻厚＝1/3高
築露墻之制
其上收面之廣，比高五分之一
1/10高
1/10高
虛線所示為上收比高五分之一的另一種理解。
墻高一丈
墻厚減高之半
高增一尺，厚加三寸，減亦如之
築抽絍墻之制
上收比高四分之一
1/8高
1/8高
墻高
墻高一丈
墻厚減高之半
若高增一尺，其厚加二寸五分

石作制度圖樣一

彫鐫　彫鐫制度有四等：

一　剔地起突

其彫刻母題三面突起,一面與地相聯。

二　壓地隱起

母題突起甚少,按文義,母題最高點似不突出石面以上。

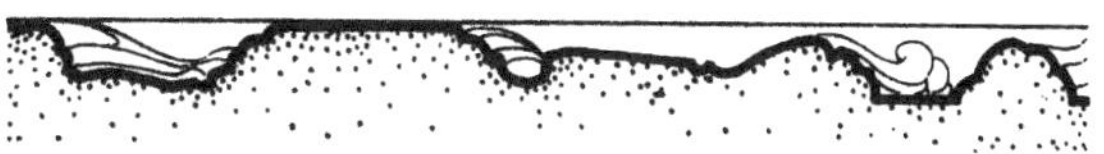

三　減地平鈒

如壓地隱起,母題最高點不突出石面,但最高點與地相差甚微。

四　素平

石面平整無彫飾。

柱礎　造柱礎之制：

其方倍柱之徑。方一尺四寸以下者,每方一尺厚八寸,方三尺以上者,厚減方之半,方四尺以上者,以厚三尺為準。若造覆盆(柱礎)每方一尺覆盆高一寸,每覆盆高一寸,盆唇厚一分,如仰覆蓮花,其高加覆盆一倍。

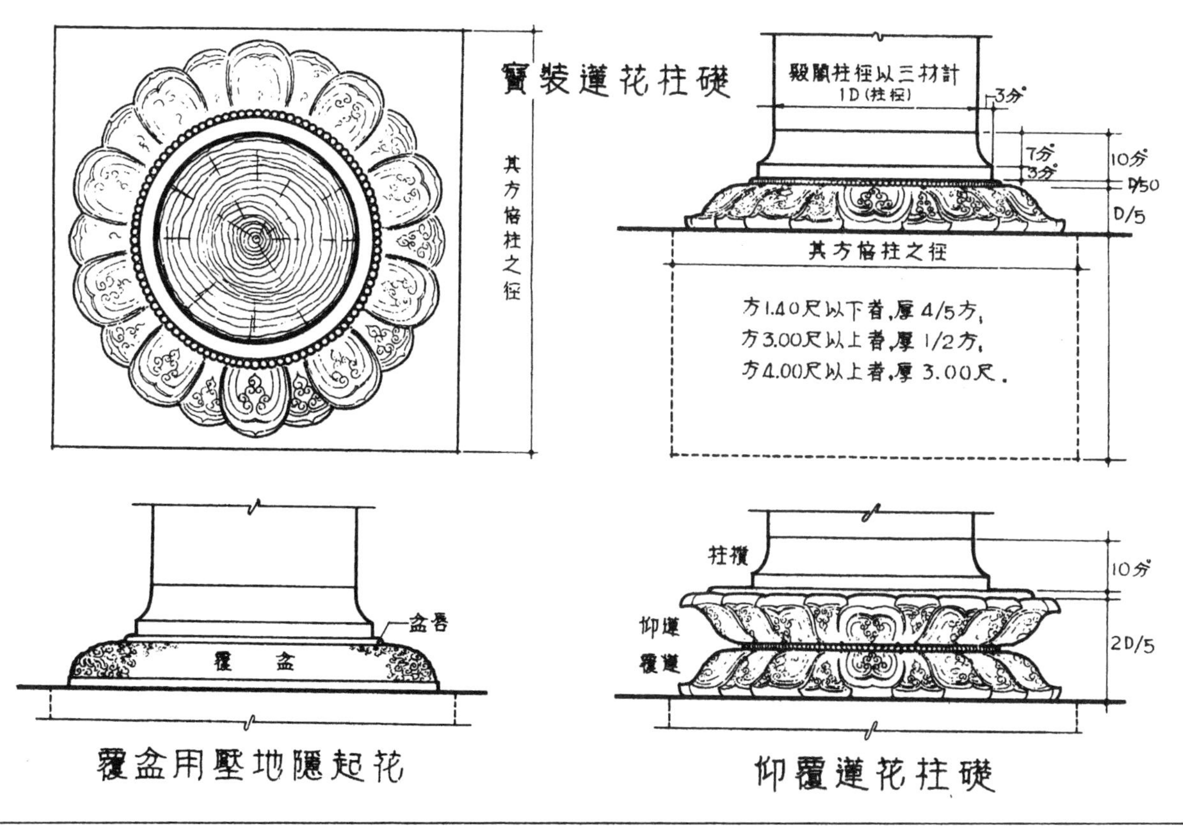

覆盆用壓地隱起花　　仰覆蓮花柱礎

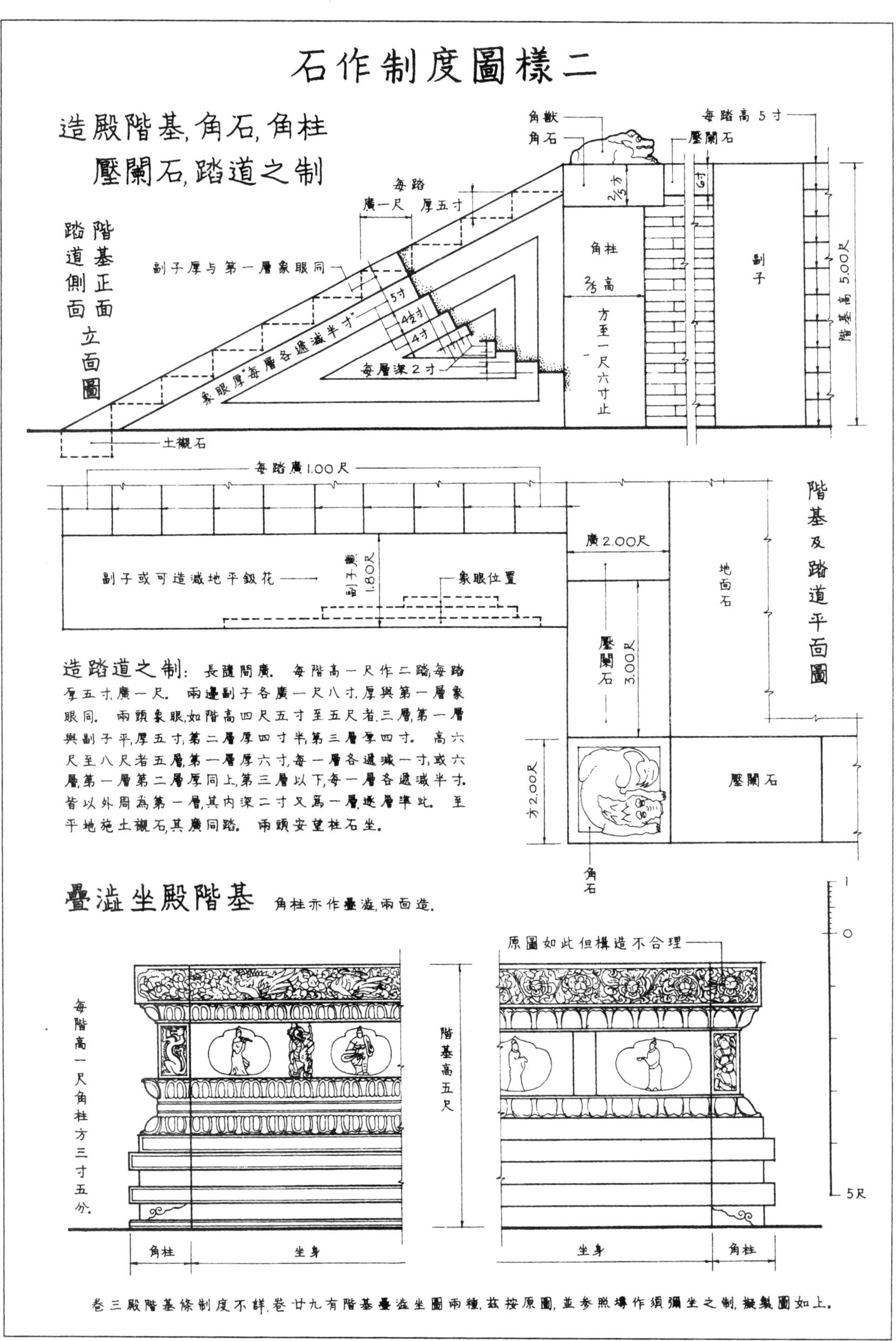
石作制度圖樣二
造殿階基,角石,角柱
壓闌石,踏道之制
階基正面 踏道側面 立面圖
角獸
角石
每踏高5寸
壓闌石
每踏
廣一尺 厚五寸
2/5方
6寸
角柱
2/5高
方至一尺六寸止
副子
階基高5.00尺
副子厚与第一層象眼同
5寸
4½寸
4寸
象眼厚"每層各遞減半寸"
每層深2寸
土襯石
每踏廣1.00尺
副子或可造減地平鈒花
副子廣1.80尺
象眼位置
廣2.00尺
地面石
壓闌石 3.00尺
階基及踏道平面圖
方2.00尺
壓闌石
角石
造踏道之制: 長隨間廣. 每階高一尺作二踏;每踏厚五寸,廣一尺. 兩邊副子各廣一尺八寸,厚與第一層象眼同. 兩頭象眼,如階高四尺五寸至五尺者,三層,第一層與副子平,厚五寸;第二層厚四寸半,第三層厚四寸. 高六尺至八尺者五層,第一層厚六寸,每一層各遞減一寸,或六層,第一層第二層厚同上,第三層以下,每一層各遞減半寸. 皆以外周為第一層,其内深二寸又為一層,逐層準此. 至平地施土襯石,其廣同踏. 兩頭安望柱石坐.
疊澁坐殿階基 角柱亦作疊澁,兩面造.
每階高一尺角柱方三寸五分.
階基高五尺
原圖如此但構造不合理
1
0
5尺
角柱
坐身
坐身
角柱
卷三殿階基條制度不詳.卷廿九有階基疊澁坐圖兩種,玆按原圖,並參照塼作須彌坐之制,擬製圖如上.

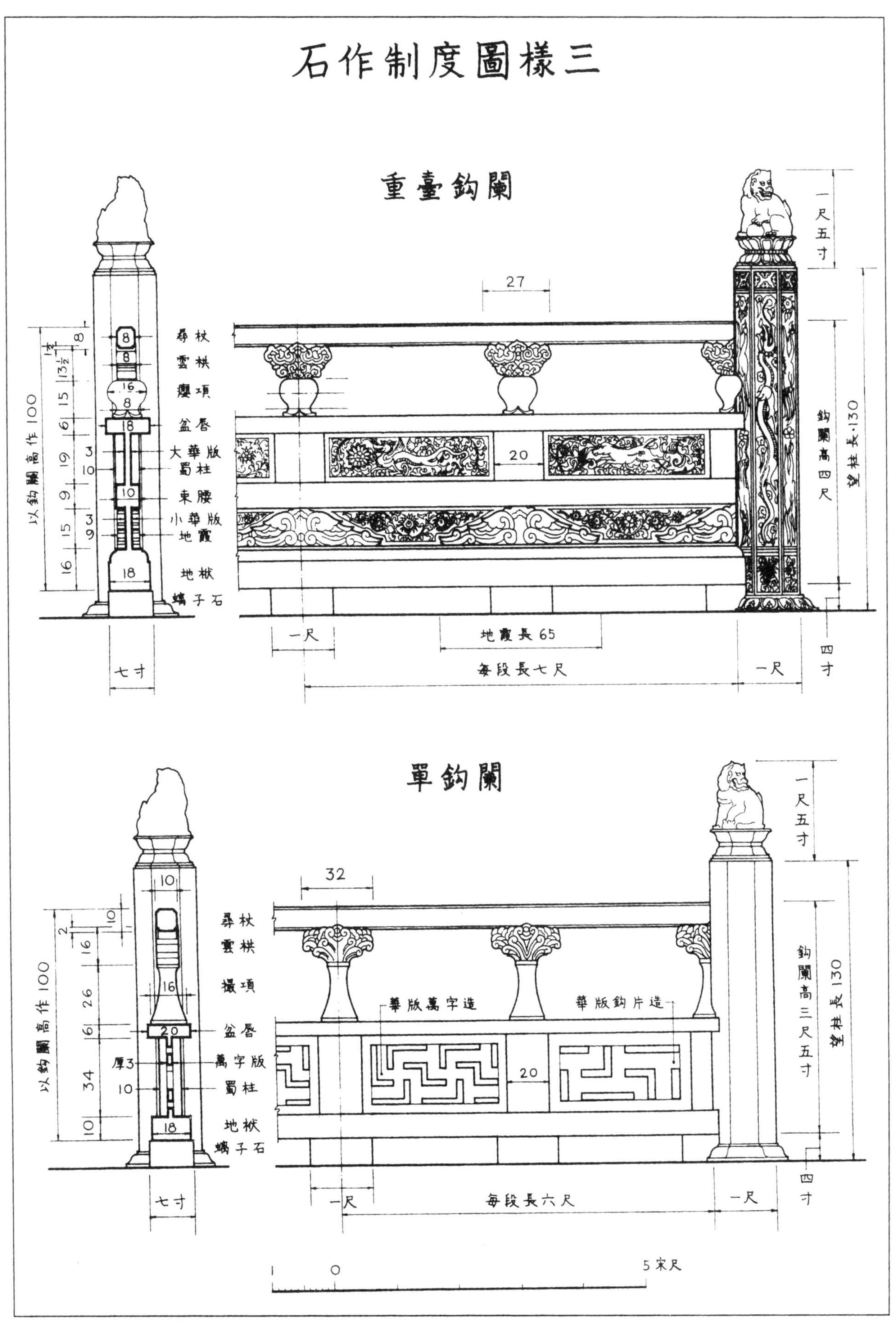

編者注：圖中"鈎闌"，正文中爲"鉤闌"。

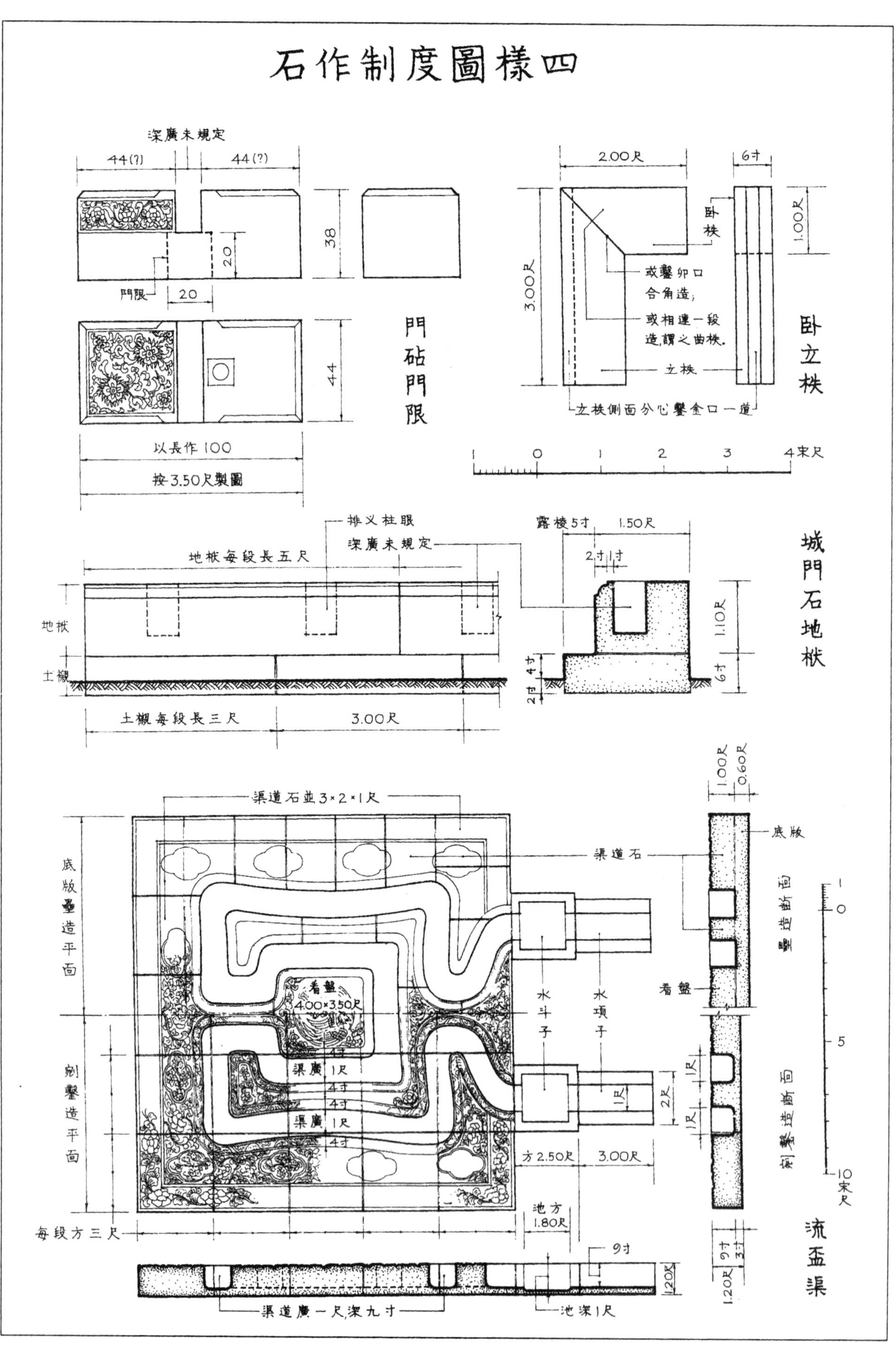

石作制度圖樣四
深廣未規定
44(?)
44(?)
38
20
門限
20
44
門砧門限
以長作100
按3.50尺製圖
2.00尺
6寸
3.00尺
1.00尺
卧栿
或鑿卯口
合角造;
或相連一段
造謂之曲栿.
立栿
立栿側面分心鑿金口一道
卧立栿
0
1
2
3
4宋尺
排义柱眼
深廣未規定
地栿每段長五尺
露棱5寸
1.50尺
2寸1寸
地栿
土襯
1.10尺
4寸
2寸
6寸
土襯每段長三尺
3.00尺
城門石地栿
渠道石並3×2×1尺
1.00尺
0.60尺
底版
渠道石
底版壘造平面
看盤
4.00×3.50尺
水斗子
水項子
壘造斷面
渠廣1尺
4寸
渠廣1尺
4寸
剜鑿造平面
1尺
2尺
1尺
1尺
剜鑿造斷面
方2.50尺
3.00尺
5
10宋尺
池方1.80尺
每段方三尺
9寸
1.20尺
9寸
3寸
1.20尺
渠道廣一尺深九寸
池深1尺
流盃渠

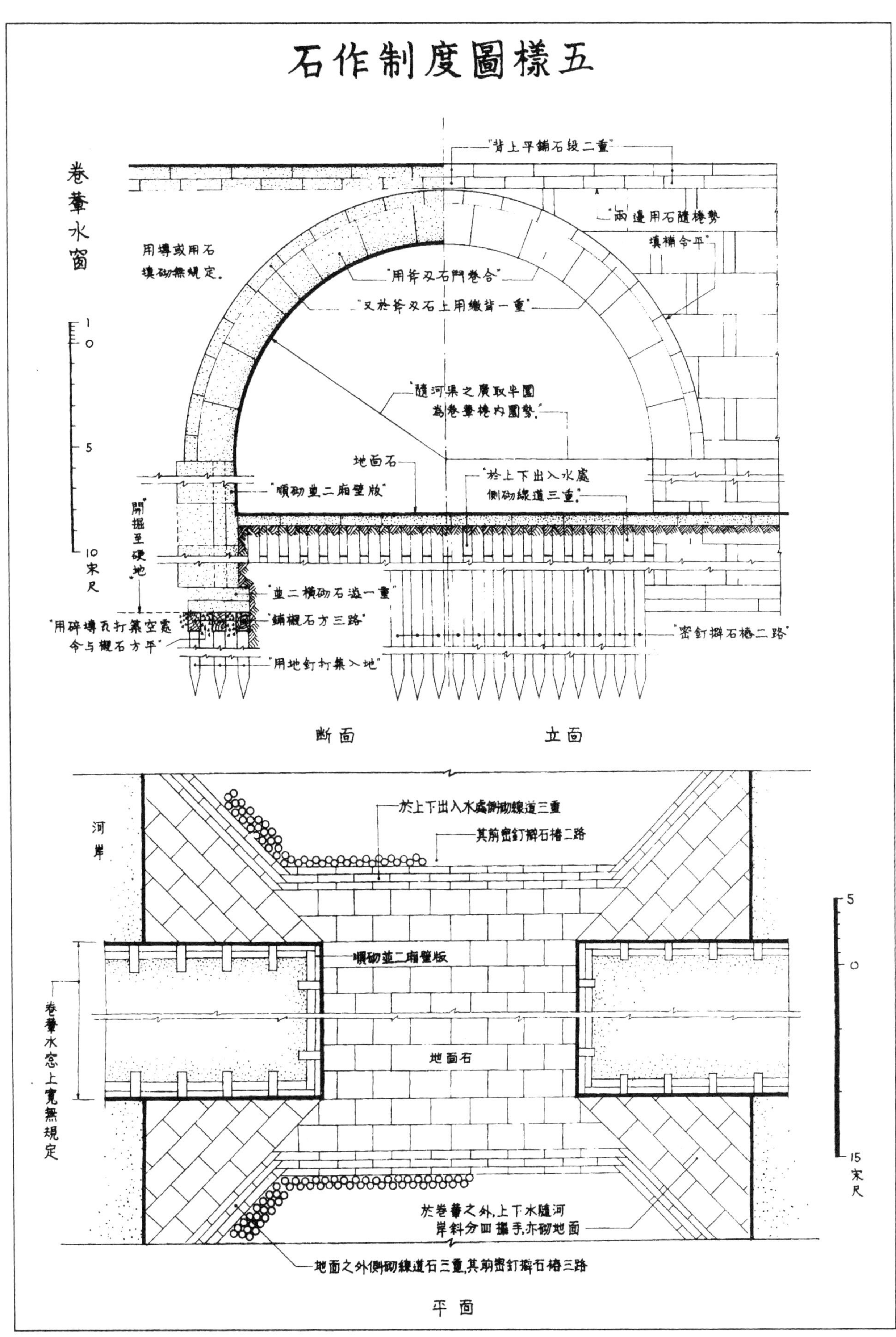
石作制度圖樣五
卷輂水窗
"背上平鋪石段二重"
"兩邊用石隨棬勢
填補令平"
用塼或用石
填砌無規定。
"用斧叉石鬥卷合"
"又於斧叉石上用繳背一重"
1
0
5
10
宋尺
"隨河渠之廣取半圓
為卷輂棬內圜勢"
地面石
"於上下出入水處
側砌線道三重"
"順砌並二廂壁版"
"開掘至硬地"
"並二横砌石涟一重"
"鋪襯石方三路"
"用碎塼瓦打築空處
令與襯石方平"
"密釘擗石椿二路"
"用地釘打築入地"
断面
立面
河岸
於上下出入水處側砌線道三重
其前密釘擗石椿二路
順砌並二廂壁版
卷輂水窗上寬無規定
地面石
5
0
15
宋尺
於卷輂之外，上下水隨河
岸斜分四擺手，亦砌地面
地面之外側砌線道石三重，其前密釘擗石椿三路
平面

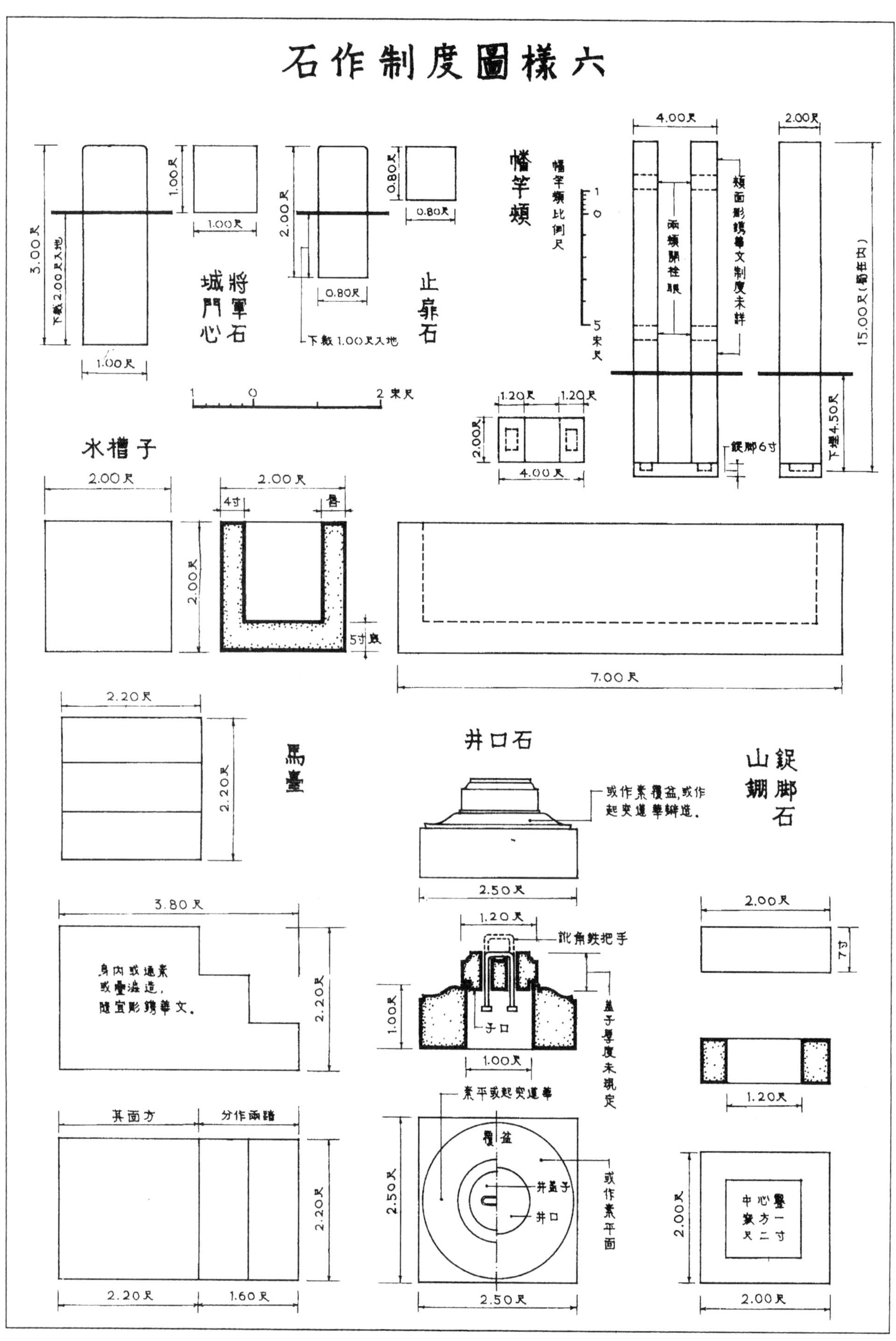

編者注：圖中“山錋”，正文中爲“山棚”。

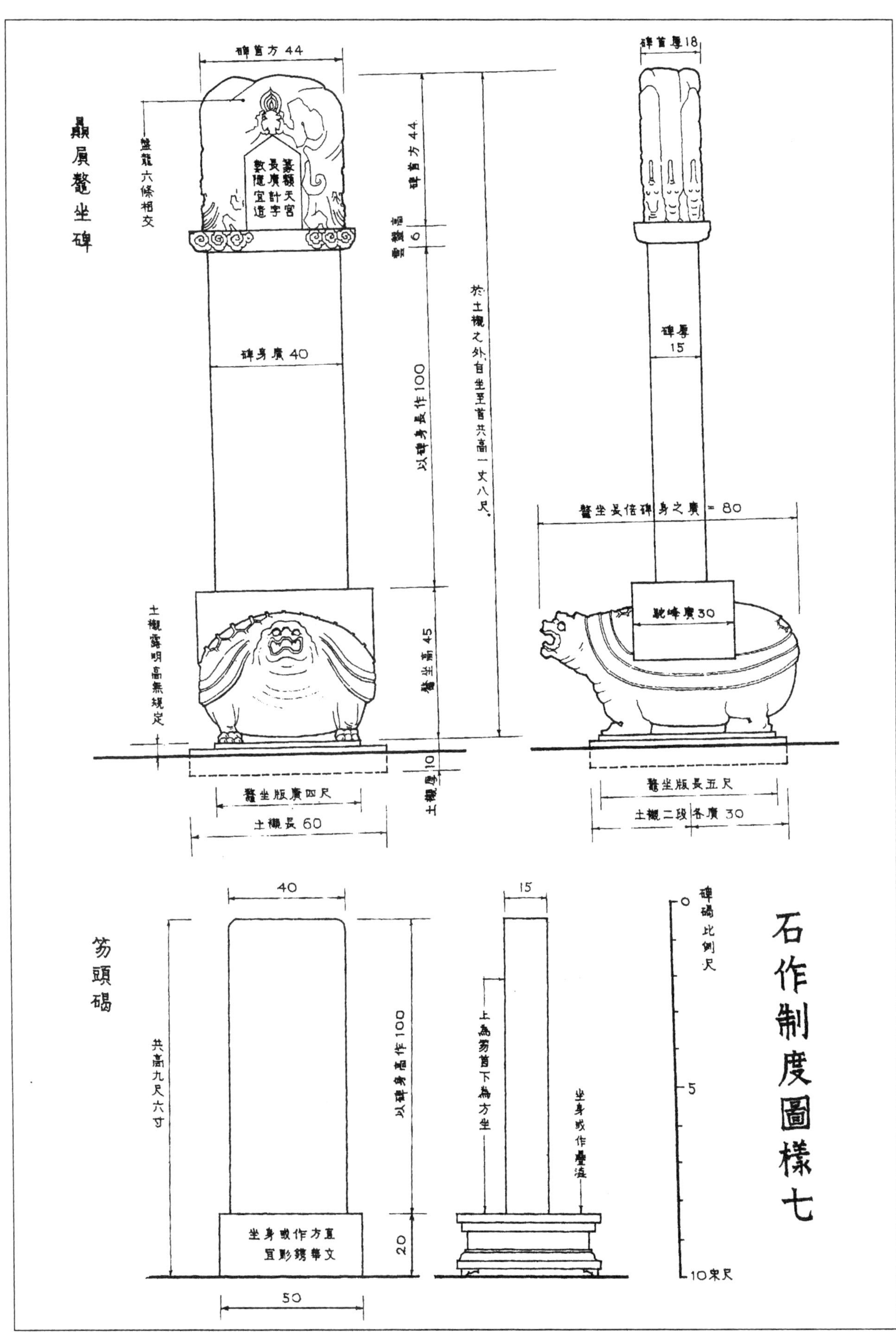

石作制度圖樣七
贔屓鼇坐碑
碑首方44
盤龍六條相交
篆額天宮長廣計字數隨宜造
碑首方44
碑首厚18
疊澀高6
碑身廣40
以碑身長作100
於土襯之外，自坐至首共高一丈八尺。
碑厚15
鼇坐長倍碑身之廣＝80
駝峰廣30
土襯露明高無規定
鼇坐高45
土襯厚10
鼇坐版廣四尺
土襯長60
鼇坐版長五尺
土襯二段各廣30
笏頭碣
40
15
共高九尺六寸
以碑身高作100
上為笏首下為方坐
坐身或作疊澀
坐身或作方直宜彫鐫華文
20
50
碑碣比例尺
0
5
10宋尺

附録三　《營造法式注釋》附“大木作制度圖樣”①

大木作制度圖樣一

材　凡構屋之制，皆以材為祖；材有八等，度屋之大小，因而用之。各以其材之廣，分為十五分°，以十分為其厚。凡屋宇之高深，名物之短長，曲直舉折之勢，規矩繩墨之宜，皆以所用材之分°，以為制度焉。

栔（音“至”）廣六分°，厚四分°。材上加栔者，謂之足材。

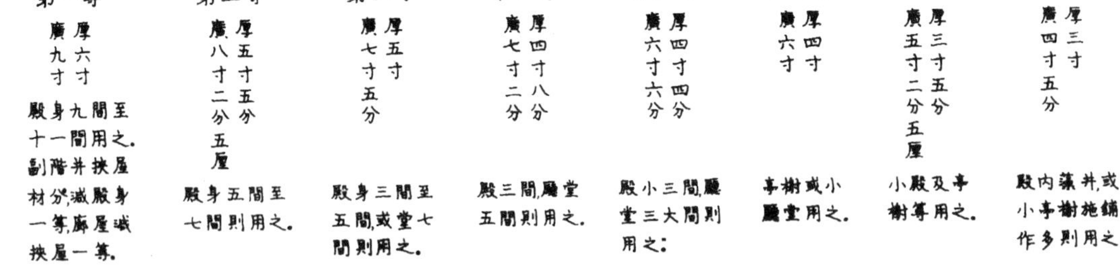

第一等	第二等	第三等	第四等	第五等	第六等	第七等	第八等
廣九寸　厚六寸	廣八寸二分五厘　厚五寸五分	廣七寸五分　厚五寸	廣七寸二分　厚四寸八分	廣六寸六分　厚四寸四分	廣六寸　厚四寸	廣五寸二分五厘　厚三寸五分	廣四寸五分　厚三寸
殿身九間至十一間用之。副階并挾屋材分°減殿身一等，廊屋減挾屋一等。	殿身五間至七間則用之。	殿身三間至五間，或堂七間則用之。	殿三間，廳堂五間則用之。	殿小三間，廳堂三大間則用之：	亭榭或小廳堂用之。	小殿及亭榭等用之。	殿内藻井，或小亭榭施鋪作多則用之。

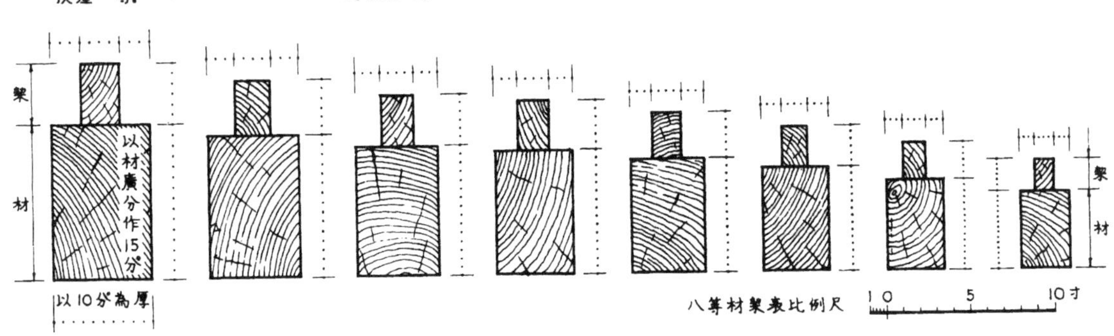

枓栱部分名稱圖（六鋪作重栱出單杪雙下昂，裏轉五鋪作重栱出兩杪，並計心。）

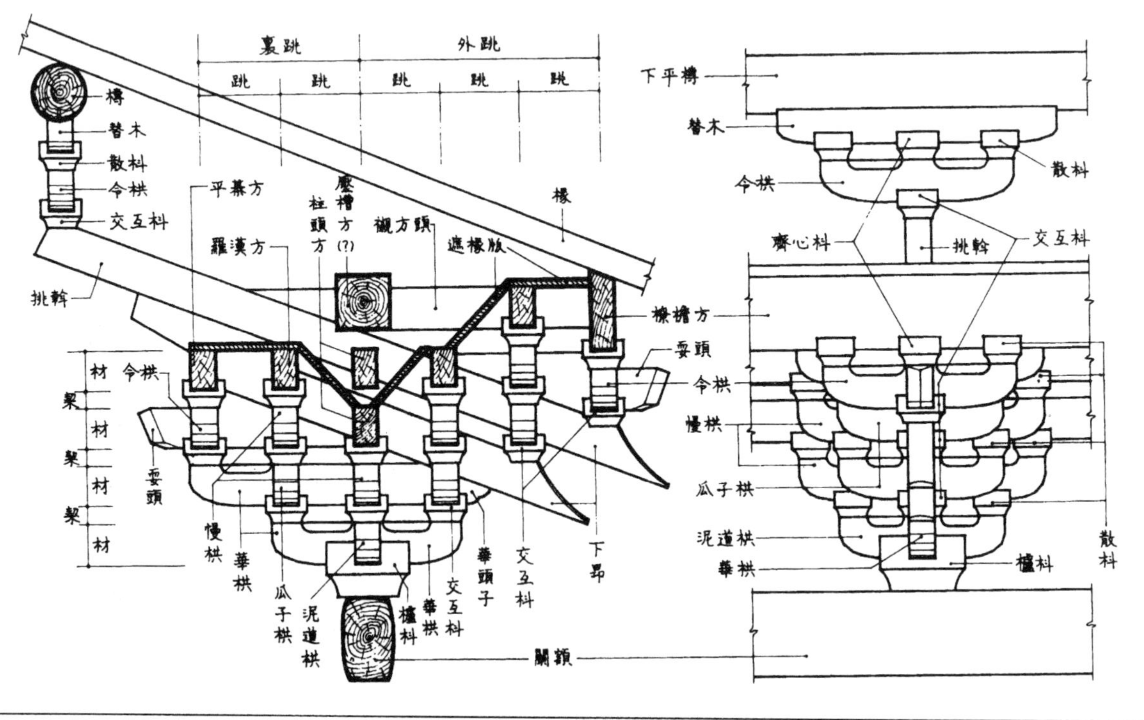

① 梁思成．梁思成全集．第七卷．第378—426頁．壕寨制度圖樣、石作制度圖樣、大木作制度圖樣．中國建築工業出版社．2001年

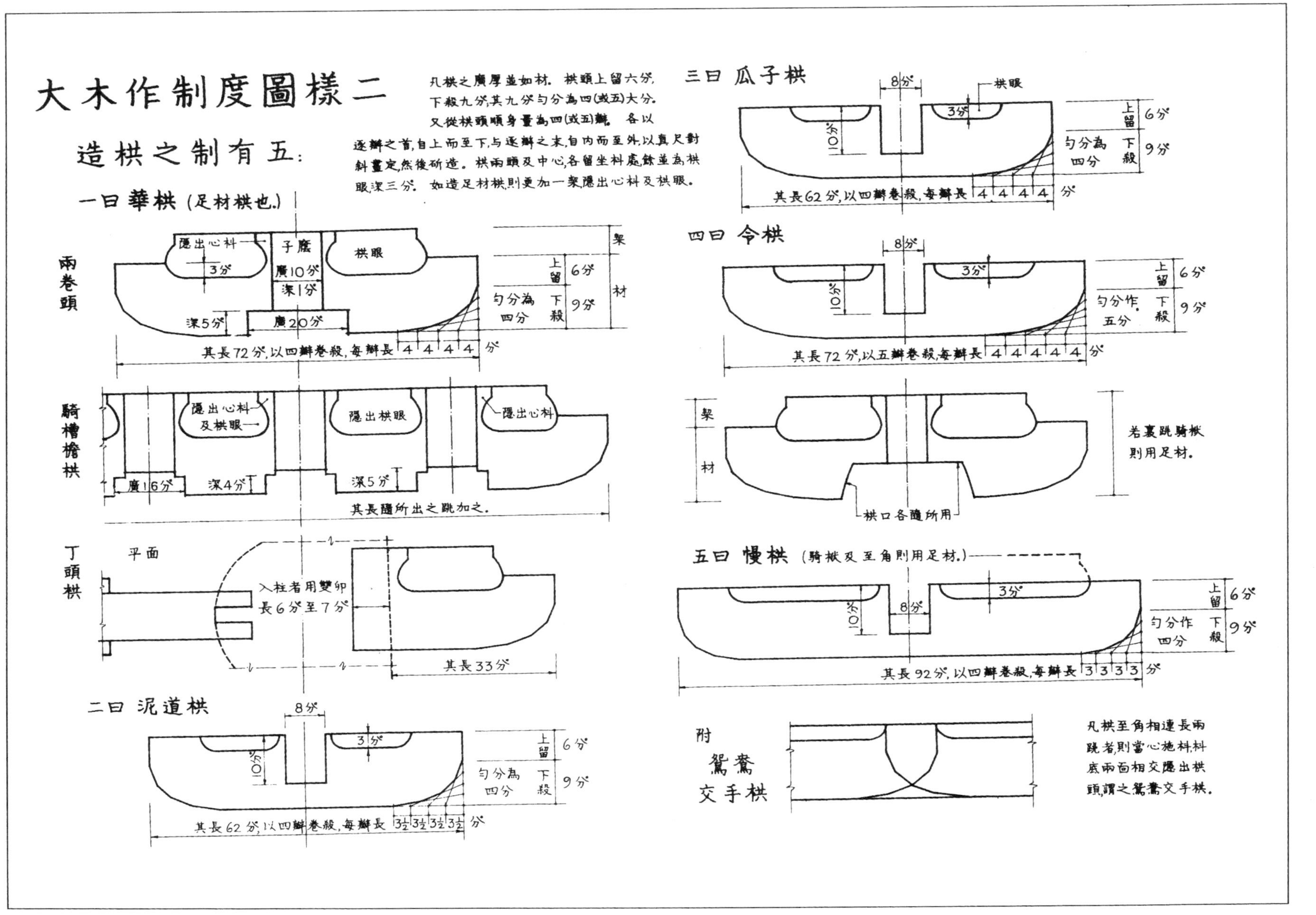
大木作制度圖樣二
造栱之制有五:
凡栱之廣厚並如材。栱頭上留六分,下殺九分;其九分匀分爲四(或五)大分。又從栱頭順身量爲四(或五)瓣。各以逐瓣之首,自上而至下,与逐瓣之末,自内而至外,以真尺對斜畫定,然後斫造。栱兩頭及中心,各留坐枓處,餘並爲栱眼,深三分。如造足材栱,則更加一栔,隱出心枓及栱眼。
一曰 華栱 (足材栱也。)
兩卷頭
隱出心枓
3分
子廕
廣10分
深1分
栱眼
深5分
廣20分
上留 6分
匀分爲四分 下殺 9分
栔
材
其長72分,以四瓣卷殺,每瓣長 4 4 4 4 分
騎槽檐栱
隱出心枓及栱眼
隱出栱眼
隱出心枓
廣16分
深4分
深5分
其長隨所出之跳加之。
丁頭栱
平面
入柱者用雙卯長6分至7分
其長33分
二曰 泥道栱
8分
3分
10分
上留 6分
匀分爲四分 下殺 9分
其長62分,以四瓣卷殺,每瓣長 3½ 3½ 3½ 3½ 分
三曰 瓜子栱
8分
栱眼
3分
10分
上留 6分
匀分爲四分 下殺 9分
其長62分,以四瓣卷殺,每瓣長 4 4 4 4 分
四曰 令栱
8分
3分
10分
上留 6分
匀分作五分 下殺 9分
其長72分,以五瓣卷殺,每瓣長 4 4 4 4 4 分
栔
材
若裏跳騎栿則用足材。
栱口各隨所用
五曰 慢栱 (騎栿及至角則用足材。)
3分
10分
8分
上留 6分
匀分作四分 下殺 9分
其長92分,以四瓣卷殺,每瓣長 3 3 3 3 分
附 鴛鴦交手栱
凡栱至角相連長兩跳者,則當心施枓,枓底兩面相交,隱出栱頭,謂之鴛鴦交手栱。

大木作制度圖樣三

造枓之制有四

櫨斗高二十分，上八分為耳，中四分為平，下八分為欹。開口廣十分，深八分。底四面各殺四分，欹䫜一分。

交互枓，齊心枓，散枓，皆高十分，上四分為耳，中二分為平，下四分為欹。開口皆廣十分，深四分，底四面各殺二分，欹䫜半分。

凡四耳枓於順跳口內，前後裏壁各留隔口包耳，高二分，厚一分半。櫨枓則倍之。角內櫨枓，於角栱口內留隔口包耳，其高隨耳，抹角內䫜入半分。

一曰 櫨枓

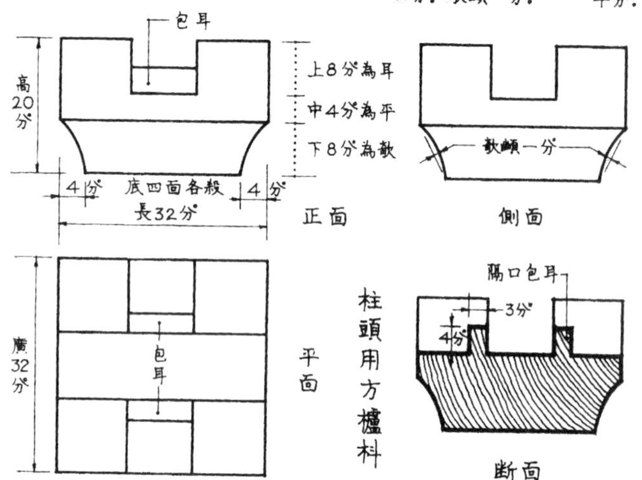

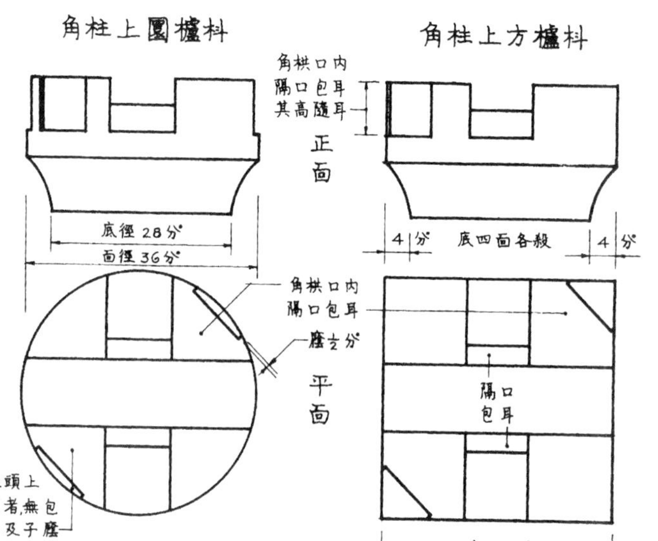

二曰 交互枓

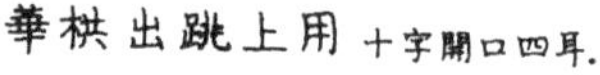

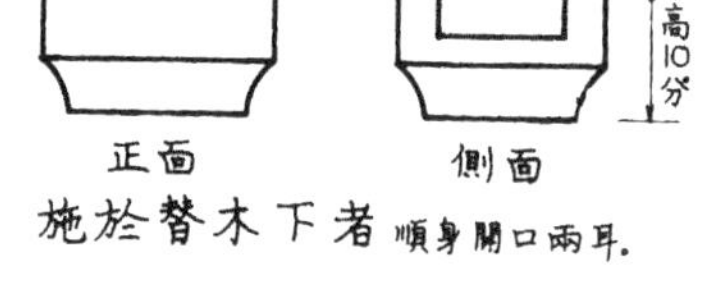

華栱出跳上用 十字開口四耳。

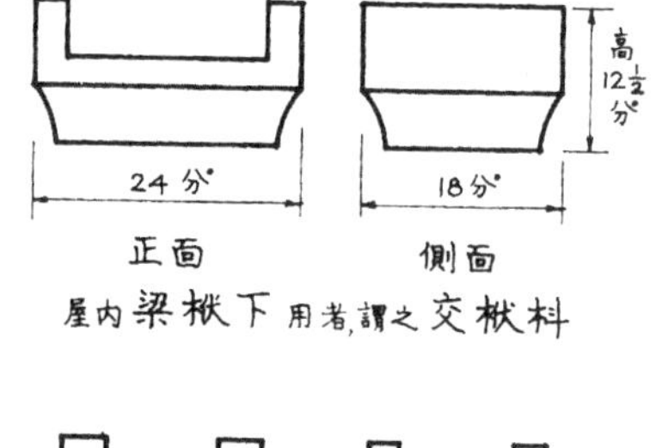

施於替木下者 順身開口兩耳。

屋內梁栿下用者，謂之交栿枓

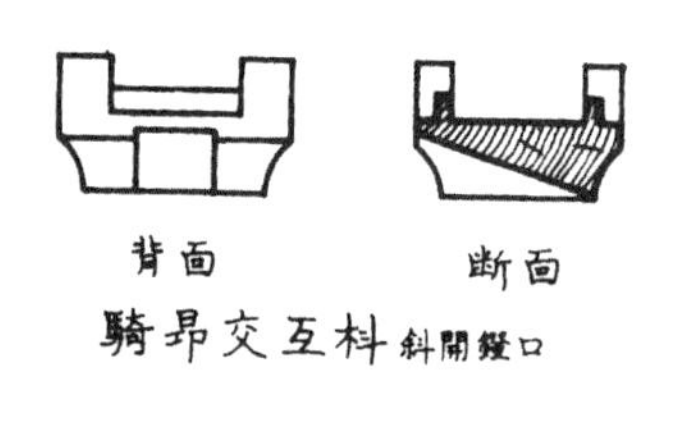

騎昂交互枓 斜開鐙口

三曰 齊心枓

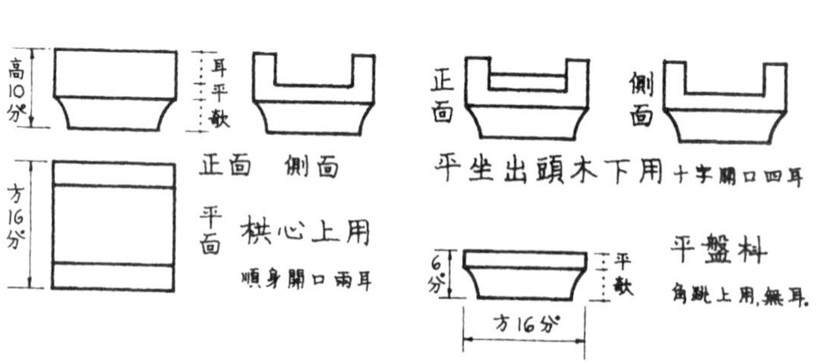

四曰 散枓

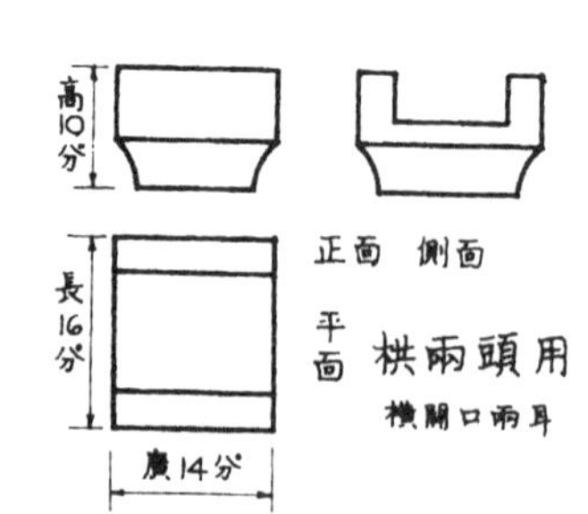

大木作制度圖樣四

下昂尖卷殺之制　造耍頭之制（註：龍牙口未見於實例，位置不詳。）

造耍頭之制　用足材，自枓心出，長二十五分。自上棱斜殺向下六分；自頭上量五分，斜殺向下二分，謂之鵲臺；兩面留心，各斜抹五分；下隨各斜殺向上二分，長五分。下大棱上兩面開龍牙口，廣半分，斜梢向尖。開口與華栱同，與令栱相交，安於齊心枓下。

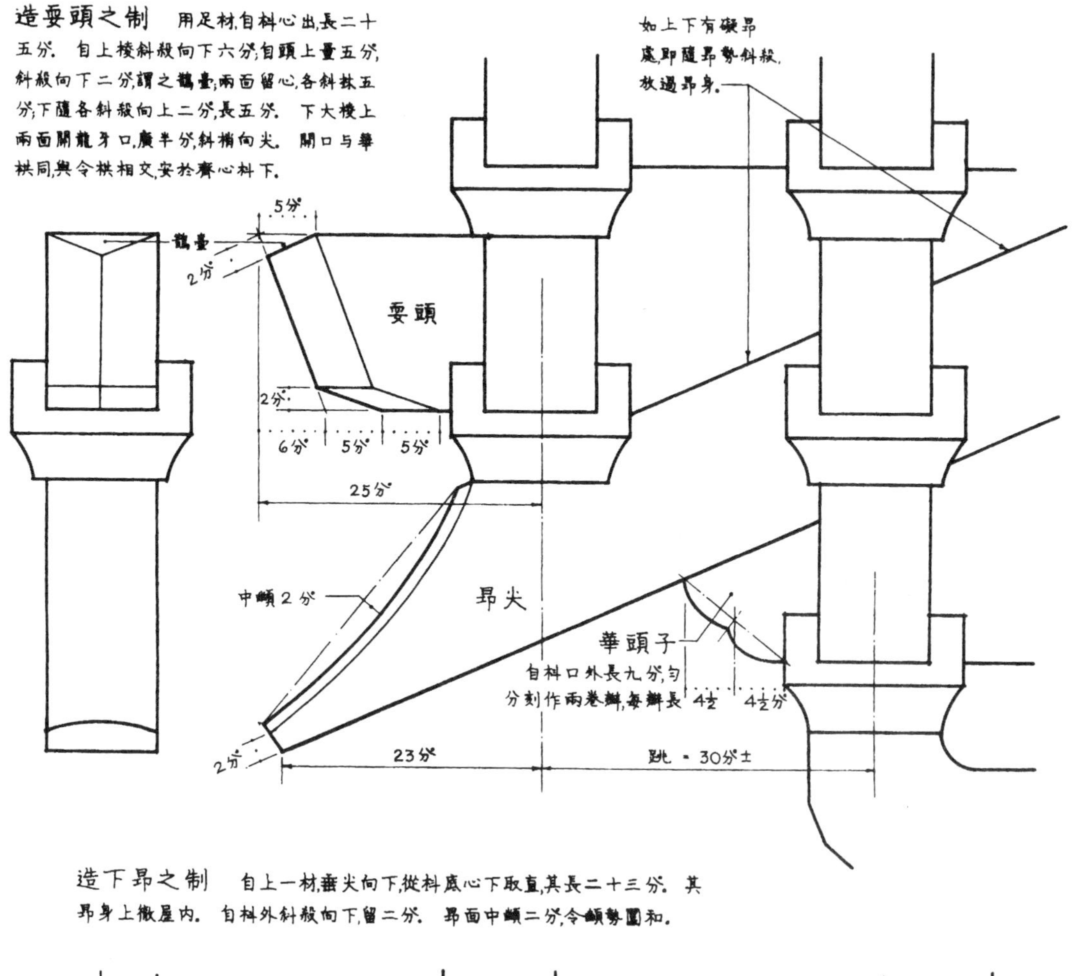

造下昂之制　自上一材，垂尖向下，從枓底心下取直，其長二十三分。其昂身上徹屋內。自枓外斜殺向下，留二分。昂面中䫜二分，令䫜勢圜和。

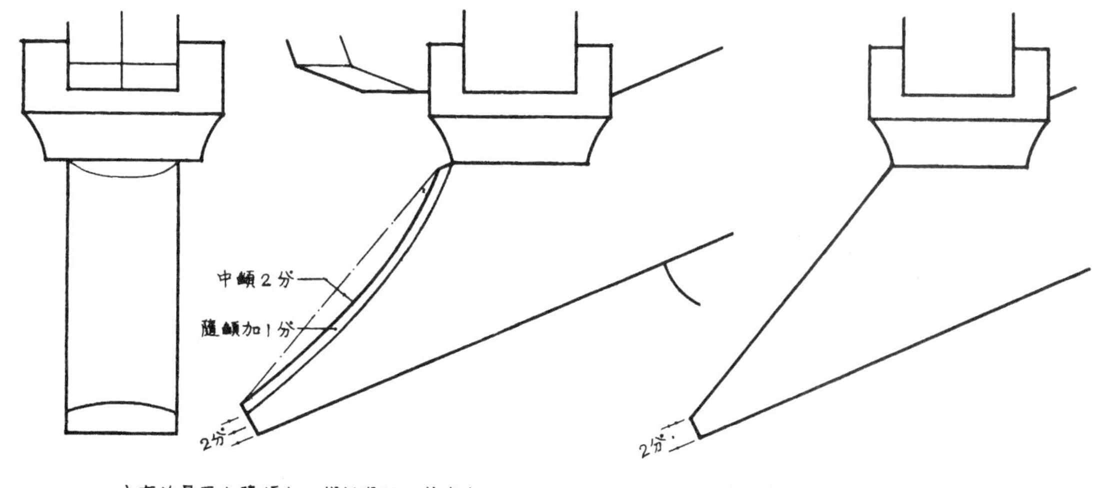

亦有於昂面上隨䫜加一分，訛殺至兩棱者，謂之

琴面昂

亦有自枓外斜殺至尖者，其昂面平直，謂之

批竹昂

大木作制度圖樣五

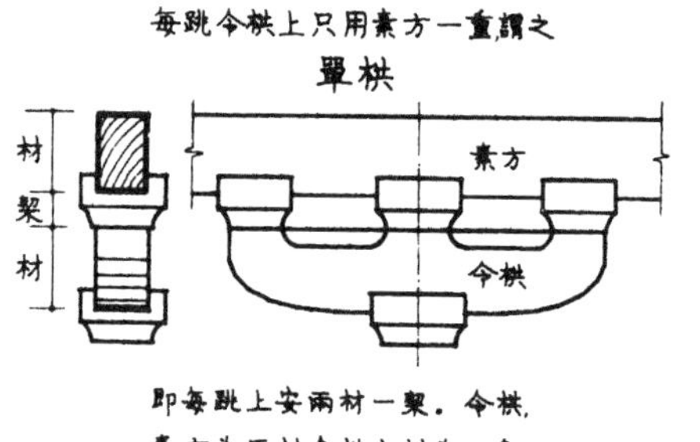

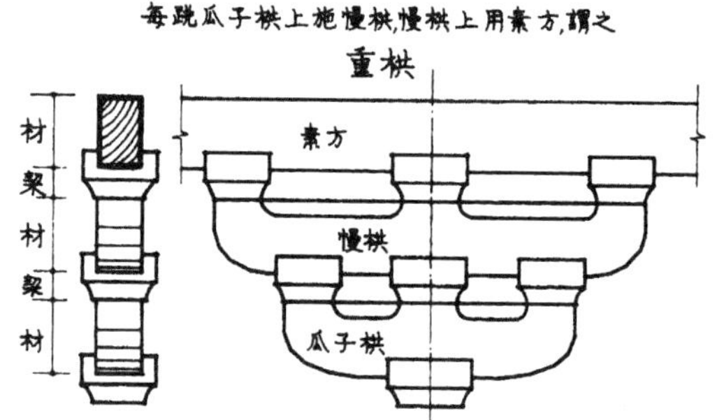

素方在泥道栱上者謂之柱頭方,在跳上者謂之羅漢方。

即每跳上安三材兩栔。瓜子栱,慢栱,素方,為三材;瓜子栱上枓,慢栱上枓,為兩栔。

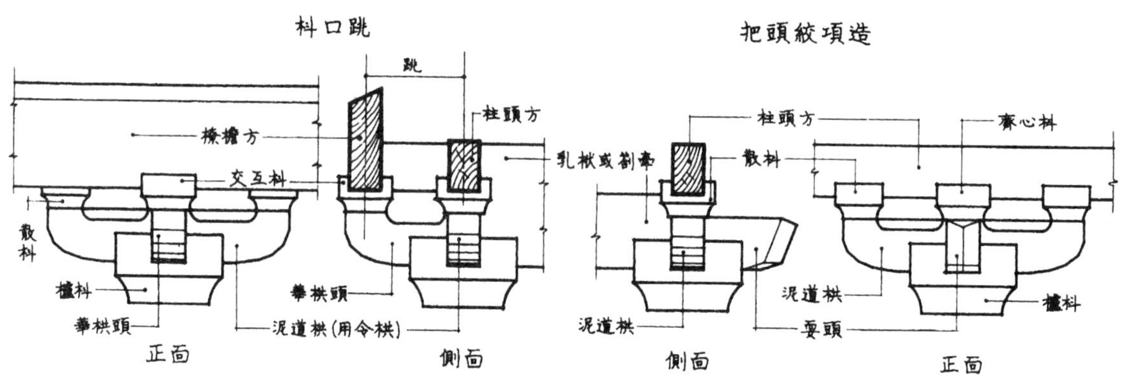

枓口跳及把頭絞項造之制,大木作制度中未詳,謹按大木作功限中所載,補圖如上。

下昂出跳分數

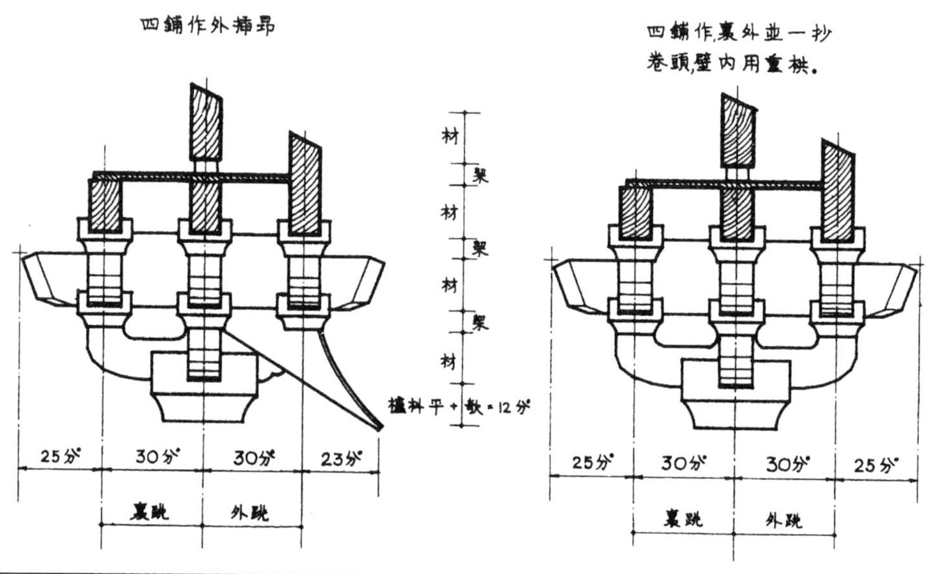

大木作制度圖樣六

下昂出跳分數之二

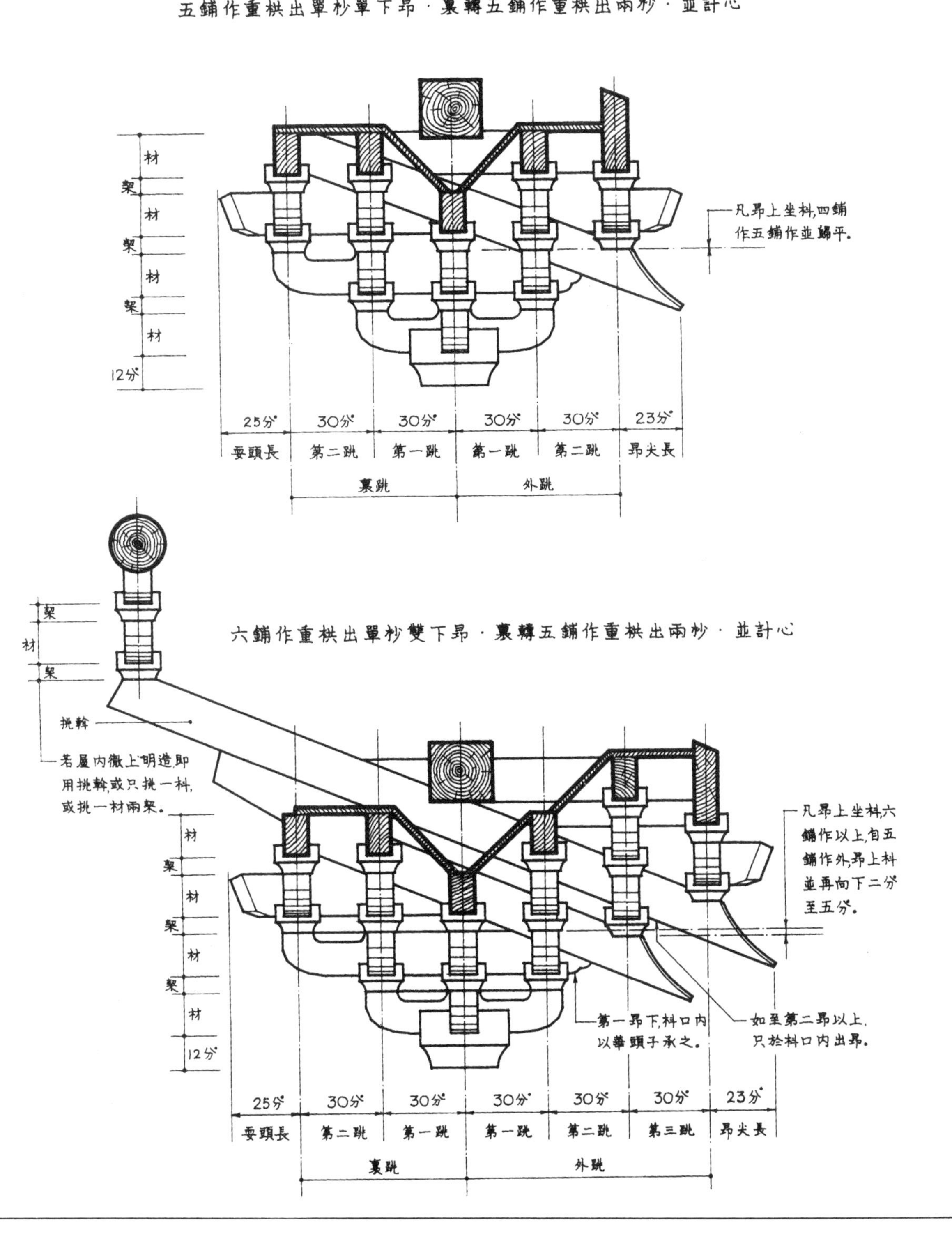

大木作制度圖樣七 下昂出跳分數之三

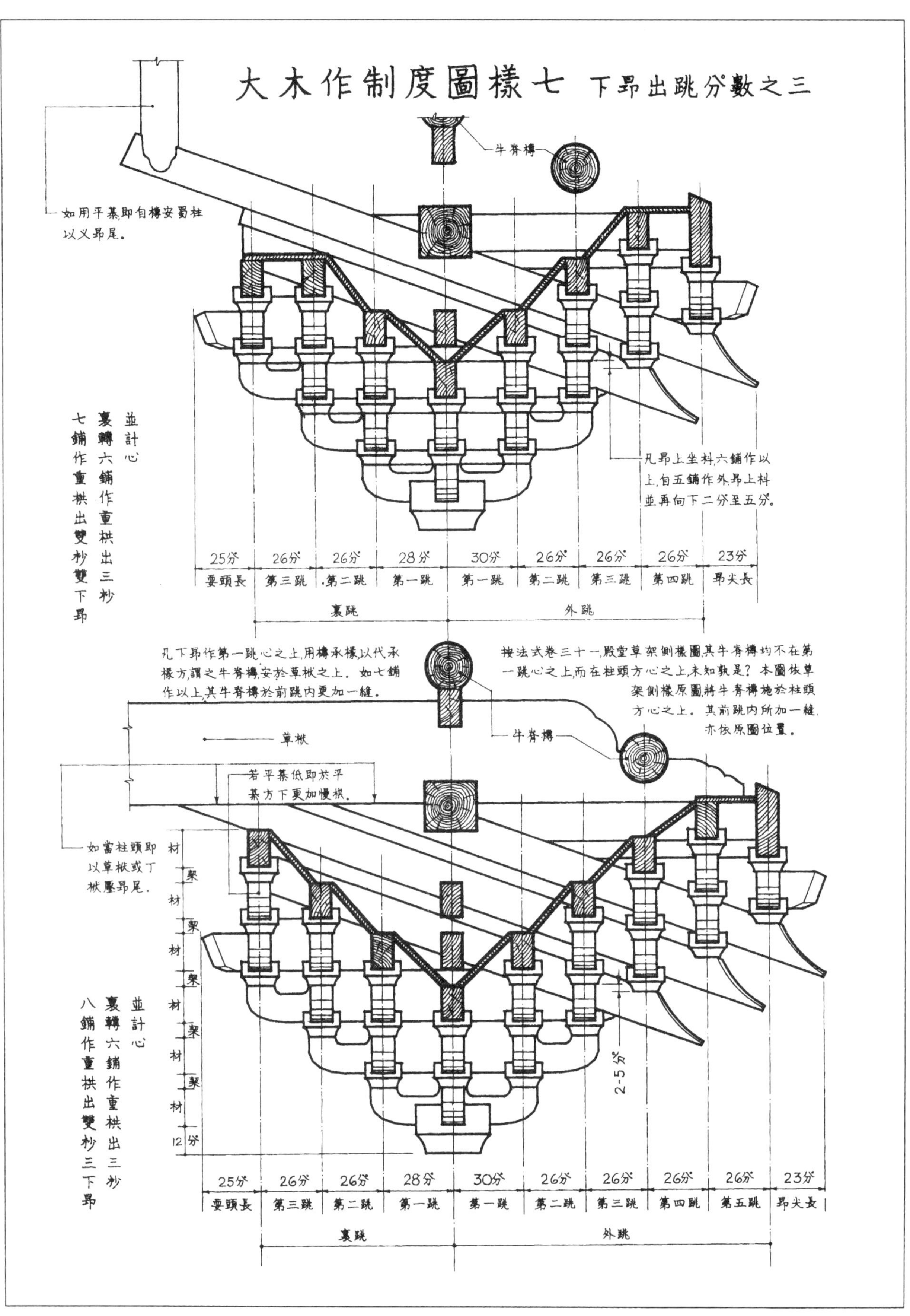

大木作制度圖樣八

上昂出跳分數之一

上昂 廣厚並如材，施之裏跳之上及平坐鋪作之内。頭向外留六分，其昂頭外出，昂身斜收向裏並通過柱心。昂背斜尖，皆至下枓底外，昂底於跳頭枓口内出，其枓口外用鞾楔刻作三卷瓣。

五鋪作重栱出上昂並計心

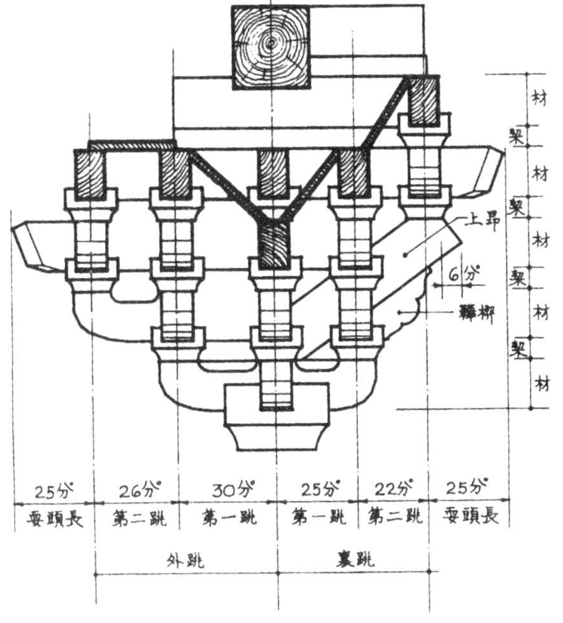

如五鋪作單杪上用者，自櫨枓心出，第一跳心長二十五分，第二跳上昂心長二十二分。其第一跳上枓口内用鞾楔。其平棊方至櫨枓口内，共高五材四栔。其第一跳重栱計心造。

外跳心長無規定，按華栱條分數製圖。

六鋪作重栱出上昂偷心跳内當中施騎枓栱

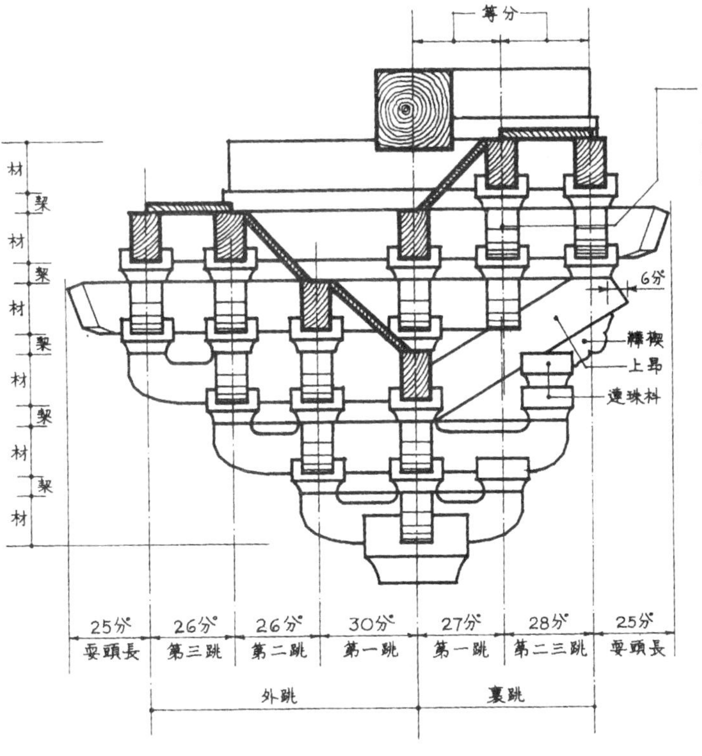

兩跳當中施騎枓栱……宜單用，其下跳並偷心造。但法式卷三十「上昂側樣」騎枓栱俱用重栱，未知孰是？

如六鋪作重杪上用者，自櫨枓心出，第一跳華栱心長二十七分，第二跳華栱心及上昂心共長二十八分。華栱上用連珠枓，其枓口内用鞾楔。其平棊方至櫨枓口内，共高六材五栔。於兩跳之内，當中施騎枓栱。

大木作制度圖樣九

上昂出跳分數之二

七鋪作重栱出上昂偷心跳内當中施騎枓栱

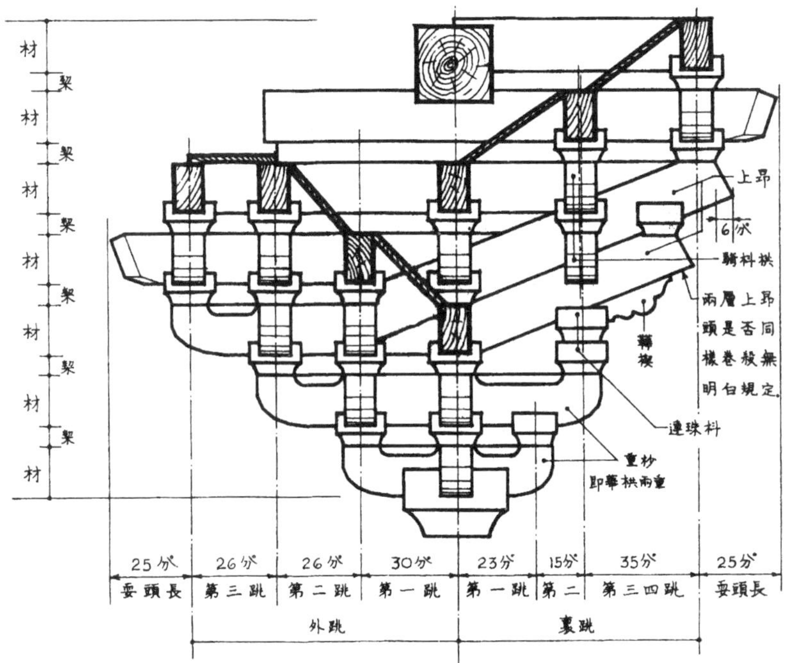

如七鋪作於重抄上用上昂兩重者,自櫨枓心出,第一跳華栱心長二十三分。第二跳華栱心長一十五分,華栱上用連珠枓。第三跳上昂心長三十五分,兩重上昂共此一跳。其平棊方至櫨枓口内,共高七材六梨。其騎枓栱与六鋪作同。

八鋪作重栱出上昂偷心跳内當中施騎枓栱

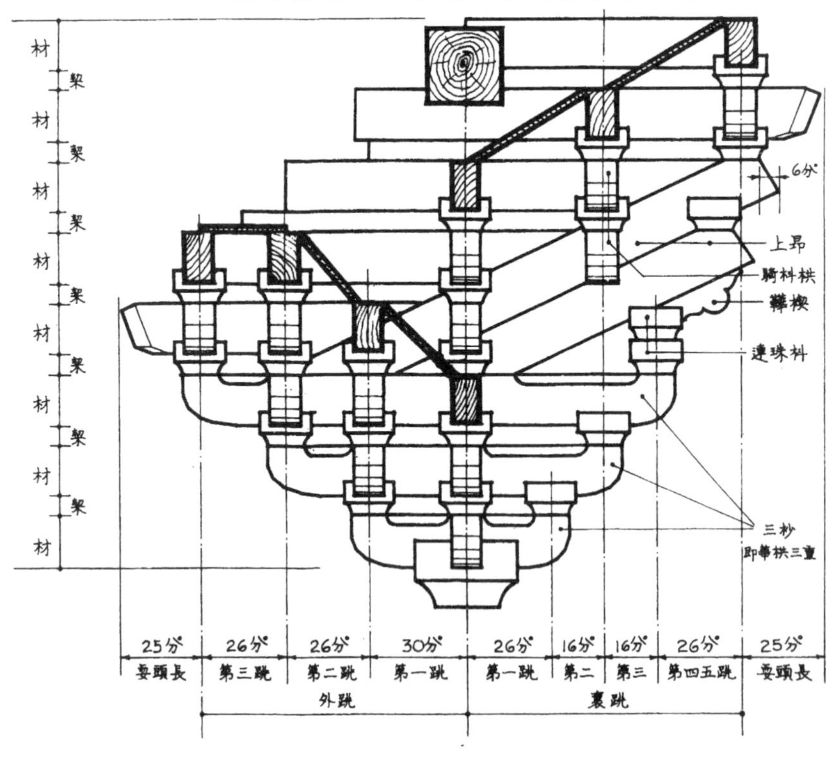

如八鋪作於三抄上用上昂兩重者,自櫨枓心出,第一跳華栱心長二十六分。第二跳第三跳並華栱心各長一十六分,於第三跳華栱上用連珠枓。第四跳上昂心長二十六分,兩重上昂並此一跳。其平棊方至櫨枓口内共高八材七梨。其騎枓栱与七鋪作同。

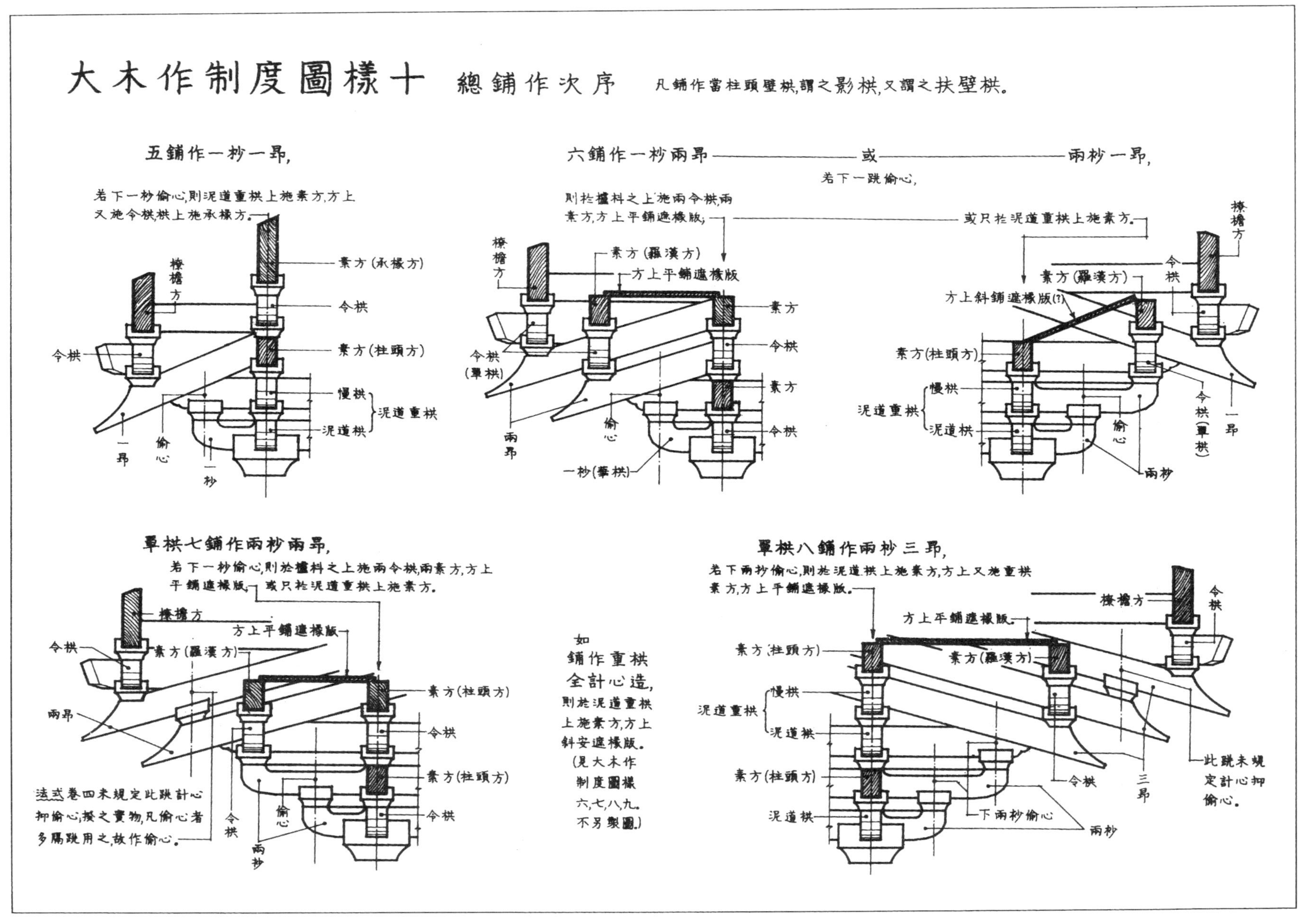

大木作制度圖樣十
總鋪作次序
凡鋪作當柱頭壁栱,謂之影栱,又謂之扶壁栱。
五鋪作一杪一昂,
若下一杪偷心,則泥道重栱上施素方,方上
又施令栱栱上施承椽方。
素方(承椽方)
橑檐方
令栱
令栱
素方(柱頭方)
慢栱
泥道重栱
泥道栱
一昂
偷心
一杪
六鋪作一杪兩昂
或
兩杪一昂,
若下一跳偷心,
則於櫨枓之上施兩令栱兩
素方,方上平鋪遮椽版;
或只於泥道重栱上施素方。
橑檐方
素方(羅漢方)
方上平鋪遮椽版
素方
令栱
令栱(單栱)
素方
令栱
兩昂
偷心
一杪(華栱)
橑檐方
令栱
素方(羅漢方)
方上斜鋪遮椽版(?)
素方(柱頭方)
慢栱
泥道重栱
泥道栱
令栱(單栱)
偷心
一昂
兩杪
單栱七鋪作兩杪兩昂,
若下一杪偷心,則於櫨枓之上施兩令栱兩素方,方上
平鋪遮椽版,或只於泥道重栱上施素方。
橑檐方
方上平鋪遮椽版
令栱
素方(羅漢方)
素方(柱頭方)
兩昂
令栱
素方(柱頭方)
法式卷四未規定此跳計心
抑偷心,按之實物,凡偷心者
多隔跳用之,故作偷心。
令栱
偷心
令栱
兩杪
如
鋪作重栱
全計心造,
則於泥道重栱
上施素方,方上
斜安遮椽版。
(見大木作
制度圖樣
六,七,八,九。
不另製圖。)
單栱八鋪作兩杪三昂,
若下兩杪偷心,則於泥道栱上施素方,方上又施重栱
素方,方上平鋪遮椽版。
橑檐方
令栱
方上平鋪遮椽版。
素方(柱頭方)
素方(羅漢方)
慢栱
泥道重栱
泥道栱
素方(柱頭方)
令栱
三昂
此跳未規
定計心抑
偷心。
下兩杪偷心
泥道栱
兩杪

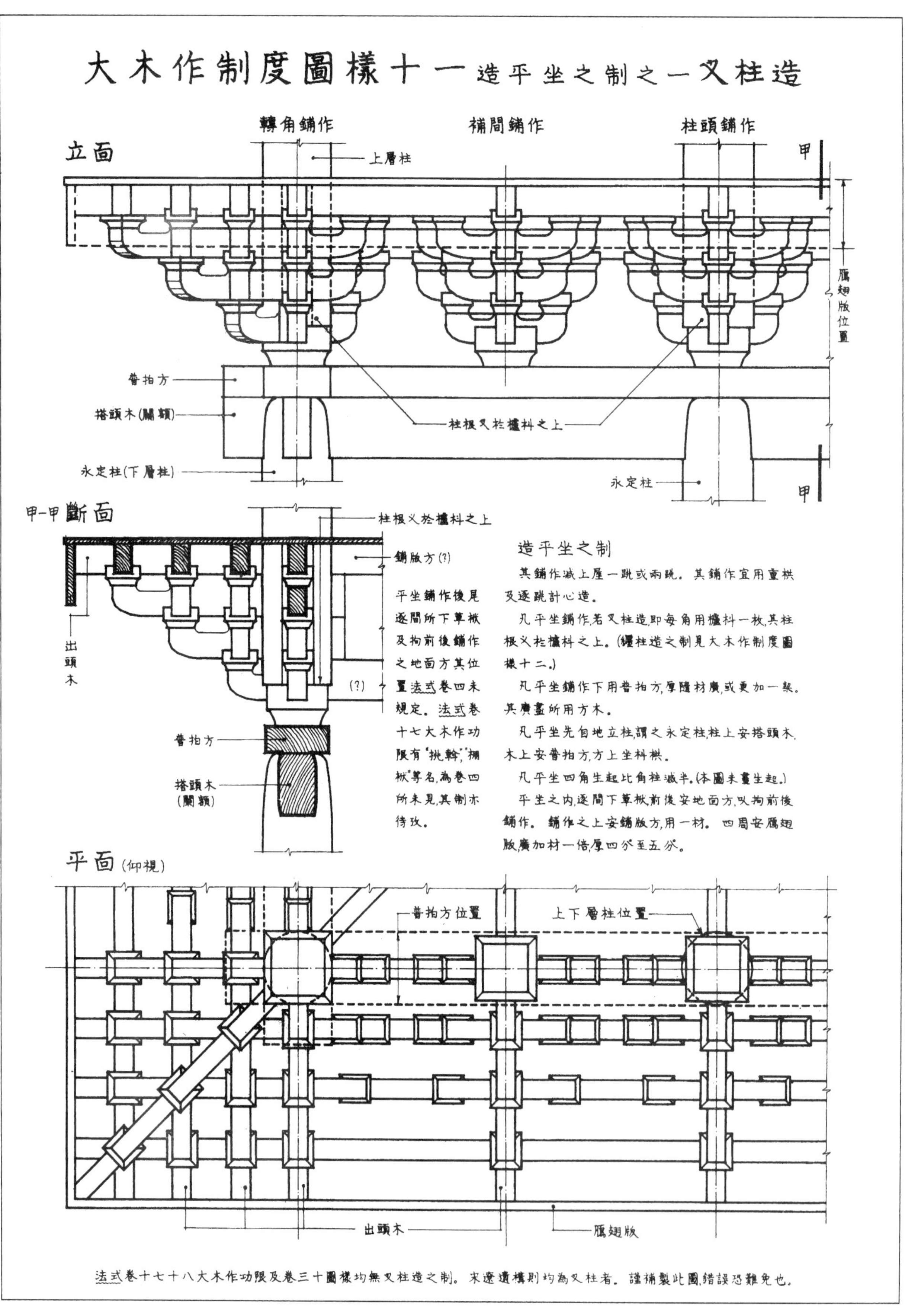
大木作制度圖樣十一 造平坐之制之一叉柱造
轉角鋪作
補間鋪作
柱頭鋪作
立面
上層柱
甲
鴈翅版位置
普拍方
搭頭木(闌額)
柱根叉柱櫨枓之上
永定柱(下層柱)
永定柱
甲
甲-甲斷面
柱根叉於櫨枓之上
鋪版方(?)
出頭木
(?)
平坐鋪作後尾逐間所下草栿及枸前後鋪作之地面方其位置法式卷四未規定。法式卷十七大木作功限有"挑斡""棚栿"等名,為卷四所未見,其制亦待攷。
普拍方
搭頭木(闌額)
造平坐之制
其鋪作減上屋一跳或兩跳。其鋪作宜用重栱及逐跳計心造。
凡平坐鋪作若叉柱造,即每角用櫨枓一枚,其柱根叉柞櫨枓之上。(纏柱造之制見大木作制度圖樣十二。)
凡平坐鋪作下用普拍方,厚隨材廣,或更加一栔。其廣盡所用方木。
凡平坐先自地立柱,謂之永定柱,柱上安搭頭木,木上安普拍方,方上坐枓栱。
凡平坐四角生起比角柱減半。(本圖未畫生起。)
平坐之內,逐間下草栿,前後安地面方,以枸前後鋪作。鋪作之上安鋪版方,用一材。四周安鴈翅版,廣加材一倍,厚四分至五分。
平面(仰視)
普拍方位置
上下層柱位置
出頭木
鴈翅版
法式卷十七十八大木作功限及卷三十圖樣均無叉柱造之制。宋遼遺構則均為叉柱者。謹補製此圖,錯誤恐難免也。

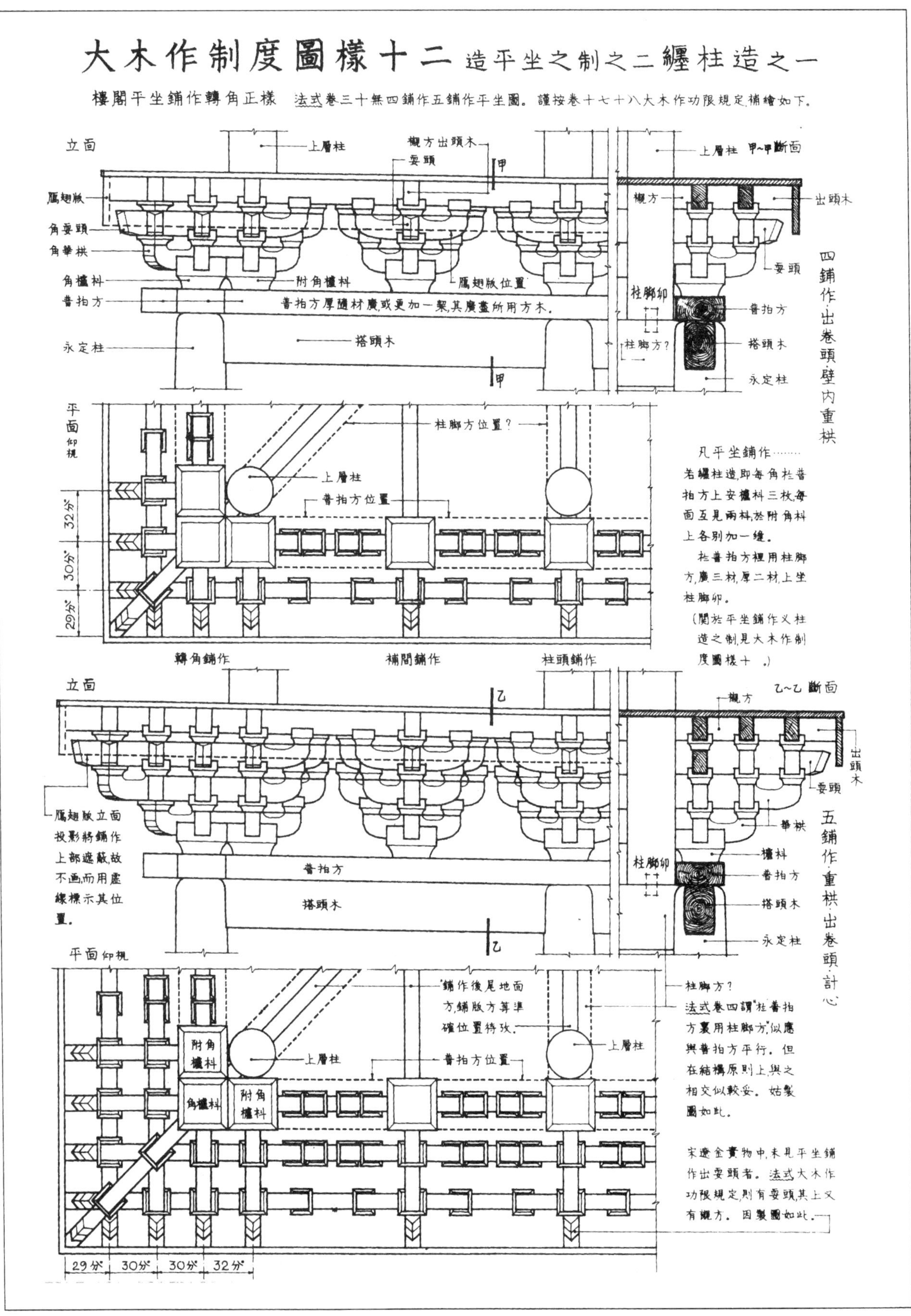

大木作制度圖樣十二 造平坐之制之二 纏柱造之一
樓閣平坐鋪作轉角正樣 法式卷三十無四鋪作五鋪作平坐圖。謹按卷十七十八大木作功限規定補繪如下。
立面
上層柱
襯方出頭木
耍頭
甲
鴈翅版
角耍頭
角華栱
角櫨枓
附角櫨枓
鴈翅版位置
普拍方
普拍方厚隨材廣或更加一栔,其廣盡所用方木。
永定柱
搭頭木
甲~甲斷面
襯方
出頭木
耍頭
柱脚卯
柱脚方?
四鋪作出卷頭壁內重栱
平面仰視
柱脚方位置?
普拍方位置
32分
30分
29分
凡平坐鋪作……若纏柱造,即每角柱普拍方上安櫨枓三枚,每面互見兩枓,於附角枓上各別加一縫。
柱普拍方裏用柱脚方,廣三材,厚二材,上生柱脚卯。
(關於平坐鋪作叉柱造之制,見大木作制度圖樣十。)
轉角鋪作
補間鋪作
柱頭鋪作
乙
乙~乙斷面
華栱
櫨枓
鴈翅版立面投影將鋪作上部遮蔽,故不畫,而用虛線標示其位置。
五鋪作重栱出卷頭計心
附角櫨枓
角櫨枓
鋪作後尾地面方,鋪版方算準確位置待考。
法式卷四謂"柱普拍方裏用柱脚方",似應與普拍方平行。但在結構原則上,與之相交似較妥。姑製圖如此。
宋遼金實物中,未見平坐鋪作出耍頭者。法式大木作功限規定,則有耍頭,其上又有襯方。因製圖如此。
29分
30分
30分
32分

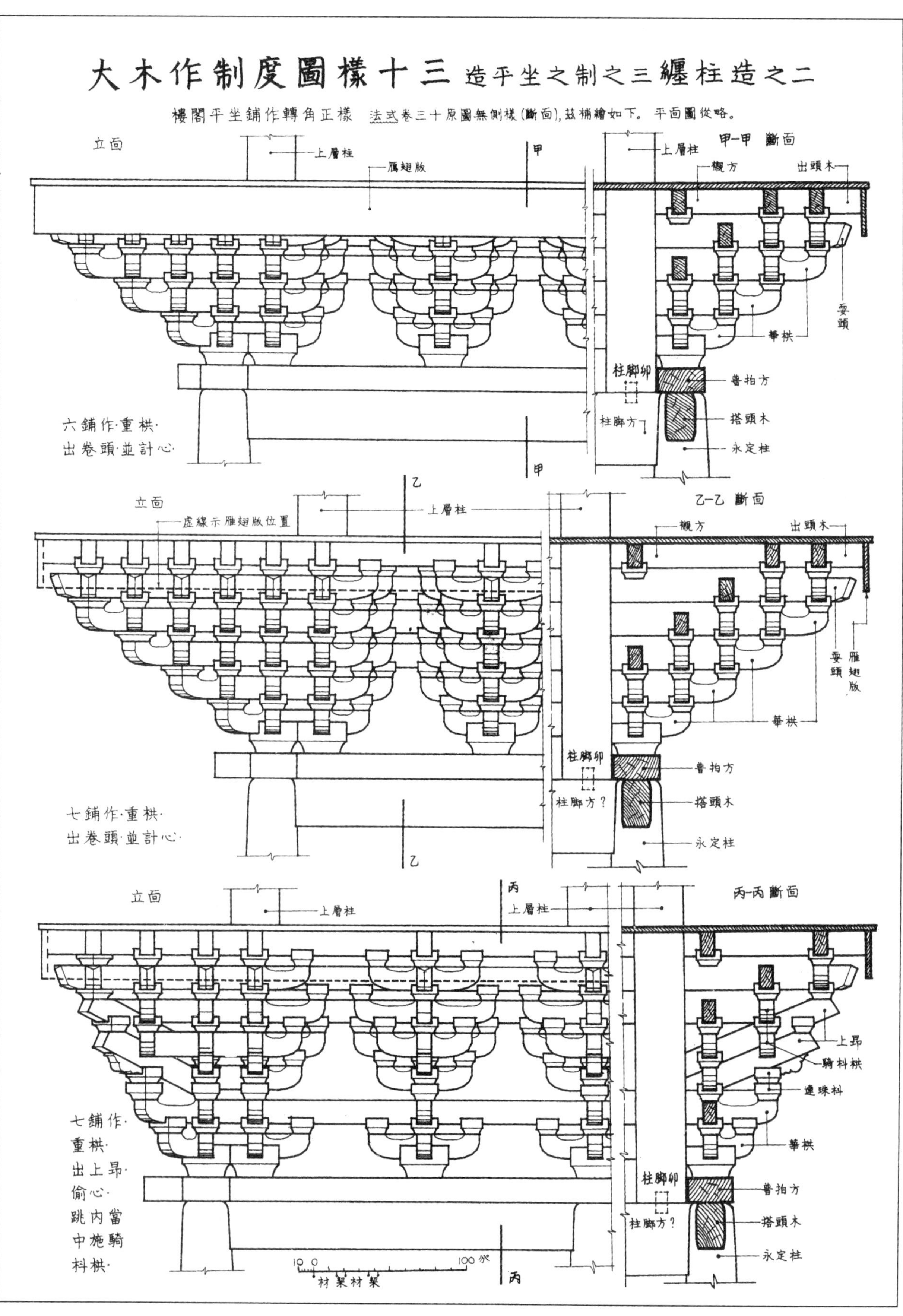
大木作制度圖樣十三 造平坐之制之三 纏柱造之二
樓閣平坐鋪作轉角正樣 法式卷三十原圖無側樣(斷面)，茲補繪如下。平面圖從略。
立面
上層柱
雁翅版
甲
甲—甲 斷面
襯方
出頭木
耍頭
華栱
柱脚卯
普拍方
柱脚方
搭頭木
永定柱
六鋪作·重栱·
出卷頭·並計心·
乙
立面
虛線示雁翅版位置
上層柱
乙—乙 斷面
襯方
出頭木
耍頭
雁翅版
華栱
柱脚卯
普拍方
柱脚方？
搭頭木
永定柱
七鋪作·重栱·
出卷頭·並計心·
丙
立面
上層柱
丙—丙 斷面
上昂
騎枓栱
連珠枓
華栱
柱脚卯
普拍方
柱脚方？
搭頭木
永定柱
七鋪作·
重栱·
出上昂·
偷心·
跳內當
中施騎
枓栱·
10 0 100 分
材 栔 材 栔

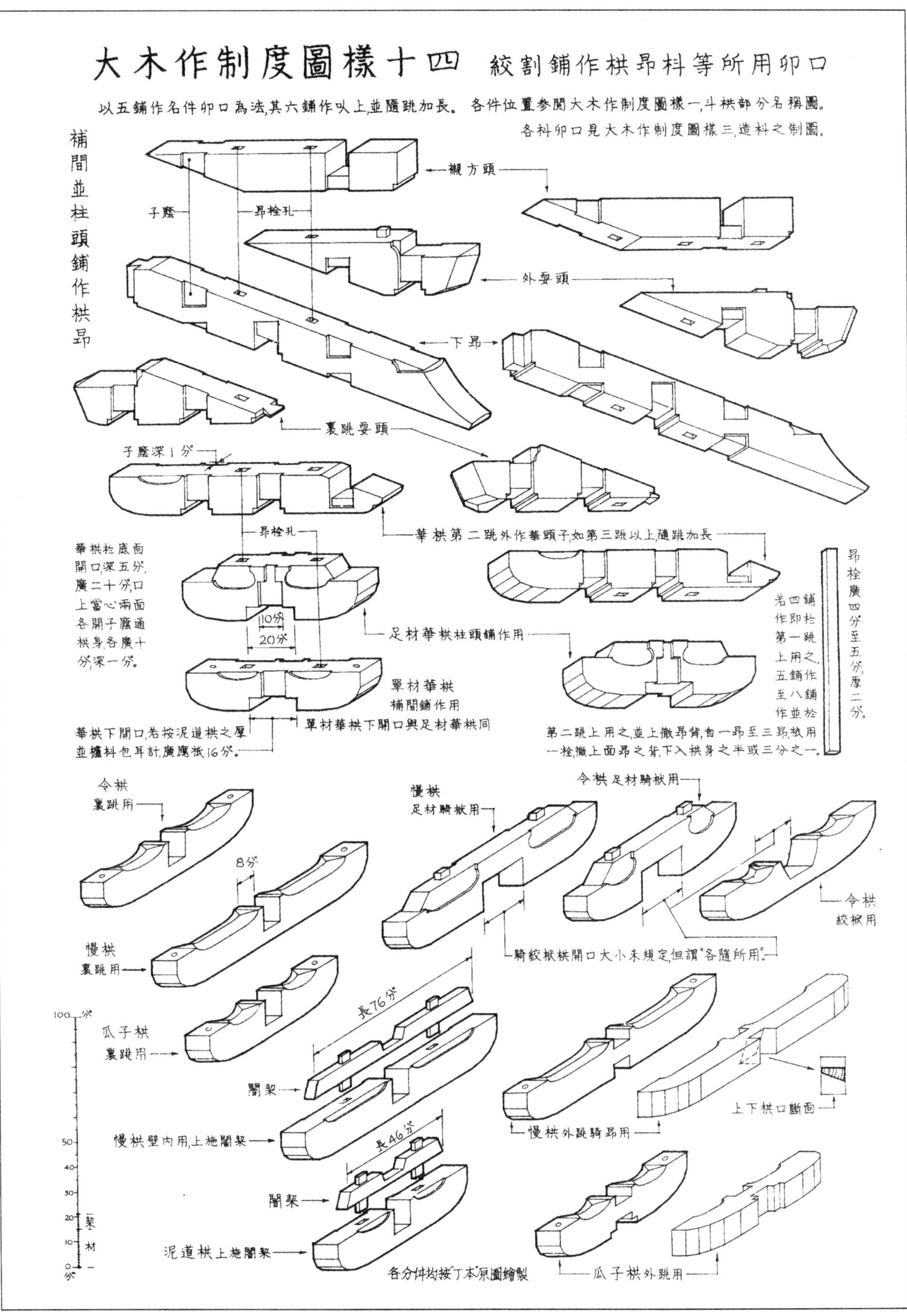
大木作制度圖樣十四 絞割鋪作栱昂枓等所用卯口
以五鋪作名件卯口為法,其六鋪作以上,並隨跳加長。 各件位置參閱大木作制度圖樣一,斗栱部分名稱圖。
各枓卯口見大木作制度圖樣三,造枓之制圖。
補間並柱頭鋪作栱昂
襯方頭
子廕
昂栓孔
外耍頭
下昂
裏跳耍頭
子廕深1分
昂栓孔
華栱第二跳外作華頭子,如第三跳以上,隨跳加長
華栱於底面開口,深五分,廣二十分,口上當心兩面各開子廕通栱身,各廣十分,深一分。
10分
20分
足材華栱柱頭鋪作用
單材華栱
補間鋪作用
華栱下開口,若按泥道栱之厚並櫨枓包耳計,廣應祇16分。
單材華栱下開口與足材華栱同
若四鋪作即於第一跳上用之,五鋪作至八鋪作並於第二跳上用之,並上徹昂背,自一昂至三昂,祇用一栓,徹上面昂之背,下入栱身之半或三分之一。
昂栓廣四分至五分,厚二分。
令栱
裏跳用
8分
慢栱
足材騎栿用
令栱 足材騎栿用
令栱
絞栿用
騎絞栿栱開口大小未規定,但謂"各隨所用"。
慢栱
裏跳用
瓜子栱
裏跳用
長76分
闇栔
慢栱壁内用,上施闇栔
長46分
闇栔
泥道栱上施闇栔
慢栱外跳騎昂用
上下栱口斷面
瓜子栱外跳用
各分件均按丁本原圖繪製
100分
50
40
30
20
10
0分
栔
材

大木作制度圖樣十五　殿閣亭榭等鋪作轉角圖

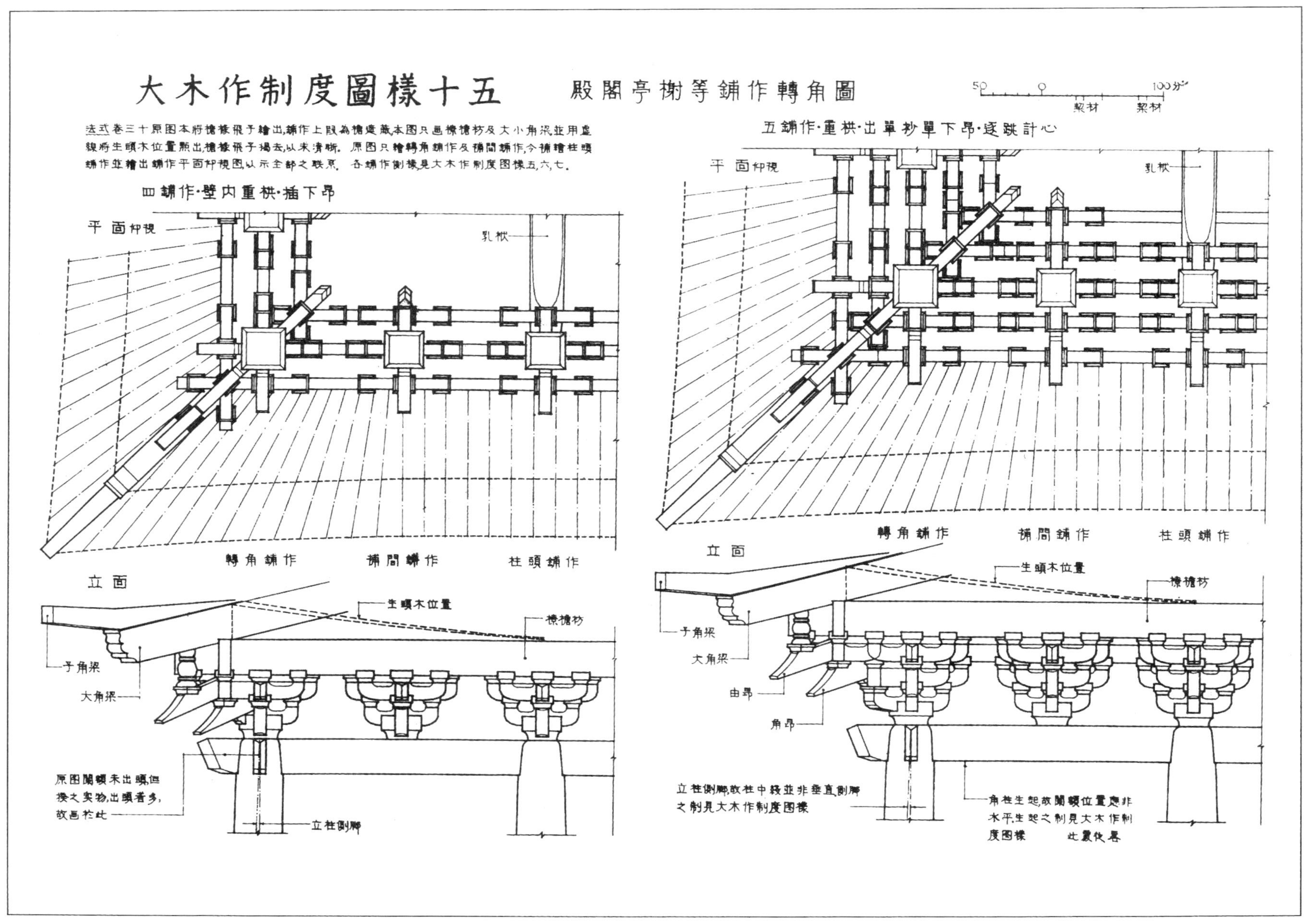

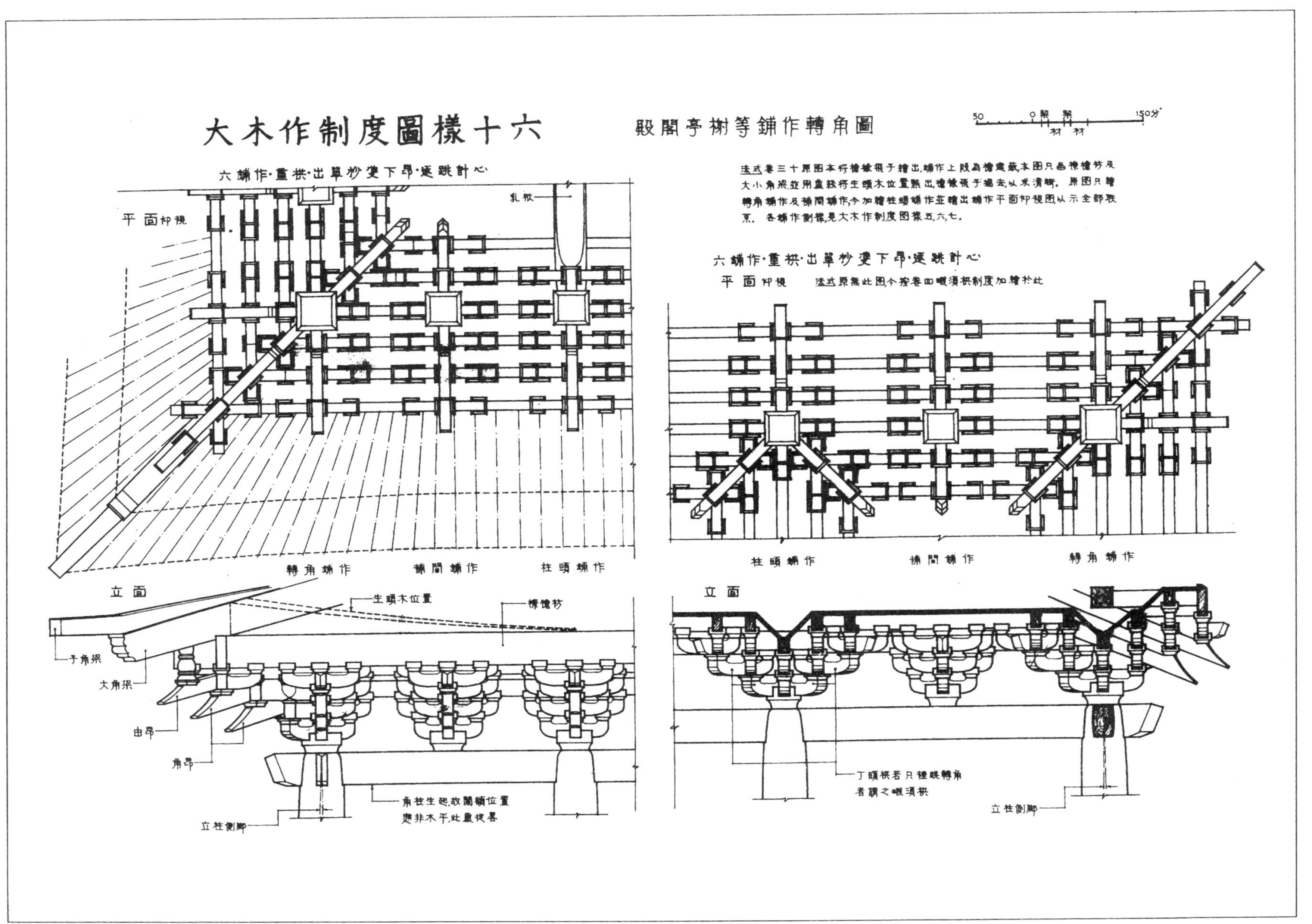
大木作制度圖樣十六
殿閣亭榭等鋪作轉角圖
50
0
絜
絜
150分°
材
材
法式卷三十原图本将檐椽飛子繪出，鋪作上段為檐所蔽，本图只畫橑檐枋及大小角梁，並用虛線將生頭木位置點出，檐椽飛子揭去，以求清晰。原图只繪轉角鋪作及補間鋪作，今加繪柱頭鋪作並繪出鋪作平面仰視图，以示全部聯系。各鋪作側樣，見大木作制度图樣五、六、七。
六鋪作·重拱·出單抄雙下昂·逐跳計心
平面仰視
乳栿
轉角鋪作
補間鋪作
柱頭鋪作
立面
生頭木位置
橑檐枋
子角梁
大角梁
由昂
角昂
角柱生起，故闌額位置並非水平，此處從略
立柱側腳
六鋪作·重拱·出單抄雙下昂·逐跳計心
平面仰視
法式原無此图，今按卷四暇須拱制度加繪於此
柱頭鋪作
補間鋪作
轉角鋪作
立面
丁頭栱若只裡跳轉角者謂之蝦須栱
立柱側腳

大木作制度圖樣十七

殿閣亭榭等鋪作轉角圖

七鋪作·重栱·出雙杪雙下昂·逐跳計心

法式卷三十原圖只繪轉角鋪作及補間鋪作，今加繪柱頭鋪作并繪出鋪作平面仰視圖以示全部联系。鋪作側樣見大木作制度圖樣七。

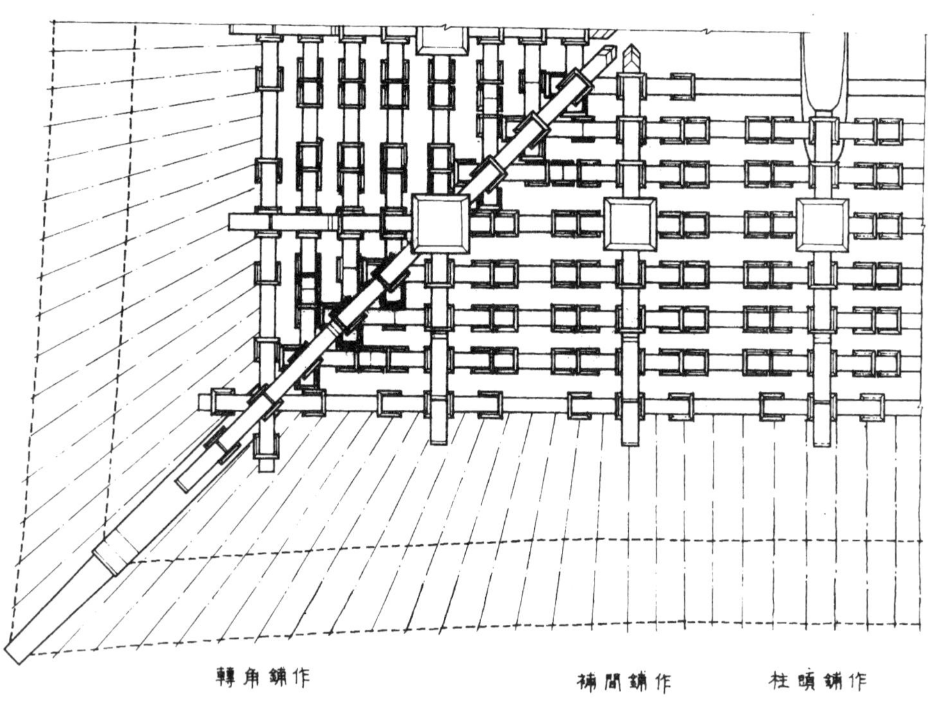

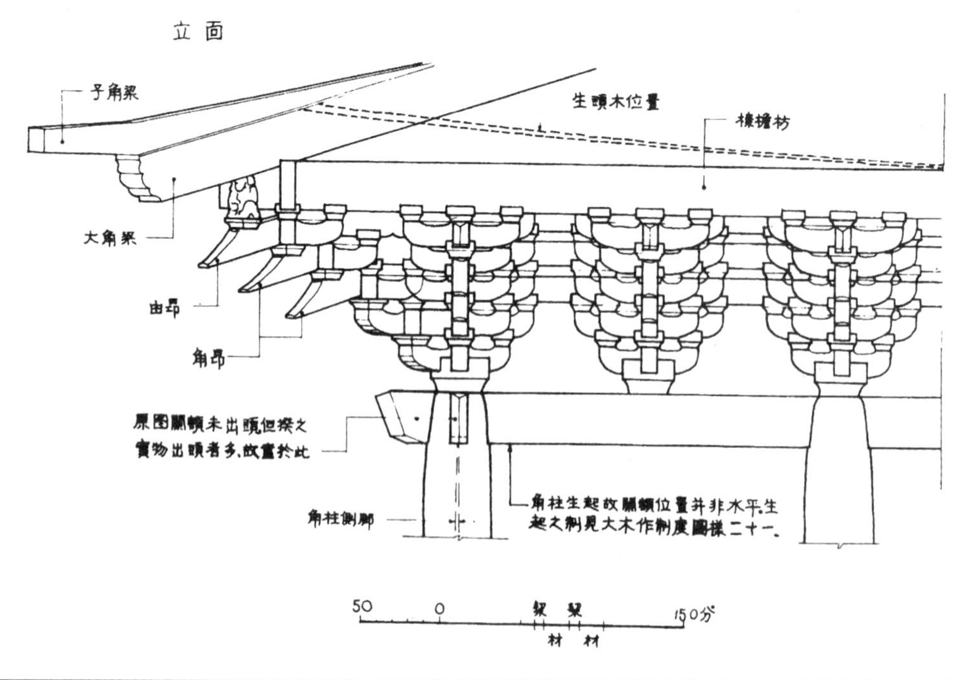

大木作制度圖樣十八

殿閣亭榭等鋪作轉角圖

八鋪作·重栱·出雙杪三下昂·逐跳計心

法式卷三十原圖只繪轉角鋪作及補間鋪作,今加繪柱頭鋪作并繪出鋪作平面仰視圖以示全部聯系。鋪作側樣,見大木作制度圖樣七。

平面仰視

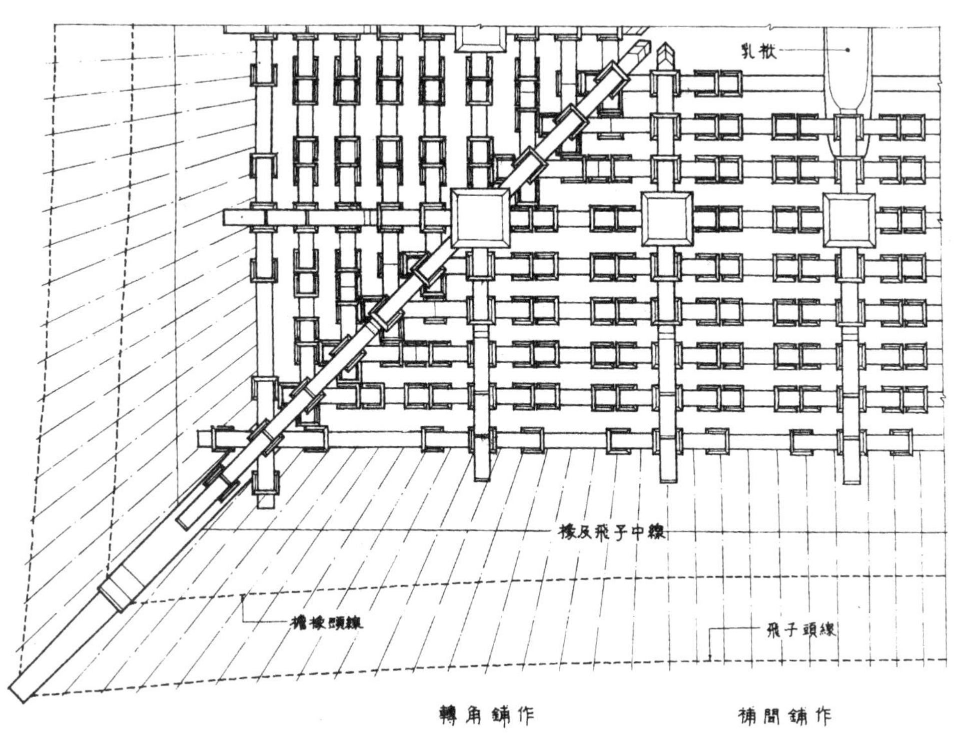

立面

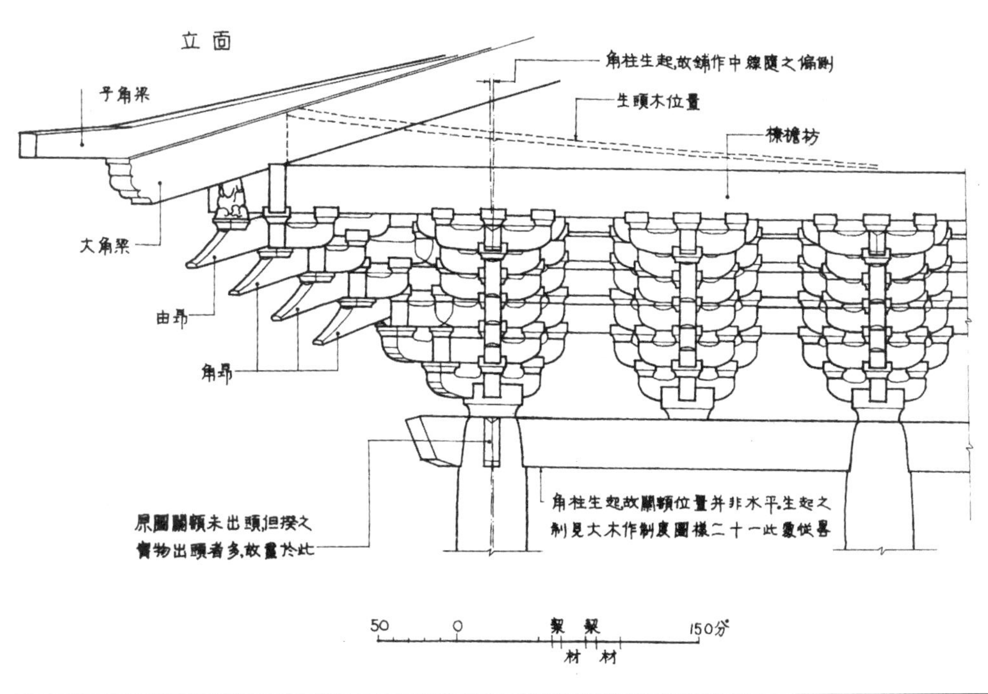

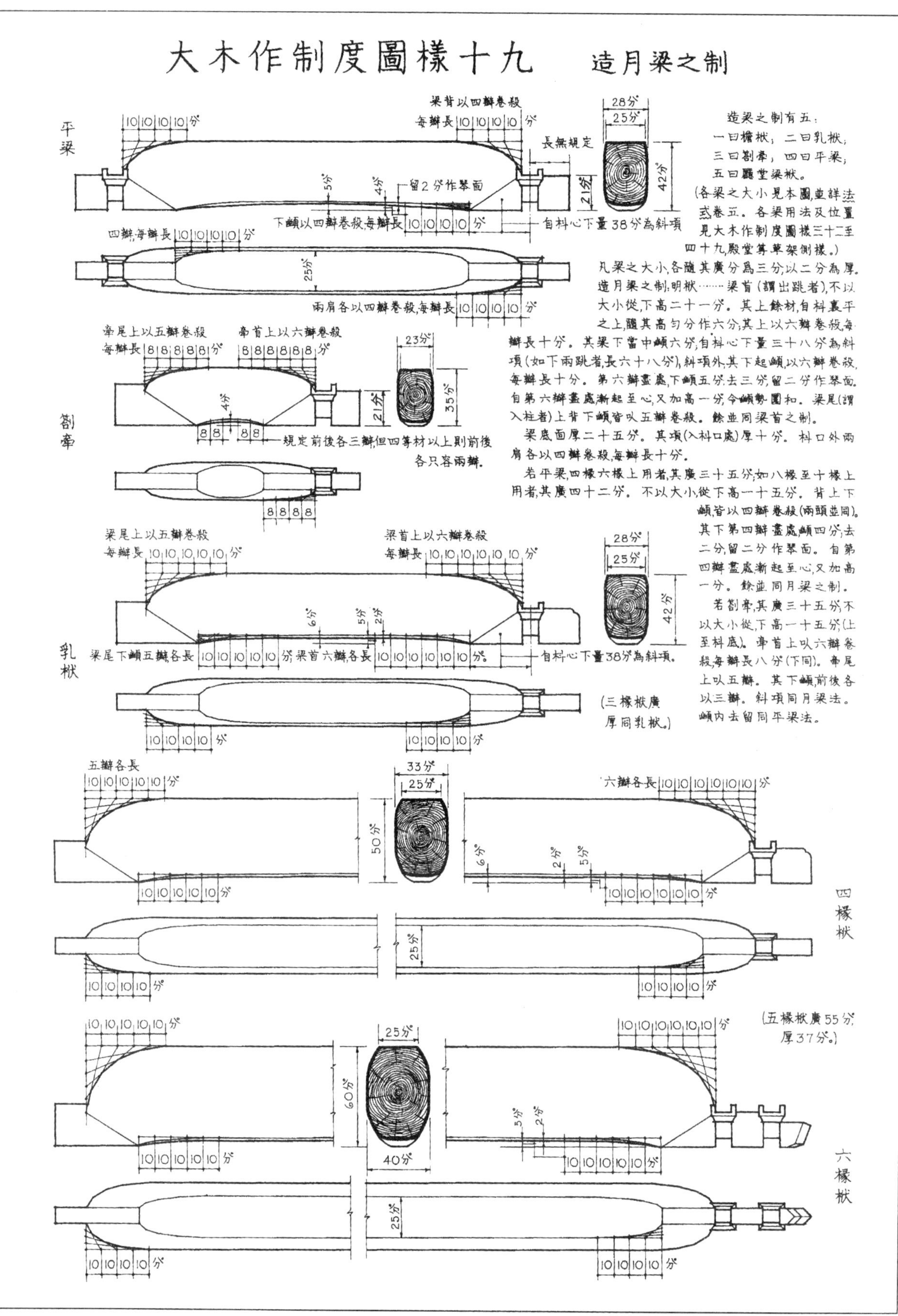
大木作制度圖樣十九
造月梁之制
平梁
梁背以四瓣卷殺
每瓣長 10 10 10 10 分
長無規定
留2分作琴面
下顱以四瓣卷殺,每瓣長 10 10 10 10 分
自枓心下量38分為斜項
四瓣,每瓣長 10 10 10 10 分
25分
兩肩各以四瓣卷殺,每瓣長 10 10 10 10 分
28分
25分
42分
21分
造梁之制有五:
一曰檐栿;二曰乳栿;
三曰劄牽;四曰平梁;
五曰廳堂梁栿。
(各梁之大小見本圖,並詳法式卷五。各梁用法及位置見大木作制度圖樣三十二至四十九,殿堂草架側樣。)
凡梁之大小,各隨其廣分爲三分,以二分為厚。
造月梁之制:明栿……梁首(謂出跳者),不以大小從,下高二十一分。其上餘材,自枓裏平之上,隨其高勻分作六分;其上以六瓣卷殺,每瓣長十分。其梁下當中顱六分;自枓心下量三十八分為斜項(如下兩跳者,長六十八分),斜項外,其下起顱,以六瓣卷殺,每瓣長十分。第六瓣盡處,下顱五分;去三分,留二分作琴面。自第六瓣盡處漸起至心,又加高一分,令顱勢圜和。梁尾(謂入柱者)上背下顱,皆以五瓣卷殺。餘並同梁首之制。
梁底面厚二十五分。其項(入枓口處)厚十分。枓口外兩肩各以四瓣卷殺,每瓣長十分。
若平梁,四椽六椽上用者,其廣三十五分;如八椽至十椽上用者,其廣四十二分。不以大小,從下高一十五分。背上下顱,皆以四瓣卷殺(兩頭並同)。其下第四瓣盡處,顱四分;去二分,留二分作琴面。自第四瓣盡處漸起至心,又加高一分。餘並同月梁之制。
若劄牽,其廣三十五分,不以大小,從下高一十五分(上至枓底)。牽首上以六瓣卷殺,每瓣長八分(下同)。牽尾上以五瓣。其下顱,前後各以三瓣。斜項同月梁法。顱內去留同平梁法。
劄牽
牽尾上以五瓣卷殺
每瓣長 8 8 8 8 8 分
牽首上以六瓣卷殺
8 8 8 8 8 8 分
23分
35分
21分
4分
8 8 8 8
規定前後各三瓣,但四等材以上則前後各只容兩瓣。
8 8 8 8
乳栿
梁尾上以五瓣卷殺
每瓣長 10 10 10 10 10 分
梁首上以六瓣卷殺
每瓣長 10 10 10 10 10 10 分
28分
25分
42分
梁尾下顱五瓣各長 10 10 10 10 10 分 梁首六瓣各長 10 10 10 10 10 10 分
自枓心下量38分為斜項。
10 10 10 10 分
10 10 10 10 分
(三椽栿廣厚同乳栿。)
四椽栿
五瓣各長 10 10 10 10 10 分
六瓣各長 10 10 10 10 10 10 分
33分
25分
50分
10 10 10 10 10 分
10 10 10 10 10 10 分
25分
10 10 10 10 分
10 10 10 10 分
六椽栿
(五椽栿廣55分,厚37分。)
10 10 10 10 10 分
10 10 10 10 10 10 分
25分
60分
40分
10 10 10 10 10 分
10 10 10 10 10 10 分
25分
10 10 10 10 分
10 10 10 10 分

大木作制度圖樣二十

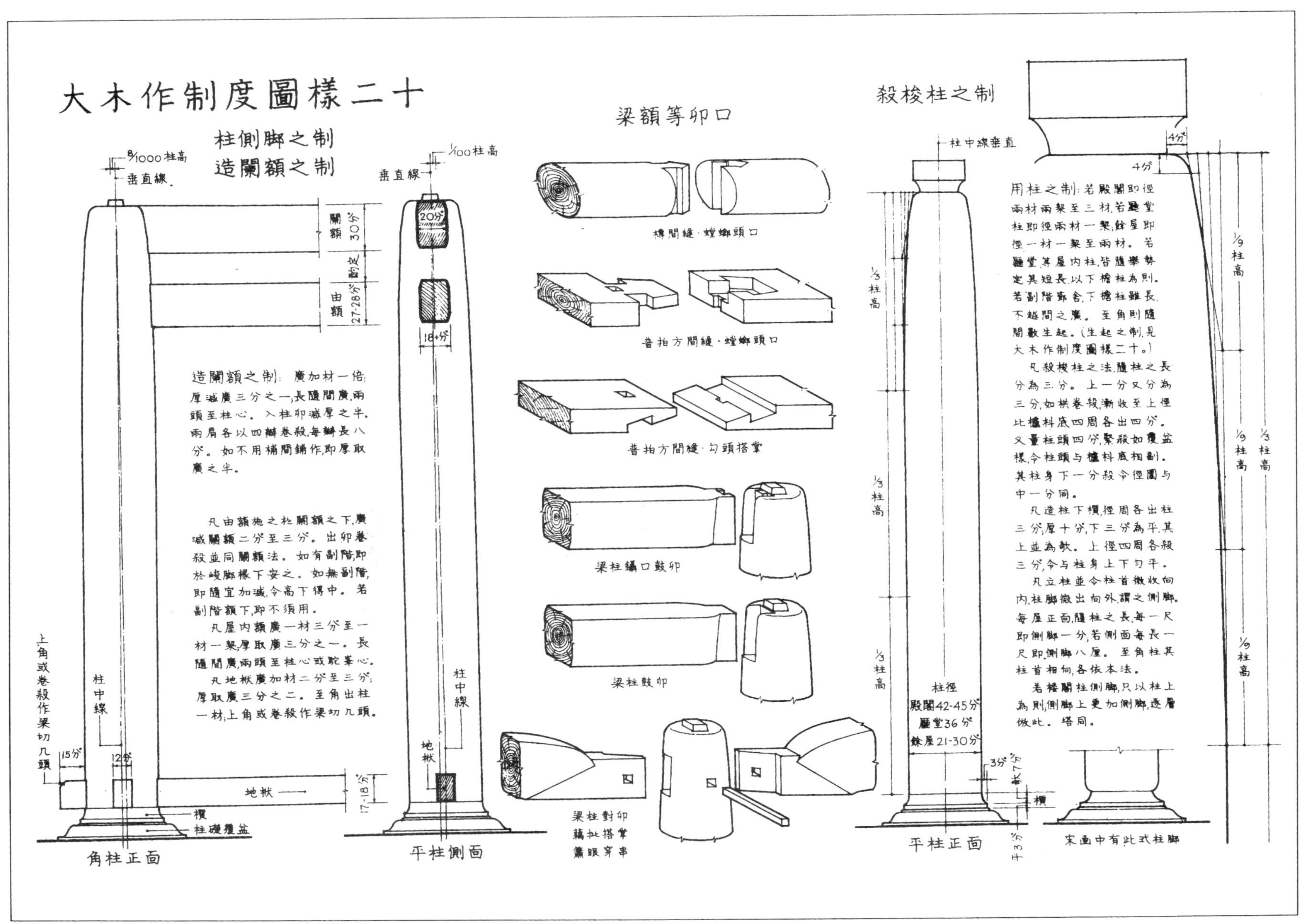

大木作制度圖樣二十
柱側脚之制
造闌額之制
8/1000柱高
垂直線
闌額 30分
由額 27-28分
造闌額之制：廣加材一倍；厚減廣三分之一；長隨間廣，兩頭至柱心。入柱卯減厚之半。兩肩各以四瓣卷殺，每瓣長八分。如不用補間鋪作，即厚取廣之半。
凡由額施之於闌額之下，廣減闌額二分至三分。出卯卷殺並同闌額法。如有副階，即於峻脚椽下安之。如無副階，即隨宜加減，令高下得中。若副階額下，即不須用。
凡屋内額廣一材三分至一材一栔；厚取廣三分之一。長隨間廣，兩頭至柱心或駝峯心。
凡地栿廣加材二分至三分；厚取廣三分之二。至角出柱一材；上角或卷殺作梁切几頭。
上角或卷殺作梁切几頭
15分
12分
柱中線
地栿
17-18分
櫍
柱礎覆盆
角柱正面
1/100柱高
垂直線
20分
18分
柱中線
地栿
平柱側面
梁額等卯口
槫間縫・螳螂頭口
普拍方間縫・螳螂頭口
普拍方間縫・勾頭搭掌
梁柱鼓卯
梁柱鼓卯
梁柱對卯
藕批搭掌
籠眼穿串
殺梭柱之制
柱中線垂直
4分
4分
用柱之制：若殿閣即徑兩材兩栔至三材；若廳堂柱即徑兩材一栔；餘屋即徑一材一栔至兩材。若廳堂等屋内柱，皆隨舉勢定其短長，以下檐柱為則。若副階廊舍，下檐柱雖長，不越間之廣。至角則隨間數生起。（生起之制，見大木作制度圖樣二十。）
凡殺梭柱之法，隨柱之長分為三分。上一分又分為三分，如栱卷殺，漸收至上徑比櫨枓底四周各出四分。又量柱頭四分，緊殺如覆盆樣，令柱頭與櫨枓底相副。其柱身下一分殺令徑圍與中一分同。
凡造柱下櫍，徑周各出柱三分；厚十分，下三分為平，其上並為欹。上徑四周各殺三分，令與柱身上下勻平。
凡立柱並令柱首微收向内，柱脚微出向外，謂之側脚。每屋正面，隨柱之長，每一尺即側脚一分；若側面每長一尺即側脚八厘。至角柱其柱首相向，各依本法。
若樓閣柱側脚，只以柱上為則，側脚上更加側脚，逐層倣此。塔同。
1/3柱高
1/3柱高
1/3柱高
1/9柱高
1/9柱高
1/9柱高
1/3柱高
柱徑
殿閣42-45分
廳堂36分
餘屋21-30分
3分
欹7分
平3分
櫍
平柱正面
宋畫中有此式柱脚

大木作制度圖樣二十一　用柱之制　角柱生起之制

凡用柱之制：若殿閣即徑兩材兩栔至三材，若廳堂柱即徑兩材一栔，餘屋即徑一材一栔至兩材。若廳堂等屋内柱，皆隨舉勢定其短長，以下檐柱爲則。（若副階廊舍，下檐柱雖長，不越間之廣。）至角則隨間數生起角柱：若十三間殿堂，則角柱比平柱生高一尺二寸。（平柱謂當心間兩柱也。自平柱疊進向角漸次生起，令勢圜和。如逐間大小不同，即隨宜加減，他皆倣此。）十一間生高一尺。九間生高八寸。七間生高六寸。五間生高四寸。三間生高二寸。

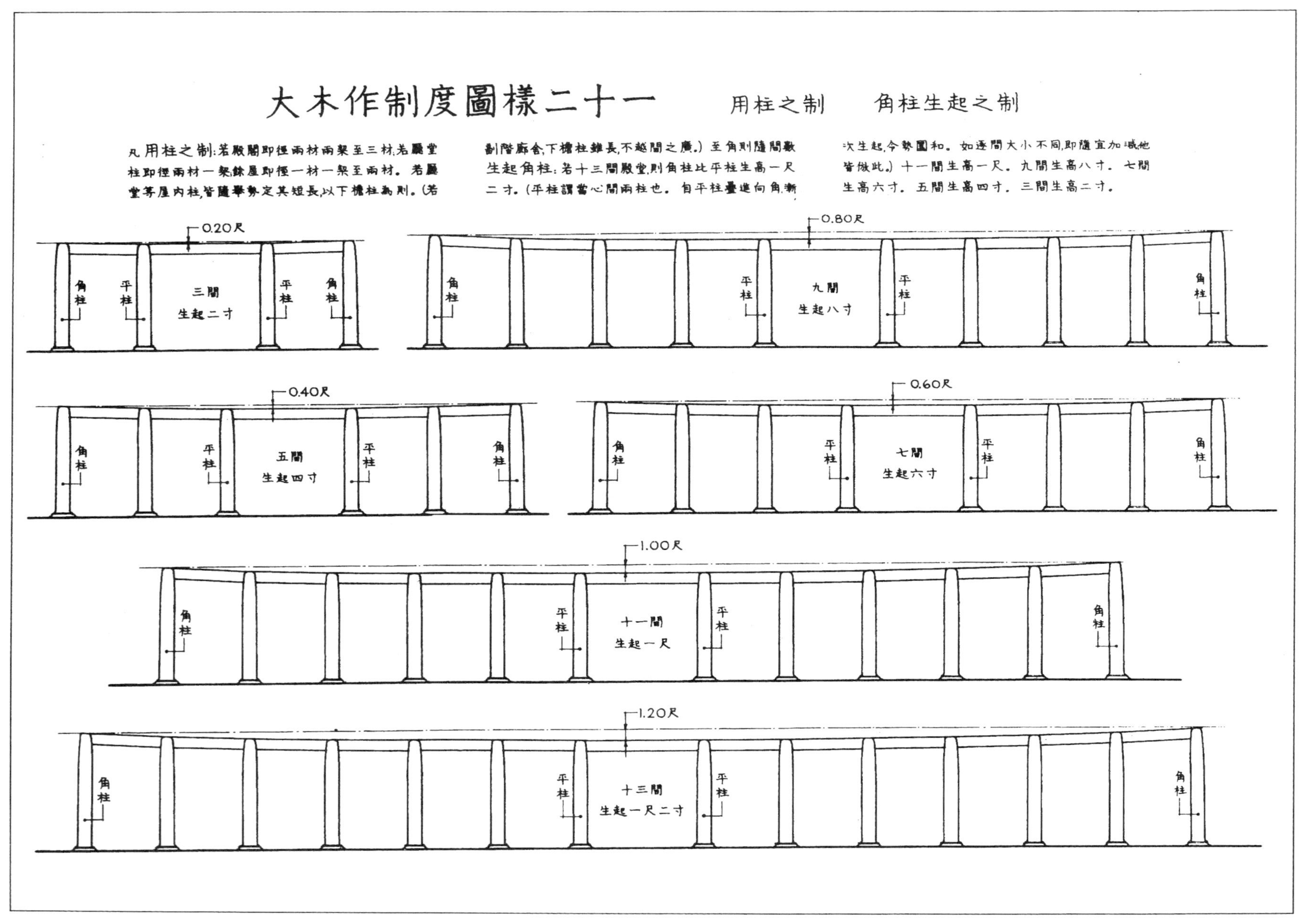

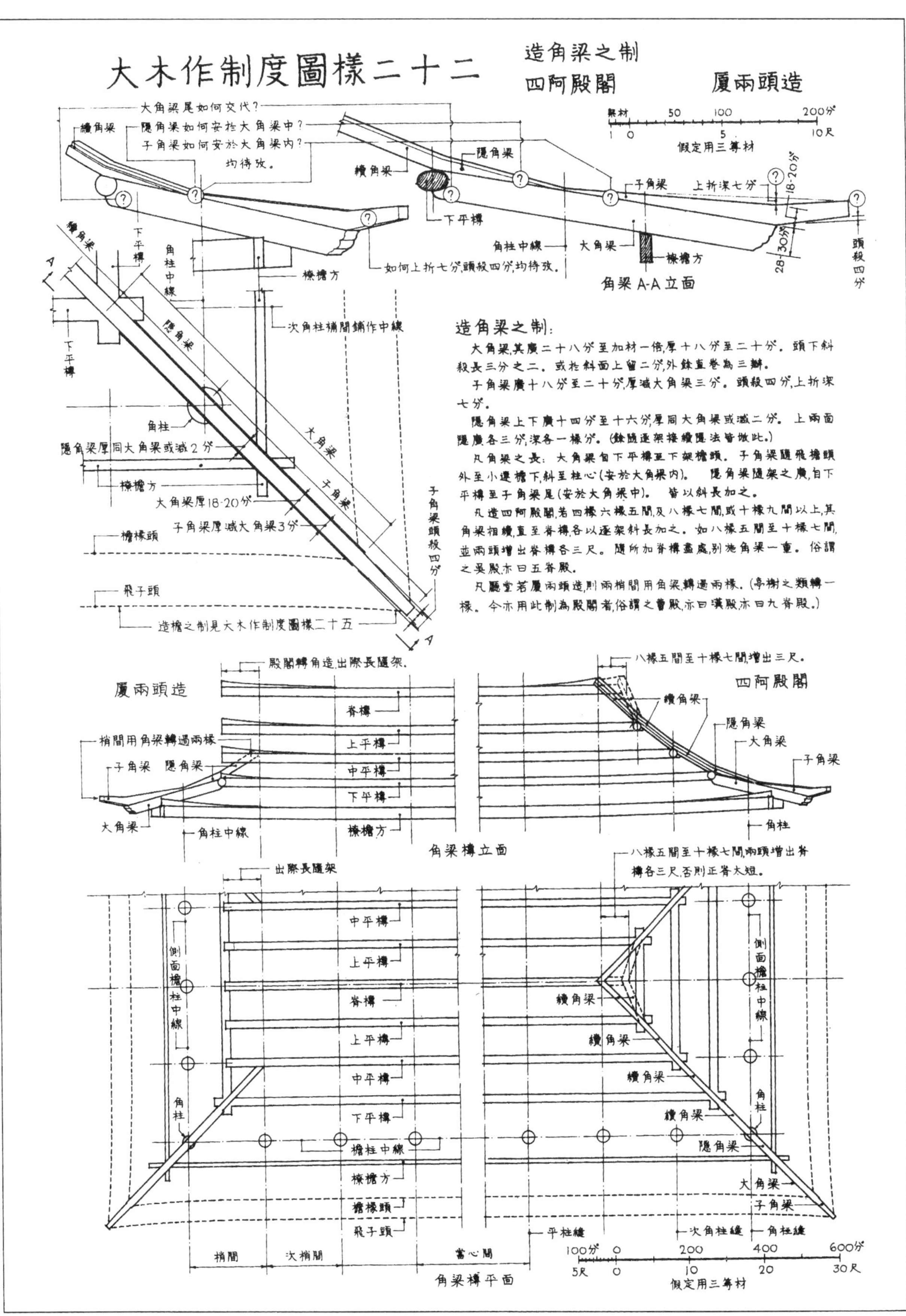

大木作制度圖樣二十二
造角梁之制
四阿殿閣
厦兩頭造
大角梁尾如何交代？
續角梁
隱角梁如何安於大角梁中？
子角梁如何安於大角梁内？
均待考。
如何上折七分，頭殺四分，均待考。
下平槫
角柱中線
橑檐方
大角梁
子角梁
上折深七分
頭殺四分
角梁A-A立面
假定用三等材
次角柱補間鋪作中線
角柱
隱角梁厚同大角梁或減2分
大角梁厚18-20分
子角梁厚減大角梁3分
子角梁頭殺四分
檐椽頭
飛子頭
造檐之制見大木作制度圖樣二十五
造角梁之制：
大角梁，其廣二十八分至加材一倍，厚十八分至二十分。頭下斜殺長三分之二。或於斜面上留二分，外餘直卷為三瓣。
子角梁廣十八分至二十分，厚減大角梁三分。頭殺四分，上折深七分。
隱角梁上下廣十四分至十六分，厚同大角梁或減二分。上兩面隱廣各三分，深各一椽分。（餘隨逐架接續隱法皆倣此。）
凡角梁之長：大角梁自下平槫至下架檐頭。子角梁隨飛檐頭外至小連檐下，斜至柱心（安於大角梁内）。隱角梁隨架之廣，自下平槫至子角梁尾（安於大角梁中）。皆以斜長加之。
凡造四阿殿閣，若四椽六椽五間及八椽七間，或十椽九間以上，其角梁相續，直至脊槫，各以逐架斜長加之。如八椽五間至十椽七間，並兩頭增出脊槫各三尺。隨所加脊槫盡處，別施角梁一重。俗謂之吳殿，亦曰五脊殿。
凡廳堂若厦兩頭造，則兩梢間用角梁，轉過兩椽。（亭榭之類轉一椽。今亦用此制為殿閣者，俗謂之曹殿，亦曰漢殿，亦曰九脊殿。）
殿閣轉角造，出際長隨架。
八椽五間至十椽七間，增出三尺。
脊槫
上平槫
中平槫
梢間用角梁轉過兩椽
角柱中線
角梁轉立面
出際長隨架
八椽五間至十椽七間，兩頭增出脊槫各三尺，否則正脊太短。
側面檐柱中線
檐柱中線
平柱縫
次角柱縫
角柱縫
梢間
次梢間
當心間
角梁轉平面

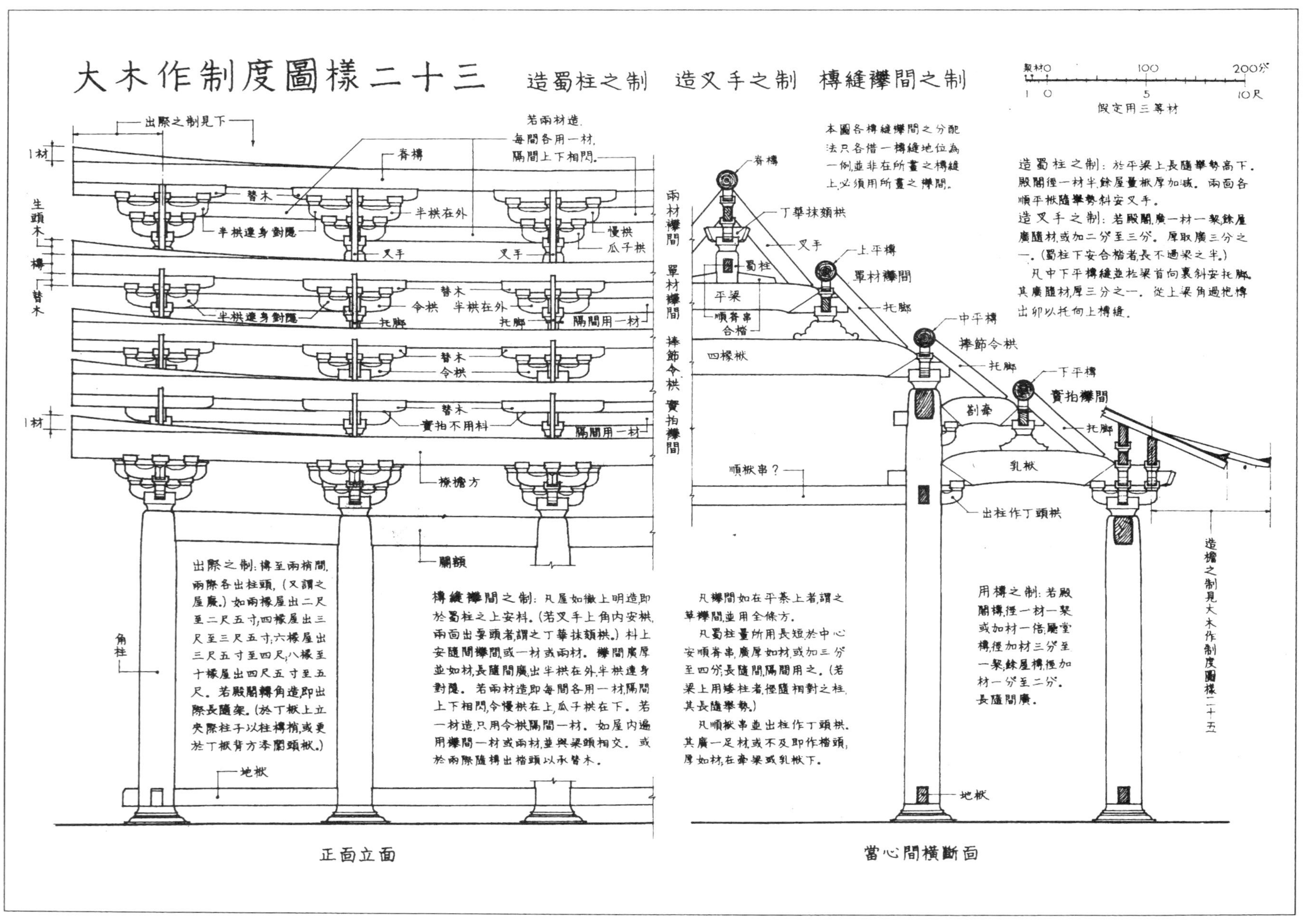
大木作制度圖樣二十三
造蜀柱之制　造叉手之制　槫縫襻間之制
契材0　100　200分
1　0　5　10尺
假定用三等材
出際之制見下
若兩材造，
每間各用一材，
隔間上下相閃。
1材
生頭木
槫
替木
脊槫
替木
半栱在外
半栱連身對隱
叉手
慢栱
瓜子栱
令栱
托腳
隔間用一材
實拍不用枓
橑檐方
闌額
兩材襻間
單材襻間
捧節令栱
實拍襻間
出際之制：槫至兩梢間，兩際各出柱頭。（又謂之屋廢。）如兩椽屋出二尺至二尺五寸，四椽屋出三尺至三尺五寸，六椽屋出三尺五寸至四尺，八椽至十椽屋出四尺五寸至五尺。若殿閣轉角造，即出際長隨架。（於丁栿上立夾際柱子以柱槫梢，或更於丁栿背方添闇䫜栿。）
角柱
地栿
槫縫襻間之制：凡屋如徹上明造，即於蜀柱之上安枓。（若叉手上角內安栱，兩面出耍頭者，謂之丁華抹頦栱。）枓上安隨間襻間，或一材或兩材。襻間廣厚並如材，長隨間廣，出半栱在外，半栱連身對隱。若兩材造，即每間各用一材，隔間上下相閃，令慢栱在上，瓜子栱在下。若一材造，只用令栱，隔間一材。如屋內遍用襻間一材或兩材，並與梁頭相交。或於兩際隨槫出楷頭以承替木。
正面立面
本圖各槫縫襻間之分配法只各借一槫縫地位為一例，並非在所畫之槫縫上必須用所畫之襻間。
造蜀柱之制：於平梁上，長隨舉勢高下。殿閣徑一材半，餘屋量栿厚加減。兩面各順平栿隨舉勢斜安叉手。
造叉手之制：若殿閣，廣一材一栔；餘屋廣隨材，或加二分至三分。厚取廣三分之一。（蜀柱下安合楷者，長不過梁之半。）
凡中下平槫縫，並於梁首向裏斜安托腳，其廣隨材，厚三分之一，從上梁角過抱槫，出卯以托向上槫縫。
脊槫
丁華抹頦栱
叉手
上平槫
單材襻間
蜀柱
平梁
托腳
順脊串
合楷
中平槫
捧節令栱
四椽栿
托腳
下平槫
實拍襻間
劄牽
托腳
順栿串？
乳栿
出柱作丁頭栱
造檐之制見大木作制度圖樣二十五
凡襻間如在平棊上者，謂之草襻間，並用全條方。
凡蜀柱量所用長短，於中心安順脊串，廣厚如材，或加三分至四分；長隨間，隔間用之。（若梁上用矮柱者，徑隨相對之柱，其長隨舉勢。）
凡順栿串並出柱作丁頭栱，其廣一足材，或不及，即作楷頭，厚如材，在牽梁或乳栿下。
用槫之制：若殿閣，槫徑一材一栔或加材一倍；廳堂，槫徑加材三分至一栔；餘屋槫徑加材一分至二分。長隨間廣。
地栿
當心間橫斷面

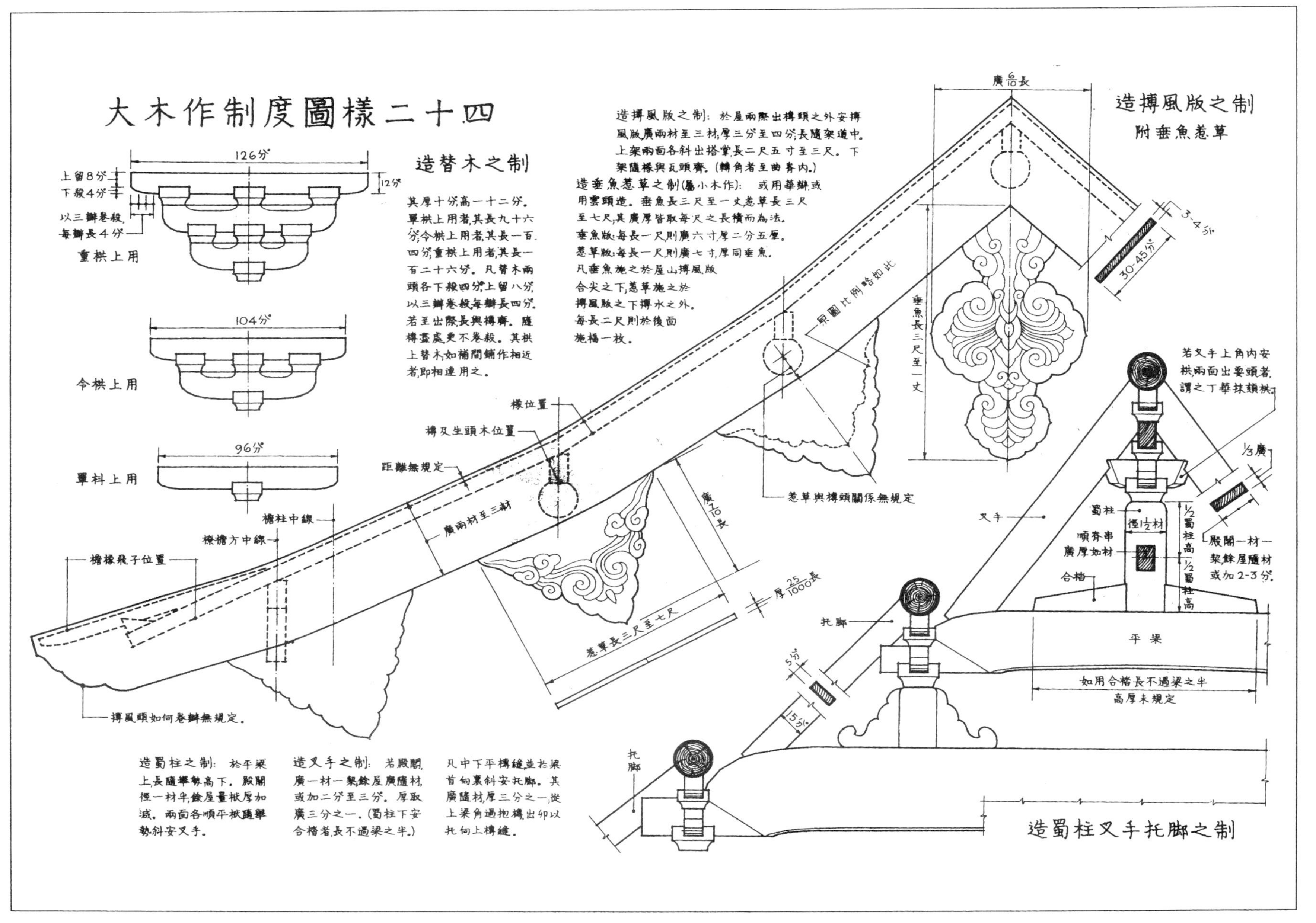

大木作制度圖樣二十四
126分°
上留8分
下殺4分
12分°
以三瓣卷殺,
每瓣長4分
重栱上用
104分°
令栱上用
96分°
單枓上用
造替木之制
其厚十分,高一十二分。單栱上用者,其長九十六分;令栱上用者,其長一百四分;重栱上用者,其長一百二十六分。凡替木兩頭各下殺四分,上留八分,以三瓣卷殺,每瓣長四分。若至出際,長與槫齊。隨槫盡處,更不卷殺。其栱上替木,如補間鋪作相近者,即相連用之。
造搏風版之制:於屋兩際出槫頭之外安搏風版,廣兩材至三材;厚三分至四分;長隨架道中。上架兩面各斜出搭掌,長二尺五寸至三尺。下架隨椽與瓦頭齊。(轉角者至曲脊内。)
造垂魚惹草之制(屬小木作):或用華瓣,或用雲頭造。垂魚長三尺至一丈,惹草長三尺至七尺,其廣厚皆取每尺之長積而為法。
垂魚版:每長一尺則廣六寸,厚二分五厘。
惹草版:每長一尺則廣七寸,厚同垂魚。
凡垂魚施之於屋山搏風版合尖之下;惹草施之於搏風版之下搏水之外。每長二尺則於後面施楅一枚。
造搏風版之制
附垂魚惹草
廣6/10長
3-4分
30-45分°
垂魚長三尺至一丈
原圖比例略如此
椽位置
槫及生頭木位置
距離無規定
廣兩材至三材
廣7/10長
惹草與槫頭關係無規定
厚25/1000長
惹草長三尺至七尺
檐柱中線
橑檐方中線
檐椽飛子位置
搏風頭如何卷瓣無規定。
若叉手上角内安栱兩面出耍頭者,謂之丁華抹頦栱。
1/3廣
叉手
蜀柱
徑1½材
順脊串
廣厚如材
合楷
1/2蜀柱高
1/2蜀柱高
殿閣一材一架,餘屋隨材或加2-3分。
托脚
平梁
如用合楷長不過梁之半
高厚未規定
5分
15分
托脚
造蜀柱之制:於平梁上,長隨舉勢高下。殿閣徑一材半,餘屋量栿厚加減。兩面各順平栿隨舉勢斜安叉手。
造叉手之制:若殿閣,廣一材一栔;餘屋廣隨材,或加二分至三分。厚取廣三分之一。(蜀柱下安合楷者,長不過梁之半。)
凡中下平槫縫,並於梁首向裏斜安托脚。其廣隨材,厚三分之一,從上梁角過抱槫,出卯以托向上槫縫。
造蜀柱叉手托脚之制

大木作制度圖樣二十五 用椽之制 造檐之制

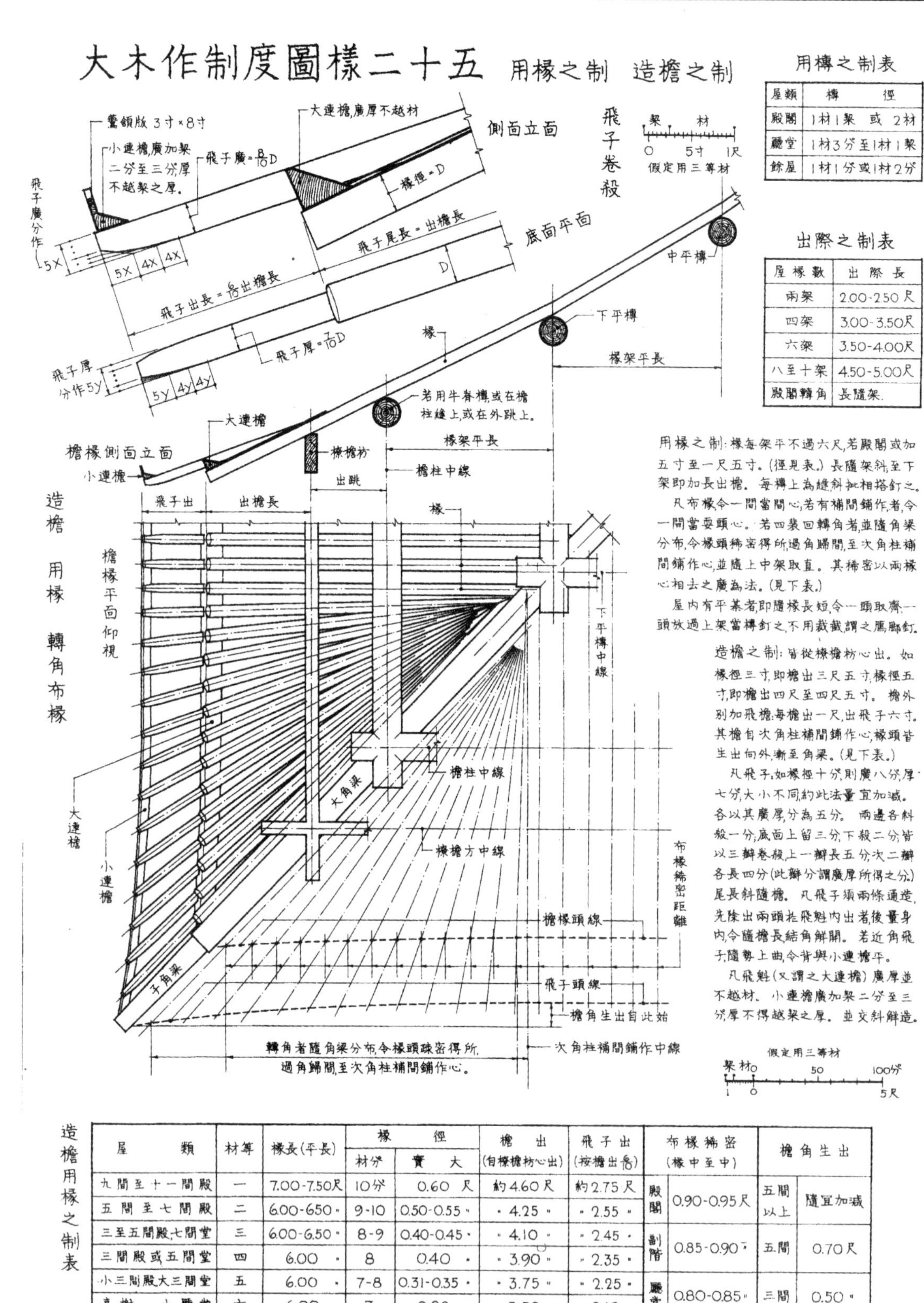

用槫之制表

屋類	槫徑
殿閣	1材1栔 或 2材
廳堂	1材3分至1材1栔
餘屋	1材1分或1材2分

出際之制表

屋椽數	出際長
兩架	2.00-2.50尺
四架	3.00-3.50尺
六架	3.50-4.00尺
八至十架	4.50-5.00尺
殿閣轉角	長隨架.

用椽之制:椽每架平不過六尺,若殿閣或加五寸至一尺五寸。(徑見表。)長隨架斜,至下架即加長出檐。每槫上為縫,斜批相搭釘之。

凡布椽,令一間當間心;若有補間鋪作者,令一間當耍頭心。若四裴回轉角者,並隨角梁分布,令椽頭稀密得所,過角歸間,至次角柱補間鋪作心,並隨上中架取直。其稀密以兩椽心相去之廣為法。(見下表。)

屋內有平棊者,即隨椽長短,令一頭取齊,一頭放過上架,當槫釘之,不用裁截,謂之鴈腳釘。

造檐之制:皆從橑檐枋心出。如椽徑三寸,即檐出三尺五寸;椽徑五寸,即檐出四尺至四尺五寸。檐外別加飛檐,每檐出一尺,出飛子六寸。其檐自次角柱補間鋪作心,椽頭皆生出向外,漸至角梁。(見下表。)

凡飛子,如椽徑十分,則廣八分,厚七分,大小不同,約此法量宜加減。各以其廣厚,分為五分。兩邊各斜殺一分,底面上留三分,下殺二分;皆以三瓣卷殺,上一瓣長五分,次二瓣各長四分(此瓣分謂廣厚所得之分。)尾長斜隨檐。凡飛子須兩條通造,先除出兩頭於飛魁內出者,後量身內,令隨檐長,結角解開。若近角飛子,隨勢上曲,令背與小連檐平。

凡飛魁(又謂之大連檐)廣厚並不越材。小連檐廣加栔二分至三分,厚不得越栔之厚。並交斜解造。

假定用三等材
栔 材 0 50 100分
1 0 5尺

造檐用椽之制表

屋類	材等	椽長(平長)	椽徑 材分	椽徑 實大	檐出(自橑檐枋心出)	飛子出(按檐出$\frac{6}{10}$)	布椽稀密(椽中至中)		檐角生出	
九間至十一間殿	一	7.00-7.50尺	10分	0.60尺	約4.60尺	約2.75尺	殿閣	0.90-0.95尺	五間以上	隨宜加減
五間至七間殿	二	6.00-650〃	9-10	0.50-0.55〃	〃4.25〃	〃2.55〃				
三至五間殿,七間堂	三	6.00-6.50〃	8-9	0.40-0.45〃	〃4.10〃	〃2.45〃	副階	0.85-0.90〃	五間	0.70尺
三間殿或五間堂	四	6.00〃	8	0.40〃	〃3.90〃	〃2.35〃				
小三間殿,大三間堂	五	6.00〃	7-8	0.31-0.35〃	〃3.75〃	〃2.25〃	廳堂	0.80-0.85〃	三間	0.50〃
亭榭 小廳堂	六	6.00〃	7	0.28〃	〃3.50〃	〃2.10〃				
小殿 亭榭	七	5.50(?)〃	6-7	0.21-0.25〃	〃3.10〃	〃1.85〃	廊庫屋	0.75-0.80〃	一間	0.40尺
小亭榭	八	5.00(?)〃	6分	0.18〃	約3.00尺	約1.80尺				

法式卷五造檐用椽之制均無嚴格規定,故本表尺寸均係約略數目,可以隨宜加減。

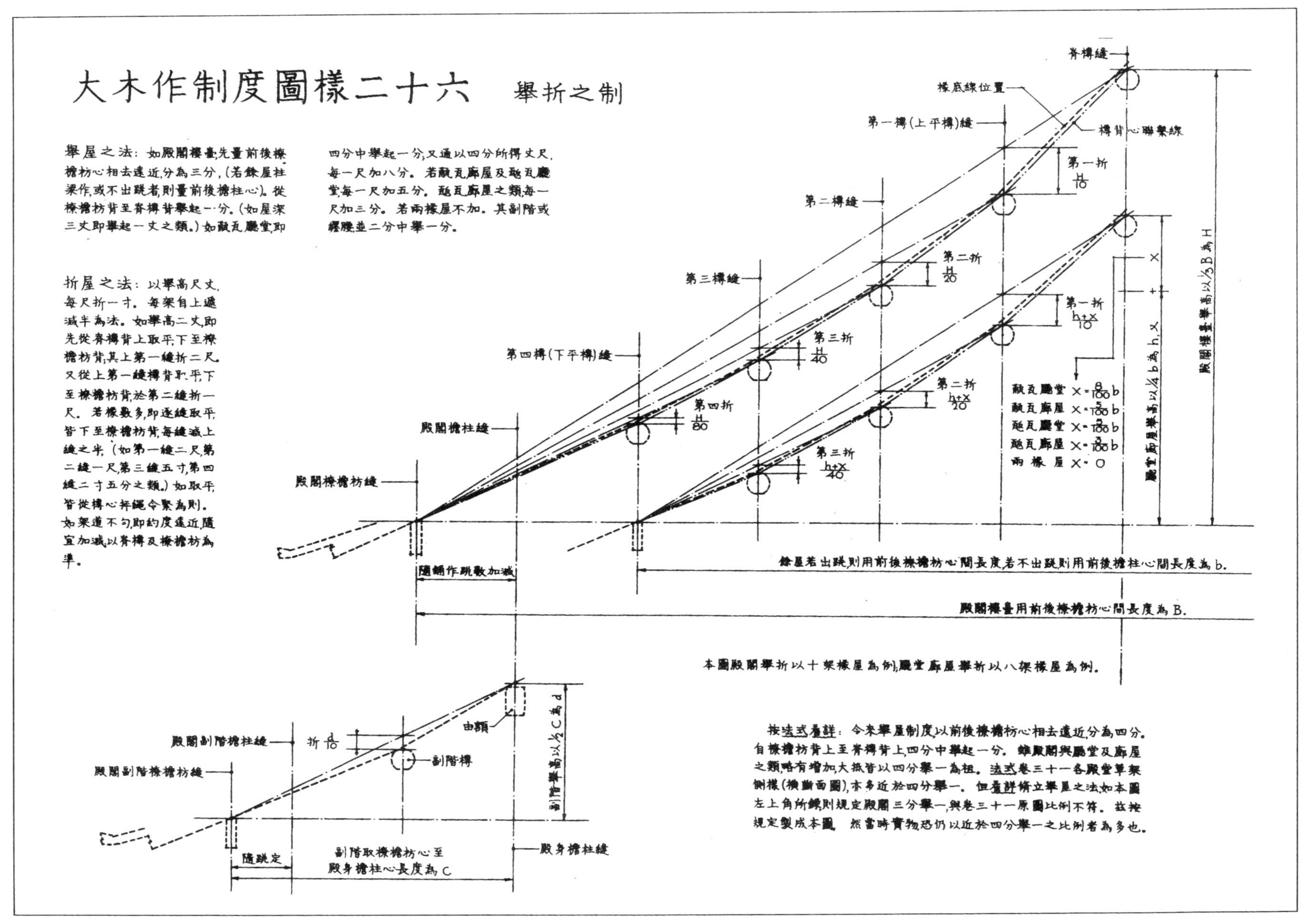
大木作制度圖樣二十六 舉折之制
舉屋之法：如殿閣樓臺，先量前後橑檐枋心相去遠近，分為三分，（若餘屋柱梁作，或不出跳者，則量前後檐柱心）。從橑檐枋背至脊槫背舉起一分。（如屋深三丈即舉起一丈之類。）如甋瓦廳堂，即四分中舉起一分，又通以四分所得丈尺，每一尺加八分。若甋瓦廊屋及瓪瓦廳堂，每一尺加五分。瓪瓦廊屋之類，每一尺加三分。若兩椽屋不加。其副階或纏腰，並二分中舉一分。
折屋之法：以舉高尺丈，每尺折一寸。每架自上遞減半為法。如舉高二丈，即先從脊槫背上取平，下至橑檐枋背，其上第一縫折二尺。又從上第一縫槫背取平，下至橑檐枋背，於第二縫折一尺。若椽數多，即逐縫取平，皆下至橑檐枋背，每縫減上縫之半，（如第一縫二尺，第二縫一尺，第三縫五寸，第四縫二寸五分之類。）如取平，皆從槫心抨繩令緊為則。如架道不勻，即約度遠近，隨宜加減，以脊槫及橑檐枋為準。
脊槫縫
橑底線位置
第一槫（上平槫）縫
槫背心聯繫線
第一折 H/10
第二槫縫
第二折 H/20
第三槫縫
第三折 H/40
第四槫（下平槫）縫
第四折 H/80
殿閣檐柱縫
殿閣橑檐枋縫
隨鋪作跳數加減
X
第一折 (h+X)/10
第二折 (h+X)/20
第三折 (h+X)/40
甋瓦廳堂 X=8/100 b
甋瓦廊屋 X=5/100 b
瓪瓦廳堂 X=5/100 b
瓪瓦廊屋 X=3/100 b
兩椽屋 X=0
廳堂廊屋舉高以1/4 b為h，X
殿閣樓臺舉高以1/3 B為H
餘屋若出跳則用前後橑檐枋心間長度，若不出跳則用前後檐柱心間長度為b.
殿閣樓臺用前後橑檐枋心間長度為B.
本圖殿閣舉折以十架椽屋為例，廳堂廊屋舉折以八架椽屋為例。
殿閣副階檐柱縫
殿閣副階橑檐枋縫
折 d/10
副階槫
由額
副階舉高以1/2 C為d
殿身檐柱縫
隨跳定
副階取橑檐枋心至殿身檐柱心長度為C
按法式看詳：今來舉屋制度，以前後橑檐枋心相去遠近，分為四分。自橑檐枋背上至脊槫背上，四分中舉起一分。雖殿閣與廳堂及廊屋之類，略有增加，大抵皆以四分舉一為祖。法式卷三十一各殿堂草架側樣（橫斷面圖），亦多近於四分舉一。但看詳猜立舉屋之法，如本圖左上角所錄，則規定殿閣三分舉一，與卷三十一原圖比例不符。茲按規定製成本圖。然當時實物恐仍以近於四分舉一之比例者為多也。

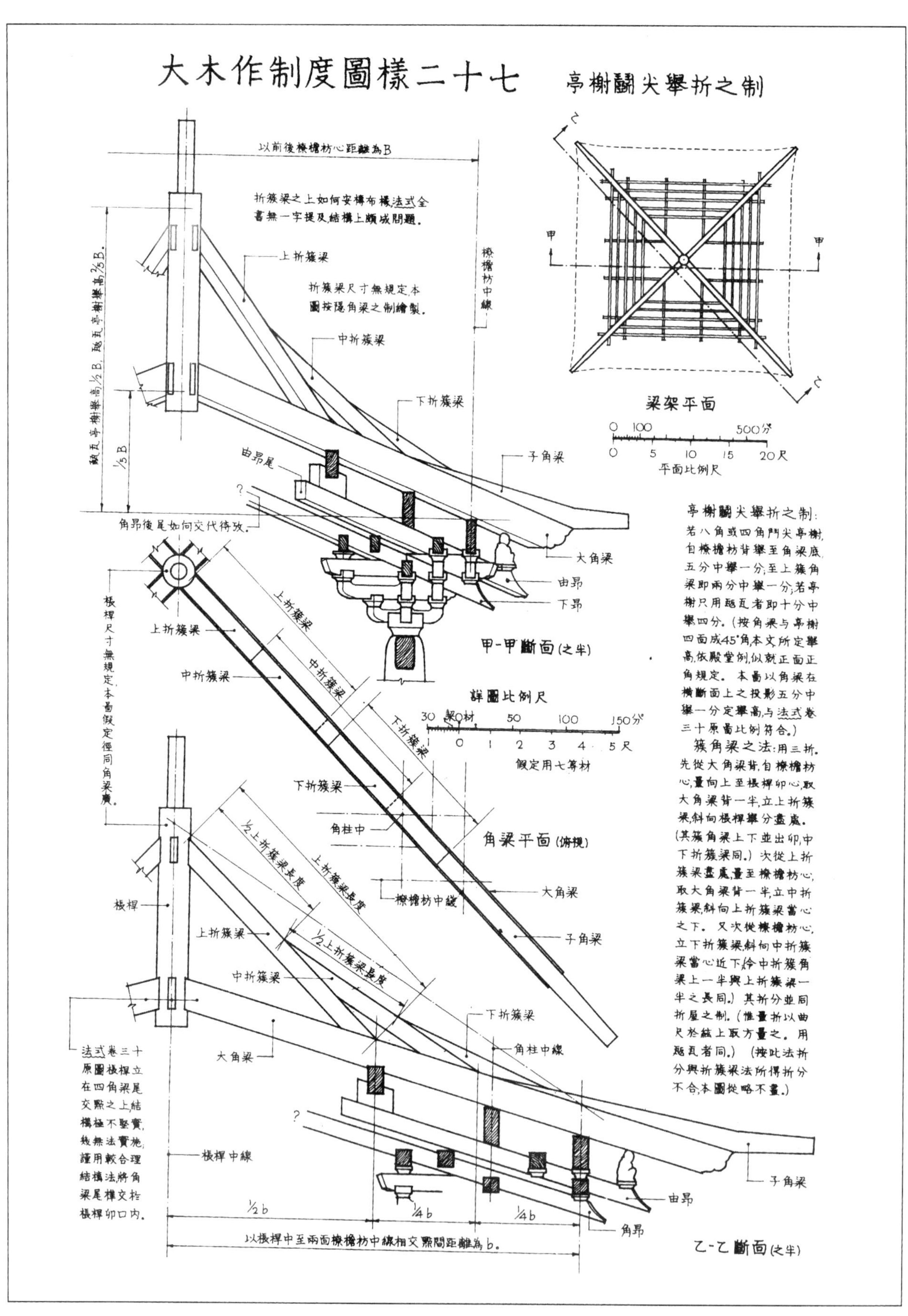
大木作制度圖樣二十七
亭榭鬭尖舉折之制
以前後橑檐枋心距離為B
折簇梁之上如何安椽布椽法式全書無一字提及結構上頗成問題.
上折簇梁
折簇梁尺寸無規定,本圖按隱角梁之制繪製.
橑檐枋中線
中折簇梁
下折簇梁
瓪瓦亭榭舉高½B. 甋瓦亭榭舉高⅔B.
⅓B
由昂尾
子角梁
角昂後尾如何交代待攷.
大角梁
由昂
下昂
甲-甲斷面(之半)
梁架平面
0 100 500分
0 5 10 15 20尺
平面比例尺
甲
乙
棖桿尺寸無規定,本圖假定徑同角梁廣.
上折簇梁
中折簇梁
下折簇梁
角柱中
角梁平面(俯視)
橑檐枋中線
詳圖比例尺
30 栔10材 50 100 150分
0 1 2 3 4 5尺
假定用七等材
亭榭鬭尖舉折之制:若八角或四角鬭尖亭榭,自橑檐枋背舉至角梁底,五分中舉一分;至上簇角梁即兩分中舉一分;若亭榭只用瓪瓦者即十分中舉四分。(按角梁与亭榭四面成45°角,本文所定舉高,依殿堂例,似就正面正角規定。本圖以角梁在橫斷面上之投影五分中舉一分定舉高,与法式卷三十原圖比例符合。)
簇角梁之法:用三折。先從大角梁背,自橑檐枋心,量向上至棖桿卯心,取大角梁背一半,立上折簇梁,斜向棖桿舉分盡處。(其簇角梁上下並出卯,中下折簇梁同。)次從上折簇梁盡處,量至橑檐枋心,取大角梁背一半,立中折簇梁,斜向上折簇梁當心之下。又次從橑檐枋心,立下折簇梁,斜向中折簇梁當心近下,(令中折簇角梁上一半與上折簇梁一半之長同。)其折分並同折屋之制。(惟量折以曲尺於弦上取方量之。用瓪瓦者同。)(按此法折分與折簇梁法所得折分不合,本圖從略不畫。)
½上折簇梁長度
上折簇梁長度
棖桿
角柱中線
法式卷三十原圖棖桿立在四角梁尾交點之上,結構極不堅實,幾無法實施;謹用較合理結構法將角梁尾榫交於棖桿卯口內.
棖桿中線
½b
¼b
以棖桿中至兩面橑檐枋中線相交點間距離為b.
角昂
乙-乙斷面(之半)

大木作制度圖樣二十八　殿閣分槽圖

法式卷卅一原圖未表明繪制條件本圖按卷三卷四文字中涉及開間進深用椽等問題繪制今説明如下.

1. 殿閣開間從五-十一間各種有無副階未作規定.本圖選擇七間有副階之兩種不同狀況繪制.
2. 殿閣開間亜分"若逐間皆用雙補間則每間之廣丈尺皆同.如只心間用雙補間者假如心間用一丈五尺則次間用一丈之類.或間廣不匀.即每補間鋪作一朵不得過一尺"本圖選擇每間之廣丈尺皆同.及心間用一丈五尺次間用一丈之類兩種情況.
3. 殿閣進深隨用椽架數而定(法式規定從六架至十架)殿閣用材自一等至五等.鋪作等級為五至八鋪作.本圖以不越出此規定為原則繪製.
4. 本圖僅爲為説明殿閣分槽類型舉例.故所用尺寸均為相對尺寸.建築各部份構件亦僅示意其位置.

殿閣地盤殿身七間副階周帀身内單槽

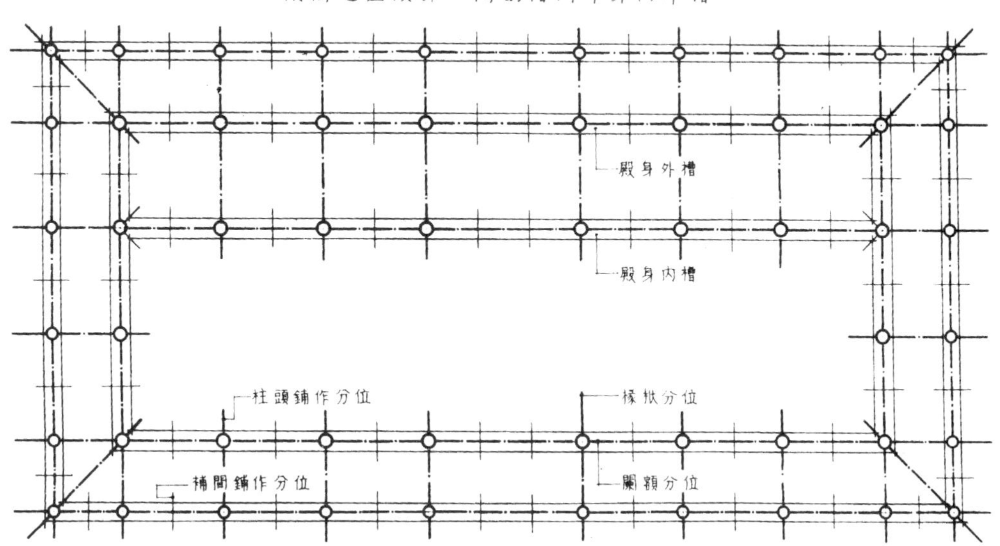

殿閣地盤殿身七間副階周帀身内雙槽

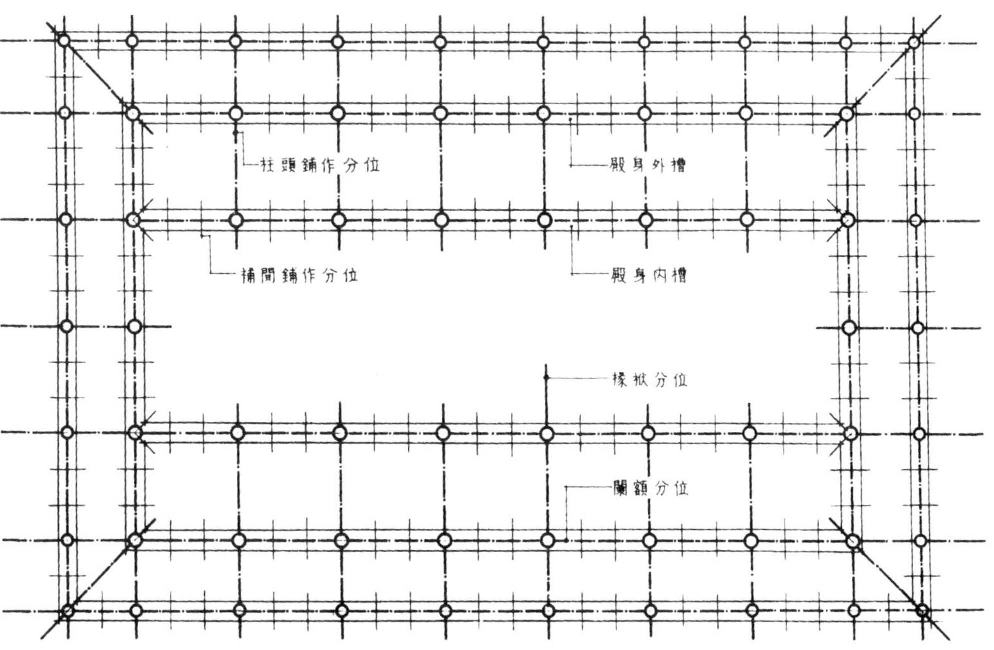

大木作制度圖樣二十九　　殿閣分槽圖

法式卷卅一原圖未表明繪制條件，本圖按卷三卷四文字中涉及開間、進深、用椽等問題繪制，今說明如下：

1．殿閣開間從五-十一間各種，有無副階未作規定，本圖選擇九間無副階及七間有副階兩種狀況繪制。

2．殿閣開間畫分"若逐間皆用雙補間，則每間之廣丈尺皆同。如只心間用雙補間者，假如心間用一丈五尺，則次間用一丈之類，或間廣不匀，即每補間鋪作一朵不得過一尺"本圖選擇間廣不匀，當心間用雙補間，其餘各間用單補間及開間相等逐間皆用雙補間兩種。

3．殿閣進深隨用椽架數而定（法式規定從六架至十架）殿閣用材自一等至五等，鋪作等級為五至八鋪作，本圖以不越出此規定為原則繪制。

4．本圖僅屬為說明殿閣分槽之類型舉例，故所用尺寸均為相對尺寸，建築各部份構件亦僅示意其位置。

殿閣身地盤九間身内分心枓底槽

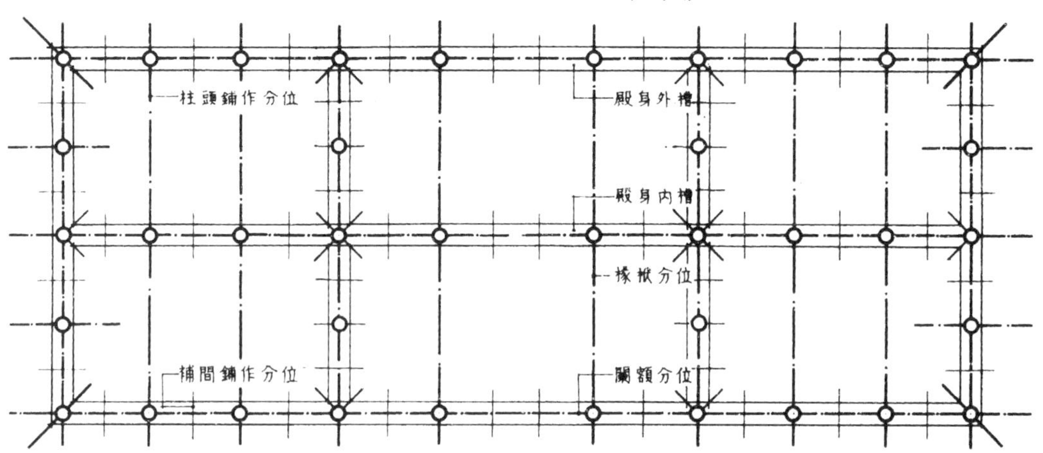

殿閣地盤殿身七間副階周帀各兩架椽身内金箱枓底槽

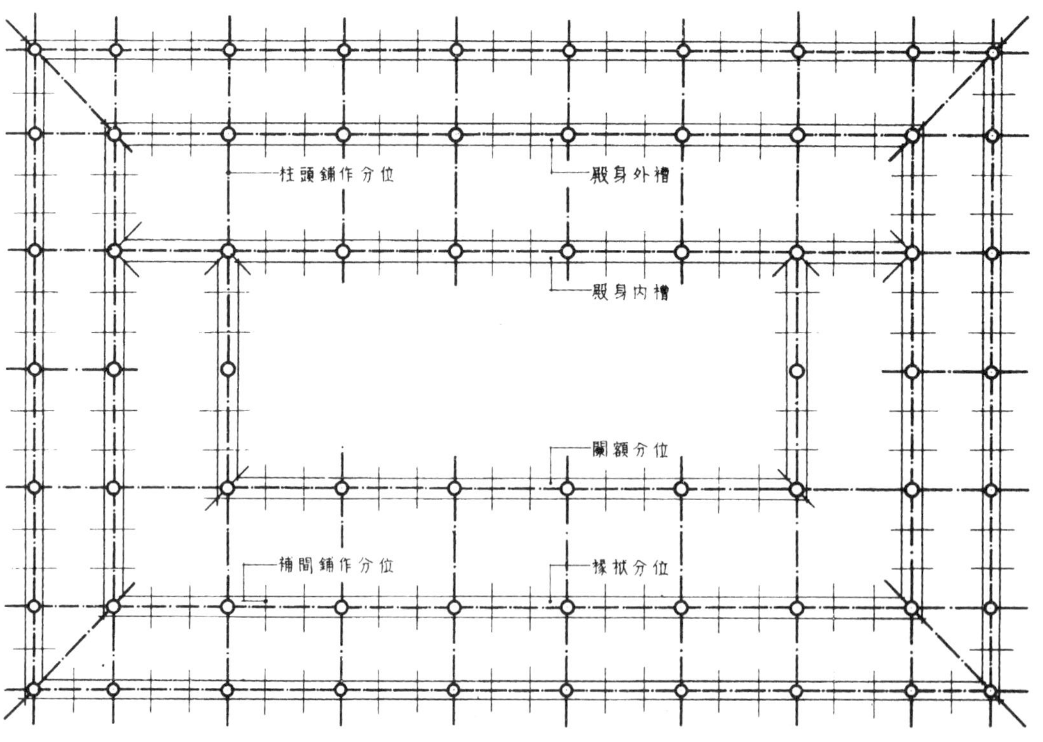

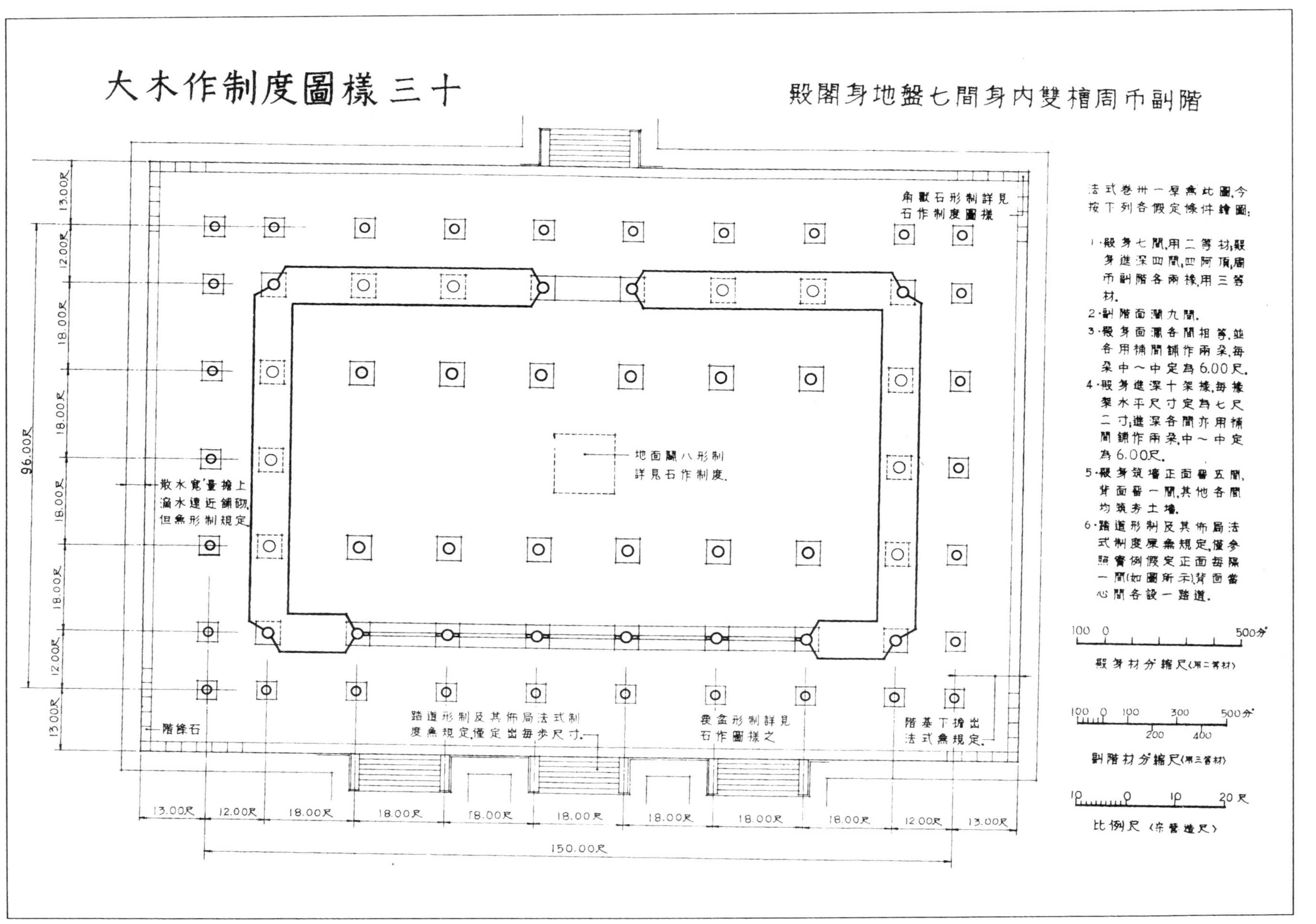
大木作制度圖樣三十
殿閣身地盤七間身內雙槽周帀副階
法式卷卅一原無此圖,今按下列各假定條件繪圖:
1.殿身七間,用二等材,殿身進深四間,四阿頂,周帀副階各兩椽,用三等材.
2.副階面濶九間.
3.殿身面濶各間相等,並各用補間鋪作兩朵,每朵中~中定為6.00尺.
4.殿身進深十架椽,每椽架水平尺寸定為七尺二寸,進深各間亦用補間鋪作兩朵,中~中定為6.00尺.
5.殿身築牆正面留五間,背面留一間,其他各間均築夯土牆.
6.踏道形制及其佈局法式制度原無規定,僅參照實例假定正面每隔一間(如圖所示),背面當心間各設一踏道.
角獸石形制詳見石作制度圖樣
地面鬭八形制詳見石作制度.
散水寬量擔上滴水遠近鋪砌,但無形制規定.
階條石
踏道形制及其佈局法式制度無規定,僅定出每步尺寸.
覆盆形制詳見石作圖樣之
階基下擔出法式無規定.
13.00尺
12.00尺
18.00尺
18.00尺
18.00尺
18.00尺
18.00尺
18.00尺
18.00尺
12.00尺
13.00尺
150.00尺
96.00尺
100 0 500分
殿身材分攄尺(用二等材)
100 0 100 200 300 400 500分
副階材分攄尺(用三等材)
10 0 10 20尺
比例尺(宋營造尺)

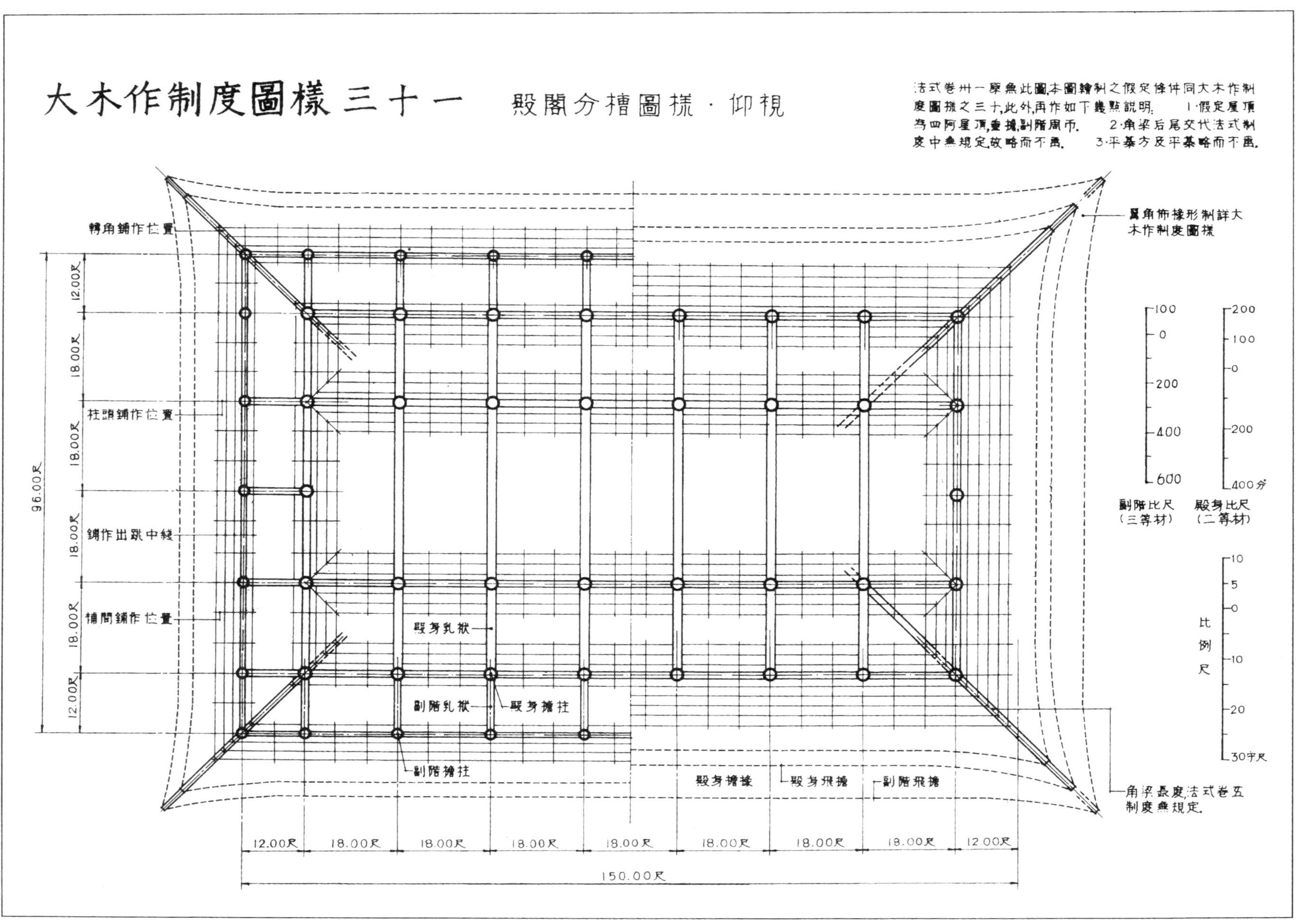
大木作制度圖樣三十一　殿閣分槽圖樣·仰視
法式卷卅一原無此圖,本圖繪制之假定條件同大木作制度圖樣之三十,此外,再作如下幾點説明:　1·假定屋頂為四阿屋頂,重檐,副階周帀.　2·角梁后尾交代法式制度中無規定,故略而不畫.　3·平棊方及平棊略而不畫.
轉角鋪作位置
柱頭鋪作位置
鋪作出跳中綫
補間鋪作位置
殿身乳栿
副階乳栿
殿身檐柱
副階檐柱
殿身檐椽
殿身飛檐
副階飛檐
翼角椽形制詳大木作制度圖樣
角梁長度,法式卷五制度無規定.
副階比尺（三等材）
殿身比尺（二等材）
比例尺
12.00尺
18.00尺
96.00尺
150.00尺

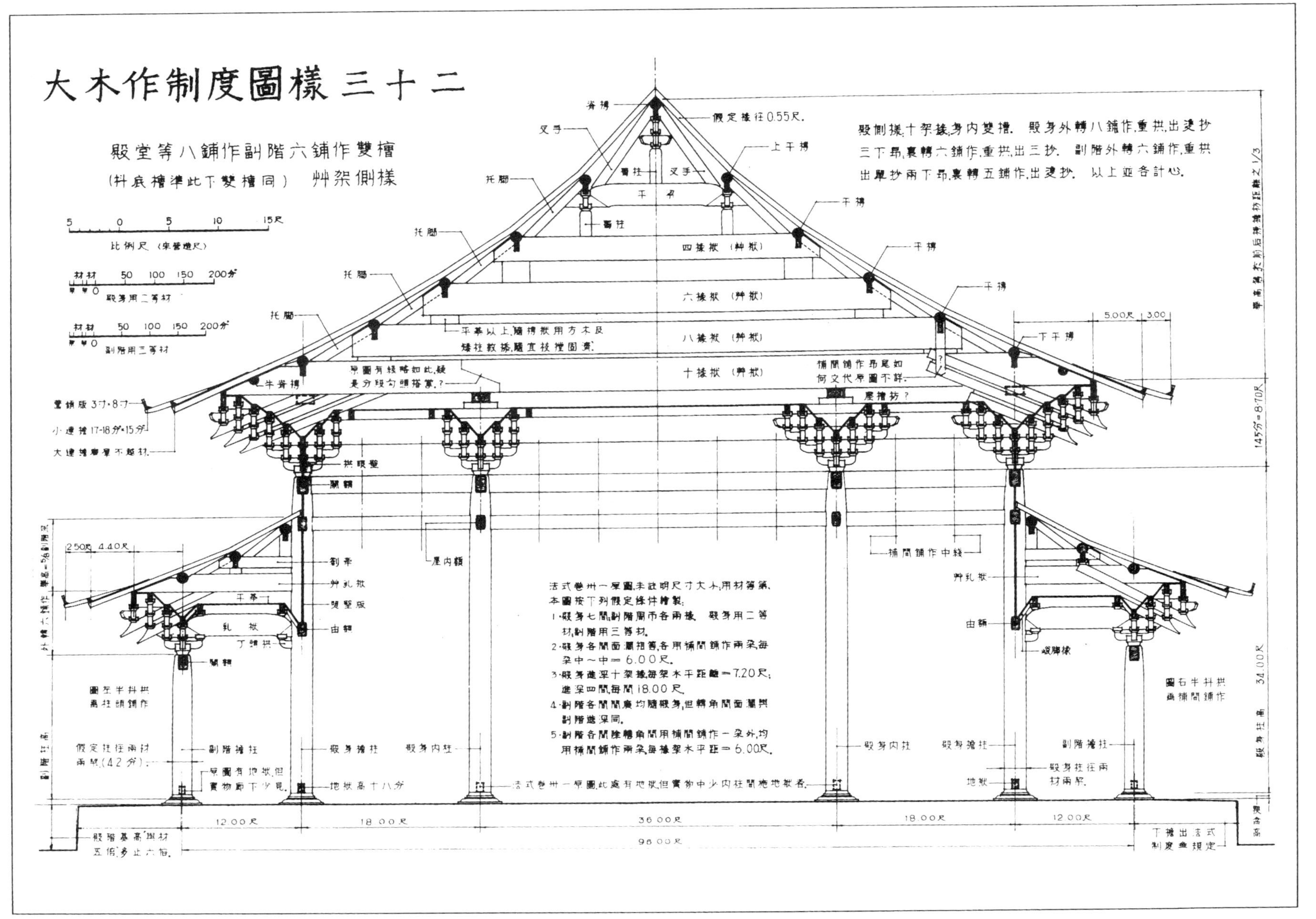
大木作制度圖樣三十二
殿堂等八鋪作副階六鋪作雙槽
(枓底槽準此下雙槽同)　艸架側樣
比例尺 (宋營造尺)
殿身用二等材
副階用三等材
殿側樣十架椽身内雙槽. 殿身外轉八鋪作,重拱,出逘抄三下昂,裏轉六鋪作,重拱,出三抄. 副階外轉六鋪作,重拱出單抄兩下昂,裏轉五鋪作,出逘抄. 以上並各計心.
法式卷卅一原圖,未註明尺寸大小,用材等第.
本圖按下列假定條件繪製:
1.殿身七間,副階周帀各兩椽. 殿身用二等材,副階用三等材.
2.殿身各間面闊相著,各用補間鋪作兩朵,每朵中~中=6.00尺.
3.殿身進深十架椽,每架水平距離=7.20尺;進深四間,每間18.00尺.
4.副階各間間廣均隨殿身,但轉角間面闊與副階進深同.
5.副階各間除轉角間用補間鋪作一朵外,均用補間鋪作兩朵,每椽架水平距=6.00尺.
法式卷卅一原圖,此處有地栿,但實物中少內柱間施地栿者.
原圖有綫略如此,疑是分段勾頭搭掌.?
補間鋪作昂尾如何交代原圖不詳.
平綦以上,隨槫栿用方木及矮柱敦㮇,隨宜枝樘固濟.
12.00尺　18.00尺　36.00尺　18.00尺　12.00尺
96.00尺
34.00尺

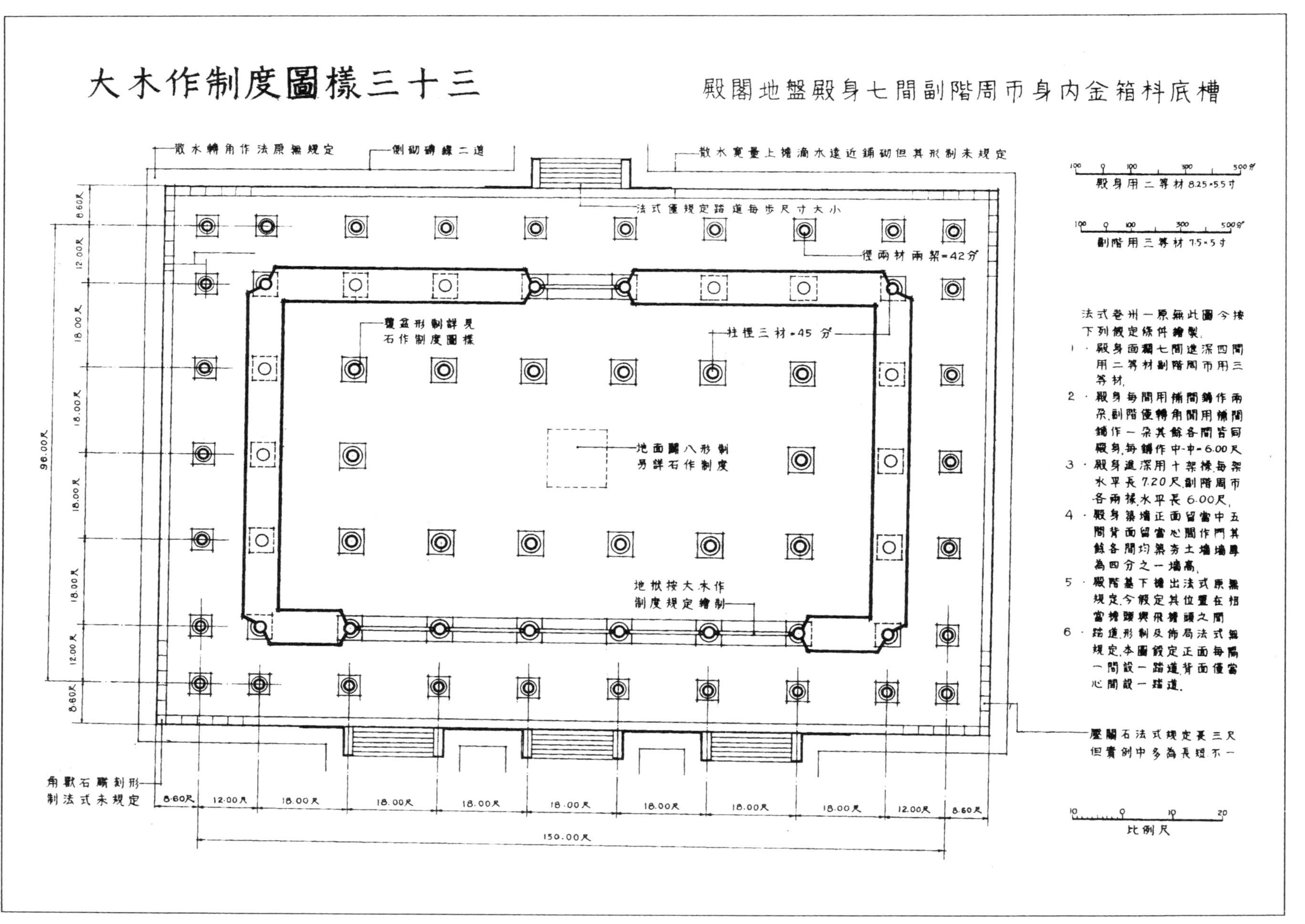
大木作制度圖樣三十三
殿閣地盤殿身七間副階周帀身内金箱枓底槽
散水轉角作法原無規定
側砌磚綫二道
散水寬量上檐滴水遠近鋪砌但其形制未規定
法式僅規定踏道每步尺寸大小
徑兩材兩栔=42分
柱徑三材=45分
覆盆形制詳見
石作制度圖樣
地面鬭八形制
另詳石作制度
地栿按大木作
制度規定繪制
壓闌石法式規定長三尺
但實例中多為長短不一
角獸石職制形
制法式未規定
殿身用二等材 8.25×5.5寸
副階用三等材 7.5×5寸
法式卷卅一原無此圖今按
下列假定條件繪製
1．殿身面闊七間進深四間
用二等材副階周帀用三
等材
2．殿身每間用補間鋪作兩
朵副階僅轉角間用補間
鋪作一朵其餘各間皆同
殿身,每鋪作中-中=6.00尺
3．殿身進深用十架椽每架
水平長7.20尺副階周帀
各兩椽水平長6.00尺
4．殿身築墻正面留當中五
間背面留當心間作門其
餘各間均築夯土墻墻厚
為四分之一墻高
5．殿階基下檐出法式原無
規定今假定其位置在相
當檐頭與飛檐頭之間
6．踏道形制及佈局法式無
規定本圖假定正面每隔
一間設一踏道背面僅當
心間設一踏道
8.60尺
12.00尺
18.00尺
18.00尺
18.00尺
18.00尺
18.00尺
18.00尺
18.00尺
12.00尺
8.60尺
150.00尺
96.00尺
比例尺

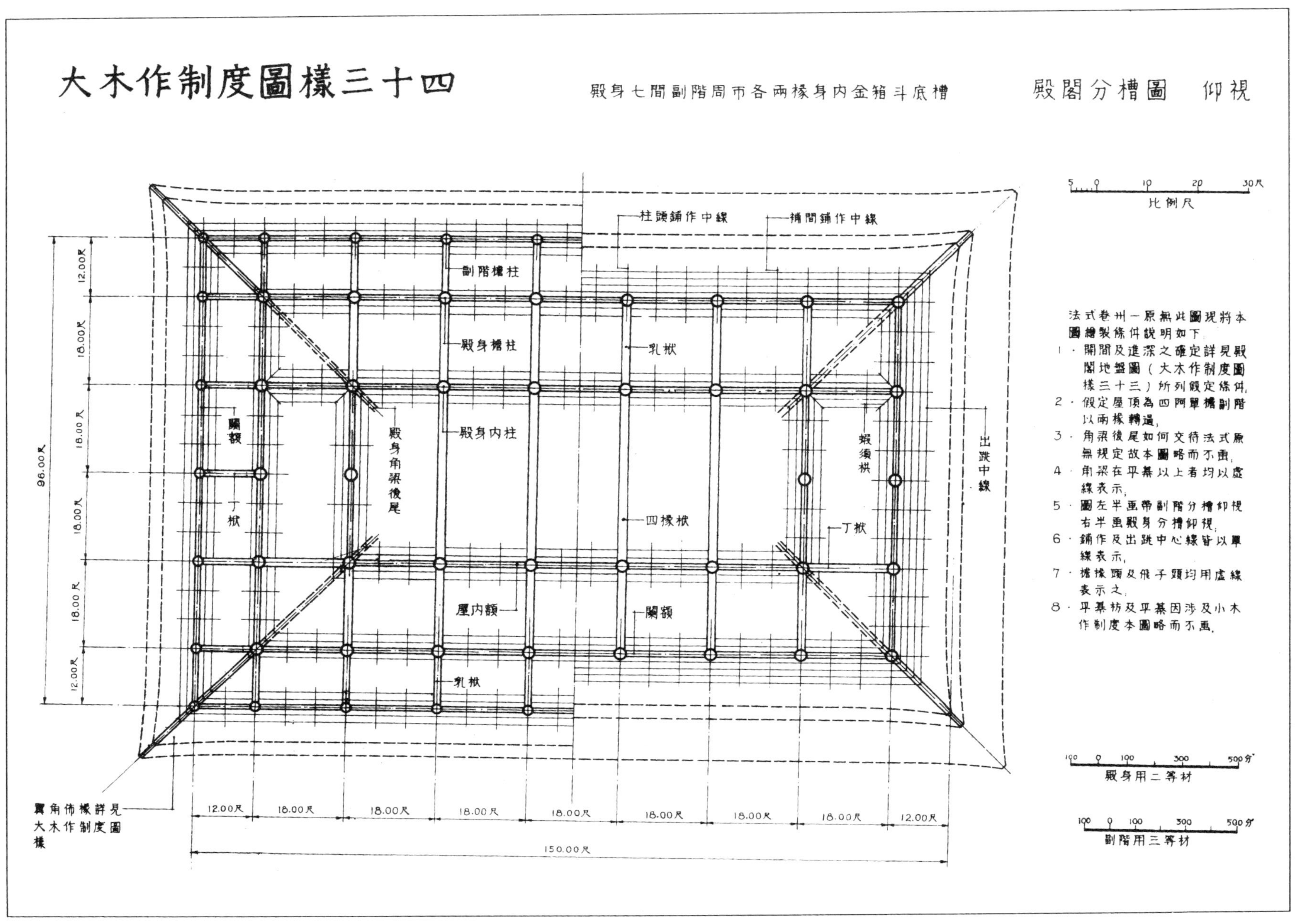

大木作制度圖樣三十四
殿身七間副階周帀各兩椽身内金箱斗底槽
殿閣分槽圖　仰視
5 0 10 20 30尺
比例尺
法式卷卅一原無此圖現將本圖繪製條件説明如下
1．開間及進深之確定詳見殿閣地盤圖（大木作制度圖樣三十三）所列假定條件，
2．假定屋頂為四阿單檐副階以兩椽轉過，
3．角梁後尾如何交待法式原無規定故本圖略而不畫，
4．角梁在平綦以上者均以虛線表示，
5．圖左半畫帶副階分槽仰視右半畫殿身分槽仰視，
6．鋪作及出跳中心線皆以單線表示，
7．檐椽頭及飛子頭均用虛線表示之，
8．平綦枋及平綦因涉及小木作制度本圖略而不畫，
柱頭鋪作中線
補間鋪作中線
副階檐柱
殿身檐柱
殿身内柱
殿身角梁後尾
乳栿
四椽栿
闌額
丁栿
蝦須栱
出跳中線
屋内額
翼角佈椽詳見大木作制度圖樣
12.00尺
18.00尺
96.00尺
150.00尺
100 0 100 300 500分
殿身用二等材
副階用三等材

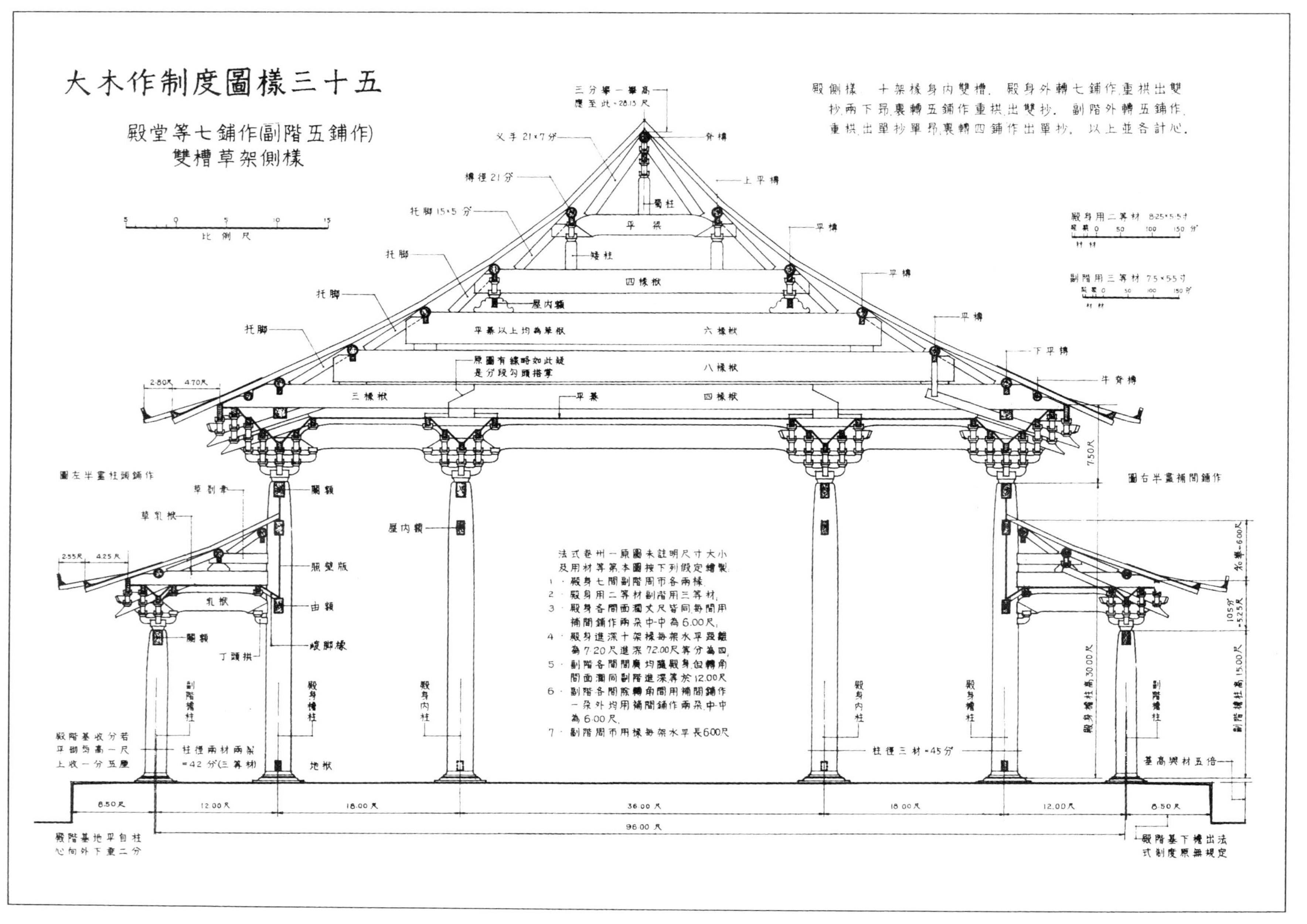

大木作制度圖樣三十五
殿堂等七鋪作(副階五鋪作)
雙槽草架側樣
殿側樣 十架椽身内雙槽，殿身外轉七鋪作，重栱出雙抄，兩下昂，裏轉五鋪作，重栱，出雙抄。副階外轉五鋪作，重栱，出單抄單昂，裏轉四鋪作，出單抄。以上並各計心。
殿身用二等材 8.25×5.5寸
副階用三等材 7.5×5.5寸
比例尺
三分舉一舉高 舉至此=28.15尺
叉手 21×7分
槫徑 21分
托脚 15×5分
托脚
脊槫
上平槫
蜀柱
平梁
駝峰
四椽栿
六椽栿
八椽栿
三椽栿
平槫
下平槫
牛脊槫
平棊
平棊以上均爲草栿
原圖有綫略如此疑是分段勾頭搭掌
屋内額
闌額
由額
照壁版
壓槽方
草乳栿
乳栿
丁頭栱
地栿
殿身檐柱
殿身内柱
副階檐柱
柱徑兩材兩栔=42分(三等材)
柱徑三材=45分
殿身檐柱高30.00尺
副階檐柱高15.00尺
基高與材五倍
圖左半爲柱頭鋪作
圖右半爲補間鋪作
殿階基收分若干卯與高一尺上收一分五釐
殿階基地平自柱心向外下垂二分
殿階基下檐出法式制度原無規定
法式卷卅一原圖未註明尺寸大小及用材等第，本圖按下列假定繪製：
1．殿身七間副階周帀各兩椽。
2．殿身用二等材副階用三等材。
3．殿身各間面濶丈尺皆同，每間用補間鋪作兩朶中-中爲6.00尺。
4．殿身進深十架椽每架水平距離爲7.20尺進深72.00尺等分爲四。
5．副階各間間廣均隨殿身，但轉角間面濶同副階進深等於12.00尺
6．副階各間除轉角間用補間鋪作一朶外均用補間鋪作兩朶，中-中爲6.00尺。
7．副階周帀用椽每架水平長6.00尺
2.80尺
4.70尺
2.55尺
4.25尺
7.50尺
6.00尺
10.5尺
8.50尺
12.00尺
18.00尺
36.00尺
96.00尺

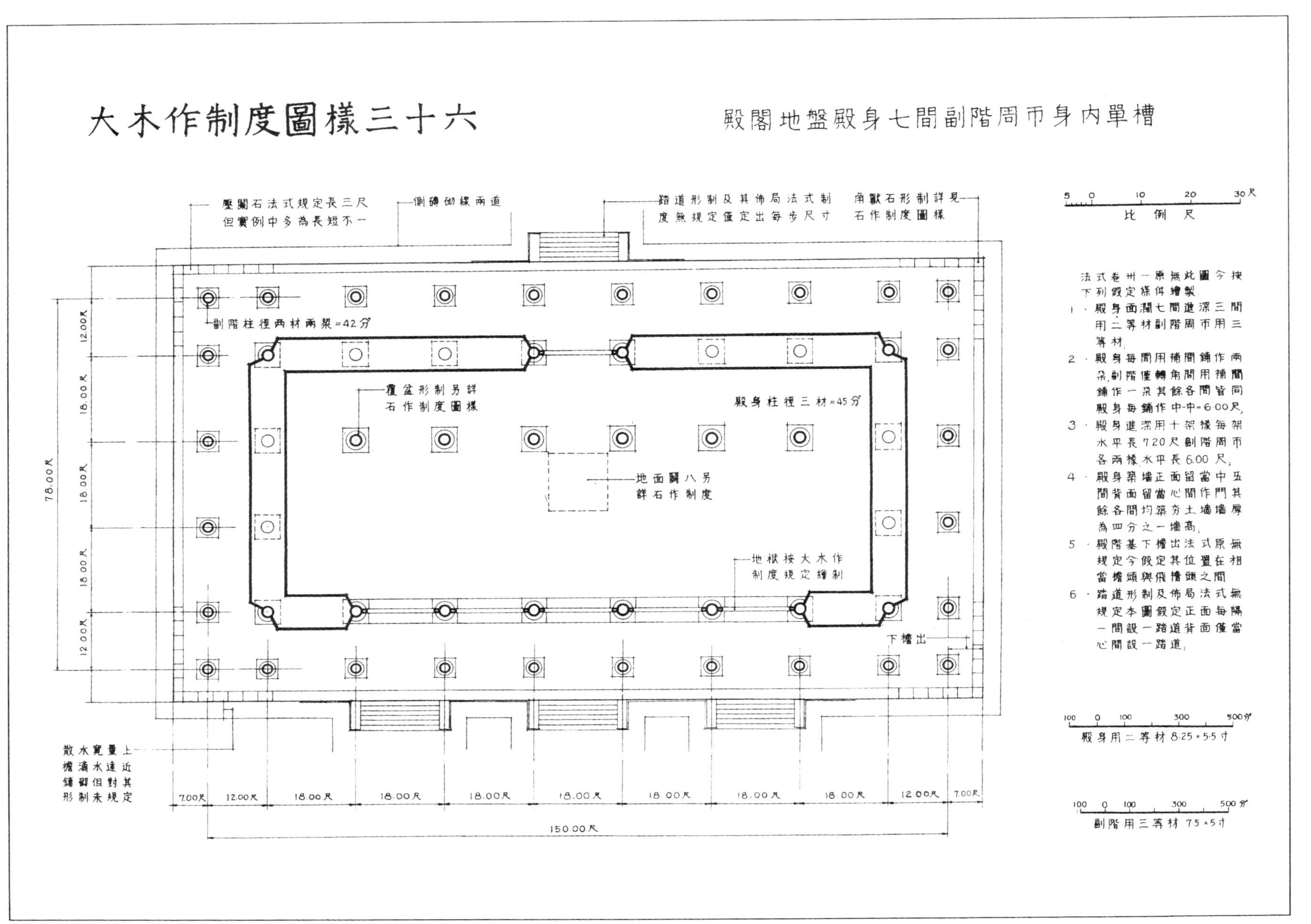
大木作制度圖樣三十六
殿閣地盤殿身七間副階周帀身内單槽
壓闌石法式規定長三尺
但實例中多為長短不一
側礶砌線兩道
踏道形制及其佈局法式制
度無規定僅定出每步尺寸
角獸石形制詳見
石作制度圖樣
比例尺
5 0 10 20 30尺
副階柱徑兩材兩栔=42分
覆盆形制另詳
石作制度圖樣
殿身柱徑三材=45分
地面闘八另
詳石作制度
地栿按大木作
制度規定繪制
下檐出
散水寬量上
檐滴水遠近
鋪砌但對其
形制未規定
7.00尺
12.00尺
18.00尺
18.00尺
18.00尺
18.00尺
18.00尺
18.00尺
18.00尺
12.00尺
7.00尺
150.00尺
78.00尺
法式卷卅一原無此圖今按
下列假定條件繪製
1．殿身面闊七間進深三間
用二等材副階周帀用三
等材
2．殿身每間用補間鋪作兩
朶，副階僅轉角間用補間
鋪作一朶其餘各間皆同
殿身每鋪作中-中=6.00尺，
3．殿身進深用十架椽每架
水平長7.20尺副階周帀
各兩椽水平長6.00尺，
4．殿身築墻正面留當中五
間背面留當心間作門其
餘各間均築夯土墻墻厚
為四分之一墻高，
5．殿階基下檐出法式原無
規定今假定其位置在相
當檐頭與飛檐頭之間
6．踏道形制及佈局法式無
規定本圖假定正面每隔
一間設一踏道背面僅當
心間設一踏道，
100 0 100 300 500分
殿身用二等材 8.25×5.5寸
100 0 100 300 500分
副階用三等材 7.5×5寸

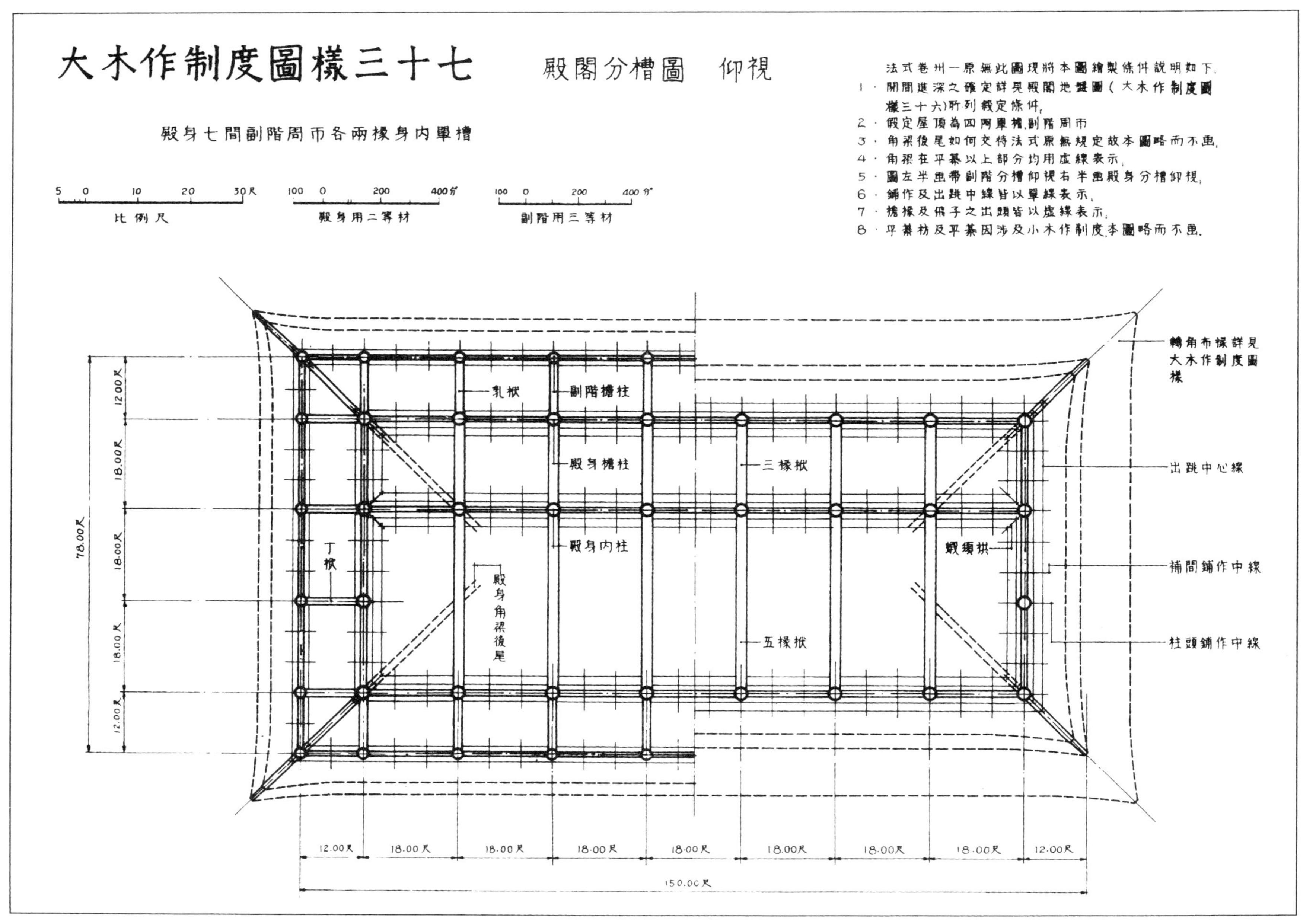

大木作制度圖樣三十七
殿閣分槽圖 仰視
殿身七間副階周帀各兩椽身內單槽
法式卷卅一原無此圖現將本圖繪製條件說明如下.
1. 開間進深之確定詳見殿閣地盤圖(大木作制度圖樣三十六)所列假定條件.
2. 假定屋頂爲四阿單檐.副階周帀
3. 角梁後尾如何交待法式原無規定故本圖略而不畫.
4. 角梁在平棊以上部分均用虛線表示.
5. 圖左半畫帶副階分槽仰視右半畫殿身分槽仰視.
6. 鋪作及出跳中線皆以單線表示.
7. 檐椽及飛子之出頭皆以虛線表示.
8. 平棊枋及平棊因涉及小木作制度本圖略而不畫.
5 0 10 20 30尺
比例尺
100 0 200 400分°
殿身用二等材
100 0 200 400分°
副階用三等材
乳栿
副階檐柱
殿身檐柱
殿身內柱
三椽栿
五椽栿
丁栿
殿身角梁後尾
闌額栱
轉角布椽詳見大木作制度圖樣
出跳中心線
補間鋪作中線
柱頭鋪作中線
12.00尺
18.00尺
78.00尺
150.00尺

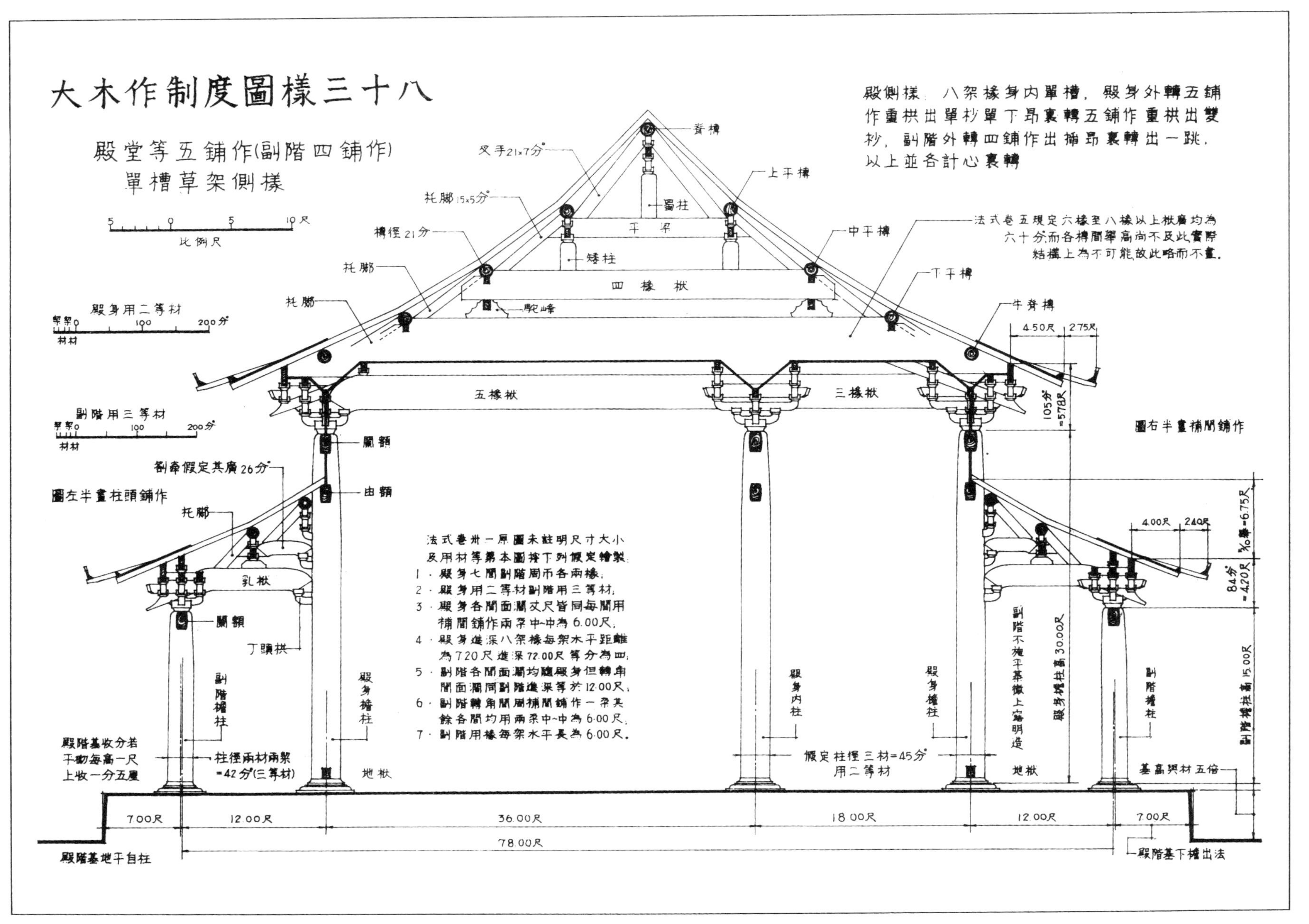
大木作制度圖樣三十八
殿堂等五鋪作(副階四鋪作)
單槽草架側樣
比例尺
殿側樣：八架椽身内單槽，殿身外轉五鋪作重拱出單杪單下昂裏轉五鋪作重拱出雙杪，副階外轉四鋪作出插昂裏轉出一跳，以上並各計心裏轉
法式卷五規定六椽至八椽以上栿廣均為六十分而各槫間舉高尚不及此實際結構上為不可能故此略而不畫
脊槫
上平槫
中平槫
下平槫
牛脊槫
叉手21×7分
托脚15×5分
槫徑21分
托脚
蜀柱
平梁
矮柱
四椽栿
駝峰
五椽栿
三椽栿
乳栿
丁頭栱
闌額
由額
殿身用二等材
副階用三等材
劄牽假定其廣26分
圖左半畫柱頭鋪作
圖右半畫補間鋪作
法式卷卅一原圖未註明尺寸大小及用材等第本圖據下列假定繪製
1．殿身七間副階周帀各兩椽；
2．殿身用二等材副階用三等材；
3．殿身各間面濶丈尺皆同每間用補間鋪作兩朶中~中為6.00尺；
4．殿身進深八架椽每架水平距離為7.20尺進深72.00尺等分為四；
5．副階各間面濶均隨殿身但轉角間面濶同副階進深等於12.00尺；
6．副階轉角間用補間鋪作一朶其餘各間均用兩朶中~中為6.00尺；
7．副階用椽每架水平長為6.00尺。
副階檐柱
殿身檐柱
殿身内柱
副階不施平棊徹上露明造
殿身檐柱高30.00尺
副階檐柱高15.00尺
殿階基收分若干劫每高一尺上收一分五釐
柱徑兩材兩栔=42分(三等材)
假定柱徑三材=45分用二等材
地栿
基高與材五倍
殿階基地平自柱
殿階基下檐出法
4.50尺
2.75尺
105分=5.78尺
4.00尺
2.40尺
84分=4.20尺
%o舉=6.75尺
7.00尺
12.00尺
36.00尺
18.00尺
78.00尺

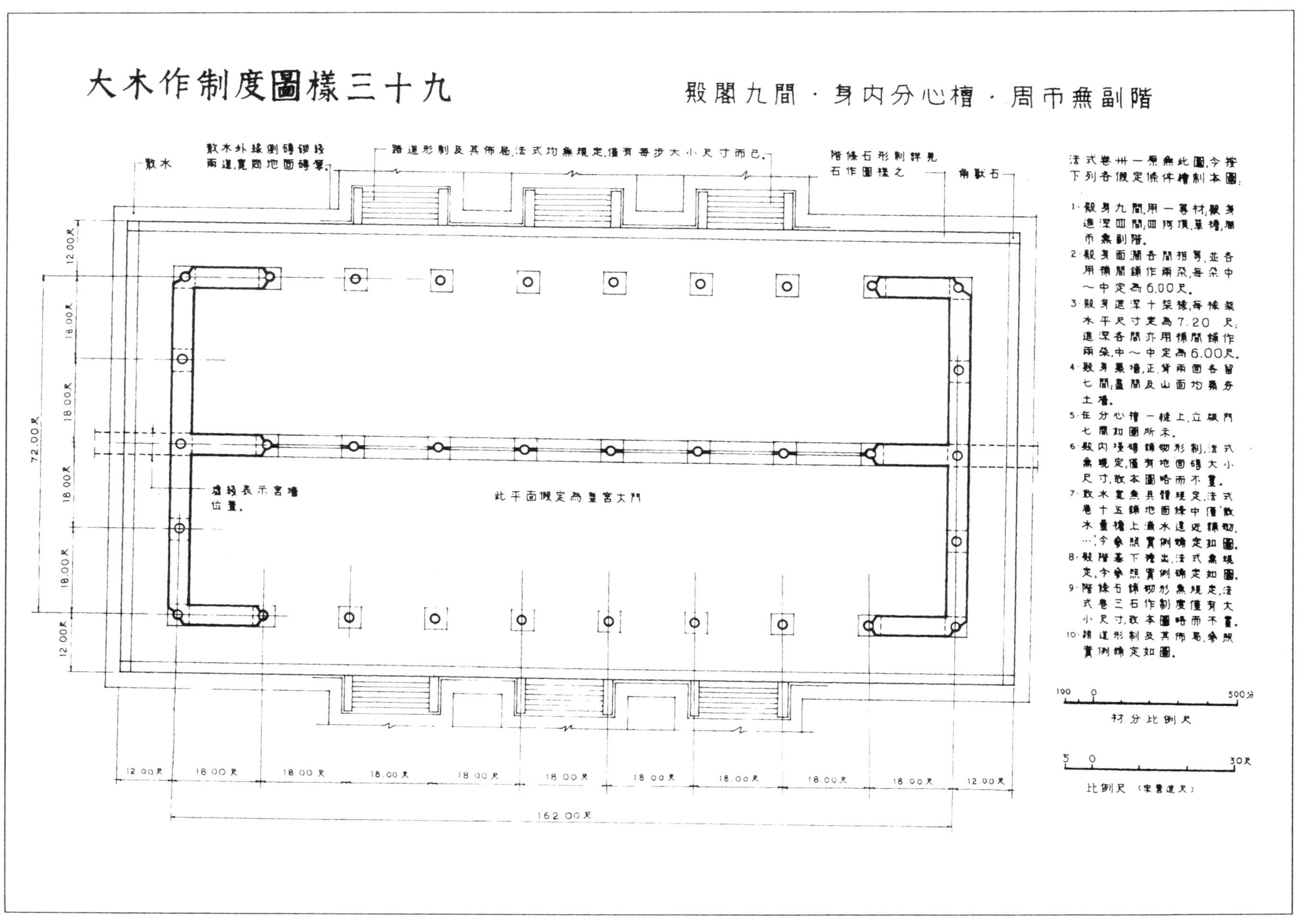
大木作制度圖樣三十九
殿閣九間·身內分心槽·周帀無副階
散水
散水外線側磚鋤投兩道,寬同地面磚寬。
踏道形制及其佈局,法式均無規定,僅有每步大小尺寸而已。
階條石形制詳見石作圖樣之
角獸石
虛線表示宮墻位置。
此平面假定為皇宮大門
12.00尺
18.00尺
72.00尺
162.00尺
法式卷卅一原無此圖,今按下列各假定條件繪制本圖:
1. 殿身九間,用一等材;殿身進深四間;四阿頂,單檐,周帀無副階。
2. 殿身面濶各間相等,並各用補間鋪作兩朶,每朶中～中定為6.00尺。
3. 殿身進深十架椽,每椽架水平尺寸定為7.20尺;進深各間亦用補間鋪作兩朶,中～中定為6.00尺。
4. 殿身築墻,正、背兩面各留七間;盡間及山面均築夯土墻。
5. 在分心槽一縫上,立版門七扇如圖所示。
6. 殿內墁磚鋪砌形制,法式無規定,僅有地面磚大小尺寸,故本圖略而不畫。
7. 散水寬無具體規定,法式卷十五鋪地面條中僅"散水量檐上滴水遠近鋪砌……",今參照實例擬定如圖。
8. 殿階基下檐出,法式無規定,今參照實例擬定如圖。
9. 階條石鋪砌形無規定,法式卷三石作制度僅有大小尺寸,故本圖略而不畫。
10. 踏道形制及其佈局,參照實例擬定如圖。
100 0 500分
材分比例尺
5 0 30尺
比例尺(宋營造尺)

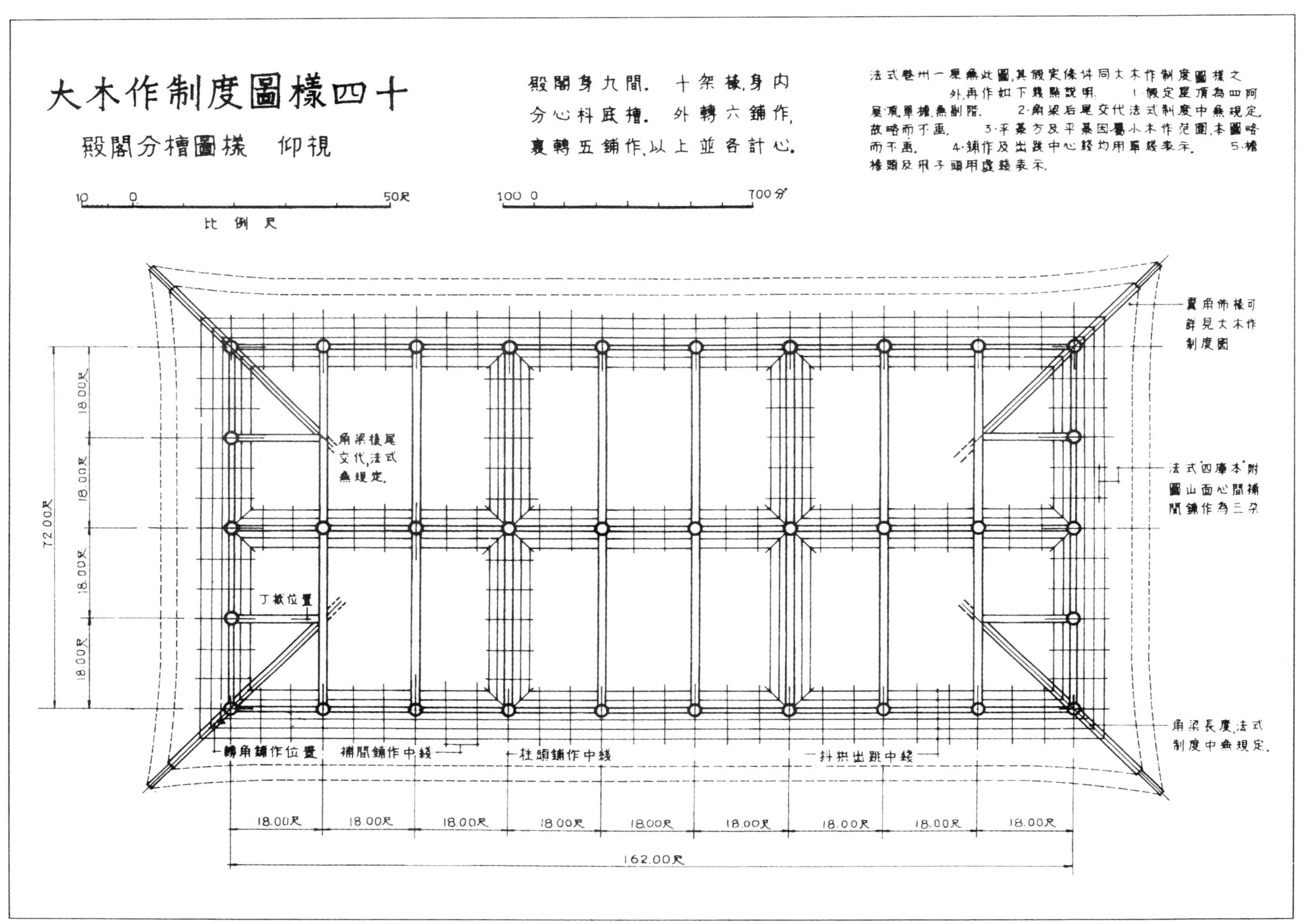

大木作制度圖樣四十
殿閣分槽圖樣 仰視
殿閣身九間. 十架椽,身内
分心枓底槽. 外轉六鋪作,
裏轉五鋪作,以上並各計心.
法式卷卅一原無此圖,其假定條件同大木作制度圖樣之外,再作如下幾點説明. 1.假定屋頂為四阿屋頂,單檐,無副階. 2.角梁后尾交代法式制度中無規定,故略而不畫. 3.平棊方及平棊因屬小木作范圍,本圖略而不畫. 4.鋪作及出跳中心綫均用單綫表示. 5.檐椽頭及飛子頭用虛綫表示.
10 0 50尺
比例尺
100 0 700分
翼角佈椽可詳見大木作制度圖
法式四庫本附圖山面心間補間鋪作為三朵
角梁長度,法式制度中無規定.
角梁後尾交代,法式無規定.
丁栿位置
轉角鋪作位置
補間鋪作中綫
柱頭鋪作中綫
枓栱出跳中綫
18.00尺
18.00尺
18.00尺
18.00尺
18.00尺
18.00尺
18.00尺
18.00尺
18.00尺
162.00尺
18.00尺
18.00尺
18.00尺
18.00尺
72.00尺

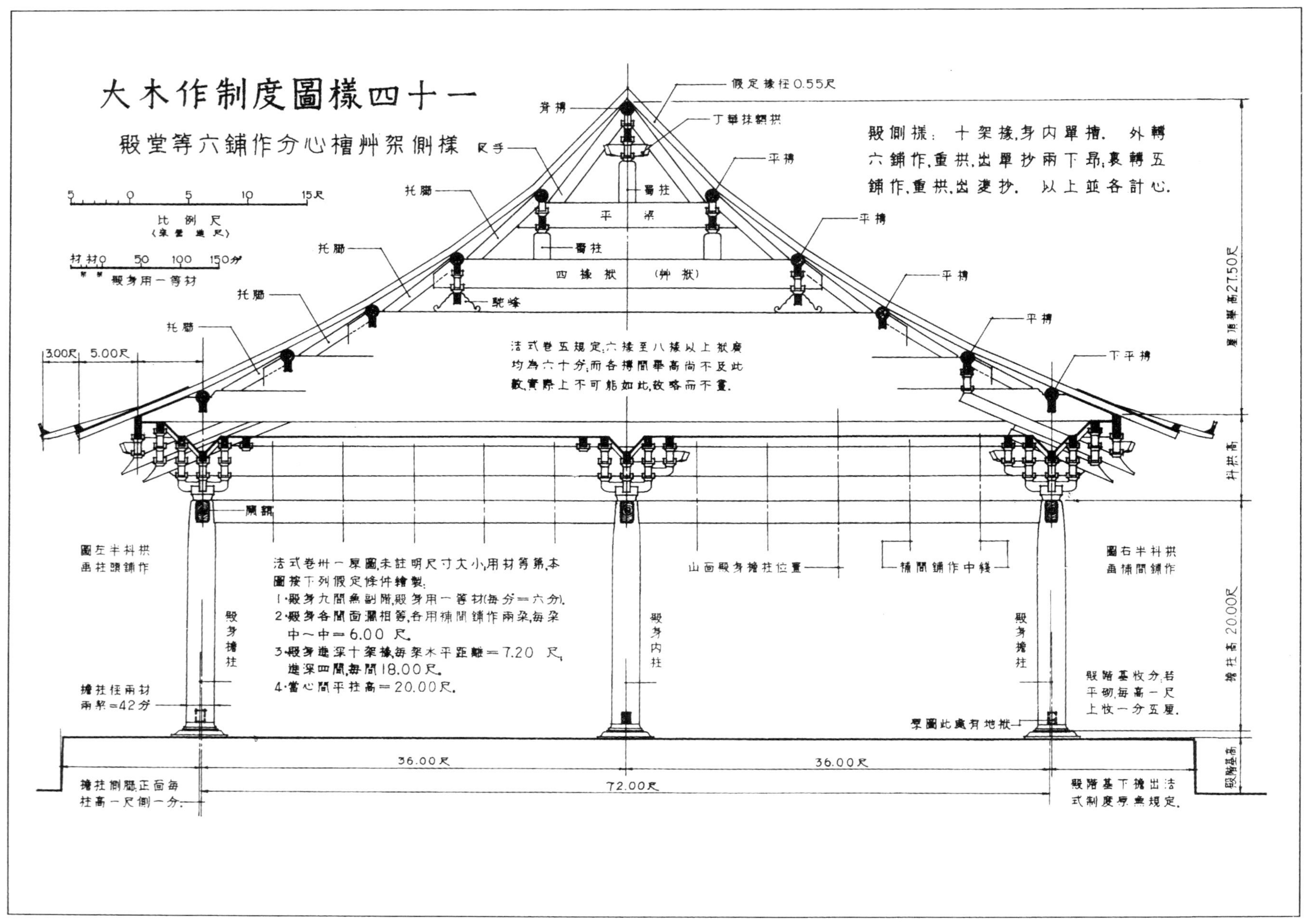

大木作制度圖樣四十一
殿堂等六鋪作分心槽艸架側樣
比例尺
（營造尺）
材分
殿身用一等材
殿側樣：十架椽，身内單槽。外轉六鋪作，重栱，出單抄兩下昂；裏轉五鋪作，重栱，出兩抄。以上並各計心。
假定椽徑0.55尺
脊槫
丁華抹頦栱
叉手
平槫
蜀柱
平梁
托脚
四椽栿（艸栿）
駝峰
下平槫
3.00尺
5.00尺
法式卷五規定：六椽至八椽以上栿廣均為六十分；而各槫間舉高尚不及此數，實際上不可能如此，故略而不畫。
屋頂舉高27.50尺
斗栱高
檐柱高20.00尺
殿階基高
闌額
圖左半科栱為柱頭鋪作
圖右半科栱為補間鋪作
法式卷卅一原圖，未註明尺寸大小，用材等第，本圖按下列假定條件繪製：
1.殿身九間無副階，殿身用一等材（每分＝六分）。
2.殿身各間面濶相等，各用補間鋪作兩朵，每朵中～中＝6.00尺。
3.殿身進深十架椽，每架水平距離＝7.20尺，進深四間，每間18.00尺。
4.當心間平柱高＝20.00尺。
山面殿身檐柱位置
補間鋪作中綫
殿身檐柱
殿身内柱
檐柱徑兩材兩栔＝42分
殿階基收分，若平砌，每高一尺上收一分五厘。
原圖此處有地栿
36.00尺
72.00尺
檐柱側腳正面每柱高一尺側一分
殿階基下檐出法式制度原無規定。

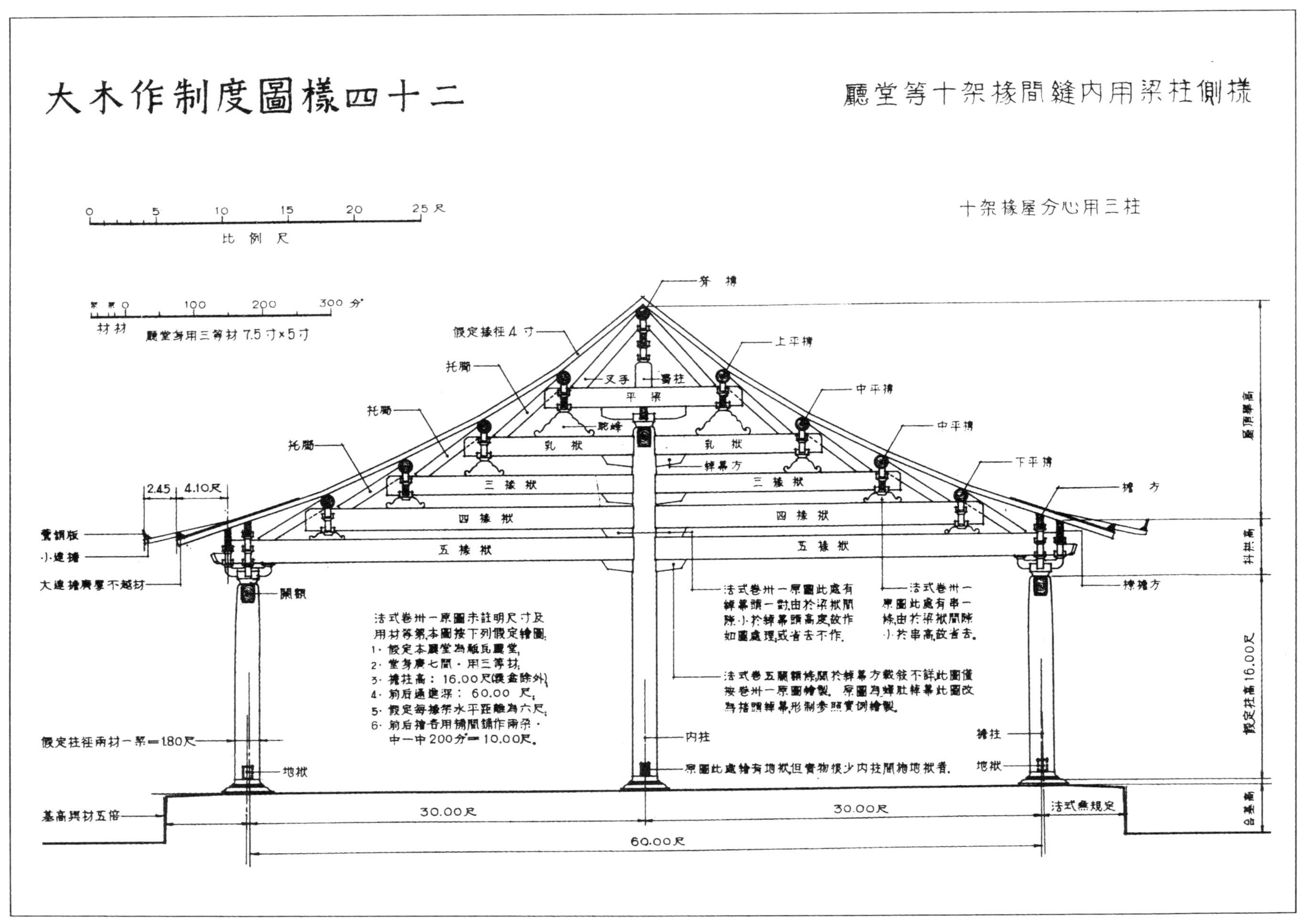

大木作制度圖樣四十二
廳堂等十架椽間縫内用梁柱側樣
十架椽屋分心用三柱
0 5 10 15 20 25尺
比例尺
0 100 200 300分°
材 材
廳堂身用三等材 7.5寸×5寸
脊槫
上平槫
中平槫
中平槫
下平槫
撩方
假定椽徑4寸
托脚
托脚
托脚
叉手
蜀柱
平梁
駝峰
乳栿
乳栿
襻間方
三椽栿
三椽栿
四椽栿
四椽栿
五椽栿
五椽栿
2.45
4.10尺
飛子
小連檐
大連檐廣厚不越材
闌額
法式卷卅一原圖未註明尺寸及用材等第,本圖按下列假定繪圖:
1、假定本廳堂為瓶瓦廳堂,
2、堂身廣七間,用三等材,
3、檐柱高:16.00尺(鋪作除外),
4、前后通進深:60.00尺,
5、假定每椽架水平距離為六尺,
6、前后檐各用補間鋪作兩朵,中-中200分=10.00尺。
法式卷卅一原圖此處有襻幕頭一對,由於梁栿間隙小,於襻幕頭高度故作如圖處理,或省去不作。
法式卷卅一原圖此處有串一條,由於梁栿間隙小,於串高,故省去。
法式卷五闌額條關於襻幕方敘發不詳,此圖僅按卷卅一原圖繪製。原圖為蟬肚襻幕,此圖改為楷頭襻幕,形制參照實例繪製。
橑檐方
假定柱高16.00尺
假定柱徑兩材一栔=1.80尺
內柱
檐柱
地栿
地栿
原圖此處繪有地栿,但實物很少內柱間施地栿者。
基高與材五倍
法式無規定
30.00尺
30.00尺
60.00尺

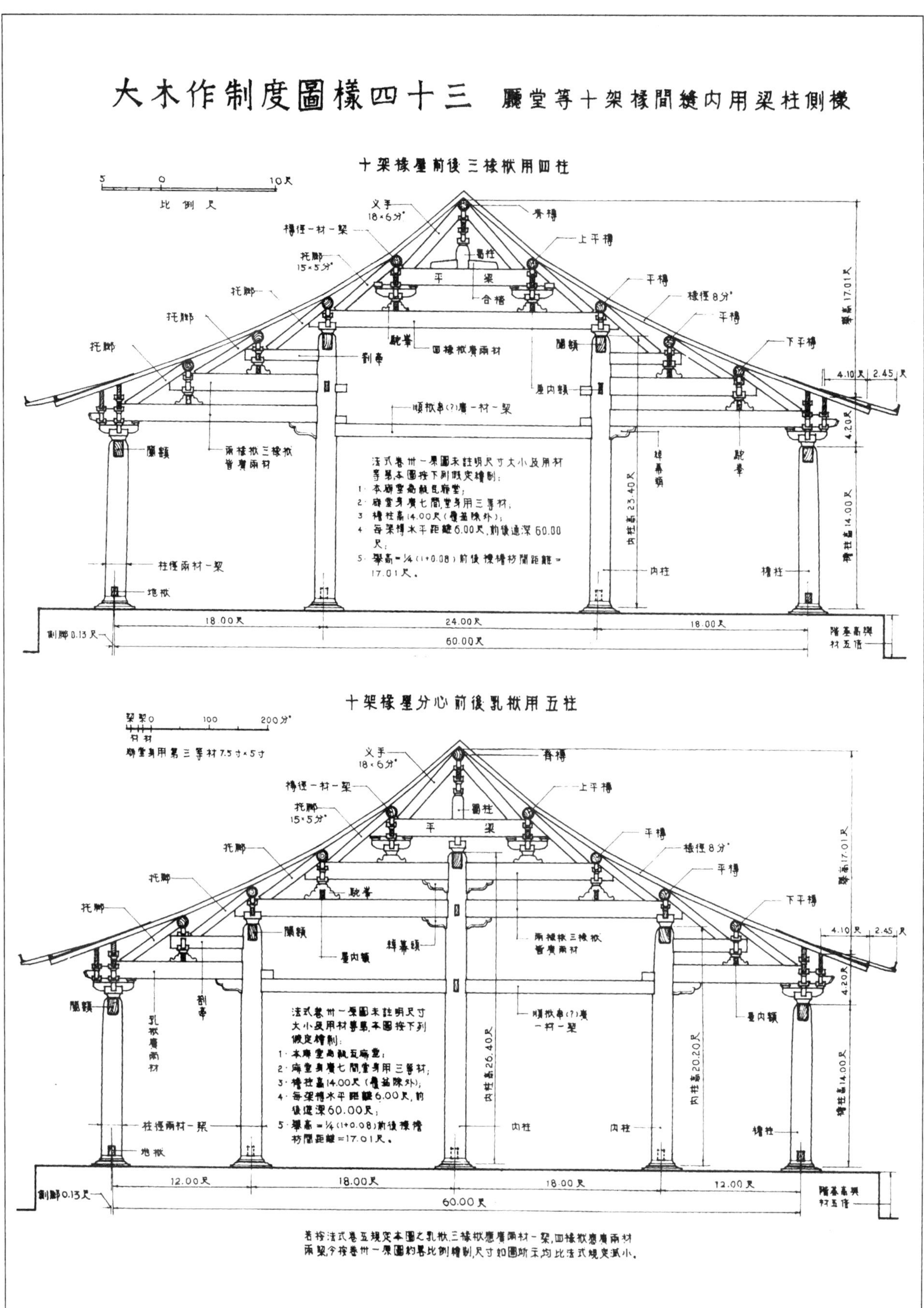

大木作制度圖樣四十三　廳堂等十架椽間縫内用梁柱側樣
十架椽屋前後三椽栿用四柱
5 0 10尺
比例尺
叉手 18×6分°
脊槫
槫徑一材一栔
上平槫
托脚 15×5分°
蜀柱
平梁
合楷
托脚
平槫
椽徑8分°
平槫
駝峯
四椽栿廣兩材
闌額
下平槫
劄牽
屋内額
4.10尺
2.45尺
順栿串(?)廣一材一栔
4.20尺
兩椽栿三椽栿皆廣兩材
襻間
駝峯
舉高17.01尺
内柱高23.40尺
檐柱高14.00尺
法式卷卅一原圖未註明尺寸大小及用材等第,本圖按下列假定繪制:
1. 本廳堂爲殿瓦廳堂;
2. 廳堂身廣七間,堂身用三等材;
3. 檐柱高14.00尺(櫨斗除外);
4. 每架槫水平距離6.00尺,前後通深60.00尺;
5. 舉高=¼(1+0.08)前後橑檐枋間距離=17.01尺。
柱徑兩材一栔
内柱
檐柱
地栿
18.00尺
24.00尺
18.00尺
側脚0.13尺
60.00尺
階基高與材五倍
十架椽屋分心前後乳栿用五柱
栔 栔 0 100 200分°
分 材
廳堂身用第三等材7.5寸×5寸
叉手 18×6分°
脊槫
槫徑一材一栔
上平槫
托脚 15×5分°
蜀柱
平梁
托脚
平槫
托脚
椽徑8分°
平槫
駝峯
托脚
下平槫
闌額
襻間
兩椽栿三椽栿皆廣兩材
4.10尺
2.45尺
屋内額
4.20尺
闌額
劄牽
順栿串(?)廣一材一栔
屋内額
乳栿廣兩材
内柱高26.40尺
内柱高20.20尺
檐柱高14.00尺
舉高17.01尺
法式卷卅一原圖未註明尺寸大小及用材等第,本圖按下列假定繪制:
1. 本廳堂爲殿瓦廳堂;
2. 廳堂身廣七間,堂身用三等材;
3. 檐柱高14.00尺(櫨斗除外);
4. 每架槫水平距離6.00尺,前後通深60.00尺;
5. 舉高=¼(1+0.08)前後橑檐枋間距離=17.01尺。
柱徑兩材一栔
内柱
内柱
檐柱
地栿
12.00尺
18.00尺
18.00尺
12.00尺
側脚0.13尺
60.00尺
階基高與材五倍
若按法式卷五規定本圖之乳栿,三椽栿應廣兩材一栔,四椽栿應廣兩材兩栔,今按卷卅一原圖約略比例繪制,尺寸如圖所示均比法式規定減小。

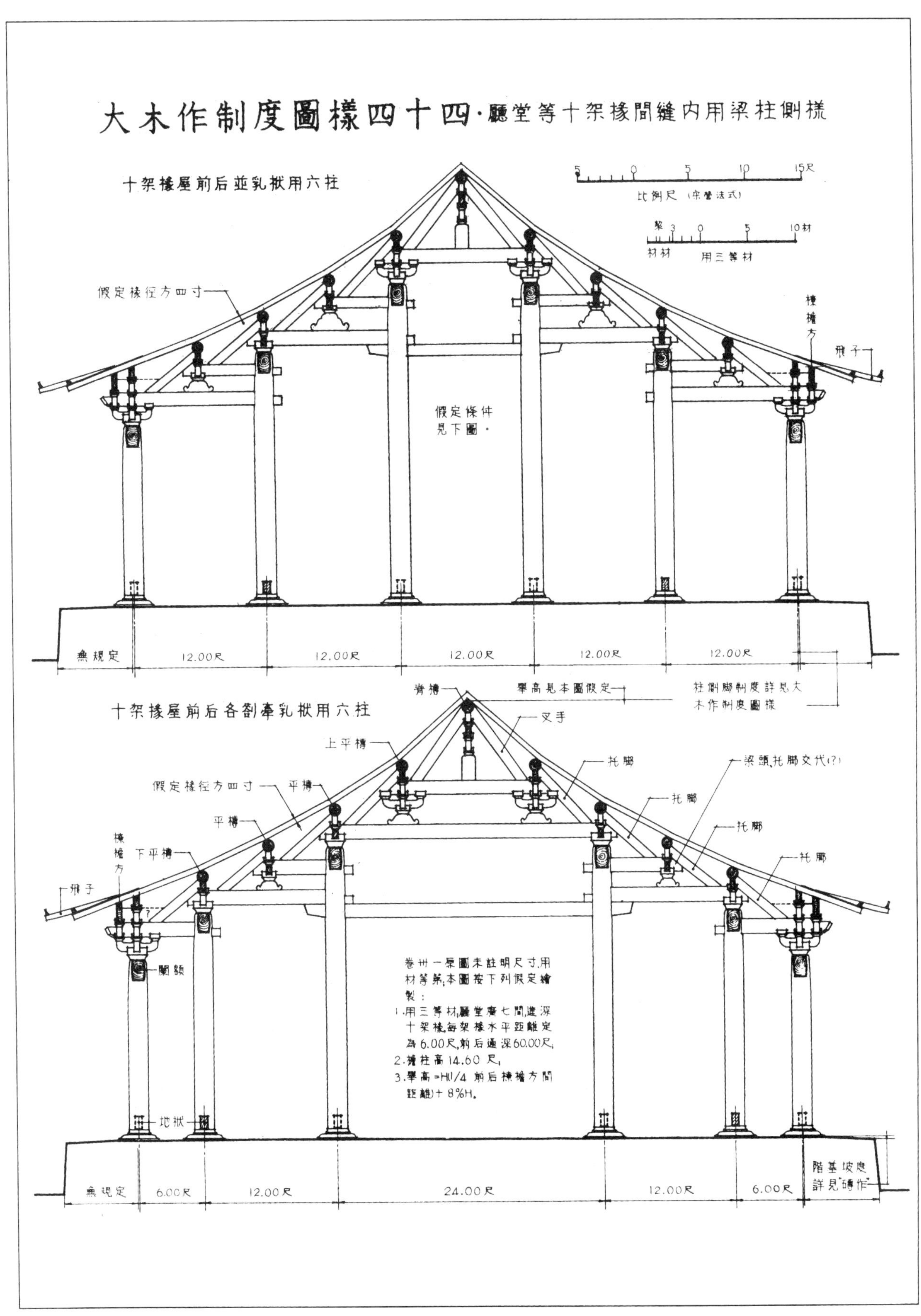

大木作制度圖樣四十四·廳堂等十架椽間縫内用梁柱側樣
十架椽屋前后並乳栿用六柱
5 0 5 10 15尺
比例尺（宋營造法式）
架 3 0 5 10材
材材 用三等材
假定椽徑方四寸
橑檐方
飛子
假定條件見下圖·
無規定
12.00尺
12.00尺
12.00尺
12.00尺
12.00尺
脊槫
舉高見本圖假定
柱側腳制度詳見大木作制度圖樣
十架椽屋前后各劄牽乳栿用六柱
叉手
上平槫
托腳
梁頭,托腳文代(?)
假定椽徑方四寸
平槫
托腳
平槫
托腳
橑檐方
下平槫
托腳
飛子
闌額
卷卅一原圖未註明尺寸,用材等第;本圖按下列假定繪製：
1.用三等材,廳堂廣七間,進深十架椽,每架椽水平距離定為6.00尺,前后通深60.00尺;
2.檐柱高14.60尺,
3.舉高=H(1/4前后橑檐方間距離)+8%H。
地栿
無規定
6.00尺
12.00尺
24.00尺
12.00尺
6.00尺
階基坡度詳見"磚作"

大木作制度圖樣四十五

廳堂等八架椽間縫内用梁柱側樣

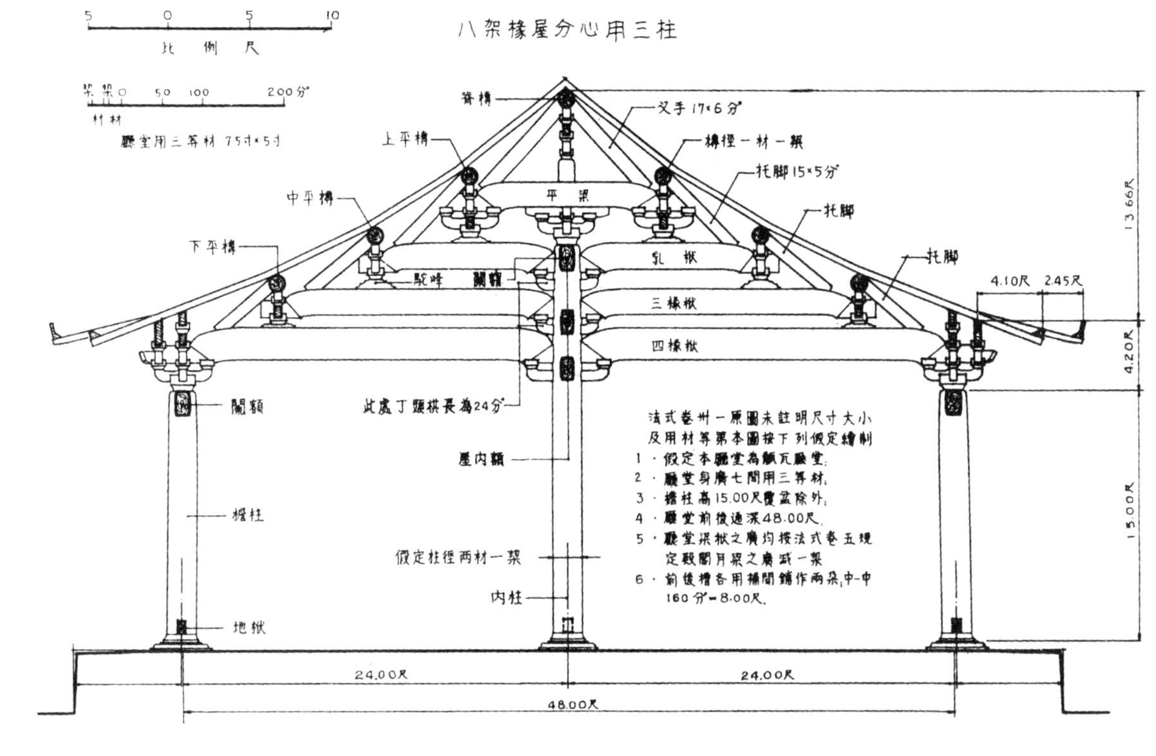

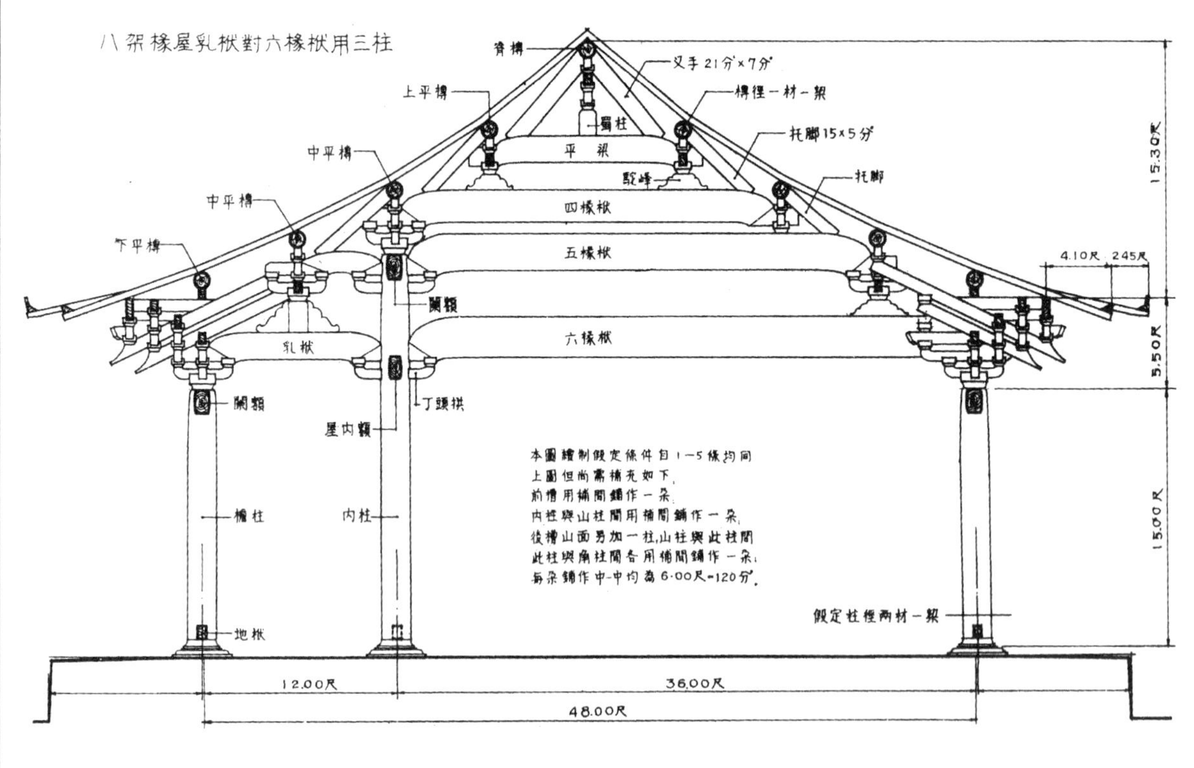

大木作制度圖樣四十六

廳堂等八架椽間
縫内用梁柱側樣

八架椽屋前後乳栿用四柱

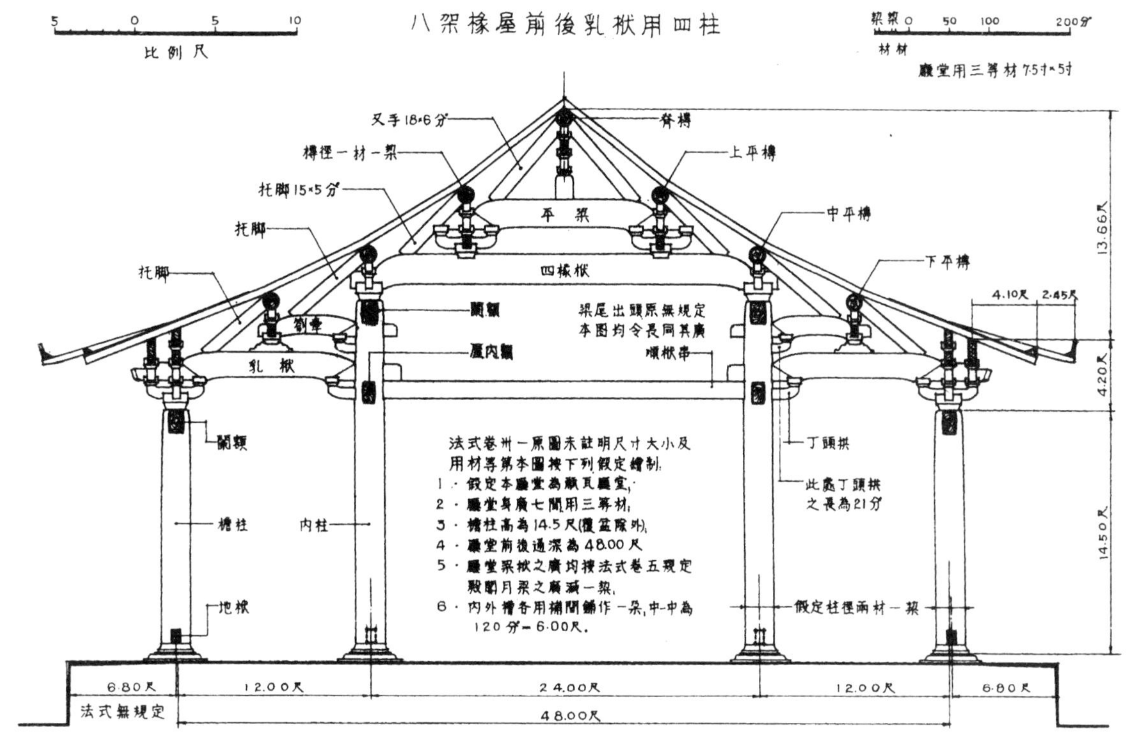

八架椽屋前後三椽栿用四柱

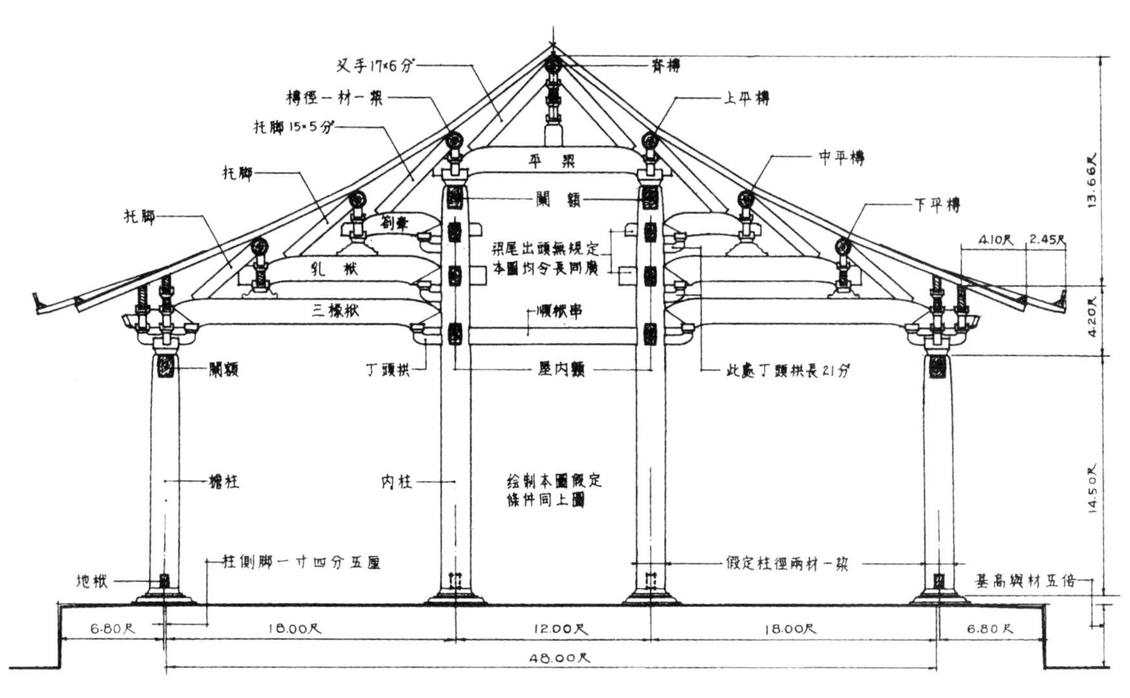

大木作制度圖樣四十七　廳堂等八架椽間縫内用梁柱側樣

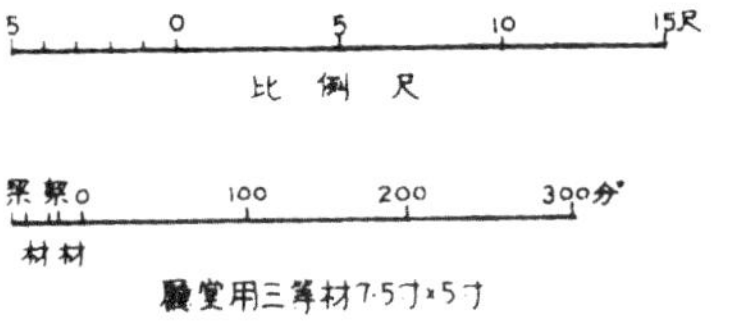

法式卷卅一原圖未註明尺寸大小及用材等第本圖按下列假定繪制

1. 假定本廳堂為瓪瓦廳堂.
2. 廳堂身廣七間用三等材.
3. 檐柱高見下圖所註尺寸.
4. 廳堂前後通深48.00尺.
5. 廳堂梁栿之廣均按法式卷五規定殿閣月梁之廣減一絜.
6. 廳堂各檐槫間鋪作分佈詳見圖註.

5　0　5　10　15尺

比例尺

絜栔 0　100　200　300分°

材材

廳堂用三等材7.5寸×5寸

八架椽屋分心乳栿用五柱

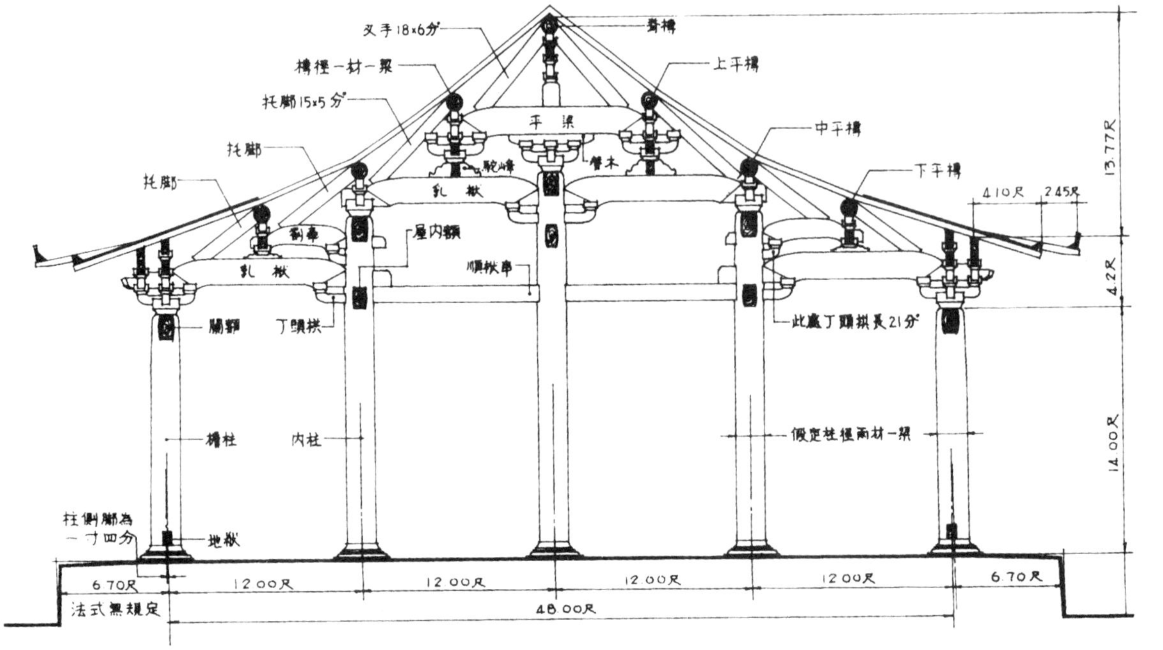

叉手18×6分°　脊槫　槫徑一材一絜　上平槫　托腳15×5分°　平梁　托腳　駝峰　蜀柱　中平槫　托腳　乳栿　下平槫　劄牽　屋内額　順栿串　4.10尺　2.45尺　13.77尺　4.2尺　乳栿　闌額　丁頭栱　此處丁頭栱長21分°　檐柱　内柱　假定柱徑兩材一絜　14.00尺　柱側腳為一寸四分　地栿

6.70尺　12.00尺　12.00尺　12.00尺　12.00尺　6.70尺

法式無規定　48.00尺

八架椽屋前後劄牽用六柱

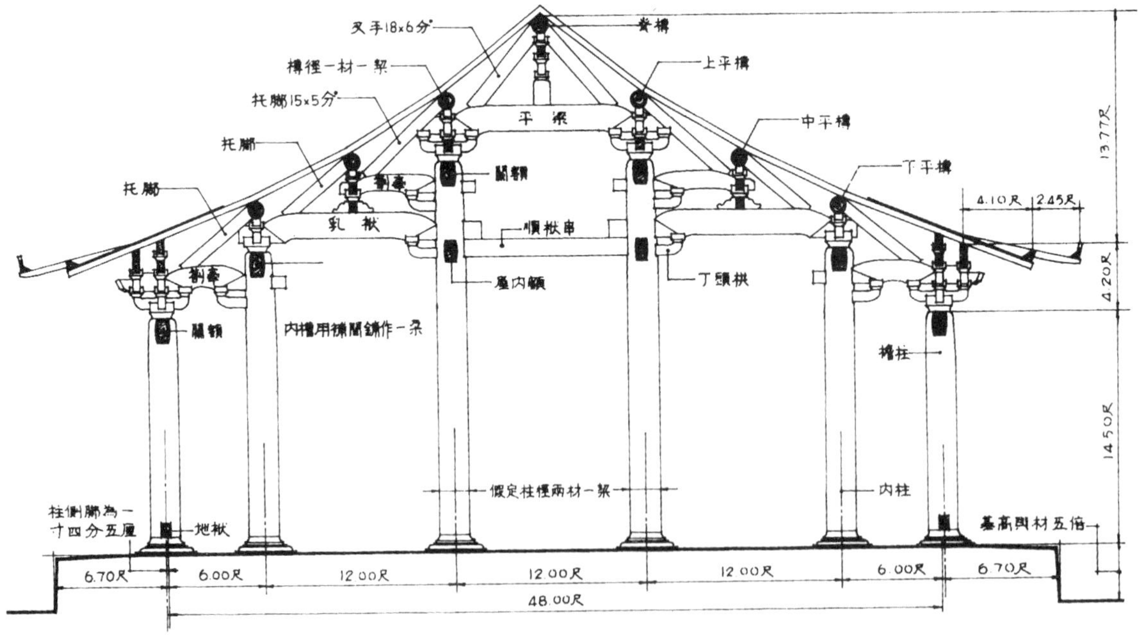

叉手18×6分°　脊槫　槫徑一材一絜　上平槫　托腳15×5分°　平梁　中平槫　托腳　劄牽　闌額　下平槫　托腳　乳栿　順栿串　4.10尺　2.45尺　13.77尺　劄牽　屋内額　丁頭栱　4.20尺　闌額　内檐用補間鋪作一朵　檐柱　14.50尺　假定柱徑兩材一絜　内柱　柱側腳為一寸四分五厘　地栿　基高與材五倍

6.70尺　6.00尺　12.00尺　12.00尺　12.00尺　6.00尺　6.70尺

48.00尺

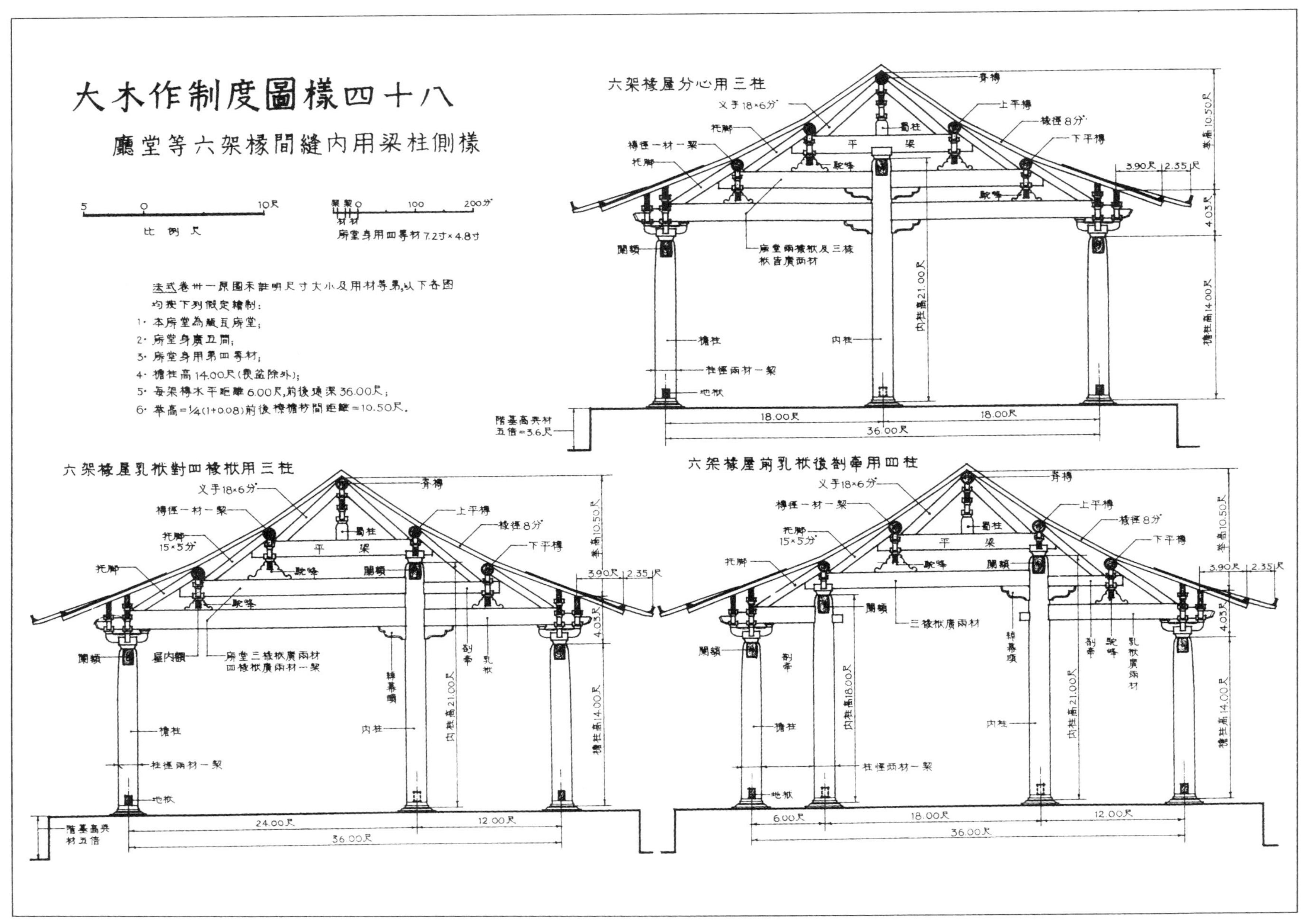

大木作制度圖樣四十八
廳堂等六架椽間縫内用梁柱側樣
比例尺
5 0 10尺
絜 絜 0 100 200分°
材 材
廳堂身用四等材 7.2寸×4.8寸
法式卷卅一原圖未註明尺寸大小及用材等第,以下各圖均按下列假定繪制:
1· 本廳堂為廈兩廳堂;
2· 廳堂身廣五間;
3· 廳堂身用第四等材;
4· 檐柱高14.00尺(櫍盆除外);
5· 每架槫水平距離6.00尺,前後進深36.00尺;
6· 舉高=1/4(1+0.08)前後橑檐枋間距離=10.50尺.
六架椽屋分心用三柱
六架椽屋乳栿對四椽栿用三柱
六架椽屋前乳栿後劄牽用四柱
脊槫
上平槫
下平槫
叉手18×6分
椽徑8分
托脚
托脚 15×5分
槫徑一材一栔
蜀柱
平梁
駝峰
闌額
檐柱
内柱
地栿
柱徑兩材一栔
順栿串
劄牽
乳栿
屋内額
檐柱高14.00尺
内柱高21.00尺
内柱高18.00尺
舉高10.50尺
3.90尺
2.35尺
4.03尺
18.00尺
12.00尺
24.00尺
6.00尺
36.00尺
階基高共材五倍=3.6尺

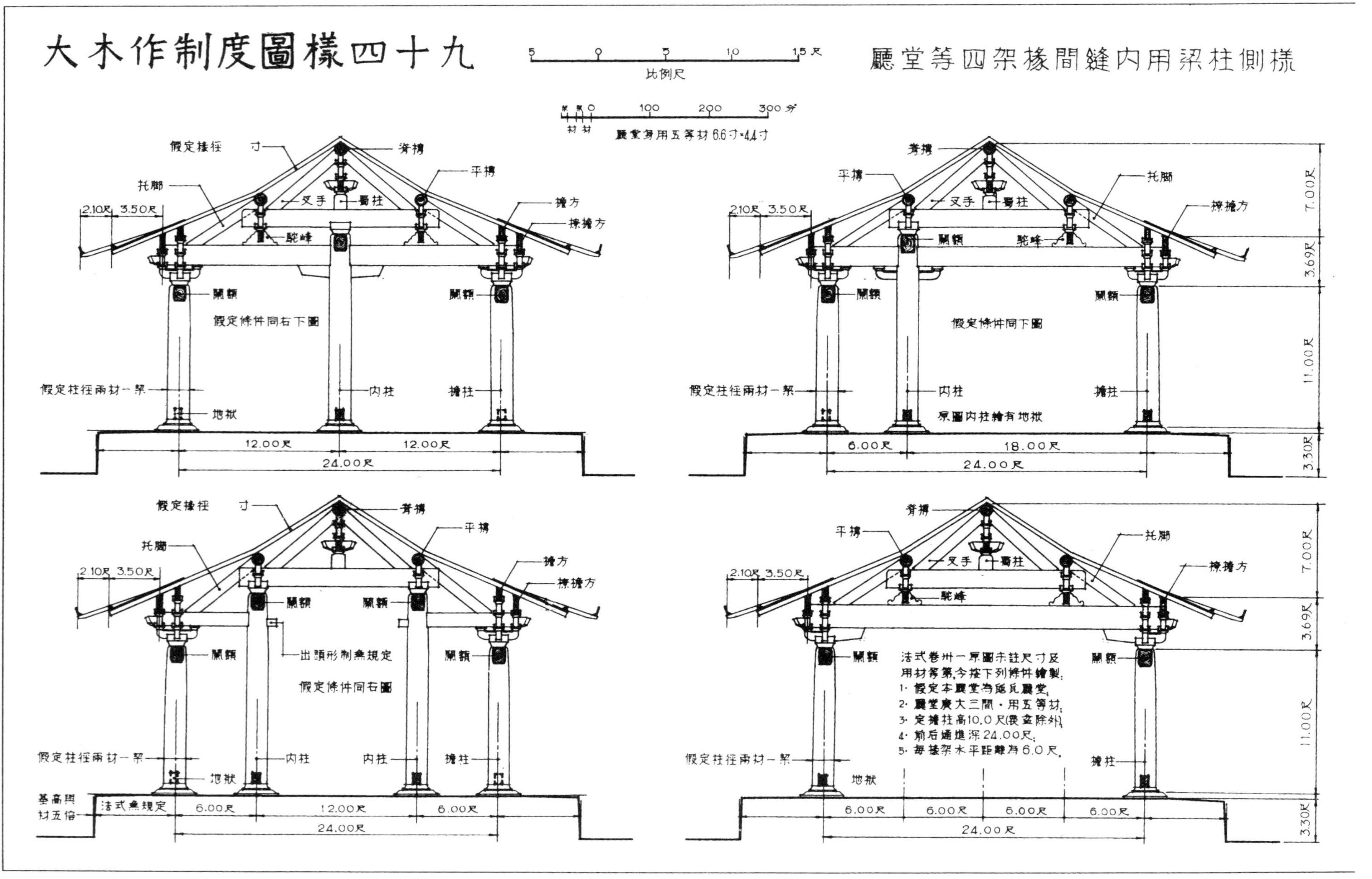

大木作制度圖樣四十九
廳堂等四架椽間縫内用梁柱側樣
比例尺
5 0 5 10 15尺
栔 材 0 100 200 300分
廳堂等用五等材6.6寸×4.4寸
假定椽徑 寸
脊槫
平槫
托脚
叉手
蜀柱
駝峰
檐方
撩檐方
闌額
假定條件同右下圖
假定條件同下圖
假定條件同右圖
出頭形制無規定
假定柱徑兩材一栔
内柱
檐柱
地栿
原圖内柱繪有地栿
基高與材五倍
法式無規定
2.10尺 3.50尺
12.00尺 12.00尺
24.00尺
6.00尺 18.00尺
6.00尺 12.00尺 6.00尺
6.00尺 6.00尺 6.00尺 6.00尺
7.00尺
3.69尺
11.00尺
3.30尺
法式卷卅一原圖未註尺寸及用材等第，今按下列條件繪製：
1. 假定本廳堂為懸山廳堂；
2. 廳堂廣大三間，用五等材；
3. 定檐柱高10.0尺(櫍盆除外)；
4. 前后通進深24.00尺；
5. 每椽架水平距離為6.0尺。

附録四　小木作制度圖様

（據《營造法式》“小木作制度”，并參照《梁思成全集》第七卷附圖[①]、《營造法式》卷第三十二“小木作制度圖樣”附圖自繪）

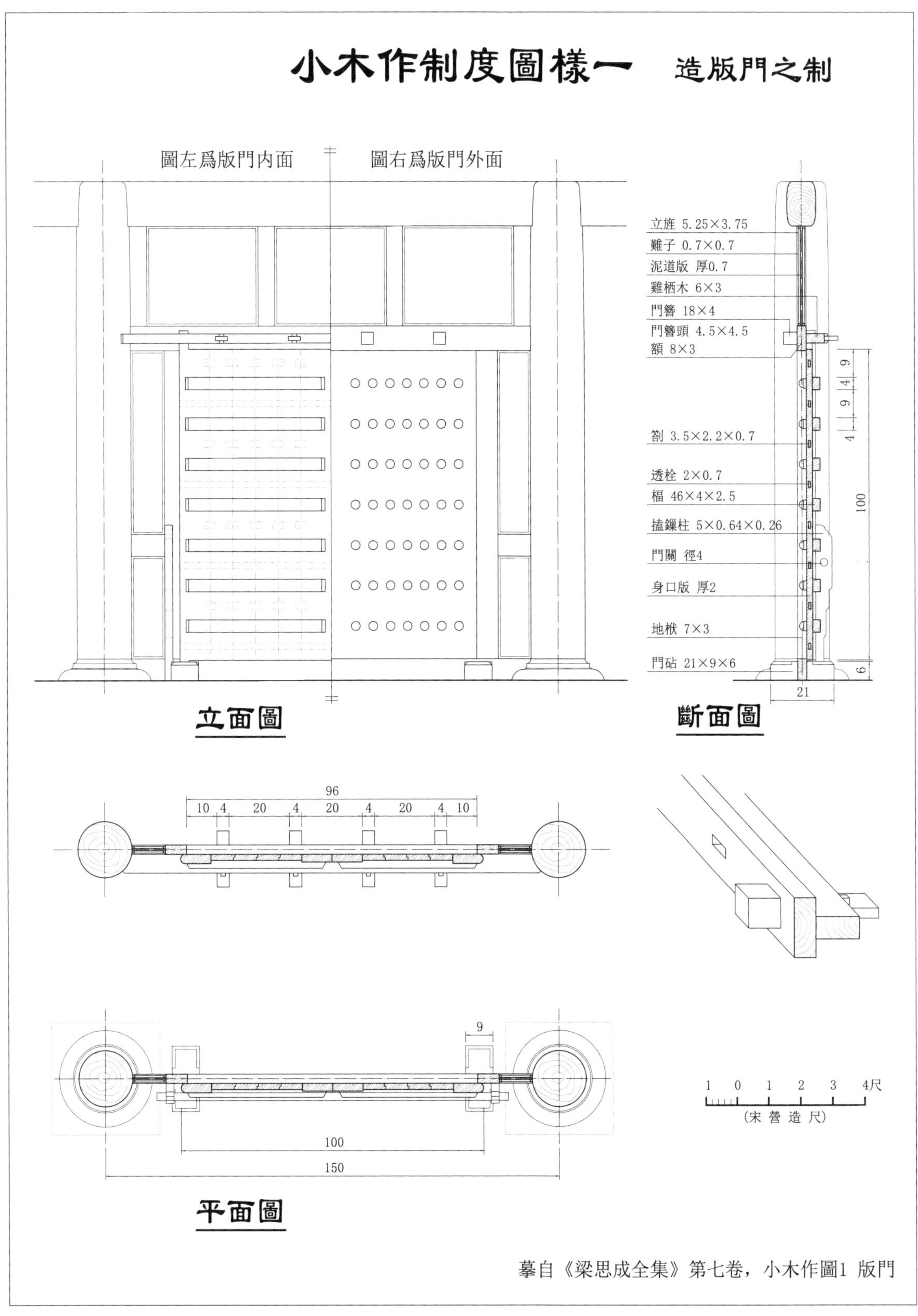

摹自《梁思成全集》第七卷，小木作圖1 版門

① 梁思成．梁思成全集．第七卷．第166—221頁．小木作制度一至小木作制度三．中國建築工業出版社．2001年

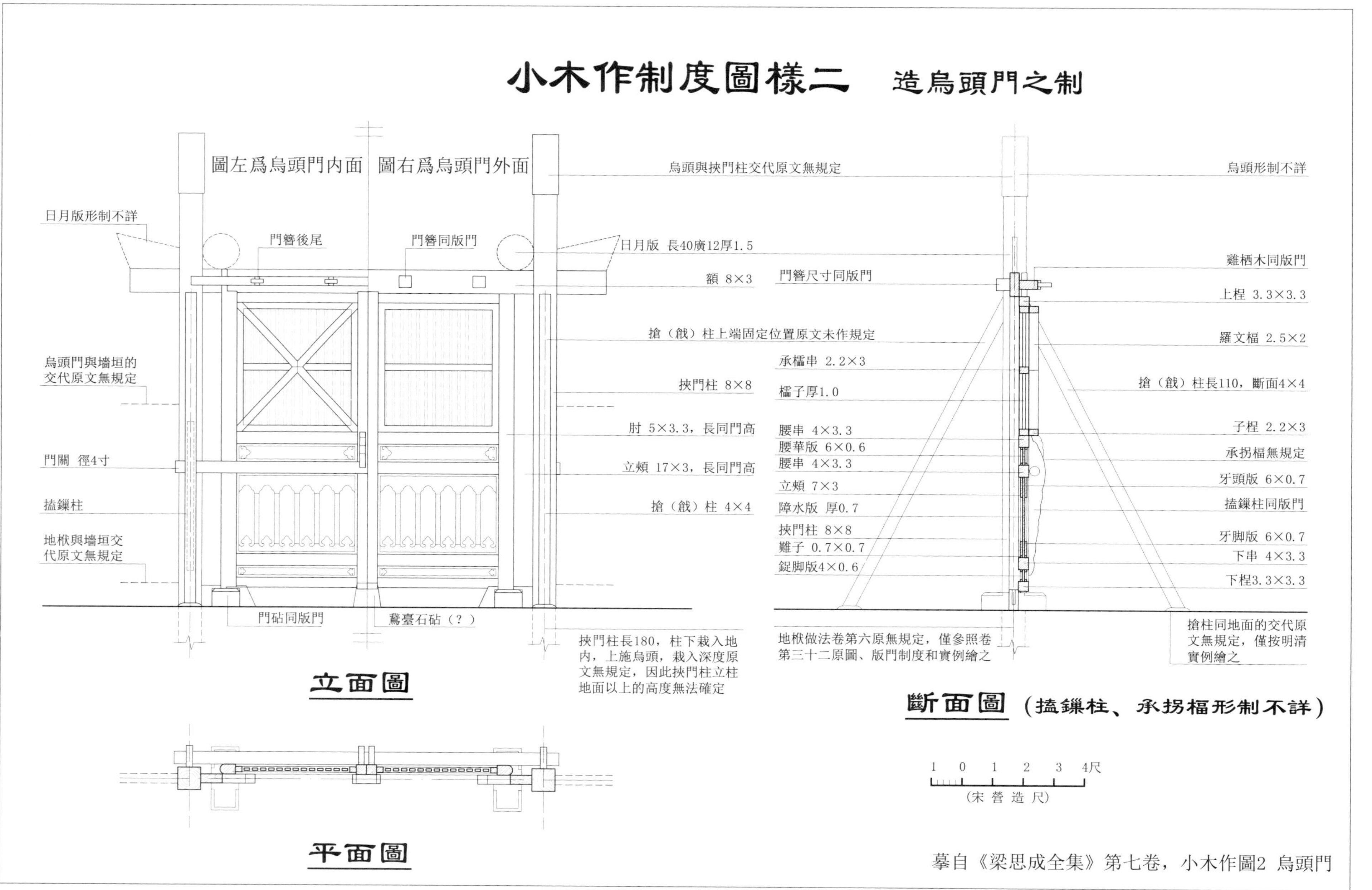

小木作制度圖樣二　造烏頭門之制
圖左爲烏頭門内面　圖右爲烏頭門外面
日月版形制不詳
門簪後尾
門簪同版門
日月版　長40廣12厚1.5
烏頭與挾門柱交代原文無規定
額　8×3
搶（戧）柱上端固定位置原文未作規定
挾門柱　8×8
烏頭門與墻垣的交代原文無規定
肘　5×3.3，長同門高
門關　徑4寸
立頰　17×3，長同門高
搕鏁柱
搶（戧）柱　4×4
地栿與墻垣交代原文無規定
門砧同版門
鵞臺石砧（？）
挾門柱長180，柱下栽入地内，上施烏頭，栽入深度原文無規定，因此挾門柱立柱地面以上的高度無法確定
立面圖
平面圖
烏頭形制不詳
門簪尺寸同版門
雞栖木同版門
上桯　3.3×3.3
羅文楅　2.5×2
承櫺串　2.2×3
櫺子厚1.0
搶（戧）柱長110，斷面4×4
腰串　4×3.3
腰華版　6×0.6
腰串　4×3.3
子桯　2.2×3
承拐楅無規定
立頰　7×3
牙頭版　6×0.7
障水版　厚0.7
搕鏁柱同版門
挾門柱　8×8
難子　0.7×0.7
牙脚版　6×0.7
下串　4×3.3
鋜脚版4×0.6
下桯3.3×3.3
地栿做法卷第六原無規定，僅參照卷第三十二原圖、版門制度和實例繪之
搶柱同地面的交代原文無規定，僅按明清實例繪之
斷面圖（搕鏁柱、承拐楅形制不詳）
1　0　1　2　3　4尺
（宋營造尺）
摹自《梁思成全集》第七卷，小木作圖2 烏頭門

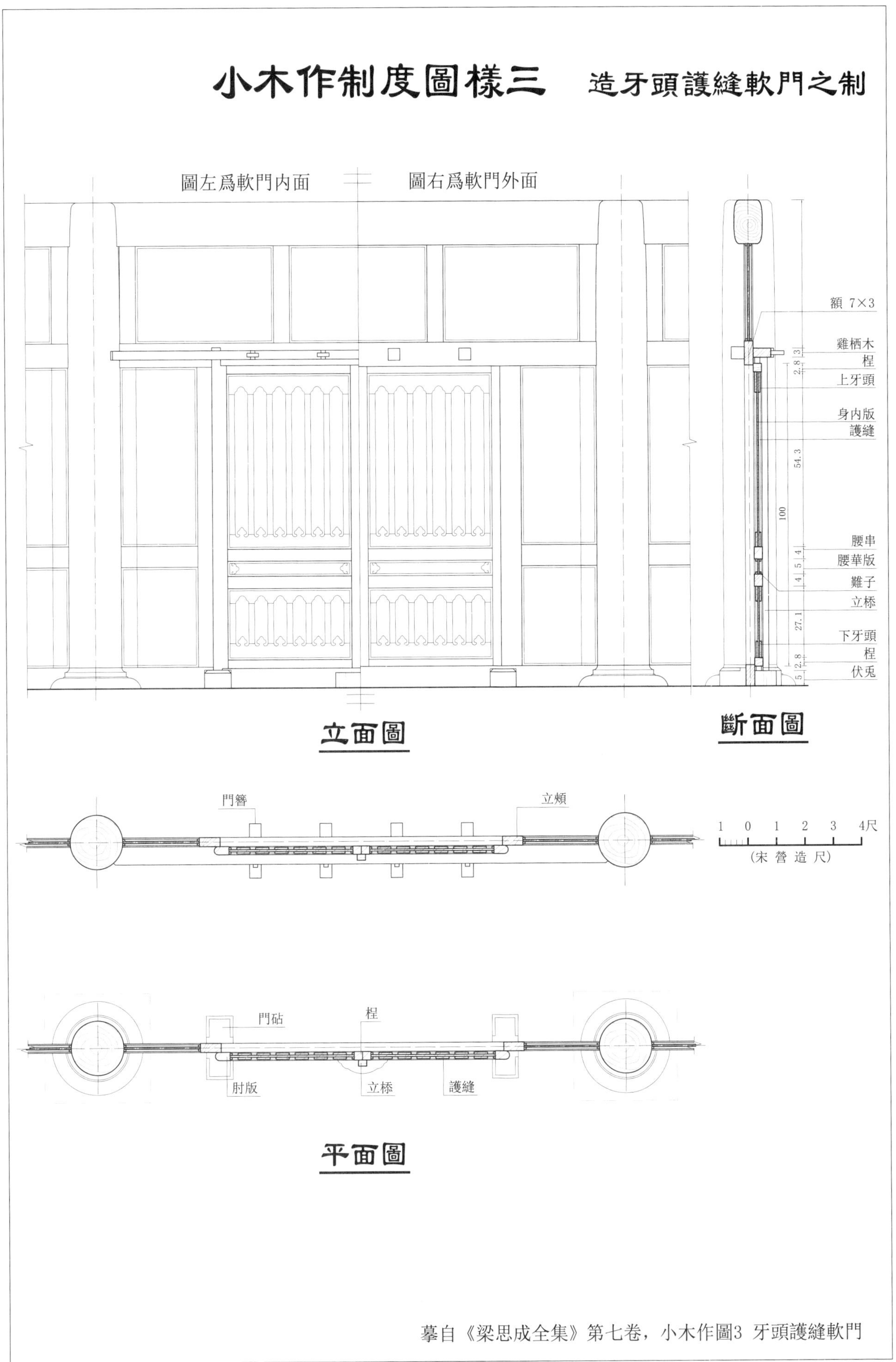

摹自《梁思成全集》第七卷，小木作圖3 牙頭護縫軟門

小木作制度圖樣四　造合版軟門之制

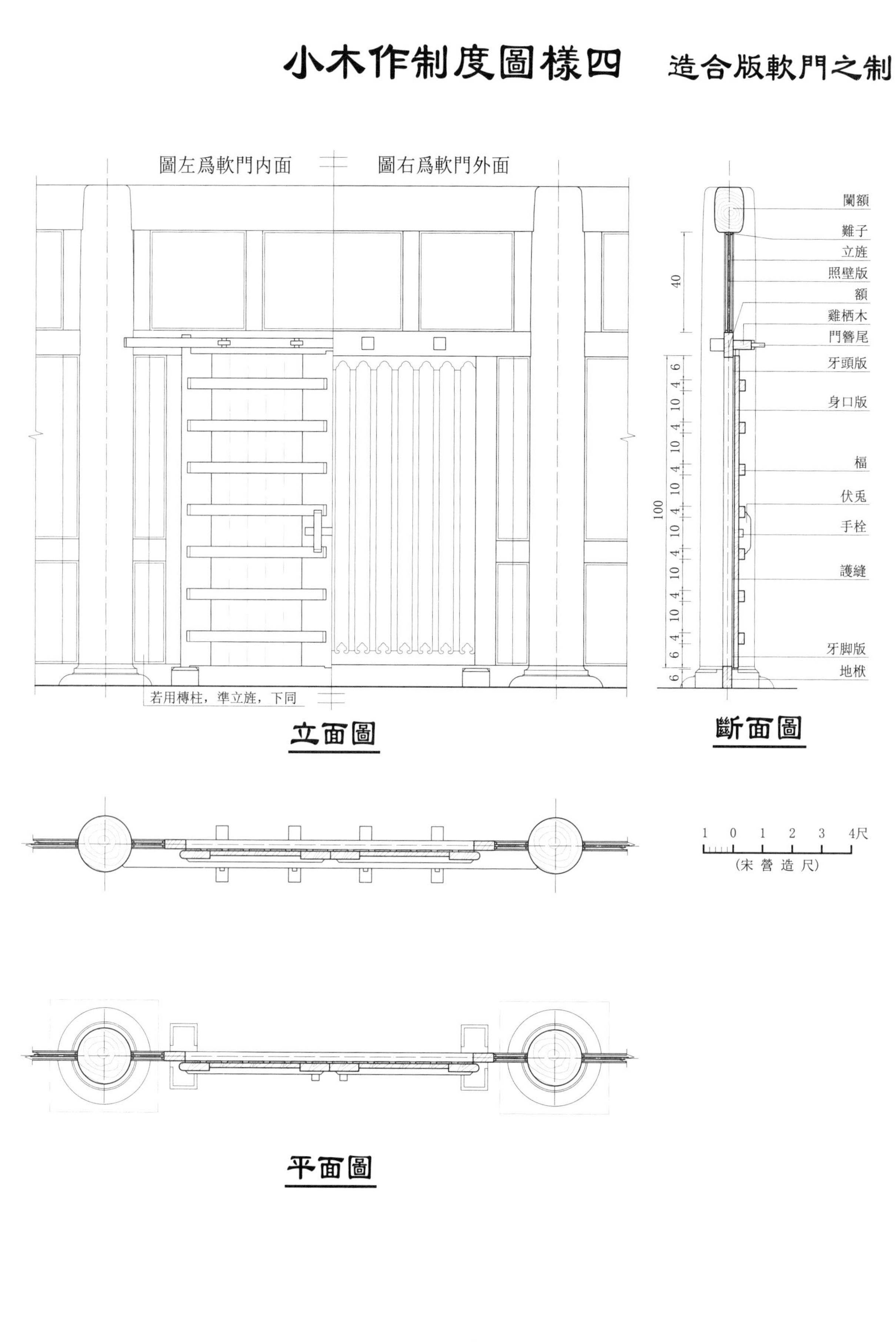

摹自《梁思成全集》第七卷，小木作圖4 合版軟門

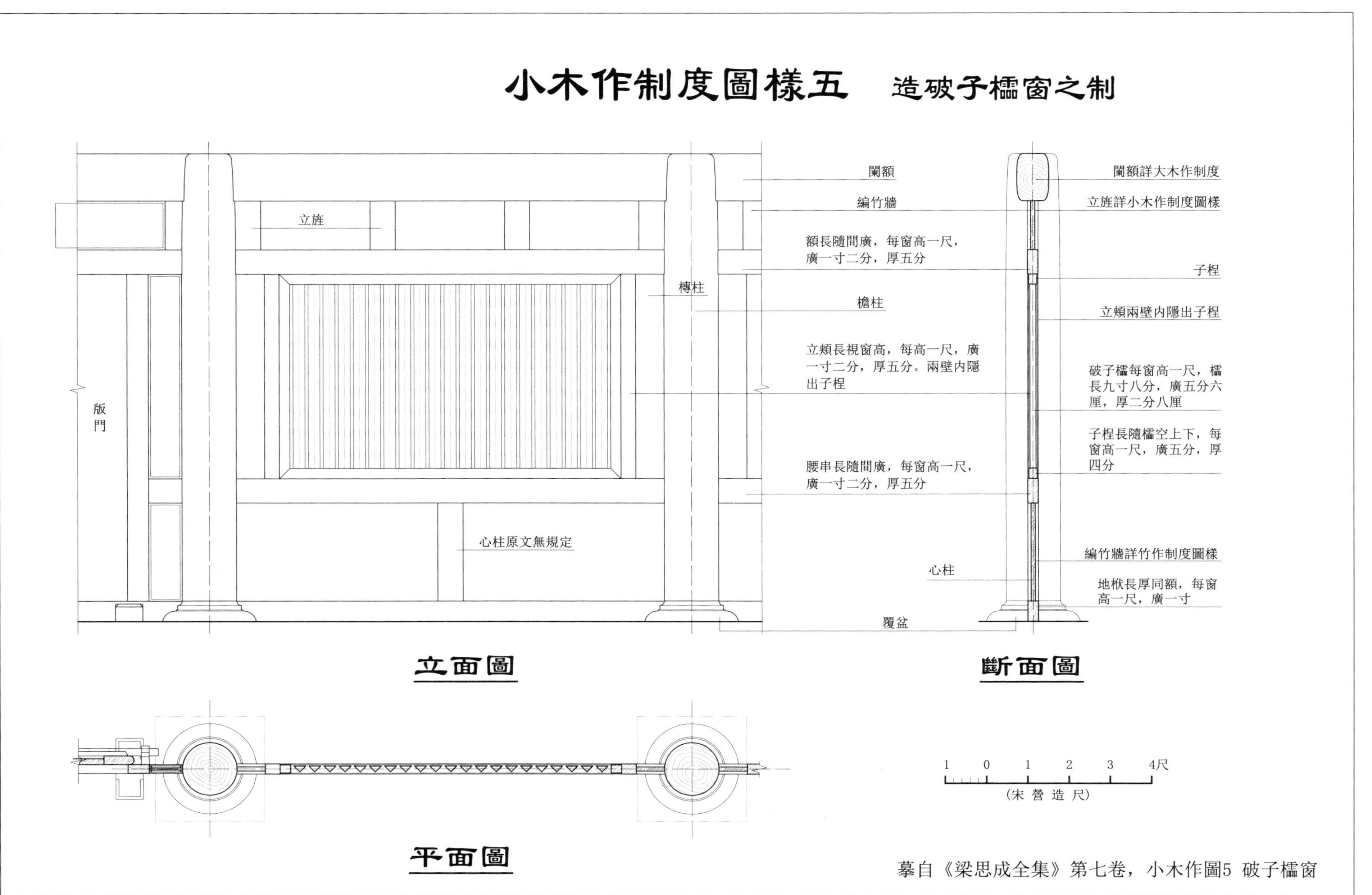

摹自《梁思成全集》第七卷，小木作圖5 破子櫺窗

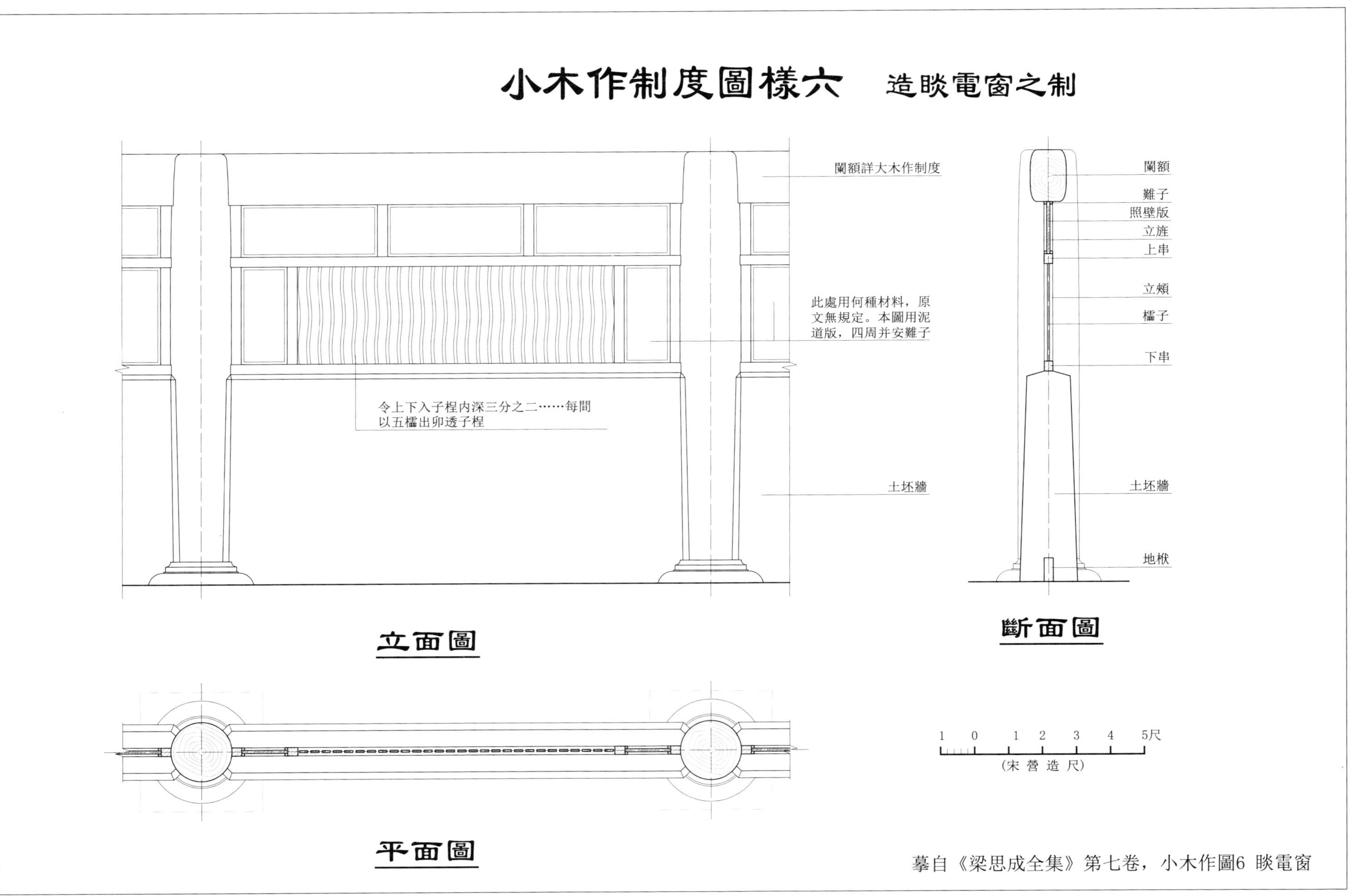

摹自《梁思成全集》第七卷，小木作圖6 睒電窗

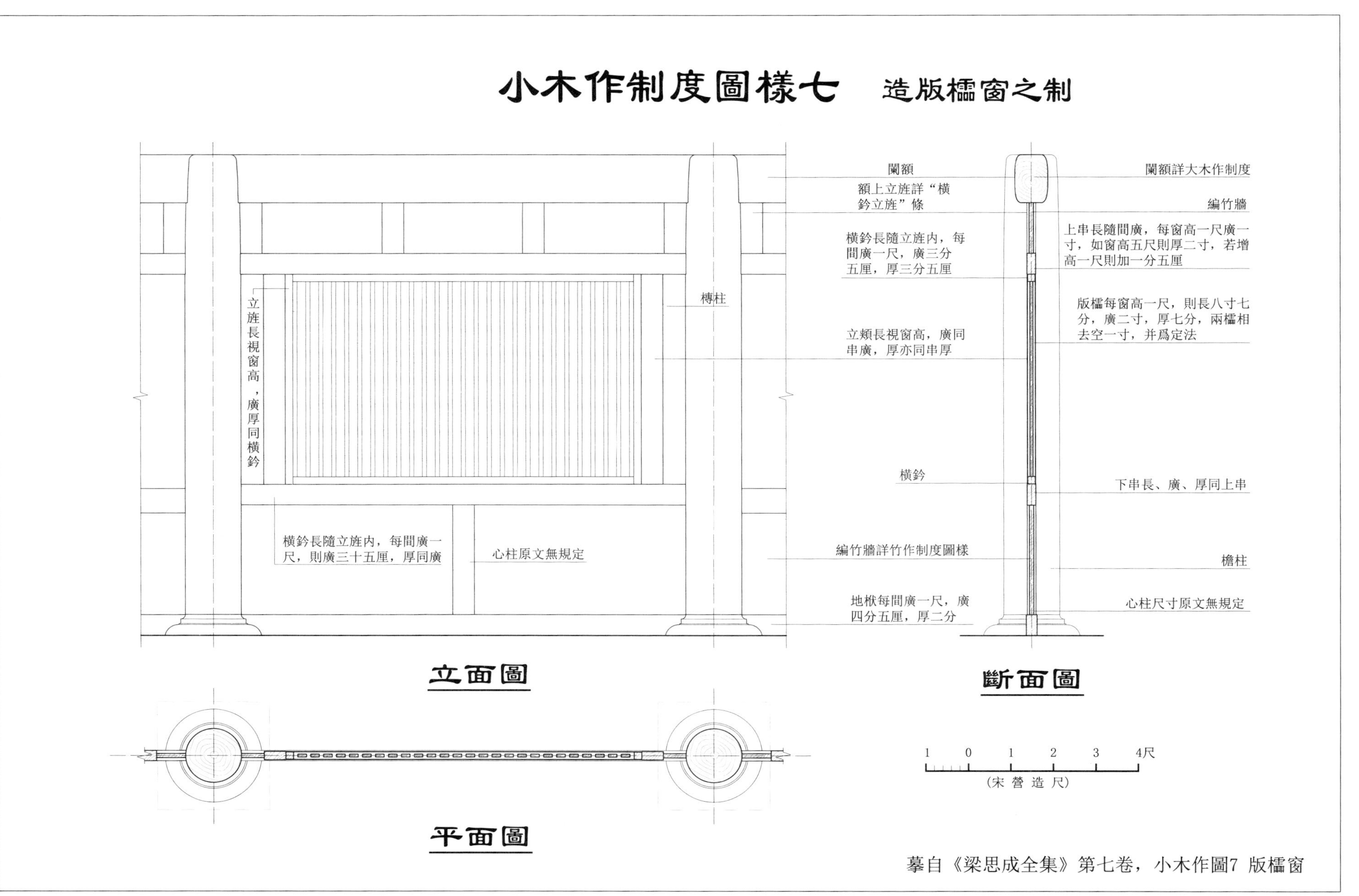
小木作制度圖樣七　造版櫺窗之制
闌額
額上立旌詳“橫鈐立旌”條
橫鈐長隨立旌内，每間廣一尺，廣三分五厘，厚三分五厘
立頰長視窗高，廣同串廣，厚亦同串厚
立旌長視窗高，廣厚同橫鈐
槫柱
橫鈐
橫鈐長隨立旌内，每間廣一尺，則廣三十五厘，厚同廣
心柱原文無規定
編竹牆詳竹作制度圖樣
地栿每間廣一尺，廣四分五厘，厚二分
闌額詳大木作制度
編竹牆
上串長隨間廣，每窗高一尺廣一寸，如窗高五尺則厚二寸，若增高一尺則加一分五厘
版櫺每窗高一尺，則長八寸七分，廣二寸，厚七分，兩櫺相去空一寸，并爲定法
下串長、廣、厚同上串
檐柱
心柱尺寸原文無規定
立面圖
斷面圖
平面圖
1　0　1　2　3　4尺
(宋 營 造 尺)
摹自《梁思成全集》第七卷，小木作圖7 版櫺窗

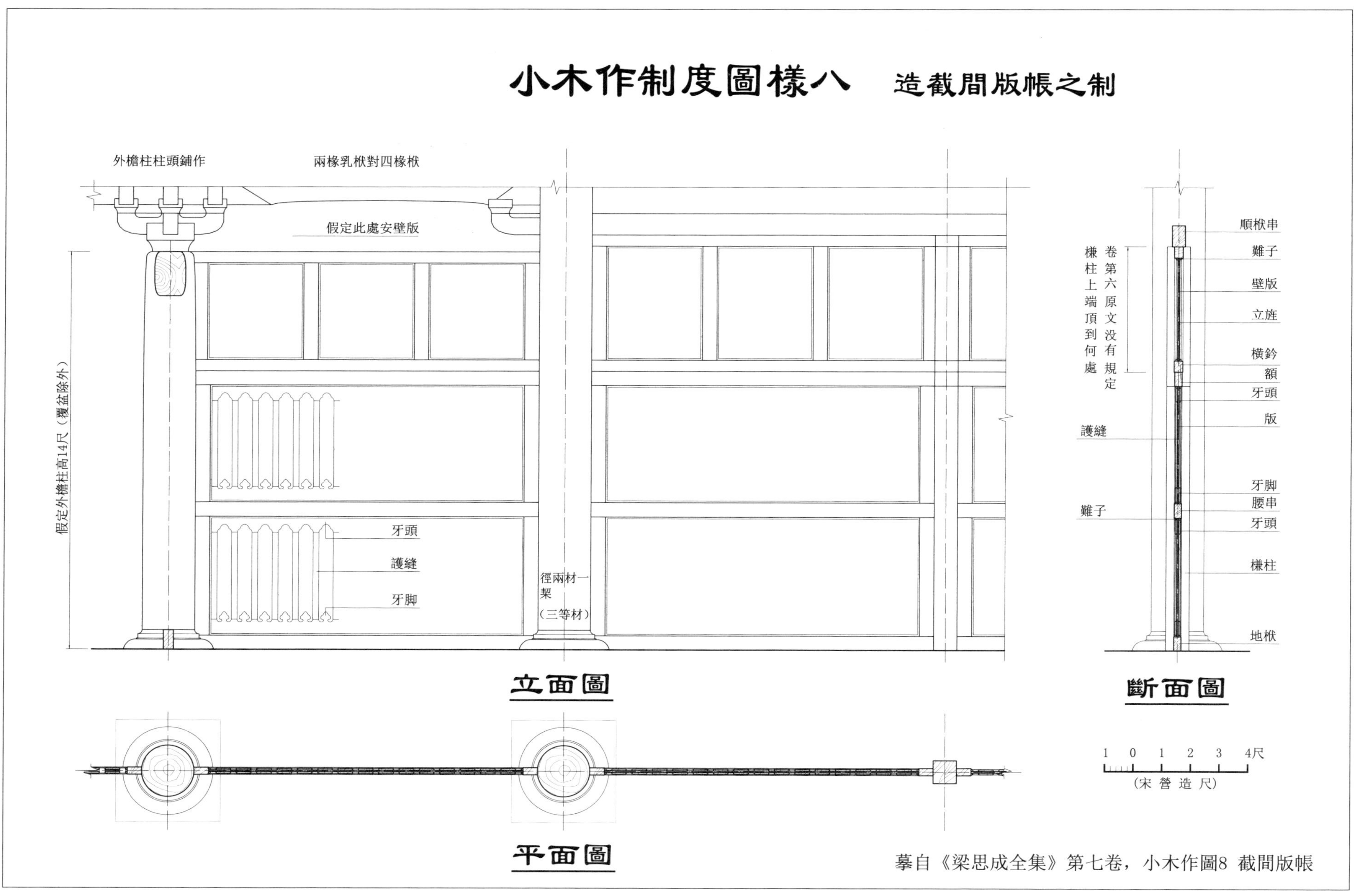

摹自《梁思成全集》第七卷，小木作圖8 截間版帳

小木作制度圖樣九　造截間屏風骨之制

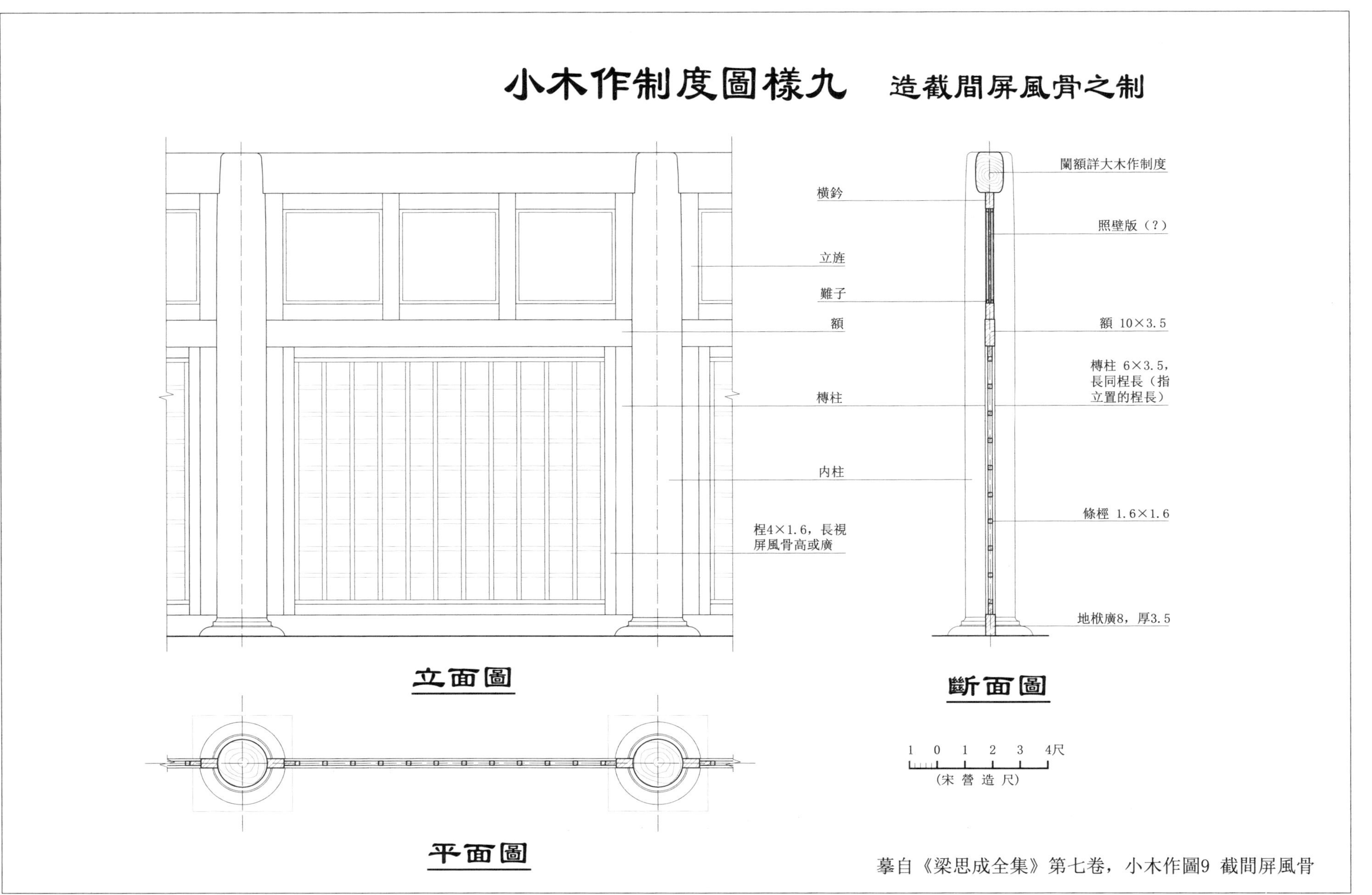

摹自《梁思成全集》第七卷，小木作圖9 截間屏風骨

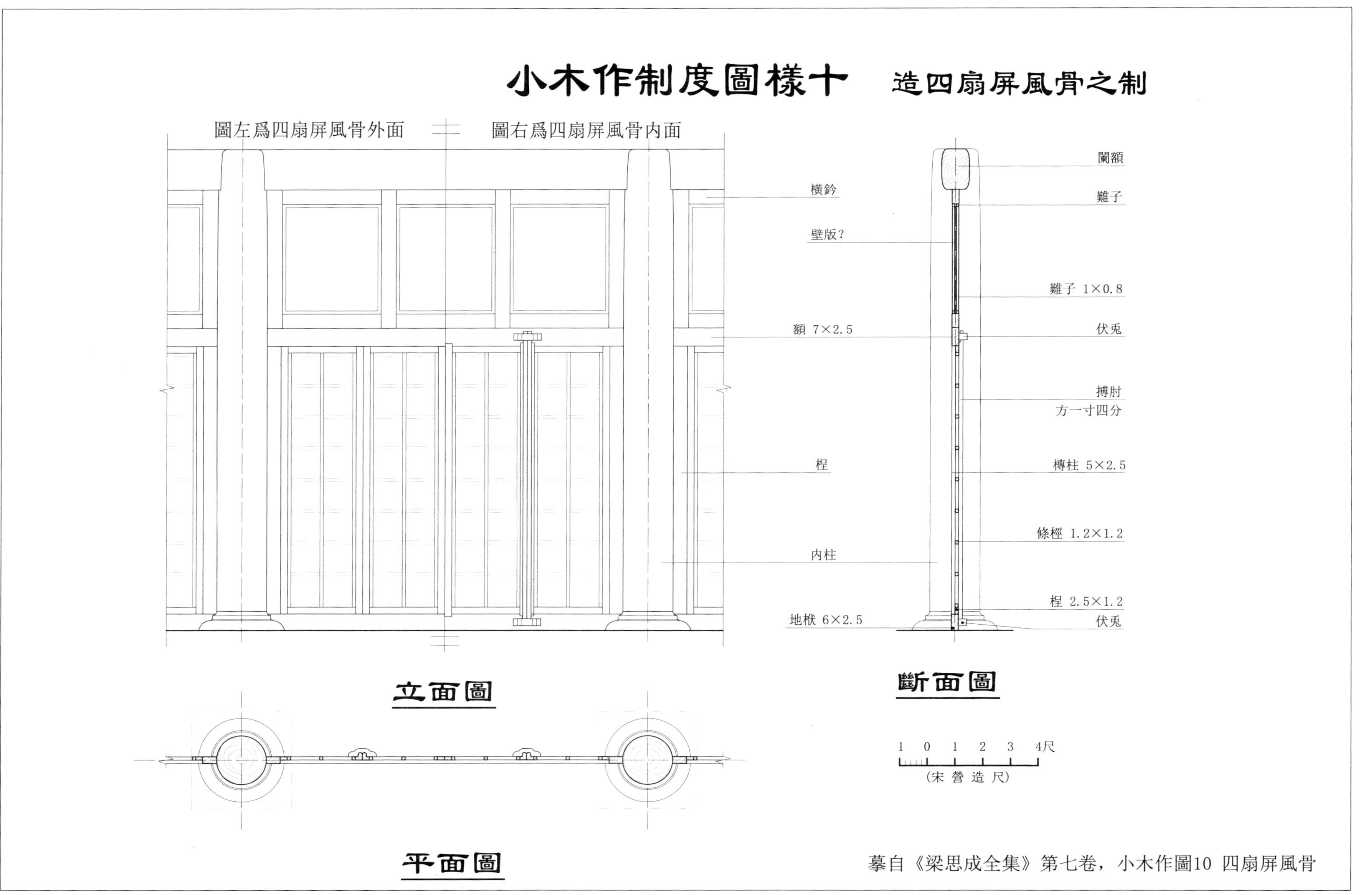

摹自《梁思成全集》第七卷，小木作圖10 四扇屏風骨

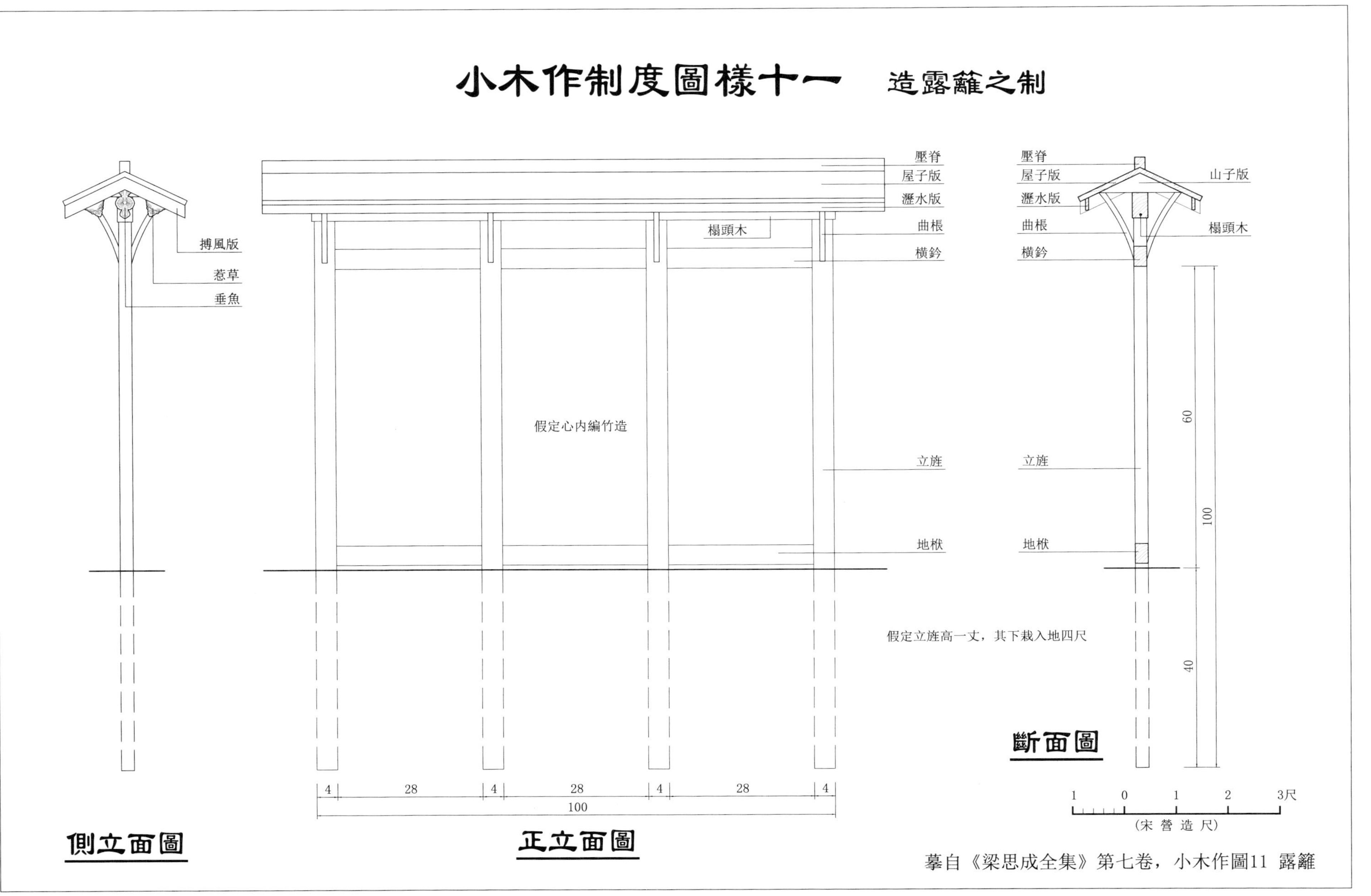

小木作制度圖樣十一
造露籬之制
搏風版
惹草
垂魚
側立面圖
壓脊
屋子版
瀝水版
曲棖
横鈐
楅頭木
假定心内編竹造
立旌
地栿
4
28
4
28
4
28
4
100
正立面圖
山子版
假定立旌高一丈，其下栽入地四尺
60
100
40
斷面圖
1
0
1
2
3尺
(宋 營 造 尺)
摹自《梁思成全集》第七卷，小木作圖11 露籬

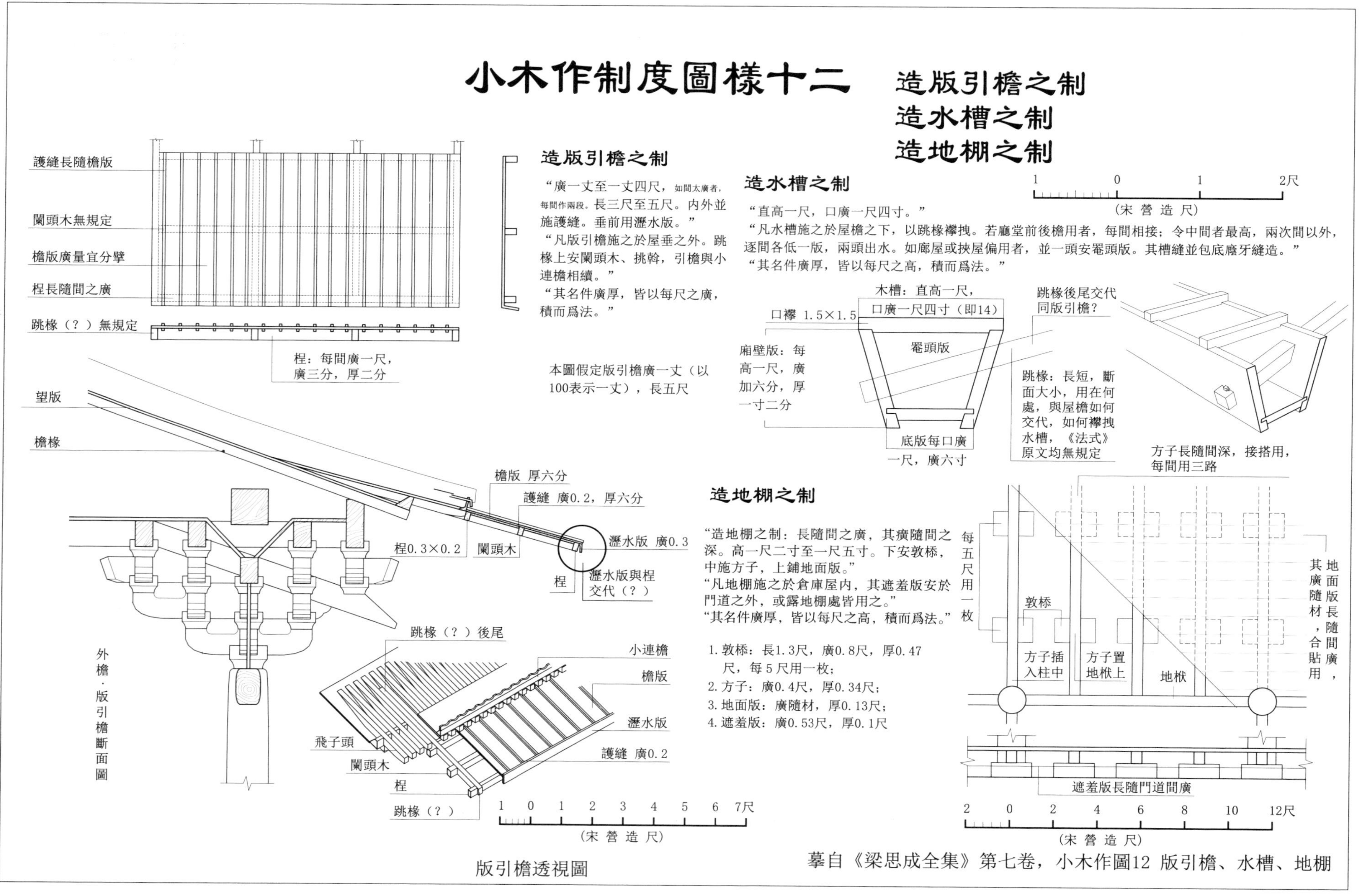

摹自《梁思成全集》第七卷，小木作圖12 版引檐、水槽、地棚

小木作制度圖樣十三　造井屋子之制

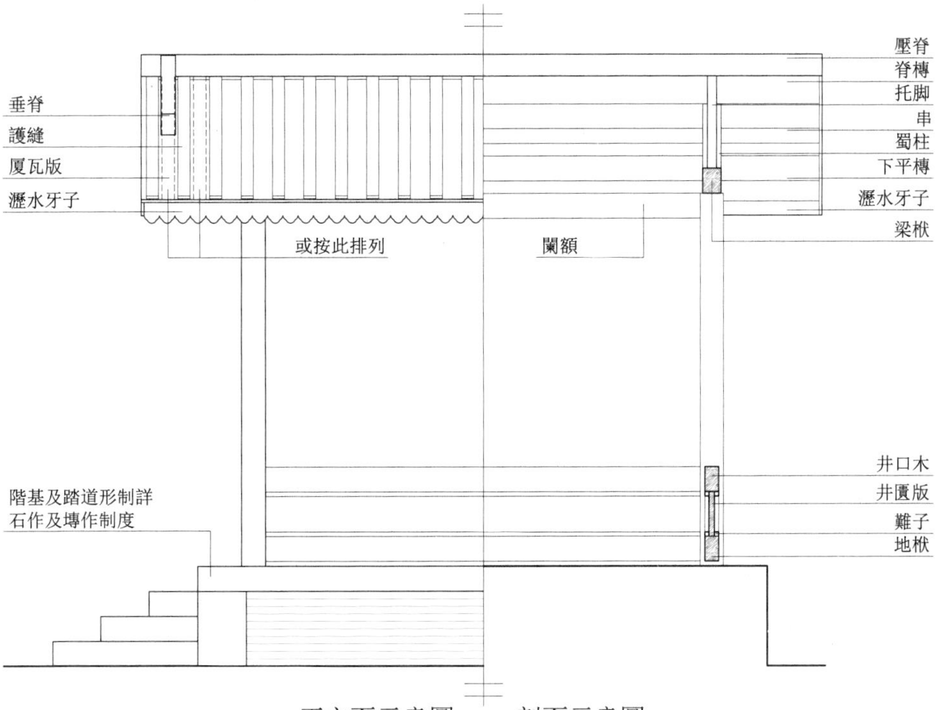

正立面示意圖　剖面示意圖

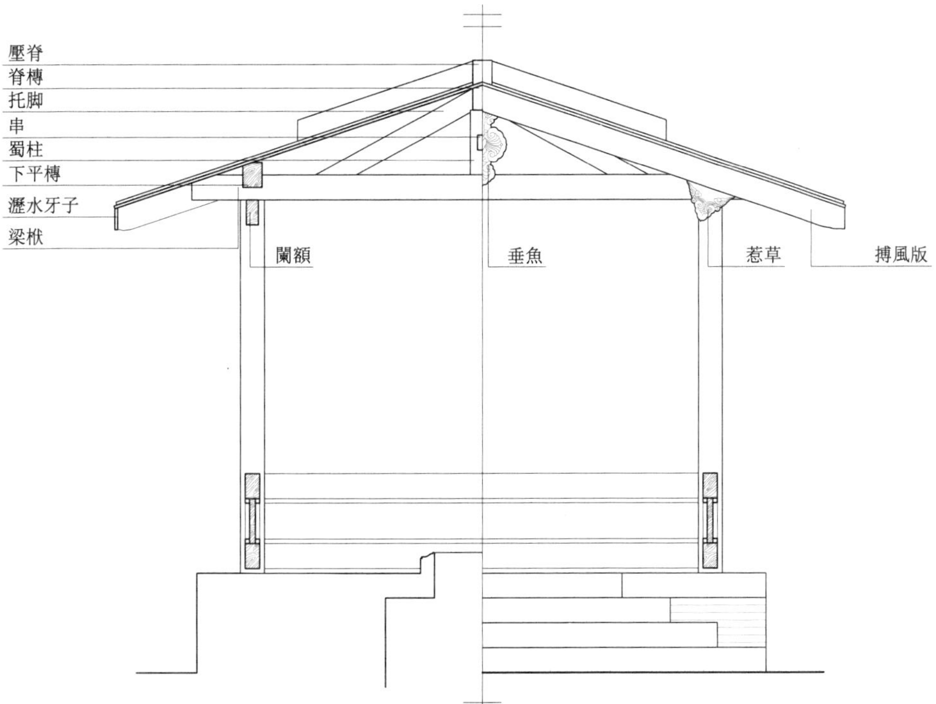

剖面示意圖　側立面示意圖

摹自《梁思成全集》第七卷，小木作圖13 井屋子

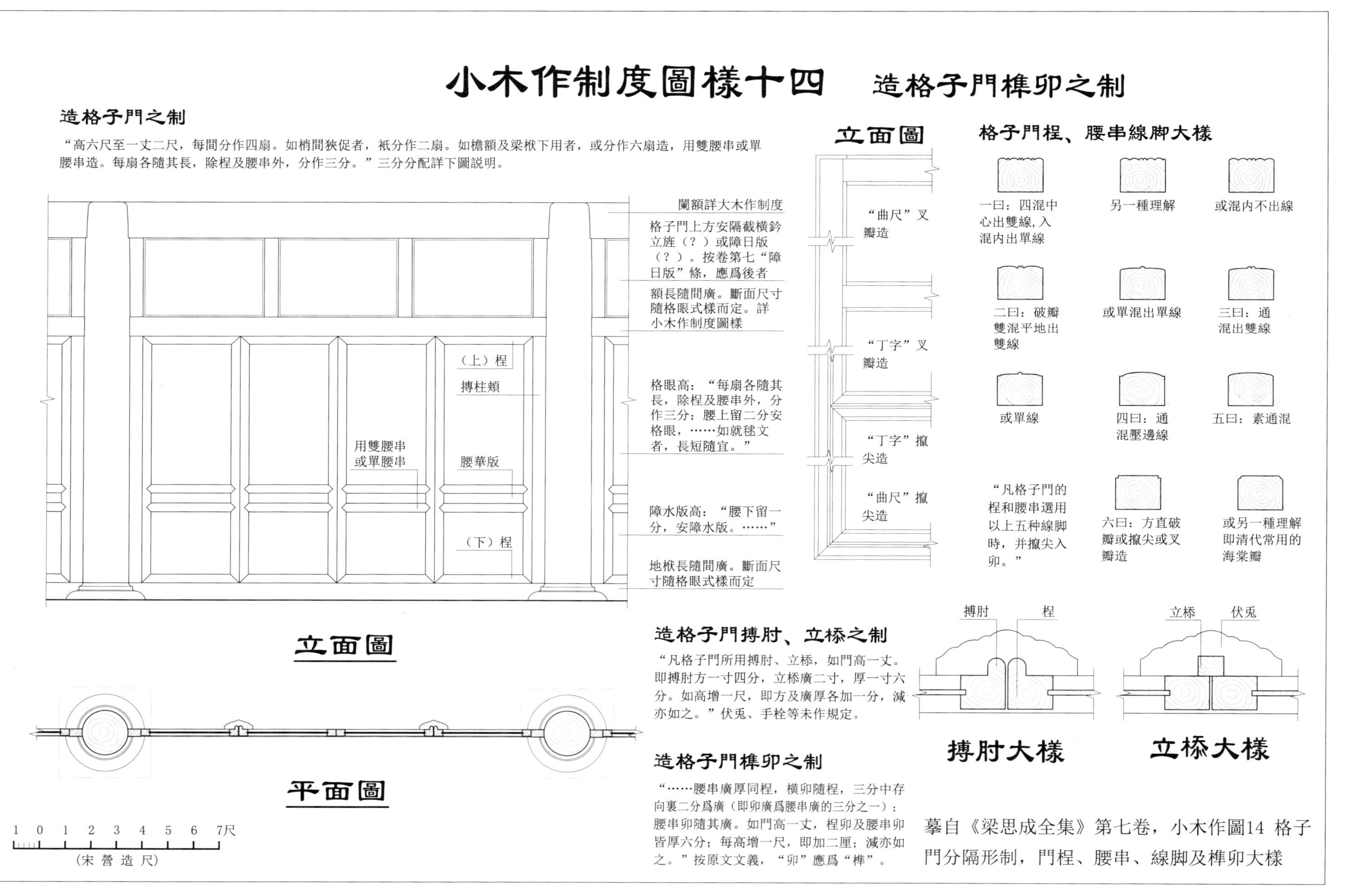

摹自《梁思成全集》第七卷，小木作圖14 格子門分隔形制，門桯、腰串、線脚及榫卯大樣

小木作制度圖樣十五 造四斜毬文格眼之制

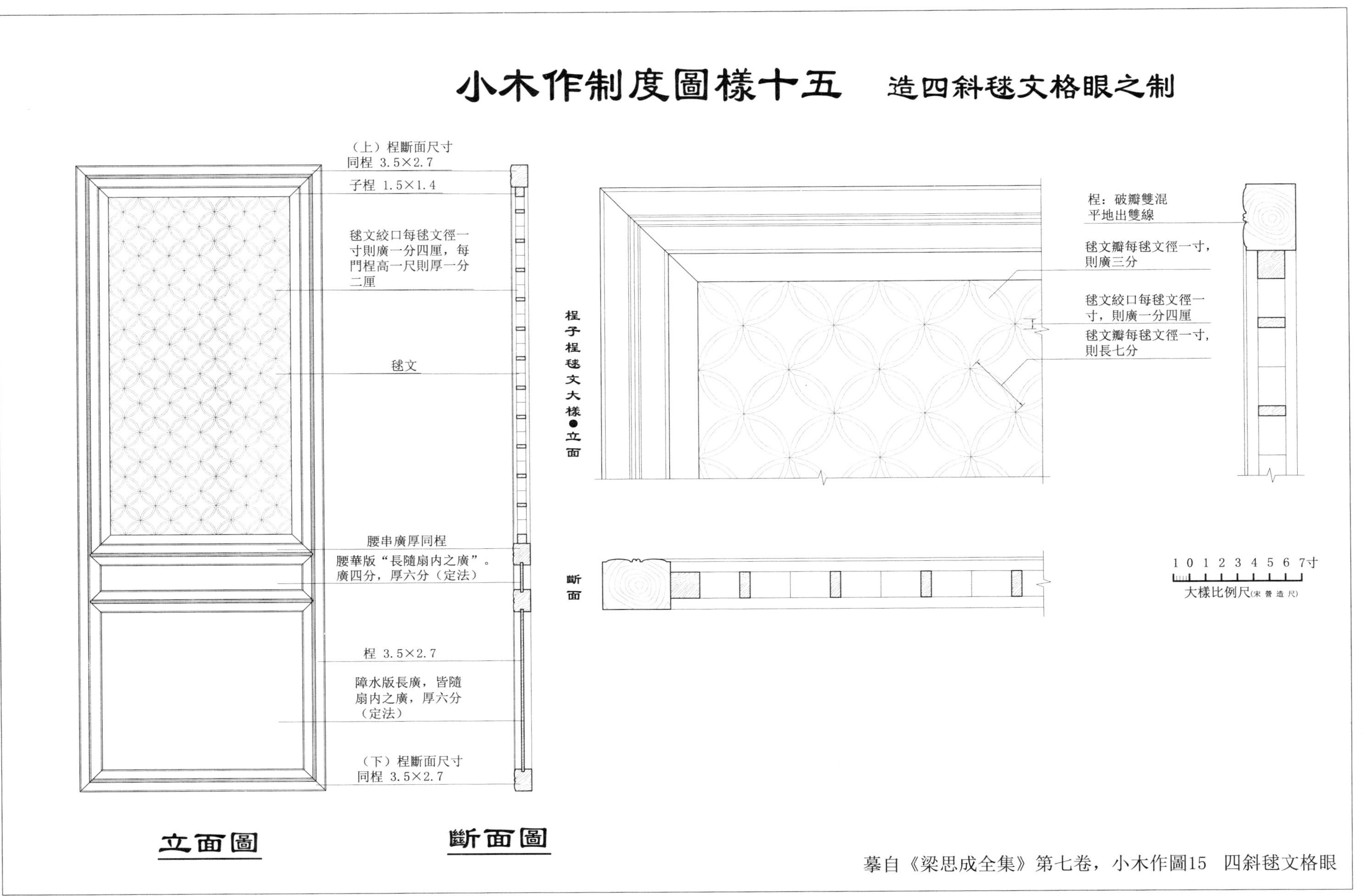

摹自《梁思成全集》第七卷，小木作圖15 四斜毬文格眼

小木作制度圖樣十六　造格眼之制

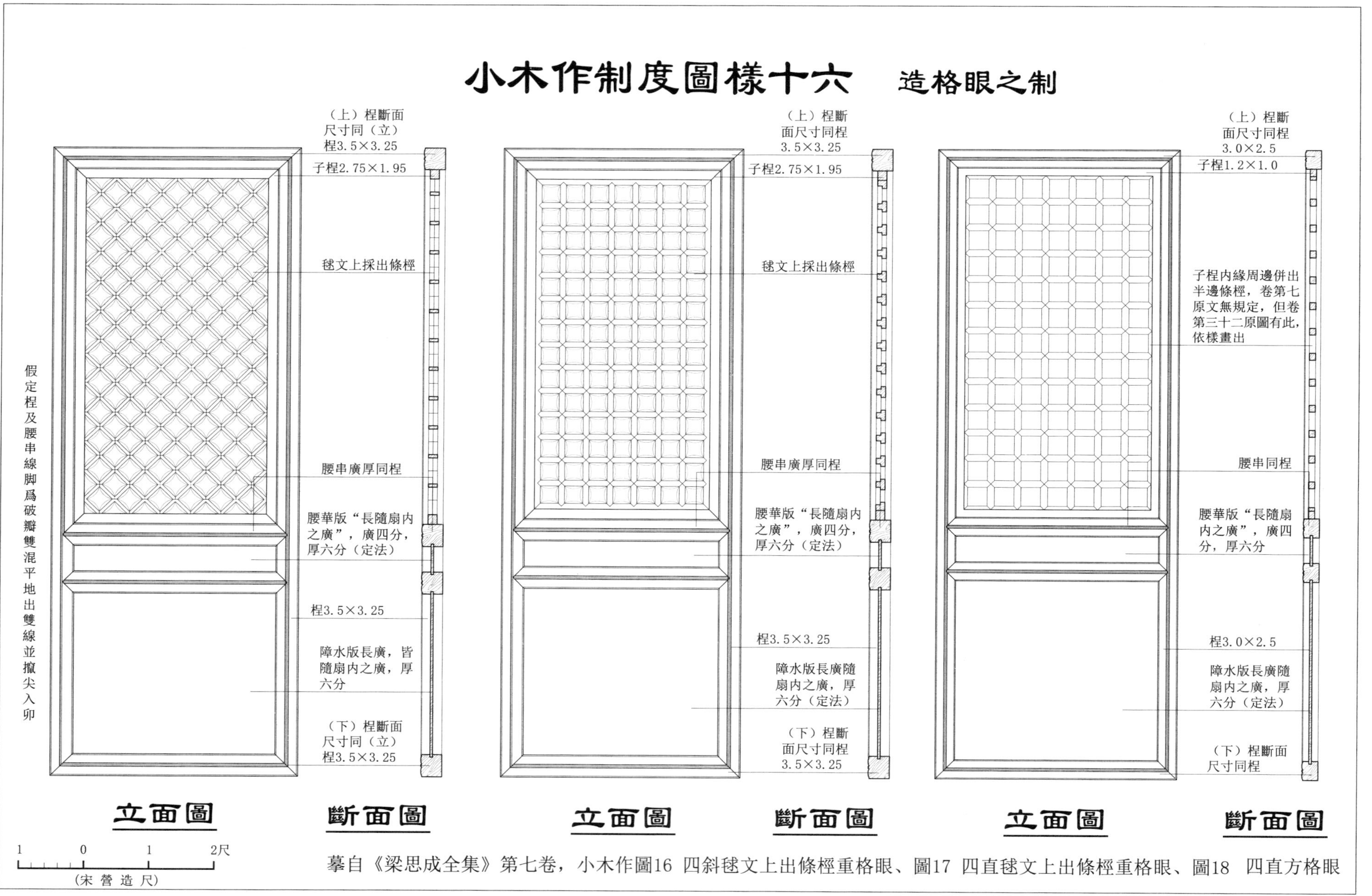

摹自《梁思成全集》第七卷，小木作圖16 四斜毬文上出條桱重格眼、圖17 四直毬文上出條桱重格眼、圖18 四直方格眼

小木作制度圖樣十七　造四直方格眼之制

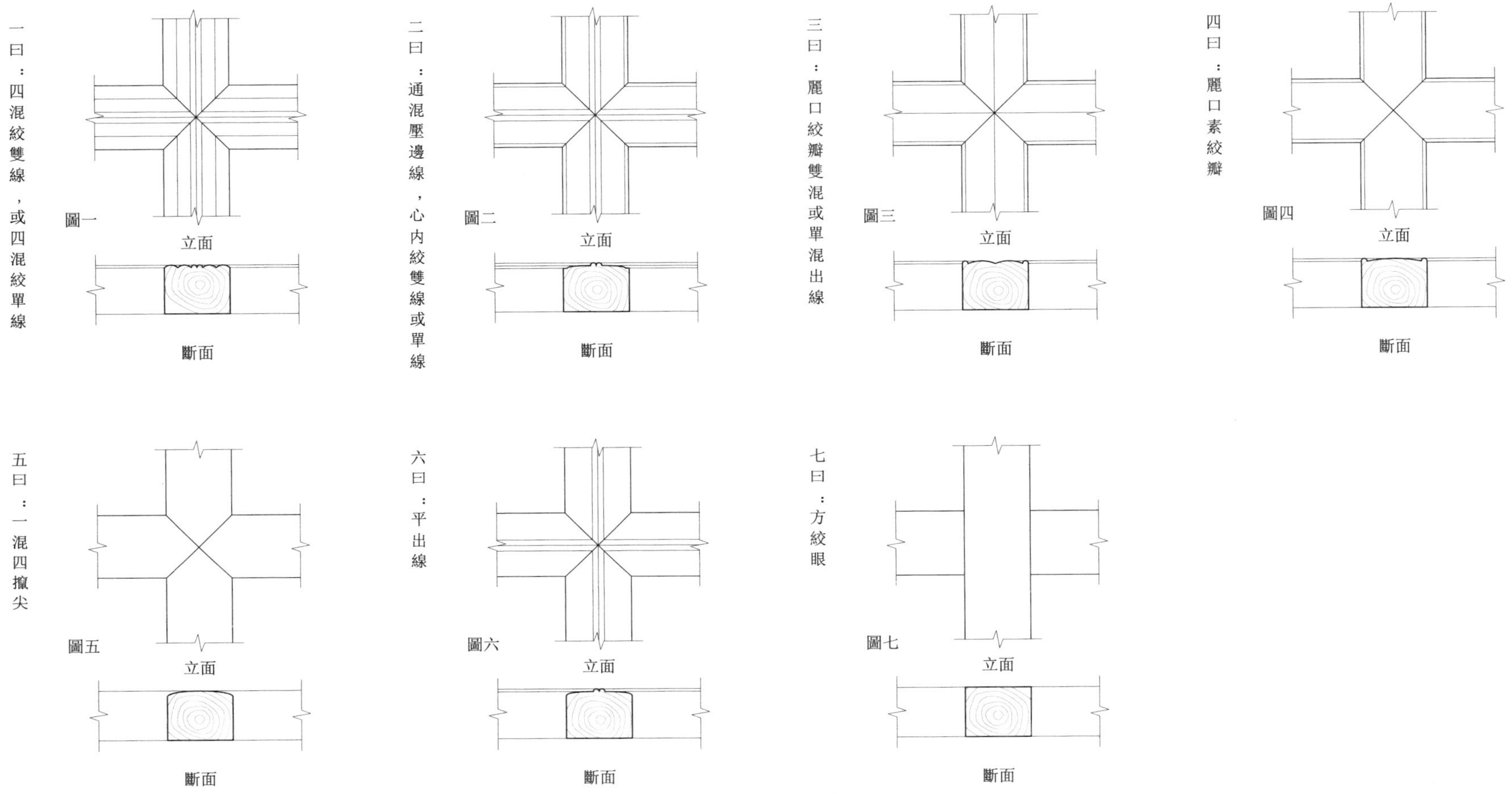

一曰：四混絞雙線，或四混絞單線

圖一

立面

斷面

二曰：通混壓邊線，心内絞雙線或單線

圖二

立面

斷面

三曰：麗口絞瓣雙混或單混出線

圖三

立面

斷面

四曰：麗口素絞瓣

圖四

立面

斷面

五曰：一混四攛尖

圖五

立面

斷面

六曰：平出線

圖六

立面

斷面

七曰：方絞眼

圖七

立面

斷面

摹自《梁思成全集》第七卷，小木作圖19 四直方格眼制度

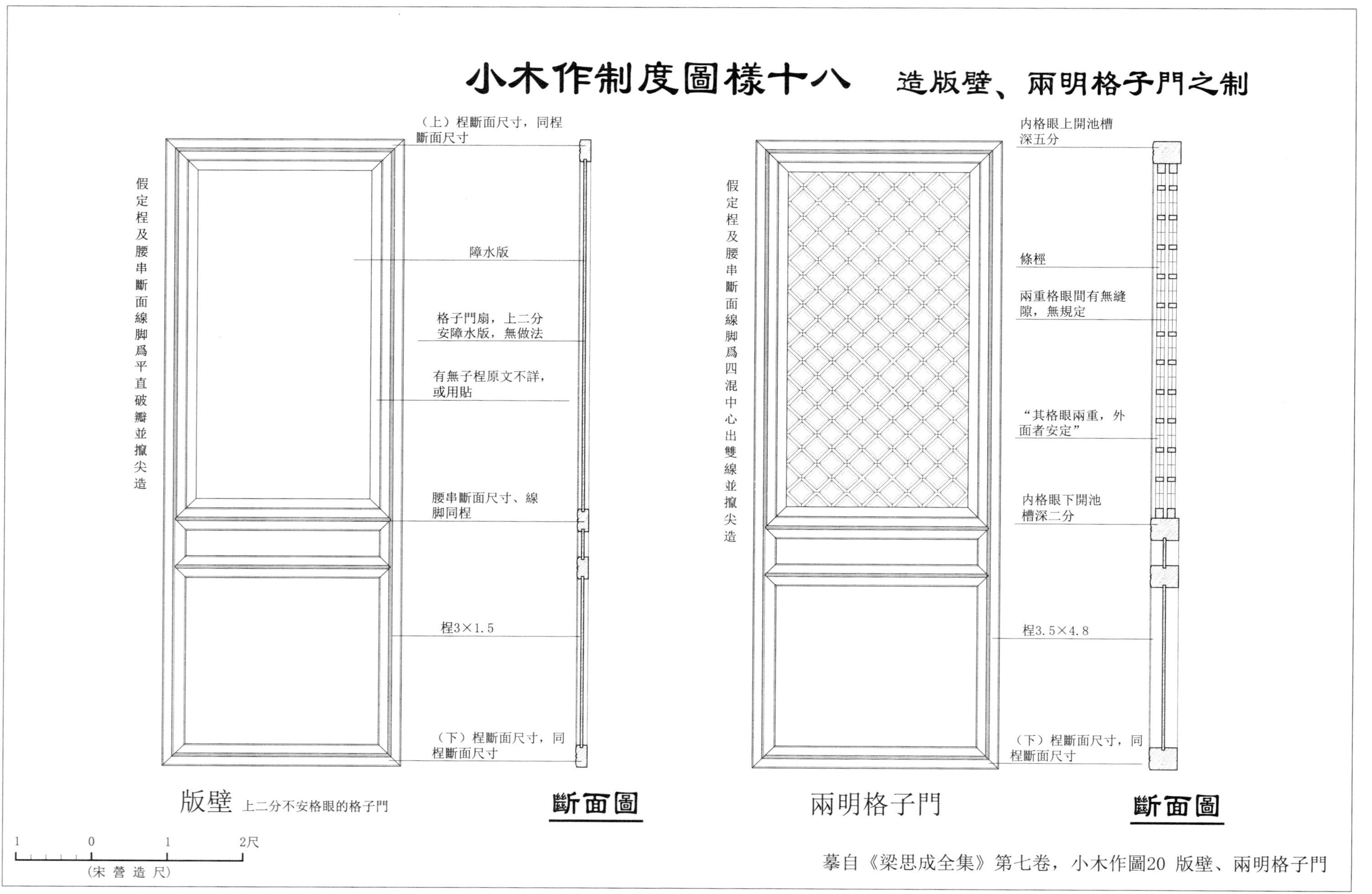

摹自《梁思成全集》第七卷，小木作圖20 版壁、兩明格子門

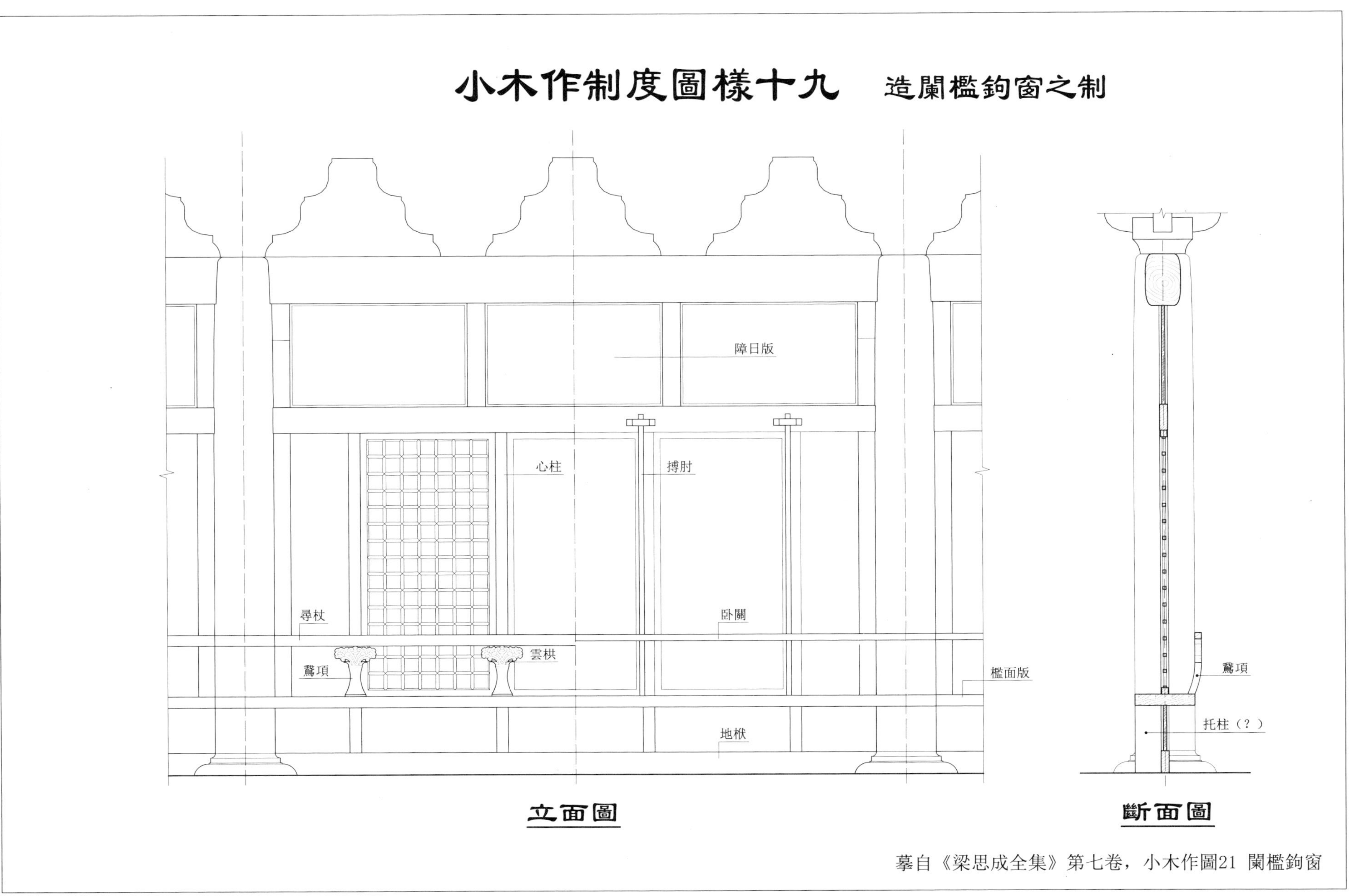
小木作制度圖樣十九　造闌檻鉤窗之制
障日版
心柱
搏肘
尋杖
卧關
雲栱
鵞項
檻面版
地栿
托柱（？）
立面圖
斷面圖
摹自《梁思成全集》第七卷，小木作圖21 闌檻鉤窗

小木作制度圖樣二十　造殿内截間格子之制

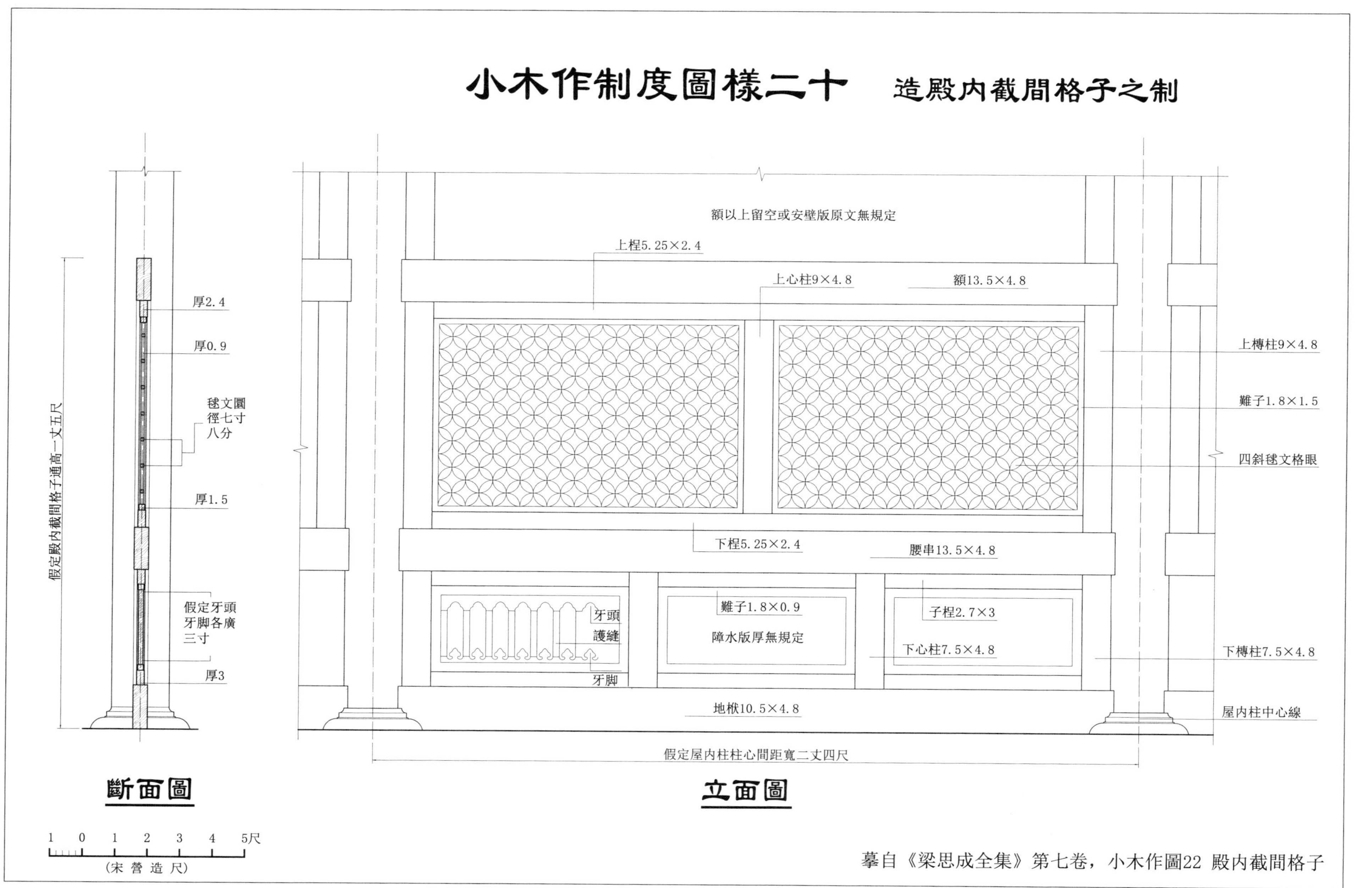

摹自《梁思成全集》第七卷，小木作圖22 殿内截間格子

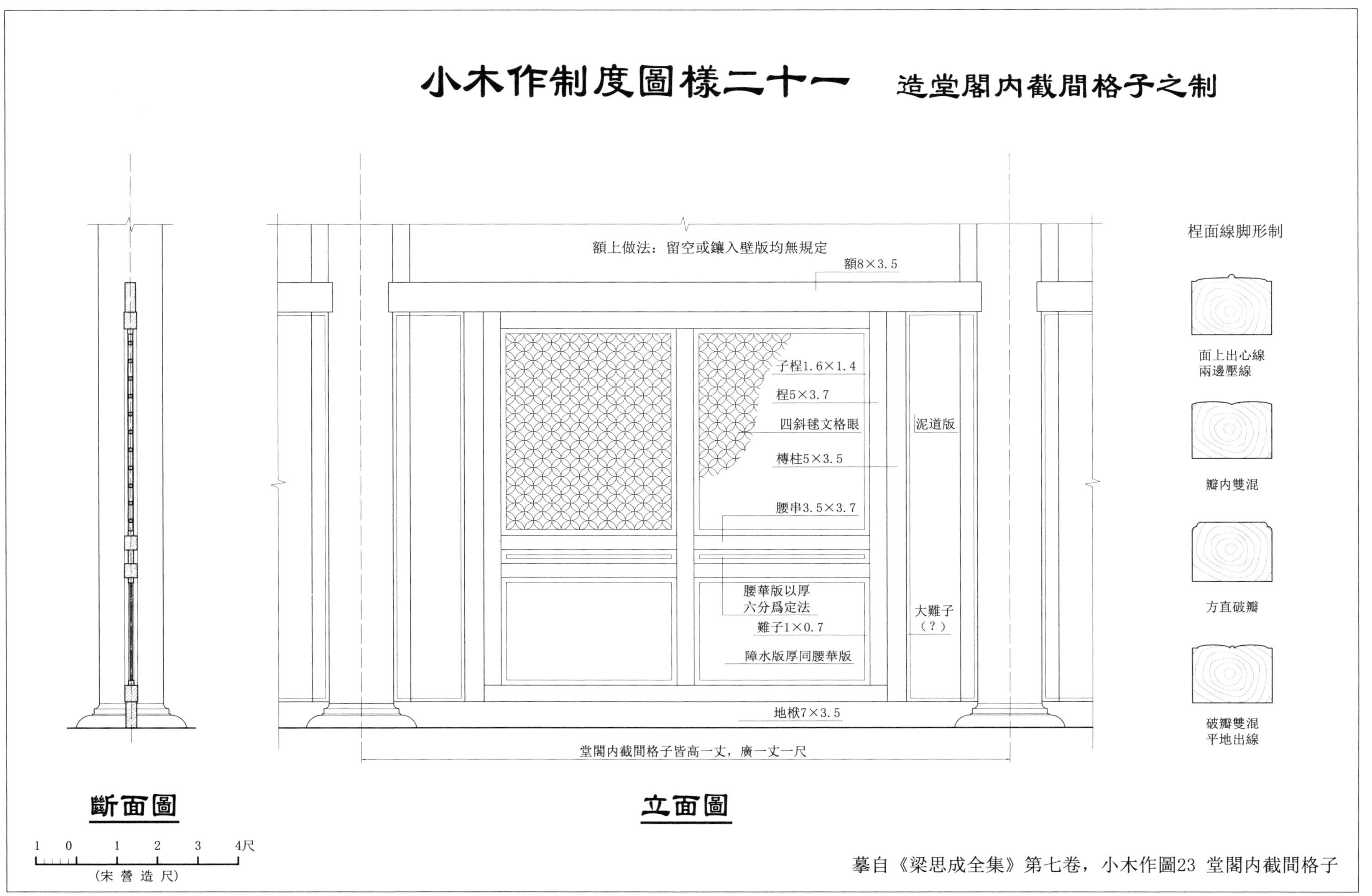

小木作制度圖樣二十一　造堂閣内截間格子之制
額上做法：留空或鑲入壁版均無規定
額8×3.5
子桯1.6×1.4
桯5×3.7
四斜毬文格眼
槫柱5×3.5
腰串3.5×3.7
腰華版以厚
六分爲定法
難子1×0.7
障水版厚同腰華版
泥道版
大難子
（?）
地栿7×3.5
堂閣内截間格子皆高一丈，廣一丈一尺
桯面線脚形制
面上出心線
兩邊壓線
瓣内雙混
方直破瓣
破瓣雙混
平地出線
斷面圖
立面圖
1 0 1 2 3 4尺
（宋營造尺）
摹自《梁思成全集》第七卷，小木作圖23 堂閣内截間格子

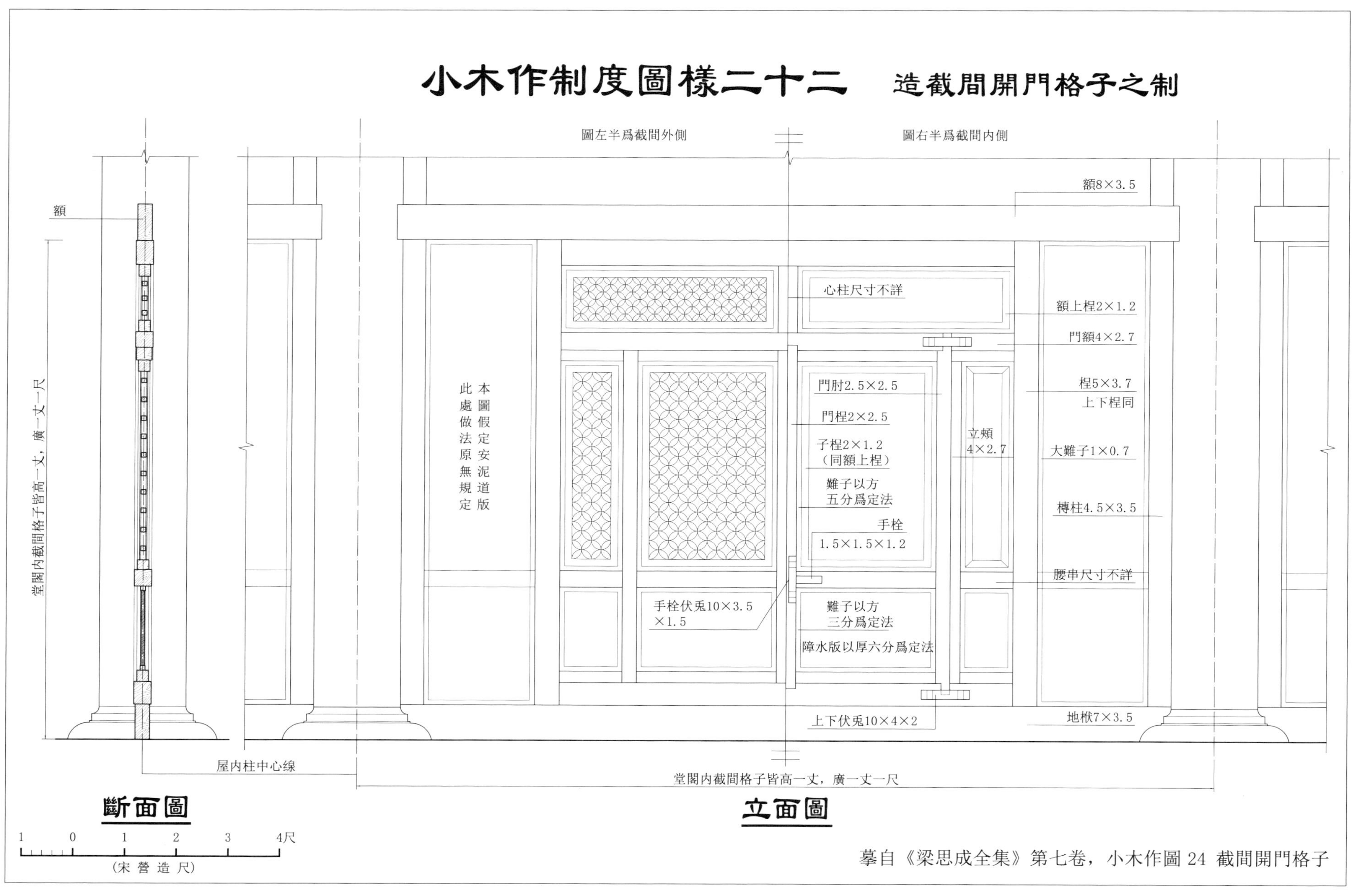
小木作制度圖樣二十二　造截間開門格子之制
圖左半爲截間外側
圖右半爲截間内側
額8×3.5
額
心柱尺寸不詳
額上桯2×1.2
門額4×2.7
門肘2.5×2.5
桯5×3.7
上下桯同
門桯2×2.5
立頰
4×2.7
子桯2×1.2
（同額上桯）
大難子1×0.7
此處做法原無規定
本圖假定安泥道版
難子以方
五分爲定法
槫柱4.5×3.5
手栓
1.5×1.5×1.2
腰串尺寸不詳
手栓伏兎10×3.5
×1.5
難子以方
三分爲定法
障水版以厚六分爲定法
上下伏兎10×4×2
地栿7×3.5
堂閣内截間格子皆高一丈，廣一丈一尺
屋内柱中心線
斷面圖
立面圖
1
0
1
2
3
4尺
（宋營造尺）
摹自《梁思成全集》第七卷，小木作圖 24 截間開門格子

小木作制度圖樣二十三　造殿閣照壁版之制
照壁版每高一尺,則難子廣二分，厚一分。本圖：1寸×0.5寸
照壁版每高一尺則貼廣三分，厚一分。本圖：1.5寸×0.5寸
照壁版“外面纏貼，内外皆施難子”
照壁版内有無貼及難子，原文無規定
槫柱：照壁版每高一尺，則廣五分，厚四分。本圖：2.5寸×2寸
版
立面圖
斷面圖
摹自《梁思成全集》第七卷，小木作圖25 殿閣照壁版

小木作制度圖樣二十四

造障日版之制
造廊屋照壁版之制

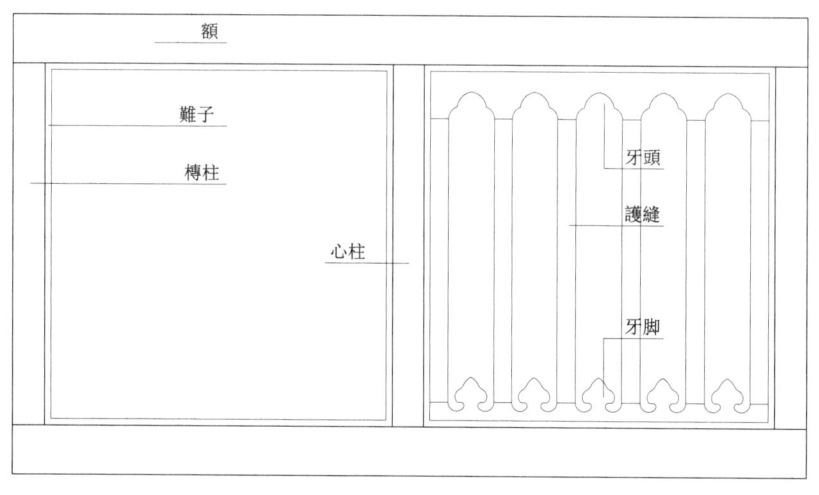

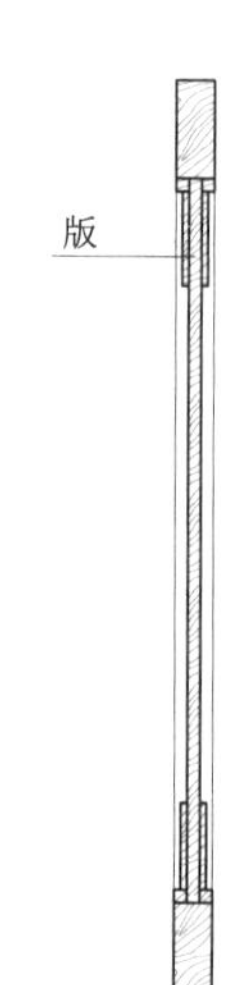

障日版一立面圖　　斷面圖

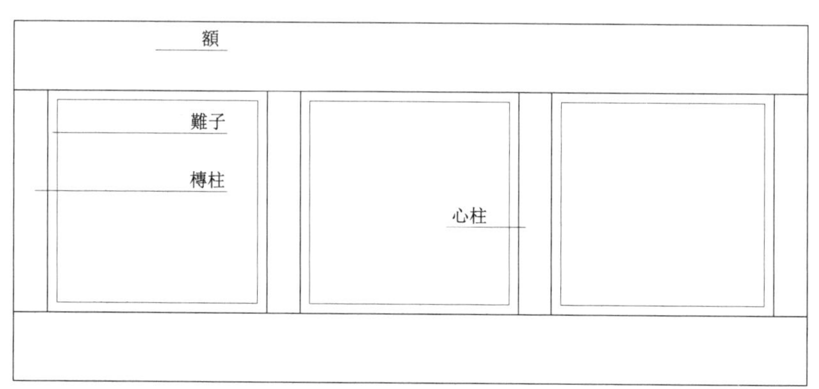

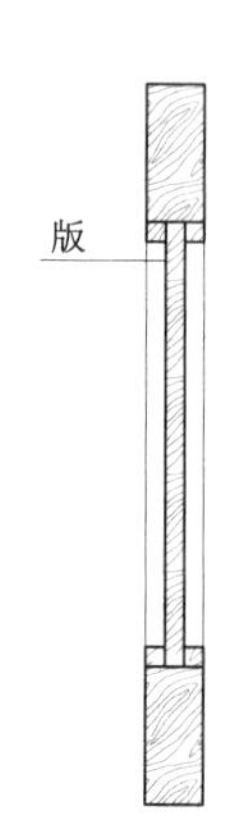

廊屋照壁版一立面圖　　斷面圖

摹自《梁思成全集》第七卷，小木作圖26 障日版、圖27 廊屋照壁版

小木作制度圖樣二十五　造胡梯之制

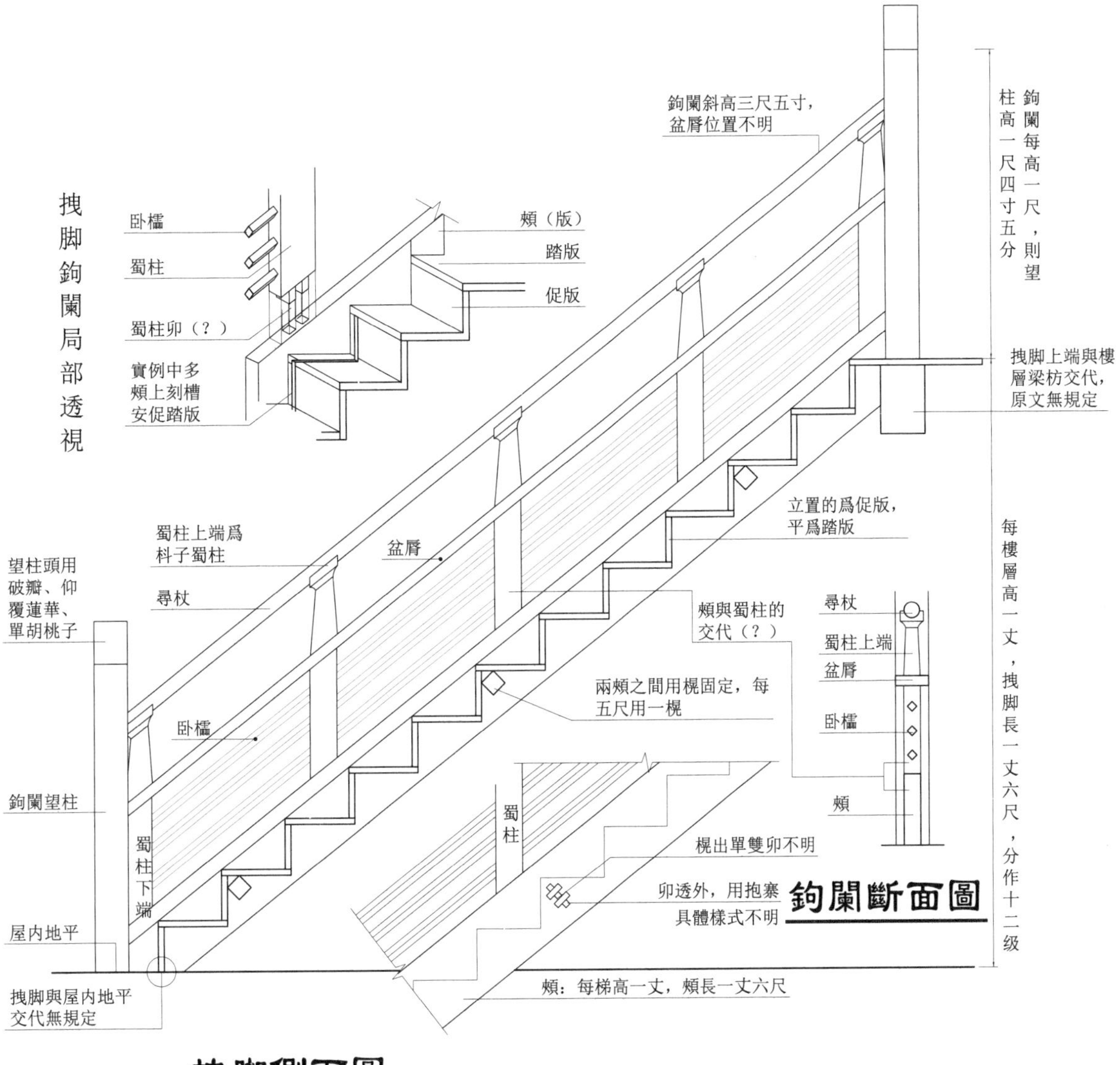

拽脚側面圖

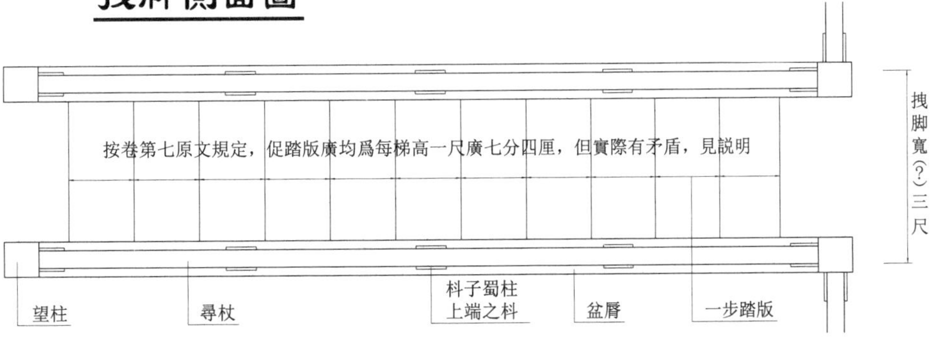

拽脚平面圖

摹自《梁思成全集》第七卷，小木作圖28 胡梯

小木作制度圖樣二十六　造垂魚、惹草之制 造裏栿版之制

造垂魚、惹草之制

“造垂魚、惹草之制：或用華瓣，或用雲頭造，垂魚長三尺至一丈；惹草長三尺至七尺，其廣厚皆取每尺之長，積而爲法。”

“凡垂魚施之於屋山搏風版合尖之下。惹草施之於搏風版之下、搏水之外。每長二尺，則於後面施楅一枚。”

“垂魚版：每長一尺，則廣六寸，厚二分五厘。

惹草版：每長一尺，則廣七寸，厚同垂魚。”

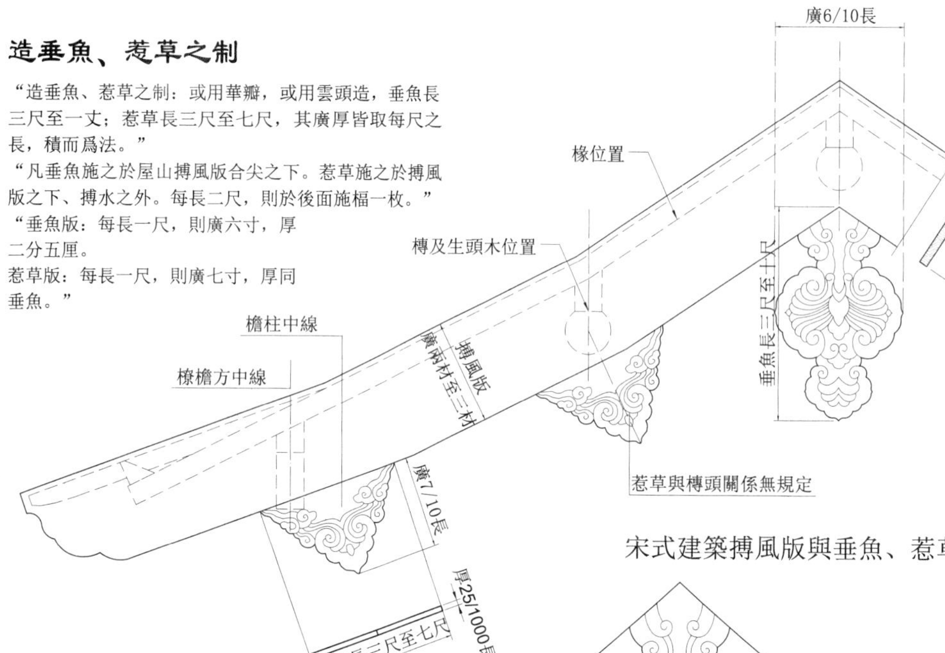

宋式建築搏風版與垂魚、惹草立面示意

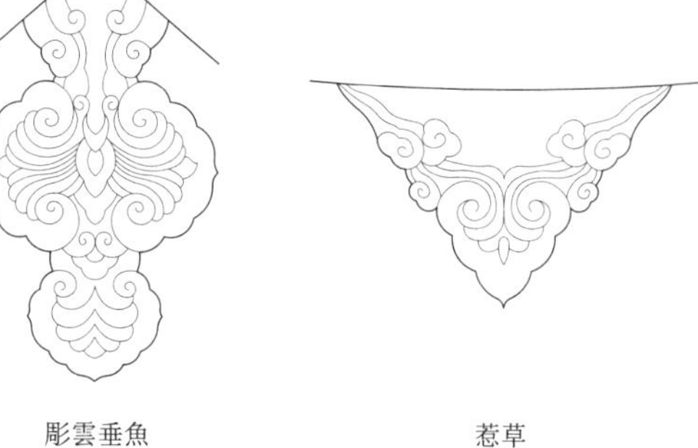

彫雲垂魚　　惹草

素垂魚　　惹草

宋式建築垂魚、惹草紋樣示意

造裏栿版之制

“造裏栿版之制：於栿兩側各用廂壁版，栿下安底版，其廣厚皆以梁栿每尺之廣，積而爲法。”

“凡裏栿版，施之於殿槽内梁栿；其下底版合縫，令承兩廂壁版，其兩廂壁版及底版皆彫華造。彫華等次序在彫作制度内。”

“兩側廂壁版：長廣皆隨梁栿，每長一尺，則厚二分五厘。底版：長厚同上。其廣隨梁栿之厚，每厚一尺，則廣加三寸。”

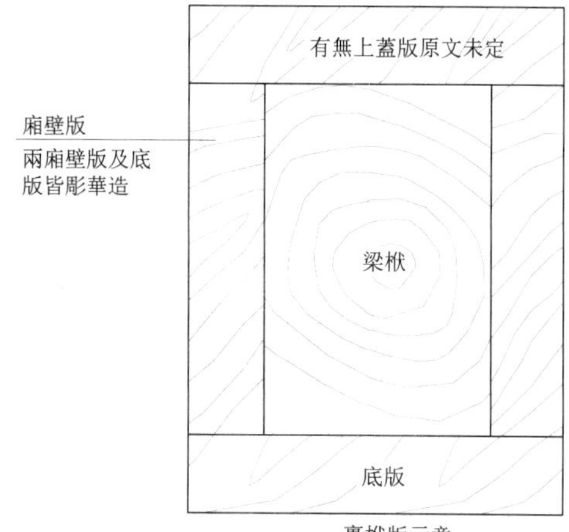

裏栿版示意

斷面圖

宋式建築搏風版與垂魚、惹草立面示意：摹自《梁思成全集》第七卷，大木作制度圖樣二十四　造搏風版之制

宋式建築垂魚、惹草紋樣示意：據《營造法式》卷第三十二，圖樣九繪

裏栿版示意：摹自《梁思成全集》第七卷，小木作圖29 裏栿版

小木作制度圖樣二十七

造擗簾竿之制
造安護殿閣檐枓栱竹
雀眼網上下木貼之制

造擗簾竿之制

“造擗簾竿之制：有三等，一曰八混，二曰破瓣，三曰方直，長一丈至一丈五尺。其廣厚皆以每尺之高積而爲法。”

“凡擗簾竿，施之於殿堂等出跳栱之下；如無出跳者，則於椽頭下安之。”

“擗簾竿：長視高，每高一尺，則方三分。

腰串：長隨間廣，其廣三分，厚二分。祇方直造。”

八混

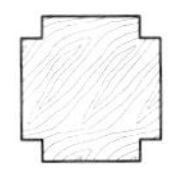
破瓣

方直

擗簾竿做法示意

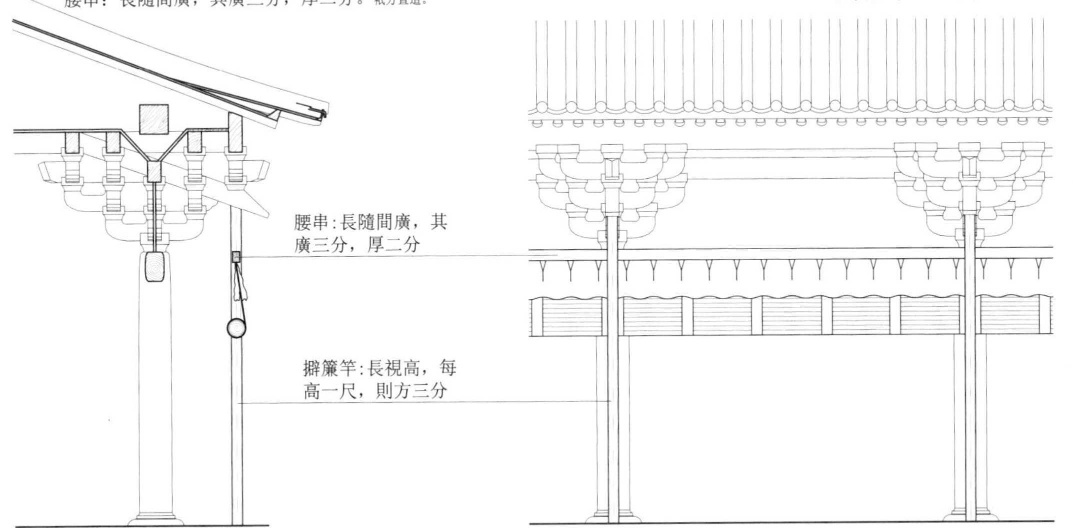

擗簾竿剖面圖 八混，施於出跳之下

擗簾竿立面圖 八混，施於出跳之下

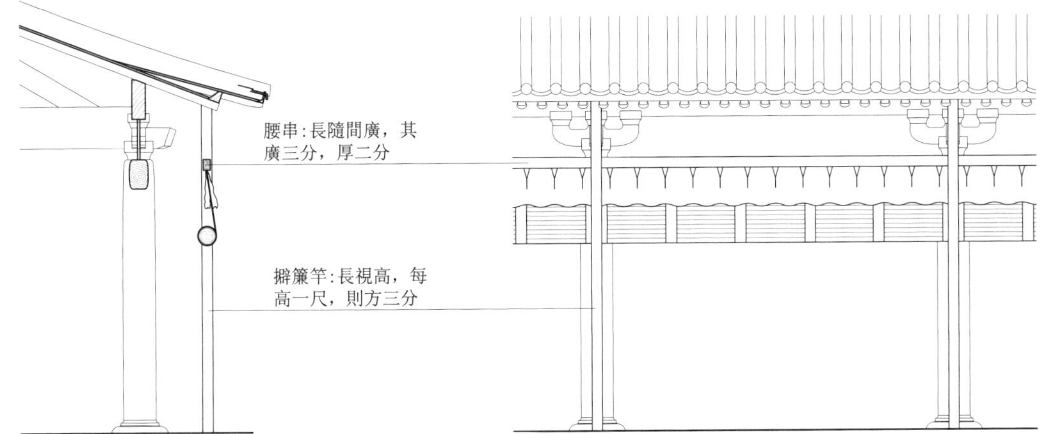

擗簾竿剖面圖 方直，施於椽頭之下

擗簾竿立面圖 方直，施於椽頭之下

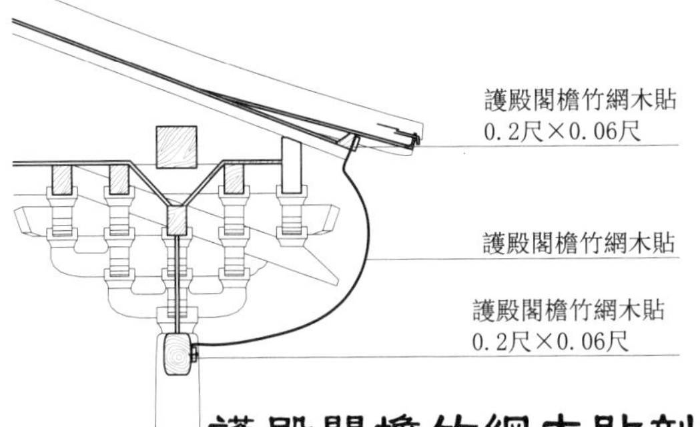

護殿閣檐竹網木貼剖面圖

造安護殿閣檐枓栱竹雀眼網上下木貼之制

“造安護殿閣檐枓栱竹雀眼網上下木貼之制：長隨所用逐間之廣，其廣二寸，厚六分，爲定法，皆方直造，地衣簟貼同。上於椽頭，下於檐額之上，壓雀眼網安釘。地衣簟貼，若望柱或碇之類，並隨四周，或圜或曲，壓簟安釘。”

參見李若水《繪畫資料中所見的宋代建築避風與遮陽裝修》，圖6　擗簾竿結構示意圖

小木作制度圖樣二十八　造平棊之制

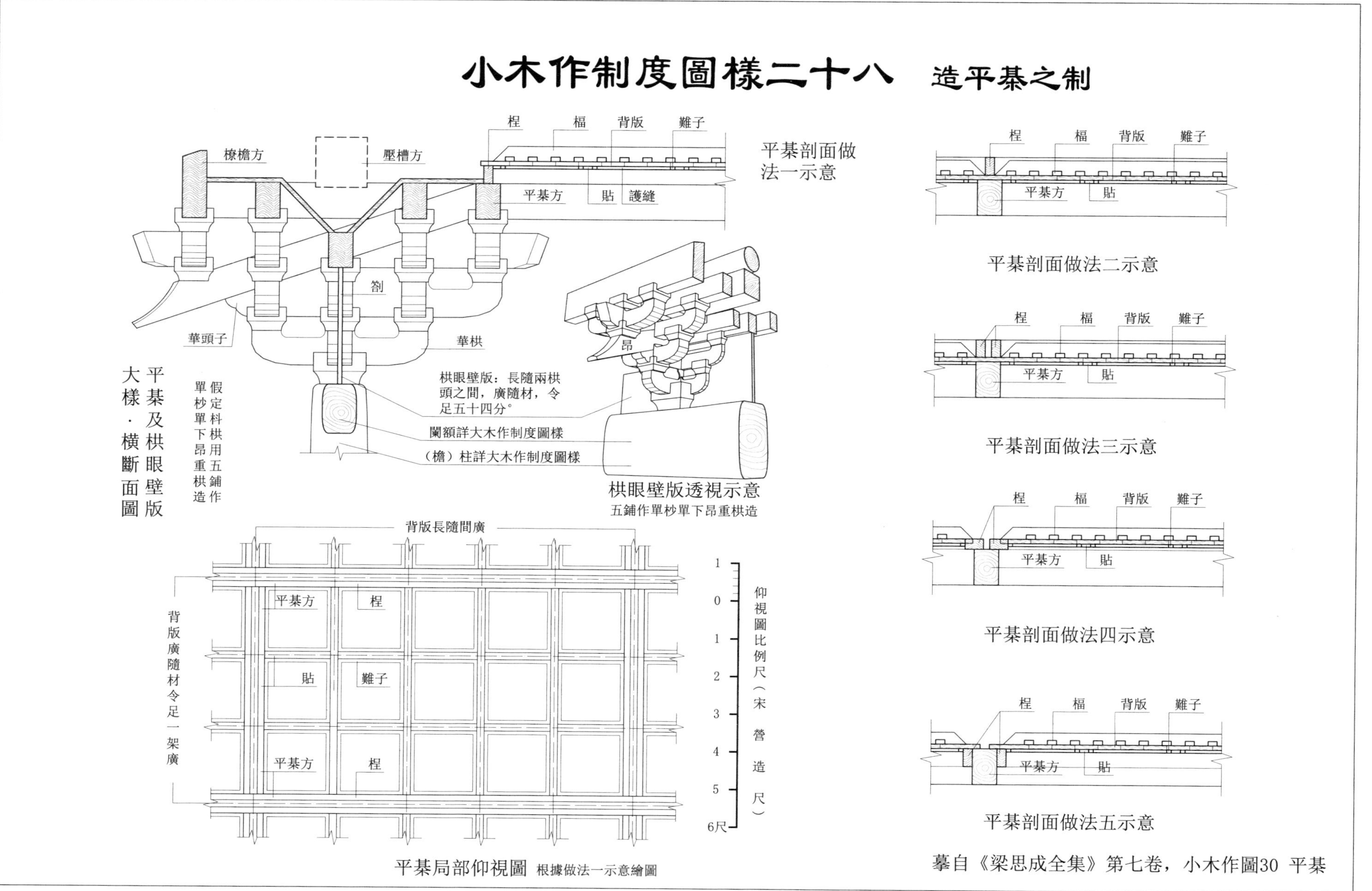

平棊及栱眼壁版大樣·橫斷面圖

栱眼壁版透視示意 五鋪作單杪單下昂重栱造

平棊局部仰視圖 根據做法一示意繪圖

摹自《梁思成全集》第七卷，小木作圖30 平棊

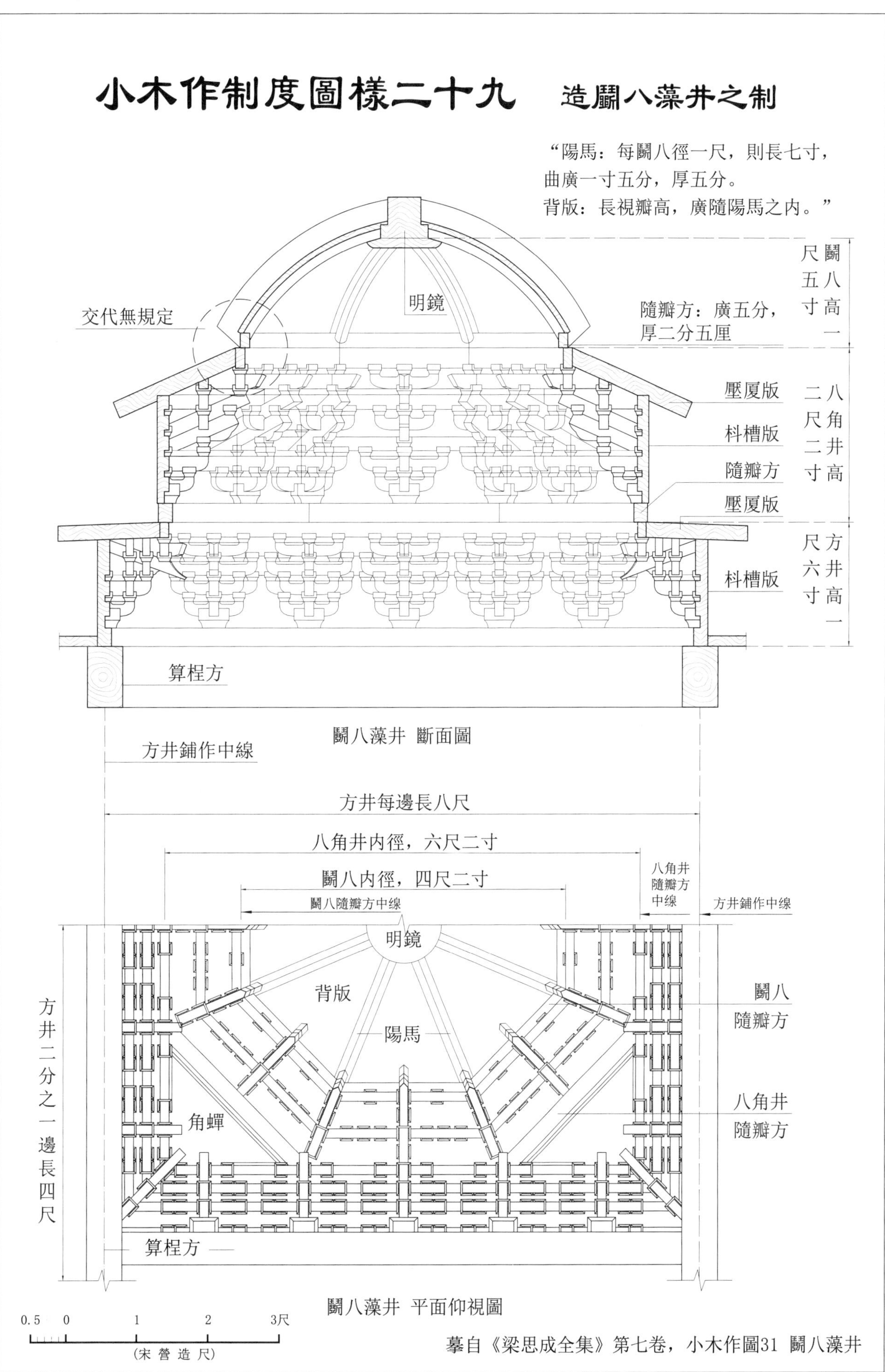

小木作制度圖樣二十九　造鬭八藻井之制
“陽馬：每鬭八徑一尺，則長七寸，
曲廣一寸五分，厚五分。
背版：長視瓣高，廣隨陽馬之内。”
明鏡
交代無規定
隨瓣方：廣五分，
厚二分五厘
鬭八高一尺五寸
壓厦版
枓槽版
隨瓣方
壓厦版
八角井高二尺二寸
枓槽版
方井高一尺六寸
算程方
鬭八藻井 斷面圖
方井鋪作中線
方井每邊長八尺
八角井内徑，六尺二寸
鬭八内徑，四尺二寸
鬭八隨瓣方中線
八角井隨瓣方中線
方井鋪作中線
明鏡
背版
陽馬
鬭八隨瓣方
八角井隨瓣方
角蟬
方井二分之一邊長四尺
算程方
鬭八藻井 平面仰視圖
0.5 0 1 2 3尺
(宋營造尺)
摹自《梁思成全集》第七卷，小木作圖31 鬭八藻井

小木作制度圖樣三十　造小鬭八藻井之制

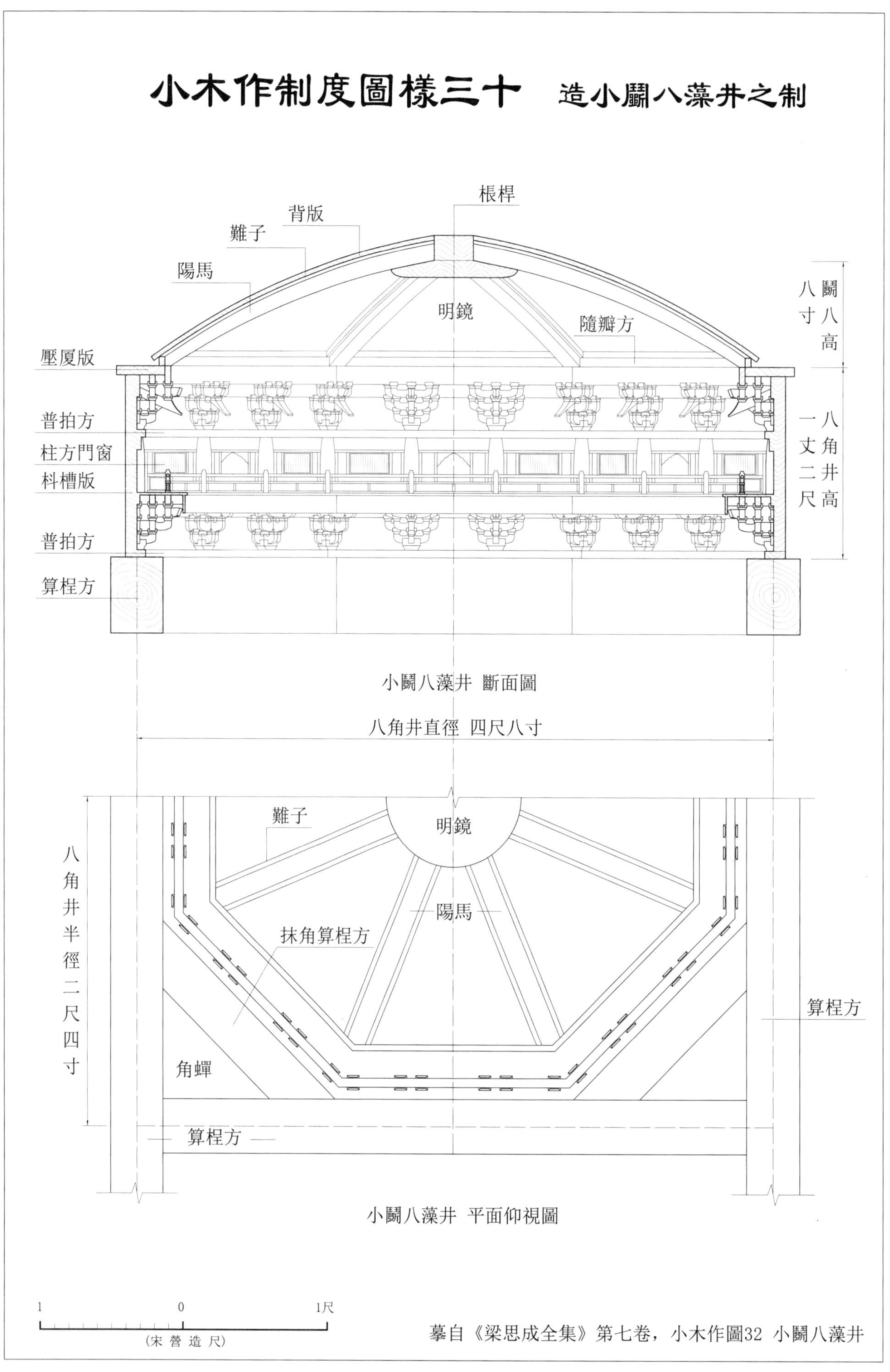

摹自《梁思成全集》第七卷，小木作圖32 小鬭八藻井

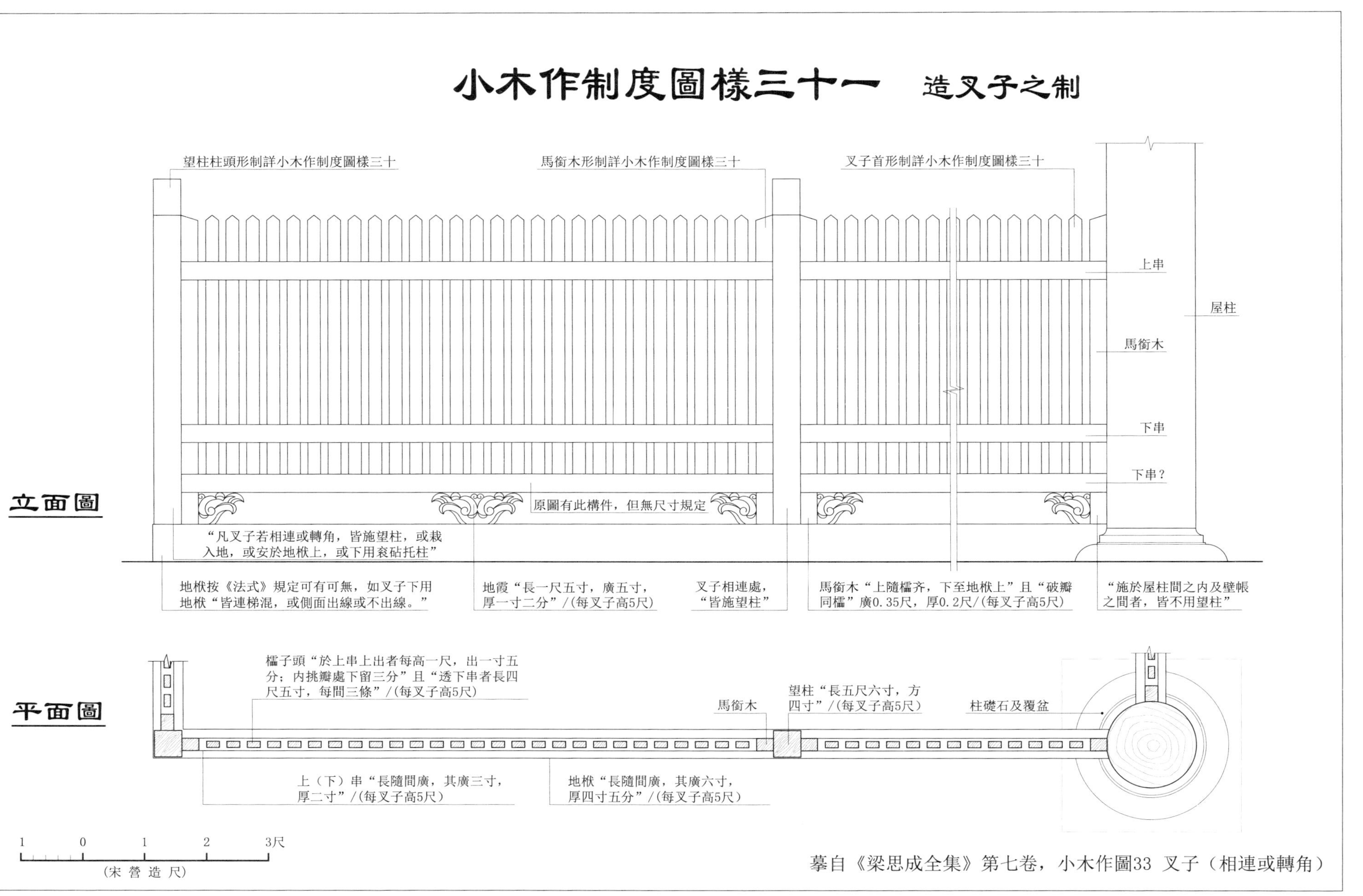
小木作制度圖樣三十一　造叉子之制
立面圖
望柱柱頭形制詳小木作制度圖樣三十
馬銜木形制詳小木作制度圖樣三十
叉子首形制詳小木作制度圖樣三十
上串
屋柱
馬銜木
下串
下串？
原圖有此構件，但無尺寸規定
“凡叉子若相連或轉角，皆施望柱，或栽入地，或安於地栿上，或下用衮砧托柱”
地栿按《法式》規定可有可無，如叉子下用地栿“皆連梯混，或側面出線或不出線。”
地霞“長一尺五寸，廣五寸，厚一寸二分”/(每叉子高5尺)
叉子相連處，“皆施望柱”
馬銜木“上隨櫺齐，下至地栿上”且“破瓣同櫺”廣0.35尺，厚0.2尺/(每叉子高5尺)
“施於屋柱間之內及壁帳之間者，皆不用望柱”
平面圖
櫺子頭“於上串上出者每高一尺，出一寸五分；內挑瓣處下留三分”且“透下串者長四尺五寸，每間三條”/(每叉子高5尺)
馬銜木
望柱“長五尺六寸，方四寸”/(每叉子高5尺)
柱礎石及覆盆
上（下）串“長隨間廣，其廣三寸，厚二寸”/(每叉子高5尺)
地栿“長隨間廣，其廣六寸，厚四寸五分”/(每叉子高5尺)
1 0 1 2 3尺
(宋營造尺)
摹自《梁思成全集》第七卷，小木作圖33 叉子（相連或轉角）

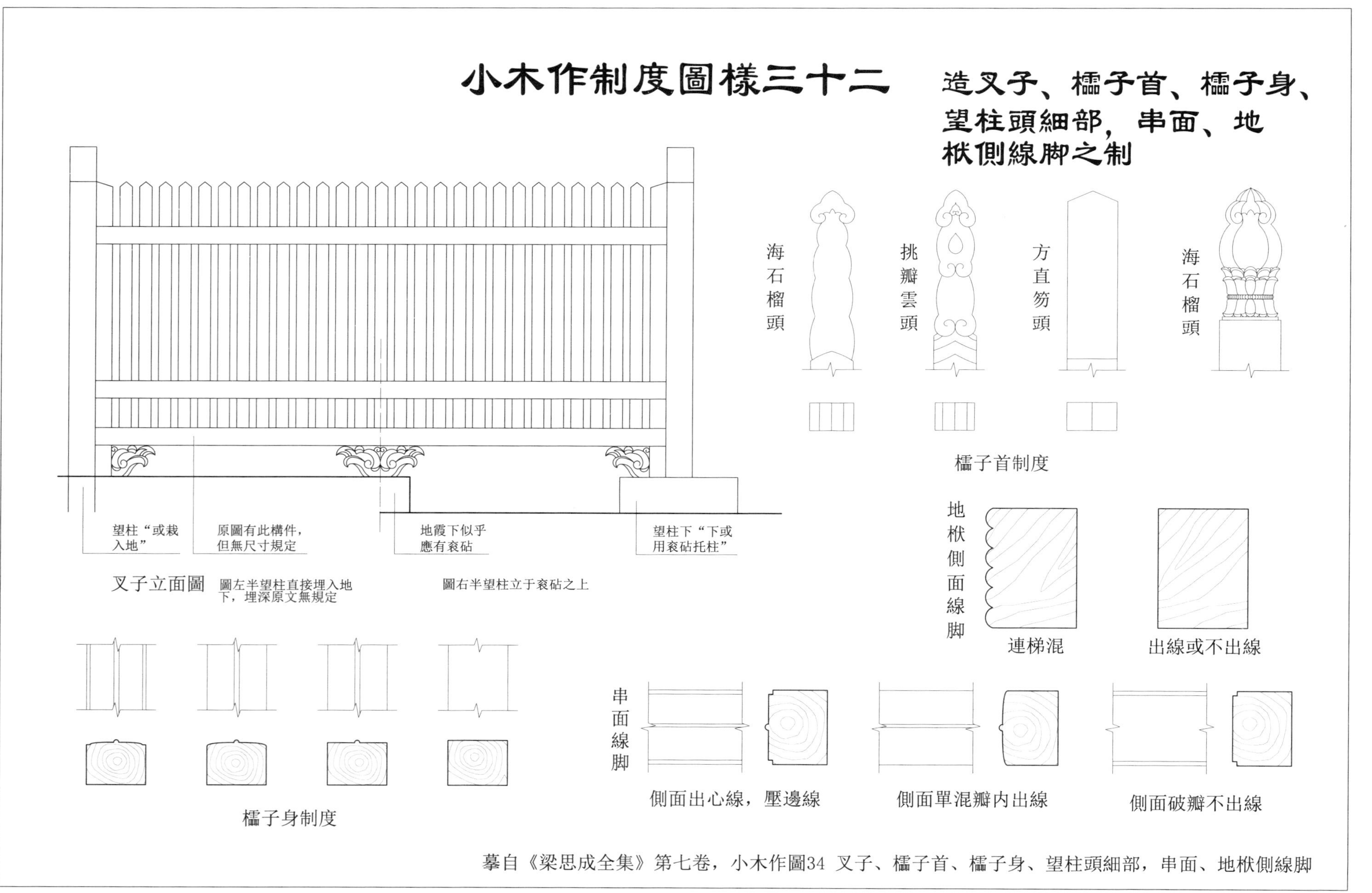
小木作制度圖樣三十二
造叉子、櫺子首、櫺子身、望柱頭細部，串面、地栿側線脚之制
望柱“或栽入地”
原圖有此構件，但無尺寸規定
地霞下似乎應有衮砧
望柱下“下或用衮砧托柱”
叉子立面圖
圖左半望柱直接埋入地下，埋深原文無規定
圖右半望柱立于衮砧之上
櫺子身制度
海石榴頭
挑瓣雲頭
方直笏頭
海石榴頭
櫺子首制度
地栿側面線脚
連梯混
出線或不出線
串面線脚
側面出心線，壓邊線
側面單混瓣內出線
側面破瓣不出線
摹自《梁思成全集》第七卷，小木作圖34 叉子、櫺子首、櫺子身、望柱頭細部，串面、地栿側線脚

小木作制度圖樣三十三　造鉤闌之制

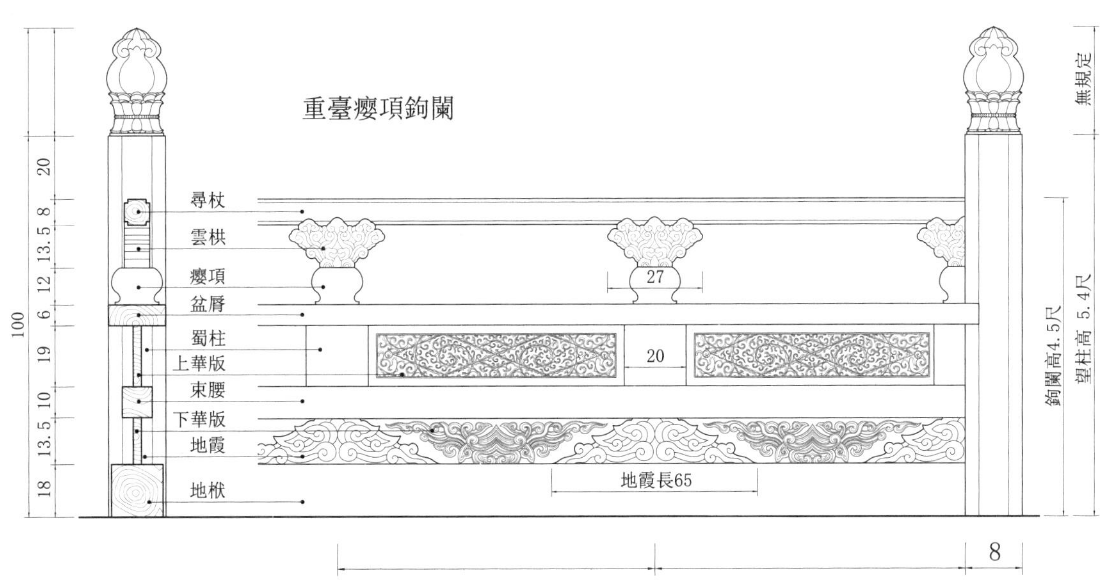

兩蜀柱間的距离卷第八原文無規定

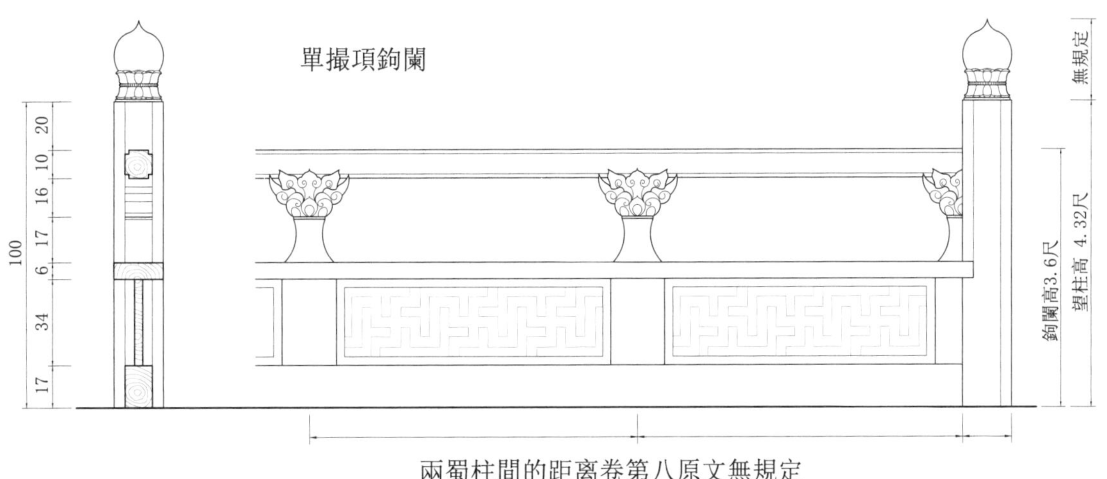

兩蜀柱間的距离卷第八原文無規定

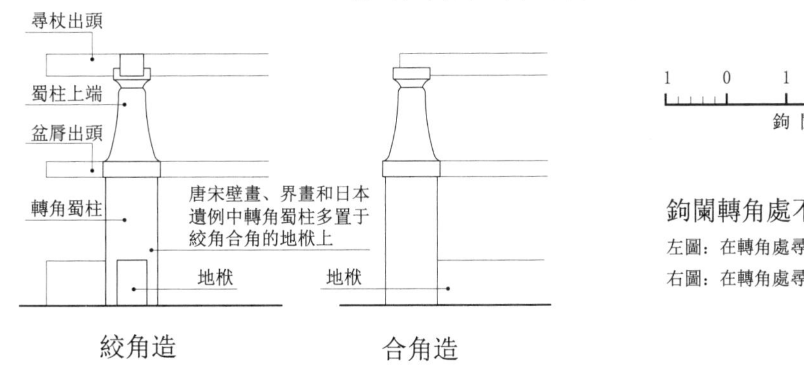

鉤闌轉角處不用望柱的兩種交代

左圖：在轉角處尋杖等交叉出頭

右圖：在轉角處尋杖不交叉出頭

摹自《梁思成全集》第七卷，小木作圖35 鉤闌

小木作制度圖樣三十四

造棵籠子之制
造拒馬叉子之制
造殿堂、樓閣、門亭等牌之制

造棵籠子之制

“造棵籠子之制：高五尺，上廣二尺，下廣三尺；或用四柱，或用六柱，或用八柱。柱子上下，各用榥子、脚串、版櫺。下用牙子，或不用牙子。或雙腰串，或下用雙榥子鋜脚版造。柱子每高一尺，即首長一寸，垂脚空五分。柱身四瓣方直。或安子桯，或採子桯，或破瓣造；柱首或作仰覆蓮，或單胡桃子，或枓柱挑瓣方直，或刻作海石榴。其名件廣厚，皆以每尺之高，積而爲法。”

“凡棵籠子，其櫺子之首在上榥子内。其櫺相去準叉子制度。”

“柱子：長視高。每高一尺，則方四分四厘；如六瓣或八瓣，即廣七分，厚五分。

上下榥並腰串：長隨兩柱内，其廣四分，厚三分。

鋜脚版：長同上，下隨榥子之長，其廣五分。以厚六分爲定法。

櫺子：長六寸六分，卯在内，廣二分四厘。厚同上。

牙子：長同鋜脚版，分作二條，廣四分。厚同上。”

造拒馬叉子之制

“造拒馬叉子之制：高四尺至六尺。如間廣一丈者，用二十一櫺；每廣增一尺，則加二櫺，減亦如之。兩邊用馬銜木，上用穿心串，下用攏桯連梯，廣三尺五寸，其卯廣減桯之半，厚三分，中留一分，其名件廣厚，皆以高五尺爲祖，隨其大小而加減之。”

“凡拒馬叉子，其櫺子自連梯上，皆左右隔間分布於上串内，出首交斜相向。”

“櫺子：其首制度有二：一曰五瓣雲頭挑瓣；二曰素訛角。叉子首於上串上出者，每高一尺，出二寸四分；挑瓣處下留三分。斜長五尺五寸，廣二寸，厚一寸二分；每高增一尺，則長加一尺一寸，廣加二分，厚加一分。

馬銜木：其首破瓣同櫺，減四分。長視高。每叉子高五尺，則廣四寸半，厚二寸半。每高增一尺，則廣加四分，厚加二分；減亦如之。

上串：長隨間廣。其廣五寸五分，厚四寸。每高增一尺，則廣加三分，厚加二分。

連梯：長同上串，廣一寸，厚二寸五分。每高增一尺，則廣加一寸。厚加五分。兩頭者廣厚同，長隨下廣。”

棵籠子示意

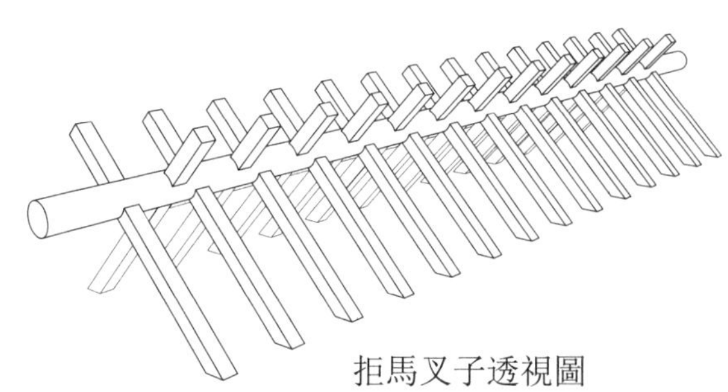

拒馬叉子透視圖

造殿堂、樓閣、門亭等牌之制

“造殿堂樓閣門亭等牌之制：長二尺至八尺。其牌首牌上横出者，牌帶牌兩旁下垂者、牌舌牌面下兩帶之内横施者，每廣一尺，即上邊綽四寸向外。牌面每長一尺，則首、帶隨其長，外各加長四寸二分，舌加長四分。謂牌長五尺，即首長六尺一寸，帶長七尺一寸，舌長四尺二寸之類，尺寸不等；依此加減；下同。其廣厚皆取牌每尺之長，積而爲法。”

“凡牌面之後，四周皆用楅，其身内七尺以上者用三楅，四尺以上者用二楅，三尺以上者用一楅。其楅之廣厚，皆量其所宜而爲之。”

“牌面：每長一尺，則廣八寸，其下又加一分令牌面下廣，謂牌長五尺，即上廣四尺，下廣四尺五分之類，尺寸不等，依此加減；下同。”

“首：廣三寸，厚四分。

帶：廣二寸八分，厚同上。

舌：廣二寸，厚同上。”

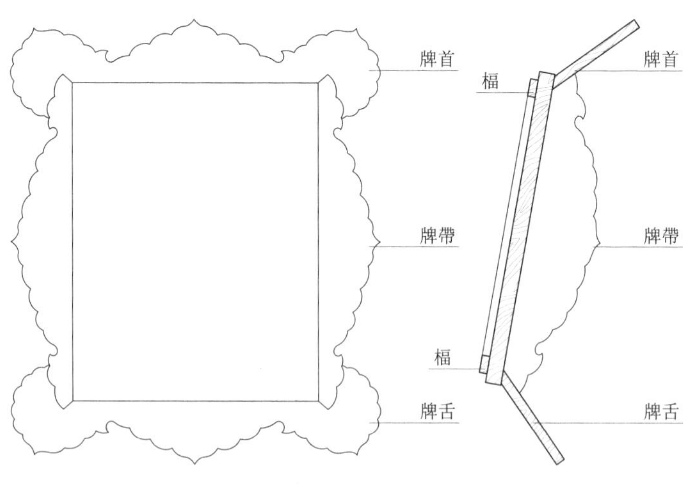

牌 立面圖　　牌 剖面圖

棵籠子示意：摹自[宋]佚名《十八學士圖》(局部)

拒馬叉子透視圖：參見[宋]佚名《春遊晚歸圖頁》

牌立面圖：據《營造法式》卷第三十二，圖樣十八繪

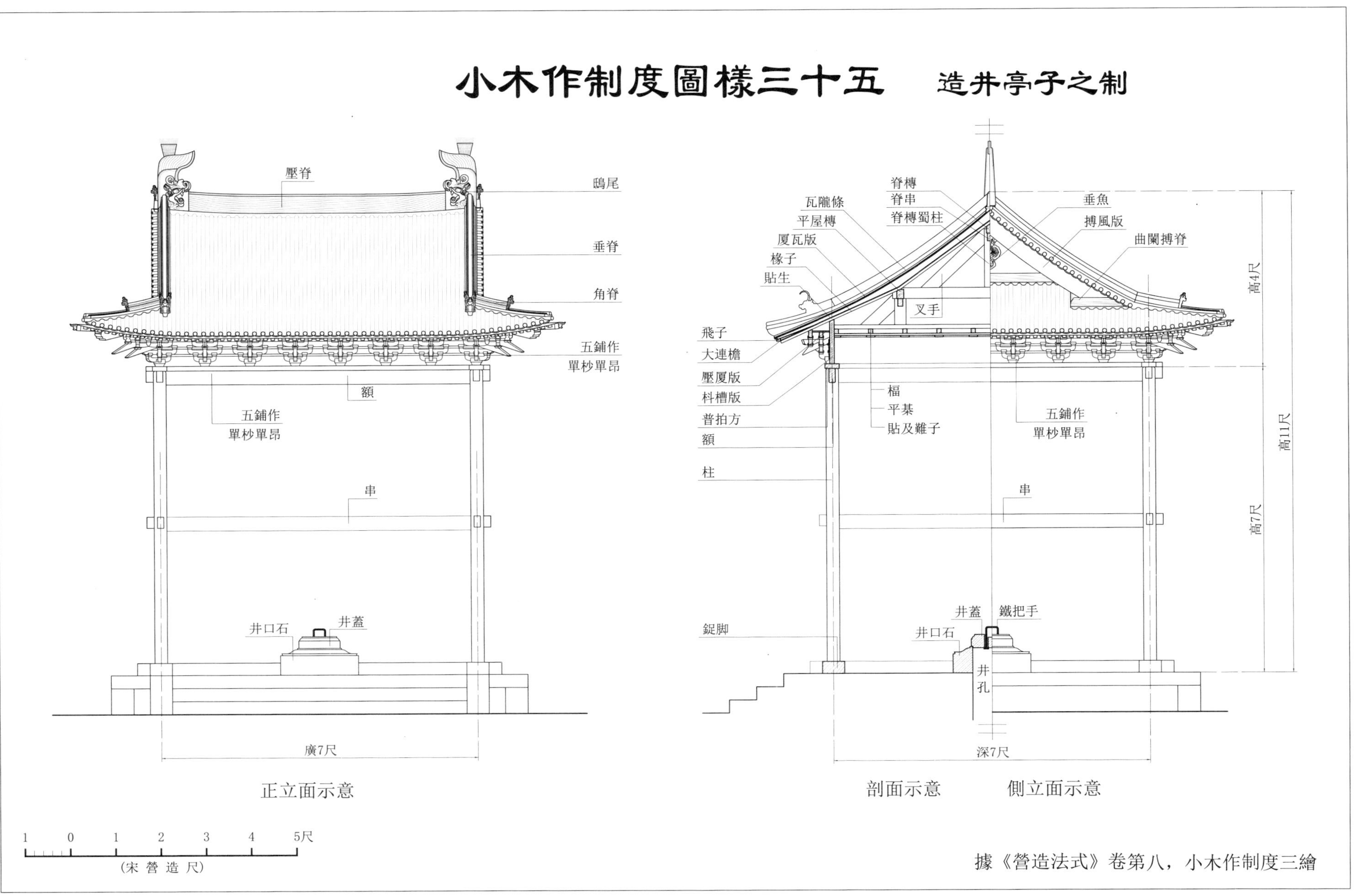

小木作制度圖樣三十五
造井亭子之制
壓脊
鴟尾
垂脊
角脊
五鋪作
單杪單昂
額
五鋪作
單杪單昂
串
井口石
井蓋
廣7尺
正立面示意
脊槫
脊串
脊槫蜀柱
瓦隴條
平屋槫
厦瓦版
椽子
貼生
垂魚
搏風版
曲闌搏脊
叉手
飛子
大連檐
壓厦版
枓槽版
普拍方
額
柱
榥
平棊
貼及難子
五鋪作
單杪單昂
串
高4尺
高11尺
高7尺
鋜脚
井蓋
鐵把手
井口石
井
孔
深7尺
剖面示意
側立面示意
1 0 1 2 3 4 5尺
(宋 營 造 尺)
據《營造法式》卷第八，小木作制度三繪

小木作制度圖樣三十六　造天宫樓閣佛道帳之制

造佛道帳之制

“造佛道帳之制：自坐下龜脚至鴟尾，共高二丈九尺；内外攏深一丈二尺五寸。上層施天宫樓閣；次平坐；次腰檐。帳身下安芙蓉瓣、疊澁、門窗、龜脚坐。兩面與兩側制度並同。作五間造。其名件廣厚，皆取逐層每尺之高，積而爲法。後鉤闌兩等，皆以每寸之高，積而爲法。”

帳坐

“帳坐：高四尺五寸，長隨殿身之廣，其廣隨殿身之深。下用龜脚，脚上施車槽，槽之上下各用澁一重，於上澁之上又疊子澁三重。於上一重之下施坐腰。上澁之上用坐面澁，面上安重臺鉤闌，高一尺。闌内遍用明金版。鉤闌之内施寳柱兩重，留外一重爲轉道。内壁貼絡門窗。其上設五鋪作卷頭平坐。材廣一寸八分。腰檐平坐準此。平坐上又安重臺鉤闌。並癭項雲栱坐。自龜脚上每澁至上鉤闌，逐層並作芙蓉瓣造。”

帳身

“帳身：高一丈二尺五寸，長與廣皆隨帳坐，量瓣數隨宜取間。其内外皆攏帳柱。柱下用錠脚隔枓，柱上用内外側當隔枓。四面外柱並安歡門、帳帶。前一面裏槽柱内亦用。每間用算程方施平棊、鬭八藻井。前一面每間兩頰各用毬文格子門。格子桯四混出雙線，用雙腰串、腰華版造。門之制度，並準本法。兩側及後壁，並用難子安版。”

腰檐

“腰檐：自櫨枓至脊，共高三尺。六鋪作一杪兩昂，重栱造。柱上施枓槽版與山版。版内又施夾槽版，逐縫夾安鑰匙頭版，其上順槽安鑰匙頭棍；又施鑰匙頭版上通用卧棍，棍上栽柱子；柱上又施卧棍，棍上安上層平坐。鋪作之上，平鋪壓厦版，四角用角梁、子角梁，鋪椽安飛子。依副階舉分結窊。”

平坐

“平坐：高一尺八寸，長與廣皆隨帳身。六鋪作卷頭重栱造四出角。於壓厦版上施鴈翅版，槽内名件並準腰檐法。上施單鉤闌，高七寸。撮項雲栱造。”

天宫樓閣

“天宫樓閣：共高七尺二寸，深一尺一寸至一尺三寸。出跳及檐並在柱外。下層爲副階；中層爲平坐；上層爲腰檐，檐上爲九脊殿結窊。”

帳上所用鉤闌

“帳上所用鉤闌：應用小鉤闌者，並通用此制度。”

踏道圜橋子

“踏道圜橋子：高四尺五寸，斜拽長三尺七寸至五尺五寸，面廣五尺。下用龜脚，上施連梯、立旌，四周纏難子合版，内用棍。兩頰之内，逐層安促、踏版，上隨圜勢，施鉤闌、望柱。”

芙蓉瓣

“凡佛道帳芙蓉瓣，每瓣長一尺二寸，隨瓣用龜脚。上對鋪作。窊結　瓦隴條，每條相去如隴條之廣。至角隨宜分布。其屋蓋舉折及枓栱等分數，並準大木作制度隨材減之。卷殺瓣柱及飛子亦如之。”

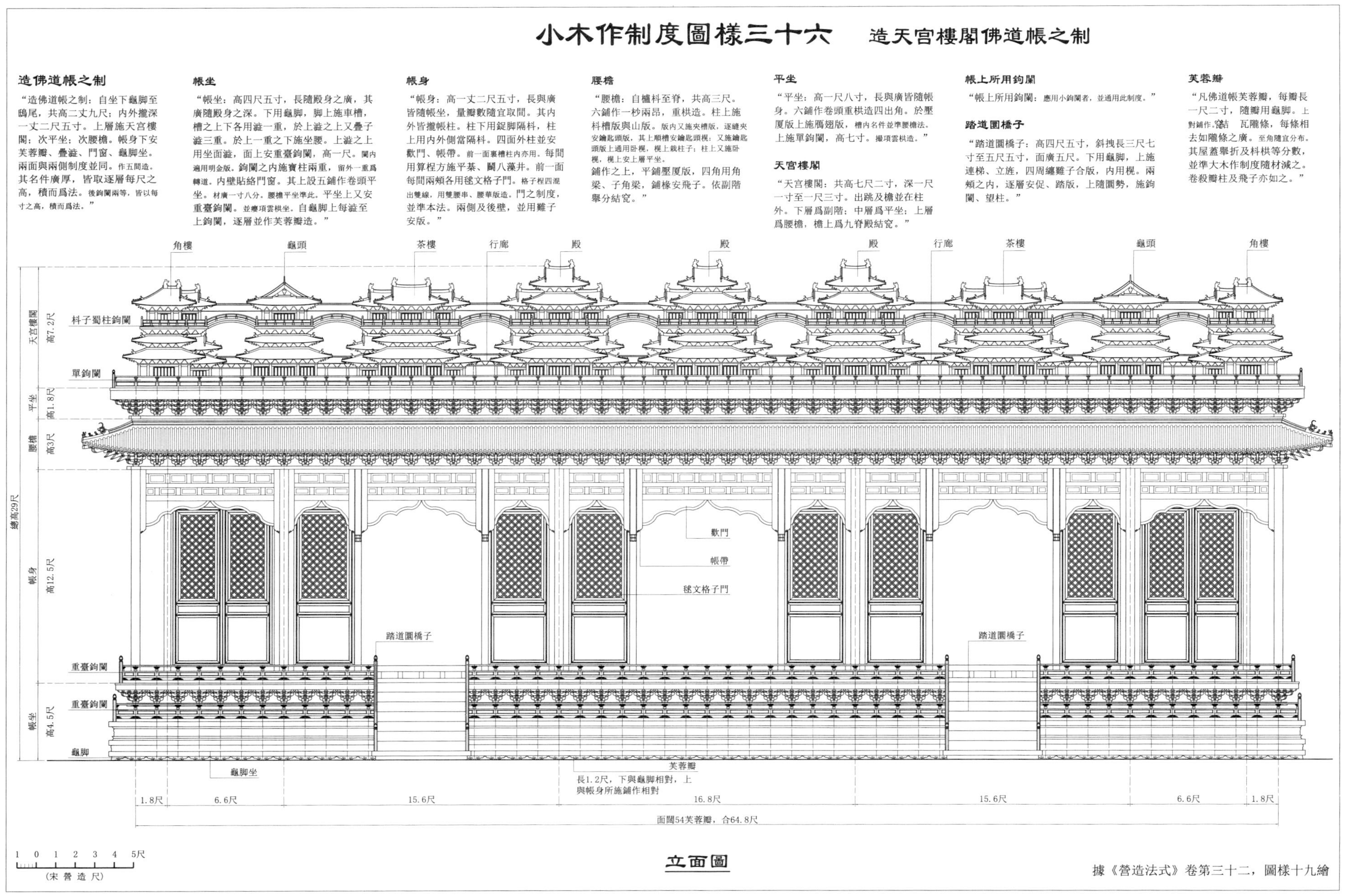

立面圖

據《營造法式》卷第三十二，圖樣十九繪

小木作制度圖樣三十六（附圖一）

造天宮樓閣佛道帳之制

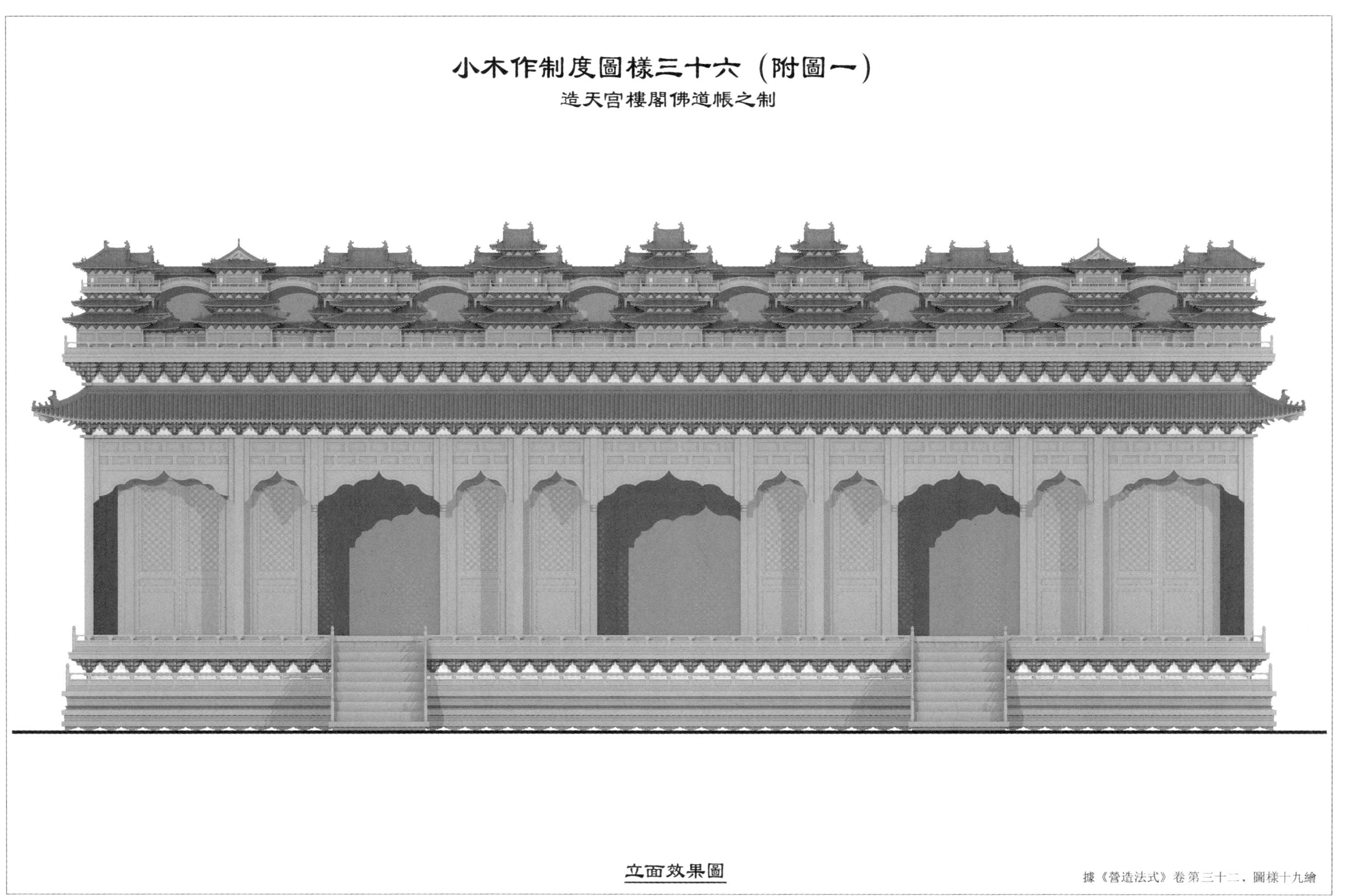

立面效果圖

據《營造法式》卷第三十二、圖樣十九繪

小木作制度圖樣三十六（附圖二）

造天宫樓閣佛道帳之制

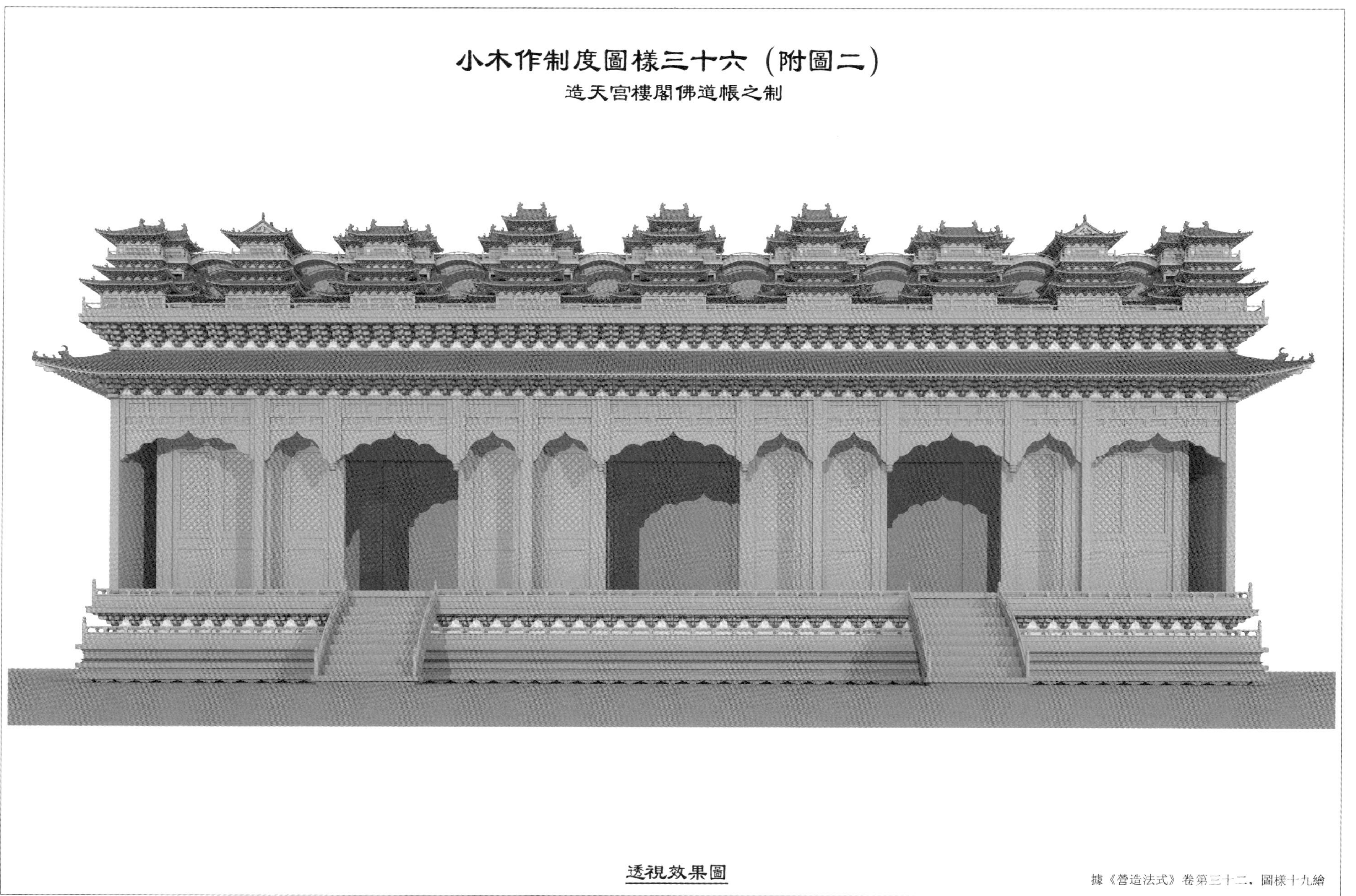

透視效果圖

據《營造法式》卷第三十二，圖樣十九繪

小木作制度圖樣三十七　造山華蕉葉佛道帳之制

造佛道帳之制

“造佛道帳之制：自坐下龜脚至鴟尾，共高二丈九尺；内外攏深一丈二尺五寸。上層施天宫樓閣；次平坐；次腰檐。帳身下安芙蓉瓣、疊澁、門窗、龜脚坐。兩面與兩側制度並同。作五間造。其名件廣厚，皆取逐層每尺之高，積而爲法。後鉤闌兩等，皆以每寸之高，積而爲法。”

帳坐

“帳坐：高四尺五寸，長隨殿身之廣，其廣隨殿身之深。下用龜脚，脚上施車槽，槽之上下各用澁一重，於上澁之上又疊子澁三重。於上一重之下施坐腰。上澁之上用坐面澁，面上安重臺鉤闌，高一尺。闌内遍用明金版。鉤闌之内施寶柱兩重，留外一重爲轉道。内壁貼絡門窗。其上設五鋪作卷頭平坐。材廣一寸八分。腰檐平坐準此。平坐上又安重臺鉤闌。並癭項雲栱坐。自龜脚上每澁至上鉤闌，逐層並作芙蓉瓣造。”

帳身

“帳身：高一丈二尺五寸，長與廣皆隨帳坐，量瓣數隨宜取間。其内外皆攏帳柱。柱下用鋜脚隔枓，柱上用内外側當隔枓。四面外柱並安歡門、帳帶。前一面裏槽柱内亦用。每間用算程方施平棊、鬭八藻井。前一面每間兩頰各用毬文格子門。格子桯四混出雙線，用雙腰串、腰華版造。門之制度，並準本法。兩側及後壁，並用難子安版。”

山華蕉葉

“上層如用山華蕉葉造者，帳身之上，更不用結窊。其壓厦版，於橑檐方外出四十分，上施混肚方。方上用仰陽版，版上安山華蕉葉，共高二尺七寸七分。其名件廣厚，皆取自普拍方至山華每尺之高，積而爲法。”

踏道圜橋子

“踏道圜橋子：高四尺五寸，斜拽長三尺七寸至五尺五寸，面廣五尺。下用龜脚，上施連梯、立旌，四周纏難子合版，内用榥。兩頰之内，逐層安促、踏版，上隨圜勢，施鉤闌、望柱。”

芙蓉瓣

“凡佛道帳芙蓉瓣，每瓣長一尺二寸，隨瓣用龜脚。上對鋪作。結窊瓦隴條，每條相去如隴條之廣。至角隨宜分布。其屋蓋舉折及枓栱等分數，並準大木作制度隨材減之。卷殺瓣柱及飛子亦如之。”

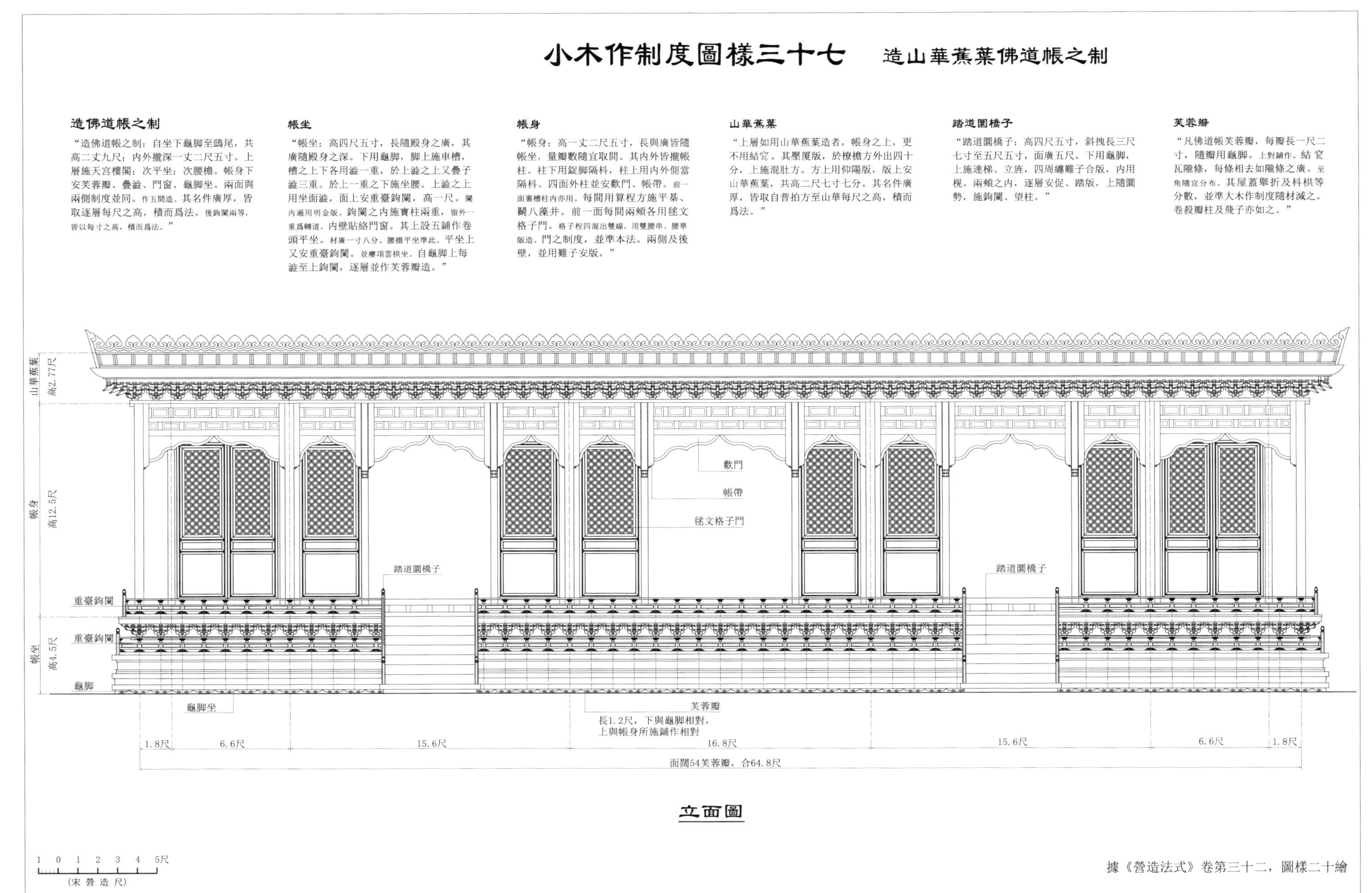

立面圖

據《營造法式》卷第三十二，圖樣二十繪

小木作制度圖樣三十七（附圖一）

造山華蕉葉佛道帳之制

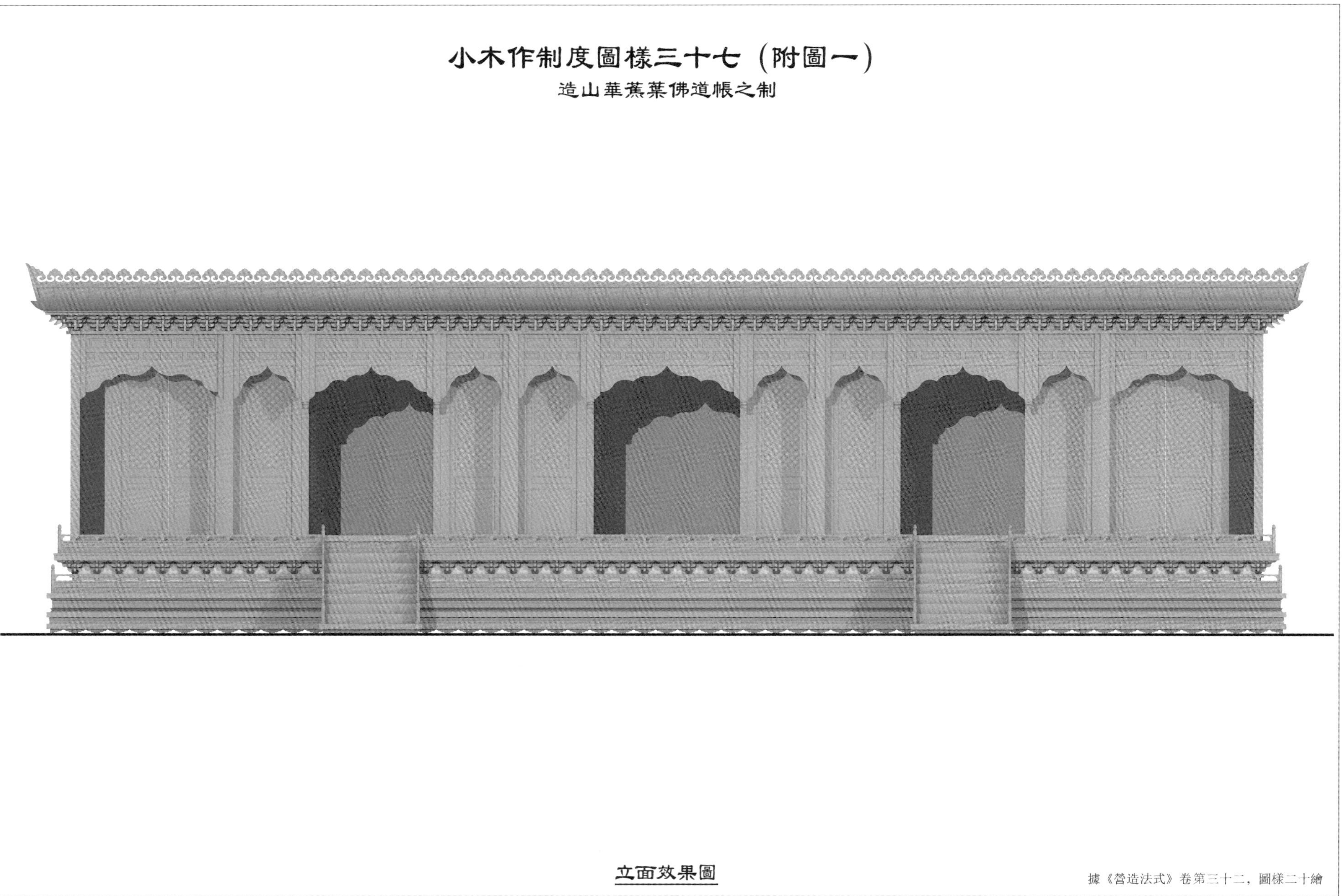

立面效果圖

據《營造法式》卷第三十二，圖樣二十繪

小木作制度圖樣三十七（附圖二）

造山華蕉葉佛道帳之制

透視效果圖

據《營造法式》卷第三十二，圖樣二十繪

小木作制度圖樣三十八　造牙脚帳之制

造牙脚帳之制

"造牙脚帳之制：共高一丈五尺，廣三丈，内外攏共深八尺。以此爲率。下段用牙脚坐；坐下施龜脚。中段帳身上用隔枓；下用錠脚。上段山華仰陽版；六鋪作。每段各分作三段造。其名件廣厚，皆隨逐層每尺之高，積而爲法。"

牙脚坐

"牙脚坐：高二尺五寸，長三丈二尺，深一丈。坐頭在内。下用連梯、龜脚。中用束腰、壓青牙子、牙頭、牙脚，背版、填心。上用梯盤、面版，安重臺鉤闌，高一尺。其鉤闌並準佛道帳制度。"

帳身

"帳身：高九尺，長三丈，深八尺。内外槽柱上用隔枓，下用錠脚。四面柱内安歡門、帳帶，兩側及後壁皆施心柱、腰串、難子安版。前面每間兩邊，並用立頰、泥道版。"

帳頭

"帳頭：共高三尺五寸。枓槽長二丈九尺七寸六分，深七尺七寸六分。六鋪作，單杪重昂重栱轉角造。其材廣一寸五分。柱上安枓槽版。鋪作之上用壓厦版。版上施混肚方、仰陽山華版。每間用補間鋪作二十八朵。"

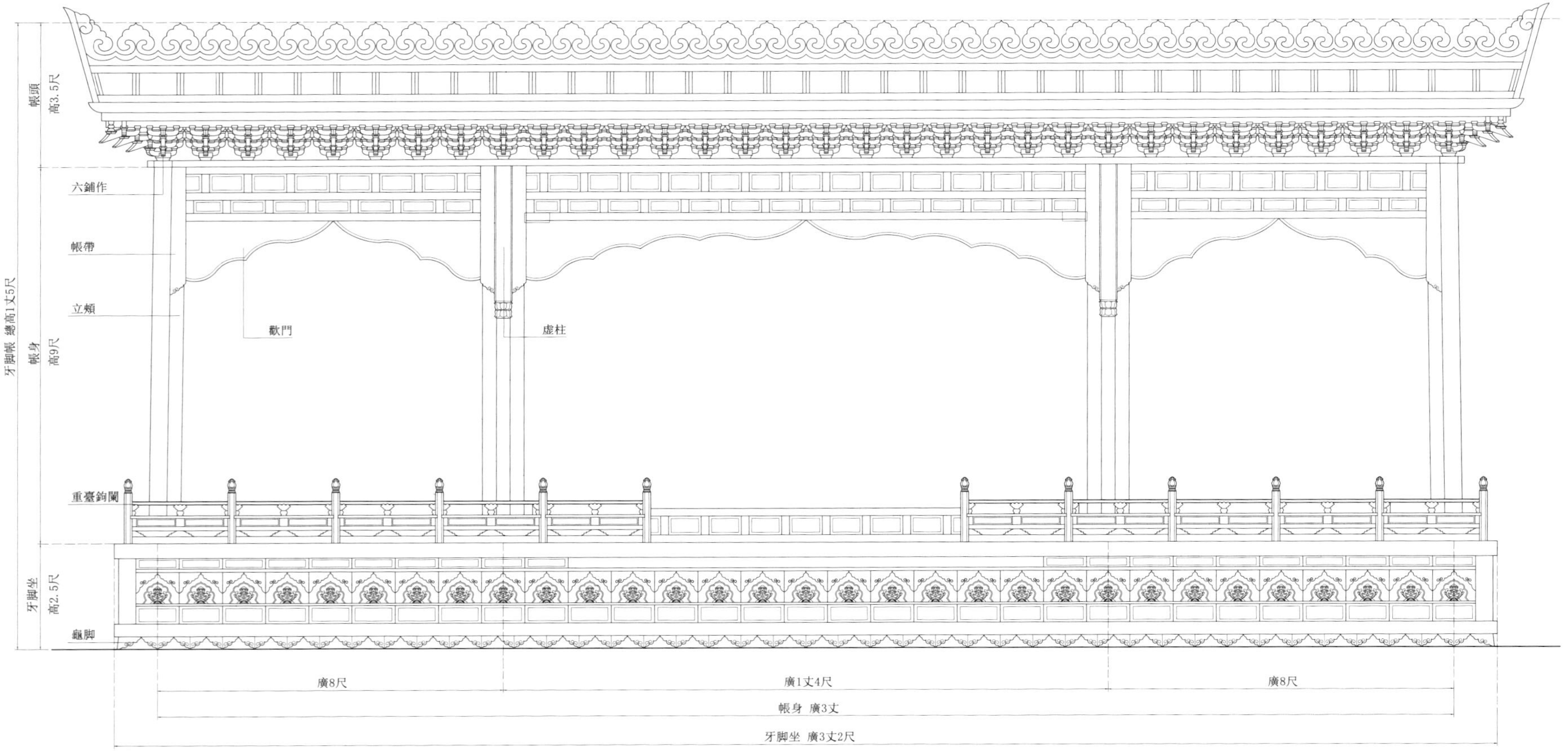

立面圖

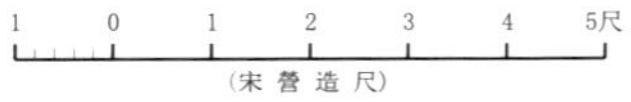

據《營造法式》卷第三十二繪

小木作制度圖樣三十八（附圖一）

造牙脚帳之制

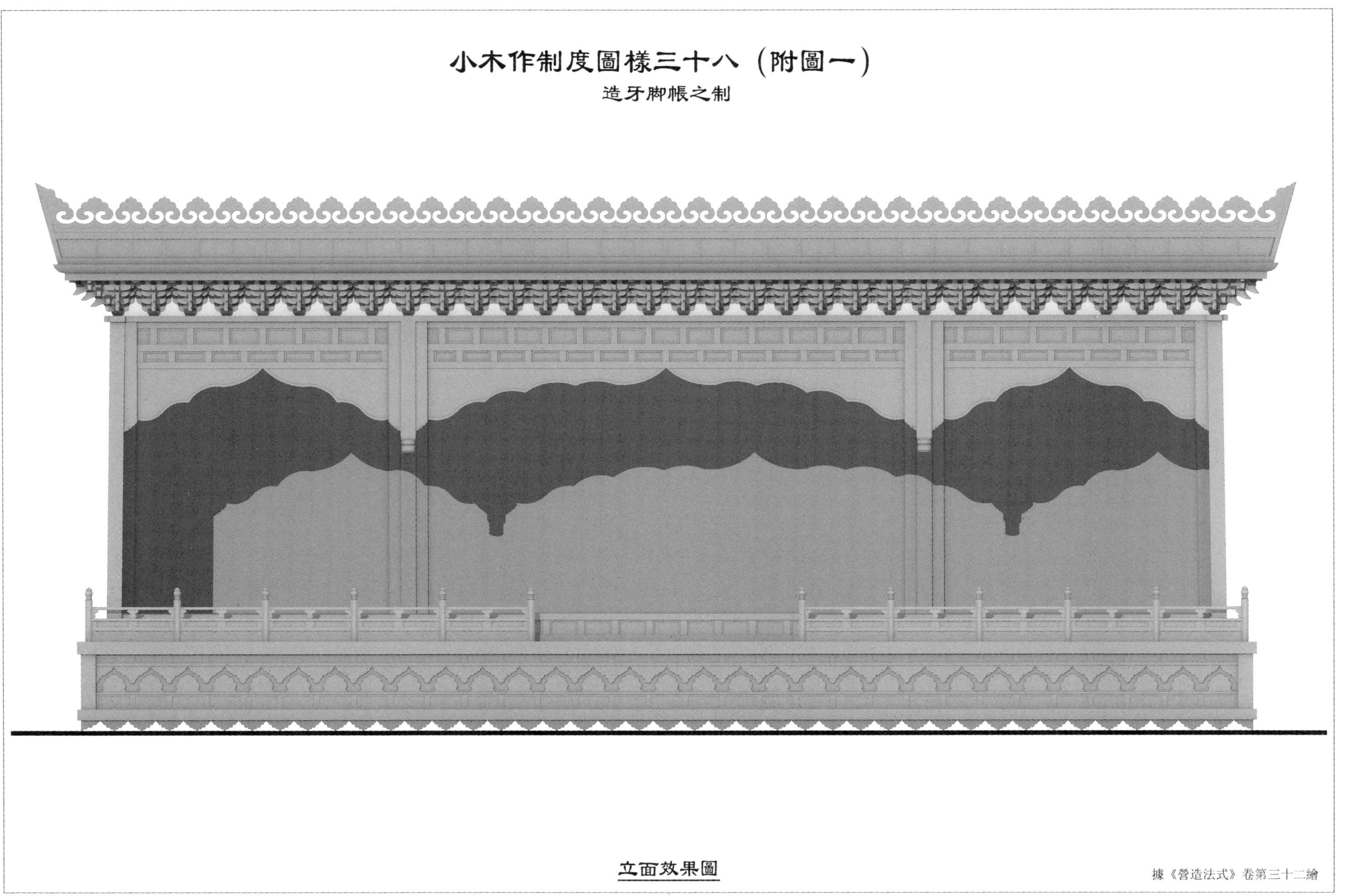

立面效果圖

據《營造法式》卷第三十二繪

小木作制度圖樣三十八（附圖二）

造牙脚帳之制

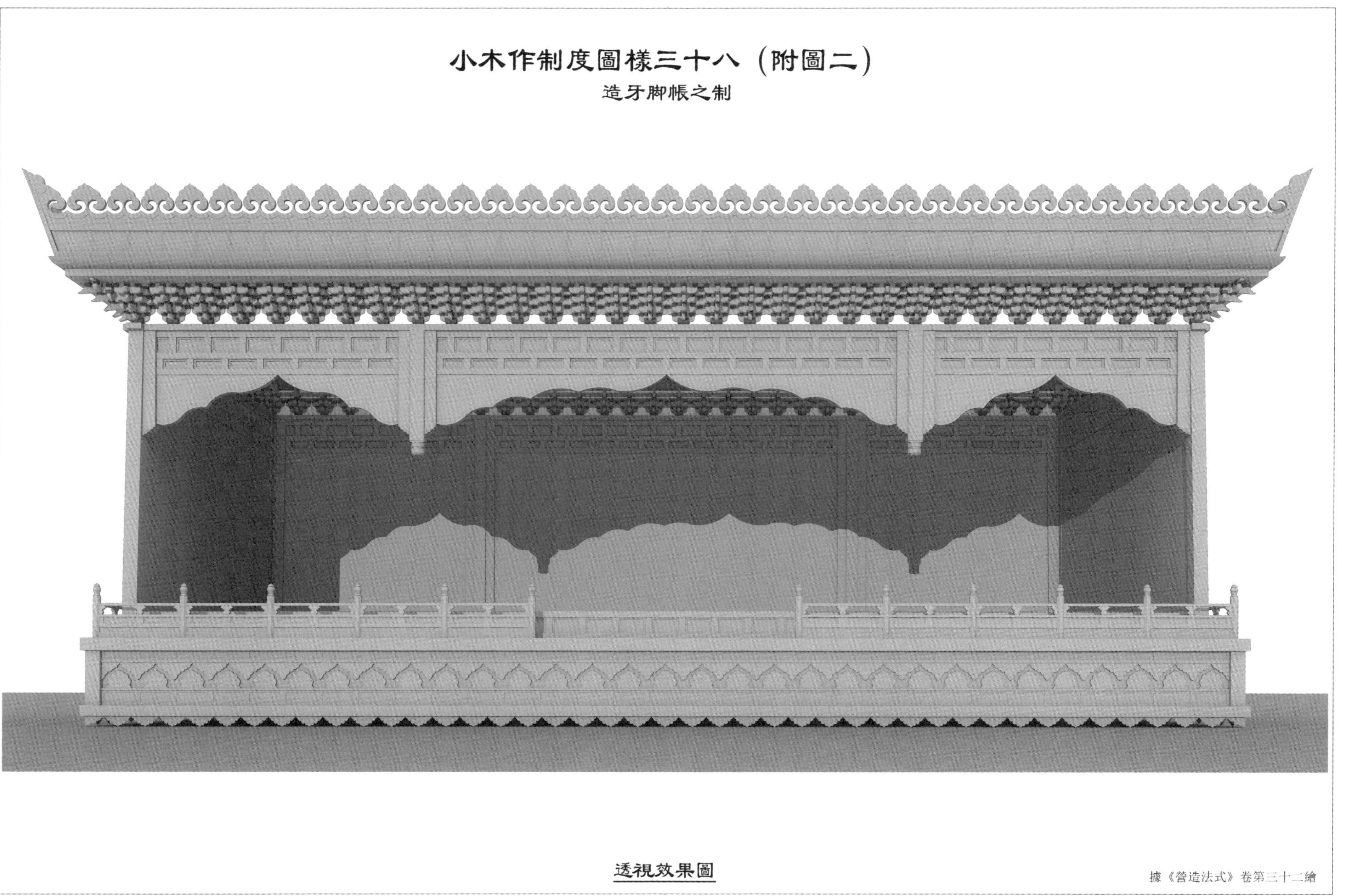

透視效果圖

據《營造法式》卷第三十二繪

小木作制度圖樣三十九　造九脊小帳之制

造九脊小帳之制

“造九脊小帳之制：自牙脚坐下龜脚至脊，共高一丈二尺，鴟尾在外，廣八尺，内外攏共深四尺。下段、中段與牙脚帳同；上段五鋪作、九脊殿結瓷造。”

“凡九脊小帳，施之於屋一間之内。其補間鋪作前後各八朵，兩側各四朵。坐内壼門等，並準牙脚帳制度。”

“其名件廣厚，皆隨逐層每尺之高，積而爲法。”

牙脚坐

“牙脚坐：高二尺五寸，長九尺六寸，坐頭在内，深五尺。自下連梯、龜脚，上至面版安重臺鉤闌，並準牙脚帳坐制度。”

帳身

“帳身：一間，高六尺五寸，廣八尺，深四尺。其内外槽柱至泥道版，並準牙脚帳制度。唯後壁兩側並不用腰串。”

帳頭

“帳頭：自普拍方至脊共高三尺，鴟尾在外，廣八尺，深四尺。四柱，五鋪作，下出一杪，上施一昂，材厚一寸二分，厚八分，重栱造。上用壓厦版，出飛檐，作九脊結瓷。”

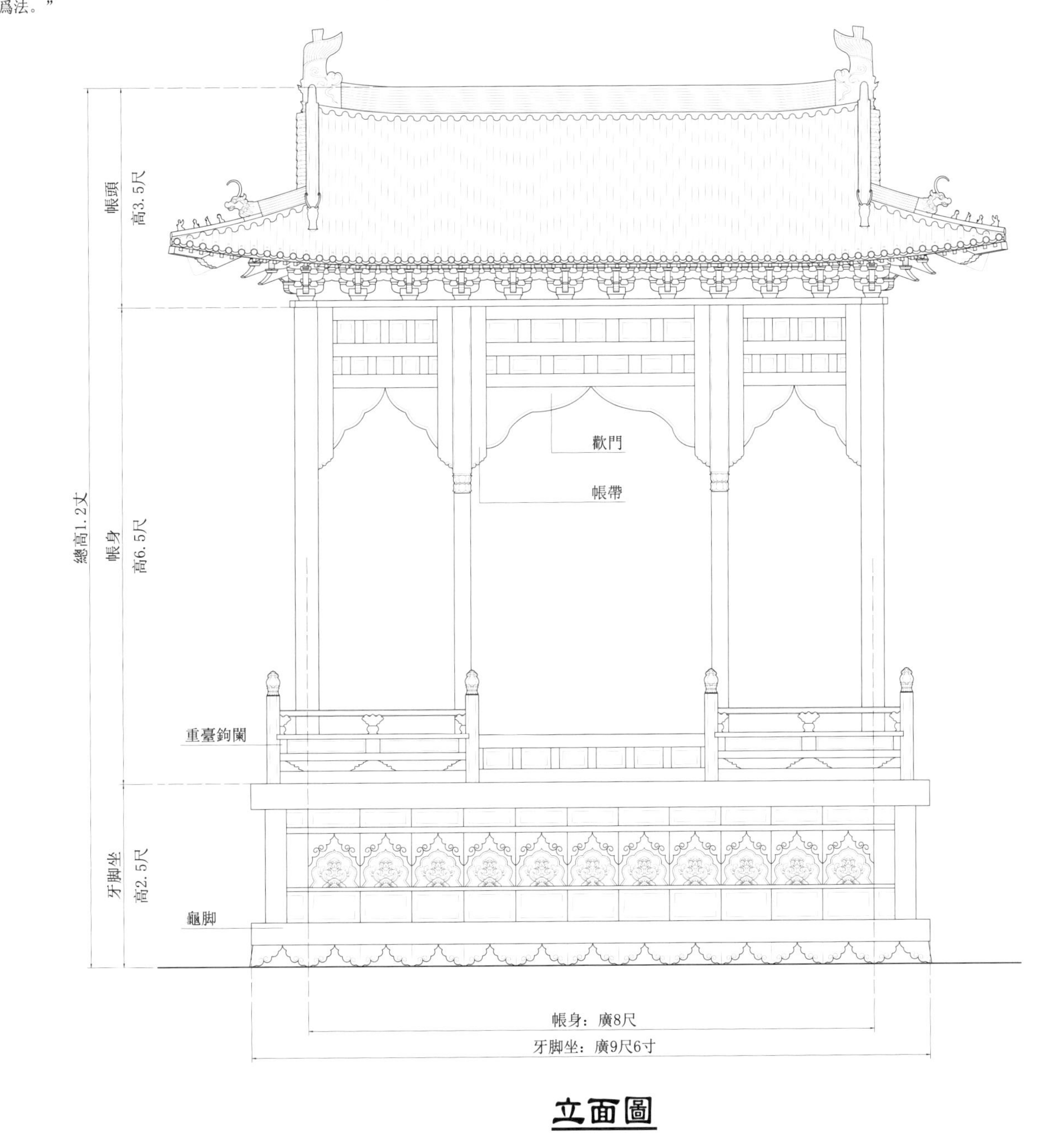

立面圖

1　0　1　2　3尺
（宋營造尺）

據《營造法式》卷第三十二，圖樣二十一繪

小木作制度圖樣三十九（附圖一）

造九脊小帳之制

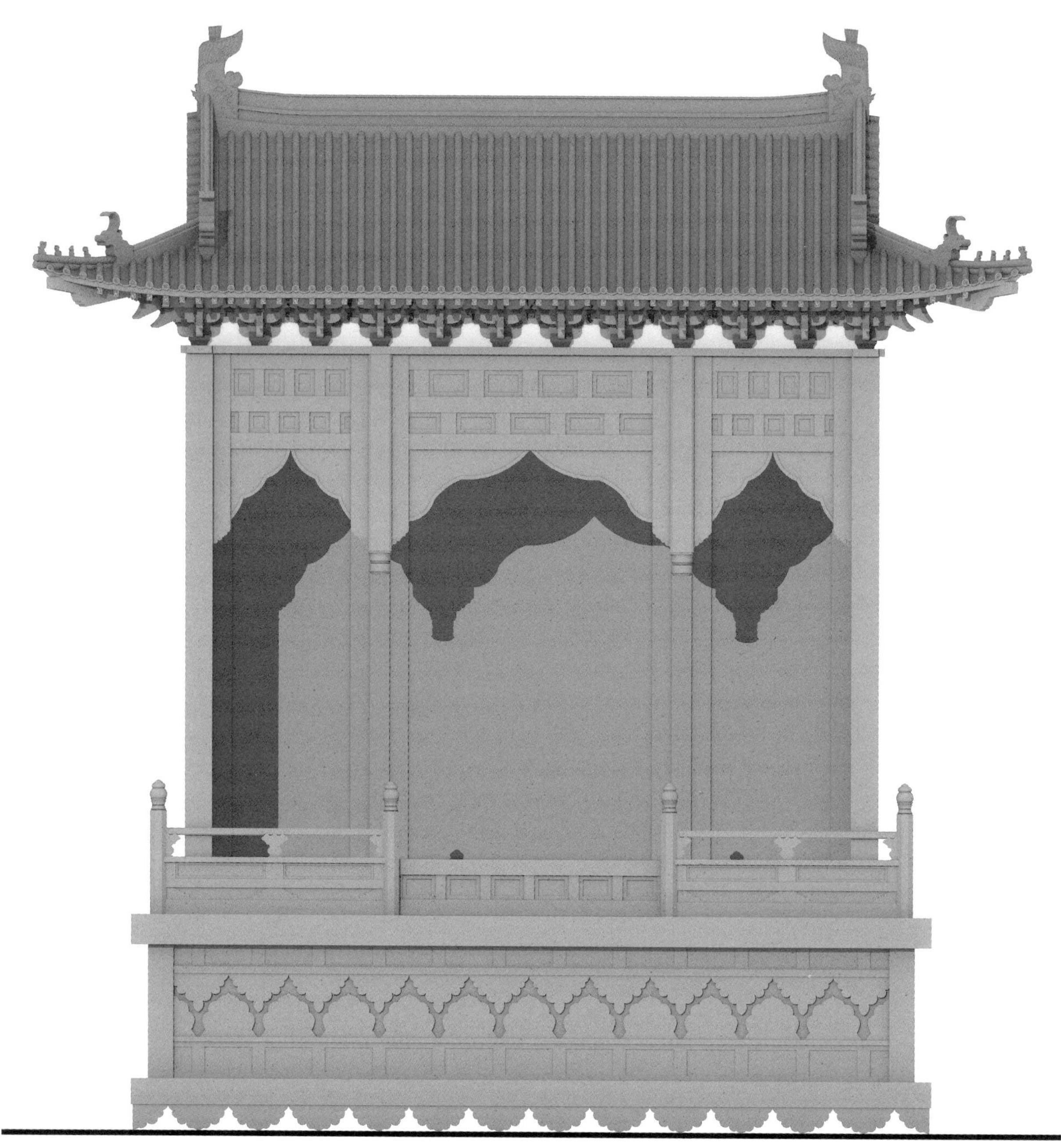

立面效果圖 據《營造法式》卷第三十二，圖樣二十一繪

小木作制度圖樣三十九（附圖二）

造九脊小帳之制

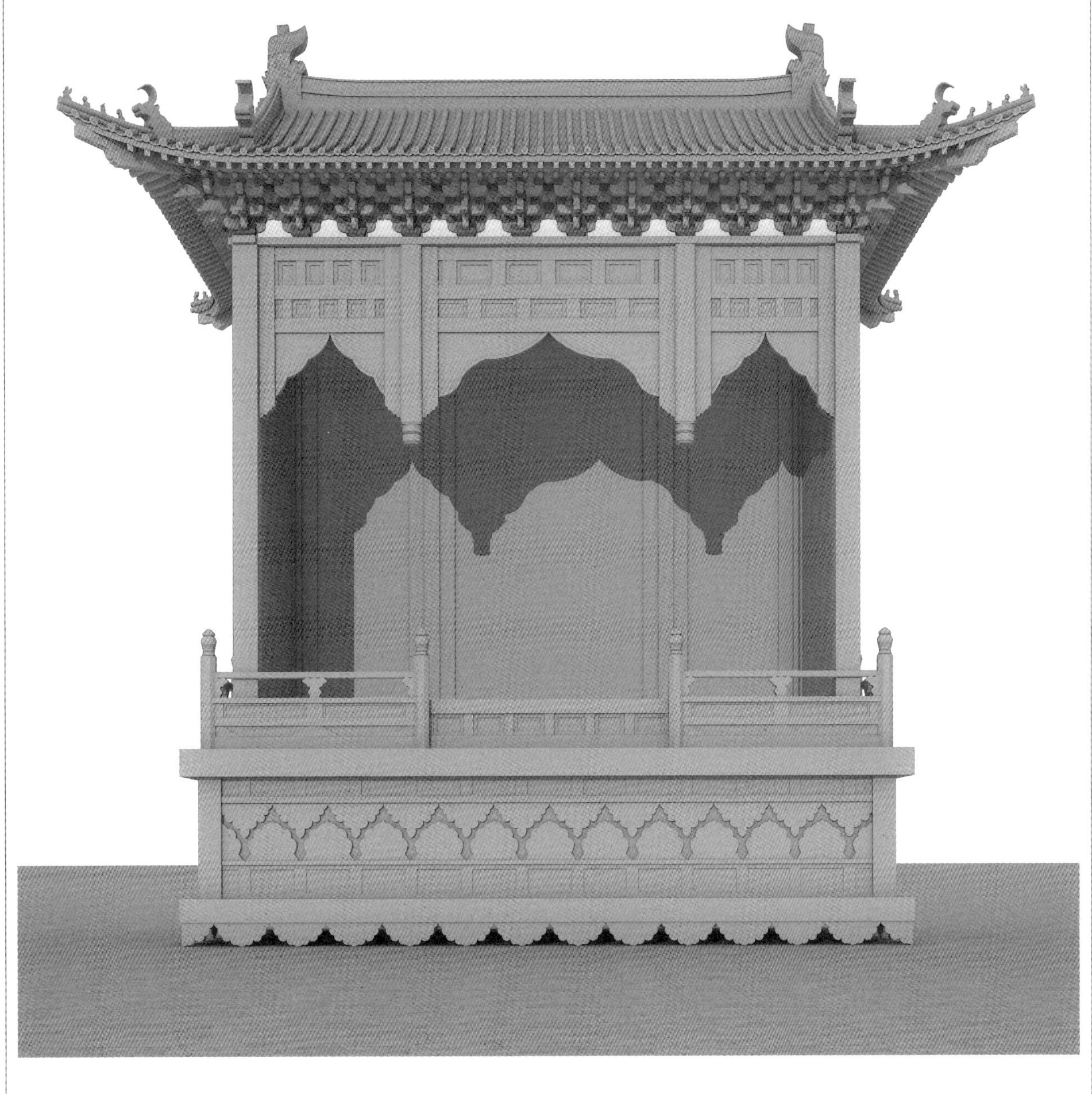

透視效果圖 據《營造法式》卷第三十二，圖樣二十一繪

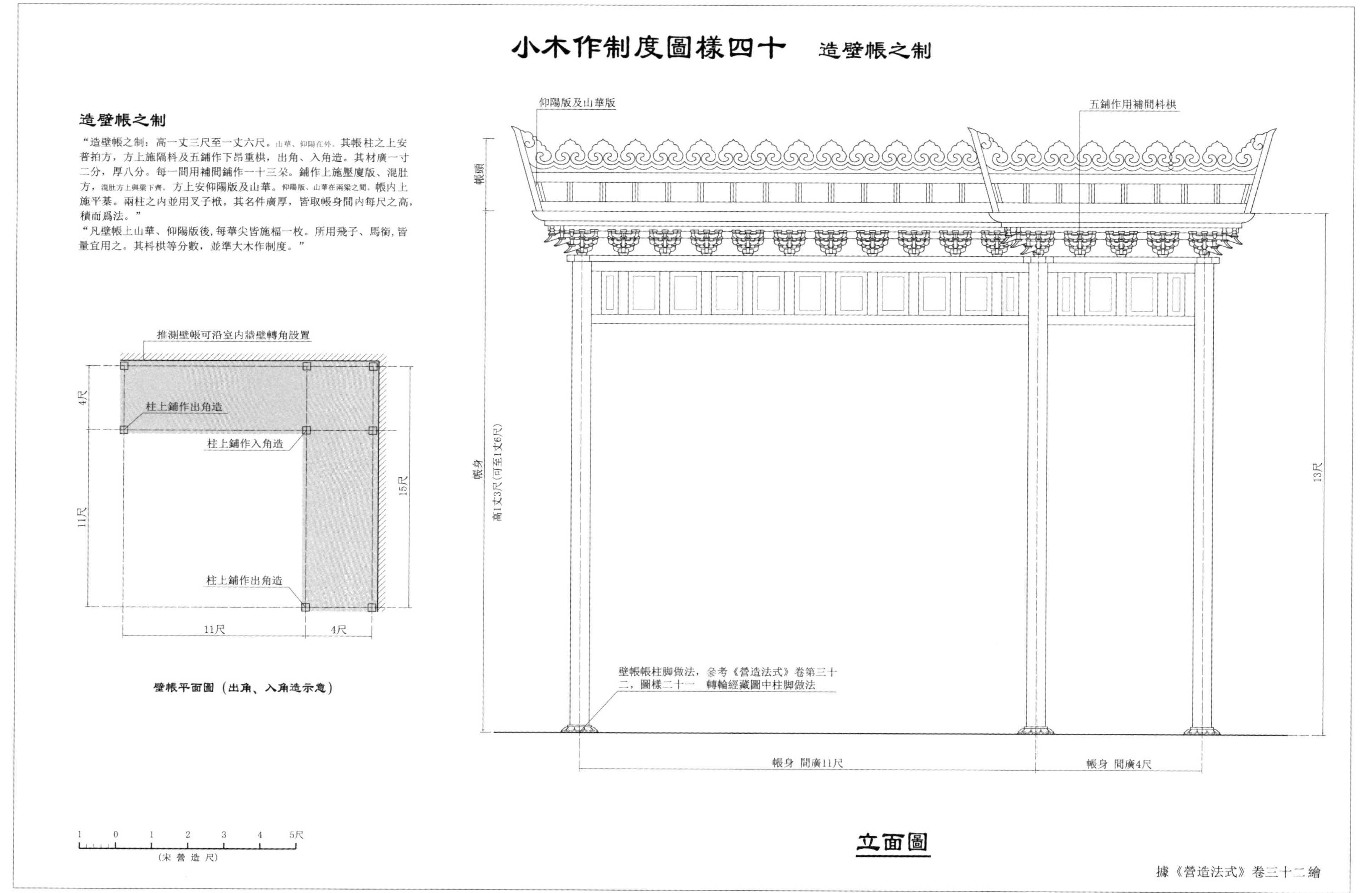

小木作制度圖樣四十　造壁帳之制
造壁帳之制
“造壁帳之制：高一丈三尺至一丈六尺。山華、仰陽在外。其帳柱之上安普拍方，方上施隔枓及五鋪作下昂重栱，出角、入角造。其材廣一寸二分，厚八分。每一間用補間鋪作一十三朵。鋪作上施壓廈版、混肚方，混肚方上與梁下齊。方上安仰陽版及山華。仰陽版、山華在兩梁之間。帳内上施平棊。兩柱之内並用叉子栿。其名件廣厚，皆取帳身間内每尺之高，積而爲法。”
“凡壁帳上山華、仰陽版後，每華尖皆施楅一枚。所用飛子、馬銜，皆量宜用之。其枓栱等分數，並準大木作制度。”
推測壁帳可沿室内牆壁轉角設置
柱上鋪作出角造
柱上鋪作入角造
柱上鋪作出角造
4尺
11尺
15尺
11尺
4尺
壁帳平面圖（出角、入角造示意）
1 0 1 2 3 4 5尺
（宋營造尺）
仰陽版及山華版
五鋪作用補間枓栱
帳頭
帳身
高1丈3尺(可至1丈6尺)
13尺
壁帳帳柱脚做法，參考《營造法式》卷第三十二，圖樣二十一　轉輪經藏圖中柱脚做法
帳身 間廣11尺
帳身 間廣4尺
立面圖
據《營造法式》卷三十二繪

小木作制度圖樣四十（附圖一）

造壁帳之制

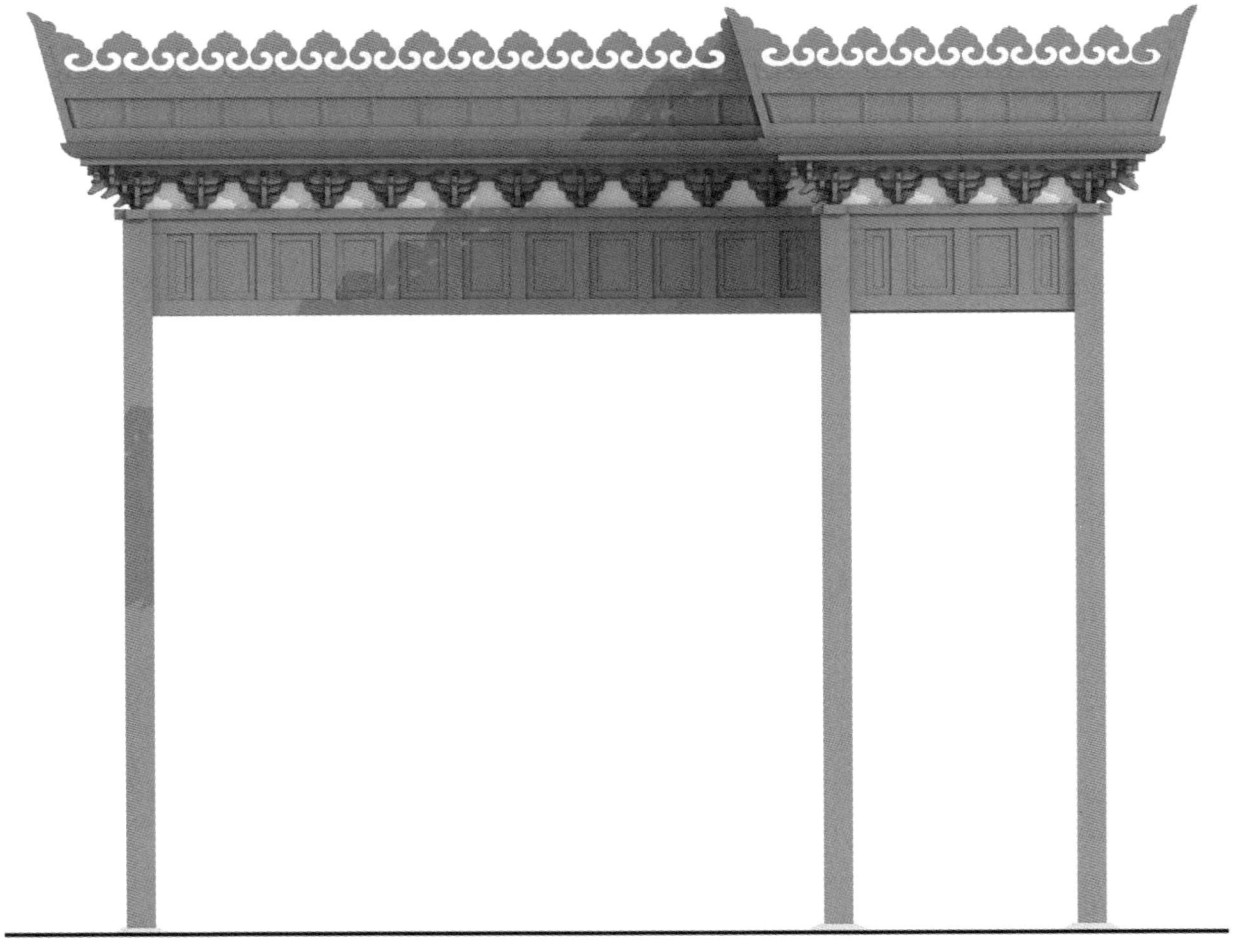

立面效果圖

據《營造法式》卷三十二 繪

小木作制度圖樣四十（附圖二）

造壁帳之制

透視效果圖

據《營造法式》卷三十二繪

小木作制度圖樣四十一　造轉輪經藏之制

造轉輪經藏之制

“造經藏之制：共高二丈，徑一丈六尺，八棱，每棱面廣六尺六寸六分。内外槽柱：外槽帳身柱上腰檐、平坐，坐上施天宫樓閣。八面制度並同，其名件廣厚，皆隨逐層每尺之高，積而爲法。”

腰檐并結宽

“腰檐並結宽：共高二尺，鬥槽徑一丈五尺八寸四分。枓槽及出檐在外。内外並六鋪作重栱，用一寸材，厚六分六厘。每瓣補間鋪作五朵：外跳單杪重昂；裏跳並卷頭。其柱上先用普拍方施枓栱，上用壓厦版，出椽並飛子、角梁、貼生。依副階舉折結宽。”

平坐

“平坐：高一尺，枓槽徑一丈五尺八寸四分，壓厦版出頭在外，六鋪作，卷頭重栱，用一寸材。每瓣用補間鋪作九朵。上施單鉤闌，高六寸。撮項雲栱造，其鉤闌準佛道帳制度。”

天宫樓閣

“天宫樓閣：三層，共高五尺，深一尺。下層副階内角樓子，長一瓣，六鋪作，單杪重昂。角樓挾屋長一瓣，茶樓子長二瓣，並五鋪作，單杪單昂。行廊長二瓣，分心，四鋪作，以上並或單栱或重栱造，材廣五分，厚三分三厘，每瓣用補間鋪作兩朵，其中層平坐上安單鉤闌，高四寸。枓子蜀柱造，其鉤闌準佛道帳制度。鋪作並用卷頭，與上層樓閣所用鋪作之數，並準下層之制。其結宽名件，準腰檐制度，量所宜減之。”

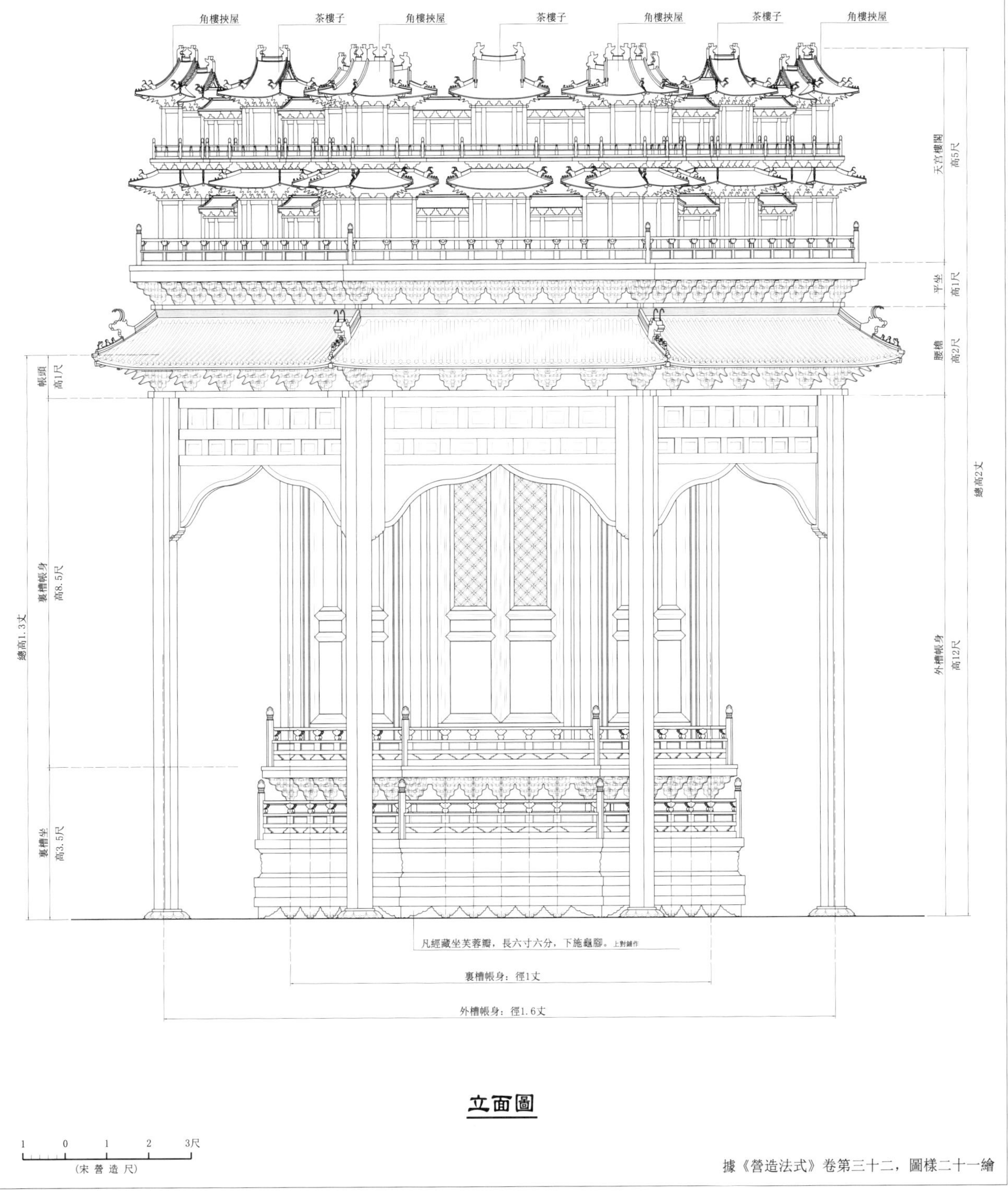

立面圖

據《營造法式》卷第三十二，圖樣二十一繪

小木作制度圖樣四十一（附圖一）

造轉輪經藏之制

立面效果圖

據《營造法式》卷第三十二，圖樣二十一繪

小木作制度圖樣四十一（附圖二）

造轉輪經藏之制

透視效果圖

據《營造法式》卷第三十二，圖樣二十一繪

小木作制度圖樣四十二　造壁藏之制

造壁藏之制

“造壁藏之制：共高一丈九尺，身廣三丈，兩擺子各廣六尺，内外槽共深四尺。坐頭及出跳皆在柱外。前後與兩側制度並同，其名件廣厚，皆取逐層每尺之高，積而爲法。”

帳身

“帳身：高八尺，深四尺，帳柱上施隔枓；下用鋜脚；前面及兩側皆安歡門、帳帶。帳身施版門子。上下截作七格。每格安經匣四十枚。屋内用平棊等造。”

壁藏坐

“坐：高三尺，深五尺二寸，長隨藏身之廣。下用龜脚，脚上施車槽、疊澁等。其制度並準佛道帳坐之法。唯坐腰之内，造神龕壺門，門外安重臺鉤闌，高八寸。上設平坐，坐上安重臺鉤闌。高一尺，用雲栱癭項造。其鉤闌準佛道帳制度。用五鋪作卷頭，其材廣一寸，厚六分六厘。每六寸六分施補間鋪作一朶。其坐並芙蓉瓣造。”

平坐

“平坐：高一尺，枓槽長隨間之廣，共長二丈九尺八寸四分，深三尺八寸四分，安單鉤闌，高七寸。其鉤闌準佛道帳制度。用六鋪作卷頭，材之廣厚及用壓厦版，並準腰檐之制。”

天宫樓閣

“天宫樓閣：高五尺，深一尺，用殿身、茶樓、角樓、龜頭殿、挾屋、行廊等造。”

腰檐

“腰檐：高一尺，枓槽共長二丈九尺八寸四分，深三尺八寸四分，枓栱用六鋪作，單杪雙昂；材廣一寸，厚六分六厘。上用壓厦版出檐結窋。”

壁藏芙蓉瓣

“凡壁藏芙蓉瓣，每瓣長六寸六分。其用龜脚至舉折等，並準佛道帳之制。”

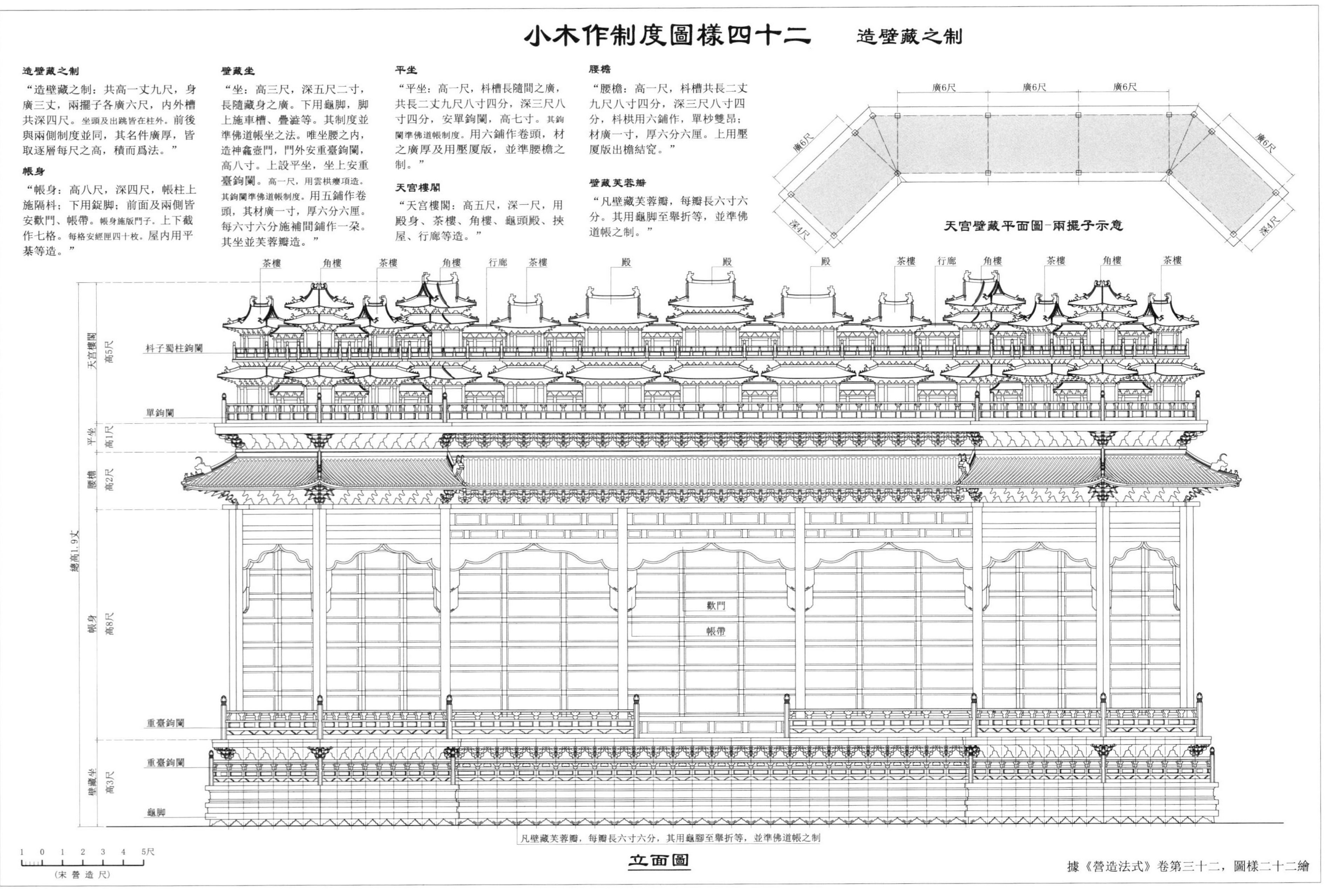

立面圖

據《營造法式》卷第三十二，圖樣二十二繪

小木作制度圖樣四十二（附圖一）

造壁藏之制

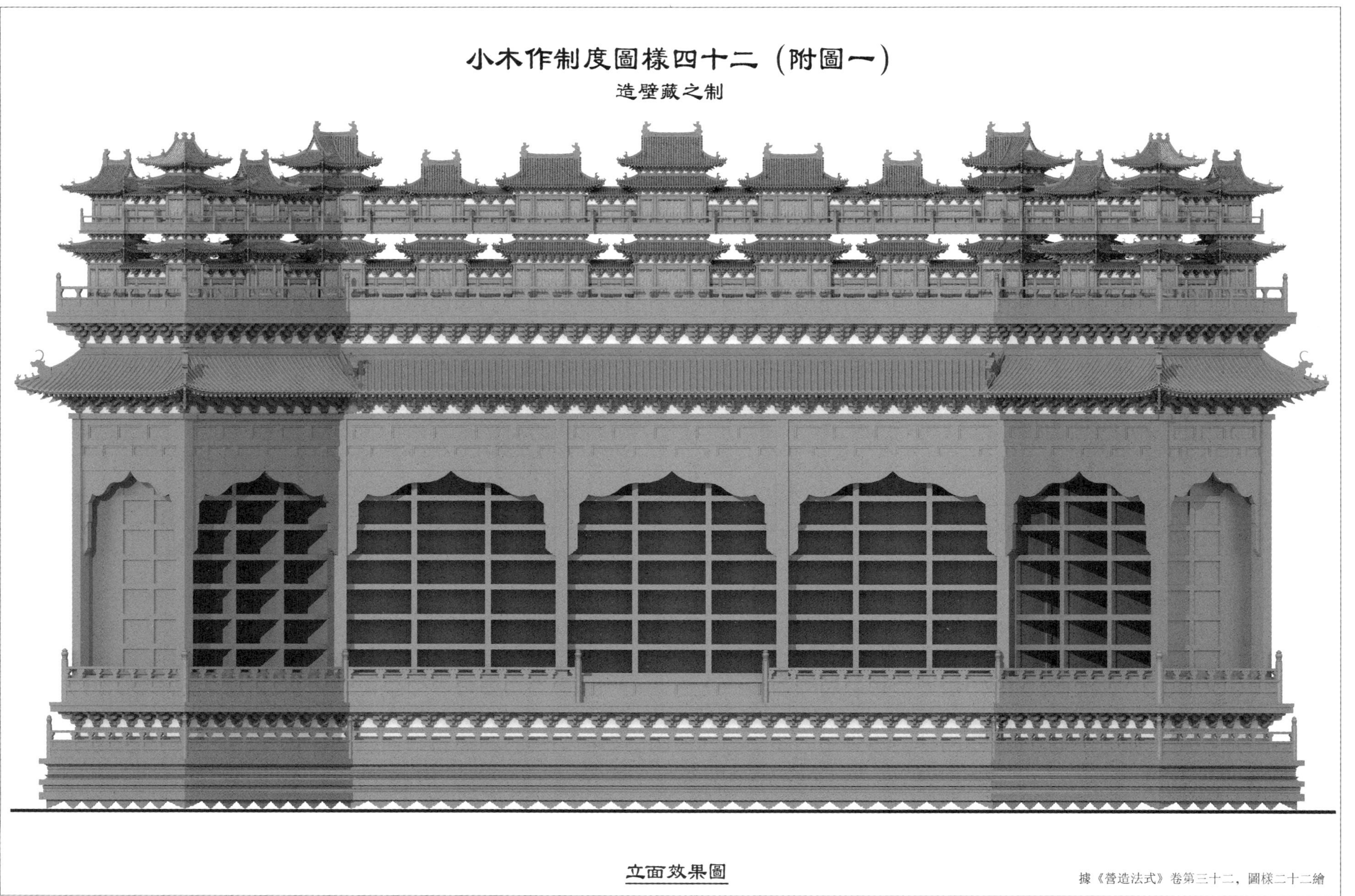

立面效果圖

據《營造法式》卷第三十二，圖樣二十二繪

小木作制度圖樣四十二（附圖二）

造壁藏之制

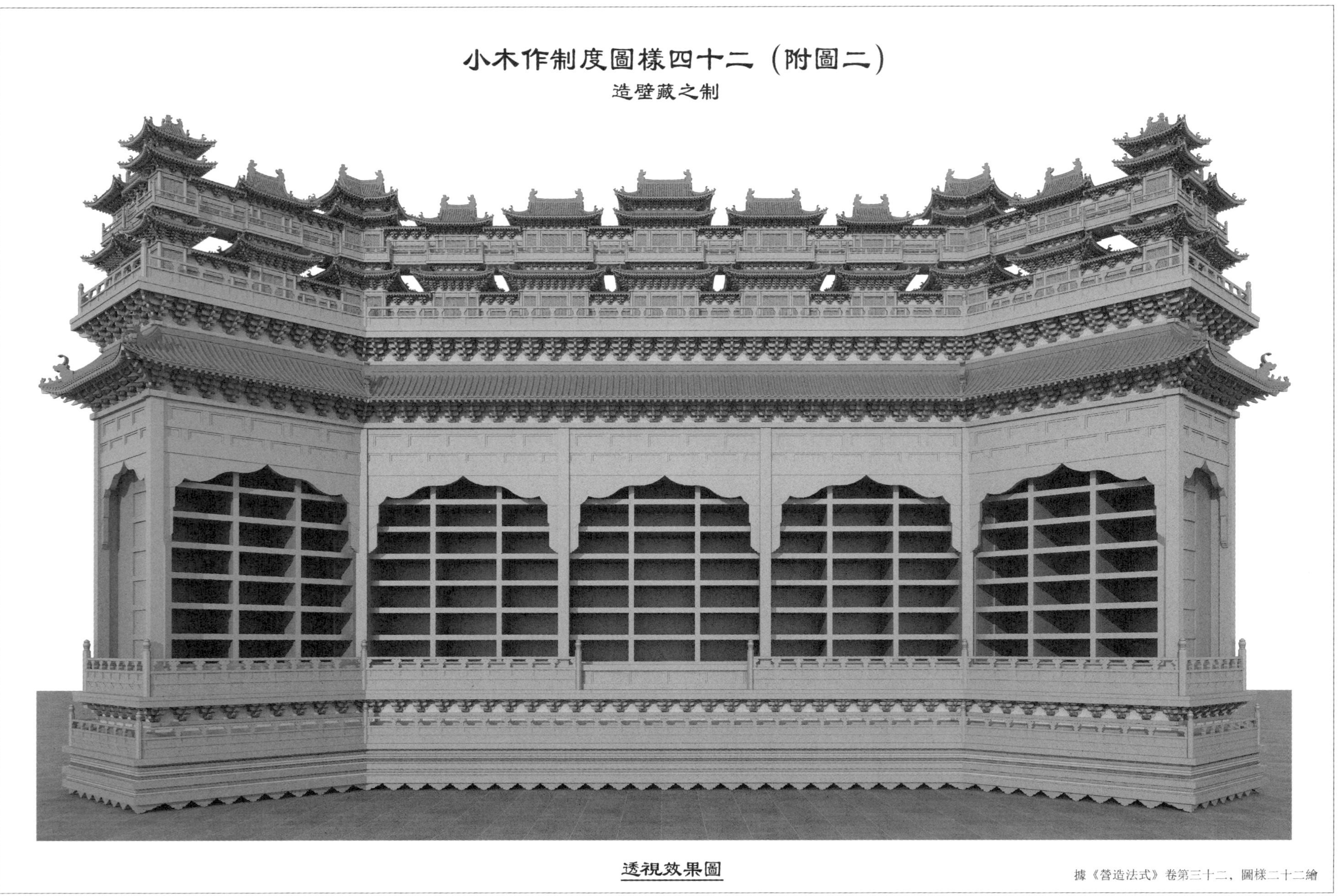

透視效果圖

據《營造法式》卷第三十二，圖樣二十二繪

附録五　彩畫作制度圖樣

（據《營造法式》“彩畫作制度”，并參照《營造法式》卷第三十三彩畫作制度圖樣上和卷第三十四彩畫作制度圖樣下附圖自繪）

營造法式卷三十三
四
海石榴華枝條卷成
海石榴華鋪地卷成
牡丹華寫生
蓮荷華寫生
團科寶照
團科柿蔕
營造法式卷三十三
五
瑪瑙地
玻瓈地
魚鱗旗脚
團頭柿蔕
胡瑪瑙
瑣子

五彩瑣文第二

聯環

密環

疊環

簟文

金錠

銀錠

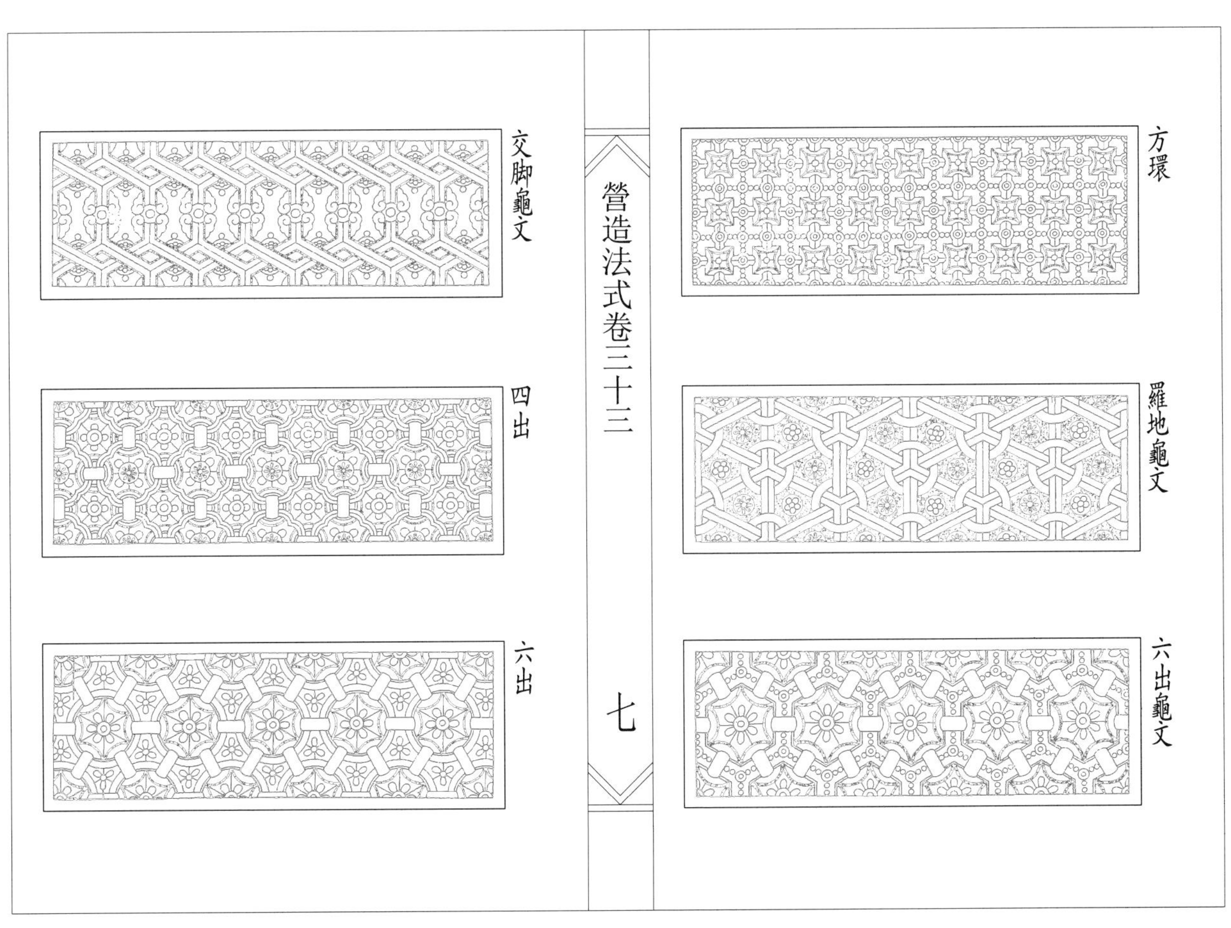

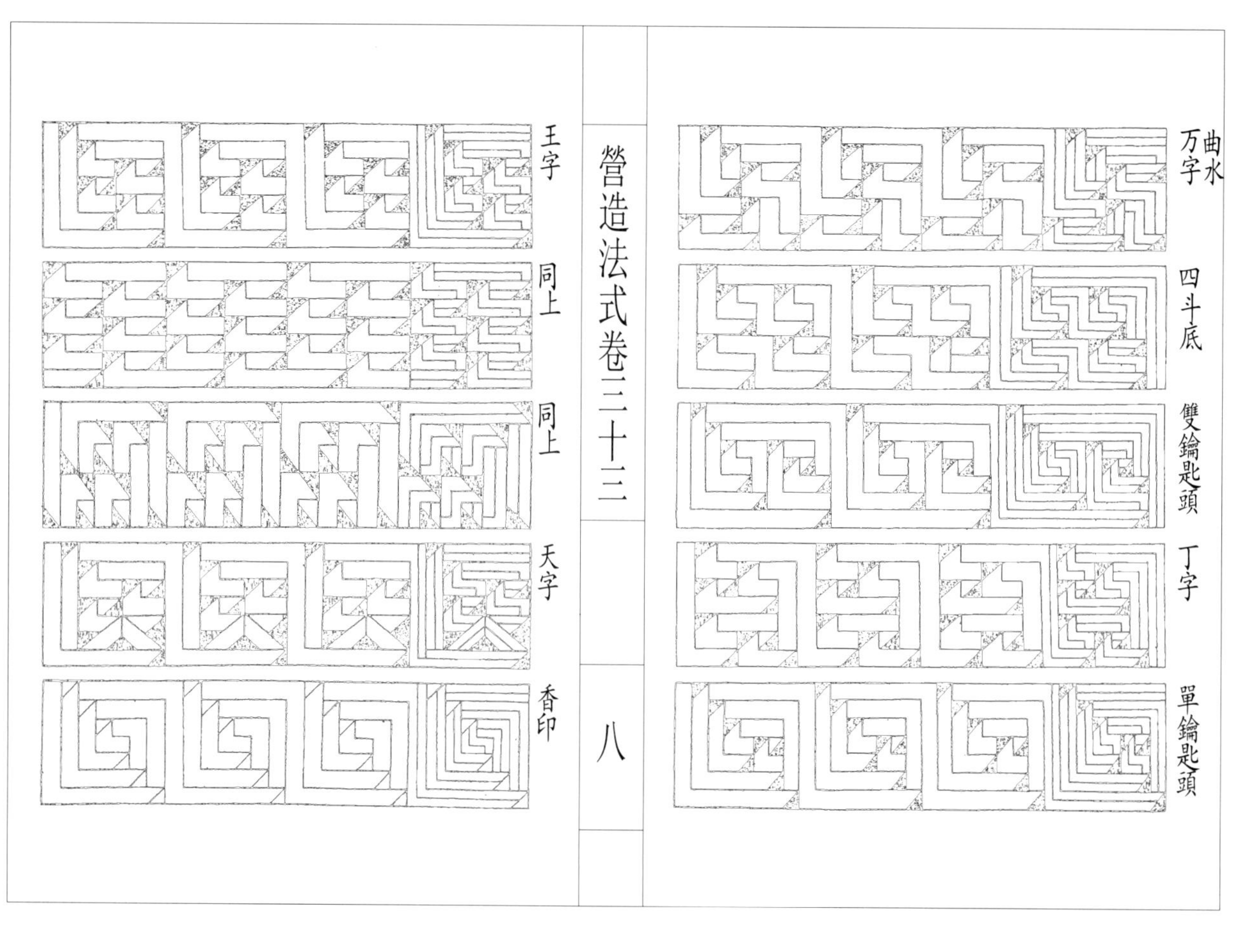
營造法式卷三十三
八
曲水万字
四斗底
雙鑰匙頭
丁字
單鑰匙頭
王字
同上
同上
天字
香印

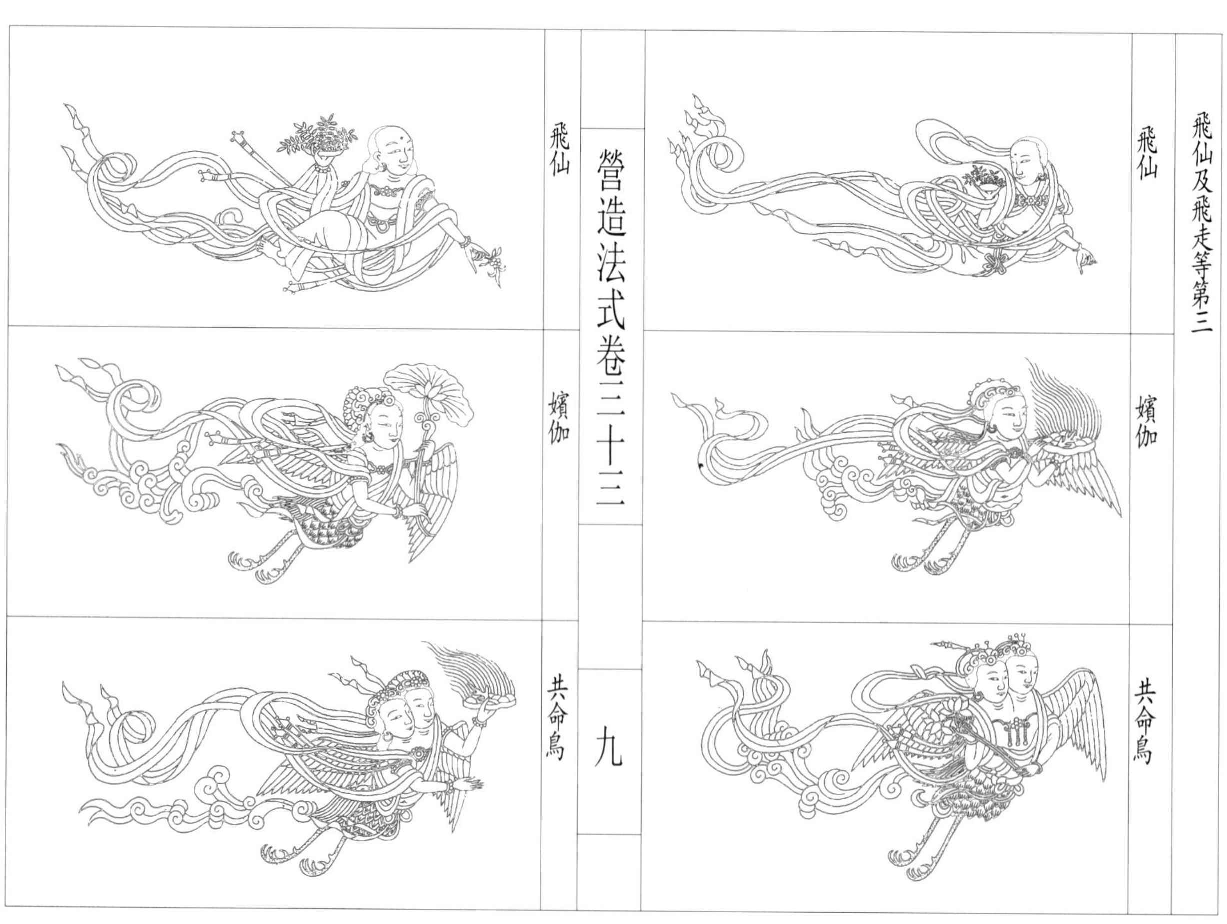
營造法式卷三十三
九
飛仙及飛走等第三
飛仙
嬪伽
共命鳥
飛仙
嬪伽
共命鳥

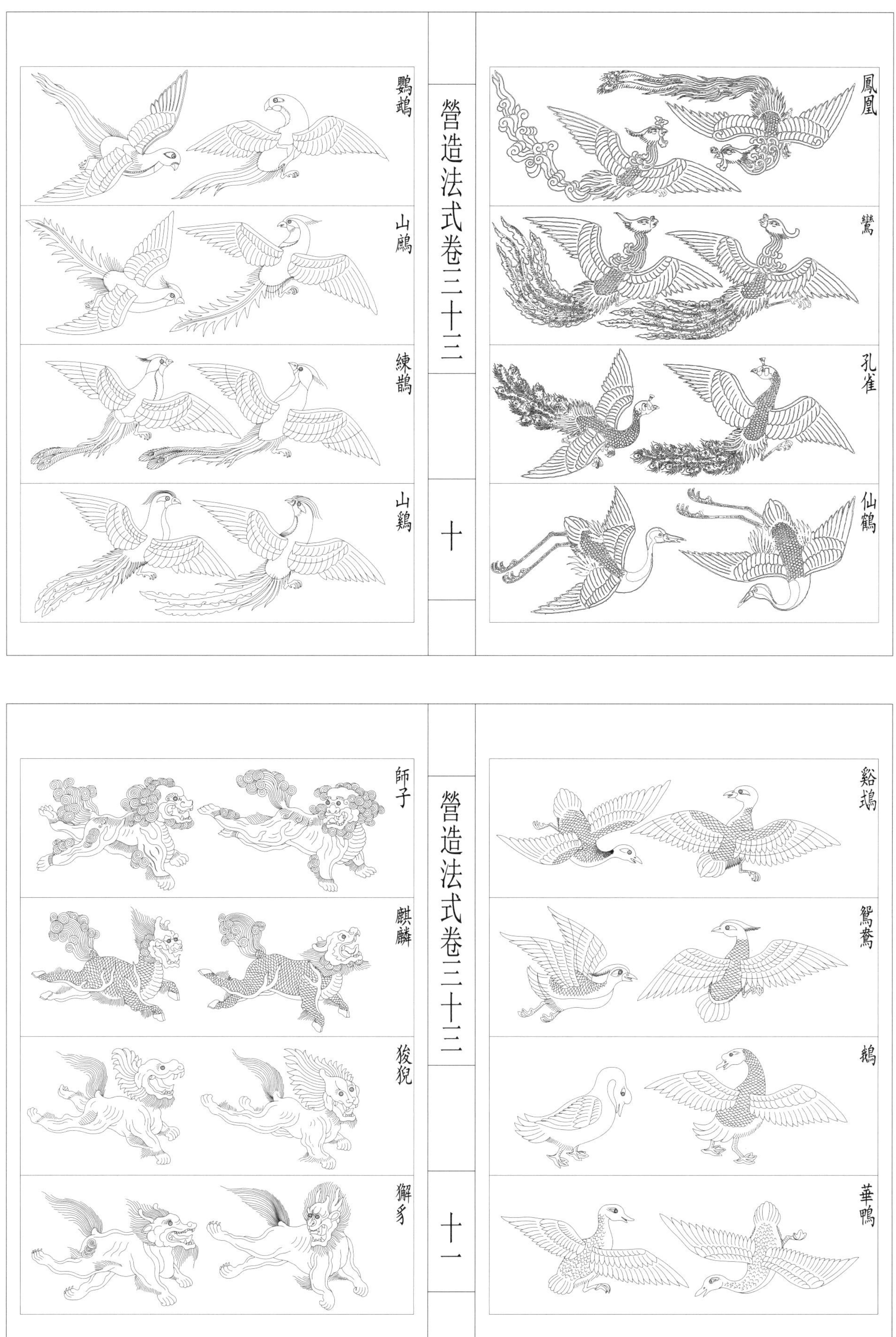
營造法式卷三十三
十
鳳凰
鸞
孔雀
仙鶴
鸚鵡
山鷓
練鵲
山鷄
營造法式卷三十三
十一
谿鳶
鴛鴦
鵝
華鴨
師子
麒麟
狻猊
獬豸

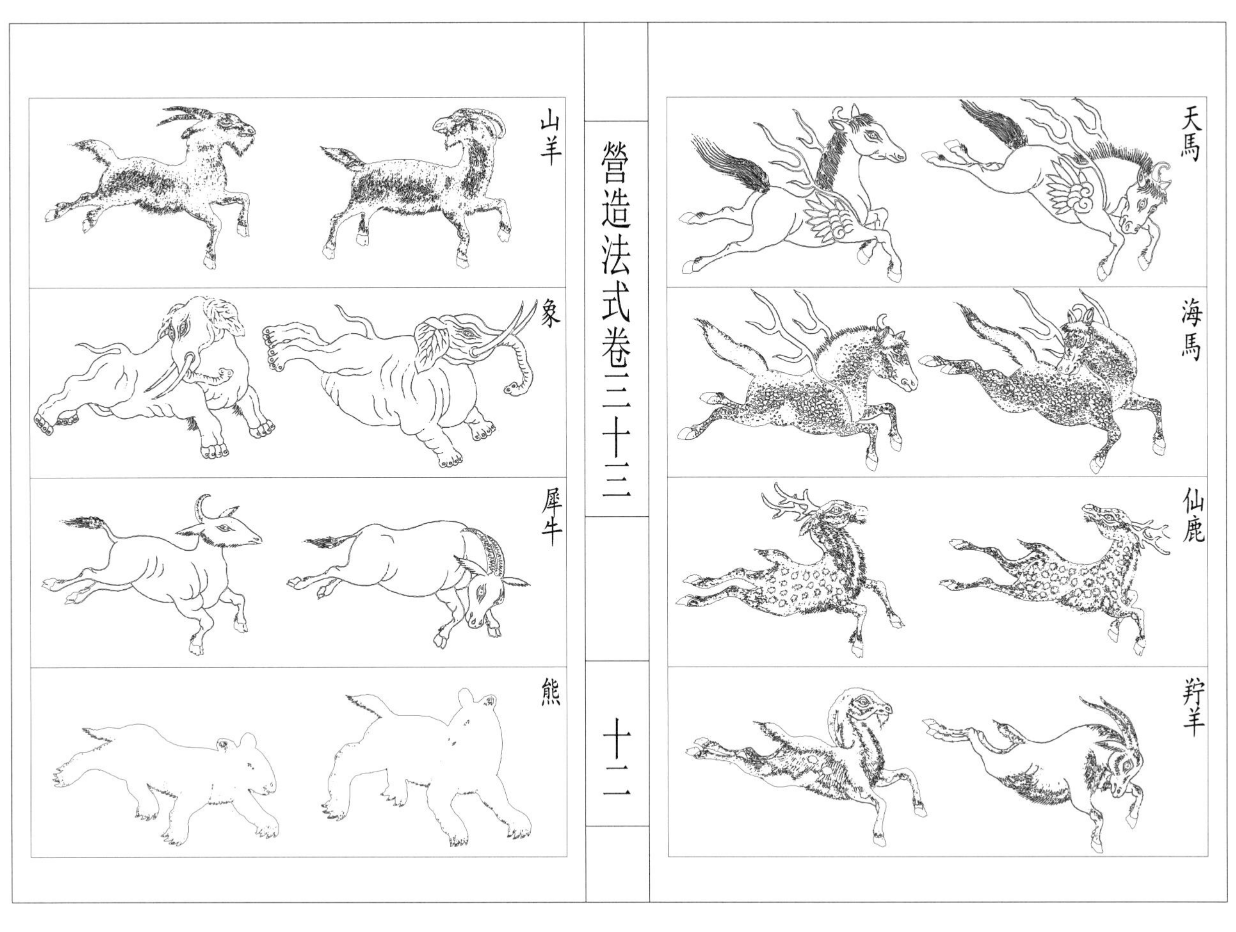
天馬
海馬
仙鹿
羚羊
營造法式卷三十三
十二
山羊
象
犀牛
熊

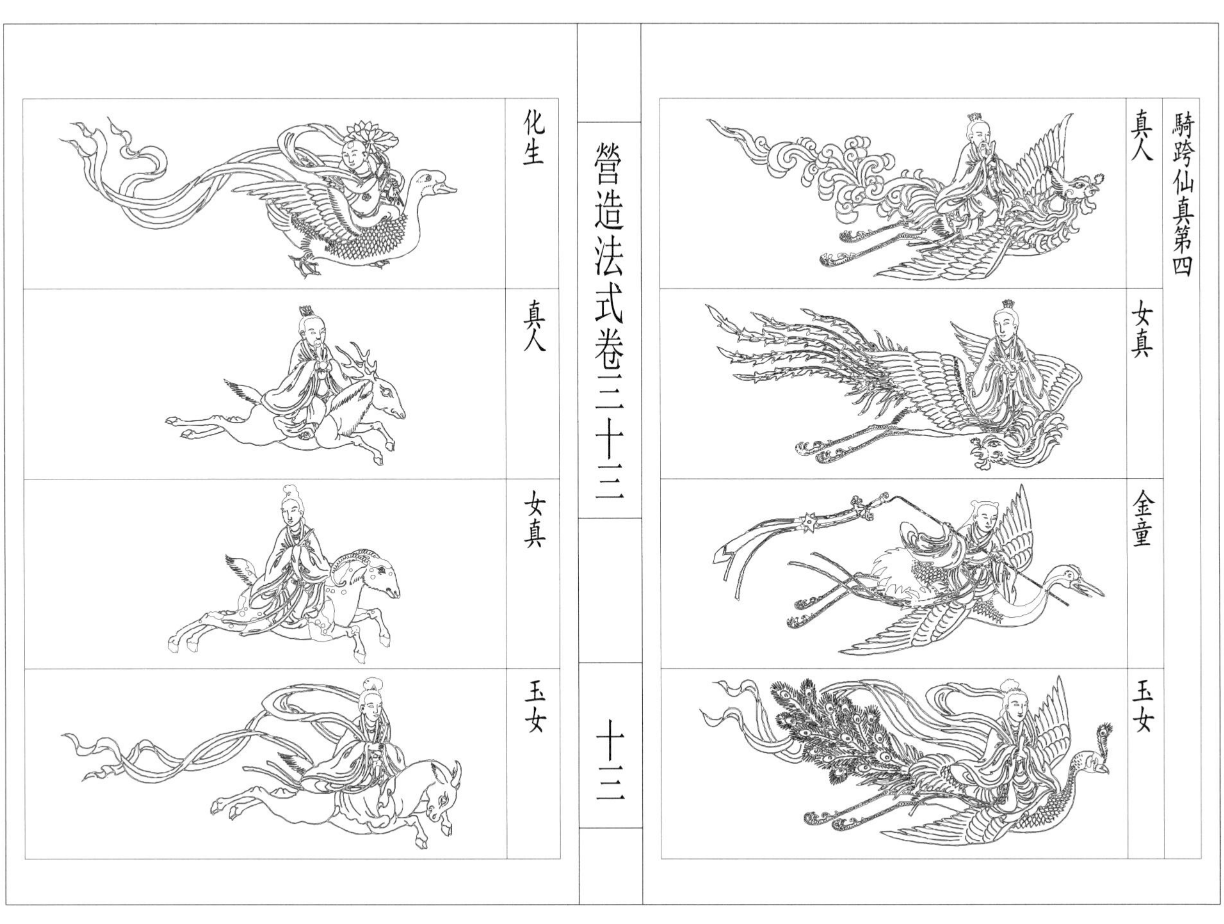
騎跨仙真第四
真人
女真
金童
玉女
營造法式卷三十三
十三
化生
真人
女真
玉女

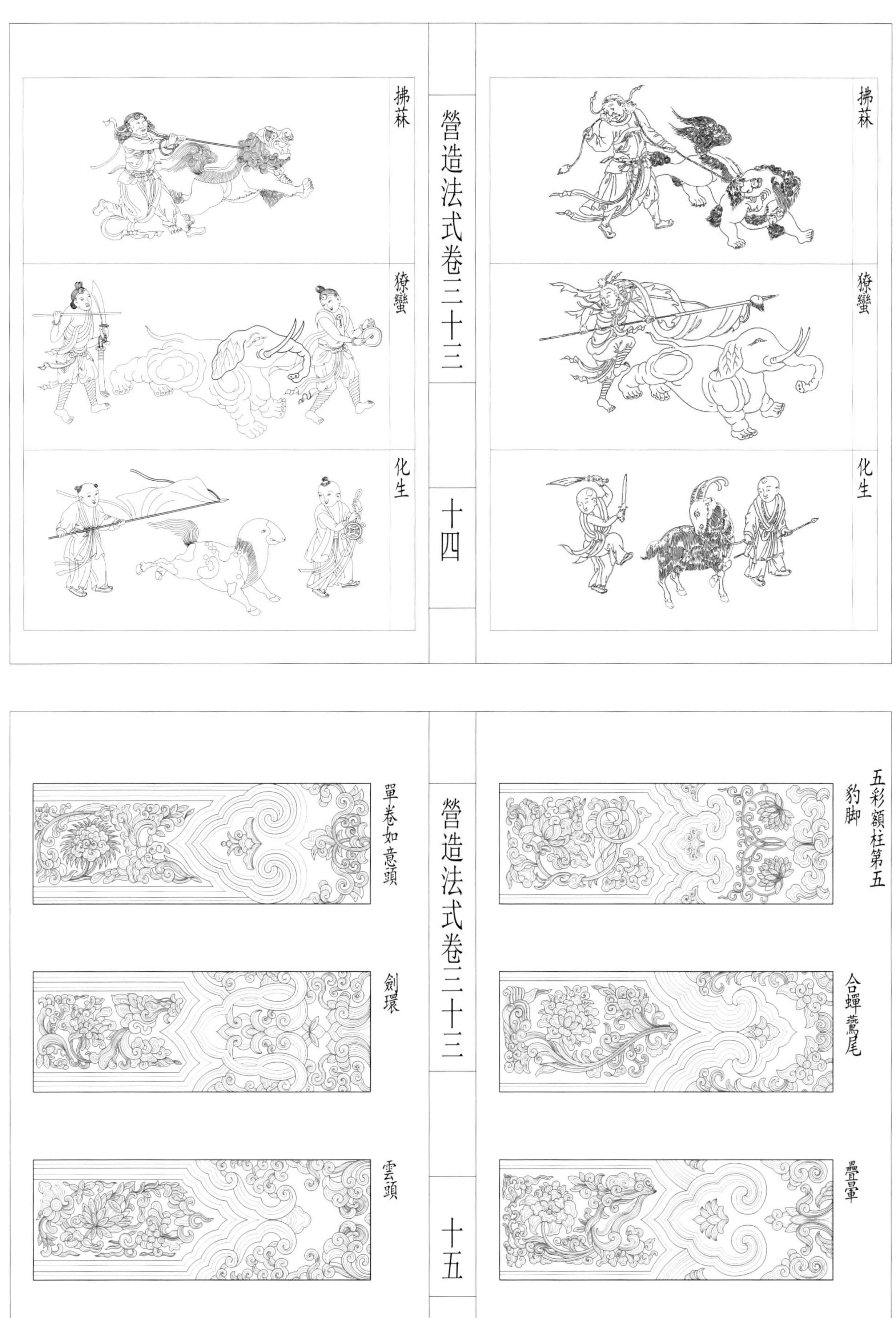

營造法式卷三十三
十四
拂菻
獠蠻
化生
拂菻
獠蠻
化生
營造法式卷三十三
十五
五彩額柱第五
豹脚
合蟬鷰尾
疊暈
單卷如意頭
劍環
雲頭

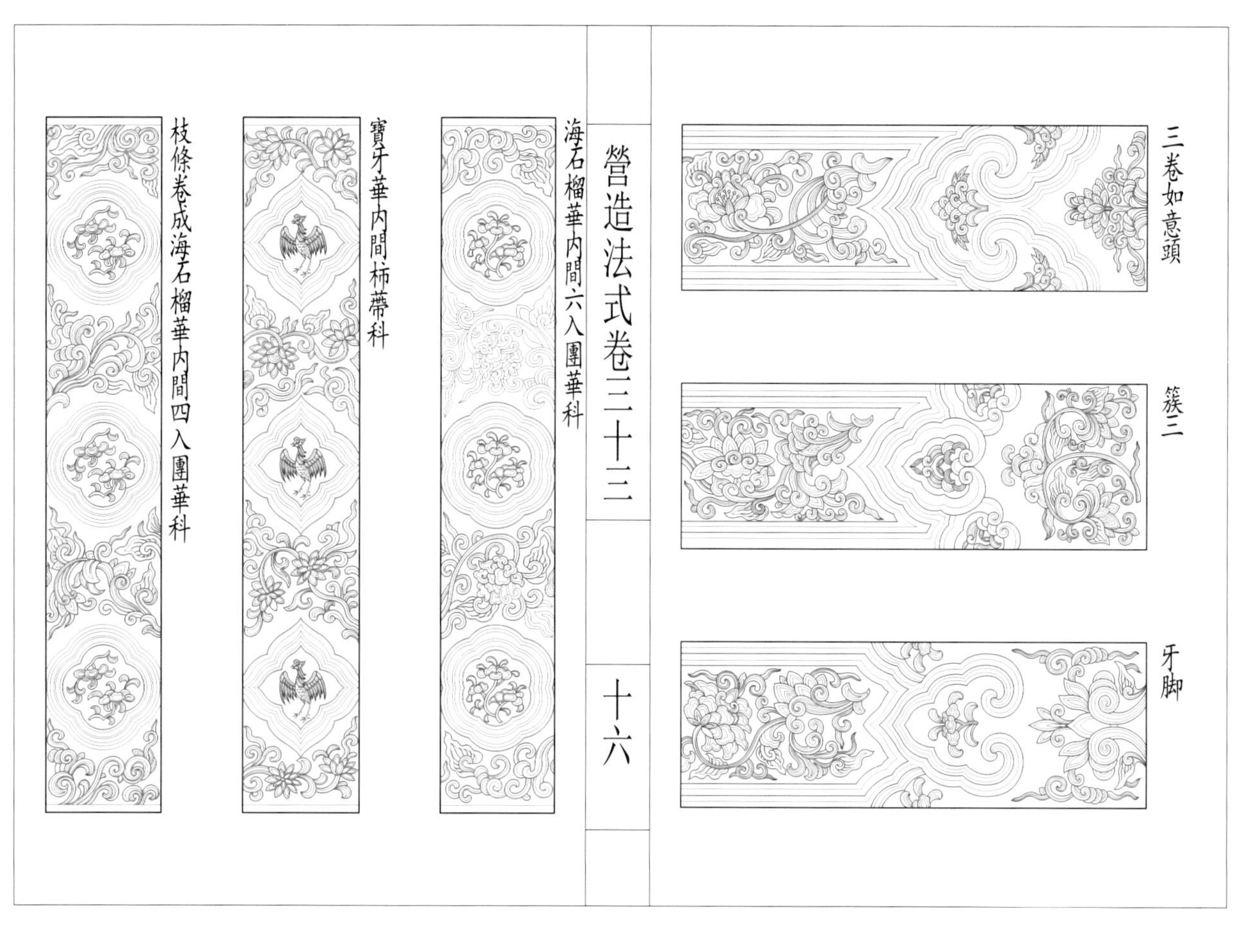
三卷如意頭
簇三
牙脚
營造法式卷三十三
十六
海石榴華內間六入圜華科
寶牙華內間柿蔕科
枝條卷成海石榴華內間四入圜華科

五彩平棊第六
其華子暈心墨者係青暈外緑者係緑渾黑者係紅並係碾玉裝不暈墨者係五彩裝造
營造法式卷三十三
十七

營造法式卷三十三
十八

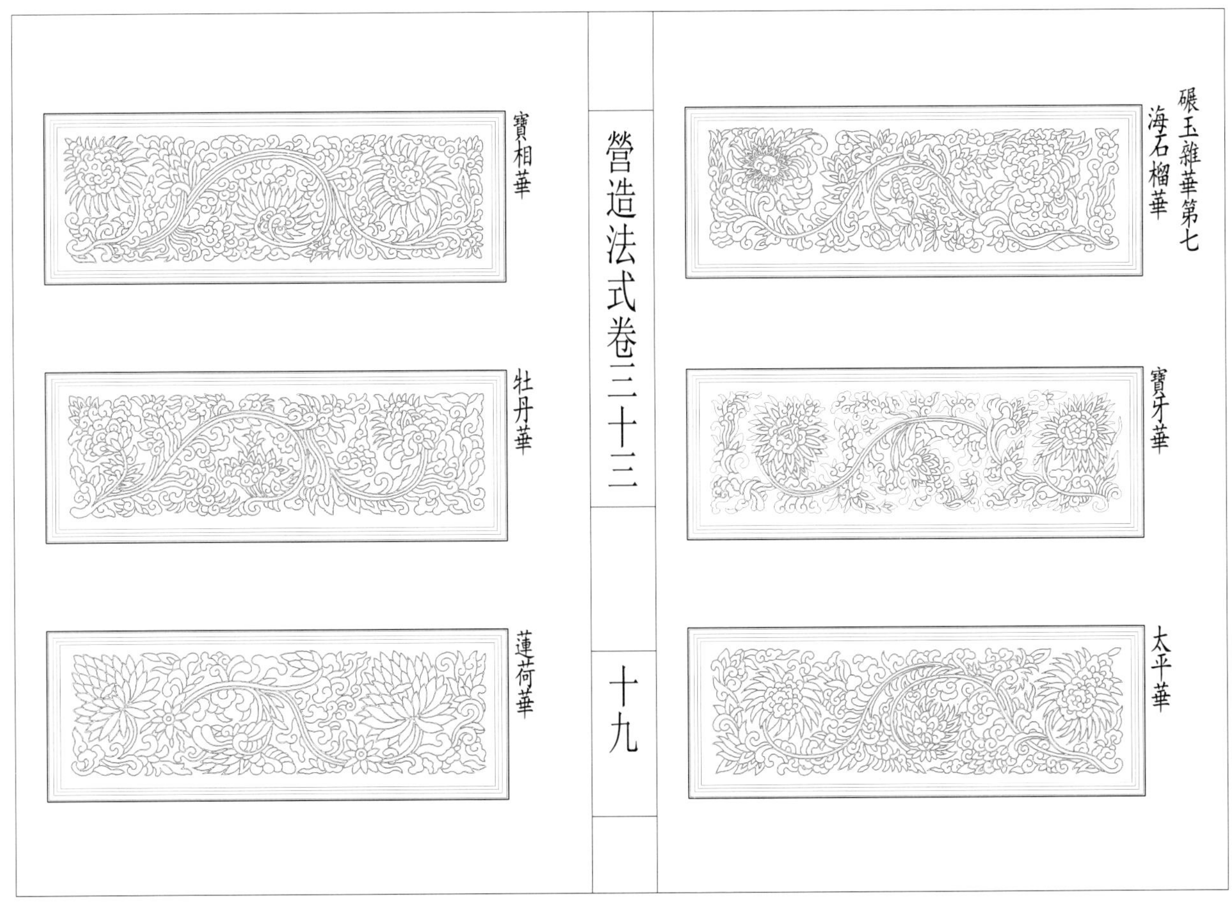
碾玉雜華第七
海石榴華
寶牙華
太平華
營造法式卷三十三
十九
寶相華
牡丹華
蓮荷華

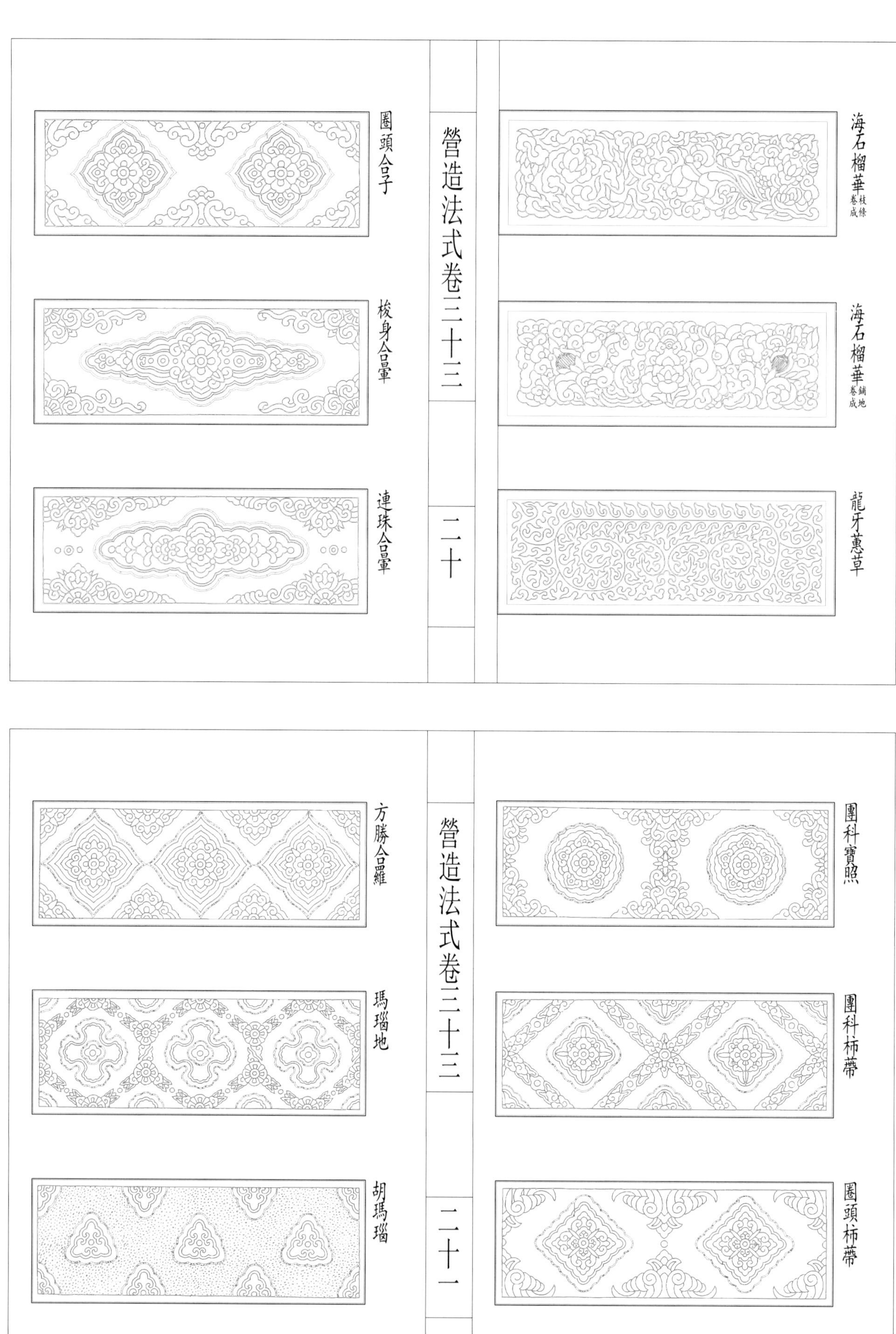
營造法式卷三十三
二十
海石榴華枝條卷成
海石榴華鋪地卷成
龍牙蕙草
圈頭合子
梭身合暈
連珠合暈
營造法式卷三十三
二十一
團科寶照
團科柿蔕
圈頭柿蔕
方勝合羅
瑪瑙地
胡瑪瑙

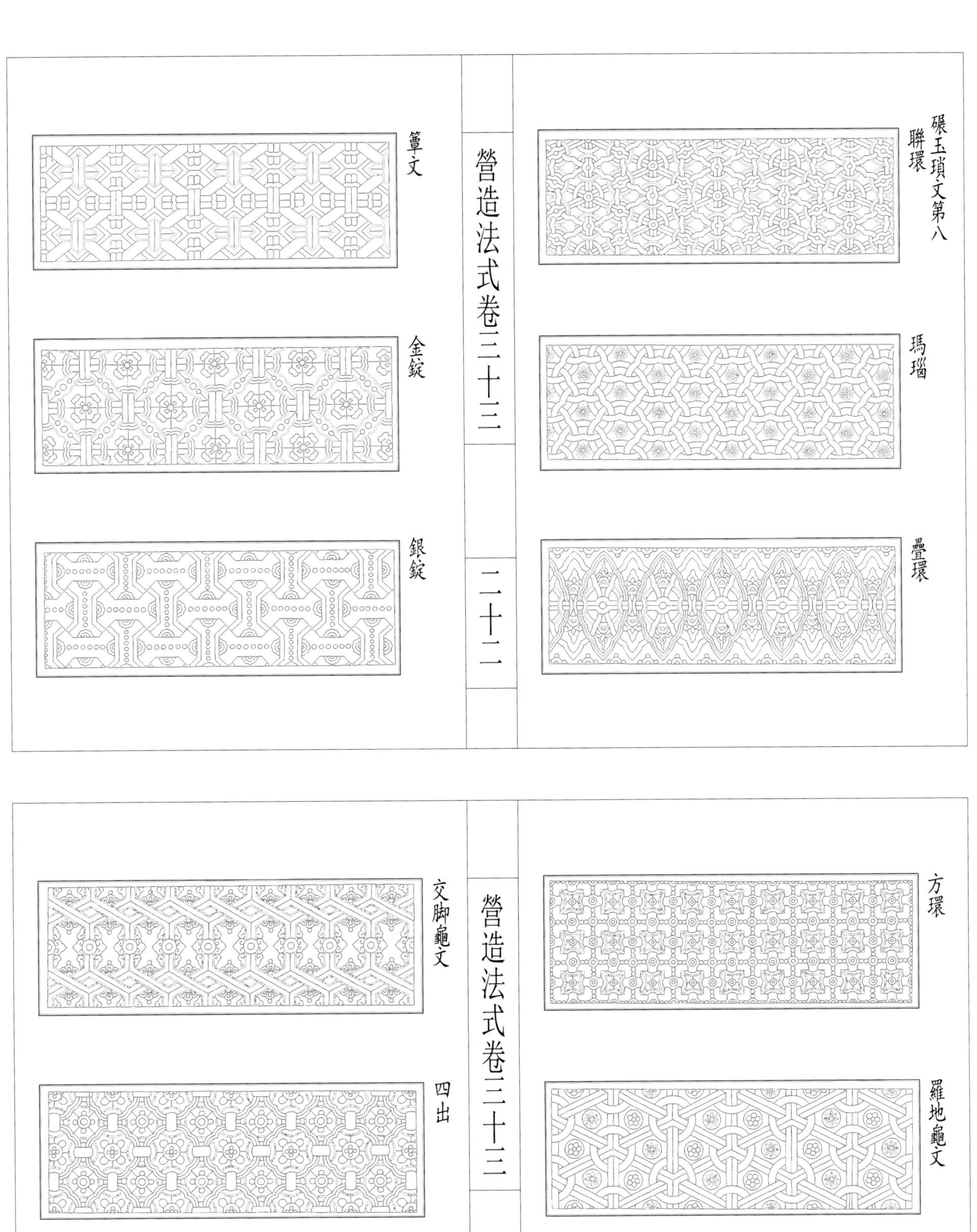

營造法式卷三十三

二十三

方環

羅地龜文

六出龜文

交脚龜文

四出

六出

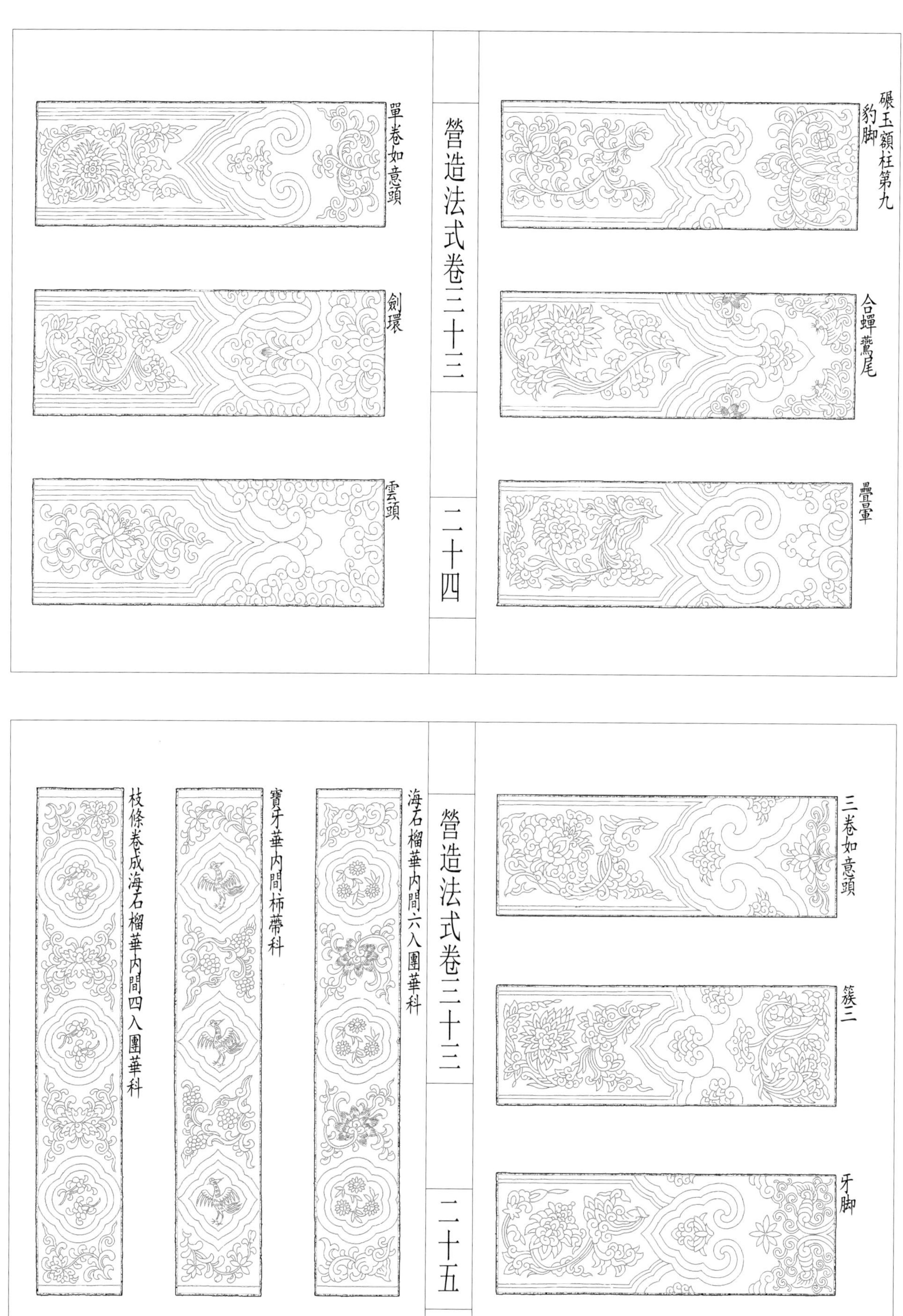
碾玉額柱第九
豹脚
合蟬鷰尾
疊暈
單卷如意頭
劍環
雲頭
營造法式卷三十三
二十四
三卷如意頭
簇三
牙脚
海石榴華内間六入團華科
寶牙華内間柿蔕科
枝條卷成海石榴華内間四入團華科
營造法式卷三十三
二十五

營造法式卷三十三
二十六
碾玉平棊第十
其華子暈心墨者係青暈外緑者係緑並
係碾玉裝其不暈者白上描檀疊青緑

營造法式卷三十三
二十七

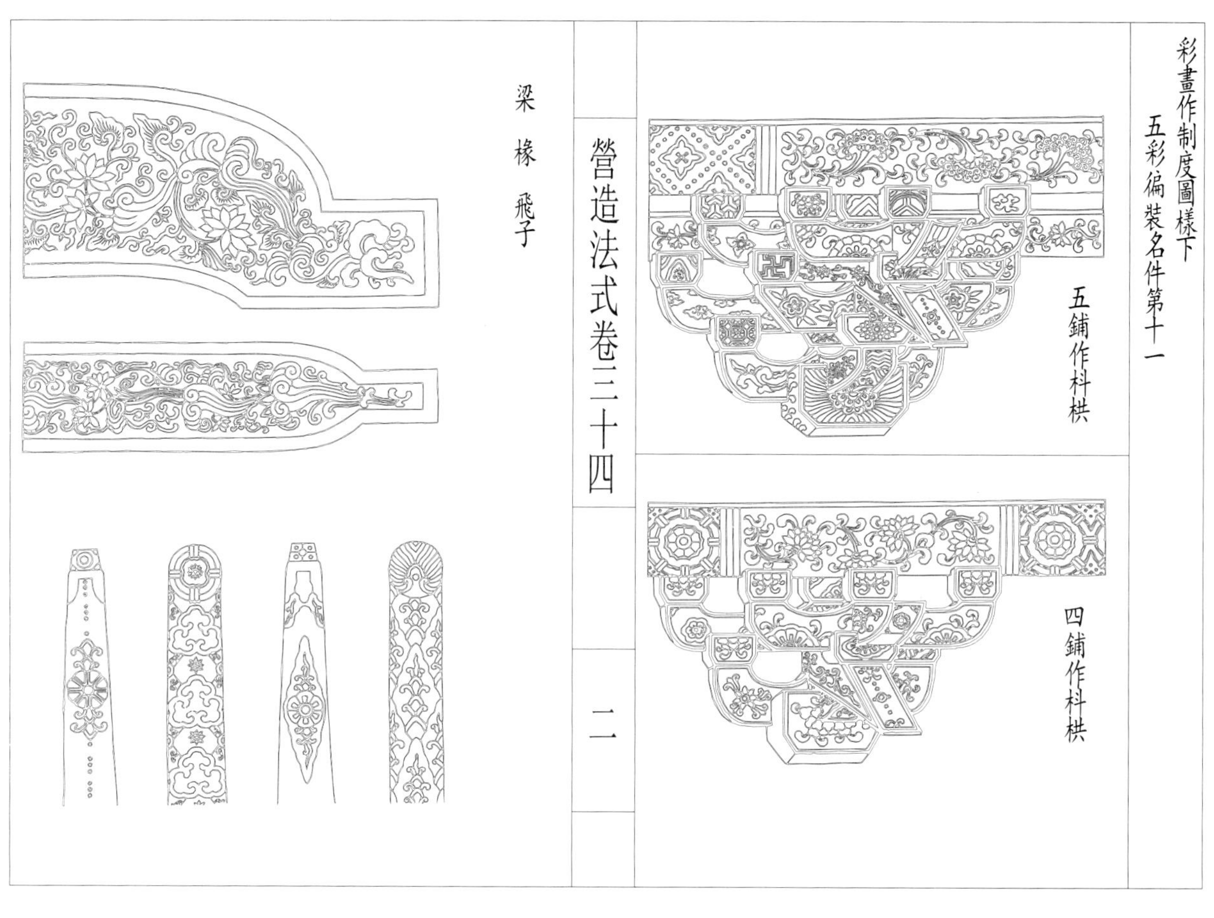
彩畫作制度圖樣下
五彩徧裝名件第十一
五鋪作枓栱
四鋪作枓栱
營造法式卷三十四
二
梁椽飛子

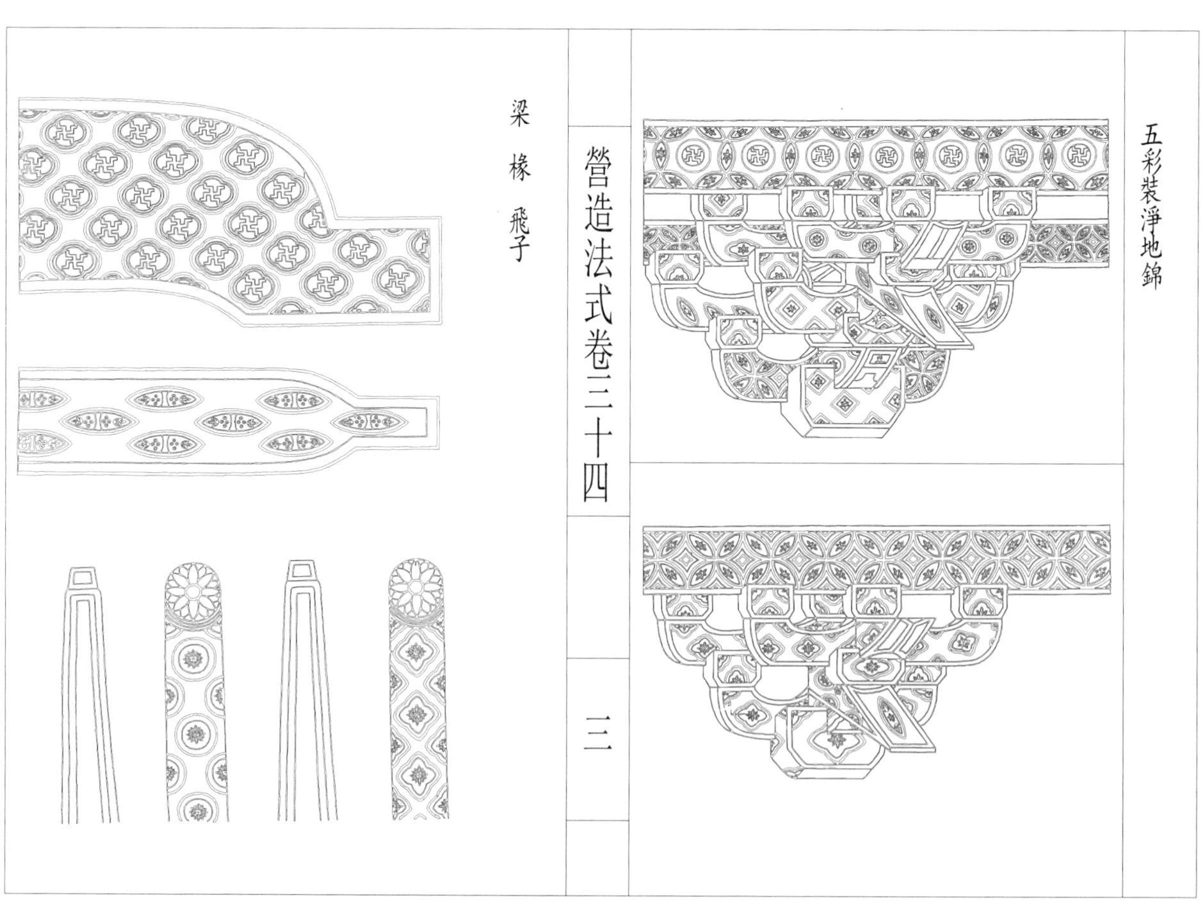
五彩裝淨地錦
營造法式卷三十四
三
梁椽飛子

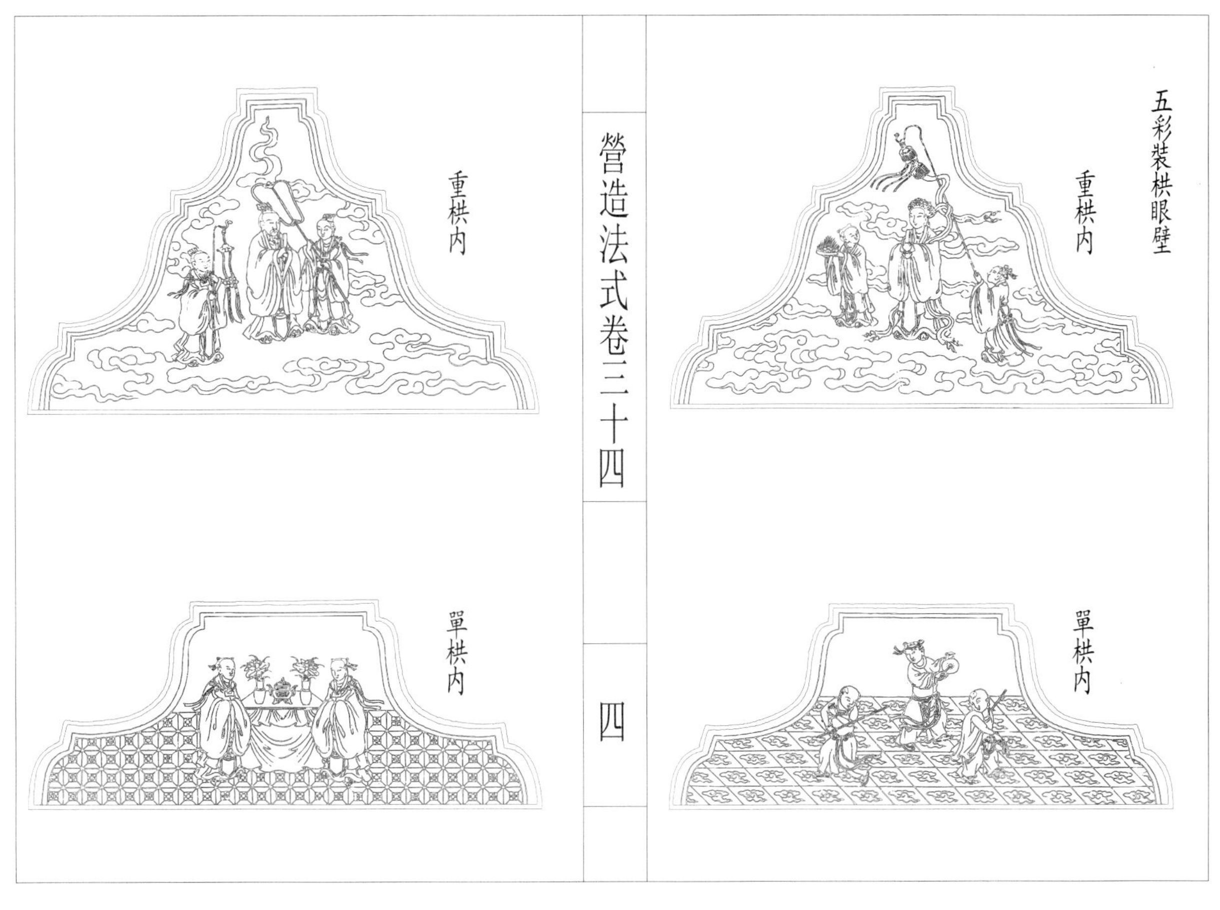
五彩裝栱眼壁
重栱内
單栱内
重栱内
單栱内
營造法式卷三十四
四

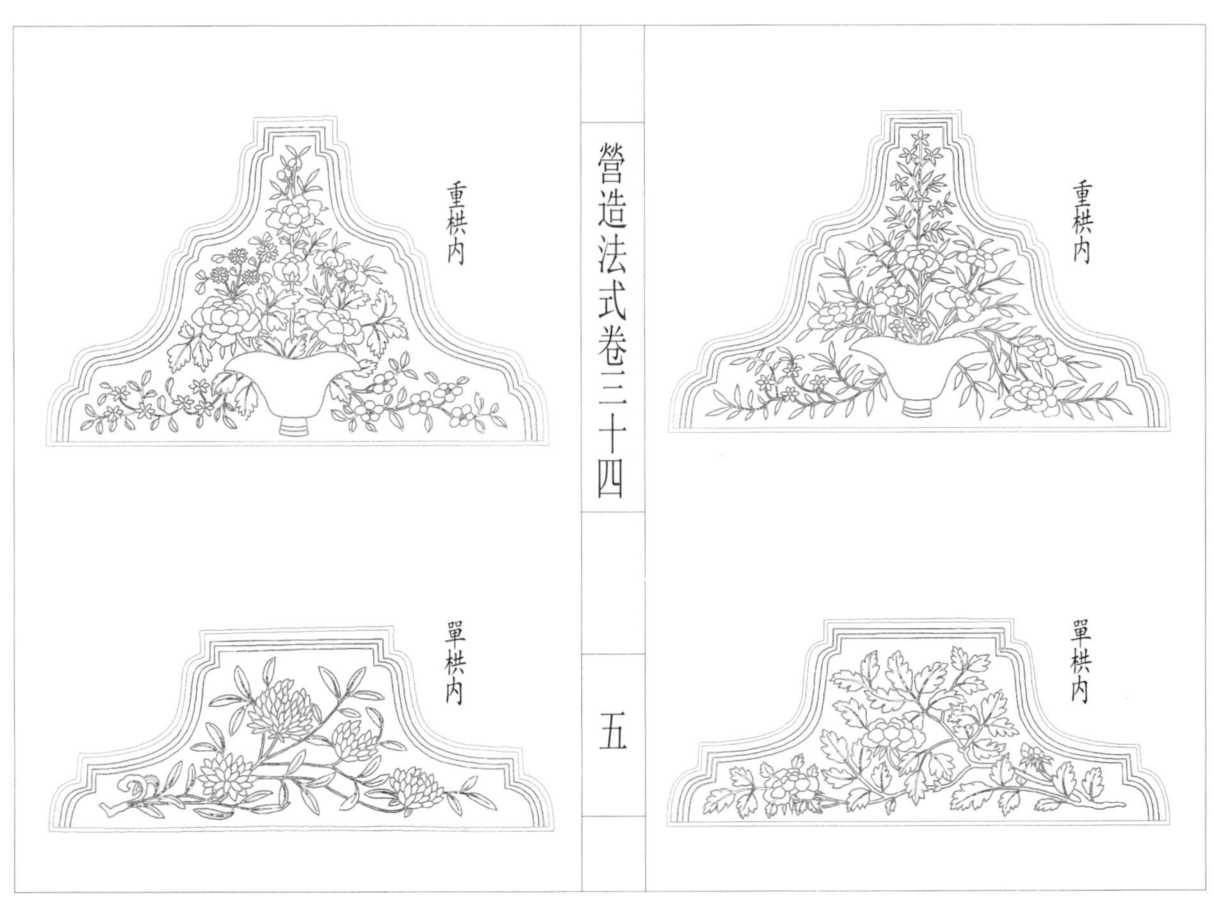
重栱内
單栱内
重栱内
單栱内
營造法式卷三十四
五

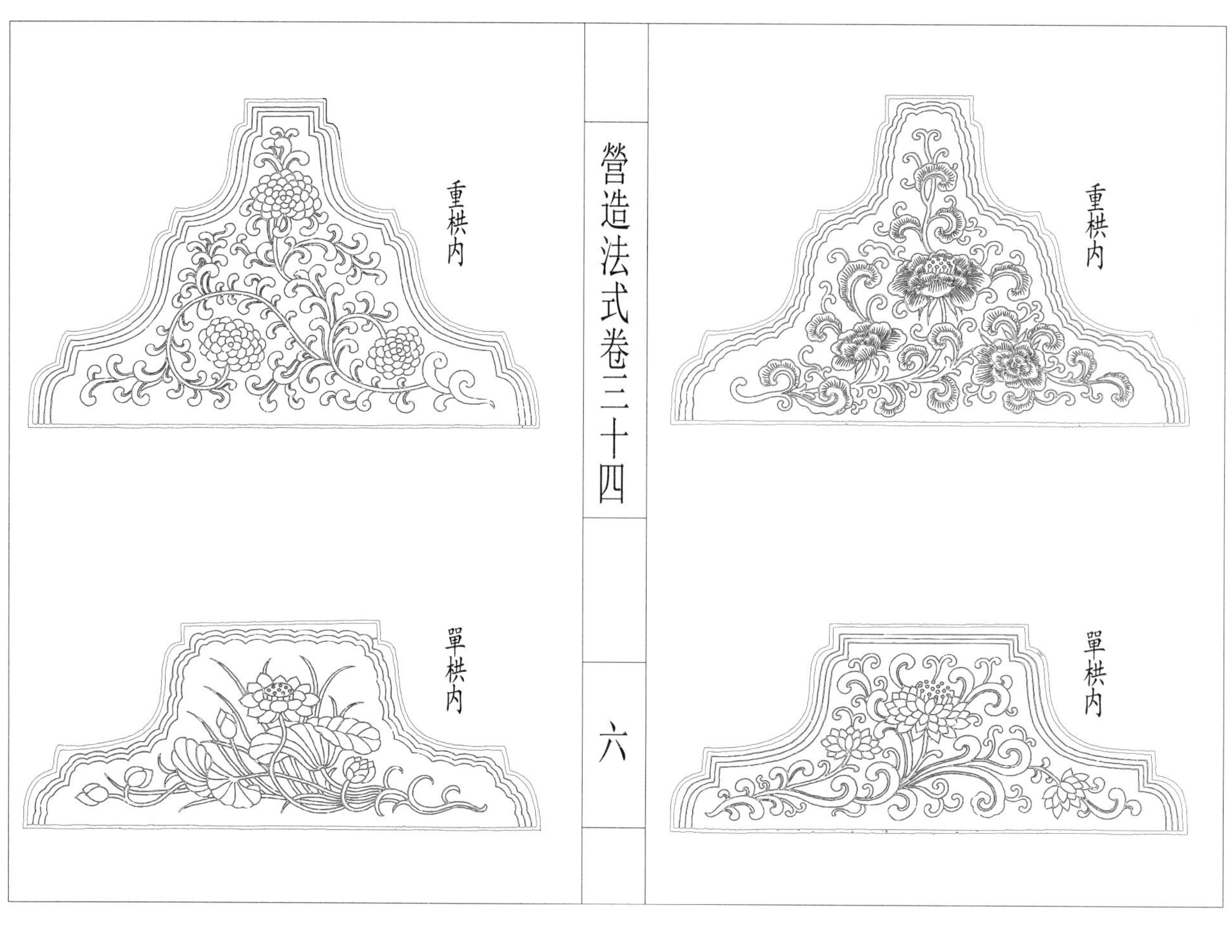

營造法式卷三十四
六
重栱内
單栱内
重栱内
單栱内

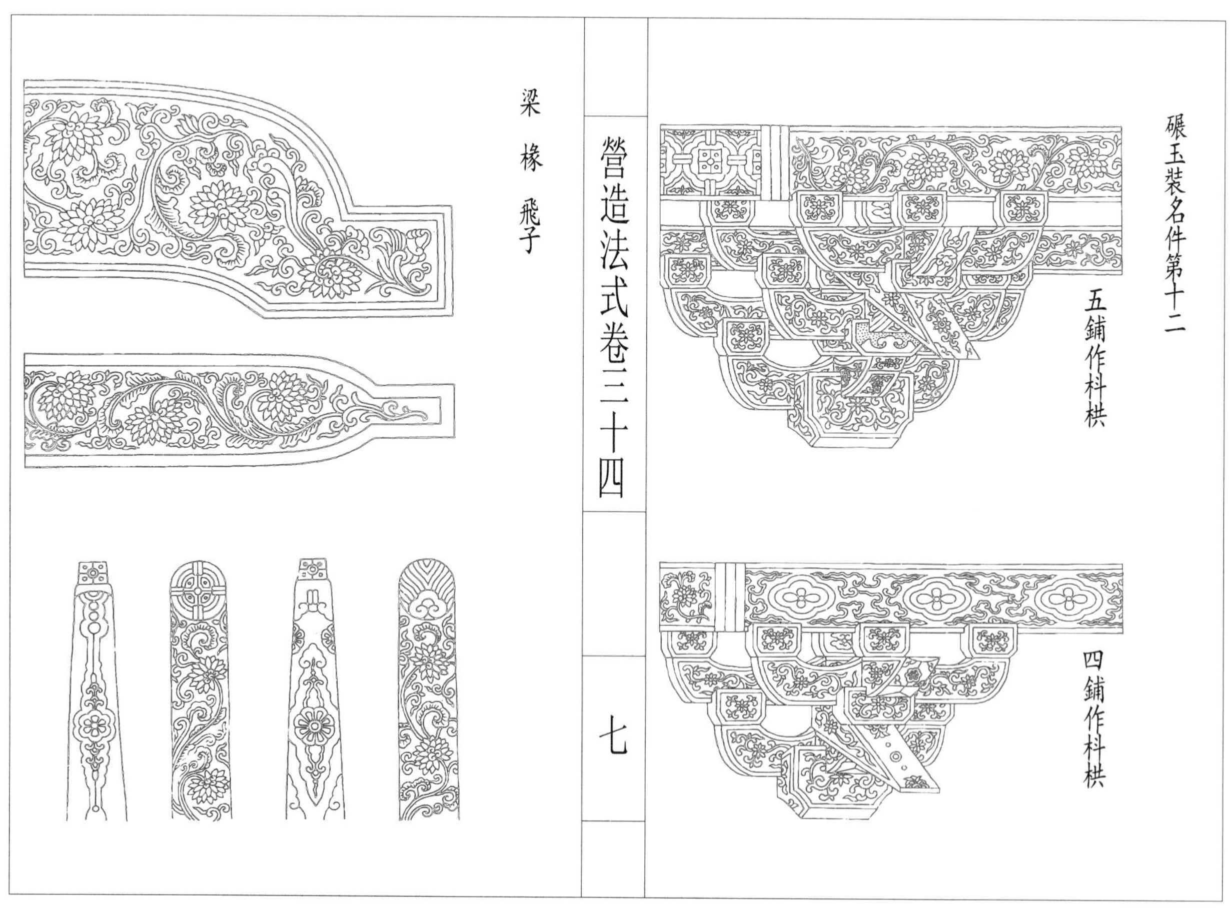

營造法式卷三十四
七
碾玉裝名件第十二
五鋪作枓栱
四鋪作枓栱
梁 椽 飛子

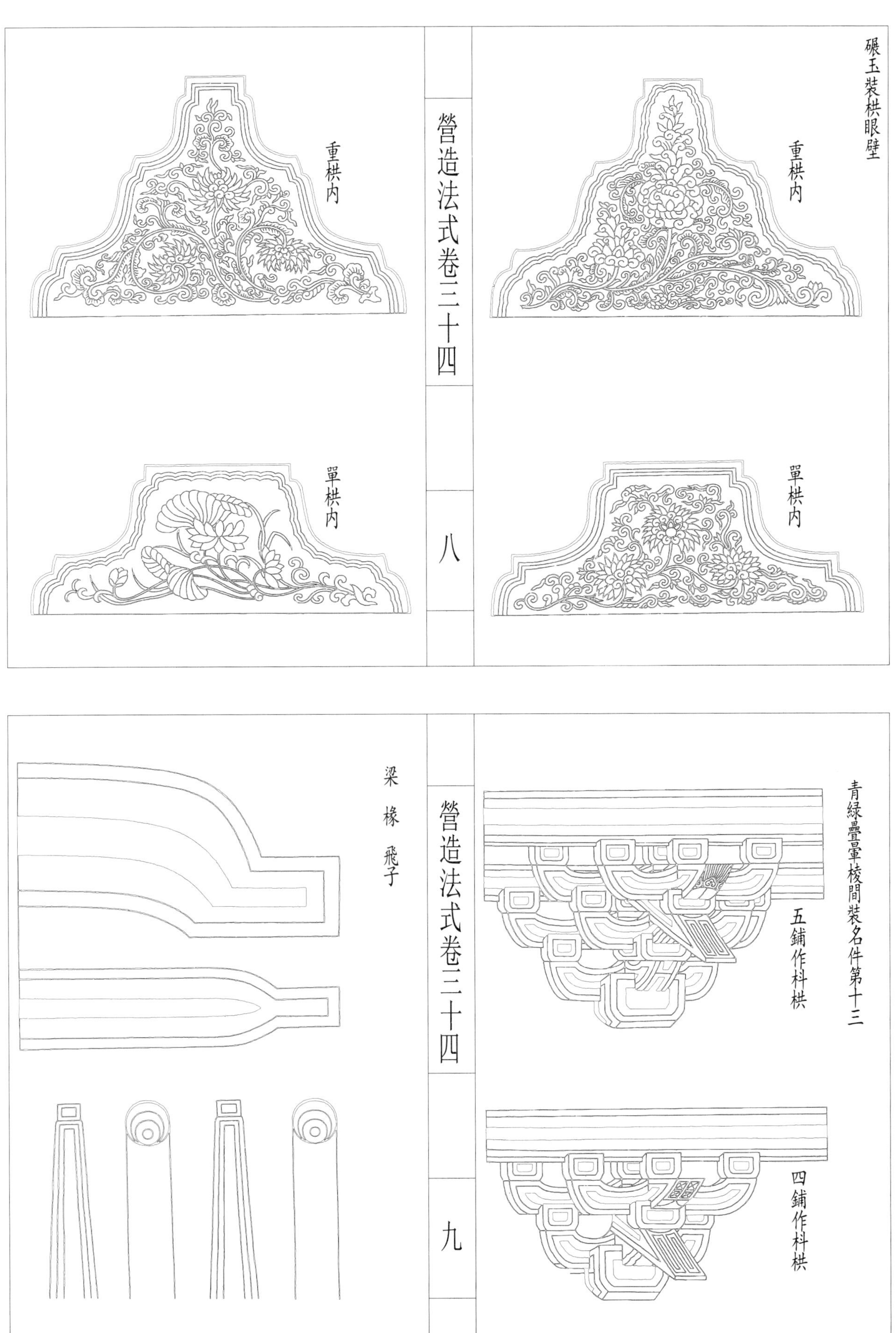

碾玉裝栱眼壁
重栱内
重栱内
營造法式卷三十四
八
單栱内
單栱内
青緑疊暈棱間裝名件第十三
五鋪作枓栱
四鋪作枓栱
營造法式卷三十四
九
梁 椽 飛子

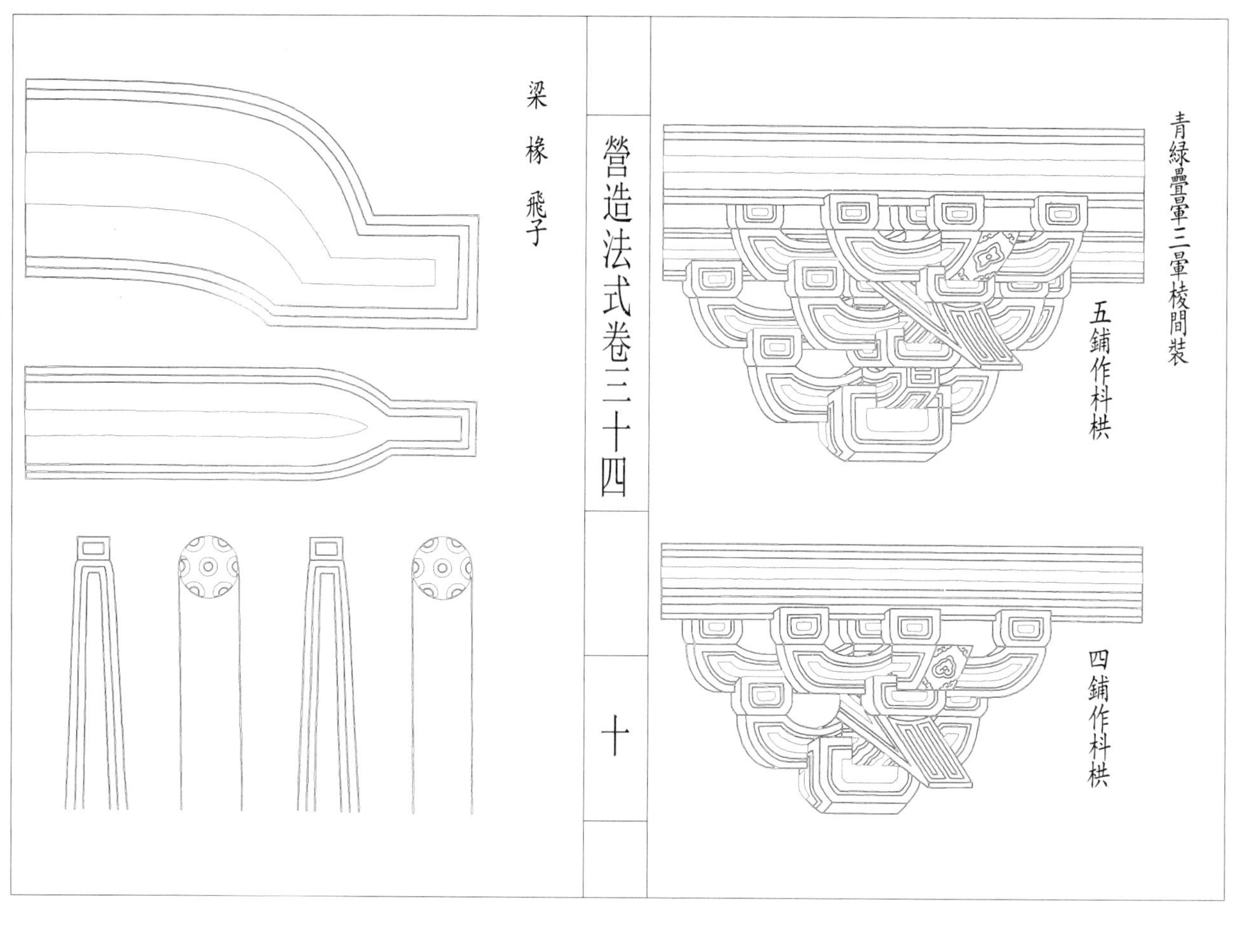
青緑疊暈三暈棱間裝
五鋪作枓栱
四鋪作枓栱
營造法式卷三十四
十
梁椽飛子

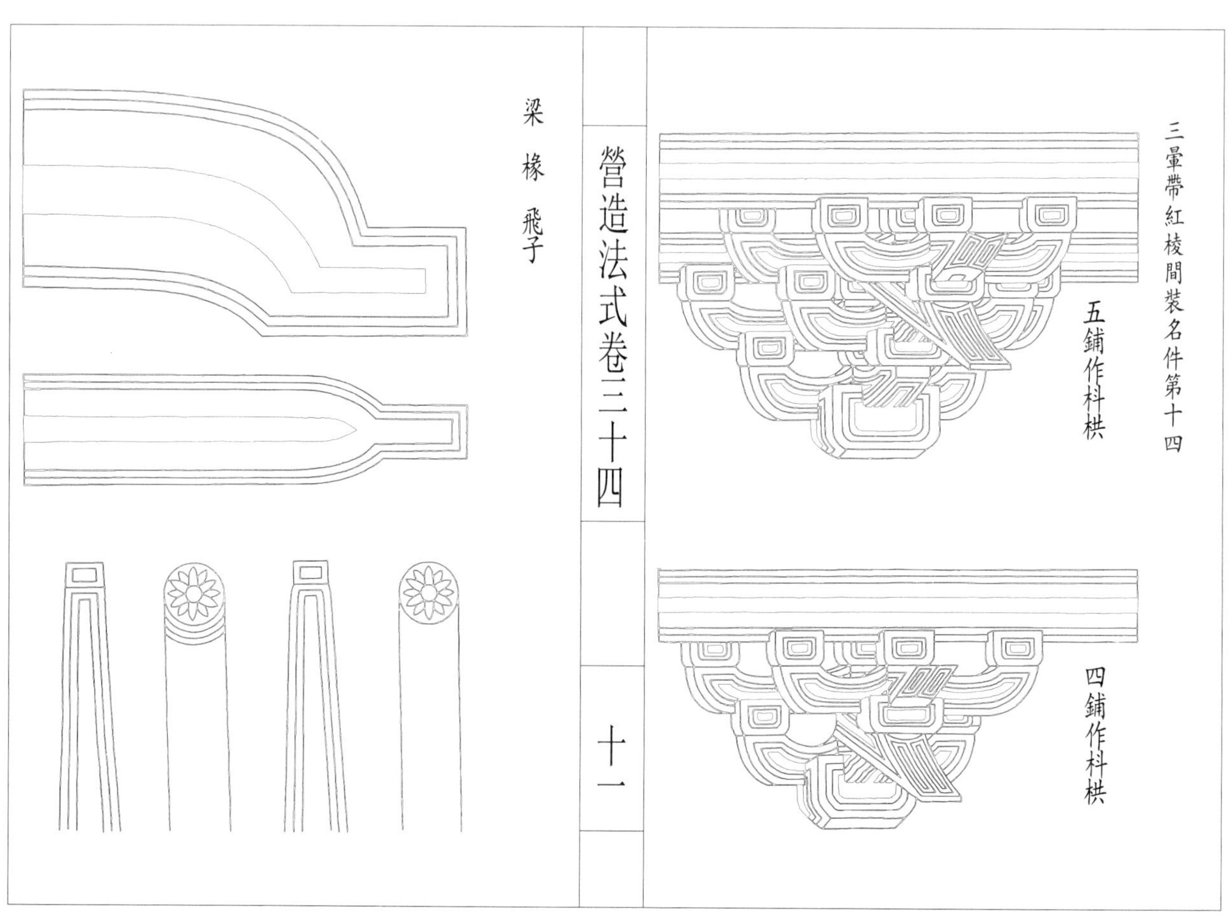
三暈帶紅棱間裝名件第十四
五鋪作枓栱
四鋪作枓栱
營造法式卷三十四
十一
梁椽飛子

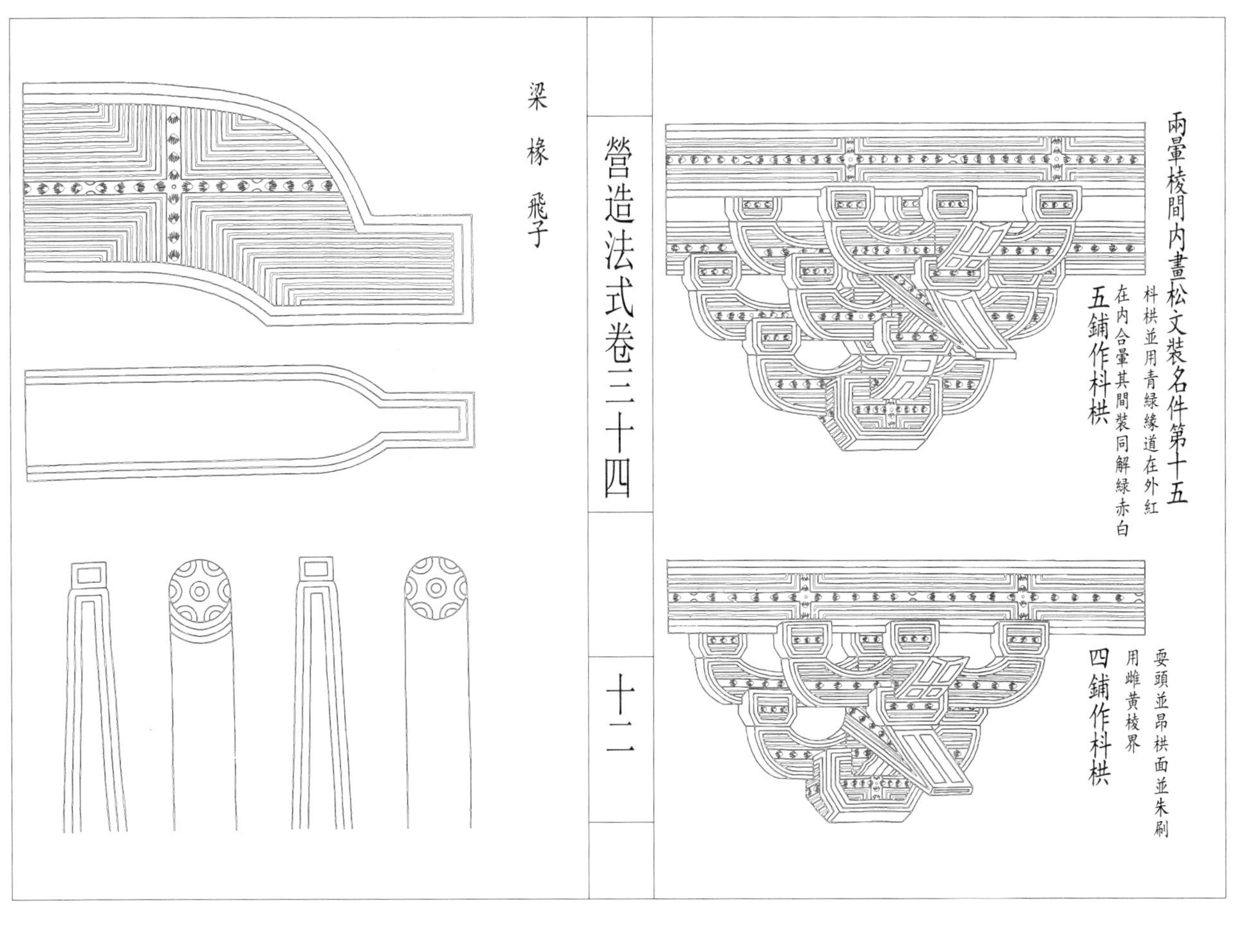

兩暈棱間內畫松文裝名件第十五
枓栱並用青綠緣道在外紅在內合暈其間裝同解綠赤白
五鋪作枓栱
耍頭並昂栱面並朱刷用雌黃棱界
四鋪作枓栱
營造法式卷三十四
十二
梁椽飛子

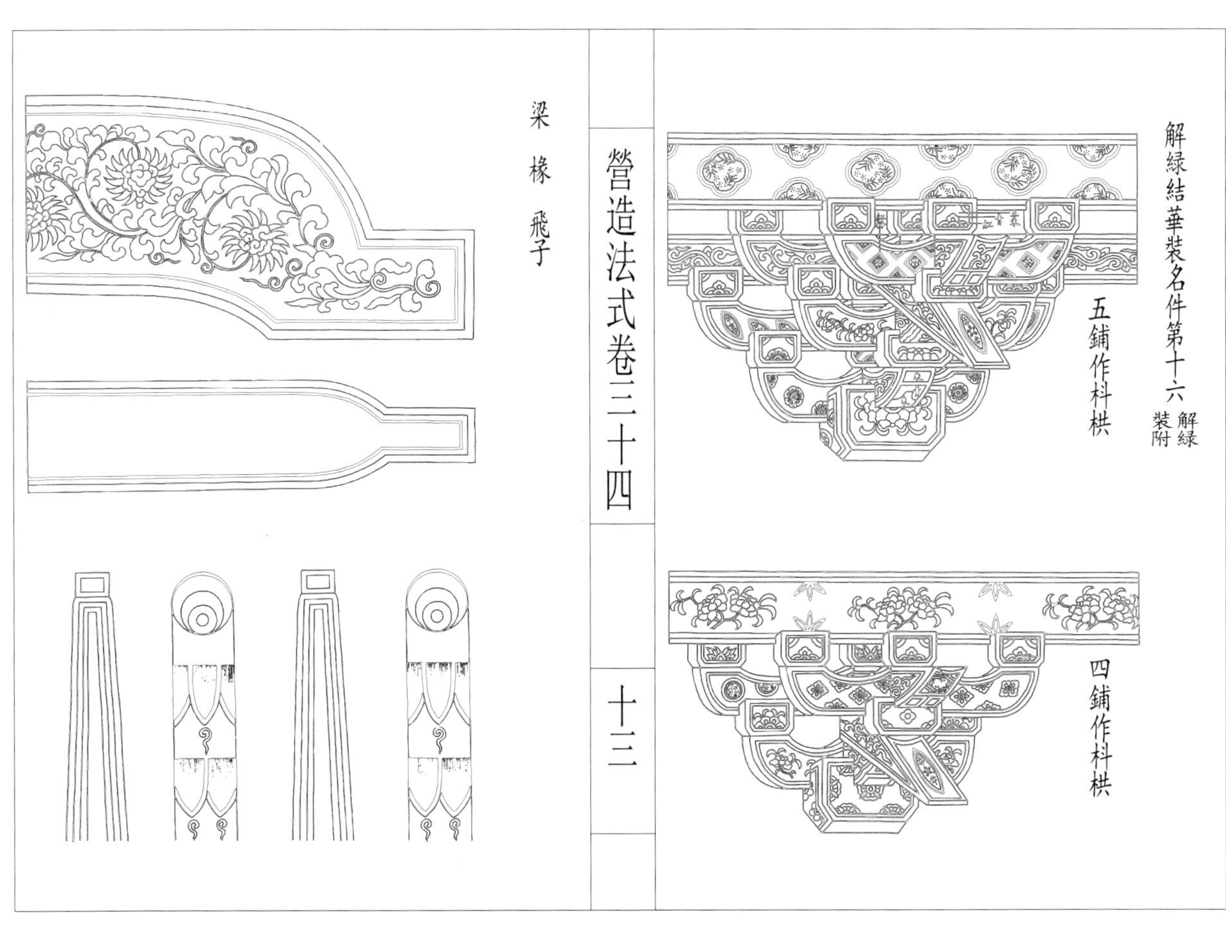

解綠結華裝名件第十六
解綠裝附
五鋪作枓栱
四鋪作枓栱
營造法式卷三十四
十三
梁椽飛子

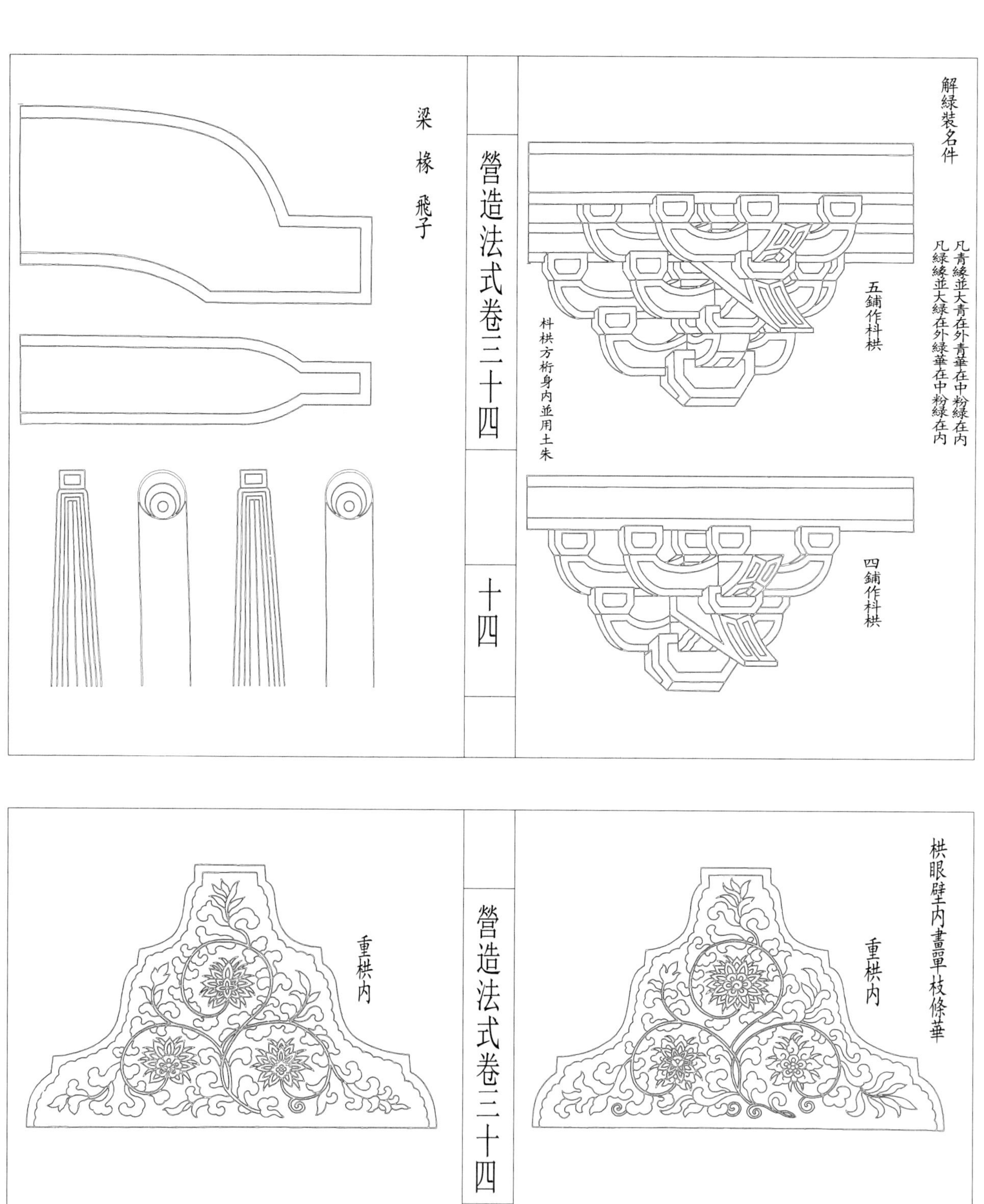

栱眼壁内畫單枝條華

重栱内

單栱内

營造法式卷三十四

十五

重栱内

單栱内

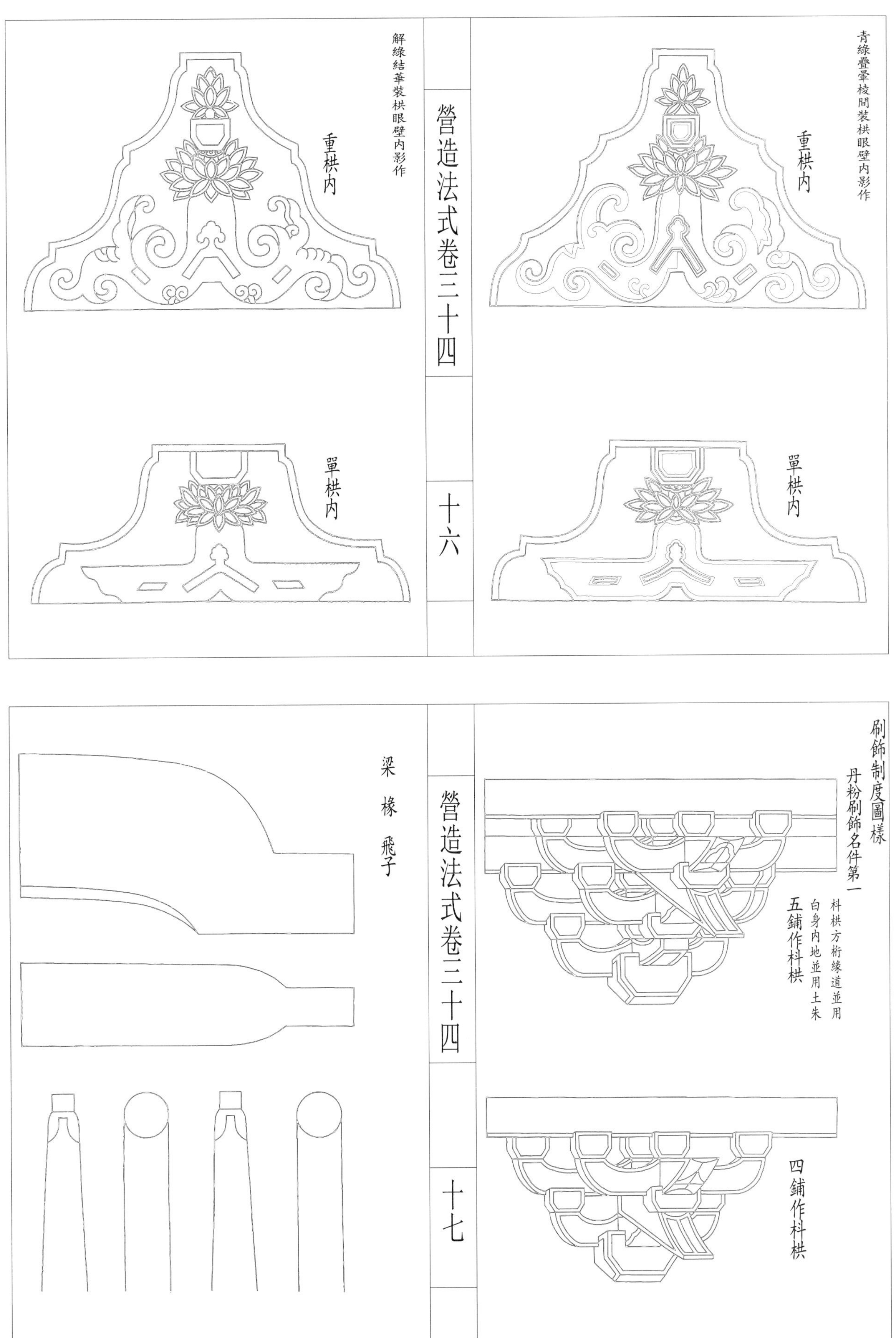
青綠疊暈棱間裝栱眼壁內影作
重栱內
單栱內
營造法式卷三十四
十六
解綠結華裝栱眼壁內影作
重栱內
單栱內
刷飾制度圖樣
丹粉刷飾名件第一
枓栱方桁緣道並用
白身內地並用土朱
五鋪作枓栱
四鋪作枓栱
營造法式卷三十四
十七
梁
椽
飛子

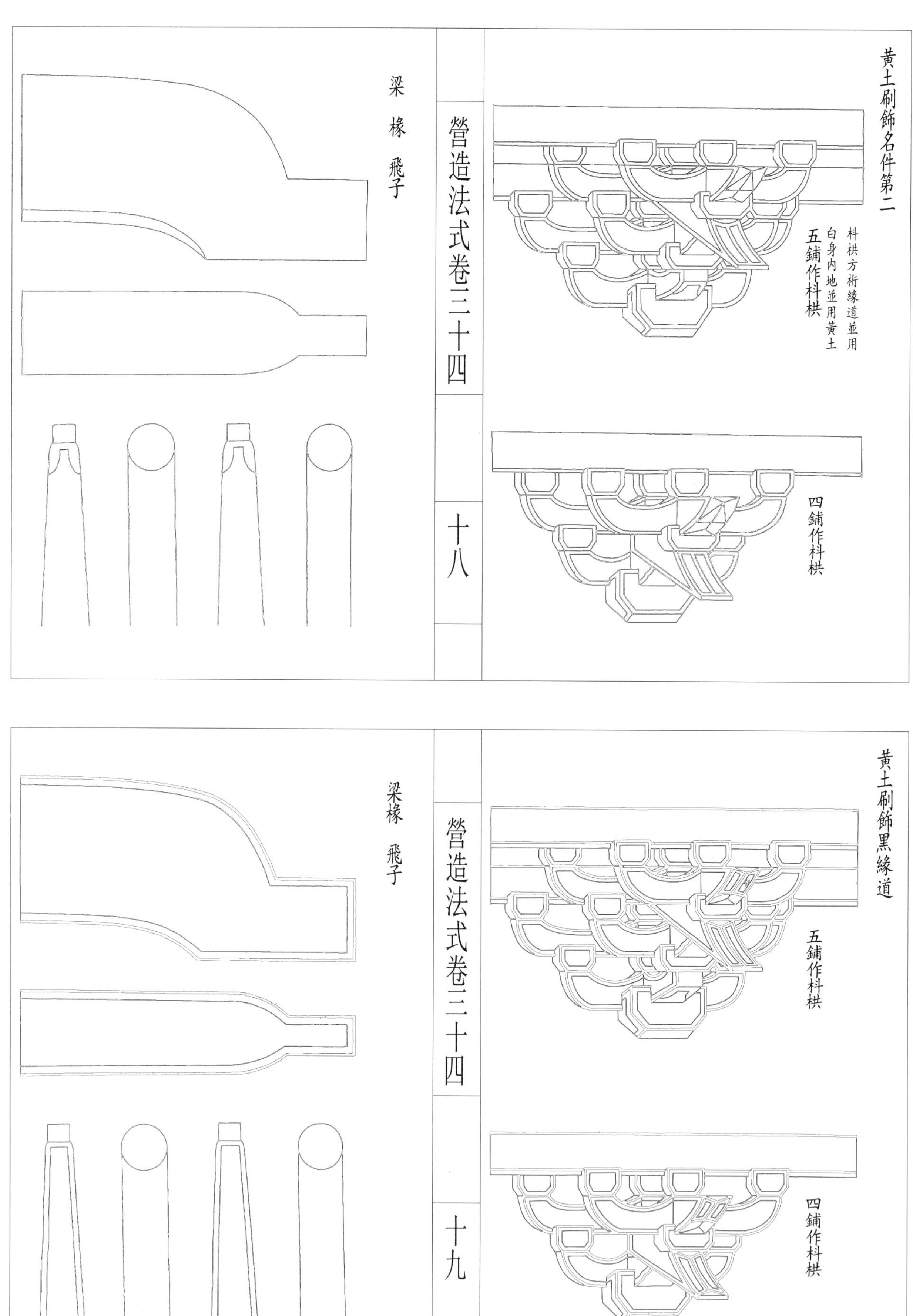
黄土刷飾名件第二
枓栱方桁緣道並用
白身内地並用黄土
五鋪作枓栱
四鋪作枓栱
營造法式卷三十四
十八
梁椽
飛子
黄土刷飾黑緣道
五鋪作枓栱
四鋪作枓栱
營造法式卷三十四
十九
梁椽
飛子

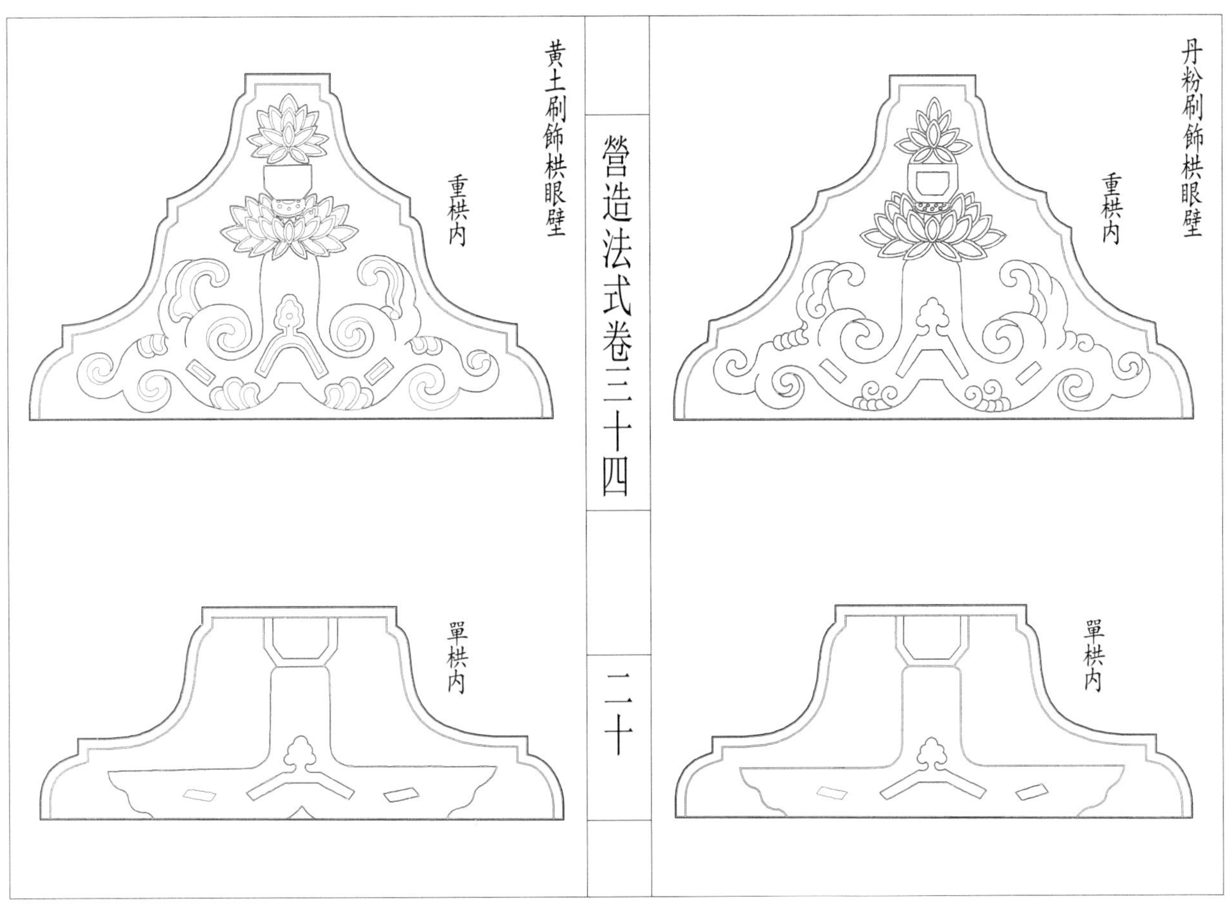
黃土刷飾栱眼壁
重栱内
單栱内
營造法式卷三十四
二十
丹粉刷飾栱眼壁
重栱内
單栱内

營造法式卷第八

通直郎管修蓋皇弟外第專一提舉修蓋班直諸軍營房等臣李誡奉

聖旨編修

小木作制度三

平棊　鬬八藻井

小鬬八藻井　拒馬义子

义子　鉤闌 重臺鉤闌 單鉤闌

棵籠子　井亭子

牌

平棊 其名有三一曰平機二曰平橑三曰平棊俗謂之平起其以方椽施素版者謂之平闇

造殿内平棊之制於背版之上四邊用桯桯内用貼貼内

南宋紹定間重刊紹興十五年平江府刊本

前後瓦隴條每深一尺則長八寸五分厦兩頭者長五寸五分若至角並隨角斜長方三

分相去空分同

搏風版每深一尺則長四寸五分曲廣一寸二分以厚七分爲定法

瓦口子長隨子角梁内其曲廣六分

垂魚共長一尺二寸每長一尺即廣六寸厚同搏風版

惹草共長一尺每長一尺即廣七寸厚同上

鴟尾共高一尺一寸每高一尺即廣六寸厚同壓脊

凡九脊小帳施之於屋一間之内其補間鋪作前後各八朵兩側各四朵坐内壼門等並準牙脚帳制度

壁帳

造壁帳之制高一丈三尺至一丈六尺山華仰陽在外其帳柱之

南宋紹定間刊本之明代補版（國家圖書館藏）

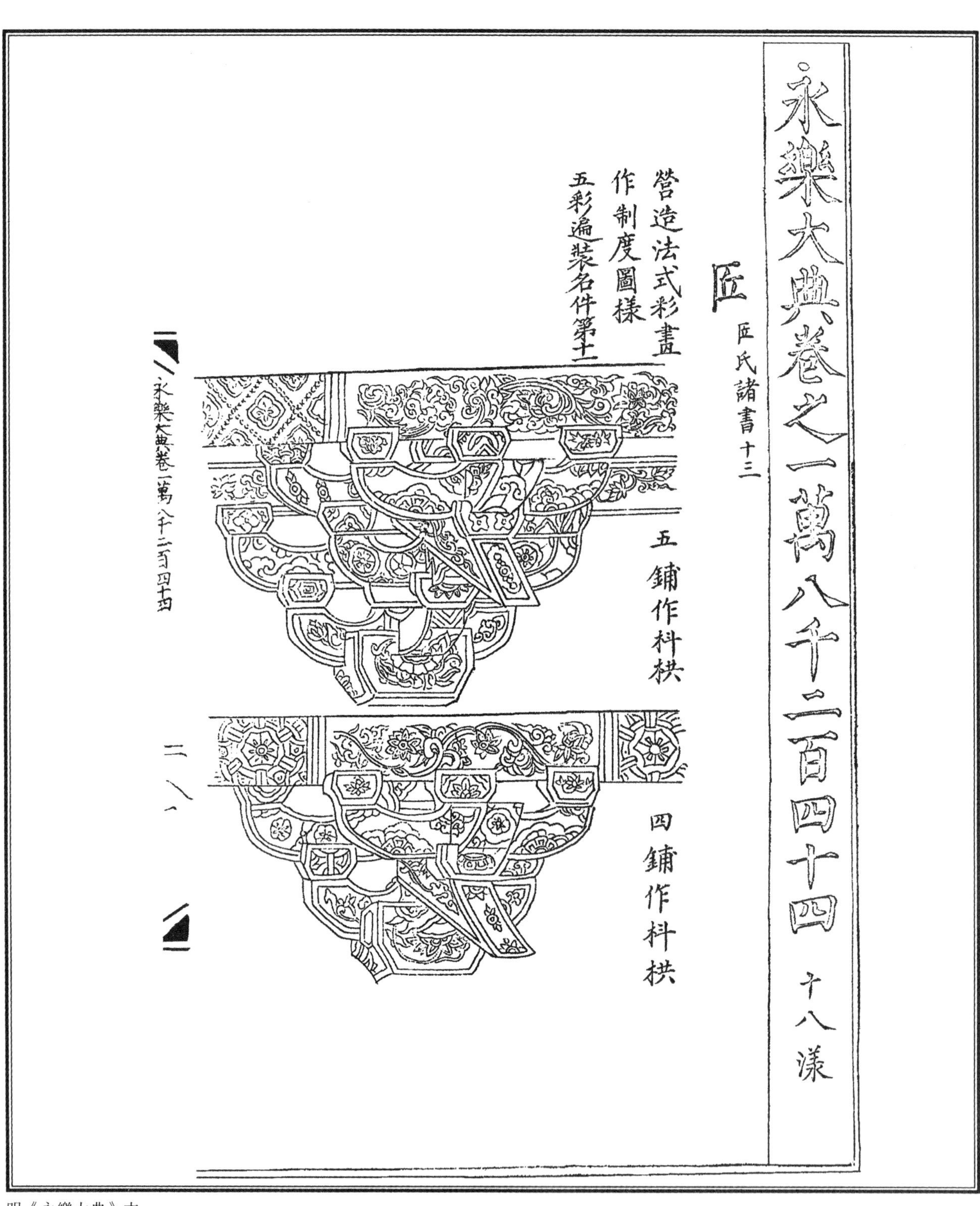

永樂大典卷之一萬八千二百四十四　十八漾
匠
匠氏諸書十三
營造法式彩畫
作制度圖樣
五彩遍裝名件第十一
五鋪作枓栱
四鋪作枓栱
永樂大典卷一萬八千二百四十四
二八

明《永樂大典》本

營造法式看詳

通直郎管修蓋皇弟外第專一提舉修蓋班直諸軍營房等臣李誡奉

聖旨編修

方圜平直　取徑圍

定功　取正

定平　墻

舉折　諸作異名

總諸作看詳

方圜平直

周官考工記圜者中規方者中矩立者中垂衡者中水鄭司農注云治材居材如此乃善也

法式看詳　一

墨子子墨子言曰天下從事者不可以無法儀雖至百工從事者亦皆有法百工為方以矩為圜以規直以繩衡以水正以垂無巧工不巧工皆以此為法巧者能中之不巧者雖不能中依放以從事猶愈於已

周髀算經昔者周公問於商高曰數安從出商高曰數之法出於圜方圜出於方方々出於矩矩々出於九九々八十一萬物周事而圜方用焉大匠造制而規矩設焉或毀方而為圜或破圜而為方方中為圜者謂之圜方圜中為方者謂之方圜也

韓子曰無規矩之法繩墨之端雖班尒不能成方圜

看詳諸作制度皆以方圜平直為準至如八棱之

清鈔本(故宮本)

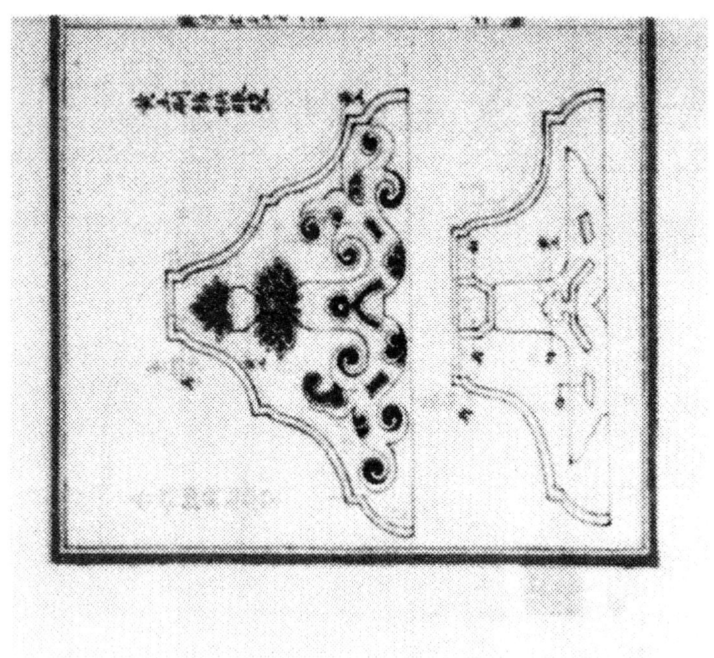

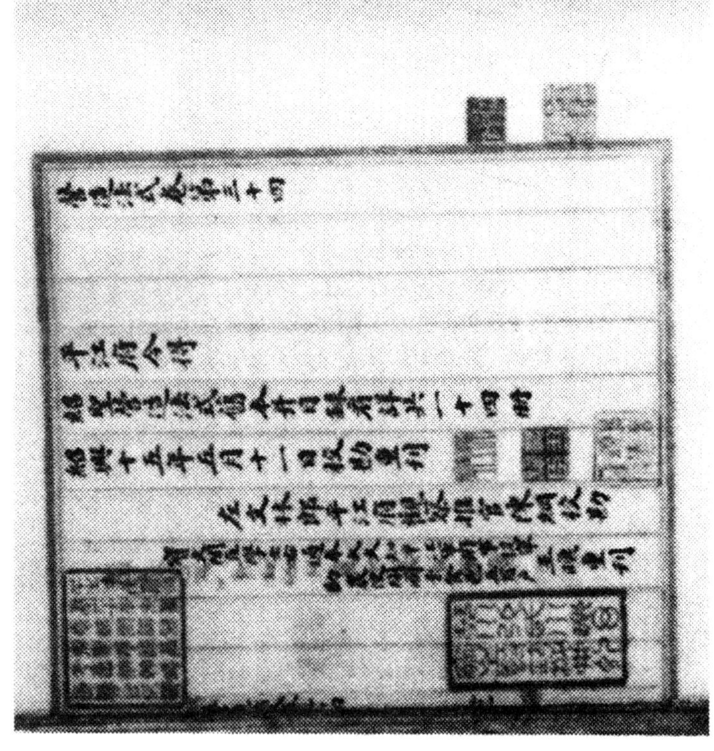

清嘉慶二十五年張蓉鏡鈔本（即丁本之底本，現藏上海圖書館）

韓子曰：無規矩之法，繩墨之端，雖班亦不能成方圜。

看詳諸作制度，皆以方圜平直爲準；至如八棱之類，及欹斜羨（禮圖云：羨爲不圜之貌。璧羨以爲量物之度也。鄭司農云：羨猶延也，以善切，其袤一尺而廣狹焉）陊（史記索隱云：陊謂狹長而方去其角也。陊，丁果切，俗作隋，非）亦用規矩取法。今謹按周官考工記等，脩立下條。

諸取圜者以規，方者以矩，直者𢬵繩取則，立者垂繩取正，橫者定水取平。

取徑圍

九章算經李淳風注云：舊術求圜，皆以周三徑一爲率。若用之求圜周之數，則周少而徑多。徑一周三，理非精密。蓋

清道光咸豐間傳鈔張蓉鏡鈔本（即朱啓鈐影印之丁本，南京圖書館藏）

欽定四庫全書

營造法式卷十一

宋 李誠 撰

小木作制度六

轉輪經藏

壁藏

轉輪經藏

造經藏之制共高二丈徑一丈六尺八稜每稜面廣六

文津閣四庫本(國家圖書館藏)

營造法式卷第八

通直郎管修蓋皇弟外第專一提舉修蓋班直諸軍營房等臣李誠奉

聖旨編修

小木作制度三

平棊　鬭八藻井

小鬭八藻井　拒馬叉子

叉子　鉤闌重臺鉤闌單鉤闌

棵籠子　井亭子

牌

平棊 其名有三：一曰平機，二曰平橑，三曰平棊；俗謂之平起。其以方椽施素版者，謂之平闇。

造殿內平棊之制：於背版之上，四邊用程，程內用貼，貼內

1925年陶湘仿宋刊本

索 引

注：斜体为文前页码。

C

D

E

F

G

H

J

K

L

M

N

O

P

Q

R

S

T

W

X

Y

Z

主要參考文獻

[1] 李誡．營造法式（陳明達點注本）[M]．杭州：浙江攝影出版社．2020.

[2] 梁思成．梁思成全集：第七卷[M]．北京：中國建築工業出版社．2001.

[3] 李誡，傅熹年校注．合校本營造法式[M]．北京：中國建築工業出版社．2020.

[4] 李誡，傅熹年彙校．營造法式合校本[M]．北京：中華書局．2018.

[5] 馬端臨．文獻通考[M]．北京：中華書局．2011.

[6] 曹汛．李誡本名考正[M]//中國建築史論彙刊：第三輯．北京：清華大學出版社．2010.

[7] 朱熹．周易本義：卷之二[M]．周易．北京：中華書局．2009.

[8] 脱脱，等．宋史[M]．北京：中華書局．1985.

[9] 張九齡，李林甫，等．唐六典[M]．北京：中華書局．1992.

[10] 宋濂．元史：卷二[M]．北京：中華書局．1976.

[11] 二十五史．舊五代史：卷七十七（晉書）[M]．上海：上海古籍出版社—上海書店．1986.

[12] 李燾．續資治通鑑長編[M]．北京：中華書局．2004.

[13] 臧琳．經義雜記校補：卷十三[M]//周髀算經．北京：中華書局．2020.

[14] 歐陽詢．藝文類聚[M]．上海：上海古籍出版社．1982.

[15] 畢沅．續資治通鑑[M]．北京：中華書局．1957.

[16] 漢語大字典[M]．成都：四川辭書出版社—湖北辭書出版社．1993.

[17] 張九成．尚書詳説[M]．杭州：浙江古籍出版社．2013.

[18] 孫希旦．禮記集解[M]．北京：中華書局．1989.

[19] 阮元校刻．十三經注疏[M]．北京：中華書局．2009.

[20] 郭璞注．爾雅[M]．北京：中華書局．2020.

[21] 二十五史．史記：卷八[M]．上海：上海古籍出版社—上海書店．1986.

[22] 魏徵，等．隋書[M]．北京：中華書局．1973.

[23] 徐弘祖．徐霞客游記校注[M]．北京：中華書局．2017.

[24] 脱脱，等．遼史[M]．北京：中華書局．1974.

[25] 張廷玉，等．明史[M]．北京：中華書局．1974.

[26] 皮錫瑞．尚書大傳疏證[M]．北京：中華書局．2015.

[27] 張傳官．急就篇校理[M]．北京：中華書局．2017.

[28] 李昉，等．太平御覽[M]．北京：中華書局．1960.

[29] 段玉裁注. 説文解字段注[M]．成都：成都古籍書店. 1981.

[30] 郝懿行．爾雅義疏[M]．濟南：齊魯書社．2010.
[31] 徐堅．初學記[M]．北京：中華書局．2004.
[32] 朱熹．四書章句集注[M]．北京：中華書局．1983.
[33] 何清谷校注．三輔黄圖校注[M]．西安：三秦出版社．2006.
[34] 楊伯峻．列子集釋[M]．北京：中華書局．1979.
[35] 王先謙．荀子集解[M]．北京：中華書局．1988.
[36] 王充．論衡校釋[M]．北京：中華書局．1990.
[37] 孫詒讓．周禮正義[M]．北京：中華書局．2015.
[38] 許慎．説文解字點校本[M]．北京：中華書局．2020.
[39] 司馬遷．史記[M]．北京：中華書局．1982.
[40] 童書業．春秋史料集[M]．北京：中華書局．2008.
[41] 李德輝．唐宋館驛與文學資料彙編[M]．南京：鳳凰出版社．2014.
[42] 張詠．張乖崖集[M]．北京：中華書局．2000.
[43] 方玉潤．詩經原始[M]．北京：中華書局．1986.
[44] 洪亮吉．春秋左傳詁[M]．北京：中華書局．1987.
[45] 陳立．公羊義疏[M]．北京：中華書局．2017.
[46] 劉安．淮南子集釋[M]．北京：中華書局．1998.
[47] 姚思廉．梁書[M]．北京：中華書局．1973.
[48] 陳寿撰，裴松之注．三國志[M]．北京：中華書局．1982.
[49] 房玄齡，等．晋書[M]．北京：中華書局．1974.
[50] 范曄．後漢書[M]．北京：中華書局．1965.
[51] 沈約．宋書[M]．北京：中華書局．1974.
[52] 劉績補注．管子補注[M]．北京：中華書局．2004.
[53] 馬縞．中華古今注[M]．北京：中華書局．2012.
[54] 劉昫等．舊唐書[M]．北京：中華書局．1975.
[55] 孫詒讓．墨子閒詁[M]．北京：中華書局．2001.
[56] 洪亮吉．春秋左傳詁[M]．北京：中華書局．1987.
[57] 令狐德棻，等．周書[M]．北京：中華書局．1971.
[58] 徐光啓．農政全書[M]．北京：中華書局．2020.
[59] 蘇軾．東坡志林[M]．北京：中華書局．1981.
[60] 李斗．揚州畫舫録[M]．北京：中華書局．1980.
[61] 臧琳．經義雜記校補[M]．北京：中華書局．2020.
[62] 馬總．意林校釋[M]．北京：中華書局．2014.
[63] 龔克昌，等．全三國賦評注[M]．濟南：齊魯書社．2013.
[64] 杜佑．通典[M]．北京：中華書局．1988.
[65] 徐天麟．西漢會要[M]．北京：中華書局．1955.
[66] 吴曾．能改齋漫録[M]．鄭州：大象出版社．2019.
[67] 嚴可均．全上古三代秦漢三國六朝文[M]．北京：中華書局．1958.
[68] 柳宗元．柳宗元集[M]．北京：中華書局．1979.

[69] 宋濂．潛溪前集[M]．杭州：浙江古籍出版社．2014.
[70] 徐世昌．晚晴簃詩匯[M]．北京：中華書局．2018.
[71] 章太炎．國故論衡疏證[M]．北京：中華書局．2008.
[72] 劉寶楠．論語正義[M]．北京：中華書局．1990.
[73] 吴祖謨．方言校箋[M]．北京：中華書局．1993.
[74] 董誥等．全唐文[M]．北京：中華書局．1983.
[75] 釋道世．法苑珠林校注[M]．北京：中華書局．2003.
[76] 班固．漢書[M]．北京：中華書局．1962.
[77] 莊綽．雞肋編[M]．鄭州：大象出版社．2019.
[78] 薛居正，等．舊五代史[M]．北京：中華書局．1976.
[79] 中國科學院圖書館整理．續修四庫全書總目提要[M]．北京：中華書局．1993.
[80] 方向東．大戴禮記彙校集解[M]．北京：中華書局．2008.
[81] 班固．白虎通疏證[M]．北京：中華書局．1994.
[82] 郭慶藩．莊子集釋[M]．北京：中華書局．1961.
[83] 李昉，等．太平廣記[M]．北京：中華書局．1961.
[84] 歐陽修．新五代史[M]．北京：中華書局．1974.
[85] 高步瀛．文選李注義疏[M]．北京：中華書局．1985.
[86] 王溥．唐會要[M]．北京：中華書局．1960.
[87] 舒其紳，等．西安府志[M]．西安：三秦出版社．2011.
[88] 顏之推．顏氏家訓集解[M]．北京：中華書局．1993.
[89] 吕不韋．元刊吕氏春秋校訂[M]．南京：鳳凰出版社．2016.
[90] 黎靖德．朱子語類[M]．北京：中華書局．1986.
[91] 蘇軾，茅維編．蘇軾文集[M]．北京：中華書局．1986.
[92] 丘濬．大學衍義補[M]．上海：上海書店出版社．2012.
[93] 段成式．酉陽雜俎校箋[M]．北京：中華書局．2015.
[94] 洪邁．夷堅志[M]．北京：中華書局．2006.
[95] 連冕．天水冰山録[M]．西安：三秦出版社．2017.
[96] 陳淏撰．花鏡[M]．北京：中華書局．1956.
[97] 石峻，等．中國佛教思想資料選編[M]．北京：中華書局．2014.
[98] 楊文會.楊仁山全集[M]．合肥：黃山書社．2000.
[99] 釋道世．法苑珠林[M]．北京：中國書店．1991.
[100] 王弼，韓康伯，孔穎達．宋本周易注疏[M]．北京：中華書局．2018.
[101] 馬驌．繹史[M]．北京：中華書局．2002.
[102] 歐陽修，宋祁．新唐書[M]．北京：中華書局．1975.
[103] 脱脱等．金史[M]．北京：中華書局．1975.
[104] 沈括．夢溪筆談[M]．鄭州：大象出版社．2019.
[105] 賈誼，何孟春．賈誼集[M]．長沙：嶽麓書社．2010.
[106] 徐光啓，石聲漢，石定枎．農政全書校注[M]．北京：中華書局．2020.
[107] 胡紹煐．文選箋證[M]．合肥：黃山書社．2007.

[108] 王象之．輿地紀勝．杭州：浙江古籍出版社．2013.
[109] 焦竑．玉堂叢語[M]．北京：中華書局．1981.
[110] 司農司．農桑輯要校注[M]．北京：中華書局．2014.
[111] 葉夢得．避暑録話[M]．鄭州：大象出版社．2019.
[112] 郭沂．孔子集語校注[M]．北京：中華書局．2017.
[113] 劉向．説苑校證[M]．北京：中華書局．1987.
[114] 梁思成．清式營造則例[M]．北京：中國建築工業出版社．1981.
[115] 張進，等．王維資料彙編[M]．北京：中華書局．2014.
[116] 程顥，程頤．二程集[M]．北京：中華書局．2004.
[117] 洪邁．容齋續笔[M]．鄭州：大象出版社．2019.
[118] 顧起元．客座贅語[M]．北京：中華書局．1987.
[119] 杜甫，仇兆鰲．杜詩詳注[M]．北京：中華書局．1979.
[120] 李延壽．北史[M]．北京：中華書局．1974.
[121] 李攸．宋朝事實[M]．北京：中華書局．1955.
[122] 彭定求，等．全唐詩[M]．北京：中華書局．1960.
[123] 蘇軾．蘇軾文集編年箋注[M]．成都：巴蜀書社．2011.
[124] 周密．齊東野語[M]. 杭州：浙江古籍出版社．2015.
[125] 謝肇淛．五雜俎[M]．上海：上海書店出版社．2009.
[126] 吳淑．事類賦注[M]．北京：中華書局．1989.
[127] 陳規．守城録[M]．鄭州：大象出版社．2019.
[128] 徐松，張穆．唐兩京城坊考[M]．北京：中華書局．1985.
[129] 劉大可．中國古建築瓦石營法[M]．北京：中國建築工業出版社．2015.
[130] 孔平仲．談苑[M]．鄭州：大象出版社．2019.
[131] 楊鞏．農學合編[M]．北京：中華書局．1956.
[132] 杭世駿．訂訛類編續補[M]．北京：中華書局．2006.
[133] 錢繹．方言箋疏[M]．北京：中華書局．1991.
[134] 劉績．管子補注[M]．南京：鳳凰出版社．2016.
[135] 王欽若．册府元龜[M]．南京：鳳凰出版社．2016.
[136] 衞杰．蠶桑萃編[M]．北京：中華書局．1956.
[137] 章學誠．文史通義注[M]．上海：華東師範大学出版社．2012.
[138] 劉獻廷．廣陽雜記[M]．北京：中華書局．1957.
[139] 周去非．嶺外代答校注[M]．北京：中華書局．1999.
[140] 曾棗莊，劉琳．全宋文[M]．上海：上海書畫出版社—安徽教育出版社．2006.
[141] 張君房．雲笈七籤[M]．北京：中華書局．2003.
[142] 徐珂．清稗類鈔[M]．北京：中華書局．2010.
[143] 曾公亮，丁度．武經總要前集[M]//鄭振鐸編．中國古代版畫叢刊：第一册．上海：上海古籍出版社．1988.
[144] 王步高．唐詩三百首匯評（修訂本）[M]．南京：鳳凰出版社．2017.
[145] 陸以湉．冷廬雜識[M]．北京：中華書局．1984.

[146] 梁啓雄．荀子簡釋[M]．北京：中華書局．1983.
[147] 朱震．漢上易傳[M]．北京：中華書局．2020.
[148] 酈道元，陳橋驛．水經注校證[M]．北京：中華書局．2007.
[149] 釋慧皎．高僧傳[M]．北京：中華書局．1992.
[150] 孟元老. 東京夢華録[M]．鄭州：大象出版社. 2019.
[151] 魏收．魏書[M]．北京：中華書局．1974.
[152] 蕅益智旭．佛说四十二章經解[M]．成都：巴蜀書社．2014.
[153] 王嘉，萧綺録．拾遺記校注[M]．北京：中華書局．1981.
[154] 王叔岷．史記斠證[M]．北京：中華書局．2007.
[155] 杜綰．雲林石譜[M]．上海：上海書店出版社．2015.
[156] 歐陽修．歐陽修全集[M]．北京：中華書局．2001.
[157] 蘇轍．蘇轍集[M]．北京：中華書局．1990.
[158] 劉學鍇．李商隠資料彙編[M]．北京：中華書局．2001.
[159] 陶宗儀．南村輟耕録[M]．北京：中華書局．1959.
[160] 佚名．百寶總珍集[M]．上海：上海書店出版社．2015.
[161] 曾敏行．獨醒雜誌[M]．鄭州：大象出版社．2019.
[162] 陳櫄．負暄野録[M]．鄭州：大象出版社．2019.
[163] 翟灝．通俗編[M]．北京：中華書局．2013.
[164] 成麗，王其亨．宋《營造法式》研究史[M]．北京：中國建築工業出版社．2017.

圖片來源

1．壕寨制度、石作制度圖樣（見本書附録二）

編號	名稱	圖片來源
壕寨制度圖樣		
壕寨制度圖樣一	宋代測量儀器圖	《梁思成全集》第七卷，第369頁
壕寨制度圖樣二	築基、築墻、築城之制	《梁思成全集》第七卷，第370頁
石作制度圖樣		
石作制度圖樣一	彫鐫、柱礎	《梁思成全集》第七卷，第371頁
石作制度圖樣二	造殿階基、角石、角柱、壓闌石、踏道之制	《梁思成全集》第七卷，第372頁
石作制度圖樣三	重臺鉤闌、單鉤闌	《梁思成全集》第七卷，第373頁
石作制度圖樣四	門砧門限、卧立柣、城門石地栿、流盃渠	《梁思成全集》第七卷，第374頁
石作制度圖樣五	卷輂水窗	《梁思成全集》第七卷，第375頁
石作制度圖樣六	城門心將軍石、止扉石、幡竿頰、水槽子、馬臺、井口石、山棚鋜脚石	《梁思成全集》第七卷，第376頁
石作制度圖樣七	贔屓鼇坐碑、笏頭碣	《梁思成全集》第七卷，第377頁

2．大木作制度圖樣（見本書附録三）

編號	名稱	圖片來源
大木作制度圖樣一	材、枓栱部分名稱圖	《梁思成全集》第七卷，第378頁
大木作制度圖樣二	造栱之制	《梁思成全集》第七卷，第379頁
大木作制度圖樣三	造枓之制	《梁思成全集》第七卷，第380頁
大木作制度圖樣四	下昂尖卷殺之制、造耍頭之制	《梁思成全集》第七卷，第381頁
大木作制度圖樣五	單栱、重栱、枓口跳、把頭絞項造下昂出跳分°數	《梁思成全集》第七卷，第382頁
大木作制度圖樣六	下昂出跳分°數之二	《梁思成全集》第七卷，第383頁
大木作制度圖樣七	下昂出跳分°數之三	《梁思成全集》第七卷，第384頁
大木作制度圖樣八	上昂出跳分°數之一	《梁思成全集》第七卷，第385頁

續表

編號	名稱	圖片來源
大木作制度圖樣九	上昂出跳分°數之二	《梁思成全集》第七卷，第386頁
大木作制度圖樣十	總鋪作次序	《梁思成全集》第七卷，第387頁
大木作制度圖樣十一	造平坐之制之一 叉柱造	《梁思成全集》第七卷，第388頁
大木作制度圖樣十二	造平坐之制之二 纏柱造之一	《梁思成全集》第七卷，第389頁
大木作制度圖樣十三	造平坐之制之三 纏柱造之二	《梁思成全集》第七卷，第390頁
大木作制度圖樣十四	絞割鋪作栱昂枓等所用卯口	《梁思成全集》第七卷，第391頁
大木作制度圖樣十五	殿閣亭榭等鋪作轉角圖	《梁思成全集》第七卷，第392頁
大木作制度圖樣十六	殿閣亭榭等鋪作轉角圖	《梁思成全集》第七卷，第393頁
大木作制度圖樣十七	殿閣亭榭等鋪作轉角圖	《梁思成全集》第七卷，第394頁
大木作制度圖樣十八	殿閣亭榭等鋪作轉角圖	《梁思成全集》第七卷，第395頁
大木作制度圖樣十九	造月梁之制	《梁思成全集》第七卷，第396頁
大木作制度圖樣二十	柱側脚、闌額、梁額等卯口、殺梭柱之制	《梁思成全集》第七卷，第397頁
大木作制度圖樣二十一	用柱之制、角柱生起之制	《梁思成全集》第七卷，第398頁
大木作制度圖樣二十二	造角梁之制	《梁思成全集》第七卷，第399頁
大木作制度圖樣二十三	造蜀柱、叉手、槫縫襻間之制	《梁思成全集》第七卷，第400頁
大木作制度圖樣二十四	造替木、搏風版、蜀柱叉手托脚之制	《梁思成全集》第七卷，第401頁
大木作制度圖樣二十五	用椽之制、造檐之制	《梁思成全集》第七卷，第402頁
大木作制度圖樣二十六	舉折之制	《梁思成全集》第七卷，第403頁
大木作制度圖樣二十七	亭榭鬭尖舉折之制	《梁思成全集》第七卷，第404頁
大木作制度圖樣二十八	殿閣分槽圖	《梁思成全集》第七卷，第405頁
大木作制度圖樣二十九	殿閣分槽圖	《梁思成全集》第七卷，第406頁
大木作制度圖樣三十	殿閣身地盤七間身内雙槽周帀副階	《梁思成全集》第七卷，第407頁
大木作制度圖樣三十一	殿閣分槽圖樣・仰視	《梁思成全集》第七卷，第408頁
大木作制度圖樣三十二	殿堂等八鋪作副階六鋪作雙槽艸架側樣	《梁思成全集》第七卷，第409頁
大木作制度圖樣三十三	殿閣地盤殿身七間副階周帀身内金箱枓底槽	《梁思成全集》第七卷，第410頁
大木作制度圖樣三十四	殿閣分槽圖樣・仰視	《梁思成全集》第七卷，第411頁
大木作制度圖樣三十五	殿堂等七鋪作（副階五鋪作）雙槽草架側樣	《梁思成全集》第七卷，第412頁
大木作制度圖樣三十六	殿閣地盤殿身七間副階周帀身内單槽	《梁思成全集》第七卷，第413頁
大木作制度圖樣三十七	殿閣分槽圖樣・仰視	《梁思成全集》第七卷，第414頁
大木作制度圖樣三十八	殿堂等五鋪作（副階四鋪作）單槽草架側樣	《梁思成全集》第七卷，第415頁
大木作制度圖樣三十九	殿閣九間・身内分心槽・周帀無副階	《梁思成全集》第七卷，第416頁
大木作制度圖樣四十	殿閣分槽圖樣・仰視	《梁思成全集》第七卷，第417頁
大木作制度圖樣四十一	殿堂等六鋪作分心槽艸架側樣	《梁思成全集》第七卷，第418頁
大木作制度圖樣四十二	廳堂等十架椽間縫内用梁柱側樣	《梁思成全集》第七卷，第419頁
大木作制度圖樣四十三	廳堂等十架椽間縫内用梁柱側樣	《梁思成全集》第七卷，第420頁

編號	名稱	圖片來源
大木作制度圖樣四十四	廳堂等十架椽間縫内用梁柱側樣	《梁思成全集》第七卷，第421頁
大木作制度圖樣四十五	廳堂等八架椽間縫内用梁柱側樣	《梁思成全集》第七卷，第422頁
大木作制度圖樣四十六	廳堂等八架椽間縫内用梁柱側樣	《梁思成全集》第七卷，第423頁
大木作制度圖樣四十七	廳堂等八架椽間縫内用梁柱側樣	《梁思成全集》第七卷，第424頁
大木作制度圖樣四十八	廳堂等六架椽間縫内用梁柱側樣	《梁思成全集》第七卷，第425頁
大木作制度圖樣四十九	廳堂等四架椽間縫内用梁柱側樣	《梁思成全集》第七卷，第426頁

3．小木作制度圖樣（見本書附録四）

編號	名稱	圖片來源		繪圖人
小木作制度圖樣一	造版門之制	《梁思成全集》第七卷，第166頁	小木作圖1 版門	閆崇仁
小木作制度圖樣二	造烏頭門之制	《梁思成全集》第七卷，第170頁	小木作圖2 烏頭門	閆崇仁
小木作制度圖樣三	造牙頭護縫軟門之制	《梁思成全集》第七卷，第172頁	小木作圖3 牙頭護縫軟門	閆崇仁
小木作制度圖樣四	造合版軟門之制	《梁思成全集》第七卷，第173頁	小木作圖4 合版軟門	閆崇仁
小木作制度圖樣五	造破子櫺窗之制	《梁思成全集》第七卷，第175頁	小木作圖5 破子櫺窗	閆崇仁
小木作制度圖樣六	造睒電窗之制	《梁思成全集》第七卷，第177頁	小木作圖6 睒電窗	閆崇仁
小木作制度圖樣七	造版櫺窗之制	《梁思成全集》第七卷，第178頁	小木作圖7 版櫺窗	閆崇仁
小木作制度圖樣八	造截間版帳之制	《梁思成全集》第七卷，第180頁	小木作圖8 截間版帳	閆崇仁
小木作制度圖樣九	造截間屏風骨之制	《梁思成全集》第七卷，第181頁	小木作圖9 截間屏風骨	閆崇仁
小木作制度圖樣十	造四扇屏風骨之制	《梁思成全集》第七卷，第183頁	小木作圖10 四扇屏風骨	閆崇仁
小木作制度圖樣十一	造露籬之制	《梁思成全集》第七卷，第185頁	小木作圖11 露籬	閆崇仁
小木作制度圖樣十二	造版引檐、水槽、地棚之制	《梁思成全集》第七卷，第186頁	小木作圖12 版引檐、水槽、地棚	閆崇仁
小木作制度圖樣十三	造井屋子之制	《梁思成全集》第七卷，第188頁	小木作圖13 井屋子	閆崇仁

續表

編號	名稱	圖片來源		繪圖人
小木作制度圖樣十四	造格子門榫卯之制	《梁思成全集》第七卷，第192頁	小木作圖14 格子門分隔形制，門桯、腰串、線脚及榫卯大樣	閆崇仁
小木作制度圖樣十五	造四斜毬文格眼之制	《梁思成全集》第七卷，第193頁	小木作圖15 四斜毬文格眼	閆崇仁
小木作制度圖樣十六	造格眼之制	《梁思成全集》第七卷，第194—195頁	小木作圖16 四斜毬文上出條桱重格眼 圖17 四直毬文上出條桱重格眼 圖18 四直方格眼	閆崇仁
小木作制度圖樣十七	造四直方格眼之制	《梁思成全集》第七卷，第196頁	小木作圖19 四直方格眼制度	閆崇仁
小木作制度圖樣十八	造版壁、兩明格子門之制	《梁思成全集》第七卷，第197頁	小木作圖20 版壁、兩明格子門	閆崇仁
小木作制度圖樣十九	造闌檻鉤窗之制	《梁思成全集》第七卷，第199頁	小木作圖21 闌檻鉤窗	閆崇仁
小木作制度圖樣二十	造殿内截間格子之制	《梁思成全集》第七卷，第201頁	小木作圖22 殿内截間格子	閆崇仁
小木作制度圖樣二十一	造堂閣内截間格子之制	《梁思成全集》第七卷，第202頁	小木作圖23 堂閣内截間格子	閆崇仁
小木作制度圖樣二十二	造截間開門格子之制	《梁思成全集》第七卷，第204頁	小木作圖24 截間開門格子	閆崇仁
小木作制度圖樣二十三	造殿閣照壁版之制	《梁思成全集》第七卷，第205頁	小木作圖25 殿閣照壁版	閆崇仁
小木作制度圖樣二十四	造障日版、廊屋照壁版之制	《梁思成全集》第七卷，第206頁	小木作圖26 障日版 圖27 廊屋照壁版	閆崇仁
小木作制度圖樣二十五	造胡梯之制	《梁思成全集》第七卷，第208頁	小木作圖28 胡梯	閆崇仁
小木作制度圖樣二十六	造垂魚、惹草、裹栿版之制	《梁思成全集》第七卷，第401頁	大木作圖二十四 造搏風版之制	閆崇仁
		《營造法式》卷第三十二	圖樣九	
		《梁思成全集》第七卷，第209頁	小木作圖29 裹栿版	
小木作制度圖樣二十七	造擗簾竿、安護殿閣檐枓栱竹雀眼網上下木貼之制	《繪畫資料中所見的宋代建築避風與遮陽裝修》	圖6 擗簾竿結構示意圖	閆崇仁
小木作制度圖樣二十八	造平棊之制	《梁思成全集》第七卷，第212頁	小木作圖30 平棊	閆崇仁

續表

編號	名稱	圖片來源		繪圖人
小木作制度圖樣二十九	造鬬八藻井之制	《梁思成全集》第七卷，第214頁	小木作圖31 鬬八藻井	閆崇仁
小木作制度圖樣三十	造小鬬八藻井之制	《梁思成全集》第七卷，第216頁	小木作圖32 小鬬八藻井	閆崇仁
小木作制度圖樣三十一	造叉子之制	《梁思成全集》第七卷，第218頁	小木作圖33 叉子（相連或轉角）	閆崇仁
小木作制度圖樣三十二	造叉子、櫺子首、櫺子身、望柱頭細部，串面、地栿側線脚之制	《梁思成全集》第七卷，第219頁	小木作圖34 叉子、櫺子首、櫺子身、望柱頭細部，串面、地栿側線脚	閆崇仁
小木作制度圖樣三十三	造鉤闌之制	《梁思成全集》第七卷，第221頁	小木作圖35 鉤闌	閆崇仁
小木作制度圖樣三十四	造棵籠子、拒馬叉子、殿堂、樓閣、門亭等牌之制	—	《十八學士圖》	閆崇仁
		—	《春遊晚歸圖頁》	
		《營造法式》卷第三十二	圖樣十八	
小木作制度圖樣三十五	造井亭子之制	—	—	閆崇仁
小木作制度圖樣三十六	造天宮樓閣佛道帳之制	《營造法式》卷第三十二	圖樣十九	楊博
	（附圖一）造天宮樓閣佛道帳之制—立面效果圖			楊博、邢宗滿、石曉南
	（附圖二）造天宮樓閣佛道帳之制—透視效果圖			楊博、邢宗滿、石曉南
小木作制度圖樣三十七	造山華蕉葉佛道帳之制	《營造法式》卷第三十二	圖樣二十	楊博
	（附圖一）造山華蕉葉佛道帳之制—立面效果圖			楊博、邢宗滿、石曉南
	（附圖二）造山華蕉葉佛道帳之制—透視效果圖			楊博、邢宗滿、石曉南
小木作制度圖樣三十八	造牙脚帳之制	《營造法式》卷第三十二	—	楊博
	（附圖一）牙脚帳之制—立面效果圖			楊博、邢宗滿、石曉南
	（附圖二）牙脚帳之制—透視效果圖			楊博、邢宗滿、石曉南

續表

<table>
<tr><th>編號</th><th>名稱</th><th colspan="2">圖片來源</th><th>繪圖人</th></tr>
<tr><td rowspan="3">小木作制度圖樣三十九</td><td>造九脊小帳之制</td><td rowspan="3">《營造法式》卷第三十二</td><td rowspan="3">圖樣二十一</td><td>楊博</td></tr>
<tr><td>（附圖一）造九脊小帳之制—立面效果圖</td><td>楊博、邢宗滿、石曉南</td></tr>
<tr><td>（附圖二）造九脊小帳之制—透視效果圖</td><td>楊博、邢宗滿、石曉南</td></tr>
<tr><td rowspan="3">小木作制度圖樣四十</td><td>造壁帳之制</td><td rowspan="3">《營造法式》卷第三十二</td><td rowspan="3">—</td><td>楊博</td></tr>
<tr><td>（附圖一）造壁帳之制—立面效果圖</td><td>楊博、邢宗滿、石曉南</td></tr>
<tr><td>（附圖二）造壁帳之制—透視效果圖</td><td>楊博、邢宗滿、石曉南</td></tr>
<tr><td rowspan="3">小木作制度圖樣四十一</td><td>造轉輪經藏之制</td><td rowspan="3">《營造法式》卷第三十二</td><td rowspan="3">圖樣二十一</td><td>楊博</td></tr>
<tr><td>（附圖一）造轉輪經藏之制—立面效果圖</td><td>楊博、邢宗滿、石曉南</td></tr>
<tr><td>（附圖二）造轉輪經藏之制—透視效果圖</td><td>楊博、邢宗滿、石曉南</td></tr>
<tr><td rowspan="3">小木作制度圖樣四十二</td><td>造壁藏之制</td><td rowspan="3">《營造法式》卷第三十二</td><td rowspan="3">圖樣二十二</td><td>楊博</td></tr>
<tr><td>（附圖一）造壁藏之制—立面效果圖</td><td>楊博、邢宗滿、石曉南</td></tr>
<tr><td>（附圖二）造壁藏之制—透視效果圖</td><td>楊博、邢宗滿、石曉南</td></tr>
</table>

4．彩畫作制度圖樣（見本書附録五）

<table>
<tr><th>編號</th><th>名稱</th><th colspan="2">圖片來源</th><th>繪圖人</th></tr>
<tr><td>五彩雜華第一</td><td>海石榴華</td><td>《營造法式》卷第三十三</td><td>圖樣二</td><td>唐恒魯</td></tr>
<tr><td>五彩雜華第一</td><td>寶牙華</td><td>《營造法式》卷第三十三</td><td>圖樣二</td><td>唐恒魯</td></tr>
<tr><td>五彩雜華第一</td><td>太平華</td><td>《營造法式》卷第三十三</td><td>圖樣二</td><td>唐恒魯</td></tr>
<tr><td>五彩雜華第一</td><td>寶相華</td><td>《營造法式》卷第三十三</td><td>圖樣二</td><td>唐恒魯</td></tr>
<tr><td>五彩雜華第一</td><td>牡丹華</td><td>《營造法式》卷第三十三</td><td>圖樣二</td><td>唐恒魯</td></tr>
<tr><td>五彩雜華第一</td><td>蓮荷華</td><td>《營造法式》卷第三十三</td><td>圖樣二</td><td>唐恒魯</td></tr>
</table>

續表

編號	名稱	圖片來源		繪圖人
五彩雜華第一	方勝合羅	《營造法式》卷第三十三	圖樣三	唐恒魯
五彩雜華第一	圈頭合子	《營造法式》卷第三十三	圖樣三	唐恒魯
五彩雜華第一	豹脚合暈	《營造法式》卷第三十三	圖樣三	唐恒魯
五彩雜華第一	梭身合暈	《營造法式》卷第三十三	圖樣三	唐恒魯
五彩雜華第一	連珠合暈	《營造法式》卷第三十三	圖樣三	唐恒魯
五彩雜華第一	偏暈	《營造法式》卷第三十三	圖樣三	唐恒魯
五彩雜華第一	海石榴華枝條卷成	《營造法式》卷第三十三	圖樣四	唐恒魯
五彩雜華第一	海石榴華鋪地卷成	《營造法式》卷第三十三	圖樣四	唐恒魯
五彩雜華第一	牡丹華寫生	《營造法式》卷第三十三	圖樣四	唐恒魯
五彩雜華第一	蓮荷華寫生	《營造法式》卷第三十三	圖樣四	唐恒魯
五彩雜華第一	團科寶照	《營造法式》卷第三十三	圖樣四	唐恒魯
五彩雜華第一	團科柿蔕	《營造法式》卷第三十三	圖樣四	唐恒魯
五彩雜華第一	瑪瑙地	《營造法式》卷第三十三	圖樣五	唐恒魯
五彩雜華第一	玻瓈地	《營造法式》卷第三十三	圖樣五	唐恒魯
五彩雜華第一	魚鱗旗脚	《營造法式》卷第三十三	圖樣五	唐恒魯
五彩雜華第一	圈頭柿蔕	《營造法式》卷第三十三	圖樣五	唐恒魯
五彩雜華第一	胡瑪瑙	《營造法式》卷第三十三	圖樣五	唐恒魯
五彩雜華第一	瑣子	《營造法式》卷第三十三	圖樣五	唐恒魯
五彩瑣文第二	聯環	《營造法式》卷第三十三	圖樣六	唐恒魯
五彩瑣文第二	密環	《營造法式》卷第三十三	圖樣六	唐恒魯
五彩瑣文第二	疊環	《營造法式》卷第三十三	圖樣六	唐恒魯
五彩瑣文第二	簟文	《營造法式》卷第三十三	圖樣六	唐恒魯
五彩瑣文第二	金錠	《營造法式》卷三十三	圖樣六	唐恒魯
五彩瑣文第二	銀錠	《營造法式》卷三十三	圖樣六	唐恒魯
五彩瑣文第二	方環	《營造法式》卷三十三	圖樣七	唐恒魯
五彩瑣文第二	羅地龜文	《營造法式》卷三十三	圖樣七	唐恒魯
五彩瑣文第二	六出龜文	《營造法式》卷三十三	圖樣七	唐恒魯
五彩瑣文第二	交脚龜文	《營造法式》卷三十三	圖樣七	唐恒魯
五彩瑣文第二	四出	《營造法式》卷三十三	圖樣七	唐恒魯
五彩瑣文第二	六出	《營造法式》卷三十三	圖樣七	唐恒魯
五彩瑣文第二	曲水万字	《營造法式》卷三十三	圖樣八	唐恒魯
五彩瑣文第二	曲水四斗底	《營造法式》卷三十三	圖樣八	唐恒魯

續表

編號	名稱	圖片來源		繪圖人
五彩瑣文第二	曲水雙鑰匙頭	《營造法式》卷三十三	圖樣八	唐恒魯
五彩瑣文第二	曲水丁字	《營造法式》卷三十三	圖樣八	唐恒魯
五彩瑣文第二	曲水單鑰匙頭	《營造法式》卷三十三	圖樣八	唐恒魯
五彩瑣文第二	曲水王字	《營造法式》卷三十三	圖樣八	唐恒魯
五彩瑣文第二	曲水王字	《營造法式》卷三十三	圖樣八	唐恒魯
五彩瑣文第二	曲水王字	《營造法式》卷三十三	圖樣八	唐恒魯
五彩瑣文第二	曲水天字	《營造法式》卷三十三	圖樣八	唐恒魯
五彩瑣文第二	曲水香印	《營造法式》卷三十三	圖樣八	唐恒魯
飛仙及飛走等第三	飛仙（兩圖）	《營造法式》卷三十三	圖樣九	唐恒魯
飛仙及飛走等第三	嬪伽（兩圖）	《營造法式》卷三十三	圖樣九	唐恒魯
飛仙及飛走等第三	共命鳥（兩圖）	《營造法式》卷三十三	圖樣九	唐恒魯
飛仙及飛走等第三	鳳凰	《營造法式》卷三十三	圖樣十	唐恒魯
飛仙及飛走等第三	鸞	《營造法式》卷三十三	圖樣十	唐恒魯
飛仙及飛走等第三	孔雀	《營造法式》卷三十三	圖樣十	唐恒魯
飛仙及飛走等第三	仙鶴	《營造法式》卷三十三	圖樣十	唐恒魯
飛仙及飛走等第三	鸚鵡	《營造法式》卷三十三	圖樣十	唐恒魯
飛仙及飛走等第三	山鷓	《營造法式》卷三十三	圖樣十	唐恒魯
飛仙及飛走等第三	練鵲	《營造法式》卷三十三	圖樣十	唐恒魯
飛仙及飛走等第三	山鷄	《營造法式》卷三十三	圖樣十	唐恒魯
飛仙及飛走等第三	谿鳶	《營造法式》卷三十三	圖樣十一	唐恒魯
飛仙及飛走等第三	鴛鴦	《營造法式》卷三十三	圖樣十一	唐恒魯
飛仙及飛走等第三	鵝	《營造法式》卷三十三	圖樣十一	唐恒魯
飛仙及飛走等第三	華鴨	《營造法式》卷三十三	圖樣十一	唐恒魯
飛仙及飛走等第三	師子	《營造法式》卷三十三	圖樣十一	唐恒魯
飛仙及飛走等第三	麒麟	《營造法式》卷三十三	圖樣十一	唐恒魯
飛仙及飛走等第三	狻猊	《營造法式》卷三十三	圖樣十一	唐恒魯
飛仙及飛走等第三	獬豸	《營造法式》卷三十三	圖樣十一	唐恒魯
飛仙及飛走等第三	天馬	《營造法式》卷三十三	圖樣十二	唐恒魯
飛仙及飛走等第三	海馬	《營造法式》卷三十三	圖樣十二	唐恒魯
飛仙及飛走等第三	仙鹿	《營造法式》卷三十三	圖樣十二	唐恒魯
飛仙及飛走等第三	羚羊	《營造法式》卷三十三	圖樣十二	唐恒魯
飛仙及飛走等第三	山羊	《營造法式》卷三十三	圖樣十二	唐恒魯

續表

編號	名稱	圖片來源		繪圖人
飛仙及飛走等第三	象	《營造法式》卷三十三	圖樣十二	唐恒魯
飛仙及飛走等第三	犀牛	《營造法式》卷三十三	圖樣十二	唐恒魯
飛仙及飛走等第三	熊	《營造法式》卷三十三	圖樣十二	唐恒魯
騎跨仙真第四	真人	《營造法式》卷三十三	圖樣十三	唐恒魯
騎跨仙真第四	女真	《營造法式》卷三十三	圖樣十三	唐恒魯
騎跨仙真第四	金童	《營造法式》卷三十三	圖樣十三	唐恒魯
騎跨仙真第四	玉女	《營造法式》卷三十三	圖樣十三	唐恒魯
騎跨仙真第四	化生	《營造法式》卷三十三	圖樣十三	唐恒魯
騎跨仙真第四	真人	《營造法式》卷三十三	圖樣十三	唐恒魯
騎跨仙真第四	女真	《營造法式》卷三十三	圖樣十三	唐恒魯
騎跨仙真第四	玉女	《營造法式》卷三十三	圖樣十三	唐恒魯
騎跨仙真第四	拂菻（兩圖）	《營造法式》卷三十三	圖樣十四	唐恒魯
騎跨仙真第四	獠蠻（兩圖）	《營造法式》卷三十三	圖樣十四	唐恒魯
騎跨仙真第四	化生（兩圖）	《營造法式》卷三十三	圖樣十四	唐恒魯
五彩額柱第五	豹脚	《營造法式》卷三十三	圖樣十五	唐恒魯
五彩額柱第五	合蟬鷰尾	《營造法式》卷三十三	圖樣十五	唐恒魯
五彩額柱第五	疊暈	《營造法式》卷三十三	圖樣十五	唐恒魯
五彩額柱第五	單卷如意頭	《營造法式》卷三十三	圖樣十五	唐恒魯
五彩額柱第五	劍環	《營造法式》卷三十三	圖樣十五	唐恒魯
五彩額柱第五	雲頭	《營造法式》卷三十三	圖樣十五	唐恒魯
五彩額柱第五	三卷如意頭	《營造法式》卷三十三	圖樣十六	唐恒魯
五彩額柱第五	簇三	《營造法式》卷三十三	圖樣十六	唐恒魯
五彩額柱第五	牙脚	《營造法式》卷三十三	圖樣十六	唐恒魯
五彩額柱第五	海石榴華内間六入團華科	《營造法式》卷三十三	圖樣十六	唐恒魯
五彩額柱第五	寶牙華内間柿蔕科	《營造法式》卷三十三	圖樣十六	唐恒魯
五彩額柱第五	枝條卷成海石榴華内間四入團華科	《營造法式》卷三十三	圖樣十六	唐恒魯
五彩平棊第六	之一	《營造法式》卷三十三	圖樣十七	唐恒魯
五彩平棊第六	之二	《營造法式》卷三十三	圖樣十七	唐恒魯
五彩平棊第六	之三	《營造法式》卷三十三	圖樣十八	唐恒魯
五彩平棊第六	之四	《營造法式》卷三十三	圖樣十八	唐恒魯
碾玉雜華第七	海石榴華	《營造法式》卷三十三	圖樣十九	唐恒魯

續表

編號	名稱	圖片來源		繪圖人
碾玉雜華第七	寶牙華	《營造法式》卷三十三	圖様十九	唐恒魯
碾玉雜華第七	太平華	《營造法式》卷三十三	圖様十九	唐恒魯
碾玉雜華第七	寶相華	《營造法式》卷三十三	圖様十九	唐恒魯
碾玉雜華第七	牡丹華	《營造法式》卷三十三	圖様十九	唐恒魯
碾玉雜華第七	蓮荷華	《營造法式》卷三十三	圖様十九	唐恒魯
碾玉雜華第七	海石榴華枝條卷成	《營造法式》卷三十三	圖様二十	唐恒魯
碾玉雜華第七	海石榴華鋪地卷成	《營造法式》卷三十三	圖様二十	唐恒魯
碾玉雜華第七	龍牙蕙草	《營造法式》卷三十三	圖様二十	唐恒魯
碾玉雜華第七	圈頭合子	《營造法式》卷三十三	圖様二十	唐恒魯
碾玉雜華第七	梭身合暈	《營造法式》卷三十三	圖様二十	唐恒魯
碾玉雜華第七	連珠合暈	《營造法式》卷三十三	圖様二十	唐恒魯
碾玉雜華第七	團科寶照	《營造法式》卷三十三	圖様二十一	唐恒魯
碾玉雜華第七	團科柿蔕	《營造法式》卷三十三	圖様二十一	唐恒魯
碾玉雜華第七	圈頭柿蔕	《營造法式》卷三十三	圖様二十一	唐恒魯
碾玉雜華第七	方勝合羅	《營造法式》卷三十三	圖様二十一	唐恒魯
碾玉雜華第七	瑪瑙地	《營造法式》卷三十三	圖様二十一	唐恒魯
碾玉雜華第七	胡瑪瑙	《營造法式》卷三十三	圖様二十一	唐恒魯
碾玉瑣文第八	聯環	《營造法式》卷三十三	圖様二十二	唐恒魯
碾玉瑣文第八	瑪瑙	《營造法式》卷三十三	圖様二十二	唐恒魯
碾玉瑣文第八	疊環	《營造法式》卷三十三	圖様二十二	唐恒魯
碾玉瑣文第八	簟文	《營造法式》卷三十三	圖様二十二	唐恒魯
碾玉瑣文第八	金錠	《營造法式》卷三十三	圖様二十二	唐恒魯
碾玉瑣文第八	銀錠	《營造法式》卷三十三	圖様二十二	唐恒魯
碾玉瑣文第八	方環	《營造法式》卷三十三	圖様二十三	唐恒魯
碾玉瑣文第八	羅地龜文	《營造法式》卷三十三	圖様二十三	唐恒魯
碾玉瑣文第八	六出龜文	《營造法式》卷三十三	圖様二十三	唐恒魯
碾玉瑣文第八	交脚龜文	《營造法式》卷三十三	圖様二十三	唐恒魯
碾玉瑣文第八	四出	《營造法式》卷三十三	圖様二十三	唐恒魯
碾玉瑣文第八	六出	《營造法式》卷三十三	圖様二十三	唐恒魯
碾玉額柱第九	豹脚	《營造法式》卷三十三	圖様二十四	唐恒魯
碾玉額柱第九	合蟬鷰尾	《營造法式》卷三十三	圖様二十四	唐恒魯
碾玉額柱第九	疊暈	《營造法式》卷三十三	圖様二十四	唐恒魯

續表

編號	名稱	圖片來源		繪圖人
碾玉額柱第九	單卷如意頭	《營造法式》卷三十三	圖樣二十四	唐恒魯
碾玉額柱第九	劍環	《營造法式》卷三十三	圖樣二十四	唐恒魯
碾玉額柱第九	雲頭	《營造法式》卷三十三	圖樣二十四	唐恒魯
碾玉額柱第九	三卷如意頭	《營造法式》卷三十三	圖樣二十五	唐恒魯
碾玉額柱第九	簇三	《營造法式》卷三十三	圖樣二十五	唐恒魯
碾玉額柱第九	牙脚	《營造法式》卷三十三	圖樣二十五	唐恒魯
碾玉額柱第九	海石榴華内間六入團華科	《營造法式》卷三十三	圖樣二十五	唐恒魯
碾玉額柱第九	寶牙華内間柿蔕科	《營造法式》卷三十三	圖樣二十五	唐恒魯
碾玉額柱第九	枝條卷成海石榴華内間四入團華科	《營造法式》卷三十三	圖樣二十五	唐恒魯
碾玉平棊第十	之一	《營造法式》卷三十三	圖樣二十六	唐恒魯
碾玉平棊第十	之二	《營造法式》卷三十三	圖樣二十六	唐恒魯
碾玉平棊第十	之三	《營造法式》卷三十三	圖樣二十七	唐恒魯
碾玉平棊第十	之四	《營造法式》卷三十三	圖樣二十七	唐恒魯
五彩徧裝名件第十一	五彩徧裝之五鋪作枓栱	《營造法式》卷三十四	圖樣二	唐恒魯
五彩徧裝名件第十一	五彩徧裝之四鋪作枓栱	《營造法式》卷三十四	圖樣二	唐恒魯
五彩徧裝名件第十一	五彩徧裝之梁椽飛子	《營造法式》卷三十四	圖樣二	唐恒魯
五彩徧裝名件第十一	五彩裝淨地錦之五鋪作枓栱	《營造法式》卷三十四	圖樣三	唐恒魯
五彩徧裝名件第十一	五彩裝淨地錦之四鋪作枓栱	《營造法式》卷三十四	圖樣三	唐恒魯
五彩徧裝名件第十一	五彩裝淨地錦之梁、椽、飛子	《營造法式》卷三十四	圖樣三	唐恒魯
五彩徧裝名件第十一	五彩裝栱眼壁之重栱内（兩圖）	《營造法式》卷三十四	圖樣四	唐恒魯
五彩徧裝名件第十一	五彩裝栱眼壁之單栱内（兩圖）	《營造法式》卷三十四	圖樣四	唐恒魯
五彩徧裝名件第十一	五彩裝栱眼壁之重栱内（兩圖）	《營造法式》卷三十四	圖樣五	唐恒魯
五彩徧裝名件第十一	五彩裝栱眼壁之單栱内（兩圖）	《營造法式》卷三十四	圖樣五	唐恒魯
五彩徧裝名件第十一	五彩裝栱眼壁之重栱内（兩圖）	《營造法式》卷三十四	圖樣六	唐恒魯

編號	名稱	圖片來源		繪圖人
五彩徧裝名件第十一	五彩裝栱眼壁之單栱内（兩圖）	《營造法式》卷三十四	圖様六	唐恒魯
碾玉裝名件第十二	五鋪作枓栱	《營造法式》卷三十四	圖様七	唐恒魯
碾玉裝名件第十二	四鋪作枓栱	《營造法式》卷三十四	圖様七	唐恒魯
碾玉裝名件第十二	梁、椽、飛子	《營造法式》卷三十四	圖様七	唐恒魯
碾玉裝名件第十二	碾玉裝栱眼壁之重栱内（兩圖）	《營造法式》卷三十四	圖様八	唐恒魯
碾玉裝名件第十二	碾玉裝栱眼壁之單栱内（兩圖）	《營造法式》卷三十四	圖様八	唐恒魯
青緑疊暈棱間裝名件第十三	五鋪作枓栱	《營造法式》卷三十四	圖様九	唐恒魯
青緑疊暈棱間裝名件第十三	四鋪作枓栱	《營造法式》卷三十四	圖様九	唐恒魯
青緑疊暈棱間裝名件第十三	梁、椽、飛子	《營造法式》卷三十四	圖様九	唐恒魯
青緑疊暈棱間裝名件第十三	青緑疊暈三暈棱間裝之五鋪作枓栱	《營造法式》卷三十四	圖様十	唐恒魯
青緑疊暈棱間裝名件第十三	青緑疊暈三暈棱間裝之四鋪作枓栱	《營造法式》卷三十四	圖様十	唐恒魯
青緑疊暈棱間裝名件第十三	青緑疊暈三暈棱間裝之梁、椽、飛子	《營造法式》卷三十四	圖様十	唐恒魯
三暈帶紅棱間裝名件第十四	五鋪作枓栱	《營造法式》卷三十四	圖様十一	唐恒魯
三暈帶紅棱間裝名件第十四	四鋪作枓栱	《營造法式》卷三十四	圖様十一	唐恒魯
三暈帶紅棱間裝名件第十四	梁、椽、飛子	《營造法式》卷三十四	圖様十一	唐恒魯
兩暈棱間内畫松文裝名件第十五	五鋪作枓栱	《營造法式》卷三十四	圖様十二	唐恒魯
兩暈棱間内畫松文裝名件第十五	四鋪作枓栱	《營造法式》卷三十四	圖様十二	唐恒魯
兩暈棱間内畫松文裝名件第十五	梁、椽、飛子	《營造法式》卷三十四	圖様十二	唐恒魯
解緑結華裝名件第十六	五鋪作枓栱	《營造法式》卷三十四	圖様十三	唐恒魯
解緑結華裝名件第十六	四鋪作枓栱	《營造法式》卷三十四	圖様十三	唐恒魯

續表

編號	名稱	圖片來源		繪圖人
解緑結華裝名件第十六	梁椽飛子	《營造法式》卷三十四	圖様十三	唐恒魯
解緑結華裝名件第十六	解緑裝名件之五鋪作枓栱	《營造法式》卷三十四	圖様十四	唐恒魯
解緑結華裝名件第十六	解緑裝名件之四鋪作枓栱	《營造法式》卷三十四	圖様十四	唐恒魯
解緑結華裝名件第十六	解緑裝名件之梁椽飛子	《營造法式》卷三十四	圖様十四	唐恒魯
解緑結華裝名件第十六	栱眼壁内畫單枝條華之重栱内（兩圖）	《營造法式》卷三十四	圖様十五	唐恒魯
解緑結華裝名件第十六	栱眼壁内畫單枝條華之單栱内（兩圖）	《營造法式》卷三十四	圖様十五	唐恒魯
解緑結華裝名件第十六	青緑疊暈棱間裝栱眼壁内影作之重栱内	《營造法式》卷三十四	圖様十六	唐恒魯
解緑結華裝名件第十六	青緑疊暈棱間裝栱眼壁内影作之單栱内	《營造法式》卷三十四	圖様十六	唐恒魯
解緑結華裝名件第十六	解緑結華裝栱眼壁内影作之重栱内	《營造法式》卷三十四	圖様十六	唐恒魯
解緑結華裝名件第十六	解緑結華裝栱眼壁内影作之單栱内	《營造法式》卷三十四	圖様十六	唐恒魯
刷飾制度圖様丹粉刷飾名件第一	五鋪作枓栱	《營造法式》卷三十四	圖様十七	唐恒魯
刷飾制度圖様丹粉刷飾名件第一	四鋪作枓栱	《營造法式》卷三十四	圖様十七	唐恒魯
刷飾制度圖様丹粉刷飾名件第一	梁、椽、飛子	《營造法式》卷三十四	圖様十七	唐恒魯
刷飾制度圖様黄土刷飾名件第二	五鋪作枓栱	《營造法式》卷三十四	圖様十八	唐恒魯
刷飾制度圖様黄土刷飾名件第二	四鋪作枓栱	《營造法式》卷三十四	圖様十八	唐恒魯
刷飾制度圖様黄土刷飾名件第二	梁、椽、飛子	《營造法式》卷三十四	圖様十八	唐恒魯
刷飾制度圖様黄土刷飾名件第二	黄土刷飾黑緣道之五鋪作枓栱	《營造法式》卷三十四	圖様十九	唐恒魯
刷飾制度圖様黄土刷飾名件第二	黄土刷飾黑緣道之四鋪作枓栱	《營造法式》卷三十四	圖様十九	唐恒魯
刷飾制度圖様黄土刷飾名件第二	黄土刷飾黑緣道之梁、椽、飛子	《營造法式》卷三十四	圖様十九	唐恒魯

續表

編號	名稱	圖片來源		繪圖人
刷飾制度圖樣黄土刷飾名件第二	丹粉刷飾栱眼壁之重栱内	《營造法式》卷三十四	圖樣二十	唐恒魯
刷飾制度圖樣黄土刷飾名件第二	丹粉刷飾栱眼壁之單栱内	《營造法式》卷三十四	圖樣二十	唐恒魯
刷飾制度圖樣黄土刷飾名件第二	黄土刷飾栱眼壁之重栱内	《營造法式》卷三十四	圖樣二十	唐恒魯
刷飾制度圖樣黄土刷飾名件第二	黄土刷飾栱眼壁之單栱内	《營造法式》卷三十四	圖樣二十	唐恒魯

作者簡介

王貴祥

清華大學建築學院教授，博士生導師，北京文史館館員，全國古籍整理出版規劃領導小組成員。曾赴英國愛丁堡大學、美國賓夕法尼亞大學、美國蓋蒂研究中心作訪問學者。曾任清華大學建築歷史與文物保護研究所所長、中國營造學社紀念館館長，兼任中國圓明園學會園林古建分會會長，中國考古學會建築考古分會副會長。曾獲“中國建築教育獎”。從事建築歷史與文物建築保護教學與研究40餘年，發表論文百餘篇，出版專著20餘部、譯著8部，主編《中國建築史論彙刊》，并參與創辦《建築史學刊》。主持完成包括應縣木塔現狀測繪在內的古建築測繪百餘座，主持完成包括武當山南岩宫和玉虛宫、昆明文廟大成殿、南昌萬壽宫等在内的文物建築保護修復及古舊街區歷史風貌修復工程十余項。

後　記

由北宋將作監李誡奉旨編修的《營造法式》一書，問世已經有近一千年了。這不僅是一部有關宋代房屋、殿閣營造等方面的法式、制度與規範類技術書籍，也是一部古老的中國古代建築百科全書。從世界建築史的視野來看，雖然古羅馬建築師維特魯威的《建築十書》在寫作的時間上要更早一些，但是，在15世紀之前，維特魯威的書仍然是一部在世間流傳的手抄本，而《營造法式》則是一部于12世紀初正式出版發行的建築大書，其書甫一面世，就由朝廷頒旨印刷并海行天下。也就是説，從書籍的正式出版印刷這一角度看，《營造法式》仍然稱得上是世界上出版發行時間最早，并曾在一個較大範圍内頒布流行的建築學巨著。

近代中國人對宋《營造法式》的關注，始于中國營造學社的創立者朱啓鈐先生。1919年，朱桂老先生赴南京時，在江蘇省圖書館發現了曾經收藏于民間的《營造法式》抄本，在欣喜之餘，隨即將其全文刊刻石印，這就是近代最早印刷出版的丁本《營造法式》。之後，因丁本《法式》中有一些歷代傳抄引起的遺漏、訛誤，朱先生又委托學者陶湘先生，結合當時能够找到的不同版本，對丁本《法式》加以校勘核對，并于1925年出版了經過勘誤校正的新版《營造法式》，這就是人們熟知的陶本《營造法式》。

陶本《法式》問世之後，深諳國學真諦的晚清民初學者梁啓超先生很快就注意到這部重要的古代營造典籍，旋即爲他在美國賓夕法尼亞大學攻讀建築學的公子梁思成寄去了一套。這也是我們中國建築史學的兩位重要開拓者，梁思成與林徽因先生，最早接觸這部中國古代建築曠世巨著的時間。

梁、林兩位先生對《營造法式》的學習與研究，很可能是在學生時代就已經開始了，這使得他們伉儷二人很早就對建築史學投入了較大的精力。結束在美的學業之初，他們先是周遊歐洲，對從書本上了解到的歐洲著名歷史建築進行實地考察，從而也對世界建築史的著名實例及其發展脉絡，有了一些直覺的印象。回到國内并于1929年創立東北大學建築系之初，他們又帶領學生從事瀋陽古建築的測繪研究。這也是他們最早開始運用西方現代田野考古的方式，對中國古代建築實例進行初步考察探究的時間。

1931年，梁思成受朱啓鈐先生之約，加盟中國營造學社。進入學社之初，梁先生就將關注的目標投向了中國古代建築的法式與制度，即對古代房屋的建築、結構、材料、構造與裝飾等，做一個全面的梳理與闡釋工作。最初的研究對象，是他們在北京比較容易觀察到、觸摸到的大量清代官式建築實例。在研讀清工部《工程做法則例》，并向直接從事古代建築營造與修繕的工匠們學習、詢問，以及透過中國營造學社搜集到的一些在工匠間流傳的各種做法算例、營造口訣等資料的基礎上，在朱啓鈐先生的悉心支持與幫助下，梁思成與林徽因先生在很短的時間内，完成了運用現代建築語言，對清代官式建築的詮釋性語法建構，這就是他們最早的系統性學術成果《清式營造則例》。這本書的問世，成爲後來學者研讀明清殿閣與房屋營造的一本重要的基礎性建築文法書。

除了開始對北京清代官式建築進行考察研究，并撰寫《清式營造則例》一書外，梁先生還很快展開了對早期建築，如薊縣獨樂寺、寶坻廣濟寺等遼代遺構的考察與測繪研究，以及隨後開展的對山西大同、河北正定等地五代、遼、宋、金建築的系統考察。從這一時期撰寫的研究報告中所使用的建築術語中，可以看出梁先生很可能是一邊閱讀與研究《營造法式》，一邊開展遼、宋建築的調查與研究工作的。至遲到了1937年，梁、林兩位先生開展他們最爲重要的學術發現，對五臺山佛光寺東大殿進行測繪研究的時候，他們對這座唐代大木結構實例所使用的術語，幾乎與宋《營造法式》中大木作制度中所使用的術語完全一致了。或者説，經過數年的研讀，并結合實例考察，在對這座重要唐代木構殿堂實例進行考察時，梁先生已經對宋《營造法式》大木作制度及其相關術語熟諳在心。需要特别提到的一點是，同所有人一樣，梁先生最初也是在今人對唐宋時期營造做法全然不解的懵懂狀態中，接觸這部晦澀難懂的古代建築天書的。

抗日戰争的爆發，使得中國營造學社正在北方地區開展的古代建築考察與研究工作不得不戛然而止。經過數年的顛沛流離，梁、林兩位先生先後舉家在長沙、昆明躲避戰亂，直至1940年，中國營造學社與中央研究院歷史語言研究所、同濟大學等學術機構，共同落脚于四川宜賓李莊，他們的生活與工作纔稍有安頓。這一時期，在極其艱苦卓絶的情勢下，一方面，梁思成、劉敦楨先生帶領南下的學社成員仍然繼續堅持古建築考察與研究，開展西南古建築調查與測繪，以彌補學社在南方古建築研究方面的不足；另一方面，梁先生已經開始依據自己數年來積累的學術基礎，着手他心目中最爲重要的兩個學術目標的推進：一是，中國建築史的學術建構；二是，中國古代建築的制度與體系，尤其是唐宋時期木構建築的制度與體系的科學注解與詮釋。

第一個方面的成果，如大家所熟知的，就是梁先生在抗戰期間撰寫完成的《中國建築史》。這雖然不是第一部中國建築史，却是結合了中國古代建築史料，綜合了大量通過田野考察與考古調研獲得的歷代建築實例資料，以最接近國際上通行的藝術史與建築史的科學架構與圖文并茂的現代敘述方式撰寫的第一部具有嚴謹建築史學學科意義的中國建築史。同時，爲了儘快地將中國建築史學躋身于世界建築史學術之林，梁先生還同步完成了英文版《圖像中國建築史》的英文寫作與插圖繪製。

第二個方面的成果，就是對宋《營造法式》的版本勘核，文字校對，與文本詮釋。這是一個更爲龐雜、煩瑣、艱難而細緻的工作。從術語表述方式來説，宋代的《法式》與清代的《則例》是兩個幾乎截然不同的營造方法與術語體系；就其各自術語所敘述的建築與結構方式，也有着千差萬别。然而，即使歷史上存有一定數量的宋元古籍文獻，但涉及房屋營造的書籍，却幾如鳳毛麟角，希望從古人的描述中讀懂《營造法式》幾乎是不可能的事情。唯一的方式，就是結合唐宋、遼金時期的建築實例，對照《法式》中的文本描述，逐字逐句地爬梳、對比、推敲、猜測《法式》文本中每一字詞及其上下文的意義，并通過實際案例的測繪考察與科學繪圖來加以驗證。

可以毫不誇張地説，這第一項建構中國建築史的工作，其難度已經是在蠻荒之中的披荆斬棘了；而梁先生所面對的第二項工作，即對唐宋建築制度與營造體系的詮釋性工作，幾乎是在暗夜的荒漠中摸索前行。

這項工作在一開始，幾乎就是一個盲人摸象的過程。没有相應的參考書籍，没有一個與《法式》的描述全然一致的建築實例，先生和他的助手們所面對的，除了晦澀難懂的《法式》文本之外，就是雖然數量不足，却又千差萬别的唐宋遼金建築實例的考察資料。而在四川李莊時的營造學社，又幾乎是處在連學社社員的基本生存都難以爲繼的困苦狀態。在這樣一個極端困難的情境下，還在進行幾乎是拓荒性的學術研究，其困難之大，對研究者之堅忍不拔的意志力與超乎尋常的執行力方面的嚴苛要求，是可以想見的！

梁思成先生主導的宋《營造法式》的科學闡釋工作，正是在這樣一種非常特殊與嚴峻的窘况與境遇下逐步展開的。

梁先生在《營造法式注釋》“序”中這樣描述他對《法式》研究工作的大致過程：“公元1940年前後，我覺得我們已具備了初步條件，可以着手對《營造法式》開始做一些系統的整理工作了。在這以前的整理工作，主要是對于版本、文字的校勘。這方面的工作，已經做到力所能及的程度。下一階段必須進入諸作制度的具體理解；而這種理解，不能停留在文字上，必須體現在對個别構件到建築整體的結構方法和形象上，必須用現代科學的投影幾何的畫法，用準確的比例尺，并附加等角投影或透視的畫法表現出來。這樣做，可以有助于對《法式》文字的進一步理解，并且可以暴露其中可能存在的問題。我當時計劃在完成了製圖工作之後，再轉回來對文字部分做注釋。”①

先生接着説：“總而言之，我打算做的是一項‘翻譯’工作——把難懂的古文翻譯成語體文，把難懂的詞句、術語、名詞加以注解，把古代不準確、不易看清楚的圖樣‘翻譯’成現代通用的‘工程畫’；此外，有些《法式》文字雖寫得足够清楚、具體而没有圖，因而對初讀的人帶來困難的東西或制度，也酌量予以補充；有些難以用圖完全表達的，例如某些雕飾紋樣的宋代風格，則儘可能用適當的實物照片予以説明。”②

在這篇文字中，梁先生還給出了一個當時開展《法式》研究工作的大致時間表和進展情况的簡單描述：“從公元1939年開始，到1945年抗日戰爭勝利止，在四川李莊我的研究工作仍在斷斷續續地進行着，并有莫宗江、羅哲文兩同志參加繪圖工作。我們完成了‘壕寨制度’‘石作制度’和‘大木作制度’部分圖樣。”③

之後的一個時期，因爲各種原因，尤其是因爲梁先生的工作過于繁忙，用梁先生自己的話説：“《營造法式》的整理工作就不得不暫時擱置，未曾恢復。”

梁先生主導的《營造法式》研究，因爲種種原因，在擱置了十餘年之後，于1961年重新開始。這一次的參加人，包括了樓慶西、徐伯安、郭黛姮三位清華大學建築系建築歷史與理論教研室的教師，當時已是教研室負責人的莫宗江先生也參加了這一階段的部分指導性與討論性工作。用梁先生的話説：“經過一年多的努力，我們已經將‘壕寨制度’‘石作制度’和‘大木作制度’的圖樣完成，至于‘小木作制度’‘彩畫作制度’和其他諸作制度的圖樣，由于實物極少，我們的工作將要困難得多。我們準備按力所能及，在今後兩三年中，把它做到一個段落——知道多少，能够做多少，就做多少。”④

讀到梁先生上面這些話，我們不僅可以感受到梁先生和他的助手們，在《營造法式》早期研究工作中所面臨的困難之大，也體驗到他們在學術上鍥而不舍，一以貫之的堅持精神與科學嚴謹，一絲不苟的學術態度。按照梁先生最初的計劃，是將《營造法式注釋》一書，分爲上、下兩卷，上卷主要包括當時已經基本完成的“壕寨制度”“石作制度”與“大木作制度”的文字注解、插圖配置與諸作圖樣。下卷則將更爲煩瑣細緻的“小木作制度”“彩畫作制度”及其他各作制度，以及功限、料例等集爲一卷。爲了完成這一目標，梁先生和他的助手們在那一時期，采用刻版油印的方式，將《營造法式注釋》上、下兩卷的初稿，

① 梁思成. 梁思成全集. 第七卷. 文前第11頁.《營造法式》注釋序. 我們這一次的整理、注釋工作. 中國建築工業出版社. 2001年

② 梁思成. 梁思成全集. 第七卷. 文前第11頁.《營造法式》注釋序. 我們這一次的整理、注釋工作. 中國建築工業出版社. 2001年

③ 梁思成. 梁思成全集. 第七卷. 文前第11頁.《營造法式》注釋序. 我們這一次的整理、注釋工作. 中國建築工業出版社. 2001年

④ 梁思成. 梁思成全集. 第七卷. 文前第12頁.《營造法式》注釋序. 我們這一次的整理、注釋工作. 中國建築工業出版社. 2001年

逐字逐句，工工整整地刻字印刷，作爲正式出版前的初稿，以供核對、糾錯之用。刻版油印這一過程，所花費的工夫，不亞于將《法式》全文及梁先生的注釋文字，仔仔細細地謄寫了一遍。

遺憾的是，梁先生最終也未能親眼目睹他辛苦半生所完成的學術大作的最終付梓出版。在最後的艱難歲月中，梁先生在政治運動與體弱病痛的雙重折磨下，連自己的科研助手繪製的“小木作圖樣”也没有機會加以更爲深入的指導。關于這一點，徐伯安先生在其爲《營造法式注釋》所寫的“編後記”中作了特別説明。

從梁先生在《營造法式注釋》下卷所書寫文字的字裏行間，我們似乎也能够感受到，迫于當時的政治氛圍與意識形態壓力，對涉及古人的宗教建築設施，如佛道帳、壁藏等宋代小木作制度，以及涉及爲帝王殿閣與佛寺、道觀建築提供裝飾的彩畫作制度，梁先生在遣詞造句上是如何地小心翼翼如履薄冰。可以説，在這樣一種外在氛圍下，梁先生和他的助手們，對《營造法式注釋》下卷的研究，很難達到他們在上卷研究時的着力深度。换言之，《營造法式注釋》下卷部分的一些不足和未及深入的部分，其原因不在梁先生和他的研究團隊投入精力不够，而在受其時其勢的大環境所限。

在梁先生離開我們11年之後，直到1983年，《營造法式注釋》（卷上）終于由中國建築工業出版社印刷出版，從而填補了中國學術史上的一大空白。但是，其已經完稿且有油印稿本的“下卷”，却遲遲難見付梓的希望。時間又過了將近17年，2000年中國建築工業出版社啓動了《梁思成全集》的出版工作，梁先生曾爲之艱苦探索辛勞半生的《營造法式注釋》全本，終于以《梁思成全集》第七卷的形式，在新世紀的第一年，即2001年，展現在世人的面前。這不啻是中國古代建築研究學術史上的一件大事。

又是一個17年之後的2017年下半年，清華大學建築學院建築歷史研究所的幾位同仁，相約聯合申請了國家社會科學基金重大項目支持的“《營造法式》研究與注疏”的研究課題，并有幸獲得社會科學基金委的批准。最初，筆者對于參加這一申請及研究團體還持猶豫態度，因爲，多年從事建築歷史與古代建築法式制度的教學與研究，深知這一課題的難度之大與工作量之繁雜，擔心自己會有一些力不從心。但是，在一起討論這件事情的時候，大家又都認爲，《營造法式》研究是由中國建築歷史學科奠基人之一的梁思成先生率先開展系統研究的，這一課題又是清華大學建築歷史學科幾代學人，多少年來一直鍥而不舍堅持開展的學術研究領域。繼續深入這一課題研究，似乎是我們建築歷史所同仁們義不容辭、無可推托的目標。

課題開展以來，課題組做了分工，有從事宋遼建築實例搜集整理的，有從事《營造法式》版本與歷來相關研究論文搜集整理的，有對《法式》作專項研究，如對彩畫作及宋遼金元時期建築裝飾深入研究的，同時，課題組還特別邀請了所内從事外國建築史研究的老師，將注意點放在《營造法式》的國際影響及國際建築史學科領域在《法式》研究方面所取得的成果等方面的内容。

在這樣一個大的課題背景下，筆者將子課題選擇在以梁思成先生的《營造法式注釋》爲基礎，對《法式》的文本内容做一些稍加深入的發掘性、探索性工作。筆者最初的目標，是希望能够對梁先生的《營造法式注釋》研究，做一點他們當時還未來得及深入的補續性工作。

與這一課題研究的全面展開幾乎同時，筆者也是從2018年開始這一“補疏”工作的。進入這一研究之後，纔發現事情的難度，遠比最初想象的要困難得多。除了對《法式》文本與梁先生的注釋文字，逐一做分析研究外，爲了使得這一研究更具開放性，筆者將前輩學者陳明達、傅熹年兩位先生對《法式》文本的點注與詮解性文字，以及徐伯安先生在校對梁先生《營造法式注釋》時所提出的評注文字，都逐一搜尋到，并在《法式》文本的相應詞條下列出，以使讀者對相關問題，有一個更爲開放的視角。在中國建築工業出版社出版的傅熹年先生《合校本營造法式》中，傅先生大量搜集的朱啓鈐、劉敦楨先生對《法式》文本的校勘研究文字，使我們對前輩學者在《法式》研究的拓荒階段，在《法式》版本與行文字義方面研究上的着力之久、功夫之深，有了更加刻骨銘心的印象。

對于梁先生和幾位前輩學者在既有研究中提出的問題或解釋，若有相應的新資料或新視角，筆者也會做一些補充性的解釋，對其中難以理解的部分，會提出某種存疑的表述。對梁先生當時未能充分做出解釋的詞語，則借助一些新的工具書，如四川辭書出版社與湖北辭書出版社出版的《漢語大字典》，或與該詞條有所關聯的歷史文獻，做一些引申性的注解。

更重要的是，在這一研究中，對梁先生已經注意到，并在其文本敘述中加以表達，却未來得及做充分解釋的重要發現，做一些發掘性的工作。如在“石作制度・重臺鉤闌”，梁先生已經注意到《法式》文本中所給出的各種名件的小尺寸，實際上并非這一名件的真實尺寸，而是相對于其名件某一基本尺寸的比例性尺寸。這一點，在梁先生書後所附的“石作重臺鉤闌權衡尺寸表”與“石作單鉤闌權衡尺寸表”中，表達得十分清晰。同時，在“門砧限”節的注釋中，梁先生明確地提出了“絶對尺寸”與“比例尺寸”這兩個概念，從而爲理解《法式》文本中所給出的諸名件細部尺寸，有了一個科學的理論支撐。雖然梁先生没有對這一概念做更多的解釋，但從全書的視角來看，這顯然是梁先生在《營造法式》研究過程中的一個重要發現。了解了這一發現，爲筆者在《法式》後文有關小木作諸名件所給出的極其繁細的小尺寸的理解上，提供了一個十分重要的思維基礎。

如果説關于《法式》中“壕寨制度”“石作制度”與“大木作制度”部分，梁先生和他的助手們已經做出了十分深入透徹的研究，當下的工作幾乎衹是對其研究的深入理解與對個别字詞的稍加補充。進入“小木作制度”及之後的其他各作，以及其後的“功限”與“料例”部分，情况確實有一些不同。因爲梁先生在展開這一部分的研究工作時，正處于一個十分困難的時期。那一時段，對《法式》文本的任何深究，既缺乏相應的資料，也受到當時社會意識形態的種種禁錮，正如梁先生當時在“小木作制度四、五、六”幾節前迫于當時環境不得不説的話：“這三卷中，都是關于佛道帳和經藏的制度。佛道帳是供放佛像和天尊像的神龕；經藏是存放經卷的書橱。在文化遺産中，它們應該列爲糟粕。對中國的社會主義新建築的創造中，它們更没有什麽可資參考或借鑒的。……因此，關于這三卷，我們除予以標點符號并校正少數錯字外，不擬作任何注釋，也不試爲製圖。”①

正是理解了梁先生的這一在特殊時代背景下的學術缺憾，這部“補疏”書中的小木作制度部分，是筆者特别着力的部分。除了對文字上做一些儘可能的注釋之外，主要是對小木作各部分中所列出的各種瑣細名件的小尺寸，作爲以其某一高度或寬度“積而爲法”的比例尺寸，對應其文本，逐一摘尋并推算出其真實的尺寸。并爲每一小木作制度及其名件，分别列出詳細的權衡尺寸表。如果其法式給出的比例尺寸没有錯漏，則《法式》小木作制度中每一製品各個構件的尺寸，都是可以從表格中一一對應查出，并可以依據其尺寸繪出相應的圖紙的。

除了小木作部分，筆者在這部補疏性的書中，凡對于涉及構件尺寸的部分，儘可能列出相應的表格，使讀者在文本閲讀的時候，若有尺寸上的疑問，就可以比較便捷地找到相應的尺寸關係，從而加深對文本敘述的理解。大量的表格與較爲充分的尺寸數字羅列，使得文本中許多看似抽象難懂的話語，若結合其構件的尺寸長短、截面大小，似乎就變得容易理解一些了。所以，較爲充分的量化性表格，特别是與各作制度文本中所給出的比例尺寸相對應的實際尺寸的核算列表，使讀者對各作制度中諸名件的實際尺寸及其變化幅度，有了一個基礎性的了解。這或也是這部“補疏”一個較爲重要的工作成果。

在“補疏”研究中，對《法式》文本反反復復地做字斟句酌式的研讀，是一個不可或缺的重要環節。許多疑難句子，幾位前輩學者，梁先生、陳先生、傅先生都畫龍點睛地給出了相應的理解。但也有個别段落，即使反復吟讀，仍不得其要。如《法式》卷第七，“小木作制度二”，開篇一段有關“格子門”的行文與其他相同段落的行文模式有很大差别，讀

① 梁思成．梁思成全集．第七卷．第226頁．關于《營造法式》卷第九、卷第十、卷第十一（小木作制度四、五、六）．中國建築工業出版社．2001年

起來十分吃力，令人十分疑惑。對這一段的最初研讀，雖然覺得拗口，但似乎找不出其文體的不足，上下文似乎也能够讀通，且幾位前輩學者也没有特别質疑，在疑疑惑惑中，祇能將就其文，勉强加以理解與解釋。

一次偶然的機會，同當代建築史學者鍾曉青研究員談起了《法式》文本中的問題，她一語中的地提到了這段文字在文體上存在的弊病，因爲在之前的研讀中，鍾先生已經敏鋭地發現了這一問題，綜合《法式》小木作文本表述一般特徵，她認爲其文可能是在歷代傳抄中不小心出現的倒錯現象。鍾氏將文字稍作調整，將首段斷裂部分接續起來，并在第二段“四斜毬文格眼”之後，參照其他段落行文，加上“其制度”，形成“四斜毬文格眼：‘其制度’有六等”的段首語，使其敘述方式與其他類似段落的行文模式取得一致。幸得鍾先生提醒，筆者再做反復研讀，認爲她對此段行文的修改是恰當且正確的，并按照鍾氏的建議修改了《法式》行文，并以修改過的段落行文做釋，如此則與上下文諸段落，在文本上和意義上都取得了一致。可以説，這一更正，是鍾曉青先生對《法式》研究的一個重要發現。基于這一認識，筆者除了在本書中沿着鍾氏的思路加以更正與解釋外，還特别建議鍾研究員，將她的這一發現，撰文發表在專業雜誌《建築史學刊》中，以引起《營造法式》研究與學習者們的重視。

在《法式》小木作制度文本的閲讀與解釋中，筆者還有一個獨立的重要發現，那就是對“小木作制度”中反復出現并使用的“芙蓉瓣”這一概念的理解與詮釋。芙蓉瓣，是宋式營造小木作制度中的一個重要概念，其基本含義就是將小木作的長度與寬度，加以模數化，并將小木作立面方向的各個竪直部分，相互對應起來，并納入這一模數化的“芙蓉瓣”模數單位中，即從其根部的龜脚，到束腰，到鉤闌望柱，到帳身帳柱，到檐下鋪作，乃至屋頂之上的山華蕉葉或平坐之上的天宫樓閣諸殿閣、樓屋、行廊的柱網、開間與屋頂，都可以納入這一構思精妙、尺寸規整的“芙蓉瓣”體系中。

古人如此設計的結果，不僅可以將營作一件小木作器物的各種複雜名件，輕鬆地納入某種標準化、模式化的組合構件中，或者不僅可以使整座器物的造型上下對應、左右均衡，外觀整齊、匀稱，有韻律感，而且其加工製作，以及安卓、勘合、展拽等工序，也都會變得節律清晰、井然有序。如此，則不僅有利于材料的充分利用，也使得製作與安裝工序，變得規則化、合理化、程序化、簡單化。如果聯想到這是距今千餘年前的北宋時期的營造體系，再結合其大木作營造中所運用的同樣具有模數化意義的十分理性、科學的材分制度，我們又如何不被我們祖先聰穎的創造性智慧與精湛的工藝性邏輯所折服呢?

重要的是，筆者工作室的建築師楊博先生，依據本書對比例尺寸與芙蓉瓣原理的解釋，并透過書中所給表格中由比例尺寸推算出的真實尺寸，將小木作中幾個重要且複雜的器物，如牙脚帳、九脊帳、壁帳、佛道帳、轉輪經藏、壁藏等，運用“芙蓉瓣”的模數邏輯，真實而合乎營造邏輯地詳細繪製了出來，使這些古代小木作器物近千年來都令人難以理解的真實樣貌，得以用現代圖形方式充分展現了出來。相信按照同樣的邏輯，一個匠心巧妙的匠師，將這些看似複雜的牙脚帳、壁帳、轉輪經藏、壁藏，采用適當的木材，依照其原始設計與工藝，真實地製作出來，應該也不會是一件十分困難的事情。

陶本卷第二十九至卷第三十四，前後有六卷的内容，都是《法式》文本所附的原圖。本書參照梁先生《營造法式注釋》的做法，將這些原圖，依據其所在卷數，依序附于書後。

同時，爲了充分保持梁先生《營造法式注釋》原書的完整性，本書附圖仍將《營造法式注釋》之後的2幅“壕寨制度圖樣”、7幅“石作制度圖樣”與49幅“大木作制度圖樣”，原原本本地附于本書的附録卷中。

除了文字部分所做的補疏之外，本書也希望在基于對《法式》文本的理解之上，進一步增加與《法式》行文有關的圖樣。然而，依靠筆者的一己之力，在本就内容浩繁的史料爬梳、文字補疏，與大量名件的尺寸推演并建立表格等工作之外，幾乎找不出更多的時間去畫圖。因此，這部書中所需要的附圖，衹能仰賴筆者工作室的幾位建築師與工程師同仁。

閆崇仁先生負責繪製了《法式》卷第六“小木作制度一”、卷第七“小木作制度二”、卷第八“小木作制度三”中的各種圖樣，并參照梁先生注釋本“大木作制度圖樣”的版式，將其所繪圖編輯爲35幅圖樣。在梁先生的《營造法式注釋》中，這幾卷小木作圖，多爲徐伯安先生的插圖，爲我們理解這幾卷文字及繪製附圖，提供了極大的方便。閆崇仁先生的這35幅圖樣的主要部分，正是在學習理解《法式》行文與梁先生《營造法式注釋》及本書“補疏”的基礎上，參照徐先生的原圖摹繪的，其中也有幾張，是依據《法式》行文及其他資料由他自己新繪的。

小木作制度的另外幾卷，包括《法式》卷第九“小木作制度四”、卷第十“小木作制度五”、卷第十一“小木作制度六”，即上文中提到的佛道帳、牙脚帳、壁帳、九脊帳、轉輪經藏、壁藏部分，是梁先生還未及加以充分注釋的部分，也没有相應的插圖，更難見宋時的實例。因此，這幾卷不僅在其文本意義上十分難以厘清，在圖樣形式上，唯一能够參照的是陶本原文所附的手繪圖。

筆者在文字的詮釋補疏上，對這一部分的内容，也是頗覺困難的。正是在理解了梁先生所説的“絶對尺寸”與“比例尺寸”，并依據其文根據某一基礎尺寸，積而爲法的尺寸推演方式之後，對這幾卷的文字做了比較細緻的補充性疏注，也附上了較爲詳細的權衡尺寸表格。有了這樣一個理解上的基礎，建築師楊博先生以其對文字與注疏的理解，將這些複雜的古代小木作器物的外觀立面圖都一一詳細地繪製了出來。在其圖的繪製過程中，結合本書對“芙蓉瓣”的解釋，將這一概念應用于這幾組小木作器物中，竟使得其圖中各個部分的尺寸與比例，與《法式》文本的描述令人驚異地吻合，從而也證明了筆者對“芙蓉瓣”概念的推測與判斷是恰當與無誤的。

陶本三卷正文中提到6件小木作器物，《法式》文後所附手繪圖爲5幅，且名稱與《法式》行文也不盡相同，這5幅圖分別是：天宫樓閣佛道帳、山華蕉葉佛道帳、九脊牙脚小帳、轉輪經藏、天宫壁藏。也就是説，《法式》附圖中爲給出牙脚帳、壁帳的手繪圖，反而給出了兩幅不同的佛道帳圖形。本書有關小木作卷第九至卷第十一的附圖，除了以《法式》文本之後所附的5幅圖爲依據，結合行文，將這5種宋代小木作器物的外觀形象繪製出來外，爲了更充分地展示宋代小木作制度做法，楊博也將《法式》行文中提及，但其後并未給出圖樣的牙脚帳、壁帳兩種器物的立面形式逐一繪製了出來。由于構造的複雜與造型的繁細，這7張圖的繪製難度之大與所花費的精力之多，也是可以想見的。

因爲這7幅圖，幾乎可以説是自《法式》問世近千年以來，第一次以最爲接近其真實樣貌的形式繪製出來的，因此，筆者工作室的同仁們爲此付出了更多的心力。除了楊博所繪的7幅立面圖外，爲了更充分、更直觀地表現其造型形態，筆者工作室的邢宗滿、石曉南兩位工程師，又依據這7幅圖，參用現代繪圖手法，分別繪製了這7種小木作器物的立面效果圖與透視效果圖。

《法式》正文之後，還附有一套圖樣，即《法式》卷第三十三“彩畫作制度圖樣上”和卷第三十四“彩畫作制度圖樣下”，兩卷共有宋式彩畫作圖樣215幅。這些宋代營造彩畫作制度圖樣，對于保存各種不同的宋代彩畫作形式，同樣具有十分重要的意義。筆者工作室的建築師唐恒魯先生，承擔了將這些手繪彩畫圖樣，以規範的現代綫條形式重新繪製出來的工作。彩畫圖樣不同于其他各作圖，其中海量的曲綫綫條，使得圖形繪製工作變得極其煩瑣細緻，繪圖的工作量也十分浩繁。唐恒魯先生參照《法式》手繪圖繪製的215幅宋代彩畫作制度圖樣，對于較爲完整地表現《法式》文本中對當時各種彩畫作制度的敘述，起了十分重要的形象作用。

在彩畫作制度圖樣繪製中，我們继續秉持了梁先生所言：“知道多少，能够做多少，就做多少”的原則。因爲《法式》原圖僅給出了彩畫圖樣綫條，并未明確給出每一幅圖樣的色彩樣版，宋代彩畫圖樣的實例遺存，亦難以找到。故本書中所附彩畫作制度圖樣，也衹依照《法式》手繪原圖，繪製了每一幅圖的綫條圖，而未做進一步添加色彩的嘗試。這樣做或更能貼近《法式》原始文中所留存的信息，而減少一點今人猜測性繪圖可能造成的對古籍原典的無意損害。當然，這并不妨礙同行中的有識方家對宋代彩畫的色彩還原，做更進一步的研究與推測。

關于本書的附圖信息，在書末的資料來源中，專列了一個表格，將梁先生《營造法式注釋》原著中所附的壕寨作、石作、大木作圖樣，與筆者工作室幾位同仁分别爲本書摹繪或新繪的小木作、彩畫作圖樣，一一列出。值此後記的結束部分，還希望借此機會對上文提到的，爲繪製這些繁縟細密的小木作與彩畫作附圖付出太多業餘時間的這幾位同仁，表達誠摯的謝意。

《〈營造法式注釋〉補疏》一書，無論從書名，還是從書中的内容，都明確地表達了一個概念：這部書祇是在幾代中國建築史學者，特别是在梁思成先生及其研究團隊多年研究與探索的基礎上，也是在同樣對《營造法式》投入極大研究熱忱與精力的陳明達、傅熹年先生多年研究與探索基礎上的一個繼續。如果説本書能够有哪怕是點滴的深化與拓展，也祇是在前輩學者多年來篳路藍縷披荆斬棘所開辟的學術道路上，稍稍向前邁出的一小步。

透過這一浩繁與複雜的研究工作，越是對這部書作深入的探討，使得我輩後學不僅對千年以前的《法式》作者李誡充滿了高山仰止的敬仰之心，也對自朱啓鈐、陶湘先生，到梁思成、劉敦楨、林徽因、莫宗江先生，以及由梁思成先生擔綱，由他的助手徐伯安、樓慶西、郭黛姮等先生所組成的這一優秀學術團隊，還有陳明達、傅熹年先生等傑出的前輩學者們，充滿了崇敬與景仰之心。正是他們在這片幾乎是學術荒漠中的前赴後繼，開疆擴土，纔有了我們這些後學之人對于這部千年奇書的逐漸開蒙，并有了學習、理解與研究這部曠世古籍的基礎。换言之，今天取得的任何一點學術進展，都祇是因爲我們有幸站在了前輩學術巨人的肩膀上，纔可能小有斬獲的。

本書的順利問世，還有賴于國家社會科學出版基金與清華大學自主科研基金的支持。2017年本書獲得了“國家社會科學基金重大項目‘《營造法式》研究與注疏’”（項目號：17ZDA185）的支持，同年又獲得清華大學自主科研課題“《營造法式》與宋遼金建築案例研究”（項目號：2017THZWYX05）支持。這爲本項目研究的順利開展，提供了極其有利的基礎性條件。

在書稿基本完成并提交中國建築工業出版社之後，因爲中國建築工業出版社曾經先後出版過梁思成先生的《營造法式注釋》（卷上）與《梁思成全集》，而《梁先生全集》第七卷，也正是《營造法式注釋》上、下卷的合集本。因此，出版社給予了這部書以充分的重視。原社長沈元勤先生，對本書給予了大力支持。資深編審董蘇華女士，與本書的責任編輯孫書妍女士，對本書的編輯出版，也投入了極大的熱情與精力。正是在出版社的努力推動下，這部書獲得了2021年國家出版基金的資助。出版社還在進一步做出努力，以推動將本書增列入國家出版事業“十四五規劃”的重點項目中。

本書初稿在歷經五年的煩瑣打磨初告完成之後，中國建築工業出版社的領導特別邀請了原建設部建築歷史研究所研究員鍾曉青先生對本書初稿作系統勘核校正，這對本書在文字質量的提高上具有無可替代的貢獻。

回想起梁思成先生在開展《營造法式》研究之初的舉步維艱，再聯想到今日國家對歷史古籍研究與出版的大力支持與重點扶持，更令人感慨萬千。值得慶幸的是，我們正處在時代進步、國家發展、文化振興、民族復興的大時代、大潮流之中。這樣一種情境下，每一個局部的每一點小小成果，其實都是這一偉大時代的產物。没有這樣一個時代，没有一個從更高更廣的層面，對民族文化振興所做出的一系列戰略規劃與政策推動，以及没有之前幾代前輩學者的點滴積累與辛苦努力，僅憑個人的微薄之力，是很難在這樣一個龐大且複雜的古籍研究中，取得哪怕一點點真正有價值的進展的。

除了感慨與感謝之外，還需要特別提到的一點是，這部書衹是在朱啓鈐、陶湘、梁思成、劉敦楨、莫宗江、陳明達、傅熹年、徐伯安等幾代建築史學者在近百年時間中反復勘校與深入研究的既有學術成果基礎上，所做的一點些微的補綴。對于這部千古大書，其中的疑難問題數不勝數，没有真正獲得解決的問題，還可能在在皆是。每一個新的研究，衹是對這部古籍在理解上與認知上所邁出的小小一步。其中難免有誤讀、誤解之處。惟期待學界方家的批評指正，或後浪學者的深入研究，或對這部千年古籍的理解與研究，還能够有更進一步的補益與完善，則是筆者的衷心企盼。

2023年12月28日
筆者識
于清華園荷清苑寓中

图书在版编目（CIP）数据

《营造法式注释》补疏. 下编 / 王贵祥疏；钟晓青校. —北京：中国建筑工业出版社，2023. 8

ISBN 978-7-112-29116-8

Ⅰ. ①营… Ⅱ. ①王… ②钟… Ⅲ. ①《营造法式》—注释 Ⅳ. ①TU-092.44

中国国家版本馆CIP数据核字（2023）第170523号